中国滇南第一峰——西隆山种子植物

主　编　税玉民
副主编　毛龙华　陈文红　喻智勇　李国锋　朱欣田

中国科学院昆明植物研究所
云南金平分水岭国家级自然保护区管理局
云南省喀斯特地区生物多样性保护研究会

项目资助
国家自然科学基金（NSFC 30870165, 31370228）
美国国家自然地理协会项目（NGS 8288-07）
红河州第二次重点植物调查

科学出版社
北　京

内 容 简 介

本书从中越边境西隆山社会经济状况、种子植物多样性及其区系性质、植被梯度、珍稀濒危保护种子植物及木兰科植物的地理特征等，由面到点地阐述了西隆山地区种子植物的概况，也加入了科普风趣的考察散记，以及生动翔实的图片。同时也分别附有西隆山地区及金平县的种子植物名录。

本书可供农林、生态保护等相关部门及植物学研究人员和爱好者参考阅读。

图书在版编目（CIP）数据

中国滇南第一峰——西隆山种子植物 / 税玉民主编 .—北京：科学出版社 . 2016.5

ISBN 978-7-03-047104-8

I. ①中… II. ①税… III. ①种子植物-研究-云南省红河哈尼族彝族自治州 IV. ① Q949.408

中国版本图书馆 CIP 数据核字（2016）第 014825 号

责任编辑：夏 梁 / 责任校对：何艳萍 张怡君

责任印制：肖 兴 / 版式设计：铭轩堂

科学出版社 出版

北京东黄城根北街 16 号

邮政编码：100717

http://www.sciencep.com

中国科学院印刷厂 印刷

科学出版社发行 各地新华书店经销

*

2016 年 5 月第 一 版 开本：889×1194 1/16

2016 年 5 月第一次印刷 印张：45 3/4 插页：22

字数：968 000

定价：350.00 元

Seed Plants of Xilong Mountain, the Highest Mountain in South Yunnan, China

Editor-in-Chief: Shui Yu-Min
Associate Editor-in-Chief: Mao Long-Hua Chen Wen-Hong
Yu Zhi-Yong Li Guo-Feng Zhu Xin-Tian

Kunming Institute of Botany, Chinese Academy of Sciences
Jinping Management Bureau of Fenshuiling National Nature Reserve
Karst Conservation Initiative of Yunnan (KaCI)

Surpported by
The National Natural Science Foundation of China
(grant No. 30870165, 31370228)
The Committee for Research and Exploration of the National Geographic Society
(grant No. 8288-07)
The Second Survey of Key Protected Wild Plants in Honghe State

Science Press
Beijing

编委会名单

领导小组

黄德亮　刁继清　陈云宁　刘杰勇　朱欣田

主　　编

税玉民

副 主 编

毛龙华　陈文红　喻智勇　李国锋　朱欣田

参加编写人员（按姓氏汉语拼音排序）

蔡　磊　陈文红　李　彬　李德祥　梁宗利　李国锋　刘杰勇　毛龙华
莫明忠　母达琼　税玉民　司马永康　汪　健　王和清　王玉琴　吴朝玉
徐金梅　姚文庆　喻智勇　张开平　赵志华　朱欣田　朱正春

摄影人员（按姓氏汉语拼音排序）

陈文红　金效华　李国锋　莫明忠
税玉民　王和清　喻智勇　朱欣田

自序

西隆山位于云南省东南部红河哈尼族彝族自治州金平苗族瑶族傣族自治县境内，最高海拔 3074.3m，是云南南部的最高山，被誉为“滇南的珠穆朗玛峰”。这里山高林密坡陡，相对海拔差超过 2500m。云南东南部的高山与西北部不一样的地方在于，站在山脚看不到山顶，站在山顶也看不到山脚，与其说是一座山不如说是层峦叠嶂的一片山脉，并且常年被云雾笼罩，也是特种部队野外生存训练的理想场所。

经过多次零星考察及 3 次较大规模的考察后，关于西隆山的首部专著终于问世了，但仅凭这些第一手资料及坚持收集的文献资料就要看到西隆山的神秘面貌是不切实际的，而且编者的水平有限，不当之处在所难免，在此仅希望以此达到抛砖引玉的效果。

希望本书出版后可供有需要的人员或部门参考，首先是保护区的本底资料，同时也为相关农林等部门及植物学爱好者或研究人员提供一定的资料。

编　者

前言

西隆山位于云南省东南部红河哈尼族彝族自治州金平苗族瑶族傣族自治县境内，南部与越南相邻，西南与老挝隔河相望，是我国西南联系中南半岛的前沿地带，属中国、越南、老挝三国交界的“绿三角”地带，是动植物区系物种交叉渗透的交汇地，是我国生物多样性特别丰富和物种分化最明显的地区之一，是世界生物多样性研究热点和重点地区之一。该地区的生物多样性为我国三大植物多样性分布中心之一（滇东南中心）的重要组成部分，是滇东南植物区系古特有中心的主要部分，为一些重要植物类群（如木兰科、苦苣苔科等）的重要分布和分化中心。

西隆山主峰高 3074.3 m，山体垂直高差近 2600 m。特别是西隆山上半部人迹罕至，保留了极为原始的植被类型。根据《云南植被》和《中国植被》的植被分类系统，西隆山从低海拔到高海拔分别发育着热带雨林、季风常绿阔叶林、山地苔藓常绿阔叶林、山顶苔藓矮林等 4 种主要原生植被类型。

结合近年来几次较大规模的考察和采集，以及国内外各标本馆的标本查阅与文献记载，西隆山地区共记载种子植物 194 科（其中裸子植物有 6 科，被子植物有 188 科）775 属 1749 种（含种下等级，如不包括种下等级则为 1701 种），包含部分特色栽培物种、外来入侵种、逸生的物种，以及两个外来植物科——万寿果科 Caricaceae 和景天科 Crassulaceae 各一种。其中裸子植物 6 科 6 属 11 种；双子叶植物 150 科 623 属 1458 种（不包含种下等级则为 1417 种）；单子叶植物 25 科 146 属 280 种（不包含种下等级则为 273 种）（附录Ⅴ）。其中，野生种子植物计有 192 科 750 属 1672 种（不含种下等级，如包含种下等级则为 1720 种）（附录Ⅴ）。种子植物科属种的区系分析则在野生种（包括种下等级）中剔除了部分未鉴定到种的物种，共计 192 科 750 属 1636 种。

西隆山共有珍稀、濒危、重点保护野生植物 41 种（占金平珍稀濒危植物总种数的 61.19%），隶属 25 科 36 属。其中，国家一级保护植物 9 种，国家二级保护植物 14 种，云南省二级保护植物 2 种，云南省三级保护植物 16 种；按濒危等级分，极危种 8 种，濒危种 11 种，易危种 20 种，近危种 2 种。云南金平共有珍稀、濒危、保护种子植物 67 种，隶属 38 科 56 属，其中国家一级保护植物 13 种，国家二级保护植物 22 种，云南省一级保护植物 1 种，云南省二级保护植物 2 种，云南省三级保护植物 29 种；按濒危等级分，极危种 16 种，濒危种 14 种，易危种 31 种，近危种 6 种。西隆山地区虽仅为云南金平分水岭国家级自然保护区的一部分，但是已显示出较为丰富的物种和多样的生态系统，为今后西隆山及金平的生物多样性保护和管理提供了较为翔实的科学指导。

此外，本书还附有金平种子植物名录，共计 226 科 1065 属 2889 种（不包括种下等级，如包括种下等级则为 3036 种）；其中，野生种子植物 217 科 1001 属 2783 种（不包括种下等级，如包括种下等级则为 2925 种）。本书列出的种类较西隆山植物要丰富得多，显示出金平丰富的植物资源，有待今后更为全面和深入地调查、研究和保护。

编　者

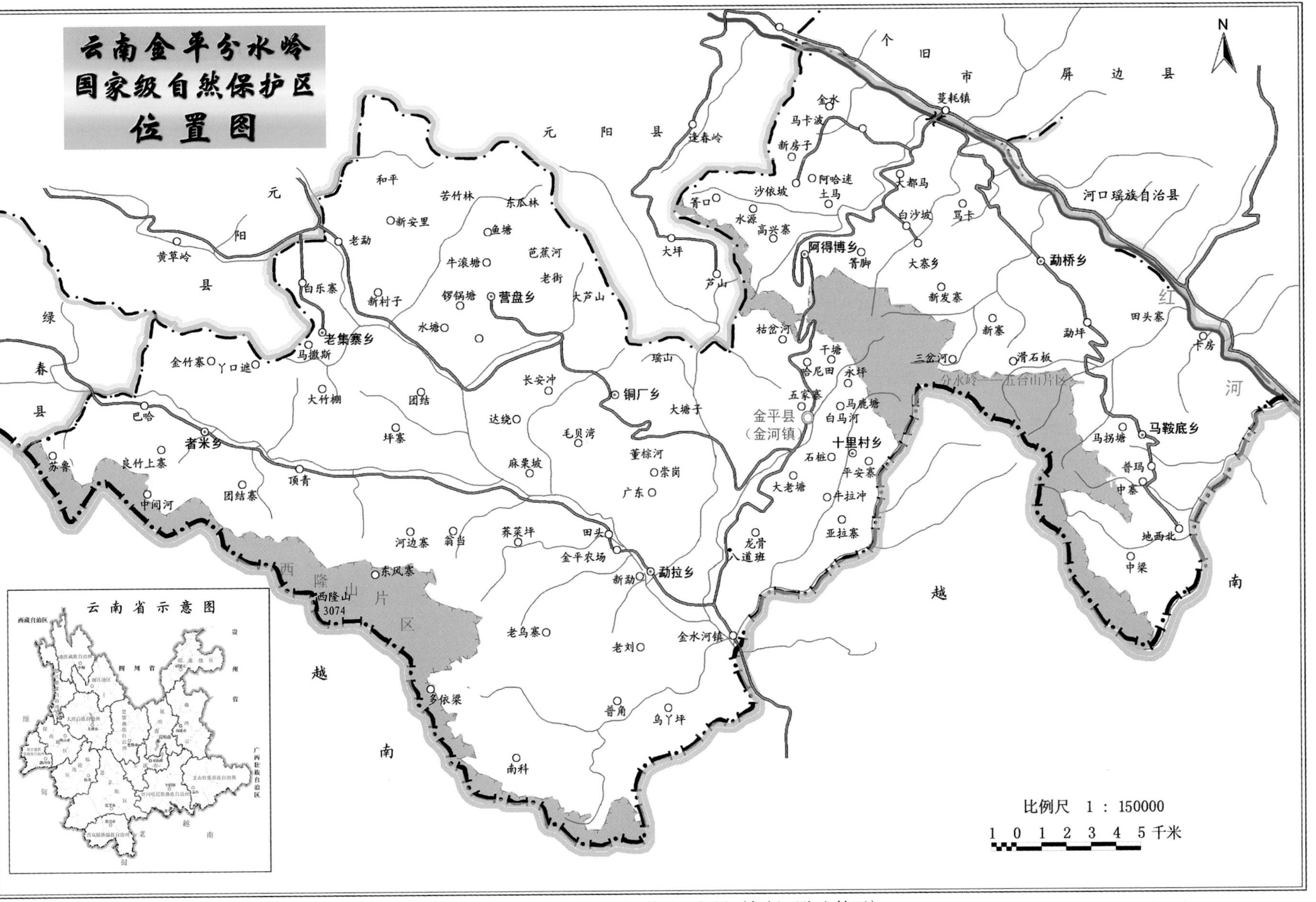

金平分水岭国家级自然保护区的地理位置（包括西隆山林区）

The map of Fenshuiling National Nature Reserve (includes Xilong Mt.)

西隆山主峰（海拔3074.3米）（税玉民摄）
The summit of Xilong Mt. (alt. 3074.3 m) (photograph by Shui Yu-Min)

西隆山莽莽林海（海拔2300米）（税玉民摄）
The original vegetation of Xilong Mt. (alt. 2300 m)（photograph by Shui Yu-Min）

南布河的植物群落(海拔2400米)（税玉民摄）
The vegetation of Nanbu River(alt. 2400 m) （photograph by Shui Yu-Min）

印度宽距兰（新拟）中国新记录（税玉民摄）
Yoania prainii King et Pantl., new record to China（photograph by Shui Yu-Min）

金平县勐拉河谷（右侧为西隆山，海拔350米）（莫明忠摄）
The Tengtiao River of Mela Zhen, Jinping County (Xilong Mt. on right side, alt. 350 m) (photograph by Mo Ming-Zhong)

山脚溪流（海拔800米）（王和清摄）
The little river at low altitude (alt. 800 m)
(photograph by Wang He-Qing)

者米傣族村寨新貌（海拔500米）（王和清摄）
The village of Dai people in Zhemi, Jinping (alt. 500 m)
(photograph by Wang He-Qing)

水晶山海拔最高的村寨——黑苗寨（海拔约2000 m）（莫明忠摄）
The village at highest altitude on Shuijing Mt. (alt. 2000 m) (photograph by Mo Ming-Zhong)

自然地理概况 The natural geography

猴面石栎、盆架树、青皮树群落外貌（西隆山者米乡顶青后山）（莫明忠摄）
Physiognomy of *Lithocarpus balansae*, *Alstonia rostrata*, *Altingia excelsa* Comm. in Dingqing (photograph by Mo Ming-Zhong)

合果木、金平鹅掌柴群落（陈文红摄）
Physiognomy of *Paramichelia baillonii*, *Schefflera petelotii* Comm. (photograph by Chen Wen-Hong)

西隆山热带雨林外貌 Physiognomy of the tropical rain forests of Xilong Mt.

盆架树 *Alstonia rostrata* C.E.C. Fischer（税玉民摄）
（photograph by Shui Yu-Min）

白颜树 *Gironniera subaequalis* Planch.（税玉民摄）
（photograph by Shui Yu-Min）

合果木 *Paramichelia baillonii* (Pierre) Hu（喻智勇摄）
（photograph by Yu Zhi-Yong）

红梗润楠 *Machilus rufipes* H. W. Li（陈文红摄）
（photograph by Chen Wen-Hong）

猴面石栎 *Lithocarpus balansae* (Drake) A. Camus
（陈文红摄）（photograph by Chen Wen-Hong）

印度栲 *Castanopsis indica* (Roxb.) Miq.（喻智勇摄）
（photograph by Yu Zhi-Yong）

美脉杜英 *Elaeocarpus varunua* Buch.-Ham.（喻智勇摄）
（photograph by Yu Zhi-Yong）

西隆山热带雨林（乔木上层树种）Canopy tree species of the tropical rain forests of Xilong Mt.

山红树*Pellacalyx yunnanensis* H. H. Hu（莫明忠摄）
(photograph by Mo Ming-Zhong)

溪杪 *Chisocheton paniculatus* (Roxb.) Hiern（喻智勇摄）
(photograph by Yu Zhi-Yong)

云南哥纳香 *Goniothalamus yunnanensis* W. T. Wang (莫明忠摄) (photograph by Mo Ming-Zhong)

梭果玉蕊 *Barringtonia fusicarpa* Hu （莫明忠摄）(photograph by Mo Ming-Zhong)

毛粗丝木 *Gomphandra mollis* Merr. (陈文红摄) (photograph by Chen Wen-Hong)

假海桐 *Pittosporopsis kerrii* Craib （陈文红摄）
(photograph by Chen Wen-Hong)

荔枝（野生） *Litchi chinensis Sonn*. （税玉民摄）
(photograph by Shui Yu-Min)

西隆山热带雨林（林下植物）Undergrowth plants of the tropical rain forests of Xilong Mt.

勐腊锡叶藤 *Tetracera xui* H. Zhu et H. Wang（陈文红摄）(photograph by Chen Wen-Hong)

大叶藤 *Tinomiscium petiolare* Miers ex Hook.f. et Thoms.（陈文红摄）(photograph by Chen Wen-Hong)

斑果藤 *Stixis suaveolens* (Roxb.) Pierre（喻智勇摄）(photograph by Yu Zhi-Yong)

翼核果 *Ventilago leiocarpa* Benth.（喻智勇摄）(photograph by Yu Zhi-Yong)

多穗兰 *Polystachya concreta* (Jack.) Garay et Sweet (a, 喻智勇摄; b, 陈文红摄) (a photograph by Yu Zhi-Yong; b by Chen Wen-Hong)

脆果山姜*Alpinia globosa* (Lour.) Horan. (a, 喻智勇摄; b, 陈文红摄) (a photograph by Yu Zhi-Yong; b by Chen Wen-Hong)

节鞭山姜 *Alpinia conchigera* Griff.（陈文红摄）(photograph by Chen Wen-Hong)

五隔草 *Pentaphragma sinense* Hemsl. & E. H. Wilson（陈文红摄）(photograph by Chen Wen-Hong)

西隆山热带雨林（林下植物）Undergrowth plant species of the tropical rain forests of Xilong Mt.

季风常绿阔叶林外貌（王和清摄）
Physiognomy of the seasonal evergreen broad-leaved forest (photograph by Wang He-Qing)

季风常绿阔叶林外貌（莫明忠摄）
Physiognomy of the seasonal evergreen broad-leaved forest (photograph by Mo Ming-Zhong)

西隆山季风常绿阔叶林外貌Physiognomy of the seasonal evergreen broad-leaved forests of Xilong Mt.

季风常绿阔叶林群落（莫明忠摄）The seasonal evergreen broad-leaved forest (photograph by Mo Ming-Zhong)

季风常绿阔叶林结构（朱欣田摄）
Structure of the seasonal evergreen broad-leaved forest (photograph by Zhu Xin-Tian)

季风常绿阔叶林附生状态（莫明忠摄）
Epiphytes of the seasonal evergreen broad-leaved forests (photograph by Mo Ming-Zhong)

林下人工草果（朱欣田摄）
Cultivated plants, *Amomum tsaoko* (photograph by Zhu Xin-Tian)

季风常绿阔叶林林内结构（陈文红摄）
Structure of the seasonal evergreen broad-leaved forest (photograph by Chen Wen-Hong)

季风常绿阔叶林群落The seasonal evergreen broad-leaved forests of Xilong Mt.

大果楠 *Phoebe macrocarpa* C. Y. Wu（喻智勇摄）
(photograph by Yu Zhi-Yong)

野波罗蜜 *Artocarpus lakoocha* Roxb.（李国锋摄）
(photograph by Li Guo-Feng)

云南叶轮木 *Ostodes katharinae* Pax（莫明忠摄）
(photograph by Mo Ming-Zhong)

越南安息香 *Styrax tonkinensis* (Pierre) Craib ex Hartwich
（陈文红摄）(photograph by Chen Wen-Hong)

云南瘿椒树 *Tapiscia yunnanensis* W.C. Cheng et C.D. Chu
（喻智勇摄）(photograph by Yu Zhi-Yong)

球序鹅掌柴 *Schefflera pauciflora* R. Vig.（陈文红摄）
(photograph by Chen Wen-Hong)

线条芒毛苣苔 *Aeschynanthus lineatus* Craib（莫明忠摄）
(photograph by Mo Ming-Zhong)

绿春酸脚杆 *Medinilla luchuenensis* C. Y. Wu & C. Chen
（朱欣田摄）(photograph by Zhu Xin-Tian)

季风常绿阔叶林内组成物种Plants of the seasonal evergreen broad-leaved forests

黄姜花*Hedychium flavum* Roxb.（陈文红摄）
(photograph by Chen Wen-Hong)

海棠叶蜂斗草 *Sonerila plagiocardia* Diels（喻智勇摄）
(photograph by Yu Zhi-Yong)

少毛横蒴苣苔 *Beccarinda paucisetulosa* C.Y. Wu ex H.W. Li（莫明忠摄）(photograph by Mo Ming-Zhong)

豹斑石豆兰 *Bulbophyllum colomaculosum* Z.H. Tsi et S.C. Chen（税玉民摄）(photograph by Shui Yu-Min)

羽唇兰 *Ornithochilus difformis* (Wall. ex Lindl.) Schltr.（左为喻智勇摄；右为税玉民摄）
(left, photograph by Yu Zhi-Yong; right, photograph by Shui Yu-Min)

西隆山季风常绿阔叶林（植物物种）Plant species of the seasonal evergreen broad-leaved forests of Xilong Mt.

苔藓常绿阔叶林外貌（税玉民摄）
The mossy evergreen broad-leaved forests（photograph by Shui Yu-Min）

苔藓常绿阔叶林内部结构（税玉民摄）
The structure of mossy evergreen broad-leaved forests（photograph by Shui Yu-Min）

西隆山苔藓常绿阔叶林群落The mossy evergreen broad-leaved forests of Xilong Mt.

苔藓常绿阔叶林分层结构（喻智勇摄）
The layers of the mossy evergreen broad-leaved forest（photograph by Yu Zhi-Yong）

苔藓常绿阔叶林分层结构（税玉民摄）
The layers of the mossy evergreen broad-leaved forest （photograph by Shui Yu-Min）

西隆山苔藓常绿阔叶林The mossy evergreen broad-leaved forests of Xilong Mt.

木瓜红 *Rehderodendron macrocarpum* Hu（税玉民摄）(photograph by Shui Yu-Min)

红河冬青 *Ilex manneiensis* S.Y. Hu（喻智勇摄）(photograph by Yu Zhi-Yong)

中华槭 *Acer sinense* Pax（税玉民摄）(photograph by Shui Yu-Min)

马蹄参 *Diplopanax stachyanthus* Hand.-Mazz.（喻智勇摄）(photograph by Yu Zhi-Yong)

窄叶南亚枇杷 *Eriobotrya bengalensis* (Roxb.) Hook.f. var. *angustifolia* Card.（税玉民摄）(photograph by Shui Yu-Min)

硬斗石栎 *Lithocarpus hancei* (Benth.) Rehd.（喻智勇摄）(photograph by Yu Zhi-Yong)

樟叶泡花树 *Meliosma squamulata* Hance（李国锋摄）(photograph by Li Guo-Feng)

苔藓常绿阔叶林乔木层树种Tree species of the mossy evergreen broad-leaved forests

云南木犀榄 *Olea tsoongii* (Merr.) P.S. Green（喻智勇摄）
(photograph by Yu Zhi-Yong)

三股筋香 *Lindera thomsonii* C.K. Allen（喻智勇摄）
(photograph by Yu Zhi-Yong)

红马银花 *Rhododendron vialii* Delavay et Franch.
（喻智勇摄）(photograph by Yu Zhi-Yong)

油葫芦 *Pyrularia edulis* (Wall.) A. DC.（税玉民摄）
(photograph by Shui Yu-Min)

腺叶桂樱*Laurocerasus phaeosticta* (Hance) Schneid.
（税玉民摄）(photograph by Shui Yu-Min)

东方古柯 *Erythroxylum sinense* Y.C. Wu（喻智勇摄）
(photograph by Yu Zhi-Yong)

柳叶虎刺 *Damnacanthus labordei* (Lévl.) H.S. Lo
（李国锋摄）(photograph by Li Guo-Feng)

药囊花 *Cyphotheca montana* Diels（喻智勇摄）
(photograph by Yu Zhi-Yong)

苔藓常绿阔叶林物种Plant species of mossy evergreen broad-leaved forests

红苞树萝卜 *Agapetes rubrobracteata* R.C. Fang et S.H. Huang （税玉民摄）（photograph by Shui Yu-Min）

三花马蓝 *Strobilanthes atropurpurea* Nees （税玉民摄）（photograph by Shui Yu-Min）

滇南马兜铃 *Aristolochia petelotii* C.C. Schmidt （税玉民摄）（photograph by Shui Yu-Min）

眼斑贝母兰 *Coelogyne corymbosa* Lindl.（a, 税玉民摄; b, 喻智勇摄）（a, photograph by Shui Yu-Min; b, photograph by Yu Zhi-Yong）

杯药草 *Cotylanthera paucisquama* C. B. Clarke （税玉民摄）（photograph by Shui Yu-Min）

异型南五味子 *Kadsura heteroclita* (Roxb.) Craib （税玉民摄）（photograph by Shui Yu-Min）

苔藓常绿阔叶林物种Plant species of mossy evergreen broad-leaved forests of Xilong Mt.

山顶时常被大雾笼罩（税玉民摄）
The summit forests in the fog（photograph by Shui Yu-Min）

西隆山山顶优势种厚叶杜鹃（喻智勇摄）
The dominant tree species, *Rhododendron sinofalconeri* Balf.f., in the summit of Xilong Mt. (photograph by Yu Zhi-Yong)

西隆山山顶苔藓矮林外貌 Physiognomy of the tropical mountain cloud forest of Xilongshan Mt.

山顶苔藓矮林——杜鹃林（喻智勇摄）The summit mossy dwarf forest, Rhododendron forest (photograph by Yu Zhi-Yong)

树干上的附生植物（喻智勇摄）The epiphytes on the trunks (photograph by Yu Zhi-Yong)

林下乔灌木分层不明显（喻智勇摄）
The obscure layer in forest (photograph by Yu Zhi-Yong)

林下竹子片层——冬竹（喻智勇摄）The bamboo layer in forest, *Fargesia hsuehiana* Yi（photograph by Yu Zhi-Yong)

厚叶杜鹃*Rhododendron sinofalconeri* Balf. f.（a喻智勇摄; b税玉民摄）(a, photograph by Yu Zhi-Yong; b, photographby Shui Yu-Min)

心叶荚蒾　*Viburnum nervosum* D. Don（李国锋摄）
(photograph by Li Guo-Feng)

滇南红花荷 *Rhodoleia henryi* Tong（喻智勇摄）
(photograph by Yu Zhi-Yong)

附生花楸 *Sorbus epidendron* Hand.-Mazz.（李国锋摄）
(photograph by Li Guo-Feng)

西隆山山顶苔藓矮林The summit mossy dwarf forests of Xilong Mt.

迟花杜鹃 *Rhododendron serotinum* Hutch.（喻智勇摄）（photograph by Yu Zhi-Yong）

滇隐脉杜鹃 *Rhododendron maddenii* Hook. f. ssp. *crassum* (Franch.) Cullen（税玉民摄）（photograph by Shui Yu-Min）

大喇叭杜鹃 *Rhododendron excellens* Hemsl. et Wils.（税玉民摄）（photograph by Shui Yu-Min）

金平林生杜鹃 *Rhododendron leptocladon* Dop（喻智勇摄）（photograph by Yu Zhi-Yong）

蒙自杜鹃 *Rhododendron mengtszense* Balf.f. & W. W. Sm.（税玉民摄）（photograph by Shui Yu-Min）

杜鹃属一种 *Rhododendron* sp.（税玉民摄）（photograph by Shui Yu-Min）

乔木茵芋 *Skimmia arborescens* Anders.（喻智勇摄）（photograph by Yu Zhi-Yong）

坚木山矾 *Symplocos dryophila* C.B. Clarke（李国锋摄）（photograph by Li Guo-Feng）

西隆山山顶苔藓矮林（灌木树种）Shrub species of the summit mossy dwarf forests on Xilong Mt.

东京龙脑香 *Dipterocarpus retusus* Blume（税玉民摄）（photograph by Shui Yu-Min）

狭叶坡垒 *Hopea chinensis* (Merr.) Hand.-Mazz.（税玉民摄）（photograph by Shui Yu-Min）

千果榄仁 *Terminalia myriocarpa* Van Huerck et Muell.-Arg.（莫明忠摄）(photograph by Mo Ming-Zhong)

小叶红光树 *Knema globularia* (Lam.) Warb.（税玉民摄）(photograph by Shui Yu-Min)

萝芙木 *Rauvolfia verticillata* (Lour.) Baill.（陈文红摄）photograph by Chen Wen-Hong)

无柄五层龙 *Salacia sessiliflora* Hand.-Mazz.（税玉民摄）(photograph by Shui Yu-Min)

西隆山保护植物（一）Protected Plants in Xilong Mt. (1)

须弥红豆杉 *Taxus wallichiana* Zucc.（税玉民摄）
（photograph by Shui Yu-Min）

十齿花 *Dipentodon sinicus* Dunn（喻智勇摄）
（photograph by Yu Zhi-Yong）

长蕊木兰 *Alcimandra cathcartii* (Hook.f. et Thoms.) Dandy（左为莫明忠摄；右为喻智勇摄）
（left, photograph by Mo Ming-Zhong; right, photograph by Yu Zhi-Yong）

红花木莲 *Manglietia insignis* (Wall.) Bl.（左为莫明忠摄；右为税玉民摄）
（left, photograph by Mo Ming-Zhong; right, photograph by Shui Yu-Min）

西隆山保护植物（二）Protected Plants in Xilong Mt. (2)

亮叶木莲 *Manglietia lucida* B.L. Chen et S.C. Yang（莫明忠摄）
(photograph by Mo Ming-Zhong)

红河木莲 *Manglietia hongheensis* Y.M. Shui et W.H. Chen（左为莫明忠摄; 右为喻智勇摄）
(left, photograph by Mo Ming-Zhong; right, photograph by Yu Zhi-Yong)

香籽含笑 *Michelia gioi* (A. Chev.) Sima et H. Yu（税玉民摄）
(photograph by Shui Yu-Min)

西隆山木兰科植物Magonilaceae of Xilong Mt.

采集（税玉民摄） Collection
（photograph by Shui Yu-Min）

整理标本（税玉民摄）Treating with specimens
（photograph by Shui Yu-Min）

考察（喻智勇摄）Exploration
(photograph by Yu Zhi-Yong)

河流（喻智勇摄）River
(photograph by Yu Zhi-Yong)

样地调查（喻智勇摄）Vegetation survey
(photograph by Yu Zhi-Yong)

雨中调查（莫明忠摄）Survey in the rain
(photograph by Mo Ming-Zhong)

考察散记（一）Survey (1)

考察途中 （陈文红摄）On the way (photograph by Chen Wen-Hong)

遇山开路（陈文红摄）Mending road (photograph by Chen Wen-Hong)

大树（陈文红摄） Big tree (photograph by Chen Wen-Hong)

横在路中的毒蛇——竹叶青(喻智勇摄) *Trimeresurus stejnegeri* (photograph by Yu Zhi-Yong)

菜花烙铁头（喻智勇摄）*Protobothrops jerdonii* (photograph by Yu Zhi-Yong)

全沟硬蜱 *Ixodes persulcatus*（税玉民摄）(photograph by Shui Yu-Min)

丈量老虎爪印(喻智勇摄) *Footprint of a tiger* (photograph by Yu Zhi-Yong)

热带雨林树上的黄蚂蚁(税玉民摄) The big ant on the trees in the tropical rain forests (photograph by Shui Yu-Min)

山路难行（喻智勇摄）Hard to walk (photograph by Yu Zhi-Yong)

安营扎寨（税玉民摄）Making camps (photograph by Shui Yu-Min)

登上主峰（税玉民摄）On the top of mountain (photograph by Shui Yu-Min)

更上一层树（喻智勇摄）On the tree (photograph by Yu Zhi-Yong)

考察散记（二）Survey (2)

者米坝子的香蕉（低海拔地区主要经济作物）（莫明忠摄）Banana trees in Zhemi (the chief crop) (photograph by Mo Ming-Zhong)

热带作物菠萝（陈文红摄）Pineapple at low altitude (photograph by Chen Wen-Hong)

热带野生水果——木奶果（莫明忠摄）The tropical wild fruit, *Baccaurea ramiflora* Lour. (photograph by Mo Ming-Zhong)

热带野生水果——五桠果（莫明忠摄）The tropical wild fruit, *Dillenia indica* Linn. (photograph by Mo Ming-Zhong)

高海拔地区主要经济作物——草果（左为喻智勇摄；右为陈文红摄）The main crop at high altitude, *Amomum tsaoko* Crevost et Lemarie (left, photograph by Yu Zhi-Yong; right, photograph by Chen Wen-Hong)

经济植物 Economic Plants

金平凤仙 *Impatiens jinpingensis* Y.M. Shui et G.F. Li（金效华摄）(photograph by Jin Xiao-Hua)

金平马铃苣苔 *Oreocharis jinpingensis* W.H. Chen et Y.M. Shui（喻智勇摄）(photograph by Yu Zhi-Yong)

全缘肋果茶 *Sladenia integrifolia* Y.M. Shui（税玉民摄）(photograph by Shui Yu-Min)

金平漏斗苣苔 *Raphiocarpus jinpingensis* W. H. Chen & Y. M. Shui（税玉民摄）(photograph by Shui Yu-Min)

西隆山考察的新发现（一）New Findings in Xiong Mt. (1)

长柱柿 *Diospyros brandisiana* Kurz.（税玉民摄）（photograph by Shui Yu-Min）

金叶树 *Chrysophyllum lanceolatum* (Bl.) A. DC. var. *stellatocarpon* van Royen ex Vink（税玉民摄）（photograph by Shui Yu-Min）

长果土楠 *Endiandra dolichocarpa* S.K. Lee et Y.T. Wei（a, b, 税玉民摄）（a, b, photograph by Shui Yu-Min）

印度宽距兰（新拟）*Yoania prainii* King et Pantl.（税玉民摄）（photograph by Shui Yu-Min）

西隆山考察的新发现（二） New Findings in Xiong Mt. (2)

目录

第一章　西隆山自然和社会概况

毛龙华[1]，刘杰勇[1]，喻智勇[1,3]，税玉民[2,3]，李德祥[1]，姚文庆[1]，
梁宗利[1]，王玉琴[1]，吴朝玉[1]，徐金梅[1]

1 云南金平分水岭国家级自然保护区管理局，云南省，金平 661500
2 中国科学院昆明植物研究所，云南省，昆明 650201
3 云南省喀斯特地区生物多样性保护研究会，云南省，昆明 650201

一、西隆山基本情况

西隆山地处中国、越南、老挝三国交界的“绿三角”地带，是动植物区系和物种交叉渗透的交汇地，是我国生物多样性特别丰富和物种分化最明显的地区之一，是世界生物多样性研究热点和重点地区之一，具有广阔的国际合作研究前景。该林区位于云南省东南部红河哈尼族彝族自治州金平苗族瑶族傣族自治县境内，南部与越南相邻，西南与老挝隔河相望，是我国西南联系中南半岛的前沿地带。该地区的生物多样性为我国三大植物多样性分布中心之一（滇东南中心）的重要组成部分，是滇东南植物区系古特有中心的主要部分，是一些重要植物类群（如木兰科、苦苣苔科等）的重要分布和分化中心（王荷生，1992；Li，1994；Wu & Wu，1998）。

西隆山林区是金平县境内面积最大的原始林区之一，也是云南金平分水岭国家级自然保护区的重要组成部分。西隆山于 1996 年 11 月被纳入保护区管理，面积 26 万余亩①，主要保护热带中山山地苔藓常绿阔叶林原始自然景观和丰富的珍稀动植物种群资源及重要的水源涵养机能。保护区内有保存完整的低纬度、高海拔热带中山山地苔藓常绿阔叶林，是许多动植物的重要种质基因库和生物物种的避难所，是进行科学研究的理想基地；保护区

① 1 亩≈ 666.7 m^2

内森林覆盖率达 90% 以上，是藤条江水系的主要水源涵养林区。

西隆山地处偏僻，交通、信息闭塞，地形险要，山高路陡，气候恶劣，当地居民对西隆山有着许多神秘的传说，他们将其视为一座“神山”。西隆山林区境内为山高、谷深的典型山区地貌，西隆山主峰高 3074.3 m，山体垂直高差近 2600 m，西隆山上半部，山脉切割破碎，每条沟两边都是刀削斧劈般的悬崖峭壁，人迹罕至。当地人谈到西隆山时，都带着坚定的神秘表情说：“爬神山要小心，已多次发生过意外”。这更增添了西隆山的神秘色彩，其实大多数的本地人根本就没有攀登过这座山。1995 年 3 月，金平县政府组织工作队上西隆山考察是否可纳入保护区时，一位副乡长因食物中毒，献出了年轻的生命。西隆山因复杂的地形、变化莫测的天气及各种危险的野生动物（老虎、蛇、蚂蟥、蜱虫、蚂蚁等），而成为边防部队开展野外生存训练的理想场所。可想而知，上山的艰难险阻，加之多方面的原因，使这里一直是科学考察的“盲区”。

西隆山在 20 世纪 90 年代之前几乎为植物研究的“处女地”。1996 年，由云南省人民政府正式批准，将西隆山原始林区划为自然保护区，并与五台山一并纳入分水岭自然保护区管理。从此，西隆山、分水岭、五台山三大原始林区联合组成并统称为分水岭自然保护区。自 1999 年之后，在国家自然科学基金、美国国家自然地理协会基金等国内外基金项目，以及国家林业局保护区补贴项目的资助下，开展了多次大规模的植物考察，逐渐揭开了西隆山植物的面纱（包士英等，1998；Shui *et al.*, 2003；Zhang *et al.*, 2003）。

二、西隆山自然地理概况

西隆山位于云南金平西南的国境地带，地处北纬 22°26′36″~22°46′01″，东经 102°32′36″~103°04′50″，跨越者米、勐拉和金水河 3 个乡（镇），国境线长度超过 200 km，南部与越南莱州的勐艺国家级自然保护区连成一体，西部为老挝的丰沙里自然保护区，为红河流域的李仙江和藤条江的分水岭。这里的中国、越南、老挝三角地带是东南亚大陆森林最丰富、面积最大的地区之一。主峰海拔高达 3074.3 m，最低海拔 500 m，高差达 2500 m，是云南南部最高的山体之一，被誉为“滇南的珠穆朗玛峰”，总面积为 17 829.6 hm^2。

西隆山为无量山插入哀牢山的支系，区内由于受中生代以来强烈的地质运动、河流的切割和侵蚀，地形复杂，为中山深切割地貌。地质以燕山期粒结晶岩类为主（燕山期二长花岗岩），其次还有下志留纪统板岩、砂岩夹灰岩、上三叠统板岩细砂岩夹多层流纹岩、中侏罗统砂岩、砾岩、页岩夹石膏等（云南省金平苗族瑶族傣族自治县志编纂委员会，1994；毛龙华，2002）。

由于海拔跨度大，西隆山的气候随海拔梯度变化明显，呈典型的“立体气候”特征。从低山河谷到山顶，分布着北热带、南亚热带、北亚热带、南温带和北温带 5 种不同的气候带。由于受季风暖湿气流的影响，该区为少日照地区，平均日照时数为 1763.1 h，降雨分布不均，其中 70% 的降雨集中在雨季（5~10 月）。一般来讲，海拔 800~1600 m 时，年降雨量为2000~2800 mm，平均气温为18~21℃，属暖温带湿润型气候。海拔1600 m以上为冷凉林区，平均气温在15℃以上，终年多雾笼罩。全区最热月为6~7月，最冷月为12月至翌年1月（毛龙华，2002）。

西隆山的河流属于藤条江水系，发源于红河牛威的宝洞山，流经红河、绿春、元阳等，由金平的西南角流入越南。在西隆山地区河流长66 km，流域面积602 km^2，年平均流量23.6 m^3/s 左右，沿途先后汇集平坝河、南邦河、茨通坝河、荞菜坪河、金子河、金河、金水河、藤条江8条集水面在100 m^2 以上的主要支流，以及众多溪涧沟川。

西隆山的土壤类型沿海拔梯度依次为黄色赤红壤（1100 m以下）、黄红壤（1500~1800 m）、黄棕壤和棕壤（1800 m以上）。土壤含沙量较多，各类土壤由于分布的海拔差异极大，生物残体分解速度在不同的海拔变化也比较大，土壤有机质的富集过程和富集速率差异也比较大。一般来讲，赤红壤在1.6%~5.0%，黄壤在3.9%~15.7%，黄棕壤在4.6%~18.6%，而棕壤最高可达28.58%，腐殖质层可厚达35 cm（毛龙华，2002）。

三、周边社区概况

西隆山涉及的乡（镇）由西向东分别为者米、勐拉和金水河3个乡（镇）。其中者米西部与绿春相连，北邻老集寨；勐拉北靠铜厂；金水河北邻金河，东与越南接壤。保护区边缘的主要村寨分布于保护区的北面，3个乡（镇）的南面、西南面。与保护区最近且最西边的是者米乡巴哈村公所苏鲁自然村，最东边的寨子为金水河镇乌丫坪村公所雷公打牛自然村。进行实地访问考察的自然村共有13个，隶属3个乡（镇），7个村公所（办事处）。

者米拉祜族乡位于县城西部，距县城公路里程为99 km，总面积为375.68 km^2。者米为傣语“景米”的演化音，“景”意为地方，“米”为富饶，“景米”意为富饶的地方。者米在明清时期为王、李姓土司辖地。1950年解放后为金平第四区。1974年从老集寨公社划出，建立顶青公社，治所新寨。1983年称者米区，1987年12月撤销者米区设者米拉祜族乡，1988年5月20日正式成立辖新寨、巴哈、顶青、河边寨4个村公所，共63个自然村，4个村公所均已通公路。者米有拉祜、傣、哈尼、瑶、壮、苗6个世居民族，是金平唯一无汉族世居的乡。

勐拉乡位于县城西南部，距县城有45 km，面积336.4 km^2。勐拉为傣族“勐南”的译音，“勐”为地方，“南”意为水，“勐南”意为水边的寨子。明清时期，勐拉属临安府（今建水）管辖，民国初年的勐拉坝则为刀姓土司直接管理地区，为政治、经济中心。1950年解放后，为金平第二区，辖新勐、纳黄两乡。1956年改为勐拉区，并增设金水河、老刘、普角、翁当4个乡。1958年又改为勐拉公社，1961年复名为勐拉区，1970年更改为红卫人民公社，1983年复名勐拉区，1987年12月撤区改乡，正式称勐拉乡，并沿用至今，辖勐拉、老乌寨、新勐、田头、荞菜坪、翁当、广东7个村公所，共72个自然村，有傣、苗、瑶、哈尼、汉、彝、壮、拉祜8个世居民族。

金水河镇位于县城南部，距县城 33 km，面积 433 km^2，1955 年建乡时以乡驻金水河村得名。清末，民国设那发对讯，新中国成立后，设立那发口岸，现已列为国家一类口岸。1987 年 12 月由原城关区划出龙骨，由原勐拉区划出金水河、南科、普角、老刘、乌丫坪，共 6 个村公所建金水河乡，共 58 个自然村。现已改称为金水河镇。有傣、苗、瑶、哈尼、拉祜、彝、汉 7 个世居民族和尚未确定族称的芒人（表 1-1）。

由于西隆山周边社区地形复杂、海拔差异大，形成独特的"立体型"气候。社区最高海拔是者米境内的西隆山，高达 3074.3 m，最低海拔在金水镇境内，为 290 m，高差达 2784.3 m。社区气候、降雨量随海拔的增高有明显的变化。同时，在同一海拔地带，3 个乡（镇）境内的年平均气温和年降雨量也有较大的差异。者米境内海拔 440~800 m，年平均气温为 19~21℃，年降雨量 1600~2000 mm；金水河镇境内海拔 800 m 以下时，年平均气温为 21~25℃，年降雨量 1500~1800 mm；海拔为 317 m 的勐拉坝区，年平均气温为 22.6℃。勐拉境内海拔 1600 m 以上，金水河、者米海拔 1800 m 以上时，年平均气温已降到 15℃以下。所以，在高海拔的山区日照少、雾罩多，冬季常有冰凌出现。西隆山周边社区形成的这种"一山分四季，十里不同天"的立体型气候，对当地不同作物的耕作极为有利。

四、周边民族发展现状

西隆山周边社区涉及 3 个乡（镇），17 个村公所，187 个自然村，境内世居苗、瑶、傣、哈尼、汉、彝、壮、拉祜 8 个民族，以及至今尚未确定族称的芒人。据 1998 年度统计，者米、勐拉、金水河 3 个乡（镇）共有 13 302 户，62 789 人，其中少数民族 5869 人，占总人口的 93.4%。者米、勐拉、金水河各乡（镇）人口占总人口的比例分别为 28.4%、43.2% 和 28.4%，即勐拉境内人口为社区人口之首。者米、勐拉、金水河各乡（镇）少数民族人口占社区少数民族总人口比例分别为 30.3%、40.1% 和 29.6%，勐拉境内的少数民族总人口在社区中仍居第一位。

由于自然条件、传统的生活方式和生活习俗不同，西隆山周边社区的各种民族具有不同的分布特征。从政区而言，者米、勐拉、金水河境内均有苗、瑶、傣、哈尼、拉祜 5 种民族居住；壮族居住在者米、勐拉境内；彝、汉族分布在勐拉、金水河；芒人仅居住在金水河境内靠中越边境沿线的南科新寨、坪河中寨、坪河下寨、雷公打牛 4 个自然村。从海拔上的分布而言，苗族一般分布在海拔 1000~2000 m 缺水干旱山区，尤其 1500 m 以上居多；瑶族多居于海拔 1000~1800 m 半山区，部分居住在海拔 900 m 以下直至 400 m 地区；彝、哈尼、汉族多分布在海拔 1000 m 左右的半山区。拉祜族分布在海拔 2000 m 左右的山区（在者米境内的拉祜族分布在海拔 520~1920 m，高差达 1380 m）。芒人分布在海拔 1210~1530 m，高差 320 m。

表 1-1　云南金平分水岭国家级自然保护区西隆山林区周边社区基本情况统计表（截至 2012 年 12 月）

Table 1-1 Social Statistics of the Villages Around Xilong Mt. in the JinpingFenshuiling National Natural Reserve (Until Dec, 2012)

乡（镇）Xiang (Zhen)	村委会 Village committee	自然村 Natural village	距保护区距离 Far from reverse(km 内)	海拔 Altitute/m	民族 Nationality	户数 Families	人口 Population	耕地 / 亩 Plantation		学校 / 所 School		人均纯收入 / 元 Income / person	人均有粮 Food/ person /kg
								水田 Water land	旱地 Dry land	中学 Middle school	小学 Primary school		
者米乡	河边寨村委会	老林脚	1	1 830	拉祜	178	642	300.0	717.0	各乡（镇）有一所初级中学	各村委会有一所中心小学	1 640	420
	巴哈村委会	莫乌	1	1 420	哈尼	42	206	64.0	371.0			1 800	700
		苏鲁	1	1 590	拉祜	41	213	27.0	190.0			980	255
	河边寨村委会	南干	1	1 580	瑶	68	311	131.0	205.0			1 650	530
	下新寨村委会	老白寨	1	1 520	拉祜	34	152	208.0	84.0			1 100	868
	顶青村委会	老阳寨	1	1 920	拉祜	61	263	156.0	231.0			1 100	450
		梁子一队	1	1 400	瑶	64	271	126.0	315.0			1 620	418
		梁子二队	1	1 310	拉祜	61	260	112.0	297.0			900	469
金水河镇	乌丫坪村委会	雷公打牛	1	1 400	布朗（芒人）	40	231	145.0	277.0			1 860	320
	南科村委会	坪河中寨	1	1 510	布朗（芒人）	31	194	105.0	120.0			2 250	400
		坪河下寨	1	1 210	布朗（芒人）	19	97	37.0	173.0			2 800	420
		南课老寨	1	1 650	瑶	48	221	189.0	156.0			1 800	568

续表

乡（镇）Xiang (Zhen)	村委会 Village committee	自然村 Natural village	距保护区距离 Far from reverse(km 内)	海拔 Altitute/m	民族 Nationality	户数 Families	人口 Population	耕地 / 亩 Plantation		学校 / 所 School		人均纯收入 / 元 Income / person	人均有粮 Food/ person /kg
								水田 Water land	旱地 Dry land	中学 Middle school	小学 Primary school		
金水河镇	南科村委会	南课新寨	1	1 420	布朗（芒人）	74	351	118.0	133.0	各乡（镇）有一所初级中学	各村委会有一所中心小学	1 300	320
		老白寨	1	1 720	拉祜	28	112	40.0	107.0			1 560	380
者米乡	下新寨村委会	金竹寨	1	1 370	拉祜	80	329	191.0	285.0			1 060	440
金水河镇	南科村委会	南西	1	1 170	苗	128	502	263.0	467.0			2 600	560
勐拉乡	老乌寨村委会	多依梁	2	1 700	苗	52	240	77.3	204.3			3 316	630
	翁当村委会	苦聪新寨	2	1 040	拉祜	61	286	37.0	93.0			800	180
		翁当瑶	2	1 530	瑶	75	352	190.0	219.0			2 340	280
者米乡	巴哈村委会	东沙小寨	2	1 500	瑶	17	71	59.0	94.0			1 700	620
	下新寨村委会	良竹下寨	2	1 140	拉祜	82	441	445.0	221.0			1 200	482
		良竹上寨	2	1 320	拉祜	33	175	373.0	488.0			1 150	765
		上南咪河	2	740	拉祜	65	253	199.0	152.0			1 200	719
	河边寨村委会	一队	2	890	哈尼	47	197	157.0	164.0			1 250	588
		二队	2	900	哈尼	49	203	167.0	158.0			1 150	566
		安福	2	1 050	哈尼	83	239	329.0	312.0			1 250	639
者米乡	巴哈村委会	七吹	2km 内	1 480	哈尼	56	257	255.0	357.0			1 900	700
	河边寨村委会	牛塘瑶	3km 内	1 420	瑶	43	172	93.0	121.0			1 800	591
		河边寨	3km 内	950	哈尼	27	119	128.0	196.0			1 700	551
		坪安寨	3km 内	1 260	哈尼	9	44	44.0	123.0			1 700	604
		东风寨	3km 内	1 090	哈尼	55	219	16.0	22.0			750	593
		营房村	3km 内	1 460	拉祜	96	315	157.0	427.0			890	738
	巴哈村委会	南鲁	3km 内	1 360	拉祜	26	111	52.0	202.0			1 000	360
		东巴	3km 内	1 500	瑶	80	359	108.0	441.0			1 700	620
	顶青村委会	哈备	3km 内	640	哈尼	54	222	75.0	121.0			1 670	498
勐拉乡	老乌寨村委会	大其苦聪	3km 内	1 570	拉祜	47	179	279.0	110.7			3 580	425

注：喻智勇收集

西隆山周边世居的民族依托西隆山丰富的资源得以生息和发展。第一，西隆山境内分布着丰富的中药材，主要有野三七、重楼、杜仲、雪上一枝蒿、山乌龟、黄草、金钱草等。第二，西隆山莽莽的原始森林孕育了众多水质如矿泉水般的河流，在者米、勐拉、金水河境内分布有者米河、新寨河、打落河、隔界河、小翁邦河、茨通坝河、勐拉河、荞菜坪河、金水河等主要河流。其中在新寨河、打落河、隔界河、小翁邦河上建有水电站 6 座，装机 135.7 kW；茨通坝河县境长 43 km，集水面积为 533.6 km^2，水能蕴藏量 122 069 kW；金水河总长 37 km，集水面积 346 km^2，水能蕴藏量 369 107 kW。第三，西隆山周边社区的者米、勐拉、金水河地质结构复杂，具有优越的成矿条件，矿藏较为丰富，主要有金、铜、锡、铝、锌等。其中勐拉河主产砂金；金水河的乌丫坪、田房产金矿、锡矿，1988 年探测，田房的金属储量为 2000 t。勐拉、金水河、者米境内的矿藏已得到不同程度的开采利用。第四，西隆山周边社区的勐拉乡、金水河镇离县城分别为 45 km、33 km，均为国防路，交通便利，促进了旅游业的发展。其中坐落于普耳上寨的勐拉温泉，年平均流量 5.02 L/s，水温 54~60℃，属高热水，水中氡浓度 21.74，有硫磺味。自开发利用以来，前往温泉旅游观光、考察者络绎不绝。金水河镇的国家一级那发口岸，对促进中越边贸发展及旅游业的开发均具有重要的意义和巨大的潜力。

西隆山周边村规民约作为社区群众生存和发展的需要，是集群众或相关人员讨论制定出的一种行为规范，它对社区安定团结、经济发展、环境保护等方面都有积极的作用。例如，盗伐、滥伐国家、集体和私有森林，尚不够刑事处罚的，每株罚 15 元以上，1 寸[①] 以上的林木在每株 15 元的基础上，每寸递罚 10 元；盗伐大竹子和大竹笋的，每棵罚款 1~3 倍；荒山承包 3 年后，未绿化的，由村委会再转包给有种植能力的农户。另有者米乡老白寨有一条村规民约为：偷砍 1 棵树罚 50 元，罚款费的使用则为管理人员得 2/3，集体得 1/3。在所有西隆山周边社区考察的村寨中，者米的老白寨、勐拉的小白河、金水河的雷公打牛 3 个自然村村规民约对恢复植被，保护森林、环境方面都起到了重要的作用。

五、社区发展和自然环境的保护问题突出

西隆山周边社区的各种民族因居住在不同的区域或在不同的海拔地带，其种植的经济作物和林副产品不同，在低海拔或干热河谷地带及坝子区主要有大麻、花生、棉花、橡胶、胡椒、香蕉、菠萝、荔枝、芒果、木瓜、茶叶、紫胶等。在高海拔地区尤其接近于保护区边缘的村寨，主要有草果、香菌、木耳、竹笋、蜂蜜及人工种植的含较高芳香油的香茅草等。其中，草果为居住在老林边缘的农户提供了主要经济来源。

草果主要分布在保护区内，破坏当地生物多样性。经本次野外实地访问考察得知，草果主要种植在保护区内的实验区和缓冲区。由于草果利润大，是保护区边缘农户的主要经济来源，

① 1 寸≈3.33cm

在市场上供不应求，草果种植面积呈现出有增无减之势。保护区周边是大片荒山，而草果又只适应于阴凉、潮湿的环境。因此，保护区边缘的农户进入保护区种植草果。结果，人类在保护区内的活动使物种处于灭绝的边缘，生物多样性保护也受到严重威胁（喻智勇，2009）。

保护区周边除了一些为数不多的集体林、未成林的人工幼林、河谷边零星分布的灌木林及旱地、水田外，大片为荒山，且坡度大，大部分的耕地坡度已远远超过退耕还林坡度要求，这是加剧水土流失的重要隐患。目前，由于西隆山周边民族文化程度低，生产方式落后，加之人口不断增加，保护部门没有足够的资金投入进行宣传和保护，缺少与其他自然保护区的来往、交流，不能很好地吸收和借鉴其他自然保护区先进的管理经验、方法。因此，社区对保护区的压力仍未减轻。

建立和实施“荒山—河流—森林—草果”四位一体的山区综合开发。将有条件的河流挖渠引向荒山、荒坡，并在荒山、荒坡种植速生常绿树种。当人工林达到一定的郁闭度后，再将栽种在保护区内的草果逐步引到人工林下种植，使保护区内的人为活动降到最低限度，从而使保护区逐步和尽量恢复到原始的生态平衡状态。同时，在有效保护的前提下，对保护区内生物资源进行科学、适当、合理的开发利用，活跃和促进社区经济发展，提高社区农户对自然保护区的了解、认识，最终达到人与自然和谐发展的良好局面。

参考文献

包士英，毛品一，苑淑秀. 1998. 云南植物采集史略. 北京：中国科学技术出版社：189-190

毛龙华. 2002. 西隆山林区自然环境概况 // 许建初. 云南金平分水岭自然保护区综合科学考察报告集. 昆明：云南科技出版社：149-150

王荷生. 1992. 植物区系地理. 北京：科学出版社：1-180

喻智勇. 2009. 草果种植对金平分水岭国家级自然保护区生物多样性的影响浅析

云南省金平苗族瑶族傣族自治县志编纂委员会. 1994. 云南省金平苗族瑶族傣族自治县志. 北京：生活·读书·新知三联书店：62-68

Forest Inventory and Planning (林业调查规划), 34 (增刊): 56-57

Li XW. 1994. Two big biodiversity centres of Chinese endemic genera of seed plants and their characteristics in Yunnan Province. Acta Botanica Yunnanica(云南植物研究), 16(3): 221-227

Shui YM, Zhang GJ, Chen WH, *et al*. 2003. Montane mossy forest in the Chinese part of the Xilongshan Mountain, bounding China and Vietnam, Yunnan Province, China. Acta Botanica Yunnanica (云南植物研究), 25(4): 397-414

Wu CY,Wu SG. 1998. A proposal for a new floristic Kingdom (Realm)-The E. Asiatic Kingdom, its delineation and characteristics. *In*: Zhang AL,Wu SG. Floristic Characteristics Diversity of East Asian Plants. Beijing: China Higher Education Press: 3-43

Zhang GJ, Shui YM, Chen WY, *et al*. 2003. The introduction to plant diversity in Xilong Mountain Natural Reserve on the border between China and Vietnam. Guihaia (广西植物), 23(6): 511-516

第二章　西隆山植被

税玉民[1,3]，陈文红[1,3]，喻智勇[2,3]，汪健[1]，李彬[2]，母达琼[2]

1 中国科学院昆明植物研究所，云南省，昆明 650201

2 云南金平分水岭国家级自然保护区管理局，云南省，金平 661500

3 云南省喀斯特地区生物多样性保护研究会，云南省，昆明 650201

一、植被调查和分类标准

1. 植被调查方法

西隆山植被的调查方法主要依据《中国植被》和《云南植被》的调查方法（吴征镒，1980；吴征镒和朱彦承，1987），主体采用标准样方进行调查，结合样带法进行补充调查。样方面积采用最小表现面积法，同时对样方周围的乔木树种进行抽查检验，确保主要建群树种被取样，一般采用 20 m × 20 m、20 m × 30 m 或 30 m × 30 m 的样方面积，种类单调的群落降低到 10 m × 10 m，如山顶苔藓矮林。对样方地形不规则或不一致的地段，采用样带法。例如，在海拔 2500 m 的山地苔藓常绿阔叶林中，沿河谷设置了一个样带调查，长度为 50 m，宽度为 15~20 m，侧重于乔木种类的调查。

乔木层通常按 10 m × 10 m 作为调查单位，对 30 m × 30 m 的样方面积就需要调查 9 个乔木调查单位，对胸高直径超过 5 cm 的乔木进行每木检测，包括树高、干高、冠幅及物候等生物学特性，并记录样地内枯立木的数量等；灌木层、草本层和层间植物则是在每个乔木调查单位的四角和中间分别设置一个 2 m × 2 m 的小样方，在小样方中，对灌木、草本和层间植物进行计数和测量高度等数据。另外，在完成上述乔木调查后，对样方内的灌木、草本和层间植物进行补充检查，补充未调查到的灌木、草本和层间植物。此外，在附生植物调查中，每种附生植物均标注出宿主乔木的生物学特性。

2. 分析方法和分类标准

西隆山植被数据分析主要针对乔木层开展，而其他层次的整理在本书中仅进行定性描述。乔木层种类的重要值采用相对多度、相对频度和相对盖度的平均值得出（Curtis & McIntosh，1951），如果仅调查到一个样地群落的重要值则为相对多度和相对盖度的平均值。其中，相对多度采用树木的个体数量计算，相对频度采用物种在样方中的出现次数（不包括单个样方），相对多度采用胸高直径计算出胸径面积进行比较。相关数据的分析参考了曲仲湘等（1983）、Shui 等（2003）、Shi 和 Zhu（2009）等的分析方法。在确定了乔木层的优势和建群物种后，结合群落的地理和海拔分布，特别考虑物种的地理分布类型，参考《云南植被》的分类大纲，确定西隆山植被的主要类型。

二、西隆山植被大纲

根据《云南植被》和《中国植被》的植被分类系统，西隆山从低海拔到高海拔分别发育着热带雨林、季风常绿阔叶林、山地苔藓常绿阔叶林、山顶苔藓矮林等 4 个主要原生植被类型。其中，热带雨林群落类型之间界限不清晰，直接分析到群落。其系统大纲如下。

1. 热带雨林

（1）东京龙脑香、高榕、梭果玉蕊群落（*Dipterocarpus retusus*, *Ficus altissima*, *Barringtonia fusicarpa* Comm.）。

（2）泰国大风子、青皮树群落（*Hydnocarpus anthelminthicus*, *Altingia excelsa* Comm.）。

（3）猴面石栎、盆架树、青皮树群落（*Lithocarpus balansae*, *Alstonia rostrata*, *Altingia excelsa* Comm.）。

（4）合果木、金平鹅掌柴群落（*Michelia baillonii*, *Schefflera petelotii* Comm.）。

2. 季风常绿阔叶林

（1）水青冈、小果栲、大八角群落（*Fagus longipetiolata*, *Castanopsis fleuryi*, *Illicium majus* Comm.）。

（2）川滇木莲、腺叶杜英群落（*Manglietia duclouxii*, *Elaeocarpus japonicus* var. *yunnanensis* Comm.）。

（3）川滇木莲、金平木姜子、尼泊尔水东哥群落（*Manglietia duclouxii*, *Litsea chinpingensis*, *Saurauia napaulensis* Comm.）。

（4）赤杨叶、蒙自桤群落（*Alniphyllum fortunei*, *Alnus nepalensis* Comm.）。

（5）泡腺血桐群落（*Macaranga pustulata* Comm.）。

（6）绿背叶鹅掌柴、越南山香圆、大果楠群落（*Schefflera hypoleuca* var. *hypochlorum*,

Turpinia cochinchinensis, *Phoebe macrocarpa* Comm.）。

3. 山地苔藓常绿阔叶林

（1）木瓜红、硬斗石栎和中华木荷群落（*Rehderodendron macrocarpa*, *Lithocarpus hancei*, *Schima sinensis* Comm.）。

（2）疏齿栲、木果石栎、红马银花群落（*Castanopsis remotidenticulata*, *Lithocarpus xylocarpus*, *Rhododendron vialii* Comm.）。

（3）短刺栲、疏齿栲和红花荷群落（*Castanopsis echinocarpa*, *Castanopsis remotidenticulata*, *Rhodoleia parvipetala* Comm.）。

（4）罗浮栲、吴茱萸五加、木果石栎群落（*Castanopsis fabri*, *Gamblea ciliata* var. *evodiifolia*, *Lithocarpus xylocarpus* Comm.）。

（5）木果石栎、罗浮栲、水青树群落（*Lithocarpus xylocarpum*, *Castanopsis fabri*, *Tetracentron sinensis* Comm.）。

4. 山顶苔藓矮林

（1）厚叶杜鹃、坚木山矾、陷脉冬青群落（*Rhododendron sinofalconeri*, *Symplocos dryophila*, *Ilex delavayi* Comm.）。

（2）厚叶杜鹃、附生花楸群落（*Rhododendron sinofalconeri*, *Sorbus epidendron* Comm.）。

（3）滇南红花荷、坚木山矾、附生花楸群落（*Rhodoleia henryi*, *Symplocos dryophila*, *Sorbus epidendron* Comm.）。

三、各种植被类型的论述

1. 热带雨林

本类型是云南热带性最强的雨林类型，仅局限分布在红河哈尼族彝族自治州南部的河口、金平等地海拔 1000 m 以下的湿润河谷地区。由于处于东南季风坡前低海拔地区，故高温多湿，干湿季不明显。森林茂密，终年常绿，树木高大，植物种类多样，板状根、茎花、大木质藤本、附生植物都较发达。在种类组成和群落的生态结构上，与东南亚热带典型雨林相似，可以认为是典型雨林沿河谷向北分布的边缘类型。目前，在我国仅云南残存少量这样的森林，应是东南亚热带雨林向北分布的楔入部分和局部分布的现象。由于低海拔人为活动影响较大，此类植被仅呈条块或斑块状小片分布于河谷坡地、陡峭山谷等地。

根据调查，西隆山现仅记录有 4 个群落。

（1）东京龙脑香、高榕、梭果玉蕊群落（*Dipterocarpus retusus*, *Ficus altissima*, *Barringtonia fusicarpa* Comm.）

该群落集中分布在西隆山翁当和荞菜坪一带海拔 700~1000 m 的坡地，局部呈小片林段。本类型分布在东南季风迎风面的山前地区，该地区常年高温多雨，土壤为黄色砖红壤土。群落木本植物树种繁多，树冠形态及色调多样，树冠浓密，参差不齐。群落分层不明显，可分成 3 层进行描述。

该群落本次共调查到 2 个样方（表 2-1），样方面积 25 m × 30 m。本群落已呈片段化存在于沟谷、陡坡，水热条件优越，周围平缓山坡和土层深厚的地方，多被开垦种植；被调查到的该群落内部受人为活动影响较大，呈现出明显的次生性质。

乔木层大致可再分成两层，树木高低参差不齐；层盖度 80% 左右。乔木上层一般高 30~40 m，优势种较明显，胸径 20~50 cm，以东京龙脑香 *Dipterocarpus retusus*、梭果玉蕊 *Barringtonia fusicarpa*、高榕 *Ficus altissima* 占明显优势，明显高于其他树种，平均高约 18 m，最高达 46 m（图版 9），还有青皮树 *Altingia excelsa*、长果土楠 *Endiandra dolichocarpa*、狭叶坡垒 *Hopea chinensis* 伴生，其中狭叶坡垒有伐桩，显示本群落应受到一定人为选择性砍伐的影响；乔木下层高度 5~15 m，盖度约 60%，树种较多，无明显优势种（图版 10），以梭果玉蕊 *Barringtonia fusicarpa*、猴面石栎 *Lithocarpus balansae* 较多，大小植株都有发育，还有菜豆树 *Radermachera sinica*、白颜树 *Gironniera subaequalis*、假海桐 *Pittosporopsis kerrii*、小叶红光树 *Knema globularia*、老挝石栎 *Lithocarpus laoticus* 等（图版 11）。两层合计 25 种。

灌木层高度参差不齐，盖度高达 60%，种类丰富，种类高达 70 种，但多见上层大树的幼苗（如梭果玉蕊 *Barringtonia fusicarpa*、白颜树 *Gironniera subaequalis*、假海桐 *Pittosporopsis kerrii* 等。此外，常见雨林中喜湿的种类，如罗伞树 *Ardisia quinquegona*、海南草珊瑚 *Sarcandra glabra* ssp. *brachystachys*，以及多种茜草科植物，如九节属就有 3 种以上，如美果九节 *Psychotria calocarpa*、驳骨九节 *Psychotria prainii*、滇南九节 *Psychotria henryi* 等。

草本层明显，高 0.1~1.5 m，盖度在 80% 以上，成片分布，物种多，无明显优势种，有 45 种。高大草本有柊叶 *Phrynium rheedei*、瓦理棕 *Wallichia gracilis*、蛇根草属一种 *Ophiorrhiza* sp.、云南豆蔻 *Amomum repoeense* 等，以及高大的蕨类植物，如鳞毛蕨属一种 *Dryopteris* sp.、三叉蕨属一种 *Tectaria* sp.、观音座莲属一种 *Angiopteris* sp. 等。林缘或林内天窗处有少量飞机草 *Chromolaena odorata* 入侵。

藤本及附生植物种类也丰富。其中附生植物较少，盖度在 3%，种类约 5 种，较常见的有爬树龙 *Rhaphidophora decursiva* 和螳螂跌打 *Pothos scandens* 等；藤本植物较发达，盖度达 15%，计 28 种，木质藤本有柳叶五层龙 *Salacia cochinchinensis*、赤苍藤 *Erythropalum scandens*、厚壁鸡血藤属一种 *Callerya* sp. 等，草质藤本有薯蓣属一种 *Dioscorea* sp.、崖爬藤属一种 *Tetrastigma* sp.、胡椒属一种 *Piper* sp. 等。

表 2-1　东京龙脑香、高榕、梭果玉蕊群落（*Dipterocarpus retusus, Ficus altissima, Barringtonia fusicarpa* Comm.）乔木层重要值

Table 2-1　Importance value (IV) of tree species in *Dipterocarpus retusus, Ficus altissima, Barringtonia fusicarpa* Comm.

物种 Specie	株数 No.	相对多度 RA	相对频度 RF	相对显著度 RP	重要值 IV	树高 HT-1/m		干高 HT-2/m	
						平均 Ave	最高 Max	平均 Ave	最高 Max
东京龙脑香 *Dipterocarpus retusus*	6	10.53	6.45	27.95	14.98	17.3	46	6.5	15.0
梭果玉蕊 *Barringtonia fusicarpa*	9	15.79	6.45	17.92	13.39	12.3	17	3.7	8.0
高山榕 *Ficus altissima*	4	7.02	6.45	22.98	12.15	16.0	26	4.8	10.0
猴面石栎 *Lithocarpus balansae*	9	15.79	6.45	4.86	9.03	9.3	16	4.1	8.0
菜豆树 *Radermachera sinica*	2	3.51	6.45	3.83	4.60	11.0	11	4.5	5.0
西蜀苹婆 *Sterculia lanceifolia*	4	7.02	3.23	1.84	4.03	6.8	13	3.5	6.0
青皮树 *Altingia excelsa*	1	1.75	3.23	6.89	3.96	20.0	20	9.0	9.0
木奶果 *Baccaurea ramiflora*	2	3.51	6.45	0.73	3.56	6.5	5	1.8	2.0
钝叶桂 *Cinnamomum bejolghota*	1	1.75	3.23	3.35	2.78	16.0	16	7.0	7.0
白颜树 *Gironniera subaequalis*	1	1.75	3.23	3.20	2.73	14.0	14	4.0	4.0
溪桫 *Chisocheton paniculatus*	2	3.51	3.23	0.28	2.34	7.0	7	2.5	3.0
假海桐 *Pittosporopsis kerrii*	2	3.51	3.23	0.24	2.32	6.5	8	2.5	3.0
云树 *Garcinia cowa*	2	3.51	3.23	0.23	2.32	7.0	8	2.5	3.0
长果土楠 *Endiandra dolichocarpa*	1	1.75	3.23	1.24	2.07	18.0	18	9.0	9.0
美脉杜英 *Elaeocarpus varunua*	1	1.75	3.23	1.07	2.02	12.0	12	8.0	8.0
小叶红光树 *Knema globularia*	1	1.75	3.23	0.84	1.94	11.0	11	3.0	3.0
狭叶坡垒 *Hopea chinensis*	1	1.75	3.23	0.84	1.94	—	—	—	—
老挝石栎 *Lithocarpus laoticus*	1	1.75	3.23	0.70	1.89	13.0	13	3.0	3.0
猴耳环属一种 *Archidendron* sp.	1	1.75	3.23	0.31	1.76	11.0	11	6.0	6.0
假山龙眼 *Heliciopsis terminalis*	1	1.75	3.23	0.23	1.74	9.0	9	2.0	2.0
云南哥纳香 *Goniothalamus yunnanensis*	1	1.75	3.23	0.16	1.71	5.0	5	2.0	2.0
假鹰爪 *Desmos chinensis*	1	1.75	3.23	0.16	1.71	6.0	6	2.0	2.0
长柱柿 *Diospyros brandisiana*	1	1.75	3.23	0.10	1.69	4.0	4	2.0	2.0
北酸脚杆 *Pseudodissochaeta septentrionalis*	1	1.75	3.23	0.04	1.67	4.0	4	2.0	2.0
越南尖子木 *Oxyspora balansae*	1	1.75	3.23	0.04	1.67	5.0	5	1.5	1.5
未知 spp.	15	—	—	—	—	8.9	12	—	4.0

注（Note）：RA，relative abundance；RF，relative frequency；RP，relative prominence；IV，importance value；HT-1，height of tree；HT-2，height of trunk

（2）泰国大风子、青皮树群落（*Hydnocarpus anthelminthicus, Altingia excelsa* Comm.）

该群落主要分布在西隆山的顶青和南科海拔 500~900 m 的山谷坡地上，仅有小片林段。

群落分层不明显，大体可以分成 3 层。该群落本次共调查到 2 个样方（表 2-2），样方面积为 30 m × 30 m。群落内受到人为活动影响较大。

乔木层分层不明显，树木高低参差不齐，层盖度 90% 左右，香籽含笑 *Michelia gioi* 最高达 28 m；乔木上层一般高度在 15~20 m，盖度约 60%，优势种不明显，由泰国大风子 *Hydnocarpus anthelminthicus*、青皮树 *Altingia excelsa*、合果木 *Michelia baillonii*、栲 *Castanopsis fargesii* 和印度栲 *Castanopsis indica* 等树种构成，胸径大多在 10~30 cm，构成密闭林冠；下层高度 6~15 m，盖度约 50%，树种较多，无明显优势种，由泰国大风子 *Hydnocarpus anthelminthicus*、木奶果 *Baccaurea ramiflora*、南方紫金牛 *Ardisia thyrsiflora* 和山红树 *Pellacalyx yunnanensis* 等树种构成。两层种类共 28 种。

灌木层分层不明显，高度为 1~5 m，高度不一，盖度高达 50%，种类 40 种。多数是上层大树的幼苗，如泰国大风子 *Hydnocarpus anthelminthicus*、猴面石栎 *Lithocarpus balansae*、白颜树 *Gironniera subaequalis*、南方紫金牛 *Ardisia thyrsiflora*、割舌树 *Walsura robusta* 等；还常见雨林中喜湿的种类越南尖子木 *Oxyspora balansae*、走马胎 *Ardisia garrettii* 等。

草本层发达，成片分布，种类多，无明显优势种，高度多为 1 m 以内，盖度达 80% 以上，种类计有 32 种。高大草本有山姜属一种 *Alpinia* sp.、瓦理棕 *Wallichia gracilis*、蛇根草属一种 *Ophiorrhiza* sp.、云南草蔻 *Alpinia blepharocalyx* 等；草本下层有五隔草 *Pentaphragma sinense*、竹叶草 *Oplismenus compositus* 等（图版 12）。此外，蕨类较为发达，如鳞毛蕨属一种 *Dryopteris* sp.、光亮瘤蕨 *Phymatosorus cuspidatus*、卷柏属一种 *Selaginella* sp.、兖州卷柏 *Selaginella involvens*、线蕨属一种 *Colysis* sp. 成小片生长。林缘有少量飞机草 *Chromolaena odorata* 入侵，有较多的阳性高大草本金毛狗 *Cibotium barometz* 等生长，可见本群落的次生性。

层间植物种类均较为丰富。附生植物盖度在 3%，合计 8 种。常见的有巢蕨属一种 *Neottopteris* sp. 等蕨类植物。此外，常见天南星科植物如狮子尾 *Rhaphidop hora hongkongensis* 和螳螂跌打 *Pothos scandens* 等。藤本植物 12 种，优势种不明显，以木质藤本为主，有厚壁鸡血藤属一种 *Callerya* sp.、斑果藤 *Stixis suaveolens* 等（图版 12），草质藤本有胡椒属一种 *Piper* sp. 等。

（3）猴面石栎、盆架树、青皮树群落（*Lithocarpus balansae, Alstonia rostrata, Altingia excelsa* Comm.）

该群落集中分布在西隆山下段顶青等地海拔 500~800 m 的山坡。群落整体较低矮，林冠不太整齐，有突出群落的散生大树。群落可以分成 3 层。该群落本次共调查到 2 个样方（表 2-3），样方面积为 30 m × 30 m。群落受到一定的人为活动影响（图版 9）。

表 2-2　泰国大风子、青皮树群落（*Hydnocarpus anthelminthicus, Altingia excelsa* Comm.）乔木层重要值

Table 2-2　Importance value of tree species in *Hydnocarpus anthelminthicus, Altingia excelsa* Comm.

物种 Specie	株数 No.	相对多度 RA	相对频度 RF	相对显著度 RP	重要值 IV	树高 HT-1/m		干高 HT-2/m	
						平均 Ave	最高 Max	平均 Ave	最高 Max
泰国大风子 *Hydnocarpus anthelminthicus*	19	25.33	5.71	10.63	13.89	9.2	18	4.1	100
青皮树 *Altingia excelsa*	7	9.33	5.71	20.61	11.89	12.1	16	4.2	70
香籽含笑 *Michelia gioi*	1	1.33	2.86	27.49	10.56	28.0	28	180	180
印度栲 *Castanopsis indica*	4	5.33	5.71	10.78	7.28	12.8	20	5.3	70
猴面石栎 *Lithocarpus balansae*	3	4.00	5.71	5.42	5.04	9.0	11	2.7	30
栲 *Castanopsis fargesii*	4	5.33	2.86	6.69	4.96	15.3	17	6.3	80
南方紫金牛 *Ardisia thyrsiflora*	4	5.33	5.71	2.35	4.47	7.3	9	40	60
台湾蒲桃 *Syzygium formosanum*	4	5.33	5.71	1.14	4.06	6.8	11	3.5	60
合果木 *Michelia baillonii*	2	2.67	5.71	2.29	3.56	16.0	16	80	110
未知一种 1	2	2.67	2.86	4.18	3.23	14.0	16	60	70
山红树 *Pellacalyx yunnanensis*	3	4.00	2.86	0.65	2.50	6.7	7	2.7	30
木奶果 *Baccaurea ramiflora*	3	4.00	2.86	0.51	2.46	6.7	7	2.7	30
剑叶木姜子 *Litsea lancifolia*	2	2.67	2.86	0.70	2.08	7.5	8	30	30
美脉杜英 *Elaeocarpus varunua*	2	2.67	2.86	0.62	2.05	8.0	8	40	30
金叶树 *Chrysophyllum lanceolatum* var. *stellatocarpon*	1	1.33	2.86	1.79	1.99	10.0	10	1.7	1.7
假辣子 *Litsea balansae*	2	2.67	2.86	0.33	1.95	4.5	5	2.5	30
未知一种 2	1	1.33	2.86	1.26	1.82	12.0	12	50	50
百日青 *Podocarpus neriifolius*	1	1.33	2.86	1.14	1.78	18.0	18	120	120
毛瓣无患子 *Sapindus rarak*	1	1.33	2.86	0.35	1.51	13.0	13	80	80
灰木属一种 *Symplocos* sp.	1	1.33	2.86	0.29	1.49	8.0	8	40	40
毛叶嘉赐树 *Casearia velutina*	1	1.33	2.86	0.10	1.43	8.0	8	30	30
云南臀果木 *Pygeum henryi*	1	1.33	2.86	0.10	1.43	8.0	8	30	30
红芽木 *Cratoxylum formosum*	1	1.33	2.86	0.10	1.43	6.0	6	30	30
金平鹅掌柴 *Schefflera petelotii*	1	1.33	2.86	0.10	1.43	6.0	6	50	50
土蜜树 *Bridelia tomentosa*	1	1.33	2.86	0.10	1.43	5.0	5	20	20
小蜡 *Ligustrum sinense*	1	1.33	2.86	0.10	1.43	5.0	5	20	20
瘿椒树 *Tapiscia sinensis*	1	1.33	2.86	0.07	1.42	5.0	5	20	20
三椏苦 *Evodia lepta*	1	1.33	2.86	0.07	1.42	4.0	4	20	20

注（Note）：RA，relative abundance；RF，relative frequency；RP，relative prominence；IV，importance value；HT-1，height of tree；HT-2，height of trunk

表 2-3 猴面石栎、盆架树、青皮树群落（*Lithocarpus balansae, Alstonia rostrata, Altingia excelsa* Comm.）乔木层重要值

Table 2-3 Importance value of tree species in *Lithocarpus balansae, Alstonia rostrata, Altingia excelsa* Comm.

物种 Specie	株数 No.	相对多度 RA	相对频度 RF	相对显著度 RP	重要值 IV	树高 HT-1/m		干高 HT-2/m	
						平均 Ave	最高 Max	平均 Ave	最高 Max
猴面石栎 *Lithocarpus balansae*	21	27.63	7.41	20.08	18.37	11.5	20	4.1	9
盆架树 *Alstonia rostrata*	7	9.21	3.70	17.84	10.25	15.3	19	7.7	11
青皮树 *Altingia excelsa*	3	3.95	3.70	18.23	8.63	17.0	19	4.3	8
印度栲 *Castanopsis indica*	7	9.21	3.70	6.60	6.51	11.3	20	40	8
金平鹅掌柴 *Schefflera petelotii*	3	3.95	3.70	6.51	4.72	12.0	16	30	5
剑叶木姜子 *Litsea lancifolia*	5	6.58	3.70	2.75	4.35	7.2	9	2.3	4
风吹楠 *Horsfieldia amygdalina*	2	2.63	3.70	4.84	3.72	17.0	18	90	9
树斑鸠菊 *Vernonia arborea*	2	2.63	3.70	4.69	3.68	17.0	18	4.5	5
无患子 *Sapindus saponaria*	2	2.63	3.70	3.87	3.40	15.0	16	60	7
猪肚木 *Canthium horridum*	3	3.95	3.70	2.28	3.31	6.3	9	2.7	3
西南五月茶 *Antidesma acidum*	3	3.95	3.70	1.06	2.91	8.3	12	3.3	5
山乌桕 *Sapium discolor*	1	1.32	3.70	2.52	2.51	13.0	13	70	7
栲属一种 *Castanopsis* sp.	2	2.63	3.70	1.14	2.49	8.5	9	40	4
广西密花树 *Myrsine kwangsiensis*	1	1.32	3.70	1.64	2.22	14.0	14	20	2
披针叶乌口树 *Tarenna lancilimba*	2	2.63	3.70	0.27	2.20	8.0	8	3.5	4
小果山龙眼 *Helicia cochinchinensis*	2	2.63	3.70	0.27	2.20	7.0	7	20	2
勐仑翅子树 *Pterospermum menglunense*	1	1.32	3.70	1.21	2.07	7.0	7	50	5
合果木 *Michelia baillonii*	1	1.32	3.70	1.08	2.03	17.0	17	80	8
木奶果 *Baccaurea ramiflora*	1	1.32	3.70	1.08	2.03	15.0	15	50	5
薄片青冈 *Cyclobalanopsis lamellosa*	1	1.32	3.70	0.84	1.95	11.0	11	30	3
思茅豆腐柴 *Premna szemaoensis*	1	1.32	3.70	0.37	1.80	5.0	5	20	2
大叶藤黄 *Garcinia xanthochymus*	1	1.32	3.70	0.30	1.77	7.0	7	30	3
红芽木 *Cratoxylum formosum*	1	1.32	3.70	0.18	1.73	9.0	9	30	3
赪桐属一种 *Clerodendrum* sp.	1	1.32	3.70	0.13	1.72	8.0	8	20	2
山龙眼属一种 *Helicia* sp.	1	1.32	3.70	0.13	1.72	7.0	7	20	2
白颜树 *Gironniera subaequalis*	1	1.32	3.70	0.09	1.70	8.0	8	20	2
未知 spp.	7					10.1	14	4.1	8

注（Note）: RA，relative abundance；RF，relative frequency；RP，relative prominence；IV，importance value；HT-1，height of tree；HT-2，height of trunk

乔木层分层不明显，树木高低参差不齐，整体乔木不高，最高仅达 20 m，处于幼林阶段；层盖度 40% 左右，一般高度 10~20 m，优势种不明显，胸径大多在 10~30 cm，林冠稀疏，种类 28 种。群落位于山坡，生境差异大，不同地段乔木树种一致性差，优势种不明显，猴面石栎 *Lithocarpus balansae* 在两样地均有较多分布，其余乔木树种各有差异，或是盆架树 *Alstonia rostrata*、青皮树 *Altingia excelsa* 和合果木 *Michelia baillonii* 等伴生，或是风吹楠 *Horsfieldia amygdalina*、印度栲 *Castanopsis indica*、金平鹅掌柴 *Schefflera petelotii* 等伴生（图版 11-7）。

灌木层分层不明显，高度为 1~5 m，高度不一，盖度高达 50%，种类有 40 种。两样地均有较多的毛果算盘子等阳性灌木，但其余物种差异大，一个样地有赪桐属一种 *Clerodendrum* sp.、越南尖子木 *Oxyspora balansae* 等，另一个样地有猪肚木 *Canthium horridum*、南方紫金牛 *Ardisia thyrsiflora* 和云南臀果木 *Pygeum henryi* 等。都有少数上层大树的幼苗，如猴面石栎 *Lithocarpus balansae*、盆架树 *Alstonia rostrata*、白颜树 *Gironniera subaequalis* 等。

草本层发达，成片分布，种类多，无明显优势种，高度为 0.2~1 m，盖度在 80% 以上，种类计 23 种。草本层有较多的蕨类植物生长，如鳞毛蕨属一种 *Dryopteris* sp.、光亮瘤蕨 *Phymatosorus cuspidatus*，以及阳性蕨类，如里白属一种 *Hicriopteris* sp.、金毛狗 *Cibotium barometz* 等。此外，常见的还有白花柳叶箬 *Isachne albens*、脆果山姜 *Alpinia globosa*、红姜花 *Hedychium coccineum*、线蕨属一种 *Colysis* sp.、直立蜂斗草 *Sonerila erecta*、地胆草 *Elephantopus scaber* 和棕叶芦 *Thysanolaena latifolia* 等分布。

层间植物包括附生植物和藤本植物，种类以藤本植物为主。附生植物盖度在 1%，计 2 种，少见巢蕨属一种 *Neottopteris* sp.、石韦属一种 *Pyrrosia* sp. 等蕨类植物附生。藤本植物有 16 种，种类分布极为凌乱，优势种不明显，以木质藤本为主，有瓜馥木属一种 *Fissistigma* sp.、菝葜属一种 *Smilax* sp. 和爬树龙 *Rhaphidophora decursiva* 等，草质藤本有薯蓣属一种 *Dioscorea* sp. 等。

（4）合果木、金平鹅掌柴群落（*Michelia baillonii*, *Schefflera petelotii* Comm.）

该群落零星分布在西隆山者米附近海拔 500~800 m 的山坡面上，局部呈小片林段。土壤为砖红壤性红壤。群落林冠较整齐，群落整体较低矮。群落分层不明显，大体可以分成 3 层。该群落本次仅调查到 1 个样方（表 2-4），样方面积为 30 m × 30 m。群落位于村庄附近，林内受到人为活动影响非常大，受到选择性砍伐影响。

乔木层分层不明显，树木高低参差不齐；层盖度 50% 左右，大致可再分成两层。乔木上层一般高度在 10 m 以上（高 15 m 以上仅有残留的 4 株合果木 *Michelia baillonii*），优势种不明显，由合果木、金平鹅掌柴和黄心树等树种构成，胸径大多在 20 cm 左右，构成不太郁闭的林冠；下层树种无明显优势种，由粗糠柴 *Mallotus philippensis*、猪肚木 *Canthium horridum*、印度木荷 *Schima khasiana* 等阳性树种构成。种类仅 13 种。

表 2-4 合果木、金平鹅掌柴群落（*Michelia baillonii, Schefflera petelotii* Comm.）乔木层重要值

Table 2-4 Importance value of tree species in *Michelia baillonii, Schefflera petelotii* Comm.

物种 Specie	株数 No.	相对多度 RA	相对显著度 RP	重要值 IV	树高 HT-1/m		干高 HT-2/m	
					平均 Ave	最高 Max	平均 Ave	最高 Max
合果木 *Michelia baillonii*	5	20	34.75	27.37	13.6	18	6.4	80
金平鹅掌柴 *Schefflera petelotii*	3	12	12.63	12.32	10.3	14	3.7	50
未知一种	1	4	11.15	7.57	14.0	14	7.0	70
假柿木姜子 *Litsea monopetala*	2	8	6.32	7.16	9.5	11	50	70
黄心树 *Machilus gamblei*	1	4	9.66	6.83	15.0	15	30	30
泰国大风子 *Hydnocarpus anthelminthicus*	1	4	8.96	6.48	10.0	10	50	50
印度木荷 *Schima khasiana*	2	8	4.31	6.15	6.0	7	20	20
粗糠柴 *Mallotus philippensis*	2	8	2.40	5.20	6.5	8	20	20
黄檀属一种 *Dalbergia* sp.	2	8	1.33	4.66	5.0	5	20	20
未知（断头）	1	4	5.30	4.65			20	20
三桠苦 *Evodia lepta*	2	8	0.98	4.49	4.0	4	20	20
白楸 *Mallotus paniculatus*	1	4	1.07	2.54	7.0	7	30	30
毛瓣无患子 *Sapindus rarak*	1	4	0.65	2.32	8.0	8	30	30
猪肚木 *Canthium horridum*	1	4	0.48	2.24	4.0	4	1.5	1.5

注（Note）: RA，relative abundance；RP，relative prominence；IV，importance value；HT-1，height of tree；HT-2，height of trunk

灌木层分层不明显，高度为 1~5 m，高度不一，盖度仅 40% 以下，种类 20 种。其中有黄牛木 *Cratoxylum cochinchinense*、猪肚木 *Canthium horridum*、地桃花 *Urena lobata*、毛果算盘子 *Glochidion eriocarpum* 等大量阳性灌木生长，以及少数上层大树的幼苗，如合果木 *Michelia baillonii*、金平鹅掌柴 *Schefflera petelotii* 等。

草本层明显，但盖度较低，约 40%，物种较少，无明显优势种，高度约为 50 cm，种类计 28 种。多种阳性杂草大量生长，如土牛膝 *Achyranthes aspera*、多种耳草属 *Hedyotis* spp. 植物、里白属一种 *Hicriopteris* sp.。此外，有光亮瘤蕨 *Phymatosorus cuspidatus*、姜黄 *Curcuma longa* 等生长。同时，少量的阳性物种飞机草也入侵生长。

层间植物种类均较丰富。附生植物盖度在 10%，合计 15 种以上，有巢蕨属一种 *Neottopteris* sp.、瓦韦属一种 *Lepisorus* sp. 等。藤本植物有 8 种，优势种不明显，少量木质藤本如金钟藤 *Merremia boisiana*、瓜馥木 *Fissistigma* sp.、黄檀 *Dalbergia* sp. 等，较多草质藤本有海金沙 *Lygodium japonicum* 等。

2. 季风常绿阔叶林

该植被主要分布于云南中南、西南和东南一带中低海拔地区，宽谷丘陵低山一带，为

云南亚热带南部气候条件下的地带性植被类型，向下可延伸至 800 m 处，向上也会因局部山地气候上升至 1800 m 处。西隆山主要季风常绿阔叶林的植被类型为青冈、木莲林，为南亚热带性质的偏湿性山地常绿阔叶林。它以青冈组成乔木上层的重要成分，但并非优势种，经常与木兰科生长在一起，林下有较多的热带种类（吴征镒和朱彦承，1987）。

在金平西隆山一带主要分布在海拔（1300）1400~2100 m, 它的下方逐渐过渡至热带山地雨林；其上方，随着海拔升高，则逐渐向山地苔藓常绿阔叶林过渡。但因为村寨多在此范围附近，因此该类型的原始面貌保存不算完整，仅在残存部分有不同程度的次生性，尤其是林下草本层，被破坏而种植草果。被破坏后，常见入侵的多种阳性树种，如毛叶黄杞 *Engelhardtia colebrookiana*、木紫珠 *Callicarpa arborea*、假木荷 *Craibiodendron stellatum* 等。

（1）水青冈、小果栲、大八角群落（*Fagus longipetiolata, Castanopsis fleuryi, Illicium majus* Comm.）

该群落主要分布在西隆山水晶山海拔 2000 m 附近中山地段。土壤深厚，空气湿润。群落外貌为深绿色林冠，较整齐（图版 13）。群落分层明显，大体可以分成 3 层。该群落本次只调查到 1 个样方（表 2-5），样方面积 20 m × 20 m。受到一定人为活动影响。

乔木层分层不明显，树木高低参差不齐；层盖度 70% 左右，大致可再分成两层。乔木上层由 2 株高大的水青冈和小果栲构成，分别高 30 m 和 26 m，耸立在林冠上，盖度约 25%；乔木下层树高多在 10~15 m，以大八角 *Illicium majus*、银木荷 *Schima argentea*、滇琼楠 *Beilschmiedia yunnanensis* 和香面叶 *Iteadaphne caudata* 为优势种，国家一级保护植物长蕊木兰 *Alcimandra cathcartii* 零星分布，种类多计 28 种。

灌木层高 0.5~3.5 m，盖度约 50%，物种总体物种数较多，优势种不明显；生长较多上层大树的幼苗，如银木荷 *Schima argentea*、大八角 *Illicium majus*、滇琼楠 *Beilschmiedia yunnanensis*、截头石栎 *Lithocarpus truncatus*、穗序鹅掌柴 *Schefflera delavayi* 和红河鹅掌柴 *Schefflera hoi* 等。此外，药囊花 *Cyphotheca montana* 在灌木层较常见。

草本层明显，高度为 50 cm，但盖度较低，约 30%，具有明显优势种，计约 13 种。明显由横脉万寿竹 *Disporum trabeculatum*、间型沿阶草 *Ophiopogon intermedius* 占优势，瘤足蕨属一种 *Plagiogyria* sp. 和红腺蕨 *Diacalpe aspidioides* 等蕨类数量较多。

层间植物的藤本植物种类丰富。附生植物盖度在 5%，物种不多，常见几种兰科植物，如耳唇兰 *Otochilus porrectus* 和白花贝母兰 *Coelogyne leucantha* 及胡椒属一种 *Piper* sp. 等；藤本植物种类较多，木质藤本较多，有 14 种，如象鼻藤 *Dalbergia mimosoides* 等多见，还有冷饭团 *Kadsura coccinea*、平叶酸藤子 *Embelia undulata*、菝葜属一种 *Smilax* sp. 和清风藤属一种 *Sabia* sp. 等；绿春崖角藤 *Rhaphidophora luchunensis* 也为优势种；常见的草质藤本有鸡矢藤 *Paederia foetida* 和乌蔹莓属一种 *Cayratia* sp. 等。

表 2-5　水青冈、小果栲、大八角群落（*Fagus longipetiolata, Castanopsis fleuryi, Illicium majus* Comm.）乔木层重要值

Table 2-5　Importance value of tree species in *Fagus longipetiolata, Castanopsis fleuryi, Illicium majus* Comm.

物种 Specie	株数 No.	相对多度 RA	相对显著度 RP	重要值 IV	树高 HT-1/m 平均 Ave	树高 HT-1/m 最高 Max	干高 HT-2/m 平均 Ave	干高 HT-2/m 最高 Max
水青冈 *Fagus longipetiolata*	1	1.28	25.93	27.21	30.0	30	10.0	10
小果栲 *Castanopsis fleuryi*	1	1.28	21.00	22.28	26.0	260	110	11
大八角 *Illicium majus*	12	15.38	5.26	20.65	9.1	17	3.9	9
银木荷 *Schima argentea*	7	8.97	8.12	17.09	14.1	20	7.1	12
滇琼楠 *Beilschmiedia yunnanensis*	4	5.13	10.38	15.51	13.8	26	50	8
香面叶 *Iteadaphne caudata*	9	11.54	1.73	13.27	8.6	12	4.2	7
冬青属一种 *Ilex* sp.	7	8.97	1.89	10.87	8.1	11	30	4
多花含笑 *Michelia floribunda*	3	3.85	5.57	9.42	16.0	18	70	8
网叶山胡椒 *Lindera metcalfiana* var. *dictyophylla*	4	5.13	2.04	7.17	11.8	14	5.3	6
马蹄荷 *Exbucklandia populnea*	1	1.28	4.79	6.08	15.0	15	80	8
长蕊木兰 *Alcimandra cathcartii*	1	1.28	4.57	5.86	15.0	15	70	7
越南吊钟花 *Enkianthus ruber*	4	5.13	0.59	5.71	7.5	9	3.3	4
绿背叶鹅掌柴 *Schefflera hypoleuca* var. *hypochlorum*	3	3.85	0.26	4.10	8.0	9	50	8
吴茱萸五加 *Gamblea ciliata* var. *evodiifolia*	2	2.56	1.44	4.00	11.0	14	50	7
林地山龙眼 *Helicia silvicola*	2	2.56	0.65	3.21	8.5	9	40	4
红河鹅掌柴 *Schefflera hoi*	2	2.56	0.58	3.15	11.0	11	8.5	9
粗壮琼楠 *Beilschmiedia robusta*	2	2.56	0.58	3.15	6.0	6	3.5	4
海桐山矾 *Symplocos heishanenis*	2	2.56	0.43	2.99	9.0	9	4.5	5
广南槭 *Acer kwangnanense*	2	2.56	0.13	2.69	6.0	6	2.5	3
大叶新木姜子 *Neolitsea levinei*	1	1.28	1.14	2.43	17.0	17	60	6
茶梨 *Anneslea fragrans*	1	1.28	0.94	2.22	20.0	20	10.0	10
木竹子 *Garcinia multiflora*	1	1.28	0.84	2.12	10.0	10	50	5
华南桤叶树 *Clethra fabri*	1	1.28	0.51	1.79	11.0	11	50	5
截头石栎 *Lithocarpus truncatus*	1	1.28	0.26	1.54	11.0	11	60	6
赤杨叶 *Alniphyllum fortunei*	1	1.28	0.17	1.45	7.0	7	40	4
川滇木莲 *Manglietia duclouxii*	1	1.28	0.06	1.35	4.0	4	10	1
穗序鹅掌柴 *Schefflera delavayi*	1	1.28	0.06	1.35	5.0	5	30	3
青冈属一种 *Cyclobalanopsis* sp.	1	1.28	0.06	1.35	5.0	5	30	3

注（Note）：RA，relative abundance；RP，relative prominence；IV，importance value；HT-1，height of tree；HT-2，height of trunk

（2）川滇木莲、腺叶杜英群落（*Manglietia duclouxii, Elaeocarpus japonicus* var. *yunnanensis* Comm.）

该群落零星分布在西隆山水晶山海拔 1900~2100 m 的山体中部，局部呈小片林段。

虽海拔较高，但水热条件仍然较高。群落林冠整齐，群落整体较低矮。群落分层不明显，大体可以分成 3 层。该群落本次调查到 3 个样方（表 2-6），样方面积为 30 m × 30 m。群落受到人为活动影响小，但是部分群落林下零星种植草果，对林下植物有一定的影响，但乔木层结构和物种组成仍与原始林基本一致。

表 2-6 川滇木莲、腺叶杜英群落（*Manglietia duclouxii, Elaeocarpus japonicus* var. *yunnanensis* Comm.）乔木层重要值

Table 2-6 Importance value of tree species in *Manglietia duclouxii, Elaeocarpus japonicus* var. *yunnanensis* Comm.

物种 Specie	株数 No.	相对多度 RA	相对频度 RF	相对显著度 RP	重要值 IV	树高 HT-1/m		干高 HT-2/m	
						平均 Ave	最高 Max	平均 Ave	最高 Max
川滇木莲 *Manglietia duclouxii*	11	8.66	4.92	28.57	14.05	23.3	36	8.1	20.0
腺叶杜英 *Elaeocarpus japonicus* var. *yunnanensis*	12	9.45	4.92	11.74	8.70	14.6	28	6.1	9.0
青冈 *Cyclobalanopsis glauca*	4	3.15	3.28	11.96	6.13	25.3	30	12.5	180
栲 *Castanopsis fargesii*	2	1.57	1.64	11.74	4.99	30.0	30	7.5	80
滇南蒲桃 *Syzygium austroyunnanense*	7	5.51	3.28	5.53	4.77	18.9	25	10.0	100
吴茱萸五加 *Gamblea ciliata* var. *evodiifolia*	4	3.15	4.92	3.13	3.73	18.8	28	70	130
梭子果 *Eberhardtia tonkinensis*	6	4.72	3.28	2.86	3.62	12.0	22	5.3	80
木竹子 *Garcinia multiflora*	5	3.94	3.28	1.36	2.86	11.6	16	4.6	70
滇琼楠 *Beilschmiedia yunnanensis*	5	3.94	3.28	0.85	2.69	19.0	19	90	90
狗骨柴 *Diplospora dubia*	3	2.36	4.92	0.23	2.51	6.0	7	30	30
粗壮琼楠 *Beilschmiedia robusta*	3	2.36	3.28	1.45	2.36	13.3	26	80	80
香面叶 *Iteadaphne caudata*	6	4.72	1.64	0.32	2.23	10.3	13	3.8	50
长圆臀果木 *Pygeum oblongum*	5	3.94	1.64	0.74	2.11	9.8	16	3.6	60
稠琼楠 *Beilschmiedia roxburghiana*	4	3.15	1.64	1.17	1.98	10.3	18	60	60
截头石栎 *Lithocarpus truncatus*	1	0.79	1.64	3.42	1.95	22.0	22	120	120
柔毛山矾 *Symplocos pilosa*	3	2.36	3.28	0.11	1.92	6.0	6	80	180
金平木姜子 *Litsea chinpingensis*	1	0.79	1.64	3.32	1.91	28.0	28	100	100
红梗润楠 *Machilus rufipes*	4	3.15	1.64	0.30	1.70	10.0	11	4.3	60
绿背叶鹅掌柴 *Schefflera hypoleuca* var. *hypochlorum*	2	1.57	3.28	0.09	1.65	8.5	9	70	80
粗毛杨桐 *Adinandra hirta*	3	2.36	1.64	0.45	1.48	12.7	16	50	50
大叶新木姜子 *Neolitsea levinei*	2	1.57	1.64	1.09	1.44	19.0	20	50	50
云南柿 *Diospyros yunnanensis*	3	2.36	1.64	0.27	1.42	8.7	10	2.7	40
多花含笑 *Michelia floribunda*	2	1.57	1.64	1.03	1.41	15.5	16	80	80
银木荷 *Schima argentea*	3	2.36	1.64	0.13	1.38	7.0	8	3.3	50
毛叶木姜子 *Litsea mollis*	3	2.36	1.64	0.11	1.37	9.7	11	3.3	40
滇南杜鹃 *Rhododendron hancockii*	1	0.79	1.64	1.50	1.31	16.0	16	10.0	100

续表

物种 Specie	株数 No.	相对多度 RA	相对频度 RF	相对显著度 RP	重要值 IV	树高 HT-1/m 平均 Ave	树高 HT-1/m 最高 Max	干高 HT-2/m 平均 Ave	干高 HT-2/m 最高 Max
大山龙眼 *Helicia grandis*	1	0.79	1.64	1.30	1.24	21.0	21	10.0	10.0
网叶山胡椒 *Lindera metcalfiana* var. *dictyophylla*	2	1.57	1.64	0.23	1.15	10.0	12	3.5	50
山茶属一种 *Camellia* sp.	2	1.57	1.64	0.12	1.11	5.5	7	40	40
中华槭 *Acer sinense*	1	0.79	1.64	0.88	1.10	16.0	16	70	70
红皮木姜子 *Litsea pedunculata*	2	1.57	1.64	0.08	1.10	7.0	7	40	40
少果八角 *Illicium petelotii*	1	0.79	1.64	0.78	1.07	22.0	22	70	70
广西密花树 *Myrsine kwangsiensis*	1	0.79	1.64	0.73	1.05	16.0	16	50	50
越南安息香 *Styrax tonkinensis*	1	0.79	1.64	0.64	1.02	17.0	17	80	80
黄丹木姜子 *Litsea elongata*	1	0.79	1.64	0.39	0.94	13.0	13	70	70
思茅木姜子 *Litsea szemaois*	1	0.79	1.64	0.26	0.90	14.0	14	80	80
蓝果树 *Nyssa sinensis*	1	0.79	1.64	0.23	0.89	16.0	16	80	80
穗序鹅掌柴 *Schefflera delavayi*	1	0.79	1.64	0.21	0.88	14.0	14	40	40
厚皮香 *Ternstroemia gymnanthera*	1	0.79	1.64	0.14	0.85	11.0	11	50	50
灰毛杜英 *Elaeocarpus limitaneus*	1	0.79	1.64	0.12	0.85	6.0	6	1.5	1.5
假楠叶冬青 *Ilex pseudomachilifolia*	1	0.79	1.64	0.12	0.85	13.0	13	50	50
林地山龙眼 *Helicia silvicola*	1	0.79	1.64	0.10	0.84	9.0	9	50	50
冬青属一种 *Ilex* sp.	1	0.79	1.64	0.08	0.84	9.0	9	40	40
老挝石栎 *Lithocarpus laoticus*	1	0.79	1.64	0.07	0.83	7.0	7	40	40
马关黄肉楠 *Actinodaphne tsaii*	1	0.79	1.64	0.05	0.83	8.0	8	50	50

注（Note）: RA，relative abundance；RF，relative frequency；RP，relative prominence；IV，importance value；HT-1，height of tree；HT-2，height of trunk

乔木层树木高低参差不齐；层盖度 80% 以上，大致可再分成两层。乔木上层高度 18~30 m，盖度 60%，优势种较明显，川滇木莲 *Manglietia duclouxii* 明显占优势，此外青冈 *Cyclobalanopsis glauca*、栲 *Castanopsis fargesii* 和滇琼楠 *Beilschmiedia yunnanensis* 等少量伴生，胸径大多在 50 cm 左右；乔木下层高 5 ～ 18 m，盖度 40%，物种丰富，树种优势种仍较明显，以腺叶杜英 *Elaeocarpus japonicus* var. *yunnanensis* 占优势，此外多花含笑 *Michelia floribunda*、粗壮琼楠 *Beilschmiedia robusta*、梭子果 *Eberhardtia tonkinensis* 和木竹子 *Garcinia multiflora* 等较常见。种类达 45 种。

灌木层分层不明显，高度不一，高度为 1~5 m，盖度达 50% 以上，种类达 50 种。其中主要生长大量上层大树的幼苗，如川滇木莲 *Manglietia duclouxii*、腺叶杜英、滇琼楠 *Beilschmiedia yunnanensis*、金平木姜子 *Litsea chinpingensis* 等。此外，狗骨柴 *Diplospora dubia*、云桂虎刺 *Damnacanthus henryi*、柳叶虎刺 *Damnacanthus labordei*、木竹子 *Garcinia multiflora*、网叶山胡椒 *Lindera metcalfiana* var. *dictyophylla* 和云南九节 *Psychotria yunnanensis* 等常见分布。

草本层明显，但盖度较低，约 70%，优势种不明显，高度不一，物种非常丰富，约 60 种。其中占一定优势的物种有横脉万寿竹 *Disporum trabeculatum*、姜花属一种 *Hedychium* sp.、红腺蕨 *Diacalpe aspidioides* 和瘤足蕨属一种 *Plagiogyria* sp. 等，此外较常见的有长序冷水花 *Pilea melastomoides*、沿阶草属一种 *Ophiopogon* sp.，以及紫叶秋海棠 *Begonia purpureofolia* 和肾托秋海棠 *Begonia mengtzeana* 等。

层间植物包括附生植物和藤本植物，种类丰富。附生植物盖度在 30%，合计 10 种。比较常见的有耳唇兰 *Otochilus porrectus* 和白花贝母兰 *Coelogyne leucantha*，此外，细萼吊石苣苔 *Lysionotus petelotii* 等苦苣苔科植物也较常见。藤本植物有 35 种，种类较多，优势种不太明显。以爬树龙 *Rhaphidophora decursiva*、冷饭团 *Kadsura coccinea* 具有较大的优势，此外常见的有荷花藤 *Aeschynanthus bracteatus*、崖爬藤属一种 *Tetrastigma* sp.、清风藤属一种 *Sabia* sp.、南蛇藤属一种 *Celastrus* sp.、素馨属一种 *Jasminum* sp. 等，草质藤本有胡椒属一种 *Piper* sp. 等。

（3）川滇木莲、金平木姜子、尼泊尔水东哥群落（*Manglietia duclouxii*, *Litsea chinpingensis*, *Saurauia napaulensis* Comm.）

该群落集中分布在西隆山水晶山 1900~2100 m 附近的中山地带，坡度平缓。生境湿润。群落外貌深绿色，林冠参差不齐。群落分层明显，大体可以分成 3 层。该群落本次共调查到 2 个样方（表 2-7），样方面积为 30 m × 30 m，均受到非常大的人为活动影响。林下均种草果，原生乔木遭到部分砍伐。

乔木层可分 2 层，高低不齐，种类有 11 种，层盖度 40% 左右。乔木上层一般高 15~20 m，平均胸径在 20~40 cm，以川滇木莲 *Manglietia duclouxii* 占优势，少量其他树种伴生，如窄叶南亚枇杷 *Eriobotrya bengalensis* var. *angustifolia*、云南瘿椒树 *Tapiscia yunnanensis*、思茅木姜子 *Litsea szemaois* 等；乔木下层高一般 10 m 左右，以金平木姜子 *Litsea chinpingensis*、尼泊尔水东哥 *Saurauia napaulensis* 为优势。样方内有 2 棵枯木。

灌木层高度不一，通常 2~5 m，盖度约 40%，种类计 38 种。物种丰富，但无明显优势种，以川滇木莲 *Manglietia duclouxii*、金平木姜子 *Litsea chinpingensis*、绿背叶鹅掌柴 *Schefflera hypoleuca* var. *hypochlorum* 等乔木幼树为主。

草本层不丰富，盖度约 30%，合计约 10 种。无明显优势种，稍常见的有宽叶火炭母 *Polygonum chinense* var. *ovalifolium*、大叶仙茅 *Curculigo capitulata*、长序冷水花 *Pilea melastomoides*、大苞鸭跖草 *Commelina paludosa*、光叶堇菜 *Viola sumatrana*、云南堇菜 *Viola yunnanensis* 和姜花属一种 *Hedychium* sp. 等。由于次生性较强，有外来植物紫茎泽兰 *Ageratina adenophora* 等入侵。

层间植物物种较丰富。附生植物少量分布，盖度在 20% 左右，合计约 8 种，优势种不明显，稍常见的有线条芒毛苣苔 *Aeschynanthus lineatus*（图版 15）、球穗胡椒

Piper thomsonii；藤本植物较丰富，有 12 种，如藤菊 *Cissampelopsis volubilis*、飞龙掌血 *Toddalia asiatica* 和高粱泡 *Rubus lambertianus* 等较常见，草质藤本有千里光 *Senecio scandens*、三开瓢 *Adenia cardiophylla*、屏边双蝴蝶 *Tripterospermum pingbianense*、崖爬藤属一种 *Tetrastigma* sp. 等，这些藤本明显具有次生性，这与乔木层遭到破坏密切相关。

表 2-7　川滇木莲、金平木姜子、尼泊尔水东哥群落（*Manglietia duclouxii, Litsea chinpingensis, Saurauia napaulensis* Comm.）乔木层重要值

Table 2-7　Importance value of tree species in *Manglietia duclouxii, Litsea chinpingensis, Saurauia napaulensis* Comm.

物种 Specie	株数 No.	相对多度 RA	相对频度 RF	相对显著度 RP	重要值 IV	树高 HT-1/m		干高 HT-2/m	
						平均 Ave	最高 Max	平均 Ave	最高 Max
川滇木莲 *Manglietia duclouxii*	2	10	7.69	47.60	21.76	17.5	18	4	6
金平木姜子 *Litsea chinpingensis*	5	25	15.38	8.17	16.18	9.8	14	3	4
尼泊尔水东哥 *Saurauia napaulensis*	3	15	7.69	10.06	10.92	12.0	13	4	8
窄叶南亚枇杷 *Eriobotrya bengalensis* var. *angustifolia*	2	10	7.69	8.83	8.84	17.0	18	5	7
云南瘿椒树 *Tapiscia yunnanensis*	1	5	7.69	10.59	7.76	20.0	20	5	5
苹果榕 *Ficus oligodon*	2	10	7.69	5.80	6.16	9.0	9	3	3
思茅木姜子 *Litsea szemaois*	1	5	7.69	5.33	6.01	19.0	19	5	5
粗毛楤木 *Aralia searelliana*	1	5	7.69	2.01	4.90	11.0	11	5	5
蓝果树 *Nyssa sinensis*	1	5	7.69	1.59	4.76	11.0	11	5	5
大八角 *Illicium majus*	1	5	7.69	1.10	4.60	11.0	11	3	3
桫椤属一种 *Alsophila* sp.	1	5	7.69	0.70	4.47	6.0	6	6	6

注（Note）：RA，relative abundance；RF，relative frequency；RP，relative prominence；IV，importance value；HT-1，height of tree；HT-2，height of trunk

（4）赤杨叶、蒙自桤群落（*Alniphyllum fortunei*, *Alnus nepalensis* Comm.）

该群落集中分布在西隆山海拔 1700~2000 m 靠近村寨的林段。群落林冠较整齐，群落整体不高，10~15 m。群落分层不明显，大体可以分成 3 层。该群落本次共调查到 3 个样方（表 2-8），样方面积 30 m × 30 m。群落受到人为活动影响较大，群落明显高度不够，次生性均明显，其中一个样地种有草果。

乔木层分层不明显，树木高低参差不齐；层盖度 70% 左右，一般高度 10 m 左右，最高不过 16 m，种植草果的样地乔木胸径多在 10 cm 以上，砍伐形成的次生林则胸径多在 10~20 cm 或 10 cm 以下，构成较密闭的林冠；优势种较明显。两层合计 24 种。除赤杨叶 *Alniphyllum fortunei*、蒙自桤 *Alnus nepalensis* 等优势树种外，部分样地有较多银木荷 *Schima argentea* 分布。此外，粗毛楤木 *Aralia searelliana*、云南樟 *Cinnamomum glanduliferum*、云南瘿椒树 *Tapiscia yunnanensis* 和蓝果树 *Nyssa sinensis* 等有少量分布。赤杨叶 *Alniphyllum fortunei*、蒙自桤 *Alnus nepalensis* 及银木荷 *Schima argentea* 均为典型的速生先锋树种，可以显示出此群落为典型次生群落。

表 2-8 赤杨叶、蒙自桤群落（*Alniphyllum fortunei, Alnus nepalensis* Comm.）乔木层重要值

Table 2-8 Importance value of tree species in *Alniphyllum fortunei, Alnus nepalensis* Comm.

物种 Specie	株数 No.	相对多度 RA	相对频度 RF	相对显著度 RP	重要值 IV	树高 HT-1/m		干高 HT-2/m	
						平均 Ave	最高 Max	平均 Ave	最高 Max
赤杨叶 *Alniphyllum fortunei*	21	19.27	9.38	17.84	15.49	9.9	16	4.00	7
蒙自桤 *Alnus nepalensis*	14	12.84	9.38	17.12	13.11	9.2	16	3.60	6
银木荷 *Schima argentea*	13	11.93	6.25	10.20	9.46	9.3	15	3.10	5
粗毛楤木 *Aralia searelliana*	9	8.26	3.13	8.00	6.46	9.2	14	4.80	8
云南樟 *Cinnamomum glanduliferum*	7	6.42	6.25	4.44	5.70	8.0	14	2.80	6
云南瘿椒树 *Tapiscia yunnanensis*	4	3.67	3.13	8.95	5.25	13.3	16	6.75	7
蓝果树 *Nyssa sinensis*	4	3.67	3.13	7.78	4.86	12.8	14	3.80	5
绿背叶鹅掌柴 *Schefflera hypoleuca* var. *hypochlorum*	6	5.50	3.13	5.18	4.60	9.7	11	6.80	10
岗柃 *Eurya groffii*	4	3.67	6.25	2.43	4.12	9.5	11	4.50	5
香面叶 *Iteadaphne caudata*	4	3.67	6.25	1.29	3.74	7.0	10	1.90	2
桫椤属一种 *Alsophila* sp.	4	3.67	3.13	3.21	3.33	5.5	10	2.10	2
尼泊尔野桐 *Mallotus nepalensis*	2	1.83	3.13	3.58	2.85	13.5	16	5.00	5
鹅掌柴属一种 *Schefflera* sp.	1	0.92	3.13	2.71	2.25	12.0	12	8.00	8
鼠刺 *Itea chinensis*	3	2.75	3.13	0.52	2.13	6.3	7	2.00	2
樟叶荚蒾 *Viburnum cinnamomifolium*	2	1.83	3.13	1.06	2.01	7.1	8	2.00	2
尼泊尔水东哥 *Saurauia napaulensis*	1	0.92	3.13	1.88	1.97	9.0	9	2.00	2
越南安息香 *Styrax tonkinensis*	1	0.92	3.13	1.70	1.91	13.0	13	6.00	6
多脉冬青 *Ilex polyneura*	2	1.83	3.13	0.64	1.87	7.5	9	3.50	4
锥序荚蒾 *Viburnum pyramidatum*	2	1.83	3.13	0.24	1.73	7.0	7	3.00	3
高盆樱桃 *Cerasus cerasoides*	1	0.92	3.13	0.68	1.57	14.0	14	3.00	3
泡腺血桐 *Macaranga pustulata*	1	0.92	3.13	0.17	1.40	8.0	8	2.00	2
未知一种	1	0.92	3.13	0.17	1.40	7.0	7	3.00	3
穗序鹅掌柴 *Schefflera delavayi*	1	0.92	3.13	0.12	1.39	5.0	5	3.00	3
小果栲 *Castanopsis fleuryi*	1	0.92	3.13	0.12	1.39	6.0	6	3.00	3

注（Note）：RA，relative abundance；RF，relative frequency；RP，relative prominence；IV，importance value；HT-1，height of tree；HT-2，height of trunk

灌木层分层不明显，高度为 1~5 m，高度不一，盖度达 40%，合计 20 种。部分是上层大树的幼苗，如赤杨叶 *Alniphyllum fortunei*、蒙自桤 *Alnus nepalensis* 等，此外纸叶榕 *Ficus chartacea*、团香果 *Lindera latifolia*、三桠苦 *Melicope pteleifolia* 和尖子木 *Oxyspora paniculata* 也较多，并有明显喜阳的地桃花 *Urena lobata*、水红木 *Viburnum cylindricum* 和香面叶 *Iteadaphne caudata* 等。

草本层明显，成片分布，物种多，无明显优势种，高度多为 1 m 以内，盖度在 50% 以上，合计约 60 种。高大草本少，多是低矮的草本，如紫叶秋海棠 *Begonia purpureofolia*、糯米团 *Gonostegia hirta*、铜锤玉带草 *Lobelia nummularia*、短蕊万寿竹 *Disporum bodinieri* 等分布；适应干旱阳性的草本生长明显较多，如里白属一种 *Hicriopteris* sp.、鱼眼草 *Dichrocephala integrifolia*、栽秧泡 *Rubus ellipticus* 和大乌泡 *Rubus pluribracteatus* 等。林缘少量阳性的紫茎泽兰 *Ageratina adenophora* 入侵生长。

层间植物藤本种类不太丰富，附生植物较少，仅毛枝吊石苣苔 *Lysionotus pubescens*、曼氏石韦 *Pyrrosia mannii* 等。藤本植物大约有 10 种，其优势种不明显，以木质藤本为主，如大血藤 *Sargentodoxa cuneata*、白花酸藤子 *Embelia ribes*、飞龙掌血 *Toddalia asiatica*、象鼻藤 *Dalbergia mimosoides* 和素馨属一种 *Jasminum* sp. 等，草质藤本有毛木通 *Clematis buchananiana*、绞股蓝 *Gynostemma pentaphyllum*、胡椒属一种 *Piper* sp. 等。

（5）泡腺血桐群落（*Macaranga pustulata* Comm.）

该群落集中分布在西隆山 1500~1700 m 附近的中山地带，通常坡度较缓，生境明显偏干。群落外貌深绿色，林冠不整齐。群落分层明显，大体可以分成 3 层。该群落本次共调查到 2 个样方（表 2-9），样方面积 10 m × 10 m，均受到极大的人为活动影响，均为种植草果或香草样地，此样方破坏极大，原生乔木几被砍伐。

乔木层可分为 2 层，高低不齐，砍伐较严重，因此种类不多，计 16 种。乔木上层一般高度 20~25 m，平均胸径在 20~50 cm，层盖度 20% 左右，以泡腺血桐 *Macaranga pustulata* 占绝对优势，少量其他物种伴生，如倒卵叶黄肉楠 *Actinodaphne obovata*；乔木下层一般不高于 10 m，优势种不明显。

灌木层高度不一，高 2~4 m，盖度仅 30%，合计 22 种。物种较多，但无明显优势种，其中九节属多种 *Psychotria* spp. 植物相对占一定优势。此外，穗序鹅掌柴 *Schefflera delavayi*、喀西白桐树 *Claoxylon khasianum* 等较多见。

草本层较丰富，盖度在 70% 以上，合计 30 种以上。无明显优势种，较常见的有穿鞘花 *Amischotolype hispida*、短蕊万寿竹 *Disporum bodinieri*、姜花属一种 *Hedychium* sp. 等。由于次生性较强，林缘及部分郁闭度低的地方有紫茎泽兰 *Ageratina adenophora*、鱼眼草 *Dichrocephala integrifolia* 等入侵。

层间植物包括附生植物和藤本植物。附生植物零星分布，非常少，盖度在 5% 以内，计 5 种，主要以蕨类为主，如蔓氏石韦 *Pyrrosia mannii*、星蕨属一种 *Microsorum* sp. 等；藤本植物较丰富，计 12 种，千里光 *Senecio scandens*、大乌泡 *Rubus pluribracteatus* 等喜阳藤本较常见，此外绞股蓝 *Gynostemma pentaphyllum*、胡椒属一种 *Piper* sp. 等也多见。

表 2-9　泡腺血桐群落（*Macaranga pustulata* Comm.）乔木层重要值

Table 2-9　Importance value of tree species in *Macaranga pustulata* Comm.

物种 Specie	株数 No.	相对多度 RA	相对频度 RF	相对显著度 RP	重要值 IV	树高 HT-1/m		干高 HT-2/m	
						平均 Ave	最高 Max	平均 Ave	最高 Max
泡腺血桐 *Macaranga pustulata*	8	18.18	11.11	42.46	23.92	22.5	26	8.5	10
沙坝榕 *Ficus chapaensis*	5	11.36	5.56	2.66	6.53	6.4	9	2.0	2
倒卵叶黄肉楠 *Actinodaphne obovata*	4	9.09	5.56	2.01	5.55	10.0	16	4.3	8
思茅木姜子 *Litsea szemaois*	4	9.09	5.56	1.66	5.44	8.8	12	5.3	8
长柄异木患 *Allophylus longipes*	4	9.09	5.56	1.50	5.38	7.0	7	20	2
阿宽蕉 *Musa itinerans*	3	6.82	5.56	1.31	4.56	4.3	5	2.7	3
大果楠 *Phoebe macrocarpa*	2	4.55	5.56	1.75	3.95	9.0	9	2.5	3
南亚泡花树 *Meliosma arnottiana*	2	4.55	5.56	1.42	3.84	10.5	12	6.5	7
柏那参 *Brassaiopsis glomerulata*	1	2.27	5.56	0.41	2.75	8.0	8	60	6
紫麻 *Oreocnide* sp.	1	2.27	5.56	0.27	2.70	6.0	6	20	2
鹅掌柴 *Schefflera* sp.	1	2.27	5.56	0.27	2.70	6.0	6	40	4
绿背叶鹅掌柴 *Schefflera hypoleuca* var. *hypochlorum*	1	2.27	5.56	0.16	2.66	8.0	8	70	7
三桠苦 *Melicope pteleifolia*	1	2.27	5.56	0.12	2.65	9.0	9	3.0	3
喀西白桐树 *Claoxylon khasianum*	1	2.27	5.56	0.12	2.65	4.0	4	20	2
越南山香圆 *Turpinia cochinchinensis*	1	2.27	5.56	0.08	2.64	7.0	7	20	2
蛛毛水东哥 *Saurauia miniata*	1	2.27	5.56	0.08	2.64	5.0	5	20	2
未知 spp.	4	9.09	5.56	43.70	19.45	10.4	27	40	5

注（Note）：RA，relative abundance；RF，relative frequency；RP，relative prominence；IV, importance value；HT-1，height of tree；HT-2，height of trunk

（6）绿背叶鹅掌柴、越南山香圆、大果楠群落（*Schefflera hypoleuca* var. *hypochlorum*, *Turpinia cochinchinensis*, *Phoebe macrocarpa* Comm.）

该群落集中分布在西隆山水晶山 2000 m 附近的中山地带，通常坡度较缓，生境明显偏干。群落外貌极不整齐，乔木层不明显。群落分层不明显，大体可以分成 3 层。该群落本次共调查到 1 个样方（表 2-10），样方面积 30 m × 30 m。均受到极大的人为活动影响，林下种草果，原生乔木几被砍伐。

乔木层盖度仅 10% 左右，仅残留 5 株乔木，3 株存活，高度 6~16 m，3 种。该层具有 2 株枯木。仅有绿背叶鹅掌柴 *Schefflera hypoleuca* var. *hypochlorum*、越南山香圆 *Turpinia cochinchinensis*、大果楠 *Phoebe macrocarpa* 各一株。

灌木层平均高度不一，多数 1~3 m，盖度达 30%，约 10 种。无优势种，物种混杂，多数为幼树，如穗序鹅掌柴 *Schefflera delavayi*、泡腺血桐 *Macaranga pustulata*、马蹄荷 *Exbucklandia populnea*、纸叶榕 *Ficus chartacea* 等。

草本层盖度高 90% 以内，约 10 种。优势种不明显，数量较多的种类如糯米团

Gonostegia hirta、下田菊 *Adenostemma lavenia*、尼泊尔蓼 *Polygonum nepalense*、红丝线 *Lycianthes biflora* 等阳性植物生长，以及多种姜科植物。有少量入侵植物紫茎泽兰 *Ageratina adenophora* 生长。

层间植物主要为藤本植物，较丰富。附生植物零星分布，盖度在 5%，计 4 种，如大苞兰 *Sunipia scariosa*、黄杨叶芒毛苣苔 *Aeschynanthus buxifolius* 等。藤本植物较丰富，有 12 种，如平叶酸藤子 *Embelia undulata*、飞龙掌血 *Toddalia asiatica*、高粱泡 *Rubus lambertianus* 等木质藤本较常见，此外有少量草质藤本，如千里光 *Senecio scandens*、乌蔹莓属一种 *Cayratia* sp. 等。

表 2-10　绿背叶鹅掌柴、越南山香圆、大果楠群落（*Schefflera hypoleuca* var. *hypochlorum*, *Turpinia cochinchinensis*, *Phoebe macrocarpa* Comm.）乔木层

Table 2-10　Tree species in *Schefflera hypoleuca* var. *hypochlorum*, *Turpinia cochinchinensis*, *Phoebe macrocarpa* Comm.

物种 Specie	株数 No.	胸高断面积 basal area /cm²	树高 HT-1/m	干高 HT-2/m
绿背叶鹅掌柴 *Schefflera hypoleuca* var. *hypochlorum*	1	616	16	5
越南山香圆 *Turpinia cochinchinensis*	1	284	9	3
大果楠 *Phoebe macrocarpa*	1	113	6	2

注（Note）: HT-1，height of tree；HT-2，height of trunk

3. 山地苔藓常绿阔叶林

山地苔藓常绿阔叶林主要分布于滇东南较高山体迎东南季风的坡面上，海拔 2000~2600 m，在热带地区的中山部位，位于热带植物垂直带上部。所在地几乎终年处于弥漫的云雾之中，气候温凉，生境异常潮湿。这类森林的下界为偏湿性的季风常绿阔叶林，其上界至山脊或山顶处则为山顶苔藓矮林。植被的重要标志是苔藓等附生植物极其丰富。凡地表、岩面、树干、枝条甚至老叶都密被苔藓。树干上的苔藓厚度一般 3~5 cm，厚者可达 12 cm 或更厚，以腐木和枯木上的厚度最大。植被种类组成以壳斗科、樟科、木兰科、茶科和金缕梅科在乔木层占优势，壳斗科树种以石栎属和青冈属的树种常见。

（1）木瓜红、硬斗石栎和中华木荷群落（*Rehderodendron macrocarpa*, *Lithocarpus hancei*, *Schima sinensis* Comm.）

该群落主要分布在西隆山海拔 2550~2700 m 平缓山体上部或小山包上。外貌较平整，起伏不大，色调灰绿色，稍带黄色。林下不太空旷，较为零乱，分层不明显，大概可分出 4 个层次（表 2-11）。

乔木上层高度为 16~24 m，枝下高较高，盖度约为 40%。种类组成以硬斗石栎 *Lithocarpus hancei*、中华木荷 *Schima sinensis* 和落叶树种木瓜红 *Rehderodendron macrocarpum* 占绝对优势。此外，本层还常见蒙自杜鹃 *Rhododendron mengtszense* 等，偶

见滇南红花荷 *Rhodoleia henryi*、刀把木 *Cinnamomum pittosporoides*、厚皮香 *Ternstroemia gymnanthera* 等。

表 2-11　木瓜红、硬斗石栎、中华木荷群落（*Rehderodendron macrocarpa, Lithocarpus hancei, Schima sinensis* Comm.）乔木层重要值

Table 2-11　Importance value of tree species in *Rehderodendron macrocarpa, Lithocarpus hancei, Schima sinensis* Comm.

物种 Specie	株数 No.	相对多度 RA	相对显著度 RP	重要值 IV	平均树高 Ave HT-1/m	平均干高 Ave HT-2/m
木瓜红 *Rehderodendron macrocarpa*	7	12.07	23.59	17.83	16.14	4.92
硬斗石栎 *Lithocarpus hancei*	4	6.90	14.11	10.50	15.00	4.32
中华木荷 *Schima sinensis*	3	5.17	10.64	7.90	18.00	10.33
红马银花 *Rhododendron vialii*	6	10.34	2.55	6.45	8.42	3.67
长蕊木兰 *Alcimandra cathcartii*	4	6.90	5.71	6.30	14.25	8.00
滇南红花荷 *Rhodoleia henryi*	1	1.72	10.83	6.28	24.50	8.50
红河冬青 *Ilex manneiensis*	5	8.62	3.36	5.99	11.20	5.90
柳叶润楠 *Machilus salicina*	5	8.62	2.33	5.48	11.00	4.80
刀把木 *Cinnamomum pittosporoides*	1	1.72	8.88	5.30	23.00	10.00
蒙自杜鹃 *Rhododendron mengtzeense*	2	3.45	6.26	4.85	15.00	8.25
坚木山矾 *Symplocos dryophila*	5	8.62	1.00	4.81	6.40	2.20
多果新木姜子 *Neolitsea polycarpa*	4	6.90	1.11	4.01	9.38	5.83
大花八角 *Illicium macranthum*	2	3.45	3.08	3.27	12.00	3.10
厚皮香 *Ternstroemia gymnanthera*	1	1.72	3.47	2.60	19.00	10.00
裂果卫矛 *Euonymus dielsianus*	2	3.45	0.56	2.00	6.50	1.50
四柱南亚枇杷 *Eriobotrya bengalensis* f. *intermedia*	1	1.72	0.65	1.19	15.00	8.00
屏边连蕊茶 *Camellia tsingpienensis*	1	1.72	0.65	1.19	10.00	2.50
文山鹅掌柴 *Schefflera fengii*	1	1.72	0.55	1.14	9.00	4.00
白穗石栎 *Lithocarpus leucostachyus*	1	1.72	0.39	1.05	12.00	10.00
冬青属一种 *Ilex* sp.	1	1.72	0.19	0.96	7.00	3.50
疏花卫矛 *Evonymus laxiflorus*	1	1.72	0.10	0.91	5.50	2.50
枯木	4	—	—	—	10.00	13.00

注（Note）：RA，relative abundance；RP，relative prominence；IV，importance value；HT-1，height of tree；HT-2，height of trunk

乔木下层高度一般为 5~16 m，枝下高较低，盖度约为 30%，分布较不均匀，种类极为繁多，以长蕊木兰 *Alcimandra cathcartii*、红马银花 *Rhododendron vialii*、坚木山矾 *Symplocos dryophylla*、红河冬青 *Ilex manneiensis*、柳叶润楠 *Machilus salicina*、多果新木姜

子 *Neolitsea polycarpa* 等为常见。此外，还偶见文山鹅掌柴 *Schefflera fengii*、屏边连蕊茶 *Camellia tsingpienensis* 和白穗石栎 *Lithocarpus leucostachyus* 等。

灌木层高度 2~6 m，分布极不均匀，盖度约为 30%。种类多为乔木层的幼树，此外其他种类种优势很明显，以金平玉山竹 *Yushania bojieiana* 和直立锦香草 *Phyllagathis erecta* 为优势，另外还常见密花树 *Myrsine neriifolia*、裂果卫矛 *Euonymus dielsianus* 和中华木荷 *Schima sinensis* 等，偶见西南卫矛 *Evonymus hamitonianus* 和大花八角 *Illicium macranthum* 等。

草本层高度约 30 cm，盖度不足 50%，种类较少，仅见 5 种植物，以沿阶草属一种 *Ophiopogon* sp. 和弯蕊开口箭 *Campylandra wattii* 为常见，滇西瘤足蕨 *Plagiogyria communis* 等少见。

层间植物较丰富，共计 15 种，其中种子植物有 9 种，蕨类植物有 6 种。附生草本以蕨类为主，如厚叶铁角蕨 *Asplenium griffithianum*、两色瓦韦 *Lepesorus bicolor* 和书带蕨属一种 *Vittaria* sp. 等，附生灌木有倒卵叶树萝卜 *Agapetes obovata* 等。藤本植物有龙骨酸藤子 *Embelia polypodioides*、素馨属一种 *Jasminium* sp. 和筐条菝葜 *Smilax corbularia* 等 4 种。

（2）疏齿栲、木果石栎、红马银花群落（*Castanopsis remotidenticulata*, *Lithocarpus xylocarpus*, *Rhododendron vialii* Comm.）

该群落集中分布在西隆山南布河海拔 2500 m 附近的山体中上部土层较肥厚的缓坡上。群落外貌树冠连接紧密，极整齐，外貌灰绿色。群落分层不明显，大体可以分成 3~4 层。该群落本次仅调查到 1 个样方（表 2-12），样方面积 30 m × 30 m。基本未受人为活动干扰。

乔木层树木高低参差不齐，层盖度 80% 以上，大致可再分成两层。乔木上层高度 15~25 m，优势种不明显，以疏齿栲 *Castanopsis remotidenticulata* 和木果石栎 *Lithocarpus xylocarpus* 占一定优势，中华槭 *Acer sinense*、沙巴含笑 *Michelia chapensis* 和红花木莲 *Manglietia insignis* 等少量伴生，胸径大多 50 cm 左右，构成不太郁闭的林冠；乔木下层树种优势种较明显，高度 5~15 m，盖度 30%，物种更加丰富，以红马银花 *Rhododendron vialii*、疏花卫矛 *Euonymus laxiflorus* 占明显优势，此外木瓜红 *Rehderodendron macrocarpum*、大八角 *Illicium majus*、方枝假卫矛 *Microtropis tetragona* 和窄叶南亚枇杷 *Eriobotrya bengalensis* var. *angustifolia* 等较常见。种类达 25 种。

灌木层高度为 1~5 m，高度不一，盖度仅达 30% 左右，种类计约 10 种。其中主要生长部分上层大树的幼苗，如疏花卫矛 *Euonymus laxiflorus*、疏齿栲 *Castanopsis remotidenticulata*、大八角 *Illicium majus* 等，此外还有长蕊木兰 *Alcimandra cathcartii*、盘叶柏那参 *Brassaiopsis fatsioide* 和方枝假卫矛 *Microtropis tetragona* 等零星分布。

草本层较发达，但盖度较高，约 70%，高度不一；物种丰富，优势种不明显，计约 30 种。较为优势的物种有药囊花 *Cyphotheca montana*、红腺蕨 *Diacalpe aspidioides*、鳞毛蕨属一种 *Dryopteris* sp.、尖羽贯众 *Cyrtomium hookerianum* 和滇南赤车 *Pellionia paucidentata* 等，其次较常见的有瘤足蕨属一种 *Plagiogyria* sp. 和间型沿阶草 *Ophiopogon intermedius* 等。

表 2-12　疏齿栲、木果石栎、红马银花群落（*Castanopsis remotidenticulata, Lithocarpus xylocarpus, Rhododendron vialii* Comm.）乔木层重要值

Table 2-12　Importance value of tree species in *Castanopsis remotidenticulata, Lithocarpus xylocarpus, Rhododendron vialii* Comm.

物种 Specie	株数 No.	相对多度 RA	相对显著度 RP	重要值 IV	树高 HT-1/m		干高 HT-2/m	
					平均 Ave	最高 Max	平均 Ave	最高 Max
红马银花 *Rhododendron vialii*	24	24	9.03	16.52	6.8	10	2.8	5
疏齿栲 *Castanopsis remotidenticulata*	11	11	21.07	16.04	9.5	17	5.7	8
木果石栎 *Lithocarpus xylocarpus*	2	2	23.61	12.80	21.0	24	11.5	13
中华槭 *Acer sinense*	5	5	10.00	7.50	11.8	18	7.0	10
疏花卫矛 *Euonymus laxiflorus*	14	14	0.59	7.30	5.9	6	2.2	3
虎皮楠属一种 *Daphniphyllum* sp.	1	1	8.48	4.74	14.0	14	7.0	7
沙巴含笑 *Michelia chapensis*	3	3	6.36	4.68	13.3	16	5.7	8
红花木莲 *Manglietia insignis*	1	1	8.05	4.52	15.0	15	8.0	8
方枝假卫矛 *Microtropis tetragona*	5	5	1.62	3.31	7.6	10	3.4	5
连蕊茶 *Camellia cuspidata*	5	5	1.27	3.13	6.0	7	2.6	3
大八角 *Illicium majus*	4	4	1.50	2.75	8.7	10	5.0	5
木瓜红 *Rehderodendron macrocarpum*	4	4	1.16	2.58	10.3	12	6.5	8
柳叶润楠 *Machilus salicina*	3	3	2.16	2.58	11.7	20	6.3	12
三股筋香 *Lindera thomsonii*	3	3	0.59	1.80	7.3	9	3.6	4
窄叶南亚枇杷 *Eriobotrya bengalensis* var. *angustifolia*	3	3	0.39	1.70	6.3	7	3.3	5
狭叶木樨 *Osmanthus attenuatus*	1	1	2.01	1.51	14.0	14	7.0	7
腺叶桂樱 *Laurocerasus phaeosticta*	2	2	0.76	1.38	9.5	12	4.5	5
东方古柯 *Erythroxylum sinensis*	2	2	0.10	1.05	6.5	7	4.0	5
黄丹木姜子 *Litsea elongata*	1	1	0.80	0.90	10.0	10	7.0	7
文山鹅掌柴 *Schefflera fengii*	1	1	0.11	0.56	9.0	9	8.0	8
卫矛属一种 *Euonymus* sp.	1	1	0.09	0.54	7.0	7	4.0	4
润楠属一种 *Machilus* sp.	1	1	0.09	0.54	5.0	5	2.0	2
屏边连蕊茶 *Camellia tsingpienensis*	1	1	0.05	0.53	6.0	6	3.0	3
新樟属一种 *Neocinnamomum* sp.	1	1	0.05	0.53	6.0	6	2.0	2
柃木属一种 *Eurya* sp.	1	1	0.05	0.53	5.0	5	4.0	4
枯树	1	—	—	0	—	—	—	—

注（Note）: RA，relative abundance；RP，relative prominence；IV，importance value；HT-1，height of tree；HT-2，height of trunk

层间植物种类丰富。附生植物盖度在 30%，计约 20 种。较常见的有黄杨叶芒毛苣苔 *Aeschynanthus buxifolius*、点花黄精 *Polygonatum punctatum*、云上杜鹃 *Rhododendron pachypodum* 和大量蕨类植物（如单行节肢蕨 *Arthromeris wallichiana*、剑叶铁角蕨 *Asplenium ensiforme*、蕗蕨属一种 *Mecodium* sp. 和书带蕨属一种 *Vittaria* sp. 等），此外，白花贝母兰 *Coelogyne leucantha* 和红苞树萝卜 *Agapetes rubrobracteata* 等也较多见。藤本植物种类较少，仅有 4 种，即掌叶悬钩子 *Rubus pentagonus*、乌蔹莓属一种 *Cayratia* sp.、八月瓜 *Holboellia latifolia* 和牛奶菜属一种 *Marsdenia* sp.。

（3）短刺栲、疏齿栲和红花荷群落（*Castanopsis echinocarpa*, *Castanopsis remotidenticulata*, *Rhodoleia parvipetala* Comm.）

该群落分布于西隆山海拔 2200~2350 m 土层较肥厚的缓坡上，群落极整齐，层次明显，外貌灰绿色，树冠连接紧密，层次较多，共分 5 层（表 2-13）。

乔木上层平均高度为 30 m，枝下高约为 20 m，树干笔直，排列较为均匀，盖度 30%，树干上苔藓较少，以短刺栲 *Castanopsis echinocarpa*、疏齿栲 *Castanopsis remotidenticulata* 和红花荷 *Rhodoleia parvipetala* 最多，此外还有柴桂 *Cinnamomum tamala*、云南瘿椒树 *Tapiscia yunnanensis*、青冈 *Cyclobalanopsis glauca* 等。

乔木中层平均高度为 15~20 m，树冠较不连接，盖度 30%，以红花荷 *Rhodoleia parvipetala* 为主，短刺栲 *Castanopsis echinocarpa*、截果石栎 *Lithocarpus truncatus*、多花含笑 *Michelia floribunda* 和赤杨叶 *Alniphyllum fortunei* 也有一些，其树冠几乎被乔木上层的树冠遮盖。

乔木下层平均高度为 6~13 m，盖度不足 20%，分布零散但种类繁多。较常见的有红马银花 *Rhododendron vialii*、滇南杜鹃 *Rhododendron hancockii* 和文山八角 *Illicium tsai* 等，而粗毛杨桐 *Adinandra hirta*、滇桂木莲 *Manglietia forrestii*、屏边核果茶 *Pyrenaria pingbienensis*、密花山矾 *Symplocos congesta*、腺缘山矾 *Symlocos glandulifera* 等则较少。

灌木层高度 0.5~5.0 m，分布零乱，盖度约 10%。种类较为多样，有一些上层乔木的幼树。占优势的种类为滑竹 *Yushania polytricha*，香缅树杜鹃 *Rhododendron tutcherae*、晚花吊钟花 *Enkianthus serotinus*、大花八角 *Illicium macranthum*、云南柃 *Eurya obliquifolia* 等也较为常见。此外，还偶见柳叶润楠 *Machilus salicina*、香面叶 *Iteadaphne caudata*、异叶鹅掌柴 *Scheffleria diversifoliolata*、方枝假卫矛 *Microtropis tetragona* 等。

草本层高度 0.1~0.5 m，盖度不足 5%，林下极空旷。种类较为单调，仅见沿阶草 *Ophiopogon bodinieri* 和狗脊蕨 *Woodwardia japonica* 两种草本。

层间植物也极单调，仅见 18 种，其中附生植物 14 种，藤本植物仅有 4 种。附生植物除苔藓植物厚外，以蕨类植物为主，如龙头节肢蕨 *Arthromeris lungtouensis*、友水龙骨 *Polypodiodes amoema*、舌蕨 *Elaphoglossum conforme* 等 9 种。此外，还偶见黄杨叶芒毛苣 *Aeschynanthus buxifolius*、宽叶耳唇兰 *Otochilus forrestii* 和长柄贝母兰 *Coloegyne longipes* 等。藤本植物有二色清风藤 *Sabia yunnanensis* var. *mairei*、异型南五味子 *Kadsura heteroclita* 等 4 种。

表 2-13　短刺栲、疏齿栲和红花荷群落（*Castanopsis echinocarpa, Castanopsis remotidenticulata, Rhodoleia parvipetala* Comm.）乔木层重要值

Table 2-13　Importance value of tree species in *Castanopsis echidnocarpa, Castanopsis remotidenticulata, Rhodoleia parvipetala* Comm.

物种 Specie	株数 No.	相对多度 RA	相对显著度 RP	重要值 IV	平均树高 Ave HT-1/m	平均干高 Ave HT-2/m
短刺栲 *Castanopsis echinocarpa*	5	9.26	45.61	27.43	25.60	9.52
疏齿栲 *Castanoposis remotidenticulata*	6	11.11	18.70	14.91	25.50	9.65
红花荷 *Rhodoleia parvipetala*	8	14.81	5.91	10.36	23.88	18.00
青冈 *Cyclobalanopsis glauca*	1	1.85	11.43	6.64	27.00	2.00
红马银花 *Rhododendron vialii*	6	11.11	0.85	5.98	7.33	1.81
杜英属一种 1 *Elaeocarpus* sp.1	2	3.70	3.97	3.84	27.50	17.00
滇南杜鹃 *Rhododendron hancockii*	3	5.56	0.79	3.17	9.67	4.45
截果石栎 *Lithocarpus truncatus*	2	3.70	2.54	3.12	22.50	15.00
多花含笑 *Michelia floribunda*	2	3.70	1.43	2.57	14.50	12.00
冬青属一种 *Ilex* sp.	1	1.85	2.86	2.35	22.00	9.00
云南瘿椒树 *Tapiscia yunnanensis*	1	1.85	2.26	2.05	28.00	13.00
文山八角 *Illicium tsai*	2	3.70	0.25	1.98	10.00	5.50
杜英属一种 2 *Elaeocarpus* sp.2	2	3.70	0.25	1.98	10.00	7.00
柴桂 *Cinnamomum tamala*	1	1.85	1.73	1.79	26.00	22.00
赤杨叶 *Alniphyllum fortunei*	1	1.85	0.75	1.30	17.00	15.00
腺缘山矾 *Symlocos glandulifera*	1	1.85	0.14	1.00	12.00	10.00
屏边杜英 *Elaeocarpus subpetiolatus*	1	1.85	0.11	0.98	10.00	6.00
滇桂木莲 *Manglietia forrestii*	1	1.85	0.09	0.97	11.00	10.00
粗毛杨桐 *Adinandra hirta*	1	1.85	0.09	0.97	9.00	7.00
密花山矾 *Symplocos congesta*	1	1.85	0.05	0.95	9.00	7.00
狭叶泡花树 *Meliosma angustifolia*	1	1.85	0.05	0.95	6.50	5.00
山矾属一种 *Symplocos* sp.	1	1.85	0.04	0.94	7.00	5.50
屏边核果茶 *Pyrenaria pingpienensis*	1	1.85	0.04	0.94	7.00	3.20
云南山茶 *Camellia reticulata*	1	1.85	0.02	0.94	6.00	5.00
滇藏杜英 *Elaeocarpus braceanus*	1	1.85	0.02	0.94	3.50	2.50
异株木樨榄 *Olea dioica*	1	1.85	0.02	0.93	4.50	3.50
枯木	3	—	—	—	11.00	—

注（Note）: RA，relative abundance；RP，relative prominence；IV, importance value；HT-1，height of tree；HT-2，height of trunk

（4）罗浮栲、吴茱萸五加、木果石栎群落（*Castanopsis fabri*, *Gamblea ciliata* var. *evodiifolia*, *Lithocarpus xylocarpus* Comm.）

该群落主要分布于海拔 2350~2500 m 的山体中部或下部，因所处地势为狭峡谷，生境较为湿润，苔藓植物较丰富。群落灰绿色，树冠起伏较大，林冠稍不连接，层次较多，可以分出 4 个层次（表 2-14）。

表 2-14 罗浮栲、吴茱萸五加、木果石栎群落（*Castanopsis fabri, Gamblea ciliata* var. *evodiifolia, Lithocarpus xylocarpus* Comm.）乔木层重要值

Table 2-14 Importance value of tree species in *Castanopsis fabri, Gamblea ciliata* var. *evodiifolia, Lithocarpus xylocarpus* Comm.

物种 Specie	株数 No.	相对多度 RA	相对显著度 RP	重要值 IV	平均树高 Ave HT-1/ m	平均干高 Ave HT-2/ m
罗浮栲 *Castanopsis fabri*	6	8.22	125.36	44.25	17.67	7.67
吴茱萸五加 *Gamblea ciliata* var. *evodiifolia*	1	1.37	33.20	11.72	25.00	7.00
木果石栎 *Lithocarpus xylocarpus*	3	4.11	33.12	11.69	26.67	12.00
红花荷 *Rhodoleia parvipetala*	3	4.11	28.33	10.00	26.67	16.00
红河冬青 *Ilex manneiensis*	2	2.74	12.85	4.54	22.50	14.00
多果新木姜子 *Neolitsea polycarpa*	4	5.48	7.03	2.48	18.00	12.75
大花八角 *Illicium macranthum*	6	8.22	6.45	2.28	10.00	6.80
刀把木 *Cinnamomum pittosporoides*	2	2.74	5.98	2.11	13.50	9.00
红马银花 *Rhododendron vialii*	13	17.81	5.68	2.00	7.00	3.75
景东冬青 *Ilex gingtungensis*	2	2.74	3.99	1.41	13.50	9.10
屏边连蕊茶 *Camellia tsingpienensis*	5	6.85	3.14	1.11	7.75	3.55
中华木荷 *Schima sinensis*	2	2.74	2.93	1.03	24.00	16.00
蒙自杜鹃 *Rhododendron mengtzense*	2	2.74	2.93	1.03	15.00	9.00
异株木犀榄 *Olea dioica*	2	2.74	2.66	0.94	10.00	6.50
柳叶润楠 *Machilus salicina*	3	4.11	1.95	0.69	12.33	9.67
多花山矾 *Symplocos ramosissima*	1	1.37	1.61	0.57	10.00	7.00
三股筋香 *Lindera thomsonii*	3	4.11	1.60	0.56	8.00	4.33
国楣槭 *Acer kuomei*	3	4.11	1.51	0.53	14.67	11.67
茶叶山矾 *Symplocos theaefolia*	1	1.37	1.08	0.38	10.00	5.00
文山鹅掌柴 *Schefflera fengii*	2	2.74	0.60	0.21	9.50	8.00
多脉茵芋 *Skinmia multinervia*	1	1.37	0.48	0.17	8.00	5.00
四柱南亚枇杷 *Eriobotrya bengalensis* f. *intermedia*	1	1.37	0.27	0.09	9.00	7.00
裂果卫矛 *Euonymus dielsianus*	2	2.74	0.22	0.08	5.50	2.25
毛序桂樱 *Laurocerasus phaeosticta* f. *pubipedunculata*	1	1.37	0.16	0.06	7.00	2.00
屏边柃 *Eurya tsingpienensis*	1	1.37	0.12	0.04	6.00	2.50
大桃叶珊瑚 *Aucuba chlorascens*	1	1.37	0.05	0.02	4.00	2.00
枯木	39	—	—	—	18.00	—

注（Note）: RA，relative abundance；RP，relative prominence；IV, importance value；HT-1，height of tree；HT-2，height of trunk

乔木上层高度 25~30 m，树冠几不连接，盖度约为 30%。树干上附生植物较少，但是树冠上部的小枝和枝丫处附生植物较丰富，枝干一般朝河谷处倾斜。罗浮栲 *Castanopsis fabri* 占明显优势，也偶见红河冬青 *Ilex manneiensis*、中华木荷 *Schima sinensis* 及落叶的吴茱萸五加 *Gamblea ciliata* var. *evodiifolia* 等。

乔木下层高度为 7~20 m，树冠不连接、圆球形，盖度约有 40%，高低参差不齐，树种较为丰富，以多果新木姜子 *Neolitsea polycarpa*、红马银花 *Rhododendron vialii*、大花八角 *Illicium macranthum*、屏边连蕊茶 *Camellia tsingpienensis*、国楣槭 *Acer kuomei* 和柳叶润楠 *Machilus salicina* 等较为常见，还偶见文山鹅掌柴 *Schefflera fengii*、刀把木 *Cinnamomum pittosporoides*、毛序桂樱 *Laurocerasus phaeosticta* f. *pubipedunculata*、四柱南亚枇杷 *Eriobotrya bengalensis* f. *intermedia*、多花山矾 *Symplocos ramosissima* 及屏边柃 *Eurya tsingpienensis* 等。

灌木层高度 1~5 m，分布零乱，除以金平玉山竹 *Yushania bojieiana* 为优势种外，大部分种类为上层乔木幼树，此外还少见铜陵东方古柯 *Erythroxylum kunthianum*、尖瓣瑞香 *Daphne acutiloba*、柄果海桐 *Pittosporum podocarpum*、油葫芦 *Pyrularia edulis*、十齿花 *Dipentodon sinicus*、红花木莲 *Manglietia insignis*、光叶偏瓣花 *Plagiopetalum serratum*、木瓜红 *Rehderodendron macrocarpum* 等；林缘还常见山鸡椒 *Litsea cubeba* 等阳性树种。

草本层高度 0.2~1.0 m，成小片不太均匀地分布，盖度较大，达 70%。较为成片或成丛的草本有滇西瘤足蕨 *Plagiogyria communis*、药囊花 *Cyphotheca montana* 与四回毛枝蕨 *Leptorumohra quadripinnata* 等。而零星分布的有间型沿阶草 *Ophiopogon intermedius*、异叶楼梯草 *Elatostema monandrum*、戟叶蓼 *Polygonum thunbergii*、橙花开口箭 *Tupistra auriantiaca*、弯蕊开口箭 *Tupistra wattii* 等。

层间植物较为丰富，尤其是附生植物，据初步统计有 16 种附生植物。蕨类植物有书带蕨 *Vittaria flexuosa*、耿马假瘤蕨 *Phymatopteris connexa* 等 9 种，附生的草本种子植物有豆瓣绿 *Peperomia tetraphylla*、白花贝母兰 *Coelogyne leucantha* 2 种，附生的灌木有林生杜鹃 *Rhododendron nemorosum*、黄杨叶芒毛苣苔 *Aeschynanthus buxifolius*、国楣槭 *Acer kuomei* 和绣毛寄生五叶参 *Pentapanax parasiticus* var. *khasianus* 等 5 种。藤本植物不多，仅见匍匐酸藤子 *Embelia procumbens*、五风藤 *Holboellia latifolia*、长托菝葜 *Smilax ferox* 等 4 种。

（5）木果石栎、罗浮栲、水青树群落（*Lithocarpus xylocarpum*, *Castanopsis fabri*, *Tetracentron sinensis* Comm.）

该群落主要分布于西隆山海拔 2400~2500 m，由于沿河环境湿润，因此草本层极为丰富，且多是些喜湿种类，如楼梯草属 *Elatostema* spp.、凤仙花属 *Impatiens* spp. 及多种蕨类植物。乔木层种类相对单一，且株数不多（表 2-15）。

乔木上层高度为 20~25 m，盖度约 70%，并且上层树冠均朝河流方向倾斜，树种几乎均为单株生长，如木果石栎 *Lithocarpus xylocarpum*、罗浮栲 *Castanopsis fabri*、水青树 *Tetracentron sinensis*、隐果石栎 *Lithocarpus eremiticus*、长蕊木兰 *Alcimandra cathcartii* 和

马蹄参 *Diplopanax stachyanthus* 等。

表 2-15 木果石栎、罗浮栲、水青树群落（*Lithocarpus xylocarpum, Castanopsis fabri, Tetracentron sinensis* Comm.）乔木层

Table 2-15 Tree species in *Lithocarpus xylocarpum, Castanopsis fabri, Tetracentron sinensis* Comm.

物种 Specie	株数 No.	平均树高 Ave HT-1/m
木果石栎 *Lithocarpus xylocarpum*	1	25.0
罗浮栲 *Castanopsis fabri*	1	25.0
水青树 *Tetracentron sinensis*	1	25.0
隐果石栎 *Lithocarpus eremiticus*	1	20.0
长蕊木兰 *Alcimandra cathcartii*	1	20.0
马蹄参 *Diplopanax stachyanthus*	1	20.0
国楣槭 *Acer kuomei*	2	12.5
楠叶冬青 *Ilex machiloides*	1	20.0
屏边连蕊茶 *Camellia tsingpienensis*	2	10.0
西藏虎皮楠 *Daphniphyllum himalense*	1	10.0
山矾属一种 *Symplocos* sp.	2	8.5
黄丹木姜子 *Litsea elongata*	3	8.0
木瓜红 *Rehdodendron macrocarpa*	1	8.0
薄叶山矾 *Symplocos anomala*	1	7.0
少果八角 *Illicium petelotii*	2	5.0
吴茱萸五加 *Gamblea ciliata* var. *evodiifolia*	1	5.0
盘叶掌叶树 *Euaraliopsis fatsioides*	2	5.0
红马银花 *Rhododendron vialii*	1	5.0
多脉茵芋 *Skimmia multinervia*	1	5.0

注（Note）: HT-1，height of tree

乔木下层高度 5~12 m，盖度约 30%，稀疏分布，有国楣槭 *Acer kuomei*、屏边连蕊茶 *Camellia tsingpienensis*、西藏虎皮楠 *Daphniphyllum himalense*、黄丹木姜子 *Litsea elongata*、木瓜红 *Rehderodendron macrocarpum*、少果八角 *Illicium petelotii* 等。

灌木层种类也较为单调，种类以三花马蓝 *Strobilanthes triflora* 最为常见，沿河几成片生长，金平玉山竹 *Yushania bojieiana* 在背河面较多，另有一些喜湿种类，如西域旌节花 *Stachyurus himalaicus*、东方古柯 *Erythroxylum sinense*、马桑绣球 *Hydrangea aspera*、臭荚蒾 *Viburnum foetidum*、长瓣瑞香 *Daphne longilobata*、文山鹅掌柴 *Schefflera fengii* 等。

草本层高 0.3~1.6 m，盖度 45%，种类最为丰富，计有 33 种之多，其中蕨类植物较多，有 11 种，如滇西瘤足蕨 *Plagiogyria communis*、长鳞耳蕨 *Polystichum longipaleatum*、稀子蕨 *Monachosorum henryi*、孔鳞瓦韦 *Lepisorus sublinearis* 等；草本层中植物多是喜湿的荨

麻科植物，如细尾楼梯草 *Elatostema tenuicaudatum*、钝叶楼梯草 *Elatostema obtusum*、假楼梯草 *Leceanthes pedunculis*、异被赤车 *Pellionia heterolota*、疣果冷水花 *Pilea verrucosa* 等 7 种，此外还有 2 种凤仙花属植物等。

层间植物种类较其他环境下的种类要丰富，树干上苔藓极密，附生植物以蕨类为主，计有书带蕨 *Vittaria flexuosa*、中华剑蕨 *Loxogramme chinensis*、扭瓦韦 *Lepisorus contortus* 等 12 种，其他还有红苞树萝卜 *Agapetes rubrobracteata*、眼斑贝母兰 *Coelogyne corymbosa*、黄马铃苣苔 *Oreocharis aurea*、异叶楼梯草 *Elatostema monandra* 等少数种子植物。藤本植物较其他环境下的种类较丰富，常见赛金刚 *Hemsleya changningensis*、冷饭团 *Kadsura coccinea*、常春卫矛 *Euonymus hederoceus* 等，还有如竹叶子 *Streptolirion volubile* 等半次生环境的种类。另有一种寄生植物多脉寄生藤 *Dendrotrophe polyneura*。

4. 山顶苔藓矮林

这类常绿阔叶林分布于云南东南部、金平西隆山的大小山脊、山顶及其附近陡坡上，土壤浅薄，岩石露头多，气温低，多盛行强风，多云雾，湿度大，树木低矮，树干粗大弯曲，分枝低，树冠向顺风一面斜生等生态特征，以致树干、枝桠、树冠、地表、岩面均披上一层厚厚的苔藓植物。

在西隆山山顶，典型的本类植被的群落由以杜鹃花科厚叶杜鹃 *Rhododendro sinofalconeri* 为主要优势种的乔木层，以冬竹 *Fargesia hsuehiana* 占优势的灌木层及较稀疏的草本层 3 层组成，其中乔木层一般不高于 15 m。

（1）厚叶杜鹃、坚木山矾、陷脉冬青群落（*Rhododendron sinofalconeri*, *Symplocos dryophila*, *Ilex delavayi* Comm.）

群落主要分布在西隆山 2800 m 以上的山顶，远远望去，像山头戴了一顶帽子。山顶盛行强风，土壤浅薄，湿度大，常处于浓雾之中。群落外貌深绿色，林冠较整齐（图版 22-1）。树冠、树干、枝桠、地表均披上一层厚厚的苔藓植物。群落分层明显，大体可以分成 3 层。该群落本次共调查到 6 个样方（表 2-16），样方面积 10 m×10 m，均未受到人为活动影响。

乔木层仅一层，一般高度在 6~9 m，平均胸径在 10~20 cm，树干多在 2/3 处开始分叉，层盖度 60% 左右，合计 11 种。该层具有大量枯倒木，合计 60 株（其中乔木层有 189 棵活株）。厚叶杜鹃 *Rhododendron sinofalconeri* 占明显优势，并高于其他树种，平均高约 8 m，叶大而厚，长达 30 cm，早春淡黄色花开满枝头，特别引人注目（图版 22-5）；还常有坚木山矾 *Symplocos dryophila*、陷脉冬青 *Ilex delavayi* 或美丽马醉木 *Pieris formosa* 伴生。此外，秋季色彩稍显绚丽，夹杂少数黄色叶片的落叶树种，如西康花楸 *Sorbus prattii* 和圆叶米饭花 *Lyonia doyonensis* 等。

灌木层平均高度约 3 m，盖度高达 80%，合计 14 种。冬竹 *Fargesia hsuehiana* 占绝对优势，株间距平均仅为 0.1 m，极稠密，干上密挂吸满水的苔藓；稍常见的有冷地卫

矛 *Euonymus frigidus*、吴茱萸五加 *Gamblea ciliata* var. *evodiifolia* 和一些乔木幼苗，如厚叶杜鹃 *Rhododendron sinofalconeri* 和坚木山矾 *Symplocos dryophila* 等。

草本层仅零星分布，盖度在 3% 以内，多集中在光照条件稍好处，合计 4 种。稍常见的有云南对叶兰 *Listera yunnanensis* 和瘤足蕨属一种 *Plagiogyria* sp. 等。

层间植物不丰富。附生植物零星分布，盖度约 1 %，合计 6 种。常见的有蕗蕨属一种 *Mecodium* sp. 和密网蕨属一种 *Phymatopteris* sp. 等。藤本植物仅 1 种，即菝葜属一种 *Smilax* sp. 较为常见。

表 2-16　厚叶杜鹃、坚木山矾、陷脉冬青群落（*Rhododendron sinofalconeri* , *Symplocos dryophila* , *Ilex delavayi* Comm.）乔木层重要值

Table 2-16　Importance value of tree species in *Rhododendron sinofalconeri, Symplocos dryophila, Ilex delavayi* Comm.

物种 Specie	株数 No.	相对多度 RA	相对频度 RF	相对显著度 RP	重要值 IV	树高 HT-1/m		干高 HT-2/m	
						平均 Ave	最高 Max	平均 Ave	最高 Max
厚叶杜鹃 *Rhododendron sinofalconeri*	114	60.3	21.4	66.3	49.3	8	11	5	9
坚木山矾 *Symplocos dryophila*	27	14.3	17.9	11.7	14.6	4	8	3	6
陷脉冬青 *Ilex delavayi*	21	11.1	14.3	9.9	11.8	6	9	4	9
美丽马醉木 *Pieris formosa*	16	8.5	14.3	5.7	9.5	5	9	3	4
滇隐脉杜鹃 *Rhododendron maddenii* ssp. *crassum*	3	1.6	7.1	3.0	3.9	4	4	5	4
附生花楸 *Sorbus epidendron*	3	1.6	7.1	1.3	3.4	8	9	4	5
圆叶米饭花 *Lyonia doyonensis*	1	0.5	3.6	1.1	1.7	7	7	2	2
心叶荚蒾 *Viburnum nervosum*	2	1.0	7.2	0.6	3.0	5	6	3	4
吴茱萸五加 *Gamblea ciliata* var. *evodiifolia*	1	0.5	3.6	0.2	1.4	7	7	4	4
西康花楸 *Sorbus prattii*	1	0.5	3.6	0.2	1.4	8	8	4	4
枯木	60	—	—	—	—	—	—	—	—

注（Note）: RA，relative abundance ; RF，relative frequency ; RP，relative prominence ; IV，importance value ; HT-1，height of tree ; HT-2，height of trunk

（2）厚叶杜鹃、附生花楸群落（*Rhododendron sinofalconeri, Sorbus epidendron* Comm.）

该群落位于山顶侧面风大海拔 2800 m 的侧坡上。群落更加低矮，平均仅高 5~6 m，大部分乔木在 1/2 处就开始分叉。群落仅具有明显的乔木层，灌木层、草本层不明显。该群落本次共调查到 1 个样方（表 2-17），样方面积 10 m × 10 m。未受到人为活动影响。

乔木层平均高度达 5~6 m，明显矮于山顶上群落的高度。层盖度约 80%。树种较少，厚叶杜鹃 *Rhododendron sinofalconeri* 和附生花楸 *Sorbus epidendron* 群落占绝对多数。此外，乔木层还杂有少量落叶树种，如吴茱萸五加 *Gamblea ciliata* var. *evodiifolia* 和圆叶米饭花 *Lyonia doyonensis* 等。

表 2-17 厚叶杜鹃、附生花楸群落（*Rhododendron sinofalconeri, Sorbus epidendron* Comm.）乔木层重要值

Table 2-17 Importance value of tree species in *Rhododendron sinofalconeri, Sorbus epidendron* Comm.

物种 Specie	株数 No.	相对多度 RA	相对显著度 RP	重要值 IV	树高 /m HT-1/m		干高 /m HT-2/m	
					平均 Ave	最高 Max	平均 Ave	最高 Max
厚叶杜鹃 *Rhododendron sinofalconeri*	11	32.35	36.21	34.28	5.5	8	2.5	3
附生花楸 *Sorbus epidendron*	5	14.71	25.26	19.98	6.5	8	3.5	6
陷脉冬青 *Ilex delavayi*	6	17.65	14.44	16.04	6.0	9	3.0	4
吴茱萸五加 *Gamblea ciliata* var. *evodiifolia*	2	5.88	8.96	7.42	7.0	7	4.5	5
心叶荚蒾 *Viburnum nervosum*	3	8.82	5.61	7.22	6.0	7	3.5	4
滇隐脉杜鹃 *Rhododendron maddenii* ssp. *crassum*	2	5.88	2.99	4.43	5.5	6	2.5	3
坚木山矾 *Symplocos dryophila*	1	2.94	2.96	2.95	5.0	5	2.0	2
大花八角 *Illicium macranthum*	2	5.88	2.33	4.11	5.0	6	2.5	3
多脉茵芋 *Skimmia multinervia*	2	5.88	1.26	3.57	6.0	7	4.0	5
枯木	1	—	—	—	—	—	—	—

注（Note）: RA，relative abundance；RP，relative prominence；IV，importance value；HT-1，height of tree；HT-2，height of trunk

灌木层不明显，总盖度不足 5%，种类多达 17 种，但零散分布，参差不齐，一般高 1~2 m。本层主要由乔木幼树构成，如厚叶杜鹃 *Rhododendron sinofalconeri*、坚木山矾 *Symplocos dryophila*、吴茱萸五加 *Gamblea ciliata* var. *evodiifolia*、心叶荚蒾 *Viburnum nervosum* 和乔木茵芋 *Skimmia arborescens* 等，此外有美丽马醉木 *Pieris formosa* 等灌木树种伴生。

草本层也不明显，高度仅 0.1~0.3 m，盖度不足 3%，种类少，合计 9 种。有瘤足蕨属一种 *Plagiogyria* sp.、密网蕨属一种 *Phymatopteris* sp. 宽叶兔儿风 *Ainsliaea latifolia* 和沿阶草属一种 *Ophiopogon* sp. 等小草本少量分布。

层间植物主要以附生植物为主，均不丰富。附生植物盖度达 30%，有 4 种，主要有蕗蕨属一种 *Mecodium* sp.、瓦韦属一种 *Lepisorus* sp. 和密网蕨属一种 *Phymatopteris* sp. 等蕨类植物。藤本植物仅 2 种，即菝葜属一种 *Smilax* sp. 和屏边双蝴蝶 *Tripterospermum pingbianense*。

（3）滇南红花荷、坚木山矾、附生花楸群落（*Rhodoleia henryi, Symplocos dryophila, Sorbus epidendron* Comm.）

该群落主要分布于海拔 2700~2900 m 较为陡峭的北坡上，坡度一般在 60°以上。地表有少量明显风化的岩石裸露，树干和树冠均强烈向迎风坡面倾斜。群落外貌较不整齐；秋季色彩稍显多彩，也混生少量落叶树种（图版22）。树干上部多弯曲，倾斜，树干上苔藓厚达5 cm。群落仅具有明显的乔木层，灌草层不明显。该群落本次共调查到2个样方(表2-18)，样方面积10 m × 10 m，均未受到人为活动影响。

表2-18 滇南红花荷、坚木山矾、附生花楸群落（*Rhodoleia henryi, Symplocos dryophila, Sorbus epidendron* Comm.）乔木层重要值

Table 2-18 Importance value of tree species in *Rhodoleia henryi, Symplocos dryophila, Sorbus epidendron* Comm.

物种 Specie	株数 No.	相对多度 RA	相对频度 RF	相对显著度 RP	重要值 IV	树高 HT-1/m		干高 HT-2/m	
						平均 Ave	最高 Max	平均 Ave	最高 Max
滇南红花荷 *Rhodoleia henryi*	19	20.43	6.45	33.58	20.15	14.5	25	6.2	17.0
坚木山矾 *Symplocos dryophila*	12	12.90	6.45	6.69	8.68	7.1	10	3.0	5.5
附生花楸 *Sorbus epidendron*	7	7.53	6.45	9.65	7.87	10.4	20	3.5	7.0
吴茱萸五加 *Gamblea ciliata* var. *evodiifolia*	6	6.45	6.45	7.19	6.70	12.8	17	6.3	9.0
蒙自杜鹃 *Rhododendron mengtszense*	8	8.60	3.23	6.72	6.18	13.6	25	6.6	12.0
厚叶杜鹃 *Rhododendron sinofalconeri*	5	5.38	6.45	5.72	5.85	9.6	13	5.5	8.0
毛序花楸 *Sorbus keissleri*	3	3.23	6.45	5.94	5.21	13.3	20	8.3	18.0
陷脉冬青 *Ilex delavayi*	7	7.53	3.23	4.46	5.07	6.7	9	3.4	6.0
滇隐脉杜鹃 *Rhododendron maddenii* ssp. *crassum*	5	5.38	6.45	1.45	4.42	8.2	15	4.8	10.0
文山鹅掌柴 *Schefflera fengii*	2	2.15	6.45	3.91	4.17	14.0	20	5.3	7.0
迟花杜鹃 *Rhododendron serotinum*	3	3.23	6.45	2.81	4.16	9.0	11	4.5	6.0
大花八角 *Illicium macranthum*	4	4.30	6.45	1.05	3.93	5.5	8	2.6	3.5
西康花楸 *Sorbus prattii*	2	2.15	3.23	4.59	3.32	18.0	20	7.5	10.0
中华槭 *Acer sinense*	2	2.15	6.45	0.97	3.19	11.5	13	7.5	8.0
圆叶米饭花 *Lyonia doyonensis*	2	2.15	3.23	2.95	2.78	15.5	18	7.5	8.0
喜马拉雅虎皮楠 *Daphniphyllum himalense*	2	2.15	3.23	0.41	1.93	4.5	5	1.0	1.0
心叶荚蒾 *Viburnum nervosum*	1	1.08	3.23	1.09	1.80	7.0	7	3.0	3.0
云南越橘 *Vaccinium duclouxii*	1	1.08	3.23	0.39	1.56	8.0	8	2.5	2.5
多脉茵芋 *Skimmia multinervia*	1	1.08	3.23	0.31	1.54	7.0	7	6.0	6.0
杜鹃属一种 *Rhododendron* sp.	1	1.08	3.23	0.12	1.47	5.0	5	1.0	1.0
枯树	8	—	—	—	—	—	—	—	—

注（Note）：RA，relative abundance；RF，relative frequency；RP，relative prominence；IV, importance value；HT-1，height of tree；HT-2，height of trunk

乔木层平均高度达15 m，少数树木高于20 m，明显高于上面分析的山顶上群落的高度。层盖度约60%，合计23种。树种较丰富，单个样地即达17种，相比上面山顶群落的乔木层物种数明显增多。滇南红花荷 *Rhodoleia henryi* 占绝对多数。在海拔较高的陡坡样地中坚木山矾 *Symplocos dryophila* 为乔木上层常见树种，而海拔略低的陡坡样地中（2860 m），附生花楸 *Sorbus epidendron*、吴茱萸五加 *Gamblea ciliata* var. *evodiifolia* 则为乔木上层常见树种。而厚叶杜鹃 *Rhododendron sinofalconeri* 和滇隐脉杜鹃 *Rhododendron maddenii* ssp. *crassum* 则在乔木下层树种占有优势，厚叶杜鹃 *Rhododendron sinofalconeri* 虽然株数较少，但由于叶片较大，仍十分显眼。此外，乔木层还杂有少量落叶树种，如西康花楸 *Sorbus prattii*、吴茱萸五加 *Gamblea ciliata* var. *evodiifolia*、圆叶米饭花 *Lyonia doyonensis* 和中华槭 *Acer sinense* 等。

灌木层不明显，总盖度不足 5%，零散分布，参差不齐，一般高 1~2 m。种类不多，多为乔木层的一些幼树。此外，常有滇白珠 *Gaultheria leucocarpa*、冷地卫矛 *Euonymus frigidus*、光叶铁仔 *Myrsine stolonifera* 和多脉茵芋 *Skimmia multinervia* 等。

草本层也不明显，高度多变，盖度不足 5%，有 12 种以上，海拔较低的样地分布更多物种。种类不多，无明显优势物种，仅见瘤足蕨属一种 *Plagiogyria* sp.、云南兔儿风 *Ainsliaea yunnanensis*、沿阶草属一种 *Ophiopogon* sp.、云南对叶兰 *Listera yunnanensis* 及蛇足石杉 *Huperzia serrata* 等。

层间植物主要以附生植物为主，种类不多。附生植物有 6 种，附生草本有密网蕨属一种 *Phymatopteris* sp.、两色瓦韦 *Lepisorus bicolor* 和舌蕨 *Elaphoglossum conforme* 等；附生灌木仅红苞树萝卜 *Agapetes rubrobracteata* 一种。藤本植物仅 3 种，如屏边双蝴蝶 *Tripterospermum pingbianense* 和菝葜属一种 *Smilax* sp. 等。

四、西隆山植被保护及开发利用的意见和建议

1. 分布特点和保护价值

西隆山植被是发育在热带雨林基带上的热带山地植被垂直系列，从山脚到山顶植被的原始面貌逐渐明显。由于人类活动范围主要集中在 2000 m 以下，垂直带下半部热带雨林及湿性常绿阔叶林均遭受到较强烈的人为破坏，尤其是热带雨林部分几乎荡然无存；2200 m 以上的山地苔藓常绿阔叶林和山顶苔藓矮林尚存原始面貌，所以对涵养水分和调节气候均起着极为重要的作用。

目前，保存完好并且面积较大的植被类型为山地苔藓常绿阔叶林，海拔为 2200 ～ 2600m，为西隆山最具代表性和最有保护价值的植被类型，也是保护区的核心区。该森林外貌整齐，结构完整，物种丰富而繁茂，蕴藏着非常多的保护物种。常见的保护植物有十齿花 *Dipentodon sinicus*、马蹄参 *Diplopanax stachyanthus*、长蕊木兰 *Alcimandra cathcartii*、水青树 *Tetracentron sinense* 等。此外，苔藓林丰富的附生植物也在涵养水分、增加群落的物种多样性、增强森林抵抗极端气候的能力等方面起到了极为重要的作用。

2. 保护现有森林植被系列刻不容缓

中低海拔在季风常绿阔叶林与苔藓常绿阔叶林交界处，由于人类长期在林下种植草果，草果破坏了原始森林植被的生态系统，乔木层有疏伐，草本破坏更加严重，导致群落种类组成减少，许多物种被毁灭，群落的物种多样性明显降低（喻智勇，2009）；同时，空旷的林下环境为一些阳性树种和入侵物种提供了条件。例如，季风常绿阔叶林中大量的阳性树种和部分入侵物种，如赤杨叶 *Alniphyllum fortunei* 和紫茎泽兰 *Ageratina adenophora* 等；再者，草果的定期除草和整地也严重导致了土壤及其种子库和微土壤环境的改变，为今后森林生态系统的恢复和重建造成巨大障碍。

近来，随着低海拔河谷地区林权改革及热带经济作物的面积不断扩大，热带雨林和季风常绿阔叶林的面积日益萎缩，面临更大的威胁。目前，残存的热带雨林片段仅分布于山谷陡坡和村边的风水林中，并且仍持续受到人类活动的影响，部分森林实际上已经名存实亡。这类森林是该区生物多样性最为丰富的地段，若不继续划定保护区域，将对深入研究该区热带森林群落生态系统的生物多样性造成不可弥补的损失。

参考文献

曲仲湘 , 吴玉树 , 王焕校 , 等 . 1983. 植物生态学 . 2 版 . 北京 : 高等教育出版社

吴征镒 .1980. 中国植被 . 北京 : 科学出版社

吴征镒 , 朱彦承 .1987. 云南植被 . 北京 : 科学出版社

喻智勇 . 2009. 草果种植对金平分水岭国家级自然保护区生物多样性的影响浅析 . Forest Inventory and Planning (林业调查规划), 34 (增刊): 56-57

Curtis JT, McIntosh RP. 1951. An upland forest continuum in the prairie-forest border region of Wisconsin. Ecology, 32: 476-496

Shi JP, Zhu H. 2009. Tree species composition and diversity of tropical mountain cloud forest in the Yunnan, southwestern China. Ecological Research, 24: 83-92

Shui YM, Zhang GJ, Chen WH, *et al*. 2003. Montane mossy forest in the Chinese part of the Xilongshan Mountain, bounding China and Vietnam, Yunnan Province, China. Acta Botanica Yunnanica (云南植物研究), 25(4): 397-414

第三章　西隆山种子植物的多样性分析

陈文红[1,2]，税玉民[1,2]，李国锋[1]，汪健[1,2]

1 中国科学院昆明植物研究所，云南省，昆明 650201
2 云南省喀斯特地区生物多样性保护研究会，云南省，昆明 650201

第一节　采集和研究概况

一、西隆山考察和采集概况

在 20 世纪末之前，由于地理位置偏僻、交通不便、经济落后，西隆山在植物调查方面一直是一个薄弱地区。新中国成立以前，国内外植物学家还没有涉足到该地区。在 20 世纪 50 年代，少量采集主要集中在西隆山低海拔河谷一带。例如，毛品一先生在 1951 年共采集植物标本 254 号（包士英等，1998），而后徐永椿先生、宣淑洁先生和武素功先生等于 1951~1955 年在西隆山也进行了短期考察，中苏联合科学考察队于 1956 年采集植物标本 630 号。在 20 世纪后期，云南林业科学院于 1985~1986 年采集 79 号植物标本（红河州科技委员会 , 1987），云南大学硕士研究生税玉民曾于 1991 年采集标本约 100 号，云南大学朱维明教授于 90 年代初在该地区低海拔采集过一些蕨类植物（税玉民等，2003）。

20 世纪末至今，陆续开展了几次具一定规模的野外考察和研究，为弄清楚西隆山的植物资源现状提供了重要的基础资料。中国科学院昆明植物研究所周浙昆博士等于 1999 年考察了西隆山北坡（中国部分）的植物，采集标本 600 余号。昆明植物研究所硕士研究生张广杰于 2000 年 4 月在西隆山山脚采集标本 200 余号（税玉民等，2003；Zhang *et al.*, 2003）。昆明植物研究所税玉民等于 2007 年 12 月对西隆山山脚进行了为期 5 天的考察，采集植物标本 240 余号。昆明植物研究所西南种质资源库 DNA 条形码考察队（GBOWS）于 2010 年 1 月在西隆山山脚采集植物标本约 400 号。税玉民等又于 2010 年 6 月对西隆山低海拔和北坡开展了较大规模的考察，采集植物标本共计 2250 号。昆明植物研究所硕士研究生李国锋于 2010 年 3 月在低海拔的河谷一带进行了短期采集。昆明植物研究所陈文红带队于 2011 年 7 月对西隆山东段水晶山及低海拔地区进行了近半个月的考察，采集标本约 1500 号。

二、西隆山种子植物概况

结合上述考察和采集，以及国内外各标本馆的标本及文献记载，西隆山地区共记载种子植物 194 科（其中裸子植物有 6 科，被子植物 188 科）775 属 1749 种（含种下等级，如不包括种下等级则为 1701 种），包含部分特色栽培物种、外来入侵种、栽培后逸野的物种，以及两个外来植物科——万寿果科 Caricaceae 和景天科 Crassulaceae 各一种。其中裸子植物 6 科 6 属 11 种；双子叶植物 150 科 623 属 1458 种（不包含种下等级则为 1417 种）；单子叶植物 25 科 146 属 280 种（不包含种下等级则为 273 种）（附录Ⅴ）。其中，野生种子植物共计有 192 科 750 属 1672 种（不含种下等级，如包含种下等级则为 1720 种）（附录Ⅴ）。而种子植物科属种的区系分析则在野生种（包括种下等级）中剔除了部分未鉴定到种的物种，计 192 科 750 属 1636 种。

本书科属种范畴的界定及划分，主要以 *Flora of China*(Wu & Raven, 1994-2011) 为主，个别科的划分参考了《中国植物志》（中国植物志编辑委员会，1959-2004）、《云南植物志》（吴征镒，1977-2006）、《云南种子植物名录》（上、下卷）（吴征镒，1984）及 Wu 等（2002）、吴征镒等（2003，2006，2010）、汤彦承和路安民（2004）等资料。

第二节　西隆山种子植物科的统计和分析

西隆山目前共计有野生种子植物 192 科（该地区各科所含的属数、种数及各科的分布区类型见附录Ⅰ），按所含种数计，前六大科分别是兰科 Orchidaceae、蝶形花科 Papilionaceae、大戟科 Euphorbiaceae、樟科 Lauraceae、禾本科 Gramineae 和茜草科 Rubiaceae（表 3-1）。

表 3-1　西隆山种子植物科的大小排序（前六大科，按科内种数递减排列）

Table 3-1　Ordering of the six large seed plant families in Xilong Mountain

序号 No.	科中文名 Chinese name of families	科拉丁名 Latin name of families	属数 Number of genera	种数* Number of species*	分布区类型 Areal-type
1	兰科	Orchidaceae	43	79	1
2	蝶形花科	Papilionaceae	32	69	1
3	大戟科	Euphorbiaceae	24	64	2
4	樟科	Lauraceae	15	62	2
5	禾本科	Gramineae	37	59	1
6	茜草科	Rubiaceae	27	59	1

* 科内种数的统计不含种下单位

* Number of species did not include the taxa under species in each family

一、科属种的数量结构分析（种的统计均不包含种下单位）

1. 科内属的数量结构分析

西隆山地区含 10 属以上的科有 16 个（附录III），分别是兰科 Orchidaceae（43 属）、禾本科 Gramineae（37 属）、蝶形花科 Papilionaceae（32 属）、菊科 Compositae（28 属）、茜草科 Rubiaceae（27 属）、大戟科 Euphorbiaceae（24 属）、爵床科 Acantbaceae（20 属）、苦苣苔科 Gesneriaceae（16 属）、荨麻科 Urticaceae（16 属）、夹竹桃科 Apocynaceae（15 属）、樟科 Lauraceae（15 属）、唇形科 Labiatae（14 属）、蔷薇科 Rosaceae（12 属）、野牡丹科 Melastomataceae（11 属）、葫芦科 Cucurbitaceae（10 属）、楝科 Meliaceae（10 属），共计 330 属，占全部科数的 8.33%，占全部属数的 44.0%。

该地区包含属数多于 15 属的科有 9 个，占全部科数的 4.69%，共计 243 属，占全部属数的 32.40%；包含 6~15 属的科有 23 个，占全部科数的 11.98%，共计 206 属，占全部属数的 27.47%；出现 2~5 属的科有 67 个，占全部科数的 34.90%，共计 208 属，占全部属数的 27.73%；仅含 1 属的科有 93 科，占全部科数的 48.43%，共计 93 属，占总属数的 12.40%。这些寡属科成为该地区区系属水平结构的主体部分（表 3-2）。

表 3-2　西隆山科内属级数量结构分析

Table 3-2　Statistics of families based on the number of genera per family in Xilong Mt.

科内属数 Genera No. each family	科数 Number of families	占全部科数的比例 Percentage in total families /%	含有的属数 Number of genera	占全部属数的比例 Percentage in total genera /%
1	93	48.43	93	12.40
2~5	67	34. 90	208	27.73
6~15	23	11.98	206	27.47
＞15	9	4.69	243	32.40
合计 (Total)	192	100	750	100

2. 科内种的数量结构分析

西隆山种子植物种一级的组成中，超过 20 种（不含 20 种）的科有 19 个（附录III），占该地区全部科数的 9.90%，这些科含有 330 属 808 种，分别占该地区全部属数、种数的 44.00% 和 48.30%。含有 11~20 种的科共有 24 个，占该地区全部科数的 12.50%，这些科含有 139 属 357 种，分别占该地区全部属数、种数的 18.53% 和 21.34%。因此，该地区区系构成中的种类组成主干部分应是超过 10 种的科，仅含一种的科虽然在科一级具有一定的显示度，但在种水平看，仅是其中一小部分而已（表 3-3）。

表 3-3　西隆山科内种的数量结构分析

Table 3-3　Statistics of families based on the number of species per family in Xilong Mt.

科内种数 Species No. each family	科数 Number of families	占全部科数的比例 Percentage in total families /%	含有的种数 Number of species	占全部种数的比例 Percentage in total species/%
1	49	25.52	49	2.93
2~10	100	52.08	458	27.39
11~40	34	17.71	643	38.46
＞40	9	4.69	522	31.22
合计 (Total)	192	100	1672	100

科内种的数量结构分析表明，在西隆山种子植物区系数量构成中，无论是属一级还是种一级的组成，都是以大科和中等科为其区系的主要组成部分。值得指出的是，有些科虽然含属、种数不多，但对揭示西隆山植物区系的性质和起源有着重要的意义。例如，苏铁科 Cycadaceae、买麻藤科 Gnetaceae、马蹄参科 Mastixiaceae、瘿椒树科 Tapisciaceae、十齿花科 Dipentodontaceae 等的存在，显示出该地区植物区系的古老性。而热带雨林的标志种龙脑香科 Dipterocarpaceae（在本区有龙脑香属 *Dipterocarpus* 和坡垒属 *Hopea*），以及牛栓藤科 Connaraceae、肉豆蔻科 Myristicaceae、番荔枝科 Annonaceae、大风子科 Flacourtiaceae、翅子藤科 Hippocrateaceae、金虎尾科 Malpighiaceae、隐翼科 Crypteroniaceae、海桑科 Sonneratiaceae、五桠果科 Dilleniaceae 等热带性较强科的出现，则充分体现了该地区低海拔地段区系的热带联系。

二、科的分布区类型分析

根据 Li（1995a, 1995b）、吴征镒等（2003，2006，2010）对种子植物分布区类型的划分原则，并结合最新的 *Flora of China* 科的范围和分布产地，西隆山种子植物 192 个科可以划分为 10 个类型和 14 个变型或亚型（表 3-4）。

表 3-4　西隆山种子植物科的分布区类型

Table 3-4　Areal-types of seed plant families in Xilong Mt.

	科的分布区类型 Areal-types of seed plants families	科的数目 Number of families	科的百分比* Percentage of families/%*
1	广布（世界广布）Widespread= Cosmopolitan	40	—
(2-7)	热带成分 Tropic	（116）	（76.32）
2	泛热带（热带广布）Pantropic	64	42.11
2-1	热带亚洲—大洋洲和热带美洲（南美洲或 / 和墨西哥）Trop. Asia-Australasia and Trop. Amer. (S. Amer. or/ and Mexico)	3	1.97
2-2	热带亚洲—热带非洲—热带美洲（南美洲）Trop. Asia - Trop. Afr. - Trop. Amer. (S. Amer.)	5	3.29
2s	以南半球为主的泛热带分布 Pantropic especially S. Hemisphere	4	2.63
3	东亚（热带、亚热带）及热带南美间断 Trop. & Subtr. E. Asia & (S.) Trop. Amer. disjuncted	13	8.55
4	旧世界热带 Old World Tropics= OW Trop.	8	5.26
5	热带亚洲至热带大洋洲 Trop. Asia to Trop. Australasia Oceania	6	3.95
7	热带亚洲（即热带东南亚至印度—马来，太平洋诸岛）Trop. Asia= Trop. SE. Asia + Indo-Malaya + Trop. S. & SW. Pacific Isl.	1	0.66
7-1	爪哇（或苏门答腊），喜马拉雅间断或星散分布到华南、西南 Java or Sumatra，Himalaya to S., SW. China disjuncted or diffused	1	0.66
7-2	热带印度至华南（尤其云南南部）分布 Trop. India to S. China (especially S. Yunnan)	1	0.66
7-3	缅甸、泰国至华西南分布 Myanmar, Thailand to SW. China	1	0.66
7-4	越南（或中南半岛）至华南或西南分布 Vietnam or Indochinese Peninsula to S．or SW. China	1	0.66
7a	西马来，基本上在新华莱士线以西（W. Malesia beyond New Wallace line），北可达中南半岛或印东北或热带喜马拉雅，南达苏门答腊	1	0.66
7b	中马来（C. Malesia），爪哇以东、加里曼丹至菲律宾一线以内	1	0.66
7c	东马来（E. Malesia），即新华莱士线以东，但不包括新几内亚及东侧岛屿	2	1.32
7d	全分布区东达新几内亚（New Geainea）	4	2.63
(8-14)	温带成分 Temp.	（36）	（23.68）
8	北温带 N. Temp.	7	4.61
8-4	北温带和南温带间断分布 N. Temp. & S. Temp. disjuncted	14	9.21
9	东亚和北美间断 E. Asia & N. Amer. disjuncted	8	5.26
12-3	地中海区至温带—热带亚洲，大洋洲和 / 或北美南部至南美洲间断 Mediterranea to Temp. -Trop. Asia, with Australasia and/ or S. N. to S. Amer. disjuncted	1	0.66
14	东亚 E. Asia	4	2.63
14SH	中国—喜马拉雅 Sino-Himalaya	2	1.32
	总计（Total）	192	100

* 计算各分布类型的比例（%）时不包括世界广布科

* The calculation of the percentage of families (%) did not include the widespread famlies

1）世界分布科。指遍布于世界各大洲，没有明显分布中心的科。西隆山该分布型科计有40科，占全部科的26.32%。分别是泽泻科 Alismataceae（1属1种）、苋科 Amaranthaceae（5属6种）、紫草科 Boraginaceae（2属3种）、桔梗科 Campanulaceae（4属4种）、石竹科 Caryophyllaceae（5属5种）、菊科 Compositae（28属48种）、旋花科 Convolvulaceae（7属10种）、十字花科 Cruciferae（3属3种）、菟丝子科 Cuscutaceae（1属2种）、莎草科 Cyperaceae（6属11种）、龙胆科 Gentianaceae（4属4种）、禾本科 Gramineae（37属59种）、唇形科 Labiatae（14属19种）、半边莲科 Lobeliaceae（1属4种）、千屈菜科 Lythraceae（1属1种）、桑科 Moraceae（5属41种）、木犀科 Oleaceae（5属10种）、柳叶菜科 Onagraceae（1属2种）、兰科 Orchidaceae（43属79种）、酢浆草科 Oxalidaceae（1属1种）、蝶形花科 Papilionaceae（32属69种）、车前科 Plantaginaceae（1属2种）、远志科 Polygalaceae（2属4种）、蓼科 Polygonaceae（3属15种）、马齿苋科 Portulacaceae（1属1种）、报春花科 Primulaceae（2属11种）、毛茛科 Ranunculaceae（3属10种）、鼠李科 Rhamnaceae（5属6种）、杜鹃花科 Rhodoraceae（5属26种）、蔷薇科 Rosaceae（12属36种）、茜草科 Rubiaceae（27属59种）、接骨木科 Sambucaceae（1属2种）、虎耳草科 Saxifragaceae（3属3种）、玄参科 Scrophulariaceae（8属12种）、茄科 Solanaceae（3属5种）、瑞香科 Thymelaeaceae（2属5种）、榆科 Ulmaceae（5属8种）、伞形科 Umbelliferae（3属5种）、堇菜科 Violaceae（1属6种）、槲寄生科 Viscaceae（1属1种）。种类较多的科如禾本科、菊科、唇形科等主要分布在荒坡、路边或次生的疏林灌丛等生境，科内属等级的特有类群相对较少。

2）泛热带分布。包括普遍分布于东、西两半球热带和在全世界热带范围内有一个或几个分布中心，但在其他地区也有一些种类分布的热带科。有不少科不但广布于热带，而且延伸到亚热带甚至温带。本区此类型包括其变型的科共计有76科，占全部科数的50%（除世界广布科外）；其中正型有64科，占全部科数的42.11%（不包括世界广布科，下述分析均同），位居各分布区类型之首，如爵床科 Acantbaceae（20属34种）、漆树科 Anacardiaceae（7属7种）、番荔枝科 Annonaceae（9属20种）、夹竹桃科 Apocynaceae（15属23种）、天南星科 Araceae（9属16种）、马兜铃科 Aristolachiaceae（2属4种）、萝藦科 Asclepiadaceae（6属10种）、蛇菰科 Balanophoraceae（1属2种）、凤仙花科 Balsaminaceae（1属8种）、秋海棠科 Begoniaceae（1属19种）、紫葳科 Bignoniaceae（5属6种）、木棉科 Bombacaceae（1属1种）、橄榄科 Burseraceae（1属1种）、山柑科 Capparaceae（3属8种）、卫矛科 Celastraceae（4属19种）、金粟兰科 Chloranthaceae（1属1种）、使君子科 Combretaceae（3属4种）、鸭跖草科 Commelinaceae（8属14种）、牛栓藤科 Connaraceae（4属4种）、破布木科 Cordiaceae（3属4种）、闭鞘姜科 Costaceae（1属2种）、葫芦科 Cucurbitaceae（10属19种）、薯蓣科 Dioscoreaceae（1属3种）、龙血树科 Dracaenaceae（1属1种）、柿科 Ebenaceae（1属7种）、沟繁缕科 Elatinaceae（2属2种）、古柯科 Erythroxylaceae（1属1种）、大戟科 Euphorbiaceae（24属64种）、刺篱木科 Flacourtiaceae（1 属 1 种）、藤黄科 Guttiferae (Clusiaceae)（1 属 4 种）、莲叶桐科 Hernandiaceae（1 属 2 种）、翅子藤科 Hippocrateaceae（1 属 3 种）、仙茅科 Hypoxidaceae（2 属 4 种）、茶茱萸科 Icacinaceae（4 属 7 种）、大风子科 Kiggelariaceae（1 属 2 种）、樟科 Lauraceae（15 属 62 种）、金虎尾科 Malpighiaceae（2 属 3 种）、锦葵科 Malvaceae（4 属 5 种）、竹芋科 Marantaceae（1 属 3 种）、野牡丹科 Melastomataceae（11 属 24 种）、楝科 Meliaceae（10 属 11 种）、防己科 Menispermaceae（5 属 7 种）、含羞草科 Mimosaceae（3 属 12 种）、肉豆蔻科 Myristicaceae（3 属 6 种）、紫金牛科 Myrsinaceae（4 属 23 种）、水团花科 Naucleaceae（1 属 1 种）、棕榈科 Palmae（4 属 6 种）、西番莲科 Passifloraceae（2 属 3 种）、胡椒科 Piperaceae（2 属 16 种）、雨久花科 Pontederiaceae（1 属 1 种）、红树科 Rhizophoraceae（2 属 4 种）、芸香科 Rutaceae（7 属 11 种）、天料木科 Samydaceae（2 属 4 种）、檀香科 Santalaceae（3 属 3 种）、无患子科 Sapindaceae（5 属 6 种）、山榄科 Sapotaceae（2 属 2 种）、菝葜科 Smilacaceae（2 属 12 种）、梧桐科 Sterculiaceae（7 属 16 种）、马钱子科 Strychnaceae（2 属 4 种）、箭根薯科 Taccaceae（1 属 1 种）、山茶科 Theaceae（8 属 19 种）、荨麻科 Urticaceae（16 属 41 种）、葡萄科 Vitaceae（3 属 13 种）、牡荆科 Viticaceae（1 属 3 种）。其中，种类较多的科有大戟科 Euphorbiaceae、荨麻科 Urticaceae 等，较典型的热带科有肉豆蔻科 Myristicaceae、使君子科 Combretaceae、红树科 Rhizophoraceae、天料木科 Samydaceae、金虎尾科 Malpighiaceae、山榄科 Sapotaceae、翅子藤科 Hippocrateaceae 等，分布到亚热带乃至温带的科有秋海棠科 Begoniaceae、野牡丹科 Melastomataceae、葡萄科 Vitaceae、天南星科 Araceae 等。另外，在植物群落中地位较为重要的科还有无患子科 Sapindaceae、樟科 Lauraceae、大戟科 Euphorbiaceae 等，其是植物群落中的重要组成部分。

该分布型在本区包括 3 个变型或亚型。

2-1）热带亚洲、大洋洲和热带美洲分布。本区属于该变型的有 3 科，即五桠果科 Dilleniaceae（2 属 2 种）、山菅兰科 Phormiaceae（1 属 1 种）、山矾科 Symplocaceae（1 属 9 种），占全部科数的 1.97%。

2-2）热带亚洲、热带非洲和热带美洲分布。本区属于该变型的有 5 科，即醉鱼草科 Buddlejaceae（1 属 1 种）、苏木科 Caesalpiniaceae（4 属 6 种）、买麻藤科 Gnetaceae（1 属 1 种）、粘木科 Ixonanthaceae（1 属 1 种）、椴树科 Tiliaceae（3 属 6 种），占全部科数的 3.29%。

2s）以南半球为主的泛热带分布。本区属于该变型的有 4 科，即桑寄生科 Loranthaceae（6 属 10 种）、桃金娘科 Myrtaceae（1 属 7 种）、罗汉松科 Podocarpaceae（1 属 2 种）、山龙眼科 Proteaceae（2 属 9 种），占全部科数的 2.63%。

3）东亚（热带、亚热带）和热带美洲间断分布。指热带（亚热带）亚洲和热带（亚热带）美洲（中、南美）环太平洋洲际间断分布。本区属此分布型的有 13 科，占全部科数的 8.55%，分别为冬青科 Aquifoliaceae（1 属 13 种）、五加科 Araliaceae（9 属 27 种）、桤叶树科 Cyrillaceae（1 属 2 种）、杜英科 Elaeocarpaceae（2 属 11 种）、苦苣苔科 Gesneriaceae（16 属 37 种）、天胡荽科 Hydrocotylaceae（1 属 2 种）、木通科 Lardizabalaceae（2 属 2

种）、泡花树科 Meliosmaceae（1 属 3 种）、水东哥科 Saurauiaceae（1 属 6 种）、省沽油科 Staphyleaceae（1 属 5 种）、安息香科 Styracaceae（4 属 7 种）、瘿椒树科 Tapisciaceae（1 属 2 种）、马鞭草科 Verbenaceae（7 属 17 种）。其中杜英科、冬青科、安息香科、五加科等在植物群落组成中具有一定的作用。

4）旧世界热带分布。指分布于热带亚洲、非洲及大洋洲地区的科。本区属于此分布型的有八角枫科 Alangiaceae（1 属 1 种）、天门冬科 Asparagaceae（1 属 1 种）、金刀木科 Barringtoniaceae（1 属 1 种）、火筒树科 Leeaceae（1 属 3 种）、芭蕉科 Musaceae（1 属 3 种）、露兜树科 Pandanaceae（1 属 1 种）、海桐花科 Pittosporaceae（1 属 3 种）、五月茶科 Stilaginaceae（1 属 4 种）8 科，占全部科数的 5.26%。该分布类型的科虽不多，但是多数为森林下层植物，热带性质较强。

5）热带亚洲至热带大洋洲分布。该区出现的该分布型科有 6 科，占全部科数的 3.95%，即心翼果科 Cardiopteridaceae（1 属 1 种）、苏铁科 Cycadaceae（1 属 5 种）、虎皮楠科 Daphniphyllaceae（1 属 3 种）、四数木科 Tetramelaceae（1 属 1 种）、黄叶树科 Xanthophyllaceae（1 属 1 种）、姜科 Zingiberaceae（7 属 27 种）。除姜科、虎皮楠科和苏铁科外，其他科在该地区均为 1 属 1 种。

7）热带亚洲分布及其变型。热带亚洲分布范围为广义的，包括热带东南亚、印度—马来和西南太平洋诸岛。本区正型及其变型共计有 13 科，占总科数的 8.55%。其中正型出现一科，即重阳木科 Bischofiaceae（1 属 1 种），占总科数的 0.66%。

该分布区类型在西隆山还有 8 个变型或亚型。

7-1）爪哇（或苏门答腊），喜马拉雅间断或星散分布到华南、西南。本区有 1 科，即香茜科 Carlemanniaceae（2 属 3 种）。

7-2）热带印度至华南（尤其是云南南部）分布。本区有 1 科，即十齿花科 Dipentodontaceae（1 属 1 种）。

7-3）缅甸、泰国至华西南分布。本区有 1 科，即毒药树科 Sladeniaceae（1 属 1 种）。

7-4）越南（或中南半岛）至华南或西南分布。本区有 1 科，即大血藤科 Sargentodoxaceae（1 属 1 种）。

7a）西马来，基本上在新华莱士线以西，北可达中南半岛或印东北或热带喜马拉雅，南达苏门答腊分布。本区有 1 科，即八宝树科 Duabangaceae（1 属 1 种）。

7b）中马来、爪哇以东、加里曼丹至菲律宾一线以内分布。本区有 1 科，即隐翼科 Crypteroniaceae（1 属 1 种）。

7c）东马来，即新华莱士线以东，但不包括新几内亚及东侧岛屿分布。本区有 2 科，即赤苍藤科 Erythropalaceae（1 属 1 种）、肉实树科 Sarcospermataceae（1 属 3 种）。

7d）全分布区东达新几内亚分布。本区有 4 科，即龙脑香科 Dipterocarpaceae（2 属 3 种）、马蹄参科 Mastixiaceae（1 属 1 种）、五膜草科 Pentaphragmataceae（1 属 1 种）、清风藤科 Sabiaceae（1 属 6 种），占全部科数的 2.63%。

热带亚洲地处南、北古陆接触地带，是南、北植物区系相互渗透的地区。因此，该地区成为世界上植物区系最丰富的地区之一，并且保存了许多第三纪古热带植物区系的后裔或残遗（闫传海，2001）。在本区出现了亚洲热带雨林的标志性物种——龙脑香科，而隐翼科、赤苍藤科、五隔草科、四角果科等典型热带科的存在，更体现了本区植物区系的热带性质。

8）北温带分布。指分布于北半球温带地区的科，部分科沿山脉南迁至热带山地或南半球温带，但其分布中心仍在北温带。本区属于此类型及其变型的科共计有 21 科，占全部科数的 13.82%。其中属于正型的科有 7 科，占全部科数的 4.61%，分别为忍冬科 Caprifoliaceae（1 属 1 种）、金丝桃科 Hypericaceae（2 属 4 种）、百合科 Liliaceae（1 属 1 种）、水晶兰科 Monotropaceae（1 属 1 种）、列当科 Orobanchaceae（1 属 1 种）、重楼科 Trilliaceae（1 属 3 种）、越桔科 Vacciniaceae（2 属 9 种）。

北温带分布型在本区仅出现 1 个变型。

8-4）北温带和南温带间断分布。属于此变型的有 14 个科，占全部科数的 9.21%，即槭树科 Aceraceae（1 属 6 种）、桦木科 Betulaceae（2 属 3 种）、铃兰科 Convallariaceae（8 属 17 种）、山茱萸科 Cornaceae（1 属 1 种）、柏科 Cupressaceae（1 属 1 种）、胡颓子科 Elaeagnaceae（1 属 1 种）、壳斗科 Fagaceae（4 属 29 种）、紫堇科 Fumariaceae（2 属 4 种）、金缕梅科 Hamamelidaceae（3 属 5 种）、绣球花科 Hydrangeaceae（5 属 9 种）、胡桃科 Juglandaceae（3 属 5 种）、灯心草科 Juncaceae（1 属 2 种）、红豆杉科 Taxaceae（1 属 1 种）、杉科 Taxodiaceae（1 属 1 种）。

北温带分布及其变型的科对西隆山种子植物区系组成和山体上部群落构建有着一定的重要意义，如壳斗科 Fagaceae、金缕梅科 Hamamelidaceae、槭树科 Aceraceae、桦木科 Betulaceae、红豆杉科 Taxaceae 等。

9）东亚和北美间断分布。指间断分布于东亚和北美温带及亚热带地区的科。本区属此分布型的有钩吻科 Gelsemiaceae（1 属 1 种）、八角科 Illiciaceae（1 属 7 种）、鼠刺科 Iteaceae（1 属 2 种）、木兰科 Magnoliaceae（5 属 14 种）、蓝果树科 Nyssaceae（2 属 3 种）、三白草科 Saururaceae（2 属 2 种）、五味子科 Schisandraceae（2 属 5 种）、荚蒾科 Viburnaceae（1 属 6 种）8 科，占该地区全部科数的 5.26%。其中，木兰科的种类最为丰富，有 5 属 14 种，其中长蕊木兰属 *Alcimandra*、木莲属 *Manglietia* 和含笑属 *Michelia* 等为常绿阔叶林植物群落中常见的优势种类。

12-3）地中海区至温带—热带亚洲，大洋洲和 / 或北美南部至南美洲间断分布。本区属于此类型的有 1 科，即吊兰科 Anthericaceae（1 属 1 种），占该地区全部科数的 0.66%。

14）东亚分布。指从东喜马拉雅分布至日本或不到日本的科。本区属于此类型及其变型的科有 6 科，占该地区全部科数的 3.95%。其中属于正型的科分别为猕猴桃科 Actinidiaceae（1 属 4 种）、桃叶珊瑚科 Aucubaceae（1 属 3 种）、青荚叶科 Helwingiaceae（1 属 1 种）、旌节花科 Stachyuraceae（1 属 1 种）4 科，占该地区全部科数的 2.63%。

东亚分布型在本区仅出现 1 个变型。

14SH）中国—喜马拉雅分布。属于此变型的有 2 科，即水青树科 Tetracentraceae（1 属 1 种）、烂泥树科 Torricelliaceae（1 属 1 种），占该地区全部科数的 1.32%。可见，该地区在植物区系划分中，似与东亚植物区的中国—喜马拉雅植物亚区关系稍密切。

综上所述，在科水平的区系分析上，西隆山现有野生种子植物 192 科，可以划分为 10 个类型和 14 个变型或亚型，显示出该地区种子植物科级水平上的地理成分较为复杂，联系较为广泛。除世界广布科外（40 科，占总科数的 20.83%），热带性质的科有 116 科，占除世界广布科外总科数的 76.32%，温带性质的科有 36 科，占除世界广布科外总科数的 23.68%。热带性质科的比例大约是温带性质科比例的 3 倍，说明本区热带性质科的比例明显高于温带性质科的比例，显示出本区植物区系的热带性质和联系。

第三节　西隆山种子植物属的统计和分析

目前，西隆山共记载野生种子植物 750 属（该地区各属所含的种数及各属的分布区类型详见附录Ⅳ），前五大属分别是榕属 *Ficus*、秋海棠属 *Begonia*、悬钩子属 *Rubus*、胡椒属 *Piper*、木姜子属 *Litsea*。

一、属的数量结构分析

西隆山种子植物属的数量结构分析中（表 3-5），仅含 1 种的属有 426 属，占全部属数的 56.80%，所含种数 426 种，占全部种数的 25.48%；出现 2~5 种的属有 271 属，占全部属数的 36.13%，所含种数 761 种，占全部种数的 45.49%；出现 6~10 种的属有 41 属，占全部属数的 5.47%，所含种数 306 种，占全部种数的 18.29%；出现 11~20 种的属有 11 属，占全部属数的 1.47%，所含种数 149 种，占全部种数的 8.91%；出现 20 种以上的属仅

表 3-5　西隆山种子植物属的数量结构分析

Table 3-5　Statistics and analysis of genera based on the number of species in each genus

属内种数 Species of each genus	属数 Number of genera	占全部属数的比例 Percentage in total genera/%	含有的种数 Number of species	占全部种数的比例 Percentage in total species/%
1	426	56.80	426	25.46
2~5	271	36.13	761	45.49
6~10	41	5.47	306	18.29
11~20	11	1.47	149	8.91
＞20	1	0.13	31	1.85
合计 (Total)	750	—	1673	—

有 1 属（榕属 *Ficus*），占全部属数的 0.13%，所含种数 29 种，占全部种数的 1.73%。不到 10 种的中等属和大属数目仅占该地区全部属数的 7.07%，其所含种数也仅是全部种数的 29.06%，但寡种属或单种属（5 种以下）却占全部属数的 92.93%，说明这些寡种属构成了西隆山植物区系属多样性的主体成分。

二、较大属的统计分析

西隆山地区含 10 种以上的属仅 7 属，计 101 种（表 3-6），占总属数的 0.93%。其中泛热带分布的榕属 *Ficus*（29 种）为本区的第一大属，是西隆山热带雨林和季风常绿阔叶林的重要成分，没有特有种；秋海棠属 *Begonia*（14 种）为本区的第二大属，属于泛热带分布，但是还没有发现特有种，可能与本区的石灰岩性质不强有关；热带美洲和热带亚洲间断分布的木姜子属 *Listea*（11 种），在本区是季风常绿阔叶林的常见类群。此外，栲属 *Castanopsis*、冬青属 *Ilex*、杜英属 *Elaeocarpus*、卫矛属 *Euonymus*、鹅掌柴属 *Schefflera*、山矾属 *Symplocos* 等作为本区季风常绿阔叶林和山地苔藓常绿阔叶林植物群落的重要成分，种类也较为丰富。而从分布区类型来看，西隆山地区含 8 种及以上的属共 17 属，其中世界广布属 3 个，热带性质属 13 个，温带性质属 1 个，热带成分在本区显然占有极大的优势。

表 3-6　西隆山种子植物含 8 种以上属的统计

Table 3-6　Statistics and analysis of genera including over 8 species, in Xilong Mt.

科号 Family No.	科中文名 Chinese name of family	科拉丁名 Latine name of family	属中文名 Chinese name of genus	属拉丁名 Latine name of genus	属分布区类型 Areal-types of genus	种数 Number of species
167	桑科	Moraceae	榕属	*Ficus*	2	29
104	秋海棠科	Begoniaceae	秋海棠属	*Begonia*	2	14
143	蔷薇科	Rosaceae	悬钩子属	*Rubus*	1	13
028	胡椒科	Piperaceae	胡椒属	*Piper*	2	12
011	樟科	Lauraceae	木姜子属	*Litsea*	3	11
057	蓼科	Polygonaceae	蓼属	*Polygonum*	1	11
163	壳斗科	Fagaceae	栲属	*Castanopsis*	9	11
171	冬青科	Aquifoliaceae	冬青属	*Ilex*	2-1	9
173	卫矛科	Celastraceae	卫矛属	*Euonymus*	1	9
193	葡萄科	Vitaceae	崖爬藤属	*Tetrastigma*	5	9
232	茜草科	Rubiaceae	耳草属	*Hedyotis*	2	9
128a	杜英科	Elaeocarpaceae	杜英属	*Elaeocarpus*	5	8
169	荨麻科	Urticaceae	楼梯草属	*Elatostema*	4	8
212	五加科	Araliaceae	鹅掌柴属	*Schefflera*	2	8
223	紫金牛科	Myrsinaceae	紫金牛属	*Ardisia*	2	8
225	山矾科	Symplocaceae	山矾属	*Symplocos*	2-1	8
238	菊科	Compositae	斑鸠菊属	*Vernonia*	2	8

三、属的分布区类型分析

根据 Wu（1991）及吴征镒等（2006，2010）对属分布区类型的划分原则，并结合《中国植物志》《云南植物志》及 *Flora of China* 等记载的分布，将西隆山种子植物 750 属划分为 14 个类型和 32 个变型或亚型（表 3-7）。

表 3-7　西隆山种子植物属的分布区类型

Table 3-7　Areal-types of seed plants genera in Xilong Mt.

编号 No.	分布区类型 Areal-type	属数 Number of genera	占全部属的比例 Percentage in total genera /%
1	广布（世界广布）Widespread= Cosmopolitan	38	/
(2-7)	热带成分 Tropic	(563)	79.07
2	泛热带（热带广布）Pantropic	131	18.40
2-1	热带亚洲 — 大洋洲和热带美洲（南美洲或 / 和墨西哥）Trop. Asia - Australasia and Trop. Amer. (S.Amer. or/ and Mexico)	13	1.83
2-2	热带亚洲—热带非洲—热带美洲（南美洲）Trop. Asia - Trop. Afr. - Trop. Amer. (S. Amer.)	11	1.54
3	东亚（热带、亚热带）及热带南美洲间断 Trop. & Subtr. E. Asia & (S.) Trop. Amer. disjuncted	19	2.67
4	旧世界热带 Old World Tropics= OW Trop.	68	9.55
4-1	热带亚洲、非洲和大洋洲间断或星散分布 Trop. Asia, Trop. Afr. and Trop. Australasia disjuncted or diffused	5	0.70
5	热带亚洲至热带大洋洲 Trop. Asia to Trop. Australasia Oceania	71	9.97
6	热带亚洲至热带非洲 Trop. Asia to Trop. Africa	32	4.49
6-1	华南、西南至印度和热带非洲 S., SW. China to India & Trop. Afr. disjuncted	1	0.14
6-2	热带亚洲和东非或马达加斯加间断分布 Trop. Asia & E. Afr. or Madagasca disjuncted	3	0.42
7	热带亚洲（即热带东南亚至印度—马来，太平洋诸岛）Trop. Asia = Trop. SE. Asia + Indo-Malaya + Trop. S. & SW. Pacific Isl.	12	1.69
7-1	爪哇（或苏门答腊）、喜马拉雅间断或星散分布到华南、西南 Java or Sumatra, Himalaya to S., SW. China disjuncted or diffused	13	1.83
7-2	热带印度至华南（尤其云南南部）分布 Trop. India to S. China (especially S. Yunnan)	15	2.11
7-3	缅甸、泰国至华西南分布 Myanmar, Thailand to SW. China	11	1.54
7-4	越南（或中南半岛）至华南或西南分布 Vietnam or Indochinese Peninsula to S． or SW. China	16	2.25
7a	西马来，基本上在新华莱士线以西（W. Malesia beyond New Wallace line），北可达中南半岛或印东北或热带喜马拉雅，南达苏门答腊	48	6.74
7a/b	西马来与中马来（C. Malesia）间断	2	0.28
7a/c	西马来与东马来（E. Malesia）间断	3	0.42
7a/d	西马来与新几内亚岛（New Geainea）间断	1	0.14
7a/e	西马来与西太平洋诸岛间断	1	0.14
7ab	东界为菲律宾	25	3.51
7ac	南界达东马来	25	3.51

续表

编号 No.	分布区类型 Areal-type	属数 Number of genera	占全部属的比例 Percentage in total genera /%
7ad	南达新几内亚	2	0.28
7b	中马来（C. Malesia）、爪哇以东，加里曼丹至菲律宾一线以内	2	0.28
7b/e	中马来（C. Malesia）与西太平洋诸岛间断	1	0.14
7c	东马来（E. Malesia），即新华莱士线以东，但不包括新几内亚及东侧岛屿	3	0.42
7d	全分布区东达新几内亚（New Guinea）	11	1.54
7e	全分布区东南达西太平洋诸岛，包括新喀里多尼亚（N. Galedonia）和斐济	18	2.53
(8-14)	温带成分 Temp.	139	19.52
8	北温带 N. Temp.	24	3.37
8-4	北温带和南温带间断分布 N. Temp. & S. Temp. disjuncted	18	2.53
8-5	欧亚和南美洲温带间断 Eurasia & Temp. S. Amer. disjuncted	1	0.14
9	东亚和北美洲间断 E. Asia & N. Amer. disjuncted	28	3.93
9-1	墨西哥高山 High mts. of Mexico	1	0.14
10	旧世界温带 Old World Temp.= Temp. Eurasia	5	0.70
10-1	地中海区、西亚（或中亚）和东亚间断分布 Mediterranea, W. Asia (or C. Asia) & E. Asia disjuncted	1	0.14
10-2	地中海区和喜马拉雅间断分布 Mediterranea & Himalaya disjuncted	1	0.14
10-3	欧亚和南非（有时也在澳大利亚）Eurasia & S. Afr. (sometimes also Australia) disjuncted	1	0.14
11	温带亚洲 Temp. Asia	2	0.28
12-2	地中海区至西亚或中亚和墨西哥或古巴间断 Mediterranea to W. or C. Asia & Mexico or Cuba disjuncted	1	0.14
12-3	地中海区至温带—热带亚洲、大洋洲和 / 或北美南部至南美洲间断 Mediterranea to Temp.-Trop. Asia, with Australasia and /or S. N. to S. Amer. disjuncted	1	0.14
14	东亚 E. Asia	24	3.37
14SH	中国—喜马拉雅 Sino—Himalaya	27	3.79
14SJ	中国 — 日本 Sino—Japan	4	0.56
15	中国特有 Endemic to China	10	1.40
	合计（Total）	750	100%

1）世界分布。指遍布世界各大洲而没有特殊分布中心的属，或虽有一个或数个分布中心而包含世界分布种的属。本区属于此分布型的有 38 属，占全部属的 5.07%。其中包含银莲花属 *Anemone*（1 种）、鬼针草属 *Bidens*（2 种）、碎米荠属 *Cardamine*（1 种）、苔草属 *Carex*（3 种）、积雪草属 *Centella*（1 种）、铁线莲属 *Clematis*（6 种）、卫矛属 *Euonymus*（9 种）、大戟属 *Euphorbia*（3 种）、拉拉藤（猪殃殃）属 *Galium*（1 种）、合冠鼠麴草属 *Gamochaeta*（1 种）、龙胆属 *Gentiana*（1 种）、金丝桃属 *Hypericum*（2 种）、灯心草属 *Juncus*（2 种）、羊耳蒜属 *Liparis*（3 种）、珍珠菜属 *Lysimachia*（8 种）、沼兰属 *Malaxis*（2 种）、豆瓣菜属 *Nasturtium*（1 种）、酢浆草属 *Oxalis*（1 种）、酸浆属 *Physalis*（1 种）、

车前属 *Plantago*（2 种）、多荚草属 *Polycarpon*（1 种）、远志属 *Polygala*（3 种）、蓼属 *Polygonum*（11 种）、鼠麴草属 *Pseudognaphalium*（1 种）、毛茛属 *Ranunculus*（3 种）、鼠李属 *Rhamnus*（1 种）、焯菜属 *Rorippa*（1 种）、悬钩子属 *Rubus*（18 种）、酸模属 *Rumex*（3 种）、慈姑属 *Sagittaria*（1 种）、水葱属 *Schoenoplectus*（1 种）、黄芩属 *Scutellaria*（1 种）、千里光属 *Senecio*（2 种）、茄属 *Solanum*（1 种）、繁缕属 *Stellaria*（1 种）、荨麻属 *Urtica*（2 种）、堇菜属 *Viola*（6 种）、苍耳属 *Xanthium*（1 种）。

2）泛热带分布。泛热带分布指普遍分布于东、西两半球热带和在全世界热带范围内有一个或数个分布中心，但在其他地区也有一些种类分布的热带属，有不少属广布于热带、亚热带甚至到温带。本区属于此类型及其变型的有 155 属，占除世界广布属外全部属数的 21.77%（以下分析均同此），仅次于热带亚洲分布及其变型，处于第二位。类群有相思豆属 *Abrus*（1 种）、苘麻属 *Abutilon*（2 种）、金合欢属 *Acacia*（2 种）、铁苋菜属 *Acalypha*（1 种）、下田菊属 *Adenostemma*（1 种）、双束鱼藤属 *Aganope*（1 种）、合欢属 *Albizia*（5 种）、山麻杆属 *Alchornea*（4 种）、虾钳菜属 *Alternanthera*（1 种）、紫金牛属 *Ardisia*（8 种）、马兜铃属 *Aristolochia*（3 种）、假杜鹃属 *Barleria*（1 种）、羊蹄甲属 *Bauhinia*（3 种）、秋海棠属 *Begonia*（19 种）、田繁缕属 *Bergia*（1 种）、苎麻属 *Boehmeria*（3 种）、醉鱼草属 *Buddleja*（1 种）、石豆兰属 *Bulbophyllum*（4 种）、翅果藤属 *Byttneria*（1 种）、云实属 *Caesalpinia*（1 种）、虾脊兰属 *Calanthe*（4 种）、紫珠属 *Callicarpa*（3 种）、槌果藤属 *Capparis*（5 种）、嘉赐树属 *Casearia*（3 种）、无根藤属 *Cassytha*（1 种）、南蛇藤属 *Celastrus*（5 种）、青葙属 *Celosia*（1 种）、朴属 *Celtis*（2 种）、吊兰属 *Chlorophytum*（1 种）、金叶树属 *Chrysophyllum*（1 种）、棒柄花属 *Cleidion*（1 种）、臭牡丹（赪桐）属 *Clerodendrum*（7 种）、风车藤属 *Combretum*（2 种）、鸭跖草属 *Commelina*（4 种）、牛栓藤属 *Connarus*（1 种）、破布木属 *Cordia*（1 种）、闭鞘姜属 *Costus*（2 种）、猪屎豆（野百合）属 *Crotalaria*（5 种）、巴豆属 *Croton*（1 种）、厚壳桂属 *Cryptocarya*（2 种）、仙茅属 *Curculigo*（3 种）、菟丝子属 *Cuscuta*（2 种）、杯苋属 *Cyathula*（1 种）、黄檀属 *Dalbergia*（8 种）、鱼藤属 *Derris*（5 种）、山菅兰属 *Dianella*（1 种）、马唐属 *Digitaria*（1 种）、薯蓣属 *Dioscorea*（3 种）、柿属 *Diospyros*（7 种）、荷莲豆属 *Drymaria*（1 种）、稗属 *Echinochloa*（1 种）、鳢肠属 *Eclipta*（1 种）、厚壳树属 *Ehretia*（2 种）、沟繁缕属 *Elatine*（1 种）、地胆草属 *Elephantopus*（1 种）、蟋蟀草属 *Eleusine*（1 种）、画眉草属 *Eragrostis*（4 种）、刺桐属 *Erythrina*（2 种）、古柯属 *Erythroxylum*（1 种）、榕属 *Ficus*（31 种）、飘拂草属 *Fimbristylis*（1 种）、聚花草属 *Floscopa*（1 种）、爱地草属 *Geophila*（1 种）、算盘子属 *Glochidion*（7 种）、下果藤（咀签）属 *Gouania*（1 种）、球穗草属 *Hackelochloa*（1 种）、耳草属 *Hedyotis*（10 种）、天胡荽属 *Hydrocotyle*（2 种）、水蓑衣属 *Hygrophila*（1 种）、小金梅草属 *Hypoxis*（1 种）、白茅属 *Imperata*（2 种）、木蓝属 *Indigofera*（3 种）、番薯属 *Ipomoea*（1 种）、柳叶箬属 *Isachne*（1 种）、鸭嘴草属 *Ischaemum*（2 种）、龙船花属 *Ixora*（3 种）、素馨属 *Jasminum*（5 种）、水蜈蚣属 *Kyllinga*（2 种）、艾麻属 *Laportea*（1 种）、粗叶木（鸡屎

树）属 *Lasianthus*（2 种）、鳞花草属 *Lepidagathis*（1 种）、母草属 *Lindernia*（3 种）、半边莲属 *Lobelia*（4 种）、丁香蓼属 *Ludwigia*（2 种）、马松子属 *Melochia*（1 种）、鱼黄草属 *Merremia*（3 种）、崖豆藤属 *Millettia*（6 种）、巴戟天属 *Morinda*（1 种）、油麻藤（黧豆）属 *Mucuna*（2 种）、求米草属 *Oplismenus*（1 种）、黍属 *Panicum*（4 种）、雀稗属 *Paspalum*（3 种）、草胡椒属 *Peperomia*（4 种）、芦苇属 *Phragmites*（1 种）、叶下珠属 *Phyllanthus*（5 种）、胡椒属 *Piper*（12 种）、杜若属 *Pollia*（3 种）、多穗兰属 *Polystachya*（1 种）、马齿苋属 *Portulaca*（1 种）、钩毛草属 *Pseudechinolaena*（1 种）、钩粉草属 *Pseuderanthemum*（3 种）、大沙叶属 *Psychotria*（8 种）、节节菜属 *Rotala*（1 种）、红叶藤属 *Rourea*（1 种）、甘蔗属 *Saccharum*（1 种）、囊颖草属 *Sacciolepis*（1 种）、五层龙属 *Salacia*（3 种）、单红叶藤属 *Santaloides*（1 种）、鹅掌柴属 *Schefflera*（12 种）、珍珠茅属 *Scleria*（1 种）、狗尾草属 *Setaria*（4 种）、豨莶属 *Sigesbeckia*（1 种）、菝葜属 *Smilax*（11 种）、金钮扣属 *Spilanthes*（1 种）、鼠尾粟属 *Sporobolus*（1 种）、苹婆属 *Sterculia*（5 种）、马钱子属 *Strychnos*（2 种）、狗牙花属 *Tabernaemontana*（1 种）、箭根薯（老虎须）属 *Tacca*（1 种）、诃子（榄仁树）属 *Terminalia*（1 种）、锡叶藤属 *Tetracera*（1 种）、山黄麻属 *Trema*（3 种）、刺蒴麻属 *Triumfetta*（3 种）、钩藤属 *Uncaria*（2 种）、野棉花（梵天花）属 *Urena*（1 种）、马鞭草属 *Verbena*（1 种）、斑鸠菊属 *Vernonia*（10 种）、豇豆属 *Vigna*（1 种）、牡荆属 *Vitex*（3 种）、花椒属 *Zanthoxylum*（3 种）、枣属 *Ziziphus*（1 种）等。其中，种类较为丰富的属有秋海棠属 *Begonia*、菝葜属 *Smilax*、胡椒属 *Piper*、耳草属 *Hedyotis*、斑鸠菊属 *Vernonia* 等。如此众多的泛热带属在该地区出现，充分表明其植物区系与泛热带各地植物区系在历史上的广泛而深刻的联系。

此外，本区还出现了泛热带分布型的 2 个变型。

2-1）热带亚洲—大洋洲—热带美洲分布。本区属于该变型的有糙叶树属 *Aphananthe*（1 种）、琼楠属 *Beilschmiedia*（5 种）、竹节草（金须茅）属 *Chrysopogon*（1 种）、龙血树（剑叶木）属 *Dracaena*（1 种）、山芝麻属 *Helicteres*（3 种）、冬青属 *Ilex*（13 种）、牛奶菜属 *Marsdenia*（2 种）、西番莲属 *Passiflora*（2 种）、五叶参属 *Pentapanax*（2 种）、罗汉松属 *Podocarpus*（2 种）、萝芙木属 *Rauvolfia*（1 种）、叉柱花属 *Staurogyne*（2 种）、山矾属 *Symplocos*（9 种）共 13 属，占除世界广布属外全部属数的 1.83%。

2-2）热带亚洲—热带非洲—热带美洲分布。该分布类型有鸡骨常山属 *Alstonia*（2 种）、买麻藤属 *Gnetum*（1 种）、天料木属 *Homalium*（1 种）、凤仙花属 *Impatiens*（8 种）、桂樱属 *Laurocerasus*（2 种）、冷水花属 *Pilea*（7 种）、雾水葛属 *Pouzolzia*（2 种）、轮冠木属 *Rotula*（1 种）、蝉翼藤属 *Securidaca*（1 种）、厚皮香属 *Ternstroemia*（1 种）、老虎楝属 *Trichilia*（1 种）共 11 属，占除世界广布属外全部属数的 1.54%。

3）热带亚洲和热带美洲间断分布。指间断分布于美洲和亚洲温暖地区的热带属，在东半球从亚洲可能延伸到澳大利亚东北部或西南太平洋岛屿。本区属于此分布型的有 19 属，占除世界广布属外全部属数的 2.67%，分别是檬果樟属 *Caryodaphnopsis*（2 种）、樟

属 *Cinnamomum*（9 种）、山柳属 *Clethra*（2 种）、山蚂蝗属 *Desmodium*（4 种）、柃属 *Eurya*（6 种）、白珠属 *Gaultheria*（6 种）、木姜子属 *Litsea*（15 种）、红丝线属 *Lycianthes*（3 种）、泡花树属 *Meliosma*（3 种）、假卫矛属 *Microtropis*（4 种）、红豆属 *Ormosia*（2 种）、过江藤属 *Phyla*（1 种）、无患子属 *Sapindus*（2 种）、水东哥属 *Saurauia*（6 种）、野甘草属 *Scoparia*（1 种）、猴欢喜属 *Sloanea*（1 种）、槟榔青属 *Spondias*（1 种）、野茉莉属 *Styrax*（2 种）、山香圆属 *Turpinia*（5 种）。其中木姜子属 *Litsea* 有 15 种，为该分布型最大的一个属。另外，檬果樟属 *Caryodaphnopsis*、柃木属 *Eurya*、安息香属 *Styrax* 等在森林群落中占据重要地位。

4）旧世界热带分布。指分布于亚洲、非洲和大洋洲热带地区及其邻近岛屿的属。本区属于此类型及其变型的有 73 属，占该地区除世界广布属外全部属数的 10.25%。本区属于此分布正型的有 68 属，占该地区除世界广布属外全部属数的 9.55%，包括黄葵属 *Abelmoschus*（1 种）、牛膝属 *Achyranthes*（2 种）、蒴莲属 *Adenia*（1 种）、白花苋属 *Aerva*（1 种）、八角枫属 *Alangium*（1 种）、异木患属 *Allophylus*（1 种）、五月茶属 *Antidesma*（4 种）、鹰爪属 *Artabotrys*（1 种）、天门冬属 *Asparagus*（1 种）、白接骨属 *Asystasia*（1 种）、金刀木（玉蕊）属 *Barringtonia*（1 种）、土蜜树属 *Bridelia*（5 种）、橄榄属 *Canarium*（1 种）、穿心草属 *Canscora*（1 种）、鱼骨木属 *Canthium*（1 种）、细柄草属 *Capillipedium*（2 种）、乌蔹莓属 *Cayratia*（1 种）、酸模芒属 *Centotheca*（1 种）、白桐树属 *Claoxylon*（2 种）、闭花木属 *Cleistanthus*（1 种）、白叶藤属 *Cryptolepis*（1 种）、甜瓜属 *Cucumis*（1 种）、苏铁属 *Cycas*（5 种）、弓果黍属 *Cyrtococcum*（1 种）、鱼眼草属 *Dichrocephala*（1 种）、小鸡藤属 *Dumasia*（2 种）、楼梯草属 *Elatostema*（10 种）、信筒子（酸筒子）属 *Embelia*（5 种）、虎舌兰属 *Epipogium*（1 种）、刺篱木属 *Flacourtia*（1 种）、千斤拔属 *Flemingia*（3 种）、白饭树属 *Flueggea*（2 种）、扁担杆属 *Grewia*（2 种）、土三七属 *Gynura*（1 种）、火筒树属 *Leea*（3 种）、血桐属 *Macaranga*（6 种）、杜茎山属 *Maesa*（7 种）、野桐属 *Mallotus*（8 种）、酸果属 *Medinilla*（3 种）、楝属 *Melia*（1 种）、雨久花属 *Monochoria*（1 种）、水竹叶属 *Murdannia*（1 种）、瘤子草属 *Nelsonia*（1 种）、类芦属 *Neyraudia*（1 种）、鸢尾兰（树蒲）属 *Oberonia*（1 种）、金锦香（朝天罐）属 *Osbeckia*（1 种）、露兜树属 *Pandanus*（1 种）、大沙叶属 *Pavetta*（1 种）、海桐花属 *Pittosporum*（3 种）、刺蕊草属 *Pogostemon*（2 种）、暗罗属 *Polyalthia*（2 种）、腐婢属 *Premna*（3 种）、密子豆属 *Pycnospora*（1 种）、岩芋属 *Remusatia*（2 种）、坡油甘（合叶豆）属 *Smithia*（1 种）、千金藤属 *Stephania*（3 种）、蒲桃属 *Syzygium*（7 种）、乌口树属 *Tarenna*（2 种）、菅属 *Themeda*（1 种）、老鸦嘴（山牵牛）属 *Thunbergia*（3 种）、蓝猪耳（蝴蝶草）属 *Torenia*（2 种）、狸尾豆（兔尾草）属 *Uraria*（2 种）、紫玉盘属 *Uvaria*（1 种）、翼核藤属 *Ventilago*（1 种）、槲寄生属 *Viscum*（1 种）、倒吊笔属 *Wrightia*（1 种）、马交儿（老鼠拉冬瓜）属 *Zehneria*（1 种）、线柱兰属 *Zeuxine*（3 种）。

该分布型在本区出现 1 个变型。

4-1）热带亚洲、非洲和大洋洲间断或星散分布。属于此变型的有 5 属，占该地区除世界广布属外全部属数的0.70%，它们是茜树属 *Aidia*（1种）、艾纳香属 *Blumea*（4种）、五蕊寄生属 *Dendrophthoe*（1种）、爵床属 *Rostellularia*（1种）和青牛胆属 *Tinospora*（1种）。其中艾纳香属 *Blumea* 是极为常见的类群。

5）热带亚洲至热带大洋洲分布。指旧世界热带分布区的东翼，其西端有时可达马达加斯加，但一般不到非洲大陆。本区属于此分布型的有71属，占该地区除世界广布属外总属数的9.97%，包括山油柑属 *Acronychia*（1种）、毛麝香属 *Adenosma*（2种）、崖摩属 *Aglaia*（1种）、海芋属 *Alocasia*（2种）、山姜属 *Alpinia*（8种）、昂天莲属 *Ambroma*（1种）、豆蔻属 *Amomum*（4种）、广防风属 *Anisomeles*（1种）、开唇兰属 *Anoectochilus*（1种）、银柴属 *Aporosa*（4种）、棋子豆属 *Archidendron*（5种）、白鹤藤属 *Argyreia*（1种）、波罗密属 *Artocarpus*（4种）、蛇菰属 *Balanophora*（2种）、黑面神属 *Breynia*（2种）、鸡血藤属 *Callerya*（1种）、竹节树属 *Carallia*（3种）、心翼果属 *Cardiopteris*（1种）、鱼尾葵属 *Caryota*（2种）、隔距兰属 *Cleisostema*（1种）、舞草属 *Codoriocalyx*（2种）、姜黄属 *Curcuma*（4种）、兰属 *Cymbidium*（4种）、石斛属 *Dendrobium*（10种）、树火麻属 *Dendrocnide*（1种）、假木豆属 *Dendrolobium*（1种）、寄生藤属 *Dendrotrophe*（1种）、山指甲属 *Desmos*（2种）、五桠果属 *Dillenia*（1种）、眼树莲（瓜子金）属 *Dischidia*（1种）、人面子属 *Dracontomelon*（1种）、樫木（葱臭木）属 *Dysoxylum*（2种）、杜英属 *Elaeocarpus*（10种）、肉药樟（土楠）属 *Endiandra*（1种）、毛兰属 *Eria*（5种）、瓜馥木属 *Fissistigma*（7种）、山珊瑚属 *Galeola*（1种）、舞花姜属 *Globba*（1种）、须蕊木属 *Gomphandra*（2种）、糯米团属 *Gonostegia*（2种）、山龙眼属 *Helicia*（8种）、醉魂藤属 *Heterostemma*（1种）、猪菜藤属 *Hewittia*（1种）、风吹楠属 *Horsfieldia*（3种）、黑钩叶属 *Leptopus*（1种）、野牡丹属 *Melastoma*（2种）、蜜茱萸属 *Melicope*（1种）、山橙属 *Melodinus*（1种）、小芸木属 *Micromelum*（2种）、野独活（密榴木）属 *Miliusa*（1种）、柄果木属 *Mischocarpus*（1种）、芭蕉属 *Musa*（3种）、肉豆蔻属 *Myristica*（1种）、团花属 *Neolamarckia*（1种）、新木姜子属 *Neolitsea*（3种）、鹤顶兰属 *Phaius*（1种）、石仙桃属 *Pholidota*（2种）、锥头麻属 *Poikilospermum*（1种）、石柑属 *Pothos*（2种）、钩毛子草属 *Rhopalephora*（1种）、寄树兰属 *Robiquetia*（1种）、守宫木（越南菜）属 *Sauropus*（3种）、茅瓜属 *Solena*（1种）、葫芦茶属 *Tadehagi*（1种）、四数木属 *Tetrameles*（1种）、崖藤属 *Tetrastigma*（11种）、栝楼属 *Trichosanthes*（4种）、独角莲属 *Typhonium*（2种）、万代兰属 *Vanda*（1种）、水锦树属 *Wendlandia*（3种）、姜属 *Zingiber*（3种）。

6）热带亚洲至热带非洲分布。指旧世界热带分布区的西翼，即从热带非洲至印度—马来西亚（特别是其西部），有的属也分布到斐济等南太平洋岛屿，但不见于澳大利亚大陆。本区出现该分布型及其变型有36属，占该地区除世界广布属外全部属数的5.05%。本区属于该分布正型的有32属，占该地区除世界广布属外总属数的4.49%，有穿鞘花属 *Amischotolype*（2种）、木棉属 *Bombax*（1种）、木豆（虫豆）属 *Cajanus*（2种）、弯管花（紫轸利）属 *Chassalia*（1种）、木耳菜（革命菜）属 *Crassocephalum*（1种）、水麻

属 *Debregeasia*（1 种）、长蒴苣苔属 *Didymocarpus*（2 种）、藤黄（山竹子）属 *Garcinia*（4 种）、大钱麻（蝎子草）属 *Girardinia*（1 种）、田基黄属 *Grangea*（1 种）、离瓣寄生属 *Helixanthera*（1 种）、青藤属 *Illigera*（2 种）、微花藤属 *Iodes*（3 种）、香茶菜属 *Isodon*（1 种）、叉序草属 *Isoglossa*（1 种）、臭灵丹（六棱菊）属 *Laggera*（1 种）、假楼梯草属 *Lecanthus*（1 种）、猫尾木属 *Markhamia*（1 种）、小舌菊属 *Microglossa*（1 种）、莠竹属 *Microstegium*（1 种）、玉叶金花属 *Mussaenda*（3 种）、铁仔属 *Myrsine*（3 种）、蓝雀花属 *Parochetus*（1 种）、观音草（九头狮子草）属 *Peristrophe*（2 种）、藤麻属 *Procris*（1 种）、使君子属 *Quisqualis*（1 种）、针子草属 *Rhaphidospora*（1 种）、灵枝草属 *Rhinacanthus*（1 种）、朱果藤属 *Roureopsis*（1 种）、孩儿草属 *Rungia*（3 种）、羽叶楸属 *Stereospermum*（1 种）、飞龙掌血属 *Toddalia*（1 种）。

本区还出现了该分布型的 2 个变型。

6-1）华南、西南至印度和热带非洲分布。仅 1 属，占该地区除世界广布属外全部属数的 0.14%，即崖角藤属 *Rhaphidophora*（3 种）。

6-2）热带亚洲和东非或马达加斯加间断分布。仅 3 属，占该地区除世界广布属外全部属数的 0.42%，即黄瑞木（杨桐）属 *Adinandra*（2 种）、姜花属 *Hedychium*（6 种）、紫云菜属 *Strobilanthes*（4 种）。

7）热带亚洲（印度—马来西亚）分布。热带亚洲是旧世界热带的中心部分，热带亚洲分布的范围包括印度、斯里兰卡、中南半岛、印度尼西亚、加里曼丹、菲律宾及巴布亚新几内亚等，东可达斐济等南太平洋岛屿，但不到澳大利亚大陆，其分布区的北部边缘，到达我国西南、华南及台湾，甚至更北地区。自从第三纪或更早时期以来，这一地区的生物气候条件未经巨大的动荡，而处于相对稳定的湿热状态，地区内部的生境变化又多样复杂，有利于植物种的发生和分化。而且这一地区处于南、北古陆接触地带，即南、北两古陆植物区系相互渗透交汇的地区。因此，这一地区是世界上植物区系最丰富的地区之一，并且保存了较多第三纪古热带植物区系的后裔或残遗，此类型的植物区系主要起源于古南大陆（冈瓦纳古陆）和古北大陆（劳拉西亚古陆）的南部（吴征镒和王荷生，1983）。本区出现的此分布型及其变型（亚型）的属有 209 属，占该地区除世界广布属外全部属的 29.35%，为本区第一大分布类型。

本区属于此分布正型的属有 12 属，占该地区除世界广布属外全部属数的 1.69%，包括浆果乌桕属 *Balakata*（1 种）、青冈属 *Cyclobalanopsis*（4 种）、交让木属 *Daphniphyllum*（3 种）、牡竹属 *Dendrocalamus*（7 种）、小槐花属 *Ohwia*（1 种）、球子草属 *Peliosanthes*（2 种）、金发草属 *Pogonatherum*（2 种）、臀形果属 *Pygeum*（3 种）、漏斗苣苔属 *Raphiocarpus*（2 种）、思簩竹属 *Schizostachyum*（2 种）、乌桕属 *Triadica*（1 种）、叉喙兰属 *Uncifera*（1 种）、宽距兰属 *Yoania*（1 种）等。

本区还出现了该分布型的 17 个变型或亚型。

7-1）爪哇（或苏门达腊）、喜马拉雅间断或星散分布到华南、西南。共 13 属，占该地区除世界广布属外全部属数的 1.83%，即蕈树属 *Altingia*（2 种）、重阳木属 *Bischofia*（1

种）、四角果（斗斛草）属 *Carlemannia*（1 种）、蛇舌兰属 *Diploprora*（1 种）、马蹄荷属 *Exbucklandia*（1 种）、梨藤竹（梨麻竹）属 *Melocalamus*（1 种）、假糙苏属 *Paraphlomis*（2 种）、石蝴蝶（悬岩苣苔）属 *Petrocosmea*（1 种）、总序竹属 *Racemobambos*（1 种）、红花荷（红苞木）属 *Rhodoleia*（2 种）、草珊瑚属 *Sarcandra*（1 种）、木荷属 *Schima*（5 种）、罗汉果属 *Siraitia*（1 种）。其中木荷属 *Schima*、红花荷属 *Rhodoleia*、马蹄荷属 *Exbucklandia* 常成为该地区山地苔藓常绿阔叶林的优势种和建群种。

7-2）热带印度至华南（尤其云南南部）分布。共 15 属，占该地区除世界广布属外全部属数的 2.11%，即酸果藤（毛车藤）属 *Amalocalyx*（1 种）、短筒苣苔属 *Boeica*（2 种）、羽萼木属 *Colebrookea*（1 种）、幌伞枫属 *Heteropanax*（1 种）、翅苞槿（翅果麻）属 *Kydia*（1 种）、独蒜兰属 *Pleione*（2 种）、白花叶属 *Poranopsis*（2 种）、酸脚杆属 *Pseudodissochaeta*（3 种）、大花藤属 *Raphistemma*（1 种）、肉穗草属 *Sarcopyramis*（1 种）、蜘蛛花属 *Silvianthus*（2 种）、泉七属 *Steudnera*（1 种）、大苞兰属 *Sunipia*（3 种）、油果樟属 *Syndiclis*（1 种）、小董棕（瓦理棕）属 *Wallichia*（1 种）。

7-3）缅甸、泰国至华南或西南分布。共 11 属，占该地区除世界广布属外全部属数的 1.54%，即横蒴苣苔属 *Beccarinda*（1 种）、节蒴木属 *Borthwickia*（1 种）、来江藤属 *Brandisia*（1 种）、异叶茪（加辣茪）属 *Garrettia*（1 种）、山茉莉属 *Huodendron*（1 种）、火烧花属 *Mayodendron*（1 种）、蛇根叶属 *Ophiorrhiziphyllon*（1 种）、假海桐属 *Pittosporopsis*（1 种）、偏瓣花属 *Plagiopetalum*（1 种）、木瓜红属 *Rehderodendron*（3 种）、肋果茶（毒药树）属 *Sladenia*（1 种）。

7-4）越南（或中南半岛）至华南或西南分布。共 16 属，占该地区除世界广布属外全部属数的 2.25%，即指甲兰（气兰）属 *Aerides*（1 种）、赤杨叶属 *Alniphyllum*（1 种）、奶子藤属 *Bousigonia*（2 种）、马蹄参属 *Diplopanax*（1 种）、竹根七（假万寿竹）属 *Disporopsis*（1 种）、梭子果属 *Eberhardtia*（1 种）、蚬木属 *Excentrodendron*（1 种）、密序苣苔属 *Hemiboeopsis*（1 种）、报春茜属 *Leptomischus*（1 种）、马铃苣苔属 *Oreocharis*（2 种）、檀栗（棱果木）属 *Pavieasia*（1 种）、孔药花属 *Porandra*（1 种）、鼠皮树属 *Rhamnoneuron*（1 种）、大血藤属 *Sargentodoxa*（1 种）、裂果金花属 *Schizomussaenda*（1 种）、翅荚木属 *Zenia*（1 种）。

7a）西马来，基本上在新华莱士线以西，北可达中南半岛或印东北或热带喜马拉雅，南达苏门答腊分布。共 48 属，占该地区除世界广布属外全部属数的 6.74%，即黄肉楠属 *Actinodaphne*（4 种）、油丹属 *Alseodaphne*（2 种）、短萼齿木属 *Brachytome*（1 种）、紫矿属 *Butea*（1 种）、山茶（茶）属 *Camellia*（2 种）、金钱豹属 *Campanumoea*（1 种）、鹿角藤属 *Chonemorpha*（4 种）、麻楝属 *Chukrasia*（1 种）、浆果楝属 *Cipadessa*（1 种）、菊藤属 *Cissampelopsis*（1 种）、毛药藤属 *Cleghornia*（1 种）、金钱豹属 *Cyclocodon*（1 种）、囊萼花属 *Cyrtandromoea*（1 种）、皂帽花属 *Dasymaschalon*（2 种）、龙脑香属 *Dipterocarpus*（1 种）、辛果漆属 *Drimycarpus*（1 种）、八宝树属 *Duabanga*（1 种）、思茅藤属 *Epigynum*（1 种）、枇杷属 *Eriobotrya*（2 种）、火绳树属 *Eriolaena*（2 种）、驳骨草属 *Gendarussa*（2

种）、沟瓣花属 *Glyptopetalum*（1 种）、金瓜属 *Gymnopetalum*（1 种）、土茯苓（肖菝葜）属 *Heterosmilax*（1 种）、鹧鸪花属 *Heynea*（1 种）、香面叶属 *Iteadaphne*（1 种）、荔枝属 *Litchi*（1 种）、大参属 *Macropanax*（2 种）、野靛棵属 *Mananthes*（3 种）、含笑属 *Michelia*（5 种）、腺萼木属 *Mycetia*（2 种）、密脉木属 *Myrioneuron*（2 种）、全唇兰属 *Myrmechis*（1 种）、喜鹊苣苔（雀苣苔）属 *Ornithoboea*（1 种）、羽唇兰属 *Ornithochilus*（1 种）、鸡矢藤属 *Paederia*（2 种）、钻柱兰属 *Pelatantheria*（1 种）、山红树属 *Pellacalyx*（1 种）、锦香草属 *Phyllagathis*（3 种）、帘子藤属 *Pottsia*（1 种）、翅子树属 *Pterospermum*（3 种）、钻喙兰属 *Rhynchostylis*（1 种）、硬核属 *Scleropyrum*（1 种）、宿苞豆属 *Shuteria*（2 种）、赤爬属 *Thladiantha*（3 种）、三翅藤属 *Tridynamia*（1 种）、多蕊木属 *Tupidanthus*（1 种）、水壶藤属 *Urceola*（3 种）。

7a/b）西马来与中马来间断分布。共 2 属，占该地区除世界广布属外全部属数的 0.28%，即香花藤属 *Aganosma*（2 种）、钝果寄生属 *Taxillus*（1 种）。

7a/c）西马来与东马来间断分布。共 3 属，占该地区除世界广布属外全部属数的 0.42%，即南五味子属 *Kadsura*（4 种）、肉实树属 *Sarcosperma*（3 种）、割舌树属 *Walsura*（1 种）。

7a/d）西马来与新几内亚间断分布。共 1 属，占该地区除世界广布属外全部属数的 0.14%，即清风藤属 *Sabia*（6 种）。

7a/e）西马来与西太平洋诸岛间断分布。共 1 属，占该地区除世界广布属外全部属数的 0.14%，即三宝木属 *Trigonostemon*（1 种）。

7ab）东界为菲律宾分布。共 25 属，占该地区除世界广布属外全部属数的 3.51%，即野菰属 *Aeginetia*（1 种）、藤春属 *Alphonsea*（2 种）、上树南星属 *Anadendrum*（1 种）、竹叶兰属 *Arundina*（1 种）、黄牛木属 *Cratoxylum*（2 种）、隐翼属 *Crypteronia*（1 种）、常山属 *Dichroa*（2 种）、飞蛾藤属 *Dinetus*（1 种）、黄杞属 *Engelhardia*（3 种）、龙须草（拟金茅）属 *Eulaliopsis*（1 种）、蓬莱葛属 *Gardneria*（2 种）、锥花属 *Gomphostemma*（1 种）、琼榄属 *Gonocaryum*（1 种）、绞股蓝属 *Gynostemma*（5 种）、假山龙眼属 *Heliciopsis*（1 种）、油渣果属 *Hodgsonia*（1 种）、大风子属 *Hydnocarpus*（2 种）、石荠苎属 *Mosla*（2 种）、细圆藤属 *Pericampylus*（1 种）、苦玄参属 *Picria*（1 种）、染木树属 *Saprosma*（1 种）、梨果寄生属 *Scurrula*（3 种）、翅豆藤（密花豆）属 *Spatholobus*（1 种）、十字苣苔属 *Stauranthera*（1 种）、六萼藤（罗志藤）属 *Stixis*（2 种）。

7ac）南界达东马来分布。共 25 属，占该地区除世界广布属外全部属数的 3.51%，即茶梨（红楣）属 *Anneslea*（1 种）、盾翅果（盾翅藤）属 *Aspidopterys*（2 种）、省藤属 *Calamus*（1 种）、蚂蝗七（唇柱苣苔）属 *Chirita*（5 种）、疏花马兰属 *Diflugossa*（1 种）、狗骨柴属 *Diplospora*（1 种）、蛇莓属 *Duchesnea*（1 种）、赤苍藤属 *Erythropalum*（1 种）、水杨柳属 *Homonoia*（1 种）、坡垒属 *Hopea*（2 种）、粘木属 *Ixonanthes*（1 种）、润楠属 *Machilus*（7 种）、木莲属 *Manglietia*（6 种）、火烧花属 *Oroxylum*（1 种）、酒瓶花（尖子木）属 *Oxyspora*（4 种）、连蕊藤属 *Parabaena*（1 种）、宽萼苣苔属 *Paraboea*（1 种）、火焰花

属 *Phlogacanthus*（1 种）、楠木属 *Phoebe*（5 种）、核果茶属 *Pyrenaria*（1 种）、无忧花属 *Saraca*（1 种）、蜂斗草（地胆）属 *Sonerila*（4 种）、棕叶芦属 *Thysanolaena*（1 种）、大叶藤属 *Tinomiscium*（1 种）、黄叶树属 *Xanthophyllum*（1 种）。

7ad）南达新几内亚分布。共 2 属，占该地区除世界广布属外全部属数的 0.28%，即水蔗草属 *Apluda*（1 种）、兜兰属 *Paphiopedilum*（1 种）。

7b）中马来、爪哇以东，加里曼丹至菲律宾一线以内分布。共 2 属，占该地区除世界广布属外全部属数的 0.28%，即叶轮木属 *Ostodes*（1 种）、岭罗麦属 *Tarennoidea*（1 种）。

7b/e）中马来与西太平洋诸岛间断分布。共 1 属，占该地区除世界广布属外全部属数的 0.14%，即杯蕊（寄生龙胆）属 *Cotylanthera*（1 种）。

7c）东马来，即新华莱士线以东，但不包括新几内亚及东侧岛屿分布。共 3 属，占该地区除世界广布属外全部属数的 0.42%，即广东万年青属 *Aglaonema*（1 种）、罗伞属 *Brassaiopsis*（2 种）、柊叶属 *Phrynium*（3 种）。

7d)全分布区东达新几内亚分布。共11属，占该地区除世界广布属外全部属数的1.54%，即芒毛苣苔属 *Aeschynanthus*(7 种)、厚唇兰属 *Epigeneium*(1 种)、哥纳香属 *Goniothalamus*(2 种)、争光木属 *Knema*（2 种）、管花寄生（鞘花）属 *Macrosolen*（3 种）、杧果属 *Mangifera*（1 种）、紫麻属 *Oreocnide*（3 种）、五隔草属 *Pentaphragma*（1 种）、山槟榔属 *Pinanga*（2 种）、菜豆树属 *Radermachera*（2 种）、线柱苣苔属 *Rhynchotechum*（3 种）。

7e）全分布区东南达西太平洋诸岛，包括新喀里多尼亚和斐济分布。共 18 属，占该地区除世界广布属外全部属数的 2.53%，即树萝卜属 *Agapetes*（5 种）、鳝藤属 *Anodendron*（1 种）、山楝属 *Aphanamixis*（1 种）、木奶果属 *Baccaurea*（1 种）、构属 *Broussonetia*（3 种）、溪桫属 *Chisocheton*（1 种）、贝母兰属 *Coelogyne*（2 种）、薏苡属 *Coix*（1 种）、白颜树属 *Gironniera*（1 种）、风筝果（飞鸢果）属 *Hiptage*（1 种）、球兰属 *Hoya*（4 种）、小苦荬属 *Ixeridium*（1 种）、钗子股属 *Luisia*（1 种）、三元麻（水丝麻）属 *Maoutia*（1 种）、蛇根草属 *Ophiorrhiza*（4 种）、赤车属 *Pellionia*（4 种）、葛属 *Pueraria*（2 种）、广叶参（刺通草）属 *Trevesia*（1 种）。

热带亚洲植物区系是世界上植物区系最为丰富的地区之一，保留了第三纪古热带植物区系的一些后裔和残遗。在西隆山，龙脑香属 *Dipterocarpus*、坡垒属 *Hopea*、争光木属 *Knema*、隐翼属 *Crypteronia*、八宝树属 *Duabanga*、无忧花属 *Saraca*、大风子属 *Hydnocarpus* 等热带雨林特征成分的出现，充分反映了本区植物区系的热带性质。同时，木莲属 *Manglietia*、含笑属 *Michelia*、润楠属 *Machilus*、楠属 *Phoebe*、山茶属 *Camellia*、木荷属 *Schima*、蕈树属 *Altingia*、马蹄荷属 *Exbucklandia*、红花荷属 *Rhodoleia*、清风藤属 *Sabia*、虎皮楠属 *Daphniphyllum* 等大量延伸至亚热带地区成分的出现，也体现出该地区从热带雨林向亚热带常绿阔叶林过渡的性质。

8）北温带分布。指广泛分布于欧洲、亚洲和北美洲温带地区的属，由于历史和地理的原因，有些属沿山脉向南延伸到热带山区，甚至到南半球温带，但其原始类型或分布中心仍在北温带。本区属此类型及其变型的有 43 属，占该地区除世界广布属外全部属数的 6.08%；其中属于正型的有 24 属，占该地区除世界广布属外全部属数的 3.37%，如龙牙草属 *Agrimonia*（1 种）、香青属 *Anaphalis*（3 种）、天南星属 *Arisaema*（2 种）、细辛属 *Asarum*（1 种）、桦木属 *Betula*（2 种）、樱属 *Cerasus*（1 种）、蓟属 *Cirsium*（1 种）、风轮菜属 *Clinopodium*（2 种）、山茱萸属 *Cornus*（1 种）、紫堇属 *Corydalis*（3 种）、狗筋蔓属 *Cucubalus*（1 种）、水青冈属 *Fagus*（1 种）、何首乌属 *Fallopia*（1 种）、须弥菊属 *Himalaiella*（1 种）、对叶兰属 *Listera*（1 种）、忍冬属 *Lonicera*（1 种）、舞鹤草属 *Maianthemum*（1 种）、舌唇兰属 *Platanthera*（1 种）、黄精属 *Polygonatum*（3 种）、盐肤木属 *Rhus*（1 种）、花楸属 *Sorbus*（4 种）、紫杉（红豆杉）属 *Taxus*（1 种）、榆属 *Ulmus*（1 种）、荚蒾属 *Viburnum*（6 种）。其中，种类相对较多的是花楸属 *Sorbus*、荚蒾属 *Viburnum*、紫堇属 *Corydalis* 等。总的来看，本区出现的属以单种属和寡种属居多，但有的常构成群落的主要成分，如花楸属 *Sorbus* 和荚蒾属 *Viburnum* 为西隆山山顶杜鹃苔藓矮林的优势种和建群种。

本区还出现了该分布型的 2 个变型。

8-4）北温带和南温带间断分布。共 18 属，占该地区除世界广布属外全部属数的 2.53%，如槭属 *Acer*（6 种）、赤杨（桤）属 *Alnus*（1 种）、猫眼草（金腰子）属 *Chrysosplenium*（1 种）、还阳参属 *Crepis*（1 种）、倒提壶（蓝布裙）属 *Cynoglossum*（2 种）、瑞香属 *Daphne*（4 种）、胡颓子属 *Elaeagnus*（1 种）、草莓属 *Fragaria*（1 种）、斑叶兰属 *Goodyera*（4 种）、玉凤花属 *Habenaria*（2 种）、桑属 *Morus*（1 种）、水芹属 *Oenanthe*（3 种）、报春花属 *Primula*（3 种）、李属 *Prunus*（1 种）、杜鹃花属 *Rhododendron*（13 种）、接骨木属 *Sambucus*（2 种）、香科科（石蚕）属 *Teucrium*（1 种）、乌饭树属 *Vaccinium*（4 种）。其中含种数较多的属有杜鹃花属 *Rhododendron* 等，以单种属和寡种属居多，如胡颓子属 *Elaeagnus* 等。杜鹃花属 *Rhododendron* 和越橘属 *Vaccinium* 常为西隆山山顶杜鹃苔藓矮林的优势种和建群种；槭属也常构成该地区常绿阔叶林和中山苔藓矮林中的落叶成分。

8-5）欧亚和南美洲温带间断分布。该地区出现的仅看麦娘属 *Alopecurus*（1 种），占北温带分布属数的 2.33%。

9）东亚和北美洲间断分布。指间断分布于东亚和北美洲温带及亚热带地区的属。本区属于此类型及其变型的有 29 属，占该地区除世界广布属外全部属数的 4.07%。其中属于正型的属有 28 属，占该地区除世界广布属外全部属数的 3.93%，如蛇葡萄属 *Ampelopsis*（1 种）、楤木属 *Aralia*（5 种）、落新妇（红升麻）属 *Astilbe*（1 种）、勾儿茶（黄鳝藤）属 *Berchemia*（2 种）、锥栗（栲）属 *Castanopsis*（14 种）、流苏树属 *Chionanthus*（1 种）、香槐属 *Cladrastis*（1 种）、胡蔓藤属 *Gelsemium*（1 种）、绣球花属 *Hydrangea*（3 种）、长柄山蚂蝗属 *Hylodesmum*（1 种）、八角属 *Illicium*（7 种）、鼠刺属 *Itea*（2 种）、山胡椒属 *Lindera*（4 种）、石栎属 *Lithocarpus*（10 种）、米饭花（南烛）属 *Lyonia*（3 种）、柘属 *Maclura*（2 种）、木兰属 *Magnolia*（1 种）、蓝果树属 *Nyssa*（2 种）、木犀属 *Osmanthus*（2

种)、石楠属 *Photinia*(1 种)、马醉木属 *Pieris*(1 种)、檀梨(油葫芦)属 *Pyrularia*(1 种)、三白草属 *Saururus*(1 种)、北五味子属 *Schisandra*(1 种)、紫茎(旃檀)属 *Stewartia*(1 种)、黄水枝属 *Tiarella*(1 种)、漆树(野葛)属 *Toxicodendron*(1 种)、络石属 *Trachelospermum*(1 种)。其中栲属 *Castanopsis*、石栎属 *Lithocarpus*、木兰属 *Magnolia* 等在乔木层中占有重要位置;八角属 *Illicium*、山胡椒属 *Lindera*、檀梨属 *Pyrularia*、木犀属 *Osmanthus*、楤木属 *Aralia*、鼠刺属 *Itea*、珍珠花属 *Lyonia*、马醉木属 *Pieris*、蓝果树属 *Nyssa*、绣球属 *Hydrangea* 在灌木层中占有重要位置。

本区该类型分布还有 1 个变型。

9-1)东亚和墨西哥间断分布。西隆山仅有 1 属,占该地区除世界广布属外全部属数的 0.14%,即溲疏属 *Deutzia*(1 种)。

10)旧世界温带分布。指广泛分布于欧洲、亚洲中高纬度的温带和寒温带,或最多有个别延伸到北非及亚洲—非洲热带山地或澳大利亚的属。本区属此分布型及其变型的有 8 属,占该地区除世界广布属外全部属数的 0.98%。其中属于正型的有 5 属,占该地区除世界广布属外全部属数的 0.70%,即重楼属 *Paris*、瑞香属 *Daphne*、桑寄生属 *Loranthus*、附地菜属 *Trigonotis*、益母草属 *Leonurus*。其中,瑞香属 *Daphne* 在该地区常绿阔叶林中常作为小乔木或灌木,较为常见。

本分布型还包括 3 个变型。

10-1)地中海区、西亚(或中亚)和东亚间断分布。本地区仅 1 属,占该地区除世界广布属外全部属数的 0.14%,即女贞属 *Ligustrum*(1 种)。

10-2)地中海区和喜马拉雅间断分布。本地区仅 1 属,占该地区除世界广布属外全部属数的 0.14%,即蜜蜂花属 *Melissa*(1 种)。

10-3)欧亚和南非(有时也在澳大利亚)分布。本地区仅 1 属,占该地区除世界广布属外全部属数的 0.14%,即筋骨草属 *Ajuga*(2 种)。

11)温带亚洲分布。指分布区主要局限于亚洲温带地区的属,其分布区范围一般包括从中亚至东西伯利亚和东北亚,南部界限至喜马拉雅山区,我国西南、华北至东北、朝鲜和日本北部。也有一些属种分布到亚热带,个别属种到达亚洲热带,甚至到新几内亚。本区属此类型的属有 2 属,占该地区除世界广布属外全部属数的 0.28%,即杭子梢属 *Campylotropis*(2 种)、枫杨属 *Pterocarya*(1 种)。其中,枫杨属全世界有 6 种,主要产于东亚,即由越南北方经我国至日本,中国产 5 种,1 种(模式种)产于伊朗、土耳其至高加索。本地区仅 1 种,即东京枫杨 *Pterocarya tonkinensis*,生于海拔 1200 m 以下,分布于滇东南、滇南、广西西部至老挝和越南北方的河岸边。

12)地中海区、西亚至中亚分布。指分布于现代地中海周围,经过西亚和西南亚至中亚和我国新疆、青藏高原及蒙古高原一带的属。包括由巴尔喀什湖滨、天山山脉中部、帕米尔至大兴安岭,阿尔金山和西藏高原,我国新疆、青海、西藏、内蒙古西部等古地中海的大部分,西隆山没有出现属于此类型的属,但出现了该类型的 2 个变型。

12-2）地中海区至西亚或中亚和墨西哥或古巴间断分布。本地区仅黄连木属 *Pistacia*（1 种）1 属，占该地区除世界广布属外全部属数的 0.14%。

12-3）地中海区至温带 — 热带亚洲、大洋洲和南美洲间断分布。本地区仅木樨榄属 *Olea*（1 种），占该地区除世界广布属外全部属数的 0.14%。这表明本地区区系与地中海地区、西亚至中亚的联系十分微弱。

14）东亚分布。指的是从东喜马拉雅一直分布到日本的属，其分布区一般向东北不超过俄罗斯境内的阿穆尔州，并从日本北部至萨哈林；向西南不超过越南北部和喜马拉雅东部；向南最远达菲律宾、苏门答腊和爪哇；向西北一般以我国各类森林边界为界。本类型一般分布区较小，几乎都是森林区系，并且其分布中心不超过喜马拉雅至日本的范围。本区属此分布型及其变型的有 55 属，占该地区除世界广布属外总属数的 7.72%。其中，属于正型的属有 24 个，占该地区除世界广布属外全部属数的 3.37%，如猕猴桃属 *Actinidia*（4 种）、兔儿风属 *Ainsliaea*（2 种）、无柱兰属 *Amitostigma*（1 种）、桃叶珊瑚属 *Aucuba*（3 种）、白及属 *Bletilla*（1 种）、大百合属 *Cardiocrinum*（1 种）、莸属 *Caryopteris*（1 种）、虎刺属 *Damnacanthus*（2 种）、万寿竹（宝铎草）属 *Disporum*（3 种）、吊钟花属 *Enkianthus*（3 种）、青荚叶属 *Helwingia*（1 种）、蕺菜属 *Houttuynia*（1 种）、吊石苣苔属 *Lysionotus*（6 种）、千星菊（粘冠草）属 *Myriactis*（2 种）、沿阶草属 *Ophiopogon*（4 种）、假福王草属 *Paraprenanthes*（3 种）、肉荚草属 *Peracarpa*（1 种）、钻地风属 *Schizophragma*（2 种）、茵芋属 *Skimmia*（2 种）、旌节花属 *Stachyurus*（1 种）、四数花属 *Tetradium*（1 种）、双蝴蝶属 *Tripterospermum*（1 种）、油桐属 *Vernicia*（2 种）。其中乔木层有油桐属 *Vernicia* 和茵芋属 *Skimmia*；灌木层有青荚叶属 *Helwingia*、桃叶珊瑚属 *Aucuba*、旌节花属 *Stachyurus*、吊钟花属 Enkianthus、虎刺属 *Damnacanthus*、莸属 *Caryopteris*；草本层有蕺菜属 *Houttuynia*、兔儿风属 *Ainsliaea*、粘冠草属 *Myriactis*、万寿竹属 *Disporum*、沿阶草属 *Ophiopogon*、无柱兰属 *Amitostigma*；藤本植物有猕猴桃属 *Actinidia* 和双蝴蝶属 *Tripterospermum*；还有附生植物吊石苣苔属 *Lysionotus* 等。本分布型包括较多的单型属和少种属，多为第三纪古热带植物区系的残遗或后裔（吴征镒等，2010）。

除了典型分布于东亚全区的类型外，本区还出现了东亚分布型的 2 个变型。

14SH）中国—喜马拉雅分布。属此变型的有 27 属，占该地区除世界广布属外总属数的 3.79%。包括长蕊木兰属 *Alcimandra*（1 种）、短瓣花属 *Brachystemma*（1 种）、蜂腰兰属 *Bulleyia*（1 种）、扁竹枝属 *Campylandra*（1 种）、黄盔姜（距药姜）属 *Cautleya*（1 种）、莎草属 *Cyperus*（3 种）、紫金龙属 *Dactylicapnos*（1 种）、十萼花属 *Dipentodon*（1 种）、尖药兰属 *Diphylax*（1 种）、移依属 *Docynia*（1 种）、华桔竹（筱竹）属 *Fargesia*（1 种）、萸叶五加属 *Gamblea*（1 种）、鞭打绣球（半膜草）属 *Hemiphragma*（1 种）、雪胆属 *Hemsleya*（1 种）、八月瓜属 *Holboellia*（1 种）、米团花（白杖木）属 *Leucosceptrum*（1 种）、紫花苣苔（斜柱苣苔）属 *Loxostigma*（1 种）、滇丁香属 *Luculia*（1 种）、藏香叶芹（滇芹）属 *Meeboldia*（1 种）、假水晶兰属 *Monotropastrum*（1 种）、耳唇兰属 *Otochilus*（1 种）、

冠盖藤属 *Pileostegia*（1 种）、竹叶子属 *Streptolirion*（1 种）、水青树属 *Tetracentron*（1 种）、鞘柄木属 *Toricellia*（1 种）、长生开口箭属 *Tupistra*（2 种）、玉山竹属 *Yushania*（1 种）。

14SJ）中国—日本分布。指分布于滇、川金沙江河谷以东地区，直至日本或琉球，但不见于喜马拉雅地区的属。属此变型的有 4 属，占该地区除世界广布属外总属数的 0.56%，分别是木通属 *Akebia*（1 种）、半蒴苣苔（降龙草）属 *Hemiboea*（1 种）、化香树属 *Platycarya*（1 种）、侧柏属 *Platycladus*（1 种）。

从这两个变型在该地区的分布可以看出，本地区与中国—喜马拉雅植物区系的联系较与中国—日本植物区系的联系要密切得多。

15）中国特有分布。即以中国境内的自然植物区（Floristic Region）为中心而分布界限不越出国境很远者，均列入中国特有的范畴（Wang，1989；Wang & Zhang，1994；Wu，1991；Wu *et al*., 2005；吴征镒等，2010）。本区属于此类型的属有 10 属，占该地区除世界广布属外全部属数的 1.40%，占中国特有属 239 属（吴征镒等，2006；Wu *et al*., 2005）的 4.18%。分别是喜树属 *Camptotheca*（1 种）、巴豆藤属 *Craspedolobium*（1 种）、杉属 *Cunninghamia*（1 种）、药囊花（瘤药花）属 *Cyphotheca*（1 种）、铁竹属 *Ferrocalamus*（1 种）、同钟花属 *Homocodon*（1 种）、紫菊属 *Notoseris*（1 种）、拟单性木兰属 *Parakmeria*（1 种）、长穗花属 *Styrophyton*（1 种）、瘿椒树（银鹊树）属 *Tapiscia*（2 种）。

综上所述，从属一级的统计和分析可得出如下结论。

第一，西隆山种子植物 750 属可划分为 14 个类型和 32 个变型或亚型，即除了地中海区、西亚至中亚分布类型，以及中亚分布类型及其变型外，其他中国植物区系的属分布区类型均在本区出现，显示了本区种子植物区系在属级水平上地理成分的复杂性，以及同世界其他地区植物区系的广泛联系。

第二，该地区计有热带性质的属（分布型 2-7 及其变型）563 属，占除世界广布属外全部属数的 79.07%；计有温带性质的属（分布型 8-14 及其变型）139 属，占除世界广布属外全部属数的 19.52%（表 3-7，表 3-8）。这一结果表明，西隆山热带成分的比例远远高于温带成分，很好地揭示了本区植物区系的热带性质。

第三，在本区所有属的分布类型中，居于前 4 位的分别是热带亚洲分布及其变型（209 属 /29.35%）、泛热带分布（155 属 /21.77%）、旧世界热带分布（73 属 /10.25%），以及热带亚洲至热带大洋洲分布（71 属 /9.97%）等，仍以热带性质属占绝对优势。同时，龙脑香属 *Dipterocarpus*、坡垒属 *Hopea*、争光木属 *Knema*、隐翼属 *Crypteronia*、八宝树属 *Duabanga*、无忧花属 *Saraca*、大风子属 *Hydnocarpus* 等印度—马来热带雨林特征成分的出现，充分反映了本区植物区系的热带性质，以及本区与古热带植物区—印度—马来植物区系的密切关系。

第四，西隆山又因地处哀牢山的南延部分，并有红河作为植物扩散的通道，使得一些温带成分得以在此繁衍、演化，使得本地区温带成分比例占 19.52%，充分反映了本区处于热带北缘并向亚热带过渡这一事实。

表 3-8　西隆山种子植物属的各主要分布区类型排序

Table 3-8　Sequence of Areal-types of seed plants species in Xilong Mt.

编号 No.	属的分布区类型 Areal-types of genera	属数 Number of genera	占西隆山全部属（除世界广布属外）的比例 Percentage in total genera （except widespread）/%
7	热带亚洲(即热带东南亚至印度—马来，太平洋诸岛)	209	29.35
2	泛热带（热带广布）	155	21.77
4	旧世界热带	73	10.25
5	热带亚洲至热带大洋洲	71	9.97
14	东亚	55	7.72
6	热带亚洲至热带非洲	36	5.05
1	广布（世界广布）	38	/
8	北温带	43	6.08
9	东亚和北美洲间断	29	4.07
3	东亚（热带、亚热带）及热带南美洲间断	19	2.67
10	旧世界温带	8	1.12
15	中国特有	10	1.40
11	温带亚洲	2	0.28
12	地中海区、西亚至中亚	2	0.28
	总计（Total）	750	100

第四节　西隆山种子植物种的统计和分析

迄今为止，西隆山共记载种子植物 1657 种（不含未鉴定的 17 种，含种下等级），不包括逸生、归化和栽培植物，每种植物均有标本或照片凭证（附录Ⅳ，附录Ⅴ），它们是进行该区域种子植物区系统计分析及其他相关研究的基本素材。植物区系地理学的基本研究对象是具体区系，归根结底是以植物种作为研究对象的。科的统计分析可以初步明确某一具体区系的区系性质和更为古老的区系联系，属的分布式样的确定可以论证较大区域甚至大陆块间的地史联系，并可推断其可能的演化历程，二者在不同层面、不同程度上均具有不可替代的分析优势。然而，科属水平上的统计分析均具有其固有的局限性，还不能完全反映具体区系的本来面貌（彭华，1998）。若以属的分布区类型来评估某一较小地区区系的地带性质时，如果应用不当，可能会导致错误的结论（Tang，2000）。而进行种的分布区类型或分布式样的研究，可以进一步直接确定一个具体植物区系的地带性质及其组成成分的地理起源（彭华，1998）。因此，在对西隆山这样一个较小的自然区域进行区系分析时，尤其有必要对种的分布区类型进行分析。

本书根据 Wu（1991）及吴征镒等（2006，2010）的中国种子植物属的分布区类型的概念及范围，并参考了 Li（1995a, 1995b）对种的分布区类型的划分原则，结合每一个种的现代地理分布格局（具体到每一个分布区类型下又根据种的集中分布式样而相应地划分出次级类型），将西隆山现有的种子植物划分为 12 个类型、18 个变型或亚型（表 3-9）。每一个种的界定及分布区的划分，主要参考 *Flora of China*、《中国植物志》和《云南植物志》的分布，力求更为准确可信。但在区系统计分析时，去除了世界广布种 21 种，以 1636 种（含种下等级）进行分析（表 3-9）。

表 3-9　西隆山种子植物种的分布区类型分析

Table3-9　Areal-types of seed plants species in Xilong Mt.

编号 No.	分布区类型 Areal-type	种数 Number of species	占全部种的比例 Percentage in total species /%
1	世界广布 Cosmopolitan	（21）	/
2	泛热带分布 Pantropic	26	1.59
2-1	热带亚洲—大洋洲和热带美洲 Trop. Asia-Australasia and Trop. Amer.	6	0.37
2-2	热带亚洲、非洲和热带美洲 Trop. Asia，Africa & C. to S. Amer. disjuncted	1	0.06
4	旧世界热带分布 Old World Tropics	30	1.83
5	热带亚洲至热带大洋洲分布 Trop. Asia & Trop. Australasia	59	3.61
6	热带亚洲至热带非洲分布 Trop. Asia to Trop. Africa	15	0.92
6-2	热带亚洲和东非或马达加斯加间断分布 Trop. Asia & E. Afr. or Madagasca disjuncted	1	0.06
6e	热带（或赤道）西部非洲 Trop.(or Equatorial) W. Afr.	1	0.06
7	热带亚洲（印度—马来）分布 Trop. Asia (Indo-Malesia)	716	43.77
7-1	爪哇（或苏门达腊）、喜马拉雅间断或星散分布至华南、西南 Java (or Sumatra), Himalaya to S., SW. China disjuncted or diffused	7	0.43
7-2	热带印度至华南（尤其云南南部）分布 Trop. India to S. China (esp. S. Yunnan)	25	1.53
7-3	缅甸、泰国至华南（或西南）分布 Burma, Thailand to SW. China	34	2.08
7-4	越南（或中南半岛）至华南（或西南）分布 Vietnam (or Indo-China peninsula) to S. China (or SW. China)	123	7.52
7-5	菲律宾、中国海南和中国台湾间断 Philippines, Hainan and Taiwan disjuncted	3	0.18
7a	西马来，基本上在新华莱士线以西（W. Malesia beyond New Wallace line），北可达中南半岛或印度东北或热带喜马拉雅，南达苏门答腊	1	0.06
7d	全分布区东达新几内亚（New Geainea）	9	0.55
7e	全分布区东南达西太平洋诸岛，包括新喀里多尼亚（N. Galedonia）和斐济	7	0.43
8	北温带分布 North Temperate	11	0.67
9	东亚和北美洲间断分布 E. Asia & N. Amer. disjuncted	1	0.06
10	旧世界温带分布 Old World Temperate	2	0.12
11	温带亚洲分布 Temp. Asia	1	0.06
14	东亚分布 E. Asia	—	—
14SH	中国—喜马拉雅 Sino-Himalaya (SH)	73	4.46
14SJ	中国—日本 Sino-Japan (SJ)	19	1.16
15	中国特有分布 Endemic to China	210	12.83
15a	* 云南特有分布 Endemic to Yunnan	73	4.46

续表

编号 No.	分布区类型 Areal-type	种数 Number of species	占全部种的比例 Percentage in total species /%
15b	云南东南部特有分布 Endemic to SE Yunnan	82	5.01
15c	中国至越南北部特有分布 China to N Vietnam	89	5.44
15d	金平特有分布 Endemic to Jinping	11	0.67
	合计 (Total)	1636**	100

* 中国特有以下亚型为根据该地区特有种类的分布划分

** 总计种数不包含世界广布种和未鉴定的 17 种

注：本区未出现的分布区类型和变型未列入表中；逸生、归化和栽培植物不在统计范围之内

* The Areal-types of Endemic China are furtherly classified based on the distribution of species

** The percentage of the Areal-types did not cover the Areal-type of Cosmopolitan and 17 unidentified species in Xilong Mt

Note：The Areal-types not occurring in Xilong Mt. and the exotic species are excluded here

1）世界分布。本区属此类型的有 21 种，占该地区全部种数的 1.27%。其特点是全为草本植物，且多为伴人杂草或水生、湿生的草本植物，即荷莲豆 *Drymaria cordata*、蛇莓 *Duchesnea indica*、稗 *Echinochloa crusgalli*、蟋蟀草 *Eleusine indica*、飞扬草 *Euphorbia hirta*、通奶草 *Euphorbia hypericifolia*、千根草 *Euphorbia thymifolia*、金丝梅 *Hypericum patulum*、白茅 *Imperata cylindrica* var. *major*、益母草 *Leonurus japonicus*、豆瓣菜 *Nasturtium officinale*、豆瓣绿 *Peperomia tetraphylla*、苦枳 *Physalis angulata*、普通蓼 *Polygonum humifusum*、水蓼 *Polygonum hydropiper*、尼泊尔蓼 *Polygonum nepalense*、杠板归 *Polygonum perfoliatum*、习见蓼 *Polygonum plebeium*、马齿苋 *Portulaca oleracea*、南焯菜 *Rorippa dubia*、马鞭草 *Verbena officinalis*。

2）泛热带分布。本区属此类型的有 26 种，占该地区除世界广布种外全部种数的 1.59%；其中属此分布正型的有 26 种，占该地区除世界广布种外全部种数的 1.59%。本分布区类型的种类基本都为草本，即鬼针草 *Bidens pilosa*、狼把草 *Bidens tripartita*、鸭跖草 *Commelina communis*、猪屎豆 *Crotalaria pallida*、狗筋蔓 *Cucubalus baccifer*、畦畔莎草 *Cyperus haspan*、弓果黍 *Cyrtococcum patens*、鳢肠 *Eclipta prostrata*、匙叶合冠鼠麴草 *Gamochaeta pensylvanica*、芳香白珠 *Gaultheria fragrantissima*、爱地草 *Geophila repens*、球穗草 *Hackelochloa granularis*、猪菜藤 *Hewittia malabarica*、刺毛月光花 *Ipomoea setosa*、铜锤玉带草 *Lobelia nummularia*、草龙 *Ludwigia octovalvis*、竹叶草 *Oplismenus compositus*、酢浆草 *Oxalis corniculata*、两耳草 *Paspalum conjugatum*、过山藤 *Phyla nodiflora*、珠子草 *Phyllanthus amarus*、钩毛草 *Pseudechinolaena polystachya*、野甘草 *Scoparia dulcis*、少花龙葵 *Solanum americanum*、刺蒴麻 *Triumfetta rhomboidea*、野豇豆 *Vigna vexillata*。

该分布型在西隆山地区包括 2 个变型。

2-1）热带亚洲—大洋洲和热带美洲分布。本地区出现该分布类型的种有 6 种，占该地区除世界广布种外全部种数的 0.37%，均为草本植物，即无根藤 *Cassytha filiformis*、积

雪草 *Centella asiatica*、砖子苗 *Cyperus cyperoides*、紫马唐 *Digitaria violascens*、单穗水蜈蚣 *Kyllinga nemoralis*、见血青 *Liparis nervosa*。

2-2）热带亚洲、非洲和热带美洲分布。本地区出现的此类型的种有 1 种，占该地区除世界广布种外全部种数的 0.06%，也为草本植物，即地耳草 *Hypericum japonicum*。

4）旧世界热带分布。本区属此类型的有 30 种，占该地区除世界广布种外全部总种数的 1.83%，多为草本植物，少为灌木，且以禾本科 Poaceae 种类居多。它们分别为牛膝 *Achyranthes bidentata*、假水苋菜 *Bergia ammannioides*、蔓草虫豆 *Cajanus scarabaeoides*、竹节树 *Carallia brachiata*、青葙 *Celosia argentea*、假淡竹叶 *Centotheca lappacea*、革命菜 *Crassocephalum crepidioides*、长萼猪屎豆 *Crotalaria calycina*、杯苋 *Cyathula prostrata*、大叶山蚂蝗 *Desmodium gangeticum*、糙毛假地豆 *Desmodium heterocarpon* var. *strigosum*、鱼眼草 *Dichrocephala integrifolia*、沟繁缕 *Elatine ambigua*、虎舌兰 *Epipogium roseum*、鲫鱼草 *Eragrostis tenella*、复序飘拂草 *Fimbristylis bisumbellata*、白饭树 *Flueggea virosa*、耳草 *Hedyotis auricularia*、陌上菜 *Lindernia procumbens*、囡雀稗 *Paspalum scrobiculatum* var. *bispicatum*、戟叶蓼 *Polygonum thunbergii*、香蓼 *Polygonum viscosum*、齿果酸模 *Rumex dentatus*、钝叶酸模 *Rumex obtusifolius*、囊颖草 *Sacciolepis indica*、萤蔺 *Schoenoplectus juncoides*、棕叶狗尾草 *Setaria palmifolia*、金色狗尾草 *Setaria pumila*、狗尾草 *Setaria viridis*、蔓荆 *Vitex trifolia*。

5）热带亚洲至热带大洋洲分布。本区属此类型的有 59 种，占该地区除世界广布种外全部种数的 3.61%，即毛麝香 *Adenosma glutinosum*、下田菊 *Adenostemma lavenia*、羽脉山麻杆 *Alchornea rugosa*、糖胶树 *Alstonia scholaris*、水蔗草 *Apluda mutica*、秋枫 *Bischofia javanica*、木棉 *Bombax ceiba*、土蜜树 *Bridelia tomentosa*、三褶虾脊兰 *Calanthe triplicata*、细柄草 *Capillipedium parviflorum*、乌蔹莓 *Cayratia japonica*、竹节草 *Chrysopogon aciculatus*、波缘鸭跖草 *Commelina undulata*、单葶草石斛 *Dendrobium porphyrochilum*、假地豆 *Desmodium heterocarpon*、山菅兰 *Dianella ensifolia*、厚壳树 *Ehretia acuminata*、垂叶榕 *Ficus benjamina*、对叶榕 *Ficus hispida*、绿黄葛树 *Ficus virens*、细叶千斤拔 *Flemingia lineata*、聚花草 *Floscopa scandens*、糯米团 *Gonostegia hirta*、狭叶糯米团 *Gonostegia pentandra* var. *hypericifolia*、火索麻 *Helicteres isora*、粗毛鸭嘴草 *Ischaemum barbatum*、田间鸭嘴草 *Ischaemum rugosum*、大叶鼠刺 *Itea macrophylla*、笄石菖 *Juncus prismatocarpus*、火筒树 *Leea indica*、长蒴母草 *Lindernia anagallis*、水龙 *Ludwigia adscendens*、构棘 *Maclura cochinchinensis*、浅裂沼兰 *Malaxis acuminata*、阔叶沼兰 *Malaxis latifolia*、白楸 *Mallotus paniculatus*、粗糠柴 *Mallotus philippensis*、藤竹草 *Panicum incomtum*、圆果雀稗 *Paspalum scrobiculatum* var. *orbiculare*、鹤顶兰 *Phaius tancarvilleae*、大芦苇 *Phragmites karka*、小果叶下珠 *Phyllanthus reticulatus*、黄珠子草 *Phyllanthus virgatus*、金丝草 *Pogonatherum crinitum*、金发草 *Pogonatherum paniceum*、葛 *Pueraria montana*、密子豆 *Pycnospora lutescens*、红叶藤 *Rourea minor*、单体红叶藤 *Santaloides minor* ssp.

monadelpha、长梗守宫木 *Sauropus macranthus*、桐叶千金藤 *Stephania japonica* var. *discolor*、乌楣 *Syzygium cumini*、葫芦茶 *Tadehagi triquetrum*、四数木 *Tetrameles nudiflora*、异色山黄麻 *Trema orientalis*、水半夏 *Typhonium flagelliforme*、猫尾草 *Uraria crinita*、狸尾豆 *Uraria lagopodioides*、蓝树 *Wrightia laevis*。

6）热带亚洲至热带非洲分布。本区属此类型及其变型的有 17 种，占该地区除世界广布种外全部种数的 1.04%。其中属此分布正型的有 15 种，占该地区除世界广布种外全部种数的 0.92%，即恶味苘麻 *Abutilon hirtum*、合欢 *Albizia julibrissin*、饭包草 *Commelina benghalensis*、假木豆 *Dendrolobium triangulare*、田基黄 *Grangea maderaspatana*、天胡荽 *Hydrocotyle sibthorpioides*、白花柳叶箬 *Isachne albens*、翼齿六棱菊 *Laggera crispata*、小舌菊 *Microglossa pyrifolia*、圆舌粘冠草 *Myriactis nepalensis*、瘤子草 *Nelsonia canescens*、多荚草 *Polycarpon prostratum*、飞龙掌血 *Toddalia asiatica*、小刺蒴麻 *Triumfetta annua*、毛刺蒴麻 *Triumfetta cana*。

此外，本区还有热带亚洲至热带非洲分布的 2 个变型。

6-2）热带亚洲和东非或马达加斯加间断分布。本地区出现的此类型仅有 1 种，即灵芝草 *Rhinacanthus nasutus*，占该地区除世界广布种外所有种数的 0.06%。

6e）热带（或赤道）西部非洲分布。本地区出现的此类型仅有 1 种，即岩芋 *Remusatia vivipara*，占该地区除世界广布种外所有种数的 0.06%。

7）热带亚洲（印度—马来）分布。热带亚洲按 Takhtajan（1986）的划分属于古热带区域的印度—马来西亚区域，包括印度半岛、中南半岛，以及从西部的马尔代夫群岛至东部的萨摩亚群岛等广大地域，拥有 30 余个特有科及大量的特有属和特有种，保存着最多、最古老的显花植物类群，其植物区系的丰富性是独一无二的。西隆山属于该类型及其变型的有 929 种，占该地区除世界广布种外所有种数的 56.79%，远远高于其他类型，是本地区第一大分布类型，构成了本区种子植物区系的主体部分，显示了本区与热带亚洲区系的密切联系。

凡在整个或大部分热带亚洲区域内均有分布的种类，均归入热带亚洲分布正型。本地区属此分布正型的种类有 716 种，占该地区除世界广布种外总种数的 43.77%。它们是磨盘草 *Abutilon indicum*、羽叶金合欢 *Acacia pennata*、卵叶铁苋菜 *Acalypha kerrii*、土牛膝 *Achyranthes aspera*、三开瓢 *Adenia cardiophylla*、球花毛麝香 *Adenosma indianum*、大叶杨桐 *Adinandra megaphylla*、野菰 *Aeginetia indica*、指甲兰 *Aerides falcata*、白花苋 *Aerva sanguinolenta*、荷花藤 *Aeschynanthus bracteatus*、矮芒毛苣苔 *Aeschynanthus humilis*、密锥花鱼藤 *Aganope thyrsiflora*、长序链珠藤 *Aganosma siamensis*、越南万年青 *Aglaonema simplex*、黄龙尾 *Agrimonia pilosa* var. *nepalensis*、宽叶兔儿风 *Ainsliaea latifolia*、大籽筋骨草 *Ajuga macrosperma*、毛八角枫 *Alangium kurzii*、楹树 *Albizia chinensis*、白花合欢 *Albizia crassiramea*、香须树 *Albizia odoratissima*、椴叶山麻杆 *Alchornea tiliifolia*、红背山麻杆 *Alchornea trewioides*、赤杨叶 *Alniphyllum fortunei*、老虎芋 *Alocasia cucullata*、海芋

Alocasia odorata、云南草蔻 *Alpinia blepharocalyx*、节鞭山姜 *Alpinia conchigera*、艳山姜 *Alpinia zerumbet*、盆架树 *Alstonia rostrata*、莲子草 *Alternanthera sessilis*、青皮树 *Altingia excelsa*、毛车藤 *Amalocalyx microlobus*、昂天莲 *Ambroma augusta*、穿鞘花 *Amischotolype hispida*、尖果穿鞘花 *Amischotolype hookeri*、云南豆蔻 *Amomum repoeense*、宽叶上树南星 *Anadendrum latifolium*、广防风 *Anisomeles indica*、滇南开唇兰 *Anoectochilus burmannicus*、西南五月茶 *Antidesma acidum*、山地五月茶 *Antidesma montanum*、银柴 *Aporosa dioica*、毛银柴 *Aporosa villosa*、滇银柴 *Aporosa yunnanensis*、广东楤木 *Aralia armata*、头序楤木 *Aralia dasyphylla*、虎刺楤木 *Aralia finlaysoniana*、粗毛楤木 *Aralia searelliana*、百两金 *Ardisia crispa*、小乔木紫金牛 *Ardisia garrettii*、走马胎 *Ardisia gigantifolia*、罗伞树 *Ardisia quinquegona*、酸苔菜 *Ardisia solanacea*、南方紫金牛 *Ardisia thyrsiflora*、一把伞南星 *Arisaema erubescens*、野波罗蜜 *Artocarpus lakoocha*、竹叶兰 *Arundina graminifolia*、羊齿天门冬 *Asparagus filicinus*、溪畔红升麻 *Astilbe rivularis*、白接骨 *Asystasia neesiana*、木奶果 *Baccaurea ramiflora*、浆果乌桕 *Balakata baccata*、蛇菰 *Balanophora harlandii*、假杜鹃 *Barleria cristata*、大王秋海棠 *Begonia rex*、稠琼楠 *Beilschmiedia roxburghiana*、西南桦 *Betula alnoides*、艾纳香 *Blumea balsamifera*、节节红 *Blumea fistulosa*、千头艾纳香 *Blumea lanceolaria*、水苎麻 *Boehmeria macrophylla*、束序苎麻 *Boehmeria siamensis*、帚序苎麻 *Boehmeria zollingeriana*、闷奶果 *Bousigonia angustifolia*、短瓣花 *Brachystemma calycinum*、滇短萼齿木 *Brachytome hirtellata*、柏那参 *Brassaiopsis glomerulata*、钝叶黑面神 *Breynia retusa*、禾串树 *Bridelia balansae*、土蜜藤 *Bridelia stipularis*、落叶花桑 *Broussonetia kurzii*、构树 *Broussonetia papyrifera*、驳骨丹 *Buddleja asiatica*、密花石豆兰 *Bulbophyllum odoratissimum*、伏生石豆兰 *Bulbophyllum reptans*、紫矿 *Butea monosperma*、刺果藤 *Byttneria grandifolia*、见血飞 *Caesalpinia cucullata*、棒距虾背兰 *Calanthe clavata*、西南虾脊兰 *Calanthe herbacea*、灰毛鸡血藤 *Callerya cinerea*、木紫珠 *Callicarpa arborea*、红紫珠 *Callicarpa rubella* f. *rubella*、金钱豹 *Campanumoea javanica*、弯蕊开口箭 *Campylandra wattii*、绒毛叶杭子梢 *Campylotropis pinetorum* ssp. *velutina*、罗星草 *Canscora andrographioides*、猪肚木 *Canthium horridum*、硬秆子草 *Capillipedium assimile*、总序山柑 *Capparis assamica*、广州山柑 *Capparis cantoniensis*、黑叶山柑 *Capparis sabiifolia*、锯叶竹节树 *Carallia diplopetala*、心翼果 *Cardiopteris quinqueloba*、浆果苔草 *Carex baccans*、四角果 *Carlemannia tetragona*、檬果樟 *Caryodaphnopsis tonkinensis*、锥花莸 *Caryopteris paniculata*、鱼尾葵 *Caryota ochlandra*、云南嘉赐树 *Casearia flexuosa*、香味嘉赐木 *Casearia graveolens*、毛叶嘉赐树 *Casearia velutina*、银叶栲 *Castanopsis argyrophylla*、杯状栲 *Castanopsis calathiformis*、高山栲 *Castanopsis delavayi*、短刺栲 *Castanopsis echinocarpa*、刺栲 *Castanopsis hystrix*、印度栲 *Castanopsis indica*、大叶栲 *Castanopsis megaphylla*、距药姜 *Cautleya gracilis*、滇边南蛇藤 *Celastrus hookeri*、灯油藤 *Celastrus paniculatus*、紫弹树 *Celtis biondii*、四蕊朴 *Celtis tetrandra*、弯管花 *Chassalia curviflora*、

钩序唇柱苣苔 *Chirita hamosa*、大叶唇柱苣苔 *Chirita macrophylla*、斑叶唇柱苣苔 *Chirita pumila*、美丽唇柱苣苔 *Chirita specioca*、麻叶唇柱苣苔 *Chirita urticifolia*、溪桫 *Chisocheton cumingianus* ssp. *balansae*、漾濞鹿角藤 *Chonemorpha griffithii*、尖子藤 *Chonemorpha verrucosa*、金叶树 *Chrysophyllum lanceolatum* var. *stellatocarpon*、麻楝 *Chukrasia tabularis*、钝叶桂 *Cinnamomum bejolghota*、云南樟 *Cinnamomum glanduliferum*、狭叶桂 *Cinnamomum heyneanum*、香桂 *Cinnamomum subavenium*、藤菊 *Cissampelopsis volubilis*、喀西白桐树 *Claoxylon khasianum*、长叶白桐树 *Claoxylon longifolium*、金平藤 *Cleghornia malaccensis*、棒柄花 *Cleidion brevipetiolatum*、长叶隔距兰 *Cleisostema fuerstenbergianum*、大叶闭花木 *Cleistanthus macrophyllus*、毛木通 *Clematis buchananiana*、滇川铁线莲 *Clematis kockiana*、菝葜叶铁线莲 *Clematis smilacifolia*、细风轮菜 *Clinopodium gracile*、灯笼草 *Clinopodium polycephalum*、舞草 *Codoriocalyx motorius*、眼斑贝母兰 *Coelogyne corymbosa*、薏苡 *Coix lacryma-jobi*、羽萼木 *Colebrookea oppositifolia*、西南风车子 *Combretum griffithii*、大苞鸭跖草 *Commelina paludosa*、北越牛栓藤 *Connarus paniculata* ssp. *tonkinensis*、二叉破布木 *Cordia furcans*、闭鞘姜 *Costus speciosus*、巴豆藤 *Craspedolobium unijugum*、黄牛木 *Cratoxylum cochinchinense*、红芽木 *Cratoxylum formosum* ssp. *pruniflorum*、假地蓝 *Crotalaria ferruginea*、四棱猪屎豆 *Crotalaria tetragona*、巴豆 *Croton tiglium*、隐翼 *Crypteronia paniculata*、白叶藤 *Cryptolepis sinensis*、西南野黄瓜 *Cucumis sativus* var. *hardwickii*、大叶仙茅 *Curculigo capitulata*、仙茅 *Curculigo orchioides*、郁金 *Curcuma aromatica*、姜黄 *Curcuma longa*、莪术 *Curcuma phaeocaulis*、印尼莪术 *Curcuma zanthorrhiza*、大花菟丝子 *Cuscuta reflexa*、篦齿苏铁 *Cycas pectinata*、青冈 *Cyclobalanopsis glauca*、轮钟花 *Cyclocodon lancifolius*、纹瓣兰 *Cymbidium aloifolium*、莎草兰 *Cymbidium elegans*、兔耳兰 *Cymbidium lancifolium*、琉璃草 *Cynoglossum furcatum*、叉花倒提壶 *Cynoglossum zeylanicum*、囊萼花 *Cyrtandromoea grandiflora*、紫金龙 *Dactylicapnos scandens*、斜叶黄檀 *Dalbergia pinnata*、多裂黄檀 *Dalbergia rimosa*、托叶黄檀 *Dalbergia stipulacea*、纸叶虎皮楠 *Daphniphyllum chartaceum*、长叶水麻 *Debregeasia longifolia*、钩状石斛 *Dendrobium aduncum*、齿瓣石斛 *Dendrobium devonianum*、疏花石斛 *Dendrobium henryi*、长距石斛 *Dendrobium longicornu*、细茎石斛 *Dendrobium moniliforme*、石斛 *Dendrobium nobile*、梳唇石斛 *Dendrobium strongylanthum*、大苞鞘石斛 *Dendrobium wardianum*、黑毛石斛 *Dendrobium williamsonii*、甜竹 *Dendrocalamus brandisii*、黄竹 *Dendrocalamus membranaceus*、牡竹 *Dendrocalamus strictus*、全缘火麻树 *Dendrocnide sinuata*、五蕊寄生 *Dendrophthoe pentandra*、假鹰爪 *Desmos chinensis*、常山 *Dichroa febrifuga*、五桠果 *Dillenia indica*、飞蛾藤 *Dinetus racemosus*、白薯莨 *Dioscorea hispida*、长柱柿 *Diospyros brandisiana*、尖药兰 *Diphylax urceolata*、蛇舌兰 *Diploprora championii*、狗骨柴 *Diplospora dubia*、东京龙脑香 *Dipterocarpus retusus*、滴锡眼树莲 *Dischidia tonkinensis*、长叶竹根七 *Disporopsis longifera*、万寿竹 *Disporum cantoniense*、河口龙血树

Dracaena hokouensis、辛果漆 *Drimycarpus racemosus*、八宝树 *Duabanga grandiflora*、柔毛山黑豆 *Dumasia villosa*、红果樫木 *Dysoxylum gotadhora*、滇藏杜英 *Elaeocarpus braceanus*、杜英 *Elaeocarpus decipiens*、水石榕 *Elaeocarpus hainanensis*、毛果杜英 *Elaeocarpus rugosus*、锐齿楼梯草 *Elatostema cyrtandrifolium*、盘托楼梯草 *Elatostema dissectum*、狭叶楼梯草 *Elatostema lineolatum* var. *majus*、多序楼梯草 *Elatostema macintyrei*、当归藤 *Embelia parviflora*、白花酸藤子 *Embelia ribes*、厚叶白花酸藤子 *Embelia ribes* ssp. *pachyphylla*、瘤皮孔酸藤子 *Embelia scandens*、平叶酸藤子 *Embelia undulata*、黄杞 *Engelhardia roxburghiana*、毛叶黄杞 *Engelhardia spicata* var. *colebrookeana*、云南黄杞 *Engelhardia spicata* var. *spicata*、双叶厚唇兰 *Epigeneium rotundatum*、思茅藤 *Epigynum auritum*、黑穗画眉草 *Eragrostis nigra*、鼠妇草 *Eragrostis nutans*、牛虱草 *Eragrostis unioloides*、双点毛兰 *Eria bipunctata*、半柱毛兰 *Eria corneri*、棒茎毛兰 *Eria marginata*、鹅白毛兰 *Eria stricta*、云南枇杷 *Eriobotrya bengalensis*、南火绳 *Eriolaena candollei*、劲直刺桐 *Erythrina stricta*、翅果刺桐 *Erythrina subumbrans*、赤苍藤 *Erythropalum scandens*、东方古柯 *Erythroxylum sinense*、拟金茅 *Eulaliopsis binata*、扶芳藤 *Euonymus fortunei*、帽果卫矛 *Euonymus glaber*、西南卫矛 *Euonymus hamiltonianus*、疏花卫矛 *Euonymus laxiflorus*、中华卫矛 *Euonymus nitidus*、岗柃 *Eurya groffii*、马蹄荷 *Exbucklandia populnea*、高山榕 *Ficus altissima*、大果榕 *Ficus auriculata*、沙坝榕 *Ficus chapaensis*、纸叶榕 *Ficus chartacea* var. *chertacea*、无柄纸叶榕 *Ficus chartacea* var. *torulosa*、歪叶榕 *Ficus cyrtophylla*、黄毛榕 *Ficus esquiroliana*、水同木 *Ficus fistulosa*、金毛榕 *Ficus fulva*、大叶水榕 *Ficus glaberrima*、藤榕 *Ficus hederacea*、粗叶榕 *Ficus hirta* var. *hirta*、薄毛粗叶榕 *Ficus hirta* var. *imberbis*、壶托榕 *Ficus ischnopoda*、尖尾榕 *Ficus langkokensis*、苹果榕 *Ficus oligodon*、直脉榕 *Ficus orthoneura*、钩毛榕 *Ficus praetermissa*、褐叶榕 *Ficus pubigera*、匍茎榕 *Ficus sarmentosa*、鸡嗉子榕 *Ficus semicordata*、细梗棒果榕 *Ficus subincisa* var. *paucidentata*、棒果榕 *Ficus subincisa* var. *subincisa*、假斜叶榕 *Ficus subulata*、斜叶榕 *Ficus tinctoria* ssp. *gibbosa*、突脉榕 *Ficus vasculosa*、黑风藤 *Fissistigma polyanthum*、大果刺篱木 *Flacourtia ramontchi*、大叶千斤拔 *Flemingia macrophylla*、黄毛草莓 *Fragaria nilgerrensis*、云树 *Garcinia cowa*、大叶藤黄 *Garcinia xanthochymus*、辣莸 *Garrettia siamensis*、滇白珠 *Gaultheria leucocarpa* var. *yunnanensis*、断肠草 *Gelsemium elegans*、黑叶小驳骨 *Gendarussa ventricosa*、小驳骨 *Gendarussa vulgaris*、滇龙胆草 *Gentiana rigescens*、白颜树 *Gironniera subaequalis*、舞花姜 *Globba racemosa*、革叶算盘子 *Glochidion daltonii*、四裂算盘子 *Glochidion ellipticum*、毛果算盘子 *Glochidion eriocarpum*、绒毛算盘子 *Glochidion heyneanum*、厚叶算盘子 *Glochidion hirsutum*、圆果算盘子 *Glochidion sphaerogynum*、买麻藤 *Gnetum montanum*、粗丝木 *Gomphandra tetrandra*、琼榄 *Gonocaryum lobbianum*、高斑叶兰 *Goodyera procera*、斑叶兰 *Goodyera schlechtendaliana*、咀签 *Gouania leptostachya*、苘麻叶扁担杆 *Grewia abutilifolia*、朴叶扁担杆 *Grewia celtidifolia* var. *altidifolia*、毛果扁担杆 *Grewia celtidifolia* var. *eriocarpa*、金瓜 *Gymnopetalum chinense*、光叶绞股蓝 *Gynostemma laxum*、滇紫背天葵 *Gynura pseudochina*、红姜花 *Hedychium coccineum*、头状花耳草 *Hedyotis capitellata* var. *capitelleta*、疏毛头状花毛草 *Hedyotis capitellata* var. *mollis*、白花蛇舌草 *Hedyotis diffusa*、牛白藤 *Hedyotis hedyotidea*、松叶耳草 *Hedyotis pinifolia*、攀茎耳草 *Hedyotis scandens*、纤花耳草 *Hedyotis tenelliflora*、粗叶耳草 *Hedyotis verticillata*、脉耳草 *Hedyotis vestita*、小果山龙眼 *Helicia cochinchinensis*、山龙眼 *Helicia formosana*、焰序山龙眼 *Helicia pyrrhobotrya*、假山龙眼 *Heliciopsis terminalis*、长序山芝麻 *Helicteres elongata*、粘毛山芝麻 *Helicteres viscida*、离瓣寄生 *Helixanthera parasitica*、鞭打绣球 *Hemiphragma heterophyllum*、叉唇角盘兰 *Herminium lanceum*、鹧鸪花 *Heynea trijuga*、三角叶须弥菊 *Himalaiella deltoidea*、风筝果 *Hiptage benghalensis*、油渣果 *Hodgsonia macrocarpa*、水柳 *Homonoia riparia*、风吹楠 *Horsfieldia amygdalina*、蕺菜 *Houttuynia cordata*、黄花球兰 *Hoya fusca*、蜂出巢 *Hoya multiflora*、双齿山茉莉 *Huodendron biaristatum*、泰国大风子 *Hydnocarpus anthelminthicus*、马桑绣球 *Hydrangea aspera*、红马蹄草 *Hydrocotyle nepalensis*、水蓑衣 *Hygrophila salicifolia*、长柄山蚂蝗 *Hylodesmum podocarpum*、小金梅草 *Hypoxis aurea*、小果冬青 *Ilex micrococca*、铁冬青 *Ilex rotunda*、柬埔寨八角 *Illicium cambodianum*、大八角 *Illicium majus*、宽药青藤 *Illigera celebica*、小花青藤 *Illigera parviflora*、黑叶木篮 *Indigofera nigrescens*、微花藤 *Iodes cirrhosa*、小果微花藤 *Iodes vitiginea*、鼠刺 *Itea chinensis*、香面叶 *Iteadaphne caudata*、细叶小苦荬 *Ixeridium gracile*、亮叶龙船花 *Ixora fulgens*、白花龙船花 *Ixora henryi*、青藤仔 *Jasminum nervosum*、腺叶素馨 *Jasminum subglandulosum*、密花素馨 *Jasminum tonkinense*、灯心草 *Juncus effusus*、异型南五味子 *Kadsura heteroclita*、小叶红光树 *Knema globularia*、红光树 *Knema tenuinervia*、翅果麻 *Kydia calycina*、珠芽艾麻 *Laportea bulbifera*、美脉粗叶木 *Lasianthus lancifolius*、截萼粗叶木 *Lasianthus verticillatus*、腺叶桂樱 *Laurocerasus phaeosticta*、大叶桂樱 *Laurocerasus zippeliana*、假楼梯草 *Lecanthus peduncularis*、单羽火筒树 *Leea asiatica*、鳞花草 *Lepidagathis incurva*、报春茜 *Leptomischus primuloides*、米团花 *Leucosceptrum canum*、团香果 *Lindera latifolia*、三股筋香 *Lindera thomsonii*、大花羊耳蒜 *Liparis distans*、柄叶羊耳蒜 *Liparis petiolata*、荔枝 *Litchi chinensis*、截头石栎 *Lithocarpus truncatus*、木果石栎 *Lithocarpus xylocarpus*、山鸡椒 *Litsea cubeba*、剑叶木姜子 *Litsea lancifolia*、假柿木姜子 *Litsea monopetala*、黑木姜子 *Litsea salicifolia*、密毛山梗菜 *Lobelia clavata*、卵叶半边莲 *Lobelia zeylanica*、大果忍冬 *Lonicera hildebrandiana*、椆树桑寄生 *Loranthus delavayi*、紫花苣苔 *Loxostigma griffithii*、长瓣钗子股 *Luisia filiformis*、红丝线 *Lycianthes biflora*、大齿红丝线 *Lycianthes macrodon*、米饭花 *Lyonia ovalifolia*、矮桃 *Lysimachia clethroides*、聚花过路黄 *Lysimachia congestiflora*、多枝香草 *Lysimachia laxa*、长蕊珍珠菜 *Lysimachia lobelioides*、齿叶吊石苣苔 *Lysionotus serratus*、中平树 *Macaranga denticulata*、印度血桐 *Macaranga indica*、尾叶血桐 *Macaranga kurzii*、黄心树 *Machilus gamblei*、柘藤 *Maclura fruticosa*、双花鞘花 *Macrosolen bibracteolatus*、鞘花 *Macrosolen cochinchinensis*、包疮叶 *Maesa indica*、金珠柳 *Maesa montana*、毛杜茎山 *Maesa permollis*、称秆树 *Maesa ramentacea*、毛桐 *Mallotus barbatus*、短柄野桐 *Mallotus decipiens*、石岩枫 *Mallotus repandus*、四籽野桐 *Mallotus tetracoccus*、长梗杧果 *Mangifera laurina*、水丝麻 *Maoutia puya*、西南猫尾木 *Markhamia stipulata*、蓝叶藤 *Marsdenia tinctoria*、火烧花 *Mayodendron igneum*、大野牡丹 *Melastoma imbricatum*、楝 *Melia azedarach*、三桠苦 *Melicope pteleifolia*、南亚泡花树 *Meliosma arnottiana*、樟叶泡花树 *Meliosma squamulata*、马松子 *Melochia corchorifolia*、金钟藤 *Merremia boisiana*、掌叶鱼黄草 *Merremia vitifolia*、大管 *Micromelum falcatum*、毛叶小芸木 *Micromelum integerrimum* var. *mollissimum*、刚莠竹 *Microstegium ciliatum*、异色假卫矛 *Microtropis discolor*、厚果崖豆藤 *Millettia pachycarpa*、灰毛崖豆藤 *Millettia cinerea*、褐叶柄果木 *Mischocarpus pentapetalus*、鸭舌草 *Monochoria vaginalis*、球果假沙晶兰 *Monotropastrum humile*、小鱼仙草 *Mosla dianthera*、裸花水竹叶 *Murdannia nudiflora*、大蕉 *Musa paradisiaca*、阿宽蕉 *Musa itinerans*、楠藤 *Mussaenda erosa*、针齿铁仔 *Myrsine semiserrata*、团花 *Neolamarckia cadamba*、类芦 *Neyraudia reynaudiana*、华南蓝果树 *Nyssa javanica*、桔红鸢尾兰 *Oberonia obcordata*、短辐水芹 *Oenanthe benghalensis*、蒙自水芹 *Oenanthe linearis* ssp. *rivularis*、小槐花 *Ohwia caudata*、间型沿阶草 *Ophiopogon intermedius*、短小蛇根草 *Ophiorrhiza pumila*、蛇根叶 *Ophiorrhiziphyllon macrobotryum*、紫麻 *Oreocnide frutescens*、全缘叶紫麻 *Oreocnide integrifolia*、红紫麻 *Oreocnide rubescens*、肥荚红豆 *Ormosia fordiana*、羽唇兰 *Ornithochilus difformis*、千张纸 *Oroxylum indicum*、耳唇兰 *Otochilus porrectus*、越南尖子木 *Oxyspora balansae*、尖子木 *Oxyspora paniculata*、鸡矢藤 *Paederia foetida*、分叉露兜树 *Pandanus urophyllus*、连蕊藤 *Parabaena sagittata*、蛛毛苣苔 *Paraboea sinensis*、假糙苏 *Paraphlomis javanica*、假福王草 *Paraprenanthes sororia*、七叶一枝花 *Paris polyphylla* var. *polyphylla*、华重楼 *Paris polyphylla* var. *chinensis*、紫雀花 *Parochetus communis*、鸭乸草 *Paspalum scrobiculatum*、雀稗 *Paspalum thunbergii*、镰叶西番莲 *Passiflora wilsonii*、大盖球子草 *Peliosanthes macrostegia*、异被赤车 *Pellionia heteroloba*、石蝉草 *Peperomia blanda*、袋果草 *Peracarpa carnosa*、细圆藤 *Pericampylus glaucus*、火焰花 *Phlogacanthus curviflorus*、披针叶楠木 *Phoebe lanceolata*、节茎石仙桃 *Pholidota articulata*、尖苞柊叶 *Phrynium placentarium*、柊叶 *Phrynium rheedei*、余甘子 *Phyllanthus emblica*、云桂叶下珠 *Phyllanthus pulcher*、苦玄参 *Picria felterrae*、美丽马醉木 *Pieris formosa*、大叶冷水花 *Pilea martini*、长序冷水花 *Pilea melastomoides*、细齿冷水花 *Pilea scripta*、冠盖藤 *Pileostegia viburnoides*、华山竹 *Pinanga sylvestris*、苎叶蒟 *Piper boehmeriifolium*、荜茇 *Piper longum*、角果胡椒 *Piper pedicellatum*、假海桐 *Pittosporopsis kerrii*、柄果海桐 *Pittosporum podocarpum*、车前 *Plantago asiatica*、化香树 *Platycarya strobilacea*、百日青 *Podocarpus neriifolius*、水珍珠菜 *Pogostemon auricularius*、刺蕊草 *Pogostemon glaber*、锥头麻 *Poikilospermum suaveolens*、粗柄杜若 *Pollia hasskarlii*、长花枝

杜若 *Pollia secundiflora*、细基丸 *Polyalthia cerasoides*、荷包山桂花 *Polygala arillata*、密花远志 *Polygala karensium*、点花黄精 *Polygonatum punctatum*、火炭母 *Polygonum chinense*、丛枝蓼 *Polygonum posumbu*、多穗兰 *Polystachya concreta*、搭棚藤 *Poranopsis discifera*、石柑 *Pothos chinensis*、螳螂跌打 *Pothos scandens*、帘子藤 *Pottsia laxiflora*、红雾水葛 *Pouzolzia sanguinea*、雾水葛 *Pouzolzia zeylanica*、藤麻 *Procris crenata*、山壳骨 *Pseuderanthemum latifolium*、多花山壳骨 *Pseuderanthemum polyanthum*、红河山壳骨 *Pseuderanthemum teysmannii*、北酸脚杆 *Pseudodissochaeta septentrionalis*、拟鼠麹草 *Pseudognaphalium affine*、美果九节 *Psychotria calocarpa*、驳骨九节 *Psychotria prainii*、窄叶半枫荷 *Pterospermum lanceifolium*、钩柱毛茛 *Ranunculus silerifolius*、大花藤 *Raphistemma pulchellum*、萝芙木 *Rauvolfia verticillata*、早花岩芋 *Remusatia hookeriana*、爬树龙 *Rhaphidophora decursiva*、狮子尾 *Rhaphidophora hongkongensis*、滇隐脉杜鹃 *Rhododendron maddenii* ssp. *crassum*、钩毛子草 *Rhopalephora scaberrima*、盐肤木 *Rhus chinensis*、钻喙兰 *Rhynchostylis retusa*、线柱苣苔 *Rhynchotechum ellipticum*、寄树兰 *Robiquetia succisa*、圆叶节节菜 *Rotala rotundifolia*、轮冠木 *Rotula aquatica*、朱果藤 *Roureopsis emarginata*、蛇泡筋 *Rubus cochinchinensis*、栽秧泡 *Rubus ellipticus* var. *obcordatus*、白花悬钩子 *Rubus leucanthus*、绢毛悬钩子 *Rubus lineatus*、红泡刺藤 *Rubus niveus*、掌叶悬钩子 *Rubus pentagonus*、大乌泡 *Rubus pluribracteatus*、棕红悬钩子 *Rubus rufus*、红腺悬钩子 *Rubus sumatranus*、红毛悬钩子 *Rubus wallichianus*、长刺酸模 *Rumex trisetifer*、孩儿草 *Rungia pectinata*、簇花清风藤 *Sabia fasciculata*、长齿蔗茅 *Saccharum longesetosum*、接骨草 *Sambucus javanica*、毛瓣无患子 *Sapindus rarak*、无患子 *Sapindus saponaria*、染木树 *Saprosma ternata*、草珊瑚 *Sarcandra glabra*、海南草珊瑚 *Sarcandra glabra* ssp. *brachystachys*、褚头红 *Sarcopyramis napalensis*、大肉实树 *Sarcosperma arboreum*、绒毛肉实树 *Sarcosperma kachinense*、蜡质水东哥 *Saurauia cerea*、尼泊尔水东哥 *Saurauia napaulensis*、守宫木 *Sauropus androgynus*、苍叶守宫木 *Sauropus garrettii*、三白草 *Saururus chinensis*、密脉鹅掌柴 *Schefflera elliptica*、鹅掌柴 *Schefflera heptaphylla*、白背叶鹅掌柴 *Schefflera hypoleuca*、球序鹅掌柴 *Schefflera pauciflora*、印度木荷 *Schima khasiana*、红木荷 *Schima wallichii*、裂果金花 *Schizomussaenda dehiscens*、无刺硬核 *Scleropyrum wallichianum* var. *mekongense*、梨果寄生 *Scurrula atropurpurea*、锈毛梨果寄生 *Scurrula ferruginea*、红花寄生 *Scurrula parasitica*、蝉翼藤 *Securidaca inappendiculata*、千里光 *Senecio scandens*、皱叶狗尾草 *Setaria plicata*、硬毛宿苞豆 *Shuteria ferruginea*、光宿苞豆 *Shuteria involucrata* var. *glabrata*、蜘蛛花 *Silvianthus bracteatus*、线萼蜘蛛花 *Silvianthus tonkinensis*、翅子罗汉果 *Siraitia siamensis*、乔木茵芋 *Skimmia arborescens*、多脉茵芋 *Skimmia multinervia*、圆锥菝葜 *Smilax bracteata*、筐条菝葜 *Smilax corbularia*、土茯苓 *Smilax glabra*、马甲菝葜 *Smilax lanceifolia*、大果菝葜 *Smilax megacarpa*、穿鞘菝葜 *Smilax perfoliata*、坡油甘 *Smithia sensitiva*、茅瓜 *Solena heterophylla*、直立蜂斗草 *Sonerila erecta*、溪边桑勒草 *Sonerila maculata*、附生花楸 *Sorbus epidendron*、滇缅花楸 *Sorbus thomsonii*、金钮扣 *Spilanthes paniculata*、槟榔青 *Spondias pinnata*、鼠尾粟 *Sporobolus fertilis*、西域旌节花 *Stachyurus himalaicus*、十字苣苔 *Stauranthera umbrosa*、家麻树 *Sterculia pexa*、基苹婆 *Sterculia principis*、羽叶楸 *Stereospermum colais*、全缘泉七 *Steudnera griffithii*、锥序斑果藤 *Stixis ovata* ssp. *fasciculata*、斑果藤 *Stixis suaveolens*、竹叶子 *Streptolirion volubile* ssp. *volubile*、红毛竹叶子 *Streptolirion volubile* ssp. *khasianum*、三花马蓝 *Strobilanthes atropurpurea*、板蓝*Strobilanthes cusia*、糯米香 *Strobilanthes tonkinensis*、吕宋果 *Strychnos ignatii*、毛柱马钱 *Strychnos nitida*、绿花大苞兰 *Sunipia annamensis*、二色大苞兰 *Sunipia bicolor*、大苞兰 *Sunipia scariosa*、薄叶山矾 *Symplocos anomala*、越南山矾 *Symplocos cochinchinensis* var. *cochinchinensis*、黄牛奶树 *Symplocos cochinchinensis* var. *laurina*、坚木山矾 *Symplocos dryophila*、光亮山矾 *Symplocos lucida*、珠仔树 *Symplocos racemosa*、滇边蒲桃 *Syzygium forrestii*、药用狗牙花 *Tabernaemontana bovina*、箭根薯 *Tacca chantrieri*、岭罗麦 *Tarennoidea wallichii*、柳叶钝果寄生 *Taxillus delavayi*、千果榄仁 *Terminalia myriocarpa*、厚皮香 *Ternstroemia gymnanthera*、水青树 *Tetracentron sinense*、十字崖爬藤 *Tetrastigma cruciatum*、毛枝崖爬藤 *Tetrastigma obovatum*、扁担藤 *Tetrastigma planicaule*、喜马拉雅崖爬藤 *Tetrastigma rumicispermum*、狭叶崖爬藤 *Tetrastigma serrulatum*、血见愁 *Teucrium viscidum*、菅 *Themeda villosa*、大苞赤瓟 *Thladiantha cordifolia*、红花山牵牛 *Thunbergia coccinea*、碗花草 *Thunbergia fragrans*、黄水枝 *Tiarella polyphylla*、大叶藤 *Tinomiscium petiolare*、波叶青牛胆 *Tinospora crispa*、光叶蝴蝶草 *Torenia asiatica*、紫萼蝴蝶草 *Torenia violacea*、狭叶山黄麻 *Trema angustifolia*、刺通草 *Trevesia palmata*、山乌桕 *Triadica cochinchinensis*、老虎楝 *Trichilia connaroides*、大花三翅藤 *Tridynamia megalantha*、多蕊木 *Tupidanthus calyptratus*、越南山香圆 *Turpinia cochinchinensis*、山香圆 *Turpinia montana*、大果山香圆 *Turpinia pomifera*、犁头尖 *Typhonium blumei*、常绿榆 *Ulmus lanceifolia*、杜仲藤 *Urceola micrantha*、酸叶胶藤 *Urceola rosea*、云南水壶藤 *Urceola tournieri*、粗叶地桃花 *Urena lobata* var. *glauca*、樟叶越桔 *Vaccinium dunalianum* var. *dunalianum*、大樟叶越桔 *Vaccinium dunalianum* var. *megaphyllum*、矮万代兰 *Vanda pumila*、翼核果 *Ventilago leiocarpa*、木油桐 *Vernicia montana*、树斑鸠菊 *Vernonia arborea*、毒根斑鸠菊 *Vernonia cumingiana*、叉枝斑鸠菊 *Vernonia divergens*、柳叶斑鸠菊 *Vernonia saligna*、茄叶斑鸠菊 *Vernonia solanifolia*、大叶斑鸠菊 *Vernonia volkameriifolia*、水红木 *Viburnum cylindricum*、臭荚蒾 *Viburnum foetidum*、心叶荚蒾 *Viburnum nervosum*、七星莲 *Viola diffusa*、光叶堇菜 *Viola sumatrana*、云南堇菜 *Viola yunnanensis*、阔叶槲寄生 *Viscum album* var. *meridianum*、牡荆 *Vitex negundo* var. *cannabifolia*、微毛布惊 *Vitex quinata* var. *puberula*、割舌树 *Walsura robusta*、粗叶水锦树 *Wendlandia scabra*、染色水锦树 *Wendlandia tinctoria*、泰国黄叶树 *Xanthophyllum flavescens*、宽距兰 *Yoania prainii*、刺花椒 *Zanthoxylum acanthopodium*、竹叶花椒

Zanthoxylum armatum、花椒簕 *Zanthoxylum scandens*、马交儿 *Zehneria japonica*、任豆 *Zenia insignis*、芳线柱兰 *Zeuxine nervosa*、线柱兰 *Zeuxine strateumatica*。

除了上述热带亚洲广布或分布于其大部分区域的种类以外，有的热带亚洲种分布区相对狭小，表现出一定的区域特有性。根据这些种类的集中分布式样，可以划分为下列 8 个变型或亚型。

7-1）爪哇（或苏门答腊）、喜马拉雅间断或星散分布至华南、西南。本区属于此变型的有 7 种，占该地区除世界广布种外全部种数的 0.43%，即单毛桤叶树 *Clethra bodinieri*、旱田菜 *Lindernia ruellioides*、山紫锤草 *Lobelia montana*、蜜蜂花 *Melissa axillaris*、细柄黍 *Panicum sumatrense*、使君子 *Quisqualis indica*、水东哥 *Saurauia tristyla*。

7-2）热带印度至华南（尤其云南南部）分布。本区属于此变型的有 25 种，占该地区除世界广布种外全部种数的 1.53%，为美丽相思子 *Abrus pulchellus*、倒卵叶树萝卜 *Agapetes obovata*、变色栲 *Castanopsis wattii*、山溪金腰 *Chrysosplenium nepalense*、杯药草 *Cotylanthera paucisquama*、毛叶曼青冈 *Cyclobalanopsis gambleana*、象鼻藤 *Dalbergia mimosoides*、异叶楼梯草 *Elatostema monandrum*、匍茎毛兰 *Eria clausa*、光叶瓜馥木 *Fissistigma wallichii*、鹿蹄草叶白珠 *Gaultheria pyrolifolia*、滇藏斑叶兰 *Goodyera robusta*、黄姜花 *Hedychium flavum*、母猪果 *Helicia nilagirica*、八月瓜 *Holboellia latifolia*、大叶风吹楠 *Horsfieldia kingii*、荷秋藤 *Hoya griffithii*、黄丹木姜子 *Litsea elongata*、红花木莲 *Manglietia insignis*、合果木 *Michelia baillonii*、总序五叶参 *Pentapanax racemosus*、短蒟 *Piper mullesua*、宽叶火炭母 *Polygonum chinense* var. *ovalifolium*、血满草 *Sambucus adnata*、黄花紫玉盘 *Uvaria kurzii*。

7-3）缅甸、泰国至华南（西南）分布。本区属于此变型的种计有 34 种，占该地区除世界广布种外全部种数的 2.08%。本变型有线条芒毛苣苔 *Aeschynanthus lineatus*、滇茜树 *Aidia yunnanensis*、酸味秋海棠 *Begonia acetosella*、节蒴木 *Borthwickia trifoliata*、细花梗杭子梢 *Campylotropis capillipes*、李榄 *Chionanthus henryanus*、南黄堇 *Corydalis davidii*、滇黔黄檀 *Dalbergia yunnanensis*、毛果鱼藤 *Derris eriocarpa*、异叶榕 *Ficus heteromorpha*、长苞白珠 *Gaultheria longibracteolata*、中华青荚叶 *Helwingia chinensis*、大花八角 *Illicium macranthum*、小果排草 *Lysimachia microcarpa*、粗壮润楠 *Machilus robusta*、孟连崖豆藤 *Millettia griffithii*、纤梗腺萼木 *Mycetia gracilis*、云南肉豆蔻 *Myristica yunnanensis*、滇桂喜鹊苣苔 *Ornithoboea wildeana*、云南叶轮木 *Ostodes katharinae*、山峰西番莲 *Passiflora jugorum*、清香木 *Pistacia weinmanniifolia*、偏瓣花 *Plagiopetalum esquirolii*、云南独蒜兰 *Pleione yunnanensis*、滇黄精 *Polygonatum kingianum*、白花叶 *Poranopsis sinensis*、高尚大白杜鹃 *Rhododendron decorum* ssp. *diaprepes*、冠萼线柱苣苔 *Rhynchotechum formosanum*、银木荷 *Schima argentea*、大花安息香 *Styrax grandiflorus*、短药蒲桃 *Syzygium globiflorum*、山牵牛 *Thunbergia grandiflora*、滇缅斑鸠菊 *Vernonia parishii*、脆舌姜 *Zingiber fragile*。

7-4）越南（或中南半岛）至华南（或西南）分布。本区属于此亚型的种有 123 种，占该地区除世界广布种外全部种数的7.52%，即滇南金合欢 *Acacia tonkinensis*、黄杨叶芒毛苣苔 *Aeschynanthus buxifolius*、药用芒毛苣苔 *Aeschynanthus poilanei*、光叶合欢 *Albizia lucidior*、金平藤春 *Alphonsea boniana*、脆果山姜 *Alpinia globosa*、茶梨 *Anneslea fragrans*、黄毛五月茶 *Antidesma fordii*、长叶棋子豆 *Archidendron alternifoliolatum*、碟腺棋子豆 *Archidendron kerrii*、亮叶猴耳环 *Archidendron lucidum*、伞形紫金牛 *Ardisia corymbifera*、香鹰爪 *Artabotrys fragrans*、野树波罗 *Artocarpus chama*、越南勾儿茶 *Berchemia annamensis*、奶子藤 *Bousigonia mekongensis*、黑面神 *Breynia fruticosa*、杖藤 *Calamus rhabdocladus*、橄榄 *Canarium album*、小绿刺 *Capparis urophylla*、荚迷叶山柑 *Capparis viburnifolia*、老挝檬果樟 *Caryodaphnopsis laotica*、单穗鱼尾葵 *Caryota monostachya*、罗浮栲 *Castanopsis fabri*、小果栲 *Castanopsis fleuryi*、鹿角藤 *Chonemorpha eriostylis*、浆果楝 *Cipadessa baccifera*、柱果铁线莲 *Clematis uncinata*、长叶大青 *Clerodendrum longilimbum*、华南桤叶树 *Clethra fabri*、台湾苏铁 *Cycas taiwaniana*、喙果皂帽花 *Dasymaschalon rostratum*、多脉寄生藤 *Dendrotrophe polyneura*、硬毛常山 *Dichroa hirsuta*、罗浮柿 *Diospyros morrisiana*、横脉万寿竹 *Disporum trabeculatum*、人面子 *Dracontomelon duperreanum*、梭子果 *Eberhardtia tonkinensis*、越南胡颓子 *Elaeagnus tonkinensis*、大叶杜英 *Elaeocarpus balansae*、灰毛杜英 *Elaeocarpus limitaneus*、山杜英 *Elaeocarpus sylvestris*、地胆草 *Elephantopus scaber*、龙骨酸藤子 *Embelia polypodioides*、越南吊钟花 *Enkianthus ruber*、齿叶枇杷 *Eriobotrya serrata*、柳叶卫矛 *Euonymus salicifolius*、变叶榕 *Ficus variolosa*、尖叶瓜馥木 *Fissistigma acuminatissimum*、多脉瓜馥木 *Fissistigma balansae*、阔叶瓜馥木 *Fissistigma chloroneurum*、毛瓜馥木 *Fissistigma maclurei*、绞股蓝 *Gynostemma pentaphyllum*、毛葶玉凤花 *Habenaria ciliolaris*、海南山龙眼 *Helicia hainanensis*、密序苣苔 *Hemiboeopsis longisepala*、大龙叶角 *Hydnocarpus annamensis*、沙坝冬青 *Ilex chapaensis*、云南素馨 *Jasminum rufohirtum*、冷饭团 *Kadsura coccinea*、皱叶小蜡 *Ligustrum sinense* var. *rugosulum*、猴面石栎 *Lithocarpus balansae*、闭壳石栎 *Lithocarpus cryptocarpus*、老挝石栎 *Lithocarpus laoticus*、犁耙石栎 *Lithocarpus silvicolarum*、假辣子 *Litsea balansae*、清香木姜子 *Litsea euosma*、长蕊木姜子 *Litsea longistaminata*、红叶木姜子 *Litsea rubescens*、轮叶木姜子 *Litsea verticillata*、腺叶杜茎山 *Maesa membranacea*、显脉木兰 *Magnolia talaumoides*、长喙木莲 *Manglietia longinostrata*、四川牛奶菜 *Marsdenia schneideri*、山様叶泡花树 *Meliosma thorelii*、黄毛金钟藤 *Merremia boisiana* var. *fulvopilosa*、苦梓含笑 *Michelia balansae*、香籽含笑 *Michelia gioi*、野独活 *Miliusa balansae*、闹鱼崖豆藤 *Millettia ichthyochtona*、巴戟天 *Morinda officinalis*、红蕉 *Musa coccinea*、玉叶金花 *Mussaenda pubescens*、钻柱兰 *Pelatantheria rivesii*、具柄云南柊叶 *Phrynium tonkinense* var. *pedunculatum*、变色山槟榔 *Pinanga baviensis*、樟叶胡椒 *Piper polysyphonum*、多脉胡椒 *Piper submultinerve*、陵水暗罗 *Polyalthia littoralis*、石山豆腐柴 *Premna crassa*、越北报春 *Primula petelotii*、顶花酸脚杆 *Pseudodissochaeta assamica*、滇南九节 *Psychotria henryi*、越南九节 *Psychotria tonkinensis*、云南九节 *Psychotria yunnanensis*、东京枫杨 *Pterocarya tonkinensis*、红花鼠皮树 *Rhamnoneuron balansae*、针子草 *Rhaphidospora vagabunda*、红马银花 *Rhododendron vialii*、平伐清风藤 *Sabia dielsii*、柳叶五层龙 *Salacia cochinchinensis*、中国无忧花 *Saraca dives*、大血藤 *Sargentodoxa cuneata*、异叶鹅掌柴 *Schefflera chapana*、海南鹅掌柴 *Schefflera hainanensis*、红河鹅掌柴 *Schefflera hoi*、金平鹅掌柴 *Schefflera petelotii*、滇越猴欢喜 *Sloanea mollis*、四翅菝葜 *Smilax gagnepainii*、灰背叉柱花 *Staurogyne hypoleuca*、瘦叉柱花 *Staurogyne rivularis*、膜萼苹婆 *Sterculia hymenocalyx*、老挝紫茎 *Stewartia laotica*、沟槽山矾 *Symplocos sulcata*、披针叶乌口树 *Tarenna lancilimba*、茎花崖爬藤 *Tetrastigma cauliflorum*、红枝崖爬藤 *Tetrastigma erubescens*、大果西畴崖爬藤 *Tetrastigma sichouense* var. *megalocarpum*、趾叶栝楼 *Trichosanthes pedata*、长柱开口箭 *Tupistra grandistigma*、油桐 *Vernicia fordii*、瓦理棕 *Wallichia gracilis*、粗毛水锦树 *Wendlandia tinctoria* ssp. *barbata*。

7-5）菲律宾、海南和台湾间断分布。本地区属于此变型的种有 3 种，占该地区除世界广布种外全部种数的 0.18%，即瘤果砂仁 *Amomum maricarpum*、疣果豆蔻 *Amomum muricarpum*、心叶黍 *Panicum notatum*。

7a）西马来，基本上在新华莱士线以西，北可达中南半岛或印度东北或热带喜马拉雅，南达苏门答腊分布。本地区属于此亚型的种仅 1 种，占该地区除世界广布种外全部种数的 0.06%，即腺点油瓜 *Hodgsonia macrocarpa* var. *capniocarpa*。

7d）全分布区东达新几内亚。本区属于此亚型的种有 9 种，占该地区除世界广布种外全部种数的 0.55%，即山油柑 *Acronychia pedunculata*、星毛崖摩 *Aglaia teysmanniana*、山楝 *Aphanamixis polystachya*、樫木 *Dysoxylum excelsum*、黏木 *Ixonanthes reticulata*、勐腊鞘花 *Macrosolen geminatus*、观音草 *Peristrophe bivalvis*、宿苞石仙桃 *Pholidota imbricata*、棕叶芦 *Thysanolaena latifolia*。

7e）全分布区东南达西太平洋诸岛，包括新喀里多尼亚和斐济。本地区属于此亚型的种有 7 种，占该地区除世界广布种外全部种数的 0.43%，即虫豆 *Cajanus volubilis*、圆叶舞草 *Codoriocalyx gyroides*、长波叶山蚂蝗 *Desmodium sequax*、聚果榕 *Ficus racemosa*、羊乳榕 *Ficus sagittata*、野牡丹 *Melastoma malabathricum*、山黄麻 *Trema tomentosa*。

8）北温带分布。本地区属此类型的种有 11 种，占该地区除世界广布种外全部种数的 0.67%，数量较少，可能与本地区所处纬度过低有关。此分布型种的显著特点是全为草本植物，分别是看麦娘 *Alopecurus aequalis*、碎米荠 *Cardamine hirsuta*、宽叶苔草 *Carex siderosticta*、一叶萩 *Flueggea suffruticosa*、六叶葎 *Galium asperuloides* var. *hoffmeisteri*、单花红丝线 *Lycianthes lysimachioides*、水芹 *Oenanthe javanica*、萹蓄 *Polygonum aviculare*、茴茴蒜 *Ranunculus chinensis*、石龙芮 *Ranunculus sceleratus*、豨莶 *Sigesbeckia orientalis*。

9）东亚和北美洲间断分布。本区仅有珠光香青 *Anaphalis margaritacea* 属于此类型，占该地区除世界广布种外全部种数的 0.06%。东亚和北美的物种交流主要是通过白令海峡地区，自早第三纪以后，一直到晚中新世，白令海峡是联系东亚和北美的路桥，物种交流频繁；从晚第三纪开始，气候变冷，第四纪冰期和间冰期的反复出现，白令路桥时现时没，白令海峡形成，物种交流被中断，最终形成了今天间断分布的格局（Steenis, 1962）。冰川时期，因为西伯利亚大陆冰川的规模比北美洲要小，导致西伯利亚和东亚的植物区系向北美洲迁移得更多，并继续向南迁移（王荷生，1992）。

10）旧世界温带分布。本地区属此类型的有 2 种，占该地区除世界广布种外全部种数的 0.12%，分别是大车前 *Plantago major*、附地菜 *Trigonotis peduncularis*，均为草本植物，且为次生环境下、路边、荒地常见的种类。

11）温带亚洲分布。本区属此类型的有 1 种，占该地区除世界广布种外全部种数的 0.06%，即茴剪刀草 *Sagittaria trifolia* var. *angustifolia*。

14）东亚分布。该地区没有属于该分布正型的种类。但具其下 2 个变型，计有 92 种，占该地区除世界广布种外全部种数的 5.62%，是继热带亚洲（56.55%）和中国特有分布类型（28.42%）外，本区第三大分布区类型。

根据一些种类在局部地区分布相对集中的式样，东亚分布型又可划分为两个亚型。

14SH）中国—喜马拉雅分布。本区属此亚型的有 73 种，占该地区除世界广布种外全部种数的 4.46%，许多东亚植物区系的特征或代表种类均属于此分布亚型，显示了本区与中国—喜马拉雅植物区系有着较为密切的联系。它们是黄蜀葵 *Abelmoschus manihot*、疏花槭 *Acer laxiflorum*、细齿锡金槭 *Acer sikkimense* var. *serrulatum*、束花芒毛苣苔 *Aeschynanthus hookeri*、深裂树萝卜 *Agapetes lobbii*、白花树萝卜 *Agapetes mannii*、长蕊木兰 *Alcimandra cathcartii*、蒙自桤 *Alnus nepalensis*、草玉梅 *Anemone rivularis*、孔药短筒苣苔 *Boeica porosa*、波叶土密树 *Bridelia montana*、蜂腰兰 *Bulleyia yunnanensis*、大百合 *Cardiocrinum giganteum*、毛乌蔹莓 *Cayratia japonica* var. *mollis*、高盆樱桃 *Cerasus cerasoides*、西南吊兰 *Chlorophytum nepalense*、白花贝母兰 *Coelogyne leucantha*、石风车子 *Combretum wallichii*、绒叶仙茅 *Curculigo crassifolia*、薄片青冈 *Cyclobalanopsis lamellosa*、虎头兰 *Cymbidium hookerianum*、紫花黄檀 *Dalbergia assamica*、白瑞香 *Daphne papyracea*、喜马拉雅虎皮楠 *Daphniphyllum himalense*、锡金龙竹 *Dendrocalamus sikkimensis*、大叶拿身草 *Desmodium laxiflorum*、疏花叉花草 *Diflugossa divaricata*、黑珠芽薯蓣 *Dioscorea melanophyma*、十齿花 *Dipentodon sinicus*、火绳树 *Eriolaena spectabilis*、冷地卫矛 *Euonymus frigidus*、茶叶卫矛 *Euonymus theifolius*、毛萼山珊瑚 *Galeola lindleyana*、大果藤黄 *Garcinia pedunculata*、尾叶白珠 *Gaultheria griffithiana*、红粉白珠 *Gaultheria hookeri*、圆锥果雪胆 *Hemsleya macrocarpa*、醉魂藤 *Heterostemma alatum*、滇西八角 *Illicium merrillianum*、叉序草 *Isoglossa collina*、狭叶米饭花 *Lyonia ovalifolia* var. *lanceolata*、毛叶米饭花 *Lyonia villosa*、纤细吊石苣苔 *Lysionotus gracilis*、毛枝吊石苣苔 *Lysionotus pubescens*、泡腺血桐 *Macaranga pustulata*、西南鹿药 *Maianthemum fuscum*、尼泊尔野桐 *Mallotus nepalensis*、滇野靛棵 *Mananthes vasculosa*、狐狸草 *Myriactis wallichii*、星毛金锦香 *Osbeckia stellata*、狭叶重楼 *Paris polyphylla* var. *stenophylla*、锈毛

寄生五叶参 *Pentapanax parasiticus* var. *khasianus*、狭叶柄果海桐 *Pittosporum podocarpum* var. *angustatum*、疏花车前 *Plantago asiatica* var. *erosa*、绢毛蓼 *Polygonum molle*、苦葛 *Pueraria peduncularis*、油葫芦 *Pyrularia edulis*、毛线柱苣苔 *Rhynchotechum vestitum*、云南清风藤 *Sabia yunnanensis*、长毛水东哥 *Saurauia macrotricha*、菊状千里光 *Senecio analogus*、小蜂斗草 *Sonerila laeta*、西康花楸 *Sorbus prattii*、西蜀苹婆 *Sterculia lanceifolia*、疏花马蓝 *Strobilanthes divaricatus*、吴茱萸 *Tetradium ruticarpum*、薄叶栝楼 *Trichosanthes wallichiana*、大叶钩藤 *Uncaria macrophylla*、叉喙兰 *Uncifera acuminata*、滇藏荨麻 *Urtica mairei*、苍山越桔 *Vaccinium delavayi*、白肋线柱兰 *Zeuxine goodyeroides*、印度枣 *Ziziphus incurva*。

14SJ）中国—日本分布。本地区属此亚型的有 19 种，仅占该地区除世界广布种外全部种数的 1.16%，表明本地区与日本植物区系间联系较微弱。它们是紫背金盘 *Ajuga nipponensis*、白芨 *Bletilla striata*、灯台树 *Cornus controversa*、紫堇 *Corydalis edulis*、细叶旱稗 *Echinochloa crusgalli* var. *praticola*、何首乌 *Fallopia multiflora*、蓬莱葛 *Gardneria multiflora*、绒叶斑叶兰 *Goodyera velutina*、肖菝葜 *Heterosmilax japonica*、榕叶冬青 *Ilex ficoidea*、河北木篮 *Indigofera bungeana*、常春油麻藤 *Mucuna sempervirens*、日本全唇兰 *Myrmechis japonica*、光叶铁仔 *Myrsine stolonifera*、厚边木樨 *Osmanthus marginatus*、九头狮子草 *Peristrophe japonica*、舌唇兰 *Platanthera japonica*、罗汉松 *Podocarpus macrophyllus*、高粱泡 *Rubus lambertianus*。

15）中国特有分布。本地区属此分布正型及亚型的种类有 465 种，占该地区除世界广布种外全部种数的 28.42%，是本区的第二大分布区类型。其中属该分布正型的种类有 210 种，占该地区除世界广布种外全部种数的 12.84%。它们是蜡枝槭 *Acer ceriferum*、密果槭 *Acer kuomeii*、中华槭 *Acer sinense*、蒙自猕猴桃 *Actinidia henryi*、滇南芒毛苣苔 *Aeschynanthus austroyunnanensis*、黄棕芒毛苣苔 *Aeschynanthus bracteatus* var. *orientalis*、海南香花藤 *Aganosma schlechteriana*、云南兔儿风 *Ainsliaea yunnanensis*、白木通 *Akebia trifoliata* ssp. *australis*、山麻杆 *Alchornea davidii*、绿背山麻杆 *Alchornea trewioides* var. *sinica*、藤春 *Alphonsea monogyna*、密苞山姜 *Alpinia stachyodes*、球穗山姜 *Alpinia strobiliformis*、细砂仁 *Amomum microcarpum*、广东蛇葡萄 *Ampelopsis cantoniensis*、小肋五月茶 *Antidesma costulatum*、柔毛糙叶树 *Aphananthe aspera* var. *pubescens*、鸟不企 *Aralia decaisneana*、紫脉紫金牛 *Ardisia purpureovillosa*、灰毛白鹤藤 *Argyreia osyrensis* var. *cinerea*、绒毛甘青蒿 *Artemisia tangutica* var. *tomentosa*、纤尾桃叶珊瑚 *Aucuba filicauda*、石山羊蹄甲 *Bauhinia comosa*、花叶秋海棠 *Begonia cathayana*、粗喙秋海棠 *Begonia crassirostris*、中华秋海棠 *Begonia grandis* ssp. *sinensis*、掌叶秋海棠 *Begonia hemsleyana*、红孩儿 *Begonia palmata* var. *bowringiana*、粗壮琼楠 *Beilschmiedia robusta*、滇琼楠 *Beilschmiedia yunnanensis*、华南桦 *Betula austrosinensis*、来江藤 *Brandisia hancei*、盘叶柏那参 *Brassaiopsis fatsioides*、狭叶红紫珠 *Callicarpa rubella* f. *angustata*、屏边连

蕊茶 *Camellia tsingpienensis*、喜树 *Camptotheca acuminata*、旁杞木 *Carallia pectinifolia*、栲 *Castanopsis fargesii*、苦皮藤 *Celastrus angulatus*、大芽南蛇藤 *Celastrus gemmatus*、长序南蛇藤 *Celastrus vaniotii*、海南鹿角藤 *Chonemorpha splendens*、油樟 *Cinnamomum longepaniculatum*、银叶桂 *Cinnamomum mairei*、总状蓟 *Cirsium racemiforme*、小花香槐 *Cladrastis delavayi*、粗齿铁线莲 *Clematis grandidentata*、云南铁线莲 *Clematis yunnanensis*、臭茉莉 *Clerodendrum chinensis* var. *simplex*、尖齿臭茉莉 *Clerodendrum lindleyi*、三台花 *Clerodendrum serratum* var. *amplexifolium*、芜青还阳参 *Crepis napifera*、大猪屎豆 *Crotalaria assamica*、岩生厚壳桂 *Cryptocarya calcicola*、黄毛青冈 *Cyclobalanopsis delavayi*、云桂虎刺 *Damnacanthus henryi*、柳叶虎刺 *Damnacanthus labordei*、尖瓣瑞香 *Daphne acutiloba*、长瓣瑞香 *Daphne longilobata*、显脉虎皮楠 *Daphniphyllum paxianum*、皂帽花 *Dasymaschalon trichophorum*、尾叶鱼藤 *Derris caudatilimba*、中南鱼藤 *Derris fordii*、粗茎鱼藤 *Derris scabricaulis*、马桑溲疏 *Deutzia aspera*、岩柿 *Diospyros dumetorum*、野柿 *Diospyros kaki* var. *silvestris*、短蕊万寿竹 *Disporum bodinieri*、小鸡藤 *Dumasia forrestii*、上思厚壳树 *Ehretia tsangii*、滇南杜英 *Elaeocarpus austroyunnanensis*、美脉杜英 *Elaeocarpus varunua*、长果土楠 *Endiandra dolichocarpa*、毛轴黄杞 *Engelhardia roxburghiana* var. *dasyrhachis*、晚花吊钟花 *Enkianthus serotinus*、窄叶南亚枇杷 *Eriobotrya bengalensis* var. *angustifolia*、裂果卫矛 *Euonymus dielsianus*、细枝柃 *Eurya loquaiana*、滇四角柃 *Eurya paratetragonoclada*、四角柃 *Eurya tetragonoclada*、水青冈 *Fagus longipetiolata*、凹叶瓜馥木 *Fissistigma retusum*、柳叶蓬莱葛 *Gardneria lanceolata*、毛滇白珠 *Gaultheria leucocarpa* var. *crenulata*、硬毛白珠 *Gaultheria leucocarpa* var. *hirsuta*、大蝎子草 *Girardinia diversifolia*、白背算盘子 *Glochidion wrightii*、海南哥纳香 *Goniothalamus howii*、长梗绞股蓝 *Gynostemma longipes*、圆瓣姜花 *Hedychium forrestii*、滇姜花 *Hedychium yunnanense*、广南天料木 *Homalium paniculiflorum*、同钟花 *Homocodon brevipes*、薄叶球兰 *Hoya mengtzeensis*、西南绣球 *Hydrangea davidii*、挂苦绣球 *Hydrangea xanthoneura*、陷脉冬青 *Ilex delavayi*、海南冬青 *Ilex hainanensis*、多脉冬青 *Ilex polyneura*、小花八角 *Illicium micranthum*、蒙自凤仙 *Impatiens mengtszeana*、黄金凤 *Impatiens siculifer*、江华大节竹 *Indosasa spongiosa*、紫毛香茶菜 *Isodon enanderianus*、南五味子 *Kadsura longipedunculata*、雀儿舌头 *Leptopus chinensis*、小蜡 *Ligustrum sinense*、硬斗石栎 *Lithocarpus hancei*、毛叶木姜子 *Litsea mollis*、红皮木姜子 *Litsea pedunculata*、桂北木姜子 *Litsea subcoriacea*、滇丁香 *Luculia pinceana*、点叶落地梅 *Lysimachia punctatilimba*、宽叶吊石苣苔 *Lysionotus pauciflorus* var. *latifolius*、鼎湖血桐 *Macaranga sampsonii*、楠木 *Machilus nanmu*、红梗润楠 *Machilus rufipes*、疏脉大参 *Macropanax paucinervis*、东南野桐 *Mallotus lianus*、南岭野靛棵 *Mananthes leptostachya*、毛叶猫尾木 *Markhamia stipulata* var. *kerrii*、藏香叶芹 *Meeboldia yunnanensis*、澜沧梨藤竹 *Melocalamus arrectus*、薄叶山橙 *Melodinus tenuicaudatus*、山土瓜 *Merremia hungaiensis*、绵毛多花含笑 *Michelia floribunda* var. *lanea*、方枝假卫矛 *Microtropis tetragona*、华南小叶崖豆藤 *Millettia pulchra* var. *chinensis*、川桑 *Morus notabilis*、毛腺萼木 *Mycetia hirta*、密脉木 *Myrioneuron faberi*、广西密花树 *Myrsine kwangsiensis*、大叶新木姜子 *Neolitsea levinei*、卵叶新木姜子 *Neolitsea ovatifolia*、黑花紫菊 *Notoseris melanantha*、蓝果树 *Nyssa sinensis*、云南木樨榄 *Olea tsoongii*、屏边红豆 *Ormosia pingbianensis*、狭叶木樨 *Osmanthus attenuatus*、尾叶尖子木 *Oxyspora urophylla*、云南拟单性木兰 *Parakmeria yunnanensis*、小叶假糙苏 *Paraphlomis javanica* var. *coronata*、密毛假福王草 *Paraprenanthes glandulosissima*、凌云重楼 *Paris cronquistii*、匍匐球子草 *Peliosanthes sinica*、硬毛草胡椒 *Peperomia cavaleriei*、蒙自草胡椒 *Peperomia heyneana*、锦香草 *Phyllagathis cavaleriei*、直立锦香草 *Phyllagathis erecta*、球穗胡椒 *Piper thomsonii*、贵州海桐 *Pittosporum kweichowense*、侧柏 *Platycladus orientalis*、独蒜兰 *Pleione bulbocodioides*、黄花倒水莲 *Polygala fallax*、孔药花 *Porandra ramosa*、李 *Prunus salicina*、酸脚杆 *Pseudodissochaeta lanceata*、臀果木 *Pygeum topengii*、屏边核果茶 *Pyrenaria pingpienensis*、小萼菜豆树 *Radermachera microcalyx*、菜豆树 *Radermachera sinica*、毛叶鼠李 *Rhamnus henryi*、大白花杜鹃 *Rhododendron decorum*、大喇叭杜鹃 *Rhododendron excellens*、滨盐麸木 *Rhus chinensis* var. *roxburghii*、爵床 *Rostellularia procumbens*、小柱悬钩子 *Rubus columellaris*、五叶悬钩子 *Rubus quinquefoliolatus*、川莓 *Rubus setchuenensis*、四川清风藤 *Sabia schumanniana*、无柄五层龙 *Salacia sessiliflora*、穗序鹅掌柴 *Schefflera delavayi*、中华木荷 *Schima sinensis*、翼梗五味子 *Schisandra henryi*、钻地风 *Schizophragma integrifelium*、柔毛钻地风 *Schizophragma molle*、光果珍珠茅 *Scleria radula*、粉背菝葜 *Smilax hypoglauca*、海棠叶蜂斗草 *Sonerila plagiocardia*、毛序花楸 *Sorbus keissleri*、密花豆 *Spatholobus suberectus*、繁缕 *Stellaria media*、广西地不容 *Stephania kwangsiensis*、腺缘山矾 *Symplocos glandulifera*、海桐山矾 *Symplocos heishanenis*、滇南蒲桃 *Syzygium austroyunnanense*、台湾蒲桃 *Syzygium formosanum*、瘿椒树 *Tapiscia sinensis*、云南瘿椒树 *Tapiscia yunnanensis*、须弥红豆杉 *Taxus wallichiana* var. *mairei*、蒙自崖爬藤 *Tetrastigma henryi*、头花赤瓟 *Thladiantha capitata*、云南赤瓟 *Thladiantha pustulata*、有齿鞘柄木 *Toricellia angulata* var. *intermedia*、小果绒毛漆 *Toxicodendron wallichii* var. *microcarpum*、贵州络石 *Trachelospermum bodinieri*、山麻风树 *Turpinia pomifera* var. *minor*、中华地桃花 *Urena lobata* var. *chinensis*、地桃花 *Urena lobata* var. *lobata*、云南地桃花 *Urena lobata* var. *yunnanensis*、小果荨麻 *Urtica atrichocaulis*、云南越橘 *Vaccinium duclouxii*、斑鸠菊 *Vernonia esculenta*、林生斑鸠菊 *Vernonia sylvatica*、樟叶荚蒾 *Viburnum cinnamomifolium*、小尖堇菜 *Viola mucronulifera*、短花水金京 *Wendlandia formosana* ssp. *breviflora*、麻栗水锦树 *Wendlandia tinctoria* ssp. *handelii*、苍耳 *Xanthium strumarium*。

对于中国这样一个幅员辽阔的大国来说，若不进行进一步划分，种一级的中国特有现象是没有多少意义的。因此，在分析具体区系时，往往需要对中国特有种作细化。本研究中，中国特有种分布区类型的细化，除参考吴征镒等（2006）对中国特有分布划分原则，结合《云南植物志》、《中国植物志》、*Flora of China* 及最新考察及标本记录，同时也考虑到西隆山的地理位置特殊，因此，将越南北部联系的种类划到了地区特有一类中（表 3-9），以期反映本区中国特有种的分布式样，从而揭示西隆山种子植物区系与邻近地区的区系联系。

15a）云南特有分布。指仅分布于云南境内的种类，本地区属此分布亚型的种类有 73 种，占该地区除世界广布种外全部种数的 4.46%，表明西隆山植物区系与云南其他地区的区系有一定联系。它们是思茅黄肉楠 *Actinodaphne henryi*、马关黄肉楠 *Actinodaphne tsaii*、无斑山姜 *Alpinia emaculata*、宽唇山姜 *Alpinia platychilus*、银衣香青 *Anaphalis contortiformis*、平脉藤 *Anodendron formicinum*、牛李 *Artocarpus nigrifolius*、猴子瘿袋 *Artocarpus pithecogallus*、多花盾翅藤 *Aspidopterys floribunda*、倒心盾翅藤 *Aspidopterys obcordata*、狭叶桃叶珊瑚 *Aucuba chinensis* var. *angusta*、绿花桃叶珊瑚 *Aucuba chlorascens*、梭果玉蕊 *Barringtonia fusicarpa*、宿苞秋海棠 *Begonia yui*、豹斑石豆兰 *Bulbophyllum colomaculosum*、疏齿栲 *Castanopsis remotidenticulata*、滇南桂 *Cinnamomum austroyunnanense*、坚叶樟 *Cinnamomum chartophyllum*、尖叶厚壳桂 *Cryptocarya acutifolia*、杉木 *Cunninghamia lanceolata*、药囊花 *Cyphotheca montana*、钝叶黄檀 *Dalbergia obtusifolia*、小叶龙竹 *Dendrocalamus barbatus*、掌叶鱼藤 *Derris palmifolia*、林生长蒴苣苔 *Didymocarpus silvarum*、黑皮柿 *Diospyros nigricortex*、云南柿 *Diospyros yunnanensis*、云南移依 *Docynia delavayi*、冬竹 *Fargesia hsuehiana*、硬毛锥花 *Gomphostemma stellatohirsutum*、大果咀签 *Gouania leptostachya* var. *macrocarpa*、大果绞股蓝 *Gynostemma burmanicum* var. *molle*、小籽绞股蓝 *Gynostemma microspermum*、滇西耳草 *Hedyotis dianxiensis*、林地山龙眼 *Helicia silvicola*、滇南风吹楠 *Horsfieldia tetratepala*、红河冬青 *Ilex manneiensis*、征镒凤仙 *Impatiens wuchengyihii*、金平木姜子 *Litsea chinpingensis*、椭果剑叶木姜子 *Litsea lancifolia* var. *ellipsoidea*、思茅木姜子 *Litsea szemaois*、圆叶米饭花 *Lyonia doyonensis*、小叶吊石苣苔 *Lysionotus sulphureus*、细毛润楠 *Machilus tenuipilis*、细梗杜茎山 *Maesa macilenta*、灰叶蛇根草 *Ophiorrhiza cana*、糙叶大沙叶 *Pavetta scabrifolia*、山红树 *Pellacalyx yunnanensis*、长柄赤车 *Pellionia latifolia*、小花楠 *Phoebe minutiflora*、普文楠 *Phoebe puwenensis*、长穗胡椒 *Piper dolichostachyum*、粗梗胡椒 *Piper macropodum*、勐海豆腐柴 *Premna fohaiensis*、思茅豆腐柴 *Premna szemaoensis*、心叶报春 *Primula partschiana*、毛九节 *Psychotria pilifera*、勐仑翅子树 *Pterospermum menglunense*、云南臀果木 *Pygeum henryi*、绿春崖角藤 *Rhaphidophora luchunensis*、云上杜鹃 *Rhododendron pachypodum*、白藨 *Rubus doyonensis*、截叶悬钩子 *Rubus tinifolius*、云南悬钩子 *Rubus yunanicus*、南鼠尾黄 *Rungia henryi*、粗齿水东哥 *Saurauia erythrocarpa* var. *grosseserrata*、绒毛水东哥 *Saurauia napaulensis* var. *tomentum*、文山鹅掌柴 *Schefflera fengii*、红花鹅掌柴 *Schefflera rubriflora*、长叶乌口树 *Tarenna wangii*、勐腊锡叶藤 *Tetracera xui*、硬毛山香圆 *Turpinia affinis*、黄斑姜 *Zingiber flavomaculatum*。

15b）滇东南特有分布。指仅分布于云南东南部的种类，为西隆山所处地区更小范围内的地区特有种类，本区属此分布亚型的种类有 82 种，占该地区除世界广布种外全部种数的5.01%。它们是广南槭*Acer kwangnanense*、红茎猕猴桃*Actinidia rubricaulis*、糙叶猕猴桃*Actinidia rudis*、倒卵叶黄肉楠*Actinodaphne obovata*、云南油丹*Alseodaphne yunnanensis*、蒙自蕈树*Altingia yunnanensis*、文山无柱兰*Amitostigma wenshanense*、云南细辛*Asarum yunnanense*、显脉羊蹄甲*Bauhinia glauca* ssp. *pernervosa*、河口羊蹄甲*Bauhinia hekouensis*、红毛秋海棠*Begonia balanasa* var. *rubropilosa*、黄连山秋海棠*Begonia coptidimontana*、肾托秋海棠*Begonia mengtzeana*、奇异秋海棠*Begonia miranda*、紫叶秋海棠*Begonia purpureofolia*、倒鳞秋海棠*Begonia reflexisquamosa*、四角果秋海棠*Begonia tetragona*、截裂秋海棠*Begonia truncatiloba*、长毛秋海棠*Begonia villifolia*、白柴果*Beilschmiedia fasciata*、缘毛琼楠*Beilschmiedia percoriacea* var. *ciliata*、长梗勾儿茶*Berchemia longipes*、拟伏生石豆兰*Bulbophyllum atrosanguineum*、厚轴茶*Camellia crassicolumna*、狗牙大青*Clerodendrum ervatamioides*、滇南苏铁*Cycas diannanensis*、多歧苏铁*Cycas micholitzii* var. *multipinnata*、紫苞长蒴苣苔*Didymocarpus purpureobracteatus*、腺叶杜英*Elaeocarpus japonicus* var. *yunnanensis*、厚叶楼梯草*Elatostema crassiusculum*、角萼楼梯草*Elatostema subtrichotomum* var. *corniculatum*、吊钟花*Enkianthus quinqueflorus*、铁竹*Ferrocalamus strictus*、披针叶沟瓣*Glyptopetalum lancilimbum*、云南哥纳香*Goniothalamus yunnanensis*、绿春姜花*Hedychium luchunensis*、全叶半蒴苣苔*Hemiboea integra*、双齿冬青*Ilex bidens*、铜光冬青*Ilex cupreonitens*、楠叶冬青*Ilex machilifolia*、巨叶冬青*Ilex perlata*、假楠叶冬青*Ilex pseudomachilifolia*、文山八角*Illicium tsaii*、直距凤仙*Impatiens austroyunnanensis*、金平凤仙*Impatiens jinpingensis*、老君山凤仙花*Impatiens laojunshanensis*、宽瓣凤仙*Impatiens latipetala*、云南对叶兰*Listera yunnanensis*、塔序润楠*Machilus pyramidalis*、立梗木莲*Manglietia arrecta*、亮叶木莲*Manglietia lucida*、酸果*Medinilla fengii*、绿春酸脚杆*Medinilla luchuenensis*、屏边沿阶草*Ophiopogon pingbienensis*、绿春蛇根草*Ophiorrhiza luchuanensis*、翅茎尖子木*Oxyspora teretipetiolata*、密脉九节*Psychotria densa*、长圆臀果木*Pygeum oblongum*、长梗漏斗苣苔*Raphiocarpus longipedunculatus*、密叶杜鹃*Rhododendron densifolium*、滇南杜鹃*Rhododendron hancockii*、蒙自杜鹃*Rhododendron mengtszense*、红花杜鹃*Rhododendron spanotrichum*、香缅树杜鹃*Rhododendron tutcherae*、滇南红花荷*Rhodoleia henryi*、荚迷叶悬钩子*Rubus neoviburnifolius*、屏边鼠尾黄*Rungia pinpienensis*、河口五层龙*Salacia obovatilimba*、河口水东哥*Saurauia tristyla* var. *hekouensis*、绿背叶鹅掌柴*Schefflera hypoleuca* var. *hypochlorum*、毛木荷*Schima villosa*、散黄芩*Scutellaria laxa*、云南地不容*Stephania yunnanensis*、长穗花*Styrophyton caudatum*、柔毛山矾*Symplocos pilosa*、屏边油果樟*Syndiclis pingbienensis*、柿叶蒲桃*Syzygium diospyrifolium*、富宁崖爬藤*Tetrastigma funingense*、马关崖爬藤*Tetrastigma venulosum*、裂苞栝楼*Trichosanthes fissibracteata*、屏边双蝴蝶*Tripterospermum pingbianense*、金平玉山竹*Yushania bojieiana*。

15c）中国至越南北部特有分布。指在中国特有的基础上，仅分布到越南北部的种类，虽然是中国特有分布，但主要也仅为西南少数省区到越南北部地区分布，因越南北部与该地区接壤，因此仅分布到越南北部的种类划为地区特有，而未划到7-4。本地区属此分布亚型的种类有89种，占该地区除世界广布种外全部种数的5.44%。它们是沙巴猕猴桃 *Actinidia petelotii*、粗毛杨桐 *Adinandra hirta*、红苞树萝卜 *Agapetes rubrobracteata*、长柄异木患 *Allophylus longipes*、油丹 *Alseodaphne hainanensis*、锈毛棋子豆 *Archidendron balansae*、滇南马兜铃 *Aristolochia petelotii*、香花秋海棠 *Begonia balansana*、金平秋海棠 *Begonia baviensis*、裂苞艾纳香 *Blumea martiniana*、锈毛短筒苣苔 *Boeica ferruginea*、藤构 *Broussonetia kaempferi* var. *australis*、大叶紫珠 *Callicarpa macrophylla*、黧蒴栲 *Castanopsis fissa*、假桂皮树 *Cinnamomum tonkinense*、臭牡丹 *Clerodendrum bungei*、大叶紫堇 *Corydalis temulifolia*、光叶闭鞘姜 *Costus tonkinensis*、长叶苏铁 *Cycas dolichophylla*、云南龙竹 *Dendrocalamus yunnanicus*、马蹄参 *Diplopanax stachyanthus*、毛枝光叶楼梯草 *Elatostema laevissimum* var. *puberulum*、细尾楼梯草 *Elatostema tenuicaudatum*、大叶五室柃 *Eurya quinquelocularis*、屏边柃 *Eurya tsingpienensis*、蚬木 *Excentrodendron tonkinense*、尖叶榕 *Ficus henryi*、吴茱萸五加 *Gamblea ciliata* var. *evodiifolia*、木竹子 *Garcinia multiflora*、毛粗丝木 *Gomphandra mollis*、大山龙眼 *Helicia grandis*、华幌伞枫 *Heteropanax chinensis*、狭叶坡垒 *Hopea chinensis*、少果八角 *Illicium petelotii*、沙巴凤仙 *Impatiens chapanensis*、大果微花藤 *Iodes balansae*、狭叶南五味子 *Kadsura angustifolia*、纤梗山胡椒 *Lindera gracilipes*、网叶山胡椒 *Lindera metcalfiana* var. *dictyophylla*、刺斗石栎 *Lithocarpus echinotholus*、厚鳞石栎 *Lithocarpus pachylepis*、耳柄过路黄 *Lysimachia otophora*、阔叶假排草 *Lysimachia petelotii*、细萼吊石苣苔 *Lysionotus petelotii*、草鞋木 *Macaranga henryi*、网脉杜茎山 *Maesa reticulata*、川滇木莲 *Manglietia duclouxii*、红河木莲 *Manglietia hongheensis*、沙巴含笑 *Michelia chapensis*、广序假卫矛 *Microtropis petelotii*、小花荠苎 *Mosla cavaleriei*、多果新木姜子 *Neolitsea polycarpa*、黄马铃苣苔 *Oreocharis aurea*、绿叶兜兰 *Paphiopedilum hangianum*、球药隔重楼 *Paris fargesii*、云南檀栗 *Pavieasia anamensis*、滇南赤车 *Pellionia paucidentata*、五隔草 *Pentaphragma sinense*、大果楠 *Phoebe macrocarpa*、大萼楠 *Phoebe megacalyx*、中华石楠 *Photinia beauverdiana*、云南柊叶 *Phrynium tonkinense*、四蕊熊巴掌 *Phyllagathis tetrandra*、翠茎冷水花 *Pilea hilliana*、石筋草 *Pilea plataniflora*、假冷水花 *Pilea pseudonotata*、变叶胡椒 *Piper mutabile*、红果胡椒 *Piper rubrum*、缘毛胡椒 *Piper semiimmersum*、滇南脆蒴报春 *Primula wenshanensis*、截裂翅子树 *Pterospermum truncatolobatum*、越南木瓜红 *Rehderodendron indochinense*、贵州木瓜红 *Rehderodendron kweichowense*、木瓜红 *Rehderodendron macrocarpum*、金平林生杜鹃 *Rhododendron leptocladon*、迟花杜鹃 *Rhododendron serotinum*、厚叶杜鹃 *Rhododendron sinofalconeri*、红花荷 *Rhodoleia parvipetala*、尖叶清风藤 *Sabia swinhoei*、蛛毛水东哥 *Saurauia miniata*、沙罗单竹 *Schizostachyum funghomii*、思簩竹 *Schizostachyum pseudolima*、密疣菝葜 *Smilax chapaensis*、四棱菝葜 *Smilax elegantissima*、越南安息香 *Styrax tonkinensis*、短序栝楼 *Trichosanthes baviensis*、长梗三宝木 *Trigonostemon thyrsoideus*、大叶越橘 *Vaccinium petelotii*、锥序荚蒾 *Viburnum pyramidatum*。

15d）金平特有分布。指仅分布在金平境内的种类，本地区属此分布亚型的种类有 11 种，占该地区除世界广布种外全部种数的 0.67%。它们是金平黄肉楠 *Actinodaphne jinpingensis*(ined.)、大果树萝卜 *Agapetes macrocarpa*(ined.)、金平马兜铃 *Aristolochia jinpingensis*(ined.)、少毛横蒴苣苔 *Beccarinda paucisetulosa*、宽昭龙船花 *Ixora foonchewii*、金平马铃苣苔 *Oreocharis jinpingensis*、蓝石蝴蝶 *Petrocosmea coerulea*、大托叶冷水花 *Pilea amplistipulata*、云南总序竹 *Racemobambos yunnanensis*、金平漏斗苣苔 *Raphiocarpus jinpingensis*、全缘肋果茶 *Sladenia integrifolia*。

在金平特有种中，还有部分为西隆山地区的特有种。特有种是某地区植物区系特有现象的表现，代表该区系最重要的特征（王荷生，1992）。迄今为止，仅分布于西隆山地区的狭域特有种共计有 9 种，如宽昭龙船花 *Ixora foonchowii*、金平马铃苣苔 *Oreocharis jinpingensis*（Chen *et al.*, 2013）、蓝石蝴蝶 *Petrocosmea coerulea*、金平漏斗苣苔 *Raphiocarpus jinpingensis*(ined.)、全缘肋果茶 *Sladenia integrifolia*（Shui *et al.*, 2002）等。它们是适应该地区特定的生境而特化的结果，这些西隆山狭域特有种是本区种子植物区系区别于其他地区植物区系最重要的特色。

与红河南岸地区共有（金平、绿春、元阳和红河）的如红河木莲 *Manglietia hongheensis*、金平凤仙 *Impatiens jinpingensis*、宽瓣凤仙 *Impatiens latipetala*、金平玉山竹 *Yushania bojieiana* 等。其中，红河木莲是红河南部地区海拔 2500~2800 m 苔藓常绿阔叶林中常见的建群乔木；金平凤仙是近期仅在西隆山和元阳观音山分布的新分类群（Li *et al.*, 2011）。

综上所述，从种一级的统计和分析可得出如下结论。

第一，西隆山种子植物 1636 种可划分为 12 个分布类型、18 个变型或亚型，显示出该地区植物区系在种一级水平上的地理成分十分复杂，来源较为广泛。

第二，该地区热带性质的种有 1064 种（分布区类型 2-7 型及其变型，不包括世界广布种和中国特有种），占该地区全部种数的 65.05%；温带性质的种有 107 种（分布区类型 8-14 及其变型，不包括世界广布种和中国特有种），占该地区全部种数的 6.53%，热带性质的种占显著优势。但是，西隆山的海拔变化大，立体气候显著，从最低海拔 500 m 到山顶 3074.6 m，气候从北热带—亚热带—温带，既有热带气候又有温带气候。西隆山热带性质种占显著优势显示了西隆山种子植物区系的热带性质，同时又具有热带向亚热带过渡的现状，反映了其植物区系热带起源的历史事实，是研究中南半岛植物区系与中国西南地区植物区系的重要环节。

第三，西隆山 1636 个种的分布区类型中，位于前 3 位的分别是热带亚洲分布型（925 种，占该地区全部种数的 56.55%）、中国特有分布型（465 种，占该地区全部种数的 28.42%）、东亚分布型（92 种，占该地区全部种数的 5.62%），三者之和为 90.59%，它们构成了西隆山种子植物区系的主体。其中，在热带亚洲分布型的 4 个变型中，越南（或中南半岛）至华南（或西南）分布类型有 123 种，占热带亚洲成分的 13.30%；缅甸、泰国至华西南分布种类有 34 种，占热带亚洲成分的 3.68%，反映了本区与中南半岛之间的植物区系联系的密切性。

第四，种的特有现象突出。西隆山地区植物区系组成的中国特有种类，为该地区的第二大分布区类型，共计有 465 种，占该地区全部种数的 28.42%，其中滇东南特有种 82 种，西隆山特有种 9 种，显示出其一定程度的区系独特性。

第五节　热带亚洲成分、东亚成分和中国特有成分重要类群的统计分析

热带亚洲成分、东亚成分、中国特有成分是西隆山最为重要的三大分布类型，三者共同构成了该地区种子植物区系的主体。因此，本研究分别选取这三大类型的重要类群，分别在科、属、种不同水平上进行进一步的探讨，希望对本区的植物区系性质有更深入的了解。本研究主要参考 Wu 等（2002）、吴征镒等（2006）、*Flora of China*、《中国植物志》、《云南东南部有花植物名录》（税玉民和陈文红，2010）、《滇东南红河地区种子植物》（税玉民等，2003）、*Vouchered Flora of Southeast Yunnan*(Shui *et al*., 2009) 及其他文献进行讨论。

一、热带亚洲成分的重要类群

热带亚洲是旧世界热带的中心部分，热带亚洲分布的范围包括印度、斯里兰卡、中南半岛、印度尼西亚、加里曼丹、菲律宾及新几内亚等，东可达斐济等南太平洋岛屿，但不到澳大利亚大陆，其分布区的北部边缘，到达我国西南、华南及台湾，甚至更北地区。自从第三纪或更早时期以来，这一地区的生物气候条件未经巨大的动荡，而处于相对稳定的湿热状态，地区内部的生境变化又多样复杂，有利于植物种的发生和分化。而且这一地区处于南、北古陆接触地带，即南、北两古陆植物区系相互渗透交汇的地区。因此，这一地区是世界上植物区系最丰富的地区之一，并且保存了较多第三纪古热带植物区系的后裔或残遗，此类型的植物区系主要起源于古南大陆和古北大陆（劳亚古陆）的南部（吴征镒和王荷生，1983）。

属于该分布型及其变型的科有 13 科，占总科数的 8.55%。代表科有隐翼科 Crypteroniaceae、龙脑香科 Dipterocarpaceae、马蹄参科 Mastixiaceae、肉实树科 Sarcospermataceae、四角果科 Carlemanniaceae、十齿花科 Dipentodontaceae、肋果茶科

Sladeniaceae 等。属于此分布型及其变型的属有 209 属，占其全部属的 29.35%，为本区第一大分布类型。代表属有龙脑香属 *Dipterocarpus*、坡垒属 *Hopea*、隐翼属 *Crypteronia*、红花荷属 *Rhodoleia*、蕈树属 *Altingia*、马蹄荷属 *Exbucklandia*、香茜属 *Carlemannia*、石蝴蝶属 *Petrocosmea*、梨藤竹属 *Melocalamus*、总序竹属 *Racemobambos*、蜘蛛花属 *Silvianthus*、幌伞枫属 *Heteropanax*、短筒苣苔属 *Boeica*、木瓜红属 *Rehderodendron*、肋果茶属 *Sladenia*、假海桐属 *Pittosporopsis*、山茉莉属 *Huodendron*、蚬木属 *Excentrodendron*、马蹄参属 *Diplopanax*、梭子果属 *Eberhardtia*、密序苣苔属 *Hemiboeopsis*、马铃苣苔属 *Oreocharis* 等。

隐翼科 Crypteroniaceae 含 3 属 9 或 10 种，其分布仅限于热带亚洲，是印度—马来热带雨林的特征成分。该科起源于古北大陆的东南缘，时间大约在第一次泛古大陆的晚期。近年来的系统发育和分子证据表明，该科从早第三纪已经开始从印度向北扩散。该科在中国仅有 1 种，即隐翼 *Crypteronia paniculata*，产于中国滇东南、滇南、滇西南，印度，缅甸，中南半岛，马来西亚，菲律宾及印度尼西亚，在西隆山分布于海拔 700~900 m 的热带雨林中。隐翼在该地区的存在，显示了该地区具有印度—马来热带雨林的性质，并且起源古老。

龙脑香科 Dipterocarpaceae 含 13~14 属 680~700 种，主产于热带亚洲，在马来群岛最为丰富，而且是热带雨林的上层优势树种，成为印度—马来热带东南亚热带雨林的显著特征。我国有 4~5 属 12 种，尽管种很少，但属的比例几达马来的一半，且各种都成为东亚特有的北热带雨林、季雨林上层优势或中上层共建树种，居于显著位置（吴征镒等，2003）。西隆山具有 2 属，龙脑香属 *Dipterocarpus* 和坡垒属 *Hopea*，均各含 1 种，分别是东京龙脑香 *Dipterocarpus retusus* 和狭叶坡垒 *Hopea chinensis*。

马蹄参科 Mastixiaceae 又称单室茱萸科，是一个十分古老的小科，含有 2 属，即单室茱萸属 *Mastixis* 和马蹄参属 *Diplopanax*，约 14 种，其中马蹄参属为孑遗属，起源于古北大陆的东南缘。中国有 2 属 4 种，西隆山仅有马蹄参属（马蹄参属为越南—中国华南或西南分布），含有 2 种，中国产 1 种，即马蹄参 *Diplopanax stachyanthus*，因为其种子具“马蹄形”结构而得名，为老第三纪的活化石，分布于滇东南（金平、西畴、屏边、元阳、河口、马关）、广东、广西、贵州南部、湖南南部和越南北部。马蹄参在西隆山分布于海拔 2000~2400 m，零星分布，与木兰科 Magnoliaceae、樟科 Lauraceae、壳斗科 Fagaceae、山茶科 Theaceae、金缕梅科 Hamamelidaceae 等成为山地苔藓常绿阔叶林的优势物种和建群物种。马蹄参的存在，充分体现了山地苔藓常绿阔叶林的古老性，并成为我国著名的第三纪古老植物区系的避难所。

四角果科 Carlemanniaceae 又称香茜科，曾被放置于茜草科 Rubiaceae 或忍冬科 Caprifoliaceae，典型的热带亚洲分布，含 2 属（四角果属 *Carlemannia* 和蜘蛛花属 *Silvianthus*）5 种，中国有 2 属 3 种，在西隆山均有分布。其中，四角果属仅 1 种，即四角果 *Carlemannia tetragona*，分布于我国滇南、滇东南、藏东南（米什米山区），印度东北部，越南北部，缅甸，泰国北部，印度尼西亚（苏门答腊），为海拔 600~1500 m 山地雨林下的标志物种，在西隆山的低海拔分布较多。蜘蛛花属有 2 种，西隆山均有分布，生于海拔 900~1500 m 的沟谷雨林中，分布于我国云南至印度东北部、老挝、缅甸、泰国北部和越南北部，是印度 — 马来热带雨林下的常见标志物种。

十齿花科 Dipentodontaceae 又称十萼花科，曾被放入卫矛科 Celastraceae，仅有 1 属 1 种（*Flora of China* 将核子木属 *Perrottetia* 也置于该科），即十齿花 *Dipentodon sinicus*，分布于我国滇西、滇西北、滇东南、广西西北部、贵州西南部、西藏东南部（墨脱），缅甸北部和印度东北部（可能有分布），在西隆山分布于海拔 2300~2600 m 的山地苔藓常绿阔叶林中，在群落中较为少见，属中国—喜马拉雅分布亚型。

肋果茶科 Sladeniaceae 又称毒药树科，曾被放置于五桠果科 Dilleniaceae、猕猴桃科 Actinidiaceae、山茶科 Theaceae，甚至是亚麻科 Linaceae，仅含 1 属 2 种，即肋果茶 *Sladenia celastrifolia* 和全缘肋果茶 *Sladenia integrifolia*。其中，肋果茶 *Sladenia celastrifolia* 分布于我国滇中、滇西、贵州西部，缅甸北部，泰国北部和越南，属于 7-4 的分布类型，为较古老的孑遗类群；全缘肋果茶 *Sladenia integrifolia* 是 2002 年发现的新种（Shui *et al.*, 2002），说明滇东南或是该属起源和早期分化地，目前发现仅分布在西隆山，生于海拔 1100~1800 m 的南亚热带季风常绿阔叶林的山坡次生林中，偶见，且距离村寨较近，处于国家级自然保护区的边缘地带，曾发现部分被人为破坏，亟待进一步保护。全缘肋果茶 *Sladenia integrifolia* 这一新类群的发现改变了该科一度的单种科的现状。

红花荷属 *Rhodoleia* 是金缕梅科 Hamamelidaceae 红花荷亚科唯一的 1 属，共 10 种，分布于中国、印度尼西亚、马来西亚、越南、缅甸，中国有 6 种，其中 3 种特有。东亚至中南半岛是红花荷属的分布中心，最早的化石出现于中国晚白垩纪，被认为是起源于东亚和印度 — 马来区系共祖源头的孑遗类群，是东亚（南部）和东南亚的热带、亚热带山地常绿阔叶林的上层建群或优势共建种。该属在西隆山有 2 种，即滇南红花荷 *Rhodoleia henryi* 和红花荷 *Rhodoleia parvipetala*，其中红花荷分布于海拔 1000~2300 m，为南亚热带季风常绿阔叶林和山地苔藓常绿阔叶林的优势种，滇南红花荷分布于海拔 2400~2850 m 的山顶苔藓矮林，为常见的建群成分。

蕈树属 *Altingia* 为金缕梅科 Hamamelidaceae 枫香亚科，很多学者将枫香亚科独立为阿丁枫科 Altingiaceae。蕈树属共 11 种，从我国浙江向西一直分布到西藏墨脱及印度(东北)、不丹，向南分布到中南半岛和印度尼西亚的苏门答腊、爪哇间断，但大部分分布在中国，有 8 种，其中 5 种特有。蕈树属是白垩 - 老第三纪古热带的亚热带山地区系残留在东亚、东南亚的孑遗成分，在现存植被中仍占优势地位（植被类型也属于古植被），以我国南部、西南部及中南半岛为其现在分布中心。西隆山分布有 1 种，即青皮树 *Altingia excelsa*（又称蒙自蕈树），生于海拔 820~1200 m，分布于我国云南南部、西藏东南部（墨脱），不丹，印度东北部（阿萨姆），缅甸，马来半岛至印度尼西亚（苏门答腊、爪哇），被誉为热带山地“雨林之父”和“山地森林之王”。青皮树在西隆山分布于哈尼族的村寨周边，作为神树而得以保存下来，是热带山地雨林的指示物种。

石蝴蝶属 *Petrocosmea* 为苦苣苔科 Gesneriaceae 的中国特有属，有 27 种，分布于中国、印度东北部、缅甸、泰国、越南南部，是一类进化类群，中国有 24 种，为该属的多样性中心。西隆山具有 1 种，即蓝石蝴蝶 *Petrocosmea coerulea*，生于海拔约 500 m 的河谷山坡岩石上，目前发现仅见于西隆山，为该地区的特有种。

梨藤竹属 *Melocalamus* 隶属禾本科 Poaceae，有 5 种，分布于中国西南部、巴基斯坦、印度（阿萨姆），中国有 4 种，其中 3 种特有。西隆山有 1 种，即澜沧梨藤竹 *Melocalamus arrectus*，分布于沧源、澜沧、盈江、德宏、勐腊、江城、绿春、元阳、金平、河口、马关、麻栗坡和广西，生于海拔 1200 m 以下的热带季雨林，为云南和广西特有种。

总序竹属 *Racemobambos* 隶属禾本科 Poaceae，约有 20 种，分布在东喜马拉雅至东南亚热带地区，可延伸至所罗门群岛，其在 *Flora of China* 中独立出新小竹属 *Neomicrocalamus*。该属在我国有 2 种，即总序竹 *Racemobambos prainii* 和云南总序竹 *Racemobambos yunnanensis*，其中云南总序竹仅产于西隆山，为该地区特有种。

幌伞枫属 *Heteropanax* 隶属五加科 Araliaceae，有 8 种，分布于东亚和东南亚，中国有 6 种，其中 2 种特有。西隆山有 1 种，即华幌伞枫（又称罗汉伞）*Heteropanax chinensis*，生于海拔 760~1600 m 的山坡密林中、路旁、沟谷中，分布于我国云南东南部、思茅、广西东南部（南宁、上思）和越南北部，为典型的越南至华南或西南分布。

短筒苣苔属 *Boeica* 为苦苣苔科 Gesneriaceae 寡种属，有 12 种，分布于印度东北部、不丹、缅甸、越南北部而不达中南半岛的热带边缘区，但从我国滇南起，东至我国香港而逐渐少见，为典型热带印度至华南（尤其云南南部）分布亚型。中国有 7 种，西隆山有 1 种，即锈毛短筒苣苔 *Boeica ferruginea*，生于海拔 1200 m 以下的热带雨林中，分布于我国金平、个旧、马关、盈江和越南北部，为典型的越南至云南南部分布。

木瓜红属 *Rehderodendron* 属于野茉莉科 Styraceae，共 5 种，分布于中国西南部、缅甸和越南，为典型的缅甸、泰国至华西南分布亚型，属于落叶乔木，在常绿阔叶林中极为普遍。中国 5 种均有分布，西隆山有 3 种，种类相对较多。分别是越南木瓜红 *Rehderodendron indochinense*、贵州木瓜红 *Rehderodendron kweichowense* 和木瓜红 *Rehderodendron macrocarpum*，在该地区与木兰科 Magnoliaceae、樟科 Lauraceae、壳斗科 Fagaceae、山茶科 Theaceae 等组成山地苔藓常绿阔叶林的上层优势物种，在植物群落中极为重要。

山茉莉属 *Huodendron* 属于野茉莉科，有 4 种，分布于中国华南、西南，缅甸，泰国和越南，北不超过南岭，南部不达中国海南，中国有 3 种。西隆山有 1 种，即双齿山茉莉 *Huodendron biaristatum*，分布于中国云南南部、贵州、广西，越南和缅甸北部，是该地区南亚热带季风常绿阔叶林的标志物种。

假海桐属 *Pittosporopsis* 属于茶茱萸科 Icacinaceae，仅含 1 种，即假海桐 *Pittosporopsis kerrii*，为中国云南南部、缅甸、老挝、泰国和越南北部特有，是海拔 350~1600 m 沟谷原始雨林中的下层灌木标志物种，在北太平洋扩张后期兴起，假海桐在西隆山分布于海拔 500~1200 m 的热带雨林中。

蚬木属 *Excentrodendron* 为椴树科生于石灰岩山地段的喜钙类群，有 2 种，分布于中国和越南，中国 2 种均产，其中 1 种特有。西隆山产 1 种，即蚬木 *Excentrodendron hsienmu*，分布于中国麻栗坡、西畴、马关、河口、金平、广西南部和越南北部，生于海拔 650 m 以下的热带季雨林中，为上层优势物种。

梭子果属 *Eberhardtia* 为山榄科 Sapotaceae 一个起源古老的属，含 3 种，分布于中国滇东南、华南，老挝和越南，中国有 2 种。西隆山有 1 种，即梭子果 *Eberhardtia tonkinensis*，分布于中国滇东南、老挝和越南，生于海拔 360~1800 m，是热带雨林和南亚热带季风常绿阔叶林的重要树种。

密序苣苔属 *Hemiboeopsis* 为苦苣苔科 Gesneriaceae 单种属，即密序苣苔 *Hemiboeopsis longisepala*，目前仅发现于中国金平、河口、屏边、麻栗坡和老挝，生于海拔 250~850 m 的热带雨林。目前，Möller 等 (2011) 把该属并入 *Heckelia*。

马铃苣苔属 *Oreocharis*，有 28 种，分布于中国西藏、四川、云南、贵州、广西、广东、海南、福建、江西、湖南、湖北、甘肃南部和越南、泰国，中国有 27 种，但主产我国西南，西至藏东（门工），华中、华东、华南，多为砂岩狭域分布，但是西南、华南为多，1 种延至越南北部，1 种延至泰国北部和我国海南，海拔可达 2300 m，为中南半岛至华南（或西南）分布亚型。西隆山产黄马铃苣苔 *Oreocharis aurea*，分布于滇南和越南北部，生于海拔 1500~2600 m 的山地林中树干或岩石上，较为常见。但于近期又发现了该属另一地区特有种——金平马铃苣苔 *Oreocharis jinpingensis*，该种仅生于西隆山海拔 2100~2300 m 常绿阔叶林中，是典型的狭域特有种，且该种为本属中紫色花类群分布最南的种类，为该属的起源及分化又提供了一个重要的素材。

二、东亚成分的重要类群

东亚分布指的是从东喜马拉雅一直分布到日本的属。其分布区一般向东北不超过俄罗斯境内的阿穆尔州，并从日本北部至萨哈林；向西南不超过越南北部和喜马拉雅东部，向南最远达菲律宾、苏门答腊和爪哇；向西北一般以我国各类森林边界为界。本类型一般分布区较小，几乎都是森林区系，并且其分布中心不超过喜马拉雅至日本的范围。

本地区属于此类型及其变型的科有 6 科，占该地区总科数的 3.95%，主要有猕猴桃科 Actinidiaceae、旌节花科 Stachyuraceae、青荚叶科 Helwingiaceae、水青树科 Tetracentraceae、鞘柄木科 Toricelliaceae 等。本地区属此分布型及其变型的有 55 属，占该地区总属数的 7.72%，代表属有茵芋属 *Skimmia*、青荚叶属 *Helwingia*、旌节花属 *Stachyurus*、吊钟花属 *Enkianthus*、虎刺属 *Damnacanthus*、猕猴桃属 *Actinidia*、吊石苣苔属 *Lysionotus*、长蕊木兰属 *Alcimandra*、水青树属 *Tetracentron*、鞘柄木属 *Toricellia*、八月瓜属 *Holboellia*、滇丁香属 *Luculia*、距药姜属 *Cautleya*、木通属 *Akebia*、半蒴苣苔属 *Hemiboea* 等。从这两个变型在该地区的分布可以看出，本地区与中国—喜马拉雅植物区系的联系较中国—日本植物区系的联系要密切得多。

猕猴桃科 Actinidiaceae 含 2 属 55 种，为严格东亚特有科。其中猕猴桃属主要分布于东亚，东北达萨哈林岛（库页岛），西南至喜马拉雅，东经中国秦岭、淮河以东达台湾，以及朝鲜、韩国、日本，少数南延至中南半岛至喜马拉雅和西马来，该属起源于北太平洋扩张早期，并在古北大陆东北部分化，西隆山仅有 1 种，即蒙自猕猴桃 *Actinidia henryi*，生于林缘。

旌节花科 Stachyuraceae 是一个孑遗属，仅含 1 属 8 种，中国有 7 种。该科仅限于东亚分布，起源于古北大陆东部，从中国—日本分布到中国—喜马拉雅。本科在西隆山仅有 1 种，即西域旌节花 *Stachyurus himalaicus*，生于中上部，分布于中国西藏、印度北部、不丹、尼泊尔、缅甸北部，属于典型的中国—喜马拉雅分布亚型。

青荚叶科 Helwingiaceae 是一个单种科，曾被置于山茱萸科 Cornaceae，含 4 种，我国除新疆、青海、宁夏、内蒙古及东北各省区外均有分布，国外分布于印度北部、不丹、尼泊尔、缅甸北部、泰国、越南北部、日本、韩国，中国 4 种均有分布。该科是典型的东亚特征科，也是中国至喜马拉雅和日本的典型亚热带山地种混交林下的标志性灌木成分，这类植被可能从白垩纪至老第三纪以来一直是较稳定的原始林类型。

水青树科 Tetracentraceae，是 1 个单种科，分布于中国甘肃南部、河南西南部、陕西南部、湖北西部、湖南西北部和西南部、四川、西藏南部和东南部、贵州、云南，印度东北部，不丹，尼泊尔东部，缅甸北部，越南北部，即从华中分布到喜马拉雅而不见于中国华东和日本，是典型的中国—喜马拉雅分布亚型的落叶成分。该科起源于古北大陆东部，属于来源很早的孑遗成分。水青树 *Tetracentron sinense* 在西隆山分布于海拔 1800~2500 m 的山地苔藓常绿阔叶林的山沟湿润处，零星出现。

鞘柄木科 Toricelliaceae 又称烂泥树科或叨里木科，曾被放置于山茱萸科 Cornaceae 中，含 1 属 2 种，分布范围狭小，仅从东喜马拉雅分布至我国华中，中国云贵高原可能是本科的分化中心，该科也是起源古老的类群。西隆山分布有 1 种，即有齿鞘柄木 *Toricellia angulata* var. *intermedia*，分布于甘肃、陕西、四川、贵州、湖南、湖北西部、广西、福建、西藏东南部、云南等地，属于中国特有种分布型，在西隆山分布于海拔 800~1500 m 的路边。

茵芋属 *Skimmia* 含 5 或 6 种，分布于喜马拉雅至日本、菲律宾，中国有 5 种（其中 1 种特有），分布于华东、华中、西南，最北到达陕西省留坝，以西南地区最为集中。西隆山有 2 种，分别是乔木茵芋 *Skimmia arborescens* 和多脉茵芋 *Skimmia multinervia*，其中乔木茵芋分布于中国云南、广东、广西、贵州、四川、西藏（察隅），以及尼泊尔、不丹、印度东北部、泰国北部、缅甸、越南北部，在西隆山生于海拔 1200~2480 m 的南亚热带季风常绿阔叶林和山地苔藓常绿阔叶林，为常见的优势树种；多脉茵芋分布于中国云南、四川西南部，以及不丹、印度东北部、缅甸、尼泊尔、越南北部，在西隆山分布于海拔 2300~2800 m 的山地苔藓常绿阔叶林，较为常见。

吊钟花属 *Enkianthus* 隶属杜鹃花科，有 12 种，从东喜马拉雅经中国至日本，为东亚特有属，中国有 7 种（其中 4 种特有），本属各种为中生混交林、常绿阔叶林至亚高山针叶林下常见伴生树种，本属的原始种常绿吊钟花 *Enkianthus quingueflorus* 从越南北方分布到我国江南。西隆山具有 1 种，即晚花吊钟花 *Enkianthus serotinus*，产于滇东南、四川、贵州、广西和广东，为中国特有种，西隆山分布于海拔 800~1600 m 的次生林，偶见。

虎刺属 *Damnacanthus* 隶属茜草科，有 13 种，分布于中国、印度北部、缅甸、老挝、越南和日本，中国有 11 种（其中 6 种特有），该属为东亚特有，亚热带常绿阔叶林下的标志物种。西隆山有 1 种，即云桂虎刺 *Damnacanthus henryi*，灌木或小乔木，分布于滇东南、贵州和广西，为中国特有种，在西隆山生于海拔 1500~2100 m 常绿阔叶林，零星分布。

吊石苣苔属 *Lysionotus* 隶属苦苣苔科，有 25 种，西达印度西北部，东达我国台湾和日本本州伊豆半岛，北达秦岭、伏牛山一线，南可到海南的五指山和泰国，多生长于岩石上或附生于树干，海拔可达 2800 m，原始种类分布在中国云南、广西和越南的北部湾地区。我国有 23 种，西隆山有 2 种，分别是宽叶吊石苣苔 *Lysionotus pauciflorus* var. *latifolius* 和齿叶吊石苣苔 *Lysionotus serratus*，其中宽叶吊石苣苔仅分布于滇东南、广西、贵州，是中国特有种，在西隆山生于海拔 1000~1550 m 的密林树干上，较为常见；齿叶吊石苣苔分布于中国云南、西藏东南部、广西西北部、贵州西南部，以及印度北部、尼泊尔、不丹、缅甸北部、泰国北部、越南北部。

长蕊木兰属 *Alcimandra* 是木兰科的一单种属，仅含 1 种，即长蕊木兰 *Alcimandra cathcartii*，从不丹、印度东北和缅甸北部延至我国的西藏南部、东南部和滇西南至滇东南，在海拔 1800~2700 m 的热带山地亚热带常绿阔叶林中与壳斗科、樟科等共建，属于古遗植被中的古遗生物。长蕊木兰在西隆山分布于海拔 1600~2700 m 的山地苔藓常绿阔叶林中，偶见。

八月瓜属 *Holboellia* 隶属木通科，有 20 种，分布于中国、东南亚、喜马拉雅山。中国有 9 种（其中 5 种特有），西隆山有 1 种，即八月瓜 *Holboellia latifolia*，分布于中国云南、西藏东南部、四川、贵州及印度东北部、不丹、尼泊尔，为典型的中国—喜马拉雅分布亚型，在西隆山生于海拔 600~2600 m，为常见的藤本植物。

滇丁香属 *Luculia* 有 5 种，主要分布在云南，延至喜马拉雅，是典型的中国—喜马拉雅分布，中国有 3 种（其中 1 种特有），西隆山有 1 种，即滇丁香 *Luculia pinceana*，分布于中国云南、西藏、贵州、广西及印度、尼泊尔、缅甸、越南，西隆山生于海拔 1120~2000 m，是常绿阔叶林中的常见灌木成分。

距药姜属 *Cautleya* 又称黄盔姜属，隶属姜科，有 5 种，从印度北部，东达泰国北部，但以喜马拉雅至我国横断山区南端和云贵高原为主，常附生，散见于 900~1800 m 各类森林中。中国有 3 种，西隆山有 1 种，即距药姜 *Cautleya gracilis*，分布于中国云南、四川西南部（冕宁）、贵州（盘县）、西藏（察隅）及克什米尔、印度西北部、尼泊尔、不丹、缅甸、泰国、越南，在西隆山分布于海拔 950 ～ 2500 m，附生于树上。

木通属 *Akebia* 隶属木通科，有 5 种，分布于中国、朝鲜半岛和日本，为典型的中国—

日本分布。中国有 4 种（其中 2 种特有），西隆山有 1 亚种，即白木通 *Akebia trifoliata* ssp. *australis*，分布于滇东南、陕西南部、甘肃东南部至长江流域各省及河北、山西、山东、河南，为中国特有种，该种在西隆山是分布于海拔 2650 m 以下次生林中的藤本植物。

半蒴苣苔属 *Hemiboea* 又称降龙草属，隶属苦苣苔科，有 23 种，主要是中国特有，但有 1 种仅分布至日本琉球群岛和中国台湾，2 种可达越南老街，北以秦岭、长江为界，西至川天全，但不达横断山区，北部湾和云南、贵州、广西是该属的最大变异中心，均为低海拔常绿阔叶林至中生混交林常见或标志物种，上限可达 2500 m，是东亚植物区系中较古老的成员。中国 23 种均有分布，西隆山有 1 种，即全叶半蒴苣苔 *Hemiboea integra*，仅发现于金平、河口、麻栗坡、马关，是滇东南特有种。

三、中国特有属和西隆山狭域特有种

1. 中国特有属

中国特有是以中国境内的自然植物区（Floristic Region）为中心而分布界限不越出国境很远者，均列入中国特有的范畴（Wang，1989；Wang & Zhang，1994；Wu，1991；Wu *et al*., 2005；吴征镒等，2010）。本地区属于此类型的属有 10 属，占该地区除世界广布属外全部属数的 1.40%，占中国特有 239 属（Wu *et al*., 2005；吴征镒等，2006）的 4.18%。它们分别是喜树属 *Camptotheca*（1 种）、巴豆藤属 *Craspedolobium*（1 种）、杉属 *Cunninghamia*（1 种）、药囊花（瘤药花）属 *Cyphotheca*（1 种）、铁竹属 *Ferrocalamus*（1 种）、同钟花属 *Homocodon*（1 种）、紫菊属 *Notoseris*（1 种）、拟单性木兰属 *Parakmeria*（1 种）、长穗花属 *Styrophyton*（1 种）、瘿椒树（银鹊树）属 *Tapiscia*（2 种）。其中杉木属 *Cunninghamia*、巴豆藤属 *Craspedolobium*、药囊花属 *Cyphotheca*、长穗花属 *Styrophyton* 等均为单型属；瘿椒树属 *Tapiscia*、喜树属 *Camptotheca*、铁竹属 *Ferrocalamus*、同钟花属 *Homocodon* 均含 2 种；拟单性木兰属 *Parakmeria* 含 5 种，紫菊属 *Notoseris* 含 12 种。

蓝果树科的喜树属 *Camptotheca* 有 2 种，一种是喜树 *Camptotheca acuminata*，*Flora of China* 合并了《中国植物志》中的变种薄叶喜树 *Camptotheca acuminata* var. *tenuifolia*，该种分布于云南、福建、广东、广西、贵州、湖北、湖南、江苏、江西、四川、浙江，在西隆山分布于海拔 800~2100 m 的林缘、路边；另一种是 1997 年发表的新种，即洛氏喜树 *Camptotheca lowreyana*，分布于福建、广东、广西、湖南、江西、四川，在西隆山公路和村寨边广泛栽培，不能判断是否为野生。

豆科的巴豆藤属 *Craspedolobium* 含 1 种，即巴豆藤 *Craspedolobium unijugum*，是 2010 年发表的新组合，分布于中国云南、广西西北部、贵州西南部、四川南部及老挝、缅甸、泰国，这是 *Flora of China* 的记载，而《中国植物志》为 *Craspedolobium schochii*，仅分布于四川、贵州、云南，为严格的滇、贵、川特有属。在西隆山海拔 1800 m 以下地段常见。

杉科的杉木属 *Cunninghamia* 有 1 种，即杉木 *Cunninghamia lanceolata*，分布于中国、缅甸（可能有分布）、老挝（可能有分布）和越南北部，西隆山分布于海拔 1000~1820 m 的湿润山坡，多见栽培。另外，除杉木原变种外，还有 1 变种，即台湾杉木 *Cunninghamia lanceolata* var. *konishii*，分布于中国福建、台湾，老挝北部和越南（可能有分布）。在西隆山广泛栽培，不能判断是否为野生。

野牡丹科的药囊花属 *Cyphotheca* 仅有 1 种，即药囊花 *Cyphotheca montana*，分布于风庆、景东、新平、建水、元阳、金平、屏边、河口、红河、马关、建水、绿春、西畴等地，为云南特有属。在西隆山海拔 1800~2350 m 的山坡、箐沟密林下、竹林下的路旁、坡边或小溪边极为常见，为山地苔藓常绿阔叶林下的标志并形成优势层片。

禾本科的铁竹属 *Ferrocalamus*，是滇东南特有属，含 2 种，即铁竹 *Ferrocalamus strictus*（产于金平、元阳、绿春、屏边）和 1984 年发表的新种裂箨铁竹 *Ferrocalamus rimosivaginus*。其中铁竹目前仅发现于金平、元阳、绿春、屏边，为滇东南特有种，在西隆山分布于海拔 900~2700 m 的山地常绿阔叶林、箐沟、山脊、山坡上，模式标本采自于西隆山（勐拉）；裂箨铁竹仅发现于金平的大寨和阿得博，为金平特有种（Wen，1984）。

瘿椒树科的瘿椒树属 *Tapiscia* 有 2 种，即瘿椒树 *Tapiscia sinensis* 和云南瘿椒树 *Tapiscia yunnanensis*，其中瘿椒树分布于云南、安徽、福建、广东、广西、贵州、湖北、湖南、江西、四川、浙江、云南；云南瘿椒树分布于云南、四川（万县）、湖北（利川），为滇川鄂特有种，在西隆山生于海拔 850~2300 m 的疏林中。

桔梗科的同钟花属 *Homocodon* 含 2 种，分布于中国及不丹，其中 1 种为中国特有。西隆山有 1 种，即同钟花 *Homocodon brevipes*，为一矮小匍匐草本，生于海拔 1000~2900 m 的沟边、林下、灌丛边及山坡草地中，分布于云南东部、中部、西部至南部；贵州西南部、四川西南部也有。

菊科的紫菊属 *Notoseris* 全属 12 种，均分布于长江流域及秦岭以南。西隆山有 1 种，即多裂紫菊 *Notoseris henryi*，分布于云南、湖北、湖南、四川、贵州。该种在西隆山分布于海拔 800~2890 m 的密林下和路边。

木兰科的拟单性木兰属 *Parakmeria* 含 5 种，分布于中国、缅甸北部等地；其中 3 种为中国特有。西隆山产 1 种，即云南拟单性木兰 *Parakmeria yunnanensis*，生于海拔 1200~1500 m 山谷密林中，分布于云南东南部及广西。

野牡丹科的长穗花属 *Styrophyton* 为单种属，仅长穗花 *Styrophyton caudatum* 1 种，生于海拔 400~1200 m 山谷密林中、阴湿的地方或沟边等灌木丛中，分布于云南东南部（Shui *et al.*, 2009）。在西隆山，长穗花属生长在次生性较强的季风常绿阔叶林中，为偶见种。

2. 西隆山狭域特有种

西隆山共有中国特有种 465 种（包括仅分布到毗邻的越南北部地区的种类），占全部种数的28.42%，是本区的第二大分布区类型。其中狭域特有种包括9种西隆山特有种，2种金平特有种，以及4种红河以南地区（西隆山与绿春、元阳和红河的共有种）（表3-10）。

表3-10　金平及西隆山狭域特有种的统计分析

Table 3-10　Statistics and analysis of endemic species to Xilong Mt., Jinping county

拉丁名 Species name	中文名 Chinese name	产地 Habitat	生境、群落中的地位和作用
Actinodaphne jinpingensis, sp. nov., ined.	金平黄肉楠	西隆山	生于海拔500～800 m热带季雨林中
Agapetes macrocarpa, sp. nov., ined.	大果树萝卜	西隆山	附生于海拔约2200 m常绿阔叶林中树上
Aristolochia jinpingensis, sp. nov., ined.	金平马兜铃	西隆山	生于海拔约2400 m常绿阔叶林中
Ixora foonchewii	宽昭龙船花	西隆山	生于海拔500～800 m山下路旁、林下灌木，偶见
Oreocharis jinpingensis	金平马铃苣苔	西隆山	生于海拔2100～2300 m常绿阔叶林中
Petrocosmea coerulea	蓝石蝴蝶	西隆山	生于海拔约500 m山沟内、山坡岩石上
Pilea amplistipulata	大托叶冷水花	西隆山	生于海拔约580 m阴处沟底，石灰山地区林下常见草本
Raphiocarpus jinpingensis sp. nov.	金平漏斗苣苔	西隆山	生于海拔1700～2100 m疏林中或林缘路边
Sladenia integrifolia	全缘肋果茶	西隆山	生于海拔1200～2100 m常绿阔叶林中或林缘，偶见
Beccarinda paucisetulosa	少毛横蒴苣苔	金平	生于海拔1800～2100 m林中
Racemobambos yunnanensis	云南总序竹	金平	生于海拔1800～2400 m常绿阔叶林中
Manglietia hongheensis	红河木莲	金平、绿春、元阳、红河	是海拔2500～2800 m山地苔藓常绿阔叶林的乔木层建群种，常见
Impatiens jinpingensis	金平凤仙	金平、元阳	生于海拔1400～1975 m阴湿处，为季风常绿阔叶林下的伴生草本，偶见
Impatiens latipetala	宽瓣凤仙	金平、绿春	生于海拔1300 m公路边，为季风常绿阔叶林下的伴生草本，偶见
Yushania bojieiana	金平玉山竹	金平、元阳	生于海拔2150～2300 m缓坡地，为山地苔藓常绿阔叶林下的常见竹类

总之，由于本区处于古热带植物区的北缘，又位于古热带植物区向东亚植物区的过渡地带，因此该地区的植物区系具有一定的过渡性质。许多源于印度—马来、中国—喜马拉雅及北温带成分在该地区交汇，产生出较为丰富的特有类群，这些特有类群连同热带亚洲成分、中国特有成分共同构成了西隆山现代种子植物区系的基本面貌。

第六节　西隆山与邻近地区的植物区系比较

通过对西隆山科、属、种进行统计分析，对该地区的区系性质、特征有了初步的了解。但是，对一个具体地区区系而言，要全面了解其特征、性质，必须与邻近地区区系进行比较，才能确定一个地区与其他地区区系之间的相似性，从而判断其相互之间的亲缘关系，并最终确定其区系性质和位置。本研究从不同的地理位置，分别参考 Nguyen（1998a,1998b）及 Nguyen 和 Harder (1996)、张美德（2007）、刘恩德和彭华（2010）、赵厚涛（2010）的研究资料，分别选取越南黄连山、南溪河流域、永德大雪山、滇中圭山 4 个周边地区进行植物区系的亲缘关系比较（表 3-11）。

表 3-11　西隆山与周边地区种子植物丰富度比较

Table 3-11　Comparison on the seed-plant diversity of Xilong Mountain with adjacent regions in China and Vietnam

地区	Region	科数 Number of families	属数 Number of genera	种数 Number of species
西隆山	Xilong Mt., Yunnan	192	750	1720
南溪河流域	Nanxi River Region, Yunnan	191	787	1786
越南黄连山	Phan Si Pan, Vietnam	173	580	1247
永德大雪山	Yongdedaxue Mt., Yunnan	189	885	2148
滇中圭山	Guishan Region, Yunnan	130	486	1067

注：南溪河流域（张美德，2007），越南黄连山（Nguyen，1998a, 1998b），永德大雪山（刘恩德和彭华，2010），滇中圭山（赵厚涛，2010）

Note: Nanxi River Region (Zhang, 2007), Phan Si Pan (Nguyen, 1998a, 1998b), Yongdedaxue Mt. (刘恩德和彭华 , 2010), Guishan Region (赵厚涛 , 2010)

仅从地理位置及植物区系而言，西隆山地区与南溪河流域及越南黄连山无疑是最相似的，均是从较低海拔的河谷上升至较高海拔的山地；与滇中高原相比较，滇中圭山地区水湿条件的差异，也可能是造成物种丰富度相差较大的主要原因之一。

一、与越南黄连山种子植物区系的比较

越南黄连山位于越南北部老街省境内的沙坝县（沙坝距中越边境仅 38 km），属于红河的西岸，是黄连山脉的主峰，最高点海拔 3143 m，是越南也是整个中南半岛的第一高峰，其中沙坝县城海拔在 1400~1600 m。

据统计，越南黄连山有种子植物 173 科 580 属 1247 种（Nguyen，1998a,1998b）。

在越南黄连山未出现，而在西隆山出现的科主要有热带雨林的特征成分龙脑香科 Dipterocarpaceae，以及大量的典型热带科如金刀木科 Barringtoniaceae、使君子科 Combretaceae、牛栓藤科 Connaraceae、隐翼科 Crypteronoiaceae、五桠果科 Dilleniaceae、赤苍藤科 Erythropalaceae、古柯科 Erythroxylaceae、翅子藤科 Hippocrateaceae、黏木科 Ixonanthaceae、芭蕉科 Musaceae、肉豆蔻科 Myristicaceae、红树科 Rhizophoraceae、海桑科 Sonneratiaceae、蒟蒻薯科 Taccaceae、四数木科 Tetramelaceae 等。

在越南黄连山出现，而在西隆山未出现的科主要有松科 Pinaceae、小檗科 Berberidaceae、领春木科 Eupteleaceae、小二仙草科 Haloragaceae、马尾树科 Rhoipteleaceae、杨柳科 Salicaceae、鸢尾科 Iridaceae、败酱科 Valerianaceae 等以温带性质为主的科。

在西隆山的四大科为兰科 Orchidaceae（43 属 79 种）、蝶形花科 Papilionaceae（32 属 69 种）、大戟科 Euphorbiaceae（24 属 64 种）、樟科 Lauraceae（15 属 62 种）。大戟科这一热带科在越南黄连山为 13 属 21 种，远远少于西隆山；比较温带性质的大科蔷薇科 Rosaceae（越南黄连山 12 属 80 种、西隆山 12 属 36 种），西隆山的种类远少于越南黄连山；菊科 Compositae（越南黄连山 36 属 50 种、西隆山 28 属 48 种）则两地差异不大。可见，这可能与两个山体不同类群研究的程度有明显的差异有关。

总体而言，西隆山的热带性质强于越南黄连山，显然与越南黄连山更靠北，且最高海拔更高有关。越南黄连山产一特有冷杉植物（黄连山冷杉 *Abies fansipanensis* Q.P.Xiang, L.K.Fu et Nan Li，为该属分布最南的种类）即可更进一步说明这一地区的温带性质及古老性。

二、与南溪河流域种子植物区系的比较

南溪河流域位于云南省马关县古林箐乡、篾厂乡，以及河口县南溪镇和桥头乡部分地区，区内土、石夹生，最低海拔 100 m，最高海拔 2020 m，植被保存完好，尤其以石山季雨林最具特色。

南溪河流域有种子植物 191 科 787 属 1786 种（张美德，2007）。在南溪河出现，而在西隆山没有出现的科，主要有典型的热带科大花草科 Cytinaceae、山柚子科 Opiliaceae 等；石灰岩特色显著的科，如苦苣苔科 Gesneriaceae、秋海棠科 Begoniaceae、狸藻科 Lentibulariaceae 等。但是一些科如水青树科 Tetracentraceae、四数木科 Tetramelaceae、十齿花科 Dipentodonetaceae 等在西隆山出现，而在南溪河流域未见记载，其中水青树科和十齿花科主要分布在中、高海拔地区，而四数木科在中国仅记载分布于西双版纳和金平县。由于南溪河流域石灰岩特色显著且海拔较低，因此南溪河的热带性强于西隆山，石灰岩特色比西隆山显著。

三、与永德大雪山种子植物区系的比较

永德大雪山位于云南省西南部临沧市永德县东北部，属于我国西南横断山脉—怒山山脉的南延部分，最低点是永康河河谷海拔 830 m，最高点是大雪山 3504.2 m。

据统计，永德大雪山共有种子植物 187 科 859 属 2025 种（刘恩德和彭华，2010）。在西隆山出现，而在永德大雪山未见的科，主要有苏铁科 Cycadaceae、肉豆蔻科 Myristicaceae、黄叶树科 Xanthophyllaceae、隐翼科 Crypteroniaceae、四数木科 Tetramelaceae、肋果茶科 Sladeniaceae、龙脑香科 Dipterocarpaceae、金刀木科 Barringtoniaceae、古柯科 Erythroxylaceae、黏木科 Ixonanthaceae、十齿花科 Dipentodonetaceae、心翼果科 Cardiopteridaceae、赤苍藤科 Erythropalaceae、牛栓藤科 Connaraceae、马蹄参科 Mastixiaceae、肉实树科 Sarcospermataceae、四角果科 Carlemanniaceae、五隔草科 Pentaphragmataceae、芭蕉科 Musaceae、蒟蒻薯科 Taccaceae 等 20 个科，均为热带雨林的典型成分和热带性质很强的科。由于永德大雪山的主体海拔较高，一些温带性质的科如小檗科 Berberidaceae、罂粟科 Papaveraceae、景天科 Crassulaceae、杨柳科 Salicaceae、败酱科 Valerianaceae、川续断科 Dipsacaceae、鸢尾科 Iridaceae 等在永德大雪山均有分布。

永德大雪山的植物区系处于热带向亚热带过渡的环节上，其种子植物区系具有鲜明的亚热带植物区系的特色。西隆山的热带性质强于永德大雪山，但是温带性质不及永德大雪山。

四、与滇中圭山种子植物区系的比较

圭山地处云南省石林县东部，包括圭山镇和长湖镇一部分，最低海拔 1100 m，最高海拔 2601 m，属于典型的滇中地区。

据记载，圭山共有种子植物 130 科 486 属 1067 种（赵厚涛，2010）。在圭山出现而在西隆山未出现的科如松科 Pinaceae、芍药科 Paeoniaceae、茅膏菜科 Droseraceae、败酱科 Valerianaceae、川续断科 Dipsacaceae、透骨草科 Phrymataceae，均为典型温带性质的科；在西隆山出现而在圭山未出现的科如苏铁科 Cycadaceae、买麻藤科 Gnetaceae、番荔枝科 Annonaceae、龙脑香科 Dipterocarpaceae、肉豆蔻科 Myristicaceae、隐翼科 Crypteroniaceae、五桠果科 Dilleniaceae、牛栓藤科 Connaraceae、金刀木科 Barringtoniaceae、粘木科 Ixonanthaceae、海桑科 Sonneratiaceae、黄叶树科 Xanthophyllaceae、翅子藤科 Hippocrateaceae、金虎尾科 Malpighiaceae 等大量热带性质较强的科。可见，圭山的植物区系主要是温带性质，热带性质远不如西隆山。

从上述比较看，无论是科一级还是属一级，西隆山与南溪河流域都最为接近，其次是越南黄连山。因此，从西隆山与邻近地区的科和属的相似性分析来看，本区与南溪河流域最为密切，其次为越南黄连山，再次是永德大雪山，而与滇中圭山植物区系较为疏远，从

而为将西隆山的植物区系划入古热带植物区（Paleotropic Kingdom）—马来西亚植物亚区（Malaysian Subkingdom）—北部湾地区（Tonkin Bay region）提供了依据。

第七节　西隆山种子植物的区系性质和地位

一、区系性质

在科水平的区系分析上，西隆山现有野生种子植物192科，可以划分为10个类型和14个变型或亚型，显示出该地区种子植物科级水平上的地理成分较为复杂，联系较为广泛。除世界广布科外（40科，占总科数的20.83%），热带性质的科有116科，占除世界广布科外总科数的76.32%；温带性质的科有36科，占除世界广布科外总科数的23.68%。热带性质科的比例大约是温带性质科的3倍，这显示了本区植物区系的热带性质。龙脑香科 Dipterocarpaceae、肉豆蔻科 Myristicaceae、隐翼科 Crypteroniaceae、五桠果科 Dilleniaceae、牛栓藤科 Connaraceae、金刀木科 Barringtoniaceae、粘木科 Ixonanthaceae、海桑科 Sonneratiaceae、黄叶树科 Xanthophyllaceae、翅子藤科 Hippocrateaceae、金虎尾科 Malpighiaceae 等一些典型的热带科，更进一步证明了本地区与古热带植物区系的密切关系。同时，木兰科 Magnoliaceae、樟科 Lauraceae、壳斗科 Fagaceae、山茶科 Theaceae、金缕梅科 Hamamelidaceae、安息香科 Styracaceae、清风藤科 Sabiaceae、紫金牛科 Myrsinaceae、山矾科 Symplocaceae 等具有较强亚热带性质的科在本区占有较为重要的地位，也反映了本区从热带向亚热带过渡的热带北缘性质。而东亚成分仅6科，占该地区除世界广布科外总科数的3.95%，则说明了本区与东亚区系关系较为疏远。

在属级水平上，西隆山野生种子植物的750属可划分为14个类型和32个变型或亚型，即除了地中海区、西亚至中亚分布类型，以及中亚分布类型及其变型外，其他中国植物区系的属分布区类型均在本区出现，显示了本区种子植物区系在属级水平上地理成分的复杂性，以及同世界其他地区植物区系的广泛联系。该地区热带性质的属563属，占除世界广布属外全部属数的79.07%；有温带性质的属139属，占除世界广布属外全部属数的19.52%。这一结果表明，西隆山热带成分的比例远远高于温带成分，很好地揭示了本区植物区系的热带性质。在本区所有属的分布类型中，居于前4位的分别是热带亚洲（印度—马来）分布及其变型（209属/29.53%）、泛热带分布（131属/18.40%），旧世界热带分布（73属/10.25%），以及热带亚洲至热带大洋洲分布（71属/9.97%）等，仍以热带性质属占绝对优势。同时，龙脑香属 *Dipterocarpus*、坡垒属 *Hopea*、争光木属 *Knema*、隐翼属 *Crypteronia*、八宝树属 *Duabanga*、无忧花属 *Saraca*、大风子属 *Hydnocarpus* 等印度—马来热带雨林特征成分的出现，充分反映了本区植物区系的热带性质，以及本区与古热带植物区—印度—马来植物区系的密切关系。值得注意的是，西隆山因地处哀牢山的南延部分，并有红河作为植物扩散的通道，使得一些温带成分得以在此繁衍、演化，使得本地区温带成分比例占19.52%，充分反映了本区处于热带北缘并向亚热带过渡这一事实。

在种级水平上，西隆山野生种子植物的1636种可划分为12个类型、18个变型或亚型，也显示出该地区植物区系在种一级水平上的地理成分十分复杂，来源较为广泛。该地区热带性质的种有1064种，占该地区全部种数的65.05%；温带性质的种有107种，占该地区全部种数的6.53%，热带性质的种占显著优势。西隆山12分布区类型中，位于前3位的分别是热带亚洲分布型（925种，占该地区全部种数的56.55%）、中国特有种型（465种，占该地区全部种数的28.42%）、东亚分布型（92种，占该地区全部种数的5.62%），三者之和为90.59%，它们构成了西隆山种子植物区系的主体。同时西隆山的区系特有现象突出，西隆山的中国特有种，为该地区的第二大分布区类型，共计有465种，占该地区全部种数的28.42%，其中滇东南特有种82种，红河南岸（金平、绿春、元阳、红河）狭域特有种4种，西隆山特有分布9种，金平特有种2种。

综上所述，科、属、种的统计分析结果显示，西隆山种子植物区系具有明显的热带性质，同时又具有热带向亚热带过渡的现状，反映了其植物区系热带起源的历史事实，是研究中南半岛植物区系与中国西南地区植物区系的重要环节和关键地区。

二、区系地位

通过与4个典型地区植物区系的组成、科和属的相似性比较，发现本区与同为古热带植物区的南溪河流域的关系最为密切，而南溪河流域属于古热带植物区系的北部湾地区。

从种一级区系成分组成来看，西隆山的热带亚洲分布及其变型占本区所有种数的56.55%，远远高于其他类型，是本区的第一大分布类型。其中，越南（或中南半岛）至华南（或西南）分布占该地区除世界广布种外全部总种数的7.52%；缅甸、泰国至华南（西南）分布占世界广布种外全部种数的2.08%，可以看出，该地区与越南（中南半岛）的联系较为密切。

综上所述，本研究认为该地区的植物区系应该划为古热带植物区（Paleotropic Kingdom）—马来西亚植物亚区（Malaysian Subkingdom）—北部湾地区（Tonkin Bay region）更为准确（李国锋，2011；Zhu，2011），而不应该划分为滇缅泰地区（Yunnan, Myamar & Thailand region）（Wu & Wu, 1998; 税玉民等，2003）。

参考文献

包士英，毛品一，苑淑秀. 1998. 云南植物采集史略. 北京：科学技术出版社:189-190

红河州科技委员会. 1987. 云南南部红河地区生物资源科学考察报告(第三卷. 种子植物)：1-307

李国锋 . 2011. 滇东南西隆山种子植物区系的初步研究 . 昆明：中国科学院昆明植物研究所硕士学位论文

刘恩德 , 彭华 . 2010. 永德大雪山种子植物区系和森林植被研究 . 昆明：云南科技出版社 : 1-506

彭华 . 1998. 滇中南无量山地区的种子植物 . 昆明 : 云南科技出版社：1-180

税玉民 , 陈文红 . 2010. 滇东南有花植物名录 . 昆明 : 云南科技出版社

税玉民 , 陈文红 , 李增耀 , 等 . 2003. 滇东南红河地区种子植物 . 昆明 : 云南科技出版社：8-31

王荷生 . 1992. 植物区系地理 . 北京 : 科学出版社

吴征镒 . 1977-2006. 云南植物志（1-16 卷）. 北京 : 科学出版社

吴征镒 . 1984. 云南种子植物名录 (上、下卷). 昆明 : 云南科技出版社

吴征镒 , 路安民 , 汤彦承 , 等 . 2003. 中国被子植物科属综论 . 北京 : 科学出版社：1-1075

吴征镒 , 孙航 , 周浙昆 , 等 . 2010. 中国种子植物区系地理 . 北京 : 科学出版社：1-485

吴征镒 , 王荷生 . 1983. 中国自然地理 —— 植物地理 (上册). 北京 : 科学出版社：1-125

吴征镒 , 周浙昆 , 孙航 , 等 . 2006. 种子植物分布区类型及其起源和分化 . 昆明 : 云南科技出版社：1-451

闫传海 . 2001. 植物地理学 . 北京 : 科学出版社

张美德 . 2007. 云南南溪河石灰岩山种子植物区系的初步研究 . 昆明：中国科学院昆明植物研究所硕士学位论文

赵厚涛 . 2010. 滇中圭山地区种子植物区系的初步研究 . 昆明：中国科学院昆明植物研究所硕士学位论文

中国植物志编辑委员会 . 1959-2004. 中国植物志 (1-80 卷). 北京 : 科学出版社

Chen WH, Chen R Z, Yu ZY, *et al*. 2015.*Raphiocarpus jinpingensis*, a new species of Gesneriaceae in Yunnan, China. Plant Diversity and Resources(植物分类与资源学报), 37(06): 727-732.

Chen WH, Wang H, Shui YM, *et al*. 2013. *Oreocharis jinpingensis*, a new species of Gesneriaceae from the Xilong Mountains in Southwest China. Annales Botanici Fennici ,50: 312-316

Li GF, Shui YM, Chen WH, *et al*. 2011. A new species of *Impatiens* (Balsaminaceae) from Yunnan, China. Brittonia ,63 (4): 452-456

Li XW. 1995a. A floristic study on the seed plants from the region of Yunnan Plateau. Acta Botanica Yunnanica (云南植物研究), 17(1): 1-14

Li XW. 1995b. A floristic study on the seed plants from tropical Yunnan. Acta Botanica Yunnanica (云南植物研究) ,17(2): 115-128

Nguyen NT, Harder DK. 1996. Diversity of the flora of Fan Si Pan, the highest mountain in Vietnam. Annals of the Missouri Botanical Garden,83 (3): 404-408

Nguyen NT. 1998a. Diversity of Plants of High Mountain Area: Sa Pa-Phan Si Pan. Ha Noi: Nha Xuat Ban Dai Hoc Quoc Gia Ha Noi

Nguyen NT. 1998b. The Fansipan Flora in relation to the Sino-Japanese Floristic Region. The University Museum and the University of Tokyo ,37: 111-122

Shui YM, Sima YK, Wen J, *et al*. 2009. Vouchered Flora of Southeast Yunnan. Kunming: Yunnan Technology and Sciences Housing Press: 1-160

Shui YM, Zhang G J, Zhou ZK, *et al*. 2002. *Sladenia intergrifolia* (Sladeniaceae), a new species from China. Novon ,12:539-542

Steenis CGGJ. 1962. The Land-bridge theory in botany. Blumea ,11(2):235-542

Takhtajan A. 1986. Floristic Regions of the World. Berkeley, Los Angeles and London: University of California Press

Tang YC, Lu AM. 2004. A comparison of family circumscription between FRPS and FGAC. Acta Botanica Yunnanica (云南植物研究) ,26(2): 129-138

Tang YC. 2000. On the affinities and the role of Chinese flora. Acta Botanica Yunnanica (云南植物研究), 22(1): 1-26

Wang HS, Zhang YL.1994.The bio-diversity and characters of spermatophytic genera endemic to China. Acta Botanica Yunnanica (云南植物研究) ,16(3): 209-220

Wang HS. 1989. A study on the origin of spermatophytic genera endemic to China. Acta Botanica Yunnanica (云南植物研究), 11(1): 1-16

Wen TH. 1984. 我国竹类新分类群（之一）. 竹子研究汇刊 , 3(2): 23-47

Wu CY,Wu SG. 1998. A proposal for a new floristic Kingdom (Realm)-The E. Asiatic Kingdom, its delineation and characteristics. *In*: Zhang AL,Wu SG. Floristic Characteristics and Diversity of East Asian Plants. Beijing: China Higher Education Press:3-43

Wu ZY, Lu AM, Tang YC, *et al*. 2002. Synopsis of a new "polyphyletic-polychronic-polytopic" system of the angiosperms. Acta Phytotaxonomica Sinica (植物分类学报),40(4): 289-322

Wu ZY, Sun H, Zhou ZK, *et al*. 2005. Origin and differentiation of endemism in the flora of China. Acta Botanica Yunnanica (云南植物研究),27(6): 577-604

Wu ZY,Raven PH. 1994-2011. *Flora of China* (Vol. 4-25). Beijing: Science Press

Wu ZY.1991.The areal-types of Chinese genera of seed plants. Acta Botanica Yunnanica (云南植物研究), 增刊 IV: 1-139

Zhang GJ, Shui YM, Chen WY, *et al*. 2003. The introduction to plant diversity in Xilong Mountain Natural Reserve on the border between China and Vietnam. Guihaia (广西植物), 23(6): 511-516

Zhu H. 2011. A new biogeographical line between South Yunnan and Southeast Yunnan. Advances in Earth Science (地球科学进展), 26 (9): 916-925

第四章　西隆山木兰科植物的多样性和地理分布*

司马永康[1,3]，陈文红[2,3]，税玉民[2,3]

1 云南省林业科学院；国家林业局重点开放性实验室云南珍稀濒特森林植物保护和繁育实验室；云南省森林植物培育与开发利用重点实验室，云南省，昆明 650201

2 中国科学院昆明植物研究所，云南省，昆明 650201

3 云南省喀斯特地区生物多样性保护研究会，云南省，昆明 650201

一、简介

金平南部的西隆山素有“滇南第一峰”之称，其作为无量山插入哀牢山的南部支系和红河流域李仙江与藤条江的分水岭，海拔在 500~3074 m，相对高差达 2500 m 以上（Shui *et al*., 2003; Zhang *et al*., 2003），其气候呈典型的“立体气候”特征：随海拔梯度的升高，分布着热带、暖亚热带、温亚热带、暖温带和温带等 5 种不同的垂直热量带（Shui *et al*., 2003; Zhang *et al*., 2003)。另外，由于受季风暖湿气流的影响，水热条件在山体的再分配，生境多样，生长有丰富多彩的植物种类。

木兰科 Magnoliaceae 一直被公认为是一类相对而言较原始或最原始的木本植物类群（吴征镒等，2003；司马永康，2011；Sima *et al*., 2012）。根据当今分子系统学最新成果（Kim & Suh, 2013）最为支持的 Sima & Lu（2012）系统统计（下同），木兰科有 15 属 240 余种，分布于亚洲和南北美洲的热带、亚热带和温带地区。以滇东南为主的北部湾地区是木兰科植物的多样性中心，类群最丰富（刘玉壶，1984；Sima *et al*., 2001, 2012；司马永康，2011；Sima & Lu, 2009, 2012）。滇东南的西隆山位于“滇西北－滇东南对角线”和“田中线”与“华线”之间（Li, 1994; Li & Li, 1992, 1997; Li *et al*., 1999；Zhu & Yan, 2003; Zhu,

*　基金项目：国家自然科学基金项目（30660154，31060096，1131070174）、云南省中青年学术和技术带头人后备人才培养项目（2012HB025）

本书类群的处理采用作者较新颖、学术性较强的观点，而本书名录则考虑到大众的需求，采用较通用的刘玉壶观点，因此有些属种的学名有一定出入

2011），西南几与“华线”为界，因此对西隆山专类植物区系的分析和研究无疑对西隆山专类植物区系性质的认识，以及这几条生物地理线的存在及其位置的确定具有一定的理论意义。

二、西隆山木兰科植物类群资源丰富

西隆山木兰科植物类群资源丰富。根据最近统计，西隆山木兰科植物共有 5 属 15 种 2 变种。从西隆山与云南其他 7 个山体木兰科数量的比较看（表 4-1），滇西北的高黎贡山面积为 405.2 km^2（李玉媛等，2005），有木兰科植物 8 属 14 种（李恒等，2000）；滇东北的药山面积为 102.2 km^2（李玉媛等，2005），有木兰科植物 3 属 3 种 1 变种（彭明春等，2006）；滇中的轿子雪山和哀牢山面积分别为 161.9 km^2（李玉媛等，2005）和 677.0 km^2（朱华和闫丽春，2009），分别有木兰科植物 3 属 3 种（王焕冲，2009）和 5 属 10 种 1 变种（朱华和闫丽春，2009）；滇中南的无量山面积为 313.1 km^2（喻庆国等，2004），有木兰科植物 6 属 13 种 1 变种（彭华，1998）；滇东南的大围山和薄竹山面积分别为 439.9 km^2（李玉媛等，2005）和 229.6 km^2（杨宇明等，2008），分别有木兰科植物 6 属 26 种 4 变种和 6 属 10 种 1 变种（税玉民，1996，2000；杨宇明等，2008）。滇东南的西隆山面积为 178.3 km^2，但其属数却超过了面积与其相近的滇中的轿子雪山和滇东北的药山；而其种数则仅次于面积达其 1 倍多的同属滇东南的大围山。显然，西隆山木兰科植物类群资源丰富（表 4-1）。

表 4-1　西隆山与云南其他 7 个山体木兰科数量的比较

Table 4-1　Comparison of the Taxa in Magnoliaceae from the Xilong Mt. and seven mountains in Yunnan

项目	西隆山	薄竹山	大围山	无量山	哀牢山	轿子雪山	药山	高黎贡山
面积 /km^2	178.3	229.6	439.9	313.1	677.0	161.9	102.2	405.2
属数	5	6	6	6	5	3	3	8
种属	15	10	26	13	10	3	3	14
变种属	2	1	4	1	1	0	1	0

三、西隆山木兰科植物属为热带亚洲分布类型

木兰科为东亚和北美间断分布的科（吴征镒等，2003，2006）。Li 和 Mao（1990）认为，木兰科起源于热带山地，分为两类起源，即起源于冈瓦纳古陆的如木莲属 *Manglietia* Blume、南美盖裂木属 *Dugandiodendron* Lozano-C.、盖裂木属 *Talauma* Juss. 等，以及起源于劳拉西亚古陆的如木兰属 *Magnolia* Linn.、含笑属 *Michelia* Linn.、鹅掌楸属 *Liriodendron* Linn. 等。实际上，虽然中南美洲有木兰属 *Magnolia* Linn.、盖裂木属 *Talauma* Juss. 和南美盖裂木属 *Dugandiodendron* Lozano-C. 分布，但它们的性质是衍生和后期分化的。中南美洲根本没有仅分布于东亚而为木兰科原始类型的木莲属 *Manglietia* Blume 等的分布。因此，

可以排除木兰科为热带古南大陆（冈瓦纳古陆）起源的可能（吴征镒等，2003）。木兰科可能起源于热带古北大陆（劳拉西亚古陆）的东南部。

根据中国种子植物属的分布区类型系统（Wu，1991），中国种子植物区系包括15个分布区类型或地理成分。而以该系统划分统计，西隆山木兰科植物木莲属 *Manglietia* Blume、含笑属 *Michelia* Linn.、香木兰属 *Aromadendron* Blume、喙木兰属 *Lirianthe* Spach 和秃木兰属 *Pachylarnax* Dandy 5属均为热带亚洲分布（7）。热带亚洲分布的属是旧大陆热带的中心部分。因此，西隆山木兰科植物属分布区类型的统计结果（表4-2）表明，西隆山木兰科植物仅含有热带亚洲分布（7）1个分布区类型或地理成分，明显具有典型的热带性质，与东南亚有着十分密切而不可分割的关系。

表 4-2　西隆山木兰科植物统计

Table 4-2　The genera in Magnoliaceae from the Xilong Mt.

属名	种数				分布类型	在西隆山的特有种数	
	世界	中国	云南	西隆山		中国	云南
香木兰属 *Aromadendron* Blume	13	1	1	1	7a-b	0	0
喙木兰属 *Lirianthe* Spach	20	9	6	1	7a-d	1	1
木莲属 *Manglietia* Blume	40	29	20	8	7a-c	2	1
含笑属 *Michelia* Linn.	70	46	30	6	7a-d	0	0
秃木兰属 *Pachylarnax* Dandy	7	5	3	1	7a-b	0	0
合计5属	150	90	60	17		3	2

注（Note）：7a-b为西马来至中马来分布（W. to C. Malesia）；7a-c为西马来至东马来分布（W. to E. Malesia）；7a-d为西马来至新几内亚分布（W. Malesia to New Guinea）

根据世界种子植物科的分布区类型系统（吴征镒等，2003，2006），对西隆山木兰科植物属作进一步划分，则可区分为3个变型或亚型（表4-2），即西马来至中马来分布（7a-b）的香木兰属 *Aromadendron* Blume 和秃木兰属 *Pachylarnax* Dandy、西马来至新几内亚分布（7a-d）的含笑属 *Michelia* Linn 和喙木兰属 *Lirianthe* Spach，以及西马来至东马来分布（7a-c）的木莲属 *Manglietia* Blume。其中，西马来至中马来分布（7a-b）和西马来至新几内亚分布（7a-d）各有2属，分别占西隆山木兰科属数的40%，而其余的西马来至东马来分布（7a-c）则仅有1属，占西隆山木兰科属数的20%。从地理分布看，这3个变型或亚型的北部均至中国西南地区，而其主要区别在于南部东界范围的大小不同，这可能是由于这3个变型的木兰科植物属向南至东扩散时造成的，即这3个变型的木兰科植物属在西隆山所处的中国西南地区长期存在。这一事实，不但很好地说明了西隆山木兰科植物区系与东南亚木兰科植物区系的密切关系，而且还在一定程度上证明了西隆山所处的中国西南部及其近邻地区是木兰科植物的多度中心和多样性中心，并支持本区十分可能也是起源中心的推测（刘玉壶，1984；Liu *et al.*, 1995；陈涛和张宏达，1996；Sima *et al.*, 2001，2012；吴征镒等，2003；Sima & Lu, 2012）。

1. 西马来至新几内亚分布的属

西马来至新几内亚分布的属指分布区北可达印度东北部、中国南部和日本南部一线，南达马来西亚和印度尼西亚至新几内亚一线的属。西隆山木兰科植物有该类型的属 2 属，即含笑属 *Michelia* Linn. 和喙木兰属 *Lirianthe* Spach，占西隆山木兰科属数的 40%，是西隆山木兰科植物属最多的分布区类型之一。

1）含笑属 *Michelia* Linn. 为乔木或稀灌木，常绿或稀半常绿。全世界近 70 种，分布于印度东北部、斯里兰卡至日本南部，南达印度尼西亚和东帝汶，东南至新几内亚（图 4-1）。中国有 46 种，分布于安徽、福建、广东、广西、贵州、海南、河南、湖北、湖南、江西、四川、台湾、西藏、云南、浙江等省区，西隆山有 5 种和 1 变种。在西隆山含笑属植物中，苦梓含笑 *Michelia balansae* (Aug. Candolle) Dandy、沙巴含笑 *Michelia chapensis* Dandy、绵毛多花含笑 *Michelia floribunda* var. *lanea* Sima、香子含笑 *Michelia gioi* (A. Chevalier) Sima et Hong Yu 与念和含笑 *Michelia xianianhei* Q. N. Vu 5 种为越南（或中南半岛）至华南或西南分布（7-4）式样，占西隆山含笑属植物种和变种数的 83.33%，而合果木 *Michelia baillonii* (Pierre) Finet et Gagnepain 1 种为热带印度至华南（尤其云南南部）分布（7-2）式样，占西隆山含笑属植物种和变种数的 16.67%。

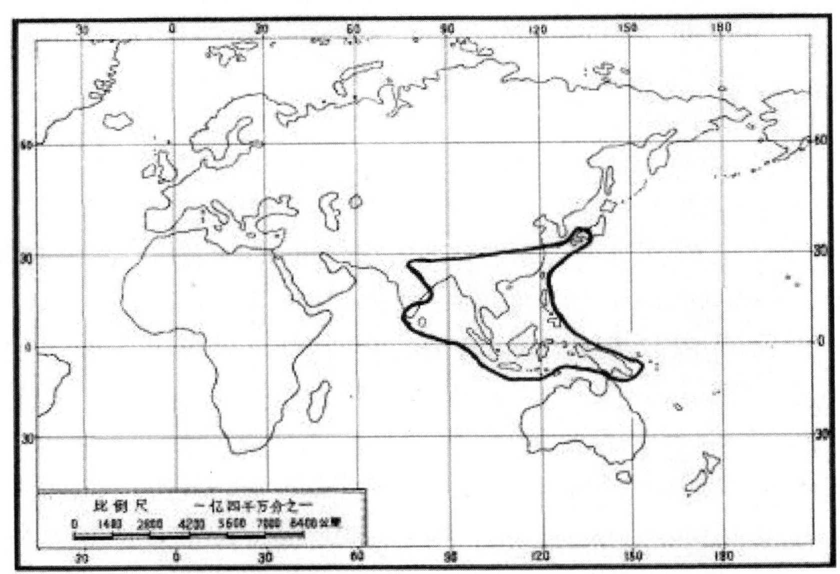

图 4-1　含笑属的地理分布

Fig. 4-1　The distribution of *Michelia* Linn.

2）喙木兰属 *Lirianthe* Spach 为常绿乔木或灌木。全世界 20 种左右，分布于印度东部至中国东南部，南达印度尼西亚和东帝汶（图 4-2）。中国有 9 种，分布于福建、广东、广西、贵州、海南、四川、台湾、西藏、云南、浙江等省区，西隆山有 1 种，即显脉木兰 *Lirianthe phanerophlebia* (B. L. Chen) Sima。该种仅分布于滇东南，为滇东南特有分布（15b）种。

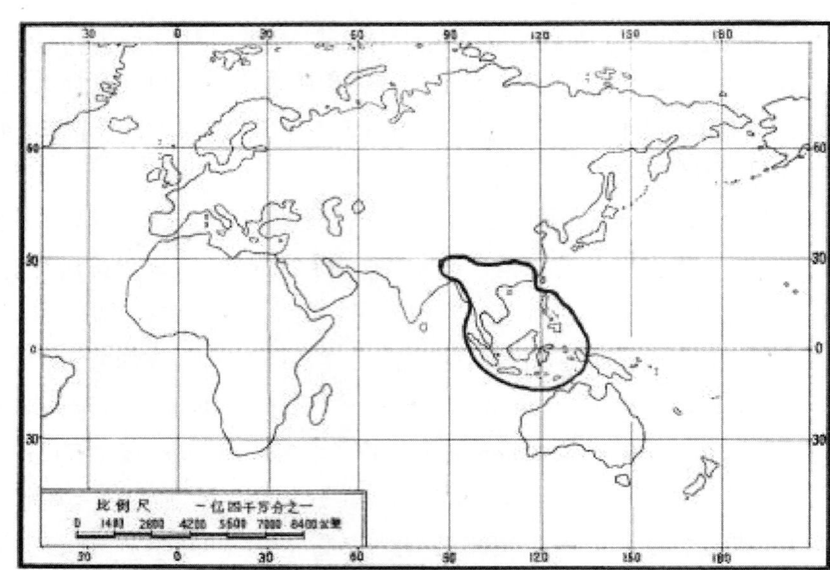

图 4-2　喙木兰属的地理分布

Fig. 4-2　The distribution of *Lirianthe* Spach

2. 西马来至东马来分布的属

西马来至东马来分布的属指分布区北可达印度东北部、中国南部和日本南部一线，南达马来西亚和印度尼西亚至新几内亚以西一线的属。西隆山木兰科植物有该类型的属 1 属，即木莲属 *Manglietia* Blume，占西隆山木兰科属数的 20%，是西隆山木兰科植物属的最少分布区类型。

木莲属 *Manglietia* Blume 为乔木，常绿或稀半常绿或落叶。全世界 40 种左右，分布于喜马拉雅东部至中国东南部，南达印度尼西亚西南部，东南至东帝汶（图 4-3）。中国 29 种，分布于安徽、福建、广东、广西、贵州、海南、湖北、湖南、江西、四川、西藏、云南、浙江等省区，西隆山有 7 种和 1 变种。在西隆山木莲属植物中，川滇木莲 *Manglietia duclouxii* Finet et Gagnepain、锈枝木莲 *Manglietia fordiana* var. *forrestii* (W. W. Smith ex Dandy) B. L. Chen et Nooteboom、红河木莲 *Manglietia hongheensis* Y. M. Shui et W. H. Chen、长喙木莲 *Manglietia longirostrata* (D. X. Li et R. Z. Zhou ex X. M. Hu, Q. W. Zeng et L. Fu) Sima 和亮叶木莲 *Manglietia lucida* B. L. Chen et S. C. Yang 5 种为越南（或中南半岛）至华南或西南分布（7-4）式样，占西隆山木莲属植物种和变种数的 62.50%；倒卵叶木莲 *Manglietia obovatifolia* C. Y. Wu et Y. W. Law、立梗木莲 *Manglietia arrecta* Sima 和红花木莲 *Manglietia insignis* (Wallich) Blume 3 种分别为滇黔桂特有分布（15a）（Wang & Zhang，1994）、滇东南至滇南特有分布（15c）和中国－喜马拉雅分布（14SH）等式样，各占西隆山木莲属植物种数的 12.50%。

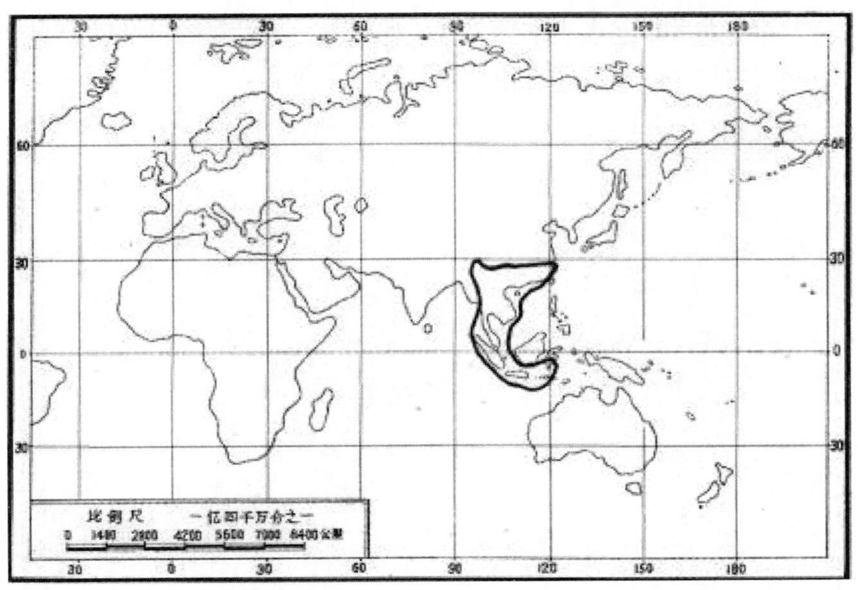

图 4-3　木莲属的地理分布

Fig. 4-3　The distribution of *Manglietia* Blume

3. 西马来至中马来分布的属

西马来至中马来分布的属指分布区北可达印度东北部、中国南部和日本南部一线，南达马来西亚至爪哇以东，东到加里曼丹至菲律宾一线以内的属。西隆山木兰科植物有该类型的属 2 属，即香木兰属 *Aromadendron* Blume 和秃木兰属 *Pachylarnax* Dandy，占西隆山木兰科属数的 40%，是西隆山木兰科植物属最多的分布区类型之一。

1）香木兰属 *Aromadendron* Blume 为乔木，常绿。全世界 13 种左右，分布于喜马拉雅东部至中国西南部，南达印度尼西亚西南部的爪哇（图 4-4）。中国 1 种，分布于西藏和云南等省区，西隆山有 1 种，即长蕊木兰 *Aromadendron cathcartii* (J. D. Hooker et Thomson) Sima et S. G. Lu，为中国—喜马拉雅分布（14SH）式样。

2）秃木兰属 *Pachylarnax* Dandy 为乔木，常绿。全世界 7 种左右，分布于喜马拉雅东部至中国西南部、南部，东到中国台湾，南达印度尼西亚西南部的苏门答腊（图 4-5）。中国 5 种，分布于福建、广东、广西、贵州、海南、湖南、四川、台湾、西藏、云南和浙江等省区，西隆山有 1 种，即云南拟单性木兰 *Pachylarnax yunnanensis* (Hu) Sima et S. G. Lu，为缅甸、泰国至华西南分布（7-3）式样。

四、西隆山木兰科植物种以越南（或中南半岛）至华南或西南分布为主

每一个地区植物区系均由具体的植物种构成，研究种的分布区类型，可以直接确定一

个地区或一个科现有植物区系的地带性质和地理起源（李恒等，2000）。西隆山木兰科植物总计有 15 种 2 变种，基本上归属于 3 个分布区类型的 7 个亚型（表 4-3，表 4-4）。

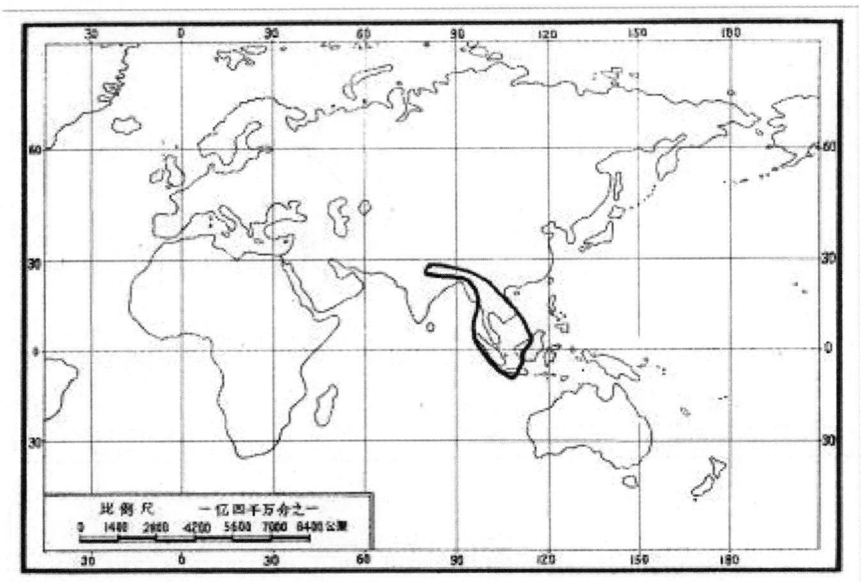

图 4-4　香木兰属的地理分布

Fig. 4-4　The distribution of *Aromadendron* Blume

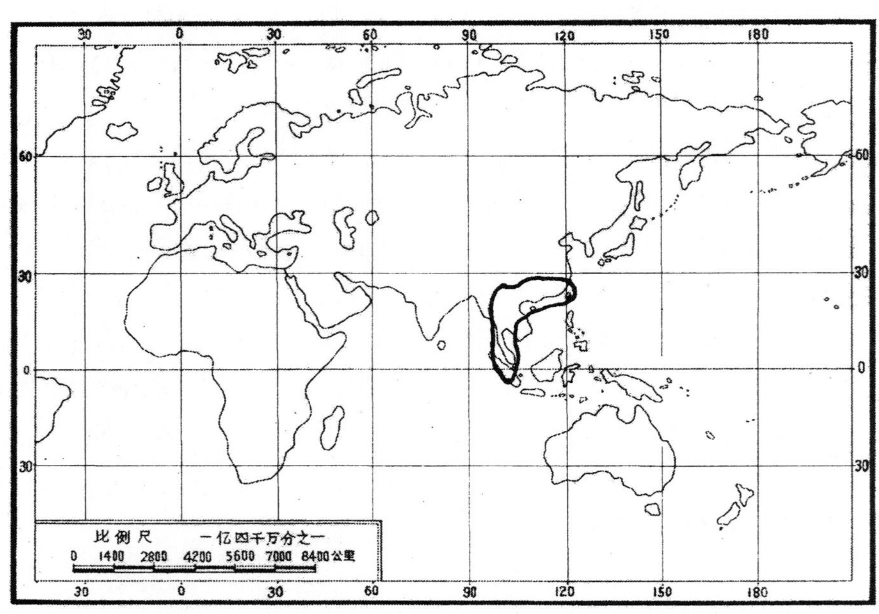

图 4-5　秃木兰属的地理分布

Fig. 4-5　The distribution of *Pachylarnax* Dandy

表 4-3　西隆山木兰科各种的地理分布及其类型

Table 4-3　Geographical distributions and areal-types of the Magnoliaceous plants from the Xilong Mt.

编号	种类	地理分布	海拔 /m	分布类型
1	长蕊木兰 *Aromadendron cathcartii*	西藏、云南（福贡、广南、河口、金平、景东、景洪、澜沧、龙陵、绿春、麻栗坡、马关、勐腊、屏边、双江、腾冲、文山、西畴、永德），不丹，锡金，印度，缅甸，越南	1070 ～ 2800	14SH
2	显脉木兰 *Lirianthe phanerophlebia*	云南（个旧、河口、金平、麻栗坡、马关）	500 ～ 900	15b
3	立梗木莲 *Manglietia arrecta*	云南（金平、景洪、绿春、宁洱、西盟）	1400 ～ 2300	15c
4	川滇木莲 *Manglietia duclouxii*	贵州、四川、云南（富宁、广南、河口、金平、绿春、麻栗坡、马关、文山、绥江、西畴、盐津、元阳），越南	1340 ～ 2160	7-4
5	锈枝木莲 *Manglietia fordiana var. forrestii*	广西、云南（河口、景洪、金平、陇川、绿春、麻栗坡、马关、勐海、勐腊、瑞丽、思茅、腾冲、文山、西盟、新平），越南	1100 ～ 2900	7-4
6	红河木莲 *Manglietia hongheensis*	云南（金平、绿春、元阳），越南	1900 ～ 2650	7-4
7	红花木莲 *Manglietia insignis*	广西、贵州、湖南、四川、西藏、云南（保山、碧江、沧源、楚雄、德钦、凤庆、福贡、富宁、贡山、广南、河口、红河、金平、景东、临沧、龙陵、泸水、绿春、麻栗坡、马关、宁洱、屏边、瑞丽、石屏、双柏、腾冲、巍山、文山、西畴、新平、漾濞、盈江、永德、永平、元江、云龙、镇康），越南，泰国，缅甸，尼泊尔，印度	900 ～ 2800	14SH
8	长喙木莲 *Manglietia longirostrata*	云南（金平、麻栗坡、元阳），越南	900~1300	7-4
9	亮叶木莲 *Manglietia lucida*	云南（河口、金平、马关、屏边），越南	500~800	7-4
10	倒卵叶木莲 *Manglietia obovatifolia*	广西、贵州、湖南、云南（绿春、河口、金平、马关、屏边、文山）	1150~2100	15a
11	合果木 *Michelia baillonii*	云南（耿马、金平、景谷、景洪、澜沧、临沧、绿春、勐海、勐腊、孟连、宁洱、普洱、盈江、镇源），柬埔寨，老挝，缅甸，泰国，印度，越南	500~1500	7-2
12	苦梓含笑 *Michelia balansae*	福建、广东、广西、贵州、海南、云南（富宁、河口、金平、马关、麻栗坡、蒙自、屏边、西畴），越南	500~1700	7-4
13	沙巴含笑 *Michelia chapensis*	福建、广东、广西、贵州、湖南、江西、西藏、香港、云南（富宁、河口、金平、景洪、绿春、马关、麻栗坡、屏边、双柏、西畴）、浙江，越南	500~2200	7-4
14	绵毛多花含笑 *Michelia floribunda var. lanea*	广西、贵州、湖南、云南（金平、景东、马关、南涧、邱北、文山、西畴、元阳），越南	1300~2700	7-4
15	香子含笑 *Michelia gioi*	广西、海南、云南（金平、景洪、勐腊），越南	500~800	7-4
16	念和含笑 *Michelia xianianhei*	云南（金平、绿春、屏边），越南	550~1300	7-4
17	云南拟单性木兰 *Pachylarnax yunnanensis*	广西、西藏、云南（广南、金平、麻栗坡、马关、屏边、西畴），缅甸，越南	960~2200	7-3

注（Note）：7-2 为热带印度至华南（尤其云南南部）分布 [Tropical India to S. China (especially S. Yunnan)]；7-3 为缅甸、泰国至华西南分布（Burma, Thailand to SW. China）；7-4 为越南（或中南半岛）至华南或西南分布（Vietnam or Indochinese Peninsula to S. or SW. China）；14SH 为中国－喜马拉雅分布（Sino-Himalaya）；15a 为滇黔桂特有分布（Endemic to Yunnan, Guizhou and Guangxi, China）；15b 为滇东南特有分布（endemic to SE. Yunan, China）；15c 为滇东南至滇南特有分布（Endemic to SE. to S. Yunan, China）

表 4-4 西隆山木兰科植物种的分布区类型统计

Table 4-4 Species areal-type analysis of the Magnoliaceous plants from the Xilong Mt.

属性	分布区类型	种和变种数	所占百分率 /%
热带	7. 热带亚洲分布 Tropical Asia	(12)	(70.59)
	7-2. 热带印度至华南（尤其云南南部）分布 Tropical India to S. China (especially S. Yunnan)	1	5.88
	7-3. 缅甸、泰国至华西南分布 Burma, Thailand to SW. China	1	5.88
	7-4. 越南（或中南半岛）至华南或西南分布 Vietnam or Indochinese Peninsula to S. or SW. China	10	58.83
温带	14. 东亚分布 E. Asia	(2)	(11.77)
	14SH. 中国－喜马拉雅分布 Sino—Himalaya	2	11.77
特有	15. 中国特有分布 Endemic to China	(3)	(17.64)
	15a. 滇黔桂特有分布 Endemic to Yunnan, Guizhou and Guangxi, China	1	5.88
	15b. 滇东南特有分布 Endemic to SE. Yunan, China	1	5.88
	15c. 滇东南至滇南特有分布 Endemic to SE. to S. Yunan, China	1	5.88
	合计	17	100.00

从分布区类型看，西隆山木兰科植物种分属 3 个类型。其中，热带亚洲分布（7）有川滇木莲 *Manglietia duclouxii* Finet et Gagnepain、锈枝木莲 *Manglietia fordiana* var. *forrestii* (W. W. Smith ex Dandy) B. L. Chen et Nooteboom、红河木莲 *Manglietia hongheensis* Y. M. Shui et W. H. Chen、长喙木莲 *Manglietia longirostrata* (D. X. Li et R. Z. Zhou ex X. M. Hu, Q. W. Zeng et L. Fu) Sima、亮叶木莲 *Manglietia lucida* B. L. Chen et S. C. Yang、合果木 *Michelia baillonii* (Pierre) Finet et Gagnepain、苦梓含笑 *Michelia balansae* (Aug. Candolle) Dandy、沙巴含笑 *Michelia chapensis* Dandy、绵毛多花含笑 *Michelia floribunda* var. *lanea* Sima、香子含笑 *Michelia gioi* (A. Chevalier) Sima et Hong Yu、念和含笑 *Michelia xianianhei* Q. N. Vu 和云南拟单性木兰 *Pachylarnax yunnanensis* (Hu) Sima et S. G. Lu 等 12 个种和变种（表 4-3），占总种和变种数的 70.59%，为西隆山木兰科植物种最主要的类型（表 4-4）；其次为中国特有分布（15），有显脉木兰 *Lirianthe phanerophlebia* (B. L. Chen) Sima、立梗木莲 *Manglietia arrecta* Sima 和倒卵叶木莲 *Manglietia obovatifolia* C. Y. Wu et Y. W. Law 等 3 种（表 4-3），占总种和变种数的 17.64%（表 4-4）；而东亚分布（14）有长蕊木兰 *Aromadendron cathcartii* (J. D. Hooker et Thomson) Sima et S. G. Lu 和红花木莲 *Manglietia insignis* (Wallich) Blume 等 2 种（表 4-3），占总种和变种数的 11.77%，为西隆山木兰科植物种最少的类型（表 4-4）。这些统计结果表明，西隆山木兰科植物种以热带亚洲分布（7）为主，并具有较丰富的中国特有成分（15），但也不乏东亚分布（14）。西隆山木兰科植物区系与热带亚洲关系最为密切，但与东亚（中国－喜马拉雅）也有割不断的联系。在热带亚洲分布的种类中，如亮叶木莲 *Manglietia lucida* B. L. Chen et S. C. Yang 与念和含笑 *Michelia xianianhei* Q. N. Vu 等多为相应属中比较原始的种类，这可能暗示西隆山乃至热带亚洲对木兰科植物区系的作用是通过保存原始类群而实现的，即木兰科植物区系的避难所。

从分布区亚类型看（表 4-3，表 4-4），西隆山木兰科植物种可进一步分属于 7 个亚类型。其中，类群数量最多的是越南（或中南半岛）至华南或西南分布（7-4），有川滇木莲 *Manglietia duclouxii* Finet et Gagnepain、锈枝木莲 *Manglietia fordiana* var. *forrestii* (W. W. Smith ex Dandy) B. L. Chen et Nooteboom、红河木莲 *Manglietia hongheensis* Y. M. Shui et W. H. Chen、长喙木莲 *Manglietia longirostrata* (D. X. Li et R. Z. Zhou ex X. M. Hu, Q. W. Zeng et L. Fu) Sima、亮叶木莲 *Manglietia lucida* B. L. Chen et S. C. Yang、苦梓含笑 *Michelia balansae* (Aug. Candolle) Dandy、沙巴含笑 *Michelia chapensis* Dandy、绵毛多花含笑 *Michelia floribunda* var. *lanea* Sima、香子含笑 *Michelia gioi* (A. Chevalier) Sima et Hong Yu、念和含笑 *Michelia xianianhei* Q. N. Vu 等 10 个种和变种，占总种和变种数的 58.83%；其次是中国—喜马拉雅分布（14SH）式样，有长蕊木兰 *Aromadendron cathcartii* (J. D. Hooker et Thomson) Sima et S. G. Lu 和红花木莲 *Manglietia insignis* (Wallich) Blume 等 2 种，各占总种和变种数的 11.77%；最少的是热带印度至华南（尤其云南南部）分布（7-2），缅甸、泰国至华西南分布（7-3），滇黔桂特有分布（15a），滇东南特有分布（15b）和滇东南至滇南特有分布（15c），有合果木 *Michelia baillonii* (Pierre) Finet et Gagnepain、云南拟单性木兰 *Pachylarnax yunnanensis* (Hu) Sima et S. G. Lu、倒卵叶木莲 *Manglietia obovatifolia* C. Y. Wu et Y. W. Law、显脉木兰 *Lirianthe phanerophlebia* (B. L. Chen) Sima 和立梗木莲 *Manglietia arrecta* Sima 各 1 种，均各占总种和变种数的 5.88%。这些统计结果表明，西隆山木兰科植物种以越南（或中南半岛）至华南或西南分布（7-4）为主，并具有较丰富的中国—喜马拉雅分布（14SH），但也不乏热带印度至华南（尤其云南南部）分布（7-2），缅甸、泰国至华西南分布（7-3），滇黔桂特有分布（15a），滇东南特有成分（15b）和滇东南至滇南特有分布（15c）。西隆山木兰科植物区系与越南（或中南半岛）至华南或西南关系最为密切，但与缅甸、泰国至华西南和中国—喜马拉雅也有割不断的联系，并与热带印度至华南（尤其云南南部）有广泛联系。而在越南（或中南半岛）至华南或西南分布（7-4）的种类中，富有相应属中比较原始种类的现象暗示西隆山乃至以滇东南为核心的北部湾地区十分可能是木兰科植物区系的避难所。

从地理属性角度看（表 4-4），尽管西隆山木兰科植物属全部为热带属，但其种类组成却带有明显的温带成分，这些源于热带属的温带种类占总种类数的 11.77%，在种类水平上，西隆山木兰科植物区系已具有从热带向温带过渡的性质，即亚热带性质。当然，在特有种类中，全部种类均以滇东南分布为主体，因而也是以滇东南为主的北部湾（滇东南—桂西南—越南北部）地区特有分布种类，并常常分布到滇东南以外（桂西南和越南北部）的北部湾地区。如某一以滇东南分布为主体的特有分布种类分布到滇东南以外的越南北部等北部湾地区，则将被划分为具有热带性质的越南（或中南半岛）至华南或西南分布（7-4）。因此，在西隆山木兰科植物种中，热带种类占总种类数的 70.59%（实际可能更高），具有明显的热带性质，但也具有一定从热带向温带过渡的性质，即亚热带性质。

五、西隆山木兰科植物的特有现象

特有现象仅指发生或出现在某特定的自然区域内的特有自然现象（李恒等，2000）。木兰科植物在西隆山没有中国特有属，但有中国特有种（表 4-4）。在西隆山木兰科植物中国特有分布式样的种类中，仅有滇黔桂特有分布（15a）、滇东南特有分布（15b）和滇东南至滇南特有分布（15c）等 3 种类型，并各占总种类数的 5.88%，即以滇东南特有种为主并以滇东南向滇南和滇东南向黔桂扩展的特有种为辅是木兰科植物在西隆山的特有现象。在西隆山木兰科植物特有种中，有显脉木兰 *Lirianthe phanerophlebia* (B. L. Chen) Sima、立梗木莲 *Manglietia arrecta* Sima 和倒卵叶木莲 *Manglietia obovatifolia* C. Y. Wu et Y. W. Law 等 3 种（表 4-3），占总种和变种数的 17.64%，特有现象较为显著。

根据近年的研究表明（Sima & Lu, 2009, 2012；司马永康，2011），在喙木兰属 *Lirianthe* Spach 中，中脉在叶面凸起的种类较进化，并常常伴有成熟心皮周裂的相关性状，而在较原始的种类中，中脉在叶面下凹呈沟状，成熟心皮沿背腹缝线纵裂。显脉木兰 *Lirianthe phanerophlebia* (B. L. Chen) Sima 的中脉在叶面下凹呈沟状，成熟心皮沿背腹缝线纵裂，是喙木兰属 *Lirianthe* Spach 中较原始的种类。在木莲属 *Manglietia* Blume 被公认为较原始的毛果木莲 *Manglietia ventii* N. V. Tiêp、大叶木莲 *Manglietia megaphylla* Hu et W. C. Cheng 等种类中，花梗或果梗均缩短不明显，花序梗或果序梗粗壮，花和果均直立，而在较进化的种类中，花梗或果梗若缩短不明显，则花序梗或果序梗纤细，花和果均下垂或花直立而果下垂，若花和果均直立，则花梗或果梗不缩短而明显，花序梗或果序梗粗壮。立梗木莲 *Manglietia arrecta* Sima 的花梗或果梗均缩短不明显，花序梗或果序梗粗壮，花和果均直立，是木莲属 *Manglietia* Blume 中较原始的类群。而花被片数量为单向演化性状，即以 9 枚为原始状态，外轮雄蕊瓣化，使花被片数量增加，从而形成具有 10 枚以上花被片的花。倒卵叶木莲 *Manglietia obovatifolia* C. Y. Wu et Y. W. Law 的花被片为 9 枚，也是木莲属 *Manglietia* Blume 中较原始的物种。西隆山木兰科植物仅有滇黔桂特有种、滇东南特有种和滇东南至滇南特有种，而且所有以滇东南为主体分布的特有种均为相应属中较原始种类的现象表明，西隆山的木兰科植物在滇东南有分布的特有种为古特有种，其特有现象为古特有现象，从而支持滇东南为特有植物残遗中心（Ying & Zhang，1984）或古特有多样性中心（Li，1994）的观点。

从西隆山木兰科植物特有种的地理分布看，在西界，除立梗木莲 *Manglietia arrecta* Sima 跨过“华线”分布到滇南外，其余的显脉木兰 *Lirianthe phanerophlebia* (B. L. Chen) Sima 和倒卵叶木莲 *Manglietia obovatifolia* C. Y. Wu et Y. W. Law 等 2 种均未跨过“华线”而在“华线”的东侧，从而支持在李仙江一线存在“华线”的观点及其现有位置的划定（Zhu，2011；Zhu, 2013）。在东界，除倒卵叶木莲 *Manglietia obovatifolia* C. Y. Wu et Y. W. Law 外，显脉木兰 *Lirianthe phanerophlebia* (B. L. Chen) Sima 稍跨过“滇西北—滇东南对角线”和“田中线”分布到麻栗坡，而立梗木莲 *Manglietia arrecta* Sima 未跨过“滇西北—滇东南对角线”

和“田中线”而在其西侧，从而支持存在“滇西北一滇东南对角线”和“田中线”的观点及其现有位置的划定（Li，1994；Li & Li, 1992, 1997; Li *et al.*,1999；Zhu & Yan，2003）。

六、西隆山木兰科植物的地理替代现象

一个植物属内各关系亲近的种，或者同一植物种内各地理宗（亚种）或变种所具有的分布区常常在地域上是相互排斥的，有时候稍有交叉重叠，在空间上相互替代，这种现象称为地理替代现象，而有这类分布区的种就是地理替代种（王荷生，1992；吴征镒等，2006）。西隆山木兰科植物含有丰富的地理替代种，从而构成了具极显著多样性的地理替代现象，不但拥有具经度变化的水平替代现象，还有具海拔变异规律的垂直替代现象。

从具有云南山地特色的垂直替代现象看，西隆山木兰科植物具有显著的垂直替代现象。例如，亮叶木莲 *Manglietia lucida* B. L. Chen et S. C. Yang（海拔 500~800 m）—长喙木莲 *Manglietia longirostrata* (D. X. Li et R. Z. Zhou ex X. M. Hu, Q. W. Zeng et L. Fu) Sima（海拔 900~1300 m）—立梗木莲 *Manglietia arrecta* Sima（海拔 1400~2300 m）—红河木莲 *Manglietia hongheensis* Y. M. Shui et W. H. Chen（海拔 1900~2650 m）；念和含笑 *Michelia xianianhei* Q. N. Vu（海拔 550~1300 m）—绵毛多花含笑 *Michelia floribunda* var. *lanea* Sima（海拔 1300~2700 m）。

从水平替代现象看，西隆山木兰科植物具有显著的东西经向替代现象。例如，亮叶木莲 *Manglietia lucida* B. L. Chen et S. C. Yang 向西跨过“华线”则被中缅木莲 *Manglietia hookeri* Cubitt et W. W. Smith 所替代；显脉木兰 *Lirianthe phanerophlebia* (B. L. Chen) Sima 向西跨过“华线”则被大叶木兰 *Lirianthe henryi* (Dunn) N. H. Xia et C. Y. Wu 所替代，而向东稍跨过“田中线”和“滇西北—滇东南对角线”到麻栗坡的南温河再向东则被馨香木兰 *Lirianthe odoratissima* (Y. W. Law et R. Z. Zhou) N. H. Xia et C. Y. Wu 所替代。显脉木兰 *Lirianthe phanerophlebia* (B. L. Chen) Sima 要向东稍跨过“田中线”和“滇西北—滇东南对角线”到麻栗坡的南温河再向东才被馨香木兰 *Lirianthe odoratissima* (Y. W. Law et R. Z. Zhou) N. H. Xia et C. Y. Wu 所替代的事实或许暗示,“田中线”和“滇西北—滇东南对角线”的东南端应向东逆时针方向旋移到麻栗坡的南温河附近。

七、西隆山木兰科植物种的垂直分布格局

从西隆山木兰科植物的种数-海拔关系图（图 4-6）看，可根据海拔和物种多度变化将西隆山木兰科植物的垂直分布区分为 5 个地带，即垂直分布范围：①在海拔 500~1000 m 的低山地带，分布有 5~7 种;②在海拔 1000~1700 m 的近低亚中山地带，分布有 10 种或 11 种;③在海拔 1700~2200 m 的亚中山地带，分布有 9 种或 10 种；④在海拔 2200~2600 m 的始中山地带，分布有 5 种或 6 种；⑤在海拔 2600~2900 m 的中山地带，分布有 1~4 种。可见，

木兰科植物在西隆山分布于海拔 500~2900 m 的低山、近低亚中山、亚中山、始中山和中山等地带，以海拔 1000~1700 m 的近低亚中山地带和海拔 1700~2200 m 的亚中山地带分布的种类最多，分布最集中，并随着海拔的升高或降低，木兰科植物种类总体上呈现逐渐减少的趋势。

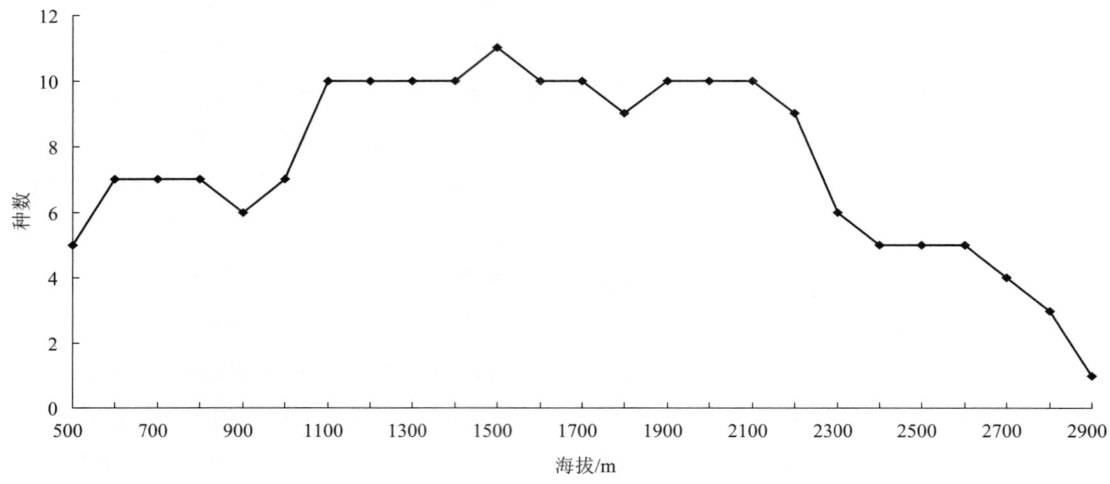

图 4-6　西隆山木兰科植物的种数—海拔关系图

Fig. 4-6　Diagram of altitude and species number of the Magnoliaceae from the Xilong Mt.

根据种的海拔范围，可以将西隆山木兰科植物的垂直分布区类型分为 2 类 6 亚类（表 4-5）。第一类为 A 类，共有 10 种，占西隆山木兰科植物种和变种总数的 58.83%，分布于海拔 500~2200 m，属于低山至亚中山地带分布。其中，A1 亚类包括合果木 *Michelia baillonii* (Pierre) Finet et Gagnepain、苦梓含笑 *Michelia balansae* (Aug. Candolle) Dandy、沙巴含笑 *Michelia chapensis* Dandy 与念和含笑 *Michelia xianianhei* Q. N. Vu 等 4 种，占西隆山木兰科植物种和变种总数的 23.53%，分布于海拔 500~2200 m，基本涵盖了整个低山至亚中山地带的垂直分布范围，属于泛低山至亚中山地带分布；A2 亚类包括显脉木兰 *Lirianthe phanerophlebia* (B. L. Chen) Sima、亮叶木莲 *Manglietia lucida* B. L. Chen et S. C. Yang 和香子含笑 *Michelia gioi* (A. Chevalier) Sima et Hong Yu 等 3 种，占西隆山木兰科植物种和变种总数的 17.65%，分布于海拔 500~900 m，属于低山地带分布；A3 亚类包括长喙木莲 *Manglietia longirostrata* (D. X. Li et R. Z. Zhou ex X. M. Hu, Q. W. Zeng et L. Fu) Sima、倒卵叶木莲 *Manglietia obovatifolia* C. Y. Wu et Y. W. Law 和云南拟单性木兰 *Pachylarnax yunnanensis* (Hu) Sima et S. G. Lu 等 3 种，占西隆山木兰科植物种和变种总数的 17.65%，分布于海拔 900~2200 m，属于近中低山至亚中山地带分布。第二类为 B 类，共有 7 种，占西隆山木兰科植物种和变种总数的 41.17%，分布于海拔 900~2900 m，属于近中低山至中山地带分布。其中，B1 亚类包括长蕊木兰 *Aromadendron cathcartii* (J. D.

Hooker et Thomson) Sima et S. G. Lu、红花木莲 *Manglietia insignis* (Wallich) Blume 和锈枝木莲 *Manglietia fordiana* var. *forrestii* (W. W. Smith ex Dandy) B. L. Chen et Nooteboom 等 3 种，占西隆山木兰科植物种和变种总数的 17.65%，分布于海拔 900~2900 m，基本涵盖了整个近中低山至中山地带的垂直分布范围，属于泛近中低山至中山地带分布；B2 亚类包括立梗木莲 *Manglietia arrecta* Sima 和川滇木莲 *Manglietia duclouxii* Finet et Gagnepain 等 2 种，占西隆山木兰科植物种和变种总数的 11.76%，分布于海拔 1300~2300 m，属于近低亚中山至亚中山地带分布；B3 亚类包括红河木莲 *Manglietia hongheensis* Y. M. Shui et W. H. Chen 和绵毛多花含笑 *Michelia floribunda* var. *lanea* Sima 等 2 种，占西隆山木兰科植物种和变种总数的 11.76%，分布于海拔 1300~2900 m，属于近低亚中山至中山地带分布。可见，西隆山木兰科植物种以泛低山至亚中山地带分布（A1）和近中低山至亚中山地带分布（A3）为主，以低山地带分布（A2）和泛近中低山至中山地带分布（B1）为辅，但也不乏近低亚中山至亚中山地带分布（B2）和近低亚中山至中山地带分布（B3）。当然，与历史原因大于生态原因而形成的水平分布区类型组合相比，西隆山木兰科植物种垂直分布区类型如此组合的形成，生态原因明显多于历史原因。西隆山海拔在 500~3074 m，相对高差达 2500 m 以上（Shui *et al*., 2003; Zhang *et al*., 2003），由于受季风暖湿气流的影响，水热条件在山体的再分配，生境多样，呈现典型的“立体气候”，形成滇东南热带山地独特的湿润植被垂直系列，即热带稀树灌丛或热带季节雨林（海拔在 700 m 或 800 m 以下）—山地雨林（海拔 800~1000 m 或 1300 m）—山地季风常绿阔叶林（海拔 1300 m 或 1400 ～ 1800 m 或 2200 m）—山地苔藓常绿阔叶林（海拔 2200~2700 m）—山顶苔藓矮林（海拔 2700 m 或 2800 m 以上）（Shui *et al*., 2003; Zhang *et al*., 2003）。显然，西隆山木兰科植物不同垂直分布区类型的种作为不同植被类型的区系组成分别分布于热带稀树灌丛或热带季节雨林至山地苔藓常绿阔叶林的湿润植被垂直系列中，其垂直分布区类型的组合是与西隆山湿润植被垂直系列的组合相对应一致的。

表 4-5　西隆山木兰科植物种的垂直分布区类型统计

Table 4-5　Species vertical zonal-type analysis of the Magnoliaceous plants from the Xilong Mt.

垂直分布区类型	种和变种数	所占百分率 /%
A. 低山至亚中山地带分布，海拔 500~2200 m	(10)	(58.83)
A1. 泛低山至亚中山地带分布，海拔 500~2200 m	4	23.53
A2. 低山地带分布，海拔 500~900 m	3	17.65
A3. 近中低山至亚中山地带分布，海拔 900~2200 m	3	17.65
B. 近中低山至中山地带分布，海拔 900~2900 m	(7)	(41.17)
B1. 泛近中低山至中山地带分布，海拔 900~2900 m	3	17.65
B2. 近低亚中山至亚中山地带分布，海拔 1300~2300 m	2	11.76
B3. 近低亚中山至中山地带分布，海拔 1300~2900 m	2	11.76
合计	17	100.00

从以上看，无论是海拔与物种多度垂直地带的分区，还是垂直分布区类型的划分，均很好地反映了木兰科植物在西隆山的垂直分布格局情况。

八、西隆山与云南其他山木兰科植物区系的关系

根据 Sima 等（2000）的 12 级相似等级划分标准，结合种的 Sørensen 相似系数来看（表 4-6），西隆山木兰科植物与同属滇东南的大围山和薄竹山的相似性系数最高，分别为 0.511 和 0.429，处于相似和极近似等级水平，地理关系最为密切；其次是滇中南的无量山和哀牢山，与它们的相似性系数分别为 0.258 和 0.214，处于较近似等级水平，地理关系较为密切；再次是滇西北的高黎贡山，与它的相似性系数为 0.194，处于近似等级水平，地理关系稍为密切；而与滇中北的轿子雪山和滇东北的药山的相似性系数均为零，处于不似等级水平，地理关系极为疏远。结合在云南的生物线的位置看，若将“滇西北－滇东南对角线”和“田中线”2 条生物线东南端向东逆时针方向旋移到麻栗坡的南温河附近，则滇东南的西隆山、大围山和薄竹山，滇中南的哀牢山和无量山及滇西北的高黎贡山均在“滇西北－滇东南对角线”和“田中线”2 条生物线的西南侧，西隆山木兰科植物与其他 5 山的种相似等级水平，以及西隆山与其他 5 山的地理亲疏关系向东北和向西北逐渐递减；滇中北的轿子雪山和滇东北的药山位于“滇西北—滇东南对角线”和“田中线”2 条生物线的东北侧，西隆山与它们的地理关系极其疏远，其木兰科植物种与它们的处于不似水平。

表 4-6　西隆山木兰科植物区系与云南其他 7 个山体的比较

Table 4-6　Comparison of the floras of Magnoliaceae between the Xilong Mt.and 7 mountains in Yunnan

地区	薄竹山	大围山	无量山	哀牢山	轿子雪山	药山	高黎贡山
总种和变种数	11	30	14	11	3	4	14
与西隆山共有种数	6	12	4	3	0	0	3
相似性系数	0.429	0.511	0.258	0.214	0.000	0.000	0.194

Li 和 Li（1997）认为，云南境内的“田中线”和四川境内的“楷永线”在云南西北部和四川西南部交界处几乎相互连接，形成“田中—楷永线”，并起着限定中国—日本分布植物和中国—喜马拉雅分布植物分布边界的作用，是划分东亚植物区东部的中国－日本植物亚区和西部的中国—喜马拉雅植物亚区的区系线。以他们的观点看，“滇西北—滇东南对角线”和“田中线”的西南侧和东北侧分属于不同的植物亚区，由于两侧的植物区系发生背景和起源时间各异，两侧的植物区系组成自然差别很大，用以解答西隆山与同在西南侧的大围山、薄竹山、哀牢山、无量山和高黎贡山等 5 山的木兰科植物与在东北端的轿子雪山和药山等 2 山的木兰科植物何以差别很大，这自然是个很好的回答。Li 和 Li（1997）还认为，由于区系发生背景和起源时间不同，“田中—楷永线”西侧的中国特有植物生物多样性中心主要具有新特有性质，而东侧的主要具有古特有性质，若与西侧的中国－喜马

拉雅分布植物对比，东侧的中国—日本分布植物以“田中—楷永线”为边界有更高的严格性。结合西隆山具有古特有性质的显脉木兰 *Lirianthe phanerophlebia* (B. L. Chen) Sima 和倒卵叶木莲 *Manglietia obovatifolia* C. Y. Wu et Y. W. Law 等 2 种，占其所有特有种的 66.67%，均未跨过“华线”而严格在“华线”东侧的事实，有理由认为，“华线”可能是一条“田中线”南端向西移的区系修订线。

九、结论

1）西隆山木兰科植物类群资源丰富，共有 5 属 15 种 2 变种，并全部为热带亚洲分布属起源的古老木本植物。在西隆山，木兰科植物没有自己的狭域特有属和中国特有属，5 属均为热带亚洲分布，具有典型的热带性质。分布区类型的进一步划分和统计表明，西隆山木兰科植物以西马来至新几内亚分布（7a-d）和西马来至中马来分布（7a-b）属为主，同时拥有西马来至东马来分布（7a-c）属。从地理分布看，这 3 个变型或亚型属的北部均至中国西南地区，而其主要区别在于南部东界范围的大小不同，这可能是由于这 3 个变型的木兰科植物属向南至东扩散时造成的结果，不但很好地说明了西隆山木兰科植物区系与东南亚木兰科植物区系的密切关系，而且还在一定程度上证明了西隆山所处的中国西南部及其近邻地区是木兰科植物的多度中心和多样性中心，并支持其十分可能也是起源中心的推测。

2）西隆山木兰科植物种以越南（或中南半岛）至华南或西南分布（7-4）为主，并具有较丰富的缅甸、泰国至华西南分布（7-3）和中国－喜马拉雅分布（14SH），但也不乏热带印度至华南（尤其云南南部）分布（7-2）、滇黔桂特有分布（15a）、滇东南特有分布（15b）和滇东南至滇南特有分布（15c）。西隆山木兰科植物区系与越南（或中南半岛）至华南或西南关系最为密切，但与缅甸、泰国至华西南和中国－喜马拉雅也有割不断的联系，并与热带印度至华南（尤其云南南部）有广泛联系。而在越南（或中南半岛）至华南或西南分布（7-4）的种类中，富有相应属中比较原始种类的现象暗示西隆山乃至以滇东南为核心的北部湾地区十分可能是木兰科植物区系的避难所。从地理属性看，在西隆山木兰科植物种中，热带种类占总种类数的 70.59%（实际可能更高），具有明显的热带性质，但也具有一定从热带向温带过渡的性质，即亚热带性质。

3）西隆山木兰科植物特有种有 3 种，占种和变种总数的 17.64%，特有现象较为显著。在滇东南有分布的特有种均为相应属中较原始种类的现象表明，西隆山的木兰科植物在滇东南有分布的特有种具有古特有性质，其特有现象为古特有现象，从而在一定程度上支持滇东南为特有植物残遗中心或古特有多样性中心的观点。

4）西隆山木兰科植物含有丰富的地理替代种，从而构成了具极显著多样性的地理替代现象。不但拥有具经度变化的水平替代现象，还有具海拔变异规律的垂直替代现象。

5）西隆山木兰科植物种垂直分布区类型的划分和统计表明，与历史原因大于生态原因而形成的水平分布区类型组合相比，西隆山木兰科植物种垂直分布区类型组合的形成，生态原因明显多于历史原因。西隆山木兰科植物不同垂直分布区类型的种作为不同植被类型的区系组成分别分布于热带稀树灌丛或热带季节雨林至山地苔藓常绿阔叶林的湿润植被垂直系列中，其垂直分布区类型的组合是与西隆山湿润植被垂直系列的组合相对应一致的。

6）西隆山与云南其他山木兰科植物区系相似性分析表明，西隆山与同在“滇西北一滇东南对角线”和“田中线”2 条生物线西南侧的大围山、薄竹山、哀牢山、无量山和高黎贡山 5 山的木兰科植物种相似性处于相似与极近似、较近似和近似等级水平，地理关系最为密切、较为密切和稍为密切，而与东北侧的轿子雪山和药山 2 山的相似性处于不似等级水平，地理关系极为疏远。

7）西隆山木兰科植物的特有现象、地理替代现象及与云南其他山的种相似性等三方面的分析结果均在一定程度上证实“滇西北—滇东南对角线”、“田中线”和“华线”3 条生物线在云南境内的客观存在，并暗示“田中线”和“滇西北—滇东南对角线”的东南端应向东逆时针方向旋移到麻栗坡的南温河附近，而“华线”可能是一条“田中线”南端向西移的区系修订线。

参考文献

李恒，郭辉军，刀志灵 . 2000. 高黎贡山植物 . 北京：科学出版社

李玉媛，郭立群，胡志浩 . 2005. 云南国家重点保护野生植物 . 昆明：云南科技出版社 :365-376

彭华 . 1998. 滇中南无量山种子植物 . 昆明：云南科技出版社 :32-33

彭明春，王崇云，党承林 . 2006. 云南药山自然保护区生物多样性及保护研究 . 北京：科学出版社

税玉民 . 1996. 文山县老君山维管植物 . 文山：文山县林业局；昆明：云南省林业学校（内部资料）

税玉民 . 2000. 大围山种子植物的植物地理学研究 . 昆明：中国科学院昆明植物研究所博士学位论文

司马永康 . 2011. 中国木兰科植物的分类学修订 . 昆明：云南大学博士学位论文

司马永康，税玉民，陈文红 . 2003. 木兰科 Magnoliaceae. // 税玉民 . 滇东南红河地区种子植物 . 昆明：云南科技出版社：53-56

王焕冲 . 2009. 轿子雪山及周边地区种子植物区系地理研究 . 昆明：云南大学硕士学位论文

吴征镒，路安民，汤彦承，等 . 2003. 中国被子植物科属综论 . 北京：科学出版社：57-68

吴征镒，周浙昆，孙航，等 . 2006. 种子植物分布区类型及其起源和分化 . 昆明：云南科技出版社

杨宇明，田昆，和世钧 . 2008. 中国文山国家级自然保护区科学考察研究 . 北京：科学出版社

喻庆国，曹善寿，钱德仁，等 . 2004. 无量山国家级自然保护区 . 昆明：云南科技出版社

朱华，闫丽春 . 2009. 云南哀牢山种子植物 . 昆明：云南科技出版社

Kim S, Suh Y. 2013. Phylogeny of Magnoliaceae based on ten chloroplast DNA regions. Journal of Plant Biology，56 (5): 290-305

Law YW. 1984. A preliminary study on the taxonomy of the family Magnoliaceae. Acta Phytotaxonomica Sinica (植物分类学报), 22 (2): 89-109

Li H, He DM, Bartholomew B, *et al*. 1999. Re-examination of the biological effect of plate movement: impact of Shan-Malay plate displacement (the movement of Burma- Malaya Geoblock) on the biota of the Gaoligong Mountains. Acta Botanica Yunnanica (云南植物研究), 21 (4): 407-425

Li H. 1994. The biological effect to the flora of Dulongjiang caused by the movement of Burma- Malaya Geoblock. Acta Botanica Yunnanica (云南植物研究), 16 (Suppl. VI): 113-120

Li WZ, Mao PY. 1990. The distribution of Magnoliaceae and continental drift. Tropical Geography (热带地理) ,10 (2): 138-142

Li XW. 1994. Two big biodiversity centres of Chinese endemic genera of seed plants and their characteristics in Yunnan Province. Acta Botanica Yunnanica (云南植物研究) ,16 (3): 221-227

Li XW, Li J. 1992. On the validity of Tanaka Line & its significance viewed from the distribution of Eastern Asiatic genera in Yunnan. Acta Botanica Yunnanica (云南植物研究), 14 (1): 1-12

Li XW, Li J. 1997. The Tanaka- Kaiyong Line: an important floristic line for the study of the flora of East Asia. Annals of the Missouri Botanical Garden, 84 (4): 888-892

Liu YH, Xia NH, Yang HQ. 1995. The origin, evolution and phytogeography of Magnoliaceae. Journal of Tropical and Subtropical Botany (热带亚热带植物学报), 3 (4): 1-12

Shui YM, Zhang GJ, Chen WH, *et al*. 2003. Montane mossy forest in the Chinese part of the Xilongshan Mountain, bounding China and Vietnam, Yunnan Province, China. Acta Botanica Yunnanica (云南植物研究), 25(4): 397-414

Sima YK, Lu SG. 2009. Magnoliaceae. *In*: Shui YM, Sima YK, Wen J, *et al*. Vouchered Flora of Southeast Yunnan, 1. Kunming: Yunnan Publishing Group Corporation; Yunnan Science and Technology Press: 16-67

Sima YK, Lu SG. 2012. A new system for the family Magnoliaceae. In: Xia NH, Zeng QW, Xu FX, *et al*. Proceedings of the Second International Symposium on the Family Magnoliaceae. Wuhan: Huazhong University Science & Technology Press: 55-71

Sima YK, Lu SG, Han MY, *et al*. 2012. Advances in Magnoliaceae systematic research. Journal of West China Forestry Science (西部林业科学), 41 (1): 116-127

Sima YK, Wang Q, Cao LM, *et al*. 2001. Prefoliation features of the Magnoliaceae and their systematic significance. Journal of Yunnan University, Natural Sciences Edition (云南大学学报自然科学版), 23 (Suppl.): 71-78

Sima YK, Wu XS, Li KM. 2000. The similarity and dissimilarity percentage of component abundance. Yunnan Forestry Science and Technology (云南林业科技), (2): 20-23

Wang HS, Zhang YL. 1994. The distribution patterns of spermatophytic families and genera endemic to China. Acta Geographica Sinica (地理学报), 49 (5): 403-417

Wu ZY ,Wu CY. 1991. The areal-types of Chinese genera of seed plants. Acta Botanica Yunnanica (云南植

物研究), (Suppl. IV): 11-39

Wu ZY, Zhou ZK, Li DZ, *et al*. 2003. The areal-types of the world families of seed plants. Acta Botanica Yunnanica (云南植物研究), 25 (3): 245-257

Ying JS, Zhang ZS. 1984. Endemism in the flora of China: studies on the endemic genera. Acta Phytotaxonomica Sinica (植物分类学报), 22 (4): 259-268

Zhang GJ, Shui YM, Chen WY, *et al*. 2003. The introduction to plant diversity in Xilong Mountain Natural Reserve on the border between China and Vietnam. Guihaia (广西植物), 23 (6): 511-516

Zhu H. 2011. A new biogeographical line between south Yunnan and southeast Yunnan. Advances in Earth Science (地球科学进展) ,26 (9): 916-925

Zhu H. 2013. The floras of southern and tropical southeastern Yunnan have been shaped by divergent geological histories. PLoS ONE, 8 (5): e64213-e64218

Zhu H, Yan LC. 2003. Notes on the realities and significances of the "Tanaka Line" and the "Ecogeographical Diagonal Line" in Yunnan. Advances in Earth Science (地球科学进展), 18 (6): 870-876

附录　金平西隆山木兰科名录

木兰科 Magnoliaceae

1. 长蕊木兰

Aromadendron cathcartii (J. D. Hooker et Thomson) Sima et S. G. Lu

金平：西隆山（税玉民等 90497，90616，西隆山凭证 512，520，535，KUN）。

常绿乔木。生于海拔 1070~2800 m 的常绿阔叶林中。

分布于中国的西藏、云南（福贡、广南、河口、金平、景东、景洪、澜沧、龙陵、绿春、麻栗坡、马关、勐腊、屏边、双江、腾冲、文山、西畴、永德）。不丹、缅甸、印度和越南也有分布。

2. 显脉木兰

Lirianthe phanerophlebia (B. L. Chen) Sima, **comb. nov.** = *Magnolia phanerophlebia* B. L. Chen, Acta Sci. Nat. Univ. Sunyatseni 1988 (1): 107. 1988.

金平：勐拉乡（税玉民等 80444，KUN。中苏联合云南考察队 83，KUN，PE）。

常绿灌木或小乔木。生于海拔 500~900 m 的密林中。

分布于中国的云南（个旧、河口、金平、麻栗坡、马关）。

3. 立梗木莲

Manglietia arrecta Sima, ined.

金平：西隆山（税玉民等 90787，KUN）。

常绿乔木。生于海拔 1400~2300 m 的密林中。

分布于中国的云南（金平、景洪、绿春、宁洱、西盟）。

4. 川滇木莲

Manglietia duclouxii Finet et Gagnepain

金平：西隆山（董润泉等 94092，YCP。税玉民等西隆山凭证 694，KUN。赵文书和杨绍增 85182，85450，YCP）。

常绿乔木。生于海拔 1340~2160 m 的常绿阔叶林中。

分布于中国的贵州、四川、云南（富宁、广南、河口、金平、绿春、麻栗坡、马关、文山、绥江、西畴、盐津、元阳）。越南北部也有分布。

5. 锈枝木莲

Manglietia fordiana var. *forrestii* (W. W. Smith ex Dandy) B. L. Chen et Nooteboom

金平：勐拉乡（杨绍增 149，YAF）。

常绿乔木。生于海拔 1100~2900 m 的常绿阔叶林中。

分布于中国的广西、云南（河口、景洪、金平、陇川、绿春、麻栗坡、马关、勐海、勐腊、瑞丽、思茅、腾冲、文山、西盟、新平）。越南也有分布。

6. 红河木莲

Manglietia hongheensis Y. M. Shui et W. H. Chen

金平：西隆山（税玉民等 90619，西隆山凭证 557，KUN）。

常绿乔木。生于海拔 1900~2650 m 的常绿阔叶林中。

分布于中国的云南（金平、绿春、元阳）。越南也有分布。

7. 红花木莲

Manglietia insignis (Wallich) Blume

金平：勐拉乡（税玉民等 90997，91001，KUN）、西隆山（税玉民等 90391，90726，西隆山凭证 465，468，722，729，西隆山样方 32，38，KUN）。

常绿乔木。生于海拔 900~2800 m 的林间。

分布于中国的广西、贵州、湖南、四川、西藏、云南（保山、碧江、沧源、楚雄、德钦、凤庆、福贡、富宁、贡山、广南、河口、红河、金平、景东、临沧、龙陵、泸水、绿春、麻栗坡、马关、宁洱、屏边、瑞丽、石屏、双柏、腾冲、巍山、文山、西畴、新平、漾濞、盈江、永德、永平、元江、云龙、镇康）。越南、缅甸、尼泊尔、泰国和印度也有分布。

8. 长喙木莲

Manglietia longirostrata (D. X. Li et R. Z. Zhou ex X. M. Hu, Q. W. Zeng et L. Fu) Sima, **comb.** et stat. **nov.** = *Magnolia hookeri* var. *longirostrata* D. X. Li et R. Z. Zhou ex X. M. Hu, Q. W. Zeng et L. Fu, Ann. Bot. Fennici 49 (5-6): 418. 2012.

金平：西隆山（税玉民等西隆山凭证 706，KUN）。

常绿乔木。生于海拔 900~1300 m 的林间。

分布于中国的云南（金平、麻栗坡、元阳）。越南也有分布。

9. 亮叶木莲

Manglietia lucida B. L. Chen et S. C. Yang

金平：勐拉乡（赵文书 94158，YAF）、西隆山（喻智勇 s.n.，KUN）。

常绿乔木。生于海拔 500~900 m 的常绿阔叶林中。

分布于中国的云南（河口、金平、马关、屏边）。越南也有分布。

10. 倒卵叶木莲

Manglietia obovatifolia C. Y. Wu et Y. W. Law [“*obovalifolia*”]

常绿乔木。生于海拔 1150~2100 m 的林中。

金平：西隆山（税玉民等西隆山样方 36，KUN）。

分布于中国的广西、贵州、湖南、云南（绿春、河口、金平、马关、屏边、文山）。

11. 合果木

Michelia baillonii (Pierre) Finet et Gagnepain

金平：者米乡、顶青（税玉民等 91193，KUN）、西隆山（税玉民等西隆山凭证 812，814，KUN）、勐拉乡、驮马寨（董润泉等 94053，YAF，YCP。武素功 3914，KUN）、金水河乡、桃闷山（中苏联合云南考察队 868，KUN，PE）。

常绿乔木。生于海拔 500~1500 m 的山林中。

分布于中国的云南（耿马、金平、景谷、景洪、澜沧、临沧、绿春、勐海、勐腊、孟连、宁洱、普洱、盈江、镇源）。柬埔寨、老挝、缅甸、泰国、印度（阿萨姆）和越南也有分布。

12. 苦梓含笑

Michelia balansae (Aug. Candolle) Dandy

金平：者米乡，老杨寨至梁子寨（税玉民等 90854，KUN）。

常绿乔木。生于海拔 500~1700 m 的山坡、溪旁、山谷密林中。

分布于中国的福建、广东、广西、贵州、海南、云南（富宁、河口、金平、马关、麻栗坡、蒙自、屏边、西畴）。越南也有分布。

13. 沙巴含笑

Michelia chapensis Dandy

金平：西隆山（税玉民等西隆山样方 06，21，KUN）。

常绿乔木。生于海拔 400~2200 m 常绿阔叶林中。

分布于中国的福建、广东、广西、贵州、湖南、江西、西藏、香港、云南（富宁、河口、金平、景洪、绿春、马关、麻栗坡、屏边、双柏、西畴）、浙江。越南（北部）也有分布。

14. 绵毛多花含笑

Michelia floribunda var. *lanea* Sima, ined.

金平：西隆山（税玉民等西隆山凭证 431，504，505，513，西隆山样方 31，KUN。周浙昆等 EXLS-0481，KUN）。

常绿乔木。生于海拔 1300~2700 m 的林间。

分布于中国的广西、贵州、湖南和云南（金平、景东、马关、南涧、邱北、文山、西畴、元阳）。越南也有分布。

15. 香子含笑

Michelia gioi (A. Chevalier) Sima et Hong Yu [“*gioii*”]

金平：者米乡（税玉民等 80219，KUN），新寨（杨增宏 88-1213，KUN），顶青（汤明珠 851276，YCP）。

常绿乔木。生于海拔 500~800 m 的山坡、沟谷林中。

分布于中国的广西、海南、云南（金平、景洪、勐腊）。越南也有分布。

16. 念和含笑

Michelia xianianhei Q. N. Vu

常绿乔木。生于海拔 550~1300 m 的常绿阔叶林中。

金平：勐拉乡，驮马（管经粟 535，YCP。税玉民等 90861，KUN）。

分布于中国的云南（金平、绿春、屏边）。越南也有分布。

17. 云南拟单性木兰

Pachylarnax yunnanensis (Hu) Sima et S. G. Lu

常绿乔木。生于海拔 960~2200 m 的石灰岩山坡阔叶林中。

金平：西隆山（税玉民等西隆山样方 5-38，31，KUN）。

分布于中国的广西、西藏、云南（广南、金平、麻栗坡、马关、屏边、西畴）。缅甸（北部）和越南也有分布。

第五章　金平及西隆山地区珍稀濒危保护植物

喻智勇[1,4]，蔡磊[2,4]，陈文红[2,4]，税玉民[2,4]，张开平[3,4]，
莫明忠[3,4]，李彬[1]，朱欣田[1]

1 云南金平分水岭国家级自然保护区管理局，云南省，金平 661500
2 中国科学院昆明植物研究所，云南省，昆明 650201
3 红河州林业局，云南省，蒙自 661000
4 云南省喀斯特地区生物多样性保护研究会，云南省，昆明 650201

一、云南西隆山概况

西隆山位于中越两国的边境线上，北坡地处云南省东南部红河哈尼族彝族自治州金平苗族瑶族傣族自治县境内，地理位置在北纬 22°26′36″ ～ 22°46′01″，东经 102°32′36″ ～ 103°04′50″，地跨者米、勐拉和金水河 3 个乡（镇），其南坡位于越南境内，为越南莱洲的勐艺国家级自然保护区，西部连接的是老挝的丰沙里自然保护区，这里是中国、越南、老挝三角地带东南亚大陆森林资源最丰富、面积最大的地区之一，是植物多样性丰富度较高的"金三角"地带。1997 年由云南省政府批准，将西隆山纳入分水岭省级自然保护区，2000 年升为国家级自然保护区。西隆山有"滇南第一峰"之称，最高海拔 3074.3 m，最低海拔约 500 m，相对高度差达 2500 m 以上，总面积有 17 829.5 ha。由于西隆山地处偏僻，交通不便，地形险要，而且气候恶劣，因此很少有人涉足此山，整个西隆山还保持在一种十分原始的状况（Zhang *et al.*，2003）。西隆山地区采集研究较深入的仅是低海拔地段，但由于低海拔地区地形复杂、种类丰富，仍然存在许多不清楚的种类。高海拔"无人区"的考察仅有 1999 年秋季、2010 年雨季（夏季）及 2011 年夏季 3 次，对了解西隆山的物种种类组成来说是远远不够的，但可能从这几次考察及大量文献了解一下西隆山植物的概貌，包括珍稀濒危保护物种，以达管窥一斑。

西隆山的地形、地貌、环境等生态因子极其复杂，造就了该地区植物种类的丰富性和特殊性。截至目前，西隆山（中国境内）共记录有野生种子植物 1672 种（不含种下等

级），隶属 192 科 750 属。西隆山野生植物资源具有以下几大特点：一是种类极其丰富，由于西隆山地理位置偏僻，地形地貌复杂多样，相对高差较大，形成了众多复杂特殊的小气候和生境，因此整体而言植物种类极其丰富，形成了以龙脑香科 Dipterocarpaceae、樟科 Lauraceae、壳斗科 Fagaceae、木兰科 Magnoliaceae、杜鹃花科 Ericaceae 等为主要建群种、优势种和伴生种组成的群落；二是特有性较高，西隆山特殊的地理环境及丰富的植物资源，使得该区拥有大量的特有物种，且多为具孑遗性、独特性和古老性的物种，以水青树 *Tetracentron sinense*、马尾树 *Rhoiptelea chiliantha*、云南拟单性木兰 *Parakmeria yunnanensis* 等为主；三是珍稀濒危保护植物多，西隆山丰富的植物资源中，具有大量的珍惜濒危保护植物，以乔木居多，如东京龙脑香 *Dipterocarpus retusus*、狭叶坡垒 *Hopea chinensis*、千果榄仁 *Terminalia myriocarpa*、四数木 *Tetrameles nudiflora* 等，灌木有篦齿苏铁 *Cycas pectinata*、红马银花 *Rhododendron vialii* 等。

丰富的植物种类和复杂的自然地理条件，也使得西隆山的植被类型随着海拔、坡向、位置的变化而复杂多样。西隆山自然保护区属于典型的热带中山山地苔藓常绿阔叶林的原始林区，拥有大面积的原始常绿阔叶林，其植被类型从低到高分为热带雨林、季风常绿阔叶林、山地苔藓常绿阔叶林、山顶苔藓矮林几种类型（Shui *et al*., 2003）。在海拔 500~1000 m 地带主要为热带雨林，由于低海拔热区开发的影响，仅沟谷或部分山坡残存较片段化的植被；海拔 1000~2000 m 的热带山地垂直带上分布着季风常绿阔叶林，这是中国西南地区典型的半湿润常绿阔叶林向南部或低海拔季雨林过渡的一类南亚热带性质的常绿阔叶林；海拔 2100~2500 m 处分布着山地苔藓常绿阔叶林，这是我国乃至东南亚地区独有的最为典型和完整的植被类型，其中海拔 2000~2600 m 的迎风坡与山顶部位由于云雾缭绕，空气湿度大，林冠以下至地表均覆盖着一层厚厚的苔藓植物，因此又称“云雾林”、“山地苔藓林”；山顶苔藓矮林分布在该区海拔 2500 m 以上的山顶和山脊部位（喻智勇等，2011）。综合看来，可谓景色壮观，层次分明，植被类型多样特殊，对云南植被研究具有很高的价值。

二、西隆山珍稀濒危保护植物类型及其组成

《西隆山及金平县保护植物名录》是根据国务院于 1999 年 8 月 4 日批准的“国家重点保护野生植物名录（第一批）”（国家林业局和农业部 , 1999）、云南省人民政府（云政发 [1989]110 号）公布的“云南省第一批省级重点保护野生植物名录”等资料汇总统计的。濒危等级是按照世界自然保护联盟（ICUN）濒危等级而定，仅作参考。

统计显示，云南金平共有珍稀濒危保护种子植物 67 种，隶属 38 科 56 属，其中国家一级保护植物 13 种，国家二级保护植物 22 种，云南省一级保护植物 1 种，云南省二级保护植物 2 种，云南省三级保护植物 29 种；其中濒危等级中有极危种 16 种，濒危种 14 种，易危种 31 种，近危种 6 种（表 5-1）。

表 5-1　西隆山及金平珍稀濒危保护植物保护级别及分布

Table 5-1　The rare and endangered seed plants and their habitat in Xilong Mt. and Jinping county

序号 No.	科名 Family name	种中文名 Chinese name of species	种名 Species name	保护级别 Conservation grade				地理分布区域 Distribution		所分布植被类型 Vegetation type			
				国家级 National	云南省级 Province	濒危等级 Endangered level	*红皮书 *Red Cover Book	金平 Jinping	西隆山 Xilong Mt.	热带雨林 TF	季风常绿阔叶林 SF	山地苔藓常绿阔叶林 MF	山顶苔藓矮林 SMF
1	苏铁科 Cycadaceae	宽叶苏铁	*Cycas balansae*	I		近危		√		√			
2	苏铁科 Cycadaceae	滇南苏铁	*Cycas diannanensis*	I		极危		√	√	√			
3	苏铁科 Cycadaceae	长叶苏铁	*Cycas dolichophylla*	I		濒危		√	√	√			
4	苏铁科 Cycadaceae	多歧苏铁	*Cycas micholitzii* var. *multipinnata*	I		濒危		√	√	√	√		
5	苏铁科 Cycadaceae	篦齿苏铁	*Cycas pectinata*	I		易危	√	√	√	√			
6	苏铁科 Cycadaceae	台湾苏铁	*Cycas taiwaniana*	I		濒危		√	√	√			
7	柏科 Cupressaceae	福建柏	*Fokienia hodginsii*	II		易危	√	√			√		
*	罗汉松科 Podocarpaceae	鸡毛松	*Podocarpus imbricatusde* var. *patulus*				* √	√			√		
*	罗汉松科 Podocarpaceae	长叶竹柏	*Nageia fleuryi*				* √	√			√		
8	红豆杉科 Taxaceae	须弥红豆杉	*Taxus wallichiana* var.	I		极危		√	√			√	√
9	木兰科 Magnoliaceae	长蕊木兰	*Alcimandra cathcartii*	I		极危	√	√	√			√	
10	木兰科 Magnoliaceae	鹅掌楸	*Liriodendron chinense*	II		濒危	√	√				√	
*	木兰科 Magnoliaceae	香木莲	*Manglietia aromatica*				* √	√			√		
*	木兰科 Magnoliaceae	红花木莲	*Manglietia insignis*				* √	√	√		√	√	
*	木兰科 Magnoliaceae	香籽含笑	*Michelia gioi*				* √	√	√	√			
11	木兰科 Magnoliaceae	毛果木莲	*Manglietia ventii*	II		极危		√		√			
12	木兰科 Magnoliaceae	华盖木	*Manglietiastrum sinicum*	I		极危	√	√		√			
13	木兰科 Magnoliaceae	合果木	*Michelia baillonii*	II		濒危	√	√	√	√	√		
14	木兰科 Magnoliaceae	壮丽含笑	*Michelia lacei*		III	极危		√			√		
15	木兰科 Magnoliaceae	厚果含笑	*Michelia pachycarpa*		III	极危		√				√	
16	木兰科 Magnoliaceae	云南拟单性木兰	*Parakmeria yunnanensis*	II		濒危	√	√	√	√	√		

续表

序号 No.	科名 Family name	种中文名 Chinese name of species	种名 Species name	保护级别 Conservation grade				地理分布区域 Distribution		所分布植被类型 Vegetation type			
				国家级 National	云南省级 Province	濒危等级 Endangered level	*红皮书 *Red Cover Book	金平 Jinping	西隆山 Xilong Mt.	热带雨林 TF	季风常绿阔叶林 SF	山地苔藓常绿阔叶林 MF	山顶苔藓矮林 SMF
17	八角科 Illiciaceae	中缅八角	*Illicium burmanicum*		III	近危		√			√	√	
18	八角科 Illiciaceae	大花八角	*Illicium macranthum*		III	近危		√	√	√	√	√	
19	五味子科 Schisandraceae	异型南五味子	*Kadsura heteroclita*		III	近危		√	√			√	
20	水青树科 Tetracentraceae	水青树	*Tetracentron sinense*	II		极危		√	√			√	
21	樟科 Lauraceae	油丹	*Alseodaphne hainanensis*	II		易危	√	√	√	√	√		
22	樟科 Lauraceae	滇琼楠	*Beilschmiedia yunnanensis*		III	易危		√	√		√	√	
23	樟科 Lauraceae	油樟	*Cinnamomum longepaniculatum*	II		易危		√	√	√	√		
24	樟科 Lauraceae	尖叶厚壳桂	*Cryptocarya acutifolia*		III	易危		√	√	√	√		
25	樟科 Lauraceae	丛花厚壳桂	*Cryptocarya densiflora*		III	易危		√		√	√		
26	樟科 Lauraceae	润楠	*Machilus nanmu*	II		濒危	√	√	√		√		
27	樟科 Lauraceae	细毛润楠	*Machilus tenuipilis*		III	易危		√	√	√	√		
28	樟科 Lauraceae	大萼楠	*Phoebe megacalyx*		III	濒危		√	√	√			
29	肉豆蔻科 Myristicaceae	滇南风吹楠	*Horsfieldia tetratepala*	II		濒危	√	√	√	√			
30	肉豆蔻科 Myristicaceae	小叶红光树	*Knema globularia*		III	易危		√	√	√			
31	肉豆蔻科 Myristicaceae	云南肉豆蔻	*Myristica yunnanensis*	II		极危	√	√	√	√			
32	毛茛科 Ranunculaceae	五裂黄连	*Coptis quinquesecta*		I	极危		√				√	
33	鬼臼科 Podophyllaceae	川八角莲	*Dysosma veitchii*		III	易危		√				√	
*	鬼臼科 Podophyllaceae	八角莲	*Dysosma versipellis*				* √	√			√		
34	紫堇科 Fumariaceae	紫金龙	*Dactylicapnos scandens*		III	易危		√	√		√		
*	隐翼科 Crypteroniaceae	隐翼	*Crypteronia paniculata*				* √	√	√	√			
35	山龙眼科 Proteaceae	假山龙眼	*Heliciopsis henryi*		II	濒危	√	√	√	√			
*	大风子科 Kiggelariaceae	大龙叶角	*Hydnocarpus annamensis*				* √	√	√	√			
36	天料木科 Samydaceae	云南嘉赐树	*Casearia flexuosa*		III	易危		√	√	√			

续表

序号 No.	科名 Family name	种中文名 Chinese name of species	种名 Species name	保护级别 Conservation grade 国家级 National	保护级别 Conservation grade 云南省级 Province	保护级别 Conservation grade 濒危等级 Endangered level	保护级别 Conservation grade *红皮书 *Red Cover Book	地理分布区域 Distribution 金平 Jinping	地理分布区域 Distribution 西隆山 Xilong Mt.	所分布植被类型 Vegetation type 热带雨林 TF	所分布植被类型 Vegetation type 季风常绿阔叶林 SF	所分布植被类型 Vegetation type 山地苔藓常绿阔叶林 MF	所分布植被类型 Vegetation type 山顶苔藓矮林 SMF
37	四数木科 Datiscaceae	四数木	*Tetrameles nudiflora*	II		濒危	√	√	√	√			
38	龙脑香科 Dipterocarpaceae	东京龙脑香	*Dipterocarpas retusus*	I		易危	√	√	√	√			
39	龙脑香科 Dipterocarpaceae	狭叶坡垒	*Hopea chinensis*	I		极危	√	√	√	√			
40	龙脑香科 Dipterocarpaceae	望天树	*Parashorea chinensis*	I		濒危	√	√		√			
41	野牡丹科 Melastomataceae	长穗花	*Styrophyton caudatum*		III	易危		√	√	√			
42	使君子科 Combretacear	千果榄仁	*Terminalia myriocarpa*	II		濒危	√	√	√	√			
*	红树科 Rhizophoraceae	锯叶竹节树	*Carallia diplopetala*				* √	√	√	√			
*	红树科 Rhizophoraceae	山红树	*Pellacalyx yunnanensis*				* √	√	√	√			
43	藤黄科 Guttiferae	大苞藤黄	*Garcinia bracteata*		III	易危		√			√		
44	椴树科 Tiliaceae	柄翅果	*Burretiodendron esquirolii*	II		易危	√	√		√			
45	椴树科 Tiliaceae	蚬木	*Burretiodendron hsienmu*	II		易危	√	√	√	√			
46	梧桐科 Sterculiaceae	勐仑翅子树	*Pterospermum menglunense*	II		极危	√	√	√	√			
*	粘木科 Ixonanthaceae	黏木	*Ixonanthes reticulata*				√	√					
47	苏木科 Caesalpiniaceae	任豆（任木）	*Zenia insignis*	II		易危	√	√	√	√			
48	金缕梅科 Hamamelidaceae	滇南红花荷	*Rhodoleia henryi*		III	易危		√	√				√
49	桦木科 Betulaceae	金平桦	*Betula jinpingensis*	II		极危		√			√		
*	桑科 Moraceae	白桂木	*Artocarpus hypargyreus*				* √	√		√			
*	桑科 Moraceae	野波罗蜜	*Artocarpus lakoocha*				* √	√	√		√		
*	荨麻科 Urticaceae	锥头麻	*Poikilospermum suaveolens*				* √	√	√	√			
50	翅子藤科 Hippocrateaceae	无柄五层龙	*Salacia sessiliflora*		III	易危		√	√	√	√		

续表

序号 No.	科名 Family name	种中文名 Chinese name of species	种名 Species name	保护级别 Conservation grade				地理分布区域 Distribution		所分布植被类型 Vegetation type			
				国家级 National	云南省级 Province	濒危等级 Endangered level	*红皮书 *Red Cover Book	金平 Jinping	西隆山 Xilong Mt.	热带雨林 TF	季风常绿阔叶林 SF	山地苔藓常绿阔叶林 MF	山顶苔藓矮林 SMF
51	十齿花科 Dipentodontaceae	十齿花	*Dipentodon sinicus*	II		极危	√	√	√			√	
52	楝科 Meliaceae	麻楝	*Chukrasia tabularis*	II		近危		√		√			
53	无患子科 Sapindaceae	滇龙眼	*Dimocarpus yunnanensis*		III	极危		√		√			
*	无患子科 Sapindaceae	干果木	*Xerospermum bonii*				* √	√		√			
54	伯乐树科 Bretschneideraceae	伯乐树	*Bretschneidera sinensis*	I		濒危	√	√			√		
55	漆树科 Anacardiaceae	裂果漆	*Toxicodendron griffithii*		III	易危		√				√	
56	马尾树科 Rhoipteleaceae	马尾树	*Rhoiptelea chiliantha*	II		易危		√			√		
57	山茱萸科 Cornaceae	东京四照花	*Dendrobenthamia tonkinensis*		III	易危		√			√		
*	马蹄参科 Mastixiaceae	马蹄参	*Diplopanax stachyanthus*				* √	√	√			√	
58	杜鹃花科 Ericaceae	红马银花	*Rhododendron vialii*		III	易危		√	√			√	
59	安息香科 Styracaceae	滇赤杨叶	*Alniphyllum eberhardtii*		III	易危		√		√	√		
*	安息香科 Styracaceae	木瓜红	*Rehderodendron macrocarpum*				* √	√	√			√	
60	安息香科 Styracaceae	大籽野茉莉	*Styrax macrosperma*		III	近危		√		√			
61	夹竹桃科 Apocynaceae	云南山橙	*Melodinus yunnanensis*		III	易危		√			√	√	
62	夹竹桃科 Apocynaceae	萝芙木	*Rauvolfia verticillata*		III	易危		√	√	√	√		
63	茜草科 Rubiaceae	滇南新乌檀	*Neonauclea tsaiana*		III	极危		√			√		
64	茜草科 Rubiaceae	裂果金花	*Schizomussaenda dehiscens*		III	易危		√	√	√			
65	香茜科 Carlemanniaceae	四角果	*Carlemannia tetragona*		III	易危		√	√	√	√		
66	香茜科 Carlemanniaceae	蜘蛛花	*Silvianthus bracteatus*		III	易危		√	√	√			
67	棕榈科 Palmae	董棕	*Caryota obtusa*	II		易危		√		√	√		
*	箭根薯科 Taccaceae	箭根薯	*Tacca chantrieri*				* √	√	√	√			

* 仅“中国植物红皮书”收录的种类均未计入统计（傅立国和金鉴明，1992）。The species only in *Red Cover Book of Plants in China* are not included in statistics

注（Note）：TF, tropical rain forest; SF, seasonal evergreen broad-leaved forest; MF, montane mossy evergreen broad-leaved forest; SMF, summit mossy dwarf forest

西隆山共有珍稀、濒危、重点保护野生植物 41 种（占金平总种数的 61.19%），隶属 25 科（占金平总科数的 65.79%）36 属（占金平保护植物总属数的 64.29%），其中国家一级保护植物 9 种（占金平一级保护植物总数的 69.23%），国家二级保护植物 14 种（占金平国家二级保护植物总数的 63.64%），云南省二级保护植物 2 种（占金平云南省二级保护植物总数的 100.00%），云南省三级保护植物有 16 种（占金平云南省三级保护植物总数的 55.17%）；其中濒危等级中极危种 8 种（占金平极危种数的 50.00%），濒危种 11 种（占金平濒危种数的 78.57%），易危种 20 种（占金平易危种数的 64.52%），近危种 2 种（占金平近危种数的 33.33%）（表 5-1）。

三、金平及西隆山珍稀濒危保护种子植物的组成和分布特点

1. 组成特点

金平珍稀濒危保护种子植物多表现为科、属、种分散的特点，除了苏铁科 Cycadaceae、樟科 Lauraceae、木兰科 Magnoliaceae 种类较多以外，其余每一科一般不超过 3 种。这也从侧面说明金平植物种类较为丰富，科、属种类较多，分布较为全面的特点。出现 1 种的科有红豆杉科 Taxaceae、水青树科 Tetracentraceae、毛茛科 Ranunculaceae、藤黄科 Guttiferae、伯乐树科 Bretschneideraceae、藤黄科 Guttiferae、桦木科 Betulaceae、楝科 Meliaceae、山茱萸科 Cornaceae、安息香科 Styracaceae、棕榈科 Palmae 等共 27 科，占金平保护植物全部科数的 71.05%，27 属占金平保护植物全部属数的 48.21%，27 种则占金平保护植物全部种数的 40.30%；出现 2 种的科有椴树科 Tiliaceae、八角科 Illiciaceae、安息香科 Styracaceae、夹竹桃科 Apocynaceae、茜草科 Rubiaceae、香茜科 Carlemanniaceae 共 6 科，占金平保护植物全部科数的 15.79%，10 属占金平保护植物总属数的 17.86%，12 种占金平保护植物总种数的 17.91%；出现 3 种的科有 2 科，为肉豆蔻科 Myristicaceae 和龙脑香科 Dipterocarpaceae，占金平保护植物全部科数的 5.26%，6 属占金平保护植物总属数的 10.72%，6 种占金平保护植物总种数的 8.96%；出现 3 种以上的为苏铁科 Cycadaceae、樟科 Lauraceae、木兰科 Magnoliaceae 3 科，占金平保护植物总科数的 7.89%，13 属占金平保护植物总属数的 23.21%，22 种占金平保护植物总种数的 32.83%（表 5-2）。可见，金平境内的珍稀濒危保护植物物种是以单科单属单种类型为主的，共 27 科，达到了总科数的 71.05%，其余的加在一起还不到 30%，充分说明了金平境内珍稀濒危保护植物科、属、种分散的特点。出现 2 种的科有 6 科，包括 10 属 12 种，也说明这些植物类群不集中，种类分散的特点。出现 3 种科只有 2 科，其中包括 6 属 6 种，比较分散，肉豆蔻科 Myristicaceae 和龙脑香科 Dipterocarpaceae 均是热带地区的代表性科，也说明了金平县境内的整体适宜环境。出现 3 种以上的科除去苏铁科 Cycadaceae 外，木兰科 Magnoliaceae 和樟科 Lauraceae 为主要山地群落建群组成成分。

表 5-2 金平珍稀濒危保护种子植物科内属一级和种一级的数量结构分析

Table 5-2 The analysis of famlies based on genera and species of the rare and endangered seed plants in Jinping county

类型 Type	科数 No. of family	占全部科数百分比 Percentage of total family/%	含有属数 No. of genera	占全部属数的百分比 Percentage of total genera/%	含有种数 No. of species	占全部种数的百分比 Percentage of total species/%
出现 1 种的科	27	71.05	27	48.21	27	40.30
出现 2 种的科	6	15.79	10	17.86	12	17.91
出现 3 种的科	2	5.26	6	10.72	6	8.96
出现 3 种以上的科	3	7.89	13	23.21	22	32.83
总计 (Total)	38	100.00	56	100.00	67	100.00

西隆山地区珍稀濒危保护种子植物同样表现为科、属、种分散特点，以单型属（所在属仅含一种）最多，寡型属 (所在属含 2 ～ 3 种）较多。同样，除了苏铁科 Cycadaceae、樟科 Lauraceae 种类较多以外，其余每一科一般不超过 3 种。这也从侧面说明西隆山植物种类较为丰富，科、属种类较多，分布较为全面的特点。出现 1 种的科有十齿花科 Dipentodontaceae、五味子科 Schisandraceae、椴树科 Tiliaceae、梧桐科 Sterculiaceae、翅子藤科 Hippocrateaceae、使君子科 Combretaceae、山龙眼科 Proteaceae、夹竹桃科 Apocynaceae、茜草科 Rubiaceae 等共 19 科，占西隆山珍稀濒危保护种子植物全部科数的 76.00%，19 属占西隆山珍稀濒危保护种子植物全部属数的 52.78%，19 种占西隆山珍稀濒危保护种子植物全部种数的 46.35%；出现 2 种的科有龙脑香科 Dipterocarpaceae、香茜科 Carlemanniaceae 2 科，占全部科数的 8.00%，4 属占总属数的 11.11%，4 种占总种数的 9.75%；出现 3 种的科有 2 科，为木兰科 Magnoliaceae 和肉豆蔻科 Myristicaceae，占全部科数的 8.00%，6 属占总属数的 16.67%，6 种占总种数的 14.63%；出现 3 种以上的为苏铁科 Cycadaceae、樟科 Lauraceae 2 科，占总科数的 8.00%，7 属占总属数的 19.44%，12 种占总种数的 29.27%（表 5-3）。

表 5-3 西隆山地区保护植物科内属一级和种一级的数量结构分析

Table 5-3 The analysis of families based on genera and species of the rare and endangered plants in Xilong Mt.

类型 Type	科数 No. of family	占全部科数百分比 Percentage of total family/%	含有属数 No. of genera	占全部属数的百分比 Percentage of total genera/%	含有种数 No. of species	占全部种数的百分比 Percentage of total species/%
出现 1 种的科	19	76.00	19	52.78	19	46.35
出现 2 种的科	2	8.00	4	11.11	4	9.75
出现 3 种的科	2	8.00	6	16.67	6	14.63
出现 3 种以上的科	2	8.00	7	19.44	12	29.27
总计 (Total)	25	100.00	36	100.00	41	100.00

2. 分布特点

根据《云南植被》的分类原则和系统，以及对所做样地进行归纳和分析，将金平县及西隆山的植被类型按海拔从低到高分为热带雨林、季风常绿阔叶林、山地苔藓常绿阔叶林、山顶苔藓矮林 4 种类型。作者根据调查和所掌握的资料情况，对金平及西隆山的珍稀濒危保护种子植物所处植被类型（含海拔）进行了分类和整理（表 5-1）。

金平 67 种珍稀濒危保护种子植物所分布的植被类型包括热带雨林、季风常绿阔叶林、山地苔藓常绿阔叶林、山顶苔藓矮林 4 种植被类型，但有部分种类的分布跨了两个植被类型。在金平 67 种珍稀濒危保护种子植物中，热带雨林内分布了苏铁属 *Cycas* spp.、华盖木 *Pachylarnax sinica*、望天树 *Parashorea chinensis*、柄翅果 *Burretiodendron esquirolii*、毛果木莲 *Manglietia ventii*、麻楝 *Chukrasia tabularis*、滇龙眼 *Dimocarpus yunnanensis*、董棕 *Caryota obtusa* 等共 42 种，占总种数的 62.69%；季风常绿阔叶林内共分布 27 种，主要有福建柏 *Fokienia hodginsii*、中缅八角 *Illicium burmanicum*、无柄五层龙 *Salacia sessiliflora*、金平桦 *Betula jinpingensis* 等，占总种数的 40.30%；山地苔藓常绿阔叶林内共分布着鹅掌楸 *Liriodendron chinense*、川八角莲 *Dysosma veitchii*、红马银花 *Rhododendron vialii*、五裂黄连 *Coptis quinquesecta*、裂果漆 *Toxicodendron griffithii* 等共 15 种，占总种数的 22.39%；山顶苔藓矮林内有 2 种，占总种数的 2.99%（表 5-4）。金平珍稀濒危保护植物的分布是以热带雨林为主，季风常绿阔叶林和山地苔藓常绿阔叶林次之，山顶苔藓矮林分布最少，因此可见热带雨林这种植被类型在金平的重要性和突出位置，也与保护植物在滇东南的分布海拔段相吻合（Tian *et al.*, 2015）。

在西隆山所有的 41 种珍稀濒危保护植物种，海拔较低（一般 1100 m 以下，可达 1300 m）的热带雨林内分布着合果木 *Michelia baillonii*、云南拟单性木兰 *Parakmeria yunnanensis*、大花八角 *Illicium macranthum*、滇琼楠 *Beilschmiedia yunnanensis*、千果榄仁 *Terminalia myriocarpa* 等共 31 种，占总种数的 75.61%，占金平热带雨林分布的珍稀濒危保护植物的 73.81%；在西隆山海拔 1100 ～ 1700 m 的季风常绿阔叶林内分布着润楠 *Machilus nanmu*、紫金龙 *Dactylicapnos scandens*、尖叶厚壳桂 *Cryptocarya acutifolia*、萝芙木 *Rauvolfia verticillata*、四角果 *Carlemannia tetragona* 等共 13 种，占西隆山珍稀濒危保护植物的 31.71%，占金平季风常绿阔叶林分布的珍稀濒危保护植物的 48.15%；西隆山海拔 1700~2500 m 的山地苔藓常绿阔叶林内分布着珍稀濒危保护植物长蕊木兰 *Alcimandra cathcartii*、水青树 *Tetracentron sinense*、滇琼楠 *Beilschmiedia yunnanensis*、大花八角 *Illicium macranthum*、十齿花 *Dipentodon sinicus* 等 9 种，占西隆山珍稀濒危保护植物的 19.51%，占金平山地苔藓常绿阔叶林内分布的珍稀濒危保护植物的 53.33%；西隆山海拔 2500 m 以上的山顶苔藓矮林内分布着 2 种，即滇南红花荷 *Rhodoleia henryi* 和须弥红豆杉 *Taxus wallichiana*，虽然只占西隆山珍稀濒危保护植物总数的 4.88%，但是金平分布也只有 2 种，所以西隆山的山顶苔藓矮林的重要性和保护植物的分布在金平该植被类型中占有重要位置（表 5-4）。从西隆山各植被类型所分布的珍稀濒危保护植物来看，也是海拔较低的热带雨林是分布的主要植被类型，季风常绿阔叶林和山地苔藓常绿阔叶林次之，山顶苔藓矮林分布最少，这与金平珍稀濒危保护植物所分布的植被类型特点相吻合，也与滇东南保护植物的分布海拔相符（Tian *et al*., 2015）。同时西隆山各植被类型分布的珍稀濒危保护植物所占金平各植被类型分布的珍稀濒危保护植物的百分比均在 50% 左右，最低为 48.15%，由此可见，西隆山的植物多样性、稀有性在金平所处的位置是非常重要和突出的，也说明西隆山植物的多样性和稀有性、特有性具有重要价值。

表 5-4　西隆山及金平珍稀濒危保护种子植物分布

Table 5-4　The distribution of the rare and endangered seed plants in Xilong Mt. and Jinping

所分布植被类型 vegetation type	金平 Jinping		西隆山 Xilong Mt.		
	分布种数 Species	占总数百分比 Percentage of total species/%	分布种数 Species	占西隆山总数百分比 Percentage of total species/%	占金平分布种数百分比 Percentage of Jinping%
热带雨林	42	62.69	31	75.61	73.81
季风常绿阔叶林	27	40.30	13	31.71	48.15
山地苔藓常绿阔叶林	15	22.39	8	19.51	53.33
山顶苔藓矮林	2	2.99	2	4.88	100.00

从金平和西隆山的珍稀濒危保护植物的分布情况，可以看出处于海拔 1100 m 以下的热带雨林是珍稀濒危保护植物分布区域所在的主要植被类型，金平和西隆山的珍稀濒危保护植物在热带雨林中分别分布着 42 种和 31 种，均占总数的 60% 以上，由此可见热带雨林这一植被类型在该地区的重要性。但随着社会的发展和人类经济活动范围的不断扩大，热带雨林这一特殊的植被类型也正在被破坏并以惊人的速度消失，使得热带雨林的生物多样性、物种共存机制等问题也已经成为科学家研究的热点。西隆山的热带雨林主要分布在山沟或者小山坡上，由于离村寨较近，破坏较为严重，已经是次生状态，主要呈条状或块状分布。热带雨林是我国热带山地垂直带上的一种植被类型，在云南主要分布在南部、东南部地区，以热带性成分为主，并有亚热带成分混生，林下以热带成分为主，其物种组成、群落外貌和群落结构仍具有热带雨林的各种基本特征，但是与典型的热带雨林的区别已显而易见，但仍然属于热带雨林的范畴，具有重要的生物多样性保护和科研价值。然而随着人类活动的干扰和破坏不断加剧，热带雨林也不断遭到破坏而导致分布面积不断缩小。热带雨林具有分布范围狭窄和森林生态系统脆弱的特点，比季雨林和季风常绿阔叶林更易受人为干扰和环境因子恶化的影响而发生退化，因此保护热带雨林这一植被类型已是当前保护森林的主要任务，科研价值和生物多样性保护意义重大。在海拔 1100~1700 m 的季风常绿阔叶林内，金平和西隆山的珍稀濒危保护植物分别分布着 27 种和 13 种，均占总数的 30% 以上，因此季风常绿阔叶林也是珍稀濒危保护植物分布较多的植被类型，希望对该植

被类型的保护也要加强，应该让该植被类型附近的村寨搬迁下去或者提供新的薪炭能源，以确保该植被类型森林不被破坏。在海拔 1700~2500 m 的山地苔藓常绿阔叶林，金平和西隆山的珍稀濒危保护植物分别分布着 15 种和 8 种；该种植被类型是西隆山分布面积最大，保存最为完整的一种植被类型，但是该植被类型内分布的珍稀濒危保护植物数量却下降明显，只占 20% 左右，这可能与海拔和该群落类型的特点有关，因此进一步摸清该植被类型内的生物多样性和物种组成也显得尤为重要。分布在海拔 2500 m 以上的山顶苔藓矮林的生物多样性略显逊色，但是其特有性和重要性却不言而喻，由于生活环境的恶劣和气候土壤的贫瘠，生长在此海拔段和该植被类型的上层植物多表现为灌木状或小乔木状，珍稀濒危保护植物的分布少。

四、云南西隆山珍稀濒危保护植物保护对策

金平县和西隆山区域内的珍稀濒危保护植物在不同的海拔段从低到高分布数目越来越少，其中热带雨林内的保护植物分布数目最多，季风常绿阔叶林次之，山地苔藓矮林较少，山顶苔藓矮林最少。可见，不同的珍稀濒危保护植物所在海拔段和植被类型也不同，但是总体上这些珍稀濒危保护植物分布较为零散，通常表现为点状分布、块状分布、条状分布等类型，连续大面积分布的情况基本上没有，这也显示了植被类型和群落景观的破碎化，实际上即森林群落保护不完整的体现，因此保护森林才是保护珍稀濒危植物的最佳方法，保护了生存环境才能保护生物的多样性和珍稀濒危保护植物。

西隆山珍稀濒危保护植物的特点总体上表现为个体数量少，分布区域狭窄、零星，遇人为破坏或有自然灾害，很容易陷入濒危灭绝境地，所以原生境的保护显得尤为重要。因此，加强对珍稀濒危植物资源和物种多样性的保护，是当前保护的重要任务（Zhou，2005）。现据实际情况对西隆山珍稀濒危保护植物的保护提出以下对策。第一，应做好就地保护工作，近年来随着社会经济的发展和人民生活水平的提高，森林和群落植被及生态环境遭到一定程度的破坏，森林的破碎化导致生物多样性减少，直接也会导致珍稀濒危植物的灭亡和减少，因此，应加强西隆山保护区的建设和资源的有效管理，原生境保护已显得十分紧迫，应时刻防止景观和生境的破碎化。第二，积极开展重点保护植物的迁地保护和人工引种驯化工作。总体上，珍稀濒危保护植物面临威胁较大，其生活环境已遭到破坏，所以对一些面临威胁较大、繁殖困难的物种应该加大科研力度，保存其种植资源，对于一些生境已经遭到破坏的重点保护植物物种，可采取适宜的迁地保护或生态恢复等策略，特别是对低海拔地区。由于保护区范围多在海拔 1700 m 以上，低海拔地区本地破坏严重但仍残存的部分林地多属村有或划分到个人，因此低海拔段的珍稀濒危保护植物所面临的形势更严酷，应重点加大保护力度。第三，落实西隆山保护区内的生态补偿机制和扶贫政策，加大对珍稀濒危保护植物保护的宣传教育，增强人们保护生态环境的意识，这一点需要让本地居民意识到森林的重要性和珍稀濒危保护植物的生物学价值、科研价值，从而提高他们的

保护意识，切实让西隆山山区居民做到不乱砍滥伐、不偷采、不盗挖国家保护植物等类群，为生物多样性和森林保护做出积极贡献。

总而言之，热带雨林和季风常绿阔叶林的保护已迫在眉睫，应改善热带雨林和季风常绿阔叶林不断减少的状况，改善不断扩大的人工林和经济林现状，逐渐恢复一部分人工林和次生林，还应该加强对该海拔段的森林的保护和加强对该区村民保护意识的提高和宣传教育。

参考文献

傅立国 , 金鉴明 . 1992. 中国植物红皮书——稀有濒危植物（第一册）. 北京 : 科学出版社

国家林业局 , 农业部 . 1999. 国家重点保护野生植物名录（第一批）

税玉民 . 2003. 滇东南红河地区种子植物 . 昆明 : 云南科技出版社

云南省林业厅等 . 2005. 云南国家重点保护植物 . 昆明 : 云南科技出版社

喻智勇 , 毛龙华 , 朱欣田，等 . 2011. 神奇的中越跨境山峰——西隆山 . 大自然 , 3:52-54

IUCN. 2001. IUCN red list categories and criteria, Version 3.1. Gland, Switzerland and Cambridge. U K: IUCN Species Survival Commission

Shui YM, Zhang GJ, Chen WH, *et al.* 2003. Montane mossy forest in the Chinese part of the Xilong Mountain, bounding China and Vietnam, Yunnan Province, China. Acta Botanica Yunnanica (云南植物研究),25(4): 397-414

Tian XY, Chen WH, Yang SX,*et al.* 2015. A comparison of National key protected wild vascular plants in SE Yunnan and NW Yunnan. Plant Diversity and Resources (植物分类与资源学报), 37(2): 113-128

Zhang GJ, Shui YM, Chen WY, *et al.* 2003. The introduction to plant diversity in Xilong Mountain Natural Reserve on the border between China and Vietnam. Guihaia (广西植物), 23(6): 511-516

Zhou XR. 2005. Investigation and research of the rare，precious and endangered plants in the Jinfo Mountain Nature Reserve. Journal of China West Normal University (Natural Sciences) (西华师范大学学报 . 自然科学版), 26(1): 32-36

第六章　西隆山考察散记

喻智勇[1,3]，陈文红[2,3]，税玉民[2,3]，朱正春[1]，王和清[1]，赵志华[1]

1 云南金平分水岭国家级自然保护区管理局，云南省，金平 661500

2 中国科学院昆明植物研究所，云南省，昆明 650201

3 云南省喀斯特地区生物多样性保护研究会，云南省，昆明 650201

一、西隆山的传说

在祖国西南边陲的中越国境线上，有一座被茫茫林海所覆盖的大山。它宛若镶嵌在边防线上的一颗璀璨的“绿宝石”，放射出耀眼夺目的光彩。这就是鲜为人知的神奇大山——西隆山。西隆山位于云南省红河哈尼族彝族自治州金平苗族瑶族傣族自治县境内，最高海拔 3074.3 m，是云南南部的最高山，被誉为“滇南的珠穆朗玛峰”。国界沿着山脊将它一分为二，南面是越南莱州孟艺国家级自然保护区；北面属于中国，跨越金平的者米、勐拉、金水河 3 个乡（镇）16 个村公所（办事处），森林面积 267 000 余亩，当时是金平的重点国防林区。西隆山原始森林又称苦聪老林，是新中国建立初期从原始社会步入社会主义社会的少数民族——拉祜族（当地人称为苦聪人）祖祖辈辈赖以生存的地方，新中国成立后，党和政府才将他们从原始老林中迁出定居定耕生活。由于西隆山地处偏辟，山势陡峻，交通闭塞，地形复杂，森林稠密，气候恶劣多变，终年云雾缭绕，进入林区深处的人极易迷失方向，活活困死在老林里，或被猛兽吞没，很少有人出得来，就连专门在老林里靠打猎为生过游民生活的苦聪人，也将它看成是一座神山，不敢进入太深。因此，在民间流传着许多神奇的神话故事，传说山顶上有一陡峻的悬岩，岩上有仙人洞，有十八道大门相通，洞里住着神仙，有金桌银碗，周围种有韭菜、茎菜……，应有尽有，是一块神圣不可冒犯的禁地。多少年来，无数仁人志士梦寐攀登，但都只能望山兴叹，爱莫能及。

二、西隆山的植物考察历史

1. 第一次考察西隆山

西隆山第一次考察并非科学考察而是行政考察，为揭开西隆山神秘的面纱，全面了解西隆山的森林资源状况，考虑是否把西隆山纳入保护区管理。1995 年 4 月 4 ～ 9 日以县长熊振明、林业局局长王正友等 8 人组成的考察队，在当地瑶族向导邓金亮的带领下，开展了一段惊心动魄的西隆山探险考察。考察队员风餐露宿，攀悬崖、钻刺棵、下陡滩、忍饥渴，历尽千辛万苦，克服重重困难，第一次把摄像机、照相机等现代工具搬进了茫茫大森林，摄下了一个个极其珍贵的画面，让世人一睹大自然赋予西隆山的神奇风采。年仅 28 岁的拉祜族干部，者米拉祜族乡副乡长庙文兴在 4 月 8 日下午 4 时 40 分付出了生命的代价。

2. 第二次考察西隆山

第二次考察西隆山是因为分水岭省级自然保护区晋升国家级自然保护区的需要而进行的一次科学考察。1999 年 10 月 12 ～ 28 日，受金平分水岭自然保护区管理局委托，中国科学院昆明植物研究所周浙昆、税玉民、张广杰等和金平分水岭省级自然保护区管理局毛龙华、莫明忠等一行 8 人对西隆山进行了考察。这是植物学家第一次深入到西隆山进行系统的植物学考察。在半个多月的时间内，考察队重点考察了西隆山植被的垂直分布，系统采集了植物标本，获取了西隆山的第一手资料（周浙昆等，2002；Shui *et al*., 2003；Zhang *et al*., 2003）。应该指出的是，对于一个面积达 17 829.5 hm^2 的原始森林来说，一次半个月的考察是远远不够的，考察线路和偌大的山体相比就更显得微不足道，但这毕竟是植物学家对西隆山的首次考察。作者希望通过第一手资料管窥一斑，初步掌握西隆山植被分布的规律及西隆山植物学的基本特征，为今后深入研究西隆山的植物区系奠定一个基础。

由于西隆山地势险要，原始森林无人涉及，大部分地区无路可行。考察队员爬山涉水、风餐露宿，历尽艰辛，大家以坚韧不拔的毅力完成了这次考察任务。

硕士研究生张广杰同学还于 2000 年春季在低海拔地区开展了短期的野外考察和标本采集工作。

3. 第三次考察西隆山

第三次考察西隆山，是中国科学院昆明植物研究所税玉民研究员主持的国家自然科学基金项目“毗邻中南半岛腹地——西隆山种子植物区系调查研究”进行的对西隆山山脚（海拔 400 多米）至主峰山顶（海拔 3074 m）的大规模雨季野外科学考察。

2010 年 5 月 26 日～ 6 月 14 日，经过充分准备，精心组织，由中国科学院昆明植物研究所、云南金平分水岭国家级自然保护区管理局等的 13 位专家和学者及 40 位民工在恶劣的环境中冒着大雨在山上艰苦奋斗了半个多月，真正领教了传说中变幻莫测的西隆山，时雾时散，一会儿又狂风暴雨，白天在山上衣服被刺钩破了，手脚也被野草划伤了，衣服不是被雨淋湿的就是灌草丛上的雨滴沾湿的，一到营地，大家分工合作，搭帐篷、烧火、做饭、烤衣服睡袋，这些和吃饭、睡觉、采集整理标本一样成了每天的例行公事。这还不算事儿，更悲剧的是晚上遇到暴雨，帐篷里进入洪水，人泡水里居然还能睡着？！据初步统计，共采集不太常见种子植物标本 800 多号及群落样方标本约 1500 号，涉及西隆山的低中高海拔地区，调查出了许多重点保护的珍稀植物的新分布点。

期间，硕士研究生李国峰也在 2010 年春季对西隆山低海拔地区进行了采集之后，完成了《滇东南西隆山种子植物区系研究》硕士学位论文，并获得理学硕士学位。

4. 第四次考察西隆山

2011 年 7 月 8 ～ 23 日，中国科学院昆明植物研究所、云南金平分水岭国家级自然保护区管理局、红河州林业局等单位和部门的 20 余位考察队员进行了西隆山东边中高海拔段水晶山一带的大规模雨季考察，以及西隆山下部热带雨林的补充调查。由于西隆山东边段较之西边段海拔稍低，在近 2000 m 处仍有个小村寨，较之西隆山主峰的考察条件要好得多，但由于仍处于雨季，考察队员每天还要经受风吹雨淋。

这几次野外考察共计采集植物标本 5379 号(其中包含 2100 号的样方标本)，大约 21 300 份，其中部分标本已分存国内各大标本馆，以供其他研究人员查阅和进一步研究。除了种类收集外，还设置 22 个森林群落样方和 60 棵乔木的附生植物样方，对了解西隆山的植被垂直分布规律有一定的作用。

5. 其他零星调查

除以上深入西隆山主峰核心区考察外，第一个在西隆山采集植物标本的是毛品一先生，1951 年共采集 254 号 (包士英等 , 1998)，而后徐永椿先生、宣淑洁先生和武素功先生等于 1951~1955 年做了短期考察，直到 1956 年，中苏联合考察科学考察队对西隆山低海拔的勐拉坝一带进行了首次较全面的植物考察，为期 2 天，共采集植物标本 630 号 , 如蓝石蝴蝶 *Petrocosmea coerulea* C.Y. Wu ex W.T. Wang 等即其中的新发现。

云南大学硕士研究生税玉民曾于 1991 年 7 月到西隆山边缘做过以秋海棠属植物为主的考察，因遭遇雨季，被困 7 天，采集标本约 100 号。20 世纪 90 年代初，云南大学朱维明教授在该地区低海拔采集过一些蕨类植物（Shui *et al*., 2003)。

2007 年 11 月 17~27 日，在美国国家地理协会探索基金的支持下，由中国科学院昆明植物研究所税玉民博士带队，中国科学院植物研究所和金平保护区参与中越边境维管植物采集，对西隆山山脚进行了为期 11 天的考察，采集植物标本 240 余号，并发现了两个云南新记录属（Yu *et al*., 2009)。

2009 年 6 月 27~29 日，中国科学院植物研究所金效华、刘斌等博士一行 8 位学者到西隆山山脚勐拉和金水河一带进行兰科和樟科植物调查。

2010 年 1 月 16~19 日，由中国西南野生生物种质资源库主办，税玉民博士带队，包括华东师范大学、中国科学院华南植物园、中国科学院西双版纳植物园、中国科学院昆明植物研究所、江苏省中国科学院植物研究所、深圳市仙湖植物园、浙江大学、中国科学院植物研究所、上海交通大学、黄连山国家自然保护区和云南金平分水岭国家级自然保护区等 11 个科研单位 20 多位专家学者，对西隆山山脚顶青、驮马、翁学和南科等地进行滇东南 DNA 植物条形码考察。共采集标本 400 余号，拍照 1000 多张，发现了云南细辛 *Asarum yunnanense* T. Sugawara, M. Ogisu et C.Y. Cheng 等一批金平西隆山未记录的物种。

2010 年 3~4 月，中国科学院昆明植物研究所硕士研究生李国峰在西隆山山脚采集植物标本约 500 号，之后完成了《滇东南西隆山种子植物区系的初步研究》硕士学位论文。

2012 年 3 月 3 日，中国科学院昆明植物研究所龚洵研究员与云南金平分水岭国家级保护区工作人员到西隆山脚勐拉、金水河等进行苏铁调查，发现西隆山山脚下小米坪分布有滇南苏铁 *Cycas diannanensis* 和长叶苏铁 *Cycas dolichophylla* 两个种。

三、野外考察中的新发现

通过几次野外考察，发现一些未见报道的新类群，如全缘叶肋果茶 *Sladenia intergrifolia* Y. M. Shui(Shui *et al*., 2002)；金平凤仙花 *Impatiens jinpingensis* Y. M. Shui et G. F. Li（Li *et al*., 2011）；金平马铃苣苔 *Oreocharis jinpingensis* W.H. Chen et Y.M. Shui（Chen *et al*., 2013）；*Raphiocarpus jinpingensis* W. H. Chen & Y. M. Shui(Chen *et al*., 2015) 两个中国新记录种和两个云南新记录属（种），即印度宽药兰（新拟）*Yoania prainii* King et Pantl，柿树科的长柱柿 *Diospyros brandisiana* Kurz（Tian *et al*., 2014），山榄科金叶树属的金叶树 *Chrysophyllum lanceolatum* (Bl.) A. DC. var. *stellatocarpon* van Royen ex Vink 和樟科的长果土楠 *Endiandra dolichocarpa* S. Lee et Y. T. Wei（Yu *et al*.，2009）。调查还初步确定了一个云南新记录种，即天料木科的广南天料木 *Homalium paniculiflorum* How et Ko。

此外，发现了一些以前分布较狭域的物种，现在也分布到了金平，如秋海棠科的黄连山秋海棠 *Begonia coptidimontana* C.Y. Wu（原特产于绿春黄连山）、野牡丹科的绿春酸果 *Medinilla luchuenensis* C. Y. Wu et C. Chen（原特产于绿春黄连山）、凤仙花科的宽瓣凤仙 *Impatiens latipetala* S. H. Huang、木兰科的亮叶木莲 *Manglietia lucida* B. L. Chen et S. C. Yang（原特产马关县）等，现均已在金平发现。其他还有如豹斑石豆兰 *Bulbophyllum colomaculosum* Z. H. Tsi et S. C. Chen、多穗兰 *Polystachya concreta* (Jacq.) Garay et Sweet 等，以前在中国的分布仅是西双版纳，后来也在金平发现。

参考文献

周浙昆，税玉民，张广杰. 2002. 金平西隆山林区植被和植物资源 // 许建初：云南金平分水岭自然保护区综合考察报告集. 昆明：云南科技出版社 :151-162

Chen WH, Chen RZ, Yu ZY, *et al*. 2015. *Raphiocarpus jinpingensis*, a new species of Gesneriaceae in Yunnan, China. Plant Diversity and Resources(植物分类与资源学报), 37(06): 727-732.

Chen WH, Wang H, Shui YM, *et al*. 2013. *Oreocharis jinpingensis*, a new species of Gesneriaceae from the Xilong Mountains in Southwest China. Annales Botanici Fennici,50: 312-316

Li GF, Shui YM, Chen WH, *et al*. 2011. A new species of *Impatiens* (Balsaminaceae) from Yunnan, China. Brittonia, 63(4): 452-456

Shui YM, Zhang GJ, Chen WH,*et al*. 2003. Montane mossy forest in the Chinese part of the Xilong Mountain, bounding China and Vietnam, Yunnan Province, China. Acta Botanica Yunnanica (云南植物研究), 25(4): 397-414

Shui YM, Zhang GJ, Zhou ZK, *et al*. 2002. *Sladenia intergrifolia* (Sladeniaceae), a new species from China. Novon,12: 539-542

Tian XY, Chen WH, Shui YM, *et al*. 2014. *Diospyros brandisiana* Kurz (Ebenaceae), a newly recorded species from China. Journal of Tropical and Subtropical Botany (热带亚热带植物学报), 22(1): 31-33

Yu ZY, Chen WH, Shui YM. 2009. *Chrysophyllum* and *Endiandra*, two genera new to Yunnan, China. Acta Botanica Yunnanica (云南植物研究), 31(1): 21-23

Zhang GJ, Shui YM, Chen WY, *et al*. 2003. The introduction to plant diversity in Xilong Mountain Natural Reserve on the border between China and Vietnam. Guihaia (广西植物), 23(6): 511-516

附录 I　西隆山种子植物科的分布区类型及所含种属数（按系统排列）

陈文红

（中国科学院昆明植物研究所）

科号	科中文名	科名	科的分布区类型	属数 750	科内种数 1720	科内种数 1672（不含种下单位）
001	木兰科	Magnoliaceae	9	5	14	14
002a	八角科	Illiciaceae	9	1	7	7
003	五味子科	Schisandraceae	9	2	5	5
006b	水青树科	Tetracentraceae	14SH	1	1	1
008	番荔枝科	Annonaceae	2	9	20	20
011	樟科	Lauraceae	2	15	63	62
013	莲叶桐科	Hernandiaceae	2	1	2	2
014	肉豆蔻科	Myristicaceae	2	3	6	6
015	毛茛科	Ranunculaceae	1	3	10	10
021	木通科	Lardizabalaceae	3	2	2	2
022	大血藤科	Sargentodoxaceae	7-4	1	1	1
023	防己科	Menispermaceae	2	5	7	7
024	马兜铃科	Aristolachiaceae	2	2	4	4
028	胡椒科	Piperaceae	2	2	16	16
029	三白草科	Saururaceae	9	2	2	2
030	金粟兰科	Chloranthaceae	2	1	2	1
033	紫堇科	Fumariaceae	8-4	2	4	4
036	山柑科	Capparaceae	2	3	8	8
039	十字花科	Cruciferae	1	3	3	3
040	堇菜科	Violaceae	1	1	6	6
042	远志科	Polygalaceae	1	2	4	4
042a	黄叶树科	Xanthophyllaceae	5	1	1	1

续表

科号	科中文名	科名	科的分布区类型	属数 750	科内种数 1720	科内种数 1672（不含种下单位）
047	虎耳草科	Saxifragaceae	1	3	3	3
052	沟繁缕科	Elatinaceae	2	2	2	2
053	石竹科	Caryophyllaceae	1	5	5	5
056	马齿苋科	Portulacaceae	1	1	1	1
057	蓼科	Polygonaceae	1	3	16	15
063	苋科	Amaranthaceae	1	5	6	6
069	酢浆草科	Oxalidaceae	1	1	1	1
071	凤仙花科	Balsaminaceae	2	1	8	8
072	千屈菜科	Lythraceae	1	1	1	1
073	隐翼科	Crypteroniaceae	7b	1	1	1
074a	八宝树科	Duabangaceae	7a	1	1	1
077	柳叶菜科	Onagraceae	1	1	2	2
081	瑞香科	Thymelaeaceae	1	2	5	5
084	山龙眼科	Proteaceae	2s	2	9	9
085	五桠果科	Dilleniaceae	2-1	2	2	2
088	海桐花科	Pittosporaceae	4	1	4	3
093	刺篱木科	Flacourtiaceae	2	1	1	1
093a	大风子科	Kiggelariaceae	2	1	2	2
094	天料木科	Samydaceae	2	2	4	4
101	西番莲科	Passifloraceae	2	2	3	3
103	葫芦科	Cucurbitaceae	2	10	20	19
104	秋海棠科	Begoniaceae	2	1	20	19
105a	四数木科	Tetramelaceae	5	1	1	1
108	山茶科	Theaceae	2	8	19	19
108b	毒药树科	Sladeniaceae	7-3	1	1	1
112	猕猴桃科	Actinidiaceae	14	1	4	4
113	水东哥科	Saurauiaceae	3	1	8	6
116	龙脑香科	Dipterocarpaceae	7d	2	2	2
118	桃金娘科	Myrtaceae	2s	1	7	7
119a	金刀木科	Barringtoniaceae	4	1	1	1
120	野牡丹科	Melastomataceae	2	11	24	24
121	使君子科	Combretaceae	2	3	4	4
122	红树科	Rhizophoraceae	2	2	4	4
123	金丝桃科	Hypericaceae	8	2	4	4
126	藤黄科	Guttiferae (Clusiaceae)	2	1	4	4
128	椴树科	Tiliaceae	2-2	3	7	6

续表

科号	科中文名	科名	科的分布区类型	属数 750	科内种数 1720	科内种数 1672（不含种下单位）
128a	杜英科	Elaeocarpaceae	3	2	11	11
130	梧桐科	Sterculiaceae	2	7	16	16
131	木棉科	Bombacaceae	2	1	1	1
132	锦葵科	Malvaceae	2	4	8	5
133	金虎尾科	Malpighiaceae	2	2	3	3
135	古柯科	Erythroxylaceae	2	1	1	1
135a	粘木科	Ixonanthaceae	2-2	1	1	1
136	大戟科	Euphorbiaceae	2	24	65	64
136a	虎皮楠科	Daphniphyllaceae	5	1	3	3
136b	五月茶科	Stilaginaceae	4	1	4	4
136c	重阳木科	Bischofiaceae	7	1	1	1
139a	鼠刺科	Iteaoeae	9	1	2	2
142	绣球花科	Hydrangeaceae	8-4	5	9	9
143	蔷薇科	Rosaceae	1	12	37	36
146	苏木科	Caesalpiniaceae	2-2	4	6	6
147	含羞草科	Mimosaceae	2	3	12	12
148	蝶形花科	Papilionaceae	1	32	70	69
150	旌节花科	Stachyuraceae	14	1	1	1
151	金缕梅科	Hamamelidaceae	8-4	3	5	5
161	桦木科	Betulaceae	8-4	2	3	3
163	壳斗科	Fagaceae	8-4	4	29	29
165	榆科	Ulmaceae	1	5	8	8
167	桑科	Moraceae	1	5	44	41
169	荨麻科	Urticaceae	2	16	41	41
171	冬青科	Aquifoliaceae	3	1	13	13
173	卫矛科	Celastraceae	2	4	19	19
173a	十齿花科	Dipentodontaceae	7-2	1	1	1
178	翅子藤科	Hippocrateaceae	2	1	3	3
179	茶茱萸科	Icacinaceae	2	4	7	7
179a	心翼果科	Cardiopteridaceae	5	1	1	1
182a	赤苍藤科	Erythropalaceae	7c	1	1	1
185	桑寄生科	Lorantbaceae	2s	6	10	10
185a	槲寄生科	Viscaceae	1	1	1	1
186	檀香科	Santalaceae	2	3	3	3
189	蛇菰科	Balanophoraceae	2	1	2	2
190	鼠李科	Rhamnaceae	1	5	7	6

续表

科号	科中文名	科名	科的分布区类型	属数 750	科内种数 1720	科内种数 1672（不含种下单位）
191	胡颓子科	Elaeagnaceae	8-4	1	1	1
193	葡萄科	Vitaceae	2	3	14	13
193a	火筒树科	Leeaceae	4	1	3	3
194	芸香科	Rutaceae	2	7	11	11
196	橄榄科	Burseraceae	2	1	1	1
197	楝科	Meliaceae	2	10	11	11
198	无患子科	Sapindaceae	2	5	6	6
200	槭树科	Aceraceae	8-4	1	6	6
201	清风藤科	Sabiaceae	7d	1	6	6
201a	泡花树科	Meliosmaceae	3	1	3	3
204	省沽油科	Staphyleaceae	3	1	6	5
204a	瘿椒树科	Tapisciaceae	3	1	2	2
205	漆树科	Anacardiaceae	2	7	8	7
206	牛栓藤科	Connaraceae	2	4	4	4
207	胡桃科	Juglandaceae	8-4	3	7	5
209	山茱萸科	Cornaceae	8-4	1	1	1
209a	烂泥树科	Torricelliaceae	14SH	1	1	1
209b	桃叶珊瑚科	Aucubaceae	14	1	3	3
209c	青荚叶科	Helwingiaceae	14	1	1	1
210	八角枫科	Alangiaceae	4	1	1	1
211	蓝果树科	Nyssaceae	9	2	3	3
212	五加科	Araliaceae	3	9	28	27
212a	马蹄参科	Mastixiaceae	7d	1	1	1
213	伞形科	Umbelliferae	1	3	5	5
213a	天胡荽科	Hydrocotylaceae	3	1	2	2
214	桤叶树科	Cyrillaceae	3	1	2	2
215	杜鹃花科	Rhodoraceae	1	5	30	26
216	越橘科	Vacciniaceae	8	2	10	9
218	水晶兰科	Monotropaceae	8	1	1	1
221	柿科	Ebenaceae	2	1	7	7
222	山榄科	Sapotaceae	2	2	2	2
222a	肉实树科	Sarcospermataceae	7c	1	3	3
223	紫金牛科	Myrsinaceae	2	4	24	23
224	安息香科	Styracaceae	3	4	7	7
225	山矾科	Symplocaceae	2-1	1	10	9
228	马钱子科	Strychnaceae	2	2	4	4

续表

科号	科中文名	科名	科的分布区类型	属数 750	科内种数 1720	科内种数 1672（不含种下单位）
228a	醉鱼草科	Buddlejaceae	2-2	1	1	1
228b	钩吻科	Gelsemiaceae	9	1	1	1
229	木犀科	Oleaceae	1	5	11	10
230	夹竹桃科	Apocynaceae	2	15	23	23
231	萝藦科	Asclepiadaceae	2	6	10	10
232	茜草科	Rubiaceae	1	27	62	59
232a	香茜科	Carlemanniaceae	7-1	2	3	3
232b	水团花科	Naucleaceae	2	1	1	1
233	忍冬科	Caprifoliaceae	8	1	1	1
233a	接骨木科	Sambucaceae	1	1	2	2
233b	荚蒾科	Viburnaceae	9	1	6	6
238	菊科	Compositae	1	28	48	48
239	龙胆科	Gentianaceae	1	4	4	4
240	报春花科	Primulaceae	1	2	11	11
242	车前科	Plantaginaceae	1	1	3	2
243	桔梗科	Campanulaceae	1	4	4	4
243a	五膜草科	Pentaphragmataceae	7d	1	1	1
244	半边莲科	Lobeliaceae	1	1	4	4
249	紫草科	Boraginaceae	1	2	3	3
249a	破布木科	Cordiaceae	2	3	4	4
250	茄科	Solanaceae	1	3	5	5
251	旋花科	Convolvulaceae	1	7	11	10
251a	菟丝子科	Cuscutaceae	1	1	2	2
252	玄参科	Scrophulariaceae	1	8	12	12
253	列当科	Orobanchaceae	8	1	1	1
256	苦苣苔科	Gesneriaceae	3	16	38	37
257	紫葳科	Bignoniaceae	2	5	7	6
259	爵床科	Acantbaceae	2	20	34	34
263	马鞭草科	Verbenaceae	3	7	18	17
263c	牡荆科	Viticaceae	2	1	3	3
264	唇形科	Labiatae	1	14	19	19
267	泽泻科	Alismataceae	1	1	1	1
280	鸭跖草科	Commelinaceae	2	8	15	14
287	芭蕉科	Musaceae	4	1	3	3
290	姜科	Zingiberaceae	5	7	27	27
290a	闭鞘姜科	Costaceae	2	1	2	2

续表

科号	科中文名	科名	科的分布区类型	属数 750	科内种数 1720	科内种数 1672（不含种下单位）
292	竹芋科	Marantaceae	2	1	4	3
293	百合科	Liliaceae	8	1	1	1
293a	铃兰科	Convallariaceae	8-4	8	17	17
293b	山菅兰科	Phormiaceae	2-1	1	1	1
293c	吊兰科	Anthericaceae	12-3	1	1	1
294	天门冬科	Asparagaceae	4	1	1	1
295	重楼科	Trilliaceae	8	1	5	3
296	雨久花科	Pontederiaceae	2	1	1	1
297	菝葜科	Smilacaceae	2	2	12	12
302	天南星科	Araceae	2	9	16	16
311	薯蓣科	Dioscoreaceae	2	1	3	3
313a	龙血树科	Dracaenaceae	2	1	1	1
314	棕榈科	Palmae	2	4	6	6
315	露兜树科	Pandanaceae	4	1	1	1
318	仙茅科	Hypoxidaceae	2	2	4	4
321	箭根薯科	Taccaceae	2	1	1	1
326	兰科	Orchidaceae	1	43	79	79
327	灯心草科	Juncaceae	8-4	1	2	2
331	莎草科	Cyperaceae	1	6	11	11
332	禾本科	Gramineae	1	37	62	59
G01	苏铁科	Cycadaceae	5	1	5	5
G05	杉科	Taxodiaceae	8-4	1	1	1
G06	柏科	Cupressaceae	8-4	1	1	1
G07	罗汉松科	Podocarpaceae	2s	1	2	2
G09	红豆杉科	Taxaceae	8-4	1	1	1
G11	买麻藤科	Gnetaceae	2-2	1	1	1

附录Ⅱ 西隆山种子植物科的分布区类型及所含种属数（按科内属数大小排列）

陈文红

（中国科学院昆明植物研究所）

科号	科中文名	科名	科的分布区类型	属数 750	科内种数 1720	科内种数 1672（不含种下单位）
326	兰科	Orchidaceae	1	43	79	79
332	禾本科	Gramineae	1	37	62	59
148	蝶形花科	Papilionaceae	1	32	70	69
238	菊科	Compositae	1	28	48	48
232	茜草科	Rubiaceae	1	27	62	59
136	大戟科	Euphorbiaceae	2	24	65	64
259	爵床科	Acantbaceae	2	20	34	34
256	苦苣苔科	Gesneriaceae	3	16	38	37
169	荨麻科	Urticaceae	2	16	41	41
230	夹竹桃科	Apocynaceae	2	15	23	23
011	樟科	Lauraceae	2	15	63	62
264	唇形科	Labiatae	1	14	19	19
143	蔷薇科	Rosaceae	1	12	37	36
120	野牡丹科	Melastomataceae	2	11	24	24
103	葫芦科	Cucurbitaceae	2	10	20	19
197	楝科	Meliaceae	2	10	11	11
008	番荔枝科	Annonaceae	2	9	20	20
302	天南星科	Araceae	2	9	16	16
212	五加科	Araliaceae	3	9	28	27
280	鸭跖草科	Commelinaceae	2	8	15	14
293a	铃兰科	Convallariaceae	8-4	8	17	17
252	玄参科	Scrophulariaceae	1	8	12	12

续表

科号	科中文名	科名	科的分布区类型	属数 750	科内种数 1720	科内种数 1672（不含种下单位）
108	山茶科	Theaceae	2	8	19	19
205	漆树科	Anacardiaceae	2	7	8	7
251	旋花科	Convolvulaceae	1	7	11	10
194	芸香科	Rutaceae	2	7	11	11
130	梧桐科	Sterculiaceae	2	7	16	16
263	马鞭草科	Verbenaceae	3	7	18	17
290	姜科	Zingiberaceae	5	7	27	27
231	萝藦科	Asclepiadaceae	2	6	10	10
331	莎草科	Cyperaceae	1	6	11	11
185	桑寄生科	Lorantbaceae	2s	6	10	10
063	苋科	Amaranthaceae	1	5	6	6
257	紫葳科	Bignoniaceae	2	5	7	6
053	石竹科	Caryophyllaceae	1	5	5	5
142	绣球花科	Hydrangeaceae	8-4	5	9	9
001	木兰科	Magnoliaceae	9	5	16	16
023	防已科	Menispermaceae	2	5	7	7
167	桑科	Moraceae	1	5	44	41
229	木犀科	Oleaceae	1	5	11	10
190	鼠李科	Rhamnaceae	1	5	7	6
215	杜鹃花科	Rhodoraceae	1	5	30	26
198	无患子科	Sapindaceae	2	5	6	6
165	榆科	Ulmaceae	1	5	8	8
146	苏木科	Caesalpiniaceae	2-2	4	6	6
243	桔梗科	Campanulaceae	1	4	4	4
173	卫矛科	Celastraceae	2	4	19	19
206	牛栓藤科	Connaraceae	2	4	4	4
163	壳斗科	Fagaceae	8-4	4	29	29
239	龙胆科	Gentianaceae	1	4	4	4
179	茶茱萸科	Icacinaceae	2	4	7	7
132	锦葵科	Malvaceae	2	4	8	5
223	紫金牛科	Myrsinaceae	2	4	24	23
314	棕榈科	Palmae	2	4	6	6
224	安息香科	Styracaceae	3	4	7	7
036	山柑科	Capparaceae	2	3	8	8
121	使君子科	Combretaceae	2	3	4	4
249a	破布木科	Cordiaceae	2	3	4	4

续表

科号	科中文名	科名	科的分布区类型	属数 750	科内种数 1720	科内种数 1672 （不含种下单位）
039	十字花科	Cruciferae	1	3	3	3
151	金缕梅科	Hamamelidaceae	8-4	3	5	5
207	胡桃科	Juglandaceae	8-4	3	7	5
147	含羞草科	Mimosaceae	2	3	12	12
014	肉豆蔻科	Myristicaceae	2	3	6	6
057	蓼科	Polygonaceae	1	3	16	15
015	毛茛科	Ranunculaceae	1	3	10	10
186	檀香科	Santalaceae	2	3	3	3
047	虎耳草科	Saxifragaceae	1	3	3	3
250	茄科	Solanaceae	1	3	5	5
128	椴树科	Tiliaceae	2-2	3	7	6
213	伞形科	Umbelliferae	1	3	5	5
193	葡萄科	Vitaceae	2	3	14	13
024	马兜铃科	Aristolachiaceae	2	2	4	4
161	桦木科	Betulaceae	8-4	2	3	3
249	紫草科	Boraginaceae	1	2	3	3
232a	香茜科	Carlemanniaceae	7-1	2	3	3
085	五桠果科	Dilleniaceae	2-1	2	2	2
116	龙脑香科	Dipterocarpaceae	7d	2	2	2
128a	杜英科	Elaeocarpaceae	3	2	11	11
052	沟繁缕科	Elatinaceae	2	2	2	2
033	紫堇科	Fumariaceae	8-4	2	4	4
123	金丝桃科	Hypericaceae	8	2	4	4
318	仙茅科	Hypoxidaceae	2	2	4	4
021	木通科	Lardizabalaceae	3	2	2	2
133	金虎尾科	Malpighiaceae	2	2	3	3
211	蓝果树科	Nyssaceae	9	2	3	3
101	西番莲科	Passifloraceae	2	2	3	3
028	胡椒科	Piperaceae	2	2	16	16
042	远志科	Polygalaceae	1	2	4	4
240	报春花科	Primulaceae	1	2	11	11
084	山龙眼科	Proteaceae	2s	2	9	9
122	红树科	Rhizophoraceae	2	2	4	4
094	天料木科	Samydaceae	2	2	4	4
222	山榄科	Sapotaceae	2	2	2	2
029	三白草科	Saururaceae	9	2	2	2

续表

科号	科中文名	科名	科的分布区类型	属数 750	科内种数 1720	科内种数 1672（不含种下单位）
003	五味子科	Schisandraceae	9	2	5	5
297	菝葜科	Smilacaceae	2	2	12	12
228	马钱子科	Strychnaceae	2	2	4	4
081	瑞香科	Thymelaeaceae	1	2	5	5
216	越橘科	Vacciniaceae	8	2	10	9
200	槭树科	Aceraceae	8-4	1	6	6
112	猕猴桃科	Actinidiaceae	14	1	4	4
210	八角枫科	Alangiaceae	4	1	1	1
267	泽泻科	Alismataceae	1	1	1	1
293c	吊兰科	Anthericaceae	12-3	1	1	1
171	冬青科	Aquifoliaceae	3	1	13	13
294	天门冬科	Asparagaceae	4	1	1	1
209b	桃叶珊瑚科	Aucubaceae	14	1	3	3
189	蛇菰科	Balanophoraceae	2	1	2	2
071	凤仙花科	Balsaminaceae	2	1	8	8
119a	金刀木科	Barringtoniaceae	4	1	1	1
104	秋海棠科	Begoniaceae	2	1	20	19
136c	重阳木科	Bischofiaceae	7	1	1	1
131	木棉科	Bombacaceae	2	1	1	1
228a	醉鱼草科	Buddlejaceae	2-2	1	1	1
196	橄榄科	Burseraceae	2	1	1	1
233	忍冬科	Caprifoliaceae	8	1	1	1
179a	心翼果科	Cardiopteridaceae	5	1	1	1
030	金粟兰科	Chloranthaceae	2	1	2	1
209	山茱萸科	Cornaceae	8-4	1	1	1
290a	闭鞘姜科	Costaceae	2	1	2	2
073	隐翼科	Crypteroniaceae	7b	1	1	1
G06	柏科	Cupressaceae	8-4	1	1	1
251a	菟丝子科	Cuscutaceae	1	1	2	2
G01	苏铁科	Cycadaceae	5	1	5	5
214	桤叶树科	Cyrillaceae	3	1	2	2
136a	虎皮楠科	Daphniphyllaceae	5	1	3	3
311	薯蓣科	Dioscoreaceae	2	1	3	3
173a	十齿花科	Dipentodontaceae	7-2	1	1	1
313a	龙血树科	Dracaenaceae	2	1	1	1
074a	八宝树科	Duabangaceae	7a	1	1	1

续表

科号	科中文名	科名	科的分布区类型	属数 750	科内种数 1720	科内种数 1672（不含种下单位）
221	柿科	Ebenaceae	2	1	7	7
191	胡颓子科	Elaeagnaceae	8-4	1	1	1
182a	赤苍藤科	Erythropalaceae	7c	1	1	1
135	古柯科	Erythroxylaceae	2	1	1	1
093	刺篱木科	Flacourtiaceae	2	1	1	1
228b	钩吻科	Gelsemiaceae	9	1	1	1
G11	买麻藤科	Gnetaceae	2-2	1	1	1
126	藤黄科	Guttiferae (Clusiaceae)	2	1	4	4
209c	青荚叶科	Helwingiaceae	14	1	1	1
013	莲叶桐科	Hernandiaceae	2	1	2	2
178	翅子藤科	Hippocrateaceae	2	1	3	3
213a	天胡荽科	Hydrocotylaceae	3	1	2	2
002a	八角科	Illiciaceae	9	1	7	7
139a	鼠刺科	Iteaoeae	9	1	2	2
135a	粘木科	Ixonanthaceae	2-2	1	1	1
327	灯心草科	Juncaceae	8-4	1	2	2
093a	大风子科	Kiggelariaceae	2	1	2	2
193a	火筒树科	Leeaceae	4	1	3	3
293	百合科	Liliaceae	8	1	1	1
244	半边莲科	Lobeliaceae	1	1	4	4
072	千屈菜科	Lythraceae	1	1	1	1
292	竹芋科	Marantaceae	2	1	4	3
212a	马蹄参科	Mastixiaceae	7d	1	1	1
201a	泡花树科	Meliosmaceae	3	1	3	3
218	水晶兰科	Monotropaceae	8	1	1	1
287	芭蕉科	Musaceae	4	1	3	3
118	桃金娘科	Myrtaceae	2s	1	7	7
232b	水团花科	Naucleaceae	2	1	1	1
077	柳叶菜科	Onagraceae	1	1	2	2
253	列当科	Orobanchaceae	8	1	1	1
069	酢浆草科	Oxalidaceae	1	1	1	1
315	露兜树科	Pandanaceae	4	1	1	1
243a	五膜草科	Pentaphragmataceae	7d	1	1	1
293b	山菅兰科	Phormiaceae	2-1	1	1	1
088	海桐花科	Pittosporaceae	4	1	4	3
242	车前科	Plantaginaceae	1	1	3	2

续表

科号	科中文名	科名	科的分布区类型	属数 750	科内种数 1720	科内种数 1672（不含种下单位）
G07	罗汉松科	Podocarpaceae	2s	1	2	2
296	雨久花科	Pontederiaceae	2	1	1	1
056	马齿苋科	Portulacaceae	1	1	1	1
201	清风藤科	Sabiaceae	7d	1	6	6
233a	接骨木科	Sambucaceae	1	1	2	2
222a	肉实树科	Sarcospermataceae	7c	1	3	3
022	大血藤科	Sargentodoxaceae	7-4	1	1	1
113	水东哥科	Saurauiaceae	3	1	8	6
108b	毒药树科	Sladeniaceae	7-3	1	1	1
150	旌节花科	Stachyuraceae	14	1	1	1
204	省沽油科	Staphyleaceae	3	1	6	5
136b	五月茶科	Stilaginaceae	4	1	4	4
225	山矾科	Symplocaceae	2-1	1	10	9
321	箭根薯科	Taccaceae	2	1	1	1
204a	瘿椒树科	Tapisciaceae	3	1	2	2
G09	红豆杉科	Taxaceae	8-4	1	1	1
G05	杉科	Taxodiaceae	8-4	1	1	1
006b	水青树科	Tetracentraceae	14SH	1	1	1
105a	四数木科	Tetramelaceae	5	1	1	1
209a	烂泥树科	Torricelliaceae	14SH	1	1	1
295	重楼科	Trilliaceae	8	1	5	3
233b	荚蒾科	Viburnaceae	9	1	6	6
040	堇菜科	Violaceae	1	1	6	6
185a	槲寄生科	Viscaceae	1	1	1	1
263c	牡荆科	Viticaceae	2	1	3	3
042a	黄叶树科	Xanthophyllaceae	5	1	1	1

附录Ⅲ　西隆山种子植物科的分布区类型及所含种属数［按科内种数大小排列（不含种下单位）］

陈文红

（中国科学院昆明植物研究所）

科号	科中文名	科名	科的分布区类型	属数 750	科内种数 1720	科内种数 1672（不含种下单位）
326	兰科	Orchidaceae	1	43	79	79
148	蝶形花科	Papilionaceae	1	32	70	69
136	大戟科	Euphorbiaceae	2	24	65	64
011	樟科	Lauraceae	2	15	63	62
332	禾本科	Gramineae	1	37	62	59
232	茜草科	Rubiaceae	1	27	62	59
238	菊科	Compositae	1	28	48	48
167	桑科	Moraceae	1	5	44	41
169	荨麻科	Urticaceae	2	16	41	41
256	苦苣苔科	Gesneriaceae	3	16	38	37
143	蔷薇科	Rosaceae	1	12	37	36
259	爵床科	Acantbaceae	2	20	34	34
163	壳斗科	Fagaceae	8-4	4	29	29
212	五加科	Araliaceae	3	9	28	27
290	姜科	Zingiberaceae	5	7	27	27
215	杜鹃花科	Rhodoraceae	1	5	30	26
120	野牡丹科	Melastomataceae	2	11	24	24
230	夹竹桃科	Apocynaceae	2	15	23	23
223	紫金牛科	Myrsinaceae	2	4	24	23
008	番荔枝科	Annonaceae	2	9	20	20

续表

科号	科中文名	科名	科的分布区类型	属数 750	科内种数 1720	科内种数 1672（不含种下单位）
104	秋海棠科	Begoniaceae	2	1	20	19
173	卫矛科	Celastraceae	2	4	19	19
103	葫芦科	Cucurbitaceae	2	10	20	19
264	唇形科	Labiatae	1	14	19	19
108	山茶科	Theaceae	2	8	19	19
293a	铃兰科	Convallariaceae	8-4	8	17	17
263	马鞭草科	Verbenaceae	3	7	18	17
302	天南星科	Araceae	2	9	16	16
028	胡椒科	Piperaceae	2	2	16	16
130	梧桐科	Sterculiaceae	2	7	16	16
057	蓼科	Polygonaceae	1	3	16	15
280	鸭跖草科	Commelinaceae	2	8	15	14
001	木兰科	Magnoliaceae	9	5	14	14
171	冬青科	Aquifoliaceae	3	1	13	13
193	葡萄科	Vitaceae	2	3	14	13
147	含羞草科	Mimosaceae	2	3	12	12
252	玄参科	Scrophulariaceae	1	8	12	12
297	菝葜科	Smilacaceae	2	2	12	12
331	莎草科	Cyperaceae	1	6	11	11
128a	杜英科	Elaeocarpaceae	3	2	11	11
197	楝科	Meliaceae	2	10	11	11
240	报春花科	Primulaceae	1	2	11	11
194	芸香科	Rutaceae	2	7	11	11
231	萝藦科	Asclepiadaceae	2	6	10	10
251	旋花科	Convolvulaceae	1	7	11	10
185	桑寄生科	Lorantbaceae	2s	6	10	10
229	木犀科	Oleaceae	1	5	11	10
015	毛茛科	Ranunculaceae	1	3	10	10
142	绣球花科	Hydrangeaceae	8-4	5	9	9
084	山龙眼科	Proteaceae	2s	2	9	9
225	山矾科	Symplocaceae	2-1	1	10	9
216	越橘科	Vacciniaceae	8	2	10	9
071	凤仙花科	Balsaminaceae	2	1	8	8
036	山柑科	Capparaceae	2	3	8	8
165	榆科	Ulmaceae	1	5	8	8
205	漆树科	Anacardiaceae	2	7	8	7

续表

科号	科中文名	科名	科的分布区类型	属数 750	科内种数 1720	科内种数 1672（不含种下单位）
221	柿科	Ebenaceae	2	1	7	7
179	茶茱萸科	Icacinaceae	2	4	7	7
002a	八角科	Illiciaceae	9	1	7	7
023	防己科	Menispermaceae	2	5	7	7
118	桃金娘科	Myrtaceae	2s	1	7	7
224	安息香科	Styracaceae	3	4	7	7
200	槭树科	Aceraceae	8-4	1	6	6
063	苋科	Amaranthaceae	1	5	6	6
257	紫葳科	Bignoniaceae	2	5	7	6
146	苏木科	Caesalpiniaceae	2-2	4	6	6
014	肉豆蔻科	Myristicaceae	2	3	6	6
314	棕榈科	Palmae	2	4	6	6
190	鼠李科	Rhamnaceae	1	5	7	6
201	清风藤科	Sabiaceae	7d	1	6	6
198	无患子科	Sapindaceae	2	5	6	6
113	水东哥科	Saurauiaceae	3	1	8	6
128	椴树科	Tiliaceae	2-2	3	7	6
233b	荚蒾科	Viburnaceae	9	1	6	6
040	堇菜科	Violaceae	1	1	6	6
053	石竹科	Caryophyllaceae	1	5	5	5
G01	苏铁科	Cycadaceae	5	1	5	5
151	金缕梅科	Hamamelidaceae	8-4	3	5	5
207	胡桃科	Juglandaceae	8-4	3	7	5
132	锦葵科	Malvaceae	2	4	8	5
003	五味子科	Schisandraceae	9	2	5	5
250	茄科	Solanaceae	1	3	5	5
204	省沽油科	Staphyleaceae	3	1	6	5
081	瑞香科	Thymelaeaceae	1	2	5	5
213	伞形科	Umbelliferae	1	3	5	5
112	猕猴桃科	Actinidiaceae	14	1	4	4
024	马兜铃科	Aristolachiaceae	2	2	4	4
243	桔梗科	Campanulaceae	1	4	4	4
121	使君子科	Combretaceae	2	3	4	4
206	牛栓藤科	Connaraceae	2	4	4	4
249a	破布木科	Cordiaceae	2	3	4	4
033	紫堇科	Fumariaceae	8-4	2	4	4

续表

科号	科中文名	科名	科的分布区类型	属数 750	科内种数 1720	科内种数 1672（不含种下单位）
239	龙胆科	Gentianaceae	1	4	4	4
126	藤黄科	Guttiferae (Clusiaceae)	2	1	4	4
123	金丝桃科	Hypericaceae	8	2	4	4
318	仙茅科	Hypoxidaceae	2	2	4	4
244	半边莲科	Lobeliaceae	1	1	4	4
042	远志科	Polygalaceae	1	2	4	4
122	红树科	Rhizophoraceae	2	2	4	4
094	天料木科	Samydaceae	2	2	4	4
136b	五月茶科	Stilaginaceae	4	1	4	4
228	马钱子科	Strychnaceae	2	2	4	4
209b	桃叶珊瑚科	Aucubaceae	14	1	3	3
161	桦木科	Betulaceae	8-4	2	3	3
249	紫草科	Boraginaceae	1	2	3	3
232a	香茜科	Carlemanniaceae	7-1	2	3	3
039	十字花科	Cruciferae	1	3	3	3
136a	虎皮楠科	Daphniphyllaceae	5	1	3	3
311	薯蓣科	Dioscoreaceae	2	1	3	3
178	翅子藤科	Hippocrateaceae	2	1	3	3
193a	火筒树科	Leeaceae	4	1	3	3
133	金虎尾科	Malpighiaceae	2	2	3	3
292	竹芋科	Marantaceae	2	1	4	3
201a	泡花树科	Meliosmaceae	3	1	3	3
287	芭蕉科	Musaceae	4	1	3	3
211	蓝果树科	Nyssaceae	9	2	3	3
101	西番莲科	Passifloraceae	2	2	3	3
088	海桐花科	Pittosporaceae	4	1	4	3
186	檀香科	Santalaceae	2	3	3	3
222a	肉实树科	Sarcospermataceae	7c	1	3	3
047	虎耳草科	Saxifragaceae	1	3	3	3
295	重楼科	Trilliaceae	8	1	5	3
263c	牡荆科	Viticaceae	2	1	3	3
189	蛇菰科	Balanophoraceae	2	1	2	2
290a	闭鞘姜科	Costaceae	2	1	2	2
251a	菟丝子科	Cuscutaceae	1	1	2	2
214	桤叶树科	Cyrillaceae	3	1	2	2
085	五桠果科	Dilleniaceae	2-1	2	2	2

续表

科号	科中文名	科名	科的分布区类型	属数 750	科内种数 1720	科内种数 1672（不含种下单位）
116	龙脑香科	Dipterocarpaceae	7d	2	2	2
052	沟繁缕科	Elatinaceae	2	2	2	2
013	莲叶桐科	Hernandiaceae	2	1	2	2
213a	天胡荽科	Hydrocotylaceae	3	1	2	2
139a	鼠刺科	Iteaoeae	9	1	2	2
327	灯心草科	Juncaceae	8-4	1	2	2
093a	大风子科	Kiggelariaceae	2	1	2	2
021	木通科	Lardizabalaceae	3	2	2	2
077	柳叶菜科	Onagraceae	1	1	2	2
242	车前科	Plantaginaceae	1	1	3	2
G07	罗汉松科	Podocarpaceae	2s	1	2	2
233a	接骨木科	Sambucaceae	1	1	2	2
222	山榄科	Sapotaceae	2	2	2	2
029	三白草科	Saururaceae	9	2	2	2
204a	瘿椒树科	Tapisciaceae	3	1	2	2
210	八角枫科	Alangiaceae	4	1	1	1
267	泽泻科	Alismataceae	1	1	1	1
293c	吊兰科	Anthericaceae	12-3	1	1	1
294	天门冬科	Asparagaceae	4	1	1	1
119a	金刀木科	Barringtoniaceae	4	1	1	1
136c	重阳木科	Bischofiaceae	7	1	1	1
131	木棉科	Bombacaceae	2	1	1	1
228a	醉鱼草科	Buddlejaceae	2-2	1	1	1
196	橄榄科	Burseraceae	2	1	1	1
233	忍冬科	Caprifoliaceae	8	1	1	1
179a	心翼果科	Cardiopteridaceae	5	1	1	1
030	金粟兰科	Chloranthaceae	2	1	2	1
209	山茱萸科	Cornaceae	8-4	1	1	1
073	隐翼科	Crypteroniaceae	7b	1	1	1
G06	柏科	Cupressaceae	8-4	1	1	1
173a	十齿花科	Dipentodontaceae	7-2	1	1	1
313a	龙血树科	Dracaenaceae	2	1	1	1
074a	八宝树科	Duabangaceae	7a	1	1	1
191	胡颓子科	Elaeagnaceae	8-4	1	1	1
182a	赤苍藤科	Erythropalaceae	7c	1	1	1
135	古柯科	Erythroxylaceae	2	1	1	1

续表

科号	科中文名	科名	科的分布区类型	属数 750	科内种数 1720	科内种数 1672（不含种下单位）
093	刺篱木科	Flacourtiaceae	2	1	1	1
228b	钩吻科	Gelsemiaceae	9	1	1	1
G11	买麻藤科	Gnetaceae	2-2	1	1	1
209c	青荚叶科	Helwingiaceae	14	1	1	1
135a	粘木科	Ixonanthaceae	2-2	1	1	1
293	百合科	Liliaceae	8	1	1	1
072	千屈菜科	Lythraceae	1	1	1	1
212a	马蹄参科	Mastixiaceae	7d	1	1	1
218	水晶兰科	Monotropaceae	8	1	1	1
232b	水团花科	Naucleaceae	2	1	1	1
253	列当科	Orobanchaceae	8	1	1	1
069	酢浆草科	Oxalidaceae	1	1	1	1
315	露兜树科	Pandanaceae	4	1	1	1
243a	五膜草科	Pentaphragmataceae	7d	1	1	1
293b	山菅兰科	Phormiaceae	2-1	1	1	1
296	雨久花科	Pontederiaceae	2	1	1	1
056	马齿苋科	Portulacaceae	1	1	1	1
022	大血藤科	Sargentodoxaceae	7-4	1	1	1
108b	毒药树科	Sladeniaceae	7-3	1	1	1
150	旌节花科	Stachyuraceae	14	1	1	1
321	箭根薯科	Taccaceae	2	1	1	1
G09	红豆杉科	Taxaceae	8-4	1	1	1
G05	杉科	Taxodiaceae	8-4	1	1	1
006b	水青树科	Tetracentraceae	14SH	1	1	1
105a	四数木科	Tetramelaceae	5	1	1	1
209a	烂泥树科	Torricelliaceae	14SH	1	1	1
185a	槲寄生科	Viscaceae	1	1	1	1
042a	黄叶树科	Xanthophyllaceae	5	1	1	1

附录Ⅳ　西隆山种子植物属的分布区类型及所含种数

陈文红

（中国科学院昆明植物研究所）

科号	科中文名	科名	属中文名	属名	属定名人	种 / 世界种数	属分类型	属内种数 1720	48	属内种数亚种 1673
132	锦葵科	Malvaceae	黄葵	Abelmoschus	Medik.	4/15	4	1		1
148	蝶形花科	Papilionaceae	相思豆	Abrus	Adans.	4/12	2	1		1
132	锦葵科	Malvaceae	苘麻	Abutilon	Mill.	9/150	2	2		2
147	含羞草科	Mimosaceae	金合欢	Acacia	Mill.	18+/750（-900）	2	2		2
136	大戟科	Euphorbiaceae	铁苋菜	Acalypha	Linn.	16/450	2	1		1
200	槭树科	Aceraceae	槭	Acer	Linn.	150/200	8-4	6		6
063	苋科	Amaranthaceae	牛膝	Achyranthes	Linn.	3-4/15	4	2		2
194	芸香科	Rutaceae	山油柑	Acronychia	J. R. et G. Forst.	2/50	5	1		1
112	猕猴桃科	Actinidiaceae	猕猴桃	Actinidia	Lindl.	52/54	14	4		4
011	樟科	Lauraceae	黄肉楠	Actinodaphne	Nees	19/100	7a	4		4
101	西番莲科	Passifloraceae	蒴莲	Adenia	Forsk.	3/92	4	1		1
252	玄参科	Scrophulariaceae	毛麝香	Adenosma	R. Br.	4/15	5	2		2
238	菊科	Compositae	下田菊	Adenostemma	J. R. et G. Forst.	2/6	2	1		1
108	山茶科	Theaceae	黄瑞木（杨桐）	Adinandra	Jack	22/85	6-2	2		2
253	列当科	Orobanchaceae	野菰	Aeginetia	Linn.	3/10	7ab	1		1
326	兰科	Orchidaceae	指甲兰（气兰）	Aerides	Lour.	1(-4)/40	7-4	1		1
063	苋科	Amaranthaceae	白花苋	Aerva	Forsk.	2/18	4	1		1
256	苦苣苔科	Gesneriaceae	芒毛苣苔	Aeschynanthus	Jack	24/80	7d	8	－1	7
148	蝶形花科	Papilionaceae	双束鱼藤	Aganope	Miq.	3/7±	2	1		1
230	夹竹桃科	Apocynaceae	香花藤	Aganosma	(Bl.) G. Don	5/15	7a/b	2		2
216	越橘科	Vacciniaceae	树萝卜	Agapetes	D. Don ex G. Don	40/80+	7e	5		5
197	楝科	Meliaceae	崖摩	Aglaia	Roxb.	6-7/25	5	1		1
302	天南星科	Araceae	广东万年青	Aglaonema	Schott	2/50	7c	1		1
143	蔷薇科	Rosaceae	龙牙草	Agrimonia	Linn.	4/10	8	1		1

续表

科号	科中文名	科名	属中文名	属名	属定名人	种 / 世界种数	属分类型	属内种数 1720	48	属内种数亚种 1673
232	茜草科	Rubiaceae	茜树	Aidia	Lour.	5/50	4-1	1		1
238	菊科	Compositae	兔儿风	Ainsliaea	DC.	45/70	14	2		2
264	唇形科	Labiatae	筋骨草	Ajuga	Linn.	18/45-50	10-3	2		2
021	木通科	Lardizabalaceae	木通	Akebia	Decne.	2/5	14SJ	1		1
210	八角枫科	Alangiaceae	八角枫	Alangium	Lam.	8/30±	4	1		1
147	含羞草科	Mimosaceae	合欢	Albizia	Durazz.	17/100-150	2	5		5
136	大戟科	Euphorbiaceae	山麻杆	Alchornea	Sw.	6/70	2	5	－1	4
001	木兰科	Magnoliaceae	长蕊木兰	Alcimandra	Dandy	1/1	14SH	1		1
198	无患子科	Sapindaceae	异木患	Allophylus	Linn.	10/250±	4	1		1
224	安息香科	Styracaceae	赤杨叶	Alniphyllum	Matsum.	2/2-3	7-4	1		1
161	桦木科	Betulaceae	赤杨（桤）	Alnus	Mill.	7-8/40+	8-4	1		1
302	天南星科	Araceae	海芋	Alocasia	(Schott) G. Don	4/70	5	2		2
332	禾本科	Gramineae	看麦娘	Alopecurus	Linn.	6/30-50	8-5	1		1
008	番荔枝科	Annonaceae	藤春	Alphonsea	Hook.f. et Thoms.	6/20	7ab	2		2
290	姜科	Zingiberaceae	山姜	Alpinia	Roxb.	46/250±	5	8		8
011	樟科	Lauraceae	油丹	Alseodaphne	Nees	9/25-50+	7a	2		2
230	夹竹桃科	Apocynaceae	鸡骨常山	Alstonia	R. Br.	6/50+	2-2	2		2
063	苋科	Amaranthaceae	虾钳菜	Alternanthera	Forsk.	2/200±	2	1		1
151	金缕梅科	Hamamelidaceae	蕈树	Altingia	Nor.	8/12	7-1	2		2
230	夹竹桃科	Apocynaceae	酸果藤（毛车藤）	Amalocalyx	Pierre	1/2	7-2	1		1
130	梧桐科	Sterculiaceae	昂天莲	Ambroma	Linn.f.	1/2	5	1		1
280	鸭跖草科	Commelinaceae	穿鞘花	Amischotolype	Hassk.	2/20±	6	2		2
326	兰科	Orchidaceae	无柱兰	Amitostigma	Schltr.	18-20/21-23	14	1		1
290	姜科	Zingiberaceae	豆蔻	Amomum	Roxb.	29/150±	5	4		4

续表

科号	科中文名	科名	属中文名	属名	属定名人	种 / 世界种数	属分类型	属内种数 1720	48	属内种数亚种 1673
193	葡萄科	Vitaceae	蛇葡萄	Ampelopsis	Michx.	9/60±	9	1		1
302	天南星科	Araceae	上树南星	Anadendrum	Schott	2/9	7ab	1		1
238	菊科	Compositae	香青	Anaphalis	DC.	50±/80±	8	3		3
015	毛茛科	Ranunculaceae	银莲花	Anemone	Linn.	52/150	1	1		1
264	唇形科	Labiatae	广防风	Anisomeles	R. Br.		5	1		1
108	山茶科	Theaceae	茶梨（红楣）	Anneslea	Wall.	6/6	7a-c	1		1
230	夹竹桃科	Apocynaceae	鳝藤	Anodendron	A. DC.	6/18	7e	1		1
326	兰科	Orchidaceae	开唇兰	Anoectochilus	Bl.	6/25	5	1		1
136b	五月茶科	Stilaginaceae	五月茶	Antidesma	Linn.	16/170	4	4		4
197	楝科	Meliaceae	山楝	Aphanamixis	Bl.	1/3	7e	1		1
165	榆科	Ulmaceae	糙叶树	Aphananthe	Planch.	2/8	2-1	1		1
332	禾本科	Gramineae	水蔗草	Apluda	Linn.	1/1	7a-d	1		1
136	大戟科	Euphorbiaceae	银柴	Aporosa	Bl.	3/75	5	4		4
212	五加科	Araliaceae	楤木	Aralia	Linn.	30+/25-40	9	5		5
147	含羞草科	Mimosaceae	棋子豆	Archidendron	Kosterm.	11/13	5	5		5
223	紫金牛科	Myrsinaceae	紫金牛	Ardisia	Sw.	69/400	2	8		8
251	旋花科	Convolvulaceae	白鹤藤	Argyreia	Lour.	21/90	5	1		1
302	天南星科	Araceae	天南星	Arisaema	Mart.	82/150±	8	2		2
024	马兜铃科	Aristolachiaceae	马兜铃	Aristolochia	Linn.	68/350±	2	3		3
008	番荔枝科	Annonaceae	鹰爪	Artabotrys	R. Br.	6/100	4	1		1
167	桑科	Moraceae	波罗密	Artocarpus	J. R. et G. Forst.	12/47±	5	4		4
326	兰科	Orchidaceae	竹叶兰	Arundina	Bl.	2/5	7ab	1		1
024	马兜铃科	Aristolachiaceae	细辛	Asarum	Linn.	30/90±	8	1		1
294	天门冬科	Asparagaceae	天门冬	Asparagus	Linn.	24/300±	4	1		1
133	金虎尾科	Malpighiaceae	盾翅果（盾翅藤）	Aspidopterys	Juss.	8/20	7a-c	2		2

续表

科号	科中文名	科名	属中文名	属名	属定名人	种 / 世界种数	属分类型	属内种数 1720	48	属内种数亚种 1673
047	虎耳草科	Saxifragaceae	落新妇（红升麻）	Astilbe	Buch.-Ham. ex D. Don	15/25	9	1		1
259	爵床科	Acantbaceae	白接骨	Asystasia	Lindau	1/3	4	1		1
209b	桃叶珊瑚科	Aucubaceae	桃叶珊瑚	Aucuba	Thunb.	5+/7	14	3		3
136	大戟科	Euphorbiaceae	木奶果	Baccaurea	Lour.	3/70±	7e	1		1
136	大戟科	Euphorbiaceae	浆果乌桕	Balakata	Esser	1/2	7	1		1
189	蛇菰科	Balanophoraceae	蛇菰	Balanophora	J. R. et G. Forst.	15(-19)/80	5	2		2
259	爵床科	Acantbaceae	假杜鹃	Barleria	Linn.	4/230	2	1		1
119a	金刀木科	Barringtoniaceae	金刀木（玉蕊）	Barringtonia	J. R. et G. Forst.	3/39	4	1		1
146	苏木科	Caesalpiniaceae	羊蹄甲	Bauhinia	Linn.	40/570-600	2	3		3
256	苦苣苔科	Gesneriaceae	横蒴苣苔	Beccarinda	Kuntze	5/7	7-3	1		1
104	秋海棠科	Begoniaceae	秋海棠	Begonia	Linn.	180±/1400±	2	20	－1	19
011	樟科	Lauraceae	琼楠	Beilschmiedia	Nees	35/200±	2-1	5		5
190	鼠李科	Rhamnaceae	勾儿茶（黄鳝藤）	Berchemia	Neck. ex DC.	16/22	9	2		2
052	沟繁缕科	Elatinaceae	田繁缕	Bergia	Linn.	3/±25	2	1		1
161	桦木科	Betulaceae	桦（桦木）	Betula	Linn.	29/100±	8	2		2
238	菊科	Compositae	鬼针草	Bidens	Linn.	7-8/200±	1	2		2
136c	重阳木科	Bischofiaceae	重阳木	Bischofia	Bl.	2/2	7-1	1		1
326	兰科	Orchidaceae	白及	Bletilla	Reichenb.f.	4/6	14	1		1
238	菊科	Compositae	艾纳香	Blumea	DC.	30/50±	4-1	4		4
169	荨麻科	Urticaceae	苎麻	Boehmeria	Jacq.	35/100	2	3		3
256	苦苣苔科	Gesneriaceae	短筒苣苔	Boeica	T. Anderes ex C.B. Clarke	3/9	7-2	2		2
131	木棉科	Bombacaceae	木棉	Bombax	Linn.	2/8	6	1		1
036	山柑科	Capparaceae	节蒴木	Borthwickia	W.W. Smith	1/1	7-3	1		1
230	夹竹桃科	Apocynaceae	奶子藤	Bousigonia	Pierre	2/2	7-4	2		2

续表

科号	科中文名	科名	属中文名	属名	属定名人	种 / 世界种数	属分类型	属内种数 1720	48	属内种数亚种 1673
053	石竹科	Caryophyllaceae	短瓣花	Brachystemma	D. Don	1/1	14SH	1		1
232	茜草科	Rubiaceae	短萼齿木	Brachytome	Hook.f.	2/4	7a	1		1
252	玄参科	Scrophulariaceae	来江藤	Brandisia	Hook.f. et Thoms.	8/11-13	7-3	1		1
212	五加科	Araliaceae	罗伞	Brassaiopsis	Decne. et Planch.	9/15±	7c	2		2
136	大戟科	Euphorbiaceae	黑面神	Breynia	J. R. et G. Forst.	7/25	5	2		2
136	大戟科	Euphorbiaceae	土蜜树	Bridelia	Willd.	5/60	4	5		5
167	桑科	Moraceae	构	Broussonetia	L'Herit. ex Vent.	5/5	7e	3		3
228a	醉鱼草科	Buddlejaceae	醉鱼草	Buddleja	Linn.	45/100	2	1		1
326	兰科	Orchidaceae	石豆兰	Bulbophyllum	du Petit-Thouars	36/100±	2	4		4
326	兰科	Orchidaceae	蜂腰兰	Bulleyia	Schlechter	1/1	14SH	1		1
148	蝶形花科	Papilionaceae	紫矿	Butea	Roxb. ex Willd.	4/4-5	7a	1		1
130	梧桐科	Sterculiaceae	翅果藤	Byttneria	Loefl.	3/70	2	1		1
146	苏木科	Caesalpiniaceae	云实	Caesalpinia	Linn.	17/100±	2	1		1
148	蝶形花科	Papilionaceae	木豆（虫豆）	Cajanus	DC.	12+6/32	6	2		2
314	棕榈科	Palmae	省藤	Calamus	Linn.	34+/375+	7a-c	1		1
326	兰科	Orchidaceae	虾脊兰	Calanthe	R. Br.	41/100	2	4		4
148	蝶形花科	Papilionaceae	鸡血藤	Callerya	Endlicher	18/30	5	1		1
263	马鞭草科	Verbenaceae	紫珠	Callicarpa	Linn.	42/150±	2	4	－1	3
108	山茶科	Theaceae	山茶（茶）	Camellia	Linn.	190/220	7a	2		2
243	桔梗科	Campanulaceae	金钱豹	Campanumoea	Bl.	4/8±	7a	1		1
211	蓝果树科	Nyssaceae	喜树	Camptotheca	Decne.	1/1	15	1		1
293a	铃兰科	Convallariaceae	扁竹枝	Campylandra	Baker	7/9	14SH	1		1
148	蝶形花科	Papilionaceae	杭子梢	Campylotropis	Bunge	50+/65+	11	2		2
196	橄榄科	Burseraceae	橄榄	Canarium	Linn.	7/100	4	1		1

续表

科号	科中文名	科名	属中文名	属名	属定名人	种 / 世界种数	属分类型	属内种数 1720	48	属内种数亚种 1673
239	龙胆科	Gentianaceae	穿心草	Canscora	Lam.	3/30±	4	1		1
232	茜草科	Rubiaceae	鱼骨木	Canthium	Lam.	4/200	4	1		1
332	禾本科	Gramineae	细柄草	Capillipedium	Stapf	6/10	4	2		2
036	山柑科	Capparaceae	槌果藤	Capparis	Linn.	25/210	2	5		5
122	红树科	Rhizophoraceae	竹节树	Carallia	Roxb.	2/10	5	3		3
039	十字花科	Cruciferae	碎米荠	Cardamine	Linn.	39-42/130-160	1	1		1
293	百合科	Liliaceae	大百合	Cardiocrinum	(Endl.) Lindl.	2/3	14	1		1
179a	心翼果科	Cardiopteridaceae	心翼果	Cardiopteris	Hassk.	3/3	5	1		1
331	莎草科	Cyperaceae	苔草	Carex	Linn.	400+/1500-2000	1	3		3
232a	香茜科	Carlemanniaceae	四角果（斗斛草）	Carlemannia	Benth.	2/3	7-1	1		1
011	樟科	Lauraceae	檬果樟	Caryodaphnopsis	Airy-Shaw	4/14	3	2		2
263	马鞭草科	Verbenaceae	莸	Caryopteris	Bunge	12/15	14	1		1
314	棕榈科	Palmae	鱼尾葵	Caryota	Linn.	4/12±	5	2		2
094	天料木科	Samydaceae	嘉赐树	Casearia	Jacq.	6/160	2	3		3
011	樟科	Lauraceae	无根藤	Cassytha	Linn.	15/20	2	1		1
163	壳斗科	Fagaceae	锥栗（栲）	Castanopsis	(D. Don) Spach	60±/122±	9	14		14
290	姜科	Zingiberaceae	黄盔姜（距药姜）	Cautleya	Royle	1/5	14SH	1		1
193	葡萄科	Vitaceae	乌敛莓	Cayratia	Juss.	13/45±	4	2	－1	1
173	卫矛科	Celastraceae	南蛇藤	Celastrus	Linn.	30/50	2	5		5
063	苋科	Amaranthaceae	青葙	Celosia	Linn.	3/60	2	1		1
165	榆科	Ulmaceae	朴	Celtis	Linn.	20±/70	2	2		2
213	伞形科	Umbelliferae	积雪草	Centella	Linn.	1/20-40	1	1		1
332	禾本科	Gramineae	酸模芒	Centotheca	Desv.	1/4±	4	1		1
143	蔷薇科	Rosaceae	樱	Cerasus	Mill.	68/140	8	1		1
232	茜草科	Rubiaceae	弯管花（紫柲利）	Chassalia	Comm. ex Poir.	1/42	6	1		1

续表

科号	科中文名	科名	属中文名	属名	属定名人	种 / 世界种数	属分类型	属内种数 1720	48	属内种数亚种 1673
229	木犀科	Oleaceae	流苏树	Chionanthus	Linn.	1/2	9	1		1
256	苦苣苔科	Gesneriaceae	蚂蝗七（唇柱苣苔）	Chirita	Buch.-Ham. ex D. Don	44/80	7a-c	5		5
197	楝科	Meliaceae	溪桫	Chisocheton	Bl.	1/53	7e	1		1
293c	吊兰科	Anthericaceae	吊兰	Chlorophytum	Ker-Gawl.	4/125-200+	2	1		1
230	夹竹桃科	Apocynaceae	鹿角藤	Chonemorpha	G. Don	7/20	7a	4		4
222	山榄科	Sapotaceae	金叶树	Chrysophyllum	Linn.	1/70	2	1		1
332	禾本科	Gramineae	竹节草（金须茅）	Chrysopogon	Trin.	2/25	2-1	1		1
047	虎耳草科	Saxifragaceae	猫眼草（金腰子	Chrysosplenium	Linn.	42/61	8-4	1		1
197	楝科	Meliaceae	麻楝	Chukrasia	A. Juss.	1/1	7a	1		1
011	樟科	Lauraceae	樟	Cinnamomum	Schaeffer	46/250	3	9		9
197	楝科	Meliaceae	浆果楝	Cipadessa	Bl.	2/3	7a	1		1
238	菊科	Compositae	蓟	Cirsium	Mill.	50±/150±(300)	8	1		1
238	菊科	Compositae	菊藤	Cissampelopsis	(DC.) Miq.	6/20	7a	1		1
148	蝶形花科	Papilionaceae	香槐	Cladrastis	Rafin.	4-5/5(-12)	9	1		1
136	大戟科	Euphorbiaceae	白桐树	Claoxylon	A. Juss.	5/80	4	2		2
230	夹竹桃科	Apocynaceae	毛药藤	Cleghornia	Wight	3/7	7a	1		1
136	大戟科	Euphorbiaceae	棒柄花	Cleidion	Bl.	2/25	2	1		1
326	兰科	Orchidaceae	隔距兰	Cleisostema	Bl.	20/100	5	1		1
136	大戟科	Euphorbiaceae	闭花木	Cleistanthus	Hook.f. ex Planch.	2/140	4	1		1
015	毛茛科	Ranunculaceae	铁线莲	Clematis	Linn.	110-250-300	1	6		6
263	马鞭草科	Verbenaceae	臭牡丹（赪桐）	Clerodendrum	Linn.	30+/400	2	7		7
214	桤叶树科	Cyrillaceae	山柳	Clethra	Linn.	16/68-100±	3	2		2
264	唇形科	Labiatae	风轮菜	Clinopodium	Linn.	11/20±	8	2		2
148	蝶形花科	Papilionaceae	舞草	Codoriocalyx	Hassk.	2/2	5	2		2

续表

科号	科中文名	科名	属中文名	属名	属定名人	种 / 世界种数	属分类型	属内种数 1720	48	属内种数亚种 1673
326	兰科	Orchidaceae	贝母兰	Coelogyne	Lindl.	16/200±	7e	2		2
332	禾本科	Gramineae	薏苡	Coix	Linn.	1/5	7e	1		1
264	唇形科	Labiatae	羽萼木	Colebrookea	Smith	1/1	7-2	1		1
121	使君子科	Combretaceae	风车藤	Combretum	Loefl.	11/250±	2	2		2
280	鸭跖草科	Commelinaceae	鸭跖草	Commelina	Linn.	7/100	2	4		4
206	牛栓藤科	Connaraceae	牛栓藤	Connarus	Linn.	2/90-100	2	1		1
249a	破布木科	Cordiaceae	破布木	Cordia	Linn.	6/250	2	1		1
209	山茱萸科	Cornaceae	山茱萸	Cornus	Linn.	2/4	8	1		1
033	紫堇科	Fumariaceae	紫堇	Corydalis	Vent.	200/320	8	3		3
290a	闭鞘姜科	Costaceae	闭鞘姜	Costus	Linn.	3/150±	2	2		2
239	龙胆科	Gentianaceae	杯蕊（寄生龙胆）	Cotylanthera	Bl.	1/4	7b/e	1		1
148	蝶形花科	Papilionaceae	巴豆藤	Craspedolobium	Harms	1/1	15	1		1
238	菊科	Compositae	木耳菜（革命菜）	Crassocephalum	Moench	1/30	6	1		1
123	金丝桃科	Hypericaceae	黄牛木	Cratoxylum	Bl.	3/7	7ab	2		2
238	菊科	Compositae	还阳参	Crepis	Linn.	25(-30)/200±	8-4	1		1
148	蝶形花科	Papilionaceae	猪屎豆（野百合）	Crotalaria	Linn.	34/(+100)-550	2	5		5
136	大戟科	Euphorbiaceae	巴豆	Croton	Linn.	19/750±	2	1		1
073	隐翼科	Crypteroniaceae	隐翼	Crypteronia	Bl.	1/4	7ab	1		1
011	樟科	Lauraceae	厚壳桂	Cryptocarya	R. Br.	19/200-250	2	2		2
231	萝藦科	Asclepiadaceae	白叶藤	Cryptolepis	R. Br.	2/12	4	1		1
053	石竹科	Caryophyllaceae	狗筋蔓	Cucubalus	D. Don	1/1	8	1		1
103	葫芦科	Cucurbitaceae	甜瓜	Cucumis	Linn.	4(-5)/25	4	1		1
G05	杉科	Taxodiaceae	杉	Cunninghamia	R. Br.	2/2	15	1		1
318	仙茅科	Hypoxidaceae	仙茅	Curculigo	Gaertn.	7/20+	2	3		3
290	姜科	Zingiberaceae	姜黄	Curcuma	Linn.	4/5(-50+)	5	4		4

续表

科号	科中文名	科名	属中文名	属名	属定名人	种 / 世界种数	属分类型	属内种数 1720	48	属内种数亚种 1673
251a	菟丝子科	Cuscutaceae	菟丝子	Cuscuta	Linn.	10/170	2	2		2
063	苋科	Amaranthaceae	杯苋	Cyathula	Bl.	4/25-30	2	1		1
G01	苏铁科	Cycadaceae	苏铁	Cycas	Linn.	8-10/17-19	4	5		5
163	壳斗科	Fagaceae	青冈	Cyclobalanopsis	(Endl.) Oersted	69/150	7	4		4
243	桔梗科	Campanulaceae	金钱豹	Cyclocodon	Bl.	4/8±	7a	1		1
326	兰科	Orchidaceae	兰	Cymbidium	Sw.	20/40-60	5	4		4
249	紫草科	Boraginaceae	倒提壶（蓝布裙）	Cynoglossum	Linn.	9-10/50-60	8-4	2		2
331	莎草科	Cyperaceae	莎草	Cyperus	Linn.	62/600	14SH	3		3
120	野牡丹科	Melastomataceae	药囊花（瘤药花）	Cyphotheca	Diels	1/1	15	1		1
252	玄参科	Scrophulariaceae	囊萼花	Cyrtandromoea	Zollinger	1/10	7a	1		1
332	禾本科	Gramineae	弓果黍	Cyrtococcum	Stapf	4/12	4	1		1
033	紫堇科	Fumariaceae	紫金龙	Dactylicapnos	Wall.	7/8	14SH	1		1
148	蝶形花科	Papilionaceae	黄檀	Dalbergia	Linn.	25/120-300	2	8		8
232	茜草科	Rubiaceae	虎刺	Damnacanthus	Gaertn.f.	5/6	14	2		2
081	瑞香科	Thymelaeaceae	瑞香	Daphne	Linn.	35/70±	8-4	4		4
136a	虎皮楠科	Daphniphyllaceae	交让木	Daphniphyllum	Bl.	12/25	7	3		3
008	番荔枝科	Annonaceae	皂帽花	Dasymaschalon	(Hook.f.et Thoms.) Dalla Torre et Harms	3/15	7a	2		2
169	荨麻科	Urticaceae	水麻	Debregeasia	Gaud.	4/5	6	1		1
326	兰科	Orchidaceae	石斛	Dendrobium	Sw.	63/1400	5	10		10
332	禾本科	Gramineae	牡竹	Dendrocalamus	Nees	30/50	7	7		7
169	荨麻科	Urticaceae	树火麻	Dendrocnide	Miq.	12/36	5	1		1
148	蝶形花科	Papilionaceae	假木豆	Dendrolobium	(Wight et Arn.) Benth.	3-4/11	5	1		1
185	桑寄生科	Lorantbaceae	五蕊寄生	Dendrophthoe	Mart.	1/30±	4-1	1		1

续表

科号	科中文名	科名	属中文名	属名	属定名人	种 / 世界种数	属分类型	属内种数 1720	48	属内种数亚种 1673
186	檀香科	Santalaceae	寄生藤	Dendrotrophe	Miq.	6/14	5	1		1
148	蝶形花科	Papilionaceae	鱼藤	Derris	Lour.	20±/70-80	2	5		5
148	蝶形花科	Papilionaceae	山蚂蝗	Desmodium	Desv.	5/450	3	5	－1	4
008	番荔枝科	Annonaceae	山指甲	Desmos	Lour.	4/30	5	2		2
142	绣球花科	Hydrangeaceae	溲疏	Deutzia	Thunb.	40±/50-60	9-1	1		1
293b	山菅兰科	Phormiaceae	山菅兰	Dianella	Lam.	1/30±	2	1		1
142	绣球花科	Hydrangeaceae	常山	Dichroa	Lour.	4/13	7ab	2		2
238	菊科	Compositae	鱼眼草	Dichrocephala	L'Herit. ex DC.	3/10	4	1		1
256	苦苣苔科	Gesneriaceae	长蒴苣苔	Didymocarpus	Wall.	31/180	6	2		2
259	爵床科	Acantbaceae	疏花马兰	Diflugossa	Bremek.	3/17	7a-c	1		1
332	禾本科	Gramineae	马唐	Digitaria	Heister ex Fabr.	20/380	2	1		1
085	五桠果科	Dilleniaceae	五桠果	Dillenia	Linn.	3/60	5	1		1
251	旋花科	Convolvulaceae	飞蛾藤	Dinetus	Buch.-Ham. ex Sweet	6/8	7ab	1		1
311	薯蓣科	Dioscoreaceae	薯蓣	Dioscorea	Linn.	80/250+	2	3		3
221	柿科	Ebenaceae	柿	Diospyros	Linn.	56-60/500±	2	7		7
173a	十齿花科	Dipentodontaceae	十萼花	Dipentodon	Dunn	1/1	14SH	1		1
326	兰科	Orchidaceae	尖药兰	Diphylax	Hook.f.	3/3	14SH	1		1
212a	马蹄参科	Mastixiaceae	马蹄参	Diplopanax	Hand.-Mazz.	1/1	7-4	1		1
326	兰科	Orchidaceae	蛇舌兰	Diploprora	Hook.f.	1(-2)/5	7-1	1		1
232	茜草科	Rubiaceae	狗骨柴	Diplospora	DC.	3/20	7a-c	1		1
116	龙脑香科	Dipterocarpaceae	龙脑香	Dipterocarpus	Gaertn.f.	2/76	7a	1		1
231	萝藦科	Asclepiadaceae	眼树莲（瓜子金）	Dischidia	R. Br.	7/80	5	1		1
293a	铃兰科	Convallariaceae	竹根七（假万寿竹）	Disporopsis	Hance	4/4	7-4	1		1
293a	铃兰科	Convallariaceae	万寿竹（宝铎草）	Disporum	Salisb.	10/20	14	3		3

续表

科号	科中文名	科名	属中文名	属名	属定名人	种 / 世界种数	属分类型	属内种数 1720	48	属内种数亚种 1673
143	蔷薇科	Rosaceae	移依	Docynia	Decne.	2/6	14SH	1		1
313a	龙血树科	Dracaenaceae	龙血树（剑叶木）	Dracaena	Vand. ex Linn.	4-5/150	2-1	1		1
205	漆树科	Anacardiaceae	人面子	Dracontomelon	Bl.	2/8	5	1		1
205	漆树科	Anacardiaceae	辛果漆	Drimycarpus	Hook.f.	2/2	7a	1		1
053	石竹科	Caryophyllaceae	荷莲豆	Drymaria	Willd. ex Schult.	2/49	2	1		1
074a	八宝树科	Duabangaceae	八宝树	Duabanga	Buch.-Ham.	1/3	7a	1		1
143	蔷薇科	Rosaceae	蛇莓	Duchesnea	Smith	2/6	7a-c	1		1
148	蝶形花科	Papilionaceae	小鸡藤	Dumasia	DC.	5-8/9-10	4	2		2
197	楝科	Meliaceae	樫木（葱臭木）	Dysoxylum	Bl.	14/200	5	2		2
222	山榄科	Sapotaceae	梭子果	Eberhardtia	Lecomte	2/3	7-4	1		1
332	禾本科	Gramineae	稗	Echinochloa	Beauv.	5/30+	2	2	－1	1
238	菊科	Compositae	鳢肠	Eclipta	Linn.	1/3-4	2	1		1
249a	破布木科	Cordiaceae	厚壳树	Ehretia	P. Br.	11/50±	2	2		2
191	胡颓子科	Elaeagnaceae	胡颓子	Elaeagnus	Linn.	40/45	8-4	1		1
128a	杜英科	Elaeocarpaceae	杜英	Elaeocarpus	Linn.	38/200±	5	10		10
052	沟繁缕科	Elatinaceae	沟繁缕	Elatine	Linn.	3/15-20	2	1		1
169	荨麻科	Urticaceae	楼梯草	Elatostema	J. R. et G. Forst.	39/200	4	10		10
238	菊科	Compositae	地胆草	Elephantopus	Linn.	2/32	2	1		1
332	禾本科	Gramineae	蟋蟀草	Eleusine	Gaertn.	2/9	2	1		1
223	紫金牛科	Myrsinaceae	信筒子（酸筒子）	Embelia	Burm.f.	20/130±	4	6	－1	5
011	樟科	Lauraceae	肉药樟（土楠）	Endiandra	R. Br.	3/30-81	5	1		1
207	胡桃科	Juglandaceae	黄杞	Engelhardia	Leschen. ex Bl.	6(-8)/15±	7ab	5	－2	3
215	杜鹃花科	Rhodoraceae	吊钟花	Enkianthus	Lour.	6/10	14	3		3
326	兰科	Orchidaceae	厚唇兰	Epigeneium	Gagnep.	5/35±	7d	1		1
230	夹竹桃科	Apocynaceae	思茅藤	Epigynum	Wight	1/14±	7a	1		1

续表

科号	科中文名	科名	属中文名	属名	属定名人	种 / 世界种数	属分类型	属内种数 1720	48	属内种数亚种 1673
326	兰科	Orchidaceae	虎舌兰	Epipogium	Gmelin ex Borkh.	2/2(-5)	4	1		1
332	禾本科	Gramineae	画眉草	Eragrostis	Wolf.	30-35/100-300	2	4		4
326	兰科	Orchidaceae	毛兰	Eria	Lindl.	36/375	5	5		5
143	蔷薇科	Rosaceae	枇杷	Eriobotrya	Lindl.	13/30±	7a	3	－1	2
130	梧桐科	Sterculiaceae	火绳树	Eriolaena	DC.	5-6/8(-17)	7a	2		2
148	蝶形花科	Papilionaceae	刺桐	Erythrina	Linn.	2/100-200	2	2		2
182a	赤苍藤科	Erythropalaceae	赤苍藤	Erythropalum	Bl.	1/2-3	7a-c	1		1
135	古柯科	Erythroxylaceae	古柯	Erythroxylum	P. Br.	2+1cult./250	2	1		1
332	禾本科	Gramineae	龙须草（拟金茅）	Eulaliopsis	Honda	2/2	7ab	1		1
173	卫矛科	Celastraceae	卫矛	Euonymus	Linn.	90-125/176	1	9		9
136	大戟科	Euphorbiaceae	大戟	Euphorbia	Linn.	60+/2000±	1	3		3
108	山茶科	Theaceae	柃	Eurya	Thunb.	80±/130	3	6		6
151	金缕梅科	Hamamelidaceae	马蹄荷	Exbucklandia	R.W. Br.	2(-3)/(3-)4	7-1	1		1
128	椴树科	Tiliaceae	蚬木	Excentrodendron	H.T. Chang	1/4	7-4	1		1
163	壳斗科	Fagaceae	水青冈	Fagus	Linn.	5-1/10±(-12)	8	1		1
057	蓼科	Polygonaceae	何首乌	Fallopia	Adans.	2/9	8	1		1
332	禾本科	Gramineae	华桔竹（箭竹）	Fargesia	Franch.		14SH	1		1
332	禾本科	Gramineae	铁竹	Ferrocalamus	Hsueh et Keng f.	1/1	15	1		1
167	桑科	Moraceae	榕	Ficus	Linn.	120±/800-1000	2	34	－3	31
331	莎草科	Cyperaceae	飘拂草	Fimbristylis	Vahl	47-50/200-300	2	1		1
008	番荔枝科	Annonaceae	瓜馥木	Fissistigma	Griff.	22/75-78	5	7		7
093	刺篱木科	Flacourtiaceae	刺篱木	Flacourtia	Comm. ex L'Herit.	3/15	4	1		1
148	蝶形花科	Papilionaceae	千斤拔	Flemingia	Roxb. ex Ait.	20/35-40	4	3		3
280	鸭跖草科	Commelinaceae	聚花草	Floscopa	Lour.	2/15-20	2	1		1

续表

科号	科中文名	科名	属中文名	属名	属定名人	种 / 世界种数	属分类型	属内种数 1720	48	属内种数亚种 1673
136	大戟科	Euphorbiaceae	白饭树	Flueggea	Willd.	4/13	4	2		2
143	蔷薇科	Rosaceae	草莓	Fragaria	Linn.	10±/15	8-4	1		1
326	兰科	Orchidaceae	山珊瑚	Galeola	Lour.	4/20(-25)	5	1		1
232	茜草科	Rubiaceae	拉拉藤（猪殃殃）	Galium	Linn.	50/400	1	1		1
212	五加科	Araliaceae	荚叶五加	Gamblea	C.B. Clarke	2/4	14SH	1		1
238	菊科	Compositae	合冠鼠麴草	Gamochaeta	Weddell	7/53	1	1		1
126	藤黄科	Guttiferae (Clusiaceae)	藤黄（山竹子）	Garcinia	Linn.	12/400	6	4		4
228	马钱子科	Strychnaceae	蓬莱葛	Gardneria	Wall.	5/5	7ab	2		2
263	马鞭草科	Verbenaceae	异叶莸（加辣莸）	Garrettia	Fletcher	1/1	7-3	1		1
215	杜鹃花科	Rhodoraceae	白珠	Gaultheria	Linn.	26/210	3	8	－2	6
228b	钩吻科	Gelsemiaceae	胡蔓藤	Gelsemium	Juss.	1/2	9	1		1
259	爵床科	Acantbaceae	驳骨草	Gendarussa	Nees	1/2	7a	2		2
239	龙胆科	Gentianaceae	龙胆	Gentiana	Linn.	247/400-500	1	1		1
232	茜草科	Rubiaceae	爱地草	Geophila	D. Don	1/30	2	1		1
169	荨麻科	Urticaceae	大钱麻（蝎子草）	Girardinia	Gaud.	7/8	6	1		1
165	榆科	Ulmaceae	白颜树	Gironniera	Gaud.	2-3/15(-30)	7e	1		1
290	姜科	Zingiberaceae	舞花姜	Globba	Linn.	3-7/50-100	5	1		1
136	大戟科	Euphorbiaceae	算盘子	Glochidion	J. R. et G. Forst.	25/300±	2	7		7
173	卫矛科	Celastraceae	沟瓣花	Glyptopetalum	Thw.	6-10/27	7a	1		1
G11	买麻藤科	Gnetaceae	买麻藤	Gnetum	Linn.	7/30	2-2	1		1
179	茶茱萸科	Icacinaceae	须蕊木	Gomphandra	Wall. ex Lindl.	2/33	5	2		2
264	唇形科	Labiatae	锥花	Gomphostemma	Wall. ex Benth.	15016/36-40	7ab	1		1
008	番荔枝科	Annonaceae	哥纳香	Goniothalamus	(Bl.) Hook.f. et Thoms.	10/115	7d	2		2
179	茶茱萸科	Icacinaceae	琼榄	Gonocaryum	Miq.	3/9	7ab	1		1

续表

科号	科中文名	科名	属中文名	属名	属定名人	种 / 世界种数	属分类型	属内种数 1720	48	属内种数亚种 1673
169	荨麻科	Urticaceae	糯米团	Gonostegia	Turcz.	3/3	5	2		2
326	兰科	Orchidaceae	斑叶兰	Goodyera	R. Br.	25/40	8-4	4		4
190	鼠李科	Rhamnaceae	下果藤（咀签）	Gouania	Jacq.	2/20	2	2	－1	1
238	菊科	Compositae	田基黄	Grangea	Adanson	1/9	6	1		1
128	椴树科	Tiliaceae	扁担杆	Grewia	Linn.	30/150±	4	3	－1	2
103	葫芦科	Cucurbitaceae	金瓜	Gymnopetalum	Arn.	3/3	7a	1		1
103	葫芦科	Cucurbitaceae	绞股蓝	Gynostemma	Bl.	14/17	7ab	5		5
238	菊科	Compositae	土三七	Gynura	Cass.	15/100±	4	1		1
326	兰科	Orchidaceae	玉凤花	Habenaria	Willd.	60-70/600	8-4	2		2
332	禾本科	Gramineae	球穗草	Hackelochloa	Kuntze	2/2	2	1		1
290	姜科	Zingiberaceae	姜花	Hedychium	Koenig	15/50±	6-2	6		6
232	茜草科	Rubiaceae	耳草	Hedyotis	Linn.	50/150-420+	2	11	－1	10
084	山龙眼科	Proteaceae	山龙眼	Helicia	Lour.	18/90±	5	8		8
084	山龙眼科	Proteaceae	假山龙眼	Heliciopsis	Sleum.	3/7	7ab	1		1
130	梧桐科	Sterculiaceae	山芝麻	Helicteres	Linn.	9/40-60	2-1	3		3
185	桑寄生科	Lorantbaceae	离瓣寄生	Helixanthera	Lour.	7/50±	6	1		1
209c	青荚叶科	Helwingiaceae	青荚叶	Helwingia	Willd.	4-5/4-5	14	1		1
256	苦苣苔科	Gesneriaceae	半蒴苣苔（降龙草）	Hemiboea	C.B. Clarke	21=8/20+	14SJ	1		1
256	苦苣苔科	Gesneriaceae	密序苣苔	Hemiboeopsis	W.T. Wang	1/1	7-4	1		1
252	玄参科	Scrophulariaceae	鞭打绣球（半膜草）	Hemiphragma	Wall.	1/1	14SH	1		1
103	葫芦科	Cucurbitaceae	雪胆	Hemsleya	Cogn.	24/26	14SH	1		1
326	兰科	Orchidaceae	角盘兰	Herminium	Willd.	60-70/600	10	1		1
212	五加科	Araliaceae	幌伞枫	Heteropanax	Seem.	5/5	7-2	1		1
297	菝葜科	Smilacaceae	土茯苓（肖菝葜）	Heterosmilax	Kunth	6/15	7a	1		1
231	萝藦科	Asclepiadaceae	醉魂藤	Heterostemma	Wight et Arn.	11/30	5	1		1

续表

科号	科中文名	科名	属中文名	属名	属定名人	种 / 世界种数	属分类型	属内种数 1720	48	属内种数亚种 1673
251	旋花科	Convolvulaceae	猪菜藤	Hewittia	Wight et Arn.	1/1(-2)	5	1		1
197	楝科	Meliaceae	鹧鸪花	Heynea	Roxb.	2/2	7a	1		1
238	菊科	Compositae	须弥菊	Himalaiella	Raab-Straube	7/13	8	1		1
133	金虎尾科	Malpighiaceae	风筝果（飞鸢果）	Hiptage	Gaertn.	5-7/20-30	7e	1		1
103	葫芦科	Cucurbitaceae	油渣果	Hodgsonia	Hook.f. et Thoms.	1-2/1-2	7ab	2	－1	1
021	木通科	Lardizabalaceae	八月瓜	Holboellia	Wall.	11/12	14SH	1		1
094	天料木科	Samydaceae	天料木	Homalium	Jacq.	12/200±	2-2	1		1
243	桔梗科	Campanulaceae	同钟花	Homocodon	Hong	1/1	15	1		1
136	大戟科	Euphorbiaceae	水杨柳	Homonoia	Lour.	2/3-5	7a-c	1		1
116	龙脑香科	Dipterocarpaceae	坡垒	Hopea	Roxb.	4/90	7a-c	1		1
014	肉豆蔻科	Myristicaceae	风吹楠	Horsfieldia	Willd.	5/80	5	3		3
029	三白草科	Saururaceae	蕺菜	Houttuynia	Thunb.	1/1	14	1		1
231	萝藦科	Asclepiadaceae	球兰	Hoya	R. Br.	22/200+	7e	4		4
224	安息香科	Styracaceae	山茉莉	Huodendron	Rehd.	3-5/5-6	7-3	1		1
093a	大风子科	Kiggelariaceae	大风子	Hydnocarpus	Gaertn.	2-3/26-40	7ab	2		2
142	绣球花科	Hydrangeaceae	绣球花	Hydrangea	Linn.	45/80±	9	3		3
213a	天胡荽科	Hydrocotylaceae	天胡荽	Hydrocotyle	Linn.	14-17/25-100	2	2		2
259	爵床科	Acantbaceae	水蓑衣	Hygrophila	R. Br.	6/80±	2	1		1
148	蝶形花科	Papilionaceae	长柄山蚂蝗	Hylodesmum	H. Ohashi et R.R. Mill	10/14	9	1		1
123	金丝桃科	Hypericaceae	金丝桃	Hypericum	Linn.	47-50/400±	1	2		2
318	仙茅科	Hypoxidaceae	小金梅草	Hypoxis	Linn.	1/100±	2	1		1
171	冬青科	Aquifoliaceae	冬青	Ilex	Linn.	118/400	2-1	13		13
002a	八角科	Illiciaceae	八角	Illicium	Linn.	21-30/42-50	9	7		7
013	莲叶桐科	Hernandiaceae	青藤	Illigera	Bl.	12-15/30±	6	2		2

续表

科号	科中文名	科名	属中文名	属名	属定名人	种 / 世界种数	属分类型	属内种数 1720	48	属内种数亚种 1673
071	凤仙花科	Balsaminaceae	凤仙花	Impatiens	Linn.	190/500-600	2-2	8		8
332	禾本科	Gramineae	白茅	Imperata	Cyr.	2/10	2	2		2
148	蝶形花科	Papilionaceae	木蓝	Indigofera	Linn.	70+/700-800±	2	3		3
179	茶茱萸科	Icacinaceae	微花藤	Iodes	Bl.	4/14-19	6	3		3
251	旋花科	Convolvulaceae	番薯	Ipomoea	Linn.	25/300-500	2	1		1
332	禾本科	Gramineae	柳叶箬	Isachne	R. Br.	15/60-120	2	1		1
332	禾本科	Gramineae	鸭嘴草	Ischaemum	Linn.	15/50	2	2		1
264	唇形科	Labiatae	香茶菜	Isodon	(Schrad. ex Benth.) Spach	77/100-150±	6	1		1
259	爵床科	Acantbaceae	叉序草	Isoglossa	Oerst.	2/50	6	1		1
139a	鼠刺科	Iteaoeae	鼠刺	Itea	Linn.	12/15	9	2		2
011	樟科	Lauraceae	香面叶	Iteadaphne	Bl.	1/3	7a	1		1
238	菊科	Compositae	小苦荬	Ixeridium	(A. Gray) Tzvel.	8/15	7e	1		1
135a	粘木科	Ixonanthaceae	粘木	Ixonanthes	Jack	1/11	7a-c	1		1
232	茜草科	Rubiaceae	龙船花	Ixora	Linn.	11/40±	2	3		3
229	木犀科	Oleaceae	素馨	Jasminum	Linn.	44/300	2	5		5
327	灯心草科	Juncaceae	灯心草	Juncus	Linn.	65-70/200-300	1	2		2
003	五味子科	Schisandraceae	南五味子	Kadsura	Linn.	21-30/42-50	7a/c	4		4
014	肉豆蔻科	Myristicaceae	争光木	Knema	Lour.	5/37(-70±)	7d	2		2
132	锦葵科	Malvaceae	翅苞槿（翅果麻）	Kydia	Roxb.	1/8	7-2	1		1
331	莎草科	Cyperaceae	水蜈蚣	Kyllinga	Rottb.	6/60	2	2		1
238	菊科	Compositae	臭灵丹（六棱菊）	Laggera	Schulz-Bip. ex K. Koch	2/20±	6	1		1
169	荨麻科	Urticaceae	艾麻	Laportea	Gaud.	16/23	2	1		1
232	茜草科	Rubiaceae	粗叶木（鸡屎树）	Lasianthus	Jack.	32±/180±	2	2		2
143	蔷薇科	Rosaceae	桂樱	Laurocerasus	Duham.	15/80	2-2	2		2

续表

科号	科中文名	科名	属中文名	属名	属定名人	种 / 世界种数	属分类型	属内种数 1720	48	属内种数亚种 1673
169	荨麻科	Urticaceae	假楼梯草	Lecanthus	Wedd.	3/5	6	1		1
193a	火筒树科	Leeaceae	火筒树	Leea	D.v. Royen ex Linn.	10/70	4	3		3
264	唇形科	Labiatae	益母草	Leonurus	Linn.	12/14-20±	10	1		1
259	爵床科	Acantbaceae	鳞花草	Lepidagathis	Willd.	3-7/100±	2	1		1
232	茜草科	Rubiaceae	报春茜	Leptomischus	Drake del Castillo	2/2	7-4	1		1
136	大戟科	Euphorbiaceae	黑钩叶	Leptopus	Decne.	8-9/11	5	1		1
264	唇形科	Labiatae	米团花（白杖木）	Leucosceptrum	Sm.	1/1	14SH	1		1
229	木犀科	Oleaceae	女贞	Ligustrum	Linn.	38/51	10-1	2	－1	1
011	樟科	Lauraceae	山胡椒	Lindera	Thunb.	54/100	9	4		4
252	玄参科	Scrophulariaceae	母草	Lindernia	All.	26/100	2	3		3
326	兰科	Orchidaceae	羊耳蒜	Liparis	L.A. Rich.	45-60/250	1	3		3
326	兰科	Orchidaceae	对叶兰	Listera	R. Br.	18-21/30	8	1		1
198	无患子科	Sapindaceae	荔枝	Litchi	Sonn.	1/10(-12)	7a	1		1
163	壳斗科	Fagaceae	石栎	Lithocarpus	Bl.	70/100-300	9	10		10
011	樟科	Lauraceae	木姜子	Litsea	Lam.	64/200-400	3	16	－1	15
244	半边莲科	Lobeliaceae	半边莲	Lobelia	Linn.	23/414	2	4		4
233	忍冬科	Caprifoliaceae	忍冬	Lonicera	Linn.	90-100/200±	8	1		1
185	桑寄生科	Lorantbaceae	桑寄生	Loranthus	Jacq.	6/10±	10	1		1
256	苦苣苔科	Gesneriaceae	紫花苣苔，斜柱苣苔	Loxostigma	C.B. Clarke	8/8	14SH	1		1
232	茜草科	Rubiaceae	滇丁香	Luculia	Sweet	3-4/5	14SH	1		1
077	柳叶菜科	Onagraceae	丁香蓼	Ludwigia	Linn.	3/30-75	2	2		2
326	兰科	Orchidaceae	钗子股	Luisia	Gaud.	4/40±	7e	1		1
250	茄科	Solanaceae	红丝线	Lycianthes	(Dunal) Hassl.	9/180-200	3	3		3
215	杜鹃花科	Rhodoraceae	米饭花（南烛）	Lyonia	Nutt.	6-9/30±	9	4	－1	3

续表

科号	科中文名	科名	属中文名	属名	属定名人	种 / 世界种数	属分类型	属内种数 1720	48	属内种数亚种 1673
240	报春花科	Primulaceae	珍珠菜	Lysimachia	Linn.	120/180-200±	1	8		8
256	苦苣苔科	Gesneriaceae	吊石苣苔	Lysionotus	D. Don	29/31	14	6		6
136	大戟科	Euphorbiaceae	血桐	Macaranga	du Petit Thouars	12/28+	4	6		6
011	樟科	Lauraceae	润楠	Machilus	Nees	68/90-100+	7a-c	7		7
167	桑科	Moraceae	柘	Maclura	Nuttall	5/12	9	2		2
212	五加科	Araliaceae	大参	Macropanax	Miq.	6/6-35	7a	2		2
185	桑寄生科	Lorantbaceae	管花寄生（鞘花）	Macrosolen	(Bl.) Bl.	5/40±	7d	3		3
223	紫金牛科	Myrsinaceae	杜茎山	Maesa	Forssk.	27/200±	4	7		7
001	木兰科	Magnoliaceae	木兰	Magnolia	Linn.	30±/(80-)90±	9	1		1
293a	铃兰科	Convallariaceae	舞鹤草	Maianthemum	G.H. Web.	19/35	8	1		1
326	兰科	Orchidaceae	沼兰	Malaxis	Sol. ex Sw.	15-16/300±	1	2		2
136	大戟科	Euphorbiaceae	野桐	Mallotus	Lour.	40/142	4	8		8
259	爵床科	Acantbaceae	野靛棵	Mananthes	Bremek.	1/5	7a	3		3
205	漆树科	Anacardiaceae	杧果	Mangifera	Linn.	7/(40-)53	7d	1		1
001	木兰科	Magnoliaceae	木莲	Manglietia	Bl.	19-20+/30-32	7a-c	6		6
169	荨麻科	Urticaceae	三元麻（水丝麻）	Maoutia	Wedd.	2/15	7e	1		1
257	紫葳科	Bignoniaceae	猫尾木	Markhamia	(Fenzl) Seem.	2/9	6	2	－1	1
231	萝藦科	Asclepiadaceae	牛奶菜	Marsdenia	R. Br.	22/100	2-1	2		2
257	紫葳科	Bignoniaceae	火烧花	Mayodendron	Kurz	1/1	7-3	1		1
120	野牡丹科	Melastomataceae	酸果	Medinilla	Gaud.	16/400	4	3		3
213	伞形科	Umbelliferae	藏香叶芹（滇芹）	Meeboldia	H. Wolff	1/2	14SH	1		1
120	野牡丹科	Melastomataceae	野牡丹	Melastoma	Linn.	9/100	5	2		2
197	楝科	Meliaceae	楝	Melia	Linn.	2-3/15-20±	4	1		1
194	芸香科	Rutaceae	蜜茱萸	Melicope	J.R. Forster et G. Forster	8/233	5	1		1

续表

科号	科中文名	科名	属中文名	属名	属定名人	种 / 世界种数	属分类型	属内种数 1720	48	属内种数亚种 1673
201a	泡花树科	Meliosmaceae	泡花树	Meliosma	Bl.	29-40/90-100	3	3		3
264	唇形科	Labiatae	蜜蜂花	Melissa	Linn.	3/4	10-2	1		1
332	禾本科	Gramineae	梨藤竹（梨麻竹）	Melocalamus	Benth.	3/3	7-1	1		1
130	梧桐科	Sterculiaceae	马松子	Melochia	Linn.	1/54-60	2	1		1
230	夹竹桃科	Apocynaceae	山橙	Melodinus	J. R. et G. Forst.	1/50	5	1		1
251	旋花科	Convolvulaceae	鱼黄草	Merremia	Dennst. ex Endl.	10/80	2	4	－1	3
001	木兰科	Magnoliaceae	含笑	Michelia	Linn.	35/30-55	7a	5		5
238	菊科	Compositae	小舌菊	Microglossa	DC.	1/10±	6	1		1
194	芸香科	Rutaceae	小芸木	Micromelum	Bl.	3/11	5	2		2
332	禾本科	Gramineae	莠竹	Microstegium	Nees	10/30±	6	1		1
173	卫矛科	Celastraceae	假卫矛	Microtropis	Wall. ex Meissn.	30/70	3	4		4
008	番荔枝科	Annonaceae	野独活（密榴木）	Miliusa	Leschen. ex A. DC.	3/3-40	5	1		1
148	蝶形花科	Papilionaceae	崖豆（藤）	Millettia	Wight et Arn.	40/200	2	6		6
198	无患子科	Sapindaceae	柄果木	Mischocarpus	Bl.	3/12-25	5	1		1
296	雨久花科	Pontederiaceae	雨久花	Monochoria	C. Presl.	5/6	4	1		1
218	水晶兰科	Monotropaceae	假水晶兰	Monotropastrum	Hook.f.	3/6	14SH	1		1
232	茜草科	Rubiaceae	巴戟天	Morinda	Linn.	8/80±	2	1		1
167	桑科	Moraceae	桑	Morus	Linn.	9-10/12-16	8-4	1		1
264	唇形科	Labiatae	石荠苎	Mosla	(Benth.) Buch.-Ham. ex Maxim.	11/22	7ab	2		2
148	蝶形花科	Papilionaceae	油麻藤（黧豆）	Mucuna	Adans.	18-30/120-160	2	2		2
280	鸭跖草科	Commelinaceae	水竹叶	Murdannia	Royle	18/40-50	4	1		1
287	芭蕉科	Musaceae	芭蕉	Musa	Linn.	5/35	5	3		3
232	茜草科	Rubiaceae	玉叶金花	Mussaenda	Linn.	28/120-200	6	3		3
232	茜草科	Rubiaceae	腺萼木	Mycetia	Reinw.	10/25±	7a	2		2

续表

科号	科中文名	科名	属中文名	属名	属定名人	种 / 世界种数	属分类型	属内种数 1720	48	属内种数亚种 1673
238	菊科	Compositae	千星菊（粘冠草）	Myriactis	Less.	2/2-3	14	2		2
232	茜草科	Rubiaceae	密脉木	Myrioneuron	R. Br.	4/15	7a	2		2
014	肉豆蔻科	Myristicaceae	肉豆蔻	Myristica	Gronov.	3(-4)/120	5	1		1
326	兰科	Orchidaceae	全唇兰	Myrmechis	(Lindl.) Bl.	5/5-7	7a	1		1
223	紫金牛科	Myrsinaceae	铁仔	Myrsine	Linn.	11/300	6	3		3
039	十字花科	Cruciferae	豆瓣菜	Nasturtium	R. Br.	2/2	1	1		1
259	爵床科	Acantbaceae	瘤子草	Nelsonia	R. Br.	1/1	4	1		1
232b	水团花科	Naucleaceae	团花	Neolamarckia	Boss.	1/2	5	1		1
011	樟科	Lauraceae	新木姜子	Neolitsea	(Benth.) Merr.	34-40+/80	5	3		3
332	禾本科	Gramineae	类芦	Neyraudia	Hook.f.	2/2-3	4	1		1
238	菊科	Compositae	紫菊	Notoseris	Shih	12/12	15	1		1
211	蓝果树科	Nyssaceae	蓝果树	Nyssa	Linn.	6/10	9	2		2
326	兰科	Orchidaceae	鸢尾兰（树蒲）	Oberonia	Lindl.	17/300-330	4	1		1
213	伞形科	Umbelliferae	水芹	Oenanthe	Linn.	11/35-40	8-4	3		3
148	蝶形花科	Papilionaceae	小槐花	Ohwia	H. Ohashi	2/2	7	1		1
229	木犀科	Oleaceae	木樨榄	Olea	Linn.	13/20(-40)	12-3	1		1
293a	铃兰科	Convallariaceae	沿阶草	Ophiopogon	Ker-Gawl.	33/50±	14	4		4
232	茜草科	Rubiaceae	蛇根草	Ophiorrhiza	Linn.	20±/150	7e	4		4
259	爵床科	Acantbaceae	蛇根叶	Ophiorrhiziphyllon	S. Kurz	2/5	7-3	1		1
332	禾本科	Gramineae	求米草	Oplismenus	Beauv.	3-5/15	2	1		1
256	苦苣苔科	Gesneriaceae	马铃苣苔	Oreocharis	Benth.	20/25	7-4	2		2
169	荨麻科	Urticaceae	紫麻	Oreocnide	Miq.	9/(12-)20	7d	3		3
148	蝶形花科	Papilionaceae	红豆	Ormosia	G. Jacks.	35±/120±	3	2		2
256	苦苣苔科	Gesneriaceae	喜鹊苣苔（雀苣苔）	Ornithoboea	Parish ex C.B. Clarke	4-5/11	7a	1		1

续表

科号	科中文名	科名	属中文名	属名	属定名人	种 / 世界种数	属分类型	属内种数 1720	48	属内种数亚种 1673
326	兰科	Orchidaceae	羽唇兰	Ornithochilus	(Lindl.) Wall. ex Benth.	1-2/1-2	7a	1		1
257	紫葳科	Bignoniaceae	火烧花	Oroxylum	Kurz	1/1	7a-c	1		1
120	野牡丹科	Melastomataceae	金锦香（朝天罐）	Osbeckia	Linn.	12/100	4	1		1
229	木犀科	Oleaceae	木犀	Osmanthus	Lour.	15(-27)/18(-40)	9	2		2
136	大戟科	Euphorbiaceae	叶轮木	Ostodes	Bl.	3/4(-12)	7b	1		1
326	兰科	Orchidaceae	耳唇兰	Otochilus	Lindl.	3-4/4	14SH	1		1
069	酢浆草科	Oxalidaceae	酢浆草	Oxalis	Linn.	8-10/800	1	1		1
120	野牡丹科	Melastomataceae	酒瓶花（尖子木）	Oxyspora	DC.	3-4/20	7a-c	4		4
232	茜草科	Rubiaceae	鸡矢藤	Paederia	Linn.	11/50	7a	2		2
315	露兜树科	Pandanaceae	露兜树	Pandanus	Linn.f.	3/600	4	1		1
332	禾本科	Gramineae	黍	Panicum	Linn.	20/500±	2	4		4
326	兰科	Orchidaceae	兜兰	Paphiopedilum	Pfitz.	8/50±	7a-d	1		1
023	防己科	Menispermaceae	连蕊藤	Parabaena	Miers.	1/11-15	7a-c	1		1
256	苦苣苔科	Gesneriaceae	宽萼苣苔	Paraboea	(C.B. Clarke) Ridl.	12/63	7a-c	1		1
001	木兰科	Magnoliaceae	拟单性木兰	Parakmeria	Hu et Cheng	5/5	15	1		1
264	唇形科	Labiatae	假糙苏	Paraphlomis	Prain	22/24	7-1	2		2
238	菊科	Compositae	假福王草	Paraprenanthes	C.C. Chang ex C. Shih	9/9	14	3		3
295	重楼科	Trilliaceae	重楼	Paris	Linn.	16/19	10	5	－2	3
148	蝶形花科	Papilionaceae	蓝雀花	Parochetus	Buch.-Ham. ex D. Don	1/1	6	1		1
332	禾本科	Gramineae	雀稗	Paspalum	Linn.	10/250(-300)	2	5	－2	3
101	西番莲科	Passifloraceae	西番莲	Passiflora	Linn.	19/400-500	2-1	2		2
232	茜草科	Rubiaceae	大沙叶	Pavetta	Linn.	6/(350-)400	4	1		1
198	无患子科	Sapindaceae	檀栗（棱果木）	Pavieasia	Pierre	1/1	7-4	1		1

续表

科号	科中文名	科名	属中文名	属名	属定名人	种 / 世界种数	属分类型	属内种数 1720	48	属内种数亚种 1673
326	兰科	Orchidaceae	钻柱兰	Pelatantheria	Ridl.	1(-2)/8	7a	1		1
293a	铃兰科	Convallariaceae	球子草	Peliosanthes	Andr.	8/12	7	2		2
122	红树科	Rhizophoraceae	山红树	Pellacalyx	Korth.	1/7-8	7a	1		1
169	荨麻科	Urticaceae	赤车	Pellionia	Gaud.	16/50	7e	4		4
212	五加科	Araliaceae	五叶参	Pentapanax	Seem.	9/18±	2-1	2		2
243a	五膜草科	Pentaphragmataceae	五隔草	Pentaphragma	Wall. ex G. Don	3/30	7d	1		1
028	胡椒科	Piperaceae	草胡椒	Peperomia	Ruiz et Pavon	9/1000±	2	4		4
243	桔梗科	Campanulaceae	肉荚草	Peracarpa	Hook.f. et Thoms.	2/2	14	1		1
023	防己科	Menispermaceae	细圆藤	Pericampylus	Miers.	(1-)2/2-3	7ab	1		1
259	爵床科	Acantbaceae	观音草（九头狮子草）	Peristrophe	Nees	5/30	6	2		2
256	苦苣苔科	Gesneriaceae	石蝴蝶（悬岩苣苔）	Petrocosmea	Oliv.	18/20	7-1	1		1
326	兰科	Orchidaceae	鹤顶兰	Phaius	Lour.	8-9/50	5	1		1
259	爵床科	Acantbaceae	火焰花	Phlogacanthus	Nees	4/30	7a-c	1		1
011	樟科	Lauraceae	楠木	Phoebe	Nees	34/70	7a-c	5		5
326	兰科	Orchidaceae	石仙桃	Pholidota	Lindl. ex Hook.	12/55±	5	2		2
143	蔷薇科	Rosaceae	石楠	Photinia	Lindl.	40±/60+	9	1		1
332	禾本科	Gramineae	芦苇	Phragmites	Adens.	2/3(-10)	2	1		1
292	竹芋科	Marantaceae	柊叶	Phrynium	Willd.	3-5/30	7c	4	－1	3
263	马鞭草科	Verbenaceae	鸦舌黄（过江藤）	Phyla	Lour.	1/10±	3	1		1
120	野牡丹科	Melastomataceae	锦香草	Phyllagathis	Bl.	28/50	7a	3		3
136	大戟科	Euphorbiaceae	叶下珠	Phyllanthus	Linn.	33/600+	2	5		5
250	茄科	Solanaceae	酸浆	Physalis	Linn.	5/100	1	1		1
252	玄参科	Scrophulariaceae	苦玄参	Picria	Lour.	1/1	7ab	1		1
215	杜鹃花科	Rhodoraceae	马醉木	Pieris	D. Don	6/10	9	1		1

续表

科号	科中文名	科名	属中文名	属名	属定名人	种 / 世界种数	属分类型	属内种数 1720	48	属内种数亚种 1673
169	荨麻科	Urticaceae	冷水花	Pilea	Lindl.	65/400	2-2	7		7
142	绣球花科	Hydrangeaceae	冠盖藤	Pileostegia	Hook.f. et Thoms.	2/3	14SH	1		1
314	棕榈科	Palmae	山槟榔	Pinanga	Bl.	8/100-115	7d	2		2
028	胡椒科	Piperaceae	胡椒	Piper	Linn.	40-50/2000±	2	12		12
205	漆树科	Anacardiaceae	黄连木	Pistacia	Linn.	2/10	12-2	1		1
179	茶茱萸科	Icacinaceae	假海桐	Pittosporopsis	Craib	1/1	7-3	1		1
088	海桐花科	Pittosporaceae	海桐花	Pittosporum	Banks ex Soland.	34/170	4	4	－1	3
120	野牡丹科	Melastomataceae	偏瓣花	Plagiopetalum	Rehd.	2/2	7-3	1		1
242	车前科	Plantaginaceae	车前	Plantago	Linn.	13/265	1	3	－1	2
326	兰科	Orchidaceae	舌唇兰	Platanthera	L.C. Rich.	40/200±	8	1		1
207	胡桃科	Juglandaceae	化香树	Platycarya	Sieb. et Zucc.	2/2	14SJ	1		1
G06	柏科	Cupressaceae	侧柏	Platycladus	Spach	1/1	14SJ	1		1
326	兰科	Orchidaceae	独蒜兰	Pleione	D. Don	6(10-13)/10（13）	7-2	2		2
G07	罗汉松科	Podocarpaceae	罗汉松	Podocarpus	L. Herit. ex Pers.	13-15/100±	2-1	2		2
332	禾本科	Gramineae	金发草	Pogonatherum	Beauv.	2/2	7	2		2
264	唇形科	Labiatae	刺蕊草	Pogostemon	Desf.	15/(46-)60	4	2		2
169	荨麻科	Urticaceae	锥头麻	Poikilospermum	Zippel ex Miq.	3/20	5	1		1
280	鸭跖草科	Commelinaceae	杜若	Pollia	Thunb.	6/16	2	3		3
008	番荔枝科	Annonaceae	暗罗	Polyalthia	Bl.	15-17/120	4	2		2
053	石竹科	Caryophyllaceae	多荚草	Polycarpon	Linn.	1/16	1	1		1
042	远志科	Polygalaceae	远志	Polygala	Linn.	40/500-600±	1	3		3
293a	铃兰科	Convallariaceae	黄精	Polygonatum	Mill.	31/40-50±	8	3		3
057	蓼科	Polygonaceae	蓼	Polygonum	Linn.	120/300（广义）	1	12	－1	11
326	兰科	Orchidaceae	多穗兰	Polystachya	Hook.	1/200	2	1		1

续表

科号	科中文名	科名	属中文名	属名	属定名人	种 / 世界种数	属分类型	属内种数 1720	48	属内种数亚种 1673
280	鸭跖草科	Commelinaceae	孔药花	Porandra	Hong	3/3	7-4	1		1
251	旋花科	Convolvulaceae	白花叶	Poranopsis	Roberty	3/3	7-2	2		2
056	马齿苋科	Portulacaceae	马齿苋	Portulaca	Linn.	5/200	2	1		1
302	天南星科	Araceae	石柑	Pothos	Linn.	8/75	5	2		2
230	夹竹桃科	Apocynaceae	帘子藤	Pottsia	Hook. et Arn.	4/5	7a	1		1
169	荨麻科	Urticaceae	雾水葛	Pouzolzia	Gaud.	5/50	2-2	2		2
263	马鞭草科	Verbenaceae	腐婢	Premna	Linn.	45/200	4	3		3
240	报春花科	Primulaceae	报春花	Primula	Linn.	380±/500±	8-4	3		3
169	荨麻科	Urticaceae	藤麻	Procris	Comm. ex Juss.	1/20	6	1		1
143	蔷薇科	Rosaceae	李	Prunus	Linn.	140±/200±（广义）	8-4	1		1
332	禾本科	Gramineae	钩毛草	Pseudechinolaena	Stapf	1/1	2	1		1
259	爵床科	Acantbaceae	钩粉草	Pseuderanthemum	Radlk.	3/120	2	3		3
120	野牡丹科	Melastomataceae	酸脚杆	Pseudodissochaeta	M.P. Nayar	3/7	7-2	3		3
238	菊科	Compositae	鼠麴草	Pseudognaphalium	Linn.	10-15/200	1	1		1
232	茜草科	Rubiaceae	大沙叶	Psychotria	Linn.	6/(350-)400	2	8		8
207	胡桃科	Juglandaceae	枫杨	Pterocarya	Kunth.	7/8-10	11	1		1
130	梧桐科	Sterculiaceae	翅子树	Pterospermum	Schreb.	9-10/40-49	7a	3		3
148	蝶形花科	Papilionaceae	葛	Pueraria	DC.	9/17+	7e	2		2
148	蝶形花科	Papilionaceae	密子豆	Pycnospora	R. Br.	1/1	4	1		1
143	蔷薇科	Rosaceae	臀形果	Pygeum	Gaertn.	5-6/20	7	3		3
108	山茶科	Theaceae	核果茶	Pyrenaria	Bl.	8/20	7a-c	1		1
186	檀香科	Santalaceae	檀梨（油葫芦）	Pyrularia	Michx.	2-4/4-5	9	1		1
121	使君子科	Combretaceae	使君子	Quisqualis	Linn.	2/17	6	1		1
332	禾本科	Gramineae	总序竹	Racemobambos	Holttum	12/15	7-1	1		1

续表

科号	科中文名	科名	属中文名	属名	属定名人	种 / 世界种数	属分类型	属内种数 1720	48	属内种数亚种 1673
257	紫葳科	Bignoniaceae	菜豆树	Radermachera	Zoll. et Mor.	6/40-50	7d	2		2
015	毛茛科	Ranunculaceae	毛茛	Ranunculus	Linn.	90/400-600	1	3		3
256	苦苣苔科	Gesneriaceae	漏斗苣苔	Raphiocarpus	C.B. Clarke	3+3/30	7	2		2
231	萝藦科	Asclepiadaceae	大花藤	Raphistemma	Wall.	1/2	7-2	1		1
230	夹竹桃科	Apocynaceae	萝芙木	Rauvolfia	Linn.	3/100-135	2-1	1		1
224	安息香科	Styracaceae	木瓜红	Rehderodendron	Hu	8/9	7-3	3		3
302	天南星科	Araceae	岩芋	Remusatia	Schott	3/3	4	2		2
081	瑞香科	Thymelaeaceae	鼠皮树	Rhamnoneuron	Gilg	1/2	7-4	1		1
190	鼠李科	Rhamnaceae	鼠李	Rhamnus	Linn.	59/110	1	1		1
302	天南星科	Araceae	崖角藤	Rhaphidophora	Hassk.	9/100±	6-1	3		3
259	爵床科	Acantbaceae	针子草	Rhaphidospora	Nees	1/12	6	1		1
259	爵床科	Acantbaceae	灵枝草	Rhinacanthus	Nees	2/15	6	1		1
215	杜鹃花科	Rhodoraceae	杜鹃花	Rhododendron	Linn.	650/500-800	8-4	14	－1	13
151	金缕梅科	Hamamelidaceae	红花荷（红苞木）	Rhodoleia	Champ. ex Hook.	6/7(-9)	7-1	2		2
280	鸭跖草科	Commelinaceae	钩毛子草	Rhopalephora	Hasskarl	1/4	5	1		1
205	漆树科	Anacardiaceae	盐肤木	Rhus	Linn.	5/210	8	2	－1	1
326	兰科	Orchidaceae	钻喙兰	Rhynchostylis	Bl.	1/15	7a	1		1
256	苦苣苔科	Gesneriaceae	线柱苣苔	Rhynchotechum	Bl.	4/12	7d	3		3
326	兰科	Orchidaceae	寄树兰	Robiquetia	Gaudich.	2/40	5	1		1
039	十字花科	Cruciferae	蔊菜	Rorippa	Scop.	9/70(-90)	1	1		1
259	爵床科	Acantbaceae	爵床	Rostellularia	Reichenb.	3/22	4-1	1		1
072	千屈菜科	Lythraceae	节节菜	Rotala	Linn.	6/50	2	1		1
249a	破布木科	Cordiaceae	轮冠木	Rotula	Lour.	1/3	2-2	1		1
206	牛栓藤科	Connaraceae	红叶藤	Rourea	Aubl.	4/80-90	2	1		1
206	牛栓藤科	Connaraceae	朱果藤	Roureopsis	Planch.	1/10	6	1		1

续表

科号	科中文名	科名	属中文名	属名	属定名人	种 / 世界种数	属分类型	属内种数 1720	48	属内种数亚种 1673
143	蔷薇科	Rosaceae	悬钩子	Rubus	Linn.	280/600±(3000)	1	18		18
057	蓼科	Polygonaceae	酸模	Rumex	Linn.	30+/200	1	3		3
259	爵床科	Acantbaceae	孩儿草	Rungia	Nees	8/50	6	3		3
201	清风藤科	Sabiaceae	清风藤	Sabia	Colebr.	25(-36)/55-63	7a/d	6		6
332	禾本科	Gramineae	甘蔗	Saccharum	Linn.	5/5(12)	2	1		1
332	禾本科	Gramineae	囊颖草	Sacciolepis	Nash	3/30±	2	1		1
267	泽泻科	Alismataceae	慈姑	Sagittaria	Linn.	6/20±	1	1		1
178	翅子藤科	Hippocrateaceae	五层龙	Salacia	Linn.	6/200	2	3		3
233a	接骨木科	Sambucaceae	接骨木	Sambucus	Linn.	4-5/(20-)40	8-4	2		2
206	牛栓藤科	Connaraceae	单红叶藤	Santaloides	Schellenb.	4/80±	2	1		1
198	无患子科	Sapindaceae	无患子	Sapindus	Linn.	4/13±	3	2		2
232	茜草科	Rubiaceae	染木树	Saprosma	Bl.	3-4/30	7ab	1		1
146	苏木科	Caesalpiniaceae	无忧花	Saraca	Linn.	2/(20-)25	7a-c	1		1
030	金粟兰科	Chloranthaceae	草珊瑚	Sarcandra	Gardn.	2/3	7-1	2	－1	1
120	野牡丹科	Melastomataceae	肉穗草	Sarcopyramis	Wall.	4(-5)/6	7-2	1		1
222a	肉实树科	Sarcospermataceae	肉实树	Sarcosperma	Hook.f.	4/6-10	7a/c	3		3
022	大血藤科	Sargentodoxaceae	大血藤	Sargentodoxa	Rehd. ex Wils.	1/1	7-4	1		1
113	水东哥科	Saurauiaceae	水东哥	Saurauia	Willd.	10-13/300±	3	8	－2	6
136	大戟科	Euphorbiaceae	守宫木（越南菜）	Sauropus	Bl.	6-8/40	5	3		3
029	三白草科	Saururaceae	三白草	Saururus	Linn.	1/2	9	1		1
212	五加科	Araliaceae	鹅掌柴	Schefflera	J. R. et G. Forst.	37+/200±	2	13	－1	12
108	山茶科	Theaceae	木荷	Schima	Reinw.	9/15	7-1	5		5
003	五味子科	Schisandraceae	北五味子	Schisandra	Michx.	19/25	9	1		1
232	茜草科	Rubiaceae	裂果金花	Schizomussaenda	Li	1/1	7-4	1		1
142	绣球花科	Hydrangeaceae	钻地风	Schizophragma	Sieb. et Zucc.	6/8	14	2		2

续表

科号	科中文名	科名	属中文名	属名	属定名人	种 / 世界种数	属分类型	属内种数 1720	48	属内种数亚种 1673
332	禾本科	Gramineae	薏簩竹	Schizostachyum	Nees	6-8/35	7	2		2
331	莎草科	Cyperaceae	水葱	Schoenoplectus	(Reichenb.) Palla	22/77	1	1		1
331	莎草科	Cyperaceae	珍珠茅	Scleria	Berg.	(16-)20/200	2	1		1
186	檀香科	Santalaceae	硬核	Scleropyrum	Arn.	1/6	7a	1		1
252	玄参科	Scrophulariaceae	野甘草	Scoparia	Linn.	1/10-20	3	1		1
185	桑寄生科	Lorantbaceae	梨果寄生	Scurrula	Linn.	11(-15)/50(-60)	7ab	3		3
264	唇形科	Labiatae	黄芩	Scutellaria	Linn.	98/300+	1	1		1
042	远志科	Polygalaceae	蝉翼藤	Securidaca	Linn.	2/80	2-2	1		1
238	菊科	Compositae	千里光	Senecio	Linn.	160+/1200-2000	1	2		2
332	禾本科	Gramineae	狗尾草	Setaria	Beauv.	17/140	2	4		4
148	蝶形花科	Papilionaceae	宿苞豆	Shuteria	Wight et Arn.	5-8/7-10	7a	2		2
238	菊科	Compositae	豨莶	Sigesbeckia	Linn.	3/6	2	1		1
232a	香茜科	Carlemanniaceae	蜘蛛花	Silvianthus	Hook.f	1/1	7-2	2		2
103	葫芦科	Cucurbitaceae	罗汉果	Siraitia	Merr.	4/7	7-1	1		1
194	芸香科	Rutaceae	茵芋	Skimmia	Thunb.	3-4/5	14	2		2
108b	毒药树科	Sladeniaceae	肋果茶（毒药树）	Sladenia	Kurz	1/1	7-3	1		1
128a	杜英科	Elaeocarpaceae	猴欢喜	Sloanea	Linn.	14±/(80)-120	3	1		1
297	菝葜科	Smilacaceae	菝葜	Smilax	Linn.	61/300	2	11		11
148	蝶形花科	Papilionaceae	坡油甘（合叶豆）	Smithia	Ait.	4/(30-)70	4	1		1
250	茄科	Solanaceae	茄	Solanum	Linn.	39/1200	1	1		1
103	葫芦科	Cucurbitaceae	茅瓜	Solena	Lour.	1-2/1-2	5	1		1
120	野牡丹科	Melastomataceae	蜂斗草（地胆）	Sonerila	Roxb.	12/175	7a-c	4		4
143	蔷薇科	Rosaceae	花楸	Sorbus	Linn.	(50-)60/80-100	8	4		4
148	蝶形花科	Papilionaceae	翅豆藤（密花豆）	Spatholobus	Hassk.	6/40	7ab	1		1
238	菊科	Compositae	金钮扣	Spilanthes	Jacq.	2/60±	2	1		1

续表

科号	科中文名	科名	属中文名	属名	属定名人	种 / 世界种数	属分类型	属内种数 1720	48	属内种数亚种 1673
205	漆树科	Anacardiaceae	槟榔青	Spondias	Linn.	1/10-12	3	1		1
332	禾本科	Gramineae	鼠尾粟	Sporobolus	R. Br.	6/150	2	1		1
150	旌节花科	Stachyuraceae	旌节花	Stachyurus	Sieb. et Zucc.	8/10	14	1		1
256	苦苣苔科	Gesneriaceae	十字苣苔	Stauranthera	Benth.	2/10	7ab	1		1
259	爵床科	Acantbaceae	叉柱花	Staurogyne	Wall.	4/80	2-1	2		2
053	石竹科	Caryophyllaceae	繁缕	Stellaria	Linn.	57/120	1	1		1
023	防己科	Menispermaceae	千金藤	Stephania	Lour.	30±/50	4	3		3
130	梧桐科	Sterculiaceae	苹婆	Sterculia	Linn.	23/300+	2	5		5
257	紫葳科	Bignoniaceae	羽叶楸	Stereospermum	Cham.	3/24	6	1		1
302	天南星科	Araceae	泉七	Steudnera	K. Koch	2/8-9	7-2	1		1
108	山茶科	Theaceae	紫茎（旃檀）	Stewartia	Linn.	10/13	9	1		1
036	山柑科	Capparaceae	六萼藤（罗志藤）	Stixis	Lour.	1/7(-15)	7ab	2		2
280	鸭跖草科	Commelinaceae	竹叶子	Streptolirion	Edgew.	2/2	14SH	2	－1	1
259	爵床科	Acantbaceae	紫云菜	Strobilanthes	Bl.	20±/250	6-2	4		4
228	马钱子科	Strychnaceae	马钱子	Strychnos	Linn.	7/200	2	2		2
224	安息香科	Styracaceae	野茉莉（安息香）	Styrax	Linn.	55/130	3	2		2
120	野牡丹科	Melastomataceae	长穗花	Styrophyton	S.Y. Hu	1/1	15	1		1
326	兰科	Orchidaceae	大苞兰	Sunipia	Lindl.	7/15-22	7-2	3		3
225	山矾科	Symplocaceae	山矾	Symplocos	Jacq.	125/350	2-1	10	－1	9
011	樟科	Lauraceae	油果樟	Syndiclis	Hook.f.	9/10±	7-2	1		1
118	桃金娘科	Myrtaceae	蒲桃	Syzygium	J. Gaertn.	72/500+	4	7		7
230	夹竹桃科	Apocynaceae	狗牙花	Tabernaemontana	Linn.	5/99	2	1		1
321	箭根薯科	Taccaceae	箭根薯（老虎须）	Tacca	J. R. et G. Forst.	3/30±	2	1		1
148	蝶形花科	Papilionaceae	葫芦茶	Tadehagi	Ohashi	2/5	5	1		1
204a	瘿椒树科	Tapisciaceae	瘿椒树（银鹊树）	Tapiscia	Oliv.	2/2	15	2		2

续表

科号	科中文名	科名	属中文名	属名	属定名人	种 / 世界种数	属分类型	属内种数 1720	48	属内种数亚种 1673
232	茜草科	Rubiaceae	乌口树	Tarenna	Gaertn.	17/(120-)370	4	2		2
232	茜草科	Rubiaceae	岭罗麦	Tarennoidea	Tirveng. et Sastre	1/2	7b	1		1
185	桑寄生科	Lorantbaceae	钝果寄生	Taxillus	van Tiegh.	15/25±	7a/b	1		1
G09	红豆杉科	Taxaceae	紫杉（红豆杉）	Taxus	Linn.	4/10(-11)	8	1		1
121	使君子科	Combretaceae	诃子（榄仁树）	Terminalia	Linn.	8/200(-250)	2	1		1
108	山茶科	Theaceae	厚皮香	Ternstroemia	Mut. ex Linn.f.	7-20/100±	2-2	1		1
006b	水青树科	Tetracentraceae	水青树	Tetracentron	Oliv.	1/1	14SH	1		1
085	五桠果科	Dilleniaceae	锡叶藤	Tetracera	Linn.	3/40	2	1		1
194	芸香科	Rutaceae	四数花	Tetradium	Lour.	7/9	14	1		1
105a	四数木科	Tetramelaceae	四数木	Tetrameles	R. Br.	1/1	5	1		1
193	葡萄科	Vitaceae	崖藤	Tetrastigma	(Miq.) Planch.	45/90	5	11		11
264	唇形科	Labiatae	香科科（石蚕）	Teucrium	Linn.	18/100(-300)	8-4	1		1
332	禾本科	Gramineae	菅	Themeda	Forssk.	4/10	4	1		1
103	葫芦科	Cucurbitaceae	赤瓟	Thladiantha	Bunge	29/34-50	7a	3		3
259	爵床科	Acantbaceae	老鸦嘴（山牵牛）	Thunbergia	Retz.	6/200±	4	3		3
332	禾本科	Gramineae	棕叶芦	Thysanolaena	Nees	1/1	7a-c	1		1
047	虎耳草科	Saxifragaceae	黄水枝	Tiarella	Linn.	1/5	9	1		1
023	防己科	Menispermaceae	大叶藤	Tinomiscium	Miers ex Hook.f. et Thoms.	1/7-8	7a-c	1		1
023	防己科	Menispermaceae	青牛胆	Tinospora	Miers	7-9/20+(-40)	4-1	1		1
194	芸香科	Rutaceae	飞龙掌血	Toddalia	Juss.	1/1	6	1		1
252	玄参科	Scrophulariaceae	蓝猪耳（蝴蝶草）	Torenia	Linn.	11/50	4	2		2
209a	烂泥树科	Torricelliaceae	鞘柄木	Toricellia	DC.	2/3	14SH	1		1
205	漆树科	Anacardiaceae	漆树（野葛）	Toxicodendron	Mill.	18/40	9	1		1
230	夹竹桃科	Apocynaceae	络石	Trachelospermum	Lem.	10/30±	9	1		1

续表

科号	科中文名	科名	属中文名	属名	属定名人	种 / 世界种数	属分类型	属内种数 1720	48	属内种数亚种 1673
165	榆科	Ulmaceae	山黄麻	Trema	Lour.	6/30	2	3		3
212	五加科	Araliaceae	广叶参（刺通草）	Trevesia	Vis.	1/2	7e	1		1
136	大戟科	Euphorbiaceae	乌桕	Triadica	Lour.	3/3	7	1		1
197	楝科	Meliaceae	老虎楝（海木，鹧鸪花）	Trichilia	P. Br.	2/300±	2-2	1		1
103	葫芦科	Cucurbitaceae	栝楼	Trichosanthes	Linn.	40/55	5	4		4
251	旋花科	Convolvulaceae	三翅藤	Tridynamia	Gagnep.	2/4	7a	1		1
136	大戟科	Euphorbiaceae	三宝木	Trigonostemon	Bl.	8/50-80	7a/e	1		1
249	紫草科	Boraginaceae	附地菜	Trigonotis	Stev.	32/40(-50)	10	1		1
239	龙胆科	Gentianaceae	双蝴蝶	Tripterospermum	Bl.	15/11±	14	1		1
128	椴树科	Tiliaceae	刺蒴麻	Triumfetta	Linn.	8/150	2	3		3
212	五加科	Araliaceae	多蕊木	Tupidanthus	Hook.f. et Thoms.	1/1	7a	1		1
293a	铃兰科	Convallariaceae	长生开口箭	Tupistra	Ker.-Gawl.	16/26±	14SH	2		2
204	省沽油科	Staphyleaceae	山香圆	Turpinia	Vent.	10/30-40	3	6	－1	5
302	天南星科	Araceae	独角莲	Typhonium	Schott	14/30-35 (to N. China)	5	2		2
165	榆科	Ulmaceae	榆	Ulmus	Linn.	23/45	8	1		1
232	茜草科	Rubiaceae	钩藤	Uncaria	Schreb.	13+/60-70	2	2		2
326	兰科	Orchidaceae	叉喙兰	Uncifera	Lindl.	1/5	7	1		1
148	蝶形花科	Papilionaceae	狸尾豆（兔尾草）	Uraria	Desv.	9/20-35	4	2		2
230	夹竹桃科	Apocynaceae	水壶藤	Urceola	Roxb.	8/15	7a	3		3
132	锦葵科	Malvaceae	野棉花（梵天花）	Urena	Linn.	4/6	2	4	－3	1
169	荨麻科	Urticaceae	荨麻	Urtica	Linn.	15/50	1	2		2
008	番荔枝科	Annonaceae	紫玉盘	Uvaria	Linn.	12/150±	4	1		1
216	越橘科	Vacciniaceae	乌饭树	Vaccinium	Linn.	47/300-400	8-4	5	－1	4

续表

科号	科中文名	科名	属中文名	属名	属定名人	种 / 世界种数	属分类型	属内种数 1720	48	属内种数亚种 1673
326	兰科	Orchidaceae	万代兰	Vanda	W. Jones ex R. Br.	8-9(-12)/60	5	1		1
190	鼠李科	Rhamnaceae	翼核藤	Ventilago	Gaertn.	5/37	4	1		1
263	马鞭草科	Verbenaceae	马鞭草	Verbena	Linn.	1/250	2	1		1
136	大戟科	Euphorbiaceae	油桐	Vernicia	Lour.	2/3	14	2		2
238	菊科	Compositae	斑鸠菊	Vernonia	Schreb.	30/1000±	2	10		10
233b	荚蒾科	Viburnaceae	荚蒾	Viburnum	Linn.	74/216	8	6		6
148	蝶形花科	Papilionaceae	豇豆	Vigna	Savi	9/80-100	2	1		1
040	堇菜科	Violaceae	堇菜	Viola	Linn.	120/500±	1	6		6
185a	槲寄生科	Viscaceae	槲寄生	Viscum	Linn.	11/(60-)70	4	1		1
263c	牡荆科	Viticaceae	牡荆	Vitex	Linn.	20±/250±	2	3		3
314	棕榈科	Palmae	小董棕（瓦理棕）	Wallichia	Roxb.	6/9	7-2	1		1
197	楝科	Meliaceae	割舌树	Walsura	Rowb.	5/30-40	7a/c	1		1
232	茜草科	Rubiaceae	水锦树	Wendlandia	Bartl. ex DC.	23+/70±	5	5	－2	3
230	夹竹桃科	Apocynaceae	倒吊笔	Wrightia	R. Br.	6/23	4	1		1
238	菊科	Compositae	苍耳	Xanthium	Linn.	5/30±	1	1		1
042a	黄叶树科	Xanthophyllaceae	黄叶树	Xanthophyllum	Roxb.	3/60	7a-c	1		1
326	兰科	Orchidaceae	宽距兰	Yoania	Maxim.	1/4	7	1		1
332	禾本科	Gramineae	玉山竹	Yushania	Keng f.	1+3/1+3	14SH	1		1
194	芸香科	Rutaceae	花椒	Zanthoxylum	Linn.	50/250+30	2	3		3
103	葫芦科	Cucurbitaceae	马交儿（老鼠拉冬瓜）	Zehneria	Endl.	12/30	4	1		1
146	苏木科	Caesalpiniaceae	翅荚木	Zenia	Chun	1/1	7-4	1		1
326	兰科	Orchidaceae	线柱兰	Zeuxine	Lindl.	14/46	4	3		3
290	姜科	Zingiberaceae	姜	Zingiber	Boehmer	14/80-90	5	3		3
190	鼠李科	Rhamnaceae	枣	Ziziphus	Mill.	13/100±	2	1		1

附录V　金平西隆山种子植物名录

陈文红，税玉民，李国锋

（中国科学院昆明植物研究所）

说明：名录主体采用郑万钧系统（裸子植物）和哈钦松系统（被子植物），个别科参照吴征镒院士八纲系统分出一些小科，但还置于原科之下。

* 表示栽培物种、栽培后逸野或入侵物种。

该名录共记录金平西隆山种子植物 194 科 775 属 1701 种（不包括种下等级，如包括种下等级则为 1749 种）。其中，野生种子植物 192 科 750 属 1672 种（不包括种下等级，如包括种下等级则为 1720 种）。

有花植物门 SPERMATOPHYTA

裸子植物亚门 GYMNOSPERMAE

G01　苏铁科 Cycadaceae

滇南苏铁

Cycas diannanensis Z.T. Guan et G.D. Tao

税玉民等（Shui Y.M. *et al.*）(*s.n.*)

生于海拔 900m 以下山坡林下或灌丛中。分布于云南东南部。

滇东南特有

种分布区类型：15b

长叶苏铁

Cycas dolichophylla K. Hill

税玉民等（Shui Y.M. *et al.*）(*s.n.*)

生于海拔 800m 以下山坡林下或灌丛中。分布于云南东南部。越南北部也有。

种分布区类型：15c

多歧苏铁（变种）

Cycas micholitzii Dyer var. **multipinnata** (C.J. Chen et S.Y. Yang) Y.M. Shui

张广杰（Zhang G.J.）*314*

生于海拔 170 ～ 1100m 石山季雨林、季风常绿阔叶林下。分布于云南金平、河口、个旧、蒙自、屏边。

滇东南特有

种分布区类型：15b

篦齿苏铁

Cycas pectinata Griff.

莫明忠（Mo M.Z.）(*photo*)

生于海拔 800 ～ 1300m 疏林或灌木丛中，或栽培。分布于云南普洱、普文、勐养等地。印度、尼泊尔、缅甸、泰国、柬埔寨、老挝、越南也有。

种分布区类型：7

台湾苏铁

Cycas taiwaniana Carruthers

莫明忠（Mo M.Z.）(*photo*)

生于海拔 400 ～ 1100m 开阔草地、次生林，常受干扰的地方零星分布，南方长期栽培。分布于云南东南部；湖南、广东、广西分布。越南也有。

种分布区类型：7-4

G05　杉科 Taxodiaceae

杉木

Cunninghamia lanceolata (Lamb.) Hook.

张广杰（Zhang G.J.）*249*

生于海拔 1000m 以下栽培，常为纯林。分布于云南红河、蒙自、金平、屏边、河口、文山、西畴、马关、广南、富宁、腾冲、景东、昆明、禄劝、大理、华坪、会泽、昭通、威信、镇雄等地。

云南特有

种分布区类型：15a

G06　柏科 Cupressaceae

侧柏

Platycladus orientalis (Linn.) Franco

中苏队（Sino-Russ. Exped.）*677*

生于海拔 360 ～ 3400m 地带，各地庭园及寺庙、墓地常习见，有的树龄达 500 年以上。分布于云南德钦、维西、丽江、大理、凤仪、漾濞、禄劝、嵩明、昆明、易门，往南至峨山、蒙自、金平、砚山、文山、麻栗坡、广南及西双版纳勐海、金平；内蒙古南部、吉林、辽宁、河北、山西、山东、江苏、浙江、福建、安徽、江西、河南、陕西、甘肃、四川、贵州、湖北、湖南至广东、广西北部等省区；西藏堆龙德庆、达孜等地都有栽培分布。

中国特有

种分布区类型：15

G07　罗汉松科 Podocarpaceae

罗汉松

Podocarpus macrophyllus (Thunb.) Sweet

税玉民等（Shui Y.M. *et al.*）*80247*

生于海拔 1000m 以下山地，常栽培为庭园观赏树。分布于云南金平、弥勒、屏边、文山、麻栗坡；安徽、江苏、湖北、浙江、福建、安徽、江西、湖南、四川、贵州、广西、广东等省区分布。日本也有。

种分布区类型：14SJ

百日青

Podocarpus neriifolius D. Don

税玉民等（Shui Y.M. *et al.*）(*s.n.*)

生于海拔 500 ～ 1800m 地带，多生于混交林中。分布于云南富宁、西畴、麻栗坡、屏边、双江及勐海、景洪；浙江南部、福建、台湾、江西、湖南、贵州、四川、西藏，南至广东、广西分布。尼泊尔、不丹、缅甸、老挝、越南、马来西亚的沙捞越、印度尼西亚也有。

种分布区类型：7

G09　红豆杉科 Taxaceae

须弥红豆杉

Taxus wallichiana Zucc.

税玉民等（Shui Y.M. *et al.*）*90646*；周浙昆等（Zhou Z.K. *et al.*）*344*

生于海拔2600～2900m的山谷苔藓常绿阔叶林或山顶苔藓常绿阔叶林中。云南（宁蒗、丽江、永胜、香格里拉、德钦、维西、鹤庆、云龙、贡山、保山、腾冲、新平、景东、永德、镇康、大理、兰坪、金平、绿春）。甘肃南部、四川西南、西藏东南部和西南部也有分布。阿富汗、克什米尔、巴基斯坦、尼泊尔、不丹、印度北部、缅甸北部、越南北部。

种的分布区类型：14SH

G11　买麻藤科 Gnetaceae

买麻藤

Gnetum montanum Markgr.

徐永椿（Hsu Y.C.）*46*，*134*；张广杰（Zhang G.J.）*9*；中苏队（Sino-Russ. Exped.）*26*

生于海拔 500 ～ 2200m 地带的森林、灌丛中及沟谷潮湿处，缠绕于树上，喜阴湿环境。分布于云南双柏、泸西、临沧、耿马、思茅、景东、勐海、景洪、勐腊、金平、个旧、河口、绿春、蒙自、文山、屏边、马关、麻栗坡、西畴、富宁等地；广东、广西、海南分布。印度、不丹、缅甸、泰国、老挝、越南也有。

种分布区类型：7

被子植物亚门 ANGIOSPERMAE

001　木兰科 Magnoliaceae

长蕊木兰

Alcimandra cathcartii (Hook. f. et Thoms.) Dandy

税玉民等（Shui Y.M. *et al.*）*90616*，*群落样方 2010-21*，*群落样方 2010-31*，*西隆山凭证 512*，*西隆山凭证 520*，*西隆山凭证 535*

生于海拔 1100 ～ 2800m 林中。分布于云南镇雄、彝良、贡山、福贡、大理、南涧、峨山、双柏、楚雄、思茅、景东、澜沧、双江、龙陵、绿春、石屏、金平、河口、屏边、西畴、麻栗坡、马关、文山、广南；西藏南部和东南部分布。印度（阿萨姆、锡金）、不丹、缅甸、越南也有。

种分布区类型：14SH

显脉木兰

Magnolia talaumoides Dandy

中苏队（Sino-Russ. Exped.）*83*

生于海拔 200 ～ 700m 密林中。分布于云南河口、金平、马关、个旧、麻栗坡、西双版纳、丽江、澜沧。越南也有。

种分布区类型：7-4

立梗木莲

Manglietia arrecta Sima, sp.nov., ined.

税玉民等（Shui Y.M. *et al.*）*90787*

生于海拔 1200 ～ 2100m 林中。分布于云南景洪（勐宋）、绿春、金平。

滇东南特有

种分布区类型：15b

川滇木莲

Manglietia duclouxii Finet et Gagnep.

税玉民等（Shui Y.M. *et al.*）*群落样方 2011-31，群落样方 2011-37，群落样方 2011-38，西隆山凭证 694*

生于海拔 1350 ～ 2000m 常绿阔叶林中。分布于云南盐津、河口、金平、文山、广南、西畴、麻栗坡、绿春、马关、屏边、元阳；广西、四川东南部分布。越南北部也有。

种分布区类型：15c

红河木莲

Manglietia hongheensis Y.M. Shui et W.H. Chen

税玉民等（Shui Y.M. *et al.*）*90619，群落样方 2010-31，群落样方 2011-36，西隆山凭证 557*

生于海拔 1900 ～ 2600m 常绿阔叶林。分布于云南金平、绿春、元阳、红河。越南北部也有。

种分布区类型：15c

红花木莲

Manglietia insignis (Wall.) Bl.

税玉民等（Shui Y.M. *et al.*）*90391*，*90726*，*群落样方 2010-21*，*群落样方 2010-31*，*西隆山凭证 465*，*西隆山凭证 468*，*西隆山凭证 722*，*西隆山凭证 729*

生于海拔 900 ～ 2000m 常绿阔叶林中。分布于云南金平、绿春、元阳、广南、河口、红河、建水、马关、麻栗坡、蒙自、屏边、石屏、文山、西畴、贡山、福贡、泸水、腾冲、保山、龙陵、盈江、临沧、凤庆、景东、镇康、沧源、德钦、漾濞、双柏、新平、元江、西双版纳、思茅、蒙自；广西、贵州、湖南西南、湖北、福建、西南四川部、西藏东南部分布。印度东北部、缅甸北部、尼泊尔、泰国也有。

种分布区类型：7-2

长喙木莲

Manglietia longinostrata (D.X. Li, R.Z. Zhou et X.M. Hu) Sima

税玉民等（Shui Y.M. *et al.*）*90997*，*91001*，*91007*，*群落样方 2011-32*，*群落样方 2011-36*，*群落样方 2011-37*，*群落样方 2011-38*，*西隆山凭证 706*

生于海拔 1700 ～ 2400m 常绿阔叶林中。分布于云南金平、西畴、麻栗坡。越南也有。

种分布区类型：7-4

亮叶木莲

Manglietia lucida B.L. Chen et S.C. Yang

税玉民等（Shui Y.M. *et al.*）*90861*

生于海拔 500 ～ 700m 次生阔叶林中。分布于云南马关、河口、金平。

滇东南特有

种分布区类型：15b

合果木

Michelia baillonii (Pierre) Finet et Gagnep.

税玉民等（Shui Y.M. *et al.*）*群落样方 2011-44*，*群落样方 2011-45*，*群落样方 2011-46*，*群落样方 2011-47*，*西隆山凭证 812*，*西隆山凭证 814*；武素功（Wu S.K.）*3914*；中苏队（Sino-Russ. Exped.）*868*

生于海拔 500 ～ 1500m 山林中，常与龙脑香科树种混生。分布于云南景洪、勐腊、勐海、思茅、澜沧、普洱、临沧、耿马、金平、绿春、蒙自、元阳、思茅等地。越南、缅甸、柬埔寨、泰国、印度（阿萨姆）也有。

种分布区类型：7-2

苦梓含笑

Michelia balansae (A. DC.) Dandy

税玉民等（Shui Y.M. *et al.*）*90854*

生于海拔 350 ～ 1000m 山坡、溪旁、山谷密林中。分布于云南金平、河口、马关、文山、富宁、麻栗坡、西畴、屏边等地；海南、福建南部、广东南和西南、广西南部、贵州分布。越南也有。

种分布区类型：7-4

沙巴含笑

Michelia chapensis Dandy

税玉民等（Shui Y.M. *et al.*）*群落样方附生 2010-06*，*群落样方 2010-21*

生于海拔 500 ～ 1700m 常绿阔叶林中。分布于云南东南部；湖南、江西、广东、广西、贵州分布。越南北部也有。

种分布区类型：15c

绵毛多花含笑（变种）

Michelia floribunda Finet et Gagnep. var. **lanea** Sima, sp.nov., ined.

税玉民等（Shui Y.M. *et al.*）*群落样方 2011-31*，*群落样方 2011-37*，*西隆山凭证 431*，*西隆山凭证 504*，*西隆山凭证 505*，*西隆山凭证 513*

生于海拔 500 ～ 2400m 林间。分布于云南金平、红河、文山；广西分布。

中国特有

种分布区类型：15

香籽含笑

Michelia gioi (A. Chev.) Sima et H. Yu

税玉民等（Shui Y.M. *et al.*）*80219*，*群落样方 2011-47*；汤明珠（Tang M.Z.）*851276*；杨增宏（Yang Z.H.）*88-1213*

生于海拔 300 ～ 800m 季雨林中。分布于云南西双版纳、金平；海南、广西西南部分布。越南也有。

种分布区类型：7-4

云南拟单性木兰

Parakmeria yunnanensis Hu

税玉民等（Shui Y.M. *et al.*）*群落样方 2011-31*，*群落样方 2011-32*

生于海拔 1200 ～ 1500m 山谷密林中。分布于云南屏边、金平、西畴、麻栗坡；广西分布。

中国特有

种分布区类型：15

002a　八角科 Illiciaceae

柬埔寨八角

Illicium cambodianum Hance

周浙昆等（Zhou Z.K. *et al.*）*177，281，356，386，628*

生于海拔 800 ～ 2900m 山地常绿阔叶林中。分布于云南金平、河口、绿春、文山。越南、柬埔寨、缅甸、马来半岛也有。

种分布区类型：7

大花八角

Illicium macranthum A.C. Smith

税玉民等（Shui Y.M. *et al.*）*西隆山样方 1A-5，西隆山样方 1A-5，西隆山样方 5A-1，西隆山样方 1F-7，西隆山样方 8F-20*；周浙昆等（Zhou Z.K. *et al.*）*218*

生于海拔 1800 ～ 2800m 山地沟谷、溪边或山坡湿润常绿阔叶林中。分布于云南贡山、碧江、泸水、云龙、永平、马关、麻栗坡、蒙自、屏边、金平、绿春、景东、普洱、凤庆、双江、腾冲和龙陵；西藏分布。缅甸北部也有。

种分布区类型：7-3

大八角

Illicium majus Hook. f. et Thoms.

税玉民等（Shui Y.M. *et al.*）*90409, 90550, 90557，群落样方 2011-31，群落样方 2011-32，群落样方 2011-34，群落样方 2011-36*

生于海拔 300 ～ 2500m 山地湿润常绿阔叶林中。分布于云南新平、元阳、广南、富宁、西畴、文山、麻栗坡、马关、屏边、金平、河口、耿马、龙陵、瑞丽；四川、贵州、广东、广西、湖北和湖南分布。越南北部、缅甸也有。

种分布区类型：7

滇西八角

Illicium merrillianum A.C. Smith

周浙昆等（Zhou Z.K. *et al.*）*463*

生于海拔 1500 ～ 2000m 山涧、沟谷或山坡湿润常绿阔叶林中。分布于云南腾冲、双江、勐海、金平。缅甸北部也有。

种分布区类型：14SH

小花八角

Illicium micranthum Dunn

黄全（Huang Q.）*538*

生于海拔 500 ～ 2600m 山地沟谷、溪边或山坡湿润常绿阔叶林中。分布于云南镇雄、会泽、双柏、新平、元江、文山、广南、马关、西畴、麻栗坡、蒙自、绿春、金平、河口、屏边、元阳、景东、镇源、普洱、澜沧、勐连、景洪、勐海、临沧、耿马和双江；四川、贵州、广东、广西、湖北和湖南分布。

中国特有

种分布区类型：15

少果八角

Illicium petelotii A.C. Smith

税玉民等（Shui Y.M. *et al.*）*群落样方 2011-37*

生于海拔 1500 ～ 2000m 山地湿润林中。模式产地为河口对面的越南黄连山（沙坝）。分布于云南西畴、屏边和河口。越南北部也有。

种分布区类型：15c

文山八角

Illicium tsaii A.C. Smith

周浙昆等（Zhou Z.K. *et al.*）*463*

生于海拔 1800 ～ 2500m 沟谷、溪边或石灰岩山地常绿阔叶林中。分布于云南广南、文山、麻栗坡、马关、金平、绿春。

滇东南特有

种分布区类型：15b

003　五味子科 Schisandraceae

狭叶南五味子

Kadsura angustifolia A.C. Smith

中苏队（Sino-Russ. Exped.）*3099*

生于海拔 1280 ～ 2250m 林中。分布于云南金平、屏边、文山、西畴、马关、麻栗坡；广西分布。越南（沙巴）也有。

种分布区类型：15c

冷饭团

Kadsura coccinea (Lem.) A.C. Smith

税玉民等（Shui Y.M. *et al.*）*群落样方 2011-31，90524，群落样方 2011-31，群落样方 2011-32，群落样方 2011-37，群落样方 2011-38*

生于海拔 450 ~ 2000m 林中。分布于云南屏边、河口、金平、蒙自、文山、普洱、景东；江西、湖南、广东、海南、广西、四川、贵州分布。越南也有。

种分布区类型：7-4

异型南五味子

Kadsura heteroclita (Roxb.) Craib

周浙昆等（Zhou Z.K. *et al.*）*404*

生于海拔 400 ~ 900m 山谷、溪边、密林中。分布于云南屏边、文山、蒙自、普洱、勐海、勐腊；湖北、广东、海南、广西、贵州分布。孟加拉、越南、老挝、缅甸、泰国、印度、斯里兰卡、苏门答腊岛等地也有。

种分布区类型：7

南五味子

Kadsura longipedunculata Finer et Gagnep.

税玉民等（Shui Y.M. *et al.*）(*photo*)

生于海拔 500 ~ 1700m 山坡、林中。分布于云南全省；江苏、安徽、浙江、江西、福建、湖北、湖南、广东、广西、贵州、四川分布。

中国特有

种分布区类型：15

翼梗五味子

Schisandra henryi C.B. Clarke

税玉民等（Shui Y.M. *et al.*）*群落样方 2011-31，群落样方 2011-32*

生于海拔 500 ~ 1500m 河谷边、山坡林下或灌丛中。模式标本采自云南红河。分布于云南昆明、蒙自、红河、金平、河口；浙江、江西、福建、河南南部（信阳）、湖北、湖南、广东、广西、四川中部、贵州分布。

中国特有

种分布区类型：15

006b　水青树科 Tetracentraceae

水青树

Tetracentron sinense Oliv.

税玉民等（Shui Y.M. *et al.*）*西隆山样方 2-44*；周浙昆等（Zhou Z.K. *et al.*）*207*

生于海拔 1700 ～ 3500m 沟谷林及溪边杂木林中。分布于云南西北部、东北部、龙陵、凤庆、景东、文山、金平、红河、绿春、文山、元阳等；甘肃、陕西、湖北、湖南、四川、贵州等省分布。尼泊尔、缅甸、越南也有。

种分布区类型：7

008　番荔枝科 Annonaceae

金平藤春

Alphonsea boniana Finet et Gagnep.

徐永椿（Hsu Y.C.）*382*；中苏队（Sino-Russ. Exped.）*162，574，749，1932*

生于海拔 400 ～ 450m 山地疏林中。分布于云南金平、河口、个旧、马关。越南也有。

种分布区类型：7-4

藤春

Alphonsea monogyna Merr. et Chun

徐永椿（Hsu Y.C.）*425*；张广杰（Zhang G.J.）*161*；中苏队（Sino-Russ. Exped.）*147，528，668*；周浙昆等（Zhou Z.K. *et al.*）*642*

生于海拔 400 ～ 1200m 山地密林或疏林中。分布于云南景洪、金平、河口；海南、广西分布。

中国特有

种分布区类型：15

香鹰爪

Artabotrys fragrans Jovet-Ast

宣淑洁（Hsuan S.J.）*154*

生于海拔 1000m 以下山谷密林中。分布于云南景洪、富宁、金平、屏边。越南也有。

种分布区类型：7-4

喙果皂帽花

Dasymaschalon rostratum Merr. et Chun

中苏队（Sino-Russ. Exped.）*788*

生于海拔 530 ～ 1300m 山地密林或山谷溪旁疏林中。分布于云南河口、金平、屏边、麻栗坡、西畴、富宁、元阳等地；广东、海南、广西和西藏分布。越南也有。

种分布区类型：7-4

皂帽花

Dasymaschalon trichophorum Merr.

中苏队（Sino-Russ. Exped.）*367*

生于海拔 300 ～ 1200m 丘陵山地疏林中或灌丛中。分布于云南金平、屏边；广东、广西、海南分布。

中国特有

种分布区类型：15

假鹰爪

Desmos chinensis Lour.

蔡克华（Cai K.H.）*247*；徐永椿（Hsu Y.C.）*247*；张建勋、张赣生（Chang C.S. et Chang K.S.）*84*；中苏队（Sino-Russ. Exped.）*6，262，556，557，1624*

生于海拔 160 ～ 1500m 疏林或山坡灌丛中。分布于云南河口、金平、麻栗坡、富宁、马关、屏边、文山；广东、广西、贵州分布。印度、老挝、柬埔寨、马来西亚、新加坡、菲律宾、印度尼西亚也有。

种分布区类型：7

假鹰爪属一种

Desmos sp.

西南野生生物种质资源库 DNA Barcoding 考察（DNA Barcoding Exped. of GBOWS）*GBOWS1461*

尖叶瓜馥木

Fissistigma acuminatissimum Merr.

税玉民等（Shui Y.M. *et al.*）*群落样方 2011-31，群落样方 2011-32，群落样方 2011-37*

生于海拔 900 ～ 1900m 山地疏林潮湿处或密林下。分布于云南西双版纳、蒙自、金平、屏边、麻栗坡、文山、西畴。越南也有。

种分布区类型：7-4

多脉瓜馥木

Fissistigma balansae (A. DC.) Merr.

张建勋、张赣生（Chang C.S. et Chang K.S.）*224*

生于海拔 200 ～ 1200m 山地林中。分布于云南河口、金平、屏边、富宁、个旧、广南、马关、麻栗坡、西畴。越南也有。

种分布区类型：7-4

阔叶瓜馥木

Fissistigma chloroneurum (Hand.-Mazz.) Y. Tsiang

宣淑洁（Hsuan S.J.）*61-0022*；张建勋、张赣生（Chang C.S. et Chang K.S.）*123*；中苏队（Sino-Russ. Exped.）*456*

生于海拔 140 ～ 900m 丘陵山地疏林潮湿处或密林中。分布于云南河口、金平、屏边、马关、蒙自、个旧、绿春、元阳。越南也有。

种分布区类型：7-4

毛瓜馥木

Fissistigma maclurei Merr.

徐永椿（Hsu Y.C.）*250*

生于海拔 260 ～ 1250m 山地林中或山谷阴处或水旁岩石上。分布于云南勐仑、金平、河口、麻栗坡、富宁；海南和广西分布。越南也有。

种分布区类型：7-4

黑风藤

Fissistigma polyanthum (Hook. f. et Thoms.) Merr.

宣淑洁（Hsuan S.J.）*61-00114*；张广杰（Zhang G.J.）*132*；中苏队（Sino-Russ. Exped.）*105*

生于海拔 120 ～ 1200m 山谷密林或路旁林下。分布于云南勐腊、景洪、金平、河口、马关、麻栗坡、西畴、富宁、个旧、屏边;广东、广西、贵州、西藏分布。越南、缅甸、印度也有。

种分布区类型：7

凹叶瓜馥木

Fissistigma retusum (Lev.) Rehd.

税玉民等（Shui Y.M. *et al.*）*90066*

生于海拔 750 ～ 2000m 山地密林中。分布于云南勐海、景洪、元江、富宁、广南、砚山、西畴、麻栗坡、马关、屏边、临沧、龙陵、芒市；西藏、贵州、广西和海南分布。

中国特有

种分布区类型：15

光叶瓜馥木

Fissistigma wallichii (Hook. f. et Thoms.) Merr.

中苏队（Sino-Russ. Exped.）*453*

生于海拔 450 ～ 1500m 山地密林或山谷疏林中。分布于云南景洪、勐海、勐腊、金平、河口、富宁、蒙自、建水、屏边、马关、麻栗坡、西畴、富宁等地；广西、贵州分布。印度也有。

种分布区类型：7-2

海南哥纳香

Goniothalamus howii Merr. et Chun

中苏队（Sino-Russ. Exped.）*890*

生于海拔 300 ～ 800m 山地林中或沟谷中。分布于云南金平、河口、屏边；海南分布。

中国特有

种分布区类型：15

云南哥纳香

Goniothalamus yunnanensis W.T. Wang

税玉民等（Shui Y.M. *et al.*）*80218*，*90098*，*群落样方 2011-46*，*群落样方 2011-49*；西南野生生物种质资源库 DNA Barcoding 考察（DNA Barcoding Exped. of GBOWS）*GBOWS1398*；中苏队（Sino-Russ. Exped.）*404*，*659*

生于海拔 150 ～ 470m 密林下。分布于云南屏边、河口、金平。

滇东南特有

种分布区类型：15b

野独活

Miliusa balansae Finet et Gagnep.

税玉民等（Shui Y.M. *et al.*）(*photo*)

生于海拔 500 ～ 1800m 山地密林中或山谷灌木林中。分布于云南南部及东南部；广东、广西、贵州、海南分布。越南也有。

种分布区类型：7-4

细基丸

Polyalthia cerasoides (Roxb.) Benth. et Hook. f. ex Bedd.

云南省林科院（Yunnan Acad. Forest. Exped.）*85375*

生于海拔 120 ～ 1100m 山谷、河旁或疏林中。分布于云南景洪、河口、金平、蒙自、元江、个旧、建水、马关、元阳；广东分布。越南、老挝、泰国、柬埔寨、缅甸、印度也有。

种分布区类型：7

陵水暗罗

Polyalthia littoralis (Bl.) Boerlage

宣淑洁（Hsuan S.J.）*110*

生于海拔 100 ～ 800m 山地林中阴湿处。分布于云南金平、马关；广东南部至海南分布。越南也有。

种分布区类型：7-4

黄花紫玉盘

Uvaria kurzii (King) P.T. Li

吴元坤、胡诗秀（Wu Y.K. et Hu S.X.）*25*；张建勋、张赣生（Chang C.S. et Chang K.S.）*178*；中苏队（Sino-Russ. Exped.）*3074*

生于海拔 400 ～ 1260m 山地密林及次生灌丛中。分布于云南金平、河口、屏边、景东等地；广西分布。印度也有。

种分布区类型：7-2

011　樟科 Lauraceae

思茅黄肉楠

Actinodaphne henryi Gamble

税玉民等（Shui Y.M. *et al.*）*91302*

生于海拔 620 ～ 1300m 常绿阔叶林中，常为该种类型森林的第三层主要树种。分布于云南南部。

云南特有

种分布区类型：15a

金平黄肉楠

Actinodaphne jinpingensis H.W. Li, sp.nov., ined.

张广杰（Zhang G.J.）*19*

生于海拔 500 ～ 800m 热带季雨林中。分布于云南金平。

金平特有

种分布区类型：15d

倒卵叶黄肉楠

Actinodaphne obovata (Nees) Bl.

税玉民等（Shui Y.M. *et al.*）*群落样方 2011-41*；武素功（Wu S.K.）*3912*；中苏队（Sino-Russ. Exped.）*900*

生于海拔 700 ～ 1800m 阴暗潮湿的山坡。分布于云南绿春、屏边、金平。

滇东南特有

种分布区类型：15b

马关黄肉楠

Actinodaphne tsaii Hu

税玉民等（Shui Y.M. *et al.*）*群落样方 2011-32*

生于海拔 1300 ～ 2000m 沟边或山坡常绿阔叶林中。分布于云南南部至东南部。

云南特有

种分布区类型：15a

油丹

Alseodaphne hainanensis Merr.

云南省林科院（Yunnan Acad. Forest. Exped.）*采集号不详*

生于海拔 1400 ～ 1700m 山谷密林中。分布于云南金平；海南分布。越南北部也有。

种分布区类型：15c

云南油丹

Alseodaphne yunnanensis Kosterm.

云南省林科院（Yunnan Acad. Forest. Exped.）*采集号不详*；中苏队（Sino-Russ. Exped.）*581*

生于海拔约 800m 山谷阴处岩石上。分布于云南金平、绿春、马关。

滇东南特有

种分布区类型：15b

白柴果

Beilschmiedia fasciata H.W. Li

中苏队（Sino-Russ. Exped.）*104*

生于海拔 1100 ～ 1600m 沟边水旁疏林或密林中。分布于云南金平、河口、马关、麻栗坡、屏边、西畴、元阳。

滇东南特有

种分布区类型：15b

缘毛琼楠（变种）

Beilschmiedia percoriacea Allen var. **ciliata** H.W. Li

张建勋、张赣生（Chang C.S. et Chang K.S.）*187*

生于海拔 1200 ～ 2100m 林中。分布于云南屏边、河口、金平。

滇东南特有

种分布区类型：15b

粗壮琼楠

Beilschmiedia robusta C.K. Allen

税玉民等（Shui Y.M. *et al.*）*群落样方 2011-31*，*群落样方 2011-37*，*群落样方 2011-38*；徐永椿（Hsu Y.C.）*379*；周浙昆等（Zhou Z.K. *et al.*）*80*

生于海拔 1540 ～ 2400m 灌丛、疏林或密林中。分布于云南南部、东南部（金平、河口、红河、绿春、马关、麻栗坡、屏边、文山、西畴、砚山、元阳）及西部；贵州、广西、西藏东南部分布。

中国特有

种分布区类型：15

稠琼楠

Beilschmiedia roxburghiana Nees

税玉民等（Shui Y.M. *et al.*）*群落样方 2011-32*，*群落样方 2011-38*

生于海拔 1300 ～ 2100m 山坡常绿阔叶林中。分布于云南东南部及南部；西藏东南部分布。印度、缅甸也有。

种分布区类型：7

滇琼楠

Beilschmiedia yunnanensis Hu

税玉民等（Shui Y.M. *et al.*）*群落样方 2011-31*，*群落样方 2011-32*，*群落样方 2011-37*，*群落样方 2011-38*

生于海拔 1500 ～ 1900m 山地溪旁密林中。分布于云南东南部；广东、海南、广西西南至东南部分布。

中国特有

种分布区类型：15

老挝檬果樟

Caryodaphnopsis laotica Airy-Shaw

段幼宣（Duan Y.X.）*30*；黄道存（Huang D.C.）*203*；蒋维邦（Jiang W.B.）*91*，*117A*；毛品一（Mao P.I.）*632*；徐永椿（Hsu Y.C.）*134*，*225*，*311*，*350*，*360*；宣淑洁（Hsuan S.J.）*105*，*151*；中苏队（Sino-Russ. Exped.）*34*，*1853*，*1909*

生于海拔300～1500m次生杂木林或路旁开旷灌丛中。分布于云南东南部（金平、河口、屏边）。老挝、越南北部也有。

种分布区类型：7-4

檬果樟

Caryodaphnopsis tonkinensis (Lec.) Airy-Shaw

武素功（Wu S.K.）*3918*；张广杰（Zhang G.J.）*252*；中苏队（Sino-Russ. Exped.）*801*

生于海拔120～1200m山谷疏林中或林缘路旁。分布于云南南部及东南部（金平、河口、马关、屏边）。越南北部至马来西亚的沙巴及菲律宾也有。

种分布区类型：7

无根藤

Cassytha filiformis Linn.

中苏队（Sino-Russ. Exped.）*426*

生于海拔980～1600m山坡灌丛或疏林中。分布于云南南部；贵州、广西、广东、湖南、江西、浙江、福建、台湾等省区分布。热带亚洲、非洲、澳大利亚也有。

种分布区类型：2-1

滇南桂

Cinnamomum austroyunnanense H.W. Li

黄道存（Huang D.C.）*208*；徐永椿（Hsu Y.C.）*106*；张建勋、张赣生（Chang C.S. et Chang K.S.）*95*；中苏队（Sino-Russ. Exped.）*102*

生于海拔200～600m热带林中阴处。分布于云南金平、富宁、河口、西畴、绿春、麻栗坡、屏边、景洪。

云南特有

种分布区类型：15a

钝叶桂

Cinnamomum bejolghota (Buch.-Ham.) Sweet

张建勋、张赣生（Chang C.S. et Chang K.S.）*58*

生于海拔 600 ～ 1780m 山坡、沟谷的疏林或密林中。分布于云南南部及东南部（金平、河口、绿春、马关、蒙自、屏边、西畴、元阳）；广东南部分布。印度、孟加拉、缅甸、老挝、越南也有。

种分布区类型：7

坚叶樟

Cinnamomum chartophyllum H.W. Li

中苏队（Sino-Russ. Exped.）*656*

生于海拔 380 ～ 600m 山坡疏林中水沟旁或沟谷密林中。分布于云南东南部（金平、绿春）及南部（勐腊）。

云南特有

种分布区类型：15a

云南樟

Cinnamomum glanduliferum (Wall.) Nees

税玉民等（Shui Y.M. *et al.*）*群落样方 2011-33*，*群落样方 2011-35*

生于海拔 1500 ～ 2500m 山地常绿阔叶林中。分布于云南中部至北部；西藏东南部、四川西南部及贵州南部分布。印度、尼泊尔、缅甸至马来西亚也有。

种分布区类型：7

狭叶桂

Cinnamomum heyneanum Nees

中苏队（Sino-Russ. Exped.）*143*

生于海拔约 500m 河边山坡灌丛中。分布于云南东南部（金平、河口）；湖北西部、四川东部、贵州西南部、广西分布。印度至印度尼西亚也有。

种分布区类型：7

油樟

Cinnamomum longepaniculatum (Gamble) N. Chao ex H.W. Li

中苏队（Sino-Russ. Exped.）*656*

生于海拔 750 ～ 2100m 山坡阳处。分布于云南南部（景东）及东南部（金平）；四川分布。

中国特有

种分布区类型：15

银叶桂

Cinnamomum mairei Lévl.

税玉民等（Shui Y.M. *et al.*）*91204*

生于海拔 1300 ～ 1800m 林中。分布于云南东北部；四川西部分布。

中国特有

种分布区类型：15

香桂

Cinnamomum subavenium Miq.

税玉民等（Shui Y.M. *et al.*）*群落样方 2011-32*，*群落样方 2011-35*

生于海拔 2000m 以下山坡或山谷的常绿阔叶林中。分布于云南南部；贵州、四川、西藏、广西、广东、安徽、浙江、江西、福建及台湾分布。印度、缅甸经中南半岛，以及马来西亚至印度尼西亚也有。

种分布区类型：7

假桂皮树

Cinnamomum tonkinense (Lec.) A. Chev.

中苏队（Sino-Russ. Exped.）*102*；诸葛仁（Zhuge R.）*10288*

生于海拔 1000 ～ 1800m 常绿阔叶林中的潮湿处。分布于云南金平、富宁、河口、马关、麻栗坡、弥勒、屏边。越南北部也有。

种分布区类型：15c

尖叶厚壳桂

Cryptocarya acutifolia H.W. Li

云南省林科院（Yunnan Acad. Forest. Exped.）张建勋、张赣生（Chang C.S. et Chang K.S.）*82*，*182*

生于海拔 500 ～ 700m 低丘或河边潮湿地上的常绿阔叶林中或山坡干燥次生疏林内。分布于云南南部及东南部。

云南特有

种分布区类型：15a

岩生厚壳桂

Cryptocarya calcicola H.W. Li

税玉民等（Shui Y.M. *et al.*）*群落样方 2011-48*

生于海拔 500 ～ 1000m 常绿阔叶林中、石山上或溪旁。分布于云南南部及东南部；贵州南部及广西西部分布。

中国特有

种分布区类型：15

长果土楠

Endiandra dolichocarpa S.K. Lee et Y.T. Wei

税玉民等（Shui Y.M. *et al.*）*80484*，*群落样方 2011-49*

生于海拔约 500m 密林中。分布于云南金平、个旧；广西（田阳）分布。

中国特有

种分布区类型：15

香面叶

Iteadaphne caudata (Nees) H.W. Li

税玉民等（Shui Y.M. *et al.*）*90973*，*群落样方 2011-31*，*群落样方 2011-35*，*群落样方 2011-37*，*群落样方 2011-40*

生于海拔 700 ～ 2300m 山坡灌丛、疏林中或路边及林缘等处。分布于云南南部；广西西部分布。印度、缅甸、泰国、老挝、越南也有。

种分布区类型：7

纤梗山胡椒

Lindera gracilipes H.W. Li

西南野生生物种质资源库 DNA Barcoding 考察（DNA Barcoding Exped. of GBOWS）*GBOWS1363*

生于海拔 700 ～ 1820m 山谷潮湿密林或干燥的灌丛中。分布于云南东南部。越南北部也有。

种分布区类型：15c

团香果

Lindera latifolia Hook. f.

税玉民等（Shui Y.M. *et al.*）*90980*，*群落样方 2011-32*，*群落样方 2011-34*，*群落样方 2011-35*，*群落样方 2011-36*，*群落样方 2011-37*，*群落样方 2011-39*，*群落样方 2011-40*

生于海拔 1500 ～ 2300m 山坡或沟边常绿阔叶林及灌丛中、或路旁林缘等处。分布于云南西部、西北部至东南部；西藏东南部分布。印度、孟加拉、越南北部也有。

种分布区类型：7

网叶山胡椒（变种）

Lindera metcalfiana C.K. Allen var. **dictyophylla** (C.K. Allen) H.P. Tsui

税玉民等（Shui Y.M. *et al.*）*群落样方 2011-31*，*群落样方 2011-37*，*群落样方 2011-38*，*群落样方 2011-39*；武素功（Wu S.K.）*3905*

生于海拔 700 ～ 2000m 山坡或沟边林缘上或疏林及灌丛中。分布于云南东南部、南部至西南部；广西分布。越南北部也有。

种分布区类型：15c

三股筋香

Lindera thomsonii C.K. Allen

周浙昆等（Zhou Z.K. *et al.*）*402*，*424*

生于海拔 1100 ～ 3000m 山地疏林中。分布于云南西部至东南部；广西、贵州西部分布。印度、缅甸、越南北部也有。

种分布区类型：7

假辣子

Litsea balansae Lec.

胡月英、文绍康（Hu Y.Y. et Wen S.K.）*580479*；税玉民等（Shui Y.M. *et al.*）*群落样方 2011-46*；宣淑洁（Hsuan S.J.）*60-00119*；中苏队（Sino-Russ. Exped.）*215*，*902*，*3077*

生于海拔 120 ～ 800m 密林或路边杂木林中。分布于云南东南部（金平、河口、西畴）。越南也有。

种分布区类型：7-4

金平木姜子

Litsea chinpingensis Yen C. Yang et P.H. Huang

税玉民等（Shui Y.M. *et al.*）*群落样方 2011-36*，*群落样方 2011-34*，*群落样方 2011-36*，*群落样方 2011-37*，*群落样方 2011-38*，*群落样方 2011-39*

生于海拔 1500 ～ 2100m 潮湿的阔叶混交林中。分布于云南东南部（屏边、金平）、南部（景东、景洪、勐海）、西部（临沧）至西北部（贡山）。

云南特有

种分布区类型：15a

山鸡椒

Litsea cubeba (Lour.) Pers.

蒋维邦（Jiang W.B.）*87*；沙惠祥、戴汝昌（Sha H.X. et Dai R.C.）*3*；税玉民等（Shui Y.M. *et al.*）*群落样方 2011-34*；吴元坤（Wu Y.K.）*53*；香料植物考察队（Spiceberry Exped.）*86132*；徐永椿（Hsu Y.C.）*287*；云南大学（Yunnan Univ.）(*n.s.*)；张广杰（Zhang G.J.）*309*；张建勋、张赣生（Chang C.S. et Chang K.S.）*45*，*103*；中苏队（Sino-Russ. Exped.）*56*，*615*，*644*；周浙昆等（Zhou Z.K. *et al.*）*41*，*515*，*589*

生于海拔 100 ～ 2900m 向阳丘陵和山地的灌丛或疏林中。分布于云南除高海拔地区外全省各地，以南部地区为常见；长江以南各省区，西南直至西藏分布。东南亚及南亚各国也有。

种分布区类型：7

黄丹木姜子

Litsea elongata (Nees) Hook. f.

税玉民等（Shui Y.M. *et al.*）*群落样方 2011-32*

生于海拔 1200 ～ 2000m 常绿林中。分布于云南东南部（富宁、西畴、麻栗坡、砚山、金平、屏边）、西部（泸水）；长江以南各省区及西藏分布。印度、尼泊尔也有。

种分布区类型：7-2

清香木姜子

Litsea euosma W.W. Smith

税玉民等（Shui Y.M. *et al.*）*90892*

生于海拔 350 ～ 2450m 湿润常绿阔叶林中。分布于云南西南部、南部及东南部；四川、贵州、湖南、江西、广东、广西及台湾分布。中南半岛各国也有。

种分布区类型：7-4

剑叶木姜子（原变种）

Litsea lancifolia (Roxb. ex Nees) Benth. et Hook. f. ex F.-Vill. var. **lancifolia**

毛品一（Mao P.I.）*571*；税玉民等（Shui Y.M. *et al.*）*80260*，*群落样方 2011-35*，*群落样方 2011-44*，*群落样方 2011-46*，*群落样方 2011-47*，*群落样方 2011-49*；徐永椿（Hsu Y.C.）*365*；张广杰（Zhang G.J.）*139*；张建勋、张赣生（Chang C.S. et Chang K.S.）*174*

生于海拔 1000m 以下山谷溪旁或混交林中。分布于云南南部（东南部自金平、河口、马关、麻栗坡、蒙自、屏边、元阳）；广东、海南、广西西南部分布。印度、不丹、越南至菲律宾及印度尼西亚的加里曼丹也有。

种分布区类型：7

椭果剑叶木姜子（变种）

Litsea lancifolia (Roxb. ex Nees) Benth. et Hook. f. ex F.-Vill. var. **ellipsoidea** Yang et P.H. Huang

税玉民等（Shui Y.M. *et al.*）*样方 2-S-24*；西南野生生物种质资源库 DNA Barcoding 考察（DNA Barcoding Exped. of GBOWS）*GBOWS1343*，*GBOWS1427*；张广杰（Zhang G.J.）*23*

生于海拔 1200 ～ 2000m 山谷林中。分布于云南东南部（屏边、金平、河口、绿春、马关、屏边、元阳）、南部（景东、勐养、勐海）、西南部（龙陵）。

云南特有

种分布区类型：15a

长蕊木姜子

Litsea longistaminata (H. Liou) Kosterm.

徐永椿（Hsu Y.C.）*278*；中苏队（Sino-Russ. Exped.）*902*

生于海拔 800 ～ 2000m 开旷山坡、山谷、灌丛或混交林中。分布于云南南部、东南部、西南部。越南也有。

种分布区类型：7-4

毛叶木姜子

Litsea mollis Hemsl.

沙惠祥、戴汝昌（Sha H.X. et Dai R.C.）*101*；税玉民等（Shui Y.M. *et al.*）*群落样方 2011-31*，*群落样方 2011-35*，*群落样方 2011-37*；王开域（Wang K.Y.）*3*；徐永椿（Hsu Y.C.）*282*；张建勋、张赣生（Chang C.S. et Chang K.S.）*148*，*177*；中苏队（Sino-Russ. Exped.）*42*，*672*，*1873*

生于海拔 1000 ～ 2800m 山坡灌丛中或林缘处。分布于云南东南部及东北部；四川、贵州、湖南、湖北、广西、广东分布。

中国特有

种分布区类型：15

假柿木姜子

Litsea monopetala (Roxb.) Pers.

段幼萱（Duan Y.X.）*51*；税玉民等（Shui Y.M. *et al.*）*群落样方 2011-45*；武素功（Wu S.K.）*3912*；西南野生生物种质资源库 DNA Barcoding 考察（DNA Barcoding Exped. of GBOWS）*GBOWS1330*；徐永椿（Hsu Y.C.）*298*；中苏队（Sino-Russ. Exped.）*96*，*943*

生于海拔 200 ～ 1500m 山坡灌丛或疏林中。分布于云南南部（富宁、西畴、麻栗坡、屏边、河口、金平、景东、勐养、景洪、勐腊、澜沧、勐海、龙陵、泸水）；广东、广西、贵州西南部分布。东南亚、印度也有。

种分布区类型：7

红皮木姜子

Litsea pedunculata (Diels) Yen C. Yang et P.H. Huang

税玉民等（Shui Y.M. *et al.*）*群落样方 2011-32*，*群落样方 2011-35*

生于海拔 1900 ～ 2300m 山地林内。分布于云南东南部（文山、马关）；湖北、四川、湖南、江西、广西、贵州分布。

中国特有

种分布区类型：15

红叶木姜子

Litsea rubescens Lec.

周浙昆等（Zhou Z.K. *et al.*）*113*

生于海拔 1300 ～ 3100m 山地阔叶林中空隙处或林缘。分布于云南除高海拔地区外全省各地；四川、重庆、贵州、西藏、陕西南、湖北、湖南分布。越南也有。

种分布区类型：7-4

黑木姜子

Litsea salicifolia (Roxb. ex Nees) Hook. f.

税玉民等（Shui Y.M. *et al.*）*群落样方 2011-46*；中苏队（Sino-Russ. Exped.）*107*，*308*，*957*，*3176*

生于海拔 300 ～ 1200m 山谷疏林中。分布于云南东南部（金平、河口、富宁、绿春、麻栗坡、屏边）；广东、广西西部、贵州南部及西南部分布。孟加拉、不丹、印度、缅甸、尼泊尔、越南也有。

种分布区类型：7

桂北木姜子

Litsea subcoriacea Yen C. Yang et P.H. Huang

周浙昆等（Zhou Z.K. *et al.*）*359*

生于海拔 2000 ～ 2500m 山谷常绿阔叶林或疏林中。分布于云南景东、临沧、金平、河口、马关、屏边、文山等地；广西北、贵州东部和南部、湖南西部、广东北部、浙江东北部（宁波）分布。

中国特有

种分布区类型：15

思茅木姜子

Litsea szemaois (H. Liou) J. Li et H.W. Li

税玉民等（Shui Y.M. *et al.*）*群落样方 2011-41*，*群落样方 2011-38*，*群落样方 2011-39*

生于海拔 800 ～ 1500m 阔叶混交林中。分布于云南南部。

云南特有

种分布区类型：15a

轮叶木姜子

Litsea verticillata Hance

金平林场（Jinping Forest Farm）*804*

生于海拔 380 ～ 1300m 杂木林或溪边灌丛中。分布于云南东南部（河口、金平、屏边、西畴、麻栗坡）；广东、广西分布。越南、柬埔寨也有。

种分布区类型：7-4

黄心树

Machilus gamblei King ex Hook. f.

戴汝昌、沙惠祥（Dai R.C. et Sha H.X.）*7*；江心（Tsiang S.）*221*，*252*，*364*；税玉民等（Shui Y.M. *et al.*）*群落样方 2011-45*；武素功（Wu S.K.）*3906*；徐永椿（Hsu Y.C.）*164*；张建勋、张赣生（Chang C.S. et Chang K.S.）*108*，*155*，*211*；中苏队（Sino-Russ. Exped.）*686*，*698*

生于海拔 160 ～ 1640m 山坡或谷地疏林或密林中。分布于云南南部（东南部自金平、河口、富宁、绿春、马关、麻栗坡、蒙自、屏边、文山、西畴）；广东、广西、贵州、海南、藏东南（墨脱）分布。不丹、柬埔寨、印度、老挝、缅甸、尼泊尔、泰国、越南也有。

种分布区类型：7

楠木

Machilus nanmu (Oliv.) Hemsl.

税玉民等（Shui Y.M. *et al.*）*样方 2-S-08*

生于海拔 900 ～ 1500m 山坡疏或密林和灌丛中。分布于云南南部及西部（东南部自金平、红河、绿春、麻栗坡、屏边）；四川分布。

中国特有

种分布区类型：15

塔序润楠

Machilus pyramidalis H.W. Li

张建勋、张赣生（Chang C.S. et Chang K.S.）*103*

生于海拔 1200 ～ 2000m 山地疏林内。分布于云南东南部（金平、屏边、西畴）。

滇东南特有

种分布区类型：15b

粗壮润楠

Machilus robusta W.W. Smith

黄全（Huang Q.）*344*

生于海拔 1000 ～ 2100m 常绿阔叶林或开旷的灌丛中。分布于云南南部、东南部(金平、河口、富宁、绿春、马关、麻栗坡、屏边、文山、西畴、元阳)；贵州南部、广西、广东分布。缅甸北部也有。

种分布区类型：7-3

红梗润楠

Machilus rufipes H.W. Li

税玉民等（Shui Y.M. *et al.*）*群落样方 2011-37*

生于海拔 1500 ～ 2000m 山顶苔藓林或常绿阔叶林中。分布于云南东南部至南部；西藏东南部分布。

中国特有

种分布区类型：15

润楠属一种

Machilus sp.

西南野生生物种质资源库 DNA Barcoding 考察（DNA Barcoding Exped. of GBOWS）*GBOWS1459*

细毛润楠

Machilus tenuipilis H.W. Li

张广杰（Zhang G.J.）*296*

生于海拔 1350 ～ 2350m 山地疏、密林或灌丛中。分布于云南金平、弥勒、勐海。

云南特有

种分布区类型：15a

大叶新木姜子

Neolitsea levinei Merr.

税玉民等（Shui Y.M. *et al.*）*群落样方 2011-31*，*群落样方 2011-32*，*群落样方 2011-38*

生于海拔 1300 ～ 1600m 山坡或山谷的常绿阔叶林中。分布于云南东南部；广东、广西、湖南、湖北、江西、福建、四川及贵州分布。

中国特有

种分布区类型：15

卵叶新木姜子

Neolitsea ovatifolia Yen C. Yang et P.H. Huang

税玉民等（Shui Y.M. *et al.*）*群落样方 2011-31*，*群落样方 2011-32*，*群落样方 2011-37*

生于海拔 400 ～ 900m 沟谷疏林中。分布于云南东南部；广东、广西、海南分布。

中国特有

种分布区类型：15

多果新木姜子

Neolitsea polycarpa H. Liou

周浙昆等（Zhou Z.K. *et al.*）*252*，*256*

生于海拔 1200 ～ 2400m 山坡、山顶或沟谷的常绿阔叶林中，为热带苔藓林中常见树种。分布于云南东南部（金平、河口、个旧、广南、马关、麻栗坡、蒙自、屏边、丘北、石屏、文山、西畴）。越南北部也有。

种分布区类型：15c

披针叶楠木

Phoebe lanceolata (Nees) Nees

税玉民等（Shui Y.M. *et al.*）*群落样方 2011-31*，*群落样方 2011-32*

生于海拔 470 ～ 1500m 常绿阔叶林及山地雨林中，为该地区森林中第三层主要树种之一。分布于云南南部。尼泊尔、印度、泰国、马来西亚至印度尼西亚也有。

种分布区类型：7

大果楠

Phoebe macrocarpa C.Y. Wu

税玉民等（Shui Y.M. *et al.*）(*s.n.*) *群落样方 2011-32*，*群落样方 2011-34*，*群落样方 2011-41*

生于海拔 1200 ～ 1800m 疏或密的杂木林中。分布于云南东南部。越南北部也有。

种分布区类型：15c

大萼楠

Phoebe megacalyx H.W. Li

宣淑洁（Hsuan S.J.）*152*

生于海拔约 480m 沟边杂木林中。分布于云南东南部（金平、河口、马关、屏边）。越南北部也有。

种分布区类型：15c

小花楠

Phoebe minutiflora H.W. Li

西南野生生物种质资源库 DNA Barcoding 考察（DNA Barcoding Exped. of GBOWS）*GBOWS1428*；徐永椿（Hsu Y.C.）*115*；张建勋、张赣生（Chang C.S. et Chang K.S.）*170*；中苏队（Sino-Russ. Exped.）*504*，*604*，*662*

生于海拔 510 ～ 1450m 山坡或沟谷疏林或密林中。分布于云南全省南部（其中东南部自金平、河口、绿春、弥勒）。

云南特有

种分布区类型：15a

普文楠

Phoebe puwenensis Cheng

胡诗秀、吴元坤（Hu S.X. et Wu Y.K.）*85*；蒋维邦（Jiang W.B.）*81*；徐永椿（Hsu Y.C.）*385*；中苏队（Sino-Russ. Exped.）*42*

生于海拔 550 ～ 1750m 山地常绿阔叶林或山地雨林中。分布于云南南部、东南部及西南部。

云南特有

种分布区类型：15a

屏边油果樟

Syndiclis pingbienensis H.W. Li

税玉民等（Shui Y.M. *et al.*）*90978*

生于海拔 1510 ～ 1780m 湿润密林中。分布于云南东南部（屏边等地）。

滇东南特有

种分布区类型：15b

013 莲叶桐科 Hernandiaceae

宽药青藤

Illigera celebica Miq.

段幼萱（Duan Y.X.）*29*

生于海拔 320 ～ 1300m 密林或疏林中。分布于云南东南部（屏边、金平、河口）、南部（景洪、勐仑、勐腊、大勐仑、易武）；广西、广东、沿海岛屿分布。越南、泰国、柬埔寨、菲律宾、印度尼西亚（加里曼丹、伊里安、苏拉威西）、马来西亚（沙捞越、文莱、沙巴）也有。

种分布区类型：7

小花青藤

Illigera parviflora Dunn

毛品一（Mao P.I.）*564*；中苏队（Sino-Russ. Exped.）*377*

生于海拔 500 ～ 1400m 山地密林、疏林或灌丛中。分布于云南东南部（西畴、河口、屏边、金平、马关）、南部（景洪）；贵州、广西、广东、福建等省区分布。越南、马来西亚也有。

种分布区类型：7

014 肉豆蔻科 Myristicaceae

风吹楠

Horsfieldia amygdalina (Wall.) Warb.

税玉民等（Shui Y.M. *et al.*）*群落样方 2011-43*，*群落样方 2011-46*；徐永椿（Hsu Y.C.）*15*

生于海拔 540 ～ 1200m 平坝疏林或山坡沟谷的密林中。分布于云南西双版纳、金平、河口、富宁、麻栗坡、屏边和耿马等地；广东（东兴）、广西（西南部）分布。从缅甸、越南、安达曼群岛至印度东北部也有。

种分布区类型：7

大叶风吹楠

Horsfieldia kingii (Hook. f.) Warb.

贺得木（He D.M.）*573*；西南野生生物种质资源库 DNA Barcoding 考察（DNA Barcoding Exped. of GBOWS）*GBOWS1422*

生于海拔 800 ～ 1200m 沟谷密林中。分布于云南金平、河口、绿春、马关、景洪、沧源、盈江、瑞丽、龙陵等地。印度、孟加拉（吉大港）等地也有。

种分布区类型：7-2

滇南风吹楠

Horsfieldia tetratepala C.Y. Wu

税玉民等（Shui Y.M. *et al.*）(*s.n.*)

生于海拔 300 ～ 650m 沟谷坡地密林中。分布于云南勐腊、金平、河口等地。

云南特有

种分布区类型：15a

小叶红光树

Knema globularia (Lam.) Warb.

税玉民等（Shui Y.M. *et al.*）*80317*，*群落样方 2011-48*；西南野生生物种质资源库 DNA Barcoding 考察（DNA Barcoding Exped. of GBOWS）*GBOWS1471*

生于海拔 200 ～ 1000m 阴湿山坡或平地的杂木林中。分布于云南西双版纳、金平、河口、绿春、屏边、盈江、沧源等地。自马来半岛经泰国、缅甸、中南半岛至印度尼西亚（苏门答腊）也有。

种分布区类型：7

红光树

Knema tenuinervia W.J. de Wilde

徐永椿（Hsu Y.C.）*102*；张建勋（Chang C.S.）*92*；中苏队（Sino-Russ. Exped.）*443*，*521*

生于海拔 350 ～ 1000m 沟谷或山坡潮湿的密林中。分布于云南金平、河口、绿春、元阳、西双版纳、盈江。印度（锡金）、老挝、尼泊尔、泰国也有。

种分布区类型：7

云南肉豆蔻

Myristica yunnanensis Y.H. Li

蒋维邦（Jiang W.B.）*70*；税玉民等（Shui Y.M. *et al.*）*90120*，*90120*，*群落样方 2011-49*，*90133*；西南野生生物种质资源库 DNA Barcoding 考察（DNA Barcoding Exped. of GBOWS）*GBOWS1455*

生于海拔 540 ～ 650m 山坡或沟谷斜坡的密林中。分布于云南南部（西双版纳、勐腊、景洪、金平、屏边、河口）。泰国北部也有。

种分布区类型：7-3

015　毛茛科 Ranunculaceae

草玉梅

Anemone rivularis Buch.-Ham. ex DC.

中苏队（Sino-Russ. Exped.）*552*

生于海拔 1800 ～ 3100m 草坡、沟边或疏林中。分布于云南红河、金平、开远、蒙自、弥勒、屏边、文山、元阳、广南、永善、昆明、姚安、大姚、大理、漾濞、丽江、中甸、德钦、贡山、维西、福贡、泸水、峨山、景东、凤庆、镇康；西藏南部、青海东南部、甘肃西南部、四川、湖北西南部、贵州、广西西部分布。不丹、尼泊尔、印度、斯里兰卡也有。

种分布区类型：14SH

毛木通

Clematis buchananiana DC.

李锡文（Li H.W.）*396*；税玉民等（Shui Y.M. *et al.*）*群落样方 2011-33*，*群落样方 2011-34*，*群落样方 2011-40*；周浙昆等（Zhou Z.K. *et al.*）*522*

生于海拔 1100 ～ 2800m 山谷坡地、溪边、林中或灌丛中。分布于云南嵩明、禄劝、昆明、路南、富民、武定、易门、双柏、下关、大理、漾濞、兰坪、福贡、贡山、广南、西畴、河口、金平、文山、弥勒、麻栗坡、蒙自、屏边、砚山、景东、凤庆、临沧、沧源、龙陵、腾冲；西藏南部、四川西南部、贵州西南部、广西西部分布。尼泊尔、印度、缅甸、越南北部也有。

种分布区类型：7

粗齿铁线莲

Clematis grandidentata (Rehd. et Wils.) W.T. Wang

税玉民等（Shui Y.M. *et al.*）*西隆山凭证 902*

生于海拔 1400 ～ 3100m 山坡或沟边灌丛中。分布于云南绥江、永善、宜良、昆明、丽江；四川、贵州、湖南、浙江、安徽、湖北、甘肃和陕西南、河南西部、山西南、河北西南部分布。

中国特有

种分布区类型：15

滇川铁线莲

Clematis kockiana Schneid.

税玉民等（Shui Y.M. *et al.*）*西隆山样方 2-23*

生于海拔 1500 ～ 2900m 山地林缘、路旁、田边、荒地、住宅附近。分布于云南东北部（会泽、东川）、西部（大理、邓川、洱源）、西北部（丽江、维西、中甸、贡山）、北部（禄劝）、中部（昆明、路南、楚雄）及东南部（金平、绿春、文山、西畴、蒙自、屏边）；西藏东部至南部、四川西南部分布。印度东北部、不丹、尼泊尔、缅甸也有。

种分布区类型：7

菝葜叶铁线莲

Clematis smilacifolia Wall.

税玉民等（Shui Y.M. *et al.*）*90981*

生于海拔 980 ～ 2300m 山谷灌丛中或林中。分布于云南屏边、普洱、云县、景东；广西、贵州南部、广东南、海南分布。尼泊尔、印度、泰国、越南、印度尼西亚、菲律宾也有。

种分布区类型：7

柱果铁线莲

Clematis uncinata Champ.

周浙昆等（Zhou Z.K. *et al.*）*567*

生于海拔 300 ～ 700m 山地溪边灌丛中或林中。分布于云南金平、富宁、广南、西畴、文山、蒙自；四川、甘肃和陕西的南部、湖北、贵州、广西、广东、香港、湖南、江西、福建、台湾、浙江、安徽和江苏南部分布。越南也有。

种分布区类型：7-4

云南铁线莲

Clematis yunnanensis Franch.

税玉民等（Shui Y.M. *et al.*）*西隆山样方 2-V-23*；周浙昆等（Zhou Z.K. *et al.*）*445*

生于海拔约 2300m 山谷林下。分布于云南金平、富宁、广南、红河、马关、麻栗坡、石屏、文山、西畴、开远、武定、禄劝、宾川；四川、贵州、广西、广东、湖北、福建、台湾、江苏、安徽、江西、浙江、河南、陕西、甘肃分布。

中国特有

种分布区类型：15

茴茴蒜

Ranunculus chinensis Bunge

张广杰（Zhang G.J.）*13，251*

生于海拔 1000 ～ 2500m 山谷湿草地、溪边或田边。分布于云南金平、广南、砚山、蒙自、石屏、弥勒、文山、砚山、嵩明、富民、宜良、昆明、易门、宾川、洱源、鹤庆、丽江、泸水、凤庆、景东、江川、墨江、江城；西藏、四川、湖南、浙江、安徽、华北、东北、西北各省区分布。不丹、印度北部、巴基斯坦北部、哈萨克斯坦、俄罗斯西伯利亚、蒙古、朝鲜、日本也有。

种分布区类型：8

石龙芮

Ranunculus sceleratus Linn.

张广杰（Zhang G.J.）*261*

生于海拔 1900 ～ 2300m 沟边、湖边、沼泽边。分布于云南金平、昆明、安宁、嵩明、下关、永胜、丽江、维西；海南以外的其他省区分布。北温带其他地区也有。

种分布区类型：8

钩柱毛茛

Ranunculus silerifolius Lévl.

中苏队（Sino-Russ. Exped.）*628，816*

生于海拔 850 ～ 2500m 溪边、林边或湿草地。分布于云南大关、东川、昆明、富民、宜良、泸水、腾冲、凤庆、景东、峨山、师宗、罗平、富宁、西畴、文山、麻栗坡、河口、屏边、蒙自、绿春、金平、元阳、元江、普洱、江城、勐养、易武、勐腊、勐海、孟连、耿马；广西、广东、湖南、四川、贵州、湖北、江西、福建、台湾、浙江分布。不丹、印度东北部、朝鲜、日本也有。

种分布区类型：7

021 木通科 Lardizabalaceae

白木通（亚种）

Akebia trifoliata (Thunb.) Koidz. ssp. **australis** (Diels) T. Shimizu

周浙昆等（Zhou Z.K. *et al.*）*353*

生于海拔 300 ～ 2100m 山坡灌丛或沟谷疏林中。分布于云南金平、个旧、广南、建水、蒙自、文山、西畴；河北、山西、山东、河南、陕西南、甘肃东南至长江流域各省分布。

中国特有

种分布区类型：15

八月瓜

Holboellia latifolia Wall.

税玉民等（Shui Y.M. *et al.*）*西隆山凭证 0389，西隆山凭证 0567，西隆山凭证 0605，西隆山凭证 0634，西隆山凭证 0662，西隆山样方 6H-14*

生于海拔 600 ～ 2600（3350）m 密林林缘。分布于云南全省大部分地区；贵州、四川、西藏东南部分布。延至印度东北部、不丹、尼泊尔也有。

种分布区类型：7-2

022 大血藤科 Sargentodoxaceae

大血藤

Sargentodoxa cuneata (Oliv.) Rehd. et Wils.

税玉民等（Shui Y.M. *et al.*）(*s.n.*) *群落样方 2011-40*

生于海拔 1300～2000m 杂木林中。分布于云南东南部（文山、麻栗坡、屏边）、中南部（景东）；陕西南、河南西部、长江以南各省分布。中南半岛北部（老挝、越南北部）也有。

种分布区类型：7-4

023 防己科 Menispermaceae

连蕊藤

Parabaena sagittata Miers

税玉民等（Shui Y.M. *et al.*）*群落样方 2011-49*；中苏队（Sino-Russ. Exped.）*294*

生于海拔 500～800m 林中或灌丛中。分布于云南西南部和东南部；广西南部和西北部、贵州南部分布。尼泊尔、印度、孟加拉、中南半岛北部、安达曼群岛也有。

种分布区类型：7

细圆藤

Pericampylus glaucus (Lam.) Merr.

段幼宣（Duan Y.X.）*31*；胡月英、文绍康（Hu Y.Y. et Wen S.K.）*580477*；税玉民等（Shui Y.M. *et al.*）*样方 2-V-02*；徐永椿（Hsu Y.C.）*228*；张广杰（Zhang G.J.）*24*；中苏队（Sino-Russ. Exped.）*5*，*93*

生于海拔 500～1600m 林中或林缘，也见于灌丛中。分布于云南南部和东南部；长江流域以南各省区分布。印度、印度尼西亚、老挝马来西亚、缅甸、菲律宾、泰国、越南也有。

种分布区类型：7

桐叶千金藤（变种）

Stephania japonica (Thunb.) Miers var. **discolor** (Blume) Forman

税玉民等（Shui Y.M. *et al.*）*91119, 90913*

生于海拔 1000m 以下疏林或灌丛和石山等处。云南西南部至东南部常见，东北部（绥江）偶然可见；贵州南部、广西西部和四川（峨眉山）分布。亚洲南部和东南部，南至澳大利亚东部也有。

种分布区类型：5

广西地不容

Stephania kwangsiensis H.S. Lo

宣淑洁（Hsuan S.J.）*146*

生于海拔 1000m 以下石山上。模式标本采自广西凌云。分布于云南东南部；广西西北部至西南部分布。

中国特有

种分布区类型：15

云南地不容

Stephania yunnanensis H.S. Lo

中苏队（Sino-Russ. Exped.）*492，779*

生于海拔 1000 ～ 2100m 林缘或疏林中。分布于云南金平、个旧、麻栗坡、蒙自、屏边、西畴。

滇东南特有

种分布区类型：15b

大叶藤

Tinomiscium petiolare Miers ex Hook. f. et Thoms.

毛品一（Mao P.I.）*611*；税玉民等（Shui Y.M. *et al.*）(*s.n.*)；中苏队（Sino-Russ. Exped.）*761*

生于海拔 550 ～ 1500m 山谷、平原疏林中。分布于云南双柏、芒市、潞西、瑞丽、双江、临沧、景东、普洱、西双版纳、金平、绿春、马关、蒙自、屏边、河口、西畴、麻栗坡、富宁、文山等地；西藏、贵州、广西、广东、海南分布。热带喜马拉雅、缅甸、泰国、越南、印度尼西亚也有。

种分布区类型：7

波叶青牛胆

Tinospora crispa (Linn.) Miers ex Hook. f. et Thoms.

中苏队（Sino-Russ. Exped.）*491*

生于海拔 350 ～ 1200m 疏林或灌丛中。分布于云南金平、个旧、屏边、西双版纳。印度、中南半岛至马来群岛也有。

种分布区类型：7

024 马兜铃科 Aristolachiaceae

金平马兜铃

Aristolochia jinpingensis Y.M. Shui, sp.nov. ined.

税玉民等（Shui Y.M. *et al.*）(*photo*)

生于海拔约 2400m 常绿阔叶林中。分布于云南金平。

金平特有

种分布区类型：15d

滇南马兜铃

Aristolochia petelotii C.C. Schmidt

周浙昆等（Zhou Z.K. *et al.*）*434*

生于海拔 1300 ～ 1900m 次生常绿阔叶林下。分布于云南马关、金平、屏边、元阳、普洱；广西（那坡）分布。越南北部（沙巴）也有。

种分布区类型：15c

马兜铃属一种

Aristolochia sp.

税玉民等（Shui Y.M. *et al.*）(*s.n.*)

云南细辛

Asarum yunnanense T. Sugawara, M. Ogisu et C.Y. Cheng

税玉民等（Shui Y.M. *et al.*）*90030*；西南野生生物种质资源库 DNA Barcoding 考察（DNA Barcoding Exped. of GBOWS）*GBOWS1340*，*GBOWS1345*，*GBOWS1364*

生于海拔 200 ～ 1200m 林下。分布于云南金平、河口、马关。

滇东南特有

种分布区类型：15b

028 胡椒科 Piperaceae

石蝉草

Peperomia blanda (Jacquin) Knth

中苏队（Sino-Russ. Exped.）*566*，*1089*

附生于海拔 800 ～ 1600m 灌丛、岩石表面或树上。分布于云南金平、弥勒、屏边、西畴、广南、蒙自、河口、绿春、普洱、临沧、双江、孟连、沧源、凤庆、易武、峨山、元江；

台湾经东南至西南各省区分布。印度至马来西亚也有。

种分布区类型：7

硬毛草胡椒

Peperomia cavaleriei C. DC.

税玉民等（Shui Y.M. *et al.*）*群落样方 2011-39*

附生于海拔 700 ～ 1500m 树上、阴湿岩石上及洞穴处。分布于云南马关、河口、绿春、金平等地；广西（都安、天峨、凌云、靖西、龙州）、贵州分布。

中国特有

种分布区类型：15

蒙自草胡椒

Peperomia heyneana Miq.

税玉民等（Shui Y.M. *et al.*）(*s.n.*)

生于海拔 1000 ～ 2800m 常绿阔叶林及落叶林下。分布于云南麻栗坡、文山、屏边、金平、绿春、龙陵、维西、贡山、福贡、景东、漾濞、双柏、富民、峨山、路南；贵州、四川南部、西藏南部分布。

中国特有

种分布区类型：15

豆瓣绿

Peperomia tetraphylla (Forst. f.) Hook. et Arn.

税玉民等（Shui Y.M. *et al.*）*群落样方 2011-31，群落样方 2011-32，群落样方 2011-34，群落样方 2011-36，群落样方 2011-37，群落样方 2011-38，群落样方 2011-39，群落样方 2011-42，西隆山样方 6-F-07*

附生于海拔 800 ～ 2900m 苔藓栎林、湿润处岩石表面、树杈上。分布于云南金平、河口、红河、开远、绿春、弥勒、文山、岘山、元阳、蒙自、屏边、麻栗坡、西畴、丘北、师宗、嵩明、安宁、富民、江川、呈贡、易门、路南、峨山、景东、凤庆、大理、邓川、漾濞、泸水、潞西、龙陵、盈江、勐海、贡山；台湾、福建、广东、广西、贵州、四川、甘肃南部、西藏南部分布。美洲、大洋洲、非洲、亚洲其他地区也有。

种分布区类型：1

苎叶蒟

Piper boehmeriifolium (Miq.) C. DC.

税玉民等（Shui Y.M. *et al.*）*80290*；宣淑洁（Hsuan S.J.）*134*；中苏队（Sino-Russ. Exped.）*73*，*840*

附生于海拔 600 ～ 1100m 山谷密林潮湿处、林中。分布于云南金平、红河、绿春、马关、麻栗坡、蒙自、文山、西畴、元阳、屏边、镇康、勐腊、普洱、砚山、河口；广西分布。印度东部、缅甸、泰国、越南北部、马来西亚也有。

种分布区类型：7

长穗胡椒

Piper dolichostachyum M.G. Gibert et N.H. Xia

中苏队（Sino-Russ. Exped.）*67*

生于海拔 600 ～ 900m 密林阴湿处。分布于云南金平、屏边、西双版纳。

云南特有

种分布区类型：15a

荜茇

Piper longum Linn.

雷立公（Lei L.G.）*94006*

生于海拔 580 ～ 700m 疏林、常绿林内。分布于云南金平、河口、绿春、屏边、文山、西畴、麻栗坡、勐腊、孟连、盈江、耿马；广西、广东、福建有栽培分布。尼泊尔、不丹、印度、斯里兰卡、越南、马来西亚、印度尼西亚（爪哇、苏门答腊）、菲律宾也有。

种分布区类型：7

粗梗胡椒

Piper macropodum C. DC.

税玉民等（Shui Y.M. *et al.*）*80288*

生于海拔 800 ～ 2000m 亚热带沟谷密林湿润处。分布于云南普洱、西双版纳、富宁、金平、屏边、沧源、临沧、景东、凤庆、龙陵、陇川、盈江、梁河、腾冲。

云南特有

种分布区类型：15a

短蒟

Piper mullesua Buch.-Ham. ex D. Don

中苏队（Sino-Russ. Exped.）*950*

生于海拔 800 ～ 2100m 山坡、山谷林中或溪涧边，攀援于树上。分布于云南贡山、福贡、临沧、双江、景东、金平、富宁、绿春、马关、麻栗坡、屏边；广东南部、海南、四川南部、西藏东南部分布。印度、尼泊尔、不丹也有。

种分布区类型：7-2

变叶胡椒

Piper mutabile C. DC.

周浙昆等（Zhou Z.K. *et al.*）*163，227，466*

生于海拔 400 ～ 600m 山坡或沟谷溪边密林中。分布于云南金平；广东、广西分布。越南北部也有。

种分布区类型：15c

角果胡椒

Piper pedicellatum C. DC.

中苏队（Sino-Russ. Exped.）*762，947*

生于海拔 440 ～ 1800m 亚热带及暖温带阔叶林密林深沟湿润处，攀援于树干上。分布于云南景洪、金平、屏边、绿春、西畴、景东及瑞丽。印度、孟加拉东部、尼泊尔、不丹、越南北部也有。

种分布区类型：7

樟叶胡椒

Piper polysyphonum C. DC.

张广杰（Zhang G.J.）*62，76，125*；周浙昆等（Zhou Z.K. *et al.*）*58，182*

生于海拔 760 ～ 1400m 林中湿润处。分布于云南金平、河口、绿元、文山、普洱、西双版纳、沧源、耿马、凤庆；贵州西南部分布。老挝也有。

种分布区类型：7-4

红果胡椒

Piper rubrum C. DC.

中苏队（Sino-Russ. Exped.）*651*

生于海拔 350 ～ 900m 沟谷密林中，攀援于树上。分布于云南金平、河口、屏边。越南北部也有。

种分布区类型：15c

缘毛胡椒

Piper semiimmersum C. DC.

中苏队（Sino-Russ. Exped.）*406*

生于海拔 280 ～ 900m 山谷水旁密林中或村旁湿润地。分布于云南西畴、马关、河口、金平、屏边、蒙自、绿春、文山、西双版纳；贵州、广西西部分布。越南北部也有。

种分布区类型：15c

多脉胡椒

Piper submultinerve C. DC.

雷立公（Lei L.G.）*94005*；中苏队（Sino-Russ. Exped.）*651*

生于海拔 280 ～ 900m 山谷密林中及村旁水边。分布于云南西畴、马关、河口、金平、屏边、蒙自、西双版纳；广西西南部、贵州西南部分布。越南也有。

种分布区类型：7-4

球穗胡椒

Piper thomsonii (C. DC.) Hook. f.

中苏队（Sino-Russ. Exped.）*99，757*

生于海拔 600 ～ 1400m 沟谷密林中，攀援附生于树上。分布于云南金平、屏边、河口、绿春、马关、耿马、沧源及西双版纳；广东、广西、西藏分布。

中国特有

种分布区类型：15

029　三白草科 Saururaceae

蕺菜

Houttuynia cordata Thunb.

张广杰（Zhang G.J.）*84*；中苏队（Sino-Russ. Exped.）*984*

生于海拔 150 ～ 2500m 林缘水沟边、湿润的路边、村旁沟边、田埂沟边等潮湿的肥土上。分布于云南全省各地；中部以南，西至西藏，东达台湾，南至沿海各省区分布。亚洲东部其他国家和地区及东南部也有。

种分布区类型：7

三白草

Saururus chinensis (Lour.) Baill.

杨增宏、吕正伟（Yang Z.H. et Lu Z.W.）*90-1269*；张广杰（Zhang G.J.）*4*；中苏队

（Sino-Russ. Exped.）*298*，*986*

生于海拔700m左右林下湿地或水旁沼泽地。分布于云南富宁、文山、金平；安徽、福建、广东、广西、贵州、海南、河北、河南、湖北、湖南、江苏、江西、青海、陕西、山东、四川、台湾、浙江分布。印度、日本（包括琉球群岛）、韩国、菲律宾、越南也有。

种分布区类型：7

030　金粟兰科 Chloranthaceae

草珊瑚（原亚种）

Sarcandra glabra (Thunb.) Nakai ssp. **glabra**

张广杰（Zhang G.J.）*126*；周浙昆等（Zhou Z.K. *et al.*）*521*

海拔500～1200m常绿阔叶林下常见。分布于云南东北部、东部及东南部；长江以南各省和台湾分布。朝鲜、日本、菲律宾、马来半岛、越南、柬埔寨、印度、斯里兰卡也有。

种分布区类型：7

海南草珊瑚（亚种）

Sarcandra glabra (Thunb.) Nakai ssp. **brachystachys** (Bl.) Verdcourt

税玉民等（Shui Y.M. *et al.*）*80264*，*90090*，*群落样方 2011-44*，*群落样方 2011-48*；徐永椿（Hsu Y.C.）*415*；张广杰（Zhang G.J.）*136*

海拔500～800m常绿阔叶林下常见。分布于云南东北部、东部及东南部；长江以南各省和台湾分布。朝鲜、日本、菲律宾、马来半岛、越南、柬埔寨、印度、斯里兰卡也有。

种分布区类型：7

033　紫堇科 Fumariaceae

南黄堇

Corydalis davidii Franch.

税玉民等（Shui Y.M. *et al.*）*西隆山凭证 0688*，*西隆山凭证 0693*

生于海拔1280～3000m林下、林缘、灌丛下、草坡或路边。分布于云南金平、文山、永善、大关、彝良、镇雄、昭通、巧家、东川、会泽、禄劝；四川南部和西南部、重庆（南川）、贵州西部分布。缅甸东部也有。

种分布区类型：7-3

紫堇

Corydalis edulis Maxim.

周浙昆等（Zhou Z.K. *et al.*）*213*

生于海拔 400 ~ 1200m 丘陵、沟边或多石地。分布于云南金平；辽宁（千山）、北京、河北（沙河）、山西、河南、陕西、甘肃、四川、贵州、湖北、江西、安徽、江苏、浙江、福建分布。日本也有。

种分布区类型：14SJ

大叶紫堇

Corydalis temulifolia Franch.

周浙昆等（Zhou Z.K. *et al.*）(*s.n.*)

生于海拔 1300 ~ 2700m 杂木林中或山地路边、沟边。分布于云南金平、个旧、蒙自、文山、西畴、广南；四川南部和西南部、贵州、广西分布。越南北部也有。

种分布区类型：15c

紫金龙

Dactylicapnos scandens (D. Don) Hutch.

税玉民等（Shui Y.M. *et al.*）*西隆山凭证 0695*；周浙昆等（Zhou Z.K. *et al.*）*101*，*460*

生于海拔 1100 ~ 3000m 林下、山坡、石缝或水沟边、低凹草地、沟谷。分布于云南除东北部和西双版纳地区外全省各地；广西西部和西藏东南部分布。不丹、尼泊尔、印度、缅甸中部、中南半岛东部也有。

种分布区类型：7

036　山柑科 Capparaceae

节蒴木

Borthwickia trifoliata W.W. Smith

税玉民等（Shui Y.M. *et al.*）*90071*；杨增宏、吕正伟（Yang Z.H. et Lu Z.W.）*90-1268*；中苏队（Sino-Russ. Exped.）*66*，*1672*，*1674*

生于海拔 1400m 以下沟谷或湿润山坡林下。分布于云南金平、屏边、河口、绿春、勐腊。缅甸东部至北部也有。

种分布区类型：7-3

总序山柑

Capparis assamica Hook. f. et Thoms.

税玉民等（Shui Y.M. *et al.*）*90147*；中苏队（Sino-Russ. Exped.）*100*，*475*，*626*

生于海拔 1000m 以下沟谷林中。分布于云南景洪、金平、屏边、河口、西畴。印度也有。

种分布区类型：7

广州山柑

Capparis cantoniensis Lour.

税玉民等（Shui Y.M. *et al.*）(*s.n.*)

生于海拔 1000m 以下山沟水旁或平地疏林中，湿润而略荫蔽的环境更常见。分布于云南南部（勐海）及东南部（麻栗坡、富宁）；贵州南部（册亨）、广西、广东及福建分布。印度东北部经中南半岛至印度尼西亚及菲律宾也有。

种分布区类型：7

黑叶山柑

Capparis sabiifolia Hook. f. et Thoms.

段幼萱（Duan Y.X.）*25*；蒋维邦（Jiang W.B.）*93*；徐永椿（Hsu Y.C.）*227*；中苏队（Sino-Russ. Exped.）*569*，*985*

生于海拔 320 ～ 1400m 山坡或山谷阴湿灌丛或林中。分布于云南金平、河口、屏边。自印度东北部经缅甸与泰国北部至中印半岛北部也有。

种分布区类型：7

小绿刺

Capparis urophylla F. Chun

税玉民等（Shui Y.M. *et al.*）*90080*；徐永椿（Hsu Y.C.）*191*；中苏队（Sino-Russ. Exped.）*68*，*1983*

生于海拔 200 ～ 1500m 山坡道旁、河旁溪边、山谷疏林或石山灌丛。分布于云南镇康、临沧、墨江、普洱、景洪、勐海、勐腊、金平、富宁、绿春、麻栗坡；广西分布。老挝北部也有。

种分布区类型：7-4

荚迷叶山柑

Capparis viburnifolia Gagnep.

税玉民等（Shui Y.M. *et al.*）*91297*

生于海拔约 1300m 开旷无阴干燥处。分布于云南勐海、普洱等地。越南北部至中部也有。

种分布区类型：7-4

锥序斑果藤（亚种）

Stixis ovata (Korth.) Hall. f. ssp. **fasciculata** (King) Jacobs

淮虎银（Huai H.Y.）*T-05*；税玉民等（Shui Y.M. *et al.*）*90226，西隆山凭证 0401*

生于海拔 320 ～ 1400m 山坡或山谷阴湿灌丛或林中。分布于云南金平、河口、屏边。自印度东北部经缅甸与泰国北部至中印半岛北部也有。

种分布区类型：7

斑果藤

Stixis suaveolens (Roxb.) Pierre

税玉民等（Shui Y.M. *et al.*）*群落样方 2011-46，样方 2-A-10*；徐永椿（Hsu Y.C.）*235*；张广杰（Zhang G.J.）*7*；中苏队（Sino-Russ. Exped.）*265，1966*；周浙昆等（Zhou Z.K. *et al.*）*595*

生于海拔 1500m 以下灌丛或疏林中，为亚热带与热带常见藤本植物。分布于云南东南部（金平、河口、绿春、蒙自、屏边、文山、西畴）；广东（海南岛）分布。印度、孟加拉、缅甸、泰国北部、老挝、越南、柬埔寨也有。

种分布区类型：7

039 十字花科 Cruciferae

碎米荠

Cardamine hirsuta Linn.

税玉民等（Shui Y.M. *et al.*）*80304*

生于海拔 600 ～ 2700m 山坡、路旁、荒地及耕地的草丛中。分布于云南除西北部高山地区全省各地；南方各省区分布。全球温带其他各地也有。

种分布区类型：8

豆瓣菜

Nasturtium officinale R. Br.

税玉民等（Shui Y.M. *et al.*）(*photo*)

生于海拔 700 ～ 3400m 沼泽地、水沟中或水边，栽培或野生。分布于云南大关、永胜、富宁、昆明、大理、碧江、丽江、维西、贡山、德钦等；华北、陕西、河南、江苏、湖北、四川、西藏分布。亚洲其他地区、欧洲、北非及美洲，栽培或野生也有。

种分布区类型：1

南焯菜

Rorippa dubia (Pers.) Hara

张广杰（Zhang G.J.）*175*

生于海拔 600 ～ 2700m 山坡路旁、山谷、河边湿地、园圃及田野较潮湿处。分布于云南东南部（金平、河口、绿春、马关、麻栗坡、屏边、砚山）及勐腊、孟连、昆明、路南、建水、景东、凤庆、临沧、丽江；自华南北至甘肃、河北及山东分布。日本、菲律宾、印度尼西亚、印度、美国南部也有。

种分布区类型：1

040　堇菜科 Violaceae

七星莲

Viola diffusa Ging

税玉民等（Shui Y.M. *et al.*）(*s.n.*)

生于海拔 800 ～ 1500m 林下、林缘、草坡、溪谷旁及岩石隙中。分布于云南景洪、勐腊、泸西、文山、屏边、绿春、盐津、大关、维西、贡山等地；浙江、台湾、四川、西藏分布。印度、尼泊尔、马来西亚、菲律宾、日本也有。

种分布区类型：7

小尖堇菜

Viola mucronulifera Hand.-Mazz.

税玉民等（Shui Y.M. *et al.*）*90727*

生于海拔 1200 ～ 1900m 林下、林缘、草地。分布于云南文山、西畴、富宁、麻栗坡、屏边、金平等地；浙江、江西、福建、湖北、湖南、广东、广西、四川、贵州等省区分布。

中国特有

种分布区类型：15

堇菜属一种 1

Viola sp. **1**

税玉民等（Shui Y.M. *et al.*）*91063, 90907*

堇菜属一种 2

Viola sp. **2**

税玉民等（Shui Y.M. *et al.*）(*s.n.*)

光叶堇菜

Viola sumatrana Miq.

税玉民等（Shui Y.M. *et al.*）*群落样方 2011-34，群落样方 2011-33，群落样方 2011-36*

生于海拔 2400m 以下林缘、溪边阴湿处。分布于云南南部及东南部；广西、贵州、海南分布。缅甸、泰国、越南、马来西亚、印度尼西亚也有。

种分布区类型：7

云南堇菜

Viola yunnanensis W. Beck. et H. de Boiss.

税玉民等（Shui Y.M. *et al.*）*90820，西隆山凭证 0422，西隆山凭证 0875*；西南野生生物种质资源库 DNA Barcoding 考察（DNA Barcoding Exped. of GBOWS）*GBOWS1429*

生于海拔 1300 ～ 2400m 山地林下、林缘草地、溪谷及路边岩石缝较湿润处。分布于云南金平、河口、绿春、马关、麻栗坡、西畴、蒙自、屏边、文山、勐海、景洪等地；海南分布。印度尼西亚、马来西亚、缅甸、越南也有。

种分布区类型：7

042　远志科 Polygalaceae

荷包山桂花

Polygala arillata Buch.-Ham. ex D. Don

税玉民等（Shui Y.M. *et al.*）*90371，90712*；周浙昆等（Zhou Z.K. *et al.*）*504*

生于海拔 1000 ～ 2800m 林下。分布于云南全省各地；西南各省、陕西、湖北、江西、安徽、福建、广东等省区分布。尼泊尔、印度、缅甸、越南也有。

种分布区类型：7

黄花倒水莲

Polygala fallax Hemsl.

税玉民等（Shui Y.M. *et al.*）*90304，群落样方 2011-31，群落样方 2011-33，群落样方 2011-34，群落样方 2011-36，群落样方 2011-40*

生于海拔 1150 ～ 1650m 山谷林下水旁阴湿处。分布于云南南部（西双版纳易武）和东南部（金平、绿春、麻栗坡、屏边、马关、西畴、富宁）；福建、江西、湖南、广东、广西、贵州等省区分布。

中国特有

种分布区类型：15

密花远志

Polygala karensium Kurz

税玉民等（Shui Y.M. *et al.*）*群落样方 2011-32，群落样方 2011-31，群落样方 2011-34，群落样方 2011-35，群落样方 2011-37*

生于海拔 1000 ～ 2500m 林下或灌丛中。分布于云南南部和东南部。越南、泰国也有。

种分布区类型：7

蝉翼藤

Securidaca inappendiculata Hassk

毛品一（Mao P.I.）*621*

生于海拔 500 ～ 1100m 密林中。分布于云南金平、勐腊、景洪、勐海；广东、广西分布。印度、缅甸、越南、印度尼西亚、马来西亚也有。

种分布区类型：7

042a　黄叶树科 Xanthophyllaceae

泰国黄叶树

Xanthophyllum flavescens Roxb.

徐永椿（Hsu Y.C.）*241，432*

生于海拔 500 ～ 2000m 潮湿密林中。分布于云南南部（景洪、勐海）和东南部（金平、河口、马关、屏边）。泰国、老挝、柬埔寨也有。

种分布区类型：7

045　景天科 Crassulaceae

**** 落地生根**

Bryophyllum pinnatum (Linn. f.) Oken

张广杰（Zhang G.J.）*321*

生于海拔 800 ～ 2200m 林缘、山坡或路边。分布于云南各地有栽培、西双版纳、镇康、景东、墨江、金平、文山、富宁、马关、河口、弥勒；云南、广西、广东、福建和台湾归化并逸为野生。原产非洲。

种分布区类型：/

047　虎耳草科 Saxifragaceae

溪畔红升麻

Astilbe rivularis Buch.-Ham. ex D. Don

税玉民等（Shui Y.M. *et al.*）*91040*，*群落样方 2011-33*，*群落样方 2011-34*

生于海拔 1300 ～ 3000m 林下、林缘、路边、草地或河边。云南除西双版纳外全省各地广泛分布；陕西、河南、四川和西藏分布。泰国北部、印度北部、不丹、尼泊尔和克什米尔地区也有。

种分布区类型：7

山溪金腰

Chrysosplenium nepalense D. Don

税玉民等（Shui Y.M. *et al.*）*西隆山凭证 675*

生于海拔 1500 ～ 3000m 林下、草地或水沟边。分布于云南德钦、香格里拉、丽江、维西、碧江、鹤庆、漾濞、镇康、澜沧、腾冲、景东、蒙自、文山、金平、广南；四川、西藏分布。缅甸北部、不丹、尼泊尔、印度北部也有。

种分布区类型：7-2

黄水枝

Tiarella polyphylla D. Don

税玉民等（Shui Y.M. *et al.*）*90561*

生于海拔 1550 ～ 3000m 林下、灌丛草地、草坡或沟边石隙。分布于云南除西双版纳地区外全省各地；华南、华中、西南、陕西、甘肃分布。日本、中南半岛北部、缅甸北部、不丹、印度、尼泊尔也有。

种分布区类型：7

052　沟繁缕科 Elatinaceae

假水苋菜

Bergia ammannioides Roxb.

中苏队（Sino-Russ. Exped.）*960*

生于海拔 1200 ～ 1700m 水边或草地。分布于云南金平、砚山、勐腊、凤庆等地；南方各省区分布。亚洲、非洲和澳大利亚的热带和亚热带地区也有。

种分布区类型：4

沟繁缕

Elatine ambigua Wight

税玉民等（Shui Y.M. *et al.*）*90985*

生于海拔1800m以上池沼和湖泊中。分布于云南中部或东南部。印度、马来西亚、斐济、原苏联、匈牙利等也有。

种分布区类型：4

053　石竹科 Caryophyllaceae

短瓣花

Brachystemma calycinum D. Don

周浙昆等（Zhou Z.K. *et al.*）*447*

生于海拔800～2200m林下或河边、路边灌丛中。分布于云南金平、泸西、蒙自、屏边、西畴、麻栗坡、西畴、昆明、大理、潞西、景东、沧源、勐腊；广西、四川、云南分布。尼泊尔、不丹、印度、缅甸、泰国等地也有。

种分布区类型：7

狗筋蔓

Cucubalus baccifer Linn.

税玉民等（Shui Y.M. *et al.*）*群落样方 2011-36*

生于海拔1000～3600m林缘、灌丛或草地。分布于云南全省各地；辽宁、河北、山西、陕西、宁夏、甘肃、新疆、江苏、安徽、浙江、福建、台湾、河南、湖北、广西至西南分布。欧洲、朝鲜、日本、俄罗斯、哈萨克斯坦也有。

种分布区类型：2

荷莲豆

Drymaria cordata (Linn.) Schult.

宣淑洁（Hsuan S.J.）*148*；中苏队（Sino-Russ. Exped.）*869*

生于海拔400～2200m林下、林缘、草地或江边、路旁。分布于云南东南部（金平、屏边、广南、河口、红河、绿春、马关、麻栗坡、蒙自、弥勒、屏边、文山）、西南部及西北部河谷地区；南方各省区分布。热带亚洲、美洲、非洲也有。

种分布区类型：1

多荚草

Polycarpon prostratum (Forssk.) Aschers. et Schweinf. ex Aschers.

中苏队（Sino-Russ. Exped.）*428*

生于海拔 350 ～ 1530m 江边、河边或路旁潮湿地。分布于云南南部和东南部（金平、麻栗坡）；广东南部分布。热带亚洲、非洲也有。

种分布区类型：6

繁缕

Stellaria media (Linn.) Cyrillus

税玉民等（Shui Y.M. *et al.*）(*s.n.*)

生于海拔 540 ～ 3000m 田间、路旁、山坡、林下。分布于云南全省各地；全国各省区分布。

中国特有

种分布区类型：15

056　马齿苋科 Portulacaceae

马齿苋

Portulaca oleracea Linn.

税玉民等（Shui Y.M. *et al.*）(*s.n.*)

生于海拔 210 ～ 3000m 荒地上。分布于云南勐腊、景洪、勐海、蒙自、河口、泸水、西畴、元江、绿春、丽江、鹤庆、德钦等地。几遍全国和世界上一切暖地、有许多亚种（由于多倍性和自交系）也有。

种分布区类型：1

057　蓼科 Polygonaceae

何首乌

Fallopia multiflora (Thunb.) Harald.

周浙昆等（Zhou Z.K. *et al.*）*607*

生于海拔 300 ～ 3000m 山谷密林下、林缘、石坡、溪边、河谷等处。分布于云南巧家、德钦、兰坪、大理、禄劝、武定、富民、昆明、楚雄、澄江、新平、元江、富宁、砚山、蒙自、文山、西畴、屏边、金平、景东、保山、瑞丽、凤庆、临沧、耿马；陕西南、甘肃南部、山东、华东、华中、华南、四川、贵州、台湾分布。日本也有。

种分布区类型：14SJ

萹蓄

Polygonum aviculare Linn.

税玉民等（Shui Y.M. *et al.*）(*photo*)

生于海拔 200 ～ 2800（3400）m 山坡、草地、路边等处。分布于云南德钦、中甸、宁蒗、丽江、永胜、漾濞、禄劝、嵩明、昆明、麻栗坡、屏边、景东、西双版纳等地；黑龙江、吉林、辽宁、内蒙古、甘肃、宁夏、青海、新疆、西藏、陕西、山西、河北、河南、湖北、湖南、江苏、江西、山东、安徽、福建、台湾、浙江、广东、海南、广西、贵州、四川分布。北温带其他地区也广泛分布。

种分布区类型：8

火炭母（原变种）

Polygonum chinense Linn. var. **chinense**

税玉民等（Shui Y.M. *et al.*）*群落样方 2011-36*，*群落样方 2011-37*，*群落样方 2011-39*，*西隆山样方 2-F-19*，*西隆山样方 6-H-20*；周浙昆等（Zhou Z.K. *et al.*）*18*，*55*，*214*，*265*，*308*，*425*，*495*，*546*

生于海拔 300 ～ 3000m 林中、林缘、河滩、灌丛、沼泽地林下等处。分布于云南盐津、彝良、德钦、贡山、丽江、福贡、碧江、兰坪、永胜、泸水、漾濞、大理、宾川、禄劝、昆明、峨山、广南、丘北、砚山、元阳、绿春、蒙自、文山、西畴、麻栗坡、马关、金平、景东、普洱、澜沧、孟连、景洪、勐海、勐腊、腾冲、盈江、陇川、潞西、凤庆、镇康、临沧、耿马、双江、沧源；陕西南、甘肃南部、华东、华中、华南和西南分布。日本、菲律宾、马来西亚、印度、喜马拉雅其他地区也有。

种分布区类型：7

宽叶火炭母（变种）

Polygonum chinense Linn. var. **ovalifolium** Meisn.

税玉民等（Shui Y.M. *et al.*）*群落样方 2011-33*，*群落样方 2011-34*，*群落样方 2011-36*，*群落样方 2011-39*；周浙昆等（Zhou Z.K. *et al.*）*436*

生于海拔 200 ～ 2800m 草坡、灌丛、林下、林缘、路边、河边等处。分布于云南贡山、福贡、碧江、泸水、元江、泸西、丘北、绿春、文山、麻栗坡、马关、屏边、金平、景东、普洱、景洪、勐海、勐腊、腾冲、盈江、瑞丽、凤庆、镇康、临沧、耿马、双江；西藏分布。印度、喜马拉雅其他地区也有。

种分布区类型：7-2

普通蓼

Polygonum humifusum Merk. ex C.Koch

中苏队（Sino-Russ. Exped.）*383*

生于海拔 350 ～ 1800m 水边草坡、溪边石上。分布于云南金平、屏边；黑龙江、吉林、辽宁分布。蒙古、俄罗斯（远东）、北美也有。

种分布区类型：1

水蓼

Polygonum hydropiper Linn.

税玉民等（Shui Y.M. *et al.*）(*s.n.*)；张广杰（Zhang G.J.）*227*

生于海拔 350 ～ 3300m 草地、山谷溪边、河谷、林中、沼泽等潮湿处。分布于云南德钦、中甸、贡山、丽江、福贡、碧江、兰坪、泸水、漾濞、大理、南部涧、富民、昆明、楚雄、江川、峨山、元江、泸西、砚山、绿春、蒙自、西畴、麻栗坡、屏边、金平、景东、普洱、澜沧、孟连、景洪、勐海、勐腊、腾冲、盈江、潞西、双江、沧源；南北各省区分布。朝鲜、日本、印度尼西亚、印度、欧洲、北美也有。

种分布区类型：1

绢毛蓼

Polygonum molle D. Don

税玉民等（Shui Y.M. *et al.*）(*photo*) *群落样方 2011-33*，*群落样方 2011-34*，*群落样方 2011-40*，*群落样方 2011-41*，*西隆山样方 2-F-07*；周浙昆等（Zhou Z.K. *et al.*）*367*

生于海拔 1000 ～ 3050m 草坡、山谷林下、林缘、路边等处。分布于云南中甸、贡山、福贡、碧江、兰坪、泸水、大理、玉溪、元江、金平、河口、文山、泸西、富宁、砚山、蒙自、绿春、屏边、西畴、景东、勐海、腾冲、盈江、凤庆、临沧、耿马、双江；广西、贵州、西藏分布。印度、尼泊尔也有。

种分布区类型：14SH

尼泊尔蓼

Polygonum nepalense Meisn.

税玉民等（Shui Y.M. *et al.*）*群落样方 2011-33*，*群落样方 2011-34*，*群落样方 2011-36*；张广杰（Zhang G.J.）*260*

生于海拔 600 ～ 4100m 草坡、林下、灌丛、河边、沼泽地边、山谷、林缘、石边等处。分布于云南几遍全省、镇雄、德钦、中甸、贡山、维西、丽江、福贡、兰坪、剑川、鹤庆、泸水、漾濞、大理、南部涧、会泽、宜良、禄劝、大姚、富民、昆明、楚雄、双柏、澄江、峨山、砚山、绿春、蒙自、文山、西畴、麻栗坡、马关、屏边、金平、景东、孟连、勐海、腾冲、昌宁、龙陵、潞西、凤庆、临沧、耿马、双江、沧源；除西藏外几遍全国。朝鲜、日本、俄罗斯（远东）、阿富汗、巴基斯坦、印度、尼泊尔、菲律宾、印度尼西亚、非洲也有。

种分布区类型：1

杠板归

Polygonum perfoliatum Linn.

张广杰（Zhang G.J.）*340*；中苏队（Sino-Russ. Exped.）*468，2826*

生于海拔 500 ～ 2100m 草坡、山谷密林、林缘、山坡路边、河滩、山谷灌丛等处。分布于云南盐津、彝良、昭通、贡山、福贡、碧江、泸水、大理、元阳、绿春、蒙自、西畴、麻栗坡、马关、屏边、金平、景东、思茅、孟连、勐海、勐腊、腾冲、陇川、沧源；全国分布。朝鲜、日本、印度尼西亚、菲律宾、印度、俄罗斯（西伯利亚）也有。

种分布区类型：1

习见蓼

Polygonum plebeium R. Br.

中苏队（Sino-Russ. Exped.）*270，274，430，1805*

生于海拔 2400 ～ 3200m 河边、林缘、路边、山坡林中等处。分布于云南丽江、鹤庆、永胜、泸水、大理、下关、富民、昆明、嵩明、广南、富宁、砚山、元阳、绿春、蒙自、文山、麻栗坡、屏边、金平、景东、普洱、澜沧、景洪、勐海、勐腊、盈江、凤庆、沧源；除西藏外几遍全国。日本、印度、欧洲、非洲、大洋洲也有。

种分布区类型：1

丛枝蓼

Polygonum posumbu Buch.-Ham. ex D. Don

税玉民等（Shui Y.M. *et al.*）*80328*；中苏队（Sino-Russ. Exped.）*469，1986，2419*

生于海拔 400 ～ 2600m 河边、水边、山谷林中、灌丛中、沼泽地等潮湿处。分布于云南彝良、巧家、鹤庆、昆明、富宁、建水、元阳、绿春、文山、西畴、麻栗坡、马关、屏边、金平、景东、普洱、思茅、孟连、景洪、勐海、勐腊、保山、腾冲、潞西、凤庆、临沧、沧源；吉林东南部、辽宁东部、华东、华中、西南各省、陕西南、甘肃南部分布。朝鲜、日本、印度尼西亚、印度也有。

种分布区类型：7

戟叶蓼

Polygonum thunbergii Sieb. et Zucc.

周浙昆等（Zhou Z.K. *et al.*）*97*

生于海拔 1350 ～ 2400m 草坡、林缘、山谷林下等处。分布于云南彝良、楚雄、新平、元江、绿春、麻栗坡、金平、腾冲；东北、华北、陕西、甘肃、华东、华中、华南、四川、贵州分布。朝鲜、日本、俄罗斯（远东）、南至缅甸、越南、泰国、马来西亚也有。

种分布区类型：4

香蓼

Polygonum viscosum Buch.-Ham. ex D. Don

中苏队（Sino-Russ. Exped.）*631*

生于海拔 650 ～ 2300m 山谷、溪边、水边等潮湿处。分布于云南维西、丽江、金平、思茅、勐腊、腾冲、临沧；东北、陕西、河南、华东、华中、华南、四川、贵州分布。朝鲜、日本、印度、俄罗斯远东地区也有。

种分布区类型：4

齿果酸模

Rumex dentatus Linn.

张广杰（Zhang G.J.）*170*

生于海拔 1350 ～ 2900m 河边草丛、溪边、路边湖边等处。分布于云南嵩明、宜良、贡山、丽江、大理、永仁、昆明、安宁、澄江、华宁、江川、景东、金平、弥勒；华北、西北、华东、华中、四川、贵州分布。印度、尼泊尔、阿富汗、哈萨克斯坦、欧洲东南部也有。

种分布区类型：4

钝叶酸模

Rumex obtusifolius Linn.

中苏队（Sino-Russ. Exped.）*451*

生于海拔 2500m 以下田边路旁、阳处草地、沟边潮湿地、常绿阔叶林。分布于云南金平、绿春；河北、山东、陕西、甘肃、江苏、浙江、江西、安徽、湖南、湖北、四川、台湾分布。日本、俄罗斯、欧洲、非洲北部也有。

种分布区类型：4

长刺酸模

Rumex trisetifer Stokes

中苏队（Sino-Russ. Exped.）*663*

生于海拔 360 ～ 1800m 山谷、沼泽地、疏林中、水边等处。分布于云南大理、昆明、金平、马关、麻栗坡、孟连、勐海、勐腊、龙陵、双江、沧源；陕西、江苏、浙江、安徽、江西、湖南、湖北、四川、台湾、福建、广东、海南、广西、贵州分布。越南、老挝、泰国、孟加拉、印度也有。

种分布区类型：7

063　苋科 Amaranthaceae

土牛膝

Achyranthes aspera Linn.

税玉民等（Shui Y.M. *et al.*）*80428*，*群落样方 2011-33*，*群落样方 2011-42*，*群落样方 2011-45*，*群落样方 2011-48*

生于海拔 800～2300m 山坡疏林或村庄附近空旷地。分布于云南洱源、金平、富宁、广南、河口、红河、开远、麻栗坡、弥勒、西畴、元阳、马关、文山、屏边、耿马、临沧、普洱、勐腊、勐海、景洪、孟连、丽江、腾冲、贡山、维西、兰坪、福贡、泸水、大理、沧漾濞、双柏、禄劝、嵩明、蒙自、绿春；湖南、江西、福建、台湾、广东、广西、四川、贵州分布。印度、不丹、越南、泰国、菲律宾、马来西亚也有。

种分布区类型：7

牛膝

Achyranthes bidentata Bl.

税玉民等（Shui Y.M. *et al.*）*西隆山凭证 0819*

生于海拔 200～3300m 山坡林下、路边。分布于云南金平、河口、开远、绿春、马关、麻栗坡、蒙自、弥勒、屏边、文山、景洪、元阳、丽江、中甸、德钦、维西、昆明；除东北外全国各省区分布。朝鲜、俄罗斯远东、印度、越南、泰国、菲律宾、马来西亚也有。

种分布区类型：4

白花苋

Aerva sanguinolenta (Linn.) Bl.

张广杰（Zhang G.J.）*64*

生于海拔 700～1900m 山坡路旁、林缘草坡。分布于云南金平、个旧、绿春、蒙自、弥勒、元阳、麻栗坡、富宁、西畴、文山、景洪、勐腊、屏边、景东、禄劝、潞西、沧源、耿马、巧家、峨山；四川西南部、贵州、广东、海南分布。越南、印度、菲律宾、马来西亚也有。

种分布区类型：7

莲子草

Alternanthera sessilis (Linn.) R. Br.

中苏队（Sino-Russ. Exped.）*563*

生于海拔 420 ～ 2400m 村边草塘、水沟、田边或池塘、河埂。分布于云南昆明、禄丰、楚雄、景洪、勐腊、勐海、澜沧、沧源、临沧、孟连、金平、富宁、个旧、蒙自、弥勒、屏边、西畴、元阳、绿春、凤庆、景东、马关、麻栗坡、文山等地。印度、缅甸、越南、马来西亚、菲律宾也有。

种分布区类型：7

青葙

Celosia argentea Linn.

胡月英（Hu Y.Y.）*580498*；税玉民等（Shui Y.M. *et al.*）*80723*；张广杰（Zhang G.J.）*314*；中苏队（Sino-Russ. Exped.）*418*

生于海拔 600 ～ 1650m 荒地、坡地田野上的杂草。分布于云南全省各地（集中分布于景洪、勐海、勐腊、普洱、景东、元阳、绿春、沧源、耿马、临沧、金平、河口、蒙自、大关、盐津、绥江）；全国各地分布。朝鲜、日本、俄罗斯、印度、越南、缅甸、泰国、菲律宾、马来西亚、热带非洲也有。

种分布区类型：4

杯苋

Cyathula prostrata (Linn.) Bl.

税玉民等（Shui Y.M. *et al.*）*西隆山凭证 0818，西隆山凭证 0870*

生于海拔 200 ～ 1500m 平坝、林缘或路边草丛中。分布于云南金平、个旧、绿春、马关、麻栗坡、屏边、丘北、元阳、绿春、河口、勐腊、景洪、勐海等地；台湾、广东、海南、广西、江西分布。越南、泰国、缅甸、不丹、印度、马来西亚、菲律宾、非洲、大洋洲也有。

种分布区类型：4

069　酢浆草科 Oxalidaceae

酢浆草

Oxalis corniculata Linn.

张广杰（Zhang G.J.）*243*；中苏队（Sino-Russ. Exped.）*345*

生于海拔 350 ～ 3000m 路边、山坡草地或林间空地。云南几遍全省；南北各省区分布。世界亚热带北缘及热带地区也有。

种分布区类型：2

071　凤仙花科 Balsaminaceae

直距凤仙

Impatiens austroyunnanensis S.H. Huang

税玉民等（Shui Y.M. *et al.*）*90702，90631*

生于海拔 1800 ～ 2400m 林中。分布于云南文山、金平等。

滇东南特有

种分布区类型：15b

沙巴凤仙

Impatiens chapanensis Tard.

李国锋（Li G.F.）*Li-325*；税玉民等（Shui Y.M. *et al.*）*90247，群落样方 2011-40，群落样方 2011-41*

生于海拔 1500 ～ 2100m 溪流边或林缘。分布于云南金平、河口。越南北部也有。

种分布区类型：15c

金平凤仙

Impatiens jinpingensis Y.M. Shui et G.F. Li

李国锋（Li G.F.）*Li-321*；税玉民等（Shui Y.M. *et al.*）*90278，90289，90749，90822，群落样方 2011-36，群落样方 2011-39，西隆山凭证 0282*

生于海拔 1600 ～ 2300m 林下阴湿处或沟边。分布于云南金平、元阳。

滇东南特有

种分布区类型：15b

老君山凤仙花

Impatiens laojunshanensis S.H. Huang

税玉民等（Shui Y.M. *et al.*）(*s.n.*)

生于海拔 1830m 常绿阔叶林下或水沟边。分布于云南文山（老君山）等地。

滇东南特有

种分布区类型：15b

宽瓣凤仙

Impatiens latipetala S.H. Huang

李国锋（Li G.F.）*Li-193*；税玉民等（Shui Y.M. *et al.*）*80303*

生于海拔约 1300m 林缘或路边潮湿处。分布于云南金平、绿春。

滇东南特有

种分布区类型：15b

蒙自凤仙

Impatiens mengtszeana Hook. f.

李国锋（Li G.F.）*Li-059*，*Li-193*；税玉民等（Shui Y.M. *et al.*）*90021*，*90049*；中苏队（Sino-Russ. Exped.）*837*

生于海拔 1100 ～ 2000m 山涧旁边、密林下、潮湿草地。分布于云南金平、河口、绿春、马关、麻栗坡、蒙自、屏边、元阳、临沧、普洱、西双版纳、景东、大理、漾濞、曲靖、陇川、贡山等地；重庆、四川（峨眉山、洪雅、缙云山）分布。

中国特有

种分布区类型：15

黄金凤

Impatiens siculifer Hook. f.

税玉民等（Shui Y.M. *et al.*）*群落样方 2011-36*，*90565*

生于海拔 800 ～ 2500m 山坡草地、草丛、水沟边、山谷潮湿地或密林中。模式标本采自云南蒙自。分布于云南昆明、嵩明、禄劝、双柏、楚雄、蒙自、屏边、金平、凤庆、景东、腾冲等地；江西、福建、湖南、湖北、贵州、广西、四川、重庆分布。

中国特有

种分布区类型：15

征镒凤仙

Impatiens wuchengyihii S. Akiyama, H. Ohba et S. K. Wu

李国锋（Li G.F.）*Li-487*

生于海拔 1700 ～ 1900m 林下。模式标本采自绿春。分布于云南绿春、金平。

云南特有

种分布区类型：15a

072　千屈菜科 Lythraceae

圆叶节节菜

Rotala rotundifolia (Roxb.) Koehne

张广杰（Zhang G.J.）*225*；中苏队（Sino-Russ. Exped.）*285*

生于海拔 800 ～ 2500m 水稻田或湿地，为一种野草。分布于云南中部至西部、南部各地；

江南各省区分布。斯里兰卡、印度、缅甸、泰国、老挝、越南至日本也有。

种分布区类型：7

073　隐翼科 Crypteroniaceae

隐翼

Crypteronia paniculata Bl.

西南野生生物种质资源库 DNA Barcoding 考察（DNA Barcoding Exped. of GBOWS）*GBOWS1467*；中苏队（Sino-Russ. Exped.）*247*

生于海拔 350 ～ 1300m 沟谷雨林中。分布于云南金平、河口、绿春、马关、屏边、景洪、勐腊、沧源等地。印度、缅甸、中南半岛、马来西亚、菲律宾、印度尼西亚也有。

种分布区类型：7

074a　八宝树科 Duabangaceae

八宝树

Duabanga grandiflora (Roxb. ex DC.) Walp.

徐永椿（Hsu Y.C.）*20*；张建勋、张赣生（Chang C.S. et Chang K.S.）*192*

生于海拔 300 ～ 1260m 山谷、河边密林中或疏林中。分布于云南沧源、澜沧、勐海、景洪、勐腊、石屏、金平、河口、马关等地；广西那坡、宁明等地分布。印度阿萨姆、缅甸、泰国、越南、老挝、柬埔寨、马来西亚等也有。

种分布区类型：7

077　柳叶菜科 Onagraceae

水龙

Ludwigia adscendens (Linn.) Hara

张广杰（Zhang G.J.）*176*

生于海拔 560 ～ 1520m 水塘、水田。分布于云南金平、孟连、澜沧、勐海、景洪、勐腊等热带地区；四川、广西、广东、海南、江西、浙江分布。斯里兰卡、印度、中南半岛、马来半岛、印度尼西亚至澳大利亚北部也有。

种分布区类型：5

草龙

Ludwigia octovalvis (Jacq.) Raven

张广杰（Zhang G.J.）*207*，*315*；中苏队（Sino-Russ. Exped.）*159*；周浙昆等（Zhou Z.K. *et al.*）*45*

生于海拔 1600m 以下山坡沟边、路旁、田边、草地、荒地或水箐。分布于云南西部、南部及东南部；广东、广西、江西、台湾分布。世界热带地区、在北纬 30° 与南纬 30° 之间都有出现。

种分布区类型：2

081 瑞香科 Thymelaeaceae

尖瓣瑞香

Daphne acutiloba Rehd.

税玉民等（Shui Y.M. *et al.*）*西隆山凭证 518*

生于海拔 1500 ～ 3000m 山地灌丛中。分布于云南金平、红河、马关、蒙自、屏边、石屏、西畴、文山、元阳、大姚、耿马；湖北西部、四川分布。

中国特有

种分布区类型：15

长瓣瑞香

Daphne longilobata (Lecomte) Turrill

税玉民等（Shui Y.M. *et al.*）*西隆山样方 2-13*，*西隆山样方 6F-15*

生于海拔 2500 ～ 3000m 林下灌丛中，较为常见。分布于云南金平、文山、维西、贡山、德钦；四川、西藏分布。

中国特有

种分布区类型：15

白瑞香

Daphne papyracea Wall. ex Steud.

税玉民等（Shui Y.M. *et al.*）*西隆山凭证 0658*

生于海拔 1500 ～ 2400m 荒坡、疏林下。分布于云南全省各地；四川、湖南、广东、广西、贵州分布。喜马拉雅地区的克什米尔、尼泊尔、不丹、印度等地也有。

种分布区类型：14SH

瑞香属一种

Daphne sp.

税玉民等（Shui Y.M. *et al.*）*西隆山样方 2-F-13*

红花鼠皮树

Rhamnoneuron balansae (Drake) Gilg.

税玉民等（Shui Y.M. *et al.*）(*photo*)

生于海拔 900 ～ 1280m 林中。分布于云南屏边等地。越南也有。

种分布区类型：7-4

084　山龙眼科 Proteaceae

小果山龙眼

Helicia cochinchinensis Lour.

税玉民等（Shui Y.M. *et al.*）*群落样方 2011-38*，*群落样方 2011-39*，*群落样方 2011-43*，*群落样方 2011-48*；中苏队（Sino-Russ. Exped.）*639*

生于海拔 550 ～ 1700m 山谷疏林阴湿处。分布于云南西畴、河口、屏边、金平、绿春、景洪、勐海、腾冲、盐津；长江以南各省分布。越南、日本也有。

种分布区类型：7

山龙眼

Helicia formosana Hemsl.

张广杰（Zhang G.J.）*11*

生于海拔约 800m 山谷林下。分布于云南金平；广西西南部、海南、台湾分布。老挝、泰国和越南北部也有。

种分布区类型：7

大山龙眼

Helicia grandis Hemsl.

税玉民等（Shui Y.M. *et al.*）*90821*，*群落样方 2011-32*，*群落样方 2011-38*

生于海拔 1100 ～ 1800m 山箐、林中阴湿地。分布于云南蒙自（东南）、屏边、金平、马关、麻栗坡、文山等地。越南北部（莱州）也有。

种分布区类型：15c

海南山龙眼

Helicia hainanensis Hayata

蒋维邦（Jiang W.B.）*62*，(*s.n.*)；中苏队（Sino-Russ. Exped.）*373*；周浙昆等（Zhou Z.K. *et al.*）*550*，*598*

生于海拔 420 ～ 1800m 常绿阔叶林内潮湿地。分布于云南河口、金平、马关、麻栗坡、西畴；广东、广西分布。越南（北部至中部）也有。

种分布区类型：7-4

母猪果

Helicia nilagirica Bedd.

张广杰（Zhang G.J.）*78*

生于海拔 1100 ～ 2100m 山坡阳处或疏林中。分布于云南东南部（金平、绿春、马关、麻栗坡、西畴）、南部及西南部。印度也有。

种分布区类型：7-2

焰序山龙眼

Helicia pyrrhobotrya Kurz

中苏队（Sino-Russ. Exped.）*852*

生于海拔 700 ～ 1630m 山谷密林中阴湿处。分布于云南河口、金平、屏边、红河、绿春、马关、勐海、普洱（东南）；广东、海南分布。缅甸南部、越南北部（沙巴）也有。

种分布区类型：7

林地山龙眼

Helicia silvicola W.W. Smith

税玉民等（Shui Y.M. *et al.*）*群落样方 2011-31*，*群落样方 2011-32*，*群落样方 2011-37*，*西隆山凭证 0909*，*西隆山凭证 0930*；中苏队（Sino-Russ. Exped.）*854*

生于海拔 1500 ～ 2100m 林中。分布于云南金平、绿春、麻栗坡、蒙自、西畴、元阳、思茅。

云南特有

种分布区类型：15a

山龙眼属一种

Helicia sp.

西南野生生物种质资源库 DNA Barcoding 考察（DNA Barcoding Exped. of GBOWS）*GBOWS1338*

假山龙眼

Heliciopsis terminalis (Kurz) Sleum.

税玉民等（Shui Y.M. *et al.*）(*photo*) *群落样方 2011-49*

生于海拔 930 ～ 1500m 山坡阳处林中。分布于云南普洱、西双版纳、澜沧、沧源、芒市；广东（海南）、广西分布。印度东北部（阿萨姆）、缅甸、泰国、柬埔寨、越南也有。

种分布区类型：7

085　五桠果科 Dilleniaceae

五桠果

Dillenia indica Linn.

毛品一（Mao P.I.）*614*；西南野生生物种质资源库 DNA Barcoding 考察（DNA Barcoding Exped. of GBOWS）*GBOWS1452*；周浙昆等（Zhou Z.K. *et al.*）*600*

生于海拔 220 ～ 900m 密林中、溪旁。分布于云南屏边、金平、麻栗坡、河口、绿春、马关、普洱、景洪、勐海、勐腊等地；广西南部分布。不丹、印度、印度尼西亚、老挝、马来西亚、缅甸、尼泊尔、菲律宾、斯里兰卡、泰国、越南也有。

种分布区类型：7

勐腊锡叶藤

Tetracera xui H. Zhu et H. Wang

税玉民等（Shui Y.M. *et al.*）*90078*，*群落样方 2011-46*

生于海拔 500 ～ 800m 林下。分布于云南金平、勐腊。

云南特有

种分布区类型：15a

088　海桐花科 Pittosporaceae

贵州海桐

Pittosporum kweichowense Gowda

税玉民等（Shui Y.M. *et al.*）*90337*，*90688*

生于海拔 500 ～ 2000m 河边林下或灌丛中。分布于云南金平、文山；贵州西南部分布。

中国特有

种分布区类型：15

柄果海桐（原变种）

Pittosporum podocarpum Gagnep. var. **podocarpum**

周浙昆等（Zhou Z.K. *et al.*）*223*

生于海拔 800 ～ 2700（3000）m 溪边、林下或灌丛中。分布于云南丘北、屏边、蒙自、富宁、文山、西畴、金平、河口、广南、红河、开远、绿春、弥勒、景东、宾川、漾濞、永平、鹤庆、临沧、凤庆、龙陵、腾冲、陇川、盐津、霑益、镇雄、昆明、双柏、嵩明、禄劝；四川、贵州、湖北、甘肃分布。越南北部、缅甸北部、印度东北部也有。

种分布区类型：7

狭叶柄果海桐（变种）

Pittosporum podocarpum Gagnep. var. **angustatum** Gowda

税玉民等（Shui Y.M. *et al.*）*90413*

生于海拔 1400 ～ 2460m 山谷中、密林下或疏林下。分布于云南金平、建水、元阳、蒙自、屏边、丘北、新平、嵩明、双柏、元江、富民、临沧、景东、霑益、文山、广南、镇雄、大关、彝良；四川、贵州、湖北、陕西南、甘肃东南部分布。缅甸北部、印度东北部也有。

种分布区类型：14SH

海桐属一种

Pittosporus sp.

税玉民等（Shui Y.M. *et al.*）(*s.n.*)

093　刺篱木科 Flacourtiaceae

大果刺篱木

Flacourtia ramontchi L' Herit.

胡月英（Hu Y.Y.）*60002318*；蒋维邦（Jiang W.B.）*113*；毛品一（Mao P.I.）*570*，*636*；吴元坤（Wu Y.K.）*10*；徐永椿（Hsu Y.C.）*182*，*213*，*339*；宣淑洁（Hsuan S.J.）*92*；中苏队（Sino-Russ. Exped.）*169*，*456*，*2842*

生于海拔 2000m 以下疏林中。分布于云南金平、河口、富宁、广南、建水、蒙自、屏边、丘北、元阳、马关、弥勒、文山、西畴；广西、广东分布。越南、泰国、马来西亚也有。

种分布区类型：7

093a 大风子科 Kiggelariaceae

大龙叶角

Hydnocarpus annamensis (Gagnep.) M. Lescot et Sleum.

宣淑洁（Hsuan S.J.）*163*；中苏队（Sino-Russ. Exped.）*368*

生于海拔 150 ～ 1000m 山地常绿阔叶林中。分布于云南勐腊、屏边、河口、金平；广西分布。越南也有。

种分布区类型：7-4

泰国大风子

Hydnocarpus anthelminthicus Pierre

税玉民等（Shui Y.M. *et al.*）*群落样方 2011-45*，*群落样方 2011-46*，*群落样方 2011-47*

生于海拔 300 ～ 1300m 常绿阔叶林中。分布于云南盈江；广西也有分布，海南和台湾有栽培分布。越南、柬埔寨、泰国也有。

种分布区类型：7

094 天料木科 Samydaceae

云南嘉赐树

Casearia flexuosa Craib

税玉民等（Shui Y.M. *et al.*）*80332*

生于海拔 100 ～ 800m 灌丛中和林中。分布于云南西畴、屏边、河口、金平、景东等；广西分布。泰国（清迈，模式产地）、老挝、越南也有。

种分布区类型：7

香味嘉赐木

Casearia graveolens Dalz.

沙惠祥、戴汝昌（Sha H.X. et Dai R.C.）*89*;吴元坤（Wu Y.K.）*22*;徐永椿（Hsu Y.C.）*163*；中苏队（Sino-Russ. Exped.）*739*

生于海拔 380 ～ 1800m 疏林中。分布于云南金平、普洱、澜沧、景洪。印度、缅甸、老挝、柬埔寨也有。

种分布区类型：7

毛叶嘉赐树

Casearia velutina Bl.

税玉民等(Shui Y.M. *et al.*)*群落样方 2011-47*;武素功(Wu S.K.)*3908*;中苏队(Sino-Russ. Exped.)*264*

生于海拔 100 ～ 1800m 常绿阔叶林中。分布于云南勐腊、河口、金平等;福建、广东、广西、贵州、海南分布。老挝、泰国、越南、马来西亚、印度尼西亚（爪哇、苏门答腊）也有。

种分布区类型：7

广南天料木

Homalium paniculiflorum How et Ko

税玉民等（Shui Y.M. *et al.*）*80711*，*91401*，(*s.n.*)；喻智勇（Yu Z.Y.）*s.n.*

生于海拔 100 ～ 800m 河流、干燥或潮湿的平缓山坡、灌丛中。分布于云南金平;广东、海南分布。

中国特有

种分布区类型：15

101　西番莲科 Passifloraceae

三开瓢

Adenia cardiophylla (Mast.) Engl.

税玉民等（Shui Y.M. *et al.*）(*s.n.*) *群落样方 2011-33*，*群落样方 2011-34*，*群落样方 2011-39*

生于海拔 500 ～ 1800m 山坡密林中。分布于云南西双版纳、临沧、凤庆、景东、龙陵等地。自不丹、印度至缅甸、泰国、老挝、柬埔寨、越南、印度尼西亚、菲律宾也有。

种分布区类型：7

**** 西番莲**

Passiflora caerulea Linn.

税玉民等（Shui Y.M. *et al.*）*群落样方 2011-40*

生于海拔 500 ～ 2000m 栽培或逸生于林缘、路边。云南栽培于昆明、大理、西双版纳、金平等地，有时逸生于湿润山坡林缘；广西、江西、四川等地栽培，有时逸生分布。原产南美洲。

种分布区类型：/

山峰西番莲

Passiflora jugorum W.W. Smith

税玉民等（Shui Y.M. *et al.*）*群落样方 2011-36*

生于海拔 1000 ～ 1800m 湿润疏林或杂木灌丛中。模式标本采自云南腾冲。分布于云南龙陵、芒市、潞西、凤庆、屏边、麻栗坡、富宁等地。缅甸也有。

种分布区类型：7-3

镰叶西番莲

Passiflora wilsonii Hemsl.

税玉民等（Shui Y.M. *et al.*）(*s.n.*)；周浙昆等（Zhou Z.K. *et al.*）*459*

生于海拔 1300 ～ 2500m 灌丛中。分布于云南西南部（镇康南部）、南部（普洱以南）及东南部（金平、屏边、西畴、麻栗坡、广南、绿春、蒙自、元阳）。缅甸（掸邦）、泰国、老挝、越南（中部以北）也有。

种分布区类型：7

103　葫芦科 Cucurbitaceae

西南野黄瓜（变种）

Cucumis sativus Linn. var. **hardwickii** (Royle) Alef.

毛品一（Mao P.I.）*478*

生于海拔 1500 ～ 1900m 山谷林中或山坡灌丛中。分布于云南金平、马关、麻栗坡、景洪、生山谷林中或山坡灌丛中；贵州和广西分布。印度东北部、尼泊尔、缅甸、泰国也有。

种分布区类型：7

金瓜

Gymnopetalum chinense (Lour.) Merr.

胡月英、文绍康（Hu Y.Y. et Wen S.K.）*580467*

生于海拔 120 ～ 1000m 山坡疏林、灌丛中。分布于云南景洪、勐腊、孟连、河口、金平、绿春、富宁、红河等地；广西、广东、海南分布。越南、柬埔寨、印度、孟加拉、缅甸、马来西亚也有。

种分布区类型：7

大果绞股蓝（变种）

Gynostemma burmanicum King ex Chakr. var. **molle** C.Y. Wu ex C.Y. Wu et S.K. Chen

税玉民等（Shui Y.M. *et al.*）*群落样方 2011-36*

生于海拔 600 ～ 1300m 山地林中或沟谷。分布于云南南部至东南部。

云南特有

种分布区类型：15a

光叶绞股蓝

Gynostemma laxum (Wall.) Cogn.

税玉民等（Shui Y.M. *et al.*）*91145*

生于海拔 1000 ～ 1600m 混交林中或沟谷密林中。分布于云南西畴；广西、广东分布。印度、尼泊尔、缅甸、越南、泰国、马来西亚、印度尼西亚、菲律宾也有。

种分布区类型：7

长梗绞股蓝

Gynostemma longipes C.Y. Wu ex C.Y. Wu et S.K. Chen

周浙昆等（Zhou Z.K. *et al.*）*426*

生于海拔 1600 ～ 3200m 沟边丛林中。分布于云南金平、绿春、屏边、昆明、嵩明、宜良、贡山、大关等地；四川、贵州、广西和陕西南分布。

中国特有

种分布区类型：15

小籽绞股蓝

Gynostemma microspermum C.Y. Wu et S.K. Chen

税玉民等（Shui Y.M. *et al.*）*西隆山凭证 580*

生于海拔 850 ～ 1350m 湿润石灰山密林中。分布于云南勐腊。

云南特有

种分布区类型：15a

绞股蓝

Gynostemma pentaphyllum (Thunb.) Makino

税玉民等（Shui Y.M. *et al.*）*80297*，*群落样方 2011-33*，*群落样方 2011-36*，*群落样方 2011-39*，*群落样方 2011-41*，*群落样方 2011-42*；中苏队（Sino-Russ. Exped.）*141*；周浙昆等（Zhou Z.K. *et al.*）*103*，*104*

生于海拔 300 ～ 3000m 山谷阔叶林缘、山坡疏林、灌丛或路旁草丛中，多生长在阴湿处。分布于云南全省各地；陕西南和长江流域及其以南广大地区分布。印度、尼泊尔、孟加拉、斯里兰卡、缅甸、老挝、越南、马来西亚、印度尼西亚（爪哇）、新几内亚、朝鲜、日本也有。

种分布区类型：7-4

圆锥果雪胆

Hemsleya macrocarpa (Cogn.) C.Y. Wu ex C. Jeffrey

税玉民等（Shui Y.M. *et al.*）*西隆山样方 2-26*；周浙昆等（Zhou Z.K. *et al.*）*153*

生于海拔 2310 ～ 2460m 山谷阴坡及杂木林下。分布于云南昌宁、金平。印度东北部、缅甸北部也有。

种分布区类型：14SH

油渣果（原变种）

Hodgsonia macrocarpa (Bl.) Cogn. var. **macrocarpa**

蒋维邦（Jiang W.B.）*49*；税玉民等（Shui Y.M. *et al.*）*群落样方 2011-48*；徐永椿（Hsu Y.C.）*418*；张广杰（Zhang G.J.）*308*

生于海拔 300 ～ 1500m 山坡密林或路旁疏林中。分布于云南临沧、普洱、西双版纳、金平、河口、绿春、屏边、红河等地。孟加拉、印度、缅甸、马来西亚也有。

种分布区类型：7

腺点油瓜（变种）

Hodgsonia macrocarpa (Bl.) Cogn. var. **capniocarpa** (Ridl.) Tsai ex A.M. Lu et Z.Y. Zhang

税玉民等（Shui Y.M. *et al.*）*群落样方 2011-48*；中苏队（Sino-Russ. Exped.）*531, 683*

生于海拔 500 ～ 1500m 沟谷雨林中，攀援于树上或灌丛中。分布于云南金平、红河、绿春、河口、马关、屏边和西双版纳地区。马来西亚也有。

种分布区类型：7a

翅子罗汉果

Siraitia siamensis (Craib) C. Jeffery

中苏队（Sino-Russ. Exped.）*60*

生于海拔 300 ～ 1380m 山坡林中。分布于云南勐海、景洪、金平、河口、蒙自、屏边；广西西部分布。越南北部、泰国也有。

种分布区类型：7

茅瓜

Solena heterophylla Lour.

税玉民等（Shui Y.M. *et al.*）*90835, 90202*

生于海拔 600 ～ 2600m 林下或灌丛中。分布于云南泸水、鹤庆、腾冲、临沧、凤庆、景东、景洪、勐海、勐腊、双江、河口、屏边、富宁、师宗、江川和昆明等地；台湾、福建、江西、广东、广西、贵州、四川和西藏分布。越南、印度、印度尼西亚（爪哇）也有。

种分布区类型：7

头花赤瓟

Thladiantha capitata Cogn.

宣淑洁（Hsuan S.J.）*147*；中苏队（Sino-Russ. Exped.）*3123*

生于海拔 1000 ～ 2700m 林缘、山坡及灌木丛中。分布于云南金平、河口、绿春、屏边、元阳；四川西部分布。

中国特有

种分布区类型：15

大苞赤瓟

Thladiantha cordifolia (Bl.) Cogn.

税玉民等（Shui Y.M. *et al.*）*群落样方 2011-39*；宣淑洁（Hsuan S.J.）*147*；中苏队（Sino-Russ. Exped.）*3123*

生于海拔 180 ～ 2100m 山谷常绿阔叶林或山坡疏林阴湿处或灌丛中。分布于云南西北部至东南部以南地区；西藏东南部、广西和广东分布。印度尼西亚（爪哇）、印度、越南、老挝也有。

种分布区类型：7

云南赤瓟

Thladiantha pustulata (Levl.) C. Jeff. ex A.M. Lu et Z.Y. Zhang

税玉民等（Shui Y.M. *et al.*）*90390*

生于海拔 1980 ～ 2600m 山谷溪旁灌丛中或路旁草丛中。分布于云南昆明、东川、嵩明、禄劝、马龙等地；贵州分布。

中国特有

种分布区类型：15

短序栝楼

Trichosanthes baviensis Gagnep.

税玉民等（Shui Y.M. *et al.*）*90728*

生于海拔 700 ～ 1000m 常绿阔叶林内和山坡灌丛中。分布于云南西畴、富宁和西双版纳等地；贵州（兴义、望谟）和广西分布。越南北部也有。

种分布区类型：15c

裂苞栝楼

Trichosanthes fissibracteata C.Y. Wu ex C.Y. Cheng et Yueh

税玉民等（Shui Y.M. *et al.*）*90965, 90898*

生于海拔 1160 ～ 1250m 山谷密林中或山坡灌丛中。分布于云南屏边、金平、河口等地。

滇东南特有

种分布区类型：15b

趾叶栝楼

Trichosanthes pedata Merr. et Chun

周浙昆等（Zhou Z.K. *et al.*）*15*

生于海拔约 920m 山谷疏林、灌丛中。分布于云南金平、屏边、文山；江西（寻乌）、湖南（江永）、广西和广东分布。越南也有。

种分布区类型：7-4

薄叶栝楼

Trichosanthes wallichiana (Ser.) Wight

税玉民等（Shui Y.M. *et al.*）*91132*

生于海拔 500 ～ 2400m 山谷混交林中。分布于云南福贡、景东、勐海、文山和屏边等地；西藏分布。印度、尼泊尔、不丹也有。

种分布区类型：14SH

马交儿

Zehneria japonica (Thunb.) S.K. Chen

税玉民等（Shui Y.M. *et al.*）(*s.n.*)

生于海拔 650 ～ 1420m 沟谷林中阴湿处或灌丛中。分布于云南罗平、西畴、景洪、勐海和勐腊等地；四川、贵州、广西、广东、湖北、湖南、江西、安徽、江苏、浙江、福建等省区分布。日本、朝鲜、越南、印度半岛、印度尼西亚（爪哇）、菲律宾也有。

种分布区类型：7

104　秋海棠科 Begoniaceae

酸味秋海棠

Begonia acetosella Craib

税玉民等（Shui Y.M. *et al.*）*90105, 90008*；西南野生生物种质资源库 DNA Barcoding 考察（DNA Barcoding Exped. of GBOWS）*GBOWS 1020*

生于海拔 1300 ～ 1800m 林下。分布于云南河口、麻栗坡、元阳、个旧、勐海、景洪、孟连、龙陵、瑞丽、泸水等地；西藏东南部分布。泰国、缅甸也有。

种分布区类型：7-3

香花秋海棠（原变种）

Begonia balansana Gagnep. var. **balansana**

税玉民等（Shui Y.M. *et al.*）*90956, 91084*，*群落样方 2011-40*，*群落样方 2011-41*，*群落样方 2011-42*；西南野生生物种质资源库 DNA Barcoding 考察（DNA Barcoding Exped. of GBOWS）*GBOWS1371*，*90007*

生于海拔 150 ～ 850m 热带雨林下。分布于云南河口、金平、蒙自、西畴、麻栗坡、富宁、马关、屏边；广东、广西和海南分布。越南北部也有。

种分布区类型：15c

红毛秋海棠（变种）

Begonia balanasa Gagnep. var. **rubropilosa** S.H. Huang et Y.M. Shui

税玉民等（Shui Y.M. *et al.*）*91186*

生于海拔 100 ～ 1400m 林下潮湿处。分布于云南屏边、金平。

滇东南特有

种分布区类型：15b

金平秋海棠

Begonia baviensis Gagnep.

西南野生生物种质资源库 DNA Barcoding 考察（DNA Barcoding Exped. of GBOWS）*GBOWS1324*；中苏队（Sino-Russ. Exped.）*57*

生于海拔 450 ～ 700m 雨林下湿润处或溪沟旁。分布于云南金平、绿春；广西分布。越南北部也有。

种分布区类型：15c

花叶秋海棠

Begonia cathayana Hemsl.

税玉民等（Shui Y.M. *et al.*）*90852*；张广杰（Zhang G.J.）*150*

生于海拔 1250 ～ 1500m 常绿阔叶林下。分布于云南金平、河口、绿春、马关、麻栗坡、蒙自、屏边、西畴、元阳；广西分布。

中国特有

种分布区类型：15

黄连山秋海棠

Begonia coptidimontana C.Y. Wu

税玉民等（Shui Y.M. *et al.*）*91096, 90905*

生于海拔 1750 ～ 2200m 常绿阔叶林下。分布于云南绿春、金平、屏边。

滇东南特有

种分布区类型：15b

粗喙秋海棠

Begonia crassirostris Irmsch.

税玉民等（Shui Y.M. *et al.*）*90008，90052，90105，90325，90855，西隆山凭证 009*；西南野生生物种质资源库 DNA Barcoding 考察（DNA Barcoding Exped. of GBOWS）*GBOWS1020，GBOWS1380*

生于海拔 1400 ～ 2200m 阔叶林下。分布于云南金平、河口、绿春、马关、麻栗坡、蒙自、屏边、石屏、元阳、普洱、景东等地；广西、广东、海南、湖南、江西分布。

中国特有

种分布区类型：15

中华秋海棠（亚种）

Begonia grandis Dry. ssp. **sinensis** (A. DC.) Irmsch.

王文采（Wang W.T.）*618*

生于海拔 300 ～ 2900m 山谷阴湿岩石上、滴水石灰岩边、山坡林下阴湿处。分布于云南金平、麻栗坡、文山；河北、山东、河南、山西、甘肃（南部）、贵州、广西、湖北、湖南、江苏、浙江、福建等省区分布。

中国特有

种分布区类型：15

掌叶秋海棠

Begonia hemsleyana Hook. f.

税玉民等（Shui Y.M. *et al.*）*群落样方 2011-41，群落样方 2011-42，西隆山凭证 922，西隆山凭证 X，样方 1-H-8*；西南野生生物种质资源库 DNA Barcoding 考察（DNA Barcoding Exped. of GBOWS）*GBOWS1066*；张广杰（Zhang G.J.）*88*

生于海拔约 1250m 林下或溪沟边阴湿处。分布于云南金平、河口、绿春、麻栗坡、元阳、蒙自、屏边、西畴、马关、普洱；四川（巴县）、广西分布。

中国特有

种分布区类型：15

肾托秋海棠

Begonia mengtzeana Irmsch.

税玉民等（Shui Y.M. *et al.*）*90349*，*群落样方 2011-36*，*群落样方 2011-37*，*群落样方 2011-38*，*群落样方 2011-39*

生于海拔 1600 ～ 2300m 林下阴湿处。分布于云南金平、蒙自、屏边、元阳。

滇东南特有

种分布区类型：15b

奇异秋海棠

Begonia miranda Irmsch.

税玉民等（Shui Y.M. *et al.*）*西隆山凭证 451*，*西隆山凭证 X*

生于海拔 1200 ～ 2100m 林下阴湿处。分布于云南金平、绿春、屏边。

滇东南特有

种分布区类型：15b

红孩儿（变种）

Begonia palmata D. Don var. **bowringiana** (Champ. ex Benth.) J. Golding et C. Kareg.

税玉民等（Shui Y.M. *et al.*）*90288*，*群落样方 2011-41*，*群落样方 2011-42*，*西隆山凭证 452*，*西隆山凭证 X*；周浙昆等（Zhou Z.K. *et al.*）*98*，*150*，*519*

生于海拔 1100 ～ 2450m 常绿阔叶林阴湿处或溪沟旁。分布于云南文山、砚山、金平、屏边、耿马、临沧、双江、凤庆、景东、西双版纳、漾濞、普洱、孟连、潞西、梁河、盈江；广东、广西、香港、海南、福建、台湾、江西、湖南、贵州、四川分布。

中国特有

种分布区类型：15

紫叶秋海棠

Begonia purpureofolia S.H. Huang et Y.M. Shui

税玉民等（Shui Y.M. *et al.*）*群落样方 2011-32*，*群落样方 2011-33*，*群落样方 2011-34*，*群落样方 2011-36*，*群落样方 2011-40*；西南野生生物种质资源库 DNA Barcoding 考察（DNA Barcoding Exped. of GBOWS）*GBOWS1362*

生于海拔 1000 ～ 2100m 林下。分布于云南金平、河口、屏边。

滇东南特有

种分布区类型：15b

倒鳞秋海棠

Begonia reflexisquamosa C.Y. Wu

税玉民等（Shui Y.M. *et al.*）*西隆山凭证 451*

生于海拔 1100 ～ 1800m 丛林和灌丛中。分布于云南东南部。

滇东南特有

种分布区类型：7-1

大王秋海棠

Begonia rex Putz.

税玉民等（Shui Y.M. *et al.*）(*s.n.*)

生于海拔 400 ～ 500m 密林下阴湿处。分布于云南金平、绿春；贵州、广西分布。热带东南亚、印度、喜马拉雅山区也有。

种分布区类型：7

秋海棠属一种

Begonia sp.

税玉民等（Shui Y.M. *et al.*）*90006*

四角果秋海棠

Begonia tetragona Irmsch.

李国锋（Li G.F.）*Li-227*；税玉民等（Shui Y.M. *et al.*）*90325*，*西隆山 X*

生于海拔 400 ～ 1800m 林下。分布于云南金平、河口、绿春、马关、麻栗坡、蒙自、屏边、元阳。

滇东南特有

种分布区类型：15b

截裂秋海棠

Begonia truncatiloba Irmsch.

税玉民等（Shui Y.M. *et al.*）*西隆山凭证 X*

生于海拔 1000 ～ 1600m 林下。分布于云南金平、河口、个旧、麻栗坡、蒙自、屏边、西畴、元阳。

滇东南特有

种分布区类型：15b

长毛秋海棠

Begonia villifolia Irmsch.

税玉民等（Shui Y.M. *et al.*）*91285, 91105, 91104, 90994*

生于海拔 1100 ～ 1700m 常绿阔叶林中湿处。分布于云南屏边、西畴、麻栗坡、马关。

滇东南特有

种分布区类型：15b

宿苞秋海棠

Begonia yui Irmsch.

税玉民等（Shui Y.M. *et al.*）*90543*；周浙昆等（Zhou Z.K. *et al.*）*150*

生于海拔 1500 ～ 2500m 林下岩石面。分布于云南金平、河口、红河、临沧、镇康。

云南特有

种分布区类型：15a

105a　四数木科 Tetramelaceae

四数木

Tetrameles nudiflora R.Br.

中苏队（Sino-Russ. Exped.）*981，1709*

生于海拔 500 ～ 700m 石炭山雨林或沟谷雨林中。分布于云南南部（金平、景洪、勐腊、勐仑）。孟加拉、不丹、柬埔寨、印度（包括安达曼群岛）、印度尼西亚、老挝、马来西亚、缅甸、尼泊尔、新几内亚、斯里兰卡、泰国、越南、澳大利亚（昆士兰州）也有。

种分布区类型：5

106　万寿果科 Caricaceae

* 番木瓜

Carica papaya Linn.

税玉民等（Shui Y.M. *et al.*）

生于海拔 100 ～ 1200m 栽培。云南栽培于西部、南部等热区，金沙江等干热河谷、坝区也栽有；福建南部、台湾、广东、广西等省区已广泛栽培分布。原产热带美洲，广植于世界热带和较温暖的亚热带地区。

种分布区类型：/

108 山茶科 Theaceae

粗毛杨桐

Adinandra hirta Gagnep.

税玉民等（Shui Y.M. *et al.*）*群落样方 2011-35，群落样方 2011-37，西隆山样方 8A-12*；周浙昆等（Zhou Z.K. *et al.*）*429*

生于海拔 1150～1900m 常绿阔叶林或混交林中。分布于云南蒙自、金平、屏边、河口、文山、西畴、麻栗坡；贵州、广西、广东、海南、西藏分布。越南北部也有。

种分布区类型：15c

大叶杨桐

Adinandra megaphylla Hu

中苏队（Sino-Russ. Exped.）*766*

生于海拔 1200～1800m 山地密林中或沟谷溪边林下阴湿地。分布于云南东南部（屏边、西畴、麻栗坡等地）；广西西北部等地分布。越南也有。

种分布区类型：7

茶梨

Anneslea fragrans Wall.

税玉民等（Shui Y.M. *et al.*）*群落样方 2011-31，西隆山样方 8F-2*

生于海拔 700～2000m 阔叶林中或林缘灌丛中。分布于云南东南部（金平、河口、广南、建水、开远、绿春、蒙自、屏边、石屏、文山、西畴）、南部至西南部；贵州、广西、广东和江西南部分布。中南半岛也有。

种分布区类型：7-4

厚轴茶

Camellia crassicolumna H.T. Chang

张广杰（Zhang G.J.）*33*；中苏队（Sino-Russ. Exped.）*344*

生于海拔 1300～2800m 常绿阔叶林中。分布于云南红河、元阳、金平、屏边、马关、麻栗坡、西畴、广南。

滇东南特有

种分布区类型：15b

屏边连蕊茶

Camellia tsingpienensis Hu

税玉民等（Shui Y.M. *et al.*）*西隆山样方 2-F-39*；周浙昆等（Zhou Z.K. *et al.*）*174，361，408*

生于海拔 800 ～ 1850m 林下或灌丛中。分布于云南屏边、麻栗坡、西畴、金平、河口、马关、蒙自、文山、砚山；广西（百色）分布。

中国特有

种分布区类型：15

岗柃

Eurya groffii Merr.

税玉民等（Shui Y.M. *et al.*）*群落样方 2011-35，群落样方 2011-40*；中苏队（Sino-Russ. Exped.）*51，71，637，639，777*；周浙昆等（Zhou Z.K. *et al.*）*217，368，516，525*

生于海拔 600 ～ 2100m 阔叶林下或林缘灌丛中。分布于云南贡山、福贡、丽江、大理、泸水、腾冲、梁河、盈江、陇川、潞西、龙陵、临沧、双江、耿马、沧源、孟连、澜沧、勐海、景洪、勐腊、普洱、景东、墨江、元江、新平、峨山、金平、富宁、广南、河口、红河、建水、开眼、蒙自、绿春、马关、麻栗坡、屏边、石屏、文山、西畴、砚山、元阳；福建、广东、海南、广西、贵州、四川和西藏分布。越南、缅甸北部也有。

种分布区类型：7

细枝柃

Eurya loquaiana Dunn

周浙昆等（Zhou Z.K. *et al.*）*632*

生于海拔 800 ～ 2400m 林下或林缘灌丛中。分布于云南金平、屏边、砚山、文山、马关、麻栗坡、西畴、富宁、广南、丘北、禄劝、盐津、绥江；四川、贵州、广西、海南、广东、湖南、江西、福建、浙江、安徽南部和湖北西部分布。

中国特有

种分布区类型：15

滇四角柃

Eurya paratetragonoclada Hu

周浙昆等（Zhou Z.K. *et al.*）*401*

生于海拔 2500 ～ 3100m 混交林或铁杉林中或林缘灌丛。分布于云南金平、屏边、大理、漾濞、碧江、维西、福贡、贡山、德钦；西藏（察隅）分布。

中国特有

种分布区类型：15

大叶五室柃

Eurya quinquelocularis Kobuski

中苏队（Sino-Russ. Exped.）*59*

生于海拔 900 ～ 1500m 沟边疏林中。分布于云南绿春、金平、屏边、西畴、麻栗坡；贵州、广西分布。越南北部也有。

种分布区类型：15c

四角柃

Eurya tetragonoclada Merr. et Chun

周浙昆等（Zhou Z.K. *et al.*）*401*

生于海拔 1200 ～ 2000m 林下或灌丛中。分布于云南金平、文山、马关、麻栗坡、西畴、广南、富宁；江西、湖北、湖南、广东、广西、贵州和四川分布。

中国特有

种分布区类型：15

屏边柃

Eurya tsingpienensis Hu

税玉民等（Shui Y.M. *et al.*）*西隆山样方 2-25，西隆山样方 2-F-25，西隆山样方 6-F-02，* 西隆山样方 6F-2；周浙昆等（Zhou Z.K. *et al.*）*168，254，263，277，406，440*

生于海拔 1200 ～ 2000m 常绿阔叶林中。分布于云南金平、河口、开远、蒙自、文山、屏边。越南北部也有。

种分布区类型：15c

屏边核果茶

Pyrenaria pingpienensis (H.T. Chang) T.L. Ming et S.X. Yang

税玉民等（Shui Y.M. *et al.*）*西隆山样方 8F-23*

生于海拔 1340 ～ 2250m 常绿阔叶林中。分布于云南金平、绿春、麻栗坡、屏边、西畴；广西和贵州分布。

中国特有

种分布区类型：15

银木荷

Schima argentea Pritz.

税玉民等（Shui Y.M. *et al.*）*群落样方 2011-31，群落样方 2011-32，群落样方 2011-*

33，*群落样方 2011-35*，*群落样方 2011-40*

生于海拔 1600 ～ 2800m 阔叶林或针阔混交林中。云南广布于全省各地；四川西南部分布。缅甸北部也有。

种分布区类型：7-3

印度木荷

Schima khasiana Dyer

税玉民等（Shui Y.M. *et al.*）*群落样方 2011-35*，*群落样方 2011-45*；周浙昆等（Zhou Z.K. *et al.*）*75*，*643*

生于海拔 900 ～ 1800m 阔叶林中。分布于云南泸水、保山、腾冲、龙陵、永德、临沧、景东、绿春、元阳、金平、屏边、文山、西畴、富宁；西藏东南部分布。印度东北部、缅甸北部、越南北部也有。

种分布区类型：7

中华木荷

Schima sinensis (Hemsl. et Wils.) Airy-Shaw

周浙昆等（Zhou Z.K. *et al.*）*158*，*248*

生于海拔 1400 ～ 2200m 阔叶林中。分布于云南金平、绿春、屏边、文山、西畴、元阳、昭通、彝良、大关、镇雄、盐津、永善、绥江；四川、贵州、广西北、湖南和湖北西部分布。

中国特有

种分布区类型：15

毛木荷

Schima villosa Hu

吴元坤、胡诗秀（Wu Y.K. et Hu S.X.）*37*，*44*；张建勋、张赣生（Chang C.S. et Chang K.S.）*46*，*130*，*156*

生于海拔 1300 ～ 1550m 常绿阔叶林中。分布于云南金平、屏边、河口。

滇东南特有

种分布区类型：15b

红木荷

Schima wallichii (DC.) Korthals

蒋维邦（Jiang W.B.）*22*；沙惠祥、戴汝昌（Sha H.X. et Dai R.C.）*104*；徐永椿（Hsu Y.C.）*361*；张广杰（Zhang G.J.）*131*，*258*；中苏队（Sino-Russ. Exped.）*270*，*700*，*1763*；周

浙昆等（Zhou Z.K. *et al.*）*25*，*500*

生于海拔 300 ～ 2700m 常绿阔叶林或混交林中。分布于云南东南部、南部至西南部；贵州南部和广西南部分布。东喜马拉雅地区、缅甸、泰国、老挝、越南也有。

种分布区类型：7

老挝紫茎

Stewartia laotica (Gagnep.) J. Li et T.L. Ming

中苏队（Sino-Russ. Exped.）*703*

生于海拔 900 ～ 1800m 林下。分布于云南金平、河口、麻栗坡、屏边；广西分布。老挝、越南也有。

种分布区类型：7-4

厚皮香

Ternstroemia gymnanthera (Wight et Arn.) Sprague

税玉民等（Shui Y.M. *et al.*）*群落样方 2011-32*，*群落样方 2011-37*，*西隆山样方 1A-3*，*西隆山样方 5F-5*

生于海拔 760 ～ 2700m 阔叶林、松林下或林缘灌丛中。分布于云南全省各地；中国长江以南各省区分布。日本、朝鲜半岛、中南半岛、印度、马来西亚也有。

种分布区类型：7

108b　毒药树科 Sladeniaceae

全缘肋果茶

Sladenia integrifolia Y.M. Shui

（采集人不详）（Anonym）*22*；李璐、孔冬瑞（Li L. et Kong D.R.）*37073*；莫明忠、毛荣华、喻智勇（Mo M.Z., Mao R.H. et Yu Z.Y.）*5*；周浙昆等（Zhou Z.K. *et al.*）*30*

生于海拔 1200 ～ 2100m 常绿阔叶林中或林缘。分布于云南金平。

金平特有

种分布区类型：15d

112　猕猴桃科 Actinidiaceae

蒙自猕猴桃

Actinidia henryi Dunn

周浙昆等（Zhou Z.K. *et al.*）*556*

生于海拔 180 ～ 1930m 林中散生。分布于云南东南部建水、蒙自、屏边、金平、河口；广东、广西、贵州、湖南分布。

中国特有

种分布区类型：15

沙巴猕猴桃

Actinidia petelotii Diels

税玉民等（Shui Y.M. *et al.*）*群落样方 2011-34*

生于海拔 900 ～ 1800m 林中。分布于云南金平、屏边、河口。越南北部也有。

种分布区类型：15c

红茎猕猴桃

Actinidia rubricaulis Dunn

税玉民等（Shui Y.M. *et al.*）*91012*

生于海拔 1000 ～ 1800m 常绿阔叶林及石山灌丛中。分布于云南东南部（蒙自、绿春、文山、西畴、麻栗坡、广南、富宁）。

滇东南特有

种分布区类型：15b

糙叶猕猴桃

Actinidia rudis Dunn

税玉民等（Shui Y.M. *et al.*）*西隆山凭证 228*

生于海拔 1000 ～ 2000m 沟谷及森林中。分布于云南金平、屏边、西畴等地。

滇东南特有

种分布区类型：15b

113　水东哥科 Saurauiaceae

蜡质水东哥

Saurauia cerea Griff. ex Dyer

宣淑洁（Hsuan S.J.）*61-0149*；张广杰（Zhang G.J.）*52*；中苏队（Sino-Russ. Exped.）*85*，*853*

生于海拔 300 ～ 2200m 山地沟谷湿润林中。分布于云南金平、河口、绿春、蒙自、屏边、盈江、沧源、双江、孟连、景洪、勐腊；西藏（墨脱）分布。印度、缅甸也有。

种分布区类型：7

粗齿水东哥（变种）

Saurauia erythrocarpa C.F. Liang et Y.S. Wang var. **grosseserrata** C.F. Liang et Y.S. Wang

云南省林科院（Yunnan Acad. Forest. Exped.）

生于海拔 1200 ～ 1900m 江边阔叶林中。分布于云南金平、麻栗坡、贡山、盈江、腾冲、龙陵。

云南特有

种分布区类型：15a

长毛水东哥

Saurauia macrotricha Kurz ex Dyer

税玉民等（Shui Y.M. *et al.*）*90265, 90491*

生于海拔 900 ～ 1400m 山地沟谷或山坡灌丛中。分布于云南贡山、瑞丽、盈江。缅甸、印度、马来西亚也有。

种分布区类型：14SH

蛛毛水东哥

Saurauia miniata C.F. Liang et Y.S. Wang

沙惠祥、戴汝昌（Sha H.X. et Dai R.C.）*28*；税玉民等（Shui Y.M. *et al.*）*90011*；张广杰（Zhang G.J.）*190*；周浙昆等（Zhou Z.K. *et al.*）*590*

生于海拔 700 ～ 1500m 山地沟谷林下或河边灌丛疏林中。分布于云南金平、河口、绿春、马关、麻栗坡、蒙自、屏边、文山、西畴、元阳、贡山、潞西、沧源、双江、元县、临沧；广西西北部和西南部、四川（古蔺县）分布。越南北部也有。

种分布区类型：15c

尼泊尔水东哥（原变种）

Saurauia napaulensis DC. var. **napaulensis**

税玉民等（Shui Y.M. *et al.*）*群落样方 2011-33*，*群落样方 2011-39*，*群落样方 2011-40*，*群落样方 2011-42*；周浙昆等（Zhou Z.K. *et al.*）*535*，*544*

生于海拔 450 ～ 2500m 河谷或山坡常绿林灌丛中。分布于云南金平、河口、绿春、马关、麻栗坡、蒙自、屏边、文山、西畴、砚山、元阳、丽江、潞西、大理、沧源、临沧、双柏、峨山、景东、西盟、普洱、江城、景洪、绥江、盐津、罗平等地；广西西部分布。印度、尼泊尔、缅甸、老挝、泰国、越南、马来西亚也有。

种分布区类型：7

绒毛水东哥（变种）

Saurauia napaulensis DC. var. **tomentum** Y.Luo et S.K.Chen

税玉民等（Shui Y.M. *et al.*）*90287*，*西隆山凭证 873*，*西隆山凭证 877*，*西隆山凭证 918*

生于海拔 630 ～ 1600m 潮湿山谷林中或河边灌丛中。分布于云南金平、景洪、勐腊、普洱、澜沧、孟连、江城。

云南特有

种分布区类型：15a

水东哥（原变种）

Saurauia tristyla DC. var. **tristyla**

胡月英（Hu Y.Y.）*60002291*；税玉民等（Shui Y.M. *et al.*）*90058*，*90136*，*90228*，*90058*，*90136*，*90228*；王开域（Wang K.Y.）*26*；宣淑洁（Hsuan S.J.）*156*

生于海拔 300 ～ 1200m 河谷林中或山谷湿润处。分布于云南金平、富宁、河口、绿春、马关、麻栗坡、蒙自、屏边、西畴、砚山、普洱、勐腊、绿春；广东、广西、贵州、海南分布。印度、马来西亚也有。

种分布区类型：7-1

河口水东哥（变种）

Saurauia tristyla DC. var. **hekouensis** C.F. Liang et Y.S. Wang

范文绾（Fan W.W.）*238*；中苏队（Sino-Russ. Exped.）*126*，*315*，*720*

生于海拔 140 ～ 1300m 丘陵、山地林下、沟谷中。分布于云南金平、河口、绿春、马关、麻栗坡、蒙自、屏边、文山、元阳。

滇东南特有

种分布区类型：15b

116　龙脑香科 Dipterocarpaceae

东京龙脑香

Dipterocarpus retusus Bl.

税玉民等（Shui Y.M. *et al.*）*群落样方 2011-48*，*群落样方 2011-49*，*样方 2-A-01*；张广杰（Zhang G.J.）*274*；周浙昆等（Zhou Z.K. *et al.*）*596*

生于海拔 600 ～ 1000m 的河谷、溪边、石灰山等潮湿的密林中。分布于云南金平、河口、绿春、马关、屏边、江城、盈江；西藏东南部分布。印度、印度尼西亚、老挝、马来西亚、缅甸、泰国、越南也有。

种分布区类型：7

狭叶坡垒

Hopea chinensis (Merr.) Hand.-Mazz.

税玉民等（Shui Y.M. *et al.*）*80265*，*80482*，*群落样方 2011-49*

生于海拔 300 ～ 900m 沟谷或山坡林中。分布于云南金平、河口、绿春、屏边、江城；广西南部和西南部分布。越南北部也有。

种分布区类型：15c

118　桃金娘科 Myrtaceae

**** 番石榴**

Psidium guajava Linn.

胡诗秀、吴元坤（Hu S.X. et Wu Y.K.）*58*；蒋维邦（Jiang W.B.）*54*；吴元坤（Wu Y.K.）*24*；徐永椿（Hsu Y.C.）*194*；张广杰（Zhang G.J.）*275*

生于海拔 1200m 以下村边或路旁逸为野生。分布于云南南部常有栽培；福建、广东、海南、广西栽培，在金沙江的安宁河河谷可成群落分布。原产南美洲。

种分布区类型：/

滇南蒲桃

Syzygium austroyunnanense H.T. Chang et R.H. Miao

税玉民等（Shui Y.M. *et al.*）*群落样方 2011-32*，*群落样方 2011-37*，*群落样方 2011-38*

生于海拔 1400 ～ 1630m 山谷疏林阴湿处。分布于云南西双版纳、金平等地；广西分布。

中国特有

种分布区类型：15

乌楣

Syzygium cumini (Linn.) Skeels

税玉民等（Shui Y.M. *et al.*）*91283*

生于海拔 500 ～ 1800m 山坡次生林内。分布于云南新平、澜沧、屏边、普洱、景洪、沧源、景东、泸水、富宁；广东、广西、海南、福建、台湾分布。中南半岛、喜马拉雅山区诸国（尼泊尔等）、印度、印度尼西亚、澳大利亚也有。

种分布区类型：5

柿叶蒲桃

Syzygium diospyrifolium (Wall. ex Duthie) C.Y. Wu

徐永椿（Hsu Y.C.）*200*

生于海拔 300 ～ 900m 林缘或林中。分布于云南金平、河口。

滇东南特有

种分布区类型：15b

台湾蒲桃

Syzygium formosanum (Hayata) Mori

税玉民等（Shui Y.M. *et al.*）*群落样方 2011-46*，*群落样方 2011-47*，*群落样方 2011-49*；徐永椿（Hsu Y.C.）*200*；中苏队（Sino-Russ. Exped.）*403*，*616*

生于海拔 400 ～ 800m 常绿阔叶林和次生林下。分布于云南金平、河口；台湾分布。

中国特有

种分布区类型：15

滇边蒲桃

Syzygium forrestii Merr. et Perry

中苏队（Sino-Russ. Exped.）*745*

生于海拔 2500 ～ 3500m 林中。分布于云南西北部地区（丽江、宁蒗、永胜等）、金平、文山、屏边；西藏分布。巴基斯坦、印度、缅甸也有。

种分布区类型：7

短药蒲桃

Syzygium globiflorum (Craib) P. Chantar et J. Parn.

中苏队（Sino-Russ. Exped.）*567*

生于海拔 360 ～ 1950m 山坡或谷地密林。分布于云南金平、河口、绿春、马关、麻栗坡、屏边、勐海、景洪、普洱；广西、海南分布。泰国也有。

种分布区类型：7-3

*** 洋蒲桃**

Syzygium samarangense (Bl.) Merr. et Perry

张广杰（Zhang G.J.）*118*

生于海拔 100 ～ 800m。分布于云南勐腊、金平等地；广东、台湾及广西有栽培分布。原产马来半岛和印度尼西亚。

种分布区类型：/

蒲桃属一种

Syzygium sp.

西南野生生物种质资源库 DNA Barcoding 考察（DNA Barcoding Exped. of GBOWS）*GBOWS1381*

119a　金刀木科 Barringtoniaceae

梭果玉蕊

Barringtonia fusicarpa Hu

蒋维邦（Jiang W.B.）*85*；毛品一（Mao P.I.）*605*；税玉民等（Shui Y.M. *et al.*）*群落样方 2011-48*，*群落样方 2011-49*；西南野生生物种质资源库 DNA Barcoding 考察（DNA Barcoding Exped. of GBOWS）*GBOWS1355*；宣淑洁（Hsuan S.J.）*61-0131*；张赣生、张建勋（Chang K.S. et Chang C.S.）*89*；张广杰（Zhang G.J.）*121*；中苏队（Sino-Russ. Exped.）*116*，*435*，*445*，*447*

生于海拔 170 ～ 1260m 山谷潮湿林中。分布于云南金平、河口、绿春、马关、屏边、元阳、景洪。

云南特有

种分布区类型：15a

120　野牡丹科 Melastomataceae

药囊花

Cyphotheca montana Diels

税玉民等（Shui Y.M. *et al.*）*群落样方 2011-31*，*群落样方 2011-32*，*群落样方 2011-35*，*群落样方 2011-37*，*群落样方 2011-38*；周浙昆等（Zhou Z.K. *et al.*）*172*，*229*

生于海拔 1800 ～ 2350m 山坡、箐沟密林下、竹林下的路旁、坡边或小溪边。分布于云南凤庆、景东、新平、建水、元阳、金平、屏边、河口、红河、马关、建水、绿春、西畴等地。

云南特有

种分布区类型：15a

酸果

Medinilla fengii (S.Y. Hu) C.Y. Wu et C. Chen

税玉民等（Shui Y.M. *et al.*）*群落样方 2011-48*，*群落样方 2011-36*

生于海拔 650 ～ 1500m 山谷密林中、灌木丛中、溪边石缝中和附生于树上。模式标本采于西畴。分布于云南东南部。

滇东南特有

种分布区类型：15b

绿春酸脚杆

Medinilla luchuenensis C.Y. Wu et C. Chen

税玉民等（Shui Y.M. *et al.*）*91067*

生于海拔约 2100m 山谷、山坡阔叶林中。分布于云南绿春等地。

滇东南特有

种分布区类型：15b

酸脚杆属一种

Medinilla sp.

西南野生生物种质资源库 DNA Barcoding 考察（DNA Barcoding Exped. of GBOWS）*GBOWS1347*

大野牡丹

Melastoma imbricatum Wall.

税玉民等（Shui Y.M. *et al.*）*80386*；西南野生生物种质资源库 DNA Barcoding 考察（DNA Barcoding Exped. of GBOWS）*GBOWS1417*；张广杰（Zhang G.J.）*124*

生于海拔 140 ～ 1420m 密林中湿润的地方。分布于云南金平、绿春、屏边、河口、勐仑。从印度东部、缅甸、中南半岛、马来半岛至苏门答腊也有。

种分布区类型：7

野牡丹

Melastoma malabathricum Linn.

蒋维邦（Jiang W.B.）*121*；李国锋（Li G.F.）*Li-029*，*Li-185*；沙惠祥、戴汝昌（Sha H.X. et Dai R.C.）*2*，*111*；税玉民等（Shui Y.M. *et al.*）*群落样方 2011-43*，*群落样方 2011-44*；吴元坤（Wu Y.K.）*13*；张建勋、张赣生（Chang C.S. et Chang K.S.）*252*，*487*；中苏队（Sino-Russ. Exped.）*613*，*1068*

生于海拔 700 ～ 1500m 的山坡灌丛、荒坡、路边。分布于云南金平、河口、富宁、个旧、建水、绿春、马关、麻栗坡、蒙自、屏边、文山、西畴、元阳；福建、广东、广西、贵州、海南、湖南、江西、四川、台湾、西藏东南部、浙江分布。柬埔寨、印度、日本、老挝、马来西亚、缅甸、尼泊尔、菲律宾、泰国、越南、太平洋岛屿也有。

种分布区类型：7e

星毛金锦香

Osbeckia stellata D. Don

税玉民等（Shui Y.M. *et al.*）*群落样方 2011-34*，*群落样方 2011-35*，*群落样方 2011-40*

生于海拔 1700 ～ 2000m 沟边灌木丛或山坡林缘。分布于云南大部分地区；湖北、湖南、江西、浙江、福建、广东、广西、贵州、四川、西藏、海南、台湾分布。印度东北部、尼泊尔、不丹、缅甸、柬埔寨、老挝、泰国、越南也有。

种分布区类型：14SH

越南尖子木

Oxyspora balansae (Cogn.) J.F. Maxwell

税玉民等（Shui Y.M. *et al.*）*群落样方 2011-32*，*群落样方 2011-44*，*群落样方 2011-46*，*群落样方 2011-47*，*群落样方 2011-48*；周浙昆等（Zhou Z.K. *et al.*）*533*

生于海拔 400 ～ 1500m 杂木林、密林、湿润处。分布于云南金平、河口、红河、绿春、屏边；广西、海南分布。泰国、越南也有。

种分布区类型：7

尖子木

Oxyspora paniculata (D. Don) DC.

李国锋（Li G.F.）*Li-006*；税玉民等（Shui Y.M. *et al.*）*群落样方 2011-33*，*群落样方 2011-35*，*群落样方 2011-40*

生于海拔 500 ～ 1900m 山谷密林、阴湿处或溪边，也生长于山坡疏林下、灌木丛中湿润的地方。分布于云南碧江、腾冲、景东、临沧、双江、普洱、勐海、小勐养、金平、河口、个旧、建水、临沧、马关、麻栗坡、蒙自、屏边、砚山、元阳、文山、西畴、富宁等地;四川、贵州、广西、西藏东南部（墨脱）分布。印度、不丹、柬埔寨、缅甸、尼泊尔、老挝、越南也有。

种分布区类型：7

翅茎尖子木

Oxyspora teretipetiolata (C.Y. Wu et C. Chen) W.H. Chen et Y.M. Shui

李国锋（Li G.F.）*Li 063*；税玉民等（Shui Y.M. *et al.*）*80224*，*80375*，*群落样方 2011-44*；西南野生生物种质资源库 DNA Barcoding 考察（DNA Barcoding Exped. of GBOWS）*GBOWS996, GBOWS1329*；中苏队（Sino-Russ. Exped.）*701*，*710*，*1769*；周浙昆等（Zhou Z.K. *et al.*）*608*

生于海拔约 700m 山坡阳处、灌木丛中。分布于云南金平、河口。

滇东南特有

种分布区类型：15b

尾叶尖子木

Oxyspora urophylla (Diels) Y.M. Shui

中苏队（Sino-Russ. Exped.）*463*

生于海拔 600 ～ 1700（2000）m 密林下湿润的地方。分布于云南金平、河口、富宁、马关、蒙自、屏边、文山、西畴、元阳；广东、广西分布。

中国特有

种分布区类型：15

锦香草

Phyllagathis cavaleriei (Lévl. et Van.) Guillaum.

税玉民等（Shui Y.M. *et al.*）*群落样方 2011-33*，*群落样方 2011-34*

生于海拔 300 ～ 3000m 山谷、山坡疏、密林下阴湿的地方或水沟旁。模式标本采自贵州平坝。分布于云南大部分地区；湖南、江西、浙江、福建、广西、广东、贵州、四川分布。

中国特有

种分布区类型：15

直立锦香草

Phyllagathis erecta (S.Y. Hu) C.Y. Wu ex C. Chen

税玉民等（Shui Y.M. *et al.*）*样方 6-H-15*；周浙昆等（Zhou Z.K. *et al.*）*172*，*229*

生于海拔 1000 ～ 2400m 山沟林下湿润处。分布于云南金平、马关、麻栗坡；广西分布。

中国特有

种分布区类型：15

四蕊熊巴掌

Phyllagathis tetrandra Diels

税玉民等（Shui Y.M. *et al.*）*群落样方 2011-48*

生于海拔 1000 ～ 1680m 山谷、山坡密林下阴湿处土质肥沃的地方。模式标本采自云南蒙自；分布于云南东南部。越南北部也有。

种分布区类型：15c

偏瓣花

Plagiopetalum esquirolii (Lévl.) Rehd.

税玉民等（Shui Y.M. *et al.*）*群落样方 2011-34*，*样方 5-F-11*，*样方 5-F-17*，*样方 6-F-04*；周浙昆等（Zhou Z.K. *et al.*）*216*，*240*，*262*

生于海拔约 1400m 山坡林下或路旁。分布于云南金平、富宁、个旧、河口、红河、绿春、马关、麻栗坡、蒙自、屏边、文山、西畴、砚山、元阳、泸水、富宁；四川、贵州、广西分布。缅甸北部也有。

种分布区类型：7-3

顶花酸脚杆

Pseudodissochaeta assamica (C.B. Clarke) M.P. Nayar

蒋维邦（Jiang W.B.）*45*；税玉民等（Shui Y.M. *et al.*）*群落样方 2011-43*，*样方 1-S-15*；吴元坤、胡诗秀（Wu Y.K. et Hu S.X.）*29*；张广杰（Zhang G.J.）*93*，*135*；中苏队（Sino-Russ. Exped.）*75*，*715*

生于海拔 200 ～ 1250m 山谷、山坡的疏林和密林中、溪边、路旁湿润的地方。分布于云南东南部；广西、海南分布。越南也有。

种分布区类型：7-4

酸脚杆

Pseudodissochaeta lanceata M.P. Nayar

税玉民等（Shui Y.M. *et al.*）*80356*

生于海拔 400 ～ 1000m 林下、遮蔽潮湿处。分布于云南金平、绿春、屏边；海南分布。

中国特有

种分布区类型：15

北酸脚杆

Pseudodissochaeta septentrionalis (W.W. Smith) M.P. Nayar

税玉民等（Shui Y.M. *et al.*）*群落样方 2011-43*，*群落样方 2011-47*，*群落样方 2011-48*；西南野生生物种质资源库 DNA Barcoding 考察（DNA Barcoding Exped. of GBOWS）*GBOWS1081*

生于海拔 500 ～ 1960m 山谷、山坡密林中或林缘阴湿处。分布于云南西南部至东南部；广东、广西分布。缅甸、泰国、越南北部也有。

种分布区类型：7

褚头红

Sarcopyramis napalensis Wall.

李国锋（Li G.F.）*Li-009*

生于海拔 1000 ～ 3200m 森林、溪边阴凉潮湿的地方。分布于云南西北部至东南部以南地区（西双版纳未发现）；福建、广东、贵州、湖北、湖南、江西、四川、西藏东南部、浙江分布。不丹、印度东北部、印度尼西亚、马来西亚、缅甸、尼泊尔、菲律宾、泰国也有。

种分布区类型：7

直立蜂斗草

Sonerila erecta Jack

税玉民等（Shui Y.M. *et al.*）*群落样方 2011-43*，*群落样方 2011-44*，*群落样方 2011-46*，*群落样方 2011-47*；西南野生生物种质资源库 DNA Barcoding 考察（DNA Barcoding Exped. of GBOWS）*GBOWS1361, GBOWS1420*; 张广杰（Zhang G.J.）*127*; 周浙昆等（Zhou Z.K. *et al.*）*119*，*122*

生于海拔 130 ～ 1500m 山谷、山坡林下阴湿的地方或路旁。分布于云南金平、河口、富宁、马关、麻栗坡、屏边、文山、西畴、砚山；广东、广西、湖南、江西分布。印度北部、马来西亚、缅甸、菲律宾、泰国、越南也有。

种分布区类型：7

小蜂斗草

Sonerila laeta Stapf

税玉民等（Shui Y.M. *et al.*）*80241*

生于海拔 1700 ～ 2000m 沟边灌木丛或山坡林缘。分布于云南东南部及南部等；四川分布。喜马拉雅山区南麓等地也有。

种分布区类型：14SH

溪边桑勒草

Sonerila maculata Roxb.

税玉民等（Shui Y.M. *et al.*）*80241*；张广杰（Zhang G.J.）*127*

生于海拔 200 ～ 1300m 林缘潮湿处。分布于云南金平、河口、绿春、马关、麻栗坡、蒙自、屏边、文山；福建、广东、广西、西藏（错那）分布。不丹、柬埔寨、印度、印度尼西亚、老挝、马来西亚、缅甸、尼泊尔、泰国、越南也有。

种分布区类型：7

海棠叶蜂斗草

Sonerila plagiocardia Diels

税玉民等（Shui Y.M. *et al.*）*90348, 91030*，*群落样方 2011-34*，*群落样方 2011-37*

生于海拔 800 ～ 2500m 山谷、山坡密林下、荫湿的地方及路旁。分布于云南西南部和东南部；广西、广东分布。

中国特有

种分布区类型：15

长穗花

Styrophyton caudatum (Diels) S.Y. Hu

税玉民等（Shui Y.M. *et al.*）*群落样方 2011-32*

生于海拔 400 ～ 1200m 山谷密林中、阴湿的地方或沟边等灌木丛中。模式标本采于蒙自东南部（即屏边）。分布于云南东南部。

滇东南特有

种分布区类型：15b

121　使君子科 Combretaceae

西南风车子

Combretum griffithii Van Heurck et Muell.-Arg.

中苏队（Sino-Russ. Exped.）*982*

生于海拔 1100 ～ 1600m 山箐疏林中或坡地上。分布于云南金平、河口、瑞丽、潞西、芒市、景东、双江、勐海、勐腊。印度东北部（阿萨姆）、孟加拉（吉大港）、缅甸至马来半岛也有。

种分布区类型：7

石风车子

Combretum wallichii DC.

周浙昆等（Zhou Z.K. *et al.*）*70*

生于海拔 480 ～ 1800m 山坡、路旁、沟边杂木林或灌丛中，多见于石灰岩区灌丛中，为本属中分布较北和较高的种类。分布于云南西北部（漾濞、大理、怒江）、中部（景东、易门）、东北部（彝良白龙箐）、东南部（金平、河口、广南、红河、麻栗坡、蒙自、屏边、丘北、文山、西畴）;四川（西南 320 ～ 1160m）、贵州（西部、1300m）、广西（西部至北部、800 ～ 1000m）分布。尼泊尔、孟加拉、印度、缅甸北部也有。

种分布区类型：14SH

使君子

Quisqualis indica Linn.

中苏队（Sino-Russ. Exped.）*652*

生于海拔 150 ～ 1200m 河岸、林缘及次生疏林中。分布于云南南部；四川、贵州至南岭以南各处、长江中下流以北无野生记录、全省各地均可栽培，台湾和福建分布。印度、缅甸至菲律宾也有。

种分布区类型：7-1

千果榄仁

Terminalia myriocarpa Van Huerck et Muell.-Arg.

西南野生生物种质资源库 DNA Barcoding 考察（DNA Barcoding Exped. of GBOWS）*GBOWS1395*；周浙昆等（Zhou Z.K. *et al.*）*611*

生于海拔 600 ～ 1500（2500）m 地带。分布于云南西南部（西北至泸水）、南部（北至景东、新平）、东南部（金平、绿春、马关、屏边）；广西（龙津）和西藏东南部分布。印度、缅甸北部、马来西亚、印度尼西亚、泰国、老挝、越南北部也有。

种分布区类型：7

122　红树科 Rhizophoraceae

竹节树

Carallia brachiata (Lour.) Merr.

张广杰（Zhang G.J.）*181*

生于海拔 500 ～ 1900m 常绿阔叶林密林中。分布于云南西南部、景东、凤庆、普洱、西双版纳、金平、个旧等地；广东、广西分布。从马达加斯加经印度、缅甸、越南、马来西亚、印度尼西亚至澳大利亚北部也有。

种分布区类型：4

锯叶竹节树

Carallia diplopetala Hand.-Mazz.

税玉民等（Shui Y.M. *et al.*）*群落样方 2011-49*；中苏队（Sino-Russ. Exped.）*523*

生于海拔 500 ～ 1350m 山地常绿阔叶林密林中或山谷湿润处。分布于云南屏边、金平、富宁、麻栗坡、丘北、富宁、河口、红河、绿春、马关、普洱等地；广西、广东分布。缅甸、老挝、越南、印度尼西亚也有。

种分布区类型：7

旁杞木

Carallia pectinifolia W.C. Ko

张广杰（Zhang G.J.）*95*

生于海拔 100 ～ 700m 山谷杂木林、河边。分布于云南金平、屏边；广东、广西分布。

中国特有

种分布区类型：15

山红树

Pellacalyx yunnanensis Hu

税玉民等（Shui Y.M. *et al.*）*80272*，*群落样方 2011-46*，*群落样方 2011-47*；西南野生生物种质资源库 DNA Barcoding 考察（DNA Barcoding Exped. of GBOWS）*GBOWS1468*

生于海拔约 850m 密林中。分布于云南金平、屏边、勐腊县易武。

云南特有

种分布区类型：15a

123　金丝桃科 Hypericaceae

黄牛木

Cratoxylum cochinchinense (Lour.) Bl.

税玉民等（Shui Y.M. *et al.*）*群落样方 2011-45*；西南野生生物种质资源库 DNA Barcoding 考察（DNA Barcoding Exped. of GBOWS）*GBOWS1424*；张广杰（Zhang G.J.）*280*；张建勋、张赣生（Chang C.S. et Chang K.S.）*137*；中苏队（Sino-Russ. Exped.）*45*；周浙昆等（Zhou Z.K. *et al.*）*5*

生于海拔 1240m 以下丘陵或山地的干燥阳坡上的次生林或灌丛中，能耐干旱、萌发力强。分布于云南南部（东南部自金平、河口、富宁、绿春）；广东、海南、广西南部分布。缅甸、泰国、越南、马来西亚、印度尼西亚至菲律宾也有。

种分布区类型：7

红芽木（亚种）

Cratoxylum formosum (Jack) Dyer ssp. **pruniflorum** (Kurz) Gogelin

段幼萱（Duan Y.X.）*45*；蒋维邦（Jiang W.B.）*13*；税玉民等（Shui Y.M. *et al.*）*群落样方 2011-43*，*群落样方 2011-47*；王开域（Wang K.Y.）*13*；吴元坤（Wu Y.K.）*11*；徐永椿（Hsu Y.C.）*353*；张广杰（Zhang G.J.）*262*；宣淑洁（Hsuan S.J.）*96*；张建勋、张赣生（Chang C.S. et Chang K.S.）*47*，*86*；中苏队（Sino-Russ. Exped.）*658*

生于海拔 1400m 以下山地次生疏林或灌丛中。分布于云南南部（东南部自金平、河口、建水、绿春、屏边）；广西南部分布。缅甸、泰国、柬埔寨、越南也有。

种分布区类型：7

地耳草

Hypericum japonicum Thunb.

张广杰（Zhang G.J.）*81，210，228*

生于海拔 480 ～ 1750m 林下、林缘、灌丛下、山坡草地或村边、路旁。分布于云南西双版纳、孟连、普洱、耿马、镇康、潞西、盈江、腾冲、景东、元江、金平、河口、富宁、马关、绿春、蒙自、屏边、砚山、西畴、广南等；浙江、江西、福建、台湾、湖南、广东、广西和贵州分布。亚洲、美洲和非洲的热带地区也有。

种分布区类型：2-2

金丝梅

Hypericum patulum Thunb.

中苏队（Sino-Russ. Exped.）*1014*

生于海拔 1200 ～ 2000m 疏林中或林缘路边。分布于云南金平、红河、马关、屏边、文山、砚山；贵州北部、四川、安徽、福建（可能由原产地引入）、广西、湖北、湖南、江苏、江西、陕西、台湾、浙江分布。在日本、印度、南非和其他地方广泛栽培或归化。

种分布区类型：1

126　藤黄科 Guttiferae (Clusiaceae)

云树

Garcinia cowa Roxb.

中苏队（Sino-Russ. Exped.）*131，673*；周浙昆等（Zhou Z.K. *et al.*）*501*

生于海拔 400 ～ 1300m 沟谷、低丘潮湿的杂木林中。分布于云南金平、河口、红河、屏边、西双版纳、普洱、澜沧、耿马、沧源、临沧。从印度、孟加拉东部（吉大港）、中南半岛至马来半岛、安达曼岛也有。

种分布区类型：7

木竹子

Garcinia multiflora Champ. ex Benth.

税玉民等（Shui Y.M. *et al.*）*群落样方 2011-31，群落样方 2011-32，群落样方 2011-37，西隆山凭证 933*

生于海拔 500 ～ 1900m 山坡疏林或密林中，有时见于次生林或灌丛中。分布于云南西畴、麻栗坡、马关、金平、河口、屏边、勐海、双江、新平等地；江西、湖南、广东、广西、福建、台湾等省区分布。越南北部也有。

种分布区类型：15c

大果藤黄

Garcinia pedunculata Roxb.

张广杰（Zhang G.J.）*79*

生于海拔 250 ～ 350m 低山坡地、潮湿的密林中。分布于云南金平、河口、绿春、西畴、瑞丽、盈江；西藏东南部（墨脱）分布。孟加拉北部和东部，有时也有栽培。

种分布区类型：14SH

大叶藤黄

Garcinia xanthochymus Hook. f.

蒋维邦（Jiang W.B.）*105*；税玉民等（Shui Y.M. *et al.*）*80222*，*群落样方 2011-44*，*群落样方 2011-45*；西南野生生物种质资源库 DNA Barcoding 考察（DNA Barcoding Exped. of GBOWS）*GBOWS1403*；宣淑洁（Hsuan S.J.）*155*；张广杰（Zhang G.J.）*7*，*166*；中苏队（Sino-Russ. Exped.）*458*

生于海拔 200 ～ 1200m 常绿阔叶林中。分布于云南南部、东南部；广西南部分布。印度尼西亚、马来西亚、新几内亚、泰国、越南中部和北部也有。

种分布区类型：7

128　椴树科 Tiliaceae

蚬木

Excentrodendron tonkinense (A. Chev.) Hung T. Chang et R.H. Miao

中苏队（Sino-Russ. Exped.）*1073*

生于海拔 150 ～ 650m 季雨林中。分布于云南麻栗坡、西畴、马关、河口及金平等地；广西南部分布。越南北部也有。

种分布区类型：15c

苘麻叶扁担杆

Grewia abutilifolia Vent ex Juss.

徐永椿（Hsu Y.C.）*390*

生于海拔 160 ～ 1600m 次生林中。分布于云南中部至南部大部分地区；贵州、广西、广东、海南、台湾等省区分布。印度、中南半岛至爪哇也有。

种分布区类型：7

朴叶扁担杆（原变种）

Grewia celtidifolia Juss. var. **celtidifolia**

徐永椿（Hsu Y.C.）*406*；中苏队（Sino-Russ. Exped.）*1992*

生于海拔 160 ～ 1800m 疏林中。分布于云南西南部至东南部，北达弥勒、双柏、保山、龙陵一线；贵州、广西、广东、台湾等省区分布。印度尼西亚、中南半岛也有。

种分布区类型：7

毛果扁担杆（变种）

Grewia celtidifolia Juss. var. **eriocarpa** (Juss.) Hsu et Zhuge

徐永椿（Hsu Y.C.）*301*；中苏队（Sino-Russ. Exped.）*182*

生于海拔 450 ～ 1500m 次生林中。分布于云南西南部和东南部（金平、河口、红河、麻栗坡、屏边）；贵州、广西、广东、台湾等省区分布。印度尼西亚、中南半岛也有。

种分布区类型：7

小刺蒴麻

Triumfetta annua Linn.

税玉民等（Shui Y.M. *et al.*）*80282*

生于海拔 450 ～ 2100m 灌草丛及旷野。分布于云南昆明以南全省大部分地区 (除东北部)；长江以南大部分省区分布。热带亚洲至非洲也有。

种分布区类型：6

毛刺蒴麻

Triumfetta cana Bl.

中苏队（Sino-Russ. Exped.）*387*

生于海拔 120 ～ 1750m 疏林灌丛及旷野。分布于云南中部至南部；贵州、广西、广东、福建、台湾等省区分布。马来西亚、中南半岛、南亚次大陆、非洲也有。

种分布区类型：6

刺蒴麻

Triumfetta rhomboidea Jacq.

徐永椿（Hsu Y.C.）*397*；张广杰（Zhang G.J.）*212*；周浙昆等（Zhou Z.K. *et al.*）*31*

生于海拔 130 ～ 1500m 旷野或林缘。分布于云南全省大部分地区；广西、广东、海南、福建、台湾等省区分布。热带也有。

种分布区类型：2

128a　杜英科 Elaeocarpaceae

滇南杜英

Elaeocarpus austroyunnanensis Hu

中苏队（Sino-Russ. Exped.）*132*

生于海拔 1100 ～ 2000m 山坡灌丛、松林或杂木林内。分布于云南双柏、禄丰、昆明、易门、玉溪、峨山、新平、金平、河口、广南、开远、绿春、马关、弥勒、石屏、建水、蒙自、屏边、文山、砚山、丘北、路南等地；广西中部、北部及西部分布。

中国特有

种分布区类型：15

大叶杜英

Elaeocarpus balansae A. DC.

胡诗秀、吴元坤（Hu S.X. et Wu Y.K.）*69*；西南野生生物种质资源库 DNA Barcoding 考察（DNA Barcoding Exped. of GBOWS）*GBOWS1397*；中苏队（Sino-Russ. Exped.）*53*

生于海拔 150 ～ 1100m 山坡疏林中。分布于云南屏边、金平、河口、马关、绿春。越南也有。

种分布区类型：7-4

滇藏杜英

Elaeocarpus braceanus Watt ex C.B. Clarke

税玉民等（Shui Y.M. *et al.*）(*photo*)

生于海拔 800 ～ 2400m 沟谷、山坡常绿阔叶林中。分布于云南盈江、腾冲、龙陵、潞西、昌宁、凤庆、景东、瑞丽、永德、双江、景谷、沧源、普洱、元江、绿春、西双版纳；西藏分布。印度、缅甸、泰国也有。

种分布区类型：7

杜英

Elaeocarpus decipiens Hemsl.

税玉民等（Shui Y.M. *et al.*）*西隆山凭证 0378*，*西隆山凭证 0383*；周浙昆等（Zhou Z.K. *et al.*）*632*

生于海拔 1600 ～ 2400m 山坡常绿阔叶林中。分布于云南耿马、金平、屏边、西畴、广南、河口、绿春、马关、文山；广西、广东、贵州、四川、浙江、湖南、江西、台湾等地分布。越南、日本也有。

种分布区类型：7

水石榕

Elaeocarpus hainanensis Oliv.

段幼萱（Duan Y.X.）*58*

生于海拔 200 ～ 500m 沟边乔灌林中。分布于云南金平、河口、西畴、麻栗坡、文山；广西（南部）、海南分布。中南半岛至泰国也有。

种分布区类型：7

腺叶杜英（变种）

Elaeocarpus japonicus Sieb. et Zucc. var. **yunnanensis** C. Chen et Y. Tang

税玉民等（Shui Y.M. *et al.*）*群落样方 2011-32，群落样方 2011-37，群落样方 2011-38，西隆山凭证 0419，西隆山凭证 0593*

生于海拔 1200 ～ 1700m 山坡、山沟湿润常绿阔叶林中。分布于云南蒙自、金平、河口、文山、西畴、马关、麻栗坡、绿春、屏边。

滇东南特有

种分布区类型：15b

灰毛杜英

Elaeocarpus limitaneus Hand.-Mazz.

税玉民等（Shui Y.M. *et al.*）*群落样方 2011-32，群落样方 2011-34，群落样方 2011-38*

生于海拔 1050 ～ 1700m 山坡、沟边常绿阔叶林中。分布于云南金平、屏边、河口、马关、麻栗坡；广西、广东、海南、福建分布。越南也有。

种分布区类型：7-4

毛果杜英

Elaeocarpus rugosus Roxb.

宣淑洁（Hsuan S.J.）*157*

生于海拔 500 ～ 800m 沟谷、箐沟常绿阔叶林中。分布于云南景洪、勐腊、金平；广东、海南分布。印度、缅甸、孟加拉、泰国、马来半岛也有。

种分布区类型：7

山杜英

Elaeocarpus sylvestris (Lour.) Poir.

税玉民等（Shui Y.M. *et al.*）*群落样方 2011-32*；中苏队（Sino-Russ. Exped.）*714*

生于海拔 600 ～ 1550m 常绿阔叶林中。分布于云南澜沧、勐海、金平、屏边、河口、文山、西畴、马关、麻栗坡、富宁、蒙自、元阳；广西、广东、海南、福建、湖南、贵州、四川、浙江等分布。中南半岛也有。

种分布区类型：7-4

美脉杜英

Elaeocarpus varunua Buch.-Ham.

中苏队（Sino-Russ. Exped.）*466，896*

生于海拔 350 ～ 1400m 沟谷等湿润常绿阔叶林中。分布于云南独龙江、沧源、景洪、勐腊、蒙自、金平、屏边、河口、西畴；广西、广东、西藏分布。

中国特有

种分布区类型：15

滇越猴欢喜

Sloanea mollis Gagnep.

税玉民等（Shui Y.M. *et al.*）*西隆山凭证 0240*

生于海拔 1300 ～ 1500m 山坡常绿阔叶林中。分布于云南金平、马关、屏边、河口、西畴、广南、富宁。越南也有。

种分布区类型：7-4

130　梧桐科 Sterculiaceae

昂天莲

Ambroma augusta (Linn.) Linn. f.

毛品一（Mao P.I.）*613*；税玉民等（Shui Y.M. *et al.*）*80331*；宣淑洁（Hsuan S.J.）*61-0245*；中苏队（Sino-Russ. Exped.）*3173*；周浙昆等（Zhou Z.K. *et al.*）*599*

生于海拔 200 ～ 1200m 山谷沟边或林缘。分布于云南全省；广东、广西、贵州分布。印度、泰国、越南、马来西亚、印度尼西亚、菲律宾等地也有。

种分布区类型：7

刺果藤

Byttneria grandifolia DC.

中苏队（Sino-Russ. Exped.）*525，976*

生于海拔 130 ～ 820m 山地、路旁、阳处、林缘。分布于云南金平、河口、麻栗坡、屏边、西畴、砚山；广东、广西、海南分布。孟加拉、不丹、柬埔寨、印度、老挝、尼泊尔、泰国、越南也有。

种分布区类型：7

南火绳

Eriolaena candollei Wall.

中苏队（Sino-Russ. Exped.）*975*

生于海拔 800 ～ 1360m 缓坡地、疏林中或在草坡上散生。分布于云南金平、勐仑、勐腊；广西分布。印度、缅甸、泰国、老挝、越南北部也有。

种分布区类型：7

火绳树

Eriolaena spectabilis (DC.) Planchon ex Mast.

段幼萱（Duan Y.X.）*38*；胡诗秀、吴元坤（Hu S.X. et Wu Y.K.）*81*；宣淑洁（Hsuan S.J.）*60107*；张建勋、张赣生（Chang C.S. et Chang K.S.）*68*，*238*

生于海拔 500 ～ 1300m 山坡疏林中或稀树灌丛中。分布于云南南部和东南部（富宁、金平、河口、红河、开远、绿春、蒙自、弥勒、屏边、元阳、普洱、景洪等地）；贵州南部（都匀、开打）和广西（隆林）分布。印度西北部、尼泊尔也有。

种分布区类型：14SH

长序山芝麻

Helicteres elongata Wall.

胡月英、文绍康（Hu Y.Y. et Wen S.K.）*5805002*

生于海拔 490 ～ 1600m 路边、村边的荒地上或干旱草坡上。分布于云南南部（富宁、金平、屏边、麻栗坡、蒙自、普洱等地）；广西（横县、都安、田林）分布。印度、缅甸、泰国也有。

种分布区类型：7

火索麻

Helicteres isora Linn.

胡月英、文绍康（Hu Y.Y. et Wen S.K.）*580331*；吴元坤（Wu Y.K.）*36*；徐永椿（Hsu Y.C.）*321*，*391*；宣淑洁（Hsuan S.J.）*94*；中苏队（Sino-Russ. Exped.）*937*

生于海拔 100 ～ 580m 荒坡和村边的丘陵地或灌丛中，性耐干旱。分布于云南南部；海南东南部分布。不丹、柬埔寨、印度、印度尼西亚、马来西亚、尼泊尔、斯里兰卡、泰国、越南、澳大利亚北部、亚洲热带中也有。

种分布区类型：5

粘毛山芝麻

Helicteres viscida Bl.

段幼萱（Duan Y.X.）*22*；徐永椿（Hsu Y.C.）*226*；张建勋、张赣生（Chang C.S. et Chang K.S.）*12*

生于海拔 530 ～ 850m 丘陵地或山坡灌丛中。分布于云南南部（金平、元江）；广东、海南分布。缅甸、老挝、越南、马来西亚、印度尼西亚等地也有。

种分布区类型：7

马松子

Melochia corchorifolia Linn.

中苏队（Sino-Russ. Exped.）*166*

生于海拔 200 ～ 800m 田野间或低丘陵地旷野间，为一杂草。分布于云南全省大部分地区；长江以南各省和台湾分布。亚洲热带地区也有。

种分布区类型：7

窄叶半枫荷

Pterospermum lanceifolium Roxb.

税玉民等（Shui Y.M. *et al.*）(*s.n.*)；张建勋、张赣生（Chang C.S. et Chang K.S.）*179*；中苏队（Sino-Russ. Exped.）*136*

生于海拔 350 ～ 900m 山坡密林或疏林中和山谷。分布于云南金平、河口、麻栗坡、西双版纳；广东（高要、信宜和海南各县）、广西（钦县、百色）分布。印度、缅甸、越南也有。

种分布区类型：7

勐仑翅子树

Pterospermum menglunense H.H. Hsue

税玉民等（Shui Y.M. *et al.*）*群落样方 2011-44，群落样方 2011-49*

生于海拔 300 ～ 800m 石灰岩山地疏林中。分布于云南西双版纳、绿春、金平等。

云南特有

种分布区类型：15a

截裂翅子树

Pterospermum truncatolobatum Gagnep.

毛品一（Mao P.I.）*634*；徐永椿（Hsu Y.C.）*384*；中苏队（Sino-Russ. Exped.）*3121*

生于海拔 200 ～ 520m 石灰岩山上密林中。分布于云南金平、河口、元阳、个旧；广西宁明、龙津等地分布。越南北部也有。

种分布区类型：15c

膜萼苹婆

Sterculia hymenocalyx K. Schum.

税玉民等(Shui Y.M. *et al.*)*80262*；西南野生生物种质资源库 DNA Barcoding 考察(DNA Barcoding Exped. of GBOWS)*GBOWS1385*

生于海拔 180 ～ 570m 山坡。分布于云南金平、河口、马关、麻栗坡。越南北部和中部也有。

种分布区类型：7-4

西蜀苹婆

Sterculia lanceifolia Roxb.

段幼萱（Duan Y.X.）*49*；税玉民等（Shui Y.M. *et al.*）*91285*；张建勋、张赣生（Chang C.S. et Chang K.S.）*173*，*174*；中苏队（Sino-Russ. Exped.）*632*，*1695*

生于海拔 800 ～ 2000m 山坡密林中。分布于云南金平、河口、富宁、建水、绿春、屏边、文山、西畴、西双版纳；贵州、四川南部分布。印度、孟加拉（锡尔赫特）也有。

种分布区类型：14SH

家麻树

Sterculia pexa Pierre

徐永椿（Hsu Y.C.）*257*；中苏队（Sino-Russ. Exped.）*687*

海拔 300 ～ 1300m 村落附近和路旁常栽培，常生于阳光充足的干旱坡地。分布于云南金平、河口、富宁、个旧、马关、麻栗坡、文山、蒙自、景东和西双版纳；广西分布。中南半岛至泰国也有。

种分布区类型：7

基苹婆

Sterculia principis Gagnep.

税玉民等（Shui Y.M. *et al.*）*群落样方 2011-46*

生于海拔 600 ～ 1700m 山坡。分布于云南金平等。老挝、缅甸、泰国也有。

种分布区类型：7

苹婆属一种

Sterculia sp.

西南野生生物种质资源库 DNA Barcoding 考察（DNA Barcoding Exped. of GBOWS） *GBOWS1469*

131　木棉科 Bombacaceae

木棉

Bombax ceiba Linn.

沙惠祥、戴汝昌（Sha H.X. et Dai R.C.）*12*；徐永椿（Hsu Y.C.）*319*；张建勋、张赣生（Chang C.S. et Chang K.S.）*232*

生于海拔 1700m 以下干热河谷及稀树草原或沟谷季雨林内，也有栽培作行道树。分布于云南全省大部分地区；四川、贵州、广西、江西、广东、福建、海南、台湾等省区分布。印度、斯里兰卡、中南半岛、马来半岛、印度尼西亚至菲律宾、澳大利亚北部也有。

种分布区类型：5

132　锦葵科 Malvaceae

黄蜀葵

Abelmoschus manihot (Linn.) Medikus

宣淑洁（Hsuan S.J.）*106*；张广杰（Zhang G.J.）*301*；中苏队（Sino-Russ. Exped.）*286*；周浙昆等（Zhou Z.K. *et al.*）*14*

生于海拔 500 ～ 1800m 山谷、草丛间。分布于云南全省各地；河北、山东、河南、陕西、湖北、湖南、四川、贵州、广西、广东、福建等省区分布。印度、尼泊尔也有。

种分布区类型：14SH

**** 黄葵**

Abelmoschus moschatus (Linn.) Medikus

张广杰（Zhang G.J.）*301*；周浙昆等（Zhou Z.K. *et al.*）*14*

生于海拔 500 ～ 1200m 平原、山谷、沟旁或草坡灌丛中。分布于云南金平、河口、马关、红河、西双版纳、德宏等栽培或野生；广东、广西、台湾、湖南、江西等省区栽培或野生分布。原产印度、柬埔寨、泰国、老挝及越南等地，现广植于热带地区。

种分布区类型：/

恶味苘麻

Abutilon hirtum (Lamk.) Sweet

胡月英、文绍康（Hu Y.Y. et Wen S.K.）*580496*

生于海拔 300 ～ 350m 平坝草丛间。分布于云南东南部（金平、河口、红河、开远、屏边、文山、元阳、富宁）；福建古田栽培分布。印度、印度尼西亚、阿拉伯至热带非洲等地也有。

种分布区类型：6

磨盘草

Abutilon indicum (Linn.) Sweet

徐永椿（Hsu Y.C.）*322*；宣淑洁（Hsuan S.J.）*99*

生于海拔 140 ～ 800m 山坡、旷野、路旁等处。分布于云南文山、红河、西双版纳、临沧、德宏等地；台湾、福建、广东、广西和贵州等省区分布。越南、老挝、柬埔寨、泰国、斯里兰卡、缅甸、印度、印度尼西亚等地也有。

种分布区类型：7

翅果麻

Kydia calycina Roxb.

沙惠祥、戴汝昌（Sha H.X. et Dai R.C.）*83*

生于海拔 500 ～ 1600m 山谷疏林中。分布于云南南部的热地［东南部（金平、河口、红河、马关、屏边、富宁、绿春、麻栗坡、蒙自、文山）、西双版纳、普洱、临沧、德宏等］。越南、缅甸、印度也有。

种分布区类型：7

地桃花（原变种）

Urena lobata Linn. var. **lobata**

税玉民等（Shui Y.M. *et al.*）*群落样方 2011-40*，*群落样方 2011-44*，*群落样方 2011-45*，*群落样方 2011-46*；张广杰（Zhang G.J.）*312*；周浙昆等（Zhou Z.K. *et al.*）*532*

生于海拔 600 ～ 3000（3640）m 林中或灌丛中。分布于云南全省各地；四川（米易、会东）分布。

中国特有

种分布区类型：15

中华地桃花（变种）

Urena lobata Linn. var. **chinensis** (Osbeck) S.Y. Hu

税玉民等（Shui Y.M. *et al.*）*群落样方 2011-35*

生于海拔 1300 ～ 2200m 山坡灌丛或沟谷草丛间。分布于云南大部分地区；安徽、福建、广东、湖南、江西、四川分布。

中国特有

种分布区类型：15

粗叶地桃花（变种）

Urena lobata Linn. var. **glauca** (Bl.) Borssum Waalkes

中苏队（Sino-Russ. Exped.）*1675*

生于海拔 140 ～ 2000m 草坡、灌丛、路边。分布于云南金平、河口、富宁、红河、绿春、马关、麻栗坡、蒙自、文山；福建、广东、贵州、四川分布。孟加拉、印度、印度尼西亚、缅甸也有。

种分布区类型：7

云南地桃花（变种）

Urena lobata Linn. var. **yunnanensis** S.Y. Hu

张广杰（Zhang G.J.）*334*，*13519*

生于海拔 1300 ～ 2200m 溪旁、灌丛中。分布于云南昆明、大理、玉溪、广南、金平、开远、蒙自、屏边、砚山、文山、红河、楚雄、临沧、普洱、西双版纳、德宏等地；四川、贵州、广西等省区分布。

中国特有

种分布区类型：15

133　金虎尾科 Malpighiaceae

多花盾翅藤

Aspidopterys floribunda Hutch.

毛品一（Mao P.I.）*467*，*475*；周浙昆等（Zhou Z.K. *et al.*）*65*，*116*

生于海拔 1300 ～ 2300m 山谷密林、混交林、疏林或灌丛中。分布于云南文山、西畴、麻栗坡、屏边、金平、蒙自、河口、绿春、文山、景东、普洱、景洪、勐海、沧源、耿马、云龙、瑞丽、贡山等县。

云南特有

种分布区类型：15a

倒心盾翅藤

Aspidopterys obcordata Hemsl.

中苏队（Sino-Russ. Exped.）*680*

生于海拔 600 ～ 1600m 山地或沟谷疏林或灌丛中。模式标本采自普洱。分布于云南南部。

云南特有

种分布区类型：15a

风筝果

Hiptage benghalensis (Linn.) Kurz

税玉民等（Shui Y.M. *et al.*）(*s.n.*)

生于海拔 100 ～ 1900m 密林、疏林、山谷中灌木林、河岸、农田边、路旁。分布于云南镇康、保山、双江、景谷、元江、墨江、孟连、西双版纳、河口、文山等地；福建、广东、贵州、海南、台湾分布。孟加拉、不丹、柬埔寨、印度、印度尼西亚、老挝、马来西亚、尼泊尔、菲律宾、泰国、越南也有。

种分布区类型：7

135　古柯科 Erythroxylaceae

东方古柯

Erythroxylum sinense Y.C. Wu

税玉民等（Shui Y.M. *et al.*）*90455，90575，90730，群落样方 2011-31，西隆山凭证 0541，样方 2-36*

生于海拔 1000 ～ 2200m 山坡常绿阔叶林中。分布于云南金平、富宁、广南、河口、红河、绿春、马关、麻栗坡、文山、西畴、元阳、勐腊、景洪等地；贵州、广西、广东、海南、湖南、江西、福建和浙江等省区分布。印度东北部、缅甸北部、越南也有。

种分布区类型：7

135a　粘木科 Ixonanthaceae

黏木

Ixonanthes reticulata Jack

蒋维邦（Jiang W.B.）*18*；林中文（Lin Z.W.）*487*；武素功（Wu S.K.）*3895*；中苏队（Sino-Russ. Exped.）*437，1607*

生于海拔 300 ～ 1000m 平坝或低山热带常绿阔叶林。分布于云南金平、河口；福建、广东、广西、贵州、海南、湖南分布。印度东北部、印度尼西亚、马来西亚、缅甸、新几内亚、菲律宾、泰国、越南也有。

种分布区类型：7d

136 大戟科 Euphorbiaceae

卵叶铁苋菜

Acalypha kerrii Craib

中苏队（Sino-Russ. Exped.）*161，186，190*

生于海拔 250 ～ 500m 石灰岩地区常绿林下或灌丛中。分布于云南金平、勐海；广西西南部分布。缅甸、泰国、越南北部也有。

种分布区类型：7

山麻杆

Alchornea davidii Franch.

李国锋（Li G.F.）*Li-452*

生于海拔 300 ～ 1000m 沟谷、溪畔的山坡灌丛。分布于云南金平、富宁、个旧、蒙自、昭通、永善、富宁、普洱、勐海、江川、元江；四川、贵州、广西南部、广东东北部、江西、湖南、湖北、河南、陕西、福建、浙江、江苏分布。

中国特有

种分布区类型：15

羽脉山麻杆

Alchornea rugosa (Lour.) Muell.-Arg.

中苏队（Sino-Russ. Exped.）*161，751*

生于海拔 200 ～ 600m 山地常绿林或次生林中。分布于云南金平；广西、广东和海南分布。亚洲东南部各国、澳大利亚也有。

种分布区类型：5

椴叶山麻杆

Alchornea tiliifolia (Benth.) Muell.-Arg.

段幼萱（Duan Y.X.）*53*；胡诗秀、吴元坤（Hu S.X. et Wu Y.K.）*46，71*；黄道存（Huang D.C.）*5*；蒋维邦（Jiang W.B.）*115*；税玉民等（Shui Y.M. *et al.*）*群落样方 2011-47*；王开域（Wang K.Y.）*25*；王文采（Wang W.T.）*441，620*；徐永椿（Hsu Y.C.）*212*；宣淑洁（Hsuan S.J.）*125*；张广杰（Zhang G.J.）*294*；张建勋、张赣生（Chang C.S. et Chang K.S.）*29*；中苏队

（Sino-Russ. Exped.）*10*

生于海拔 130 ～ 1400m 山地、山谷林下、疏林中、石灰岩山灌丛中。分布于云南马关、河口、金平、屏边、绿春、景洪、勐海、沧源；贵州、广西、广东分布。印度、孟加拉、缅甸、越南、马来西亚也有。

种分布区类型：7

红背山麻杆（原变种）

Alchornea trewioides (Benth.) Muell.-Arg. var. **trewioides**

税玉民等（Shui Y.M. *et al.*）*群落样方 2011-48*

生于海拔 600 ～ 1500m 山坡灌丛或疏林或石灰岩山灌丛。分布于云南麻栗坡等；广西、广东、海南、湖南、江西、福建分布。泰国北部、越南北部和日本琉球群岛也有。

种分布区类型：7

绿背山麻杆（变种）

Alchornea trewioides (Benth.) Muell.-Arg. var. **sinica** H.S. Kiu

税玉民等（Shui Y.M. *et al.*）*样方 1-A-43*，*样方 2-A-20*；张广杰（Zhang G.J.）*153*

生于海拔 500 ～ 1200m 石灰岩山地疏林中。模式标本采自贵州安龙。分布于云南金平及东南部其他地区；广西西北部和西南部、四川（古蔺县）分布。

中国特有

种分布区类型：15

银柴

Aporosa dioica (Roxb.) Muell.-Arg.

张广杰（Zhang G.J.）*281*

生于海拔 1200m 以下山地疏林中和林缘或山坡灌木丛中。分布于云南富宁、金平、绿春、河口、建水、麻栗坡、景东、沧源；广西、广东、海南分布。印度、缅甸、越南、马来西亚等也有。

种分布区类型：7

银柴属一种

Aporosa sp.

西南野生生物种质资源库 DNA Barcoding 考察（DNA Barcoding Exped. of GBOWS）*GBOWS1442*

毛银柴

Aporosa villosa (Lindl.) Baill.

沙惠祥、戴汝昌（Sha H.X. et Dai R.C.）*14*；税玉民等（Shui Y.M. *et al.*）*90101*；徐永椿（Hsu Y.C.）*199*，*285*；张建勋、张赣生（Chang C.S. et Chang K.S.）*157*

生于海拔 130 ～ 1500m 山地密林中或山坡、山谷灌木丛中。分布于云南建水、富宁、河口、金平、屏边、绿春、广南、马关、麻栗坡、蒙自、文山、景洪、勐腊、普洱、孟连、耿马、瑞丽、盈江、龙陵、澜沧、镇康；广东、海南、广西等省区分布。中南半岛至马来西亚也有。

种分布区类型：7

滇银柴

Aporosa yunnanensis (Pax et Hoffm.) Metc.

段幼萱（Duan Y.X.）*17*；黄道存（Huang D.C.）*7*；蒋维邦（Jiang W.B.）*35*；中苏队（Sino-Russ. Exped.）*606*，*1701*

生于海拔 200 ～ 650m 山地密林中、林缘或溪旁灌木丛中。分布于云南金平、河口、富宁、绿春、蒙自、屏边、勐腊、普洱；江西、广东、海南、广西、贵州等省区分布。印度、缅甸、越南也有。

种分布区类型：7

木奶果

Baccaurea ramiflora Lour.

胡诗秀、吴元坤（Hu S.X. et Wu Y.K.）*82*；毛品一（Mao P.I.）*625*；税玉民等（Shui Y.M. *et al.*）*群落样方 2011-44*，*群落样方 2011-47*，*群落样方 2011-48*，*群落样方 2011-49*；王开域（Wang K.Y.）*20*；徐永椿（Hsu Y.C.）*173*；中苏队（Sino-Russ. Exped.）*98*，*115*，*261*

生于海拔 300 ～ 1360m 山地林中。分布于云南河口、金平、绿春、麻栗坡、屏边、景洪、瑞丽、盈江、耿马；广西、广东和海南分布。印度、缅甸、泰国、越南、老挝、柬埔寨、马来西亚等也有。

种分布区类型：7

浆果乌桕

Balakata baccata (Roxb.) Esser

徐永椿（Hsu Y.C.）*270*

生于海拔 650 ～ 800m 疏林中。分布于云南西畴、金平、绿春、马关、勐腊、沧源、耿马、普洱。印度、缅甸、老挝、柬埔寨、马来西亚、印度尼西亚也有。

种分布区类型：7

黑面神

Breynia fruticosa (Linn.) Muell.-Arg.

税玉民等（Shui Y.M. *et al.*）*群落样方 2011-34*，*群落样方 2011-49*

生于海拔 1000 ～ 1400m 山坡。分布于云南孟连、澜沧、勐海、金平等；浙江、福建、广东、海南、广西、四川、贵州等省区分布。越南也有。

种分布区类型：7-4

钝叶黑面神

Breynia retusa (Dennst.) Alston

中苏队（Sino-Russ. Exped.）*472*

生于海拔 1000 ～ 2000m 山地疏林下或山谷灌木丛中。分布于云南富宁、西畴、个旧、建水、马关、麻栗坡、蒙自、金平、绿春、元阳、屏边、龙陵、云县、景东、景洪、勐腊、孟连、临沧、双江、耿马、沧源、腾冲等；贵州（罗田、兴仁）和西藏（墨脱）分布。印度、斯里兰卡、缅甸、泰国、越南等也有。

种分布区类型：7

禾串树

Bridelia balansae Tutch.

税玉民等（Shui Y.M. *et al.*）*群落样方 2011-32*

生于海拔 300 ～ 1400m 山地疏林或山谷密林中。分布于云南蒙自、河口、金平、屏边、马关、麻栗坡、西畴、富宁、勐腊、勐海、景东、双江、镇康；四川、贵州、广西、广东、海南、福建、台湾等省区分布。印度、泰国、越南、印度尼西亚、菲律宾和马来西亚等也有。

种分布区类型：7

波叶土密树

Bridelia montana (Roxb.) Willd.

西南野生生物种质资源库 DNA Barcoding 考察（DNA Barcoding Exped. of GBOWS）*GBOWS1415*

生于海拔 1300 ～ 1400m 山地疏林中。分布于云南蒙自、弥勒。印度、不丹、尼泊尔等也有。

种分布区类型：14SH

土密树属一种

Bridelia sp.

西南野生生物种质资源库 DNA Barcoding 考察（DNA Barcoding Exped. of GBOWS）*GBOWS1415*

土蜜藤

Bridelia stipularis (Linn.) Bl.

徐永椿（Hsu Y.C.）*328*；中苏队（Sino-Russ. Exped.）*328，503，574*

生于海拔 150 ～ 1200m 山地疏林下或溪边灌丛中。分布于云南富宁、金平、文山、河口、绿春、马关、蒙自、弥勒、屏边、西畴、石屏、元阳、景洪、勐海、镇康、瑞丽、盈江、梁河、景东、龙陵、双江、沧源、新平、元江；广西、广东、海南、台湾分布。不丹、文莱、柬埔寨、印度、印度尼西亚、老挝、马来西亚、缅甸、尼泊尔、菲律宾、新加坡、斯里兰卡、泰国、东帝汶、越南也有。

种分布区类型：7

土蜜树

Bridelia tomentosa Bl.

税玉民等（Shui Y.M. *et al.*）(*s.n.*) *群落样方 2011-47*；西南野生生物种质资源库 DNA Barcoding 考察（DNA Barcoding Exped. of GBOWS）*GBOWS1100*

生于海拔 500 ～ 1500m 山地疏林中或灌木林中。分布于云南金平、个旧、绿春、马关、蒙自、弥勒、屏边、景洪、勐腊、勐海、瑞丽、新平;广西、广东、海南、福建、台湾分布。亚洲东南部、经印度尼西亚、马来西亚至澳大利亚也有。

种分布区类型：5

喀西白桐树

Claoxylon khasianum Hook. f.

中苏队（Sino-Russ. Exped.）*822*

生于海拔 250 ～ 1850m 河谷或山谷湿润常绿阔叶林中。分布于云南富宁、马关、河口、屏边、金平、绿春、建水、麻栗坡、景洪、勐腊、沧源、景东；广西南部分布。印度东北部、缅甸、越南北部也有。

种分布区类型：7

长叶白桐树

Claoxylon longifolium (Bl.) Endl. ex Hassk.

张广杰（Zhang G.J.）*69*

生于海拔 200 ～ 1500m 沟谷或河谷湿润常绿阔叶林中。分布于云南金平、红河、马关、河口、屏边、元阳、绿春、沧源、景东。亚洲东南部各国、印度东北部也有。

种分布区类型：7

棒柄花

Cleidion brevipetiolatum Pax ex Hoffm.

段幼萱（Duan Y.X.）*12*；胡月英、文绍康（Hu Y.Y. et Wen S.K.）*580377*；蒋维邦（Jiang W.B.）*114*；李锡文（Li H.W.）*376*；毛品一（Mao P.I.）*631*；中苏队（Sino-Russ. Exped.）*191*，*193*，*508*，*789*，*1061*；周浙昆等（Zhou Z.K. *et al.*）*601*

生于海拔 500～1350m 沟谷、山地湿润常绿林中。分布于云南富宁、麻栗坡、建水、新平、河口、金平、绿春、马关、弥勒、勐腊、景东、澜沧、泸水、孟连；贵州西南部、广西、广东、海南分布。老挝、泰国北部、越南北部也有。

种分布区类型：7

大叶闭花木

Cleistanthus macrophyllus Hook. f.

中苏队（Sino-Russ. Exped.）*3162*

生于海拔 120～600m 山地疏林中。分布于云南河口、金平、麻栗坡。马来西亚、新加坡、泰国、印度尼西亚等也有。

种分布区类型：7

巴豆

Croton tiglium Linn.

段幼萱（Duan Y.X.）*19*；胡诗秀、吴元坤（Hu S.X. et Wu Y.K.）*2*，*21*；蒋维邦（Jiang W.B.）*51*；徐永椿（Hsu Y.C.）*162*，*198*，*359*；宣淑洁（Hsuan S.J.）*121*，*135*；张建勋、张赣生（Chang C.S. et Chang K.S.）*55*，*75*；中苏队（Sino-Russ. Exped.）*168*，*171*，*290*，*610*，*980*，*1697*

生于海拔 160～1700m 山地疏林或村落旁。分布于云南建水、元阳、砚山、西畴、马关、河口、金平、个旧、文山、普洱、景洪、勐腊、勐海、耿马、瑞丽；四川、贵州、湖南、广东、广西、海南、江西、福建和浙江南部分布。亚洲南部和东南部各国、日本南部也有。

种分布区类型：7

飞扬草

Euphorbia hirta Linn.

徐永椿（Hsu Y.C.）*378*

生于海拔 800～2500m 路旁、草丛、灌丛及山坡，多见于砂质土。分布于云南全省大部分地区；长江以南分布。世界热带和亚热带其他地区也有。

种分布区类型：1

通奶草

Euphorbia hypericifolia Linn.

胡月英、文绍康（Hu Y.Y. et Wen S.K.）*580517*；中苏队（Sino-Russ. Exped.）*1980*

生于海拔 1050 ～ 2100m 旷野、荒地、路旁、灌丛及田间。分布于云南全省各地；长江以南各省区分布。世界热带和亚热带其他地区也有。

种分布区类型：1

千根草

Euphorbia thymifolia Linn.

毛品一（Mao P.I.）*599*

生于海拔 300 ～ 2800m 路旁、草丛及稀疏灌丛中。分布于云南东南部、南部、西北部（鹤庆）；长江以南各省区分布。世界热带和亚热带其他地区也有。

种分布区类型：1

一叶萩

Flueggea suffruticosa (Pall.) Baill.

李国锋（Li G.F.）*Li-189*

生于海拔 800 ～ 2500m 山坡灌丛中及山沟、路边。分布于云南全省各地。蒙古、俄罗斯、日本、朝鲜等也有。

种分布区类型：8

白饭树

Flueggea virosa (Roxb. ex Willd.) Voigt

李国锋（Li G.F.）*Li-368*；中苏队（Sino-Russ. Exped.）*203*，*648*

生于海拔 500 ～ 2000m 山地灌木丛中。分布于云南金平、个旧、开远、绿春、马关、蒙自、弥勒、富宁、麻栗坡、河口、红河、景洪、勐腊、勐海、易门、元江、镇康；华东、华南、西南各省区分布。非洲、大洋洲和亚洲的东部其他地区及东南部也有。

种分布区类型：4

革叶算盘子

Glochidion daltonii (Muell.-Arg.) Kurz

胡月英、文绍康（Hu Y.Y. et Wen S.K.）*580507*；中苏队（Sino-Russ. Exped.）*1835*

生于海拔 200 ～ 2000m 山地疏林中或山坡灌木丛中。分布于云南文山、金平、屏边、富宁、个旧、开远、蒙自、石屏、文山、砚山、石屏、勐腊、景东、瑞丽、永仁、漾濞、凤庆、云县、镇康、元江、新平、峨山、建水；四川、贵州、广东、广西、湖南、湖北、江西、安徽、江苏、浙江和山东等省区分布。印度、缅甸、泰国、越南等地也有。

种分布区类型：7

四裂算盘子

Glochidion ellipticum Wight

中苏队（Sino-Russ. Exped.）*91*

生于海拔 130 ～ 1700m 山地常绿阔叶林中或河边灌丛中。分布于云南金平、河口、红河、绿春、马关、弥勒、文山、元阳、麻栗坡、普洱、景洪、勐腊、勐海、景东、临沧、沧源、耿马、盈江、双江；贵州、广西、台湾等省区分布。印度、缅甸、泰国、越南等地也有。

种分布区类型：7

毛果算盘子

Glochidion eriocarpum Champ. ex Benth.

税玉民等（Shui Y.M. *et al.*）*群落样方 2011-43*，*群落样方 2011-44*，*群落样方 2011-45*，*群落样方 2011-46*，*群落样方 2011-47*；西南野生生物种质资源库 DNA Barcoding 考察（DNA Barcoding Exped. of GBOWS）*GBOWS1423*；徐永椿（Hsu Y.C.）*112*；张广杰（Zhang G.J.）*65*；中苏队（Sino-Russ. Exped.）*433*，*1645*

生于海拔 170 ～ 1300m 山坡、山谷灌木丛中或林缘。分布于云南师宗、砚山、西畴、富宁、河口、金平、屏边、绿春、元阳、个旧、红河、建水、马关、麻栗坡、文山、普洱、勐海、沧源、耿马、西盟、孟连、澜沧、景东、瑞丽、潞西、梁河、泸水、双柏；贵州、广西、广东、海南、湖南、福建、台湾、江苏等省区分布。越南、泰国也有。

种分布区类型：7

绒毛算盘子

Glochidion heyneanum (Wight et Arn.) Wight

张广杰（Zhang G.J.）*102*

生于海拔 1000 ～ 2500m 山地疏林中。分布于云南禄丰、双柏、金平、富宁、广南、河口、马关、文山、屏边、麻栗坡、西畴、景东、峨山和临沧等地。印度、尼泊尔、缅甸、泰国、老挝、柬埔寨、越南也有。

种分布区类型：7

厚叶算盘子

Glochidion hirsutum (Roxb.) Voigt

王开域（Wang K.Y.）*56*，*60*

生于海拔 120 ～ 1570m 山地林下或河边、沼地灌木丛中。分布于云南金平、河口、富宁、麻栗坡、屏边、文山、普洱、景东、勐腊、临沧、双柏、梁河、盈江、陇川；福建、台湾、广东、海南、广西和西藏等省区分布。印度、斯里兰卡、泰国也有。

种分布区类型：7

圆果算盘子

Glochidion sphaerogynum (Muell.-Arg.) Kurz

中苏队（Sino-Russ. Exped.）*796，992*

生于海拔 100 ～ 1600m 山地疏林中或旷野灌木丛中。分布于云南河口、金平、屏边、建水、砚山、西畴、麻栗坡、广南、富宁、石屏、红河、绿春、蒙自、文山、普洱、景洪、景东、临沧、耿马、孟连、澜沧、潞西、双柏；广西和海南分布。印度、缅甸、泰国、越南等也有。

种分布区类型：7

白背算盘子

Glochidion wrightii Benth.

中苏队（Sino-Russ. Exped.）*1060*

生于海拔 240 ～ 1000m 山地疏林中或灌木丛中。分布于云南金平、西畴、河口、屏边、建水、绿春、马关；贵州、广西、广东、海南和福建等省区分布。

中国特有

种分布区类型：15

水柳

Homonoia riparia Lour.

段幼萱（Duan Y.X.）*56*；吴元坤（Wu Y.K.）*40*；徐永椿（Hsu Y.C.）*177*；云南垦殖局（Agriculture Reclamation Bureau）*40*；张赣生、张建勋（Chang K.S. et Chang C.S.）*2*；中苏队（Sino-Russ. Exped.）*457*

生于海拔 200 ～ 1300m 河边砂石地。分布于云南金平、河口、富宁、个旧、绿春、马关、蒙自、弥勒、屏边、元阳、师宗、景东、勐腊、泸水、普洱、澜沧、保山、腾冲、沧源、孟连、禄劝；四川、贵州、广西、海南、台湾分布。印度、缅甸、泰国、老挝、越南、马来西亚、印度尼西亚、菲律宾等也有。

种分布区类型：7

*** 麻疯树**

Jatropha curcas Linn.

段幼萱（Duan Y.X.）*35*；胡月英、文绍康（Hu Y.Y. et Wen S.K.）*580491*；张广杰（Zhang

G.J.）*303，313*；中苏队（Sino-Russ. Exped.）*405*

生于海拔 1300m 以下村边路旁。云南富宁、马关、麻栗坡、文山、金平、河口、红河、开远、绿春、弥勒、屏边、元阳、勐腊、普洱、澜沧、武定、元谋、凤庆、鹤庆、宾川、建水、元江、易门、昆明等地广泛栽培或逸生；四川、贵州、广东、广西、海南、福建、台湾等省区有栽培或逸生分布。原产热带美洲。

种分布区类型：/

雀儿舌头

Leptopus chinensis (Bunge) Pojark.

税玉民等（Shui Y.M. *et al.*）*群落样方 2011-39*

生于海拔 1400 ～ 3400m 山地灌丛、林缘、路旁、岩崖或石缝中。分布于云南镇雄、彝良、德钦、维西、丽江、大理、马龙、昆明等；除黑龙江、新疆、福建、海南和广东外的全国各省区分布。

中国特有

种分布区类型：15

中平树

Macaranga denticulata (Bl.) Muell.-Arg.

王开域（Wang K.Y.）*17*；吴元坤、胡诗秀（Wu Y.K. et Hu S.X.）*4024*；张广杰（Zhang G.J.）*184*；张建勋、张赣生（Chang C.S. et Chang K.S.）*138*；赵冠英（Zhao G.Y.）*51*

生于海拔 90 ～ 1400m 低山次生林或山地常绿阔叶林中。分布于云南马关、麻栗坡、西畴、金平、河口、屏边、绿春、元阳、个旧、蒙自、景洪、勐腊、勐海、景东、瑞丽、陇川、沧源、普洱、盈江、孟连；贵州、广西、海南和西藏墨脱分布。尼泊尔、印度、缅甸、老挝、泰国、越南、马来西亚、印度尼西亚也有。

种分布区类型：7

草鞋木

Macaranga henryi (Pax et Hoffm.) Rehd.

宣淑洁（Hsuan S.J.）*111*

生于海拔 300 ～ 2000m 山谷、山坡常绿林或石灰岩山树林中。云南金平、河口、红河、文山、元阳、富宁、砚山、马关、西畴、麻栗坡、屏边、孟连、元江、昆明有栽培；贵州、广西分布。越南北部也有。

种分布区类型：15c

印度血桐

Macaranga indica Wight

胡诗秀、吴元坤（Hu S.X. et Wu Y.K.）*70*

生于海拔 580 ～ 2000m 沟谷常绿阔叶林或次生林中。分布于云南金平、绿春、马关、蒙自、元阳、富宁、西畴、麻栗坡、屏边、河口、景东、景洪、勐腊、勐海、福贡、双江、沧源；广东、广西龙津和西藏墨脱分布。不丹、印度、印度尼西亚、老挝、马来西亚、缅甸、尼泊尔、斯里兰卡、泰国、越南也有。

种分布区类型：7

尾叶血桐

Macaranga kurzii (Kuntze) Pax et Hoffm.

张建勋、张赣生（Chang C.S. et Chang K.S.）*202*；中苏队（Sino-Russ. Exped.）*4*，*140*，*726*

生于海拔 500 ～ 1430m 山坡或沟谷密林、山坡灌丛中。分布于云南富宁、西畴、马关、麻栗坡、金平、屏边、绿春、红河、文山、蒙自、石屏、耿马、孟连、沧源、景洪、勐腊、勐海、普洱、双江、元江；广西分布。泰国、缅甸、老挝、越南也有。

种分布区类型：7

泡腺血桐

Macaranga pustulata King ex Hook. f.

税玉民等（Shui Y.M. *et al.*）*群落样方 2011-34*，*群落样方 2011-35*，*群落样方 2011-39*，*群落样方 2011-40*，*群落样方 2011-41*，*群落样方 2011-42*，*群落样方 2011-48*

生于海拔 1100 ～ 2100m 干热河谷或干燥山坡杂木林中。分布于云南贡山、泸水、绿春、景东、双柏、镇康；西藏分布。印度、尼泊尔、不丹也有。

种分布区类型：14SH

鼎湖血桐

Macaranga sampsonii Hance

吴元坤、胡诗秀（Wu Y.K. et Hu S.X.）*4*

生于海拔 200 ～ 650m 山地疏密林中。分布于云南金平、河口；广西和海南分布。

中国特有

种分布区类型：15

毛桐

Mallotus barbatus (Wall.) Muell.-Arg.

段幼萱（Duan Y.X.）*14*；胡诗秀、吴元坤（Hu S.X. et Wu Y.K.）*65*；胡月英、文绍康（Hu Y.Y. et Wen S.K.）*580480*；蒋维邦（Jiang W.B.）*14*；王开域（Wang K.Y.）*22*；吴元坤（Wu Y.K.）*4*；徐永椿（Hsu Y.C.）*386*，*405*；张广杰（Zhang G.J.）*285*；张建勋、张赣生（Chang C.S. et Chang K.S.）*1*；中苏队（Sino-Russ. Exped.）*9*

生于海拔 110 ～ 1500m 林缘或灌丛中。分布于云南富宁、马关、文山、麻栗坡、西畴、金平、河口、绿春、个旧、蒙自、屏边、元阳、师宗、罗平、勐腊、勐海、景洪；四川、贵州、湖南、广东、广西分布。亚洲东部其他地区和南部各国也有。

种分布区类型：7

短柄野桐

Mallotus decipiens Muell.-Arg.

徐永椿（Hsu Y.C.）*357*，*374*；中苏队（Sino-Russ. Exped.）*164*，*1661*

生于海拔 60 ～ 600m 石灰岩灌丛中。分布于云南金平、河口、普洱、勐腊。越南、缅甸也有。

种分布区类型：7

东南野桐

Mallotus lianus Croiz.

段幼萱（Duan Y.X.）*60*

生于海拔 200 ～ 1100m 林缘或荫湿林中。分布于云南金平、河口、屏边、西畴；四川、贵州、湖南、广东、广西、江西、福建、浙江分布。

中国特有

种分布区类型：15

尼泊尔野桐

Mallotus nepalensis Muell.-Arg.

税玉民等（Shui Y.M. *et al.*）*群落样方 2011-33*

生于海拔 1700 ～ 2700m 常绿阔叶林或杂木林中。分布于云南丽江、香格里拉、凤庆、镇康、峨山、易门等地；西藏分布。尼泊尔、印度也有。

种分布区类型：14SH

白楸

Mallotus paniculatus (Lam.) Muell.-Arg.

胡诗秀、吴元坤（Hu S.X. et Wu Y.K.）*10*；税玉民等（Shui Y.M. *et al.*）*群落样方 2011-45，群落样方 2011-48*；西南野生生物种质资源库 DNA Barcoding 考察（DNA Barcoding Exped. of GBOWS）*GBOWS1387*；张建勋、张赣生（Chang C.S. et Chang K.S.）*51，104*；周浙昆等（Zhou Z.K. *et al.*）*610*

生于海拔 500 ～ 1500m 林缘或灌丛中。分布于云南富宁、麻栗坡、西畴、金平、屏边、河口、绿春、景洪、勐腊、勐海、耿马、沧源、西盟；贵州、广西、广东、海南、福建和台湾分布。孟加拉、柬埔寨、印度、印度尼西亚、老挝、马来西亚、缅甸、巴布亚新几内亚、菲律宾、泰国、越南、澳大利亚东北部也有。

种分布区类型：5

粗糠柴

Mallotus philippensis (Lam.) Muell.-Arg.

胡月英（Hu Y.Y.）*60002271*；税玉民等（Shui Y.M. *et al.*）*群落样方 2011-45*；张广杰（Zhang G.J.）*233*；中苏队（Sino-Russ. Exped.）*8，774*；周浙昆等（Zhou Z.K. *et al.*）*641*

生于海拔 200 ～ 2000m 山地林中或林缘。分布于云南富宁、砚山、广南、文山、西畴、马关、麻栗坡、鲁甸、师宗、绿春、金平、河口、屏边、个旧、红河、开远、弥勒、元阳、建水、蒙自、景洪、勐腊、勐海、永胜、新平、元江、华宁、峨山、玉溪、楚雄、双柏、沧源、耿马、景东、富民、凤庆、弥勒、潞西、孟连、临沧、腾冲、泸水、福贡；贵州、广西、广东、海南、江西、湖南、湖北、安徽、福建、江苏、浙江、台湾分布。亚洲南部和东南部、大洋洲热带地区也有。

种分布区类型：5

石岩枫

Mallotus repandus (Willd.) Muell.-Arg.

徐永椿（Hsu Y.C.）*259*

生于海拔 250 ～ 600m 山地疏林中或林缘。分布于云南师宗、峨山、勐腊、勐海、金平、蒙自、福贡等地；广西、广东南、海南和台湾等省区分布。亚洲东南部和南部各国也有。

种分布区类型：7

四籽野桐

Mallotus tetracoccus (Roxb.) Kurz

宣淑洁（Hsuan S.J.）*117*；中苏队（Sino-Russ. Exped.）*520*

生于海拔 500 ～ 1300m 山谷林中。分布于云南金平、河口、普洱、景洪、勐腊、临沧、沧源、耿马、盈江、龙陵；西藏分布。斯里兰卡、印度、马来西亚和越南也有。

种分布区类型：7

*** 木薯**

Manihot esculenta Crantz

毛品一（Mao P.I.）*615*；徐永椿（Hsu Y.C.）*340*；宣淑洁（Hsuan S.J.）*104*

海拔 1600m 以下广泛种植。云南河口、金平、开远、绿春、屏边、勐腊、普洱、盈江、沧源、临沧等地有栽培或逸生；贵州、广西、广东、海南、福建、台湾等有栽培分布。原产巴西。

种分布区类型：/

云南叶轮木

Ostodes katharinae Pax

张建勋、张赣生（Chang C.S. et Chang K.S.）*181*

海拔 700 ～ 2050m 阴湿疏密林中云南金平、河口、建水、绿春、蒙自、景洪、勐腊、景东、潞西、泸水、大理、漾濞、腾冲、澜沧、普洱、镇康、双江、龙陵、双柏、楚雄；西藏东南部分布。泰国北部也有。

种分布区类型：7-3

珠子草

Phyllanthus amarus Schumach. et Thonning

周浙昆等（Zhou Z.K. *et al.*）*28*

生于海拔 500 ～ 900m 沟谷林下。分布于云南金平、富宁、绿春；广东、广西、海南、台湾分布。泛热带杂草，可能原产美国。

种分布区类型：2

余甘子

Phyllanthus emblica Linn.

税玉民等（Shui Y.M. *et al.*）*群落样方 2011-39*；张广杰（Zhang G.J.）*298*，*337*；中苏队（Sino-Russ. Exped.）*499*

生于海拔 160 ～ 2100m 山地疏林、灌丛、荒地或山沟向阳处。分布于云南永善、师宗、巧家、富宁、文山、砚山、西畴、麻栗坡、金平、元阳、河口、屏边、绿春、蒙自、弥勒、个旧、建水、开远、绿春、景东、泸水、景洪、勐海、大理、漾濞、鹤庆、云县、凤庆、临沧、蒙自、双柏、丽江、普洱、腾冲、盈江、新平、峨山、玉溪、华坪、禄劝；四川、贵州、广西、广东、海南、江西、福建、台湾等省区分布。印度、斯里兰卡、中南半岛、印度尼西亚、马来西亚、菲律宾等，南美有栽培。

种分布区类型：7

云桂叶下珠

Phyllanthus pulcher Wall. ex Muell.-Arg.

中苏队（Sino-Russ. Exped.）*3160*

生于海拔 650 ～ 1760m 山地林下或溪边灌木丛中。分布于云南金平、元阳、景洪、勐腊；广西分布。印度、缅甸、越南、老挝、柬埔寨、马来半岛、印度尼西亚等也有。

种分布区类型：7

小果叶下珠

Phyllanthus reticulatus Poir.

蒋维邦（Jiang W.B.）*112*；毛品一（Mao P.I.）*569*；徐永椿（Hsu Y.C.）*153*；张广杰（Zhang G.J.）*169*，*324*；周浙昆等（Zhou Z.K. *et al.*）*613*

生于海拔 250 ～ 1200m 山地林下或灌木丛中。分布于云南富宁、河口、麻栗坡、金平、个旧、广南、马关、文山、元阳、屏边、绿春、景洪、勐腊、耿马、沧源、元江；四川、贵州、广西、江西、广东、海南、湖南、福建、台湾等省区分布。热带西非至印度、斯里兰卡、中南半岛、印度尼西亚、菲律宾、马来西亚、澳大利亚也有。

种分布区类型：5

黄珠子草

Phyllanthus virgatus Forst. f.

徐永椿（Hsu Y.C.）*354*；中苏队（Sino-Russ. Exped.）*994*

生于海拔 300 ～ 1500m 荒坡草地、沟边草丛或路旁灌丛中。分布于云南巧家、蒙自、砚山、富宁、金平、个旧、丘北、元阳、景洪、勐海、鹤庆、永仁、元江；西南、华南、华中、华东、河北、山西、陕西分布。印度、东南亚到澳大利亚也有。

种分布区类型：5

**** 蓖麻**

Ricinus communis Linn.

吴元坤（Wu Y.K.）*50*；中苏队（Sino-Russ. Exped.）*744*

海拔 2300m 以下均有栽培或逸生。分布于云南现世界热带地区或栽培于热带至温带地区；中国大部分省区有栽培分布。原产地可能在非洲肯尼亚或索马里。

种分布区类型：/

守宫木

Sauropus androgynus (Linn.) Merr.

税玉民等（Shui Y.M. *et al.*）*80326*；中苏队（Sino-Russ. Exped.）*1016*

生于海拔 200 ～ 1200m 林下。分布于云南河口、金平、马关、麻栗坡、屏边、勐海；广东、广西、海南分布。柬埔寨、印度、印度尼西亚、老挝、马来西亚、缅甸、菲律宾、斯里兰卡、泰国、越南也有。

种分布区类型：7

苍叶守宫木

Sauropus garrettii Craib

中苏队（Sino-Russ. Exped.）*9101*

生于海拔 500 ～ 2100m 山地常绿林木或山谷荫湿灌木丛中。分布于云南砚山、文山、麻栗坡、金平、屏边、广南、河口、建水、绿春、马关、蒙自、西畴、景洪、元江；四川、贵州、广西、广东、海南、湖北等省区分布。缅甸、泰国、新加坡、马来西亚等也有。

种分布区类型：7

长梗守宫木

Sauropus macranthus Hassk.

林中文（Lin Z.W.）*3607*

生于海拔 500 ～ 1300m 山地阔叶林下或山谷灌木丛中。分布于云南西畴、麻栗坡、普洱、景洪、勐腊、勐海、金平、河口、马关、蒙自、元江；广东、海南分布。印度东北部、经过亚洲东南部、马来西亚至澳大利亚东部也有。

种分布区类型：5

山乌桕

Triadica cochinchinensis Lour.

税玉民等（Shui Y.M. *et al.*）*群落样方 2011-43*，*群落样方 2011-46*，*群落样方 2011-47*，*群落样方 2011-49*；云南垦殖局（Agriculture Reclamation Bureau）*14*；中苏队（Sino-Russ. Exped.）*451*

生于海拔 420 ～ 1600m 山谷或山坡混交林中。分布于云南富宁、麻栗坡、西畴、文山、河口、屏边、金平、绿春、马关、砚山、景洪、勐腊、勐海、沧源、普洱；四川、贵州、广西、广东、湖南、江西、安徽、福建、浙江和台湾分布。印度、缅甸、老挝、越南、马来西亚、印度尼西亚也有。

种分布区类型：7

长梗三宝木

Trigonostemon thyrsoideus Stapf

中苏队（Sino-Russ. Exped.）*972*

生于海拔 720 ～ 1000m 潮湿沟谷林中。分布于云南金平、河口、个旧、广南、绿春、马关、麻栗坡、蒙自、西畴、勐腊、普洱、沧源。越南北部也有。

种分布区类型：15c

油桐

Vernicia fordii (Hemsl.) Airy-Shaw

中苏队（Sino-Russ. Exped.）*218，2818*

生于海拔 350 ～ 2000m 丘陵山地、公路及村寨旁。分布于云南禄劝、昆明、易门、禄丰、双柏、蒙自、建水、砚山、西畴、广南、麻栗坡、金平、河口、屏边、开远、马关、弥勒、文山、勐腊、耿马、瑞丽、镇康、临沧、景东、凤庆、漾濞、泸水、贡山；四川、贵州、广东、广西、海南、湖南、湖北、江西、陕西、河南、安徽、福建、江苏、浙江有栽培分布。越南也有。

种分布区类型：7-4

木油桐

Vernicia montana Lour.

蒋维邦（Jiang W.B.）*55，109*；徐永椿（Hsu Y.C.）*416*

生于海拔 190 ～ 1650m 疏林中。分布于云南金平、河口、绿春、马关、屏边、西畴、麻栗坡、河口；贵州、湖南、广东、广西、海南、江西、福建、浙江、台湾分布。越南、泰国、缅甸也有。

种分布区类型：7

136a　虎皮楠科 Daphniphyllaceae

纸叶虎皮楠

Daphniphyllum chartaceum Rosenth.

税玉民等（Shui Y.M. *et al.*）*西隆山凭证 0511*

生于海拔 1200 ～ 2100m 山坡或沟谷常绿阔叶林中。分布于云南西畴、文山、屏边、金平、麻栗坡、龙陵、腾冲、贡山；西藏（墨脱）分布。越南北部、缅甸北部、印度、不丹、尼泊尔东部、孟加拉也有。

种分布区类型：7

喜马拉雅虎皮楠

Daphniphyllum himalense (Benth.) Muell.-Arg.

税玉民等（Shui Y.M. *et al.*）*西隆山样方 5-F-07*

生于海拔 1800 ～ 2500m 常绿阔叶林中。分布于云南金平、马关、麻栗坡、屏边、文山、西畴、元阳、贡山（独龙江流域）；西藏（墨脱）分布。缅甸北部、印度、不丹也有。

种分布区类型：14SH

显脉虎皮楠

Daphniphyllum paxianum Rosenth.

税玉民等（Shui Y.M. *et al.*）*西隆山凭证 0783*

生于海拔 700 ～ 2000m 常绿阔叶林中。分布于云南腾冲、潞西、龙陵、镇康、临沧、普洱、元江、金平、屏边、河口、麻栗坡、西畴、广南、富宁、绿春、文山；四川（峨眉山）、广西南部、贵州南部、海南分布。

中国特有

种分布区类型：15

136b　五月茶科 Stilaginaceae

西南五月茶

Antidesma acidum Retz

段幼萱（Duan Y.X.）*44*；胡诗秀、吴元坤（Hu S.X. et Wu Y.K.）*59*；胡月英、文绍康（Hu Y.Y. et Wen S.K.）*580500*；毛品一（Mao P.I.）*637，673*；税玉民等（Shui Y.M. *et al.*）*80321，91273, 91220*；吴元坤（Wu Y.K.）*15*；吴元坤、胡诗秀（Wu Y.K. et Hu S.X.）*59*；徐永椿（Hsu Y.C.）*323*；云南省林科院（Yunnan Acad. Forest. Exped.）*3041*；中苏队（Sino-Russ. Exped.）*317*

生于海拔 140 ～ 1500m 山地疏林中。分布于云南金平、河口、屏边、富宁、个旧、红河、建水、绿春、马关、麻栗坡、蒙自、临沧、双江、梁河、景东、普洱、峨山；四川、贵州分布。印度、缅甸、泰国、越南、印度尼西亚等也有。

种分布区类型：7

小肋五月茶

Antidesma costulatum Pax et Hoffm.

中苏队（Sino-Russ. Exped.）*702*

生于海拔 700 ～ 1580m 山地疏林或沟谷密林中。分布于云南金平、屏边、麻栗坡、西畴、富宁、个旧、河口、红河、建水、绿春、马关、蒙自；四川分布。

中国特有

种分布区类型：15

黄毛五月茶

Antidesma fordii Hemsl.

徐永椿（Hsu Y.C.）*279*，*337*；张广杰（Zhang G.J.）*222*；中苏队（Sino-Russ. Exped.）*723*

生于海拔 300 ～ 1000m 山地密林中。分布于云南双江、澜沧、勐海、景洪、金平、河口、绿春、蒙自、屏边、元阳；广西、广东、海南、福建分布。越南、老挝也有。

种分布区类型：7-4

山地五月茶

Antidesma montanum Bl.

段幼萱（Duan Y.X.）*64*；徐永椿（Hsu Y.C.）*192*；中苏队（Sino-Russ. Exped.）*61*，*702*，*813*，*948*；周浙昆等（Zhou Z.K. *et al.*）*66*

生于海拔 350 ～ 1350m 山地密林中。分布于云南河口、金平、富宁、绿春、马关、屏边、西畴、元阳、麻栗坡、景洪、勐腊、勐海、瑞丽、沧源、耿马、双江、孟连；西藏、贵州、广西、广东、海南等省区分布。缅甸、越南、老挝、柬埔寨、马来西亚、印度尼西亚等也有。

种分布区类型：7

136c　重阳木科 Bischofiaceae

秋枫

Bischofia javanica Bl.

张广杰（Zhang G.J.）*216*

生于海拔 500 ～ 1800m 林下山地、潮湿沟谷林中，或栽培于河边堤岸、或路边作行道树。分布于云南富宁、麻栗坡、马关、文山、西畴、砚山、河口、金平、屏边、绿春、普洱、景洪、勐腊、勐海、景东、瑞丽、沧源、耿马、陇川、临沧、双江、凤庆、镇康、澜沧、蒙自、双柏、新平、元江、峨山、江川；四川、贵州、广西、广东、海南、湖南、湖北、江西、福建、台湾、安徽、江苏、浙江、陕西、河南等省区分布。印度、缅甸、泰国、老挝、柬埔寨、越南、马来西亚、印度尼西亚、菲律宾、日本、澳大利亚、波利尼西亚也有。

种分布区类型：5

139a　鼠刺科 Iteaoeae

鼠刺

Itea chinensis Hook. et Arn.

税玉民等（Shui Y.M. *et al.*）*群落样方 2011-35，群落样方 2011-40，西隆山凭证 0890*

生于海拔 1000 ～ 2400m 林内。分布于云南东南部、经凤仪、景东、腾冲至西北部（福贡）；福建、广东、广西、湖南、西藏东南部分布。印度、不丹、老挝、缅甸北部、泰国、越南也有。

种分布区类型：7

大叶鼠刺

Itea macrophylla Wall.

税玉民等（Shui Y.M. *et al.*）*90220*

生于海拔 230 ～ 1360m 荒地草丛、山坡灌丛、路边、竹丛及次生林中。分布于云南禄劝、师宗、蒙自、富宁、金平、个旧、马关、麻栗坡、弥勒、元阳、绿春、河口、澜沧、景东、景谷、西双版纳、泸水及盈江等地；贵州南部（罗甸、望谟）、广西、广东、海南、台湾中部和南部分布。斯里兰卡、印度、缅甸、泰国、越南、马来西亚、热带非洲、大洋洲也有。

种分布区类型：5

142　绣球花科 Hydrangeaceae

马桑溲疏

Deutzia aspera Rehd.

中苏队（Sino-Russ. Exped.）*1001*

生于海拔 540 ～ 2300m 山坡灌丛及疏林。分布于云南金平、红河、元江、石屏、双柏、景东、漾濞、麻栗坡；西藏东南部分布。

中国特有

种分布区类型：15

常山

Dichroa febrifuga Lour.

税玉民等（Shui Y.M. *et al.*）*90235，群落样方 2011-33，群落样方 2011-40*；周浙昆等（Zhou Z.K. *et al.*）*152，549*

生于海拔 1000 ～ 1800m 常绿阔叶林内。分布于云南罗平、景东、沧源、麻栗坡、西畴、广南、富宁、金平、个旧、河口、红河、开远、马关、文山、砚山、屏边、蒙自、元阳、绿春、腾冲、瑞丽、梁河、耿马、临沧、盐津;陕西、甘肃、江苏、安徽、浙江、江西、福建、台湾、湖北、广东、广西、贵州、四川分布。印度、越南、缅甸、马来西亚、菲律宾、日本琉球群岛也有。

种分布区类型：7

硬毛常山

Dichroa hirsuta Gagnep.

税玉民等（Shui Y.M. *et al.*）*90919*

生于海拔 600 ～ 1000m 山坡疏林。分布于云南屏边、麻栗坡、富宁、景洪（普文）;广西分布。越南也有。

种分布区类型：7-4

马桑绣球

Hydrangea aspera D. Don

周浙昆等（Zhou Z.K. *et al.*）*142，197，333*

生于海拔 1700 ～ 2600m 山坡林下及灌丛中。分布于云南金平、河口、富宁、马关、麻栗坡、蒙自、屏边、文山、西畴、砚山、元阳、大理、漾濞、丽江、维西、贡山、福贡、绥江、镇雄、彝良；四川、贵州、广西、甘肃东南部、湖北西南部、湖南西南部、江苏、陕西分布。印度东北部、尼泊尔、越南也有。

种分布区类型：7

西南绣球

Hydrangea davidii Franch.

税玉民等（Shui Y.M. *et al.*）*90537*；周浙昆等（Zhou Z.K. *et al.*）*196，270，341*

生于海拔 1400 ～ 2800m 山坡疏林或林缘。分布于云南金平、河口、广南、开远、马关、麻栗坡、蒙自、屏边、文山、砚山、景东、广南、保山、大理、丽江、兰坪、维西、德钦、贡山、福贡、大关、镇雄、彝良、威信、绥江、巧家；四川、贵州分布。

中国特有

种分布区类型：15

挂苦绣球

Hydrangea xanthoneura Diels

税玉民等（Shui Y.M. *et al.*）*90525*

生于海拔 1800 ～ 2900m 山坡疏林或灌丛中。分布于云南绿春、麻栗坡、丽江、鹤庆、永善、镇雄；四川、贵州分布。

中国特有

种分布区类型：15

冠盖藤

Pileostegia viburnoides Hook. f. et Thoms.

税玉民等（Shui Y.M. *et al.*）*群落样方 2011-34，群落样方 2011-36，群落样方 2011-38，群落样方 2011-42，西隆山凭证 0761*

生于海拔 1000 ～ 1650m 杂木林中。分布于云南金平、绿春、马关、麻栗坡、屏边、文山、西畴、腾冲、龙陵、景洪、贡山；安徽、浙江、江西、福建、台湾、湖北、湖南、广东、广西、四川、贵州分布。印度、越南、日本琉球群岛也有。

种分布区类型：7

钻地风

Schizophragma integrifelium Oliv.

税玉民等（Shui Y.M. *et al.*）*群落样方 2011-31*

生于海拔 1000 ～ 2400m 山谷、山坡密林及疏林中。分布于云南彝良、大关、屏边、景东等；四川、贵州、广西、广东、海南、湖南、湖北、江西、福建、江苏、浙江、安徽分布。

中国特有

种分布区类型：15

柔毛钻地风

Schizophragma molle (Rehd.) Chun

税玉民等（Shui Y.M. *et al.*）*群落样方 2011-36*

生于海拔 1600 ～ 2000m 林内。分布于云南镇雄、元阳、文山；四川、贵州、湖南、广西、广东、江西、江苏、福建分布。

中国特有

种分布区类型：15

143　蔷薇科 Rosaceae

黄龙尾（变种）

Agrimonia pilosa Ldb. var. **nepalensis** (D. Don) Nakai

周浙昆等（Zhou Z.K. *et al.*）*56*

生于海拔 1200 ～ 3100m 山坡疏林中。分布于云南金平、广南、河口、红河、开远、绿春、马关、麻栗坡、蒙自、弥勒、屏边、文山、西畴、砚山、元阳、贡山、福贡、丽江、大理、洱源、昆明、禄劝、景东、孟连；除东北和新疆外的其他各省区分布。印度、尼泊尔、缅甸、泰国、老挝、越南北方也有。

种分布区类型：7

高盆樱桃

Cerasus cerasoides (Buch.-Ham. ex D. Don) Sok.

李锡文（Li H.W.）*394*；税玉民等（Shui Y.M. *et al.*）*群落样方 2011-35，群落样方 2011-40，群落样方 2011-43*

生于海拔 1300 ～ 2850m 沟谷密林中。分布于云南全省各地；西藏南部分布。克什米尔地区、尼泊尔、印度（锡金）、不丹、缅甸北部也有。

种分布区类型：14SH

云南移依

Docynia delavayi (Franch.) Schneid.

税玉民等（Shui Y.M. *et al.*）*90958*

生于海拔 1180 ～ 2900m 杂木林中或干燥山坡。分布于云南丽江、鹤庆、大理、洱源、石屏、双柏、易门、嵩明、禄劝、峨山、元江、景东、临沧、凤庆、盈江、屏边、蒙自、金平、广南、砚山、河口、勐海。

云南特有

种分布区类型：15a

蛇莓

Duchesnea indica (Andr.) Focke

张广杰（Zhang G.J.）*229*，*328*；中苏队（Sino-Russ. Exped.）*325*

生于海拔 2400m 以下山坡、草地、河岸、林缘、路旁、潮湿的地方。分布于云南全省各地；各省区分布。从阿富汗东达日本、南达印度尼西亚，在欧洲及美洲也有。

种分布区类型：1

云南枇杷（原变种）

Eriobotrya bengalensis (Roxb.) Hook. f. var. **bengalensis**

中苏队（Sino-Russ. Exped.）*3137*

生于海拔 1600 ～ 2300m 常绿阔叶林中。分布于云南金平。印度、柬埔寨、老挝、缅甸、泰国、越南、印度尼西亚也有。

种分布区类型：7

窄叶南亚枇杷（变种）

Eriobotrya bengalensis (Roxb.) Hook. f. var. **angustifolia** Card.

税玉民等（Shui Y.M. *et al.*）*西隆山样方 1A-7*

生于海拔 150 ～ 1550m 山坡疏林中。分布于云南盈江、泸水、昆明、玉溪、石林、富民、双柏、金平、河口、蒙自、富宁、屏边、广南、绿春、麻栗坡、文山、西双版纳；贵州东北部（梵净山）分布。

中国特有

种分布区类型：15

齿叶枇杷

Eriobotrya serrata Vidal

税玉民等（Shui Y.M. *et al.*）*91041*

生于海拔 740 ～ 2200m 山坡常绿阔叶林中。分布于云南富宁、屏边、河口、普洱、勐海、景洪、勐腊、双柏、沧源。老挝也有。

种分布区类型：7-4

黄毛草莓

Fragaria nilgerrensis Schlecht. et Gay

税玉民等（Shui Y.M. *et al.*）(*s.n.*)

生于海拔 1500 ～ 3000m 草坡地或沟边林下。分布于云南贡山、福贡、大理、师宗、昆明、文山、麻栗坡、广南、富宁；陕西、湖北、四川、湖南、贵州和台湾分布。尼泊尔、斯里兰卡、印度东部、越南北部也有。

种分布区类型：7

腺叶桂樱

Laurocerasus phaeosticta (Hance) Schneid.

周浙昆等（Zhou Z.K. *et al.*）*76，266，407*

生于海拔 800 ～ 2400m 阔叶林中或沟谷林中。分布于云南腾冲、盈江、耿马、保山、新平、双柏、峨山、景东、勐海、砚山、绿春、西畴、麻栗坡、文山、富宁、屏边、金平、马关、广南、河口、红河、蒙自、砚山、元阳；长江以南各省区分布。印度、缅甸北部、孟加拉、泰国北部、越南北部也有。

种分布区类型：7

大叶桂樱

Laurocerasus zippeliana (Miq.) Browicz

税玉民等（Shui Y.M. *et al.*）(*s.n.*)

生于海拔 500 ～ 1470m 处的山谷溪边林中、林缘或灌丛。分布于云南金平、麻栗坡、西畴、富宁、屏边、河口、普洱、西盟、勐腊、景洪、勐海;广西、广东、海南分布。越南、老挝、泰国、缅甸、不丹、孟加拉、印度也有。

种分布区类型：7

中华石楠

Photinia beauverdiana Schneid.

税玉民等（Shui Y.M. *et al.*）*90700*

生于海拔 700 ～ 2200m 沟谷雨林、密林中或林边。分布于云南镇雄、文山、西畴、砚山、麻栗坡、广南、富宁、屏边、双江、景东、龙陵、腾冲、孟连、景洪、勐海；陕西、江苏、安徽、浙江、江西、河南、湖南、湖北、广东、广西、四川、贵州、台湾分布。越南北部也有。

种分布区类型：15c

李

Prunus salicina Lindl.

张广杰（Zhang G.J.）*56*

生于海拔 2600 ～ 4000m 山坡灌丛中、山谷疏林中或水边、沟底、路旁等处。分布于云南中部、西部、东北部及东南部；安徽、福建、甘肃、广东、广西、贵州、河北、黑龙江、河南、湖北、湖南、江苏、江西、吉林、辽宁、宁夏、陕西、山东、山西、四川、台湾、浙江分布。

中国特有

种分布区类型：15

云南臀果木

Pygeum henryi Dunn

毛品一（Mao P.I.）*639*；税玉民等（Shui Y.M. *et al.*）*群落样方 2011-37，群落样方 2011-38，群落样方 2011-43，群落样方 2011-46，群落样方 2011-47，样方 1-A-41*

生于海拔 520 ～ 2000m 山坡针阔叶混交林中或山谷疏密林下。分布于云南耿马、沧源、勐海、勐腊、普洱、金平、河口、开远、蒙自、绿春、屏边、西畴、景东。

云南特有

种分布区类型：15a

长圆臀果木

Pygeum oblongum T.T. Yu et L.T. Lu

税玉民等（Shui Y.M. *et al.*）*群落样方 2011-37*，*群落样方 2011-31*，*群落样方 2011-32*

生于海拔 2000 ～ 2100m 山坡密林中或常绿阔叶林下。模式标本采自屏边。分布于云南金平、屏边、西畴等。

滇东南特有

种分布区类型：15b

臀果木

Pygeum topengii Merr.

税玉民等（Shui Y.M. *et al.*）*群落样方 2011-37*

生于海拔 100 ～ 1600m 山谷溪旁或林缘。分布于云南东南部；湖南、福建、广东、广西、海南、贵州分布。

中国特有

种分布区类型：15

蛇泡筋

Rubus cochinchinensis Tratt.

税玉民等（Shui Y.M. *et al.*）*群落样方 2011-33*

海拔 300 ～ 1200m 灌木林中常见。分布于云南大部分地区；广东、广西、海南、四川分布。泰国、越南、老挝、柬埔寨也有。

种分布区类型：7

小柱悬钩子

Rubus columellaris Tutcher

税玉民等（Shui Y.M. *et al.*）*91026*

生于海拔 700 ～ 2200m 山坡、山谷疏密杂木林内。分布于云南富宁、蒙自、屏边、金平；四川、贵州、广西、广东、湖南、江西、福建分布。

中国特有

种分布区类型：15

白藨

Rubus doyonensis Hand.-Mazz.

税玉民等（Shui Y.M. *et al.*）*样方 2-18*

生于海拔 2000 ～ 3200m 山谷或沟边杂木林中或常绿阔叶林内。分布于云南东北部及西北部、贡山、泸水一带、金平。

云南特有

种分布区类型：15a

栽秧泡（变种）

Rubus ellipticus Smith var. **obcordatus** (Franch.) Focke

税玉民等（Shui Y.M. *et al.*）*群落样方 2011-33*

生于海拔 300 ～ 2600m 山谷疏密林内或林缘、干旱坡地灌丛中。分布于云南大部分地区；广西、四川、云南、贵州、西藏分布。巴基斯坦、尼泊尔、不丹、印度、斯里兰卡、缅甸、泰国、老挝、越南、印度尼西亚、菲律宾也有。

种分布区类型：7

高粱泡

Rubus lambertianus Ser.

税玉民等（Shui Y.M. *et al.*）*群落样方 2011-35*，*群落样方 2011-31*，*群落样方 2011-34*，*群落样方 2011-37*，*群落样方 2011-39*，*群落样方 2011-40*

生于海拔 200 ～ 2000m 山坡或山谷林缘或灌丛中。分布于云南大部分地区；河南、湖北、湖南、安徽、江西、江苏、浙江、福建、台湾、广东、广西分布。日本也有。

种分布区类型：14SJ

白花悬钩子

Rubus leucanthus Hance

吴元坤（Wu Y.K.）*55*；张建勋、张赣生（Chang C.S. et Chang K.S.）*193*；中苏队（Sino-Russ. Exped.）*609*

生于海拔 1000 ～ 2500m 旷野或疏、密林中或林缘。分布于云南文山、马关、屏边、河口、金平、蒙自、富宁；贵州、广西、广东、湖南、福建分布。越南、老挝、柬埔寨、泰国也有。

种分布区类型：7

绢毛悬钩子

Rubus lineatus Reinw.

税玉民等（Shui Y.M. *et al.*）*样方 2-27*

生于海拔 1500 ～ 3000m 沟谷杂木林中、林缘或山坡灌丛及草丛中。分布于云南金平、绿春、麻栗坡、屏边、贡山、怒江河谷、福贡、双柏；西藏分布。越南北部、马来西亚、印度尼西亚、缅甸、不丹、尼泊尔、印度（东北部和锡金）也有。

种分布区类型：7

荚迷叶悬钩子

Rubus neoviburnifolius L.T. Lu et Boufford

中苏队（Sino-Russ. Exped.）*1036*

生于海拔 1000 ～ 1600m 干燥坡地或杂木林下。分布于云南金平、绿春、蒙自、南部。滇东南特有

种分布区类型：15b

红泡刺藤

Rubus niveus Thunb.

中苏队（Sino-Russ. Exped.）*712*

生于海拔 1000 ～ 2000m 山坡、疏林、密林中、灌丛或山谷河滩及溪流旁。分布于云南贡山、香格里拉、宁蒗、丽江、剑川、泸水、大理、嵩明、昆明、双柏、景东、普洱、蒙自、金平、屏边、文山、河口、建水、马关、麻栗坡、西畴等地；西藏东南部到南部、四川西部、贵州、广西至陕西和甘肃分布。不丹、尼泊尔、印度、克什米尔地区、阿富汗、斯里兰卡、缅甸、泰国、老挝、越南、马来西亚、印度尼西亚、菲律宾也有。

种分布区类型：7

掌叶悬钩子

Rubus pentagonus Wall. ex Focke

税玉民等（Shui Y.M. *et al.*）*样方 2-24*

生于海拔 1300 ～ 3000m 常绿林下、杂木林内或灌丛中。分布于云南永善、贡山、维西、鹤庆、洱源、大理、宾川、漾濞、禄劝、凤庆、镇康、龙川江流域、金平、屏边、蒙自、文山；四川、西藏分布。越南、缅甸北部、不丹、尼泊尔、印度（西北部和锡金）也有。

种分布区类型：7

大乌泡

Rubus pluribracteatus L.T. Lu et Boufford

戴汝昌、沙惠祥（Dai R.C. et Sha H.X.）*18*；胡诗秀、吴元坤（Hu S.X. et Wu Y.K.）*92*；税玉民等（Shui Y.M. *et al.*）*群落样方 2011-33，群落样方 2011-35，群落样方 2011-40，群落样方 2011-42*；张建勋、张赣生（Chang C.S. et Chang K.S.）*44*；中苏队（Sino-Russ. Exped.）*205*

生于海拔 130 ～ 2000m 次生林、山地灌丛、干燥山坡、路边。分布于云南金平、河口、富宁、个旧、绿春、马关、麻栗坡、蒙自、弥勒、屏边、文山、西畴、砚山、元阳；广东、广西、贵州分布。柬埔寨、老挝、泰国、越南也有。

种分布区类型：7

五叶悬钩子

Rubus quinquefoliolatus T.T. Yu et L.T. Lu

税玉民等（Shui Y.M. *et al.*）*样方 4H-1*；周浙昆等（Zhou Z.K. *et al.*）*211*

生于海拔 1600 ～ 2500m 山坡、溪边密林下。分布于云南文山、马关、金平、双江；贵州（安龙）分布。

中国特有

种分布区类型：15

棕红悬钩子

Rubus rufus Focke

税玉民等（Shui Y.M. *et al.*）*样方 2-21*；周浙昆等（Zhou Z.K. *et al.*）*190*

生于海拔 1000 ～ 2500m 山坡灌丛或山谷阴处密林中。分布于云南贡山、漾鼻、双柏、金平、西畴、广南、文山、屏边、普洱、腾冲、镇康；四川、贵州、广西、广东、湖南、湖北、江西分布。越南、泰国也有。

种分布区类型：7

川莓

Rubus setchuenensis Bureau et Franch.

张广杰（Zhang G.J.）*148*

生于海拔 500 ～ 3000m 山坡、荒野及路边林缘或灌丛中。分布于云南镇雄、金平、广南、蒙自、麻栗坡、屏边、景洪等地；四川、贵州、广西、湖南、湖北分布。

中国特有

种分布区类型：15

红腺悬钩子

Rubus sumatranus Miq.

张广杰（Zhang G.J.）*97*，*330*；中苏队（Sino-Russ. Exped.）*110*

生于海拔 700 ～ 2500m 山坡或山谷疏林、密林内、林缘或灌丛及草丛中。分布于云南贡山、景东、西畴、麻栗坡、屏边、河口、金平、绿春、蒙自、元阳、普洱、西双版纳；西藏、四川、贵州、广西、广东、湖南、湖北、江西、安徽、浙江、福建、台湾分布。印度（锡金）、尼泊尔、越南、泰国、老挝、柬埔寨、印度尼西亚、朝鲜、日本也有。

种分布区类型：7

截叶悬钩子

Rubus tinifolius C.Y. Wu ex T.T. Yu et L.T. Lu

税玉民等（Shui Y.M. *et al.*）(*s.n.*)

生于海拔 1400 ～ 2100m 路边、沟边或山谷密林中。分布于云南景东、屏边、孟连。

云南特有

种分布区类型：15a

红毛悬钩子

Rubus wallichianus Wight et Arn.

周浙昆等（Zhou Z.K. *et al.*）*452*

生于海拔 300 ～ 2200m 林缘或灌丛中。分布于云南金平、广南、开远、蒙自、绿春、马关、麻栗坡、弥勒、屏边、文山、西畴；广西、贵州、湖北、湖南、四川、台湾分布。不丹、印度、尼泊尔、越南也有。

种分布区类型：7

云南悬钩子

Rubus yunanicus Kuntze

段幼萱（Duan Y.X.）*40*

生于海拔 1000m 以下林缘路旁。分布于云南金平、马关、西部。

云南特有

种分布区类型：15a

附生花楸

Sorbus epidendron Hand.- Mazz.

税玉民等（Shui Y.M. *et al.*）*样方 5A-5*；周浙昆等（Zhou Z.K. *et al.*）*369*

生于海拔 2300 ～ 3000m 河旁林下或山谷灌丛中。分布于云南金平、文山、德钦、香格里拉、贡山、维西、丽江、鹤庆、陇川江—怒江分水岭等地。越南北部、缅甸北部也有。

种分布区类型：7

毛序花楸

Sorbus keissleri (Schneid.) Rehd.

税玉民等（Shui Y.M. *et al.*）*样方 5-A-04*；周浙昆等（Zhou Z.K. *et al.*）*249*

生于海拔 1200 ～ 2800m 山谷、山坡或多石坡地疏密林中。模式标本采自四川巫山。分布于云南金平、绿春、屏边、文山、镇雄；西藏南部（定结）、四川东部、贵州、广西、湖南、江西、湖北西部分布。

中国特有

种分布区类型：15

西康花楸

Sorbus prattii Koehne

税玉民等（Shui Y.M. *et al.*）*样方 4A-2*

生于海拔 2100 ～ 3100m 高山杂木林或针叶林中。分布于云南香格里拉、维西、丽江、金平、文山；四川西部、西藏东部和南部分布。印度（锡金）、不丹也有。

种分布区类型：14SH

滇缅花楸

Sorbus thomsonii (King ex Hook. f.) Rehd.

周浙昆等（Zhou Z.K. *et al.*）*249*

生于海拔 560 ～ 1300m 林下、灌丛中、草坡或路边、溪旁。分布于云南耿马、普洱、景洪、勐海、勐腊、金平、河口、马关、蒙自、文山、西畴、绿春、屏边、麻栗坡等。缅甸、老挝、泰国也有。

种分布区类型：7

146 苏木科 Caesalpiniaceae

石山羊蹄甲

Bauhinia comosa Craib

税玉民等（Shui Y.M. *et al.*）(*s.n.*)

生于海拔 700 ～ 2100m 石灰岩山坡灌丛草地或疏林中。分布于云南永胜、元谋、元江、开远、蒙自、建水；四川西南部（金阳、布拖）分布。

中国特有

种分布区类型：15

显脉羊蹄甲（亚种）

Bauhinia glauca (Wall. ex Benth.) Benth. ssp. **pernervosa** (L. Chen) T. Chen

喻智勇（Yu Z.Y.）(*photo*)

生于海拔 1100 ～ 1900m 沟谷密林或疏林边缘。分布于云南蒙自、屏边、文山。

滇东南特有

种分布区类型：15b

河口羊蹄甲

Bauhinia hekouensis T.Y. Tu et D.X. Zhang

西南野生生物种质资源库 DNA Barcoding 考察（DNA Barcoding Exped. of GBOWS）*GBOWS1400*

生于海拔 150 ～ 800m 林缘或疏林中。分布于云南河口等地。

滇东南特有

种分布区类型：15b

见血飞

Caesalpinia cucullata Roxb.

税玉民等（Shui Y.M. *et al.*）*91183*

生于海拔 150 ～ 1200m 山坡灌丛、林缘或沟边、疏林中。分布于云南蒙自、屏边、普洱、西双版纳、景东、盈江、芒市。印度、尼泊尔至中南半岛、马来半岛也有。

种分布区类型：7

* 苏木

Caesalpinia sappan Linn.

张广杰（Zhang G.J.）*273*

海拔 120 ～ 1100m 处常见栽培。分布于云南蒙自、开远、河口、金平、元阳、个旧、麻栗坡、屏边、普洱、西双版纳、双江、景东、龙陵、盈江、巧家、元谋等地；四川西南部（米易）、贵州、广东、广西、海南、福建、台湾等省区栽培分布。印度、斯里兰卡、缅甸、泰国、柬埔寨、越南、老挝、马来西亚等地也有。

种分布区类型：/

中国无忧花

Saraca dives Pierre

蒋维邦（Jiang W.B.）*28*；张广杰（Zhang G.J.）*234*

生于海拔 160 ～ 1000m 山坡密林或疏林中、或河流、溪边。分布于云南澄江、元阳、河口、金平、屏边、个旧（蔓耗）、绿春、马关、麻栗坡、富宁；广东、广西东南和西南或栽培分布。老挝、越南也有。

种分布区类型：7-4

任豆

Zenia insignis Chun

税玉民等（Shui Y.M. *et al.*）(*s.n.*)

生于海拔 200 ～ 1100m 山沟或山坡石山疏林或密林中。分布于云南富宁、金平、屏边、河口、个旧（蔓耗）、普洱;广东（乐昌为模式地）、广西、贵州分布。越南北部、泰国也有。

种分布区类型：7

147　含羞草科 Mimosaceae

羽叶金合欢

Acacia pennata (Linn.) Willd.

西南野生生物种质资源库 DNA Barcoding 考察（DNA Barcoding Exped. of GBOWS）*GBOWS1474*；中苏队（Sino-Russ. Exped.）*434*，*1633*

生于海拔 340 ～ 1300m 山坡阳处灌丛林缘。分布于云南西双版纳、金平、蒙自、富宁、个旧、河口、红河、开远、绿春、马关、弥勒、屏边、文山、元阳等地;广西、广东、海南、湖南、福建、浙江分布。斯里兰卡、印度、尼泊尔至中南半岛一带也有。

种分布区类型：7

滇南金合欢

Acacia tonkinensis I.C. Nielsen

西南野生生物种质资源库 DNA Barcoding 考察（DNA Barcoding Exped. of GBOWS）*GBOWS1474*

生于海拔 400 ～ 600m 山坡灌丛、河边、林缘。分布于云南金平、屏边、勐腊。越南北部、老挝也有。

种分布区类型：7-4

楹树

Albizia chinensis (Osbeck) Merr.

李国锋（Li G.F.）*Li-402*，西南野生生物种质资源库 DNA Barcoding 考察（DNA Barcoding Exped. of GBOWS）*GBOWS1319*

生于海拔 200 ～ 2200m 林中、疏林、阳处灌丛。分布于云南全省热带、亚热带山地和干热河谷；四川、广东、广西、海南、福建、西藏东南部分布。印度、喜马拉雅热带、亚热带山地至中南半岛一带也有。

种分布区类型：7

白花合欢

Albizia crassiramea Lace

中苏队（Sino-Russ. Exped.）*510*

生于海拔 200 ～ 1600m 林中、林缘、河边。分布于云南潞西、耿马、澜沧、孟连、西双版纳、普洱、金平、河口、麻栗坡等地；广西分布。缅甸、老挝、泰国、越南等地也有。

种分布区类型：7

合欢

Albizia julibrissin Durazz.

税玉民等（Shui Y.M. *et al.*）*西隆山凭证 0226*，*西隆山凭证 0251*

生于海拔 300 ～ 1800m 林缘或路旁栽培。分布于云南大部分地区；东北至华南、西南各省区均有分布或栽培分布；非洲、中亚至东亚有栽培或分布；北美也有栽培。

种分布区类型：6

光叶合欢

Albizia lucidior (Steud.) Nielsen ex H. Hara

税玉民等（Shui Y.M. *et al.*）*西隆山凭证 847*

生于海拔 500 ～ 2100m 林中、林缘、山坡、河边。分布于云南泸水、腾冲、保山、双江、景东、普洱、西双版纳、大理、漾濞、绿劝、石林、新平、峨山、蒙自、屏边、河口、富宁等地；四川南部、广西、贵州分布。越南北部、老挝等地也有。

种分布区类型：7-4

香须树

Albizia odoratissima (Linn. f.) Benth.

中苏队（Sino-Russ. Exped.）*3114*

生于海拔 500 ～ 1700m 山地、林中、河谷。分布于云南金平、个旧、河口、蒙自、弥勒、瑞丽、盈江、腾冲、龙陵、耿马、临沧、景东、景谷、孟连、西双版纳、普洱、墨江、洱源、师宗等地；四川、广西、广东、海南分布。印度、喜马拉雅地区至中南半岛也有。

种分布区类型：7

长叶棋子豆

Archidendron alternifoliolatum (T.L. Wu) I.C. Nielsen

李国锋（Li G.F.）*Li-287*

生于海拔 690 ～ 1400m 潮湿密林和林缘。分布于云南西双版纳、金平、屏边、马关、麻栗坡、河口、绿春、马关；广西分布。老挝、越南也有。

种分布区类型：7-4

锈毛棋子豆

Archidendron balansae (Oliv.) I.C. Nielsen

税玉民等（Shui Y.M. *et al.*）*90819*；中苏队（Sino-Russ. Exped.）*133*

生于海拔 600 ～ 1300m 潮湿密林或林缘。分布于云南金平、屏边、河口、马关、西畴、麻栗坡。越南北部也有。

种分布区类型：15c

碟腺棋子豆

Archidendron kerrii (Gagnep.) I.C. Nielsen

毛品一（Mao P.I.）*490*；税玉民等（Shui Y.M. *et al.*）*群落样方 2011-49*

生于海拔 1000 ～ 1800m 密林中。分布于云南景洪、金平、蒙自、西畴、砚山、屏边、河口、马关、麻栗坡；广西分布。老挝、越南也有。

种分布区类型：7-4

亮叶猴耳环

Archidendron lucidum (Benth.) I.C. Nielsen

李国锋（Li G.F.）*Li-040*

生于海拔 200 ～ 1600m 山坡林中、灌丛中。分布于云南西双版纳、金平、屏边、西畴、富宁、马关、河口、绿春等地；四川、广西、广东、海南、湖南、福建、台湾分布。中南半岛一带也有。

种分布区类型：7-4

猴耳环属一种

Archidendron sp.

西南野生生物种质资源库 DNA Barcoding 考察（DNA Barcoding Exped. of GBOWS）*GBOWS1372*

**** 无刺含羞草（变种）**

Mimosa diplotricha C. Wright ex Sauvalle var. **inermis** (Adelb.) Veldkamp

李国锋（Li G.F.）(*photo*)

生于海拔 300 ～ 900m 路边、旷地。分布于云南西双版纳栽培或逸生；广东等地逸生分布。原产热带美洲。

种分布区类型：/

**** 含羞草**

Mimosa pudica Linn.

李国锋（Li G.F.）(*photo*)

生于海拔 100 ～ 800m 河边、山坡、路边、田边常逸生。分布于云南西部、西南部、南部、东南部热带地区；西藏东南部、广西、广东、海南、福建、台湾等地逸生和栽培分布。原产热带美洲，现世界热带地区。

种分布区类型：/

148　蝶形花科 Papilionaceae

美丽相思子

Abrus pulchellus Wall. ex Thwaite

周浙昆等（Zhou Z.K. *et al.*）*2*；周浙昆等（Zhou Z.K. *et al.*）*644*

生于海拔 400 ～ 3000m 河谷岸边灌丛或平原疏林中。分布于云南金平、元江、元阳、耿马、西双版纳等地；广西分布。印度、斯里兰卡、马来西亚、几内亚也有。

种分布区类型：7-2

密锥花鱼藤

Aganope thyrsiflora (Benth.) Polhill

苏木精组（Hematoxylin Group）*9*；中苏队（Sino-Russ. Exped.）*727*

生于海拔 200 ～ 800m 林中。分布于云南金平、河口等地；广西、广东、海南分布。印度、越南、菲律宾、印度尼西亚也有。

种分布区类型：7

紫矿

Butea monosperma (Lama.) Taubert

税玉民等（Shui Y.M. *et al.*）*西隆山凭证 0014，西隆山凭证 0016*

生于海拔 500 ～ 600m 路旁林中或栽培。分布于云南西双版纳、耿马、元谋、景东、金平等；广西宁明栽培分布。印度、斯里兰卡、越南至缅甸也有。

种分布区类型：7

蔓草虫豆

Cajanus scarabaeoides (Linn.) Thouars

徐永椿（Hsu Y.C.）*604*

生于海拔 180 ～ 1600m 旷野、路旁或山坡草丛中。分布于云南巧家、永胜、蒙自、禄劝、景东、屏边、石屏、金平、景洪、勐腊、河口、开远、麻栗坡、弥勒、文山、元阳；四川、贵州、广西、广东、海南、台湾分布。东自太平洋的一些岛屿、日本琉球群岛，经越南、泰国、缅甸、不丹、尼泊尔、孟加拉、印度、斯里兰卡、巴基斯坦，直至马来西亚、印度尼西亚、大洋洲乃至非洲也有。

种分布区类型：4

虫豆

Cajanus volubilis (Blanco) Blanco

李锡文（Li H.W.）*371*；徐永椿（Hsu Y.C.）*186*；中苏队（Sino-Russ. Exped.）*568*

生于海拔 500 ～ 980m 疏林中，常攀缘于树木上。分布于云南景东、金平、河口、个旧、景洪、西双版纳、盈江；广西西南部及南部、海南南部分布。缅甸、老挝、越南、尼泊尔、印度、泰国、马来西亚、菲律宾、印度尼西亚、巴布亚新几内亚等地也有。

种分布区类型：7e

灰毛鸡血藤

Callerya cinerea (Benth.) Schot

李国锋（Li G.F.）*Li-041*；税玉民等（Shui Y.M. *et al.*）*80314*，*90047*，*90752*

生于海拔 1120m 山坡次生常绿林中。云南几遍布全省（包括东南部的金平、绿春）；西藏、西南、华南、海南、华中至华东及东南分布。尼泊尔、不丹、孟加拉、印度、缅甸、泰国、老挝、越南也有。

种分布区类型：7

细花梗杭子梢

Campylotropis capillipes (Franch.) Schindl.

税玉民等（Shui Y.M. *et al.*）*91166*

生于海拔 400 ～ 2700m 灌丛、路边、林缘及林中。分布于云南鹤庆、洱源、宾川、丽江、鲁甸、洱源、禄劝、峨山、双柏、楚雄、双江、景东、石屏、元江、蒙自、砚山、麻栗坡、元阳、绿春、勐海、临沧及澜沧等地；四川西南部、广西分布。缅甸、泰国等也有。

种分布区类型：7-3

绒毛叶杭子梢（亚种）

Campylotropis pinetorum (Kurz) Schindl. ssp. **velutina** (Dunn) Ohashi

西南野生生物种质资源库 DNA Barcoding 考察（DNA Barcoding Exped. of GBOWS）*GBOWS1088*

生于海拔 700 ～ 2800m 山坡、灌丛、林缘、疏林内、开阔的草坡及溪流旁等处。模

式标本 (Syntypus) 采自云南红河的勐板 (Munpan) 及蒙自。分布于云南金平、富宁、广南、红河、开远、绿春、麻栗坡、蒙自、弥勒、屏边、西畴;广西、贵州分布。越南、泰国也有。

种分布区类型：7

*** 刀豆**

Canavalia gladiata (Jacq.) DC.

周浙昆等（Zhou Z.K. *et al.*）*22，593*

生于海拔 200 ～ 1700m 村边栽培，偶见逸生，原产亚洲，现广泛栽培于热带地区。分布于云南金平等地；广西、江西分布。印度至泰国也有。

种分布区类型：/

小花香槐

Cladrastis delavayi (Franch.) Prain

税玉民等（Shui Y.M. *et al.*）*群落样方 2011-35*

生于海拔 1600 ～ 2750m 常绿阔叶林中、河谷下部。模式标本采自四川。分布于云南永胜、蒙自、嵩明、文山、勐海、腾冲等；四川、广西、贵州、福建、湖北、陕西、甘肃分布。

中国特有

种分布区类型：15

圆叶舞草

Codariocalyx gyroides (Roxb. ex Link) Hassk.

税玉民等（Shui Y.M. *et al.*）*80322*；徐永椿（Hsu Y.C.）*317*；中苏队（Sino-Russ. Exped.）*2860*

生于海拔 120 ～ 1500m 湿润荒地、河边草地灌丛及山坡疏林中。分布于云南罗平、屏边、河口、金平、马关、西畴、个旧、绿春、麻栗坡、普洱、西双版纳、景东、双江、镇康、凤庆、沧源、泸水等地；贵州南部、广西、广东、海南分布。印度、尼泊尔、缅甸、斯里兰卡、泰国、越南、柬埔寨、老挝、马来西亚、巴布亚新几内亚也有。

种分布区类型：7e

舞草

Codoriocalyx motorius (Houtt.) Ohashi

喻智勇（Yu Z.Y.）(*photo*)

生于海拔 130 ～ 2000m 湿润草地、河谷及山地灌丛、疏林或沟谷密林中。分布于云南盐津、师宗、昆明、石屏、绿春、屏边、马关、砚山、西畴、富宁、河口、普洱、景东、西双版纳、鹤庆、香格里拉、泸水、镇康、澜沧、临沧、潞西及双江等地；福建、江西、广东、广西、四川、贵州、台湾分布。印度、尼泊尔、不丹、斯里兰卡、泰国、缅甸、老挝、印度尼西亚、马来西亚等也有。

种分布区类型：7

巴豆藤

Craspedolobium unijugum (Gagnep.) Z. Wei et Pedlay

李国锋（Li G.F.）*Li-075*；税玉民等（Shui Y.M. *et al.*）*西隆山凭证 0245*；西南野生生物种质资源库 DNA Barcoding 考察（DNA Barcoding Exped. of GBOWS）*GBOWS1421*；周浙昆等（Zhou Z.K. *et al.*）*514*

生于海拔 410 ～ 1580m 山坡路边。分布于云南金平、个旧、河口、红河、建水、绿春、蒙自、弥勒、屏边、石屏、砚山、西双版纳；广西西北部、贵州西南部和四川南部分布。老挝、缅甸、泰国也有。

种分布区类型：7

大猪屎豆

Crotalaria assamica Benth.

中苏队（Sino-Russ. Exped.）*3118*

生于海拔 1400 ～ 2500m 苔藓常绿阔叶林内、石山混交林内或沟谷林内，有时附生于栎类树上。分布于云南元江、石屏、绿春、金平、河口、红河、蒙自、文山、西畴、砚山、元阳、屏边、马关、麻栗坡；贵州西部分布。

中国特有

种分布区类型：15

长萼猪屎豆

Crotalaria calycina Schrank

徐永椿（Hsu Y.C.）*392*

生于海拔 380 ～ 2400m 湿润的河边灌丛及干燥的路边荒地、草坡和灌丛中。分布于云南元江、蒙自、金平、绿春、元阳、文山、富宁、景东、元谋、普洱、孟连、西双版纳、临沧；西藏、广西、广东、海南、福建、台湾分布。越南、老挝、印度、孟加拉、巴基斯坦、尼泊尔、印度尼西亚（爪哇）、菲律宾、热带非洲、澳大利亚北部也有。

种分布区类型：4

假地蓝

Crotalaria ferruginea Grah. ex Benth.

中苏队（Sino-Russ. Exped.）*3143*

生于海拔 280 ～ 2200m 湿润的林缘及干燥开旷的荒坡草地及灌丛中。分布于云南全省大部分地区（除迪庆地区外）；西藏、四川、贵州、广西、广东、福建、江苏、浙江、台湾、安徽、江西、湖南、湖北分布。缅甸、泰国、越南、印度、斯里兰卡、孟加拉、尼泊尔、印度尼西亚（爪哇）、马来群岛、菲律宾也有。

种分布区类型：7

猪屎豆

Crotalaria pallida Ait.

胡月英、文绍康（Hu Y.Y. et Wen S.K.）*580469*；蒋维邦（Jiang W.B.）*178*；李国锋（Li G.F.）*Li-118*；徐永椿（Hsu Y.C.）*324*；张广杰（Zhang G.J.）*322*

生于海拔 320 ～ 1030m 湿润的河边及干燥开旷的荒坡草地上。分布于云南元江、蒙自、河口、金平、开远、普洱、西双版纳、潞西、盈江、瑞丽、保山；广西、四川、广东、海南、福建、台湾、浙江、山东、湖南分布。孟加拉、不丹、柬埔寨、印度、印度尼西亚、老挝、马来西亚、缅甸、尼泊尔、巴基斯坦、菲律宾、斯里兰卡、泰国、越南、非洲、热带美洲也有。

种分布区类型：2

四棱猪屎豆

Crotalaria tetragona Roxb. ex Andr.

李国锋（Li G.F.）*Li-129*；中苏队（Sino-Russ. Exped.）*1077*

生于海拔 600 ～ 1400m 河边、路旁、草坡及灌丛中。分布于云南元江、新平、金平、元阳、富宁、个旧、红河、绿春、蒙自、屏边、景东、西双版纳、盈江、潞西、临沧、镇康；广西、四川和广东分布。缅甸、老挝、尼泊尔、印度、孟加拉、印度尼西亚（爪哇）也有。

种分布区类型：7

紫花黄檀

Dalbergia assamica Benth.

税玉民等（Shui Y.M. *et al.*）*90104*，*90839*；中苏队（Sino-Russ. Exped.）*697*

生于海拔 700 ～ 2200m 林中、河边和沟谷。分布于云南泸水、广南、麻栗坡、金平、富宁、河口、红河、开远、蒙自、弥勒、屏边、文山、西畴、普洱、景东、景洪、勐腊、临沧、镇康、耿马、双江、澜沧、龙陵、瑞丽；广西分布。喜马拉雅东部也有。

种分布区类型：14SH

象鼻藤

Dalbergia mimosoides Franch.

税玉民等（Shui Y.M. *et al.*）*群落样方 2011-31*，*群落样方 2011-35*，*群落样方 2011-37*

生于海拔 940 ～ 2200m 林中、灌丛或河边。模式标本采自宾川。分布于云南罗平、丽江、兰坪、德钦、维西、贡山、福贡、泸水、剑川、鹤庆、洱源、漾濞、宾川、永平、昆明、嵩明、富民、禄劝、双柏、江川、峨山、华宁、广南、屏边、蒙自、普洱、景东、双江、保山、腾冲；西藏、四川、江西、浙江、湖南、湖北、陕西分布。印度也有。

种分布区类型：7-2

钝叶黄檀

Dalbergia obtusifolia (Baker) Prain

税玉民等（Shui Y.M. *et al.*）*90009*，*90245*，*90267*，*90840*

生于海拔 650 ～ 1300m 林中、河边和荒地。模式标本采自普洱。分布于云南元江、普洱、景洪、景东、云县、墨江、西盟、孟连、耿马等。

云南特有

种分布区类型：15a

斜叶黄檀

Dalbergia pinnata (Lour.) Prain

李国锋（Li G.F.）*Li-270*，*Li-403*；税玉民等（Shui Y.M. *et al.*）*西隆山凭证 0445*

生于海拔 300 ～ 1700m 山地、沟谷或干热河谷。分布于云南泸水、腾冲、峨山、元江、金平、富宁、普洱、景东、景洪、勐海、云县、孟连、耿马;西藏、广西、海南分布。缅甸、菲律宾、马来西亚、印度尼西亚也有。

种分布区类型：7

多裂黄檀

Dalbergia rimosa Roxb.

徐永椿（Hsu Y.C.）*316*；中苏队（Sino-Russ. Exped.）*226*，*795*

生于海拔 280 ～ 1200m 林中或山坡。分布于云南富宁、西畴、河口、金平、屏边、绿春、蒙自、普洱、景洪、勐海、澜沧、孟连、西盟；广西、贵州、江西分布。缅甸、泰国、喜马拉雅山东部也有。

种分布区类型：7

黄檀属一种

Dalbergia sp.

西南野生生物种质资源库 DNA Barcoding 考察（DNA Barcoding Exped. of GBOWS）*GBOWS1391*

托叶黄檀

Dalbergia stipulacea Roxb.

西南野生生物种质资源库 DNA Barcoding 考察（DNA Barcoding Exped. of GBOWS）*GBOWS1391*；张广杰（Zhang G.J.）*279*；张建勋、张赣生（Chang C.S. et Chang K.S.）*127*；中苏队（Sino-Russ. Exped.）*416*；周浙昆等（Zhou Z.K. *et al.*）*2*，*9*

生于海拔 200 ～ 1800m 林中或山谷。分布于云南文山、西畴、麻栗坡、金平、屏边、河口、普洱、景洪、勐腊、沧源、耿马、龙陵、潞西、瑞丽、陇川、盈江。缅甸、越南、泰国、马来西亚、喜马拉雅东部也有。

种分布区类型：7

滇黔黄檀

Dalbergia yunnanensis Franch.

中苏队（Sino-Russ. Exped.）*537*

生于海拔 900 ～ 2000m 林中或干热河谷。分布于云南镇雄、师宗、丽江、永胜、大理、漾濞、洱源、鹤庆、宾川、禄劝、石林、元谋、双柏、易门、大姚、文山、砚山、西畴、麻栗坡、蒙自、金平、富宁、河口、绿春、屏边、勐海、临沧、双江、龙陵、腾冲、梁河；广西、贵州、四川分布。缅甸也有。

种分布区类型：7-3

假木豆

Dendrolobium triangulare (Retz.) Schindl.

段幼萱（Duan Y.X.）*59*；三四小队（The Third and Forth Group）*81*

生于海拔 700 ～ 1600m 林缘、路边及荒地草丛。分布于云南师宗、罗平、金平、绿春、马关、麻栗坡、蒙自、弥勒、屏边、西畴、砚山、元阳、石屏、元江、建水、红河、富宁、个旧、广南、河口、孟连、景洪等地。印度、斯里兰卡、缅甸、泰国、越南、老挝、柬埔寨、马来西亚、非洲也有。

种分布区类型：6

尾叶鱼藤

Derris caudatilimba How

李国锋（Li G.F.）*Li-421*

生于海拔 580 ～ 1340m 山地路旁灌木林或疏林中。分布于云南永平、西双版纳、金平等地；广东分布。

中国特有

种分布区类型：15

毛果鱼藤

Derris eriocarpa F.C. How

李国锋（Li G.F.）*Li-410*；税玉民等（Shui Y.M. *et al.*）*90219*

生于海拔 800 ～ 1600m 山地疏林中。分布于云南沧源、景东、西双版纳、元阳、屏边、河口、西畴、富宁、金平、马关、麻栗坡、蒙自等地；广西、贵州南部分布。泰国北部也有。

种分布区类型：7-3

中南鱼藤

Derris fordii Oliv.

税玉民等（Shui Y.M. *et al.*）*90099*，*90100*

生于海拔约 600m 山地路旁或山谷的灌木林或疏林中。分布于云南金平等地；贵州、广西、广东、湖南、湖北、江西、浙江、福建分布。

中国特有

种分布区类型：15

掌叶鱼藤

Derris palmifolia Chun et F.C. How

中苏队（Sino-Russ. Exped.）*993*

生于海拔 1700m 山地开旷峡谷中。分布于云南巍山、金平。

云南特有

种分布区类型：15a

粗茎鱼藤

Derris scabricaulis (Franch.) Gagnep.

毛品一（Mao P.I.）*621*

生于海拔 1400 ～ 2400m 山坡灌木林中。分布于云南金平、弥勒、屏边、文山、砚山、贡山、泸水、龙陵、镇康、景洪、永平、漾濞、大理、峨山、易门等地；西藏东南部分布。

中国特有

种分布区类型：15

大叶山蚂蝗

Desmodium gangeticum (Linn.) DC.

周浙昆等（Zhou Z.K. *et al.*）*12*

生于海拔 230 ～ 1360m 荒地草丛、山坡灌丛、路边、竹丛及次生林中。分布于云南禄劝、师宗、蒙自、富宁、金平、元阳、绿春、河口、澜沧、景东、景谷、西双版纳、泸水及盈江等地；贵州南部（罗甸、望谟）、广西、广东、海南、台湾中部和南部分布。斯里兰卡、印度、缅甸、泰国、越南、马来西亚、热带非洲和大洋洲也有。

种分布区类型：4

假地豆（原变种）

Desmodium heterocarpon (Linn.) DC. var. **heterocarpon**

税玉民等（Shui Y.M. *et al.*）*80323*

生于海拔 230 ～ 1900m 山坡草地、水边路旁、灌丛及林下。分布于云南彝良、师宗、元江、富宁、屏边、砚山、西畴、红河、金平、河口、绿春、马关、麻栗坡、弥勒、元阳、峨山、楚雄、鹤庆、贡山、保山、梁河、凤庆、临沧、盈江、镇康、潞西、景东、普洱、西双版纳及孟连等地；长江以南各省区分布。印度、斯里兰卡、缅甸、泰国、越南、柬埔寨、老挝、马来西亚、日本、太平洋群岛、大洋洲也有。

种分布区类型：5

糙毛假地豆（变种）

Desmodium heterocarpon (Linn.) DC. var. **strigosum** van Meeuwen

周浙昆等（Zhou Z.K. *et al.*）*511*

生于海拔 120 ～ 1200m 湿润荒地、河边沙滩、路边灌丛及疏林中。分布于云南金平、屏边、绿春、河口、西双版纳、澜沧、耿马、沧源、盈江、梁河及镇康等地；广东、海南、广西分布。印度、缅甸、泰国、越南、马来西亚、太平洋群岛、大洋洲至非洲也有。

种分布区类型：4

大叶拿身草

Desmodium laxiflorum DC.

张广杰（Zhang G.J.）*293*

生于海拔 1300 ～ 3400m 常绿阔叶林下或灌丛中阴湿处。分布于云南东北部（永善、大关、彝良、昭通、镇雄、会泽）、西北（华坪、永胜、丽江、维西、中甸、德钦、贡山）、中部（昆明、嵩明、禄劝、大姚）、西部（大理、永平、漾濞、洱源、鹤庆、凤庆、碧江）、西南部（腾冲、泸水、镇康、临沧、沧源）、中南部（景东）及东南部（金平、绿春、蒙自、砚山、元阳、屏边、文山）；陕西、四川、西藏、贵州、湖北、湖南、广西、江西分布。尼泊尔、不丹、缅甸也有。

种分布区类型：14SH

长波叶山蚂蝗

Desmodium sequax Wall.

李国锋（Li G.F.）*Li-130*

生于海拔 900 ～ 3400m 山坡草地、灌丛、疏林及林缘。分布于云南巧家、盐津、彝良、大关、师宗、昆明、宜良、江川、双柏、峨山、金平、开远、麻栗坡、弥勒、石屏、文山、砚山、蒙自、石屏、绿春、马关、元阳、西畴、河口、屏边、景东、普洱、西双版纳、双江、陇川、大理、兰坪、鹤庆、永仁、贡山、福贡、泸水、临沧、沧源及镇康等地；湖北、湖南、广东西北、广西、四川、贵州、西藏、台湾等省区分布。印度、尼泊尔、缅甸、印度尼西亚的爪哇、巴布亚新几内亚也有。

种分布区类型：7e

小鸡藤

Dumasia forrestii Diels

税玉民等（Shui Y.M. *et al.*）*91281*

生于海拔 1250 ～ 3200m 山坡灌丛中。分布于云南维西、香格里拉、丽江、兰坪、鹤庆、华宁、富源、石屏、沧源；西藏（波密）、四川分布。

中国特有

种分布区类型：15

柔毛山黑豆

Dumasia villosa DC.

李国锋（Li G.F.）*Li-200*

生于海拔 1200 ～ 2600m 山谷、溪边、灌丛中。分布于云南永善、师宗、贡山、丽江、德钦、大理、洱源、昆明、嵩明、安宁、峨山、江川、景东、金平、砚山、石屏、文山、麻栗坡、西畴、勐腊、西盟、澜沧、梁河、潞西；四川、贵州、西藏（察隅）、广西（那坡）、陕西分布。老挝、越南、印度、尼泊尔、斯里兰卡、泰国、印度尼西亚（爪哇）、菲律宾也有。

种分布区类型：7

劲直刺桐

Erythrina stricta Roxb.

税玉民等（Shui Y.M. *et al.*）(*s.n.*)

生于海拔 500 ～ 1400m 河边疏林。分布于云南双柏、禄劝、新平、麻栗坡、富宁、普洱、西双版纳；广西南部和西藏东部分布。缅甸、老挝、越南、柬埔寨、印度、尼泊尔、泰国也有。

种分布区类型：7

翅果刺桐

Erythrina subumbrans (Hassk.) Merr.

徐永椿（Hsu Y.C.）*435*；中苏队（Sino-Russ. Exped.）*54*

生于海拔 450 ～ 630m 低山沟谷雨林中。分布于云南金平、河口、西双版纳。越南、老挝、缅甸、菲律宾、印度尼西亚（爪哇）也有。

种分布区类型：7

细叶千斤拔

Flemingia lineata (Linn.) Roxb. ex Ait.

宣淑洁（Hsuan S.J.）*95*；张广杰（Zhang G.J.）*332*

生于海拔 530 ～ 1000m 草坡、灌丛中。分布于云南金平、蒙自、麻栗坡、西双版纳；台湾南部分布。缅甸、斯里兰卡、泰国、印度尼西亚、马来西亚、澳大利亚北部也有。

种分布区类型：5

大叶千斤拔

Flemingia macrophylla (Willd.) Prain

李国锋（Li G.F.）*Li-135-1*，*Li-151*；毛品一（Mao P.I.）*484*；税玉民等（Shui Y.M. *et al.*）*西隆山凭证 0237*，*西隆山凭证 0243*；西南野生生物种质资源库 DNA Barcoding 考察（DNA Barcoding Exped. of GBOWS）*GBOWS1435*；中苏队（Sino-Russ. Exped.）*386*

生于海拔 530 ～ 1300m 山坡路边、灌丛、次生林缘及疏密林中。分布于云南金平、河口、个旧、绿春、马关、麻栗坡、蒙自、西畴、元阳、双江及西双版纳等地；湖北、湖南、广东、广西、四川、贵州、台湾等省区分布。印度、缅甸、泰国、越南、马来西亚、菲律宾也有。

种分布区类型：7

千斤拔属一种

Flemingia sp.

西南野生生物种质资源库 DNA Barcoding 考察（DNA Barcoding Exped. of GBOWS）*GBOWS1435*

长柄山蚂蝗

Hylodesmum podocarpum (DC.) H. Ohashi et R.R. Mill

税玉民等（Shui Y.M. *et al.*）*群落样方 2011-46*

生于海拔 120 ～ 2100m 山坡路旁、草坡、次生阔叶林下或高山草甸处。分布于云南大部分地区；河北、江苏、浙江、安徽、江西、山东、河南、湖北、湖南、广东、广西、四川、贵州、西藏、陕西、甘肃等省区分布。印度、朝鲜和日本也有。

种分布区类型：7

河北木篮

Indigofera bungeana Walpers

税玉民等（Shui Y.M. *et al.*）*92463*

生于海拔 200 ～ 2300m 山坡林缘及灌木丛中。分布于云南德钦、兰坪、维西、丽江、昆明、蒙自、西畴等地；四川、贵州、广西、湖南、湖北、江西、江苏、安徽、浙江、福建分布。日本也有。

种分布区类型：14SJ

黑叶木篮

Indigofera nigrescens Kurz ex King et Prain

毛品一（Mao P.I.）*473*

生于海拔 500 ～ 2500m 山坡灌丛、杂木林、疏林向阳草坡、田野、河滩等处。分布于云南金平、开远、马关、蒙自、屏边、文山；西藏、贵州、四川、陕西、广西、广东、湖南、湖北、江西、浙江、福建、台湾分布。印度、缅甸、泰国、老挝、越南、菲律宾、印度尼西亚的爪哇也有。

种分布区类型：7

木篮属一种

Indigofera sp.

税玉民等（Shui Y.M. *et al.*）*西隆山凭证 0829，西隆山凭证 0856*

孟连崖豆藤

Millettia griffithii Dunn

张广杰（Zhang G.J.）*284*

生于海拔 800 ～ 1600m 山坡疏林及村边旷野。分布于云南孟连（标本未见）、金平。缅甸也有。

种分布区类型：7-3

闹鱼崖豆藤

Millettia ichthyochtona Drake

李国锋（Li G.F.）*Li-288*

生于海拔 150 ～ 750m 河谷砂质地、灌丛中。分布于云南金平、元阳、蒙自、河口等地。越南也有。

种分布区类型：7-4

厚果崖豆藤

Millettia pachycarpa Benth.

李国锋（Li G.F.）*Li-282*

生于海拔 2000m 以下山坡常绿阔叶林或杂木林及灌丛中。分布于云南除西北部高山以外全省各地；西藏、贵州、四川、广西、广东、湖南、江西、浙江（南部）、福建、台湾分布。缅甸、泰国、越南、老挝、孟加拉、印度、尼泊尔、不丹也有。

种分布区类型：7

华南小叶崖豆藤（变种）

Millettia pulchra (Benth.) Kurz var. **chinensis** Dunn

税玉民等（Shui Y.M. *et al.*）*91126*

生于海拔 900 ～ 1900m 的山坡灌丛中。分布于云南镇康、景东、建水、富宁、师宗等地；广西分布。

中国特有

种分布区类型：15

崖豆藤属一种

Millettia sp.

税玉民等（Shui Y.M. *et al.*）*西隆山凭证 0217，西隆山凭证 0223*；西南野生生物种质资源库 DNA Barcoding 考察（DNA Barcoding Exped. of GBOWS）*GBOWS1449*

灰毛崖豆藤

Millettia cinerea (Benth.) Schot

李国锋（Li G.F.）*Li-012，Li-041*

生于海拔 500 ～ 1200m 山坡次生常绿林中。分布于云南南部及东南部；四川西南、西藏东南分布。尼泊尔、不丹、孟加拉、印度、缅甸、泰国也有。

种分布区类型：7

常春油麻藤

Mucuna sempervirens Hemsl.

税玉民等（Shui Y.M. *et al.*）*群落样方 2011-34*

生于海拔 300 ～ 3000m 亚热带森林、灌木丛、溪谷、河边。分布于云南会泽、维西、贡山、泸水、宾川、绿春、勐腊、景洪等；四川、贵州、云南、陕西南部（秦岭南坡）、湖北、浙江、江西、湖南、福建、广东、广西分布。日本也有。

种分布区类型：14SJ

油麻藤属一种

Mucuna sp.

税玉民等（Shui Y.M. *et al.*）*西隆山凭证 0215，西隆山凭证 0229*

小槐花

Ohwia caudata (Thunb.) H. Ohashi

中苏队（Sino-Russ. Exped.）*983*

生于海拔 700 ～ 1150m 山坡荒地、路旁草地、河岸边、林缘或林下。分布于云南金平、河口、绿春、马关、西双版纳等地；浙江、江西、湖北、湖南、广西、四川、贵州、西藏等省区分布。印度、斯里兰卡、不丹、缅甸、马来西亚、日本、朝鲜也有。

种分布区类型：7

肥荚红豆

Ormosia fordiana Oliv.

税玉民等（Shui Y.M. *et al.*）(*s.n.*)

生于海拔 650 ～ 1400m 山谷、山坡路旁、溪边杂木林。分布于云南西畴、麻栗坡、马关、屏边、河口、绿春、西双版纳、澜沧；广西、广东、海南分布。越南、缅甸、泰国、孟加拉也有。

种分布区类型：7

屏边红豆

Ormosia pingbianensis W.C. Cheng et R.H. Chang

张建勋等（Chang C.S. *et al.*）*116*

生于海拔 900 ～ 1000m 山谷疏林。分布于云南屏边、金平、河口；广西（宁明）分布。

中国特有

种分布区类型：15

紫雀花

Parochetus communis Buch.-Ham.ex D.Don

税玉民等（Shui Y.M. *et al.*）*90906*

生于海拔 1350 ～ 3100m 山坡、草地、路边、林下。分布于云南维西、贡山、福贡、丽江、兰坪、漾濞、大理、凤庆、镇康、景东、大姚、易门、禄劝、昆明、富民、宜良、峨山、巧家、威信、镇雄、文山、石屏、屏边；西藏分布。印度尼西亚（爪哇）、马来西亚、斯里兰卡、中南半岛、缅甸、印度也有。

种分布区类型：7

葛

Pueraria montana (Lour.) Merr.

税玉民等（Shui Y.M. *et al.*）*80263，西隆山凭证 0247*

生于海拔 520 ～ 2400m 各种生境。分布于云南全省各地（其中东南部自金平、绿春、马关、蒙自、弥勒、屏边）；除新疆、青海和西藏外各省区分布。东南亚至澳大利亚也有。

种分布区类型：5

苦葛

Pueraria peduncularis (Grah. ex Benth.) Benth.

周浙昆等（Zhou Z.K. *et al.*）*1*

生于海拔 1100 ～ 3000m 荒地、杂木林中。分布于云南维西、香格里拉、兰坪、丽江、大理、鹤庆、漾濞、通海、大姚、楚雄、双柏、武定、嵩明、元江、江川、禄劝、峨山、金平、红河、建水、开远、蒙自、弥勒、砚山、麻栗坡、文山、西畴、绿春、景东、墨江、西盟、西双版纳、潞西、腾冲；四川、贵州、广西、西藏分布。缅甸、尼泊尔、克什米尔、印度也有。

种分布区类型：14SH

密子豆

Pycnospora lutescens (Poir.) Schindl.

周浙昆等（Zhou Z.K. *et al.*）*612*

生于海拔 120 ～ 930m 山野草地、湿润荒地、路边灌丛及次生林中。分布于云南金平、个旧、富宁、绿春、河口、西双版纳、盈江等地;江西南、广东、海南、广西、贵州西南部、台湾分布。印度、缅甸、越南、菲律宾、印度尼西亚、巴布亚新几内亚、澳大利亚东部也有。

种分布区类型：5

硬毛宿苞豆

Shuteria ferruginea (Kurz) Baker

税玉民等（Shui Y.M. *et al.*）*80308*

生于海拔 250 ～ 2000m 山坡、疏林、路旁、灌丛中。分布于云南金平、红河、开远、文山、蒙自、新平。老挝、越南、泰国、缅甸、不丹、尼泊尔、印度也有。

种分布区类型：7

光宿苞豆（变种）

Shuteria involucrata (Wall.) Wight et Arn. var. **glabrata** (Wight et Arn.) Ohashi

李国锋（Li G.F.）*Li-044，Li-200*

生于海拔 1000 ～ 2800m 山坡疏林、草地和路旁。分布于云南金平、屏边、麻栗坡、蒙自、贡山、昆明、西双版纳、腾冲；广西和海南分布。缅甸、越南、泰国、不丹、尼泊尔、印度、斯里兰卡、菲律宾、印度尼西亚也有。

种分布区类型：7

坡油甘

Smithia sensitiva Ait.

李国锋（Li G.F.）*Li-160*

生于海拔 380 ～ 1650m 田边或低湿处，为一野生杂草。分布于云南峨山、蒙自、景东、罗平、孟连、普洱、西双版纳、云县、元江、腾冲、凤庆、双江、澜沧、梁河、潞西、元阳；广西、贵州、四川、广东、海南、福建、台湾分布。热带亚洲也有。

种分布区类型：7

密花豆

Spatholobus suberectus Dunn

李国锋（Li G.F.）*Li-145, 91127*；税玉民等（Shui Y.M. *et al.*）*90291*，*群落样方 2011-35*

生于海拔 600 ～ 2100m 常绿阔叶林中或山地疏林、密林沟谷、灌丛中。分布于云南贡山、通海、元江、双柏、金平、富宁、屏边、西畴、麻栗坡、普洱、景东、勐腊、保山、云县、凤庆、潞西、盈江；广西、广东、福建分布。

中国特有

种分布区类型：15

葫芦茶

Tadehagi triquetrum (Linn.) Ohashi

税玉民等（Shui Y.M. *et al.*）*西隆山凭证 0269*，*西隆山凭证 0270*

生于海拔 200 ～ 1400m 河边荒地、山坡草地、灌丛及林中。分布于云南河口、绿春、马关、西畴、金平、屏边、耿马、景东、普洱、西双版纳、临沧及盈江等地；福建、江西、广东、海南、广西及贵州分布。印度、斯里兰卡、缅甸、泰国、越南、老挝、柬埔寨、马来西亚、太平洋群岛、新喀里多尼亚和澳大利亚北部也有。

种分布区类型：5

猫尾草

Uraria crinita (Linn.) Desv. ex DC.

中苏队（Sino-Russ. Exped.）*1686*

生于海拔 150 ～ 1900m 山地路旁、灌丛或常绿林中。分布于云南金平、元阳、屏边、河口、绿春、西双版纳、盈江及腾冲等地；福建、江西、广东、海南、广西、台湾等省区分布。印度、斯里兰卡、中南半岛、马来半岛、南至澳大利亚北部也有。

种分布区类型：5

狸尾豆

Uraria lagopodioides (Linn.) Desv. ex DC.

张广杰（Zhang G.J.）*327*

生于海拔 330 ～ 1500m 山坡荒地及灌丛中。分布于云南蒙自、文山、个旧、富宁、元阳、金平、河口、西畴、绿春、弥勒、景东、保山、洱源、西双版纳、孟连、镇康、耿马及沧源等地；福建、江西、湖南、广东、海南、广西、贵州、台湾分布。印度、缅甸、越南、马来西亚、菲律宾、澳大利亚也有。

种分布区类型：5

野豇豆

Vigna vexillata (Linn.) Rich.

李国锋（Li G.F.）*Li-096*

生于海拔 300 ～ 2100m 旷野、灌丛或疏林中。分布于云南全省各地；华东、华南至西南各省区分布。全球热带、亚热带地区也有。

种分布区类型：2

150　旋节花科 Stachyuraceae

西域旌节花

Stachyurus himalaicus Hook. f. et Thoms. ex Benth.

中苏队（Sino-Russ. Exped.）*1010*；周浙昆等（Zhou Z.K. *et al.*）*288*

生于海拔 1700 ～ 2900m 山坡林中。分布于云南全省各地；西南、广西、广东、台湾、陕西、湖北、湖南、江西等省区分布。印度、缅甸也有。

种分布区类型：7

151 金缕梅科 Hamamelidaceae

青皮树

Altingia excelsa Noronha

（采集人不详）（Anonym）*1762*；毛品一（Mao P.I.）*578*；税玉民等（Shui Y.M. *et al.*）*群落样方 2011-44*，*群落样方 2011-46*，*群落样方 2011-47*，*群落样方 2011-48*；周浙昆等（Zhou Z.K. *et al.*）*597*

生于海拔 550 ～ 1700m 山地常绿林中，为上层优势树种，在印度尼西亚称为“山地森林之王”，仅鸡毛松 **Podocarpus imbricatus** 和竹叶罗汉松 **Podocarpusneriifolius** 可以与之比高，常与常绿栎类、木荷、乌楣、猴欢喜、葱臭木、黄杞、木兰、黄心树 **Michelia**、杜英等组成常绿阔叶山地雨林。分布于云南瑞丽、腾冲、镇康、沧源、西双版纳至红河、金平、屏边、河口、绿春；西藏东南部（墨脱）分布。不丹、印度东北部（阿萨姆）、缅甸、马来半岛至印度尼西亚（苏门答腊、爪哇）也有。

种分布区类型：7

蒙自蕈树

Altingia yunnanensis Rehd. et Wils.

李国锋（Li G.F.）*Li-354*；西南野生生物种质资源库 DNA Barcoding 考察（DNA Barcoding Exped. of GBOWS）*GBOWS1386*，*GBOWS1416*

生于海拔 900 ～ 1700m 山地常绿阔叶林中，为当地上层优势树种。分布于云南蒙自、金平、屏边、河口、马关、麻栗坡、文山。

滇东南特有

种分布区类型：15b

马蹄荷

Exbucklandia populnea (R. Br. ex Griffith) R.W. Brown

税玉民等（Shui Y.M. *et al.*）*90736*，*群落样方 2011-31*，*群落样方 2011-34*，*群落样方 2011-35*，*群落样方 2011-40*，*西隆山凭证 206*；周浙昆等（Zhou Z.K. *et al.*）*74*

海拔 1000 ～ 2600m 山地常绿林或混交林中常见。分布于云南东南部（金平、河口、富宁、红河、绿春、马关、蒙自、屏边、文山、西畴、元阳）、南部、中部、西南部至西北部（贡山）；贵州、广西分布。印度、尼泊尔、不丹、缅甸、泰国、越南、马来半岛至印度尼西亚（苏门答腊）也有。

种分布区类型：7

滇南红花荷

Rhodoleia henryi Tong

税玉民等（Shui Y.M. *et al.*）*西隆山凭证 0388*，*西隆山凭证 0390*，*西隆山凭证 0482*，*西隆山样方 1A-10*；云南省林科院（Yunnan Acad. Forest. Exped.）*1248*

生于海拔 1650 ～ 2450m 山顶老林中。分布于云南金平、红河、绿春、麻栗坡、蒙自、屏边、文山、西畴、元阳。

滇东南特有

种分布区类型：15b

红花荷

Rhodoleia parvipetala Tong

税玉民等（Shui Y.M. *et al.*）*西隆山样方 8A-6*

生于海拔 1000 ～ 2180m 常绿阔叶林中，中上层常见。分布于云南蒙自、金平、屏边、麻栗坡、西畴、文山、河口、绿春、马关；贵州（东南部）、广西、广东（西部）分布。越南北部（老街）也有。

种分布区类型：15c

161　桦木科 Betulaceae

蒙自桤

Alnus nepalensis D. Don

税玉民等（Shui Y.M. *et al.*）*群落样方 2011-33*，*群落样方 2011-35*，*群落样方 2011-40*；中苏队（Sino-Russ. Exped.）*1029*

生于海拔 500 ～ 3600m 湿润坡地或沟谷台地林中，有时组成纯林。云南几遍全省；西藏东南部、四川西南部、贵州分布。尼泊尔、不丹、印度也有。

种分布区类型：14SH

西南桦

Betula alnoides Buch.-Ham. ex D. Don

西南野生生物种质资源库 DNA Barcoding 考察（DNA Barcoding Exped. of GBOWS）*GBOWS1093*，*GBOWS1389*

生于海拔 500 ～ 2100m 山坡杂木林中。分布于云南泸水、南部涧、保山、龙陵、瑞丽、盈江、凤庆、沧源、镇康、双江、景东、普洱、景洪、佛海、勐腊、石屏、金平、广南、富宁、西畴、屏边等地；梅南（尖峰岭）、广西田林分布。越南、尼泊尔也有。

种分布区类型：7

华南桦

Betula austrosinensis Chun ex P.C. Li

税玉民等（Shui Y.M. *et al.*）*91121*

生于海拔 1500 ～ 1800m 山坡阔叶林中。分布于云南广南、西畴、麻栗坡、屏边、金平、永善、镇雄等地；四川、贵州、广东、广西、湖南等省区分布。

中国特有

种分布区类型：15

163　壳斗科 Fagaceae

银叶栲

Castanopsis argyrophylla King ex Hook. f.

西南野生生物种质资源库 DNA Barcoding 考察（DNA Barcoding Exped. of GBOWS）*GBOWS1439*

生于海拔 750 ～ 2500m 山坡干燥或湿润地方。分布于云南双江、普洱、勐海、景洪、金平、屏边、麻栗坡等地。印度、缅甸、老挝、泰国也有。

种分布区类型：7

杯状栲

Castanopsis calathiformis (Skan) Rehd. et Wils.

税玉民等（Shui Y.M. *et al.*）*群落样方 2011-46*；张广杰（Zhang G.J.）*120，286*；中苏队（Sino-Russ. Exped.）*707*

生于海拔 800 ～ 2100m 阳坡，与其他栎树及杂木混生，为滇南次生阔叶林的先锋树种。分布于云南西南部、南部及东南部。越南、缅甸、泰国也有。

种分布区类型：7

高山栲

Castanopsis delavayi Franch.

徐永椿（Hsu Y.C.）*50*

生于海拔 900 ～ 2800m 山地林中。分布于云南全省大部分地区；贵州、四川、广西等省区分布。越南、缅甸、泰国也有。

种分布区类型：7

短刺栲

Castanopsis echinocarpa Hook. f. et Thoms. ex Miq.

西南野生生物种质资源库 DNA Barcoding 考察（DNA Barcoding Exped. of GBOWS）*GBOWS1437*；张建勋、张赣生（Chang C.S. et Chang K.S.）*152*；中苏队（Sino-Russ. Exped.）*116*

生于海拔 500 ～ 2300m 山坡、疏林中。分布于云南瑞丽、龙陵、腾冲、福贡、勐海、景洪、勐腊、普洱、金平、河口、红河、绿春、马关、麻栗坡、蒙自、弥勒、屏边、文山、西畴、砚山、元阳等地；西藏东南部分布。孟加拉、不丹、印度东北部、缅甸、尼泊尔、泰国、越南也有。

种分布区类型：7

罗浮栲

Castanopsis fabri Hance

徐永椿（Hsu Y.C.）*337*；中苏队（Sino-Russ. Exped.）*709*；周浙昆等（Zhou Z.K. *et al.*）*106*，*461*，*503*

生于海拔 1000 ～ 2000m 山地湿润森林中。分布于云南金平、富宁、河口、红河、西畴、元阳、屏边、麻栗坡、文山、富宁等地;贵州、广西、广东、湖南、福建、江西、安徽、浙江、台湾等省区分布。老挝、越南也有。

种分布区类型：7-4

栲

Castanopsis fargesii Franch.

税玉民等（Shui Y.M. *et al.*）*群落样方 2011-46*，*群落样方 2011-38*，*群落样方 2011-44*

生于海拔 1200 ～ 2000m 林中或溪边土层深厚处。分布于云南金平、蒙自、富宁、广南、威信、盐津等地；贵州、广西、四川、广东、湖南、湖北、福建、江西、浙江、安徽等省区分布。

中国特有

种分布区类型：15

黧蒴栲

Castanopsis fissa (Champ. ex Benth.) Rehd. et Wils.

税玉民等（Shui Y.M. *et al.*）*群落样方 2011-32*；周浙昆等（Zhou Z.K. *et al.*）*114*，*539*

生于海拔 700 ～ 1500m 山坡，为常绿阔叶次生林的先锋树种。分布于云南绿春、金平、麻栗坡、西畴、富宁、马关、屏边、文山等地；贵州南部、广西、广东东部、海南西部、湖南、福建、江西等省区分布。越南东北部也有。

种分布区类型：15c

小果栲

Castanopsis fleuryi Hick et A. Camus

税玉民等（Shui Y.M. *et al.*）*群落样方 2011-31*，*群落样方 2011-35*；周浙昆等（Zhou Z.K. *et al.*）*605*

生于海拔 1100 ～ 2300m 阔叶混交林中。分布于云南潞西、镇康、勐海、澜沧、临沧、凤庆、普洱、景东、元江、新平、金平、红河、绿春等地。越南也有。

种分布区类型：7-4

刺栲

Castanopsis hystrix Miq.

税玉民等（Shui Y.M. *et al.*）*80313*

生于海拔 500 ～ 1600m（有时达 2000m）湿润山谷疏林或密林中。分布于云南西部龙陵、腾冲、东南部金平、富宁、红河、绿春、马关、麻栗坡、蒙自、屏边、文山、西畴、砚山、元阳、南部西双版纳；贵州、广西、广东、湖南、福建、台湾等省区分布。印度、老挝、越南也有。

种分布区类型：7

印度栲

Castanopsis indica (Roxb. ex Lindl.) A. DC.

税玉民等（Shui Y.M. *et al.*）*群落样方 2011-43*，*群落样方 2011-46*，*群落样方 2011-47*，*群落样方 2011-49*；西南野生生物种质资源库 DNA Barcoding 考察（DNA Barcoding Exped. of GBOWS）*GBOWS1353*；张建勋、张赣生（Chang C.S. et Chang K.S.）*57*，*83*；中苏队（Sino-Russ. Exped.）*131*

生于海拔 600 ～ 1100m 沟谷疏林中。分布于云南西南部、南部及东南部（金平、河口、富宁、绿春、麻栗坡、屏边、文山）；广西、广东、福建、西藏等省区分布。越南、老挝、印度也有。

种分布区类型：7

大叶栲

Castanopsis megaphylla Hu

西南野生生物种质资源库 DNA Barcoding 考察（DNA Barcoding Exped. of GBOWS）

GBOWS1390

生于海拔 550 ～ 2500m 石灰岩山地阳坡杂木林中或山坡混交林中。分布于云南洱源、鹤庆、保山、耿马、凤庆、文山、勐海、勐腊、屏边；黄河流域以南分布。日本、越南北部也有。

种分布区类型：7

疏齿栲

Castanopsis remotidenticulata Hu

周浙昆等（Zhou Z.K. *et al.*）*183*

生于海拔 2000 ～ 2300m 林中。分布于云南新平、元江、绿春、金平、马关、文山、红河等地。

云南特有

种分布区类型：15a

栲属一种

Castanopsis sp.

周浙昆等（Zhou Z.K. *et al.*）*212，289，602，614，615，623*

变色栲

Castanopsis wattii (King ex Hook. f.) A. Camus

周浙昆等（Zhou Z.K. *et al.*）*171*

生于海拔 1300 ～ 2500m 常绿阔叶林中。分布于云南金平、西畴、元江、龙陵、腾冲、勐海、普洱、景东等地。印度也有。

种分布区类型：7-2

黄毛青冈

Cyclobalanopsis delavayi (Franch.) Schottky

税玉民等（Shui Y.M. *et al.*）*群落样方 2011-31，群落样方 2011-32*

生于海拔 700 ～ 3000m 常绿阔叶林或松栎混交林中。模式标本采自云南大坪子。分布于云南大部分地区；广西、四川、贵州等省区分布。

中国特有

种分布区类型：15

毛叶曼青冈

Cyclobalanopsis gambleana (A. Camus) Y.C. Hsu et H.W. Jen

中苏队（Sino-Russ. Exped.）*1005*

生于海拔 1800 ～ 3000m 杂木林中。分布于云南西北部、东北部以至东南部（金平、麻栗坡、屏边）；贵州、四川、西藏、湖北等省区分布。印度东北部也有。

种分布区类型：7-2

青冈

Cyclobalanopsis glauca (Thunb.) Oerst.

税玉民等（Shui Y.M. *et al.*）*群落样方 2011-32*，*群落样方 2011-38*

生于海拔 700 ～ 2400m 山谷山坡林中。分布于云南西北部、中部、东南部；陕西、甘肃、江苏、安徽、浙江、江西、福建、台湾、河南、湖北、湖南、广东、广西、四川、贵州、西藏等省区分布。朝鲜、日本也有。

种分布区类型：7

薄片青冈

Cyclobalanopsis lamellosa (Smith) Oerst.

税玉民等（Shui Y.M. *et al.*）*群落样方 2011-44*，*群落样方 2011-46*

生于海拔 1300 ～ 2500m 杂木林中。分布于云南东南部、西北部和西部；广西西部、西藏墨脱等地分布。印度、尼泊尔、缅甸北部也有。

种分布区类型：14SH

水青冈

Fagus longipetiolata Seem.

税玉民等（Shui Y.M. *et al.*）*群落样方 2011-31*

生于海拔 300 ～ 2600m 山地杂木林中。模式标本采自四川城口。分布于云南东北部及东南部；华中、华南以至陕西南部分布。

中国特有

种分布区类型：15

猴面石栎

Lithocarpus balansae (Drake) A. Camus

毛品一（Mao P.I.）*608*；税玉民等（Shui Y.M. *et al.*）*群落样方 2011-43*，*群落样方 2011-44*，*群落样方 2011-46*，*群落样方 2011-47*，*群落样方 2011-48*，*群落样方 2011-49*；徐永椿（Hsu Y.C.）*249*；宣淑洁（Hsuan S.J.）*133*；张建勋、张赣生（Chang C.S. et Chang K.S.）

54，150，167，175；中苏队（Sino-Russ. Exped.）*1627*

生于海拔 430 ～ 1300m 湿润森林中。分布于云南金平、屏边、河口、红河、绿春、西畴等地。越南也有。

种分布区类型：7-4

闭壳石栎

Lithocarpus cryptocarpus A. Camus

张赣生、张建勋（Chang K.S. et Chang C.S.）*150*

生于海拔 350 ～ 1900m 山坡或山谷常绿阔叶林中。分布于云南金平、河口、麻栗坡、蒙自、屏边、文山、西畴。越南中部和东北部也有。

种分布区类型：7-4

刺斗石栎

Lithocarpus echinotholus (Hu) Chun et C.C. Huang ex Y.C. Hsu et H.W. Jen

蒋维邦（Jiang W.B.）*37，57，108*；张建勋、张赣生（Chang C.S. et Chang K.S.）*184C*

生于海拔 520 ～ 1000m 山坡、山谷疏林中。分布于云南金平、屏边、河口、蒙自、马关、麻栗坡等地。越南北部也有。

种分布区类型：15c

硬斗石栎

Lithocarpus hancei (Benth.) Rehd.

税玉民等（Shui Y.M. *et al.*）*群落样方 2011-31，群落样方 2011-32，西隆山样方 8-F-07*；周浙昆等（Zhou Z.K. *et al.*）*246*

生于海拔 1000 ～ 2000m 杂木林中。分布于云南贡山、腾冲、临沧、耿马、景东、元江、金平、西畴、富宁、广南、河口、开远、蒙自、绿春、马关、麻栗坡、屏边、石屏、文山等地；贵州、四川、广西、广东、海南、福建、江西、湖南、湖北、浙江、台湾等省区分布。

中国特有

种分布区类型：15

老挝石栎

Lithocarpus laoticus (Hick. et A. Camus) A. Camus

税玉民等（Shui Y.M. *et al.*）*群落样方 2011-31，90324，群落样方 2011-32，群落样方 2011-38，群落样方 2011-49*

生于海拔 1500 ～ 2200 m 山地常绿阔叶林中。分布于云南金平、绿春等。老挝北部也有。

种分布区类型：7-4

厚鳞石栎

Lithocarpus pachylepis A. Camus

税玉民等（Shui Y.M. *et al.*）*群落样方 2011-31，群落样方 2011-32*

生于海拔 900～2000m 山地常绿阔叶林中。分布于云南金平、屏边等地；广西西部分布。越南北部也有。

种分布区类型：15c

犁耙石栎

Lithocarpus silvicolarum (Hance) Chun

王开域（Wang K.Y.）*31*；徐永椿（Hsu Y.C.）*119*；张建勋、张赣生（Chang C.S. et Chang K.S.）*228*；中苏队（Sino-Russ. Exped.）*14，347，451*

生于海拔 400～1000m 山地森林中。分布于云南金平、河口、麻栗坡、蒙自、马关、屏边、砚山等地；广西、广东等省区分布。越南、老挝也有。

种分布区类型：7-4

石栎属一种

Lithocarpus sp.

周浙昆等（Zhou Z.K. *et al.*）*540*；西南野生生物种质资源库 DNA Barcoding 考察（DNA Barcoding Exped. of GBOWS）*GBOWS1470*

截头石栎

Lithocarpus truncatus (King ex Hook. f.) Rehd. et Wils.

税玉民等（Shui Y.M. *et al.*）*群落样方 2011-31，群落样方 2011-32*

生于海拔 500～2500m 山地常绿阔叶林中。分布于云南盈江、潞西、瑞丽、龙陵、双江、凤庆、临沧、西双版纳、普洱、镇源、景东、屏边、金平、麻栗坡等地；广西、广东、西藏东南部（墨脱）等省区分布。印度、缅甸东北部、老挝、泰国、越南也有。

种分布区类型：7

木果石栎

Lithocarpus xylocarpus (Kurz) Markg.

税玉民等（Shui Y.M. *et al.*）(*photo*)

生于海拔 1800～2300m 较干燥坡地杂木林中。分布于云南凤庆、镇康、景东、金平；西藏东南部分布。印度、缅甸东北部、老挝北部也有。

种分布区类型：7

165 榆科 Ulmaceae

柔毛糙叶树（变种）

Aphananthe aspera (Thunb.) Planch. var. **pubescens** C.J. Chen

张广杰（Zhang G.J.）*325*；中苏队（Sino-Russ. Exped.）*320*

生于海拔 150 ～ 1500m 林中。分布于云南镇康、孟连、双江、勐海、景洪、金平、屏边、个旧、河口及蒙自；广西、江西、浙江和台湾分布。

中国特有

种分布区类型：15

紫弹树

Celtis biondii Pamp.

中苏队（Sino-Russ. Exped.）*768，1092*

生于海拔 90 ～ 2000m 山地灌丛或杂木林中或石灰岩上。分布于云南金平、富宁、广南、开远、麻栗坡、蒙自、弥勒、文山、西畴、砚山、元阳、镇雄、大关等地。日本、朝鲜也有。

种分布区类型：7

四蕊朴

Celtis tetrandra Roxb.

中苏队（Sino-Russ. Exped.）*336，533*

生于海拔 200 ～ 1600m 阔叶林中。分布于云南金平、富宁、河口、建水、开远、麻栗坡、蒙自、弥勒、石屏、砚山、元阳、文山、红河、普洱、临沧、大理、保山、德宏等地；四川、广西分布。印度、尼泊尔至缅甸、越南也有。

种分布区类型：7

白颜树

Gironniera subaequalis Planch.

蒋维邦（Jiang W.B.）*33*；税玉民等（Shui Y.M. *et al.*）*80229，90110，80229，90110，群落样方 2011-43，群落样方 2011-44，群落样方 2011-46，群落样方 2011-47，群落样方 2011-48，样方 2-S-09*；吴元坤、胡诗秀（Wu Y.K. et Hu S.X.）*43*；西南野生生物种质资源库 DNA Barcoding 考察（DNA Barcoding Exped. of GBOWS）*GBOWS1411*；徐永椿（Hsu Y.C.）*430*；张广杰（Zhang G.J.）*152*；张建勋（Chang C.S.）*113*；中苏队（Sino-Russ. Exped.）*650*

生于海拔 800m 以下山谷、溪边阔叶林中。分布于云南景洪、勐腊、勐海、江城、金平、河口、绿春、马关、屏边；广西、广东、海南分布。缅甸、越南、印度、斯里兰卡、印度尼西亚、马来西亚也有。

种分布区类型：7

狭叶山黄麻

Trema angustifolia (Planch.) Bl.

蒋维邦（Jiang W.B.）*21*；王开域（Wang K.Y.）*12*

生于海拔 700 ～ 1600m 阔叶林或灌丛中。分布于云南新平、西畴、屏边、金平、红河、开远、蒙自、普洱、勐腊、景洪；广西、广东分布。印度、越南、马来半岛、印度尼西亚也有。

种分布区类型：7

异色山黄麻

Trema orientalis (Linn.) Bl.

税玉民等（Shui Y.M. *et al.*）*90214*；中苏队（Sino-Russ. Exped.）*688*

生于海拔 1100 ～ 2300m 阔叶林或灌木林中。分布于云南福贡、金平、富宁、河口、红河、开远、马关、蒙自、屏边、文山、西畴、绿春、元阳、麻栗坡、普洱、景东、勐腊、勐海、凤庆、潞西等地；贵州、广西、广东、海南、台湾分布。缅甸、印度、孟加拉、斯里兰卡、菲律宾、日本、中南半岛、马来西亚、澳大利亚也有。

种分布区类型：5

山黄麻

Trema tomentosa (Roxb.) Hara

段幼萱（Duan Y.X.）*54*；黄道存（Huang D.C.）*6*；蒋维邦（Jiang W.B.）*2*；沙惠祥、戴汝昌（Sha H.X. et Dai R.C.）*98*；吴元坤、胡诗秀（Wu Y.K. et Hu S.X.）*9*；徐永椿（Hsu Y.C.）*155*；张建勋、张赣生（Chang C.S. et Chang K.S.）*60*，*102*；中苏队（Sino-Russ. Exped.）*963*，*989*

生于海拔 350 ～ 2500m 河谷及山坡林中。分布于云南泸水、文山、富宁、绿春、河口、金平、屏边、麻栗坡、蒙自、弥勒、西畴、凤庆、双江、耿马、盈江、景洪、勐腊、勐海等地；四川、西藏、贵州、广西、广东、海南、台湾和福建分布。缅甸、不丹、孟加拉、印度、斯里兰卡、泰国、马来西亚、印度尼西亚、日本、南太平洋诸岛也有。

种分布区类型：7e

常绿榆

Ulmus lanceifolia Roxb.

中苏队（Sino-Russ. Exped.）*358*

生于海拔 500 ～ 1500m 山坡、溪边阔叶林中。分布于云南南部至西部、东南部自金平、河口、建水、麻栗坡、弥勒。老挝、缅甸、印度、不丹也有。

种分布区类型：7

167　桑科 Moraceae

野树波罗

Artocarpus chama Buch.-Ham.

蒋维邦（Jiang W.B.）；毛品一（Mao P.I.）*612*；徐永椿（Hsu Y.C.）*120*；宣淑洁（Hsuan S.J.）*132*；中苏队（Sino-Russ. Exped.）*635*

生于海拔 130 ～ 650m 石灰岩山地林中。分布于云南西双版纳、河口、金平、红河等地。越南中部以北、老挝也有。

种分布区类型：7-4

野波罗蜜

Artocarpus lakoocha Roxb.

税玉民等（Shui Y.M. *et al.*）*90119*；张建勋、张赣生（Chang C.S. et Chang K.S.）*34*；中苏队（Sino-Russ. Exped.）*676*；周浙昆等（Zhou Z.K. *et al.*）*129*

生于海拔 1000 ～ 2400m 常绿阔叶林中。分布于云南临沧、凤庆、澜沧、墨江、普洱至弥渡、景东、龙陵、西双版纳、金平、河口、绿春、屏边、元阳、马关。印度、孟加拉、安达曼岛、缅甸、泰国、老挝、越南（北方）、斯里兰卡、马来西亚也有。

种分布区类型：7

牛李

Artocarpus nigrifolius C.Y. Wu

毛品一（Mao P.I.）*640*

生于海拔 1000m 山地雨林中。分布于云南金平、河口、西双版纳。

云南特有

种分布区类型：15a

猴子瘿袋

Artocarpus pithecogallus C.Y. Wu

税玉民等（Shui Y.M. *et al.*）*90353，西隆山凭证 211，西隆山凭证 212*

生于海拔 1400 ～ 1630m 潮湿林中。分布于云南金平、西双版纳、双江、沧源。

云南特有

种分布区类型：15a

藤构（变种）

Broussonetia kaempferi Sieb. var. **australis** Suzuki

中苏队（Sino-Russ. Exped.）*623*

生于海拔 310 ～ 1000m 山谷灌丛中或沟边、山坡路旁。分布于云南全省各地；浙江、安徽、湖北、湖南、江西、福建、广东、海南、广西、贵州、四川、台湾等地分布。越南北部也有。

种分布区类型：15c

落叶花桑

Broussonetia kurzii (Hook. f.) Corner

徐永椿（Hsu Y.C.）*126*，*352*；中苏队（Sino-Russ. Exped.）*477*

生于海拔 200 ～ 600m 阔叶林中。分布于云南西双版纳至金平、个旧、蒙自、红河。印度、缅甸、越南、泰国、马来西亚也有。

种分布区类型：7

构树

Broussonetia papyrifera (Linn.) L’ Herit. ex Vent.

段幼萱（Duan Y.X.）*62*；蒋维邦（Jiang W.B.）*84*；沙惠祥、戴汝昌（Sha H.X. et Dai R.C.）*11*；吴元坤（Wu Y.K.）*46*；张建勋、张赣生（Chang C.S. et Chang K.S.）*29*

生于海拔 100 ～ 2000m 林缘、路边或栽于村庄附近的荒地。分布于云南全省各地；长江和珠江流域各省区分布。越南、印度、日本也有。

种分布区类型：7

高山榕

Ficus altissima Bl.

毛品一（Mao P.I.）*604*；中苏队（Sino-Russ. Exped.）*114*

生于海拔 200 ～ 2000m 林中或林缘。分布于云南金平、河口、绿春、屏边、西畴、新平、双柏、邓川、大理、腾冲、德宏、临沧、西双版纳；广东、海南、广西、西藏、四川分布。印度、不丹、缅甸、越南、泰国、马来西亚、印度尼西亚、菲律宾也有。

种分布区类型：7

大果榕

Ficus auriculata Lour.

吴元坤（Wu Y.K.）*9*；张广杰（Zhang G.J.）*46*；中苏队（Sino-Russ. Exped.）*89*

生于海拔 500 ～ 2000m 热带、亚热带沟谷林中。分布于云南禄劝、双柏、建水、华坪、漾濞、泸水、瑞丽、福贡、贡山、临沧、沧源、凤庆、镇康、西双版纳、绿春、金平、屏边、河口、西畴、富宁、建水、马关、麻栗坡、元阳等地。喜马拉雅诸国（巴基斯坦以东）至印度、泰国、马来西亚也有。

种分布区类型：7

垂叶榕

Ficus benjamina Linn.

徐永椿（Hsu Y.C.）*171*；张广杰（Zhang G.J.）*316*；张建勋、张赣生（Chang C.S. et Chang K.S.）*28*；中苏队（Sino-Russ. Exped.）*459*，*493*，*636*，*1682*；周浙昆等（Zhou Z.K. *et al.*）*19*

生于海拔 500 ～ 800m 湿润杂木林中或村寨附近。分布于云南金平、河口、红河、绿春、马关、麻栗坡、元阳、德宏、龙陵、孟戛、镇康、耿马、临沧、西双版纳、普洱、景东等地；广东、海南、广西、贵州分布。印度、华南经马来西亚、印度尼西亚至所罗门岛至澳大利亚（昆士兰）也有。

种分布区类型：5

沙坝榕

Ficus chapaensis Gagnep.

税玉民等（Shui Y.M. *et al.*）*90834*，*群落样方 2011-32*，*群落样方 2011-41*，*西隆山凭证 0867*，*西隆山凭证 0911*

生于海拔 1100 ～ 2400m 灌木丛中。分布于云南富民、易门、峨山、漾濞、龙陵、腾冲、贡山独龙江、景东、普洱、勐海、元江、绿春、河口、金平、建水、弥勒、屏边、马关、麻栗坡、广南、砚山、文山、丘北、镇雄；四川（米易）分布。越南北部、缅甸也有。

种分布区类型：7

纸叶榕（原变种）

Ficus chartacea Wall. ex King var. **chartacea**

税玉民等（Shui Y.M. *et al.*）*群落样方 2011-32*，*群落样方 2011-33*，*群落样方 2011-34*，*群落样方 2011-35*，*群落样方 2011-37*，*群落样方 2011-38*，*群落样方 2011-40*

生于海拔 800 ～ 1500m 山坡水沟边。分布于云南东南部(屏边、西畴等地)。缅甸、越南、泰国、马来西亚、北加里曼丹等也有。

种分布区类型：7

无柄纸叶榕（变种）

Ficus chartacea Wall. ex King var. **torulosa** King

税玉民等（Shui Y.M. *et al.*）*90305*

生于海拔 1400 ～ 1800m 河边灌丛中。分布于云南路南、峨山、洱源、景东、临沧、蒙自、文山、金平、屏边、西畴、麻栗坡、绿春、马关、弥勒、元阳等地。越南、中南半岛、泰国、马来西亚、印度尼西亚（苏门答腊）也有。

种分布区类型：7

歪叶榕

Ficus cyrtophylla Wall. ex Miq.

税玉民等（Shui Y.M. *et al.*）*西隆山凭证 0012*；中苏队（Sino-Russ. Exped.）*393*，*598*

生于海拔 300 ～ 1600m 山地疏林中。分布于云南从西双版纳起，北至建水、巍山、大理、漾濞、泸水、福贡、独龙江一线（其中东南部包括金平、富宁、河口、建水、绿春、马关、麻栗坡、屏边、西畴、砚山、元阳）；广西（阳朔、隆林、龙津、扶绥）、贵州（三都、罗甸、册亨、安龙）分布。不丹、印度、缅甸南部、泰国北部、越南北方也有。

种分布区类型：7

黄毛榕

Ficus esquiroliana Lévl.

段幼萱（Duan Y.X.）*67*；税玉民等（Shui Y.M. *et al.*）*西隆山凭证 0284*；徐永椿（Hsu Y.C.）*116*；宣淑洁（Hsuan S.J.）*165*；张广杰（Zhang G.J.）*270*；中苏队（Sino-Russ. Exped.）*685*

生于海拔 500 ～ 1850m 密林中。分布于云南新平、盈江、瑞丽、云县、临沧、镇康、澜沧、孟连、西双版纳、绿春、河口、金平、屏边、西畴、麻栗坡、富宁等地；西藏、四川、贵州、广西、广东、海南分布。越南（北方）、老挝、泰国北部也有。

种分布区类型：7

水同木

Ficus fistulosa Reinw. ex Bl.

中苏队（Sino-Russ. Exped.）*51*，*490*，*808*

生于海拔 350 ～ 1200m 溪边岩石上或林中。分布于云南西双版纳、红河、弥勒、河口、金平、麻栗坡、富宁、个旧、绿春、马关、弥勒、屏边、元阳；广东、海南、广西、台湾分布。印度、孟加拉、缅甸、泰国、越南、马来西亚（西部）、印度尼西亚、菲律宾也有。

种分布区类型：7

金毛榕

Ficus fulva Reinw. ex Bl.

税玉民等（Shui Y.M. *et al.*）*80327*，*群落样方 2011-44*，*群落样方 2011-45*，*群落样方 2011-46*，*群落样方 2011-47*，*群落样方 2011-49*；西南野生生物种质资源库 DNA Barcoding 考察（DNA Barcoding Exped. of GBOWS）*GBOWS1358*，*GBOWS1448*；张广杰（Zhang G.J.）*297*；周浙昆等（Zhou Z.K. *et al.*）*494*

生于海拔 200 ～ 1200m 林缘路边。分布于云南金平、河口、绿春、马关、蒙自、屏边、普洱、西双版纳。印度（尼可巴岛）、马来西亚、印度尼西亚（苏门答腊、爪哇）、缅甸、泰国、越南也有。

种分布区类型：7

大叶水榕

Ficus glaberrima Bl.

张广杰（Zhang G.J.）*32*，*109*，*132*

生于海拔 550 ～ 1500m 山谷、平原疏林中。分布于云南双柏、芒市、潞西、瑞丽、双江、临沧、景东、普洱、西双版纳、金平、绿春、马关、蒙自、屏边、河口、西畴、麻栗坡、富宁、文山等地；西藏、贵州、广西、广东、海南分布。热带喜马拉雅、缅甸、泰国、越南、印度尼西亚也有。

种分布区类型：7

藤榕

Ficus hederacea Roxb.

税玉民等（Shui Y.M. *et al.*）*群落样方 2011-48*

生于海拔 500 ～ 1500m 山地林中。分布于云南漾濞、泸水、贡山、临沧、沧源、景东、普洱、西双版纳、绿春、西畴、麻栗坡、富宁等地；西藏、贵州、广东、海南、广西分布。印度、不丹、马来西亚、印度尼西亚也有。

种分布区类型：7

尖叶榕

Ficus henryi Warb. ex Diels

税玉民等（Shui Y.M. *et al.*）*90064*；张广杰（Zhang G.J.）*21*，*31*，*42*；周浙昆等（Zhou Z.K. *et al.*）*61*，*173*，*547*，*575*

生于海拔 900 ～ 1500m 沟谷疏林中或溪沟潮湿处。分布于云南贡山、景东、金平、河口、红河、绿春、马关、元阳、屏边、西畴、麻栗坡、广南、富宁等地；西藏东南部、甘肃南部、四川西南部、贵州西南部和东北部、广西、湖北、湖南西部、广西西北部分布。越南北部也有。

种分布区类型：15c

异叶榕

Ficus heteromorpha Hemsl.

中苏队（Sino-Russ. Exped.）*1009*

生于海拔 1300m 以下山谷坡地林中。分布于云南东南部和东部；长江流域中下游、华南地区，北达河南、陕西、甘肃分布。缅甸也有。

种分布区类型：7-3

粗叶榕（原变种）

Ficus hirta Vahl var. **hirta**

戴汝昌、沙惠祥（Dai R.C. et Sha H.X.）*9*；税玉民等（Shui Y.M. *et al.*）*80269，90080，90084*；西南野生生物种质资源库 DNA Barcoding 考察（DNA Barcoding Exped. of GBOWS）*GBOWS1450*；徐永椿（Hsu Y.C.）*151，211*；张广杰（Zhang G.J.）*54*；张建勋、张赣生（Chang C.S. et Chang K.S.）*153*；中苏队（Sino-Russ. Exped.）*207，436，708*

生于海拔 540 ～ 1520m 村寨附近或山坡林边。分布于云南盈江、西双版纳、金平、富宁、河口、红河、绿春、马关、麻栗坡、蒙自、屏边、文山、西畴、砚山、元阳。尼泊尔、不丹、印度东北部、缅甸、泰国、越南、马来西亚、印度尼西亚也有。

种分布区类型：7

薄毛粗叶榕（变种）

Ficus hirta Vahl var. **imberbis** Gagnep.

税玉民等（Shui Y.M. *et al.*）*90210*

生于海拔 170 ～ 1800m 次生林中。分布于云南盈江、瑞丽、潞西、耿马、镇康、凤庆、临沧、景东、普洱、澜沧、西双版纳、元阳、绿春、金平、马关、屏边、麻栗坡、河口、富宁、罗平等地。越南、老挝、泰国北部也有。

种分布区类型：7

对叶榕

Ficus hispida Linn. f.

戴汝昌、沙惠祥（Dai R.C. et Sha H.X.）*15，103*；毛品一（Mao P.I.）*618*；吴元坤（Wu Y.K.）*7*；中苏队（Sino-Russ. Exped.）*318，431*

生于海拔 120 ～ 1600m 山谷潮湿地带。分布于云南盈江、莲山、瑞丽、泸水、龙陵、镇康、凤庆、临沧、西双版纳、峨山、元阳、绿春、建水、蒙自、河口、金平、马关、麻栗坡、西畴、富宁；广东、海南、广西、贵州分布。不丹、印度、泰国、越南、马来西亚至澳大利亚也有。

种分布区类型：5

壶托榕

Ficus ischnopoda Miq.

徐永椿（Hsu Y.C.）*318*；张广杰（Zhang G.J.）*319*

生于海拔 160 ～ 1600m 河滩地带、灌丛中。分布于云南富民、嵩明、漾濞、泸水、福贡、贡山、澜沧、双江、景东、西双版纳、绿春、河口、金平、屏边、西畴、马关、麻栗坡、富宁、文山、弥勒；贵州南部和西南分布。印度东北部、孟加拉（吉大港）、缅甸、越南、泰国、马来半岛（雪兰峨）也有。

种分布区类型：7

尖尾榕

Ficus langkokensis Drake

徐永椿（Hsu Y.C.）*107*；张建勋、张赣生（Chang C.S. et Chang K.S.）*115*；中苏队（Sino-Russ. Exped.）*242，260，374，1631*

生于海拔 200 ～ 1750m 亚热带季雨林中。分布于云南勐戛、沧源、澜沧、景洪、屏边、金平、河口、西畴、马关、麻栗坡、富宁、泸西；四川（西南部）、广西、广东、海南、福建等地分布。越南、老挝、印度东北部也有。

种分布区类型：7

苹果榕

Ficus oligodon Miq.

税玉民等（Shui Y.M. *et al.*）*群落样方 2011-39*

生于海拔 200 ～ 2100m 沟谷溪边林中。分布于云南南部至东南部；广西、贵州、海南、西藏东南分布。印度、不丹、尼泊尔、缅甸、泰国、越南、马来西亚也有。

种分布区类型：7

直脉榕

Ficus orthoneura Lévl. et Vant.

中苏队（Sino-Russ. Exped.）*773*

生于海拔 500 ～ 1650m 石灰岩山地。分布于云南西双版纳、孟连、普洱、元江、河口、金平、西畴、麻栗坡、富宁、文山、弥勒、屏边、华宁、易门；广西、贵州分布。越南（北方）、泰国（西北部）、缅甸（眉谬）也有。

种分布区类型：7

钩毛榕

Ficus praetermissa Corner

毛品一（Mao P.I.）*620*；中苏队（Sino-Russ. Exped.）*354*

生于海拔 200 ～ 1500m 山地或沟谷林中。分布于云南蒙自、河口、屏边、金平、元阳、红河、绿春、西双版纳（勐仑）。印度、老挝、缅甸、泰国、越南也有。

种分布区类型：7

褐叶榕

Ficus pubigera (Wall. ex Miq.) Miq.

中苏队（Sino-Russ. Exped.）*1034*

生于海拔 500 ～ 2300m 石灰岩山地。分布于云南新平、耿马、景东、西双版纳、屏边、金平、西畴、麻栗坡、绿春等地;广东、海南、广西、贵州分布。印度、尼泊尔、不丹、缅甸、泰国、越南、中南半岛、马来西亚也有。

种分布区类型：7

聚果榕

Ficus racemosa Linn.

吴元坤（Wu Y.K.）*25*

生于海拔 500 ～ 1200m 溪边、河畔。分布于云南河口、屏边、金平、元阳、绿春、个旧、开远、蒙自、弥勒、丘北、福贡、普洱、西双版纳、孟连等地；贵州南部、广西分布。越南、印度、马来全区、大洋洲北部、巴布亚新几内亚也有。

种分布区类型：7e

羊乳榕

Ficus sagittata Vahl

西南野生生物种质资源库 DNA Barcoding 考察（DNA Barcoding Exped. of GBOWS）*GBOWS1406*

生于海拔 200 ～ 1200m 林缘。分布于云南南部；广东、广西西南、海南分布。不丹、印度、印度尼西亚、缅甸、菲律宾、泰国、越南、太平洋各地区也有。

种分布区类型：7e

匍茎榕

Ficus sarmentosa Buch.-Ham. ex J.E. Smith

周浙昆等（Zhou Z.K. *et al.*）*173*

生于海拔 1800 ～ 2500m 林中。分布于云南金平、富宁、个旧、河口、广南、红河、建水、绿春、麻栗坡、蒙自、屏边、文山、西畴、砚山；西藏分布。不丹、缅甸、尼泊尔、印度也有。

种分布区类型：7

鸡嗉子榕

Ficus semicordata Buch.-Ham. ex J.E. Smith

毛品一（Mao P.I.）*602*；税玉民等（Shui Y.M. *et al.*）*90018，西隆山凭证 0275，西隆山凭证 0275*；西南野生生物种质资源库 DNA Barcoding 考察（DNA Barcoding Exped. of GBOWS）*GBOWS1396*

生于海拔 600～1600m 公路两旁或林缘。分布于云南保山、怒江、德宏、普洱、西双版纳、金平、富宁、个旧、河口、红河、绿春、马关、麻栗坡、蒙自、屏边、西畴等地；西藏、广西、贵州分布。马来西亚（雪兰峨以上）、越南、泰国、缅甸、不丹、尼泊尔、印度也有。

种分布区类型：7

棒果榕（原变种）

Ficus subincisa Buch.-Ham. ex J.E. Smith var. **subincisa**

西南野生生物种质资源库 DNA Barcoding 考察（DNA Barcoding Exped. of GBOWS）*GBOWS1418*；张广杰（Zhang G.J.）*21，42*；周浙昆等（Zhou Z.K. *et al.*）*61，547*

生于海拔 1000～1300m 以下山谷、沟边或疏林中。分布于云南德宏、怒江、临沧、普洱、红河、文山、西双版纳。不丹、印度、缅甸、泰国北部、越南北部也有。

种分布区类型：7

细梗棒果榕（变种）

Ficus subincisa Buch.-Ham. ex J.E. Smith var. **paucidentata** (Miq.) Corner

西南野生生物种质资源库 DNA Barcoding 考察（DNA Barcoding Exped. of GBOWS）*GBOWS1378*

生于海拔 480～1600m 山地灌丛中。分布于云南北至乌蒙山、峨山一线，南部达景洪、河口、富宁一线；西藏分布。东喜马拉雅、泰国东北部、越南北方也有。

种分布区类型：7

假斜叶榕

Ficus subulata Bl.

张广杰（Zhang G.J.）*31*；中苏队（Sino-Russ. Exped.）*198，913*；周浙昆等（Zhou Z.K. *et al.*）*575*

生于海拔 330～1600m 沟谷季雨林中。分布于云南马关、西畴、金平、屏边、河口、绿春、勐海、澜沧、孟连、沧源等地；海南、广东、广西、贵州、西藏分布。印度、不丹、马来西亚、印度尼西亚至所罗门群岛也有。

种分布区类型：7

斜叶榕（亚种）

Ficus tinctoria Forst. f. ssp. **gibbosa** (Bl.) Corner

戴汝昌、沙惠祥（Dai R.C. et Sha H.X.）*20*；蒋维邦（Jiang W.B.）*15*；毛品一（Mao P.I.）*572*；吴元坤（Wu Y.K.）*69*；西南野生生物种质资源库 DNA Barcoding 考察（DNA Barcoding Exped. of GBOWS）*GBOWS1453*；张建勋、张赣生（Chang C.S. et Chang K.S.）*24*，*37*；中苏队（Sino-Russ. Exped.）*455*，*462*，*497*，*973*

生于海拔 800～1500m 山地或村寨附近。分布于云南禄劝、巧家、碧江、楚雄、普洱、西双版纳、金平、文山、富宁、河口、建水、绿春、马关、麻栗坡、蒙自、弥勒、屏边、文山、西畴、砚山、元阳、罗平；广东、海南、广西、贵州、福建、台湾分布。越南、缅甸、印度、马来西亚、印度尼西亚、加里曼丹、菲律宾也有。

种分布区类型：7

变叶榕

Ficus variolosa Lindl. ex Benth.

（采集人不详）（Anonym）*450*；蒋维邦（Jiang W.B.）*128*；中苏队（Sino-Russ. Exped.）*149*

生于海拔 1020～1800m 山坡、平原、丘陵地区疏林中。分布于云南勐海、勐腊、屏边、金平、河口、西畴、麻栗坡、马关、文山、绿春、砚山；浙江、江西、福建、湖南、广东、海南、广西、贵州分布。越南、老挝也有。

种分布区类型：7-4

突脉榕

Ficus vasculosa Wall. ex Miq.

中苏队（Sino-Russ. Exped.）*149*，*540*

生于海拔 200～800m 季雨林中。分布于云南河口、金平、屏边、西双版纳；广东、海南、广西、贵州分布。越南、中南半岛、泰国、马来西亚也有。

种分布区类型：7

绿黄葛树

Ficus virens Ait.

中苏队（Sino-Russ. Exped.）*589*

生于海拔 300～1000m 村边、林缘。分布于云南盈江、瑞丽、景东、西双版纳、石屏、河口、金平、麻栗坡、马关、绿春、屏边、文山、广南、富宁；贵州、广东、海南、广西、福建、台湾、江西、浙江分布。斯里兰卡、印度、安达曼岛、缅甸、泰国、越南、马来西亚、印度尼西亚、菲律宾、巴布亚新几内亚、所罗门群岛、澳大利亚北部也有。

种分布区类型：5

构棘

Maclura cochinchinensis (Lour.) Corner

吴元坤（Wu Y.K.）*37*；中苏队（Sino-Russ. Exped.）*375*

生于海拔 200 ～ 1200m 村寨附近。分布于云南普洱、西双版纳、金平、富宁、个旧、马关、麻栗坡、蒙自、弥勒、屏边、文山、西畴、砚山等地；东南和西南常村寨附近分布。斯里兰卡、印度、尼泊尔、不丹、缅甸、泰国、中南半岛、马来西亚、菲律宾至日本、澳大利亚、新喀里多尼亚也有。

种分布区类型：5

柘藤

Maclura fruticosa (Roxb.) Corner

税玉民等（Shui Y.M. *et al.*）(*s.n.*)

生于海拔 1100 ～ 1700m 密林中。分布于云南普洱、西双版纳、麻栗坡、西畴等地。越南、缅甸、印度东北部、孟加拉也有。

种分布区类型：7

川桑

Morus notabilis Schneid.

税玉民等（Shui Y.M. *et al.*）*西隆山凭证 0001*

生于海拔 1300 ～ 2800m 常绿阔叶林中。分布于云南金平、绿春、蒙自、文山、泸水、福贡、贡山、德钦、大理、普洱、景东、绥江、镇雄；四川分布。

中国特有

种分布区类型：15

169　荨麻科 Urticaceae

水苎麻

Boehmeria macrophylla Hornem.

税玉民等（Shui Y.M. *et al.*）*群落样方 2011-34*，*群落样方 2011-36*，*群落样方 2011-39*

生于海拔 1300 ～ 2600m 沟边阔叶林下或灌丛中。分布于云南西北部（贡山、福贡、碧江、丽江、维西、德钦）、西部（漾濞、大理、邓川、凤庆、泸水）、西南部（腾冲、龙陵、镇康、沧源）及东南部（屏边、金平、元阳、绿春）；西藏东南部、广东、海南分布。越南、缅甸、印度、尼泊尔也有。

种分布区类型：7

束序苎麻

Boehmeria siamensis Craib

中苏队（Sino-Russ. Exped.）*747*

生于海拔 1000 ～ 1900m 山坡疏林下、灌丛中或路旁等处。分布于云南中部（双柏、师宗）、中南部（景东、墨江）、西部（泸水、凤庆）、西南部（耿马、沧源）、南部（普洱、景洪）及东南部（金平、个旧、河口、泸西、文山、西畴）；广西、贵州南部分布。越南、老挝、泰国也有。

种分布区类型：7

帚序苎麻

Boehmeria zollingeriana Wedd.

中苏队（Sino-Russ. Exped.）*177*

生于海拔 450 ～ 1800m 河滩灌丛或山坡疏林中、林缘等处。分布于云南南部（勐养、景洪、勐腊、易武、孟连）及东南（金平、绿春、富宁）。印度东部、泰国、越南、印度尼西亚也有。

种分布区类型：7

长叶水麻

Debregeasia longifolia (Burm. f.) Wedd.

中苏队（Sino-Russ. Exped.）*1031*，*3171*；周浙昆等（Zhou Z.K. *et al.*）*634*

生于海拔 800 ～ 2100m 河谷、溪边或林缘潮湿地。分布于云南除东北部外全省各地；广西、贵州、四川、湖北西部分布。印度、尼泊尔、不丹、斯里兰卡、中南半岛各国、印度尼西亚也有。

种分布区类型：7

全缘火麻树

Dendrocnide sinuata (Bl.) Chew

税玉民等（Shui Y.M. *et al.*）(*photo*)

生于海拔 300 ～ 800m 疏林中。分布于云南西南部至东南部；西藏东南部、广西西南部、广东南部和海南分布。印度、斯里兰卡、缅甸、泰国、越南、马来半岛、印度尼西亚也有。

种分布区类型：7

厚叶楼梯草

Elatostema crassiusculum W.T. Wang

中苏队（Sino-Russ. Exped.）*951*

生于海拔 300 ～ 700m 石灰岩雨林下荫湿处或石上。分布于云南东南部（金平、绿春、麻栗坡）.

滇东南特有

种分布区类型：15b

锐齿楼梯草

Elatostema cyrtandrifolium (Zoll. et Mor.) Miq.

徐永椿（Hsu Y.C.）*439*；中苏队（Sino-Russ. Exped.）*187*

生于海拔 450 ～ 1800m 沟谷林下或林缘沟边石上。分布于云南东南部（金平、绿春、麻栗坡、元阳、砚山）、南部（勐海）及西南部（临沧、孟连）;广西、广东北部、台湾、福建、江西、湖南、贵州、四川、甘肃南部分布。喜马拉雅山区、中南半岛、印度尼西亚也有。

种分布区类型：7

盘托楼梯草

Elatostema dissectum Wedd.

张广杰（Zhang G.J.）*77*；中苏队（Sino-Russ. Exped.）*846，946*；周浙昆等（Zhou Z.K. *et al.*）*186，193，195，210，226，261，329*

生于海拔 1000 ～ 2200m 林下阴湿处。分布于云南东南部（金平、个旧、红河、马关、蒙自、元阳、绿春、屏边、西畴、麻栗坡）、南部（勐海）、西南部（澜沧、腾冲）及西北部（贡山独龙江）；广西、广东西部分布。尼泊尔、印度、缅甸也有。

种分布区类型：7

毛枝光叶楼梯草（变种）

Elatostema laevissimum W.T. Wang var. **puberulum** W.T. Wang

税玉民等（Shui Y.M. *et al.*）*群落样方 2011-32，群落样方 2011-34，群落样方 2011-39，群落样方 2011-41*

生于海拔 1280m 山谷阴处。模式标本采自云南屏边。分布于云南东南部（屏边、蒙自等地）。越南北部也有。

种分布区类型：15c

狭叶楼梯草（变种）

Elatostema lineolatum Wight var. **majus** Wedd.

中苏队（Sino-Russ. Exped.）*465*

生于海拔 300 ～ 1900m 林下、河谷、沟边等处。分布于云南东南部（金平、绿春、蒙自、屏边、元阳、文山、西畴）及南部（普洱、勐海、澜沧）；广西、广东、海南、福建、台湾分布。尼泊尔、不丹、印度、斯里兰卡、缅甸、泰国也有。

种分布区类型：7

多序楼梯草

Elatostema macintyrei Dunn

张广杰（Zhang G.J.）*145*

生于海拔 580 ～ 2000m 沟谷或山坡的密林中阴湿处或岩石上。分布于云南中部（昆明、富民、江川、师宗）、中南部（景东）、西部（泸水）、西南部（耿马、沧源）、南部（勐养、景洪、勐腊）及东南部（绿春、金平、文山、富宁、广南、蒙自、屏边、元阳）；西藏东南部（察隅）、贵州、广西、广东分布。尼泊尔、不丹、泰国也有。

种分布区类型：7

异叶楼梯草

Elatostema monandrum (D. Don) Hara

税玉民等（Shui Y.M. *et al.*）*群落样方 2011-39*；周浙昆等（Zhou Z.K. *et al.*）*200*，*295*

生于海拔 2300 ～ 2800m 山谷阔叶林下。分布于云南东北部（东川）、西北部（贡山）、东南部（金平、屏边）及西南部（镇康、腾冲）。印度也有。

种分布区类型：7-2

楼梯草属一种

Elatostema sp.

西南野生生物种质资源库 DNA Barcoding 考察（DNA Barcoding Exped. of GBOWS）*GBOWS1370*

角萼楼梯草（变种）

Elatostema subtrichotomum W.T. Wang var. **corniculatum** W. T. Wang

周浙昆等（Zhou Z.K. *et al.*）*498*

生于海拔约 1700m 山谷溪旁潮湿地。分布于云南东南部（金平、绿春、屏边）。

滇东南特有

种分布区类型：15b

细尾楼梯草

Elatostema tenuicaudatum W.T. Wang

税玉民等（Shui Y.M. *et al.*）*群落样方 2011-39*；周浙昆等（Zhou Z.K. *et al.*）*326*

生于海拔 1200 ～ 2200m 山谷或山坡常绿阔叶林潮湿处。分布于云南中南部（景东）、东南部（绿春、元阳、屏边、金平、文山、西畴、广南、红河、建水、蒙自）及西北部（贡山独龙江）；贵州南部、广西西部分布。越南北部也有。

种分布区类型：15c

大蝎子草

Girardinia diversifolia (Link) Friis

税玉民等（Shui Y.M. *et al.*）*群落样方 2011-39*

生于海拔 900 ～ 2800m 林下、灌丛中及林缘湿润处。模式标本采自贡山。分布于云南西北部（剑川、中甸、贡山）、西部（大理、漾濞）、北部（禄劝）、中部（昆明）、东部（罗平）、中南部（景东）、南部（勐腊、勐海、澜沧）及东南部（砚山、屏边）；四川、贵州分布。

中国特有

种分布区类型：15

糯米团

Gonostegia hirta (Bl.) Miq.

税玉民等（Shui Y.M. *et al.*）*群落样方 2011-33*，*群落样方 2011-34*，*群落样方 2011-35*，*群落样方 2011-40*；张广杰（Zhang G.J.）*241*

生于海拔 1300 ～ 2900m 山地灌丛或沟边。云南几遍全省；西南、华南至秦岭分布。亚洲及澳大利亚的热带和亚热带地区也有。

种分布区类型：5

狭叶糯米团（变种）

Gonostegia pentandra (Roxb.) Miq. var. **hypericifolia** (Bl.) Masamune

税玉民等（Shui Y.M. *et al.*）*90202*

生于海拔约 450m 草地或路旁阳处。分布于云南中南部（元江）及西南部（潞西）；广西、广东、海南、台湾分布。印度、马来至澳大利亚也有。

种分布区类型：5

珠芽艾麻

Laportea bulbifera (Sieb. et Zuce.) Wedd.

周浙昆等（Zhou Z.K. *et al.*）*492*

生于海拔 1000 ～ 3000m 林下、灌丛或沟边草丛中。分布于云南东北部（永善、大关、镇雄、昭通、东川）、西部（大理、漾濞、巍山）、西北部（德钦、中甸、维西、丽江、兰坪、鹤庆、福贡、碧江、贡山）、中部（富民、武定、寻甸）、东南部（绿春、金平、砚山、西畴、麻栗坡、富宁、蒙自、弥勒、文山、元阳）及西南部（镇康、腾冲、龙陵）；东北、华北、中南、西南和陕西南、甘肃南部分布。印度、斯里兰卡、中南半岛至印度尼西亚、日本、朝鲜也有。

种分布区类型：7

假楼梯草

Lecanthus peduncularis (Wall. ex Royle) Wedd.

周浙昆等（Zhou Z.K. *et al.*）*328*

生于海拔 1100 ～ 3300m 林下或灌丛沟边及阴湿处。分布于云南东北部（大关）、西北（维西、福贡、贡山）、中部（昆明、楚雄）、东部（师宗）、西部（漾濞）、中南部（景东）、东南部（金平、河口、红河、马关、蒙自、绿春、屏边、砚山、文山、西畴）及西南部（腾冲、龙陵、镇康、孟连）；贵州、四川、西藏东部至南部、湖北、湖南、广西、广东、江西、福建和台湾分布。印度、斯里兰卡、尼泊尔、不丹、缅甸、中南半岛、印度尼西亚（爪哇）、埃塞俄比亚也有。

种分布区类型：7

水丝麻

Maoutia puya (Hook.) Wedd.

吴元坤（Wu Y.K.）*35*

生于海拔 400 ～ 1700m 山谷疏林、灌丛中及干草坡上。分布于云南西部（漾濞、永平、保山、凤庆、梁河）、中南部（景东、元江）、南部（勐养、景洪、勐腊、易武、勐海）、东南部（元阳、绿春、金平、河口、蒙自、弥勒、西畴、元阳、屏边、麻栗坡、马关、富宁）及西南部（龙陵、潞西、芒市、陇川、镇康、临沧、双江、耿马、孟连）；西藏东南部（察隅）、四川西南部、贵州南部、广西西南部分布。尼泊尔、印度、缅甸、越南也有。

种分布区类型：7

紫麻

Oreocnide frutescens (Thunb.) Miq.

段幼萱（Duan Y.X.）*46*；中苏队（Sino-Russ. Exped.）*781*，*792*

生于海拔 150 ～ 2200m 山坡林下或灌丛中阴湿处或箐沟湿润地上。分布于云南东北部（绥江）、西北部（贡山）、北部（禄劝）、中部（富民）、东部（师宗）及东南部（建水、屏边、金平、河口、砚山、文山、广南、富宁、个旧、绿春、麻栗坡、蒙自、元阳）；安徽南部、福建、甘肃东南部、广东、广西、湖北、湖南、江西、陕西、四川分布。柬埔寨、日本、老挝、马来西亚、缅甸、泰国、越南也有。

种分布区类型：7

全缘叶紫麻

Oreocnide integrifolia (Gaudich.) Miq.

李锡文（Li H.W.）*385*；中苏队（Sino-Russ. Exped.）*793*

生于海拔 200 ～ 1400m 雨林、山谷。分布于云南南部；广西、海南分布。印度、印度尼西亚、老挝、缅甸、泰国、越南也有。

种分布区类型：7

红紫麻

Oreocnide rubescens (Bl.) Miq.

西南野生生物种质资源库 DNA Barcoding 考察（DNA Barcoding Exped. of GBOWS）*GBOWS1382*；张广杰（Zhang G.J.）*60*；中苏队（Sino-Russ. Exped.）*50*；周浙昆等（Zhou Z.K. *et al.*）*577*

生于海拔 500 ～ 2000m 山谷、沟边、河岸的密林、疏林或灌丛中。分布于云南中南部（景东）、南部（普洱、普文、勐养、景洪、勐腊、易武、勐海、澜沧）、西南部（沧源、耿马）及东南部（蒙自、建水、红河、元阳、绿春、屏边、金平、河口、西畴、麻栗坡、富宁、文山、砚山)；广西西部分布。不丹、缅甸、泰国、老挝、越南、印度尼西亚（爪哇）也有。

种分布区类型：7

异被赤车

Pellionia heteroloba Wedd.

周浙昆等（Zhou Z.K. *et al.*）*53，215，274，301，471，480*

生于海拔 800 ～ 2200m 林下潮湿地或溪旁。分布于云南西北部（贡山、福贡、碧江）、中南部（景东）、南部（勐海、景洪、勐腊）、西南部（镇康、腾冲）及东南部（蒙自、元阳、绿春、屏边、金平、砚山、文山、西畴、麻栗坡、马关、广南、富宁、河口）；广东、广西分布。印度、越南北部也有。

种分布区类型：7

长柄赤车

Pellionia latifolia (Bl.) Boerlage

张广杰（Zhang G.J.）*137，147*

生于海拔 510 ～ 1500m 沟谷密林中潮湿处或岩石上、灌丛中。分布于云南东南部（金平）、中南部（景东）、南部（景洪）至西南部（澜沧、沧源、耿马）。

云南特有

种分布区类型：15a

滇南赤车

Pellionia paucidentata (H. Schroter) Chien

税玉民等（Shui Y.M. *et al.*）*80276，群落样方 2011-33，群落样方 2011-36，群落样方 2011-38*

生于海拔 200 ～ 750m 密林下沟边潮湿处或岩石上。分布于云南南部（普洱、勐腊）及东南部（金平、河口、绿春、马关、蒙自、屏边、文山、西畴）。越南北部也有。

种分布区类型：15c

赤车属一种

Pellionia sp.

西南野生生物种质资源库 DNA Barcoding 考察（DNA Barcoding Exped. of GBOWS）*GBOWS1359，GBOWS1374*

大托叶冷水花

Pilea amplistipulata C.J. Chen

中苏队（Sino-Russ. Exped.）*996*

生于海拔约 580m 阴处沟底。分布于云南东南部（金平）。

金平特有

种分布区类型：15d

翠茎冷水花

Pilea hilliana Hand.-Mazz.

周浙昆等（Zhou Z.K. *et al.*）*199*

生于海拔 720 ～ 2600m 常绿阔叶林下阴湿处或沟边。分布于云南西北部(贡山、福贡)、西部（漾濞、巍山）、中部（昆明）、南部（普洱、景洪）及东南部（金平、河口、文山、麻栗坡、元阳、蒙自、绿春、砚山、屏边）；贵州分布。越南北部也有。

种分布区类型：15c

大叶冷水花

Pilea martini (Lévl.) Hand.-Mazz.

周浙昆等（Zhou Z.K. *et al.*）*271*

生于海拔 550 ～ 2500m 石灰岩山地阳坡杂木林中或山坡混交林中。分布于云南洱源、鹤庆、保山、耿马、凤庆、文山、勐海、勐腊、屏边；黄河流域以南分布。日本、越南北部也有。

种分布区类型：7

长序冷水花

Pilea melastomoides (Pior.) Wedd.

税玉民等（Shui Y.M. *et al.*）*群落样方 2011-33*，*群落样方 2011-34*，*群落样方 2011-36*，*群落样方 2011-37*，*群落样方 2011-38*，*群落样方 2011-39*，*群落样方 2011-42*；中苏队（Sino-Russ. Exped.）*466*；周浙昆等（Zhou Z.K. *et al.*）*441*

生于海拔 800 ～ 2200m 沟谷或河边常绿林下阴湿处。分布于云南西北部(福贡、贡山)、西南部（梁河、沧源、孟连）、中南部（景东）、南部（景洪、勐腊、勐海）及东南部（蒙自、绿春、屏边、金平、西畴、河口、红河、马关、麻栗坡、文山）；西藏东南部、广西、贵州南部、广东、海南和台湾分布。印度、斯里兰卡、越南北部、印度尼西亚（爪哇）也有。

种分布区类型：7

石筋草

Pilea plataniflora C.H. Wright

中苏队（Sino-Russ. Exped.）*555*，*780*

生于海拔 1000 ～ 2400m 山地林下石灰岩石上。分布于云南全省各地；甘肃、陕西、湖北西部、四川、贵州、广西和台湾分布。越南北部也有。

种分布区类型：15c

假冷水花

Pilea pseudonotata C.J. Chen

中苏队（Sino-Russ. Exped.）*594*，*1961*

生于海拔 750 ～ 1200（2480）m 林中阴处岩石上或水沟边湿处。分布于云南西北部（贡山）、西部（漾濞）、南部（勐腊）及东南部（绿春、金平、文山、河口）；贵州西南部、西藏东南部分布。越南北部也有。

种分布区类型：15c

细齿冷水花

Pilea scripta (Buch.-Ham. ex D. Don) Wedd.

周浙昆等（Zhou Z.K. *et al.*）*272*

生于海拔 1200 ～ 2100m 常绿阔叶林下阴湿处。分布于云南西北部（维西、贡山）、西部（漾濞、泸水）、西南部（澜沧）及东南部（绿春、元阳、金平、蒙自）；西藏南部和东南部、广西西南部分布。尼泊尔、印度、缅甸也有。

种分布区类型：7

锥头麻

Poikilospermum suaveolens (Bl.) Merr.

税玉民等（Shui Y.M. *et al.*）*群落样方 2011-45*；张广杰（Zhang G.J.）*69*，*70*；中苏队（Sino-Russ. Exped.）*671*

生于海拔 400 ～ 900m 沟谷密林中或水沟边。分布于云南南部（勐腊）及东南部（蒙自、金平、河口、绿春）。尼泊尔、印度（喀西亚）、缅甸、泰国、柬埔寨、越南也有。

种分布区类型：7

红雾水葛

Pouzolzia sanguinea (Bl.) Merr.

王开域（Wang K.Y.）*29*；中苏队（Sino-Russ. Exped.）*392*，*480*

生于海拔 150 ～ 2400m 山地林缘或林中。云南几遍全省；西藏南部和东南部、四川南部和西南部、贵州西部和南部、广西、广东、海南分布。亚洲热带地区也有。

种分布区类型：7

雾水葛

Pouzolzia zeylanica (Linn.) J. Benn.

中苏队（Sino-Russ. Exped.）*167*；周铉（Zhou X.）*190*

生于海拔 300 ～ 1300m 草地、田边、低山灌丛中或疏林中。分布于云南东北部（绥江、彝良、盐津、巧家）、中南部（景东）、南部（景洪、勐腊、勐海）及东南部（元阳、屏边、金平、砚山、文山）；广西、广东、海南、福建、江西、安徽南部、湖北、湖南、四川分布。亚洲热带地区（包括喜马拉雅山区）也有。

种分布区类型：7

藤麻

Procris crenata C.B. Robins.

李锡文（Li H.W.）*387*

生于海拔 150 ～ 3000m 山坡常绿阔叶林下或溪边岩石上。分布于云南西北部（维西、泸水、贡山）、西南部（临沧、梁河、腾冲、孟连）、中南部（景东）、南部（易武、勐海）及东南部（蒙自、绿春、元阳、屏边、金平、河口、文山、西畴、马关、麻栗坡）；西藏东南部、四川西南部、贵州西南部、广西、广东、海南、福建、台湾分布。不丹、印度、斯里兰卡、越南也有。

种分布区类型：7

小果荨麻

Urtica atrichocaulis (Hand.-Mazz.) C.J. Chen

中苏队（Sino-Russ. Exped.）*622*

生于海拔 350 ～ 2900m 林缘路旁、灌丛、溪边、田边、住宅旁。分布于云南东北部（绥江、会泽）、西部（大理）、西北部（洱源、丽江、德钦）、中部（昆明、富民、大姚）、中南部（景东、峨山、墨江）、南部（勐海）、西南部（腾冲）及东南部（屏边、金平、文山）；贵州西部、四川西南部（西昌、冕宁）分布。

中国特有

种分布区类型：15

滇藏荨麻

Urtica mairei Lévl.

周浙昆等（Zhou Z.K. *et al.*）*218*，*327*

生于海拔 1500 ～ 2900m 山地林缘、路旁、田边、荒地、住宅附近。分布于云南东北部（会泽、东川）、西部（大理、邓川、洱源）、西北部（丽江、维西、中甸、贡山）、北部（禄劝）、中部（昆明、路南、楚雄）及东南部（金平、绿春、文山、西畴、蒙自、屏边）；西藏东部至南部、四川西南部分布。印度东北部、不丹、尼泊尔、缅甸也有。

种分布区类型：14SH

171　冬青科 Aquifoliaceae

双齿冬青

Ilex bidens C.Y. Wu ex Y.R. Li

税玉民等（Shui Y.M. *et al.*）*西隆山样方 1F-5*；周浙昆等（Zhou Z.K. *et al.*）*253*

生于海拔约 2450m 密林中。分布于云南金平、麻栗坡。

滇东南特有

种分布区类型：15b

沙坝冬青

Ilex chapaensis Merr.

中苏队（Sino-Russ. Exped.）*145*

生于海拔 500 ～ 2000m 混交林中。分布于云南金平、屏边、西畴、麻栗坡、富宁及马关等地；广西、广东分布。越南也有。

种分布区类型：7-4

铜光冬青

Ilex cupreonitens C.Y. Wu ex Y.R. Li

税玉民等（Shui Y.M. *et al.*）*群落样方 2011-38*

生于海拔 1800 ～ 2200m 混交林中。模式标本产自文山。分布于云南文山等地。

滇东南特有

种分布区类型：15b

陷脉冬青

Ilex delavayi Franch.

税玉民等（Shui Y.M. *et al.*）*西隆山样方 6F-1*；周浙昆等（Zhou Z.K. *et al.*）*372*

生于海拔 2800 ～ 3600m 山地杂木林或灌木林中。分布于云南贡山、维西、丽江、宾川、大理、金平、元阳；四川西部、西藏分布。

中国特有

种分布区类型：15

榕叶冬青

Ilex ficoidea Hemsl.

周浙昆等（Zhou Z.K. *et al.*）*477*

生于海拔 1000 ～ 1500m 常绿阔叶林中。分布于云南金平、广南、西畴、麻栗坡；安徽、福建、广东、广西、贵州、海南、湖北、湖南、江西、四川、台湾、浙江分布。日本也有。

种分布区类型：14SJ

海南冬青

Ilex hainanensis Merr.

中苏队（Sino-Russ. Exped.）*134*

生于海拔 500 ～ 870m 疏林中。分布于云南河口、金平、弥勒、西畴；广东（茂名、阳江）、广西、贵州、海南东部、湖南（绥宁、通道、张家界）分布。

中国特有

种分布区类型：15

楠叶冬青

Ilex machilifolia H.W. Li ex Y.R. Li

税玉民等（Shui Y.M. *et al.*）*群落样方 2011-31*

生于海拔 170 ～ 2000m 山地林中。模式标本产自云南麻栗坡。分布于云南麻栗坡等地。

滇东南特有

种分布区类型：15b

红河冬青

Ilex manneiensis S.Y. Hu

税玉民等（Shui Y.M. *et al.*）*西隆山样方 1A-11*；周浙昆等（Zhou Z.K. *et al.*）*399*

生于海拔 2400 ～ 2700m 常绿阔叶林或疏林中。分布于云南金平、红河、麻栗坡、蒙自、屏边、文山、元阳、马关、禄劝及景东。

云南特有

种分布区类型：15a

小果冬青

Ilex micrococca Maxim.

张广杰（Zhang G.J.）*263*；周浙昆等（Zhou Z.K. *et al.*）*20*

生于海拔 800 ～ 1900m 阔叶林或混交林中。分布于云南金平、河口、屏边、绿春、蒙自、文山、元阳、西畴、麻栗坡、马关、砚山、富宁及西双版纳等地；西藏、广西、广东、海南、福建、海南、四川、贵州、湖南、湖北、江西、浙江、台湾等省区分布。越南北部、日本也有。

种分布区类型：7

巨叶冬青

Ilex perlata C. Chen et S.C. Huang ex Y.R. Li

税玉民等（Shui Y.M. *et al.*）*群落样方 2011-48，群落样方 2011-49*

生于海拔 120 ～ 750m 潮湿密林中。模式标本产自云南河口。分布于云南东南部（河口等地）。

滇东南特有

种分布区类型：15b

多脉冬青

Ilex polyneura (Hand.-Mazz.) S.Y. Hu

税玉民等（Shui Y.M. *et al.*）*群落样方 2011-35*

生于海拔 1000 ～ 2600m 山谷林中或灌丛中。模式标本采自云南贡山。分布于云南昭通、盐津、贡山、福贡、碧江、泸水、德钦、维西、漾濞、大理、易门、双柏、武定、昆明、富民、嵩明、禄劝、元江、峨山、景东、普洱、腾冲、临沧、凤庆、耿马、镇康、瑞丽、龙陵、沧源、西双版纳、文山、西畴、广南、屏边等地；四川西南部、贵州西部分布。

中国特有

种分布区类型：15

假楠叶冬青

Ilex pseudomachilifolia C.Y. Wu ex Y.R. Li

税玉民等（Shui Y.M. *et al.*）*群落样方 2011-37*

生于海拔约 1500m 山地林中。模式标本产自云南屏边。分布于云南屏边等地。

滇东南特有

种分布区类型：15b

铁冬青

Ilex rotunda Thunb.

周浙昆等（Zhou Z.K. *et al.*）*627*

生于海拔约 1100m 混交林中。分布于云南金平、河口、广南、开远、绿春、马关、麻栗坡、蒙自、屏边、西畴、砚山；长江流域以南各省、台湾分布。朝鲜、日本（包括琉球群岛）、越南也有。

种分布区类型：7

173　卫矛科 Celastraceae

苦皮藤

Celastrus angulatus Maximowicz

税玉民等（Shui Y.M. *et al.*）*90473，90733*

生于海拔 700 ～ 3000m 荒坡、灌丛或林缘。分布于云南全省大部分地区；安徽、甘肃、广东、广西、贵州、河北、河南、湖北、湖南、江苏、江西、陕西、山东、四川、云南分布。

中国特有

种分布区类型：15

大芽南蛇藤

Celastrus gemmatus Loes.

中苏队（Sino-Russ. Exped.）*1023*

生于海拔 550 ～ 3000m 山地。分布于云南全省大部分地区；甘肃、陕西、山西、河南、安徽、江苏、浙江、江西、福建、台湾、湖北、湖南、四川、贵州、广西、广东等省区分布。

中国特有

种分布区类型：15

滇边南蛇藤

Celastrus hookeri Prain

税玉民等（Shui Y.M. *et al.*）*西隆山凭证 0760*

生于海拔 1700 ～ 3500m 云南次生林下、开阔的山坡灌丛。分布于云南全省大部分地区；福建、广东、广西、贵州、湖北、湖南、江西、四川、台湾分布。柬埔寨、老挝、泰国、越南也有。

种分布区类型：7

灯油藤

Celastrus paniculatus Willd.

张广杰（Zhang G.J.）*305*

生于海拔 700 ～ 900m 林缘或林下。分布于云南金平、个旧、蒙自、文山、西双版纳等地；西藏、贵州、广西、广东、台湾等省区分布。巴基斯坦、印度、不丹、缅甸、菲律宾、马来西亚、印度尼西亚也有。

种分布区类型：7

长序南蛇藤

Celastrus vaniotii (Levl.) Rehd.

税玉民等（Shui Y.M. *et al.*）*90371*，*90373*

生于海拔 500 ～ 2200m 山地混交林中。分布于云南大关、富宁、金平、富宁、红河、蒙自、文山、西畴；湖北、湖南、四川、贵州、广西等省区分布。

中国特有

种分布区类型：15

裂果卫矛

Euonymus dielsianus Loes. ex Diels

税玉民等（Shui Y.M. *et al.*）*西隆山样方 1F-2*；周浙昆等（Zhou Z.K. *et al.*）*108*，*141*，*165*，*202*，*228*，*243*，*244*，*264*，*348*

生于海拔 500 ～ 800m 灌丛及林地，常见。分布于云南昭通地区、红河和文山等地；广东、广西、贵州、河南、湖北、湖南、江西、四川、浙江分布。

中国特有

种分布区类型：15

扶芳藤

Euonymus fortunei (Turcz.) Hand.-Mazz.

税玉民等（Shui Y.M. *et al.*）*90655*，*90668*，*90779*，*群落样方 2011-39*，*西隆山样方 2-16*，*西隆山样方 4H-7*

生于海拔 150 ～ 3400m 高山地林地及灌丛，常见。分布于云南全省各地；安徽、福建、河北、甘肃、广东、广西、贵州、海南、河南、湖北、湖南、江苏、江西、辽宁、青海、陕西、山东、山西、四川、台湾、新疆、浙江分布。印度、印度尼西亚、日本、韩国、老挝、缅甸、巴基斯坦（栽培）、菲律宾、泰国、越南，并栽培于世界各大洲。

种分布区类型：7

冷地卫矛

Euonymus frigidus Wall. ex Roxb.

税玉民等（Shui Y.M. *et al.*）*90481*

生于海拔 1800 ～ 2900m 林中。分布于云南金平、文山、丽江、普洱、临沧、昭通、大理、怒江、迪庆、楚雄等地；西藏、四川、贵州、湖北、河南、青海、宁夏分布。不丹也有。

种分布区类型：14SH

帽果卫矛

Euonymus glaber Roxb.

胡月英（Hu Y.Y.）*60002299*；宣淑洁（Hsuan S.J.）*108*；中苏队（Sino-Russ. Exped.）*92*，*829*

生于海拔 500 ～ 1600m 林中，少见。分布于云南金平、河口、屏边、文山和景洪；广西分布。缅甸、印度、越南、柬埔寨、泰国、孟加拉、马来西亚也有。

种分布区类型：7

西南卫矛

Euonymus hamiltonianus Wall. ex Roxb.

税玉民等（Shui Y.M. *et al.*）*西隆山样方 1F-3*

生于海拔 1800 ～ 3000m 林地，常见。分布于云南镇雄、永善、蒙自、大理、丽江、金平、广南、开远、蒙自、文山、西畴、元阳；西南、华南、华东和华中地区分布。南亚至西亚各国及日本、朝鲜也有。

种分布区类型：7

疏花卫矛

Euonymus laxiflorus Champ. ex Benth.

税玉民等（Shui Y.M. *et al.*）*90392，90597，群落样方 2011-32，群落样方 2011-38，西隆山凭证 0548，西隆山凭证 0594，西隆山样方 8F-22*

生于海拔 600 ～ 2550m 山地丛林或密林，常见。分布于云南文山、红河、普洱、大理、保山等地；华南、华中、西南、华东地区分布。缅甸、越南、印度、柬埔寨等国也有。

种分布区类型：7

中华卫矛

Euonymus nitidus Benth.

周浙昆等（Zhou Z.K. *et al.*）*538*

生于海拔 1500m 以上低山丘陵及峡谷。分布于云南金平、河口、富宁、广南、绿春、泸西、马关、麻栗坡、弥勒、屏边、文山、西畴、砚山、元阳、富宁、普洱、景东；安徽、福建、广东、广西、贵州、海南、湖北、湖南、江西、四川、浙江分布。孟加拉、柬埔寨、越南北部、日本也有。

种分布区类型：7

柳叶卫矛

Euonymus salicifolius Loes.

周浙昆等（Zhou Z.K. *et al.*）*375，384，391，538*

生于海拔 300 ～ 1200m 混交林中，罕见。分布于云南普洱、金平、西畴。越南也有。

种分布区类型：7-4

茶叶卫矛

Euonymus theifolius Wall. ex Laws.

周浙昆等（Zhou Z.K. *et al.*）*181，221，412，455*

生于海拔 1550 ～ 3400m 山地林中，较常见。分布于云南临沧、保山、德宏、红河（金平)、楚雄、大理、怒江和迪庆；西藏分布。缅甸、印度、孟加拉、喜马拉雅各国也有。

种分布区类型：14SH

披针叶沟瓣

Glyptopetalum lancilimbum C.Y. Wu ex G.S. Fan

徐永椿（Hsu Y.C.）*371*；中苏队（Sino-Russ. Exped.）*775*

生于海拔 700 ～ 1200m 常绿阔叶林中。分布于云南金平、河口。

滇东南特有

种分布区类型：15b

异色假卫矛

Microtropis discolor Wall.

税玉民等（Shui Y.M. *et al.*）*90151，群落样方 2011-48，群落样方 2011-49，样方 2-S-25*

生于海拔 700 ～ 2100m 山地。分布于云南金平、绿春、马关、麻栗坡、屏边、文山、西畴、贡山、普洱、西双版纳等地。不丹、印度、马来西亚（半岛)、缅甸、泰国（半岛)、越南也有。

种分布区类型：7

广序假卫矛

Microtropis petelotii Merr. et Freem.

中苏队（Sino-Russ. Exped.）*44*

生于海拔 1280 ～ 1900m 密林中。分布于云南金平、河口、广南、蒙自、屏边、西畴、富宁等地；广西分布。越南北部也有。

种分布区类型：15c

假卫矛属一种

Microtropis sp.

西南野生生物种质资源库 DNA Barcoding 考察（DNA Barcoding Exped. of GBOWS）*GBOWS1408，GBOWS1466*

方枝假卫矛

Microtropis tetragona Merr. et Freem.

税玉民等（Shui Y.M. *et al.*）*90532，西隆山样方 8F-9*

生于海拔 1300 ～ 1500m 山地林中。分布于云南贡山、金平、绿春、马关、屏边、文山；广西南部、海南、西藏东南部分布。

中国特有

种分布区类型：15

173a 十齿花科 Dipentodontaceae

十齿花

Dipentodon sinicus Dunn

税玉民等（Shui Y.M. *et al.*）*90511*，*90596*

生于海拔 1600 ～ 3100m 林中。分布于云南贡山、福贡、腾冲、龙陵、金平、蒙自、屏边、文山、元阳等地；广西西北、贵州西南部、西藏东南部（墨脱）分布。缅甸北部、印度东北部也有。

种分布区类型：14SH

178 翅子藤科 Hippocrateaceae

柳叶五层龙

Salacia cochinchinensis Lour.

宣淑洁（Hsuan S.J.）*113*

生于海拔 300 ～ 570m 路边疏林中。分布于云南金平、河口、西双版纳地区。越南、柬埔寨也有。

种分布区类型：7-4

河口五层龙

Salacia obovatilimba S.Y. Pao

税玉民等（Shui Y.M. *et al.*）*群落样方 2011-49*

生于海拔 120 ～ 700m 阴处林中。分布于云南东南部（河口、马关等）。

滇东南特有

种分布区类型：15b

无柄五层龙

Salacia sessiliflora Hand.-Mazz.

税玉民等（Shui Y.M. *et al.*）*80461*，(*s.n.*)

生于海拔 200 ～ 1600m 山坡灌丛中。分布于云南东南部；广东、广西、贵州分布。

中国特有

种分布区类型：15

179　茶茱萸科 Icacinaceae

毛粗丝木

Gomphandra mollis Merr.

中苏队（Sino-Russ. Exped.）*723*，*1680*

生于海拔 300 ～ 1100m 疏林、密林及山地季雨林中或山谷、路旁，偶见至常见。分布于云南东南部（金平、马关、西畴、元阳、麻栗坡、屏边、河口）。越南北部也有。

种分布区类型：15c

粗丝木

Gomphandra tetrandra (Wall.) Sleum.

税玉民等（Shui Y.M. *et al.*）*80337*，*群落样方 2011-48*，*群落样方 2011-49*；中苏队（Sino-Russ. Exped.）*530*，*970*

生于海拔 500 ～ 2200m 疏林、密林下，石灰山林内及路旁灌丛、林缘、箐沟边，在分布区内普遍。分布于云南东南部（金平、富宁、河口、红河、绿春、马关、麻栗坡、屏边、文山、西畴）及南部（普洱、西双版纳至临沧）；贵州、广西、广东、海南分布。印度、斯里兰卡、缅甸、泰国、柬埔寨、越南也有。

种分布区类型：7

琼榄

Gonocaryum lobbianum (Miers) Kurz

徐永椿（Hsu Y.C.）*254*

生于海拔 500 ～ 1800m 山谷密林中，少见。分布于云南金平、河口；海南分布。柬埔寨、印度尼西亚、老挝、马来西亚、缅甸、泰国、越南也有。

种分布区类型：7

大果微花藤

Iodes balansae Gagnep.

徐永椿（Hsu Y.C.）*306*

生于海拔 120 ～ 1300m 山谷、疏林中。分布于云南金平、屏边、河口、麻栗坡；广西（十万大山、龙津、上思）分布。越南北部（三位山）原模式地也有。

种分布区类型：15c

微花藤

Iodes cirrhosa Turcz.

胡诗秀、吴元坤（Hu S.X. et Wu Y.K.）*75*；税玉民等（Shui Y.M. *et al.*）*群落样方 2011-49*；张建勋、张赣生（Chang C.S. et Chang K.S.）*94*；中苏队（Sino-Russ. Exped.）*208*

生于海拔 400 ～ 950m 沟谷疏林中。分布于云南富宁、金平、红河、河口至西双版纳；广西分布。印度东北部（喀西山）、缅甸南部、泰国、老挝、越南中部至南部、马来半岛、印度尼西亚、加里曼丹、菲律宾、摩鹿加也有。

种分布区类型：7

小果微花藤

Iodes vitiginea (Hance) Hemsl.

段幼萱（Duan Y.X.）*28*；宣淑洁（Hsuan S.J.）*101*，*103*；中苏队（Sino-Russ. Exped.）*570*

生于海拔 120 ～ 1300m 沟谷季雨林至次生灌丛中。分布于云南东南部（金平、河口、屏边、麻栗坡、西畴、富宁、个旧、马关）；贵州、广西、广东分布。越南（广平、义安以北）、老挝北部、泰国北部也有。

种分布区类型：7

假海桐

Pittosporopsis kerrii Craib

税玉民等（Shui Y.M. *et al.*）*群落样方 2011-49*；西南野生生物种质资源库 DNA Barcoding 考察（DNA Barcoding Exped. of GBOWS）*GBOWS1399*；徐永椿（Hsu Y.C.）*167*，*170*，*347*，*424*；张建勋、张赣生（Chang C.S. et Chang K.S.）*91*；中苏队（Sino-Russ. Exped.）*232*，*244*，*638*，*876*

生于海拔 350 ～ 1600m 山溪密林中。分布于云南沧源至西双版纳、红河、金平、绿春。缅甸、泰国、老挝至越南北部也有。

种分布区类型：7

179a　心翼果科 Cardiopteridaceae

心翼果

Cardiopteris quinqueloba (Hassk.) Hassk.

周浙昆等（Zhou Z.K. *et al.*）*592*

生于海拔 150 ～ 860m 山谷疏林、石灰山林中、沟谷边及路旁灌丛内。分布于云南南部（西双版纳）、西南部（耿马）及东南部（金平、绿春、富宁）；广西南部和海南分布。自印度东北部（阿萨姆）、缅甸、泰国、越南、马来半岛至加里曼丹、印度尼西亚、东达松巴哇岛、苏拉威西东南部也有。

种分布区类型：7

182a　赤苍藤科 Erythropalaceae

赤苍藤

Erythropalum scandens Bl.

税玉民等（Shui Y.M. *et al.*）*群落样方 2011-48*；中苏队（Sino-Russ. Exped.）*283*，*389*

生于海拔 600 ～ 1000m 密林中、山区沟谷、溪边或灌丛中。分布于云南西双版纳、金平、富宁、河口、绿春、屏边、文山、马关等地，生于阴湿沟谷；海南、西藏东南部、广东、广西、贵州分布。孟加拉、文莱、不丹、柬埔寨、印度、印度尼西亚、老挝、马来西亚、缅甸、菲律宾、泰国、越南也有。

种分布区类型：7

185　桑寄生科 Lorantbaceae

五蕊寄生

Dendrophthoe pentandra (Linn.) Miq.

张（Zhang）*31*；张广杰（Zhang G.J.）*244*

生于海拔 550 ～ 1600m 山地亚热带常绿阔叶林中，寄生在白榄、油桐、芒果或榕属、柳属植物上。分布于云南镇康、耿马、双江、西双版纳、双柏、易门、禄丰、石屏、徽江、金平、个旧、河口、屏边等地；广西、广东分布。亚洲东南部，自孟加拉、马来西亚、印度尼西亚、菲律宾、泰国、老挝、柬埔寨至越南也有。

种分布区类型：7

离瓣寄生

Helixanthera parasitica Lour.

张广杰（Zhang G.J.）*307*；中苏队（Sino-Russ. Exped.）*654*

生于海拔 120 ～ 2000m 常绿阔叶林中，寄生于壳斗科植物及樟、油桐、木荷、榕、苦楝等树上，为热带、亚热带地区较常见寄生植物。分布于云南全省热带、亚热带地区；贵州、广西、广东、福建分布。亚洲东南部、中印半岛各国也有。

种分布区类型：7

椆树桑寄生

Loranthus delavayi Van Tiegh.

周浙昆等（Zhou Z.K. *et al.*）*430*

生于海拔 750 ～ 3000m 山地常绿阔叶林中，常寄生于壳斗科植物上。分布于云南全省各地；西南、华南、东南各省分布。缅甸、越南也有。

种分布区类型：7

双花鞘花

Macrosolen bibracteolatus (Hance) Danser

税玉民等（Shui Y.M. *et al.*）(*photo*)

生于海拔 300 ～ 1800m 山地常绿阔叶林中，寄生于樟属、山茶属、五月茶属、灰木属等植物上。模式标本采自广东英德。分布于云南西南部、南部及东南部；贵州东南部、广西、广东分布。越南北部、缅甸也有。

种分布区类型：7

鞘花

Macrosolen cochinchinensis (Lour.) Van Tiegh.

张广杰（Zhang G.J.）*181*；中苏队（Sino-Russ. Exped.）*44*

生于海拔 200 ～ 2500m 山地常绿阔叶林，常寄生于壳斗科、银桦、榕、木菠萝、枫香、油桐等多种植物上。分布于云南贡山、泸水、临沧、保山、普洱、西双版纳、红河、文山；四川、贵州、广西、广东、福建分布。尼泊尔、印度（卡西山）、孟加拉、泰国、越南、马来西亚、印度尼西亚、菲律宾等热带、亚热带地区也有。

种分布区类型：7

勐腊鞘花

Macrosolen geminatus (Merr.) Danser

张广杰（Zhang G.J.）*244*

寄生于海拔 700 ～ 1100m 常绿阔叶林中树上。分布于云南金平、勐腊。印度尼西亚、新几内亚、菲律宾也有。

种分布区类型：7d

梨果寄生

Scurrula atropurpurea (Bl.) Danser

税玉民等（Shui Y.M. *et al.*）*90343*，*90613*

生于海拔 1000 ～ 2900m 山地阔叶林，寄生于油桐、桑、山茱萸、杨树或壳斗科的植物上。分布于云南贡山、维西、中甸、鹤庆、洱源、腾冲、下关、巍山、大理、楚雄、昆明、峨山、江川、富民、金平、砚山、西畴、河口、马关、麻栗坡、蒙自、屏边、文山等地；贵州、广西（隆林）分布。泰国、越南、马来西亚、印度尼西亚、菲律宾（吕宋）也有。

种分布区类型：7

锈毛梨果寄生

Scurrula ferruginea (Jack) Danser

税玉民等（Shui Y.M. *et al.*）*90222*

生于海拔 900 ～ 1800m 常绿阔叶林，寄生于李属、柑橘属植物上。分布于云南金平、绿春、马关、麻栗坡、弥勒、屏边、瑞丽、景东、景洪等地。缅甸、马来西亚、印度尼西亚、泰国、老挝、柬埔寨、越南也有。

种分布区类型：7

红花寄生

Scurrula parasitica Linn.

税玉民等（Shui Y.M. *et al.*）*90774*，*群落样方 2011-35*

生于海拔 700 ～ 2800m 常绿阔叶林中，常寄生于柚、橘、桃、油茶等多种植物上。分布于云南西部、西南部、中部和东南部各县；福建、广东、广西、贵州、海南、湖南、江西、四川、台湾分布。印度尼西亚、马来西亚、菲律宾、泰国、越南也有。

种分布区类型：7

柳叶钝果寄生

Taxillus delavayi (Van Tiegh.) Danser

税玉民等（Shui Y.M. *et al.*）*90509*，*90601*

生于海拔 1500 ～ 3000m 阔叶林中，常寄生于山楂、花楸、樱桃、云南柳、杨、桦木等植物上。分布于云南全省各地（除南部、西南部外，东南部自金平、富宁、广南、绿春、麻栗坡、弥勒、屏边、文山）；西藏、四川、贵州、广西分布。缅甸、越南北部也有。

种分布区类型：7

185a 槲寄生科 Viscaceae

阔叶槲寄生（变种）

Viscum album Linn. var. **meridianum** Danser

税玉民等（Shui Y.M. *et al.*）(*photo*)，(*s.n.*)，*群落样方 2011-31*

生于海拔 2400 ～ 3000m 阔叶林中，寄生于樱桃属、花楸属植物上。分布于云南开远、嵩明、碧江、保山、景东；西藏分布。印度、缅甸、越南北部也有。

种分布区类型：7

186　檀香科 Santalaceae

多脉寄生藤

Dendrotrophe polyneura (Hu) D.D. Tao ex P.C. Tam

周浙昆等（Zhou Z.K. *et al.*）*135*

生于海拔 500 ～ 2000m 灌丛林中。分布于云南金平、绿春、屏边、西畴、普洱、勐海、勐腊、澜沧、龙陵等地。越南也有。

种分布区类型：7-4

油葫芦

Pyrularia edulis (Wall.) A. DC.

税玉民等（Shui Y.M. *et al.*）*90313，90754，群落样方 2011-46，西隆山凭证 0393，西隆山样方 1-A-40，西隆山样方 1-A-7*；周浙昆等（Zhou Z.K. *et al.*）*161*

生于海拔 1000 ～ 1800m 林缘。分布于云南楚雄（一平浪）、漾濞、大理、凤庆、保山、盈江、梁河、瑞丽、沧源、临沧、双江、西双版纳、元江、绿春、金平、文山、富宁、红河、麻栗坡、屏边、西畴、砚山、元阳；安徽、福建、广东、广西、贵州、湖北、湖南、江西、四川、西藏分布。不丹、印度、缅甸、尼泊尔也有。

种分布区类型：14SH

无刺硬核（变种）

Scleropyrum wallichianum (Wight et Arn.) Arn. var. **mekongense** (Gagnep.) Lecomte

张广杰（Zhang G.J.）*307*

生于海拔 150 ～ 1500m 低山、缓坡丛林中。分布于云南金平、普洱、景洪、勐腊、勐海、孟连等地。印度、马来西亚、越南也有。

种分布区类型：7

189　蛇菰科 Balanophoraceae

蛇菰

Balanophora harlandii Hook. f.

税玉民等（Shui Y.M. *et al.*）(*photo*)

生于海拔 1000 ～ 2000m 山坡竹林或阔叶林下，寄生于杜鹃、锥栗及大麻根上。分布于云南大关、永善、东川、嵩明、富民、禄丰、禄劝、景东、勐腊、绿春、屏边、文山、砚山及西畴等地；台湾、广东、江西、湖北、四川、贵州分布。印度、泰国也有。

种分布区类型：7

蛇菰属一种

Balanophora sp.

税玉民等（Shui Y.M. *et al.*）(*s.n.*)

190　鼠李科 Rhamnaceae

越南勾儿茶

Berchemia annamensis Pitard

张广杰（Zhang G.J.）*75*

生于海拔 1000 ～ 1900m 山地灌丛或林中。分布于云南金平、屏边、河口、西畴、蒙自；广东、广西分布。越南也有。

种分布区类型：7-4

长梗勾儿茶

Berchemia longipes Y.L. Chen et P.K. Chou

税玉民等（Shui Y.M. *et al.*）*90373，90423，90788*

生于海拔 1000 ～ 1900m 山地灌丛或林中。分布于云南金平、西畴。

滇东南特有

种分布区类型：15b

咀签（原变种）

Gouania leptostachya DC. var. **leptostachya**

税玉民等（Shui Y.M. *et al.*）*群落样方 2011-48*

生于海拔 700 ～ 1500m 荒坡或林缘及路边灌丛中。广泛分布于云南南部和西南部等地；广西分布。越南、老挝、柬埔寨、缅甸、泰国、印度、印度尼西亚、马来西亚、新加坡和菲律宾也有。

种分布区类型：7

大果咀签（变种）

Gouania leptostachya DC. var. **macrocarpa** Pitard

税玉民等（Shui Y.M. *et al.*）(*s.n.*)

生于海拔 500 ～ 2000m 疏林或荒地中。分布于云南河口、景东、景洪、潞西等地。

云南特有

种分布区类型：15a

毛叶鼠李

Rhamnus henryi Schneid.

税玉民等（Shui Y.M. *et al.*）*90418*

生于海拔 1200 ～ 2800m 杂木林下或灌丛中。分布于云南贡山、福贡、金平、绿春、文山、屏边、蒙自、河口、普洱、孟连、景东；西藏、四川、广西分布。

中国特有

种分布区类型：15

翼核果

Ventilago leiocarpa Benth.

税玉民等（Shui Y.M. *et al.*）*90106，群落样方 2011-48*

生于海拔 1500m 以下疏林或灌木林中。分布于云南金平、富宁、屏边、文山、勐海、勐腊、景洪；广西、广东、贵州、湖南、福建、台湾分布。印度、缅甸、泰国、越南也有。

种分布区类型：7

印度枣

Ziziphus incurva Roxb.

税玉民等（Shui Y.M. *et al.*）*群落样方 2011-49*

生于海拔 1000 ～ 2500m 阔叶林中。分布于云南鹤庆、兰坪、富宁、新平、景东、景谷、普洱、景洪、勐海、双江、临沧、陇川等地；贵州南部、广西、西藏东南部和南部分布。印度、尼泊尔和不丹也有。

种分布区类型：14SH

191　胡颓子科 Elaeagnaceae

越南胡颓子

Elaeagnus tonkinensis Serv.

税玉民等（Shui Y.M. *et al.*）*80285*

生于海拔 1900 ～ 2600m 向阳山坡。分布于云南镇康、龙陵、腾冲、大姚、金平。越南也有。

种分布区类型：7-4

193　葡萄科 Vitaceae

广东蛇葡萄

Ampelopsis cantoniensis (Hook. et Arn.) Planch.

西南野生生物种质资源库 DNA Barcoding 考察（DNA Barcoding Exped. of GBOWS）*GBOWS1410*

生于海拔约 700m 林中。分布于云南富宁；安徽、广东、广西、浙江、福建、台湾、湖北、湖南、广东、广西、海南、贵州、西藏分布。

中国特有

种分布区类型：15

乌蔹莓（原变种）

Cayratia japonica (Thunb.) Gagnep. var. **japonica**

税玉民等（Shui Y.M. *et al.*）*90314，西隆山样方 6H-5*；周浙昆等（Zhou Z.K. *et al.*）*411*

生于海拔 800 ～ 2200m 山谷林中或山坡灌丛中。分布于云南金平、富宁、河口、建水、绿春、蒙自、弥勒、屏边、文山、西畴、麻栗坡、马关、贡山、昆明、元阳、孟连、耿马、沧源；陕西、河南、山东、安徽、江苏、浙江、湖北、湖南、福建、台湾、广东、广西、海南、四川、贵州分布。日本、菲律宾、越南、缅甸、印度、印度尼西亚、澳大利亚也有。

种分布区类型：5

毛乌蔹莓（变种）

Cayratia japonica (Thunb.) Gagnep. var. **mollis** (Wall.) Momiyama

税玉民等（Shui Y.M. *et al.*）*90002*

生于海拔 300 ～ 2200m 山谷林中或山坡灌丛中。分布于云南马关、金平、元阳、屏边、河口、红河、绿春、文山、普洱、景洪、勐海、澜沧；广东、广西、海南、贵州分布。印度、不丹、尼泊尔也有。

种分布区类型：14SH

茎花崖爬藤

Tetrastigma cauliflorum Merr.

税玉民等（Shui Y.M. *et al.*）*群落样方 2011-49*

生于海拔 150 ～ 500m 山谷林中。分布于云南屏边、河口等地；广东、广西、海南分布。越南和老挝也有。

种分布区类型：7-4

十字崖爬藤

Tetrastigma cruciatum Craib et Gagnep.

税玉民等（Shui Y.M. *et al.*）*群落样方 2011-48*

生于海拔 600 ～ 1600m 山坡灌丛或溪边林下。分布于云南碧江、金平、孟连、景东、普洱、景洪、勐海、勐腊、澜沧、耿马、沧源。越南和泰国也有。

种分布区类型：7

红枝崖爬藤

Tetrastigma erubescens Planch.

张广杰（Zhang G.J.）*105*

生于海拔 200 ～ 1450m 山坡、山谷热带林中。分布于云南西畴、文山、屏边、金平、河口、马关；广东、广西、海南分布。越南、柬埔寨也有。

种分布区类型：7-4

富宁崖爬藤

Tetrastigma funingense C.L. Li

张广杰（Zhang G.J.）*128*

生于海拔约 1000m 林缘。模式产地采自富宁。分布于云南富宁、金平。

滇东南特有

种分布区类型：15b

蒙自崖爬藤

Tetrastigma henryi Gagnep.

张广杰（Zhang G.J.）*74*

生于海拔 600 ～ 1900m 山谷林中或路旁。分布于云南泸水、绿春、元阳、蒙自、屏边、金平、马关、富宁、河口、建水、弥勒、景东、景洪、勐海、勐腊、龙陵、潞西、瑞丽、耿马、临沧；西藏、贵州分布。

中国特有

种分布区类型：15

毛枝崖爬藤

Tetrastigma obovatum (Laws.) Gagnep.

税玉民等（Shui Y.M. *et al.*）*90053*

生于海拔 250 ～ 1500m 山谷、山坡林、林缘或灌丛中。分布于云南金平、河口、屏边、文山、元江、景东、景洪、勐海、勐腊、盈江。越南、老挝、泰国、印度喀西山区也有。

种分布区类型：7

扁担藤

Tetrastigma planicaule (Hook.) Gagnep.

税玉民等（Shui Y.M. *et al.*）*群落样方 2011-36*，*群落样方 2011-48*；周浙昆等（Zhou Z.K. *et al.*）*136*

生于海拔 400 ～ 1550m 山谷热带亚热带林中或山坡岩石缝中。分布于云南富宁、麻栗坡、西畴、马关、屏边、金平、绿春、元阳、景洪、勐腊；福建、广东、广西、贵州、西藏东南部分布。老挝、越南、印度、斯里兰卡也有。

种分布区类型：7

喜马拉雅崖爬藤

Tetrastigma rumicispermum (Laws.) Planch.

周浙昆等（Zhou Z.K. *et al.*）*136*，*470*

生于海拔 500 ～ 2450m 山坡、河谷林中。分布于云南中甸、鹤庆、宾川、普洱、勐腊、金平、河口、建水、绿春、马关、弥勒、屏边、文山、元阳；西藏分布。越南、老挝、泰国、印度、尼泊尔、不丹也有。

种分布区类型：7

狭叶崖爬藤

Tetrastigma serrulatum (Roxb.) Planch.

周浙昆等（Zhou Z.K. *et al.*）*411*，*464*

生于海拔 1400 ～ 2900m 山谷林、山坡灌丛岩石缝中。分布于云南贡山、福贡、碧江、泸水、中甸、维西、漾濞、丽江、洱源、宾川、大理、腾冲、潞西、镇康、龙陵、景东、普洱、景洪、绿春、元阳、富民、昆明、嵩明、彝良、金平、开远、绿春、马关、元阳、屏边、砚山、文山、西畴、麻栗坡、富宁；湖南、广东、广西、四川、贵州、湖南分布。不丹、印度、缅甸、尼泊尔、泰国也有。

种分布区类型：7

大果西畴崖爬藤（变种）

Tetrastigma sichouense C.L. Li var. **megalocarpum** C.L. Li

周浙昆等（Zhou Z.K. *et al.*）*470*

生于海拔 600 ～ 2100m 山谷林、山坡岩石或灌丛中。分布于云南金平、富宁、西畴、屏边、绿春；贵州分布。越南也有。

种分布区类型：7-4

马关崖爬藤

Tetrastigma venulosum C.Y. Wu

张广杰（Zhang G.J.）*48*

生于海拔 1000 ～ 1900m 林缘或疏林中。分布于云南金平、马关。

滇东南特有

种分布区类型：15b

193a　火筒树科 Leeaceae

单羽火筒树

Leea asiatica (Linn.) Ridsdale

税玉民等（Shui Y.M. *et al.*）*90206*

生于海拔 500 ～ 1800m 河谷林下或溪边林缘。分布于云南金平、红河、绿春、孟连、景东、普洱、景洪、勐海、勐腊、梁河、镇康、耿马、沧源、临沧等地。越南、老挝、柬埔寨、泰国、孟加拉国、印度、不丹、尼泊尔也有。

种分布区类型：7

火筒树

Leea indica (Burm. f.) Merr.

张广杰（Zhang G.J.）*19*

生于海拔 200 ～ 1300m 热带林中。分布于云南金平、绿春、麻栗坡、马关、屏边、河口、景洪、勐海等地；广东、广西、海南、贵州等省区分布。南亚到大洋洲北部也有。

种分布区类型：5

火筒树属一种

Leea sp.

西南野生生物种质资源库 DNA Barcoding 考察（DNA Barcoding Exped. of GBOWS）*GBOWS1384*

194　芸香科 Rutaceae

山油柑

Acronychia pedunculata (Linn.) Miq.

税玉民等（Shui Y.M. *et al.*）*群落样方 2011-38*，*群落样方 2011-48*

生于海拔 900m 以下次生林或灌丛中。分布于云南南部至东南部；福建、广东、广西、海南、台湾分布。印度、孟加拉、不丹、斯里兰卡、老挝、缅甸、柬埔寨、泰国、越南、印度尼西亚、马来西亚、菲律宾、新几内亚也有。

种分布区类型：7d

三桠苦

Melicope pteleifolia (Champ. ex Benth.) T.G. Hartley

税玉民等（Shui Y.M. *et al.*）*90293，群落样方 2011-35，群落样方 2011-40，群落样方 2011-41，群落样方 2011-45，群落样方 2011-46，群落样方 2011-47，西隆山凭证 0881，西隆山凭证 0882，西隆山凭证 0883，西隆山凭证 0927*；西南野生生物种质资源库 DNA Barcoding 考察（DNA Barcoding Exped. of GBOWS）*GBOWS1405*；张广杰（Zhang G.J.）*71*；周浙昆等（Zhou Z.K. *et al.*）*502*

生于海拔 500 ～ 2200m 低丘、密林及林缘灌丛中，花于干季早春时节开放。分布于云南西部、西南部、东南部、南部及景东等；台湾、福建、海南、广东、广西分布。马来西亚、印度、缅甸、越南、老挝、柬埔寨、菲律宾也有。

种分布区类型：7

大管

Micromelum falcatum (Lour.) Tanaka

税玉民等（Shui Y.M. *et al.*）*群落样方 2011-49*

生于海拔 400 ～ 1200m 热带低山沟谷灌丛林缘及中山常绿林中，石灰岩地区也常见。分布于云南孟连、西双版纳、金平、元阳、绿春及滇东南；广东西南部、广西、海南分布。越南、老挝、柬埔寨、泰国也有。

种分布区类型：7

毛叶小芸木（变种）

Micromelum integerrimum (Roxb. ex DC.) Wight et Arn. ex M.Roem. var. **mollissimum** Tanaka

张广杰（Zhang G.J.）*236*

生于海拔 120 ～ 600m 热带丛林中及林缘。分布于云南建水、河口、金平、马关、镇雄；广西东南部分布。越南、老挝、柬埔寨、菲律宾也有。

种分布区类型：7

乔木茵芋

Skimmia arborescens Anders. ex Gamble

税玉民等（Shui Y.M. *et al.*）*90516，90533，90595，西隆山凭证 521，西隆山凭证*

544，西隆山凭证 545，西隆山凭证 563，西隆山凭证 566；周浙昆等（Zhou Z.K. *et al.*）*245，257，298，446*

生于海拔 1000 ～ 2700m 湿性苔藓林内及常绿阔叶林中及沟边密箐中。分布于云南全省各地；广东、广西、贵州、四川、西藏（察隅）分布。尼泊尔、不丹、印度东北部、泰国北部、缅甸、越南北部也有。

种分布区类型：7

多脉茵芋

Skimmia multinervia C.C. Huang

税玉民等（Shui Y.M. *et al.*）*90554，90636，西隆山凭证 583，西隆山样方 2-40，西隆山样方 5F-3，259，335，371，390，626*

生于海拔 2500 ～ 3100m 箐沟密林中。分布于云南维西、中甸、金平、绿春、文山；四川西南部分布。不丹、印度东北部、缅甸、尼泊尔、越南北部也有。

种分布区类型：7

吴茱萸

Tetradium ruticarpum (Juss.) T.G. Hartley

税玉民等（Shui Y.M. *et al.*）*群落样方 2011-35*

生于海拔 300 ～ 2900m 山坡疏林、旷地阳处，常见村旁栽培。分布于云南西北部、西部、中部、东北部、东南部等；四川、贵州、湖北、湖南、江西、安徽、浙江、江苏、广东、广西、陕西、福建、台湾分布。尼泊尔、不丹、印度、缅甸也有。

种分布区类型：14SH

飞龙掌血

Toddalia asiatica (Linn.) Lam.

税玉民等（Shui Y.M. *et al.*）*群落样方 2011-33，群落样方 2011-34，群落样方 2011-39，群落样方 2011-40*

生于海拔 560 ～ 2600m 林下、林缘、荆棘灌丛。分布于云南中部高原、金沙江河谷、西北部峡谷、澜沧江、红河中游，到东北部等；陕西南部、青海、西藏、四川、贵州及华中、东南沿海分布。东喜马拉雅亚洲东南部及岛屿、非洲东部（马达加斯加）也有。

种分布区类型：6

刺花椒

Zanthoxylum acanthopodium DC.

周浙昆等（Zhou Z.K. *et al.*）*91，421*

生于海拔 1000 ～ 2500m 林缘山坡灌丛中。分布于云南西北部、西部及东南部（金平、广南、红河、建水、绿春、泸西、麻栗坡、蒙自、屏边、文山、西畴、元阳）；广西西部、四川、贵州、西藏分布。孟加拉、不丹、印度、印度尼西亚、老挝、马来西亚、缅甸、尼泊尔、泰国、越南也有。

种分布区类型：7

竹叶花椒

Zanthoxylum armatum DC.

周浙昆等（Zhou Z.K. *et al.*）*82*

生于海拔 600 ～ 3100m 灌丛中。分布于云南除东北部、东部外全省各地；东南至西南地区，最南至广东南部，最西达秦岭，其中以东南及中部最为普遍分布。巴基斯坦、印度、缅甸、泰国、越南、东喜马拉雅、日本也有。

种分布区类型：7

花椒簕

Zanthoxylum scandens Bl.

税玉民等（Shui Y.M. *et al.*）*群落样方 2011-34*

生于海拔 200 ～ 2400m 林缘灌丛、干旱山坡及老箐林。分布于云南蒙自、文山、峨山、丽江、鹤庆、漾濞、大理、龙陵、盈江、瑞丽、勐海、景东、德钦、维西、贡山、兰坪、屏边、绿春等；贵州、湖南、四川、江西、西藏、广西、广东、海南、浙江、福建、台湾分布。琉球群岛、苏门答腊、爪哇、北加里曼丹及印度也有。

种分布区类型：7

196　橄榄科 Burseraceae

橄榄

Canarium album (Lour.) Rauesch.

喻智勇（Yu Z.Y.）(*photo*)

生于海拔 180 ～ 1300m 沟谷、山坡杂木林中，或栽培于庭园、村旁。分布于云南南部和东南部；广东、广西、台湾、福建分布。越南北部至中部也有。

种分布区类型：7-4

197　楝科 Meliaceae

星毛崖摩

Aglaia teysmanniana (Miq.) Miq.

税玉民等（Shui Y.M. *et al.*）*80287*；张广杰（Zhang G.J.）*34*

生于海拔 300 ～ 500m 箐沟密林或山麓疏林中。分布于云南金平、河口。印度尼西亚、马来西亚、巴布亚新几内亚、菲律宾、泰国也有。

种分布区类型：7d

山楝

Aphanamixis polystachya (Wall.) R. Parker

税玉民等（Shui Y.M. *et al.*）*80221*；张广杰（Zhang G.J.）*326*；周浙昆等（Zhou Z.K. *et al.*）*617*

生于海拔 500 ～ 1000m 杂木林、疏林或灌丛中，有些地方（如夏威夷）栽培。分布于云南普洱、西双版纳、金平、河口、红河、麻栗坡、屏边；广西、广东分布。马来半岛、中南半岛、印度尼西亚（爪哇、加里曼丹）至帝汶岛和伊里安岛也有。

种分布区类型：7d

溪杪（亚种）

Chisocheton cumingianus (C. DC.) Harms ssp. **balansae** (C.DC.) Mabberley

税玉民等（Shui Y.M. *et al.*）*群落样方 2011-49*；西南野生生物种质资源库 DNA Barcoding 考察（DNA Barcoding Exped. of GBOWS）*GBOWS1456*

生于海拔 300 ～ 900m 丘陵沟壑茂密森林中。分布于云南南部；广东、广西南部分布。不丹、老挝、缅甸、泰国也有。

种分布区类型：7

麻楝

Chukrasia tabularis A. Juss.

税玉民等（Shui Y.M. *et al.*）(*photo*)

生于海拔 500 ～ 1030m 疏林中。分布于云南南部（西双版纳）和东南部（金平）；西藏东南部（墨脱）、广西、广东分布。印度、斯里兰卡、缅甸、马来半岛、中南半岛、加里曼丹也有。

种分布区类型：7

浆果楝

Cipadessa baccifera (Roth.) Miq.

税玉民等（Shui Y.M. *et al.*）*90081*；张广杰（Zhang G.J.）*259*

生于海拔 560 ～ 2400m 季雨林、常绿阔叶林及其次生林、山坡灌丛和灌丛草地中。分布于云南除西北部外全省各地；四川、贵州、广西分布。越南也有。

种分布区类型：7-4

樫木

Dysoxylum excelsum Bl.

税玉民等（Shui Y.M. *et al.*）*80294*

生于海拔 130 ～ 1000m 沟谷雨林或常绿阔叶林中，也生于次生疏林或竹林中。分布于云南南部（西双版纳普文）和东南部（金平、屏边、河口、麻栗坡）；广西南部、西藏东南部（墨脱）分布。不丹、印度东北部、印度尼西亚、老挝、尼泊尔、巴布亚新几内亚、菲律宾、斯里兰卡、泰国、越南、太平洋群岛（所罗门群岛）也有。

种分布区类型：7d

红果樫木

Dysoxylum gotadhora (Buch.-Ham.) Mabberley

税玉民等（Shui Y.M. *et al.*）*80307*

生于海拔 550 ～ 1700m 沟谷雨林或山坡季雨林中。分布于云南龙陵、景东、普文、西双版纳、金平、蒙自、屏边、元阳；广东、海南分布。印度、斯里兰卡、安达曼群岛、柬埔寨（变种）、越南也有。

种分布区类型：7

鹧鸪花

Heynea trijuga Roxb.

税玉民等（Shui Y.M. *et al.*）(*photo*)

生于海拔 120 ～ 1350m 季雨林、雨林。分布于云南中部、西部、南部、东南部。缅甸、越南也有。

种分布区类型：7

楝

Melia azedarach Linn.

张广杰（Zhang G.J.）*323*

生于海拔 500 ～ 2100m 杂木林、疏材内，也常见栽培于庭园、路旁。云南几遍全省；

四川、贵州、广西、湖南、湖北、河南、甘肃分布。日本、越南、老挝、泰国也有。

种分布区类型：7

老虎楝

Trichilia connaroides (Wight et Arn.) Bentv.

张广杰（Zhang G.J.）*55*；税玉民等（Shui Y.M. *et al.*）*西隆山凭证 0854，西隆山凭证 0855*；张广杰（Zhang G.J.）*55，335*

生于海拔 120 ～ 1350m 季雨林、雨林、常绿阔叶林及其次生群落中。分布于云南中部、西部、南部、东南部。缅甸、越南也有。

种分布区类型：7

割舌树

Walsura robusta Roxb.

税玉民等（Shui Y.M. *et al.*）*群落样方 2011-46*

生于海拔 500 ～ 1200m 疏密林中。分布于云南南部至东南部；广西西部、海南分布。印度、孟加拉、不丹、老挝、缅甸、泰国、越南、马来西亚也有。

种分布区类型：7

198　无患子科 Sapindaceae

长柄异木患

Allophylus longipes Radlk.

税玉民等（Shui Y.M. *et al.*）*群落样方 2011-41*

生于海拔 1100 ～ 1600m 林中。分布于云南南部至东南部；贵州南部分布。越南北部也有。

种分布区类型：15c

荔枝

Litchi chinensis Sonn.

税玉民等（Shui Y.M. *et al.*）*90830*

生于海拔 120 ～ 1200m 低山平坝林内或广为栽培于村寨附近。分布于云南西双版纳、金平、屏边、河口、马关、麻栗坡、西畴、富宁；广西南部、广东、福建西南部均产；贵州西北部、四川西南部和台湾也有栽培分布。东南亚各国、非洲南部和美国多有引种。

种分布区类型：7

褐叶柄果木

Mischocarpus pentapetalus (Roxb.) Radlk.

税玉民等（Shui Y.M. *et al.*）*90077*

生于海拔 950 ～ 1780m 林内潮湿处。分布于云南瑞丽、耿马、澜沧、西双版纳、普文、金平、富宁、河口、红河、麻栗坡、屏边、元阳。印度（阿萨姆、喀西山、锡金）、孟加拉、缅甸、柬埔寨、越南南部、印度尼西亚（苏门答腊）也有。

种分布区类型：7

云南檀栗

Pavieasia anamensis Pierre

税玉民等（Shui Y.M. *et al.*）*群落样方 2011-46，群落样方 2011-49*

生于海拔 100 ～ 900m 山谷溪边密林中潮湿处。分布于云南河口、金平、屏边、马关、麻栗坡。越南北部也有。

种分布区类型：15c

毛瓣无患子

Sapindus rarak DC.

税玉民等（Shui Y.M. *et al.*）*群落样方 2011-45，群落样方 2011-46，群落样方 2011-47*

生于海拔 500 ～ 1700m 疏林中。分布于云南南部至东南部；台湾分布。印度、不丹、斯里兰卡、老挝、缅甸、柬埔寨、泰国、越南、印度尼西亚、马来西亚西部也有。

种分布区类型：7

无患子

Sapindus saponaria Linn.

税玉民等（Shui Y.M. *et al.*）*群落样方 2011-44*

生于海拔 170 ～ 600m 林缘或路旁，多栽培。分布于云南河口、富宁等地;河南、安徽、湖北、江西、江苏、浙江、福建、海南、广东、广西、贵州、四川、台湾分布。印度、缅甸、泰国、越南北部、印度尼西亚、新几内亚、日本、朝鲜也有。

种分布区类型：7

200　槭树科 Aceraceae

蜡枝槭

Acer ceriferum Rehd.

税玉民等（Shui Y.M. *et al.*）*西隆山样方 5A-7*

生于海拔 2350 ～ 2430m 山谷密林中。分布于云南金平、文山；安徽、甘肃南部、河南、湖北西部、陕西南、山西、四川、浙江分布。

中国特有

种分布区类型：15

密果槭

Acer kuomeii Fang et Fang. f.

税玉民等（Shui Y.M. *et al.*）*西隆山样方 2-11，西隆山样方 2-5，西隆山样方 8F-21*

生于海拔 1200 ～ 1800m 密林中。分布于云南金平、河口、红河、马关、屏边、文山、西畴、麻栗坡；广西西部分布。

中国特有

种分布区类型：15

广南槭

Acer kwangnanense Hu et Cheng

税玉民等（Shui Y.M. *et al.*）*群落样方 2011-31*

生于海拔 1000 ～ 1900m 石山上或疏林中。分布于云南广南、麻栗坡等。

滇东南特有

种分布区类型：15b

疏花槭

Acer laxiflorum Pax

周浙昆等（Zhou Z.K. *et al.*）*358*

生于海拔 1850 ～ 2100(3300)m 路边、沙石上或疏林中。分布于云南永善、镇雄、中甸、德钦、丽江、贡山、维西、禄劝、金平、绿春、元阳；四川分布。不丹也有。

种分布区类型：14SH

细齿锡金槭（变种）

Acer sikkimense Miq. var. **serrulatum** Pax

喻智勇（Yu Z.Y.）(*photo*)

生于海拔 1700 ～ 2780m 密林中或疏林边。分布于云南贡山、福贡、景东、临沧、凤庆、屏边；西藏分布。印度、缅甸也有。

种分布区类型：14SH

中华槭

Acer sinense Pax

税玉民等（Shui Y.M. *et al.*）*群落样方 2011-32*，*群落样方 2011-33*，*群落样方 2011-35*，*群落样方 2011-37*

生于海拔 1400 ~ 2300m 混交林中。分布于云南广南、文山等地；湖北西部、四川、湖南、贵州、广东、广西和江西分布。

中国特有

种分布区类型：15

201　清风藤科 Sabiaceae

平伐清风藤

Sabia dielsii Lévl.

中苏队（Sino-Russ. Exped.）*1035*

生于海拔 600 ~ 2500m 沟边灌丛中及常绿阔叶林中。分布于云南贡山、碧江、泸水、楚雄、双柏、东南部和南部；贵州、四川和广西分布。越南也有。

种分布区类型：7-4

簇花清风藤

Sabia fasciculata Lecomte ex. L. Chen

中苏队（Sino-Russ. Exped.）*86*

生于海拔 1000 ~ 2150m 山谷林中、林缘及灌丛中。分布于云南景东、普洱、景洪及文山、马关、西畴、麻栗坡、广南、富宁、金平、屏边、河口、元阳、绿春、蒙自；广西、广东、福建南部分布。缅甸、越南北部也有。

种分布区类型：7

四川清风藤

Sabia schumanniana Diels

周浙昆等（Zhou Z.K. *et al.*）*166*

生于海拔 1200 ~ 2600m 山谷、山坡、溪旁和阔叶林中。模式标本采自南川。分布于云南永善、金平、河口、屏边、西畴；四川东部和南部、重庆、贵州西部和北部、河南、湖北西部、陕西分布。

中国特有

种分布区类型：15

清风藤属一种

Sabia sp.

西南野生生物种质资源库 DNA Barcoding 考察（DNA Barcoding Exped. of GBOWS）*GBOWS1336*

尖叶清风藤

Sabia swinhoei Hemsl. ex Forb. et Hemsl.

张广杰（Zhang G.J.）*35，40*

生于海拔 650 ～ 1500m 丛林阴处。分布于云南金平、马关、西畴、广南、富宁；福建、广东、广西、贵州、海南、湖北、湖南、江苏、江西、四川、台湾、浙江分布。越南北部也有。

种分布区类型：15c

云南清风藤

Sabia yunnanensis Franch.

税玉民等（Shui Y.M. *et al.*）*西隆山凭证 0432，西隆山凭证 0432，西隆山样方 8H-9*

生于海拔 1100 ～ 3800m 山谷溪旁疏林中。分布于云南西北部地区、禄劝、嵩明、大关、彝良、富宁、广南、河口、建水、金平、蒙自、弥勒、文山、元阳；四川西部（米易、盐边）、河南、湖北、西藏分布。不丹、尼泊尔也有。

种分布区类型：14SH

201a　泡花树科 Meliosmaceae

南亚泡花树

Meliosma arnottiana Walp.

税玉民等（Shui Y.M. *et al.*）*群落样方 2011-41*

生于海拔 600 ～ 2200m 沟谷常绿阔叶林中或山坡疏林中。分布于云南贡山、漾濞、双柏、宜良、西南部、南部至东南部；贵州西南部、广西南部分布。斯里兰卡、印度、尼泊尔、越南也有。

种分布区类型：7

樟叶泡花树

Meliosma squamulata Hance

税玉民等（Shui Y.M. *et al.*）*90312，90750，西隆山凭证 0367，西隆山凭证 0472，西隆山凭证 0769，西隆山样方 8F-8*

生于海拔 1000 ～ 2000m 山坡灌丛或密林中。分布于云南金平、广南、红河、绿春、屏边、文山、西畴、元阳；贵州、广西、广东、海南、西藏南部分布。泰国、越南北部也有。

种分布区类型：7

山様叶泡花树

Meliosma thorelii Lecomte

中苏队（Sino-Russ. Exped.）*390*

生于海拔 200 ～ 2400m 山谷疏林中。分布于云南金平、屏边、马关、麻栗坡、文山、富宁；贵州、广西、广东、海南、四川、福建东部和南部等省区分布。越南、老挝也有。

种分布区类型：7-4

204　省沽油科 Staphyleaceae

硬毛山香圆

Turpinia affinis Merr. et Perry

税玉民等（Shui Y.M. *et al.*）*群落样方 2011-39*，*群落样方 2011-41*

生于海拔 1100 ～ 2000m 沟边或山箐林中。分布于云南泸水、贡山、临沧、耿马、屏边、西畴、金平、马关、富宁、建水、文山。

云南特有

种分布区类型：15a

越南山香圆

Turpinia cochinchinensis (Lour.) Merr.

税玉民等（Shui Y.M. *et al.*）*群落样方 2011-41*，*群落样方 2011-34*

生于海拔 1200 ～ 2100m 湿润林中。分布于云南泸水、碧江、芒市、腾冲、双江、凤庆、龙陵、瑞丽、镇康、临沧、沧源、景东、勐海、易门等地；广东、广西南部、四川和贵州分布。印度、缅甸、越南也有。

种分布区类型：7

山香圆

Turpinia montana (Bl.) Kurz

税玉民等（Shui Y.M. *et al.*）*90807*

生于海拔 1400 ～ 2100m 常绿阔叶林中。分布于云南金平、富宁、广南、红河、马关、麻栗坡、屏边、文山、西畴、永善、勐海、勐腊、普洱、景洪；广东、广西、贵州分布。印度、印度尼西亚（爪哇、苏门答腊）、缅甸、泰国、越南也有。

种分布区类型：7

大果山香圆（原变种）

Turpinia pomifera (Roxb.) DC. var. **pomifera**

中苏队（Sino-Russ. Exped.）*511*

生于海拔 350 ～ 650m 杂木林中、村边、路旁。分布于云南金平、河口、马关、麻栗坡、蒙自、屏边、文山、西畴、普洱、西双版纳。印度至越南北部也有。

种分布区类型：7

山麻风树（变种）

Turpinia pomifera (Roxb.) DC. var. **minor** C.C. Huang

中苏队（Sino-Russ. Exped.）*312*

生于海拔 1400 ～ 1500m 密林中。分布于云南金平、河口、文山、西畴、屏边、麻栗坡、蒙自、马关、景洪；广西西部和南部（德宝、扶绥）分布。

中国特有

种分布区类型：15

山香圆属一种

Turpinia sp.

西南野生生物种质资源库 DNA Barcoding 考察（DNA Barcoding Exped. of GBOWS）*GBOWS1357*

204a　瘿椒树科 Tapisciaceae

瘿椒树

Tapiscia sinensis Oliv.

税玉民等（Shui Y.M. *et al.*）*群落样方 2011-46*，*群落样方 2011-39*

生于海拔 400 ～ 2200m 林中沟谷。分布于云南南部及东南部等地；浙江、安徽、湖北、湖南、广东、广西、四川、贵州分布。

中国特有

种分布区类型：15

云南瘿椒树

Tapiscia yunnanensis W.C. Cheng et C.D. Chu

税玉民等（Shui Y.M. *et al.*）(*s.n.*)，*群落样方 2011-33*，*群落样方 2011-36*

生于海拔 1500 ～ 2300m 山谷湿润地的疏林中。分布于云南澜沧、景东、金平、河口、红河、绿春、马关、麻栗坡、西畴、元阳、屏边、文山、富民；湖北、四川分布。

中国特有

种分布区类型：15

205　漆树科 Anacardiaceae

人面子

Dracontomelon duperreanum Pierre

徐永椿（Hsu Y.C.）*132，585*

生于海拔 200 ～ 400m 热带雨林中。分布于云南金平、河口、马关；广东、广西分布。越南也有。

种分布区类型：7-4

辛果漆

Drimycarpus racemosus (Roxb.) Hook. f.

税玉民等（Shui Y.M. *et al.*）*90857，群落样方 2011-46*；张建勋、张赣生（Chang C.S. et Chang K.S.）*185*；中苏队（Sino-Russ. Exped.）*121，1071*

生于海拔 130 ～ 900m 山谷、沟边疏林或密林中。分布于云南马关、河口、金平、绿春、屏边。不丹、印度、缅甸、越南北部也有。

种分布区类型：7

长梗杧果

Mangifera laurina Bl.

中苏队（Sino-Russ. Exped.）*670*

生于海拔 300 ～ 700m 热带雨林中。分布于云南金平、建水、芒市、盈江。印度尼西亚、柬埔寨、菲律宾、新加坡也有。

种分布区类型：7

清香木

Pistacia weinmanniifolia J. Poisson ex Franch.

中苏队（Sino-Russ. Exped.）*512*

生于海拔 580 ～ 2700m 山坡、狭谷的疏林或灌丛中，石灰岩地区及干热河谷尤多。分布于云南全省各地；西藏东南部、四川西南部和贵州西南部分布。缅甸禅邦也有。

种分布区类型：7-3

盐肤木（原变种）

Rhus chinensis Mill. var. **chinensis**

税玉民等（Shui Y.M. *et al.*）(*s.n.*)

生于海拔 170 ～ 2700m 向阳山坡、沟谷、溪边的疏林、灌丛和荒地上。分布于云南全省各地；除东北（吉林、黑龙江）、内蒙古和西北（青海、宁夏和新疆）外的其他各省区分布。印度、中南半岛、印度尼西亚、朝鲜、日本也有。

种分布区类型：7

滨盐麸木（变种）

Rhus chinensis Mill. var. **roxburghii** (DC.) Rehd.

沙惠祥、戴汝昌（Sha H.X. et Dai R.C.）*90*

生于海拔 110 ～ 2800m 山坡、沟谷疏林和灌丛中。分布于云南河口、屏边、金平、建水、绿春、马关、屏边、元阳、新平、景洪、双江、潞西、盈江、腾冲、碧江、福贡、贡山、德钦、维西、丽江、宾川；四川、贵州、广西、广东、海南、湖南、台湾、江西分布。

中国特有

种分布区类型：15

槟榔青

Spondias pinnata (Linn. f.) Kurz

宣淑洁（Hsuan S.J.）*109，61-00109*

生于海拔 360 ～ 1200m 山坡、平坝或沟谷疏林中。分布于云南金平、绿春、普洱、勐腊、景洪、勐海、双江;广东（海南）分布。印度、斯里兰卡、缅甸、泰国、马来西亚、柬埔寨、越南也有。

种分布区类型：7

小果绒毛漆（变种）

Toxicodendron wallichii (Hook. f.) O. Kuntze var. **microcarpum** C.C. Huang ex T.L. Ming

中苏队（Sino-Russ. Exped.）*546*

生于海拔 1100 ～ 2400m 山坡、狭谷阔叶林中。分布于云南西畴、文山、砚山、河口、屏边、金平、红河、元阳、绿春、建水、蒙自、普洱、临沧、凤庆、沪水；西藏东南部、广西西南部分布。

中国特有

种分布区类型：15

206　牛栓藤科 Connaraceae

北越牛栓藤（亚种）

Connarus paniculata Roxb. ssp. **tonkinensis** (Lec.) Y.M. Shui

中苏队（Sino-Russ. Exped.）*565*，*1070*

生于海拔 120 ～ 640m 石灰岩山坡林中稍干燥处。分布于云南河口、屏边、金平和麻栗坡等地；广西南部分布。越南、缅甸也有。

种分布区类型：7

红叶藤

Rourea minor (Gaerth.) Leenh.

税玉民等（Shui Y.M. *et al.*）*91236*

生于海拔 550 ～ 1300m 丘陵、灌丛、竹林或密林中。分布于云南景洪、勐海、勐腊、沧沅和潞西等地；台湾、广东、广西、海南等省区分布。越南、老挝、柬埔寨、斯里兰卡、印度、澳大利亚的昆士兰等地也有。

种分布区类型：5

朱果藤

Roureopsis emarginata (Jack) Merr.

税玉民等（Shui Y.M. *et al.*）*90116*

生于海拔 200 ～ 750m 林中。分布于云南金平、河口、马关、勐腊；广西分布。越南、老挝、缅甸、马来西亚、印度尼西亚、泰国也有。

种分布区类型：7

单体红叶藤（亚种）

Santaloides minor (Gaernt.) Schellent. ssp. **monadelpha** (Roxb.) Y.M. Shui

蒋维邦（Jiang W.B.）*96*；中苏队（Sino-Russ. Exped.）*291*

生于海拔 550 ～ 1300m 丘陵、灌丛、竹林或密林中。分布于云南金平、河口、屏边、景洪、勐海、勐腊、沧源和潞西等地；台湾、广东、广西、海南等省区分布。越南、老挝、柬埔寨、斯里兰卡、印度、澳大利亚的昆士兰等地也有。

种分布区类型：5

207 胡桃科 Juglandaceae

黄杞（原变种）

Engelhardia roxburghiana Wall. var. **roxburghiana**

税玉民等（Shui Y.M. *et al.*）*西隆山凭证 0353*

生于海拔 400 ～ 1550m 山坡疏林中。分布于云南绥江、永善、金平、文山、砚山、个旧、蒙自、河口、西畴、马关、麻栗坡、富宁、景洪、勐腊等地;福建、广东、广西、贵州、海南、湖北、湖南、江西、四川、台湾、浙江分布。柬埔寨、印度尼西亚、老挝、缅甸、巴基斯坦东部、泰国、越南也有。

种分布区类型：7

毛轴黄杞（变种）

Engelhardia roxburghiana Wall. var. **dasyrhachis** C.S. Ding

张建勋、张赣生（Chang C.S. et Chang K.S.）*134*；中苏队（Sino-Russ. Exped.）*81，118*

生于海拔 200 ～ 1350m 山地密林中或疏林中。分布于云南金平、屏边、河口、马关、麻栗坡、西畴、富宁、景洪、勐海和勐腊等地；广西分布。

中国特有

种分布区类型：15

黄杞属一种

Engelhardia sp.

西南野生生物种质资源库 DNA Barcoding 考察（DNA Barcoding Exped. of GBOWS）*GBOWS1438*

云南黄杞（原变种）

Engelhardia spicata Leschen. ex Blume var. **spicata**

张建勋、张赣生（Chang C.S. et Chang K.S.）*154*；中苏队（Sino-Russ. Exped.）*722*

生于海拔 800 ～ 2000m 山坡混交林中。分布于云南镇雄、维西、泸水、丽江、大理、楚雄、武定、保山、腾冲、镇康、耿马、龙陵、瑞丽、潞西、沧源、景东、双江、景洪、勐海、勐腊、金平、屏边、富宁、个旧、绿春、麻栗坡、文山、西畴等地；西藏、四川、贵州、广西、广东、海南等省区分布。越南、缅甸、尼泊尔、印度也有。

种分布区类型：7

毛叶黄杞（变种）

Engelhardia spicata Leschen. ex Blume var. **colebrookeana** (Lindl.) Koorders et Valeton

吴元坤（Wu Y.K.）*61*；中苏队（Sino-Russ. Exped.）*535*

生于海拔 800 ～ 2000m 山谷林中、山坡疏林或灌丛中。分布于云南泸水、漾濞、澄江、易门、双柏、峨山、新平、景东、元江、云县、临沧、沧源、龙陵、陇川、潞西、普洱、景洪、勐海、勐腊、金平、屏边、河口、建水、蒙自、文山、富宁、马关、开远等地；贵州、广西、广东、海南分布。越南、缅甸、印度、尼泊尔也有。

种分布区类型：7

化香树

Platycarya strobilacea Sieb. et Zucc.

中苏队（Sino-Russ. Exped.）*397*

生于海拔 1300 ～ 1800m 向阳山坡或杂木林中。分布于云南昆明、武定、楚雄、罗平、蒙自、金平、屏边、河口、红河、弥勒、富宁、广南、马关、麻栗坡、西畴；安徽、福建、甘肃、广东、广西、贵州、河南、湖北、湖南、江苏、江西、陕西、山东、四川、浙江分布。日本、韩国、越南也有。

种分布区类型：7

东京枫杨

Pterocarya tonkinensis (Franch.) Dode

蒋维邦（Jiang W.B.）*6*；徐永椿（Hsu Y.C.）*175*

生于海拔 100 ～ 1200m 沟谷、疏林、林缘、溪旁、岸边。分布于云南文山、砚山、西畴、广南、富宁、马关、金平、屏边、河口、普洱、西双版纳；广西西部分布。老挝、越南北方也有。

种分布区类型：7-4

209　山茱萸科 Cornaceae

灯台树

Cornus controversa Hemsl.

张广杰（Zhang G.J.）*277*

生于海拔 1700 ～ 3400m 山坡草地、路边、灌丛、林下。分布于云南全省各地；华北、陕甘、江南各省、西藏分布。日本也有。

种分布区类型：14SJ

209a 烂泥树科 Torricelliaceae

有齿鞘柄木（变种）

Toricellia angulata Oliv. var. **intermedia** (Harms) Hu

税玉民等（Shui Y.M. *et al.*）*西隆山凭证 0817*；中苏队（Sino-Russ. Exped.）*1898*

生于海拔 520 ～ 1600m 山坡、路旁的阴湿杂木林中。分布于云南彝良、禄劝、安宁、屏边、金平、河口、红河、文山、富宁、广南、丽江；甘肃、陕西、四川、贵州、湖南、湖北西部、广西、福建、西藏东南部等地分布。

中国特有

种分布区类型：15

209b 桃叶珊瑚科 Aucubaceae

狭叶桃叶珊瑚（变种）

Aucuba chinensis Benth. var. **angusta** F.T. Wang

税玉民等（Shui Y.M. *et al.*）*90734*

生于海拔 1800 ～ 2500m 山沟路旁。分布于云南金平、景东（无量山）。

云南特有

种分布区类型：15a

绿花桃叶珊瑚

Aucuba chlorascens F.T. Wang

税玉民等（Shui Y.M. *et al.*）*西隆山凭证 0713*；周浙昆等（Zhou Z.K. *et al.*）*188*

生于海拔 1300 ～ 2800m 林中。分布于云南金平、河口、绿春、麻栗坡、文山、富宁、广南、西畴、屏边、新平、龙陵、镇康、福贡。

云南特有

种分布区类型：15a

纤尾桃叶珊瑚

Aucuba filicauda Chun et How

税玉民等（Shui Y.M. *et al.*）*西隆山凭证 0580*

生于海拔 1400 ～ 1600m 石灰岩阴湿林内。分布于云南金平、绿春、麻栗坡；广西、贵州分布。

中国特有

种分布区类型：15

209c　青荚叶科 Helwingiaceae

中华青荚叶

Helwingia chinensis Batal.

税玉民等（Shui Y.M. *et al.*）*90424*

生于海拔 400 ～ 3000m 山坡林中。分布于云南禄劝、嵩明、昆明、玉溪、大理、大姚、邓川、剑川、漾濞、维西、鹤庆、兰坪、绥江、金平、红河、蒙自、屏边、文山、西畴、富宁；陕西、四川、湖北、贵州、广西分布。缅甸也有。

种分布区类型：7-3

210　八角枫科 Alangiaceae

毛八角枫

Alangium kurzii Craib

蒋维邦（Jiang W.B.）*36*；徐永椿（Hsu Y.C.）*428*；中苏队（Sino-Russ. Exped.）*642，839*

生于海拔 600 ～ 1500m 沟谷密林或斜坡疏林中。分布于云南金平、富宁、文山、河口、红河、马关、麻栗坡、蒙自、屏边、元阳、沧源、景东、景洪；广西、湖南、江西、安徽、江苏、浙江分布。缅甸、越南、泰国、马来西亚、印度尼西亚、菲律宾也有。

种分布区类型：7

211　蓝果树科 Nyssaceae

喜树

Camptotheca acuminata Decne.

张广杰（Zhang G.J.）*276*

生于海拔 600 ～ 1800m 山坡或溪边，常栽培于公路边，江南各省均有栽培。分布于云南景洪、普洱、景东、漾濞、峨山、杞麓、新平、金平、红河、建水、麻栗坡、弥勒、屏边、石屏、富宁、广南等地；广东、广西、贵州、湖北、湖南、江苏、江西、四川、浙江分布。

中国特有

种分布区类型：15

华南蓝果树

Nyssa javanica (Bl.) Wanger.

徐永椿（Hsu Y.C.）*283*

生于海拔 800 ～ 2100m 林中、湿润处。分布于云南金平、红河、绿春、西畴、勐海、景东、耿马、贡山等地；广东、广西、海南分布。印度东北部（喀西山、锡金）、缅甸、越南至印度尼西亚（苏门答腊、爪哇）也有。

种分布区类型：7

蓝果树

Nyssa sinensis Oliv.

税玉民等（Shui Y.M. *et al.*）*群落样方 2011-32*，*群落样方 2011-36*，*群落样方 2011-37*，*群落样方 2011-40*

生于海拔 1480 ～ 1900m 混交林中。分布于云南东北部、东南部（河口、文山、麻栗坡）等地；江南各省均产，但在湖北西部、贵州、广东、广西北部分布最集中。

中国特有

种分布区类型：15

212　五加科 Araliaceae

广东楤木

Aralia armata (Wall. ex G. Don) Seem.

周浙昆等（Zhou Z.K. *et al.*）*616*

生于海拔 210 ～ 1400m 常绿阔叶疏林或山坡灌丛中。分布于云南东南部（金平、绿春、屏边、西畴、砚山、富宁）、南部（景洪、勐腊）；贵州、广西、广东、海南、江西（武功山）等省区分布。印度、缅甸、泰国、越南、马来半岛也有。

种分布区类型：7

头序楤木

Aralia dasyphylla Miq.

西南野生生物种质资源库 DNA Barcoding 考察（DNA Barcoding Exped. of GBOWS）*GBOWS1105*

生于海拔 1200 ～ 1300m 山坡林中。分布于云南东南部（金平、屏边、西畴、砚山）；安徽南部（祁门）、重庆（南川、巫溪）、福建、广东、广西、贵州、湖北中部和西南部（当阳、建始）、湖南、江西、四川、浙江（天目山）分布。印度尼西亚、马来西亚、越南也有。

种分布区类型：7

鸟不企

Aralia decaisneana Hance

胡诗秀、吴元坤（Hu S.X. et Wu Y.K.）*68*

生于海拔 400 ～ 1200m 杂林中。分布于云南东南部（西畴、金平、蒙自）、南部（普洱、勐海）；安徽（黄山）、福建、广东、广西、贵州、湖南、江西（龙南、寻乌）、台湾分布。

中国特有

种分布区类型：15

虎刺楤木

Aralia finlaysoniana (Wall. ex G. Don) Seem.

税玉民等（Shui Y.M. *et al.*）*80333*，*80469*

生于海拔 200 ～ 1300m 密林、林缘、灌丛、稀疏灌丛、溪边、路旁。分布于云南金平、河口、个旧、绿春、麻栗坡、屏边；广西、贵州、海南、云南分布。泰国北部、越南也有。

种分布区类型：7

粗毛楤木

Aralia searelliana Dunn

李国锋（Li G.F.）*Li-338*；税玉民等（Shui Y.M. *et al.*）*群落样方 2011-33*，*群落样方 2011-39*，*群落样方 2011-40*

生于海拔 1400 ～ 2400m 常绿阔叶林中。分布于云南东南部（金平、河口、绿春、红河、弥勒、屏边）、南部（景东、普洱）。缅甸、越南也有。

种分布区类型：7

盘叶柏那参

Brassaiopsis fatsioides Harms

税玉民等（Shui Y.M. *et al.*）*西隆山样方 2-37*

生于海拔 1300 ～ 2700m 沟谷阔叶林或混交林中。分布于云南西北部（贡山独龙江）、西南部（凤庆、镇康）、南部（勐海、景洪）、东南部（绿春、金平、元阳、砚山、丘北）及昭通等地；四川、贵州、西藏分布。

中国特有

种分布区类型：15

柏那参

Brassaiopsis glomerulata (Bl.) Regel

税玉民等（Shui Y.M. *et al.*）*群落样方 2011-31*，*群落样方 2011-38*，*群落样方 2011-*

39，*群落样方 2011-41*，*群落样方 2011-49*

生于海拔 1200 ～ 2400m 山谷林中。分布于云南东南部（文山、蒙自、绿春、富宁、马关、金平、西畴、屏边）、南部（西双版纳）、西南部（澜沧、景东）、西北部（福贡、贡山独龙江）；西藏东南部、四川、贵州、广西、广东等省区分布。印度、尼泊尔、越南及印度尼西亚也有。

种分布区类型：7

吴茱萸五加（变种）

Gamblea ciliata C.B. Clarke var. **evodiifolia** (Franch.) C.B. Shang *et al.*

税玉民等（Shui Y.M. *et al.*）*群落样方 2011-31*，*群落样方 2011-32*，*群落样方 2011-37*，*群落样方 2011-38*，*西隆山样方 5A-10*

生于海拔 1900 ～ 2950m 密林中。分布于云南金平、富宁、绿春、屏边、文山、西畴；安徽、福建、广东、广西、贵州、湖北、湖南、江西、陕西、四川、浙江分布。越南北部也有。

种分布区类型：15c

华幌伞枫

Heteropanax chinensis (Dunn) H. L. Li

西南野生生物种质资源库 DNA Barcoding 考察（DNA Barcoding Exped. of GBOWS）*GBOWS1032*

生于海拔 760 ～ 1600m 山坡密林、路旁、沟谷中。分布于云南东南部（金平、河口、麻栗坡、西畴、砚山）、南部（普洱）；广西东南部（南宁、上思）分布。越南北部也有。

种分布区类型：15c

疏脉大参

Macropanax paucinervis C.B. Shang

中苏队（Sino-Russ. Exped.）*385*

生于海拔 500 ～ 800m 密林中。分布于云南金平；广西西南部（龙州）分布。

中国特有

种分布区类型：15

大参属一种

Macropanax sp.

西南野生生物种质资源库 DNA Barcoding 考察（DNA Barcoding Exped. of GBOWS）*GBOWS1434*

锈毛寄生五叶参（变种）

Pentapanax parasiticus (D. Don) Seem. var. **khasianus** C.B. Clarke

周浙昆等（Zhou Z.K. *et al.*）*417*

附生于海拔 2100 ～ 2400m 林中树上。分布于云南金平、嵩明。印度（喀西山）、孟加拉也有。

种分布区类型：14SH

总序五叶参

Pentapanax racemosus Seem.

税玉民等（Shui Y.M. *et al.*）(*photo*)

附生于海拔 1700 ～ 2500m 亚热带季雨林中树上。分布于云南西南部（凤庆、漾濞、镇康、景东、腾冲）和东南部（金平）。印度（锡金）也有。

种分布区类型：7-2

异叶鹅掌柴

Schefflera chapana Harms

税玉民等（Shui Y.M. *et al.*）*西隆山样方 8F-4*

生于海拔 1500 ～ 2300m 山谷密林中。分布于云南金平、河口、马关、屏边。越南也有。

种分布区类型：7-4

穗序鹅掌柴

Schefflera delavayi (Franch.) Harms

税玉民等（Shui Y.M. *et al.*）*群落样方 2011-31，群落样方 2011-34，群落样方 2011-35，群落样方 2011-37*

生于海拔 1200 ～ 3000m 沟旁、林缘、山坡疏林中。模式标本采自昆明。分布于云南中部（嵩明、武定、寻甸、双柏、峨山、玉溪）、西部（景东、漾濞、邓川、丽江、中甸、德钦、贡山、福贡）、西南部（龙陵、临沧）、东南部（文山、砚山、蒙自等）、南部（元江）及东北部（镇雄、盐津）；四川、贵州、湖南、湖北、江西、福建、广东、广西分布。

中国特有

种分布区类型：15

密脉鹅掌柴

Schefflera elliptica (Bl.) Harms

张广杰（Zhang G.J.）*2，67*

生于海拔 900 ～ 2100m 丛林中。分布于云南东南部（文山、红河）、中部（玉溪、曲靖、楚雄）、南部（普洱、西双版纳）、西南部（临沧、德宏、保山）及西北部的怒江；贵州、广西分布。印度、巴基斯坦、越南也有。

种分布区类型：7

文山鹅掌柴

Schefflera fengii C.J. Tseng et G. Hoo

税玉民等（Shui Y.M. *et al.*）*西隆山样方 2-35*；周浙昆等（Zhou Z.K. *et al.*）*337*

生于海拔 1800 ～ 2500m 常绿阔叶林中。分布于云南东南部（金平、红河、绿春、元阳、文山、麻栗坡、马关、屏边）、南部（景东、新平、元江）、中部（双柏）。

云南特有

种分布区类型：15a

海南鹅掌柴

Schefflera hainanensis Merr. et Chun

周浙昆等（Zhou Z.K. *et al.*）*397*

生于海拔 1600 ～ 1700m 丛林中。分布于云南东南部（金平、屏边）；海南五指山分布。越南也有。

种分布区类型：7-4

鹅掌柴

Schefflera heptaphylla (Linn.) D.G. Frodin

税玉民等（Shui Y.M. *et al.*）*80267*

生于海拔 1400 ～ 1900m 林中。分布于云南金平、富宁；广东、广西、贵州、湖南、江西、西藏东南部、浙江分布。印度、日本、泰国、越南也有。

种分布区类型：7

红河鹅掌柴

Schefflera hoi (Dunn) R. Vig.

税玉民等（Shui Y.M. *et al.*）*群落样方 2011-31*，*群落样方 2011-32*，*群落样方 2011-35*；西南野生生物种质资源库 DNA Barcoding 考察（DNA Barcoding Exped. of GBOWS）*GBOWS1454*；张广杰（Zhang G.J.）*318*

生于海拔 1400 ～ 3300m 沟谷密林中。分布于云南东南部（金平、河口、蒙自、屏边、绿春、元江、红河）、西北部（兰坪、丽江、鹤庆、中甸、维西、德钦、贡山）；西藏东南部和四川西南部分布。越南也有。

种分布区类型：7-4

白背叶鹅掌柴（原变种）

Schefflera hypoleuca (Kurz) Harms var. **hypoleuca**

税玉民等（Shui Y.M. *et al.*）*群落样方 2011-33*

生于海拔 1200 ～ 2000m 密林中。分布于云南东南部（西畴、砚山、蒙自）、南部（景东）等地。印度、缅甸也有。

种分布区类型：7

绿背叶鹅掌柴（变种）

Schefflera hypoleuca (Kurz) Harms var. **hypochlorum** Dunn ex Fang et Y.R. Li

税玉民等（Shui Y.M. *et al.*）*群落样方 2011-31*，*群落样方 2011-32*，*群落样方 2011-33*，*群落样方 2011-34*，*群落样方 2011-35*，*群落样方 2011-36*，*群落样方 2011-37*，*群落样方 2011-38*，*群落样方 2011-40*，*群落样方 2011-41*

生于海拔 1300 ～ 2000m 密林中。模式标本采自蒙自。分布于云南东南部（蒙自、麻栗坡等）。

滇东南特有

种分布区类型：15b

球序鹅掌柴

Schefflera pauciflora R. Vig.

中苏队（Sino-Russ. Exped.）*547*

生于海拔 500 ～ 2500m 丛林中。分布于云南金平、河口、绿春、麻栗坡、蒙自、屏边、西畴；广东、广西、贵州分布。印度、老挝、越南也有。

种分布区类型：7

金平鹅掌柴

Schefflera petelotii Merr.

税玉民等（Shui Y.M. *et al.*）*群落样方 2011-43*，*群落样方 2011-47*

生于海拔 350 ～ 500m 山坡路边或林中。分布于云南东南部（金平）。越南也有。

种分布区类型：7-4

红花鹅掌柴

Schefflera rubriflora C.J. Tseng et G. Hoo

税玉民等（Shui Y.M. *et al.*）*80289*

生于海拔约 980m 山谷密林中。分布于云南金平、绿春、勐腊（易武）。

云南特有

种分布区类型：15a

鹅掌柴属一种

Schefflera sp.

税玉民等（Shui Y.M. *et al.*）(*s.n.*)；西南野生生物种质资源库 DNA Barcoding 考察（DNA Barcoding Exped. of GBOWS）*GBOWS1454*

刺通草

Trevesia palmata (Roxb. ex Lindl.) Vis.

徐永椿（Hsu Y.C.）*179*；张广杰（Zhang G.J.）*96*；中苏队（Sino-Russ. Exped.）*461*；周浙昆等（Zhou Z.K. *et al.*）*146*，*531*

生于海拔 200 ～ 1500m 密林或混交林内。分布于云南南部（西双版纳、普洱、耿马、澜沧、景东）、西部（凤庆、泸水）、东南部（金平、屏边、河口、马关、文山、富宁、个旧、开远、绿春、蒙自）；贵州、广西分布。印度、缅甸、尼泊尔、柬埔寨、越南、老挝也有。

种分布区类型：7

多蕊木

Tupidanthus calyptratus Hook. f. et Thoms.

税玉民等（Shui Y.M. *et al.*）(*s.n.*)

生于海拔 900 ～ 1700m 常绿阔叶林或季雨林中。分布于云南南部（勐海、勐连、澜沧、沧源、耿马）、西南部（潞西、瑞丽、盈江及腾冲）及东南部（金平一带）；贵州分布。印度、马来西亚、缅甸、越南、柬埔寨也有。

种分布区类型：7

212a　马蹄参科 Mastixiaceae

马蹄参

Diplopanax stachyanthus Hand.-Mazz.

税玉民等（Shui Y.M. *et al.*）*90486*，*90491*，*90736*

生于海拔 1300 ～ 1700m 潮湿亚热带常绿苔藓林中，为上层优势树种之一。分布于云南东南部（西畴、屏边）；广东（阳春、阳江）、广西、贵州、湖南（莽山）分布。越南北部也有。

种分布区类型：15c

213　伞形科 Umbelliferae

积雪草

Centella asiatica (Linn.) Urban

税玉民等（Shui Y.M. *et al.*）(*s.n.*)，*群落样方 2011-45*

生于海拔 300 ～ 1900m 林下阴湿草地上和河沟边。分布于云南全省各地；长江流域以南地区分布。印度、巴基斯坦、越南、老挝、泰国、马来西亚、日本、澳大利亚及南美、南非也有。

种分布区类型：2-1

**** 刺芫荽**

Eryngium foetidum Linn.

胡诗秀、吴元坤（Hu S.X. et Wu Y.K.）*60*；徐永椿（Hsu Y.C.）*166*；张广杰（Zhang G.J.）*317*；中苏队（Sino-Russ. Exped.）*212*

生于海拔 100 ～ 1540m 丘陵、山地林下、路旁、沟边等湿润处。分布于云南孟连、澜沧、勐海、景洪、绿春、文山、蒙自、金平、河口等地；广东、海南、广西、贵州等省区分布。南美洲东部、中美洲、安的列斯群岛以至亚洲（至尼泊尔）的热带地区也有。

种分布区类型：/

藏香叶芹

Meeboldia yunnanensis (Wolff) Constance et Pu

周浙昆等（Zhou Z.K. *et al.*）*137，325*

生于海拔 2000 ～ 3100m 山坡草地、疏林或湿润空旷地。分布于云南中甸、鹤庆、永胜、大理、禄劝、富民、嵩明、昆明、安宁、金平；西藏东南部分布。

中国特有

种分布区类型：15

短辐水芹

Oenanthe benghalensis (Roxb.) Benth. et Hook. f.

中苏队（Sino-Russ. Exped.）*467*

生于海拔 500 ～ 2000m 溪谷旁或水沟边。分布于云南大理（下关）、禄劝、昆明、凤庆、西畴、富宁、绿春、马关、屏边、金平、麻栗坡、蒙自、元阳、孟连、西双版纳；四川、贵州、广东、台湾分布。印度、越南、老挝、日本也有。

种分布区类型：7

水芹

Oenanthe javanica (Bl.) DC.

张广杰（Zhang G.J.）*214*

生于海拔 1000 ～ 2800（3600）m 沼泽、潮湿低洼处及河沟边。分布于云南昭通、大关、鹤庆、洱源、大理、维西、碧江、贡山、昆明、富民、西双版纳、金平、河口、开远、西畴、文山、麻栗坡等地；全国大多数省区分布。印度、克什米尔地区、巴基斯坦、尼泊尔、喜马拉雅山区其他诸国、缅甸、越南、老挝、马来西亚、印度尼西亚、菲律宾、日本、朝鲜至俄罗斯远东地区也有。

种分布区类型：8

蒙自水芹（亚种）

Oenanthe linearis Wall. ex DC. ssp. **rivularis** (Dunn) C.Y. Wu et F.T. Pu

张广杰（Zhang G.J.）*186*，*204*

生于海拔 1000 ～ 2000m 林下潮湿处或河沟边。分布于云南泸水、双江、金平、建水、绿春、文山、蒙自、澜沧、勐海、大理、景东等地区；贵州、重庆、湖北、四川、西藏、台湾分布。印度、印度尼西亚、老挝、缅甸、尼泊尔、越南也有。

种分布区类型：7

213a　天胡荽科 Hydrocotylaceae

红马蹄草

Hydrocotyle nepalensis Hook.

税玉民等（Shui Y.M. *et al.*）*80274*，*群落样方 2011-39*，*群落样方 2011-42*；周浙昆等（Zhou Z.K. *et al.*）*582*

生于海拔 350 ～ 2080m 山坡路旁、阴湿地和沟边草丛中。分布于云南潞西、镇康、耿马、沧源、景东、嵩明、勐海、景洪、勐腊、绿春、金平、马关、蒙自、文山、砚山、西畴、麻栗坡、屏边、河口、广南、富宁、中甸等地；安徽、浙江、江西、湖南、湖北、陕西、广东、海南、广西、四川、贵州、西藏分布。印度、喜马拉雅山区其他诸国、中印半岛诸国、马来西亚、印度尼西亚也有。

种分布区类型：7

天胡荽

Hydrocotyle sibthorpioides Lam.

张广杰（Zhang G.J.）*209*

生于海拔 475 ～ 3000m 湿润草地、沟边及林下。分布于云南丽江、鹤庆、景东、昆明、晋宁、金平、河口、绿春、富宁、红河、开远、马关、文山、勐海、景洪、富宁等地；陕西、安徽、江苏、浙江、江西、福建、湖南、湖北、广东、海南、广西、台湾、四川、贵州分布。不丹、印度、印度尼西亚、日本、韩国、尼泊尔、泰国、越南、热带非洲也有。

种分布区类型：6

214　桤叶树科 Cyrillaceae

单毛桤叶树

Clethra bodinieri Lévl.

周浙昆等（Zhou Z.K. *et al.*）*507*

生于海拔 1500 ～ 2200m 林下或路旁。分布于云南贡山、镇康、镇雄、嵩明、金平、文山、砚山等地；四川、贵州、广西、台湾分布。印度、尼泊尔、印度尼西亚也有。

种分布区类型：7-1

华南桤叶树

Clethra fabri Hance

税玉民等（Shui Y.M. *et al.*）*群落样方 2011-31*

生于海拔 550 ～ 1500m 混交林或丛林中。分布于云南金平、屏边、河口、邱北、文山、马关、西畴、富宁等地；广东、贵州、广西分布。越南也有。

种分布区类型：7-4

215　杜鹃花科 Rhodoraceae

吊钟花

Enkianthus quinqueflorus Lour.

税玉民等（Shui Y.M. *et al.*）*群落样方 2011-37*，*群落样方 2011-38*

生于海拔 600 ～ 2400m 丘林地灌丛中。分布于云南石屏、文山、富宁、河口、屏边等。

滇东南特有

种分布区类型：15b

越南吊钟花

Enkianthus ruber P. Dop

税玉民等（Shui Y.M. *et al.*）*群落样方 2011-31*，*群落样方 2011-35*，*群落样方 2011-37*，*群落样方 2011-38*

生于海拔 1060 ～ 2180m 干燥灌木丛中。分布于云南马关、屏边、西畴等地；广东、四川分布。越南也有。

种分布区类型：7-4

晚花吊钟花

Enkianthus serotinus Chun et W.P. Fang

税玉民等（Shui Y.M. *et al.*）*90999，西隆山样方 8F-10*

生于海拔 800 ～ 1600m 林中。分布于云南金平、河口、绿春、屏边；广东、广西、贵州、四川分布。

中国特有

种分布区类型：15

芳香白珠

Gaultheria fragrantissima Wall.

周浙昆等（Zhou Z.K. *et al.*）*156，167*

生于海拔 2800m 以下田边、沟边、草地、撂荒地上。分布于云南全省南北各地；辽宁、山东、江苏、安徽、浙江、江西、福建、台湾、湖北、湖南、广东、广西、四川、贵州分布。日本、朝鲜、尼泊尔、印度、斯里兰卡、缅甸至印度尼西亚、澳大利亚、新西兰、美国的夏威夷也有。

种分布区类型：2

尾叶白珠

Gaultheria griffithiana Wight

税玉民等（Shui Y.M. *et al.*）*90670，90684*

生于海拔 1300 ～ 3000m 杂木林中。分布于云南丽江、维西、碧江、贡山、泸水、风庆、漾濞、景东；西藏、四川西部分布。不丹、缅甸、印度也有。

种分布区类型：14SH

红粉白珠

Gaultheria hookeri C.B. Clarke

税玉民等（Shui Y.M. *et al.*）*90718*

生于海拔 1600 ～ 3200m 沟边或岩坡上。分布于云南彝良、德钦、贡山、维西；四川西部、西藏（墨脱）分布。缅甸北部、印度也有。

种分布区类型：14SH

毛滇白珠（变种）

Gaultheria leucocarpa Bl. var. **crenulata** (Kurz) T.Z. Hsu

周浙昆等（Zhou Z.K. *et al.*）*169*

生于海拔 2000 ～ 2800m 干燥山坡、灌丛中。分布于云南全省大部分地区，仅西双版纳未见记录；广西中南部（桂平）分布。

中国特有

种分布区类型：15

硬毛白珠（变种）

Gaultheria leucocarpa Bl. var. **hirsuta** (D. Fang et N.K. Liang) T.Z. Hsu

周浙昆等（Zhou Z.K. *et al.*）*382*

生于海拔 1000 ～ 2800m 灌丛中或干燥山坡上。分布于云南景东、武定、金平、红河；广东（鼎湖山）、广西（桂平、平南、金秀）分布。

中国特有

种分布区类型：15

滇白珠（变种）

Gaultheria leucocarpa Bl. var. **yunnanensis** (Franch.) T.Z. Hsu ex R.C. Fang

税玉民等（Shui Y.M. *et al.*）*西隆山样方 5F-8*

生于海拔 220 ～ 2500m 干热空旷地、荒坡或疏林下。分布于云南金平、富宁、河口、绿春、马关、麻栗坡、蒙自、弥勒、文山、红河、玉溪、楚雄、普洱、临沧、德宏、怒江、丽江等地；四川、贵州、广东、广西、湖南、湖北、江西、安徽、江苏、浙江、福建、台湾等省区分布。不丹、柬埔寨、印度、日本、老挝、缅甸、尼泊尔、泰国、越南、泛热带也有。

种分布区类型：7

长苞白珠

Gaultheria longibracteolata R.C. Fang

税玉民等（Shui Y.M. *et al.*）*90254，90292，90293，90927，91054*

生于海拔 1000 ～ 2700m 林缘、灌丛、空旷的斜坡。分布于云南东南部和西部。泰国也有。

种分布区类型：7-3

鹿蹄草叶白珠

Gaultheria pyrolifolia Hook. f. ex C.B. Clarke

周浙昆等（Zhou Z.K. *et al.*）*57，552*

生于海拔 3200 ～ 3800m 垫状草地或灌丛中、金平。分布于云南西北部（怒江流域）；

四川、西藏分布。印度也有。

种分布区类型：7-2

圆叶米饭花

Lyonia doyonensis (Hand.-Mazz.) Hand.-Mazz.

税玉民等（Shui Y.M. *et al.*）*西隆山样方 4A-1*

生于海拔 2100 ～ 3100m 林中。分布于云南贡山、维西、泸水、景东、金平、红河、文山。云南特有

种分布区类型：15a

米饭花（原变种）

Lyonia ovalifolia (Wall.) Drude var. **ovalifolia**

税玉民等（Shui Y.M. *et al.*）*90623，90711*

生于海拔 1500 ～ 2600m 山坡疏林灌丛中。分布于云南全省各地;台湾（台北）、广西、四川、贵州、西藏分布。尼泊尔、印度、不丹、中南半岛也有。

种分布区类型：7

狭叶米饭花（变种）

Lyonia ovalifolia (Wall.) Drude var. **lanceolata** (Wall.) Hand.-Mazz.

税玉民等（Shui Y.M. *et al.*）*90277*

生于海拔 1500 ～ 2600m 阳坡灌丛中。分布于云南西北部；东至台湾，西达西藏，南至广东、广西分布。不丹、尼泊尔、印度也有。

种分布区类型：14SH

毛叶米饭花

Lyonia villosa (Wall. ex C.B. Clarke) Hand.-Mazz.

税玉民等（Shui Y.M. *et al.*）*西隆山样方 5A-3*

生于海拔 2700 ～ 2900（3475）m 山坡上。分布于云南西北部及金平、个旧、马关、屏边、文山、元阳;四川（叙永、盐源）、西藏（林芝）、贵州分布。不丹、印度、缅甸、尼泊尔也有。

种分布区类型：14SH

美丽马醉木

Pieris formosa (Wall.) D. Don

税玉民等（Shui Y.M. *et al.*）*西隆山样方 1F-9*，*西隆山样方 5F-9*;周浙昆等（Zhou Z.K. *et al.*）*383*

生于海拔 1500 ～ 2800m 干燥山坡，林中常见。分布于云南除南部外全省各地（其中东南部自金平、富宁、广南、马关、麻栗坡、弥勒、屏边、丘北、文山、西畴、砚山、元阳）；福建、甘肃、广东、广西、贵州、湖北、湖南、江西、陕西、四川、西藏、浙江分布。不丹、印度东北部（阿萨姆）、缅甸、尼泊尔、越南也有。

种分布区类型：7

大白花杜鹃（原亚种）

Rhododendron decorum Franch. ssp. **decorum**

税玉民等（Shui Y.M. *et al.*）*群落样方 2011-35*

生于海拔 1000 ～ 3000m 松林、杂木林或灌丛中。分布于云南中部、西部至西北部、东南部；四川西南部、贵州西部和西藏东南部分布。

中国特有

种分布区类型：15

高尚大白杜鹃（亚种）

Rhododendron decorum Franch. ssp. **diaprepes** (Balf. f. et W.W. Smith) T.L. Ming

税玉民等（Shui Y.M. *et al.*）*90651，90658，90808*

生于海拔 1700 ～ 3300m 常绿阔叶林或杂木林中。分布于云南腾冲、龙陵、临沧、凤庆、景东、大理、漾濞、巍山、碧江。缅甸东北部也有。

种分布区类型：7-3

密叶杜鹃

Rhododendron densifolium K.M. Feng

税玉民等（Shui Y.M. *et al.*）*90452，90605*

生于海拔 1000 ～ 1800m 密林中或石山上。分布于云南麻栗坡等地。

滇东南特有

种分布区类型：15b

大喇叭杜鹃

Rhododendron excellens Hemsl. et Wils.

税玉民等（Shui Y.M. *et al.*）*90640，90686*

生于海拔 1100 ～ 2400m 落叶混交林地或灌丛中。分布于云南绿春、元江、蒙自、金平、屏边、文山、西畴、马关、麻栗坡、广南等地；贵州（贞丰）分布。

中国特有

种分布区类型：15

滇南杜鹃

Rhododendron hancockii Hemsl.

税玉民等（Shui Y.M. *et al.*）*群落样方 2011-31，群落样方 2011-32，西隆山样方 8F-19*

生于海拔约 2000m 杂木林下。分布于云南文山（老君山）等地。

滇东南特有

种分布区类型：15b

金平林生杜鹃

Rhododendron leptocladon Dop

税玉民等（Shui Y.M. *et al.*）*90394，90440，90445，90618，90683，90756，西隆山样方 1E-1，西隆山样方 6H-21*；周浙昆等（Zhou Z.K. *et al.*）*438*

附生于海拔 2100～2300m 林中树干上。分布于云南金平、绿春、屏边。越南北部也有。

种分布区类型：15c

滇隐脉杜鹃（亚种）

Rhododendron maddenii Hook. f. ssp. **crassum** (Franch.) Cullen

税玉民等（Shui Y.M. *et al.*）*90641，90642，90647*；周浙昆等（Zhou Z.K. *et al.*）*247，385*

生于海拔 1500～3000m 山坡灌丛、铁杉杜鹃林、山坡杂木林中。分布于云南金平、河口、麻栗坡、马关、屏边、绿春、景东、凤庆、大理、腾冲、泸水、碧江、贡山、德钦。越南北部、缅甸东北部、印度东北部也有。

种分布区类型：7

蒙自杜鹃

Rhododendron mengtszense Balf. f. et W.W. Smith

税玉民等（Shui Y.M. *et al.*）*90593，90599，90639，90654，西隆山样方 1F-8，西隆山样方 5A-6*；周浙昆等（Zhou Z.K. *et al.*）*242，370*

生于海拔 1100～2500m 常绿阔叶林或混交林中。分布于云南金平、蒙自、马关、屏边、麻栗坡、西畴、丘北。

滇东南特有

种分布区类型：15b

云上杜鹃

Rhododendron pachypodum Balf. f. et W.W. Smith

税玉民等（Shui Y.M. *et al.*）*群落样方 2011-37，群落样方 2011-32，群落样方 2011-33，群落样方 2011-36，群落样方 2011-37，群落样方 2011-38，群落样方 2011-39*

生于海拔 1200 ～ 3100m 干燥山坡灌丛或山坡杂木林下、石山阳处。分布于云南腾冲、保山、大理、漾濞、云龙、巍山、弥渡、凤庆、景东、双江、临沧、楚雄、双柏、新平、元江、普洱、富民、昆明、江川、蒙自、金平、屏边、砚山、文山、西畴、麻栗坡、广南等地。

云南特有

种分布区类型：15a

迟花杜鹃

Rhododendron serotinum Hutch.

周浙昆等（Zhou Z.K. *et al.*）*366*

生于海拔约 2000m 常绿阔叶林中。分布于云南南部及东南部。越南北部也有。

种分布区类型：15c

厚叶杜鹃

Rhododendron sinofalconeri Balf. f.

税玉民等（Shui Y.M. *et al.*）*90653*，*西隆山样方 5A-9*；周浙昆等（Zhou Z.K. *et al.*）*373*

生于海拔 1600 ～ 2500m 混交林中。分布于云南金平、屏边、河口、蒙自、文山、马关、麻栗坡。越南北部也有。

种分布区类型：15c

红花杜鹃

Rhododendron spanotrichum Balf. f. et W.W. Smith

税玉民等（Shui Y.M. *et al.*）*90643*

生于海拔 1000 ～ 2280m 常绿阔叶林中。分布于云南元阳、马关、麻栗坡、西畴、广南。

滇东南特有

种分布区类型：15b

香缅树杜鹃

Rhododendron tutcherae Hemsl. et Wils.

税玉民等（Shui Y.M. *et al.*）*群落样方 2011-31*，*群落样方 2011-32*，*群落样方 2011-35*，*群落样方 2011-37*，*西隆山样方 8F-6*

生于海拔 1550 ～ 1900m 常绿阔叶林内湿润、阴蔽处。分布于云南金平、河口、屏边、蒙自、文山、西畴、广南。

滇东南特有

种分布区类型：15b

红马银花

Rhododendron vialii Delavay et Franch.

税玉民等（Shui Y.M. *et al.*）*90573*，*90680*，*西隆山样方 6F-8*；周浙昆等（Zhou Z.K. *et al.*）*138*，*170*，*250*，*410*

生于海拔 1550 ～ 2000m 多岩石的山坡、草地或林内。分布于云南金平、绿春、蒙自、建水、广南，生于多岩石的山坡、草地或林内。老挝、越南北部交界地区也有。

种分布区类型：7-4

216 越橘科 Vacciniaceae

深裂树萝卜

Agapetes lobbii C.B. Clarke

税玉民等（Shui Y.M. *et al.*）(*s.n.*)

附生于海拔 1350m 林中树上或岩石上。分布于云南景东及西双版纳等地。缅甸（毛淡棉）、印度也有。

种分布区类型：14SH

大果树萝卜

Agapetes macrocarpa Y.M. Shui, ined.

税玉民等（Shui Y.M. *et al.*）(*photo*)

附生于海拔约 2200m 常绿阔叶林中树上。分布于云南金平。

金平特有

种分布区类型：15d

白花树萝卜

Agapetes mannii Hemsl.

税玉民等（Shui Y.M. *et al.*）(*photo*)

附生于海拔 1400 ～ 2800m 常绿阔叶林中树上或岩石面上。分布于云南大理、丽江、腾冲、凤庆、临沧、耿马、景东、蒙自、新平、屏边、西双版纳。缅甸北部、印度东北部也有。

种分布区类型：14SH

倒卵叶树萝卜

Agapetes obovata (Wight) Hook. f.

税玉民等（Shui Y.M. *et al.*）*西隆山样方 2-30*，*西隆山样方 6H-6*，*西隆山样方 7-12*；周浙昆等（Zhou Z.K. *et al.*）*231*，*437*

附生于海拔2100m苔藓常绿阔叶林中树干上。分布于云南屏边（大围山）、金平、红河、绿春、马关、元阳。印度东北部也有。

种分布区类型：7-2

红苞树萝卜

Agapetes rubrobracteata R.C. Fang et S.H. Huang

税玉民等（Shui Y.M. *et al.*）*群落样方 2011-37，西隆山样方 3-3，西隆山样方 4F-2，西隆山样方 7-5*；中苏队（Sino-Russ. Exped.）*110*；周浙昆等（Zhou Z.K. *et al.*）*260，346，435*

附生于海拔1000～2400m密林中树上或灌丛中。分布于云南元江、屏边、金平、河口、红河、建水、绿春、砚山、元阳、文山、西畴、麻栗坡、景东等地；广西南部和贵州西南部分布。越南北部也有。

种分布区类型：15c

苍山越桔

Vaccinium delavayi Franch.

税玉民等（Shui Y.M. *et al.*）*群落样方 2011-31，群落样方 2011-32，群落样方 2011-36，群落样方 2011-37，群落样方 2011-38，西隆山样方 1E-6，西隆山样方 5F-1*；周浙昆等（Zhou Z.K. *et al.*）*383，640*

附生于海拔2400～3200m阔叶林内、干燥山坡、铁杉杜鹃林内、高山灌丛或高山杜鹃灌丛中岩石上或树干上。分布于云南贡山、泸水、云龙、龙陵、丽江、鹤庆、洱源、漾濞、大理、宾川、凤庆、景东、大姚、禄劝、会泽、金平、红河、绿春、马关、麻栗坡、元阳；西藏东南部（察隅）、四川西南部（米易）分布。缅甸东北部也有。

种分布区类型：14SH

云南越桔

Vaccinium duclouxii (Lévl.) Hand.-Mazz.

税玉民等（Shui Y.M. *et al.*）*西隆山样方 1A-11，西隆山样方 5A-2*

生于海拔1550～2600m山坡灌丛或山地常绿阔叶林、松、栎林下。分布于云南中甸、维西、碧江、泸水、永平、腾冲、龙陵、潞西、凤庆、镇康、耿马、临沧、双江、孟连、景东、大理、漾濞、宾川、洱源、剑川、鹤庆、丽江、华坪、大姚、楚雄、武定、禄劝、富民、昆明、嵩明、寻甸、镇雄、玉溪、易门、双柏、新平、元江、绿春、金平、红河、马关、蒙自、屏边、文山、广南等地；四川西南部分布。

中国特有

种分布区类型：15

樟叶越桔（原变种）

Vaccinium dunalianum Wight var. **dunalianum**

税玉民等（Shui Y.M. *et al.*）*群落样方 2011-37*

生于海拔 1100 ～ 3100m 山坡灌丛、阔叶林下或石灰山灌丛，稀附生于常绿阔叶林中树上。分布于云南贡山、腾冲、大理、巍山、临沧、景东、易门、玉溪、江川、昆明、富民、桑甸、元江、金平、屏边、麻栗坡、西畴、砚山等地；西藏南部、广西分布。不丹、印度东北部、缅甸东北部至越南也有。

种分布区类型：7

大樟叶越桔（变种）

Vaccinium dunalianum Wight var. **megaphyllum** Sleumer

周浙昆等（Zhou Z.K. *et al.*）*618*

生于海拔 500 ～ 2000m 疏林下和灌丛中。分布于云南西南部、南部和东南部；贵州、广西、广东分布。马斯克林群岛、留尼汪岛、印度、中南半岛、马来西亚至印度尼西亚（东达伊里安）也有。

种分布区类型：7

大叶越桔

Vaccinium petelotii Merr.

中苏队（Sino-Russ. Exped.）*143*，*312*

生于海拔 1100 ～ 1700m 沟谷常绿阔叶林中，偶有附生于林中树上。分布于云南金平、绿春、文山、元阳、屏边、蒙自（东南）、河口、马关、麻栗坡、西畴。越南北部（沙巴）也有。

种分布区类型：15c

218　水晶兰科 Monotropaceae

球果假沙晶兰

Monotropastrum humile (D. Don) H. Hara

税玉民等（Shui Y.M. *et al.*）*90438*，*90549*

生于海拔 2400 ～ 3400m 山地阔叶林或针阔混交林。分布于云南金平、文山、广南、孟连、景东、凤庆、腾冲、中甸、碧江、福贡、贡山等地；黑龙江、吉林、辽宁、湖北、浙江、台湾、四川、西藏分布。朝鲜、俄罗斯（远东地区）、日本、印度、尼泊尔、不丹也有。

种分布区类型：7

221 柿科 Ebenaceae

长柱柿

Diospyros brandisiana Kurz

税玉民等（Shui Y.M. *et al.*）*91304，群落样方 2011-48*

生于海拔 700 ～ 900m 山地雨林中。分布于云南元阳、金平。印度、缅甸、老挝、泰国、越南和马来西亚也有。

种分布区类型：7

岩柿

Diospyros dumetorum W.W. Smith

税玉民等（Shui Y.M. *et al.*）*群落样方 2011-38*

生于海拔 2100 ～ 2600m 混交林内或路边灌丛中。分布于云南巍山、泸水等地；广西分布。

中国特有

种分布区类型：15

野柿（变种）

Diospyros kaki Thunb. var. **silvestris** Makino

中苏队（Sino-Russ. Exped.）*716*

生于海拔 220 ～ 2300m 山地密林、山坡疏林或路边。分布于云南全省各地；福建、湖北、江苏、江西、四川、云南分布。

中国特有

种分布区类型：15

罗浮柿

Diospyros morrisiana Hance

周浙昆等（Zhou Z.K. *et al.*）*49*

生于海拔 650 ～ 1600m 生密林或山坡次生林中。分布于云南马关、西畴、金平、富宁、河口、红河、麻栗坡、文山、元阳、屏边；浙江、台湾、广东、广西、贵州分布。中南半岛也有。

种分布区类型：7-4

黑皮柿

Diospyros nigricortex C.Y. Wu

中苏队（Sino-Russ. Exped.）*1025*

生于海拔 220 ～ 1800m 生沟谷林内或山坡灌丛中。分布于云南勐腊、景洪、金平、河口。

云南特有

种分布区类型：15a

柿属一种

Diospyros sp.

税玉民等（Shui Y.M. *et al.*）(*s.n.*)

云南柿

Diospyros yunnanensis Rehd. et Wils.

税玉民等（Shui Y.M. *et al.*）*群落样方 2011-32*

生于海拔 1000 ～ 1500m 沟谷或山坡密林或路边。分布于云南普洱及西双版纳等地。

云南特有

种分布区类型：15a

222 山榄科 Sapotaceae

金叶树（变种）

Chrysophyllum lanceolatum (Bl.) A. DC. var. **stellatocarpon** van Royen ex Vink

税玉民等（Shui Y.M. *et al.*）*80216，群落样方 2011-44，群落样方 2011-47*

生于海拔 1000m 以下林中。分布于云南金平；广东、广西分布。柬埔寨、印度尼西亚、老挝、马来西亚、缅甸、新加坡、斯里兰卡、泰国、越南也有。

种分布区类型：7

梭子果

Eberhardtia tonkinensis Lecomte

毛品一（Mao P.I.）*603*；税玉民等（Shui Y.M. *et al.*）*群落样方 2011-32，群落样方 2011-35，群落样方 2011-38*；张建勋等（Chang C.S. *et al.*）*118*；中苏队（Sino-Russ. Exped.）*122，464*

生于海拔 360 ～ 1800m 疏的或密的混交林中。分布于云南东南部（金平、绿春、元阳、蒙自、屏边、马关、麻栗坡）。老挝、越南也有。

种分布区类型：7-4

222a　肉实树科 Sarcospermataceae

大肉实树

Sarcosperma arboreum Buch.-Ham. ex C.B. Clarke

税玉民等（Shui Y.M. *et al.*）(*photo*)

生于海拔 500 ～ 2500m 疏密林中。分布于云南东南部、西南部、西北部及中部；贵州、广西分布。印度、缅甸、泰国也有。

种分布区类型：7

绒毛肉实树

Sarcosperma kachinense (King et Prain) Exell

税玉民等（Shui Y.M. *et al.*）*群落样方 2011-48*

生于海拔 120 ～ 1500m 混交林、疏林、沟谷雨林中。分布于云南富宁、西畴、麻栗坡、河口、蒙自、西双版纳等地；广西、广东分布。缅甸、泰国、越南北部也有。

种分布区类型：7

肉实树属一种

Sarcosperma sp.

李国锋（Li G.F.）(*photo*)

223　紫金牛科 Myrsinaceae

伞形紫金牛

Ardisia corymbifera Mez

中苏队（Sino-Russ. Exped.）*881*

生于海拔 700 ～ 1800m 疏、密林下，潮湿或略干燥的地方。分布于云南东南部至西南部及景东等地；广西分布。越南也有。

种分布区类型：7-4

百两金

Ardisia crispa (Thunb.) A. DC

税玉民等（Shui Y.M. *et al.*）*90379，90572，90704*

生于海拔 2000 ～ 2400m 林下或竹林下。分布于云南金平、河口、绿春、马关、麻栗坡、蒙自、屏边、广南、开远、文山、西畴、元阳、景东、昭通等地；安徽、福建、广东、广西、贵州、湖北、湖南、江苏、江西、四川、台湾、浙江分布。印度尼西亚、日本、韩国、越南也有。

种分布区类型：7

小乔木紫金牛

Ardisia garrettii Fletch.

陈介（Chen C.）*515*；徐永椿（Hsu Y.C.）*377*；中苏队（Sino-Russ. Exped.）*964*；周浙昆等（Zhou Z.K. *et al.*）*497*

生于海拔 350 ～ 1400m 石灰山疏林、密林中，或山坡疏林灌木丛中。分布于云南西双版纳、金平、河口、元江、临沧等地；贵州（罗甸）、西藏、广西分布。缅甸、越南、泰国也有。

种分布区类型：7

走马胎

Ardisia gigantifolia Stapf

税玉民等（Shui Y.M. *et al.*）*80215*，*群落样方 2011-46*，*群落样方 2011-47*；张广杰（Zhang G.J.）*219*

生于海拔约 1300m 山谷密林下湿润阴处或山坡阴湿处。分布于云南景洪、勐海、金平、河口、马关、麻栗坡、屏边、西畴等地；广东、广西、贵州南、江西、福建分布。印度尼西亚、马来西亚、泰国、越南也有。

种分布区类型：7

紫脉紫金牛

Ardisia purpureovillosa C.Y. Wu et C. Chen ex C.M. Hu

中苏队（Sino-Russ. Exped.）*968*

生于海拔 600 ～ 1800m 常绿阔叶林、石灰岩山坡、山谷、潮湿处。分布于云南金平、麻栗坡、屏边、文山、西畴；广西、海南分布。

中国特有

种分布区类型：15

罗伞树

Ardisia quinquegona Bl.

毛品一（Mao P.I.）*622*

生于海拔 200 ～ 1000m 山坡疏林、密林中，或林中溪边阴湿处。分布于云南富宁、金平、河口、屏边、麻栗坡等地；台湾、福建、广东、广西、海南、四川分布。印度、印度尼西亚、日本（琉球群岛）、马来西亚、越南也有。

种分布区类型：7

酸苔菜

Ardisia solanacea Roxb.

毛品一（Mao P.I.）*635*；张广杰（Zhang G.J.）*39*，*41*；中苏队（Sino-Russ. Exped.）*196*

生于海拔 400 ～ 1550m 疏林、密林中或林缘灌木丛中。分布于云南西双版纳、金平、河口、建水、蒙自、元阳等地；广西西南部分布。印度、尼泊尔、新加坡、斯里兰卡、夏威夷也有栽培。

种分布区类型：7

南方紫金牛

Ardisia thyrsiflora D. Don

税玉民等（Shui Y.M. *et al.*）*80214*，*90108*，*群落样方 2011-43*，*群落样方 2011-46*，*群落样方 2011-47*；徐永椿（Hsu Y.C.）*111*，*431*；宣淑洁（Hsuan S.J.）*61-00122*；张建勋、张赣生（Chang C.S. et Chang K.S.）*126*，*171*；中苏队（Sino-Russ. Exped.）*103*，*243*，*1639*；周浙昆等（Zhou Z.K. *et al.*）*85*，*105*，*428*，*478*

生于海拔 1250 ～ 1800m 常绿阔叶林、灌丛、山谷、阴湿处。分布于云南金平、河口、红河、绿春、马关、麻栗坡、蒙自、屏边、西畴、元阳、景东、凤庆、勐海；广西、贵州、海南、四川、西藏分布。缅甸、老挝、尼泊尔、印度也有。

种分布区类型：7

当归藤

Embelia parviflora Wall. ex A.DC.

税玉民等（Shui Y.M. *et al.*）*群落样方 2011-32*；周浙昆等（Zhou Z.K. *et al.*）*493*

生于海拔 500 ～ 1800m 河谷热带林下或溪边林缘。分布于云南金平、红河、绿春、孟连、景东、普洱、景洪、勐海、勐腊、梁河、镇康、耿马、沧源、临沧等地。越南、老挝、柬埔寨、泰国、孟加拉、印度、不丹、尼泊尔也有。

种分布区类型：7

龙骨酸藤子

Embelia polypodioides Hemsl. et Mez

税玉民等（Shui Y.M. *et al.*）*90425*，*90606*，*群落样方 2011-32*，*西隆山凭证 0365*，*西隆山凭证 0369*，*西隆山凭证 0386*，*西隆山样方 1E-2*；周浙昆等（Zhou Z.K. *et al.*）*157*，*233*，*350*

生于海拔 1350 ～ 2400m 丛林中。分布于云南东南部（金平、河口、广南、红河、马关、麻栗坡、蒙自、屏边、文山、西畴等地)；广西分布。越南也有。

种分布区类型：7-4

白花酸藤子（原亚种）

Embelia ribes Burm. f. ssp. **ribes**

税玉民等（Shui Y.M. *et al.*）*群落样方 2011-35*；西南野生生物种质资源库 DNA Barcoding 考察（DNA Barcoding Exped. of GBOWS）*GBOWS1393*；张广杰（Zhang G.J.）*266，278，310*；中苏队（Sino-Russ. Exped.）*803*；周浙昆等（Zhou Z.K. *et al.*）*48，510，604*

生于海拔 1200 ～ 2000m 地区。分布于云南东南部至西南部;贵州、广东、海南、广西、福建、西藏分布。柬埔寨、印度、印度尼西亚、老挝、马来西亚、缅甸、新几内亚、斯里兰卡、泰国、越南也有。

种分布区类型：7

厚叶白花酸藤子（亚种）

Embelia ribes Burm. f. ssp. **pachyphylla** (Chun ex C.Y. Wu et C. Chen) Pipoly et C. Chen

税玉民等（Shui Y.M. *et al.*）*群落样方 2011-37*；中苏队（Sino-Russ. Exped.）*842*

生于海拔 700 ～ 1800m 疏林、密林中或灌木丛中。分布于云南东南部（金平、河口、绿春、富宁、马关、麻栗坡、屏边、文山、西畴)；广西、广东、海南分布。印度尼西亚、菲律宾、越南也有。

种分布区类型：7

瘤皮孔酸藤子

Embelia scandens (Lour.) Mez

中苏队（Sino-Russ. Exped.）*27，355*

生于海拔 400 ～ 850m 疏林、密林中或疏灌木丛中。分布于云南金平、麻栗坡、勐仑、景洪、小勐养等地；广东、广西、海南分布。越南、老挝、泰国、柬埔寨等也有。

种分布区类型：7

平叶酸藤子

Embelia undulata (Wall.) Mez

税玉民等（Shui Y.M. *et al.*）*90284，90804，群落样方 2011-31，群落样方 2011-33，群落样方 2011-34，群落样方 2011-35，群落样方 2011-36，群落样方 2011-37，群落样方 2011-48，西隆山凭证 0797*；周浙昆等（Zhou Z.K. *et al.*）*72*

生于海拔 500 ～ 2500m 密林中潮湿处和山坡路边林缘灌木丛中。分布于云南金平、绿春、广南、红河、马关、麻栗坡、蒙自、弥勒、文山、西畴、砚山、元阳、景东、凤庆、临沧、勐海等地;福建、广东、广西、贵州、海南、湖南、江西、四川分布。柬埔寨、印度、老挝、尼泊尔、泰国、越南也有。

种分布区类型：7

包疮叶

Maesa indica (Roxb.) A. DC.

黄道存（Huang D.C.）*10*；蒋维邦（Jiang W.B.）*67*；农垦局（Agriculture Reclamation Bureau）*10*；税玉民等（Shui Y.M. *et al.*）*90372*，*群落样方 2011-33*，*群落样方 2011-34*，*群落样方 2011-36*，*西隆山凭证 0411*；徐永椿（Hsu Y.C.）*237*；宣淑洁（Hsuan S.J.）*61-00116*；张建勋、张赣生（Chang C.S. et Chang K.S.）*143*

生于海拔 500 ～ 2000m 疏林、密林下、山坡或沟底阴湿处，有时出现于山坡阳处。分布于云南东南部（金平、富宁、河口、屏边、个旧、红河、建水、绿春、马关、麻栗坡、蒙自、文山、元阳）至西双版纳及普洱、临沧、耿马等地；广州有栽培分布。印度、越南也有。

种分布区类型：7

细梗杜茎山

Maesa macilenta Walker

税玉民等（Shui Y.M. *et al.*）*西隆山凭证 0271*

生于海拔 320 ～ 600m 林下。分布于云南普洱、金平、河口、蒙自等地。

云南特有

种分布区类型：15a

腺叶杜茎山

Maesa membranacea A. DC.

段幼萱（Duan Y.X.）*11*；徐永椿（Hsu Y.C.）*342*；中苏队（Sino-Russ. Exped.）*123*

生于海拔 720 ～ 1500m 密林下、坡地或沟边湿润的地方。分布于云南勐腊、元江、金平、河口、绿春、个旧、马关、屏边、文山、元阳、麻栗坡等地；广西、海南分布。越南、柬埔寨也有。

种分布区类型：7-4

金珠柳

Maesa montana A. DC.

徐永椿（Hsu Y.C.）*160*；张广杰（Zhang G.J.）*66*，*86*，*89*；周浙昆等（Zhou Z.K. *et al.*）*528*

生于海拔 500 ～ 2800m 杂木林下或疏林下。分布于云南彝良、会泽、永胜、贡山、福贡、景东、西南部、西双版纳、金平、河口、富宁、广南、红河、建水、开远、绿春、马关、麻栗坡、蒙自、屏边、文山、西畴、砚山、元阳、等地；福建、广东、广西、贵州、海南、四川、台湾、西藏东南部分布。印度、缅甸、泰国也有。

种分布区类型：7

毛杜茎山

Maesa permollis Kurz

张广杰（Zhang G.J.）*50*，*98*

生于海拔 450 ～ 1600m 山坡、沟谷杂木林下、阴湿处、水旁或沟边。分布于云南普洱、西双版纳、金平、红河、绿春、蒙自、屏边、西畴、澜沧、西盟、孟定、怒江河谷等地。缅甸（中、北部）、泰国（东北部）、老挝等地也有。

种分布区类型：7

称秆树

Maesa ramentacea (Roxb.) A. DC.

西南野生生物种质资源库 DNA Barcoding 考察（DNA Barcoding Exped. of GBOWS）*GBOWS1394*；中苏队（Sino-Russ. Exped.）*724*

生于海拔 400 ～ 1600m 疏林下、林缘、坡边、路旁、沟边或溪边阳处的灌木丛中。分布于云南西双版纳及东南部等地；广西分布。不丹、印度东北部经中南半岛、马来半岛、印度尼西亚（苏门答腊、爪哇、加里曼丹）至菲律宾也有。

种分布区类型：7

网脉杜茎山

Maesa reticulata C.Y. Wu

税玉民等（Shui Y.M. *et al.*）*80320*；中苏队（Sino-Russ. Exped.）*194*

生于海拔 240 ～ 400m 沟谷林中。分布于云南金平、麻栗坡、河口、马关、元阳等地。越南北部（老街）也有。

种分布区类型：15c

广西密花树

Myrsine kwangsiensis (Walker) Pipoly et C. Chen

税玉民等（Shui Y.M. *et al.*）*群落样方 2011-32*，*群落样方 2011-34*，*群落样方 2011-37*，*群落样方 2011-43*

生于海拔 650 ～ 1000m 山谷混交林中或石灰山杂木林中。分布于云南东南部（富宁等地）；广西、贵州分布。

中国特有

种分布区类型：15

针齿铁仔

Myrsine semiserrata Wall.

税玉民等（Shui Y.M. *et al.*）*群落样方 2011-31*；周浙昆等（Zhou Z.K. *et al.*）*155，175，453*

生于海拔 1100～1700m 疏林、密林内，山坡、路旁、石灰山上或沟边等。分布于云南西北部、西部、西南部、中部及东南部等地，西双版纳仅勐连发现；湖北、湖南、广东、广西、贵州、四川、西藏分布。印度、尼泊尔、缅甸也有。

种分布区类型：7

光叶铁仔

Myrsine stolonifera (Koidz.) Wall.

税玉民等（Shui Y.M. *et al.*）*90645，90672，西隆山凭证 0622，西隆山凭证 0623，西隆山样方 5F-6*；周浙昆等（Zhou Z.K. *et al.*）*278*

生于海拔 1100～2100m 密林中湿润的地方。分布于云南东南部（金平、河口、红河、麻栗坡、屏边、文山、西畴、砚山等地）；台湾、福建、浙江、广东、海南、广西、江西、四川、浙江、贵州、安徽分布。日本也有。

种分布区类型：14SJ

224　安息香科 Styracaceae

赤杨叶

Alniphyllum fortunei (Hemsl.) Makino

税玉民等（Shui Y.M. *et al.*）*90832，群落样方 2011-31，群落样方 2011-33，群落样方 2011-35，群落样方 2011-40*；中苏队（Sino-Russ. Exped.）*713，3907*

生于海拔 1020～2100m 林中。分布于云南东南部和南部；安徽、福建、广东、广西、贵州、海南、湖北、湖南、江苏、江西、四川、浙江分布。印度、老挝、缅甸、越南也有。

种分布区类型：7

双齿山茉莉

Huodendron biaristatum (W.W. Smith) Rehd.

张广杰（Zhang G.J.）*51*

生于海拔 600 ～ 1900m 林内和灌丛中。分布于云南富宁、西畴、屏边、蒙自、金平、河口、绿春、马关、元阳、江城、瑞丽；贵州、广西分布。越南、缅甸北部也有。

种分布区类型：7

越南木瓜红

Rehderodendron indochinense H.L. Li

税玉民等（Shui Y.M. *et al.*）*90459*

生于海拔 1750 ～ 2500m 山谷林中。分布于云南东南部（金平、富宁、个旧、绿春、马关、麻栗坡、屏边、文山、西畴、元阳）。越南北部也有。

种分布区类型：15c

贵州木瓜红

Rehderodendron kweichowense Hu

税玉民等（Shui Y.M. *et al.*）*西隆山凭证 0746*

生于海拔 1250 ～ 2000m 密林中。分布于云南金平、富宁、元阳、西畴、麻栗坡、马关、文山、屏边、蒙自；广西、贵州分布。越南北部也有。

种分布区类型：15c

木瓜红

Rehderodendron macrocarpum Hu

税玉民等（Shui Y.M. *et al.*）*西隆山凭证 0495，西隆山样方 1A-6，西隆山样方 6F-10*

生于海拔 1900 ～ 2200m 混交林中。分布于云南东南部（金平、河口、绿春、马关、屏边、元阳、文山）和东北部（彝良）；四川、贵州、广西分布。越南北部也有。

种分布区类型：15c

大花安息香

Styrax grandiflorus Griff.

税玉民等（Shui Y.M. *et al.*）*90342，90598*

生于海拔 700 ～ 2850m 林中。分布于云南东南部至西南部；贵州、广西、广东和西藏分布。缅甸也有。

种分布区类型：7-3

越南安息香

Styrax tonkinensis (Pierre) Craib ex Hartwich

税玉民等（Shui Y.M. *et al.*）*90380，90437，群落样方 2011-33，群落样方 2011-38*；

王开域（Wang K.Y.）*4*；吴元坤、胡诗秀（Wu Y.K. et Hu S.X.）*30*；徐永椿（Hsu Y.C.）*281*；张广杰（Zhang G.J.）*232*；中苏队（Sino-Russ. Exped.）*46*

生于海拔 220 ～ 2400m 林中。分布于云南东南部至西南部；贵州、广西、广东、湖南分布。越南北部也有。

种分布区类型：15c

225　山矾科 Symplocaceae

薄叶山矾

Symplocos anomala Brand

周浙昆等（Zhou Z.K. *et al.*）*339*

生于海拔 1700 ～ 2700m 山坡、山谷林缘和杂木林内。分布于云南大关、彝良、绥江、双柏、马龙、福贡、龙陵、腾冲、临沧、凤庆、景东、金平、河口、马关、麻栗坡、蒙自、屏边、文山、景洪等地；四川、贵州、广西、广东、湖南、湖北、江西、江苏、浙江、福建、台湾等省区分布。缅甸、印度、泰国、越南、马来西亚、琉球群岛、苏门答腊、婆罗洲也有。

种分布区类型：7

越南山矾（原变种）

Symplocos cochinchinensis (Lour.) S. Moore var. **cochinchinensis**

中苏队（Sino-Russ. Exped.）*130*

生于海拔 600 ～ 1500(2000)m 湿润密林或疏林中。分布于云南金平、河口、富宁、西畴、麻栗坡、屏边、砚山和西双版纳等地；西藏、广西、广东、福建南部、台湾分布。中南半岛、印度、印度尼西亚也有。

种分布区类型：7

黄牛奶树（变种）

Symplocos cochinchinensis (Lour.) S. Moore var. **laurina** (Retz.) Noot.

周浙昆等（Zhou Z.K. *et al.*）*588*

生于海拔 1600 ～ 3000m 林边石山及密林中。分布于云南全省各地；四川、贵州、湖南、西藏分布。越南、印度、斯里兰卡也有。

种分布区类型：7

坚木山矾

Symplocos dryophila C.B. Clarke

税玉民等（Shui Y.M. *et al.*）*90663*，*西隆山样方 1A-8*，*西隆山样方 4F-1*，*西隆山样*

方 5A-11

生于海拔 1600 ～ 3100m 常绿阔叶林及杂木林中。分布于云南全省各地；四川南部和西藏分布。缅甸、越南、泰国、尼泊尔、印度也有。

种分布区类型：7

腺缘山矾

Symplocos glandulifera Brand

税玉民等（Shui Y.M. *et al.*）*90464，90515，西隆山凭证 0591，西隆山样方 6F-3，456*

生于海拔 1100 ～ 2100m 山地密林中。分布于云南蒙自、金平、红河、绿春、元阳、屏边、西畴、马关、文山和麻栗坡等地；广西（那坡）、湖南分布。

中国特有

种分布区类型：15

海桐山矾

Symplocos heishanenis Hayata

税玉民等（Shui Y.M. *et al.*）*群落样方 2011-31*

生于海拔 1800 ～ 2000m 山坡常绿阔叶林、湿润密林或灌丛中。分布于云南文山、金平、屏边等地；湖南、江西、浙江、广西、广东、海南、台湾分布。

中国特有

种分布区类型：15

光亮山矾

Symplocos lucida (Thunb.) Sieb. et Zucc.

税玉民等（Shui Y.M. *et al.*）*西隆山样方 6A-2*

生于海拔 900 ～ 1700m 常绿阔叶林疏林、密林中。分布于云南蒙自、屏边、金平、河口、绿春、麻栗坡、文山、西畴、元阳等地；安徽、福建、甘肃、广东、广西、贵州、海南、湖北、湖南、江苏、江西、四川、台湾、西藏、浙江分布。不丹、柬埔寨、印度、印度尼西亚、日本、老挝、马来西亚、缅甸、泰国、越南也有。

种分布区类型：7

柔毛山矾

Symplocos pilosa Rehd.

税玉民等（Shui Y.M. *et al.*）*群落样方 2011-32，群落样方 2011-37，群落样方 2011-38*

生于海拔 1500 ～ 2100m 湿润密林中。分布于云南蒙自、屏边、马关等地。

滇东南特有

种分布区类型：15b

珠仔树

Symplocos racemosa Roxb.

徐永椿（Hsu Y.C.）*214*

生于海拔 500 ～ 1900m 灌丛、疏林、杂木林及密林中。分布于云南南部、东南部及西南部；四川西南部、广西、广东和海南分布。缅甸、泰国、越南、印度也有。

种分布区类型：7

沟槽山矾

Symplocos sulcata Kurz

税玉民等（Shui Y.M. *et al.*）*90803*，*西隆山样方 8F-13*；中苏队（Sino-Russ. Exped.）*711*；周浙昆等（Zhou Z.K. *et al.*）*416*

生于海拔 1300 ～ 2300m 湿润密林、疏林及杂木林中。分布于云南东南部、南部、西南部地区；西藏（墨脱）分布。越南也有。

种分布区类型：7-4

228　马钱子科 Strychnaceae

柳叶蓬莱葛

Gardneria lanceolata Rehd. et Wils.

周浙昆等（Zhou Z.K. *et al.*）*422*

生于海拔 1500 ～ 3000m 山坡灌丛中。分布于云南镇雄、龙陵、文山、石屏、金平、中甸；安徽、浙江、江苏、湖北、海南、广东、广西、江西、四川、贵州分布。

中国特有

种分布区类型：15

蓬莱葛

Gardneria multiflora Makino

中苏队（Sino-Russ. Exped.）*1028*

生于海拔 500 ～ 2100m 山坡丛林中。分布于云南金平、河口、弥勒、屏边、勐海、澜沧、凤庆、富宁、西畴、麻栗坡、广南等地；安徽、福建、广东、广西、贵州、河北、河南、湖北、湖南、江苏、江西、陕西、四川、台湾、浙江分布。日本也有。

种分布区类型：14SJ

吕宋果

Strychnos ignatii Berg.

毛品一（Mao P.I.）*629*

生于海拔 400 ～ 580m 石灰岩疏林中。分布于云南金平、河口、西畴、麻栗坡；广东、广西、海南分布。越南、泰国、菲律宾、马来西亚、加里曼丹、爪哇也有。

种分布区类型：7

毛柱马钱

Strychnos nitida G. Don

中苏队（Sino-Russ. Exped.）*929*，*1102*

生于海拔 200 ～ 1800m 灌丛中。分布于云南南部和西南部；广西分布。印度东北部（阿萨姆）、孟加拉、缅甸、泰国、老挝、越南南部也有。

种分布区类型：7

228a　醉鱼草科 Buddlejaceae

驳骨丹

Buddleja asiatica Lour.

张广杰（Zhang G.J.）*238*，*257*；张建勋、张赣生（Chang C.S. et Chang K.S.）*21*

生于海拔 300 ～ 2800m 林缘。分布于云南全省各地；湖北、湖南、广东、广西、福建、四川、贵州、西藏分布。巴基斯坦东部、印度、不丹、中国、缅甸、泰国、老挝、越南、马来西亚、印度尼西亚直到菲律宾也有。

种分布区类型：7

228b　钩吻科 Gelsemiaceae

断肠草

Gelsemium elegans (Gardn. et Champ.) Benth.

李锡文（Li H.W.）*393*；税玉民等（Shui Y.M. *et al.*）*90848*，*群落样方 2011-43*；西南野生生物种质资源库 DNA Barcoding 考察（DNA Barcoding Exped. of GBOWS）*GBOWS1445*；翟苹（Zhai P.）*1003*；张广杰（Zhang G.J.）*149*；中苏队（Sino-Russ. Exped.）*619*；周浙昆等（Zhou Z.K. *et al.*）*43*，*534*

生于海拔 650 ～ 1700m 路边灌丛中。分布于云南临沧、耿马、勐海、勐腊、景洪、普洱、墨江、景东、新平、蒙自、金平、屏边、河口、文山、砚山、富宁、西畴、绿春、马关、麻栗坡等地；广东、广西、江西、福建分布。印度（阿萨姆）、印尼（苏门答腊、加里曼丹）、泰国、老挝、越南也有。

种分布区类型：7

229　木犀科 Oleaceae

李榄

Chionanthus henryanus P.S. Green

中苏队（Sino-Russ. Exped.）*895*；周浙昆等（Zhou Z.K. *et al.*）*420*

生于海拔 800 ～ 1600m 山谷密林、山谷灌丛中。分布于云南金平、河口、马关、麻栗坡、屏边。缅甸也有。

种分布区类型：7-3

青藤仔

Jasminum nervosum Lour.

张广杰（Zhang G.J.）*44*；中苏队（Sino-Russ. Exped.）*361*

生于海拔 300 ～ 1700m 密林或路边灌丛中。分布于云南富宁、文山、建水、元阳、绿春、金平、红河、蒙自、屏边、西畴、河口、勐腊、勐海、澜沧、沧源、耿马、镇康、龙陵、景东、双柏等地；广东、广西、贵州、海南、台湾、西藏分布。不丹、柬埔寨、印度、老挝、缅甸、尼泊尔、越南也有。

种分布区类型：7

云南素馨

Jasminum rufohirtum Gagnep.

中苏队（Sino-Russ. Exped.）*359*

生于海拔 400 ～ 750m 疏林及河谷灌丛中。分布于云南金平、绿春。老挝、越南也有。

种分布区类型：7-4

素馨属一种

Jasminum sp.

西南野生生物种质资源库 DNA Barcoding 考察（DNA Barcoding Exped. of GBOWS）*GBOWS1375*

腺叶素馨

Jasminum subglandulosum Kurz

中苏队（Sino-Russ. Exped.）*88*

生于海拔 400 ～ 1400m 沟谷混交林及山坡疏林中。分布于云南景洪、勐腊、金平、绿春。印度、缅甸、泰国也有。

种分布区类型：7

密花素馨

Jasminum tonkinense Gagnep.

段幼萱（Duan Y.X.）*23*；蒋维邦（Jiang W.B.）*92*；税玉民等（Shui Y.M. *et al.*）*90262*

生于海拔 250 ～ 1200m 山坡及沟谷密林或灌丛中。分布于云南建水、元阳、金平、屏边、河口、文山、马关、富宁、西畴、普洱、景洪、勐海、勐腊、盈江;广西南部、贵州（安龙）分布。印度（阿萨姆）、越南也有。

种分布区类型：7

小蜡（原变种）

Ligustrum sinense Lour. var. **sinense**

税玉民等（Shui Y.M. *et al.*）*群落样方 2011-47*

生于海拔 300 ～ 2000m 山地疏林或路旁、沟边。分布于云南大部分地区；长江以南各省区分布。

中国特有

种分布区类型：15

皱叶小蜡（变种）

Ligustrum sinense Lour. var. **rugulosum** (W.W. Smith) M.C. Chang

胡月英、文绍康（Hu Y.Y. et Wen S.K.）*580485*；中苏队（Sino-Russ. Exped.）*1038*

生于海拔 320 ～ 1700m 山坡及沟边常绿阔叶林或路边灌丛中。分布于云南蒙自、金平、屏边、河口、西畴、麻栗坡、元阳、绿春、富宁、广南、建水、开远、马关、弥勒、文山、普洱、勐海、勐腊、沧源；西藏东南部分布。越南也有。

种分布区类型：7-4

云南木樨榄

Olea tsoongii (Merr.) P.S. Green

税玉民等（Shui Y.M. *et al.*）*90477*，*群落样方 2011-37*，*群落样方 2011-38*

生于海拔 1000 ～ 2100m 山坡疏林中。分布于云南中部、西部、西南部及东南部;广东、广西、贵州、四川、海南分布。

中国特有

种分布区类型：15

狭叶木樨

Osmanthus attenuatus P.S. Green

周浙昆等（Zhou Z.K. *et al.*）*140*，*179*

生于海拔 2300 ～ 2900m 干燥山坡。分布于云南景东（无量山）、金平；广西、贵州分布。

中国特有

种分布区类型：15

厚边木樨

Osmanthus marginatus (Champ. ex Benth.) Hemsl.

税玉民等（Shui Y.M. *et al.*）*群落样方 2011-31*，*群落样方 2011-32*

生于海拔 800 ～ 2600m 山谷、山坡密林中。分布于云南南部及东南部等地；安徽南部、浙江、江西、台湾、湖南、广东、广西、四月、贵州分布。琉球群岛等地也有。

种分布区类型：14SJ

230　夹竹桃科 Apocynaceae

海南香花藤

Aganosma schlechteriana Lévl

税玉民等（Shui Y.M. *et al.*）*90137*

生于海拔 500 ～ 1700m 山地疏林中或山地路旁灌木丛中。分布于云南双江、镇源、景洪、普洱、勐海、景东、凤庆、永仁、宾川、澄江、富宁、临沧等地；四川、贵州、广西、海南分布。

中国特有

种分布区类型：15

长序链珠藤

Aganosma siamensis Craib

翟苹（Zhai P.）*1213*，*1224*

生于海拔 250 ～ 1000m 山地密林下或山谷、溪旁疏林潮湿地方。分布于云南景洪、贡山、金平、富宁、西畴、麻栗坡等地；广东、广西分布。泰国、越南也有。

种分布区类型：7

盆架树

Alstonia rostrata C.E.C. Fischer

税玉民等（Shui Y.M. *et al.*）*80266*，*群落样方 2011-44*；徐永椿（Hsu Y.C.）*113*；翟苹（Zhai

P.）*1208*，*1209*；中苏队（Sino-Russ. Exped.）*112*

生于海拔 1100m 以下山地常绿林中或山谷热带雨林中。分布于云南金平、富宁、麻栗坡、西畴、景洪、勐海等地；海南分布。缅甸、印度尼西亚、马来西亚、泰国、印度也有。

种分布区类型：7

糖胶树

Alstonia scholaris (Linn.) R. Br.

蒋维邦（Jiang W.B.）*1*；毛品一（Mao P.I.）*573*，*617*；西南野生生物种质资源库 DNA Barcoding 考察（DNA Barcoding Exped. of GBOWS）*GBOWS1388*；徐永椿（Hsu Y.C.）*320*；翟苹（Zhai P.）*1204*；张赣生、张建勋（Chang K.S. et Chang C.S.）*210*；周浙昆等（Zhou Z.K. *et al.*）*603*

生于海拔 650m 以下丘陵山地疏林中或水沟边。分布于云南西双版纳、金平、河口、绿春、马关、屏边、砚山、富宁、西畴、蒙自、麻栗坡等地；福建、海南、湖南、台湾、广东、广西等地栽培分布。印度、斯里兰卡、缅甸、越南、柬埔寨、泰国、菲律宾、马来西亚、印度尼西亚、澳大利亚等地也有。

种分布区类型：5

毛车藤

Amalocalyx microlobus Pierre

段幼萱（Duan Y.X.）*39*；胡月英、文绍康（Hu Y.Y. et Wen S.K.）*580489*；税玉民等（Shui Y.M. *et al.*）*90838*，*90931*，*西隆山凭证 0020*；吴元坤（Wu Y.K.）*32*，*56*；翟苹（Zhai P.）*1218*；张广杰（Zhang G.J.）*269*；中苏队（Sino-Russ. Exped.）*163*，*737*

生于海拔 800 ～ 1000m 山地疏林中。分布于云南金平、河口、绿春、屏边、普洱、景洪等地。老挝、缅甸、泰国、越南也有。

种分布区类型：7

平脉藤

Anodendron formicinum (Tsiang et P.T. Li) D.J. Middleton

李国锋（Li G.F.）*Li-340*

生于海拔 500 ～ 1800m 山地密林中。分布于云南勐遮、勐海等地。

云南特有

种分布区类型：15a

闷奶果

Bousigonia angustifolia Pierre

毛品一（Mao P.I.）*575*，*601*；翟苹（Zhai P.）*1205*，*1211*

生于海拔 800 ～ 1860m 山地疏林中或林缘湿润地方。分布于云南景洪、金平、河口、马关、蒙自、屏边、勐遮、勐海等地。老挝、泰国、越南也有。

种分布区类型：7

奶子藤

Bousigonia mekongensis Pierre

徐永椿（Hsu Y.C.）*239*；张广杰（Zhang G.J.）*182*；张建勋、张赣生（Chang C.S. et Chang K.S.）*227*

生于海拔 500 ～ 800m 山地疏林中或河旁潮湿地方。分布于云南屏边、河口、蒙自、易武、金平、马关等地。越南也有。

种分布区类型：7-4

鹿角藤

Chonemorpha eriostylis Pitard

翟苹（Zhai P.）*1212*

生于海拔 700m 左右山地疏林中或山谷湿润林中。分布于云南金平、河口、屏边、勐腊等地；广东、广西分布。越南也有。

种分布区类型：7-4

漾濞鹿角藤

Chonemorpha griffithii Hook. f.

李明刚（Li M.G.）*51-567*；毛品一（Mao P.I.）*567*

生于海拔 100 ～ 1500m 山地密林中。分布于云南漾濞、凤仪、双江、大理、金平、绿春、蒙自等地；西藏东部分布。印度、缅甸、尼泊尔、泰国也有。

种分布区类型：7

海南鹿角藤

Chonemorpha splendens Chun et Tsiang

税玉民等（Shui Y.M. *et al.*）*90041*

生于海拔 200 ～ 800m 山地疏林中或山谷林中。分布于云南元江等地；广东分布。

中国特有

种分布区类型：15

尖子藤

Chonemorpha verrucosa (Bl.) D.J. Middleton

毛品一（Mao P.I.）*585*；翟苹（Zhai P.）*1210*，*1215*

生于海拔 300 ～ 1000m 山地疏林中或山坡、溪旁灌木丛中。分布于云南金平、河口等地；广东、海南分布。不丹、印度、印度尼西亚、老挝、马来西亚、缅甸、泰国、越南也有。

种分布区类型：7

金平藤

Cleghornia malaccensis (Hook. f.) King et Gamble

翟苹（Zhai P.）*1202*

生于海拔 500 ～ 1600m 山地疏林中或山坡灌木丛中。分布于云南金平、麻栗坡、蒙自、屏边；贵州分布。老挝、马来西亚、泰国、越南也有。

种分布区类型：7

思茅藤

Epigynum auritum (Schneid.) Y. Tsiang et P.T. Li

毛品一（Mao P.I.）*566*

生于海拔 700 ～ 1300m 山地杂林中，攀援于树上。分布于云南金平、蒙自、普洱、宁江、景洪、勐遮、勐养、易武、勐仑等地。马来西亚、泰国也有。

种分布区类型：7

薄叶山橙

Melodinus tenuicaudatus Tsiang et P.T. Li

中苏队（Sino-Russ. Exped.）*393*

生于海拔 750 ～ 1800m 山地密林中或灌木丛中。分布于云南金平、河口、绿春、麻栗坡、屏边、建水等地；贵州和广西分布。

中国特有

种分布区类型：15

帘子藤

Pottsia laxiflora (Bl.) Kuntze

张广杰（Zhang G.J.）*162*

生于海拔 200 ～ 1600m 山地疏林中或湿润的密林山谷中，攀援于树上或山坡路旁、水沟边灌木丛中。分布于云南西双版纳（勐海、勐遮、景洪）、宁江、金平、屏边、西畴、麻栗坡、河口等地；贵州、广西、广东、湖南、福建、江西等省区分布。印度、越南、马来西亚、印度尼西亚等也有。

种分布区类型：7

萝芙木

Rauvolfia verticillata (Lour.) Baill.

段幼萱（Duan Y.X.）*36*；胡月英（Hu Y.Y.）*60002334*；税玉民等（Shui Y.M. *et al.*）*群落样方 2011-46*；徐永椿（Hsu Y.C.）*168*；张广杰（Zhang G.J.）*6*；中苏队（Sino-Russ. Exped.）*612*

生于海拔 1500m 以下溪边、林边、坡地、旷野潮湿地及山坡阴湿林下或灌木丛中。分布于云南金平、河口、广南、绿春、马关、蒙自、屏边、砚山、富宁、西畴、景洪、景东、西双版纳、砚山等地；贵州、广西、广东、海南、台湾等省区分布。柬埔寨、印度、印度尼西亚、马来西亚、缅甸、菲律宾、斯里兰卡、泰国、越南也有。

种分布区类型：7

药用狗牙花

Tabernaemontana bovina Lour.

张广杰（Zhang G.J.）*94*

生于海拔 150 ～ 800m 山地疏林中或林谷中。分布于云南金平、河口、红河、绿春、屏边、文山、马关等地；海南分布。泰国、越南也有。

种分布区类型：7

贵州络石

Trachelospermum bodinieri (Lévl.) Woods.

税玉民等（Shui Y.M. *et al.*）*群落样方 2011-31，群落样方 2011-38，群落样方 2011-39，群落样方 2011-41，群落样方 2011-44，群落样方 2011-45*

生于海拔 900 ～ 2100m 山地林中。分布于云南南部及东南部；贵州、四川分布。

中国特有

种分布区类型：15

杜仲藤

Urceola micrantha (Wall. ex G. Don) D.J. Middleton

毛品一（Mao P.I.）*574，587，627，628*；税玉民等（Shui Y.M. *et al.*）*90113，91261，群落样方 2011-47*；翟苹（Zhai P.）*1201，1207*；中苏队（Sino-Russ. Exped.）*246*

生于海拔 300 ～ 1000m 山地疏林中或山坡灌木丛中，也有生于山谷、水旁灌丛中。分布于云南金平、绿春、弥勒、屏边、河口、麻栗坡、富宁和西双版纳等地；广西、广东、福建、海南、四川、台湾、西藏分布。印度、印度尼西亚、日本（琉球群岛）、老挝、马来西亚、尼泊尔、泰国、越南也有。

种分布区类型：7

酸叶胶藤

Urceola rosea (Hook. et Arn.) D.J. Middleton

段幼萱（Duan Y.X.）*63*；蒋维邦（Jiang W.B.）*111*；徐永椿（Hsu Y.C.）*253*；翟苹（Zhai P.）*1203*，*1225*；张建勋、张赣生（Chang C.S. et Chang K.S.）*215*

生于海拔 600～2000m 山地杂木林中或山谷、水沟旁较湿润的地方。分布于云南景洪、勐海、金平、文山、富宁等地；福建、广东、广西、贵州、海南、湖南、四川、台湾分布。越南、泰国、印度尼西亚也有。

种分布区类型：7

云南水壶藤

Urceola tournieri (Pierre) D.J. Middleton

毛品一（Mao P.I.）*586*，*626*；税玉民等（Shui Y.M. *et al.*）*群落样方 2011-38*；翟苹（Zhai P.）*1206*

生于海拔 780～1750m 山地常绿阔叶林中土壤肥沃湿润的地方。分布于云南西双版纳、勐海、勐遮、景洪、金平、河口、绿春、屏边、文山等地。老挝、缅甸也有。

种分布区类型：7

蓝树

Wrightia laevis Hook. f.

中苏队（Sino-Russ. Exped.）*65*

生于海拔 200～900m 山地疏林中或山坡向阳处。分布于云南西双版纳、金平、绿春、屏边、富宁等地；广东、广西、贵州、海南分布。印度、印度尼西亚、老挝、马来西亚、缅甸、菲律宾、泰国、越南、澳大利亚北部也有。

种分布区类型：5

231　萝藦科 Asclepiadaceae

**** 马利筋**

Asclepias curassavica Linn.

中苏队（Sino-Russ. Exped.）*987*

生于海拔 100～2100m 林缘、路边，间或逸为野生。栽培分布于云南南部、东南部；

台湾、福建、江西、湖南、广东、广西、贵州、四川等省区栽培分布。原产北美洲，现广植于世界各热带地区。

种分布区类型：/

白叶藤

Cryptolepis sinensis (Lour.) Merr.

翟苹（Zhai P.）*1219*；中苏队（Sino-Russ. Exped.）*381*

生于海拔 600 ～ 1500m 丘陵山地灌丛中。分布于云南澄江、江城、景洪、普洱、石屏、永胜、宁蒗、金平、河口、弥勒、屏边等地；贵州、广西、广东、海南、台湾分布。印度、越南、柬埔寨、马来西亚、印度尼西亚也有。

种分布区类型：7

滴锡眼树莲

Dischidia tonkinensis Costantin

毛品一（Mao P.I.）*616*

生于海拔 700 ～ 900m 林缘或林下。分布于云南金平、个旧、蒙自、文山、西双版纳等地；西藏、贵州、广西、广东、台湾等省区分布。巴基斯坦、印度、不丹、缅甸、菲律宾、马来西亚、印度尼西亚也有。

种分布区类型：7

醉魂藤

Heterostemma alatum Wight

宣淑洁（Hsuan S.J.）*166*；翟苹（Zhai P.）*1214*，*1230*；中苏队（Sino-Russ. Exped.）*690*

生于海拔 800 ～ 2000m 山地林中或山谷水旁林中阴湿处。分布于云南金平、河口、屏边、富宁、绿春、马关、蒙自、景洪、勐腊、普洱、勐海、巍山等地；四川、贵州、广西、广东分布。印度、尼泊尔也有。

种分布区类型：14SH

黄花球兰

Hoya fusca Wall.

税玉民等（Shui Y.M. *et al.*）*90743*，*91142*，*群落样方 2011-32*；中苏队（Sino-Russ. Exped.）*481*

附生于海拔 500 ～ 2600m 山地林中树上或岩石上。分布于云南金平、河口、富宁、绿春、马关、麻栗坡、屏边、文山、西畴、砚山、嵩明、临沧、贡山、镇康、福贡、藤冲、沪水等地；西藏、贵州、广西、海南分布。不丹、柬埔寨、印度、老挝、缅甸、尼泊尔、泰国、越南也有。

种分布区类型：7

荷秋藤

Hoya griffithii Hook. f.

周浙昆等（Zhou Z.K. *et al.*）*132*

附生于海拔 1340 ～ 2450m 山地疏林中或山谷林中大树上。分布于云南普洱、景东、金平、个旧等地；广东、广西、贵州、海南分布。印度也有。

种分布区类型：7-2

薄叶球兰

Hoya mengtzeensis Tsiang et P.T. Li

税玉民等（Shui Y.M. *et al.*）*90925*

附生于海拔 800 ～ 2100m 山地阔叶林中树上或石上。分布于云南蒙自、澄江等地；广西分布。

中国特有

种分布区类型：15

蜂出巢

Hoya multiflora Bl.

税玉民等（Shui Y.M. *et al.*）*群落样方 2011-36，群落样方 2011-38，群落样方 2011-39*；张广杰（Zhang G.J.）*99*

生于海拔 1500 ～ 2100m 山地水旁、山谷林中或灌木丛中。分布于云南勐海、景洪、普洱、金平、绿春、屏边等地；广西、广东（栽培）分布。印度尼西亚、老挝、马来西亚、缅甸、菲律宾、泰国、越南也有。

种分布区类型：7

四川牛奶菜

Marsdenia schneideri Tsiang

中苏队（Sino-Russ. Exped.）*79，425*

生于海拔 800 ～ 1700m 山地灌木丛中或疏林中。分布于云南金平、绿春、马关、屏边、富宁、西畴等地；四川分布。越南、老挝也有。

种分布区类型：7-4

蓝叶藤

Marsdenia tinctoria R. Br.

中苏队（Sino-Russ. Exped.）*1093*

生于海拔 500 ～ 1800m 山地阔叶林中。分布于云南金平、河口、马关、麻栗坡、屏边、勐腊、景洪、澜沧等地；西藏、四川、贵州、广西、广东、湖南、台湾等省区分布。斯里兰卡、印度、缅甸、越南、菲律宾、印度尼西亚等地也有。

种分布区类型：7

大花藤

Raphistemma pulchellum (Roxb.) Wall.

毛品一（Mao P.I.）*619*

生于海拔 900m 以上山地密林中或灌木丛中，攀援于树上或蔓延于岩石上。分布于云南金平、马关、景洪、普洱、勐海等地；广西分布。印度、老挝、马来西亚、缅甸、尼泊尔、泰国也有。

种分布区类型：7

232 茜草科 Rubiaceae

滇茜树

Aidia yunnanensis (Hutchins.) Yamazaki

张广杰（Zhang G.J.）*223，230*

生于海拔 600 ～ 1640m 处的丘陵或山地的灌丛或林中。分布于云南砚山、西畴、金平、绿春、麻栗坡、广南、屏边、文山、江城、普洱、勐腊、景洪、勐海。泰国也有。

种分布区类型：7-3

滇短萼齿木

Brachytome hirtellata Hu

宣淑洁（Hsuan S.J.）*120*；中苏队（Sino-Russ. Exped.）*236，1867，3076，3088*

生于海拔 800 ～ 2800m 处的山坡、山谷溪边的林中或灌丛中。分布于云南镇雄、大关、嵩明、石林、丽江、福贡、泸水、鹤庆、洱源、大理、漾濞、巍山、宾川、昆明、大姚、楚雄、新平、元江、文山、马关、麻栗坡、西畴、富宁、蒙自、屏边、河口、金平、元阳、绿春、景东、景谷、澜沧、西盟、凤庆、临沧、双江、沧源、耿马、镇康、保山、腾冲、龙陵、盈江、梁河、潞西、陇川；西藏、贵州、广西分布。越南、缅甸、尼泊尔、印度也有。

种分布区类型：7

猪肚木

Canthium horridum Bl.

蒋维邦（Jiang W.B.）*47*；李国锋（Li G.F.）*Li-037*，*Li-251*；税玉民等（Shui Y.M. *et al.*）*群落样方 2011-43*，*群落样方 2011-44*，*群落样方 2011-45*，*群落样方 2011-47*，*群落样方 2011-48*；王开域（Wang K.Y.）*15*；吴元坤（Wu Y.K.）*47*；西南野生生物种质资源库 DNA Barcoding 考察（DNA Barcoding Exped. of GBOWS）*GBOWS1443*;徐永椿（Hsu Y.C.）*148*;张广杰（Zhang G.J.）*130*;张建勋等（Chang C.S. *et al.*）*90*，*197*;周浙昆等（Zhou Z.K. *et al.*）*541*

生于海拔 540 ～ 1600m 处的丘陵、平地疏林或灌丛中。分布于云南元江、马关、西畴、富宁、屏边、河口、金平、元阳、绿春、文山、建水、普洱、澜沧、孟连、勐腊、景洪、勐海；贵州、广西、广东、海南分布。印度、马来西亚、泰国、越南也有。

种分布区类型：7

弯管花

Chassalia curviflora (Wall.) Thwaites

李国锋（Li G.F.）*Li-356*，*Li-371*；税玉民等（Shui Y.M. *et al.*）*群落样方 2011-43*，*群落样方 2011-45*，*群落样方 2011-46*，*群落样方 2011-47*，*群落样方 2011-48*，*群落样方 2011-49*；张广杰（Zhang G.J.）*5*，*36*

生于海拔 150 ～ 1800m 处的山谷溪边林中。分布于云南元江、砚山、文山、马关、麻栗坡、西畴、富宁、蒙自、屏边、河口、金平、元阳、红河、绿春、景东、普洱、澜沧、孟连、勐腊、景洪、勐海、临沧、沧源、镇康、盈江、梁河、潞西、陇川、瑞丽；西藏、广西、广东、海南分布。越南、老挝、柬埔寨、泰国、缅甸、不丹、孟加拉、印度、斯里兰卡、马来西亚、印度尼西亚也有。

种分布区类型：7

云桂虎刺

Damnacanthus henryi (Lévl.) H.S. Lo

周浙昆等（Zhou Z.K. *et al.*）*107*，*109*，*457*

生于海拔 1200 ～ 2000m 山地林中。分布于云南文山、马关、麻栗坡、西畴、富宁、广南、蒙自、屏边、河口、金平、红河、绿春；贵州、广西分布。

中国特有

种分布区类型：15

柳叶虎刺

Damnacanthus labordei (Lévl.) H.S. Lo

税玉民等（Shui Y.M. *et al.*）*群落样方 2011-32，群落样方 2011-37*

生于海拔 800 ～ 1800m 山坡、山谷林中或灌丛中。分布于云南马关、麻栗坡、西畴、富宁、广南、蒙自、河口、元阳等地；四川、贵州、广西、广东、湖南分布。

中国特有

种分布区类型：15

狗骨柴

Diplospora dubia (Lindl.) Masam.

税玉民等（Shui Y.M. *et al.*）*群落样方 2011-32，群落样方 2011-37，群落样方 2011-38*

生于海拔 1000 ～ 1500m 山谷林中或灌丛中。分布于云南砚山、马关、富宁等；四川、广西、广东、香港、海南、湖南、江西、福建、浙江、江苏、安徽、台湾分布。越南、日本也有。

种分布区类型：7

六叶葎（变种）

Galium asperuloides Edgew. var. **hoffmeisteri** (Klotzsch) Hara

税玉民等（Shui Y.M. *et al.*）(*s.n.*)

生于海拔 1900 ～ 3600m 处的溪边山谷林下、草坡、河滩或灌丛中。分布于云南镇雄、大关、巧家、宜良、澄江、丽江、永胜、德钦、维西、中甸、贡山、福贡、鹤庆、大理、漾濞、大姚、文山、蒙自、景东、凤庆、腾冲；四川、西藏、贵州、湖南、湖北、江西、浙江、江苏、安徽、河南、河北、山西、陕西、甘肃、黑龙江等省区分布。缅甸、不丹、尼泊尔、巴基斯坦、印度、朝鲜、日本、俄罗斯等地也有。

种分布区类型：8

爱地草

Geophila repens (Linn.) I.M. Johnston

税玉民等（Shui Y.M. *et al.*）*80251，群落样方 2011-43*

生于海拔 500 ～ 1300m 处的山谷溪边林下、灌丛、林缘、路旁等潮湿地。分布于云南金平、西畴、绿春、勐腊、景洪、勐海；贵州、广西、广东、香港、海南、福建、台湾分布。全世界的热带地区也有。

种分布区类型：2

耳草

Hedyotis auricularia Linn.

周浙昆等（Zhou Z.K. *et al.*）*10，24*

生于海拔 1000 ～ 1600m 林下、灌丛、草坡或路边。分布于云南泸水、文山、马关、屏边、河口、金平、绿春、景东、孟连、勐腊、景洪、勐海、沧源、潞西；贵州、广西、广东、香港、海南分布。越南、泰国、老挝、缅甸、尼泊尔、印度、斯里兰卡、马来西亚、菲律宾、澳大利亚、热带非洲也有。

种分布区类型：4

头状花耳草（原变种）

Hedyotis capitellata Wall. ex G.Don var. **capitellata**

西南野生生物种质资源库 DNA Barcoding 考察（DNA Barcoding Exped. of GBOWS）*GBOWS1472*

生于海拔 1500 ～ 2200m 山坡常绿阔叶林中或灌丛中，常攀缘于树上。分布于云南曲靖、贡山、福贡、峨山、玉溪、麻栗坡、西畴、泸西、红河、绿春、普洱、勐腊、景洪、勐海；广西（百色）分布。越南、缅甸、印度、马来西亚、印度尼西亚也有。

种分布区类型：7

疏毛头状花毛草（变种）

Hedyotis capitellata Wall. ex G.Don var. **mollis** (Pierre ex Pitad) Ko

周浙昆等（Zhou Z.K. *et al.*）*40*

生于海拔 800 ～ 1700m 处的山谷或溪边的林中或灌丛中。分布于云南贡山、昆明、文山、麻栗坡、西畴、富宁、屏边、河口、金平、绿春、普洱、勐腊、景洪、勐海、龙陵、盈江、潞西、陇川。越南、印度、马来西亚、印度尼西亚也有。

种分布区类型：7

滇西耳草

Hedyotis dianxiensis Ko

西南野生生物种质资源库 DNA Barcoding 考察（DNA Barcoding Exped. of GBOWS）*GBOWS1350*

生于海拔约 690m 处的山谷溪旁灌丛中。分布于云南景洪（勐养）等地。

云南特有

种分布区类型：15a

白花蛇舌草

Hedyotis diffusa Willd.

张广杰（Zhang G.J.）*292*

生于海拔 950 ～ 1550m 草坡、溪边、田边或旷野潮湿地。分布于云南福贡、昆明、峨山、屏边、金平、富宁、广南、麻栗坡、文山、西畴、景东、澜沧、勐腊、景洪、勐海、凤庆、保山；广西、海南、香港、广东、湖南、江西、安徽、福建、台湾分布。越南、老挝、泰国、柬埔寨、尼泊尔、印度、斯里兰卡、马来西亚、印度尼西亚、菲律宾、日本也有。

种分布区类型：7

牛白藤

Hedyotis hedyotidea (DC.) Merr.

张广杰（Zhang G.J.）*211*

生于海拔 120 ～ 1640m 丘陵、山谷、溪边、路边的灌丛或林中。分布于云南镇雄、师宗、罗平、易门、金平、马关、麻栗坡、西畴、富宁、蒙自、屏边、河口、金平、元阳、绿春、景东、普洱、景洪；贵州、广西、广东、福建、海南、台湾分布。越南、泰国、柬埔寨也有。

种分布区类型：7

松叶耳草

Hedyotis pinifolia Wall. ex G. Don

李国锋（Li G.F.）*Li-150*

生于海拔 1000 ～ 1600m 丘陵旷地。分布于云南大理、宾川、普洱、保山；广西、广东、海南、福建、台湾分布。印度、马来西亚、缅甸、尼泊尔、泰国、越南也有。

种分布区类型：7

攀茎耳草

Hedyotis scandens Roxb.

李国锋（Li G.F.）*Li-284*；税玉民等（Shui Y.M. *et al.*）*80253*；周浙昆等（Zhou Z.K. *et al.*）*33*，*591*

生于海拔 1000 ～ 1800m 山坡、山谷、路边、溪边、荒地或常绿阔叶林中、灌丛或草地。分布于云南丽江、贡山、福贡、泸水、大理、巍山、昆明、新平、泸西、金平、石屏、绿春、景东、镇沅、景谷、普洱、澜沧、孟连、勐腊、景洪、勐海、凤庆、临沧、双江、沧源、耿马、腾冲、龙陵、盈江、梁河、潞西、陇川、瑞丽。越南、柬埔寨、缅甸、孟加拉、不丹、尼泊尔、印度也有。

种分布区类型：7

纤花耳草

Hedyotis tenelliflora Bl.

税玉民等（Shui Y.M. *et al.*）*西隆山凭证 201，西隆山凭证 346*

生于海拔 980 ～ 2200m 草坡、路旁、溪边。分布于云南盐津、福贡、元江、金平、河口、绿春、马关、屏边、文山、景东、普洱、澜沧、孟连、勐腊、景洪、勐海、临沧、沧源、保山、瑞丽；四川、贵州、广西、广东、香港、海南、湖南、江西、浙江、福建、台湾分布。越南、老挝、泰国、印度、马来西亚、菲律宾、日本也有。

种分布区类型：7

粗叶耳草

Hedyotis verticillata (Linn.) Lam.

税玉民等（Shui Y.M. *et al.*）*80217*

生于海拔 600 ～ 1540m 处的河边、草丛、路旁、林下。分布于云南盐津、富宁、河口、金平、马关、绿春、勐腊、景洪、勐海、沧源；贵州、广西、广东、香港、海南、浙江、台湾分布。越南、老挝、泰国、柬埔寨、孟加拉、尼泊尔、印度、马来西亚、印度尼西亚、日本、密克罗尼西亚也有。

种分布区类型：7

脉耳草

Hedyotis vestita R. Brown ex G. Don

税玉民等（Shui Y.M. *et al.*）*80243*；西南野生生物种质资源库 DNA Barcoding 考察（DNA Barcoding Exped. of GBOWS）*GBOWS1447*

生于海拔 1200 ～ 1600m 处的林缘及草坡。分布于云南泸水、麻栗坡、屏边、河口、金平、绿春、富宁、广南、普洱、勐腊、景洪、勐海、凤庆、沧源、潞西；广西、广东、海南分布。中南半岛、印度、马来西亚、印度尼西亚、菲律宾也有。

种分布区类型：7

宽昭龙船花

Ixora foonchewii W.C. Ko

李国锋（Li G.F.）*Li-221*，*Li-374*；张广杰（Zhang G.J.）*18*，*156*，*157*；中苏队（Sino-Russ. Exped.）*32*

生于海拔 500 ～ 800m 山下路旁。模式标本产自金平。分布于云南金平。

金平特有

种分布区类型：15d

亮叶龙船花

Ixora fulgens Roxb.

税玉民等（Shui Y.M. *et al.*）*西隆山凭证 913*

生于海拔 340 ～ 1300m 处的山谷林中。分布于云南金平、河口、屏边、绿春、普洱、勐腊、景洪；海南三亚分布。印度、印度尼西亚、缅甸、泰国、马来西亚、新加坡、菲律宾、越南也有。

种分布区类型：7

白花龙船花

Ixora henryi Lévl.

西南野生生物种质资源库 DNA Barcoding 考察（DNA Barcoding Exped. of GBOWS）*GBOWS1383*

生于海拔 650 ～ 2000m 处的山谷溪边的林中或灌丛中。分布于云南贡山、大理、昆明、元江、马关、麻栗坡、西畴、富宁、泸西、蒙自、屏边、河口、金平、元阳、景东、普洱、孟连、勐腊、景洪、勐海、风庆、临沧、双江、沧源、耿马、镇康、龙陵、盈江、梁河、潞西、陇川；贵州、广西、广东、海南分布。越南、泰国也有。

种分布区类型：7

美脉粗叶木

Lasianthus lancifolius Hook. f.

税玉民等（Shui Y.M. *et al.*）*80330*

生于海拔 550 ～ 1700m 林中。分布于云南孟连、屏边、金平、河口、马关、西畴；广西、广东西部和海南分布。印度东北部、孟加拉、不丹、越南北部、泰国东北部也有。

种分布区类型：7

截萼粗叶木

Lasianthus verticillatus (Lour.) Merr.

税玉民等（Shui Y.M. *et al.*）*80250*

生于海拔 600 ～ 1000m 密林中。分布于云南景洪、勐腊、金平；广西、广东、海南和台湾分布。菲律宾、日本（琉球）、印度的安达曼群岛、缅甸、泰国、越南、老挝、柬埔寨、印度尼西亚（苏门答腊和爪哇）也有。

种分布区类型：7

报春茜

Leptomischus primuloides Drake

中苏队（Sino-Russ. Exped.）*3212*

生于海拔 140 ～ 360m 处的山谷林下。分布于云南澄江、金平、河口。越南、缅甸也有。

种分布区类型：7

滇丁香

Luculia pinceana Hook.

税玉民等（Shui Y.M. *et al.*）*90279*，*90751*，*90828*，*群落样方 2011-33*；中苏队（Sino-Russ. Exped.）*1991*；周浙昆等（Zhou Z.K. *et al.*）*99*，*513*

生于海拔 1600 ～ 3100m 山坡、沟边、林边或林中。分布于云南金平、嵩明、禄劝、武定、宾川、大理、泸水、兰坪、剑川、丽江、中甸、维西、贡山、德钦、景东、腾冲、镇康；西藏东部、四川西南部、贵州西部、广西西部分布。

中国特有

种分布区类型：15

巴戟天

Morinda officinalis F.C. How

税玉民等（Shui Y.M. *et al.*）*群落样方 2011-32*

生于海拔 200 ～ 1200m 山谷林中或灌丛中，或常见栽培。栽培分布于云南景洪等地；广西、广东、海南、福建分布。越南也有。

种分布区类型：7-4

楠藤

Mussaenda erosa Champ. ex Benth.

李国锋（Li G.F.）*Li-264*；税玉民等（Shui Y.M. *et al.*）*群落样方 2011-33*；张广杰（Zhang G.J.）*12*；周浙昆等（Zhou Z.K. *et al.*）*73*，*518*

生于海拔 600 ～ 2000m 处的山地林中、林缘或灌丛中，常攀援于树上。分布于云南贡山、福贡、元江、文山、马关、麻栗坡、西畴、泸西、蒙自、屏边、河口、金平、元阳、红河、绿春、勐腊、临沧、沧源、盈江、梁河、潞西、瑞丽；四川、贵州、广西、广东、香港、海南、福建、台湾等省区分布。越南、日本（琉球群岛）也有。

种分布区类型：7

玉叶金花

Mussaenda pubescens Ait. f.

税玉民等（Shui Y.M. *et al.*）*80309*，*80312*

生于海拔 1200 ～ 1500m 沟谷或旷野灌丛中。分布于云南绥江、大关、师宗、新平、元江、峨山、文山、金平、绿春、弥勒、普洱、勐腊、景洪、勐海、盈江、潞西、瑞丽；贵州、广西、广东、香港、海南、湖南、江西、福建、浙江、台湾分布。越南也有。

种分布区类型：7-4

玉叶金花属一种

Mussaenda sp.

西南野生生物种质资源库 DNA Barcoding 考察（DNA Barcoding Exped. of GBOWS）*GBOWS1332*，*GBOWS1334*

纤梗腺萼木

Mycetia gracilis Craib

西南野生生物种质资源库 DNA Barcoding 考察（DNA Barcoding Exped. of GBOWS）*GBOWS1367*

生于海拔 600 ～ 1540m 处的山谷溪边林中。分布于云南元江、绿春、屏边、普洱、孟连、勐腊、勐海、景洪。泰国也有。

种分布区类型：7-3

毛腺萼木

Mycetia hirta Hutchins.

税玉民等（Shui Y.M. *et al.*）*80284*，*群落样方 2011-44*，*群落样方 2011-48*；周浙昆等（Zhou Z.K. *et al.*）*609*

生于海拔 500 ～ 2200m 山谷溪边林中。分布于云南文山、马关、麻栗坡、富宁、屏边、河口、金平、元阳、绿春、景东、普洱、勐腊、景洪、沧源、盈江、梁河、陇川、畹町、瑞丽；西藏、海南分布。

中国特有

种分布区类型：15

密脉木

Myrioneuron faberi Hemsl.

胡月英（Hu Y.Y.）*60002296*；中苏队（Sino-Russ. Exped.）*841*；周铉（Zhou X.）*197*，*199*

生于海拔 600 ～ 1400m 处的山谷溪边林中。分布于云南昭通、新平、元江、麻栗坡、西畴、富宁、蒙自、屏边、河口、金平、绿春、马关、元阳、景东、澜沧、孟连、勐腊、勐海、凤庆、沧源、龙陵、盈江、梁河；四川、贵州、广西、湖南、湖北分布。

中国特有

种分布区类型：15

密脉木属一种

Myrioneuron sp.

西南野生生物种质资源库 DNA Barcoding 考察（DNA Barcoding Exped. of GBOWS）*GBOWS1348*

灰叶蛇根草

Ophiorrhiza cana H.S. Lo

中苏队（Sino-Russ. Exped.）*370*

生于海拔 700 ～ 900m 处的山谷溪边林下潮湿处。分布于云南金平、沧源、耿马。

云南特有

种分布区类型：15a

绿春蛇根草

Ophiorrhiza luchuanensis H.S. Lo

税玉民等（Shui Y.M. *et al.*）(*s.n.*)

生于海拔 1600 ～ 2000m 处的林下阴湿处。分布于云南绿春黄连山、金平。

滇东南特有

种分布区类型：15b

短小蛇根草

Ophiorrhiza pumila Champ. ex Benth.

税玉民等（Shui Y.M. *et al.*）*80261*

生于海拔 500 ～ 1400m 次生林中、落叶林下。分布于云南金平、河口、个旧、绿春；广西、广东、海南、江西、福建和台湾分布。日本、越南北部也有。

种分布区类型：7

蛇根草属一种

Ophiorrhiza sp.

周浙昆等（Zhou Z.K. *et al.*）*164*；西南野生生物种质资源库 DNA Barcoding 考察（DNA Barcoding Exped. of GBOWS）*GBOWS1368*，*GBOWS1369*；周浙昆等（Zhou Z.K. *et al.*）*164*，*578*

鸡矢藤

Paederia foetida Linn.

税玉民等（Shui Y.M. *et al.*）*群落样方 2011-31*

生于海拔 400 ～ 3700m 处的山地、丘陵、旷野、河边、村边的林中或灌丛中。分布于云南永善、盐津、威信、镇雄、大关、昭通、富源、蒿明、澄江、石林、师宗、罗平、东川、丽江、永胜、德钦、维西、中甸、贡山、福贡、碧江、兰坪、鹤庆、洱源、大理、漾濞、巍山、宾川、富民、安宁、昆明、永仁、大姚、易门、禄丰、禄劝、峨山、江川、砚山、马关、麻栗坡、西畴、蒙自、屏边、金平、开远、弥勒、文山、河口、元阳、石屏、绿春、景东、普洱、澜沧、孟连、西盟、勐腊、景洪、勐海、凤庆、临沧、双江、沧源、腾冲、龙陵、盈江、潞西、陇川；四川、贵州、广西、广东、香港、海南、湖南、湖北、河南、江西、福建、台湾、浙江、江苏、安徽、山东、山西、陕西、甘肃等省区分布。越南、老挝、柬埔寨、泰国、缅甸、尼泊尔、印度、马来西亚、印度尼西亚、菲律宾、朝鲜、日本也有。

种分布区类型：7

鸡矢藤属一种

Paederia sp.

西南野生生物种质资源库 DNA Barcoding 考察（DNA Barcoding Exped. of GBOWS）*GBOWS1473*

糙叶大沙叶

Pavetta scabrifolia Bremek.

（采集人不详）（Anonym）；戴汝昌、沙惠祥（Dai R.C. et Sha H.X.）

生于海拔 1180 ～ 2200m 山谷溪边林中、林缘或灌丛中。分布于云南元江、马关、富宁、屏边、河口、金平、元阳、蒙自、西畴、景东、普洱、澜沧、勐腊、景洪、勐海、沧源、陇川。

云南特有

种分布区类型：15a

美果九节

Psychotria calocarpa Kurz

张广杰（Zhang G.J.）*103*，*146*；中苏队（Sino-Russ. Exped.）*884*

生于海拔 800 ～ 1750m 处的山坡林中。分布于云南贡山、泸西、金平、元阳、红河、绿春、普洱、孟连、勐腊、景洪、沧源、盈江；西藏分布。越南、缅甸、不丹、尼泊尔、孟加拉、印度、马来西亚也有。

种分布区类型：7

密脉九节

Psychotria densa W.C. Chen

李国锋（Li G.F.）*Li-057*

生于海拔 1200 ～ 1700m 山地林中。分布于云南东南部（河口、屏边等地）。

滇东南特有

种分布区类型：15b

滇南九节

Psychotria henryi Lévl.

税玉民等（Shui Y.M. *et al.*）*80220*

生于海拔 600 ～ 1320m 处的山谷林中、林缘或灌丛中。分布于云南金平、河口、绿春、富宁、屏边、元阳、普洱、澜沧、勐腊、景洪、勐海、沧源。越南也有。

种分布区类型：7-4

毛九节

Psychotria pilifera Hutchins.

毛品一（Mao P.I.）*577*；税玉民等（Shui Y.M. *et al.*）*群落样方 2011-48*

生于海拔 1100 ～ 1700m 山谷溪边林中。分布于云南砚山、蒙自、屏边、金平、河口、元阳、澜沧、勐腊、景洪。

云南特有

种分布区类型：15a

驳骨九节

Psychotria prainii Lévl.

李国锋（Li G.F.）*Li-052*，*Li-247*，*Li-303*；税玉民等（Shui Y.M. *et al.*）*80336*，*群落样方 2011-48*

生于海拔 500 ～ 1640m 山谷河边的林中或灌丛中，也见于石山上。分布于云南师宗、罗平、新平、元江、马关、麻栗坡、西畴、富宁、广南、金平、绿春、普洱、勐腊、景洪；贵州、广西、广东分布。越南、老挝、泰国也有。

种分布区类型：7

九节属一种

Psychotria sp.

西南野生生物种质资源库 DNA Barcoding 考察（DNA Barcoding Exped. of GBOWS）*GBOWS1325*

越南九节

Psychotria tonkinensis Pitard

张广杰（Zhang G.J.）*122*，*138*，*158*

生于海拔 550 ～ 880m 处的山谷林中。分布于云南屏边、河口、金平。越南也有。

种分布区类型：7-4

云南九节

Psychotria yunnanensis Hutchins.

税玉民等（Shui Y.M. *et al.*）*90345*，*群落样方 2011-31*，*群落样方 2011-32*，*群落样方 2011-37*，*群落样方 2011-39*，*西隆山凭证 0827*；西南野生生物种质资源库 DNA Barcoding 考察（DNA Barcoding Exped. of GBOWS）*GBOWS1460*；周浙昆等（Zhou Z.K. *et al.*）*496*

生于海拔 800 ～ 2300m 处的山谷溪边林中或林缘。分布于云南澄江、贡山、剑川、巍山、昆明、新平、元江、文山、马关、麻栗坡、西畴、富宁、泸西、蒙自、屏边、河口、金平、元阳、绿春、景东、景谷、普洱、澜沧、孟连、勐腊、景洪、勐海、凤庆、临沧、双江、沧源、耿马、镇康、龙陵、盈江、梁河、潞西、瑞丽;西藏（墨脱）、广西（那坡）分布。越南也有。

种分布区类型：7-4

染木树

Saprosma ternata (Wall.) Hook. f.

西南野生生物种质资源库 DNA Barcoding 考察（DNA Barcoding Exped. of GBOWS）*GBOWS1402*

生于海拔 540 ～ 1640m 处的山谷林中或灌丛中。分布于云南贡山、西畴、富宁、屏边、普洱、澜沧、勐腊、景洪、沧源；西藏、海南分布。越南、缅甸、印度、马来西亚也有。

种分布区类型：7

裂果金花

Schizomussaenda dehiscens (Craib) H.L. Li

税玉民等（Shui Y.M. *et al.*）*80254*，*群落样方 2011-43*，*群落样方 2011-44*，*群落样方 2011-45*，*群落样方 2011-46*，*群落样方 2011-47*；西南野生生物种质资源库 DNA Barcoding 考察（DNA Barcoding Exped. of GBOWS）*GBOWS1413*，*GBOWS1440*；张广杰（Zhang G.J.）*283*；中苏队（Sino-Russ. Exped.）*80*，*3078*；周浙昆等（Zhou Z.K. *et al.*）*26*

生于海拔 130 ～ 1300m 处的山顶、山坡、山谷、溪边的林中或灌丛中。分布于云南马关、麻栗坡、西畴、蒙自、屏边、河口、金平、绿春、普洱、孟连、勐腊、景洪、勐海、沧源；广西、广东分布。越南北部、老挝、缅甸北部、泰国也有。

种分布区类型：7

披针叶乌口树

Tarenna lancilimba W.C. Chen

张广杰（Zhang G.J.）(*s.n.*)

生于海拔约 800m 山谷雨林中。分布于云南金平;海南（东方、崖县、乐东、白沙、保亭、陵水和万宁）、广西（上思）分布。越南也有。

种分布区类型：7-4

长叶乌口树

Tarenna wangii Chun et How ex W.C. Chen

张广杰（Zhang G.J.）*58*

生于海拔 650 ～ 980m 处的山地林中。分布于云南勐腊、景洪、勐海、金平。

云南特有

种分布区类型：15a

岭罗麦

Tarennoidea wallichii (Hook. f.) Tirveng. et Sastre

张广杰（Zhang G.J.）*90*

生于海拔 600 ～ 2200m 处的丘陵、山坡、山谷溪边的林中或灌丛中。分布于云南澄江、丽江、贡山、泸水、鹤庆、巍山、新平、元江、砚山、马关、麻栗坡、西畴、富宁、广南、屏边、金平、建水、绿春、河口、石屏、红河、景东、景谷、墨江、普洱、澜沧、孟连、勐腊、景洪、勐海、凤庆、临沧、双江、沧源、镇康、龙陵、盈江、潞西、瑞丽；贵州、广西、广东、海南分布。越南、泰国、柬埔寨、缅甸、不丹、尼泊尔、孟加拉、印度、马来西亚、印度尼西亚、菲律宾也有。

种分布区类型：7

大叶钩藤

Uncaria macrophylla Wall.

税玉民等（Shui Y.M. *et al.*）*80252*

生于海拔 800 ～ 1201m 沟谷密林中。分布于云南金平、河口、绿春、马关、景洪、沧源、盈江、瑞丽、龙陵等地。印度、孟加拉（吉大港）等也有。

种分布区类型：14SH

钩藤属一种

Uncaria sp.

西南野生生物种质资源库 DNA Barcoding 考察（DNA Barcoding Exped. of GBOWS）*GBOWS1356*，*GBOWS1465*

短花水金京（亚种）

Wendlandia formosana Cowan ssp. **breviflora** How

西南野生生物种质资源库 DNA Barcoding 考察（DNA Barcoding Exped. of GBOWS）*GBOWS1090*

生于海拔 200 ～ 1600m 山坡林中或灌丛中。分布于云南南部至东南部；广东、广西分布。

中国特有

种分布区类型：15

粗叶水锦树

Wendlandia scabra Kurz

李国锋（Li G.F.）*Li-335*；张广杰（Zhang G.J.）*10*

生于海拔 500 ～ 1750m 处的山谷林中或灌丛。分布于云南澄江、师宗、罗平、泸水、大理、双柏、新平、元江、砚山、文山、马关、麻栗坡、西畴、富宁、广南、蒙自、屏边、河口、金平、个旧、弥勒、建水、红河、绿春、景东、景谷、墨江、普洱、勐腊、景洪、勐海、凤庆、沧源、盈江、潞西、瑞丽；贵州、广西分布。越南、泰国、缅甸、孟加拉、印度也有。

种分布区类型：7

染色水锦树（原亚种）

Wendlandia tinctoria (Roxb.) DC. ssp. **tinctoria**

李国锋（Li G.F.）*Li-273*，*Li-277*；西南野生生物种质资源库 DNA Barcoding 考察（DNA Barcoding Exped. of GBOWS）*GBOWS1094*，*GBOWS1431*

生于海拔 200 ～ 1200m 疏林中或林缘路边。分布于云南新平、元江、通海、麻栗坡、泸西、蒙自、屏边、景东、普洱、勐腊、景洪、勐海、沧源、镇康、龙陵；广西分布。印度、不丹、尼泊尔、孟加拉、缅甸、泰国也有。

种分布区类型：7

粗毛水锦树（亚种）

Wendlandia tinctoria (Roxb.) DC. ssp. **barbata** Cowan

税玉民等（Shui Y.M. *et al.*）(*photo*)

生于海拔 400 ～ 1800m 处的山坡或山谷溪边的林中或灌丛中。分布于云南元江、广南、泸西、蒙自、屏边、金平、景东、墨江、普洱、孟连、勐腊、景洪、勐海、龙陵；广西分布。越南也有。

种分布区类型：7-4

麻栗水锦树（亚种）

Wendlandia tinctoria (Roxb.) DC. ssp. **handelii** Cowan

沙惠祥、戴汝昌（Sha H.X. et Dai R.C.）*1*；张广杰（Zhang G.J.）*264*；周浙昆等（Zhou Z.K. *et al.*）*645*

生于海拔 200 ～ 1900m 处的山坡或山谷溪边林中或灌丛中。分布于云南元江、弥勒、蒙自、屏边、河口、金平、红河、景东、景谷；贵州（望谟）、广西（武鸣）分布。

中国特有

种分布区类型：15

232a　香茜科 Carlemanniaceae

四角果

Carlemannia tetragona Hook. f.

税玉民等（Shui Y.M. *et al.*）*群落样方 2011-42*；西南野生生物种质资源库 DNA Barcoding 考察（DNA Barcoding Exped. of GBOWS）*GBOWS1349*, *GBOWS998*；周浙昆等（Zhou Z.K. *et al.*）*530*，*557*

生于海拔 800 ～ 1500m 林下。分布于云南景东、景洪（勐养）、勐腊、金平、绿春、马关、河口、屏边、西畴、麻栗坡；西藏东南部（米什米山区）分布。印度东北部、越南北部、缅甸、泰国北部、印度尼西亚（苏门答腊）也有。

种分布区类型：7

蜘蛛花

Silvianthus bracteatus Hook. f.

李国锋（Li G.F.）*Li-213*；西南野生生物种质资源库 DNA Barcoding 考察（DNA Barcoding Exped. of GBOWS）*GBOWS1031*

生于海拔 700 ～ 900m 林下。分布于云南金平、红河、绿春、马关、瑞丽、景洪、勐腊。印度东北部、缅甸也有。

种分布区类型：7

线萼蜘蛛花

Silvianthus tonkinensis (Gagnep.) Ridsd.

张广杰（Zhang G.J.）*68*；中苏队（Sino-Russ. Exped.）*682*，*3132*

生于海拔 200 ～ 1700m 林下沟谷边。分布于云南金平、河口、屏边、文山、红河、绿春、马关、蒙自、元阳和西双版纳。老挝、泰国北部、越南北部也有。

种分布区类型：7

232b　水团花科 Naucleaceae

团花

Neolamarckia cadamba (Roxb.) J. Bosser

税玉民等（Shui Y.M. *et al.*）(*photo*)

生于海拔 600 ～ 1000m 处的山谷溪边林中。分布于云南金平、普洱、勐腊、景洪、勐海、沧源、盈江；广西、广东分布。越南、缅甸、印度、斯里兰卡、马来西亚也有。

种分布区类型：7

233　忍冬科 Caprifoliaceae

大果忍冬

Lonicera hildebrandiana Coll. et Hemsl.

张广杰（Zhang G.J.）*16*

生于海拔 1070 ～ 1820m 山坡或谷地林内。分布于云南瑞丽、镇康、临沧、景东、屏边、金平、河口、马关、蒙自、西畴；广西分布。印度、孟加拉、缅甸、泰国也有。

种分布区类型：7

233a　接骨木科 Sambucaceae

血满草

Sambucus adnata Wall.

税玉民等（Shui Y.M. *et al.*）(*s.n.*)

生于海拔 1600 ～ 3200（4000）m 林下、沟边或山坡草丛中。分布于云南西部、西北部、中部至东北部；贵州、四川、陕西、甘肃、青海、西藏东南部分布。印度、尼泊尔也有。

种分布区类型：7-2

接骨草

Sambucus javanica Bl.

税玉民等（Shui Y.M. *et al.*）*群落样方 2011-33，群落样方 2011-39*

生于海拔 550 ～ 2600m 林下、沟边或山坡草丛中。分布于云南全省各地；江苏、浙江、安徽、江西、湖北、湖南、福建、台湾、广东、广西、贵州、四川、甘肃、青海等省区分布。印度东北部、泰国、老挝、柬埔寨、越南至日本也有。

种分布区类型：7

233b 荚蒾科 Viburnaceae

樟叶荚蒾

Viburnum cinnamomifolium Rehd.

税玉民等（Shui Y.M. *et al.*）*群落样方 2011-33*

生于海拔 1000 ～ 1800m 石灰岩山谷或山坡林内或灌丛中。分布于云南麻栗坡、西畴、广南等地；四川西部分布。

中国特有

种分布区类型：15

水红木

Viburnum cylindricum Buch.-Ham. ex D. Don

税玉民等（Shui Y.M. *et al.*）*90755，群落样方 2011-35，群落样方 2011-40，西隆山凭证 0522，西隆山凭证 702*

生于海拔 1120 ～ 3200m 阳坡常绿阔叶林或灌丛中。分布于云南除南部热区以外全省各地；中南至西南各省区、西藏东南部、甘肃南部、湖北西部、湖南西部、广西、广东北部、贵州、四川、西藏东南部分布。不丹、印度、印度尼西亚、缅甸北部、尼泊尔、巴基斯坦、泰国、越南也有。

种分布区类型：7

臭荚蒾

Viburnum foetidum Wall.

周浙昆等（Zhou Z.K. *et al.*）*154，248，255，269，284，287，403*

生于海拔 1600 ～ 2500m 阳坡疏林中。分布于云南双江、临沧、金平、文山、麻栗坡、开远；广东北部、广西北部、贵州、河南、湖北西部、湖南、江西、陕西、四川、台湾、西藏、云南分布。孟加拉、不丹、印度东北部、老挝、缅甸、泰国北部也有。

种分布区类型：7

心叶荚蒾

Viburnum nervosum D. Don

税玉民等（Shui Y.M. *et al.*）*西隆山凭证 0648，西隆山凭证 0660*

生于海拔 1500 ～ 2450m 山谷及山坡林内或灌丛中，冷杉林下尤其常见。分布于云南西北部和东北部，而南达景东，东南部自金平、蒙自、文山；湖南（天堂山）、广西（临桂）、四川西部、西藏东南部分布。印度、不丹、缅甸北部、越南北部也有。

种分布区类型：7

锥序荚蒾

Viburnum pyramidatum Rehd.

税玉民等（Shui Y.M. *et al.*）*80259，80316，群落样方 2011-40*；张广杰（Zhang G.J.）*156*

生于海拔 120 ～ 1400m 山坡路旁、疏林内或灌丛中。分布于云南蒙自、金平、河口、屏边、元阳、西畴、麻栗坡、马关；广西西南部分布。越南北部也有。

种分布区类型：15c

荚蒾属一种

Viburnum sp.

西南野生生物种质资源库 DNA Barcoding 考察（DNA Barcoding Exped. of GBOWS）*GBOWS1366，GBOWS1464*

238　菊科 Compositae

下田菊

Adenostemma lavenia (Linn.) O. Kuntze

税玉民等（Shui Y.M. *et al.*）*群落样方 2011-33，群落样方 2011-34，群落样方 2011-35，群落样方 2011-39，群落样方 2011-41*；周浙昆等（Zhou Z.K. *et al.*）*209，583*

生于海拔 380 ～ 3000m 林下、林缘、灌丛中、山坡草地或沟边、路旁。分布于云南全省大部分地区；华东、华南、华中和西南分布。越南、斯里兰卡、印度、澳大利亚、菲律宾、中南半岛、日本、朝鲜也有。

种分布区类型：5

**** 紫茎泽兰**

Ageratina adenophora (Spreng.) R.M. King et A. Robinson

税玉民等（Shui Y.M. *et al.*）*群落样方 2011-33，群落样方 2011-34，群落样方 2011-35，群落样方 2011-36，群落样方 2011-39，群落样方 2011-40，群落样方 2011-41，群落样方 2011-42*

生于海拔 500 ～ 3500m 潮湿地或山坡路旁，或在空旷荒野可独自形成成片群落。分布于云南全省各地归化；广西、贵州、四川等省区入侵分布。原产美洲。

种分布区类型：/

**** 熊耳草**

Ageratum houstonianum Mill.

段幼萱（Duan Y.X.）*8*；胡月英、文绍康（Hu Y.Y. et Wen S.K.）*580482*；蒋维邦（Jiang

W.B.）*7*；徐永椿（Hsu Y.C.）*149*；中苏队（Sino-Russ. Exped.）*605*，*1823*

生于海拔 150 ～ 1500m 山坡草地、山谷沟边、路旁。分布于云南昆明、蒙自、文山、金平、河口、勐腊、沧源、潞西、大理；很多省区有栽培或逸为野生分布。原产墨西哥及其邻近地区、欧洲、亚洲和非洲栽培或逸生。

种分布区类型：/

宽叶兔儿风

Ainsliaea latifolia (D. Don.) Sch.-Bip.

税玉民等（Shui Y.M. *et al.*）*群落样方 2011-32*，*群落样方 2011-35*

生于海拔 1200 ～ 3500m 林下、林缘、灌丛中或山坡上。分布于云南德钦、维西、宁蒗、丽江、永胜、剑川、宾川、大理、漾濞、云县、武定、禄劝、寻甸、昆明、易门、江川、泸西、砚山、西畴、文山、麻栗坡等地；湖北、海南、广西、陕西、甘肃、四川、贵州、西藏分布。印度、不丹、尼泊尔、泰国、越南也有。

种分布区类型：7

云南兔儿风

Ainsliaea yunnanensis Franch.

周浙昆等（Zhou Z.K. *et al.*）*388*

生于海拔 1200 ～ 2800m 林下、灌丛下和山坡草地。分布于云南中甸、丽江、鹤庆、剑川、洱源、云龙、大理、保山、景东、姚安、武定、禄劝、富民、嵩明、寻甸、昆明、宜良、澄江、江川、峨山、元江、玉溪、金平、红河、开远、绿春、马关、弥勒、文山、石屏、蒙自、砚山；四川西南部和贵州西部分布。

中国特有

种分布区类型：15

银衣香青

Anaphalis contortiformis Hand.-Mazz.

张广杰（Zhang G.J.）*226*

生于海拔 1500 ～ 2800m 栎林下、灌丛下或山坡草地。分布于云南昆明、宜良、通海、峨山、新平、元江、金平、河口、广南、开远、绿春、马关、屏边、凤庆、大理等地。

云南特有

种分布区类型：15a

珠光香青

Anaphalis margaritacea (Linn.) Benth. et Hook. f.

周浙昆等（Zhou Z.K. *et al.*）*67*

生于海拔 900 ～ 3000m 林下、林缘、灌丛中、山坡草地或荒地和路边。分布于云南全省大部分地区；江西、台湾、河南、湖北、湖南、广西、陕西、甘肃、青海、四川、贵州和西藏分布。不丹、尼泊尔、印度、中南半岛、俄罗斯、日本及北美也有。

种分布区类型：9

绒毛甘青蒿（变种）

Artemisia tangutica Pamp. var. **tomentosa** Pamp.

税玉民等（Shui Y.M. *et al.*）*西隆山凭证 485*

生于海拔约 3000m 草坡及路旁。分布于云南德钦等地；四川西部分布。

中国特有

种分布区类型：15

鬼针草

Bidens pilosa Linn.

中苏队（Sino-Russ. Exped.）*424*

生于海拔 350 ～ 2800m 山坡、草地、路边、沟旁和村边荒地。分布于云南文山、马关、金平、河口、红河、开远、绿春、麻栗坡、屏边、西双版纳、昆明、富民、镇康、潞西、丽江、德钦等地；大部分省区分布。亚洲和美洲的热带、亚热带其他地区也有。

种分布区类型：2

狼把草

Bidens tripartita Linn.

张广杰（Zhang G.J.）*187，256*

生于海拔 1200 ～ 3400m 沟谷密林下、山坡草地、水边或湿地。分布于云南德钦、维西、中甸、永胜、大关、金平、红河、开远、马关、麻栗坡、文山、西畴、屏边、砚山、绿春、昆明、富民、寻甸、元江、景东；东北、华北、华东、华中、西南和西北分布。亚洲其他地区、欧洲、非洲北部、大洋洲东南部也有。

种分布区类型：2

艾纳香

Blumea balsamifera (Linn.) DC.

段幼萱（Duan Y.X.）*21*；张赣生、张建勋（Chang K.S. et Chang C.S.）*73*；中苏队（Sino-Russ.

Exped.）*142*

生于海拔 190 ～ 1800m 林下、林缘、灌丛下、山坡草地、河谷或路边。分布于云南富宁、文山、河口、金平、个旧（曼耗）、绿春、新平、双柏、普洱、西双版纳、沧源、临沧、景东、保山等地；福建、台湾、广东、海南、广西、贵州分布。缅甸、印度、巴基斯坦、泰国、中南半岛、马来西亚、菲律宾、印度尼西亚也有。

种分布区类型：7

节节红

Blumea fistulosa (Roxb.) Kurz

张广杰（Zhang G.J.）*218*

生于海拔 200 ～ 2000m 林下、林缘、灌丛下、山坡草地或路边、荒地。分布于云南金平、弥勒、富宁、砚山、麻栗坡、河口、蒙自、个旧（曼耗）、墨江、景东、普洱、勐腊、勐海、澜沧、双江、龙陵等；广东、广西、贵州分布。中南半岛、泰国、缅甸、印度、不丹、尼泊尔也有。

种分布区类型：7

千头艾纳香

Blumea lanceolaria (Roxb.) Druce

税玉民等（Shui Y.M. *et al.*）*群落样方 2011-36*，*群落样方 2011-48*

生于海拔 400 ～ 1400m 灌丛中、山坡草地或沟边、路边。分布于云南景东和西双版纳等地;台湾、广东、海南、广西、贵州分布。缅甸、印度（锡金）、巴基斯坦、斯里兰卡、泰国、中南半岛、菲律宾、印度尼西亚也有。

种分布区类型：7

裂苞艾纳香

Blumea martiniana Vaniot

周浙昆等（Zhou Z.K. *et al.*）*50*

生于海拔 700 ～ 850m 溪流边或空旷草地上。分布于云南金平、富宁、广南；贵州西部和广西西南部分布。越南北部也有。

种分布区类型：15c

** 飞机草

Chromolaena odorata (Linn.) R.M. King et H. Robinson

段幼萱（Duan Y.X.）*1*；税玉民等（Shui Y.M. *et al.*）*群落样方 2011-45*，*群落样方 2011-46*，*群落样方 2011-47*，*群落样方 2011-48*，*群落样方 2011-49*

在海拔约1100m以下多种生境下快速蔓延，并在局部地区形成群落，是一繁殖力极强的恶性杂草。云南西南部常见；海南分布。原产美洲。

种分布区类型：/

总状蓟

Cirsium racemiforme Ling et Shih

中苏队（Sino-Russ. Exped.）*1792*

生于海拔约1000m林缘。分布于云南金平、富宁；江西、福建、湖南、广西和贵州分布。

中国特有

种分布区类型：15

藤菊

Cissampelopsis volubilis (Bl.) Miq.

税玉民等（Shui Y.M. *et al.*）*群落样方 2011-34*，*群落样方 2011-36*，*群落样方 2011-39*，*西隆山凭证 768*, *西隆山凭证 914*

在海拔1370～3000m林中乔木或灌木上攀援。分布于云南贡山、砚山、西畴、文山、蒙自、麻栗坡、绿春、金平、河口、景东、双江、龙陵；贵州、广西、广东分布。印度、缅甸、泰国、中南半岛、马来西亚也有。

种分布区类型：7

革命菜

Crassocephalum crepidioides (Benth.) S. Moore

胡月英、文绍康（Hu Y.Y. et Wen S.K.）*580516*；蒋维邦（Jiang W.B.）*10*；张建勋、张赣生（Chang C.S. et Chang K.S.）*8*；中苏队（Sino-Russ. Exped.）*473*

生于海拔330～4000m山坡、水边、沟谷林缘、山顶石缝中。分布于云南师宗、德钦、贡山、福贡、维西、泸水、中甸、丽江、漾濞、昆明、楚雄、峨山、华宁、江川、蒙自、元阳、麻栗坡、马关、绿春、屏边、金平、河口、红河、开远、弥勒、文山、景东、景洪、勐海、勐腊、保山、腾冲、凤庆、潞西、沧源；西藏、四川、贵州、湖北、湖南、江西、福建、广西、广东分布。热带亚洲、非洲也有。

种分布区类型：4

芜青还阳参

Crepis napifera (Franch.) Badc.

税玉民等（Shui Y.M. *et al.*）(*s.n.*)

生于海拔1000～3000m林下、灌丛下、山坡草地或沟边、路旁。分布于云南西北部、西部、中部至东南部；四川和贵州分布。

中国特有

种分布区类型：15

鱼眼草

Dichrocephala integrifolia (Linn. f.) O. Kuntze

税玉民等（Shui Y.M. *et al.*）*群落样方 2011-35*，*群落样方 2011-36*，*群落样方 2011-40*，*群落样方 2011-42*；张广杰（Zhang G.J.）*206*

生于海拔 600 ～ 3080m 林下、林缘、灌丛下、草坡、路边、田边、水沟边或荒地。分布于云南全省各地；浙江、福建、台湾、湖北、湖南、广东、广西、陕西、四川、贵州和西藏分布。亚洲与非洲的热带和亚热带地区也有。

种分布区类型：4

鳢肠

Eclipta prostrata (Linn.) Linn.

胡月英、文绍康（Hu Y.Y. et Wen S.K.）*580503*；张广杰（Zhang G.J.）*196*，*240*，*333*；中苏队（Sino-Russ. Exped.）*351*

生于海拔 250 ～ 2200m 疏林缘、灌丛中、山坡草地、水边、路旁、田边或荒地。分布于云南全省大部分地区；各省区分布。世界热带和亚热带地区也有。

种分布区类型：2

地胆草

Elephantopus scaber Linn.

张广杰（Zhang G.J.）*271*

生于海拔 300 ～ 1500m 山地杂木林中。分布于云南勐海、普洱等地；贵州和广西分布。越南也有。

种分布区类型：7-4

**** 小蓬草**

Erigeron canadensis Linn.

李国锋（Li G.F.）(*photo*)

生于海拔 1500 ～ 3000m 林下、灌丛下、草坡、路边、田边和荒地。分布于云南昆明、大理、鹤庆、丽江、中甸、兰坪、福贡、维西、贡山、德钦、双江、屏边等地；各省区分布。原产北美洲，现世界各地均有。

种分布区类型：/

**** 苏门白酒草**

Erigeron sumatrensis Retz.

蒋维邦（Jiang W.B.）*12*；税玉民等（Shui Y.M. *et al.*）*90281*；中苏队（Sino-Russ. Exped.）*154*

生于海拔 200 ～ 2450m 林下、灌丛、草地、路边、溪旁或荒地，是一种常见的杂草。分布于云南全省大部分地区；江西、福建、台湾、广东、海南、广西和贵州分布。原产南美洲，现全球热带和亚热带地区均有。

种分布区类型：/

匙叶合冠鼠麴草

Gamochaeta pensylvanica (Willd.) Cabrera

李国锋（Li G.F.）*Li-089*

生于海拔 600 ～ 2400m 林下、林缘、山坡、耕地或河滩沙地。分布于云南景东、景洪、勐腊、绿春；浙江、江西、福建、台湾、湖南、广东、广西、四川、贵州分布。热带亚洲、美洲南部、澳大利亚和非洲南部也有。

种分布区类型：2

田基黄

Grangea maderaspatana (Linn.) Poir.

中苏队（Sino-Russ. Exped.）*341*

生于海拔 350 ～ 1000m 江边沙滩或田边。分布于云南勐腊、勐海和金平；台湾、广东、海南和广西分布。印度、中南半岛、马来半岛、爪哇、非洲西部等地也有。

种分布区类型：6

滇紫背天葵

Gynura pseudochina (Linn.) DC.

中苏队（Sino-Russ. Exped.）*905*

生于海拔 700 ～ 2500m 山坡沙地、林缘或路边。分布于云南丽江、洱源、永胜、大姚、禄劝、富民、昆明、安宁、江川、金平、砚山、开远、富宁、建水、西畴、文山、蒙自、屏边、金平、元江、景洪、勐海；贵州、广西、海南、广东分布。印度、斯里兰卡、缅甸、泰国也有。

种分布区类型：7

三角叶须弥菊

Himalaiella deltoidea (DC.) Raab-Straube

税玉民等（Shui Y.M. *et al.*）*90926*，*群落样方 2011-35*

生于海拔 1100 ～ 3100m 林下、灌丛中、山坡草地、沟边及路旁。分布于云南德钦、贡山、维西、福贡、大理、漾濞、楚雄、景东、澜沧、西盟、禄劝、大关、镇雄、富民、嵩明、昆明、蒙自、砚山、西畴、广南、罗平；华东、华中、华南、西南、陕西、台湾分布。尼泊尔、缅甸、泰国、老挝也有。

种分布区类型：7

细叶小苦荬

Ixeridium gracile (DC.) Shih

张广杰（Zhang G.J.）*178*；周浙昆等（Zhou Z.K. *et al.*）*178*

生于海拔 800 ～ 3200m 林下、灌丛中、山坡草地、耕地、荒地、水边、路旁。分布于云南除西双版纳外全省各地；浙江、江西、福建、湖北、湖南、广东、广西、陕西、甘肃、四川、贵州和西藏分布。缅甸、印度西北部、不丹、尼泊尔也有。

种分布区类型：7

翼齿六棱菊

Laggera crispata (Vahl) Hepper et J.R.I. Wood

张广杰（Zhang G.J.）*239*

生于海拔 250 ～ 2400m 山坡草地、荒地、村边、路旁和田头地角。分布于云南全省大部分地区；湖北、广西、四川、贵州和西藏分布。印度、缅甸、泰国、中南半岛、非洲也有。

种分布区类型：6

小舌菊

Microglossa pyrifolia (Lam.) O. Kuntze

段幼萱（Duan Y.X.）*9*; 胡月英、文绍康（Hu Y.Y. et Wen S.K.）*580334*; 王开域（Wang K.Y.）*32*

生于海拔 300 ～ 1800m 林下、林缘或灌丛中。分布于云南盈江、龙陵、潞西、景东、临沧、耿马、沧源、勐海、景洪、勐腊、易门、新平、金平、开远、绿春、建水、蒙自、屏边、河口、马关、麻栗坡、西畴、富宁、广南等地；台湾、广东、广西和贵州分布。印度、中南半岛、马来西亚也有。

种分布区类型：6

圆舌粘冠草

Myriactis nepalensis Less.

周浙昆等（Zhou Z.K. *et al.*）*64*，*423*

生于海拔 1000 ～ 3000m 林下、林缘、灌丛中、山坡草地或水沟边、路边、荒地。分布于云南全省大部分地区；江西、广东、广西、湖北、湖南、四川、贵州和西藏分布。越南、印度、尼泊尔也有。

种分布区类型：6

狐狸草

Myriactis wallichii Less.

税玉民等（Shui Y.M. *et al.*）*群落样方 2011-35*，*群落样方 2011-36*

生于海拔 1600 ～ 3600m 林下、灌丛下、山坡草地、路边和溪旁。云南除西双版纳外广泛分布；四川、贵州、西藏分布。印度、斯里兰卡和尼泊尔也有。

种分布区类型：14SH

黑花紫菊

Notoseris melanantha (Franch.) C. Shih

张广杰（Zhang G.J.）*22*；周浙昆等（Zhou Z.K. *et al.*）*191*，*286*

生于海拔 800 ～ 2890m 林下或山坡路边草丛中。分布于云南大关、彝良、镇雄、金平、蒙自、屏边、文山、元阳；湖北、湖南、四川、贵州分布。

中国特有

种分布区类型：15

密毛假福王草

Paraprenanthes glandulosissima (Chang) Shih

税玉民等（Shui Y.M. *et al.*）*群落样方 2011-34*

生于海拔 500 ～ 2300m 林下或林缘。分布于云南西部、南部至东南部；四川分布。

中国特有

种分布区类型：15

假福王草

Paraprenanthes sororia (Miq.) Shih

税玉民等（Shui Y.M. *et al.*）*群落样方 2011-33*，*群落样方 2011-34*，*群落样方 2011-36*

生于海拔 200 ～ 3200m 山坡或山谷林下或灌丛中。分布于云南西北部至东南部；安徽、湖北、湖南、江苏、江西、重庆、福建、广东、广西、贵州、海南、四川、台湾、浙江、西藏分布。日本、越南也有。

种分布区类型：7

假福王草属一种

Paraprenanthes sp.

税玉民等（Shui Y.M. *et al.*）(*s.n.*)

拟鼠麴草

Pseudognaphalium affine (D. Don) Anderberg

税玉民等（Shui Y.M. *et al.*）*90428, Li-049*

生于海拔 330 ～ 2700m 各种生境中，以山坡、荒地、路边、田边最常见。分布于云南全省大部分地区；西北、西南、华北、华中、华东、华南各省区分布。印度、中南半岛、印度尼西亚、菲律宾、朝鲜、日本也有。

种分布区类型：7

菊状千里光

Senecio analogus DC.

税玉民等（Shui Y.M. *et al.*）*西隆山凭证 652*

生于海拔 1400 ～ 3750m 林下、林缘、草坡、田边、路边。分布于云南东川、曲靖、罗平、贡山、维西、福贡、丽江、中甸、宁蒗、洱源、漾濞、鹤庆、大理、禄劝、武定、富民、昆明、安宁、易门、峨山、楚雄、砚山、蒙自、元阳、麻栗坡、马关、屏边、金平、景东、普洱、澜沧、腾冲、凤庆、潞西、耿马；西藏、贵州、重庆、湖北、湖南分布。巴基斯坦、印度、尼泊尔、不丹也有。

种分布区类型：14SH

千里光

Senecio scandens Buch.-Ham. ex D. Don

税玉民等（Shui Y.M. *et al.*）*群落样方 2011-34，群落样方 2011-36，群落样方 2011-39，群落样方 2011-42，西隆山凭证 708*

生于海拔 1151 ～ 3000m 林缘、灌丛、岩石边、溪边。分布于云南大关、昭通、彝良、巧家、镇雄、师宗、嵩明、德钦、贡山、福贡、泸水、维西、兰坪、丽江、漾濞、大理、禄劝、武定、昆明、易门、玉溪、华宁、元江、西畴、文山、屏边、麻栗坡、景东、勐腊、腾冲、凤庆、潞西、瑞丽、沧源；西藏、四川、贵州、陕西、湖北、湖南、安徽、浙江、江西、福建、广西、广东、台湾分布。印度、尼泊尔、不丹、缅甸、泰国、菲律宾、日本也有。

种分布区类型：7

豨莶

Sigesbeckia orientalis Linn.

胡月英、文绍康（Hu Y.Y. et Wen S.K.）*580493*

生于海拔 110 ～ 2500m 林下、灌丛中、草地、路边、溪边或荒地。分布于云南普洱、景洪、勐海、勐腊、孟连、石屏、蒙自、金平、开远、绿春、文山、屏边、河口、元江、罗平、巧家和兰坪等地；江苏、安徽、浙江、江西、福建、台湾、广东、海南、广西、陕西、甘肃、四川、贵州和西藏分布。欧洲、朝鲜、日本、东南亚、北美也有。

种分布区类型：8

金钮扣

Spilanthes paniculata Wall. et DC.

胡月英、文绍康（Hu Y.Y. et Wen S.K.）*580511*；中苏队（Sino-Russ. Exped.）*2854*

生于海拔 400 ～ 1900m 林下、灌丛中、山坡草地、村边、路旁。分布于云南河口、金平、弥勒、元阳、勐腊、景洪、勐海、潞西、盈江、景东；台湾、海南、广西和西藏分布。缅甸、印度、尼泊尔、越南、老挝、泰国、柬埔寨、印度尼西亚、马来西亚、日本也有。

种分布区类型：7

**** 肿柄菊**

Tithonia diversifolia A. Gray

税玉民等（Shui Y.M. *et al.*）(*s.n.*)

生于海拔 300 ～ 900m 路边、旷地林缘。云南昆明、勐海、勐腊、沧源、耿马、潞西、瑞丽、陇川、景东等地有栽培作绿篱；南部有引种栽培分布。原产墨西哥。

种分布区类型：/

树斑鸠菊

Vernonia arborea Buch.-Ham.

税玉民等（Shui Y.M. *et al.*）*群落样方 2011-46*

生于海拔 800 ～ 1200m 林内或山谷。分布于云南屏边、西畴等地；广西西南部分布。越南、老挝、泰国、马来西亚、印度尼西亚、斯里兰卡、印度、尼泊尔也有。

种分布区类型：7

毒根斑鸠菊

Vernonia cumingiana Benth.

中苏队（Sino-Russ. Exped.）*80*

生于海拔 500 ～ 1700m 林下、灌丛中或溪边、路旁，常攀援于乔木上。分布于云南澄江、罗平、富宁、西畴、麻栗坡、马关、河口、屏边、金平、广南、勐腊、凤庆；福建、台湾、广东、海南、广西、四川和贵州分布。越南、泰国、老挝、柬埔寨也有。

种分布区类型：7

叉枝斑鸠菊

Vernonia divergens (DC.) Edgew

吴元坤（Wu Y.K.）*54*

生于海拔 360 ～ 1100m 疏林下、路边、溪旁。分布于云南西双版纳、金平、河口、马关等。越南、老挝、泰国、缅甸、印度也有。

种分布区类型：7

斑鸠菊

Vernonia esculenta Hemsl.

税玉民等（Shui Y.M. *et al.*）*80233*；周浙昆等（Zhou Z.K. *et al.*）*27*

生于海拔 920 ～ 2300m 林下、林缘、灌丛中或山坡路旁。分布于云南除东北部外全省各地；广西西部、四川西部和西南部、贵州西南部分布。

中国特有

种分布区类型：15

滇缅斑鸠菊

Vernonia parishii Hook. f.

张广杰（Zhang G.J.）*265*

生于海拔 1500 ～ 2900m 山涧、沟谷或山坡湿润常绿阔叶林中。分布于云南富宁、个旧、金平、绿春、腾冲、双江和勐海。缅甸北部也有。

种分布区类型：7-3

柳叶斑鸠菊

Vernonia saligna DC.

周浙昆等（Zhou Z.K. *et al.*）*68，536*

生于海拔 720 ～ 2100m 疏林下、山坡灌丛、草地、路边和溪旁。分布于云南西双版纳、普洱、澜沧、沧源、潞西、瑞丽、陇川、盈江、龙陵、凤庆、漾濞、景东、元江、石屏、蒙自、绿春、金平、河口、红河、西畴、屏边、砚山、弥勒、师宗等；广东、广西、贵州分布。越南、缅甸、泰国、孟加拉、印度、尼泊尔也有。

种分布区类型：7

茄叶斑鸠菊

Vernonia solanifolia Benth.

中苏队（Sino-Russ. Exped.）*448*

生于海拔 500 ～ 1000m 疏林下、草坡或河边。分布于云南景洪、勐腊、金平、河口、麻栗坡、西畴、富宁、弥勒、砚山；福建、广东、海南、广西分布。越南、老挝、柬埔寨、缅甸、印度也有。

种分布区类型：7

斑鸠菊属一种

Vernonia sp.

西南野生生物种质资源库 DNA Barcoding 考察（DNA Barcoding Exped. of GBOWS）*GBOWS1392*

林生斑鸠菊

Vernonia sylvatica Dunn

中苏队（Sino-Russ. Exped.）*7*

生于海拔 550 ～ 1900（2800）m 林下、灌丛中或沟边、路旁。分布于云南陇川、潞西、耿马、临沧、勐海、景洪、金平、河口、屏边、蒙自、麻栗坡、西畴；广西（钦州）分布。

中国特有

种分布区类型：15

大叶斑鸠菊

Vernonia volkameriifolia DC.

张广杰（Zhang G.J.）*45*；周浙昆等（Zhou Z.K. *et al.*）*529*

生于海拔 650 ～ 1800（2800）m 山谷林下、灌丛中或山坡、河沟边。分布于云南勐腊、勐海、普洱、澜沧、耿马、潞西、龙陵、盈江、凤庆、临沧、景东、双柏、峨山、元江、绿春、金平、河口、弥勒、文山、屏边、砚山、漾濞、大理、泸水等；广西、贵州和西藏分布。越南、老挝、泰国、缅甸、印度、不丹、尼泊尔也有。

种分布区类型：7

苍耳

Xanthium strumarium Linn.

胡月英、文绍康（Hu Y.Y. et Wen S.K.）*580515*；中苏队（Sino-Russ. Exped.）*399*

生于海拔 1000 ～ 2800m 林下、灌丛中、山坡草地、荒地、田边、溪边或路旁。分布于云南全省大部分地区；东北、华北、华东、华南、西南、西北各省区分布。

中国特有

种分布区类型：15

239　龙胆科 Gentianaceae

罗星草

Canscora andrographioides Griff. ex C.B. Clarke

中苏队（Sino-Russ. Exped.）*1971*

生于海拔 580 ～ 1600m 草坡、灌丛草坡、林缘。分布于云南澜沧、勐腊、景东、云县、金平、绿春、元阳；广东、广西、海南分布。柬埔寨、老挝、印度、泰国、越南、马来西亚也有。

种分布区类型：7

杯药草

Cotylanthera paucisquama C.B. Clarke

税玉民等（Shui Y.M. *et al.*）*90364*

生于海拔 2000 ～ 2350m 生山坡常绿阔叶林下。分布于云南孟连、镇康、腾冲、碧江、贡山；四川、西藏分布。印度也有。

种分布区类型：7-2

滇龙胆草

Gentiana rigescens Franch. ex Hemsl.

税玉民等（Shui Y.M. *et al.*）(*s.n.*)

生于海拔 620 ～ 3650m 常绿阔叶林下、竹林下、林缘、山坡阴湿处、水沟边或岩石上。分布于云南勐腊、景洪、普洱、绿春、金平、红河、开远、绿春、弥勒、屏边、砚山、麻栗坡、蒙自、文山、西畴、双江、临沧、凤庆、景东、双柏、楚雄、师宗、昆明、嵩明、大理、漾濞、云龙、福贡、中甸、盐津；广西、四川、贵州分布。缅甸、泰国、越南也有。

种分布区类型：7

屏边双蝴蝶

Tripterospermum pingbianense C.Y. Wu et C.J. Wu

周浙昆等（Zhou Z.K. *et al.*）*345，400，517*

生于海拔 1400 ～ 2700m 山坡疏林或峡谷。分布于云南金平、河口、文山、元阳、屏边。

滇东南特有

种分布区类型：15b

240　报春花科 Primulaceae

矮桃

Lysimachia clethroides Duby

张广杰（Zhang G.J.）*1*，*25*

生于海拔 1300 ～ 2300m 云南松林、云南油杉林下或混交林、杂木林、灌丛、水沟边。分布于云南金平、开远、马关、屏边、蒙自、文山、砚山、丘北、镇雄、彝良、元阳、元江、峨山、安宁、昆明、富民、嵩明、寻甸、武定、禄劝、大理；东北、华北、华中、华东、华南、四川、贵州分布。俄罗斯、朝鲜、日本、老挝也有。

种分布区类型：7

聚花过路黄

Lysimachia congestiflora Hemsl.

张广杰（Zhang G.J.）*85*

生于海拔 700 ～ 2200（3200）m 林内、林缘草地、溪沟边，通常见于湿处。分布于云南富宁、西畴、麻栗坡、马关、屏边、金平、红河、砚山、河口、蒙自、弥勒、文山、元阳、绿春、建水、江川、峨山、安宁、昆明、嵩明、富民、禄劝、威信、镇雄、攀枝花、楚雄、景东、勐腊、勐海、澜沧、凤庆、大理、泸西、福贡、贡山等地；北起陕西、甘肃南部，南至长江以南各省区，东至台湾分布。尼泊尔、不丹、印度东北、缅甸、泰国、越南也有。

种分布区类型：7

*** 灵香草**

Lysimachia foenum-graceum Hance

税玉民等（Shui Y.M. *et al.*）(*s.n.*)，*群落样方 2011-34*，*群落样方 2011-36*，*群落样方 2011-39*，*群落样方 2011-41*，*群落样方 2011-42*

生于海拔 1100 ～ 1800m 常绿阔叶林下或山坡草丛，通常见于蔽阴湿润处。分布于云南元阳、金平、屏边、河口、马关、麻栗坡、西畴、绥江；湖南、广东、广西分布。

中国特有

种分布区类型：15

多枝香草

Lysimachia laxa Baudo

税玉民等（Shui Y.M. *et al.*）*90311*，*90368*，*90710*，(*s.n.*)

生于海拔 1600 ～ 2700m 常绿阔叶林下、铁杉林林缘、箐沟边湿润处。分布于云南西北部至东南部的贡山、腾冲、瑞丽、凤庆、景东、绿春、元阳、金平。印度、孟加拉、斯里兰卡、泰国、缅甸、越南、印度尼西亚也有。

种分布区类型：7

长蕊珍珠菜

Lysimachia lobelioides Wall.

税玉民等（Shui Y.M. *et al.*）*90223*，*90431*；张广杰（Zhang G.J.）*83*，*268*；中苏队（Sino-Russ. Exped.）*3328*

生于海拔 800 ～ 2800m 林下、草坡或路边。分布于云南西畴、马关、文山、砚山、屏边、金平、蒙自、建水、普洱（普文）、勐腊（易武）、勐海、澜沧、镇康、凤庆、景东、峨山、昆明、禄丰、禄劝、楚雄、大理、丽江、中甸、维西；广西、四川、贵州分布。克什米尔地区、尼泊尔、印度、不丹、缅甸、泰国、老挝、越南也有。

种分布区类型：7

小果排草

Lysimachia microcarpa Hand.-Mazz. ex C.Y. Wu

中苏队（Sino-Russ. Exped.）*542*，*1020*

生于海拔 1300 ～ 2100m 常绿阔叶林下或箐沟边灌木林下。分布于云南腾冲、泸水、福贡、凤庆、景东、金平、富宁、广南、蒙自、屏边、文山。缅甸北部也有。

种分布区类型：7-3

耳柄过路黄

Lysimachia otophora C.Y. Wu

张广杰（Zhang G.J.）*141*，*250*

生于海拔 700 ～ 1700m 林下或林缘，通常见于潮湿地。分布于云南富宁、屏边、河口、金平、元阳、勐海；广西西部分布。越南北部也有。

种分布区类型：15c

阔叶假排草

Lysimachia petelotii Merr.

税玉民等（Shui Y.M. *et al.*）*90843*；周浙昆等（Zhou Z.K. *et al.*）*112*，*448*

生于海拔 900 ～ 2100m 阔叶林下、山箐密阴处或岩石上。分布于云南腾冲、漾濞、彝良、金平、河口、屏边、砚山、文山、西畴、马关、麻栗坡；湖南西部、广东北部、广西东北部、四川东南部、贵州东南部分布。越南北部也有。

种分布区类型：15c

点叶落地梅

Lysimachia punctatilimba C.Y. Wu

税玉民等（Shui Y.M. *et al.*）*90370*，*90942*

生于海拔 1700 ～ 1900m 密林下或溪边，通常生于湿处。分布于云南屏边、金平；湖北西部（八大公山）分布。

中国特有

种分布区类型：15

心叶报春

Primula partschiana Pax

税玉民等（Shui Y.M. *et al.*）*90502*；周浙昆等（Zhou Z.K. *et al.*）*147*

生于海拔 2200 ～ 2500m 苔藓林下或林中岩石上。分布于云南金平、红河、绿春、蒙自。

云南特有

种分布区类型：15a

越北报春

Primula petelotii W.W. Smith

税玉民等（Shui Y.M. *et al.*）(*s.n.*)

生于海拔 1800 ～ 2600m 林下潮湿处。分布于云南东南部。越南也有。

种分布区类型：7-4

滇南脆蒴报春

Primula wenshanensis Chen et C.M. Hu

税玉民等（Shui Y.M. *et al.*）*90557*，*90671*

生于海拔 200 ～ 750m 密林下沟边潮湿处或岩石上。分布于云南南部（普洱、勐腊）及东南部（金平、河口、绿春、马关、蒙自、屏边、文山、西畴）。越南北部也有。

种分布区类型：15c

242　车前科 Plantaginaceae

车前（原变种）

Plantago asiatica Linn. var. **asiatica**

税玉民等（Shui Y.M. *et al.*）*90791，西隆山凭证 0735*

生于海拔 900 ～ 2800m 山坡草地、路边、沟边或灌丛下。分布于云南昆明、姚安、禄劝、罗平、镇雄、金平、河口、绿春、马关、文山、屏边、西畴、砚山、丽江、维西、香格里拉（中甸）、贡山；安徽、重庆、福建、甘肃、广东、广西、海南、河北、黑龙江、河南、湖北、湖南、江苏、江西、吉林、辽宁、内蒙古、青海、山东、山西、四川、台湾、新疆、西藏、浙江分布。印度尼西亚、日本、韩国、马来西亚也有。

种分布区类型：7

疏花车前（变种）

Plantago asiatica Linn. var. **erosa** (Wall.) Z.Y. Li

税玉民等（Shui Y.M. *et al.*）*西隆山凭证 0737*

生于海拔 600 ～ 3000m 山坡草地、路边湿润处、灌丛下。分布于云南昆明、富民、峨山、大姚、江川、宾川、丽江、维西、德钦、贡山、香格里拉（中甸）、福贡、景东、勐腊、景洪、勐海、金平、屏边、河口、绿春、西畴、麻栗坡、马关、砚山、腾冲；全国各地分布。斯里兰卡、尼泊尔、孟加拉、印度也有。

种分布区类型：14SH

大车前

Plantago major Linn.

张广杰（Zhang G.J.)*80*

生于海拔 1000 ～ 2900m 草坡、荒地、路边湿润处及沟边。分布于云南中部、西北部、西南部及东南部；新疆、陕西、浙江、江西、湖南、湖北、四川、贵州、西藏、广东、广西、福建、台湾分布。欧洲和亚洲的温带、热带及亚热带其他地区也有。

种分布区类型：10

243　桔梗科 Campanulaceae

金钱豹

Campanumoea javanica Bl.

税玉民等（Shui Y.M. *et al.*）*群落样方 2011-33，群落样方 2011-34，群落样方 2011-35，群落样方 2011-41，群落样方 2011-42*；周浙昆等（Zhou Z.K. *et al.*）*115，569*

生于海拔 400 ～ 1800(2200)m 山坡草地或灌丛中。分布于云南贡山、福贡、维西、漾濞、楚雄、昆明、寻甸、临沧、镇康、耿马、景东、盈江、瑞丽、金平、河口、广南、开远、绿春、马关、麻栗坡、弥勒、文山、元阳、西畴、砚山、丘北、屏边、蒙自、石屏、普洱、西双版纳等地；贵州西部（清镇）、广东南部、海南、广西、台湾分布。不丹、印度东北部、印度尼西亚、日本、老挝、缅甸、尼泊尔、泰国、越南也有。

种分布区类型：7

轮钟花

Cyclocodon lancifolius (Roxb.) Kurz

周浙昆等（Zhou Z.K. *et al.*）*62，545*

生于海拔 400 ～ 1600m 草坡、沟边或林中。分布于云南普洱、勐腊、金平、河口、绿春、马关、蒙自、富宁、西畴、麻栗坡、屏边、临沧；四川、贵州、湖北西部和南部、广西、广东、福建南部、台湾分布。印度、缅甸（中部的 Mergui、阿瓦 Ava、伊洛瓦底江河谷、庇古）、泰国（DoiSootep）也有。

种分布区类型：7

同钟花

Homocodon brevipes (Hemsl.) D.Y. Hong

税玉民等（Shui Y.M. *et al.*）(*s.n.*)

生于海拔 1000 ～ 2900m 沟边、林下、灌丛边及山坡草地中。分布于云南镇雄、嵩明、昆明、大理、景东、凤庆、澜沧、马关、西畴；贵州西南部、四川西南部分布。

中国特有

种分布区类型：15

袋果草

Peracarpa carnosa (Wall.) Hook. f. et Thoms.

税玉民等（Shui Y.M. *et al.*）(*s.n.*)

生于海拔 350 ～ 1750m 林下阴湿处及水沟边、路边草丛中。分布于云南瑞丽、景东以南等地，东南部（金平、马关、蒙自、屏边）；贵州、广西、广东及台湾分布。越南、泰国、老挝、缅甸、不丹、尼泊尔、孟加拉、印度（阿萨姆）也有。

种分布区类型：7

243a　五膜草科 Pentaphragmataceae

五隔草

Pentaphragma sinense Hemsl. et Wils.

李国锋（Li G.F.）*Li-077*；税玉民等（Shui Y.M. *et al.*）*90050*，*群落样方 2011-46*，*群落样方 2011-47*；张广杰（Zhang G.J.）*155*

生于海拔 1150 ～ 1270m 林下及沟边湿处。分布于云南南部和东南部（金平、河口、绿春、麻栗坡、屏边、西双版纳）；广西南部分布。越南北部也有。

种分布区类型：15c

244　半边莲科 Lobeliaceae

密毛山梗菜

Lobelia clavata F.E. Wimm.

李国锋（Li G.F.）*Li-030*

生于海拔 540 ～ 2000m 山坡湿润草地、路边。分布于云南金平、开远、景东、云县、耿马、镇康、临沧、澜沧、普洱、西双版纳；贵州（安龙）分布。缅甸、印度东北部、老挝、缅甸北部、泰国北部、越南也有。

种分布区类型：7

山紫锤草

Lobelia montana Reinw. ex Bl.

税玉民等（Shui Y.M. *et al.*）(*s.n.*)

生于海拔 1000 ～ 2600m 湿润的常绿阔叶林中或林缘。分布于云南西北部（福贡、独龙江）、西南部（龙陵）及东南部（蒙自、金平、屏边、西畴、麻栗坡、马关）等地。印度、尼泊尔、印度尼西亚（爪哇、苏门答腊）等地也有。

种分布区类型：7-1

铜锤玉带草

Lobelia nummularia Lam.

税玉民等（Shui Y.M. *et al.*）*群落样方 2011-33*，*群落样方 2011-35*，*群落样方 2011-40*，*群落样方 2011-42*；中苏队（Sino-Russ. Exped.）*831*，*3072*；周浙昆等（Zhou Z.K. *et al.*）*59*，*565*

生于海拔 500 ～ 2300m 湿草地、溪沟边、田边地脚草地。分布于云南全省各地；长江以南各省、西藏、台湾等省分布。印度、马来西亚、越南、老挝、泰国、缅甸、澳大利亚、南美洲也有。

种分布区类型：2

卵叶半边莲

Lobelia zeylanica Linn.

李国锋（Li G.F.）*Li-080*，*Li-194*；张广杰（Zhang G.J.）*134*，*144*；中苏队（Sino-Russ. Exped.）*63*，*833*

生于海拔 700 ～ 1150m 湿润的疏林下、河边草地。分布于云南南部（普洱、景洪、勐腊）和东南部（金平、河口、绿春、马关）；台湾、广东、广西、贵州分布。印度、尼泊尔、泰国、越南、老挝、马来半岛、菲律宾、印度尼西亚至斐济群岛也有。

种分布区类型：7

249　紫草科 Boraginaceae

琉璃草

Cynoglossum furcatum Wall.

中苏队（Sino-Russ. Exped.）*1045*

生于海拔 300 ～ 3000m 林缘、灌丛中、山坡草地和路旁。分布于云南西北部、中部、西部和东南部；河南、湖南、江苏、江西、福建、浙江、甘肃南部、广东、广西、贵州、陕西、四川、台湾分布。阿富汗、印度、巴基斯坦、泰国、菲律宾、马来西亚、日本也有。

种分布区类型：7

叉花倒提壶

Cynoglossum zeylanicum (Vahl) Thunb. ex Lehm.

中苏队（Sino-Russ. Exped.）*1045*

生于海拔 900 ～ 2850m 林缘、灌丛中、山坡草地和路旁。分布于云南西北部、中部、西部和东南部；西南、华南、台湾、安徽、河南、陕西和甘肃南部分布。阿富汗、印度至菲律宾、日本也有。

种分布区类型：7

附地菜

Trigonotis peduncularis (Trev.) Benth. ex Baker et S. Moore

张广杰（Zhang G.J.）*179*

生于海拔 1200 ～ 2300m 林下、草坡、田边或水沟边。分布于云南丽江、兰坪、漾濞、寻甸、昆明、易门、景东、金平、河口、开远、文山、砚山、广南等地；四川、贵州、广西、广东、福建、江西、江苏、安徽、陕西、山西、河北、东北、新疆、西藏分布。欧洲东部、亚洲温带地区也有。

种分布区类型：10

249a 破布木科 Cordiaceae

二叉破布木

Cordia furcans I.M. Johnst.

中苏队（Sino-Russ. Exped.）*1003*

生于海拔 120 ～ 1700m 林下或灌丛中。分布于云南临沧、普洱、耿马、西双版纳、河口、富宁、金平、元江、红河、弥勒、禄劝;广西、海南分布。越南、老挝、柬埔寨、缅甸、泰国、印度也有。

种分布区类型：7

厚壳树

Ehretia acuminata B. Br.

徐永椿（Hsu Y.C.）*183*

生于海拔 400 ～ 1700m 林下、灌丛下、山坡、草地。分布于云南鹤庆、泸水、耿马、西双版纳、普洱、金平、河口、马关、蒙自等地;广东、广西、贵州、河南、湖南、江苏、江西、山东、四川、台湾、浙江分布。不丹、印度、印度尼西亚、日本、越南、澳大利亚也有。

种分布区类型：5

上思厚壳树

Ehretia tsangii I.M. Johnst.

中苏队（Sino-Russ. Exped.）*777*

生于海拔 170 ～ 1600m 林下、灌丛下。分布于云南富宁、金平、河口、西双版纳、普洱、双江、耿马、勐连；广西西部和南部、贵州南部分布。

中国特有

种分布区类型：15

轮冠木

Rotula aquatica Lour.

中苏队（Sino-Russ. Exped.）*378*

生于海拔 350 ～ 600m 山溪边石缝中，洪汛时常达数周淹没于水下，为热带河岸狭叶林的典型成分。分布于云南金平、河口；广西（南宁）、贵州（贞丰）分布。印度、印度尼西亚、马来西亚、缅甸、菲律宾、泰国、越南也有。

种分布区类型：7

250　茄科 Solanaceae

红丝线

Lycianthes biflora (Lour.) Bitter

张广杰（Zhang G.J.）*172*

生于海拔 150 ～ 2000m 荒野阴地、林下、路旁、水边及山谷中。分布于云南西部、南部及东南部；四川南部、广西、广东、江西、福建、台湾分布。印度、马来西亚、印度尼西亚的爪哇、日本琉球也有。

种分布区类型：7

单花红丝线

Lycianthes lysimachioides (Wall.) Bitter

周浙昆等（Zhou Z.K. *et al.*）*100*

生于海拔 3000m 以下林下、林缘或水沟边湿地。分布于云南维西、德钦、丽江、腾冲、泸水、福贡、贡山、漾濞、屏边、景东、景洪、勐腊、绥江、景东、广南、河口、镇康等地；贵州、四川、湖北、江苏南部、浙江、台湾分布。从克什米尔地区、尼泊尔、不丹、印度至泰国、菲律宾、日本、苏联远东地区（库页岛、堪察加半岛）也有。

种分布区类型：8

大齿红丝线

Lycianthes macrodon (Wall. ex Nees) Bitter

周浙昆等（Zhou Z.K. *et al.*）*100*

生于海拔 800 ～ 2400m 沟边及林缘阳处。分布于云南西南部和东南部（金平、富宁）；台湾分布。印度、不丹、孟加拉、尼泊尔、泰国也有。

种分布区类型：7

苦枳

Physalis angulata Linn.

中苏队（Sino-Russ. Exped.）*956*

生于海拔 1400 ～ 1900m 林缘、路边。分布于云南西南部和东南部（金平、富宁）；安徽、福建、广东、广西、海南、河南、湖北、湖南、江苏、江西、台湾、浙江分布。世界各地也有。

种分布区类型：1

**** 喀西茄**

Solanum aculeatissimum Jacq.

张广杰（Zhang G.J.）*171*

生于海拔 350 ～ 1180m 疏林阴处及灌木丛中。分布于云南金平、河口、红河、开远、绿春、马关、蒙自、屏边、文山、砚山、西畴及勐罕；福建（厦门）、广西、贵州、湖南、江西、四川、西藏、浙江（平阳）分布。可能原产巴西，热带亚洲、非洲广布。

种分布区类型：/

少花龙葵

Solanum americanum Mill.

张广杰（Zhang G.J.）*246*

生于海拔 110 ～ 2000m 溪边、密林阴湿处或林边荒地。分布于云南南部和东南部（金平、河口、富宁、绿春、马关、弥勒、屏边、石屏、文山、元阳）；福建、广东、广西、海南、湖南、江西、四川、台湾分布。热带和温带地区也有。

种分布区类型：2

**** 假烟叶树**

Solanum erianthum D. Don

段幼萱（Duan Y.X.）*3*；胡月英等（Hu Y.Y. *et al.*）*580513*；中苏队（Sino-Russ. Exped.）*489*

生于海拔 500 ～ 2100m 荒山荒地及沟边林缘。分布于云南全省；福建、广东、广西、贵州、海南、四川、台湾、西藏分布。原产南美，在亚洲、大洋洲热带也有。

种分布区类型：/

**** 水茄**

Solanum torvum Swartz

段幼萱（Duan Y.X.）*24*；蒋维邦（Jiang W.B.）*9，90*；吴元坤（Wu Y.K.）*27*；张广杰（Zhang G.J.）*38，72，329*；张广杰（Zhang G.J.）*331*；张建勋（Chang C.S.）*10*；中苏队（Sino-Russ. Exped.）*202*

生于海拔 200 ～ 1650m 热带地方的路旁、灌木丛中、沟谷及村庄附近等潮湿地方、荒地。分布于云南东南部、南部及西南部；福建（厦门）、广东、广西、贵州、海南、台湾分布。原产加勒比海，现在在热带地区广泛归化。

种分布区类型：/

251　旋花科 Convolvulaceae

灰毛白鹤藤（变种）

Argyreia osyrensis (Roth) Choisy var. **cinerea** Hand.-Mazz.

税玉民等（Shui Y.M. *et al.*）*西隆山凭证 0021*

生于海拔 220 ～ 1600m 疏林及灌丛中。分布于云南景洪、勐腊、普洱、金平、绿春、元江、元阳、屏边、河口、双江、镇康、盈江、峨山等地；广西西南部分布。

中国特有

种分布区类型：15

飞蛾藤

Dinetus racemosus (Wall.) Sweet

李国锋（Li G.F.）*Li-158*；周浙昆等（Zhou Z.K. *et al.*）*46，524*

生于海拔 2000 ～ 8500m 灌丛、石灰岩山地。分布于云南全省各地；安徽、福建、甘肃、广东、广西、贵州、海南、河南、湖北、湖南、江苏、江西、陕西、四川、西藏、浙江分布。不丹、印度、印度尼西亚、老挝、缅甸、尼泊尔、巴基斯坦、菲律宾、泰国、越南也有。

种分布区类型：7

猪菜藤

Hewittia malabarica (Linn.) Suresh

中苏队（Sino-Russ. Exped.）*384*

生于海拔 40 ～ 550m 平地沙土或灌丛阳处。分布于云南金平、河口；广东、广西、海南、台湾分布。热带非洲（南至纳塔耳）、柬埔寨、印度、印度尼西亚、老挝、马来西亚、缅甸、新几内亚、菲律宾、斯里兰卡、泰国、越南、亚洲、北美（牙买加归化）、太平洋群岛也有。

种分布区类型：2

刺毛月光花

Ipomoea setosa Ker-Gawl.

张广杰（Zhang G.J.）*320*

生于海拔 1000 ～ 1300m 河谷干草坡灌丛或密林下。分布于云南东南部（金平、红河、蒙自、元阳）。北美洲（牙买加、墨西哥）、南美洲也有。

种分布区类型：2

金钟藤（原变种）

Merremia boisiana (Gagnep.) V. Ooststr. var. **boisiana**

税玉民等（Shui Y.M. *et al.*）*群落样方 2011-45，群落样方 2011-49*

生于海拔 120 ～ 680m 疏林润湿处或次生杂木林中。分布于云南河口等地；海南、广西西南部分布。越南、老挝、印度尼西亚也有。

种分布区类型：7

黄毛金钟藤（变种）

Merremia boisiana (Gagnep.) V. Ooststr. var. **fulvopilosa** (Gagnep.) V.Ooststr.

李国锋（Li G.F.）*Li-267*

生于海拔 450 ～ 1300m 热带雨林林缘、山谷阴处、河谷低丘或向阳疏林中。分布于云南金平、屏边、河口、马关、麻栗坡；广西南部分布。越南也有。

种分布区类型：7-4

山土瓜

Merremia hungaiensis (Lingelsh. et Borza) R.C. Fang

税玉民等（Shui Y.M. *et al.*）(*s.n.*)

生于海拔 1200 ～ 3200m 草坡、山坡灌丛或松林下。分布于云南全省大部分地区；贵州、四川分布。

中国特有

种分布区类型：15

掌叶鱼黄草

Merremia vitifolia (Burm. f.) Hall. f.

蒋维邦（Jiang W.B.）*63*；中苏队（Sino-Russ. Exped.）*283*

生于海拔 500 ～ 1600m 路旁、灌丛或林中。分布于云南耿马、沧源、景洪、勐腊、金平、屏边、个旧、河口、文山、麻栗坡等地；广东、广西分布。印度、斯里兰卡、缅甸、越南，经马来西亚至印度尼西亚也有。

种分布区类型：7

搭棚藤

Poranopsis discifera (Schneid.) Staples

李锡文（Li H.W.）*375*

生于海拔 380 ～ 1800m 山坡灌丛、路边及疏林中。分布于云南中部及南部（峨山、临沧、景东、澜沧、保山、泸水、元江、金平、建水、开远及西双版纳）；四川分布。印度东北部、老挝、缅甸北部、泰国北部、越南也有。

种分布区类型：7

白花叶

Poranopsis sinensis (Hand.-Mazz.) Staples

周浙昆等（Zhou Z.K. *et al.*）*46，524*

生于海拔 380 ～ 2000m 河谷灌丛及干燥山坡、石缝中。分布于云南中部及南部（禄劝、金平、蒙自、绿春、弥勒）；四川、云南分布。泰国北部也有。

种分布区类型：7-3

大花三翅藤

Tridynamia megalantha (Merr.) Staples

吴元坤（Wu Y.K.）*12*

生于海拔 620 ～ 800m 林缘。分布于云南金平、河口；广东、广西、海南分布。印度东北部、老挝、马来西亚、缅甸、泰国、越南也有。

种分布区类型：7

251a　菟丝子科 Cuscutaceae

大花菟丝子

Cuscuta reflexa Roxb.

中苏队（Sino-Russ. Exped.）*426*

生于海拔 900 ～ 2700m，寄生于路旁或沟边的灌木丛中。分布于云南贡山、丽江、泸水、盈江、腾冲、保山、邓川、凤庆、景东、勐海（勐宋）、金平、开远、马关、麻栗坡、文山、弥勒、元江、红河、蒙自、屏边、砚山等地；湖南、四川、西藏分布。阿富汗、印度、印度尼西亚、马来西亚、尼泊尔、巴基斯坦、斯里兰卡、泰国也有。

种分布区类型：7

菟丝子属一种

Cuscuta sp.

税玉民等（Shui Y.M. *et al.*）*90251*

252 玄参科 Scrophulariaceae

毛麝香

Adenosma glutinosum (Linn.) Druce

周浙昆等（Zhou Z.K. *et al.*）*29*

生于海拔 180 ～ 1400m 山谷疏林中、林缘、路边、干燥阳坡。分布于云南漾濞、景洪、勐腊、勐海、普洱、屏边、富宁、麻栗坡、金平、绿春、蒙自、河口、元江;江西南部、福建、广东、广西、江西分布。柬埔寨、印度、印度尼西亚、老挝、马来西亚、泰国、越南、澳洲、大洋洲也有。

种分布区类型：5

球花毛麝香

Adenosma indianum (Lour.) Merr.

周浙昆等（Zhou Z.K. *et al.*）*23*

生于海拔 200 ～ 1200m 湿润沟边、稻田杂草、路旁草地、开阔落叶林、空旷草地中。分布于云南勐腊、耿马、金平；广西、广东、海南分布。柬埔寨、印度、印度尼西亚、老挝、马来西亚、缅甸、菲律宾、泰国、越南也有。

种分布区类型：7

来江藤

Brandisia hancei Hook. f.

税玉民等（Shui Y.M. *et al.*）(*s.n.*)

生于海拔 1900 ～ 3300m 石灰岩灌丛山坡、林缘、田边、公路旁。分布于云南昆明、嵩明、武定、禄劝、玉溪、澄江、峨山、双柏、易门、大理、宾川、永平、保山、丽江、德钦、贡山、西畴、广南、麻栗坡、屏边；西南、华中、华南分布。

中国特有

种分布区类型：15

囊萼花

Cyrtandromoea grandiflora C.B. Clarke

税玉民（Shui Y.M.）*B91-551*，*91140*，(*s.n.*)；西南野生生物种质资源库 DNA Barcoding 考察（DNA Barcoding Exped. of GBOWS）*GBOWS1441*

生于海拔 800 ～ 1100m 河边草地及疏林下。分布于云南屏边、金平。缅甸、泰国、印度尼西亚（苏门答腊）也有。

种分布区类型：7

鞭打绣球

Hemiphragma heterophyllum Wall.

周浙昆等（Zhou Z.K. *et al.*）*47*

生于海拔 1800 ～ 3000m 高山草坡灌丛、林缘、竹林、裸露岩石、沼泽草地、湿润山坡。分布于云南全省各地（除河谷地区外）；西藏、四川、贵州、湖北、陕西、浙江、福建、甘肃、台湾分布。尼泊尔、不丹、印度、菲律宾、泰国北部、印度尼西亚（苏拉威西）也有。

种分布区类型：7

长蒴母草

Lindernia anagallis (Burm. f.) Pennell

中苏队（Sino-Russ. Exped.）*64，277*

生于海拔 200 ～ 1600m 山谷、溪流、田野潮湿处。分布于云南罗平、富宁、马关、屏边、金平、河口、广南、麻栗坡、勐腊、景洪、勐海、孟连、峨山；四川、贵州、广西、广东、湖南、江西、福建、台湾等省区分布。印度、不丹、缅甸、泰国、柬埔寨、老挝、越南、日本、菲律宾、马来西亚、澳大利亚也有。

种分布区类型：5

陌上菜

Lindernia procumbens (Krock.) Philcox

中苏队（Sino-Russ. Exped.）*382*

生于海拔 350 ～ 1100m 山坡、草地、田边潮湿处。分布于云南金平、河口、勐腊、景洪、昆明、江川、剑川；四川、贵州、广西、广东、湖南、湖北、江西、浙江、江苏、安徽、河南、河北、吉林、黑龙江等省区分布。日本、越南、老挝、泰国、巴基斯坦、印度、尼泊尔、阿富汗、克什米尔、印度尼西亚（爪哇）、哈萨克、塔吉克、俄罗斯、欧洲南部也有。

种分布区类型：4

旱田菜

Lindernia ruellioides (Colsm.) Pennell

中苏队（Sino-Russ. Exped.）*471*

生于海拔 200 ～ 2000m 溪边、路旁、草丛及山坡荒地杂木林中。分布于云南罗平、富宁、西畴、麻栗坡、马关、屏边、河口、金平、红河、绿春、蒙自、砚山、元阳、普洱、勐腊、景洪、勐海、澄江、沧源、盈江、腾冲、泸水；台湾、福建、江西、湖北、湖南、广东、广西、贵州、四川、西藏分布。印度至印度尼西亚、菲律宾也有。

种分布区类型：7-1

苦玄参

Picria felterrae Lour.

中苏队（Sino-Russ. Exped.）*155*

生于海拔 295 ～ 1100m 沙地、江边、沟谷潮湿疏林中。分布于云南河口、绿春、峨山、金平、勐腊、景洪、勐海、孟连；广东、广西、贵州分布。越南、老挝、泰国、缅甸、印度、印度尼西亚、马来西亚、菲律宾也有。

种分布区类型：7

野甘草

Scoparia dulcis Linn.

胡月英、文绍康（Hu Y.Y. et Wen S.K.）*580470*；张广杰（Zhang G.J.）*195*；中苏队（Sino-Russ. Exped.）*69*，*2822*

生于海拔 122 ～ 1700m 荒地、路旁及山坡灌丛中。分布于云南金平、河口、泸西、马关、景洪、勐海、勐腊、孟连、沧源、耿马、临沧、潞西及大理；广东、广西、福建、台湾分布。世界热带和亚热带其他地区也有。

种分布区类型：2

光叶蝴蝶草

Torenia asiatica Linn.

张广杰（Zhang G.J.）*267*，*300*

生于海拔 580 ～ 2100m 山坡林缘及灌丛中。分布于云南威信、彝良、罗平、富宁、西畴、屏边、金平、河口、红河、绿春、麻栗坡、文山、马关、勐腊、普洱、景东、临沧、元阳、峨山、龙陵、福贡、贡山、泸水；福建、浙江、江西、广东、海南、广西、湖南、湖北、贵州、四川和西藏分布。日本、越南也有。

种分布区类型：7

紫萼蝴蝶草

Torenia violacea (Azaola ex Blanco) Pennell

周浙昆等（Zhou Z.K. *et al.*）*563*

生于海拔 200 ～ 2000m 山坡灌丛及江边林缘。分布于云南彝良、盐津、金平、富宁、屏边、绿春、勐腊、勐海、孟连、双江、耿马、沧源、澄江、峨山、景东、泸水、下关、福贡、贡山；华东、华南、西南、华中、台湾分布。印度、不丹、越南、老挝、柬埔寨、泰国、马来西亚、印度尼西亚（爪哇）也有。

种分布区类型：7

253　列当科 Orobanchaceae

野菰

Aeginetia indica Linn.

周浙昆等（Zhou Z.K. *et al.*）*585*

生于海拔 500 ～ 2100m 林中或草坡荒地上，常寄生于芒属 Miscanthus 和甘蔗属 Saccharum 等禾草类植物的根上。分布于云南贡山、盐津、师宗、金平、文山、绿春、富宁、屏边、河口、蒙自、景洪、勐海、勐腊、景东、凤庆、镇康和孟连；四川、贵州、广西、广东、福建、湖南、江西、安徽、浙江、江苏和台湾分布。印度、斯里兰卡、缅甸、越南、菲律宾、马来西亚、日本也有。

种分布区类型：7

256　苦苣苔科 Gesneriaceae

滇南芒毛苣苔

Aeschynanthus austroyunnanensis W.T. Wang

武素功（Wu S.K.）*4010*；徐永椿（Hsu Y.C.）*216*；中苏队（Sino-Russ. Exped.）*2832*

附生于海拔 600 ～ 1500m 林内树干上或河边石上。分布于云南景洪、勐腊、景东、金平、河口、绿春、屏边、麻栗坡；广西西南部（田林、龙津）分布。

中国特有

种分布区类型：15

荷花藤（原变种）

Aeschynanthus bracteatus Wall. ex A.DC. var. **bracteatus**

税玉民等（Shui Y.M. *et al.*）*91088，群落样方 2011-31，群落样方 2011-32*

附生于海拔 1000 ～ 2600m 林内树干上。分布于云南景洪、勐海、金平、绿春、屏边、西畴、马关、麻栗坡、富宁、景东、维西、碧江、贡山；西藏东南部分布。印度、不丹、缅甸北部、越南北部也有。

种分布区类型：7

黄棕芒毛苣苔（变种）

Aeschynanthus bracteatus Wall. ex A.DC. var. **orientalis** W.T. Wang

税玉民等（Shui Y.M. *et al.*）*91097，群落样方 2011-37*

附生于海拔 1000 ～ 1700m 山谷林中树上或溪边悬崖上。分布于云南东南部（绿春至富宁等地）；广西西北部分布。

中国特有

种分布区类型：15

黄杨叶芒毛苣苔

Aeschynanthus buxifolius Hemsl.

税玉民等（Shui Y.M. *et al.*）*群落样方 2011-31*，*群落样方 2011-32*，*群落样方 2011-33*，*群落样方 2011-34*，*群落样方 2011-36*，*群落样方 2011-37*，*群落样方 2011-38*，*群落样方 2011-39*；周浙昆等（Zhou Z.K. *et al.*）*624*

附生于海拔 1380 ~ 2900m 林中树干上。分布于云南河口、金平、红河、绿春、元阳、屏边、蒙自、文山、马关、麻栗坡、景东；广西、贵州西南部分布。越南也有。

种分布区类型：7-4

束花芒毛苣苔

Aeschynanthus hookeri C.B. Clarke

税玉民等（Shui Y.M. *et al.*）*91089*

附生于海拔 1300 ~ 2100m 林内树干上。分布于云南绿春、勐海、勐连、景东、临沧、双江、潞西。尼泊尔、印度也有。

种分布区类型：14SH

矮芒毛苣苔

Aeschynanthus humilis Hemsl.

中苏队（Sino-Russ. Exped.）*834*；周浙昆等（Zhou Z.K. *et al.*）*55*

附生于海拔 1600 ~ 2400m 阔叶林内树干上。分布于云南金平、河口、元阳、屏边、普洱及景东。缅甸、泰国、老挝也有。

种分布区类型：7

线条芒毛苣苔

Aeschynanthus lineatus Craib

税玉民等（Shui Y.M. *et al.*）*90988*，*群落样方 2011-36*，*群落样方 2011-39*，*群落样方 2011-42*

附生于海拔 1600 ~ 2300m 林内树干上。分布于云南绿春、镇康、临沧、双江、腾冲。泰国西北部也有。

种分布区类型：7-3

药用芒毛苣苔

Aeschynanthus poilanei Pellegr

翟萍（Zhai P.）*1217*

附生于海拔 970 ～ 1000m 林内树干上。分布于云南东南部（金平）。越南也有。

种分布区类型：7-4

少毛横蒴苣苔

Beccarinda paucisetulosa C.Y. Wu ex H.W. Li

税玉民等（Shui Y.M. *et al.*）*90995，群落样方 2011-32*

生于海拔 1800 ～ 2100m 林中。分布于云南东南部（金平）。

金平特有

种分布区类型：15d

锈毛短筒苣苔

Boeica ferruginea Drake

中苏队（Sino-Russ. Exped.）*952，3182*

生于海拔 350 ～ 600m 密林中阴处。分布于云南金平、个旧、马关、盈江。越南北部也有。

种分布区类型：15c

孔药短筒苣苔

Boeica porosa C.B. Clarke

西南野生生物种质资源库 DNA Barcoding 考察（DNA Barcoding Exped. of GBOWS）*GBOWS1432*

生于海拔 120 ～ 1200m 山坡疏林中阴湿处或溪边。分布于云南屏边、河口。缅甸北部、越南北部也有。

种分布区类型：14SH

钩序唇柱苣苔

Chirita hamosa R. Br.

税玉民（Shui Y.M.）*B91-572*

生于海拔 630 ～ 950m 石灰岩岩石上。分布于云南潞西、普洱、易武、金平、河口、红河、个旧、麻栗坡、绿春、文山。巴基斯坦、印度、缅甸、泰国、老挝、越南北部也有。

种分布区类型：7

大叶唇柱苣苔

Chirita macrophylla (Spreng.) Wall.

周浙昆等（Zhou Z.K. *et al.*）*176，273，559，562*

生于海拔 1700 ～ 2850m 林下溪边岩石上或树上。分布于云南腾冲、耿马、孟连、凤庆、双江、临沧、镇康、景东、金平、河口、红河、文山、麻栗坡；贵州（贞丰）分布。印度、尼泊尔、不丹、缅甸北部、泰国也有。

种分布区类型：7

斑叶唇柱苣苔

Chirita pumila D. Don

税玉民等（Shui Y.M. *et al.*）*90990*；周浙昆等（Zhou Z.K. *et al.*）*543，568*

生于海拔 1000 ～ 2500m 山地林中、沟边或岩石上。分布于云南金平、河口、个旧、红河、绿春、麻栗坡、蒙自、屏边、砚山、文山、普洱、凤庆、景东、临沧、沧源、龙陵、腾冲、碧江、贡山；西藏东南部、贵州滇西南及广西滇西北分布。尼泊尔、不丹、印度北部、缅甸北部、泰国、越南北部也有。

种分布区类型：7

美丽唇柱苣苔

Chirita speciocа Kurz

税玉民等（Shui Y.M. *et al.*）*90629*

生于海拔 1400 ～ 2700m 沟谷林下陡坡岩石上。分布于云南腾冲、瑞丽、沧源、澜沧、漾濞、大理、景东、普洱、蒙自、金平。印度东北部、缅甸、泰国、越南也有。

种分布区类型：7

麻叶唇柱苣苔

Chirita urticifolia Buch.-Ham. ex D. Don

税玉民等（Shui Y.M. *et al.*）*90745, 90961*

生于海拔 1320 ～ 2400m 山地林内潮湿处。分布于云南龙陵、绿春、屏边。尼泊尔、不丹、印度北部、缅甸北部也有。

种分布区类型：7

紫苞长蒴苣苔

Didymocarpus purpureobracteatus W.W. Smith

税玉民（Shui Y.M.）*B91-560*；周浙昆等（Zhou Z.K. *et al.*）*198*

生于海拔 1780 ～ 2230m 林下湿润处。分布于云南绿春、金平、河口、富宁、马关、麻栗坡、西畴、元阳、屏边、文山。

滇东南特有

种分布区类型：15b

林生长蒴苣苔

Didymocarpus silvarum W.W. Smith

税玉民等（Shui Y.M. *et al.*）(*s.n.*)

生于海拔 1600 ～ 2000m 林下沟边。分布于云南南部（普洱）、沧源、绿春等。

云南特有

种分布区类型：15a

全叶半蒴苣苔

Hemiboea integra C.Y. Wu ex H.W. Li

李锡文（Li H.W.）*378*；周铉（Zhou X.）*186*

生于海拔 120 ～ 400m 林中沟边或岩石上。分布于云南金平、麻栗坡、河口、马关。

滇东南特有

种分布区类型：15b

密序苣苔

Hemiboeopsis longisepala (H.W. Li) W.T. Wang

税玉民等（Shui Y.M. *et al.*）*群落样方 2011-48*；西南野生生物种质资源库 DNA Barcoding 考察（DNA Barcoding Exped. of GBOWS）*GBOWS1365*；徐永椿（Hsu Y.C.）*284*；中苏队（Sino-Russ. Exped.）*292，1747*

生于海拔 250 ～ 800m 山谷灌丛中、芭蕉林下或沟边阴处。分布于云南金平、河口、屏边。老挝也有。

种分布区类型：7-4

紫花苣苔

Loxostigma griffithii (Wight) C.B. Clarke

税玉民等（Shui Y.M. *et al.*）*群落样方 2011-36*

生于海拔 650 ～ 2600m 潮湿林中树上或山坡岩石上。模式标本采自印度阿萨姆。分布于云南西部、南部及东南部；四川西南部、贵州分布。越南北部、缅甸、印度东北部、尼泊尔、不丹也有。

种分布区类型：7

纤细吊石苣苔

Lysionotus gracilis W.W. Smith

税玉民等（Shui Y.M. *et al.*）(*s.n.*)

附生于海拔 2000 ～ 2550m 生林内树上或岩石上。分布于云南景东、凤庆、临沧、耿马、龙陵、泸水、腾冲。缅甸北部也有。

种分布区类型：14SH

宽叶吊石苣苔（变种）

Lysionotus pauciflorus Maxim. var. **latifolius** W.T. Wang

中苏队（Sino-Russ. Exped.）*1083*

附生于海拔 1000 ～ 1550m 密林中树上。分布于云南金平、麻栗坡、西畴；广西、贵州分布。

中国特有

种分布区类型：15

细萼吊石苣苔

Lysionotus petelotii Pellegr.

税玉民等（Shui Y.M. *et al.*）(*s.n.*)，*群落样方 2011-31*，*群落样方 2011-37*

附生于海拔 2200 ～ 2230m 苔藓老林中树上。分布于云南东南部（金平）。越南北部（沙巴）也有。

种分布区类型：15c

毛枝吊石苣苔

Lysionotus pubescens C.B. Clarke

税玉民等（Shui Y.M. *et al.*）*90957, 96766*，*群落样方 2011-32*，*群落样方 2011-33*，*群落样方 2011-36*、*群落样方 2011-37*，*群落样方 2011-39*

附生于海拔 1550 ～ 2000m 山谷或山地林中树上。分布于云南贡山、河口。缅甸北部、印度北部、不丹也有。

种分布区类型：14SH

齿叶吊石苣苔

Lysionotus serratus D. Don

税玉民等（Shui Y.M. *et al.*）*群落样方 2011-37*，*群落样方 2011-42*；张广杰（Zhang G.J.）*59*；周浙昆等（Zhou Z.K. *et al.*）*475*

附生于海拔 900 ～ 2500m 山地林中树上或石上。云南几遍布全省，但东北部至寻甸，其中东南部包括金平、河口、富宁、个旧、建水、绿春、马关、蒙自、弥勒、屏边、丘北、文山、砚山、元阳；西藏东南部、广西滇西北及贵州滇西南分布。尼泊尔、不丹、印度北部、缅甸北部、泰国北部、越南北部也有。

种分布区类型：7

小叶吊石苣苔

Lysionotus sulphureus Hand.-Mazz.

李国锋（Li G.F.）(*photo*)

附生于海拔 2300 ～ 2850m 山谷溪边石上或林中树上。分布于云南维西、福贡、贡山。

云南特有

种分布区类型：15a

黄马铃苣苔

Oreocharis aurea Dunn

税玉民等（Shui Y.M. *et al.*）*群落样方 2011-36*；周浙昆等（Zhou Z.K. *et al.*）*291*

附生于海拔 1500 ～ 2400m 山地林中树干或岩石上。分布于云南孟连、绿春、文山、金平、河口、开远、麻栗坡、蒙自、元阳、屏边。越南北部也有。

种分布区类型：15c

金平马铃苣苔

Oreocharis jinpingensis W.H. Chen et Y.M. Shui

税玉民等（Shui Y.M. *et al.*）(*photo*)

生于海拔 2100 ～ 2300m 常绿阔叶林中。分布于云南金平。

金平特有

种分布区类型：15d

滇桂喜鹊苣苔

Ornithoboea wildeana Craib

税玉民（Shui Y.M.）*B91-574*

生于海拔约 1300m 山坡。分布于云南金平、富宁、麻栗坡；广西西部分布。泰国西北部也有。

种分布区类型：7-3

蛛毛苣苔

Paraboea sinensis (Oliv.) Burtt

周浙昆等（Zhou Z.K. *et al.*）*579*

生于海拔 200 ～ 1800m 沟边、林中石上或陡崖上。分布于云南东南部和西南部；广西西南部、贵州、湖北西部、四川东南部分布。缅甸、泰国、越南也有。

种分布区类型：7

蓝石蝴蝶

Petrocosmea coerulea C.Y. Wu ex W.T. Wang

武素功（Wu S.K.）*3901*

生于海拔约 500m 山沟内山坡岩石上。分布于云南东南部（金平）。

金平特有

种分布区类型：15d

金平漏斗苣苔

Raphiocarpus jinpingensis W.H. Chen et Y.M. Shui

税玉民等（Shui Y.M. *et al.*）(*photo*)

生于海拔 1700 ～ 2100m 疏林中或林缘路边。分布于云南金平。

金平特有

种分布区类型：15d

长梗漏斗苣苔

Raphiocarpus longipedunculatus (C.Y. Wu ex H.W. Li) Burtt

税玉民等（Shui Y.M. *et al.*）*群落样方 2011-36*

生于海拔 1400 ～ 1700m 林下潮湿处或溪边。分布于云南屏边等地。

滇东南特有

种分布区类型：15b

线柱苣苔

Rhynchotechum ellipticum (Wall. ex D.F.N. Dietr.) A. DC.

税玉民等（Shui Y.M. *et al.*）*群落样方 2011-41*，*群落样方 2011-42*

生于海拔 350 ～ 1500m 山谷林中或溪边阴湿处。分布于云南西部、南部至东部；四川南部、贵州西南部、广西、广东、福建南部分布。越南、老挝、泰国、缅甸、印度东北部也有。

种分布区类型：7

冠萼线柱苣苔

Rhynchotechum formosanum Hatusima

税玉民等（Shui Y.M. *et al.*）*80296*

生于海拔 800m 以上林中潮湿的岩石上、山谷阴处或溪畔。分布于云南东南部（金平、西畴）；贵州、广西西南部、广东、台湾分布。泰国北部也有。

种分布区类型：7-3

毛线柱苣苔

Rhynchotechum vestitum Wall. ex C.B. Clarke

税玉民等（Shui Y.M. *et al.*）*80273*

生于海拔 750 ~ 2200m 谷地林内或沟边。分布于云南西部（潞西、镇康、临沧）、中南部（景东）、南部（西双版纳）及东南部（屏边、金平、河口、绿春、马关、麻栗坡）等地；西藏东南部（墨脱）、广西西部分布。不丹、印度也有。

种分布区类型：14SH

十字苣苔

Stauranthera umbrosa (Griff.) Clarke

税玉民等（Shui Y.M. *et al.*）*80286，90034，91155*；中苏队（Sino-Russ. Exped.）*939*

生于海拔 1100 ~ 1200m 山坡灌木丛下或沟谷疏林水边湿地上。分布于云南金平、河口、绿春、马关、元阳、沧源；广西（龙津）、海南分布。越南、缅甸、马来西亚、印度东北部也有。

种分布区类型：7

257　紫葳科 Bignoniaceae

西南猫尾木（原变种）

Markhamia stipulata (Wall.) Seem. ex K. Schumann var. **stipulata**

毛品一（Mao P.I.）*577*；吴元坤（Wu Y.K.）*N02*；徐永椿（Hsu Y.C.）*210，348*

生于海拔 610 ~ 1700m 地区的密林中。分布于云南金平、河口、蒙自（蛮耗）、红河、绿春、麻栗坡、屏边、普洱、西双版纳、景东、临沧、双江、马关、金平。越南、老挝、柬埔寨、泰国、缅甸也有。

种分布区类型：7

毛叶猫尾木（变种）

Markhamia stipulata (Wall.) Seem. ex K. Schumann var. **kerrii** Sprague

蒋维邦（Jiang W.B.）*95*

生于海拔 200 ～ 880m 阳坡疏林中。分布于云南金平、河口；广东南部、海南、广西分布。

中国特有

种分布区类型：15

火烧花

Mayodendron igneum (Kurz) Kurz

中苏队（Sino-Russ. Exped.）*617*

生于海拔 200 ～ 1520m 干热河谷、比较润湿的河谷低地。分布于云南普洱、西双版纳、景东、金平、河口、个旧、富宁、绿春、蒙自、文山、屏边、元江、双柏；广西、广东、台湾分布。越南、老挝、缅甸、泰国也有。

种分布区类型：7

千张纸

Oroxylum indicum (Linn.) Kurz

税玉民等（Shui Y.M. *et al.*）(*photo*)

生于海拔 100 ～ 1820m 干热河谷地区阳坡、疏林中。分布于云南西双版纳、凤庆、新平、河口、西畴等地和金沙江、澜沧江流域的干热河谷地区；广西、贵州（镇宁至黄草坝）、四川（会理）、广东（海南）、福建、台湾分布。越南、老挝、泰国、缅甸、印度、马来西亚、斯里兰卡也有。

种分布区类型：7

小萼菜豆树

Radermachera microcalyx C.Y. Wu et W.C. Yin

徐永椿（Hsu Y.C.）*125，267*；张建勋、张赣生（Chang C.S. et Chang K.S.）*87*；中苏队（Sino-Russ. Exped.）*677*

生于海拔 340 ～ 1570m 山谷疏林中、阳处、湿润处。分布于云南特南部至东南部（普洱、西双版纳、金平、绿春、蒙自、屏边）；广西分布。

中国特有

种分布区类型：15

菜豆树

Radermachera sinica (Hance) Hemsl.

税玉民等（Shui Y.M. *et al.*）*群落样方 2011-48，群落样方 2011-49*

生于海拔 340 ～ 750m 山谷、疏林中。分布于云南盐津、富宁、河口等地；广东、广西、台湾分布。

中国特有

种分布区类型：15

羽叶楸

Stereospermum colais (Buch.-Ham. ex Dillwyn) Mabberley

蒋维邦（Jiang W.B.）*20*；吴元坤、胡诗秀（Wu Y.K. et Hu S.X.）*87*；徐永椿（Hsu Y.C.）*1251*；宣淑洁（Hsuan S.J.）*118*；中苏队（Sino-Russ. Exped.）*185，501，1066，1079，3057*

生于海拔 150 ～ 1500(1800)m 干热河谷、疏林中。分布于云南西南部至南部、东南部(西双版纳、普洱、临沧、镇康、双江、耿马、瑞丽、屏边、金平、河口、富宁、个旧、绿春、弥勒、双柏)；广西、贵州、海南分布。孟加拉、不丹、柬埔寨、印度、印度尼西亚（苏门答腊）、老挝、马来西亚、缅甸、尼泊尔、斯里兰卡、泰国、越南也有。

种分布区类型：7

259　爵床科 Acantbaceae

白接骨

Asystasia neesiana (Wall.) Nees

周铉（Zhou X.）*193*

生于海拔 100 ～ 2000m 林下或溪边。分布于云南西畴、麻栗坡、金平、河口、红河、绿春、马关、蒙自、屏边、丘北、西双版纳、文山、砚山、龙陵、双江、景东、峨山；江苏、浙江、安徽、江西、福建、台湾、广东、广西、湖南、湖北、贵州、四川等地分布。印度、越南至缅甸也有。

种分布区类型：7

假杜鹃

Barleria cristata Linn.

中苏队（Sino-Russ. Exped.）*245*

生于海拔 700 ～ 1100m 山坡、路旁或疏林下阴处，也可生于干燥草坡或岩石中。分布于云南禄劝、元江、金平、开远、绿春、蒙自、西畴、砚山、景东、丽江、宾川、鹤庆；福建、台湾、广东、海南、广西、四川、贵州和西藏等省区分布。不丹、柬埔寨、印度、印度尼西亚、老挝、缅甸、尼泊尔、巴基斯坦、菲律宾、新加坡、斯里兰卡、泰国、越南也有。

种分布区类型：7

疏花叉花草

Diflugossa divaricata (Nees) Bremek.

税玉民等（Shui Y.M. *et al.*）(*photo*)

生于海拔约 1300m 林下。分布于云南屏边、麻栗坡；贵州、四川、广东、海南、广西分布。喜马拉雅温带地区（尼泊尔、不丹）至印度东北部（喀西山区）也有。

种分布区类型：14SH

黑叶小驳骨

Gendarussa ventricosa (Wall. ex Sims.) Nees

云南大学（Yunnan Univ.）(*s.n.*)；中苏队（Sino-Russ. Exped.）*624*

生于海拔 800 ～ 1600m 近村的树林下或灌丛中，或栽培。分布于云南金平、河口、西畴、砚山；广东、海南（东南）、香港分布。越南至泰国、缅甸也有。

种分布区类型：7

小驳骨

Gendarussa vulgaris Nees

中苏队（Sino-Russ. Exped.）*2853*

生于海拔 1000 ～ 1700m 村旁或路边的灌丛中，有时栽培。分布于云南金平、富宁、个旧、绿春、麻栗坡、文山、西双版纳；福建、台湾、广东、海南、香港、广西分布。印度、斯里兰卡、中南半岛至马来半岛也有。

种分布区类型：7

水蓑衣

Hygrophila salicifolia (Vahl) Nees

西南野生生物种质资源库 DNA Barcoding 考察（DNA Barcoding Exped. of GBOWS）*GBOWS1323*

生于海拔 800m 以下溪沟边或洼地等潮湿处。分布于云南勐腊；广东、广西、海南、台湾、香港、福建、江西、浙江、安徽、湖南、湖北、四川等省区分布。不丹、柬埔寨、印度、印度尼西亚、日本、老挝、马来西亚、缅甸、尼泊尔、巴基斯坦、菲律宾、泰国、越南也有。

种分布区类型：7

叉序草

Isoglossa collina (T. Anders.) B. Hansen

税玉民等（Shui Y.M. *et al.*）*群落样方 2011-49*

生于海拔 1500 ～ 2200m 山坡阔叶林下或溪边阴湿地。分布于云南景东、勐腊、腾冲等地；西藏（墨脱）、广东、广西、湖南、江西分布。印度、不丹也有。

种分布区类型：14SH

鳞花草

Lepidagathis incurva Buch.-Ham. ex D. Don

西南野生生物种质资源库 DNA Barcoding 考察（DNA Barcoding Exped. of GBOWS）*GBOWS1475*；中苏队（Sino-Russ. Exped.）*257*；周铉（Zhou X.）*181*

生于海拔 200 ～ 1500m 近村的草地或旷野、灌丛、干旱草地或河边沙地。分布于云南盈江、金平、河口、红河、富宁、麻栗坡、文山、元阳、绿春、勐腊;广西、广东、海南、香港分布。中南半岛至印度、喜马拉雅地区其他国家也有。

种分布区类型：7

南岭野靛棵

Mananthes leptostachya (Hemsl.) H.S. Lo

周铉（Zhou X.）*195*

生于海拔 1200 ～ 1900m 林中。分布于云南金平、河口、麻栗坡；广东（乐昌、乳源、连州）、广西（龙州、百色、贺县、防城）、湖南（宜章）分布。

中国特有

种分布区类型：15

野靛棵属一种

Mananthes sp.

中苏队（Sino-Russ. Exped.）*487，624，922*

滇野靛棵

Mananthes vasculosa (Nees) Bremek.

周铉（Zhou X.）*195*

生于海拔 400 ～ 1500m 山地林中或灌丛中。分布于云南金平、富宁、麻栗坡；广西（龙州）分布。东喜马拉雅、印度东北喀西山区也有。

种分布区类型：14SH

瘤子草

Nelsonia canescens (Lam.) Spreng.

蒋维邦（Jiang W.B.）*50*；中苏队（Sino-Russ. Exped.）*460*

生于海拔 350 ～ 1500m 山谷疏林等湿润处。分布于云南金平、镇康；广西南部（龙州）分布。不丹、柬埔寨、印度、印度尼西亚、老挝、马来西亚、缅甸、尼泊尔、菲律宾、泰国、越南、非洲、马达加斯加也有。

种分布区类型：6

蛇根叶

Ophiorrhiziphyllon macrobotryum Kurz

西南野生生物种质资源库 DNA Barcoding 考察（DNA Barcoding Exped. of GBOWS）*GBOWS1333*；云南大学（Yunnan Univ.）(*s.n.*)；张广杰（Zhang G.J.）*53*；中苏队（Sino-Russ. Exped.）*894*

生于海拔 170 ～ 1250m 密林中、水沟边潮湿处。分布于云南金平、河口、绿春、麻栗坡、蒙自、西凑、元阳、普洱、西盟、景洪、勐海、勐腊、临沧、耿马、泸西。老挝、缅甸、泰国、越南也有。

种分布区类型：7

观音草

Peristrophe bivalvis (Linn.) Merr.

中苏队（Sino-Russ. Exped.）*2837*，*2859*

生于海拔 500 ～ 1000m 林下。分布于云南金平、红河、绿春、屏边、砚山、文山、马关、西畴、麻栗坡、河口；贵州、湖南、湖北、福建、江西、江苏、海南分布。印度、斯里兰卡、中南半岛、马来西亚到新几内亚也有。

种分布区类型：7d

九头狮子草

Peristrophe japonica (Thunb.) Bremek.

税玉民等（Shui Y.M. *et al.*）*80335*

生于海拔 1200 ～ 1700m 路边、草地或林下。分布于云南金平、河口、绿春、屏边、红河、文山；安徽、重庆、福建、广东、广西、贵州、海南、河南、湖北、湖南、江苏、江西、四川、台湾、浙江分布。日本也有。

种分布区类型：14SJ

火焰花

Phlogacanthus curviflorus (Wall.) Nees

毛品一（Mao P.I.）*565*；税玉民等（Shui Y.M. *et al.*）*80277*；西南野生生物种质资源库 DNA Barcoding 考察（DNA Barcoding Exped. of GBOWS）*GBOWS1451*；徐永椿（Hsu Y.C.）*159*；张广杰（Zhang G.J.）*26*

生于海拔 400 ～ 1600m 林下。分布于云南金平、河口、绿春、马关、景洪、勐海、镇康、耿马、瑞丽、潞西；西藏分布。不丹、印度、老挝、缅甸、泰国、越南也有。

种分布区类型：7

山壳骨

Pseuderanthemum latifolium (Vahl) B. Hansen

中苏队（Sino-Russ. Exped.）*521*，*866*

生于海拔 500 ～ 1300m 林下或沟边。分布于云南金平、河口、红河、绿春、马关、屏边、西双版纳；广东、海南、广西分布。柬埔寨、印度、老挝、马来西亚、缅甸、泰国、越南也有。

种分布区类型：7

多花山壳骨

Pseuderanthemum polyanthum (C.B. Clarke) Merr.

徐永椿（Hsu Y.C.）*150*，*230*；中苏队（Sino-Russ. Exped.）*391*，*3186*；周铉（Zhou X.）*195*

生于海拔 600 ～ 1900m 林中。分布于云南金平、河口、个旧、红河、绿春、马关、麻栗坡、蒙自、富宁、文山、西双版纳；广西（龙州）分布。印度、马来西亚、泰国、缅甸、越南也有。

种分布区类型：7

红河山壳骨

Pseuderanthemum teysmannii (Miq.) Ridl.

中苏队（Sino-Russ. Exped.）*625*，*866*

生于海拔 170 ～ 500m 林下。分布于云南金平、河口、红河、富宁、绿春、麻栗坡、蒙自、屏边、文山、元阳。印度尼西亚、泰国南部也有。

种分布区类型：7

针子草

Rhaphidospora vagabunda (R. Ben.) C.Y. Wu ex Y.C. Tang

云南大学（Yunnan Univ.）(*s.n.*)

生于海拔 1000m 以下疏林中、灌丛、沟边、密林潮湿处。分布于云南金平、景洪、勐腊。

越南也有。

种分布区类型：7-4

灵枝草

Rhinacanthus nasutus (Linn.) Kurz

中苏队（Sino-Russ. Exped.）*415*

生于海拔 700m 左右灌丛或疏林下。分布于云南景东、耿马、金平；广东、海南分布。柬埔寨、印度、印度尼西亚、老挝、马来西亚、缅甸、菲律宾、斯里兰卡、泰国、越南、马达加斯加也有。

种分布区类型：6-2

爵床

Rostellularia procumbens (Linn.) Nees

税玉民等（Shui Y.M. *et al.*）*80310*

生于海拔 2200 ~ 2400m 山坡林间草丛中，为习见野草。分布于云南大理、昆明、凤庆、金平、个旧、建水、开远、绿春、马关、麻栗坡、弥勒、丘北、文山、元阳、砚山、西畴、屏边、蒙自、楚雄、景东、景洪、勐腊、勐海、罗平；秦岭以南，东至江苏、台湾，南至广东，西南至云南、西藏（吉隆）分布。

中国特有

种分布区类型：15

南鼠尾黄

Rungia henryi C.B. Clarke

周铉（Zhou X.）*187，191*

生于海拔 1000 ~ 1700m 林下阴湿处。分布于云南南部至东南部。

云南特有

种分布区类型：15a

孩儿草

Rungia pectinata (Linn.) Nees

周铉（Zhou X.）*183*

生于海拔 1000 ~ 2500m 草地上，为常见的野生杂草。分布于云南金平、河口、个旧、绿春、蒙自、富宁、石屏、元阳、墨江、景洪、勐腊、腾冲、镇康、潞西；广东、海南、广西分布。孟加拉、不丹、印度、老挝、缅甸、尼泊尔、斯里兰卡、泰国、越南也有。

种分布区类型：7

屏边鼠尾黄

Rungia pinpienensis H.S. Lo

税玉民等（Shui Y.M. *et al.*）*80291*；中苏队（Sino-Russ. Exped.）*487*，*925*

生于海拔 1300 ～ 1600m 田旁小箐。分布于云南金平、麻栗坡、屏边。

滇东南特有

种分布区类型：15b

灰背叉柱花

Staurogyne hypoleuca R. Ben.

云南大学（Yunnan Univ.）*无号*；中苏队（Sino-Russ. Exped.）*894*

生于海拔 260 ～ 1750m 湿润山谷或林下。分布于云南金平、麻栗坡、河口、绿春、屏边、西畴。越南也有。

种分布区类型：7-4

瘦叉柱花

Staurogyne rivularis Merr.

税玉民等（Shui Y.M. *et al.*）(*photo*)

生于海拔 260 ～ 1750m 湿润山谷或林下。模式标本采自越南河内。分布于云南南部等地；海南（保亭、儋州）分布。越南也有。

种分布区类型：7-4

三花马蓝

Strobilanthes atropurpurea Nees

周浙昆等（Zhou Z.K. *et al.*）*185*

生于海拔 1500 ～ 2200m 林下。分布于云南麻栗坡、富宁、西畴、金平、广南、河口、马关、文山、景洪；重庆、广东、广西、贵州、湖北、湖南、江西、四川、台湾、西藏（错那、聂拉木）、浙江分布。不丹、印度、缅甸、尼泊尔、巴基斯坦、越南也有。

种分布区类型：7

板蓝

Strobilanthes cusia (Nees) O. Kuntze

西南野生生物种质资源库 DNA Barcoding 考察（DNA Barcoding Exped. of GBOWS）*GBOWS1409*；云南大学（Yunnan Univ.）(*s.n.*)；周浙昆等（Zhou Z.K. *et al.*）*285*，*499*；中苏队（Sino-Russ. Exped.）*2836*

生于海拔 520 ～ 2450m 潮湿地方。分布于云南金平、河口、红河、蒙自、元阳、砚山、屏边、麻栗坡、西畴、景东、景洪、勐海、盈江、潞西；广东、海南、香港、广西、贵州、四川、西藏东南部、福建、台湾和浙江分布。孟加拉、不丹、印度东北部、缅甸、喜马拉雅等地至中南半岛也有。

种分布区类型：7

疏花马蓝

Strobilanthes divaricatus (Nees) T. Anders.

西南野生生物种质资源库 DNA Barcoding 考察（DNA Barcoding Exped. of GBOWS） *GBOWS1360*

生于海拔 1300 ～ 2000m 山地林中。分布于云南屏边、麻栗坡；贵州、四川、广东、海南、广西分布。喜马拉雅温带地区（尼泊尔、不丹）至印度东北部（喀西山区）也有。

种分布区类型：14SH

糯米香

Strobilanthes tonkinensis Lindau

武素功（Wu S.K.）(*s.n.*)；中苏队（Sino-Russ. Exped.）*135*

生于海拔 200 ～ 1500m 林缘路边，常栽培。分布于云南金平、河口、马关、屏边、勐腊；广西分布。泰国、越南也有。

种分布区类型：7

红花山牵牛

Thunbergia coccinea Wall.

税玉民等（Shui Y.M. *et al.*）*群落样方 2011-46*

生于海拔 850 ～ 960m 山地林中。分布于云南楚雄、富宁、金平、普洱、勐腊、临沧、双江、潞西、龙陵等；西藏东南部分布。印度及中南半岛北部也有。

种分布区类型：7

碗花草

Thunbergia fragrans Roxb.

周铉（Zhou X.）*192*

生于海拔 1100 ～ 2300m 山坡灌丛中。分布于云南昆明、鹤庆、洱源、香格里拉（中甸）、大理、凤庆、双江、金平、开远、蒙自、弥勒、石屏；四川、贵州、广东、广西等省分布。印度、斯里兰卡、印度支那半岛、印度尼西亚、菲律宾等也有。

种分布区类型：7

山牵牛

Thunbergia grandiflora (Rottl. ex Willd.) Roxb.

中苏队（Sino-Russ. Exped.）*394*，*625*；周铉（Zhou X.）*200*

生于海拔 390 ～ 1500m 灌丛或林下。分布于云南金平、个旧、河口、建水、绿春、蒙自、元江、景东、勐腊、景洪、临沧等地。缅甸也有。

种分布区类型：7-3

263　马鞭草科 Verbenaceae

木紫珠

Callicarpa arborea Roxb.

税玉民等（Shui Y.M. *et al.*）*群落样方 2011-47*；王开域（Wang K.Y.）*16*，*21*；中苏队（Sino-Russ. Exped.）*942*

生于海拔 150 ～ 1800m 山坡疏林向阳处、次生林内常见。分布于云南西南部、南部和东南部（金平、河口、富宁、开远、绿春、马关、麻栗坡、蒙自、弥勒、屏边）；西藏东南部、广西分布。尼泊尔、印度、孟加拉、安达曼群岛、缅甸、泰国、越南、柬埔寨、马来半岛至印度尼西亚（东至伊里安岛）也有。

种分布区类型：7

大叶紫珠

Callicarpa macrophylla Vahl

段幼萱（Duan Y.X.）*4*；胡月英、文绍康（Hu Y.Y. et Wen S.K.）*580032*；吴元坤、胡诗秀（Wu Y.K. et Hu S.X.）*1*，*26*；张建勋、张赣生（Chang C.S. et Chang K.S.）*23*；中苏队（Sino-Russ. Exped.）*144*，*3169*

生于海拔 1300 ～ 2700m 杂木林中或山地路边、沟边。分布于云南金平、个旧、蒙自、文山、西畴、广南；四川南部和西南部、贵州、广西分布。越南北部也有。

种分布区类型：15c

红紫珠（原变型）

Callicarpa rubella Lindl. f. **rubella**

税玉民等（Shui Y.M. *et al.*）*群落样方 2011-33*，*群落样方 2011-34*；周浙昆等（Zhou Z.K. *et al.*）*92*

生于海拔 800 ～ 1900m 疏林或灌丛中。分布于云南东南部（包括红河和文山）、中部（峨山）及东北部（盐津、绥江）；安徽、四川、贵州、广西、广东、福建、台湾、湖南、江西、浙江均分布。印度北部、泰国、缅甸、越南、马来群岛也有。

种分布区类型：7

狭叶红紫珠（变型）

Callicarpa rubella Lindl. f. **angustata** Pei

中苏队（Sino-Russ. Exped.）*873*；周浙昆等（Zhou Z.K. *et al.*）*44*

生于海拔 700 ～ 3500m 林内或灌丛中。分布于云南东南部（玉溪、红河、文山）、南部（普洱、西双版纳）、西南部（德宏、临沧）至西部（漾濞、保山）、西北部（怒江）；四川（西南部）、贵州（西南部）、广西（西南部和东南部）、广东、湖南、浙江均分布。

中国特有

种分布区类型：15

锥花莸

Caryopteris paniculata C.B. Clarke

张广杰（Zhang G.J.）*47*；周浙昆等（Zhou Z.K. *et al.*）*21*

生于海拔 650 ～ 2300m 常绿阔叶林、混交林、箐沟疏林林下，也常见于林缘、路旁、石灰岩山干草地、荒地等群落中。分布于云南东南部、中南部、西南部及南部；广西、贵州西部、四川分布。印度东北部、尼泊尔、不丹、缅甸北部、泰国也有。

种分布区类型：7

臭牡丹

Clerodendrum bungei Steud.

税玉民等（Shui Y.M. *et al.*）*群落样方 2011-34*

生于海拔 520 ～ 2600m 山坡杂木林缘或路边。分布于云南维西、中甸、丽江、腾冲、漾濞、大理、禄丰、昆明、屏边、麻栗坡、文山、砚山、盐津等地；华北、陕西至江南各省区分布。越南北部（老街沙坝）也有。

种分布区类型：15c

臭茉莉（变种）

Clerodendrum chinensis (Osbeck) Mabberley var. **simplex** (Moldenke) S.L. Chen

段幼萱（Duan Y.X.）*2*；王开域（Wang K.Y.）*28*；吴元坤、胡诗秀（Wu Y.K. et Hu S.X.）*51*；中苏队（Sino-Russ. Exped.）*146，2856*

生于海拔 130 ～ 2000m 山坡疏林、山谷灌丛或村旁路边较湿润处。分布于云南西南部（瑞丽、沪水、耿马、临沧）、南部（孟连、西双版纳）、东南部（建水、金平、河口、文山、西畴、马关、麻栗坡、红河、绿春、屏边）；广西、广东和贵州南部分布。

中国特有

种分布区类型：15

狗牙大青

Clerodendrum ervatamioides C.Y. Wu

蒋维邦（Jiang W.B.）*32*；吴元坤、胡诗秀（Wu Y.K. et Hu S.X.）*24*；徐永椿（Hsu Y.C.）*109*；张建勋、张赣生（Chang C.S. et Chang K.S.）*112*；中苏队（Sino-Russ. Exped.）*614*；中苏队（Sino-Russ. Exped.）*3078*

生于海拔 120 ～ 700m 山坡阳处杂木林下或疏林下润湿处。分布于云南金平、河口。

滇东南特有

种分布区类型：15b

尖齿臭茉莉

Clerodendrum lindleyi Decne. ex Planch.

中苏队（Sino-Russ. Exped.）*199*

生于海拔 1200 ～ 2800m 沟边杂木林或路边。分布于云南贡山、德钦、金平、绿春、屏边、文山、麻栗坡、西畴、广南等地；安徽、江苏、四川、贵州、湖南、广西、广东、福建、江西、浙江等省区分布。

中国特有

种分布区类型：15

长叶大青

Clerodendrum longilimbum Pei

张广杰（Zhang G.J.）*49*

生于海拔 400 ～ 1500m 山坡沟谷或密林下。分布于云南金平、屏边、普洱、景洪、沧源、耿马、临沧、云龙等地；广西西部分布。越南也有。

种分布区类型：7-4

三台花（变种）

Clerodendrum serratum (Linn.) Moon var. **amplexifolium** Moldenke

西南野生生物种质资源库 DNA Barcoding 考察（DNA Barcoding Exped. of GBOWS）*GBOWS1419*；中苏队（Sino-Russ. Exped.）*1027*

生于海拔 630 ～ 1700m 灌木林中，通常长在比较阴蔽湿润的地方。分布于云南普洱、西双版纳、红河、金平、富宁、绿春、麻栗坡、弥勒、文山、元阳、屏边、河口、马关、砚山、西畴等地；广西、贵州西南部（兴义、安龙）分布。

中国特有

种分布区类型：15

臭牡丹属一种

Clerodendrum sp.

西南野生生物种质资源库 DNA Barcoding 考察（DNA Barcoding Exped. of GBOWS）*GBOWS1412*

辣莸

Garrettia siamensis Fletcher

西南野生生物种质资源库 DNA Barcoding 考察（DNA Barcoding Exped. of GBOWS）*GBOWS1344*；中苏队（Sino-Russ. Exped.）*517*

生于海拔 550～1200m 石灰岩疏林下。分布于云南景洪、勐腊、金平、绿春。印度尼西亚、泰国也有。

种分布区类型：7

过山藤

Phyla nodiflora (Linn.) Greene

中苏队（Sino-Russ. Exped.）*1807*

生于海拔 500～2300m 路旁、田边、河滩、荒地，为常见的杂草。分布于云南除西北部外全省大部分地区；福建、广东、贵州、海南、湖北、湖南、江苏、江西、四川、台湾、西藏分布。两半球热带和亚热带其他地区也有。

种分布区类型：2

石山豆腐柴

Premna crassa Hand.-Mazz.

中苏队（Sino-Russ. Exped.）*129*

生于海拔 700～1600m 石灰岩山地杂木林中。分布于云南金平、河口、蒙自、元阳、红河、文山、砚山、西畴、富宁等地；贵州西南部（兴义、安龙、册亨）、广西西南部分布。越南也有。

种分布区类型：7-4

勐海豆腐柴

Premna fohaiensis Pei et S.L. Chen ex C.Y. Wu

中苏队（Sino-Russ. Exped.）*502*，*591*

生于海拔 350～1340m 山坡林中。分布于云南勐海、金平。

云南特有

种分布区类型：15a

思茅豆腐柴

Premna szemaoensis Péi

中苏队（Sino-Russ. Exped.）*3062，3136*

生于海拔 500 ～ 1500m 比较干燥的疏林中。分布于云南龙陵、双江、临沧、澜沧、普洱、西双版纳、金平、个旧、屏边、文山、元阳。

云南特有

种分布区类型：15a

马鞭草

Verbena officinalis Linn.

中苏队（Sino-Russ. Exped.）*380*

生于海拔 500 ～ 2500m 荒地上。分布于云南全省各地；安徽、福建、甘肃、广东、广西、贵州、海南、湖北、湖南、江苏、江西、陕西、山西、四川、台湾、新疆、西藏、浙江分布。全球的温带至热带地区也有。

种分布区类型：1

263c 牡荆科 Viticaceae

牡荆（变种）

Vitex negundo Linn. var. **cannabifolia** (Sieb. et Zucc.) Hand.-Mazz.

胡月英、文绍康（Hu Y.Y. et Wen S.K.）*580367*

生于海拔 520 ～ 1400m 林下阴湿地。分布于云南除西北部及西南部外全省各地；广东、广西、贵州、河北、河南、湖南、四川分布。印度、尼泊尔、东南亚也有。

种分布区类型：7

微毛布惊（变种）

Vitex quinata (Lour.) Williams var. **puberula** (Lam.) Moldenke

周浙昆等（Zhou Z.K. *et al.*）*549，594*

生于海拔 650 ～ 1700m 混交林中。分布于云南东南部 (金平、河口、麻栗坡、西畴) 至西南部，西双版纳尤为常见；广西、贵州、海南、台湾、西藏分布。泰国、中南半岛至菲律宾也有。

种分布区类型：7

蔓荆

Vitex trifolia Linn.

徐永椿（Hsu Y.C.）*326*

生于海拔300～1600m湿润疏林中或路边村寨附近。分布于云南东南部至西南部地区；广东、广西、福建、台湾等省区分布。自马斯克林群岛、印度经中南半岛、马来西亚至波利尼西亚、澳大利亚等旧大陆热带地区也有。

种分布区类型：4

264 唇形科 Labiatae

大籽筋骨草

Ajuga macrosperma Wall. ex Benth.

张广杰（Zhang G.J.）*14，163*

生于海拔380～2400m湿润的灌木林中、干燥的草坡和灌丛中。分布于云南大理、楚雄、禄劝、元江、峨山、金平、建水、马关、蒙自、元阳、个旧、河口、屏边、绿春、文山、麻栗坡、西畴、广南、砚山、富宁、景东、西双版纳、梁河、陇川、盈江、龙陵、腾冲、临沧、双江、凤庆；台湾、广东、海南、广西、贵州分布。印度、越南、老挝、泰国、菲律宾也有。

种分布区类型：7

紫背金盘

Ajuga nipponensis Makino

张广杰（Zhang G.J.）*247*

生于海拔300～2300m田边矮草地湿润处、林内或阳坡。分布于云南全省大部分地区；东部、南部及西南各省、西北至秦岭南坡分布。日本、朝鲜也有。

种分布区类型：14SJ

广防风

Anisomeles indica (Linn.) Kuntze

胡月英（Hu Y.Y.）*60002287*

生于海拔220～1600m热带及亚热带地区的林缘、路旁或荒地。分布于云南全省海拔220～1600m热带、亚热带地区；西南、南岭附近及以南各地分布。印度、东南亚至马来群岛、菲律宾、帝汶岛也有。

种分布区类型：7

细风轮菜

Clinopodium gracile (Benth.) Matsum.

中苏队（Sino-Russ. Exped.）*838*

生于海拔约 2400m 路边、沟边、空旷草地、林缘、灌丛中。分布于云南南部和东南部；长江以南各省至陕西南分布。印度、缅甸、老挝、泰国、越南、马来西亚、印度尼西亚（东至苏拉威西及摩鹿加）、日本（南部）也有。

种分布区类型：7

灯笼草

Clinopodium polycephalum (Vaniot) C.Y. Wu et Hsuan ex P.S. Hsu

张广杰（Zhang G.J.）*82*

生于海拔 450 ～ 1800m 山坡混交林、疏林或灌丛中。分布于云南景东、孟连、金平、景洪、勐腊、瑞丽等地。缅甸、越南北方、泰国也有。

种分布区类型：7

羽萼木

Colebrookea oppositifolia Smith

段幼萱（Duan Y.X.）*13*；张广杰（Zhang G.J.）*57*；中苏队（Sino-Russ. Exped.）*776*

生于海拔 200 ～ 2200m 干热地区的稀树乔木林或灌丛中。分布于云南南部干热地区。亚热带喜马拉雅山区，南达印度、尼泊尔、缅甸、泰国也有。

种分布区类型：7

硬毛锥花

Gomphostemma stellatohirsutum C.Y. Wu

税玉民等（Shui Y.M. *et al.*）*群落样方 2011-39*

生于海拔 1300 ～ 2100m 草坡或阳处疏林下。分布于云南南部（勐海）、东南部（屏边）。

云南特有

种分布区类型：15a

紫毛香茶菜

Isodon enanderianus (Hand.-Mazz.) H.W. Li

段幼萱（Duan Y.X.）*5*

生于海拔 700 ～ 2500m 干热河谷地区的山坡、路旁、灌丛或林中。分布于云南巍山、元江、开远、石屏、金平、个旧、红河、元阳；四川北部分布。

中国特有

种分布区类型：15

益母草

Leonurus japonicus Houtt.

胡月英、文绍康（Hu Y.Y. et Wen S.K.）*580483*；中苏队（Sino-Russ. Exped.）*125*

海拔 3000m 以下多种生境均有生长，但以荒地为多，为一杂草。分布于云南全省各地；全国各地分布。俄罗斯、朝鲜、日本、热带亚洲、非洲、美洲也有。

种分布区类型：1

米团花

Leucosceptrum canum Smith

徐永椿（Hsu Y.C.）*338*

生于海拔 1000 ～ 1900m 撂荒地、路边及谷地溪边，或见于石灰岩的林缘小乔木或灌木丛中。分布于云南中部至南部；西藏南部和东南部、四川西南部（木里）分布。印度、不丹、尼泊尔、缅甸、越南、老挝等也有。

种分布区类型：7

蜜蜂花

Melissa axillaris (Benth.) Bakh. f.

李锡文（Li H.W.）*496*

生于海拔 600 ～ 2800m 林中、路旁、山坡、谷地。分布于云南全省大部分地区；陕西南、湖北西部、湖南西部、广东北部、广西北、四川、贵州、台湾等省区分布。尼泊尔、不丹、印度东北部、印度尼西亚（苏门答腊、爪哇）也有。

种分布区类型：7-1

小花荠苎

Mosla cavaleriei Lévl.

周浙昆等（Zhou Z.K. *et al.*）*554*

生于海拔 160 ～ 1800m 疏林下或山坡草地中。分布于云南东南部（砚山、麻栗坡）和南部（河口及西双版纳）；浙江、江西、湖北、四川、贵州、广西、广东等省区分布。越南北部（沙巴）也有。

种分布区类型：15c

小鱼仙草

Mosla dianthera (Buch.-Ham. ex Roxb.) Maxim.

周浙昆等（Zhou Z.K. *et al.*）*7*

生于海拔 1500 ～ 2300m 山坡路旁及水边。分布于云南西北部（福贡、维西）及东南部（金平、河口、西畴）；陕西至江南各省区分布。克什米尔地区、尼泊尔、不丹、孟加拉、印度、缅甸、越南、印度尼西亚（苏门答腊）、日本南部也有。

种分布区类型：7

假糙苏（原变种）

Paraphlomis javanica (Bl.) Prain var. **javanica**

税玉民等（Shui Y.M. *et al.*）*群落样方 2011-42*；周铉（Zhou X.）*184*

生于海拔 850 ～ 2400m 林阴下。分布于云南西南部、中南部、南部及东南部；台湾、广东、海南、广西南部分布。印度、孟加拉、缅甸、泰国、老挝、越南、马来西亚、印度尼西亚、菲律宾也有。

种分布区类型：7

小叶假糙苏（变种）

Paraphlomis javanica (Bl.) Prain var. **coronata** (Vant.) C.Y .Wu et H.W. Li

周浙昆等（Zhou Z.K. *et al.*）*219，415，427*

生于海拔 400 ～ 2400m 亚热带常绿林或混交林的林阴下。分布于云南东南部（金平、富宁、广南、马关、麻栗坡、文山、砚山）；四川、贵州、广西、广东、湖南、江西、台湾分布。

中国特有

种分布区类型：15

**** 紫苏**

Perilla frutescens (Linn.) Britton

中苏队（Sino-Russ. Exped.）*2828*；周浙昆等（Zhou Z.K. *et al.*）*34*

生于海拔 2000m 以下村边或路旁栽培或逸野。云南全省各地有栽培或逸野分布；全国各省区栽培分布。克什米尔地区、不丹、印度、缅甸、中南半岛，南至印度尼西亚（爪哇），东至日本、朝鲜也有。

种分布区类型：/

水珍珠菜

Pogostemon auricularius (Linn.) Hassk.

周浙昆等（Zhou Z.K. *et al.*）*11*

生于海拔 300 ～ 1700m 林下湿润处或溪边、涧侧。分布于云南南部热带及亚热带地区；江西、福建、台湾、广东、广西分布。印度、斯里兰卡、孟加拉、缅甸、泰国、老挝、柬埔寨、越南、马来西亚至印度尼西亚，东达伊里安岛及菲律宾均常见。

种分布区类型：7

刺蕊草

Pogostemon glaber Benth.

张广杰（Zhang G.J.）*254*；周浙昆等（Zhou Z.K. *et al.*）*54*，*573*

生于海拔 1300 ～ 2700m 山坡、路旁、荒地、山谷、林下等阴湿地。分布于云南西部、南部至东南部。尼泊尔、印度至泰国、老挝也有。

种分布区类型：7

散黄芩

Scutellaria laxa Dunn

周浙昆等（Zhou Z.K. *et al.*）*180*，*258*

生于海拔 1950 ～ 2600m 常绿林下。分布于云南金平、绿春、蒙自、马关。

滇东南特有

种分布区类型：15b

血见愁

Teucrium viscidum Bl.

中苏队（Sino-Russ. Exped.）*3086*；周浙昆等（Zhou Z.K. *et al.*）*124*

生于海拔 120 ～ 1530m 灌丛、草坡或林下的湿地，在沟边溪旁较为常见。分布于云南东南部、南部、西南部；江南各省区分布。日本、朝鲜、缅甸、印度、菲律宾至印度尼西亚也有。

种分布区类型：7

267 泽泻科 Alismataceae

剪刀草（变种）

Sagittaria trifolia Linn. var. **angustifolia** (Sieb.) Kitagawa

税玉民等（Shui Y.M. *et al.*）(*photo*)

生于海拔 530 ～ 2100m 水田、河沟、水塘、湖滨、沼泽地。分布于云南西部、南部、中部至东南部；全国大部分省区都有分布（但不见于西藏）。亚洲北纬 40 ～ 50° 以南的广大地区，西起阿拉伯、伊朗，东至日本，南至印度、马来西亚也有。

种分布区类型：11

280　鸭跖草科 Commelinaceae

穿鞘花

Amischotolype hispida (Rich.) D.Y. Hong

税玉民等（Shui Y.M. *et al.*）*群落样方 2011-39*，*群落样方 2011-41*，*群落样方 2011-42*；中苏队（Sino-Russ. Exped.）*3161*

生于海拔 1100 ～ 1700m 山坡林阴处及沟谷林下。分布于云南勐海、景洪、勐腊、普文、普洱、景东、碧江、金平、富宁、绿春、麻栗坡、西畴、元阳、马关、砚山、河口、屏边等地；贵州、广西、广东、福建和台湾分布。越南、印度尼西亚至伊里安岛也有。

种分布区类型：7

尖果穿鞘花

Amischotolype hookeri (Hassk.) Hara

税玉民等（Shui Y.M. *et al.*）*群落样方 2011-49*

生于海拔 750 ～ 1000m 沟谷或林下阴湿处。分布于云南西双版纳等地。印度、尼泊尔、不丹、孟加拉、缅甸、泰国、老挝、越南也有。

种分布区类型：7

饭包草

Commelina benghalensis Linn.

周浙昆等（Zhou Z.K. *et al.*）*3*

生于海拔 350 ～ 1700m 溪旁或林中阴湿处。分布于云南勐海、勐仑、金平、麻栗坡、蒙自、元阳、鹤庆、丽江、碧江、贡山等地；河北、陕西、贵州、广西、广东、海南分布。亚洲和非洲热带地区也有。

种分布区类型：6

鸭跖草

Commelina communis Linn.

税玉民等（Shui Y.M. *et al.*）*群落样方 2011-36*，*群落样方 2011-45*，*群落样方 2011-46*

生于海拔 800 ～ 1800m 田边、山坡阴湿处。分布于云南全省大部分地区；四川、甘肃以东的南北各省区分布。越南、朝鲜、日本、苏联、北美也有。

种分布区类型：2

大苞鸭跖草

Commelina paludosa Bl.

税玉民等（Shui Y.M. *et al.*）*群落样方 2011-33，群落样方 2011-34，群落样方 2011-36，群落样方 2011-37，群落样方 2011-39，群落样方 2011-41，群落样方 2011-42，群落样方 2011-48，群落样方 2011-49*；周浙昆等（Zhou Z.K. *et al.*）*93，551*

生于海拔 1000 ～ 2700m 溪边、山谷及山坡林下阴湿处。分布于云南西双版纳、元江、临沧、景东、凤庆、邓川、丽江、贡山、碧江、福贡、金平、红河、麻栗坡、文山、元阳、富宁、西畴、河口、屏边、绿春、楚雄、腾冲、龙陵等地；四川、贵州、广西、广东、江西南部、湖南南部、福建和台湾分布。尼泊尔、印度、孟加拉、中南半岛、马来西亚至印度尼西亚也有。

种分布区类型：7

波缘鸭跖草

Commelina undulata R.Br.

张广杰（Zhang G.J.）*242，245*；周浙昆等（Zhou Z.K. *et al.*）*576*

生于海拔 900 ～ 1600m 山坡草地、溪边和林下湿处。分布于云南东川、会泽、金平、河口、绿春、元阳；四川西部、广东和台湾分布。印度、越南、菲律宾至澳大利亚也有。

种分布区类型：5

聚花草

Floscopa scandens Lour.

税玉民等（Shui Y.M. *et al.*）*80275*；西南野生生物种质资源库 DNA Barcoding 考察（DNA Barcoding Exped. of GBOWS）*GBOWS1379*；张广杰（Zhang G.J.）*174*

生于海拔 130 ～ 1400m 山谷或林下。分布于云南勐腊、景洪、易武、普文、普洱、双江、临沧、景东、贡山、金平、绿春、屏边、富宁、西畴、河口、耿马等地；贵州、广西、广东、海南、湖南、江西、福建、浙江和台湾分布。尼泊尔、孟加拉、印度、斯里兰卡、缅甸、中南半岛、马来亚至热带澳大利亚也有。

种分布区类型：5

裸花水竹叶

Murdannia nudiflora (Linn.) Brenan

胡月英、文绍康（Hu Y.Y. et Wen S.K.）*580501*

生于海拔 510 ～ 1600m 溪旁、水边和林下。分布于云南勐海、易武、景洪、澜沧、镇康、景东、福贡、金平、河口、元阳、砚山、绿春、元阳、盐津等地;四川、贵州、广东、海南、广西、湖南、湖北、江苏、浙江、安徽、江西、福建分布。印度、缅甸、中南半岛至菲律宾、日本也有。

种分布区类型：7

粗柄杜若

Pollia hasskarlii R.S. Rao

张广杰（Zhang G.J.）*237*

生于海拔 200 ～ 1800m 山谷密林中。分布于云南金平、河口、绿春、元阳、富宁、西畴、麻栗坡、马关、砚山、屏边、普文、沧源、景东、临沧、龙陵、福贡等地；广西、广东北部和西南（连山、信宜）、贵州西南部（安龙）、四川西南部（米易）、西藏东南部（墨脱）分布。尼泊尔、不丹、孟加拉、印度、缅甸、泰国、越南也有。

种分布区类型：7

长花枝杜若

Pollia secundiflora (Bl.) Bakh. f.

税玉民等（Shui Y.M. *et al.*）*80293*，*群落样方 2011-49*；中苏队（Sino-Russ. Exped.）*369*；周浙昆等（Zhou Z.K. *et al.*）*571*

生于海拔 220 ～ 1540m 沟谷林下。分布于云南金平、绿春、麻栗坡、河口、屏边、勐腊等地;贵州、广东和台湾分布。斯里兰卡、印度、中南半岛、菲律宾至印度尼西亚也有。

种分布区类型：7

杜若属一种

Pollia sp.

西南野生生物种质资源库 DNA Barcoding 考察（DNA Barcoding Exped. of GBOWS）*GBOWS1458*

孔药花

Porandra ramosa D.Y. Hong

税玉民等（Shui Y.M. *et al.*）*群落样方 2011-48*，*群落样方 2011-49*;中苏队（Sino-Russ. Exped.）*253*

生于海拔 700 ～ 1800m 沟谷或林下。分布于云南勐海、景洪、普文、河口、金平、红河、绿春、文山、屏边、元阳、景东、临沧、凤庆、富宁、西畴、马关、麻栗坡、沧源、龙陵等地；广西西部、贵州西南部（兴义、安龙）分布。

中国特有

种分布区类型：15

钩毛子草

Rhopalephora scaberrima (Bl.) Faden

周浙昆等（Zhou Z.K. *et al.*）*581*

生于海拔 550 ～ 2100m 山谷林中。分布于云南金平、河口、绿春、西双版纳、临沧、景东、漾濞、福贡；台湾、广东（温塘山）、海南（保亭、琼中）、广西（靖西、贺县）、贵州（册亨）、西藏南部（墨脱）、台湾分布。不丹、印度、印度尼西亚、老挝、马来西亚、缅甸、菲律宾、斯里兰卡、泰国、越南也有。

种分布区类型：7

竹叶子（原亚种）

Streptolirion volubile Edgew. ssp. **volubile**

周浙昆等（Zhou Z.K. *et al.*）*314，527，560，570*

生于海拔 1100 ～ 3000m 山谷、杂林或密林下。分布于云南勐腊、勐海、勐连、普洱、元江、峨山、临沧、漾濞、鹤庆、泸水、兰苹、贡山、福贡、金平、河口、绿春、马关、蒙自、弥勒、屏边、元阳、麻栗坡、文山、江川、安宁、寻甸、会泽等地；甘肃、广西西北部、贵州、河北、河南西部、湖北西部、湖南西部、辽宁（千山）、陕西、山西、四川、西藏东南部、浙江西部（淳安、天目山）分布。不丹、印度、日本、韩国、老挝、缅甸、泰国、越南也有。

种分布区类型：7

红毛竹叶子（亚种）

Streptolirion volubile Edgew. ssp. **khasianum** (C.B. Clarke) D.Y. Hong

税玉民等（Shui Y.M. *et al.*）*群落样方 2011-36*，*群落样方 2011-42*；周浙昆等（Zhou Z.K. *et al.*）*159，474*

生于海拔 1300 ～ 2950m 溪边、山谷林下。分布于云南金平、河口、麻栗坡、红河、元阳、绿春、屏边、元江、镇康、腾冲、临沧、果东、凤庆、漾濞、泸水、碧江等地；贵州西南部（普安）、西藏东南部（墨脱）分布。不丹、印度东部、越南也有。

种分布区类型：7

287　芭蕉科 Musaceae

大蕉

Musa ×paradisiaca Linn.

宣淑洁（Hsuan S.J.）*138*，*139*，*141*

在海拔 1200 ～ 1800m 栽培分布。云南全省栽培分布；福建、广东、广西、海南、台湾地区栽培分布。原亚洲热带地区，现热带地区也有广泛种植。

种分布区类型：7

红蕉

Musa coccinea Andr.

宣淑洁（Hsuan S.J.）*160*

在海拔 600m 以下沟谷及水分条件良好的山坡上散生，也常栽培观赏。分布于云南东南部（河口、金平、马关、屏边、砚山一带）；福建、广东、广西、海南、台湾分布。越南也有。

种分布区类型：7-4

阿宽蕉

Musa itinerans Cheesman

税玉民等（Shui Y.M. *et al.*）*群落样方 2011-34*，*群落样方 2011-39*，*群落样方 2011-41*，*群落样方 2011-42*；张广杰（Zhang G.J.）*165*

生于海拔 550 ～ 1270m 沟谷底部两侧及土层肥厚的山坡下部富含腐殖质棕黑色砂壤土上，常自成群落。分布于云南西南部（瑞丽）及东南部（金平、河口、绿春）。印度、缅甸北部、泰国也有。

种分布区类型：7

290　姜科 Zingiberaceae

云南草蔻

Alpinia blepharocalyx K. Schum.

税玉民等（Shui Y.M. *et al.*）*群落样方 2011-46*；中苏队（Sino-Russ. Exped.）*77*，*446*

生于海拔 400 ～ 1800(2300)m 林中阴湿处或林缘、山坡上。分布于云南东南部(金平、富宁、河口、绿春、马关、麻栗坡、西畴、砚山、元阳、屏边）经西南部（普洱）至西部（福贡）；西藏东南部（墨脱）、广西西部分布。孟加拉、印度、老挝、缅甸、泰国、越南也有。

种分布区类型：7

节鞭山姜

Alpinia conchigera Griff.

税玉民等（Shui Y.M. *et al.*）(*photo*)

生于海拔 620 ～ 1100m 山坡密林下或疏阴处。分布于云南西双版纳、沧源等。南亚至东南亚也有。

种分布区类型：7

无斑山姜

Alpinia emaculata S.Q. Tong

宣淑洁（Hsuan S.J.）*61-159*；张广杰（Zhang G.J.）*143*

生于海拔约 800m 林下潮湿处。分布于云南勐腊、金平。

云南特有

种分布区类型：15a

脆果山姜

Alpinia globosa (Lour.) Horan.

税玉民等（Shui Y.M. *et al.*）*80268*；张广杰（Zhang G.J.）*123*；中苏队（Sino-Russ. Exped.）*432*

生于海拔 1300 ～ 1800m 林下阴湿处。分布于云南金平、河口、屏边、文山、西畴、麻栗坡、马关。越南也有。

种分布区类型：7-4

宽唇山姜

Alpinia platychilus K. Schum

宣淑洁（Hsuan S.J.）*159*

生于海拔 750 ～ 1300m 林中阴湿处。分布于云南南部（普洱）、西南部及东南部（金平、绿春）。

云南特有

种分布区类型：15a

密苞山姜

Alpinia stachyodes Hance

周浙昆等（Zhou Z.K. *et al.*）*512，521*

生于海拔 1500 ～ 2300m 潮湿混交林与常绿阔叶林下。分布于云南金平、富宁、屏边、西畴、元阳、马关、麻栗坡、文山；贵州、广西、广东、江西等省区分布。

中国特有

种分布区类型：15

球穗山姜

Alpinia strobiliformis T.L. Wu et S.J. Chen

税玉民等（Shui Y.M. *et al.*）*群落样方 2011-32*，*群落样方 2011-35*

生于海拔 1200 ～ 1900m 潮湿密林下。分布于云南金平、屏边、西畴、马关；广西分布。

中国特有

种分布区类型：15

艳山姜

Alpinia zerumbet (Pers.) Burtt et Smith

张广杰（Zhang G.J.）*3*，*142*

生于海拔 100 ～ 900m 林下。分布于云南东南部（金平）；广东、广西、海南、台湾分布。孟加拉、柬埔寨、印度、印度尼西亚、老挝、马来西亚、缅甸、菲律宾、斯里兰卡、泰国、越南也有。

种分布区类型：7

瘤果砂仁

Amomum maricarpum Elm.

西南野生生物种质资源库 DNA Barcoding 考察（DNA Barcoding Exped. of GBOWS）*GBOWS1327*

生于海拔 600 ～ 900m 潮湿林下。分布于云南勐腊等地；广东、海南、广西分布。菲律宾也有。

种分布区类型：7-5

细砂仁

Amomum microcarpum C.F . Liang et D. Fang

西南野生生物种质资源库 DNA Barcoding 考察（DNA Barcoding Exped. of GBOWS）*GBOWS1331*

生于海拔 300 ～ 500m 密林中。分布于云南；广西南部（东兴）分布。

中国特有

种分布区类型：15

疣果豆蔻

Amomum muricarpum Elm.

税玉民等（Shui Y.M. *et al.*）(*photo*)

生于海拔约 600m 潮湿林下。分布于云南勐腊；广东、海南、广西分布。菲律宾也有。

种分布区类型：7-5

云南豆蔻

Amomum repoeense Pierre ex Gagnep.

西南野生生物种质资源库 DNA Barcoding 考察（DNA Barcoding Exped. of GBOWS）*GBOWS1328*

生于海拔 300 ～ 1200m 疏密林中。分布于云南南部。柬埔寨、泰国也有。

种分布区类型：7

*** 草果**

Amomum tsaoko Crevost et Lemarie

税玉民等（Shui Y.M. *et al.*）*群落样方 2011-32，群落样方 2011-36，群落样方 2011-41，群落样方 2011-42*

生于海拔 1300 ～ 1800m 林下阴湿处，多栽培。分布于云南西畴、麻栗坡、金平；广西、贵州分布。

中国特有

种分布区类型：15

距药姜

Cautleya gracilis (Smith) Dandy

税玉民等（Shui Y.M. *et al.*）*群落样方 2011-34，群落样方 2011-36，群落样方 2011-39*；周浙昆等（Zhou Z.K. *et al.*）*431*

生于海拔 950 ～ 3100m 湿谷中，稀附生于树上。分布于云南东南部至西南部（漾濞、泸水、碧江、洱源、丽江、福贡、贡山、金平、河口、红河、绿春、蒙自、屏边、文山）；四川西南部（冕宁）、贵州（盘县）与西藏（察隅）分布。克什米尔、印度、尼泊尔、不丹、缅甸、泰国、越南也有。

种分布区类型：7

郁金

Curcuma aromatica Salisb.

（采集人不详）（Anonym）*753*；中苏队（Sino-Russ. Exped.）*35*

生于海拔 360 ～ 1900m 林下或林缘、草坡，野生或栽培。分布于云南东南部（金平、河口、富宁）、南部至西南部；广东、广西、福建、贵州、海南、四川、西藏、浙江分布。印度、不丹、缅甸、尼泊尔、斯里兰卡也有。

种分布区类型：7

姜黄

Curcuma longa Linn.

税玉民等（Shui Y.M. *et al.*）(*s.n.*)，*群落样方 2011-45*

生于海拔 200 ～ 900m 林下、草地与路旁，尤喜向阳处。分布于云南东南部、南部至西部；台湾、福建、广东、广西、四川与西藏等省区分布。东亚及东南亚已广泛栽培。

种分布区类型：7

莪术

Curcuma phaeocaulis Val.

蒋维邦（Jiang W.B.）*73*

生于海拔 180 ～ 1280m 河边砂地向阳处。分布于云南勐腊、金平、河口、绿春;广东、广西、福建、四川为栽培分布。印度尼西亚、越南也有。

种分布区类型：7

印尼莪术

Curcuma zanthorrhiza Roxb.

张广杰（Zhang G.J.）*231*

生于海拔约 800m 河边。分布于云南金平。印度尼西亚、马来西亚、泰国也有。

种分布区类型：7

舞花姜

Globba racemosa Smith

税玉民等（Shui Y.M. *et al.*）(*s.n.*)，*群落样方 2011-40*，*群落样方 2011-41*，*群落样方 2011-42*

生于海拔 200 ～ 1600m 山坡林下或路边。分布于云南东南部至西南部、西部、东北部(绥江）及西北部（丽江、维西);西藏南部、四川、贵州、广西、广东、湖南、江西、福建分布。印度、尼泊尔、缅甸、老挝也有。

种分布区类型：7

红姜花

Hedychium coccineum Smith

税玉民等（Shui Y.M. *et al.*）(*s.n.*)

生于海拔 700 ～ 2900m 杂木或针阔混交林下。分布于云南东南部至西南部；西藏南部（墨脱）、广西分布。印度、斯里兰卡、老挝也有。

种分布区类型：7

黄姜花

Hedychium flavum Roxb.

税玉民等（Shui Y.M. *et al.*）(*s.n.*)

生于海拔 1000 ～ 1500m 山坡林下或山谷潮湿密林中。分布于云南贡山、洱源。印度也有。

种分布区类型：7-2

圆瓣姜花

Hedychium forrestii Diels

税玉民等（Shui Y.M. *et al.*）(*s.n.*)；西南野生生物种质资源库 DNA Barcoding 考察（DNA Barcoding Exped. of GBOWS）*GBOWS1326*

生于海拔 600 ～ 2100m 山谷密林、疏林或灌丛中。分布于云南腾冲、大理、楚雄至广通、蒙自、西双版纳、西畴、马关、文山、富宁等地；四川、广西、贵州和西藏分布。

中国特有

种分布区类型：15

绿春姜花

Hedychium luchunensis Y.M. Shui (sp. nov., ined.)

税玉民等（Shui Y.M. *et al.*）(*photo*)

附生于海拔 1600 ～ 2000m 山地林中树干上或岩石上。分布于云南绿春、金平。

滇东南特有

种分布区类型：15b

姜花属一种

Hedychium sp.

税玉民等（Shui Y.M. *et al.*）(*s.n.*)

滇姜花

Hedychium yunnanense Gagnep.

税玉民等（Shui Y.M. *et al.*）(*photo*)

生于海拔 1700 ～ 2200m 山坡林下。分布于云南昆明、绿春、孟连等;四川、广西分布。

中国特有

种分布区类型：15

黄斑姜

Zingiber flavomaculatum S.Q. Tong

税玉民等（Shui Y.M. *et al.*）(*photo*)

生于海拔 580 ～ 1500m 常绿阔叶林下。模式标本采自勐腊。分布于云南勐腊、景洪等。

云南特有

种分布区类型：15a

脆舌姜

Zingiber fragile S.Q. Tong

李锡文（Li H.W.）*383*

生于海拔 560 ～ 1000m 林下。分布于云南南部（勐腊、景洪）和东南部（金平、绿春）。泰国北部也有。

种分布区类型：7-3

姜属一种

Zingiber sp.

西南野生生物种质资源库 DNA Barcoding 考察（DNA Barcoding Exped. of GBOWS）*GBOWS1436*

290a　闭鞘姜科 Costaceae

闭鞘姜

Costus speciosus (J. König) Smith

李锡文（Li H.W.）*373*；税玉民等（Shui Y.M. *et al.*）*群落样方 2011-46*，*群落样方 2011-49*；吴元坤（Wu Y.K.）*29*；西南野生生物种质资源库 DNA Barcoding 考察（DNA Barcoding Exped. of GBOWS）*GBOWS1425*；周浙昆等（Zhou Z.K. *et al.*）*32*

生于海拔 300 ～ 1400m 山坡林下、沟边与荒坡等地。分布于云南东南部（金平、河口、富宁、个旧、红河、绿春、马关、麻栗坡）至西南部；广东、广西、江西与湖南等省区分布。热带亚洲也有。

种分布区类型：7

光叶闭鞘姜

Costus tonkinensis Gagnep.

西南野生生物种质资源库 DNA Barcoding 考察（DNA Barcoding Exped. of GBOWS）*GBOWS1352*；周浙昆等（Zhou Z.K. *et al.*）*88*

生于海拔 600 ～ 1000m 林下阴湿处。分布于云南东南部（金平、河口、绿春、马关）至西南部；广东、广西分布。越南北部也有。

种分布区类型：15c

292　竹芋科 Marantaceae

尖苞柊叶

Phrynium placentarium (Lour.) Merr.

中苏队（Sino-Russ. Exped.）*3179*

生于海拔 250 ～ 1500m 沟谷林下。分布于云南勐腊、景洪、金平、个旧、绿春、马关、屏边、河口、西畴、富宁；西藏（东南）、广东、广西、贵州（兴义）、海南、西藏东南部（墨脱）分布。不丹、印度、印度尼西亚、缅甸、菲律宾、泰国、越南也有。

种分布区类型：7

柊叶

Phrynium rheedei C.R. Suresh et D.H. Nicolson

税玉民等（Shui Y.M. *et al.*）*90012，90130，群落样方 2011-48*；张广杰（Zhang G.J.）*192*

生于海拔 200 ～ 1400m 山谷或密林下。分布于云南西双版纳、澜沧、临沧、绿春、金平、马关、河口；广西、广东、福建分布。印度东北部至中南半岛也有。

种分布区类型：7

云南柊叶（原变种）

Phrynium tonkinense Gagnep. var. **tonkinense**

税玉民等（Shui Y.M. *et al.*）*90130*

生于海拔 300 ～ 380m 林下。分布于云南金平、屏边、河口、元阳。越南北部也有。

种分布区类型：15c

具柄云南柊叶（变种）

Phrynium tonkinense Gagnep. var. **pedunculatum** Gagnep.

中苏队（Sino-Russ. Exped.）*910*

生于海拔 300 ～ 2000m 沟谷季雨林、山坡常绿阔叶林或疏林下。分布于云南绿春、元阳、金平、屏边、河口、西畴、马关、麻栗坡、红河、文山；广西那坡分布。越南也有。

种分布区类型：7-4

293　百合科 Liliaceae

大百合

Cardiocrinum giganteum (Wall.) Makino

税玉民等（Shui Y.M. *et al.*）(*s.n.*)

生于海拔 1900 ～ 3700m 沟谷阔叶林、灌丛、山坡林缘、草坡、箐沟中，或长于潮湿的石上。分布于云南贡山、德钦、碧江、丽江、维西、大理、腾冲、镇康、临沧、镇雄、彝良、文山、广南；西藏南部、四川、贵州西部、甘肃南部和陕西南部分布。尼泊尔、不丹、印度北部、缅甸北部也有。

种分布区类型：14SH

293a　铃兰科 Convallariaceae

弯蕊开口箭

Campylandra wattii C.B. Clarke

周浙昆等（Zhou Z.K. *et al.*）*151*

生于海拔 800 ～ 2800m 林下、溪边、山谷。分布于云南贡山、沧源、西盟、景东、蒙自、绿春、屏边、金平、河口、红河、马关、元阳、文山、西畴、麻栗坡、广南、富宁；四川、贵州、广西、广东分布。不丹、印度、越南也有。

种分布区类型：7

长叶竹根七

Disporopsis longifera Craib

税玉民等（Shui Y.M. *et al.*）*群落样方 2011-41*，*群落样方 2011-39*

生于海拔 160 ～ 1720m 林下、灌丛中或林缘。分布于云南南部至东南部；广西南部和西南部分布。越南、老挝、泰国也有。

种分布区类型：7

短蕊万寿竹

Disporum bodinieri (Lévl. et Van.) F.T. Wang et Tang

税玉民等（Shui Y.M. *et al.*）*群落样方 2011-33*，*群落样方 2011-34*，*群落样方 2011-35*，*群落样方 2011-36*，*群落样方 2011-40*，*群落样方 2011-41*

生于海拔 1800 ～ 3000m 灌丛中或林下。分布于云南西北部、东南部；贵州南部、四川西南部分布。

中国特有

种分布区类型：15

万寿竹

Disporum cantoniense (Lour.) Merr.

税玉民等（Shui Y.M. *et al.*）*群落样方 2011-35*；中苏队（Sino-Russ. Exped.）*1017*，*1018*

生于海拔 640 ～ 3100m 原始或次生常绿阔叶林、松林、灌丛、草地、石灰岩山灌丛及火烧迹地。分布于云南全省大部分地区（自西北部至南部、东南部、东北部）；西藏、四川、贵州、陕西、广西、广东、海南、湖南、湖北、安徽分布。不丹、尼泊尔、印度、缅甸北部、泰国北部、越南北部也有。

种分布区类型：7

横脉万寿竹

Disporum trabeculatum Gagnep.

税玉民等（Shui Y.M. *et al.*）(*s.n.*)，*群落样方 2011-31*，*群落样方 2011-32*，*群落样方 2011-37*，*群落样方 2011-38*

生于海拔 750 ～ 2300m 常绿阔叶林和苔藓常绿林内。分布于云南景东、绿春、屏边、金平、河口、文山、西畴、马关、麻栗坡、富宁；广西（大苗山、横县、大融山）、贵州（榕江）分布。越南（东京、安南）也有。

种分布区类型：7-4

西南鹿药

Maianthemum fuscum (Wall.) LaFrankie

税玉民等（Shui Y.M. *et al.*）(*photo*)

生于海拔 1900 ～ 2500m 林中，有时附生在林下或沟边的石面上或树干上。分布于云南贡山、福贡、碧江、腾冲、景东等；西藏南部（定结、聂拉木、亚东、墨脱、察隅）分布。尼泊尔、不丹、印度、缅甸北部也有。

种分布区类型：14SH

间型沿阶草

Ophiopogon intermedius D.Don

税玉民等（Shui Y.M. *et al.*）(*s.n.*)，*群落样方 2011-31*，*群落样方 2011-37*

生于海拔 800 ～ 3000m 山坡、沟谷、溪边阴湿处。分布于云南贡山、福贡、泸水、中甸、维西、永胜、丽江、鹤庆、大理、漾濞、景东、大姚、昆明、安宁、嵩明、禄劝、寻甸、东川、昭通、巧家、个旧、砚山、文山等地；秦岭以南各省区分布。不丹、尼泊尔、印度、孟加拉、泰国、越南、斯里兰卡也有。

种分布区类型：7

屏边沿阶草

Ophiopogon pingbienensis F.T. Wang et L.K. Dai

税玉民等（Shui Y.M. *et al.*）(*s.n.*)

生于海拔 1860 ～ 2800m 密林下阴湿处。分布于云南屏边等地。

滇东南特有

种分布区类型：15b

沿阶草属一种

Ophiopogon sp.

西南野生生物种质资源库 DNA Barcoding 考察（DNA Barcoding Exped. of GBOWS）*GBOWS1457*；周浙昆等（Zhou Z.K. *et al.*）*351*，*465*，*468*，*473*，*479*，*488*，*489*，*490*，*491*

大盖球子草

Peliosanthes macrostegia Hance

中苏队（Sino-Russ. Exped.）*197*

生于海拔 240 ～ 1800m 河谷季雨林或灌丛内。分布于云南泸水、耿马、金平、蒙自、河口、马关、屏边、西畴、麻栗坡；西藏东南部（米什米山）、四川、贵州、广西、广东、湖南、台湾分布。尼泊尔、印度、老挝也有。

种分布区类型：7

匍匐球子草

Peliosanthes sinica F.T. Wang et Tang

中苏队（Sino-Russ. Exped.）*953*

生于海拔 500 ～ 1400m 山谷季雨林内或次生灌丛、疏林中。分布于云南南部至东南部（沧源、普洱、勐海、景洪、勐腊、金平、河口、绿春、西畴、富宁）；广西南部分布。

中国特有

种分布区类型：15

滇黄精

Polygonatum kingianum Coll. et Hemsl.

中苏队（Sino-Russ. Exped.）*1021*

生于海拔约 1300m 山坡。分布于云南金平、富宁、麻栗坡；广西西部分布。泰国西北部也有。

种分布区类型：7-3

点花黄精

Polygonatum punctatum Royle ex Kunth

税玉民等（Shui Y.M. *et al.*）(*s.n.*)，*群落样方 2011-32*，*群落样方 2011-34*，*群落样方 2011-36*

附生于海拔 1100 ～ 2850m 常绿阔叶林中岩石上或树上。分布于云南绿春、金平、石屏、文山、西畴、镇康、景东、新平、昆明、安宁、大姚、维西、贡山、泸水、彝良、大关；西藏（南部）、四川、贵州、广西（西南部）、广东分布。尼泊尔、不丹、印度、越南也有。

种分布区类型：7

黄精属一种

Polygonatum sp.

周浙昆等（Zhou Z.K. *et al.*）*354*，*355*，*439*

长柱开口箭

Tupistra grandistigma F.T. Wang et S.Yun Liang

李锡文（Li H.W.）*380*

生于海拔 350 ～ 1600m 石灰岩灌丛、沟谷、季雨林中。分布于云南镇康、景洪、勐腊、马关、金平、河口、屏边一带；广西分布。越南也有。

种分布区类型：7-4

开口箭属一种

Tupistra sp.

周浙昆等（Zhou Z.K. *et al.*）*239*

293b 山菅兰科 Phormiaceae

山菅兰

Dianella ensifolia (Linn.) Redouté

税玉民等（Shui Y.M. *et al.*）*群落样方 2011-46*；西南野生生物种质资源库 DNA Barcoding 考察（DNA Barcoding Exped. of GBOWS）*GBOWS1426*；中苏队（Sino-Russ. Exped.）*411*

生于海拔 240 ～ 2200m（景东）林下、灌丛或草地。分布于云南西部（北至泸水）、南部至东南部（金平、河口、富宁、绿春、马关、麻栗坡、弥勒、屏边、文山、西畴、砚山）；广东、广西、贵州、江西、福建、台湾、浙江分布。尼泊尔、印度东北部、缅甸、斯里兰卡、马斯卡林群岛、马达加斯加、中南半岛诸国、马来半岛、苏门答腊至澳大利亚也有。

种分布区类型：5

293c 吊兰科 Anthericaceae

西南吊兰

Chlorophytum nepalense (Lindl.) Baker

税玉民等（Shui Y.M. *et al.*）(*s.n.*)

生于海拔 810 ～ 2700m 云南松林、草坡、江边灌丛、山坡石缝中。分布于云南中甸、丽江、永胜、鹤庆、洱源、漾濞、大理、宾川、元谋、大姚、楚雄、景东、保山、巧家；西藏（吉隆、聂拉木、错那）、四川（木里、布拖、冕宁）、贵州西部分布。尼泊尔、印度也有。

种分布区类型：14SH

294 天门冬科 Asparagaceae

羊齿天门冬

Asparagus filicinus D.Don

喻智勇（Yu Z.Y.）(*photo*)

生于海拔 700 ～ 3500m 云南松林、栎林、灌丛或草坡。分布于云南盐津、巧家、宣威、禄劝、嵩明、昆明、大姚、大理、宁蒗、丽江、维西、鹤庆、德钦、中甸、贡山等地；西藏、四川、青海、甘肃、陕西、山西、河南、湖北、贵州、湖南、浙江分布。缅甸、印度、不丹也有。

种分布区类型：7

295 重楼科 Trilliaceae

凌云重楼

Paris cronquistii (Takht.) H. Li

税玉民等（Shui Y.M. *et al.*）*西隆山凭证 0835*

生于海拔 900 ～ 2100m 沟谷林、山地常绿阔叶林或苔藓林中。分布于云南金平、屏边、西畴；广西西南部、贵州南部（安龙）、四川中部至南部分布。

中国特有

种分布区类型：15

球药隔重楼

Paris fargesii Franch.

周浙昆等（Zhou Z.K. *et al.*）*187，283，336*

生于海拔 1550 ～ 2200m 常绿阔叶林中。分布于云南昆明至金平、屏边、广南；四川、贵州、广东、广西、湖南、湖北、江西、台湾分布。越南北部也有。

种分布区类型：15c

七叶一枝花（原变种）

Paris polyphylla Smith var. **polyphylla**

税玉民等（Shui Y.M. *et al.*）*90387*

生于海拔 3400m 以下针阔叶混交林、竹林、灌丛或草坡。分布于云南西南部、南部和东南部；西藏南部、四川、广西、广东、台湾、湖南、湖北西部、台湾分布。不丹、尼泊尔、印度、越南北部也有。

种分布区类型：7

华重楼（变种）

Paris polyphylla Smith var. **chinensis** (Franch.) Hara

宣淑洁（Hsuan S.J.）*164*

生于海拔 1100 ～ 2800m 山谷常绿阔叶林、竹林、杂木林、箭竹灌丛中。分布于云南景东、镇康、元阳、金平、河口、绿春、文山、西畴、元阳、屏边、麻栗坡、广南；江苏、浙江、安徽、江西、贵州、广东、广西、湖北、海南、四川分布。缅甸、泰国、老挝、越南北部也有。

种分布区类型：7

狭叶重楼（变种）

Paris polyphylla Smith var. **stenophylla** Franch.

税玉民等（Shui Y.M. *et al.*）*90569*

生于海拔 3500m 以下铁杉林、云杉林、松林、常绿阔叶林、苔藓林、竹林、灌丛、石岩地、荒山坡。分布于云南全省大部分地区（其中东南部自金平、文山），但西双版纳等热带地域不分布；西藏、四川、贵州、湖北、湖南、江西、安徽、甘肃、陕西、山西、江苏、浙江、福建、台湾、广西分布。印度、缅甸北部、尼泊尔、不丹、克什米尔也有。

种分布区类型：14SH

296　雨久花科 Pontederiaceae

**** 凤眼莲**

Eichhornia crassipes (Mart.) Solms

税玉民等（Shui Y.M. *et al.*）(*s.n.*)

生于海拔 2000m 以下各大洲热带、亚热带地区水池湿地。分布于云南各地。现广植于各大洲热带、亚热带地区。原产巴西。

种分布区类型：/

鸭舌草

Monochoria vaginalis (Burm. f.) C. Presl. ex Kunth

税玉民等（Shui Y.M. *et al.*）(*s.n.*)；中苏队（Sino-Russ. Exped.）*119*

生于海拔 3400m 以下针阔叶混交林、竹林、灌丛或草坡。分布于云南西南部、南部和东南部；西藏南部、四川、广西、广东、台湾、湖南、湖北西部分布。不丹、尼泊尔、印度西北部和东北部、越南北部也有。

种分布区类型：7

297　菝葜科 Smilacaceae

肖菝葜

Heterosmilax japonica Kunth

喻智勇（Yu Z.Y.）(*photo*)

生于海拔 1000 ～ 1900m 密林、溪边、山谷灌丛中。分布于云南福贡、屏边、勐海、沧源、镇康；安徽、浙江、江西、福建、台湾、广东、湖南、四川、陕西、甘肃分布。日本也有。

种分布区类型：14SJ

圆锥菝葜

Smilax bracteata C. Presl.

西南野生生物种质资源库 DNA Barcoding 考察（DNA Barcoding Exped. of GBOWS）*GBOWS1407*

生于海拔 600 ～ 2300m 林内或灌丛中。分布于云南贡山、嵩明、师宗、江川、峨山、蒙自、文山、西畴、富宁、勐腊；贵州南部、广西南部、广东、福建、台湾分布。日本、菲律宾、越南、泰国也有。

种分布区类型：7

密疣菝葜

Smilax chapaensis Gagnep.

喻智勇（Yu Z.Y.）(*photo*)

生于海拔 600 ～ 1500m 林下、灌丛中或山坡阴蔽处。分布于云南东南部；湖北西部、湖南西部、广西西南部、四川中部至南部、贵州分布。越南北部也有。

种分布区类型：15c

筐条菝葜

Smilax corbularia Kunth

西南野生生物种质资源库 DNA Barcoding 考察（DNA Barcoding Exped. of GBOWS）*GBOWS1351*

生于海拔 900 ～ 1200m 灌丛中。分布于云南勐腊、元阳等地；广东、广西分布。越南、缅甸也有。

种分布区类型：7

四棱菝葜

Smilax elegantissima Gagnep.

税玉民等（Shui Y.M. *et al.*）*群落样方 2011-32*

生于海拔 1500m 以下林中。分布于云南金平。越南北部也有。

种分布区类型：15c

四翅菝葜

Smilax gagnepainii T. Koyama

西南野生生物种质资源库 DNA Barcoding 考察（DNA Barcoding Exped. of GBOWS）*GBOWS1337*

生于海拔 500 ～ 2600m 疏林。分布于云南河口、屏边；广西（龙州）分布。越南也有。

种分布区类型：7-4

土茯苓

Smilax glabra Roxb.

中苏队（Sino-Russ. Exped.）*40*

生于海拔 800 ～ 2200m 路旁、林内、林缘。分布于云南除怒江、迪庆外全省大部分地区；安徽、福建、甘肃、广东、广西、贵州、海南、湖北、湖南、江苏、江西、陕西（秦岭）、四川、台湾、西藏、浙江分布。印度、缅甸、泰国、越南也有。

种分布区类型：7

粉背菝葜

Smilax hypoglauca Benth.

税玉民等（Shui Y.M. *et al.*）*群落样方 2011-43*；宣淑洁（Hsuan S.J.）*118*；张建勋、张赣生（Chang C.S. et Chang K.S.）*163*；中苏队（Sino-Russ. Exped.）*23*

生于海拔 580 ～ 1650m 密林或次生灌丛中。分布于云南西畴、麻栗坡、河口、金平、屏边、普洱、景洪、勐海、勐腊；江西、福建、广东、贵州分布。

中国特有

种分布区类型：15

马甲菝葜

Smilax lanceifolia Roxb.

西南野生生物种质资源库 DNA Barcoding 考察（DNA Barcoding Exped. of GBOWS）*GBOWS1430，GBOWS1444，GBOWS1446*

生于海拔 1200 ～ 2800m 林下、灌丛或山坡阴处。分布于云南普洱、蒙自等地；湖北、四川、贵州、广西分布。不丹、印度、缅甸、老挝、越南、泰国也有。

种分布区类型：7

大果菝葜

Smilax megacarpa A. DC.

中苏队（Sino-Russ. Exped.）*97，150*

生于海拔 200 ～ 1650m 林内。分布于云南金平、红河、麻栗坡、马关、西畴、河口、屏边、景洪、勐腊、勐海、盈江、沧源；广东、广西、海南分布。印度、缅甸、泰国、越南、老挝、菲律宾、马来西亚、印度尼西亚也有。

种分布区类型：7

穿鞘菝葜

Smilax perfoliata Lour.

中苏队（Sino-Russ. Exped.）*94*，*148*

生于海拔 400 ～ 2200m 密林、疏林、河边。分布于云南金平、河口、绿春、麻栗坡、蒙自、屏边、丘北、文山、西畴、砚山、富宁、澜沧、普洱、景东、勐腊、勐海、景洪、腾冲等地；海南、台湾分布。老挝、泰国、缅甸、印度也有。

种分布区类型：7

菝葜属一种

Smilax sp.

周浙昆等（Zhou Z.K. *et al.*）*523*，*587*

302　天南星科 Araceae

越南万年青

Aglaonema simplex (Bl.) Bl.

税玉民等（Shui Y.M. *et al.*）*群落样方 2011-48*；西南野生生物种质资源库 DNA Barcoding 考察（DNA Barcoding Exped. of GBOWS）*GBOWS1335*；中苏队（Sino-Russ. Exped.）*228*

在海拔 160 ～ 1500m 河谷、箐沟密林下较常见。分布于云南瑞丽、镇沅、普文、景洪、勐海、金平、马关、绿春、麻栗坡、河口。印度（尼科巴群岛）、印度尼西亚、老挝、马来西亚、缅甸、菲律宾（巴拉望）、泰国、越南也有。

种分布区类型：7

老虎芋

Alocasia cucullata (Lour.) G. Don

税玉民等（Shui Y.M. *et al.*）(*s.n.*)，*群落样方 2011-49*

生于海拔 120 ～ 1300m 湿润山谷，或栽培于房前屋后或庭院。分布于云南潞西、元江、通海、玉溪、峨山、昭通；四川、贵州、广西、广东、海南、福建、台湾分布。孟加拉、斯里兰卡、缅甸、泰国也有。

种分布区类型：7

海芋

Alocasia odorata(Roxb.)k. koch

（采集人不详）(Anonym）*693*

生于海拔 200 ～ 1100m 热带雨林及野芭蕉林中，野生或栽培。分布于云南中部以南、西部至东南部；四川、贵州、湖南、江西、广西、广东及沿海岛屿、福建、台湾分布。孟加拉、印度东北部（喀西山）、老挝、柬埔寨、越南、泰国至菲律宾也有。

种分布区类型：7

宽叶上树南星

Anadendrum latifolium Hook. f.

中苏队（Sino-Russ. Exped.）*269*

生于海拔 300 ～ 1350m 疏林下阴湿处。分布于云南金平、元阳。越南至马来半岛也有。

种分布区类型：7

一把伞南星

Arisaema erubescens (Wall.) Schott

税玉民等（Shui Y.M. *et al.*）(*s.n.*)，*群落样方 2011-31*，*群落样方 2011-33*，*群落样方 2011-34*，*群落样方 2011-36*，*群落样方 2011-37*，*群落样方 2011-41*

生于海拔 1100 ～ 3000m 林下、灌丛、草坡或荒地。分布于云南全省大部分地区；除东北、内蒙古、新疆、江苏外的全国各省区分布。印度、尼泊尔、缅甸、泰国也有。

种分布区类型：7

天南星属一种

Arisaema sp.

周浙昆等（Zhou Z.K. *et al.*）*398*，*484*

石柑

Pothos chinensis (Raf.) Merr.

税玉民等（Shui Y.M. *et al.*）*群落样方 2011-32*，*群落样方 2011-39*，*群落样方 2011-48*；西南野生生物种质资源库 DNA Barcoding 考察（DNA Barcoding Exped. of GBOWS）*GBOWS1414*；中苏队（Sino-Russ. Exped.）*1011*

生于海拔 200 ～ 2400m，常附生于阴湿密林或疏林的树干或石上。分布于云南除中部、北部外全省大部分地区；四川、湖北、贵州、广西、台湾、广东、海南、湖南、西藏东南部（墨脱）分布。孟加拉、不丹、柬埔寨、印度、老挝、缅甸、泰国、尼泊尔、越南也有。

种分布区类型：7

螳螂跌打

Pothos scandens Linn.

税玉民等（Shui Y.M. *et al.*）*群落样方 2011-48*

生于海拔 200 ～ 1000m 山坡或河漫滩雨林或季雨林中。分布于云南西双版纳、河口、广南等地。孟加拉、斯里兰卡、安达曼岛、中南半岛（越南、老挝、泰国）至菲律宾、马来半岛、苏门答腊至爪哇、加里曼丹也有。

种分布区类型：7

早花岩芋

Remusatia hookeriana Schott

税玉民等（Shui Y.M. *et al.*）*群落样方 2011-37*，*群落样方 2011-39*

生于海拔 2000 ～ 2200m 以下沟谷阔叶林内、石上。分布于云南澜沧、金平、屏边、麻栗坡。印度、缅甸、泰国北部也有。

种分布区类型：7

岩芋

Remusatia vivipara (Roxb.) Schott

税玉民等（Shui Y.M. *et al.*）(*s.n.*)

生于海拔 200 ～ 1900m 沟谷疏林内湿润处，或附生树上、石上。分布于云南西双版纳、双江、凤庆、漾濞、富民、绿春、金平、屏边、富宁、马关。亚洲斯里兰卡、尼泊尔、印度（喀西山、锡金）、缅甸、泰国、越南至印度尼西亚的爪哇、帝汶岛；非洲西部喀麦隆，成为热带东南亚 - 热带西非洲间断分布。

种分布区类型：6e

爬树龙

Rhaphidophora decursiva (Roxb.) Schott

张建勋、张赣生（Chang C.S. et Chang K.S.）*100*

生于海拔 1090 ～ 1800m 沟谷雨林或常绿阔叶林中，攀援于大树树干上。分布于云南西北部、西南部、南部至东南部；西藏（墨脱、察隅）、四川、贵州、广西、广东、海南、福建、台湾分布。孟加拉、印度、斯里兰卡、缅甸、老挝、越南至印度尼西亚（爪哇）也有。

种分布区类型：7

狮子尾

Rhaphidophora hongkongensis Schott

税玉民等（Shui Y.M. *et al.*）*群落样方 2011-37*；宣淑洁（Hsuan S.J.）*162*；中苏队（Sino-Russ. Exped.）*124*，*3241*

生于海拔 80 ～ 900m 热带沟谷雨林或季雨林内，附生于树干或石上。分布于云南西双版纳、元阳、金平、个旧、红河、绿春、蒙自、西畴、砚山、麻栗坡、屏边、河口、富宁；贵州、广西、广东、海南、福建、台湾分布。缅甸、越南、老挝、柬埔寨、泰国、加里曼丹岛、印度尼西亚、马来西亚也有。

种分布区类型：7

绿春崖角藤

Rhaphidophora luchunensis H. Li

税玉民等（Shui Y.M. *et al.*）*群落样方 2011-31*，*群落样方 2011-34*

附生于海拔 1700～2150m 常绿阔叶林和苔藓林中的大树干上。分布于云南绿春、沧源、景东等地。

云南特有

种分布区类型：15a

全缘泉七

Steudnera griffithii (Schott) Schott

中苏队（Sino-Russ. Exped.）*74*，*485*

生于海拔 230～500m 藤条江及红河下游河谷地区林下或阴湿箐沟。分布于云南东南部（金平、河口、元阳、马关、屏边）。缅甸、印度东北部也有。

种分布区类型：7

犁头尖

Typhonium blumei Nicols. et Sivd.

税玉民等（Shui Y.M. *et al.*）(*s.n.*)

生于海拔 1500～3000m 沟边、田间、旷野和山沟阴湿草丛。分布于云南腾冲、保山、楚雄、普洱、澜沧、西双版纳、昭通、绥江；四川、湖北、湖南、江西、广东及沿海岛屿、广西、台湾、福建、浙江都有分布。印度、老挝、越南、泰国至印度尼西亚的爪哇、帝汶岛、苏拉威西南部、琉球群岛、日本九州南部也有。

种分布区类型：7

水半夏

Typhonium flagelliforme (Lodd.) Bl.

中苏队（Sino-Russ. Exped.）*152*，*357*

生于海拔 200～350m 水田边或其他湿地。分布于云南东南部（金平）；广东、广西西南部分布。孟加拉、不丹、柬埔寨、印度东北部和南部、印度尼西亚、老挝、马来西亚、缅甸、菲律宾、新加坡、斯里兰卡、泰国北部、澳大利亚北部也有。

种分布区类型：5

311　薯蓣科 Dioscoreaceae

白薯莨

Dioscorea hispida Dennst.

中苏队（Sino-Russ. Exped.）*1069*

生于海拔 500 ～ 1300m 江边林下或灌丛中。分布于云南西部（耿马、镇康）、南部（西双版纳）至东南部（金平、屏边）；广东、广西、福建、台湾分布。印度西部至东北部、尼泊尔、不丹、缅甸、泰国、老挝、越南、印度尼西亚至菲律宾、新几内亚也有；新爱尔兰（可能人为传布），有的地区也有栽培。

种分布区类型：7

黑珠芽薯蓣

Dioscorea melanophyma Prain et Burkill

周浙昆等（Zhou Z.K. *et al.*）*526*

生于海拔 1300 ～ 2100m 山谷或山坡林缘、灌丛中。分布于云南腾冲、景东、普洱、丽江、姚安、宾川、双柏、江川、昆明、富民至金平、开远、弥勒、砚山、元阳、蒙自、屏边、文山；贵州、四川、西藏东部（波密）分布。喜马拉雅西部［克什米尔地区、印度北部（昌巴、西姆拉）］至东部（尼泊尔、不丹、印度喀西山）也有。

种分布区类型：14SH

薯蓣属一种

Dioscorea sp.

西南野生生物种质资源库 DNA Barcoding 考察（DNA Barcoding Exped. of GBOWS）*GBOWS1376*

313a　龙血树科 Dracaenaceae

河口龙血树

Dracaena hokouensis G.Z. Ye

税玉民等（Shui Y.M. *et al.*）*80487*，*群落样方 2011-49*；西南野生生物种质资源库 DNA Barcoding 考察（DNA Barcoding Exped. of GBOWS）*GBOWS1462*；张广杰（Zhang G.J.）*183*

生于海拔 100 ～ 900m 山坡林中。分布于云南屏边、河口、金平、马关；广西南部分布。泰国、越南也有。

种分布区类型：7

314　棕榈科 Palmae

杖藤

Calamus rhabdocladus Burret

蒋维邦（Jiang W.B.）*25*；张建勋、张赣生（Chang C.S. et Chang K.S.）*114*；中苏队（Sino-Russ. Exped.）*522*，*649*

生于海拔 100 ～ 900m 林缘。分布于云南景洪、勐腊、金平、绿春、屏边、河口、文山等地；贵州、广西、广东、海南、福建等省区分布。老挝、越南也有。

种分布区类型：7-4

单穗鱼尾葵

Caryota monostachya Becc.

（采集人不详）（Anonym）*692*；胡诗秀等（Hu S.X. *et al.*）*28*；黄道存（Huang D.C.）*207*；蒋维邦（Jiang W.B.）*38*；税玉民等（Shui Y.M. *et al.*）*群落样方 2011-49*；张广杰（Zhang G.J.）*43*；张建勋、张赣生（Chang C.S. et Chang K.S.）*56*，*142*；中苏队（Sino-Russ. Exped.）*454*，*3183*

生于海拔 130 ～ 1600m 山坡或沟谷林中。分布于云南景洪、勐腊、金平、建水、马关、屏边、砚山、绿春、河口、麻栗坡、富宁等地；广东、广西、贵州等省区分布。越南、老挝也有。

种分布区类型：7-4

鱼尾葵

Caryota ochlandra Hance

税玉民等（Shui Y.M. *et al.*）(*s.n.*)

生于海拔 450 ～ 700m 山坡或沟谷林中。分布于云南盈江、耿马、景洪、勐腊、江城、河口、麻栗坡等地；广西、广东、海南、福建等省区分布。不丹、印度、印度尼西亚、老挝、马来西亚、缅甸、泰国、越南也有。

种分布区类型：7

变色山槟榔

Pinanga baviensis Becc.

西南野生生物种质资源库 DNA Barcoding 考察（DNA Barcoding Exped. of GBOWS）*GBOWS1373*；徐永椿（Hsu Y.C.）*324*

生于海拔 760 ～ 1200m 次生林中。分布于云南景洪、勐腊、勐海、金平、河口、绿春、屏边等地；福建、广西、广东、海南等省区分布。越南也有。

种分布区类型：7-4

华山竹

Pinanga sylvestris (Lour.) Hodel

张广杰（Zhang G.J.）*217*

生于海拔 100 ～ 1700m 热带与亚热带林中。分布于云南景洪、勐腊、金平、绿春、麻栗坡。柬埔寨、老挝、缅甸、越南也有。

种分布区类型：7

瓦理棕

Wallichia gracilis Becc.

税玉民等（Shui Y.M. *et al.*）*群落样方 2011-48*，*群落样方 2011-49*；周浙昆等（Zhou Z.K. *et al.*）*584*

生于海拔 200 ～ 1300m 山坡或山谷密林中。分布于云南金平、河口、红河、麻栗坡、屏边；广西分布。越南也有。

种分布区类型：7-4

315　露兜树科 Pandanaceae

分叉露兜树

Pandanus urophyllus Hance

税玉民等（Shui Y.M. *et al.*）*群落样方 2011-47*，*群落样方 2011-48*；中苏队（Sino-Russ. Exped.）*2820*

生于海拔 1200 ～ 2100m 林下、灌木丛林中。分布于云南西畴、屏边、金平、河口、砚山、西双版纳等地；广东、广西和西藏南部分布。印度至中南半岛也有。

种分布区类型：7

318　仙茅科 Hypoxidaceae

大叶仙茅

Curculigo capitulata (Lour.) O. Kuntze

税玉民等（Shui Y.M. *et al.*）*群落样方 2011-33*，*群落样方 2011-36*，*群落样方 2011-39*，*西隆山凭证 0381*，*西隆山凭证 0396*；西南野生生物种质资源库 DNA Barcoding 考察（DNA Barcoding Exped. of GBOWS）*GBOWS1346*；张广杰（Zhang G.J.）*61*；中苏队（Sino-Russ. Exped.）*78*

生于海拔 850 ～ 2200m 林下阴湿处。分布于云南南部至西南部；福建南部、台湾、广东、海南、广西、四川（峨眉山）、贵州、西藏（墨脱、察隅）分布。印度、尼泊尔、孟加拉、斯里兰卡、缅甸、越南、老挝和马来西亚也有。

种分布区类型：7

绒叶仙茅

Curculigo crassifolia (Baker) Hook. f.

税玉民等（Shui Y.M. *et al.*）*90416*

生于海拔 1500 ～ 2500m 山坡、林缘等处。分布于云南大理、临沧、镇源、景东、龙陵、金平、红河、屏边、元阳、文山。尼泊尔、不丹、印度东北部也有。

种分布区类型：14SH

仙茅

Curculigo orchioides Gaertn.

税玉民等（Shui Y.M. *et al.*）*群落样方 2011-31*

生于海拔 1650m 以下林中、草地或荒坡上。分布于云南碧江、芒市、孟连、西双版纳、绿春、屏边、河口、文山、广南、绥江等地;贵州、四川、广西、广东、湖南、江西、浙江、台湾、福建分布。东南亚各国至日本也有。

种分布区类型：7

小金梅草

Hypoxis aurea Lour.

税玉民等（Shui Y.M. *et al.*）*90236*

生于海拔 2800m 以下云南松林、松栎林、针阔叶混交林间的灌丛、草坡或荒地。分布于云南全省各地；安徽、福建、广东、广西、贵州、湖北、湖南、江苏、江西、四川、台湾、西藏、浙江分布。不丹、柬埔寨、印度、印度尼西亚、老挝、缅甸、尼泊尔、巴基斯坦、巴布亚新几内亚、菲律宾、泰国、越南、日本、韩国也有。

种分布区类型：7

321　箭根薯科 Taccaceae

箭根薯

Tacca chantrieri André

税玉民等（Shui Y.M. *et al.*）*90061*；徐永椿（Hsu Y.C.）*208*；张广杰（Zhang G.J.）*17，164*；中苏队（Sino-Russ. Exped.）*427*

生于海拔 1300m 以下沟谷季雨林或雨林下。分布于云南盈江、沧源、勐连、临沧、普洱、西双版纳、江城、绿春、金平、个旧、马关、屏边、河口、麻栗坡、富宁；西藏（墨脱）、贵州南部、湖南、广西、广东、海南分布。孟加拉、柬埔寨、印度、老挝、马来西亚、缅甸、斯里兰卡、泰国、越南也有。

种分布区类型：7

326　兰科 Orchidaceae

指甲兰

Aerides falcata Lindl. et Paxt.

中苏队（Sino-Russ. Exped.）*847*

附生于海拔约 820m 山地常绿阔叶林中树干上。分布于云南金平。印度东北部、缅甸、泰国、柬埔寨、老挝、越南也有。

种分布区类型：7

文山无柱兰

Amitostigma wenshanense W.H. Chen, Y.M. Shui et K.Y. Lang

周浙昆等（Zhou Z.K. *et al.*）*376*

生于海拔 3000m 左右的林下湿润处。分布于云南金平、文山。

滇东南特有

种分布区类型：15b

滇南开唇兰

Anoectochilus burmannicus Rolfe

周浙昆等（Zhou Z.K. *et al.*）*413*

生于海拔 1050 ～ 2150m 山坡或沟谷常绿阔叶林或季雨林下。分布于云南勐腊、金平、绿春。缅甸、老挝、泰国、马来半岛也有。

种分布区类型：7

竹叶兰

Arundina graminifolia (D. Don) Hochr.

税玉民等（Shui Y.M. *et al.*）(*s.n.*)

生于海拔 500 ～ 2400m 林下灌丛中及草坡。分布于云南贡山、福贡、腾冲、梁河、洱源、凤庆、镇康、临沧、双江、澜沧、景东、孟连、景洪、勐腊、禄劝、玉溪、绿春、屏边、河口、蒙自、文山、西畴、麻栗坡、马关、富宁；西藏（墨脱）、贵州、四川、广西、广东、海南、湖南、江西、台湾、福建、浙江分布。尼泊尔、不丹、印度、斯里兰卡、缅甸、越南、老挝、柬埔寨、泰国、马来西亚、印度尼西亚、日本琉球群岛、塔希提岛也有。

种分布区类型：7

白芨

Bletilla striata (Thunb. ex A.Murray) Rchb. f.

税玉民等（Shui Y.M. *et al.*）*群落样方 2011-35*

生于海拔 100 ～ 3200m 常绿阔叶林下、针叶林下、路边草丛或岩石缝中。模式标本采自日本。分布于云南全省大部分地区；陕西南部、甘肃东南部、江苏、安徽、浙江、江西、福建、湖北、湖南、广东、广西、四川和贵州分布。朝鲜半岛、日本也有。

种分布区类型：14SJ

拟伏生石豆兰

Bulbophyllum atrosanguineum Aver.

税玉民等（Shui Y.M. *et al.*）(*s.n.*)，*西隆山凭证 X*

附生于海拔 1600 ～ 2400m 林中树枝上。分布于云南金平、绿春。

滇东南特有

种分布区类型：15b

豹斑石豆兰

Bulbophyllum colomaculosum Z.H. Tsi et S.C. Chen

税玉民等（Shui Y.M. *et al.*）(*photo*)

附生于海拔 1700m 山地密林中树干上。模式标本采自云南（景洪）。分布于云南勐腊、景洪、绿春、金平等。

云南特有

种分布区类型：15a

密花石豆兰

Bulbophyllum odoratissimum (J.E. Smith) Lindl.

税玉民等（Shui Y.M. *et al.*）*90911*，*西隆山凭证 X*

附生于海拔 650 ～ 2400m 山地混交林中树干上或林下岩石上。分布于云南贡山、福贡、腾冲、瑞丽、孟连、临沧、澜沧、景东、景洪、勐腊、勐海、金平、河口、绿春、麻栗坡、蒙自、文山、屏边、马关、砚山、西畴；福建、广东、香港、广西、四川南部、西藏东南部分布。尼泊尔、不丹、印度、缅甸、泰国、老挝、越南也有。

种分布区类型：7

伏生石豆兰

Bulbophyllum reptans (Lindl.) Lindl.

税玉民等（Shui Y.M. *et al.*）*90453，西隆山凭证 X*

附生于海拔 1000 ～ 2800m 山地常绿阔叶林中树干上或山坡岩石上。分布于云南贡山、福贡、泸水、镇康、临沧、景东、景洪、勐腊、勐海、金平、绿春、马关、屏边、河口、文山、麻栗坡、西畴；海南、广西、贵州西南部、西藏东部和东南部分布。尼泊尔、不丹、印度东北部、缅甸、孟加拉至中南半岛地区也有。

种分布区类型：7

蜂腰兰

Bulleyia yunnanensis Schltr.

税玉民等（Shui Y.M. *et al.*）*90402，群落样方 2011-32，群落样方 2011-36*

附生于海拔 700 ～ 2700m 河边疏林、杂木林中树上或岩石上。分布于云南贡山、福贡、泸水、维西、漾濞、大理、临沧、景东、金平、河口、绿春、马关、文山、建水、屏边、麻栗坡、富宁。印度东北部、不丹也有。

种分布区类型：14SH

棒距虾背兰

Calanthe clavata Lindl.

税玉民等（Shui Y.M. *et al.*）*群落样方 2011-32*

生于海拔 870 ～ 1300m 山坡密林下或山谷岩石边。分布于云南勐腊、勐海、西畴、麻栗坡；西藏（墨脱）、广西、广东、海南、福建分布。印度、缅甸、越南、泰国也有。

种分布区类型：7

西南虾脊兰

Calanthe herbacea Lindl.

税玉民等（Shui Y.M. *et al.*）*91039*

生于海拔 1500 ～ 2100m 山坡密林下或沟谷边。分布于云南景东、蒙自、屏边、西畴；西藏（墨脱）和台湾分布。印度、越南也有。

种分布区类型：7

虾脊兰属一种

Calanthe sp.

税玉民等（Shui Y.M. *et al.*）*90570*

三褶虾脊兰

Calanthe triplicata (Willem.) Ames

周浙昆等（Zhou Z.K. *et al.*）*315*

生于海拔 680 ～ 2400m 常绿阔叶林下。分布于云南贡山、中甸、景东、勐腊、景洪、禄劝、金平、屏边、绿春、文山、弥勒、西畴、麻栗坡、马关、富宁；广西、广东、海南、香港、台湾、福建分布。日本及旧大陆各热带地区：菲律宾、越南、马来西亚、印度尼西亚、印度、马达加斯加、太平洋岛屿、澳大利亚也有。

种分布区类型：5

长叶隔距兰

Cleisostema fuerstenbergianum Kraenzl.

中苏队（Sino-Russ. Exped.）*766*

附生于海拔 700 ～ 2000m 山地常绿阔叶林中树干上。分布于云南澜沧、镇康、临沧、凤庆、勐海、景洪、勐腊、墨江、普洱、新平、金平；贵州西南部分布。老挝、越南、柬埔寨、泰国也有。

种分布区类型：7

眼斑贝母兰

Coelogyne corymbosa Lindl.

税玉民等（Shui Y.M. *et al.*）*90408*，*90538*，*90592*，*90851*

附生于海拔 1300 ～ 3100m 常绿阔叶林林缘树干上或湿润岩壁上。分布于云南贡山、福贡、泸水、维西、漾濞、金平、河口、绿春、蒙自、红河；西藏南部和东南部分布。尼泊尔、不丹、印度、缅甸也有。

种分布区类型：7

白花贝母兰

Coelogyne leucantha W.W. Smith

税玉民等（Shui Y.M. *et al.*）*90385*，*群落样方 2011-31*，*群落样方 2011-32*，*群落样方 2011-33*，*群落样方 2011-37*，*西隆山凭证 454*，*西隆山凭证 782*

附生于海拔 1500 ～ 2600m 林中树上或岩石上。分布于云南腾冲、临沧、丽江、景东、蒙自、金平、屏边、西畴、河口、绿春、麻栗坡。缅甸北部也有。

种分布区类型：14SH

纹瓣兰

Cymbidium aloifolium (Linn.) Sw.

中苏队（Sino-Russ. Exped.）*337*

附生于海拔 100 ～ 1100m 疏林或灌木丛中树上、溪旁岩壁上。分布于云南勐海、景洪、金平、绿春、马关、河口、屏边；贵州、广西、广东分布。孟加拉、柬埔寨、印度、印度尼西亚、老挝、马来西亚、缅甸、尼泊尔、斯里兰卡、泰国、越南也有。

种分布区类型：7

莎草兰

Cymbidium elegans Lindl.

税玉民等（Shui Y.M. *et al.*）*群落样方 2011-36，群落样方 2011-37*

附生于海拔 1300 ～ 2900m 山谷阔叶林树上或岩壁上。分布于云南怒江河谷、贡山、福贡、中甸、临沧、景东、绿春、屏边、金平及全省大部分地区；西藏（墨脱）、四川峨眉山分布。尼泊尔、不丹、印度、缅甸也有。

种分布区类型：7

虎头兰

Cymbidium hookerianum Rchb. f.

税玉民等（Shui Y.M. *et al.*）*群落样方 2011-36，西隆山凭证 9831*

附生于海拔 1040 ～ 3000m 常绿阔叶林中树上、石上。分布于云南贡山、福贡、腾冲、保山、龙陵、丽江、沧源、双江、景东、勐海、昆明、蒙自、河口、金平、屏边、红河、建水、绿春、马关、麻栗坡、文山、元阳等地；西藏东南部（察隅）、贵州西南部、四川西南部、广西西南部分布。尼泊尔、不丹、印度东北部也有。

种分布区类型：14SH

兔耳兰

Cymbidium lancifolium Hook.

税玉民等（Shui Y.M. *et al.*）*西隆山凭证 X*

生于海拔 1000 ～ 2200m 林下、树上或岩石上。分布于云南贡山、福贡、泸水、腾冲、龙陵、临沧、普洱、金平、河口、红河、马关、麻栗坡、元阳、屏边、西畴、文山、砚山；西藏东南部、贵州、四川、广西、广东、海南、台湾、湖南、浙江、福建分布。尼泊尔、印度、缅甸、中南半岛、马来半岛、印度尼西亚、巴布亚新几内亚、日本也有。

种分布区类型：7

钩状石斛

Dendrobium aduncum Lindl.

中苏队（Sino-Russ. Exped.）*513*

附生于海拔 700 ～ 1460m 山地林中树干上。分布于云南金平、文山、西畴、马关；贵州、广西、广东、湖南、海南、香港分布。不丹、印度、缅甸、泰国、越南也有。

种分布区类型：7

齿瓣石斛

Dendrobium devonianum Paxt.

税玉民等（Shui Y.M. *et al.*）*群落样方 2011-40*

附生于海拔 750 ～ 2000m 山地密林中或茶园树干上。分布于云南盈江、泸水、瑞丽、凤庆、下关、漾濞、镇康、澜沧、凤庆、景东、墨江、普洱、景洪、勐海、勐腊、金平、河口、屏边；西藏、贵州、广西分布。不丹、印度东北部、缅甸、泰国、越南也有。

种分布区类型：7

疏花石斛

Dendrobium henryi Schltr.

中苏队（Sino-Russ. Exped.）*352*

附生于海拔 1100 ～ 1700m 山地林中树干上、灌丛中石上或山谷阴湿岩石上。分布于云南普洱、孟连、勐海、景洪、金平、蒙自、屏边、河口、西畴、麻栗坡；贵州西南部、广西中部和南部、湖南南部分布。泰国、越南北部也有。

种分布区类型：7

长距石斛

Dendrobium longicornu Lindl.

税玉民等（Shui Y.M. *et al.*）*群落样方 2011-31*

附生于海拔 1200 ～ 2500m 山地林中树干上。分布于云南贡山、大理、腾冲、龙陵、镇康、屏边、西畴；西藏、广西分布。尼泊尔、不丹、印度东北部、越南也有。

种分布区类型：7

细茎石斛

Dendrobium moniliforme (Linn.) Sw.

税玉民等（Shui Y.M. *et al.*）*群落样方 2011-40，群落样方 2011-42*

附生于海拔 590 ～ 3000m 山地阔叶林中树干上或山谷岩壁上。分布于云南贡山、福贡、泸水、景东、耿马、丽江、漾濞、红河、元阳、金平、屏边、文山；西藏、甘肃、陕西、四川、贵州、广西、广东、湖南、河南、浙江、安徽、江西、福建分布。印度东北部、朝鲜半岛南部、日本也有。

种分布区类型：7

石斛

Dendrobium nobile Lindl.

李国锋（Li G.F.）(*photo*)

附生于海拔480～1700m山地常绿阔叶林林中树干上或江边岩石上。分布于云南贡山、福贡、丽江、沧源、普洱、勐海、勐腊、景洪、富民、金平、石屏、西畴、文山；西藏东南部（墨脱）、四川、贵州、广西东北部和西部、湖北西部（宜昌）、广东、海南（白沙）、香港、台湾分布。印度、尼泊尔、不丹、缅甸北部、泰国、老挝、越南也有。

种分布区类型：7

单葶草石斛

Dendrobium porphyrochilum Lindl.

税玉民等（Shui Y.M. *et al.*）*90451*

附生于海拔550～1300m丘陵、灌丛、竹林或密林中树上或灌丛中。分布于云南金平、河口、屏边、景洪、勐海、勐腊、沧源和潞西等地；台湾、广东、广西、海南等省区分布。越南、老挝、柬埔寨、斯里兰卡、印度、澳大利亚的昆士兰等地也有。

种分布区类型：5

梳唇石斛

Dendrobium strongylanthum Rchb. f.

税玉民等（Shui Y.M. *et al.*）*91108*

附生于海拔1000～2300m山地林中树干上。分布于云南腾冲、盈江、陇川、景东、普洱、勐海、景洪、双江、新平、绿春；海南分布。缅甸、泰国也有。

种分布区类型：7

大苞鞘石斛

Dendrobium wardianum Warner

李国锋（Li G.F.）*Li-281*

附生于海拔1350～1900m山地疏林中树干上、村寨前后的老树上。分布于云南腾冲、盈江、镇康、景东、勐腊、勐海、金平、绿春。不丹、印度东北部、缅甸、泰国、越南也有。

种分布区类型：7

黑毛石斛

Dendrobium williamsonii Day et Rchb. f.

税玉民等（Shui Y.M. *et al.*）*群落样方 2011-37*

附生于海拔约 1000m 林中树干上。分布于云南东南部和西部；海南、广西西北部和北部分布。印度东北部、缅甸、越南也有。

种分布区类型：7

尖药兰

Diphylax urceolata (C.B. Clarke) Hook. f.

税玉民等（Shui Y.M. *et al.*）*西隆山凭证 X*

生于海拔 1900 ～ 3800m 林中。分布于云南贡山、德钦、金平；西藏、四川分布。尼泊尔、不丹、印度东北部、缅甸也有。

种分布区类型：7

蛇舌兰

Diploprora championii (Lindl.) Hook. f.

税玉民等（Shui Y.M. *et al.*）*91189*

附生于海拔 760 ～ 1320m 山地林中树干上或沟谷岩石上。分布于云南勐海、金平、蒙自、屏边、马关、麻栗坡；广西、香港、福建、台湾分布。斯里兰卡、印度、缅甸、泰国、越南也有。

种分布区类型：7

双叶厚唇兰

Epigeneium rotundatum (Lindl.) Summerh.

税玉民等（Shui Y.M. *et al.*）*西隆山凭证 469，西隆山凭证 765*

附生于海拔 1300 ～ 2500m 林缘岩石上和疏林中树干上。分布于云南贡山、福贡、腾冲、维西、泸水、大理、景东、金平、河口、绿春、马关、屏边;西藏分布。尼泊尔、不丹、印度、缅甸也有。

种分布区类型：7

虎舌兰

Epipogium roseum (D.Don) Lindl.

中苏队（Sino-Russ. Exped.）*785*

生于海拔 700 ～ 1600m 林下或沟谷边阴湿处。分布于云南贡山、澜沧、勐腊、金平、屏边、西畴、富宁;西藏、广东、海南、台湾分布。印度、尼泊尔、斯里兰卡、泰国、老挝、越南、马来西亚、印度尼西亚、菲律宾、日本、大洋洲、热带非洲也有。

种分布区类型：4

双点毛兰

Eria bipunctata Lindl.

税玉民等（Shui Y.M. *et al.*）*群落样方 2011-37*

附生于海拔 1750～2000m 林中树干上。分布于云南勐腊、绿春等地。印度东北部、越南、泰国也有。

种分布区类型：7

匍茎毛兰

Eria clausa King et Pantl.

税玉民等（Shui Y.M. *et al.*）*90989，群落样方 2011-42*

附生于海拔 1200～1700m 林中或溪谷旁的树干上、树枝上或岩石上。分布于云南镇康、双江、沧源、澜沧、勐海、景洪、麻栗坡；广西西部和西藏东南部分布。印度也有。

种分布区类型：7-2

半柱毛兰

Eria corneri Rchb. f.

税玉民等（Shui Y.M. *et al.*）*群落样方 2011-37*

附生于海拔 700～1500m 溪谷旁或林中林缘树上或岩石上。分布于云南镇源、勐腊、景洪、西畴、屏边、富宁、河口、麻栗坡;福建、台湾、海南、广东、广西、贵州分布。越南、日本琉球群岛也有。

种分布区类型：7

棒茎毛兰

Eria marginata Rolfe

税玉民等（Shui Y.M. *et al.*）*群落样方 2011-37*

附生于海拔 1300～2000m 江岸或林中树上。分布于云南贡山、潞西、镇康、景洪、勐海。泰国、缅甸、越南也有。

种分布区类型：7

鹅白毛兰

Eria stricta Lindl.

李国锋（Li G.F.）(*photo*)

附生于海拔 1100 ～ 2000m 林中树上或岩石上。分布于云南龙陵、潞西、瑞丽、镇康、绿春、西畴、麻栗坡；西藏东南部分布。尼泊尔、印度、缅甸、越南也有。

种分布区类型：7

毛萼山珊瑚

Galeola lindleyana (Hook. f. et Thoms.) Rchb. f.

税玉民等（Shui Y.M. *et al.*）*910ba*

腐生于海拔 1240 ～ 3000m 常绿阔叶林、江边河岸林、沟谷林、竹林中。分布于云南贡山、福贡、泸水、保山、腾冲、瑞丽、景东、丽江、河口、屏边、西畴、麻栗坡、大关、镇雄；西藏东南部（墨脱）、贵州、四川、广西、广东、湖南、河南、安徽、陕西南部分布。尼泊尔东部、印度也有。

种分布区类型：14SH

高斑叶兰

Goodyera procera (Ker-Gawl.) Hook.

中苏队（Sino-Russ. Exped.）*928*

生于海拔 900 ～ 1550m 林下。分布于云南泸水、勐腊、景洪、普洱、金平、富宁、河口、绿春、麻栗坡、屏边、文山等地；西藏东南部、四川、广东、广西、海南、香港、台湾、福建、浙江、安徽分布。尼泊尔、印度、斯里兰卡、缅甸、泰国、老挝、柬埔寨、越南、印度尼西亚、菲律宾、日本也有。

种分布区类型：7

滇藏斑叶兰

Goodyera robusta Hook. f.

税玉民等（Shui Y.M. *et al.*）*群落样方 2011-37*

附生于海拔 1000 ～ 2100m 山坡常绿阔叶林中树干上。分布于云南腾冲和绿春。印度东北部也有。

种分布区类型：7-2

斑叶兰

Goodyera schlechtendaliana Rchb. f.

税玉民等（Shui Y.M. *et al.*）*群落样方 2011-37，群落样方 2011-35*

生于海拔 2000 ～ 2400m 山坡或沟谷常绿阔叶林下。分布于云南贡山、德钦、丽江、漾濞；西藏、贵州、四川、广西、海南、广东、湖南、湖北、河南南部、台湾、福建、江西、浙江、安徽、江苏、甘肃南部、陕西南部、山西分布。尼泊尔、不丹、印度、越南、泰国、朝鲜半岛南部、日本、印度尼西亚也有。

种分布区类型：7

绒叶斑叶兰

Goodyera velutina Maxim.

税玉民等（Shui Y.M. *et al.*）*群落样方 2011-43*，*群落样方 2011-47*

生于海拔 1300 ～ 1850m 山坡阔叶林下。分布于云南彝良、普洱；四川、广西、海南、广东、湖北、湖南、浙江、台湾分布。朝鲜半岛南部、日本也有。

种分布区类型：14SJ

毛葶玉凤花

Habenaria ciliolaris Kraenzl.

税玉民等（Shui Y.M. *et al.*）*80378*

生于海拔 650 ～ 1500m 密林下阴湿处。分布于云南金平、勐腊、景洪、玉溪；贵州、四川、广西、海南、香港、广东、湖南、湖北、台湾、福建北部、江西、浙江、甘肃东南部分布。越南也有。

种分布区类型：7-4

玉凤花属一种

Habenaria sp.

税玉民等（Shui Y.M. *et al.*）*西隆山凭证 656*

叉唇角盘兰

Herminium lanceum (Thunb. ex Sw.) Vuijk

税玉民等（Shui Y.M. *et al.*）*群落样方 2011-35*

生于海拔 1800 ～ 3000m 阔叶林、松林、疏林、灌丛或草地中。分布于云南贡山、福贡、泸水、腾冲、龙陵、维西、德钦、中甸、丽江、鹤庆、景东、镇康、普洱、景洪、洱源、华坪、大理、漾濞、东川、昆明、玉溪、嵩明、蒙自、文山；西藏、贵州、广西、广东、湖南、湖北、河南、台湾、福建、江西、浙江、安徽、甘肃、陕西分布。尼泊尔、印度、缅甸、中南半岛、马来半岛、朝鲜半岛、日本也有。

种分布区类型：7

大花羊耳蒜

Liparis distans C.B. Clarke

税玉民等（Shui Y.M. *et al.*）*群落样方 2011-31*

附生于海拔1000～2400m常绿阔叶林或沟谷阔叶林中树上、岩石上。分布于云南贡山、福贡、维西、普洱、勐海、景洪、蒙自、绿春、屏边、西畴、富宁、麻栗坡、砚山；贵州、四川、广西、海南、台湾分布。印度东北部、泰国、老挝、越南也有。

种分布区类型：7

见血青

Liparis nervosa (Thunb. ex A.Murray) Lindl.

税玉民等（Shui Y.M. *et al.*）*91181, 91109*，*群落样方 2011-35*

生于海拔500～2100m林下、溪谷旁、草丛中或岩石上。分布于云南贡山、腾冲、凤庆、临沧、景东、峨山、勐腊、景洪、师宗、西畴、蒙自、砚山、屏边、麻栗坡；西藏（墨脱）、贵州、四川、广西、广东、湖南、江西、浙江、福建、台湾分布。全世界热带和亚热带其他地区也有。

种分布区类型：2-1

柄叶羊耳蒜

Liparis petiolata (D.Don) P.F. Hunt et Summerh.

税玉民等（Shui Y.M. *et al.*）*90488*，*西隆山凭证 X*

生于海拔1000～2900m林下阴湿处或溪谷旁。分布于云南临沧、孟连、易武、金平、河口、马关、屏边；广西北部、湖南、江西西部、西藏东南部分布。尼泊尔、不丹、印度、泰国、越南也有。

种分布区类型：7

云南对叶兰

Listera yunnanensis S.C. Chen

税玉民等（Shui Y.M. *et al.*）*西隆山凭证 X*

生于海拔2300～3000m林下。分布于云南金平、文山。

滇东南特有

种分布区类型：15b

长瓣钗子股

Luisia filiformis Hook. f.

中苏队（Sino-Russ. Exped.）*766*，*912*

附生于海拔350～1100m山坡密林中树干上。分布于云南勐海、金平、绿春、马关。印度、泰国、老挝、越南也有。

种分布区类型：7

浅裂沼兰

Malaxis acuminata D.Don

税玉民等（Shui Y.M. *et al.*）(*photo*)

生于海拔 300 ～ 2100m 林下、溪谷旁或阴蔽处的岩石上。模式标本采自尼泊尔。分布于云南西南部至东南部；广东南部、贵州西南部、台湾中部分布。尼泊尔、印度、缅甸、越南、老挝、泰国、印度尼西亚、菲律宾、澳大利亚也有。

种分布区类型：5

阔叶沼兰

Malaxis latifolia Smith

税玉民等（Shui Y.M. *et al.*）*91284*

生于海拔 980 ～ 1500m 林下、灌丛中或岩石上。分布于云南景东、普洱、勐腊、勐海、景洪、玉溪；广西、海南、广东、台湾、福建分布。不丹、尼泊尔、印度、缅甸、斯里兰卡、泰国、越南、老挝、柬埔寨、马来西亚、印度尼西亚、菲律宾、日本琉球群岛、新几内亚岛、澳大利亚也有。

种分布区类型：5

日本全唇兰

Myrmechis japonica (Rchb. f.) Rolfe

税玉民等（Shui Y.M. *et al.*）*西隆山凭证 456，西隆山凭证 X*

生于海拔约 2600m 湿沙岩坡。分布于云南金平、文山、贡山；西藏（林芝）、四川西部、福建北部分布。日本、韩国也有。

种分布区类型：14SJ

桔红鸢尾兰

Oberonia obcordata Lindl.

税玉民等（Shui Y.M. *et al.*）*90661，群落样方 2011-37*

附生于海拔约 1800m 林中树干上。分布于云南金平、绿春；西藏东南部分布。印度东北部、尼泊尔、泰国也有。

种分布区类型：7

羽唇兰

Ornithochilus difformis (Wall. ex Lindl.) Schltr.

税玉民等（Shui Y.M. *et al.*）*90354*

附生于海拔 900 ～ 2100m 林缘或山地疏林中树干上。分布于云南腾冲、沧源、勐海、勐腊、洱源、大理、双柏、玉溪、金平、河口、马关；四川西南部、广东南部、广西分布。热带喜马拉雅经缅甸、老挝、越南、泰国至马来西亚、印度尼西亚也有。

种分布区类型：7

耳唇兰

Otochilus porrectus Lindl.

税玉民等（Shui Y.M. *et al.*）*90336*，*90341*，*90389*，*群落样方 2011-31*，*群落样方 2011-32*，*群落样方 2011-34*，*群落样方 2011-36*，*群落样方 2011-37*，*群落样方 2011-38*，*群落样方 2011-42*

附生于海拔 1000 ～ 3000m 林中树上或石上。分布于云南贡山、福贡、泸水、腾冲、龙陵、凤庆、瑞丽、临沧、景东、绿春、金平、屏边、西畴、麻栗坡、河口、马关、砚山。印度东北部、缅甸、泰国、越南也有。

种分布区类型：7

绿叶兜兰

Paphiopedilum hangianum Perner et Gruss

刘仲健（Liu Z.J.）*2501*

生于海拔 600 ～ 800m 山坡林下。分布于云南金平。越南北部也有。

种分布区类型：15c

钻柱兰

Pelatantheria rivesii (Guillaumin) Tang et F.T. Wang

税玉民等（Shui Y.M. *et al.*）(*photo*)

附生于海拔 700 ～ 1100m 常绿阔叶林中树干上或林下岩石上。分布于云南勐腊、勐海、墨江、景东、景洪；广西分布。老挝、越南也有。

种分布区类型：7-4

鹤顶兰

Phaius tancarvilleae (L’Herit.) Bl.

税玉民等（Shui Y.M. *et al.*）*西隆山凭证 402*；中苏队（Sino-Russ. Exped.）*474*

生于海拔 700 ～ 1800m 林缘、沟谷或溪旁。分布于云南福贡、泸水、腾冲、镇康、景东、双江、普洱、勐腊、景洪、金平、西畴、麻栗坡、富宁、个旧；西藏东南部、广西、广东、海南、香港、台湾、福建分布。亚洲热带和亚热带其他地区、大洋洲也有。

种分布区类型：5

节茎石仙桃

Pholidota articulata Lindl.

税玉民等（Shui Y.M. *et al.*）(*s.n.*)，*群落样方 2011-37*

附生于海拔 800 ～ 2500m 林中树上或岩石上。分布于云南贡山、福贡、泸水、盈江、龙陵、潞西、维西、漾濞、镇康、凤庆、临沧、双江、景东、普洱、西双版纳、景洪、勐腊、勐海、蒙自、屏边、西畴、麻栗坡;西藏（墨脱）、四川分布。尼泊尔、不丹、印度、缅甸、柬埔寨、泰国、越南、马来西亚、印度尼西亚也有。

种分布区类型：7

宿苞石仙桃

Pholidota imbricata Hook.

中苏队（Sino-Russ. Exped.）*812*

附生于海拔 800 ～ 2700m 林中树上或岩石上。分布于云南贡山、龙陵、潞西、丽江、漾濞、凤庆、镇康、临沧、耿马、景东、普洱、景洪、勐腊、勐海、金平；西藏东南部、四川西南部分布。尼泊尔、不丹、印度、斯里兰卡、缅甸、越南、老挝、柬埔寨、泰国、马来西亚、印度尼西亚、新几内亚岛也有。

种分布区类型：7d

舌唇兰

Platanthera japonica (Thunb.) Lindl.

莫明忠（Mo M.Z.）(*photo*)

生于海拔 1840 ～ 2900m 山坡灌丛、路边或草坡上。分布于云南泸水、丽江、大理;四川、贵州、广西、湖南、湖北、河南、浙江、安徽、江苏、甘肃、陕西分布。朝鲜半岛和日本也有。

种分布区类型：14SJ

独蒜兰

Pleione bulbocodioides (Franch.) Rolfe

税玉民等（Shui Y.M. *et al.*）*群落样方 2011-37*，*群落样方 2011-39*

生于海拔 1850 ～ 3400m 常绿阔叶林下、林缘或岩石上。分布于云南中甸、维西、丽江、剑川、大理、景东、孟连、大姚、嵩明、禄劝、东川、大关、镇雄、文山;西藏、贵州、四川、广西、广东、湖南、湖北、安徽、陕西、甘肃分布。

中国特有

种分布区类型：15

云南独蒜兰

Pleione yunnanensis (Rolfe) Rolfe

税玉民等（Shui Y.M. *et al.*）*90475，群落样方 2011-37，西隆山凭证 597*

生于海拔 1200 ～ 2800m 林下、林缘、草坡。分布于云南贡山、维西、宁蒗、丽江、大理、漾濞、临沧、双柏、东川、昆明、嵩明、新平、峨山、富源、金平、开远、红河、绿春、蒙自、文山、广南等；西藏东南部（察隅）、四川西南部、贵州西部和北部分布。缅甸北部也有。

种分布区类型：7-3

多穗兰

Polystachya concreta (Jack.) Garay et Sweet

税玉民等（Shui Y.M. *et al.*）(*photo*)

附生于海拔 500 ～ 1500m 林中树上。模式标本采自西印度群岛。分布于云南勐腊、勐海、景洪等。印度、斯里兰卡、越南、老挝、柬埔寨、泰国、马来西亚、印度尼西亚、菲律宾及美洲与非洲的热带与亚热带地区也有。

种分布区类型：7

钻喙兰

Rhynchostylis retusa (Linn.) Bl.

中苏队（Sino-Russ. Exped.）*335，958*

附生于海拔 350 ～ 1500m 疏林中或林缘树干上。分布于云南镇康、沧源、临沧、普洱、景洪、勐海、勐腊、师宗、屏边、麻栗坡、金平；贵州分布。斯里兰卡、印度、尼泊尔、不丹、缅甸、老挝、越南、柬埔寨、马来西亚、印度尼西亚、菲律宾也有。

种分布区类型：7

寄树兰

Robiquetia succisa (Lindl.) Scidenf. et Garay

税玉民等（Shui Y.M. *et al.*）*80235*

附生于海拔 730 ～ 1100m 疏林中树干上或山崖石壁上。分布于云南盈江、勐腊、勐海、景洪、金平、广南；广西、广东、海南、香港、福建分布。不丹、印度、缅甸、泰国、老挝、柬埔寨、越南也有。

种分布区类型：7

绿花大苞兰

Sunipia annamensis (Rindl.) P.F. Hunt

税玉民等（Shui Y.M. *et al.*）*90321，西隆山凭证 343*

附生于海拔 2400m 以下林中树枝上。分布于云南金平、绿春。泰国、越南也有。

种分布区类型：7

二色大苞兰

Sunipia bicolor Lindl.

税玉民等（Shui Y.M. *et al.*）*90850*

附生于海拔 1900 ～ 2800m 山地林中树干上或沟谷岩石上。分布于云南贡山、景东、镇康、临沧、凤庆、勐海、金平、绿春、屏边；西藏东南部分布。喜马拉雅西北部、尼泊尔、不丹、印度、孟加拉、缅甸、泰国北部也有。

种分布区类型：7

大苞兰

Sunipia scariosa Lindl.

税玉民等（Shui Y.M. *et al.*）*群落样方 2011-32，群落样方 2011-34*

附生于海拔 870 ～ 2500m 山地疏林中树干上。分布于云南怒江一带、勐腊等地。尼泊尔、印度、缅甸、泰国、越南也有。

种分布区类型：7

叉喙兰

Uncifera acuminata Lindl.

税玉民等（Shui Y.M. *et al.*）(*photo*)

附生于海拔 1300 ～ 1900m 山地密林中树干上。分布于云南腾冲、勐腊、勐海、文山、西畴；贵州分布。尼泊尔、不丹、印度东北部也有。

种分布区类型：14SH

矮万代兰

Vanda pumila Hook. f.

中苏队（Sino-Russ. Exped.）*798，1044*

附生于海拔 530 ～ 1800m 山地林中树干上。分布于云南普洱、金平、蒙自；广西西部、海南分布。不丹、印度东北部、老挝、缅甸、尼泊尔、泰国北部、越南也有。

种分布区类型：7

印度宽距兰（新拟）

Yoania prainii King et Pantl.

税玉民等（Shui Y.M. *et al.*）(*photo*)

生于海拔约 2000m 常绿阔叶林中。分布于云南金平。印度至越南北部也有。

中国新记录

种分布区类型：7

白肋线柱兰

Zeuxine goodyeroides Lindl.

税玉民等（Shui Y.M. *et al.*）*群落样方 2011-46，群落样方 2011-33*

生于海拔 1200 ～ 2500m 石灰岩山山谷或山洼地密林下。分布于云南东南部；广西西部分布。尼泊尔、不丹、印度也有。

种分布区类型：14SH

芳线柱兰

Zeuxine nervosa (Lindl.) Trimen

莫明忠（Mo M.Z.）(*photo*)

生于海拔 650 ～ 1200m 林下阴湿处。分布于云南腾冲、勐腊、勐海；台湾分布。尼泊尔、不丹、印度、孟加拉、老挝、柬埔寨、泰国、越南、日本琉球也有。

种分布区类型：7

线柱兰

Zeuxine strateumatica (Linn.) Schltr.

税玉民等（Shui Y.M. *et al.*）*群落样方 2011-31，群落样方 2011-32*

生于海拔 150 ～ 600m 山谷旁石上。分布于云南河口；四川、广西、海南、香港、广东、湖北、台湾、福建分布。阿富汗、克什米尔地区、尼泊尔、印度东北部、斯里兰卡、缅甸、老挝、柬埔寨、越南、马来西亚、菲律宾、新几内亚岛、日本也有。

种分布区类型：7

327 灯心草科 Juncaceae

灯心草

Juncus effusus Linn.

张广杰（Zhang G.J.）*253*

生于海拔 800 ～ 2800m 杂木林中。分布于云南镇雄、威信、盐津、富宁、西畴、金平、河口、红河、建水、马关、麻栗坡、弥勒、屏边、文山、元阳、景东、维西、剑川、漾濞、龙陵、贡山、中甸、丽江；辽宁、华北、华东、西南分布。尼泊尔、不丹、印度、朝鲜、日本也有。

种分布区类型：7

笄石菖

Juncus prismatocarpus R.Br.

张广杰（Zhang G.J.）*200*；中苏队（Sino-Russ. Exped.）*29，276*

生于海拔 1200 ～ 2800m 山坡林下、沼泽地。分布于云南昆明、寻甸、建水、江川、大理、金平、绿春、建水、麻栗坡、弥勒、元阳、文山、广南、砚山、屏边、河口、澜沧、勐海、临沧、剑川、维西、丽江、中甸、德钦；安徽、福建、广东、广西、贵州、海南、河南、湖北、湖南、江苏、江西、山东、四川、台湾、西藏、浙江分布。不丹、柬埔寨、印度、印度尼西亚、俄罗斯东部、日本、韩国、老挝、马来西亚、尼泊尔、巴基斯坦、巴布亚新几内亚、斯里兰卡、泰国、越南、澳大利亚、太平洋群岛（新西兰）也有。

种分布区类型：5

331　莎草科 Cyperaceae

浆果苔草

Carex baccans Nees

周浙昆等（Zhou Z.K. *et al.*）*83，469*

生于海拔 760 ～ 2400m 山谷、林下、灌丛中、河边及村旁。分布于云南贡山、福贡、大理、巍山、漾濞、宾川、昆明、禄劝、武定、江川、金平、河口、红河、开远、绿春、马关、文山、砚山、麻栗坡、屏边、景东、普洱、西双版纳、保山、瑞丽；福建、台湾、广东、广西、海南、四川、贵州分布。马来西亚、越南、缅甸、尼泊尔、印度也有。

种分布区类型：7

宽叶苔草

Carex siderosticta C.B. Clarke

税玉民等（Shui Y.M. *et al.*）*群落样方 2011-32，群落样方 2011-34*

生于海拔 1000 ～ 2000m 针阔叶混交林或阔叶林下或林缘。分布于云南全省大部分地区；黑龙江、吉林、辽宁、河北、山西、陕西、山东、安徽、浙江、江西分布。俄罗斯、朝鲜、日本也有。

种分布区类型：8

薹草属一种

Carex sp.

张广杰（Zhang G.J.）*193*；西南野生生物种质资源库 DNA Barcoding 考察（DNA Barcoding Exped. of GBOWS）*GBOWS1354*；张广杰（Zhang G.J.）*193*；周浙昆等（Zhou Z.K. *et al.*）*102，306，319，414*

砖子苗

Cyperus cyperoides (Linn.) Kuntze

张广杰（Zhang G.J.）*201，255*

生于海拔 200 ～ 3200m 山坡阳处、路旁草地、松林下或溪边。分布于云南勐海、金平、河口、开远、绿春、弥勒、文山、屏边、马关、蒙自、临沧、楚雄、昆明、漾濞、鹤庆、华坪、丽江、永胜、维西、宁蒗、贡山、保山；除东北、华北、西北和西藏外的其他各省区分布。尼泊尔、印度、缅甸、越南、马来西亚、印度尼西亚、菲律宾、美国夏威夷、朝鲜、日本、澳大利亚、南美洲也有。

种分布区类型：2-1

畦畔莎草

Cyperus haspan Linn.

张广杰（Zhang G.J.）*203*

生于海拔 1000 ～ 1500m 水田或浅水塘等浅水中，也见于山坡草地上。分布于云南勐海（勐遮）、景洪、金平、屏边、河口、澜沧等南部地区；安徽、福建、广东、广西、海南、河南、湖北、湖南、江苏、江西、台湾、西藏东南部、浙江分布。不丹、柬埔寨、印度、印度尼西亚、日本、克什米尔、韩国、老挝、马来西亚、缅甸、尼泊尔、巴基斯坦、巴布亚新几内亚、菲律宾、斯里兰卡、泰国、越南、非洲、美洲热带地区、西亚、澳大利亚、印度洋群岛、马达加斯加、北美洲、太平洋岛屿也有。

种分布区类型：2

莎草属一种

Cyperus sp.

张广杰（Zhang G.J.）*197*

复序飘拂草

Fimbristylis bisumbellata (Forsk.) Bubani

张广杰（Zhang G.J.）*205*

生于海拔 450 ～ 1530m 江边、沙地潮湿处、山坡潮湿处。分布于云南蒙自、金平、绿春、西双版纳（勐海、景洪）；安徽、广东、广西、贵州、河北、河南、湖北、湖南、江苏、陕西、山东、山西、四川、台湾、新疆、浙江分布。阿富汗、印度、印度尼西亚、日本、老挝、缅甸、尼泊尔、巴基斯坦、菲律宾、斯里兰卡、泰国、土库曼斯坦、越南、非洲、西亚、澳大利亚、欧洲、印度洋群岛也有。

种分布区类型：4

单穗水蜈蚣

Kyllinga nemoralis (J.R. et G. Forst.) Dandy ex Hutch. et Dalziel

张广杰（Zhang G.J.）*159*

生于海拔 1500 ～ 2100m 山坡林下、沟边、田边近水处、旷野潮湿处。分布于云南全省大部分地区；广东、广西、海南分布。喜马拉雅山区、印度、缅甸、泰国、越南、马来西亚、印度尼西亚、菲律宾、日本琉球群岛、澳洲及美洲热带地区也有。

种分布区类型：2-1

水蜈蚣属一种

Kyllinga sp.

张广杰（Zhang G.J.）*87*

萤蔺

Schoenoplectus juncoides (Roxb.) Palla

张广杰（Zhang G.J.）*287*

生于海拔 2000 ～ 2600m 池塘及溪边。分布于云南贡山、鹤庆、洱源、宾川、昆明、金平、绿春、景洪、勐海、景东、双江；安徽、重庆、福建、甘肃、广东、广西、贵州、海南、河北、河南、湖北、湖南、江苏、江西、陕西、山东、山西、四川、台湾、新疆、西藏东南部、浙江分布。不丹、印度、印度尼西亚、日本、克什米尔地区、韩国、马来西亚、尼泊尔、巴基斯坦、巴布亚新几内亚、菲律宾、斯里兰卡、塔吉克斯坦、泰国、乌兹别克斯坦、西亚、澳大利亚、印度洋群岛、马达加斯加、太平洋岛屿也有。

种分布区类型：4

光果珍珠茅

Scleria radula Hance

税玉民等（Shui Y.M. *et al.*）*80329*

生于海拔 140 ～ 650m 山坡、山谷、路边、林中、溪边。分布于云南马关、河口、金平、绿春、蒙自、西双版纳（勐罕、小街）；广西、广东、海南、台湾和香港分布。

中国特有

种分布区类型：15

332　禾本科 Gramineae

看麦娘

Alopecurus aequalis Sobol.

李国锋（Li G.F.）*Li-152*

生于海拔 1200 ～ 3500m 沟谷、田野、湿地、沼泽、林缘及亚高山草甸。分布于云南全省大部分地区；安徽、福建、广东、贵州、河北、黑龙江、河南、湖北、江苏、江西、内蒙古、陕西、山东、四川、台湾、新疆、西藏、浙江分布。不丹、日本、克什米尔地区、哈萨克斯坦、韩国、吉尔吉斯斯坦、蒙古、尼泊尔、俄罗斯、塔吉克斯坦、土库曼斯坦、乌兹别克斯坦、北美、西亚和欧洲（北半球温带）也有。

种分布区类型：8

水蔗草

Apluda mutica Linn.

李国锋（Li G.F.）*Li-132*

生于海拔 2200m 以下山坡草地、丘陵灌丛、道旁田野、河谷岸边的常见植物。分布于云南全省大部分地区；西南、华南、海南、台湾分布。亚洲热带与亚热带其他地区、澳大利亚及新喀里多尼亚也有。

种分布区类型：5

硬秆子草

Capillipedium assimile (Steud.) A.Camus

李国锋（Li G.F.）*Li-560*

生于海拔 500 ～ 3500m 山坡草地、丘陵灌丛、道旁河岸、旷野或林中。分布于云南全省各地；福建、广东、广西、贵州、海南、河南、湖北、湖南、江西、山东、四川、台湾、西藏、浙江分布。孟加拉、不丹、印度、印度尼西亚、日本、马来西亚、缅甸、尼泊尔、泰国、越南也有。

种分布区类型：7

细柄草

Capillipedium parviflorum (R.Br.) Stapf

(采集人不详)（Anonym）*997*

生于海拔 500 ～ 3000m 山坡草地、丘陵灌丛、沟边河谷、田野道旁。分布于云南全省各地；西南及长江流域以南各省区分布。不丹、印度、印度尼西亚、日本、缅甸、尼泊尔、新几内亚、巴基斯坦、菲律宾、泰国、非洲、西亚、澳大利亚（旧大陆热带至温暖地区）也有。

种分布区类型：5

假淡竹叶

Centotheca lappacea (Linn.) Desv.

税玉民等（Shui Y.M. *et al.*）*80248*

生于海拔 450 ～ 650m 疏林中。分布于云南金平、绿春、河口、易武、镇沅、江城、普洱、景洪、勐海、富宁、耿马；福建、广东、广西、海南、江西、台湾分布。不丹、印度、印度尼西亚、马来西亚、缅甸、尼泊尔、菲律宾、斯里兰卡、泰国、越南、热带非洲西部、澳大利亚（昆士兰州）、太平洋群岛（波利尼西亚）（旧大陆热带地区）也有。

种分布区类型：4

竹节草

Chrysopogon aciculatus (Retz.) Trin.

（采集人不详）（Anonym）*13*；徐永椿（Hsu Y.C.）*299*；张广杰（Zhang G.J.）*339*；周浙昆等（Zhou Z.K. *et al.*）*36*

生于 50 ～ 1500m 山坡及平坝的路边草地。分布于云南罗平、泸水、元江、广南、富宁、文山、麻栗坡、河口、元阳、金平、绿春、景洪、勐海、镇康、双江、临沧、瑞丽等地；福建、广东、广西、贵州、海南、台湾分布。阿富汗、孟加拉、不丹、柬埔寨、印度、印度尼西亚、马来西亚、缅甸、尼泊尔、巴基斯坦、菲律宾、新加坡、斯里兰卡、泰国、越南、澳大利亚、太平洋群岛（波利尼西亚）也有。

种分布区类型：5

薏苡

Coix lacryma-jobi Linn.

中苏队（Sino-Russ. Exped.）*327*

生于海拔 800 ～ 1200m 河岸、沟边、湖边或阴湿山谷中。云南全省温暖地区有野生或栽培分布；安徽、福建、广东、广西、贵州、海南、河北、黑龙江、河南、湖北、湖南、江苏、江西、辽宁、内蒙古、宁夏、陕西、山东、山西、四川、台湾、新疆、浙江分布。印度、印度尼西亚、老挝、缅甸、尼泊尔、新几内亚、菲律宾、斯里兰卡、泰国、越南也有。

种分布区类型：7

* 香茅

Cymbopogon citratus (DC.) Stapf

张广杰（Zhang G.J.）*180*

生于海拔 200 ～ 800m 山坡草丛栽培。云南南部及东南部栽培分布；湖北、湖南、福建、广东、贵州、台湾、浙江栽培分布。原产地不详，热带亚洲及其他热带地区栽培。

种分布区类型：/

弓果黍

Cyrtococcum patens (Linn.) A. Camus

（采集人不详）（Anonym）*113*；税玉民等（Shui Y.M. *et al.*）*80249*

生于海拔 1900m 以下丘陵灌丛、路旁田野、林缘或疏林下。分布于云南罗平、元江、麻栗坡、金平、河口、绿春、马关、弥勒、屏边、普洱、勐腊、景洪、镇康、临沧；广东、广西、贵州、海南、四川、江西、福建、台湾分布。孟加拉、不丹、印度、印度尼西亚、日本（琉球群岛）、马来西亚、缅甸、尼泊尔、菲律宾、斯里兰卡、泰国、越南、太平洋群岛（波利尼西亚）也有。

种分布区类型：2

小叶龙竹

Dendrocalamus barbatus Hsuch et D.Z. Li

（采集人不详）（Anonym）*27760*；（采集人不详）（Anonym）*76-1*；薛纪如（Hsueh C.J.）*1081*；薛嘉榕、李德珠（Xue J.R. et Li D.Z.）*85268*

生于海拔 300 ～ 1100m 村边、林缘、路边，多为栽培。分布于云南东南部（金平、绿春、元阳）至西南部。

云南特有

种分布区类型：15a

勃氏甜龙竹

Dendrocalamus brandisii (Munro) Kurz

莫明忠（Mo M. Z.）(*photo*)

生于海拔 600—2000m，广泛栽培于村旁寨边。分布于云南东南部（金平、河口、红河、绿春、元阳）至西南部；广东、福建有引种栽培分布。缅甸、老挝、越南、泰国、印度也有栽培。

种分布区类型：7

甜竹

Dendrocalamus brandisii (Munro) Kurz

薛纪如（Hsueh C.J.）*1019*；薛嘉榕、冯梅（Xue J.R. et Feng M.）*895*

在海拔 600 ～ 2000m 广泛栽培于村旁寨边。模式标本采自缅甸。分布于云南东南部（金平、河口、红河、绿春、元阳）至西南部。缅甸、老挝、越南、泰国、印度也有栽培。

种分布区类型：7

黄竹

Dendrocalamus membranaceus Munro

张广杰（Zhang G.J.）*221*

生于海拔 1000m 以下低山与河谷地区。分布于云南东南部（金平、绿春、元阳）至西南部；广东、福建有引种栽培分布。缅甸、越南北部、老挝、泰国北部也有。

种分布区类型：7

锡金龙竹

Dendrocalamus sikkimensis Gamble ex Oliv.

薛嘉榕、李德铢（Xue J.R. et Li D.Z.）*85272*

在海拔 130 ～ 160m 村边路旁常栽培分布。分布于云南金平、河口、元阳及西双版纳。印度、不丹也有。

种分布区类型：14SH

牡竹

Dendrocalamus strictus Nees

段幼萱（Duan Y.X.）*37*

在海拔 130 ～ 1440m 栽培分布。分布于云南金平、河口、元阳、建水；广东、台湾栽培分布。原产印度、孟加拉、缅甸;印度尼西亚、新加坡、马来西亚、泰国等地广泛栽培。

种分布区类型：7

云南龙竹

Dendrocalamus yunnanicus Hsueh et D.Z. Li

李德铢（Li D.Z.）*85270*

生于海拔 280 ～ 1900m 村边、路旁。分布于云南东南部（金平、河口、个旧、红河、文山、元阳）和中部；广东、广西、四川有引种栽培分布。越南北部也有。

种分布区类型：15c

紫马唐

Digitaria violascens Link

李国锋（Li G.F.）*Li-110*；吴元坤、胡诗秀（Wu Y.K. et Hu S.X.）*22*；张建勋、张赣生（Chang C.S. et Chang K.S.）*111*

在海拔 1900m 以下温暖地区的山坡草地、道旁林缘、田野荒地均有分布。分布于云南全省海拔 1900m 以下温暖地区；安徽、福建、广东、广西、贵州、海南、河北、河南、湖北、湖南、江苏、江西、青海、山东、山西、四川、台湾、新疆、西藏、浙江分布。不丹、印度、印度尼西亚、马来西亚、缅甸、尼泊尔、巴基斯坦、菲律宾、斯里兰卡、泰国、越南、澳大利亚、南美洲也有。

种分布区类型：2-1

稗（原变种）

Echinochloa crusgalli (Linn.) Beauv. var. **crusgalli**

中苏队（Sino-Russ. Exped.）*306*

生于海拔 2500m 以下沼泽地上、沟边湿地及稻田中，为常见杂草。分布于云南全省大部分地区；全国广布。全球的温带和亚热带其他地区也有。

种分布区类型：1

细叶旱稗（变种）

Echinochloa crusgalli (Linn.) Beauv. var. **praticola** Ohwi

李国锋（Li G.F.）*Li-094*

生于海拔 1400 ～ 2000m 林缘或田地、路边。分布于云南全省大部分地区；安徽、广西、贵州、河北、湖北、江苏、台湾分布。日本也有。

种分布区类型：14SJ

蟋蟀草

Eleusine indica (Linn.) Gaertn.

李国锋（Li G.F.）*Li-111*；中苏队（Sino-Russ. Exped.）*21*；*中苏联合考察队*

在海拔 200 ～ 2500m 道旁、田野间、撂荒地及耕作地中常见。分布于云南全省大部分地区；安徽、北京、福建、广东、贵州、海南、黑龙江、河南、湖北、湖南、江西、陕西、山东、上海、四川、台湾、天津、西藏、浙江分布。全球热带及亚热带其他地区也有。

种分布区类型：1

黑穗画眉草

Eragrostis nigra Nees ex Steud.

李国锋（Li G.F.）*Li-124*；税玉民等（Shui Y.M. *et al.*）*90240*，*90435*

生于海拔 1400 ～ 2700m 山坡草地、路边、田边、地中、宅旁，为常见的野生杂草。分布于云南全省各地；贵州、四川、广西、江西、河南、陕西、甘肃、青海、西藏等省区分布。印度、不丹、尼泊尔、缅甸、斯里兰卡、东南亚也有。

种分布区类型：7

鼠妇草

Eragrostis nutans (Retz.) Nees ex Steud.

李国锋（Li G.F.）*Li-131*；税玉民等（Shui Y.M. *et al.*）*90241*

生于海拔 300 ～ 2000m 山坡及坝区、田边、路边、林下、江边湿地、沙滩及水沟中。分布于云南除东北部及西北部迪庆未见标本外，全省各地；贵州、四川、广西、广东等省区分布。日本（琉球群岛）、喜马拉雅、印度至马来西亚、菲律宾也有。

种分布区类型：7

鲫鱼草

Eragrostis tenella (Linn.) Beauv. ex Roem. et Schult.

周浙昆等（Zhou Z.K. *et al.*）*37*

生于海拔 120 ～ 1500m 坝区地中、路边或山坡草丛中。分布于云南永胜、元谋、双柏、峨山、金平、河口、红河、石屏、元阳、景洪、龙陵等地;广西、广东、海南、福建、台湾、湖北、西藏、安徽、山东等省区分布。东半球热带地区（旧世界热带地区）也有，并引入美洲。

种分布区类型：4

牛虱草

Eragrostis unioloides (Retz.) Nees ex Steud.

张广杰（Zhang G.J.）*290*；中苏队（Sino-Russ. Exped.）*28*

生于海拔 200 ～ 1300m 山坡、草地、田埂、路旁、河滩、溪边。分布于云南西畴、金平、河口、绿春、马关、屏边、孟连、景洪、镇康、双江、临沧、沧源、云县、耿马、腾冲、盈江、瑞丽等地；福建、海南、江西、台湾分布。东南亚各国、尼泊尔、印度、西非也有。

种分布区类型：7

拟金茅

Eulaliopsis binata (Retz.) C.E. Hubb.

（采集人不详）(Anonym）*75*；三四小队（The Third and Forth Group）*79*；中苏队（Sino-Russ. Exped.）*1002*，*1065*

生于海拔 1500 ～ 2500m 较干燥的山坡草地、疏林或灌丛中。分布于云南昭通、嵩明、陆良、东川、永胜、华坪、中甸、剑川、昆明、晋宁、澄江、金平、富宁、河口、泸西、蒙自、弥勒、元阳、文山、砚山、开远、建水；广东、广西、贵州、河南、湖北、陕西、四川、台湾分布。阿富汗、不丹、印度、缅甸、尼泊尔、巴基斯坦、菲律宾、泰国、日本也有。

种分布区类型：7

冬竹

Fargesia hsuehiana T.P. Yi

周浙昆等（Zhou Z.K. *et al.*）*381*

生于海拔 2000m 山坡常绿阔叶林中。分布于云南南部及东南部。

云南特有

种分布区类型：15a

铁竹

Ferrocalamus strictus Hsueh et Keng f.

薛嘉榕、李德珠（Xue J.R. et Li D.Z.）*85275*；杨增宏（Yang Z.H.）*88-1215*；章伟平（Zhang W.P.）*840318*

生于海拔 900 ～ 1200m 山地常绿阔叶林中。分布于云南金平、元阳、绿春、屏边。

滇东南特有

种分布区类型：15b

球穗草

Hackelochloa granularis (Linn.) Kuntze

徐永椿（Hsu Y.C.）*388*

在海拔 1500m 以下路旁、沟边、田野间、荒地上、耕地中都常见。分布于云南双柏、易门、元江、金平、绿春、麻栗坡、蒙自、西畴、富宁、河口、景洪、勐腊；四川、贵州、广东、广西、海南、福建、台湾分布。两半球热带地区也都有。

种分布区类型：2

白茅（变种）

Imperata cylindrica (Linn.) Beauv. var. **major** (Nees) C.E. Hubb.

沙惠祥、戴汝昌（Sha H.X. et Dai R.C.）*92*；吴元坤（Wu Y.K.）*4，6*

生于海拔 2500m 以下平原、荒地、山坡道旁，溪边或山谷湿地生长更佳。分布于云南全省各地；几遍全国分布。旧世界热带及亚热带、常延伸至温带也有。

种分布区类型：1

江华大节竹

Indosasa spongiosa C.S. Chao et B.M. Yang

李德铢（Li D.Z.）*85279*

生于海拔 400 ～ 1500m 中低山地带，伴生的优势种有滇波罗蜜、肉实树、山杜英、野荔枝、苦梓、含笑等。分布于云南德宏、临沧、普洱、西双版纳、金平、河口、西畴、元阳、红河、文山等地区；贵州南部、广西和湖南（江华）分布。

中国特有

种分布区类型：15

白花柳叶箬

Isachne albens Trin.

税玉民等（Shui Y.M. *et al.*）*90020*

生于海拔 1000 ～ 2000m 山坡草地及疏林中。分布于云南贡山、昆明、金平、绿春、蒙自、屏边、文山、西畴、元阳；四川、贵州、广西、广东、福建、西藏、台湾分布。印度北部、不丹、尼泊尔、缅甸、泰国、越南、印度尼西亚、非洲也有。

种分布区类型：6

粗毛鸭嘴草

Ischaemum barbatum Retz.

周浙昆等（Zhou Z.K. *et al.*）*13*

生于海拔 700 ～ 800m 荒野及山边草丛中。分布于云南普洱、景洪、金平；贵州、广东、广西、海南、湖南、湖北、江苏、浙江、台湾分布。柬埔寨、印度、印度尼西亚、老挝、马来西亚、缅甸、新几内亚、菲律宾、斯里兰卡、泰国、越南、日本、西非、澳大利亚也有。

种分布区类型：5

田间鸭嘴草

Ischaemum rugosum Salisb.

中苏队（Sino-Russ. Exped.）*348*

生于海拔 500 ～ 1800m 间的沟边、河边、田地中、荒地上，阳光充足而又潮湿的环境都常见。分布于云南永胜、泸水、兰坪、元谋、丘北、广南、富宁、金平、砚山、元阳、景洪、临沧、耿马、沧源、盈江、瑞丽；贵州西北部、四川西南部（米易）、广东、广西、海南、湖南、台湾等省区分布。不丹、印度、印度尼西亚、马来西亚、缅甸、尼泊尔、菲律宾、斯里兰卡、泰国、澳大利亚（昆士兰州）也有，非洲和美洲有引进。

种分布区类型：5

澜沧梨藤竹

Melocalamus arrectus T.P. Yi

薛嘉榕、李德珠（Xue J.R. et Li D.Z.）*85278*；张广杰（Zhang G.J.）*188*；章伟平（Zhang W.P.）*840319*

生于海拔 120 ～ 1600m 热带雨林或季风常绿阔叶林内。分布于云南沧源、澜沧、盈江、德宏、勐腊、江城、绿春、元阳、金平、河口、马关、麻栗坡；广西分布。

中国特有

种分布区类型：15

刚莠竹

Microstegium ciliatum (Trin.) A. Camus

税玉民等（Shui Y.M. *et al.*）*群落样方 2011-33*，*群落样方 2011-35*，*群落样方 2011-48*

海拔 2300m 以下温热地区的疏林、林缘、灌丛、草坡、沟边常见。分布于云南罗平、大理、昆明、禄丰、丘北、绿春、建水、河口、景东、景洪、镇康、耿马、腾冲、潞西、瑞丽；西南、华南及台湾分布。尼泊尔、缅甸、印度、中南半岛各国、印度尼西亚、菲律宾也有。

种分布区类型：7

类芦

Neyraudia reynaudiana (Kunth) Keng ex Hitchc.

李国锋（Li G.F.）*Li-092*，*Li-564*；张广杰（Zhang G.J.）*272*；中苏队（Sino-Russ. Exped.）*988*

生于海拔 2300m 以下河湖岸边、山坡灌丛中。分布于云南全省大部分地区；安徽、福建、甘肃、广东、广西、贵州、海南、湖北、湖南、江苏、江西、四川、台湾、西藏、浙江分布。不丹、柬埔寨、印度东北部、印度尼西亚、老挝、马来西亚、缅甸、尼泊尔、泰国、越南、日本也有。

种分布区类型：7

竹叶草

Oplismenus compositus (Linn.) Beauv.

周浙昆等（Zhou Z.K. *et al.*）*467*

生于海拔 200 ～ 2500m 灌丛、疏林阴湿处。分布于云南全省大部分地区；西南、华南及台湾分布。东非、南亚、东南亚、澳大利亚、太平洋群岛（波利尼西亚）、墨西哥、委内瑞拉、厄瓜多尔也有。

种分布区类型：2

藤竹草

Panicum incomtum Trin.

李国锋（Li G.F.）*Li-567*；中苏队（Sino-Russ. Exped.）*267*，*496*

生于海拔约 1200m 沟谷疏林、山坡灌丛、路边草丛中。分布于云南金平、绿春、河口、孟连、勐海、勐腊、景洪；广东、广西、海南、福建、台湾、江西等省区分布。印度东北部、不丹、缅甸、泰国、越南、印度尼西亚、菲律宾、马来西亚、澳大利亚也有。

种分布区类型：5

心叶黍

Panicum notatum Retz.

税玉民等（Shui Y.M. *et al.*）*90219*；张广杰（Zhang G.J.）*336*

生于海拔 1800m 以下丘陵灌丛、山坡疏林或潮湿地上。分布于云南罗平、昆明、禄丰、元江、广南、麻栗坡、富宁、元阳、金平、河口、澜沧、普洱、景谷、景东、景洪、勐海、临沧、耿马、镇康、腾冲、潞西、盈江；西藏、广东、广西、海南、台湾、福建分布。菲律宾、印度尼西亚也有。

种分布区类型：7-5

黍属一种

Panicum sp.

税玉民等（Shui Y.M. *et al.*）*90318*，*90366*，*90367, 90435*，*90812*

细柄黍

Panicum sumatrense Roth ex Roemer et Schultes

李国锋（Li G.F.）*Li-128*；税玉民等（Shui Y.M. *et al.*）*80246*

生于海拔 2300m 以下大部分地区，多生于丘陵灌丛或路旁荒野。分布于云南全省大部分地区；贵州、西藏、台湾分布。印度、斯里兰卡、马来西亚、菲律宾也有。

种分布区类型：7-1

两耳草

Paspalum conjugatum Berg.

段幼萱（Duan Y.X.）*6*

生于海拔 200 ～ 1300m 潮湿环境。分布于云南西畴、马关、麻栗坡、河口、金平、绿春、屏边、蒙自、普洱、孟连、景洪、耿马、镇康、潞西、盈江；福建、广东、广西、海南、香港、台湾分布。全球热带和亚热带其他地区也有。

种分布区类型：2

鸭乸草（原变种）

Paspalum scrobiculatum Linn. var. **scrobiculatum**

中苏队（Sino-Russ. Exped.）*354*

生于海拔 400 ～ 1500m 路旁草地或湿地上。分布于云南昆明、富宁、砚山、金平、蒙自、绿春、河口、开远、弥勒、屏边、普洱、江城、景洪、勐腊、沧源、镇康、耿马;广西、海南、台湾分布。印度、热带东南亚也有。

种分布区类型：7

囡雀稗（变种）

Paspalum scrobiculatum Linn. var. **bispicatum** Hackel

税玉民等（Shui Y.M. *et al.*）*90244*

生于海拔 1000 ～ 1800m 林缘或路边空地。分布于云南金平;福建、广东、广西、江苏、四川、浙江、台湾分布。旧世界热带和亚热带地区也有。

种分布区类型：4

圆果雀稗（变种）

Paspalum scrobiculatum Linn. var. **orbiculare** (G.Forst.) Hackel

税玉民等（Shui Y.M. *et al.*）*90844*；张广杰（Zhang G.J.）*291*

生于海拔 90 ～ 2000m 丘陵灌丛、山坡道旁及田野湿润地区。分布于云南全省大部分地区；福建、广东、广西、贵州、湖北、江苏、江西、四川、台湾、浙江分布。东南亚、澳大利亚、太平洋群岛（波利尼西亚）也有。

种分布区类型：5

雀稗

Paspalum thunbergii Kunth ex Steud.

徐永椿（Hsu Y.C.）*188*

生于海拔 1100 ～ 1800m 湿润草地。分布于云南贡山、寻甸、易门、金平、绿春、富宁、临沧、永德;安徽、福建、广东、广西、贵州、河南、湖北、湖南、江苏、江西、陕西、山东、四川、台湾、浙江分布。不丹、印度、日本、韩国也有。

种分布区类型：7

** **象草**

Pennisetum purpureum Schum.

李国锋（Li G.F.）*Li-533*；(采集人不详)（Anonym）*L033*

在海拔 800m 以下常逸为野生。分布于云南；福建、广东、广西、海南、江苏、江西、四川、台湾等地区具有栽培分布。原产非洲。

种分布区类型：/

大芦苇

Phragmites karka (Retz.) Trin. ex Steud.

税玉民等（Shui Y.M. *et al.*）*90825*，*90826*

生于海拔 2000m 以下江河岸边、湖泊及沼泽边缘。分布于云南全省大部分地区；福建、广东、广西、海南、四川、台湾分布。柬埔寨、印度、印度尼西亚、老挝、马来西亚、缅甸、新几内亚、菲律宾、斯里兰卡、泰国、越南、日本、非洲、澳大利亚北部、太平洋岛屿也有。

种分布区类型：5

金丝草

Pogonatherum crinitum (Thunb.) Kunth

李国锋（Li G.F.）*Li-153*，*Li-510*；税玉民等（Shui Y.M. *et al.*）*90243*；张广杰（Zhang G.J.）*198*；中苏队（Sino-Russ. Exped.）*19*

生于海拔 1200 ～ 2000m 石岩或石缝间、河岸及田地埂上、潮湿山坡。分布于云南盐津、东川、丽江、华坪、贡山、福贡、禄丰、元谋、金平、河口、红河、开远、绿春、麻栗坡、屏边、西畴、砚山、元阳、富宁、马关、临沧、腾冲、陇川；安徽、福建、广东、广西、贵州、海南、湖北、湖南、江西、四川、台湾、浙江分布。阿富汗、巴基斯坦、不丹、印度、印度尼西亚、马来西亚、尼泊尔、新几内亚、所罗门群岛、菲律宾、斯里兰卡、泰国、越南、日本、澳大利亚（昆士兰州）也有。

种分布区类型：5

金发草

Pogonatherum paniceum (Lam.) Hack.

李国锋（Li G.F.）*Li-010*；税玉民等（Shui Y.M. *et al.*）*90243*

生于海拔 500 ～ 2000m 山坡草地、路旁阳处、溪边草地。分布于云南漾濞、易门、玉溪、富宁、建水、屏边、河口、临沧、龙陵、潞西；四川、贵州、广东、广西、湖南、湖北、台湾等省区分布。阿富汗、巴基斯坦、斯里兰卡、印度、尼泊尔、缅甸、东南亚各国，向南到澳大利亚也有。

种分布区类型：5

钩毛草

Pseudechinolaena polystachya (H.B. K.) Stapf

中苏队（Sino-Russ. Exped.）*371*

生于海拔 500 ～ 1000m 疏林下、溪沟边。分布于云南西盟、景洪、金平、河口、绿春、麻栗坡、屏边；广西、广东、海南、福建、西藏分布。热带地区也有。

种分布区类型：2

云南总序竹

Racemobambos yunnanensis T.H. Wen

（采集人不详）（Anonym）*896*；周文伟（Zhou W.H.）*83311*

生于海拔 1800 ～ 2400m 常绿阔叶林中。分布于云南金平。

金平特有

种分布区类型：15d

长齿蔗茅

Saccharum longesetosum (Andersson) V. Narayanaswami

李国锋（Li G.F.）*Li-502*；（采集人不详）（Anonym）*L002*

生于海拔 200 ～ 1400m 山坡林缘。分布于云南金平；广西、贵州、四川、西藏分布。不丹、印度北部、缅甸、泰国也有。

种分布区类型：7

囊颖草

Sacciolepis indica (Linn.) A. Chase

李国锋（Li G.F.）*Li-126*；张广杰（Zhang G.J.）*177*；中苏队（Sino-Russ. Exped.）*17*

生于海拔 500 ～ 2400m 溪沟边、水池边、灌丛中、疏林下。分布于云南罗平、永胜、泸水、剑川、大理、昆明、禄丰、易门、文山、广南、丘北、石屏、绿春、建水、元阳、河口、金平、富宁、红河、马关、麻栗坡、屏边、西畴、砚山、临沧、双江、永德、镇康；安徽、福建、广东、贵州、海南、黑龙江、河南、湖北、江西、山东、四川、台湾、浙江分布。不丹、印度、缅甸、尼泊尔、泰国、越南、日本、太平洋岛屿、澳大利亚、非洲也有。

种分布区类型：4

沙罗单竹

Schizostachyum funghomii McClure

薛嘉榕、李德珠（Xue J.R. et Li D.Z.）*85271*

生于海拔 800m 以下湿热的沟谷地带。分布于云南德宏、临沧、西双版纳地区、金平、河口、屏边、文山、绿春、元阳等地；广东、广西的西江流域各地分布。越南北部也有。

种分布区类型：15c

思簩竹

Schizostachyum pseudolima McClure

薛纪如（Hsueh C.J.）*1084*；章伟平（Zhang W.P.）*840316*

生于海拔 1000m 以下低山下部或沟谷地带。分布于云南马关、金平、河口、勐海；广东、广西和海南分布。越南北部也有。

种分布区类型：15c

棕叶狗尾草

Setaria palmifolia (Koen.) Stapf

李国锋（Li G.F.）*Li-038*；税玉民等（Shui Y.M. *et al.*）*群落样方 2011-32*，*群落样方 2011-35*；徐永椿（Hsu Y.C.）*197*；中苏队（Sino-Russ. Exped.）*47*

生于海拔 1900m 以下路旁、村边、田野、沟边、林缘及林中，是比较典型的森林禾草。分布于云南贡山、金平、富宁、红河、建水、开远、绿春、马关、麻栗坡、蒙自、弥勒、屏边、文山、弥勒、元阳、石屏、河口、景洪、镇康、永德、耿马、沧源、盈江、瑞丽；安徽、福建、广东、广西、贵州、海南、湖北、湖南、江苏、四川、台湾、西藏、浙江分布。原产旧大陆热带，早已引入西半球。

种分布区类型：4

皱叶狗尾草

Setaria plicata (Lam.) T. Cooke

税玉民等（Shui Y.M. *et al.*）*群落样方 2011-36*；张广杰（Zhang G.J.）*311*，*338*

在海拔 2400m 以下田野、沟边、道旁、灌丛、林缘及各种较湿润的生境都常见。分布于云南全省大部分地区；安徽、福建、广东、广西、贵州、湖北、湖南、江苏、江西、四川、台湾、西藏、浙江分布。印度、缅甸、日本、马来西亚、尼泊尔、泰国也有。

种分布区类型：7

金色狗尾草

Setaria pumila (Poir.) Roem. et Schult.

中苏队（Sino-Russ. Exped.）*350*，*1759*

在海拔 3200m 以下河岸、沟边、路旁、田野、撂荒地上、果园及灌丛中常见。分布于云南全省大部分地区；安徽、北京、福建、广东、贵州、海南、黑龙江、河南、湖北、湖南、江西、宁夏、陕西、山东、上海、四川、台湾、新疆、西藏、浙江分布。旧大陆热带、亚热带至暖温带也有，已传入新大陆。

种分布区类型：4

狗尾草

Setaria viridis (Linn.) Beauv.

税玉民等（Shui Y.M. *et al.*）*90837*，*群落样方 2011-40*，*群落样方 2011-41*，*群落样方*

2011-42

生于海拔 3000m 以下荒地、田野、道旁，常为旱地杂草。分布于云南全省大部分地区。原产亚欧大陆温带和暖温带，现已几乎传遍全球。

种分布区类型：4

鼠尾粟

Sporobolus fertilis (Steud.) Clayt.

李国锋（Li G.F.）*Li-511*

生于海拔 2600m 以下山坡草地、果树林园、旷野荒地。分布于云南全省大部分地区；安徽、福建、甘肃、广东、贵州、海南、河南、湖北、湖南、江苏、江西、陕西、山东、四川、台湾、西藏、浙江分布。不丹、印度、印度尼西亚、马来西亚、缅甸、尼泊尔、菲律宾、斯里兰卡、泰国、越南、日本也有，其他地方偶见引进。

种分布区类型：7

菅

Themeda villosa (Poir.) A. Camus

蒋维邦（Jiang W.B.）*27*；徐永椿（Hsu Y.C.）*412*

生于海拔 500 ～ 2000m 山坡草地或河谷灌丛中，在溪边湿地上群集度特别大。分布于云南寻甸、罗平、兰坪、昆明、禄丰、金平、绿春、马关、麻栗坡、屏边、文山、西畴、开远、建水、河口、西双版纳、耿马、镇康、潞西；西南和南部分布。印度、缅甸及东南亚各国也有。

种分布区类型：7

棕叶芦

Thysanolaena latifolia (Roxb. ex Hornemann) Honda

（采集人不详）（Anonym）*252*；李国锋（Li G.F.）*Li-036*，*Li-134*；税玉民等（Shui Y.M. *et al.*）*群落样方 2011-44*，*群落样方 2011-46*，*群落样方 2011-49*;张广杰（Zhang G.J.）*173*，*215*

生于海拔 1600m 以下山坡、山谷、溪边、灌丛及林缘。分布于云南文山、红河、西双版纳、临沧地区、德宏等;广东、广西、贵州、海南、台湾分布。孟加拉、不丹、柬埔寨、印度、印度尼西亚、老挝、马来西亚、缅甸、尼泊尔、新几内亚、菲律宾、斯里兰卡、泰国、越南、印度洋群岛也有。

种分布区类型：7d

金平玉山竹

Yushania bojieiana T.P. Yi

周浙昆等（Zhou Z.K. *et al.*）*631*

生于海拔 2150 ～ 2300m 缓坡地、黄壤、常绿阔叶林下。分布于云南金平、元阳。

滇东南特有

种分布区类型：15b

附录Ⅵ　云南省金平县种子植物名录

陈文红，税玉民

（中国科学院昆明植物研究所）

说明：本名录主体采用郑万钧系统（裸子植物）和哈钦松系统（被子植物），个别科参照吴征镒院士八纲系统分出一些小科，但还置于原科之下。

*表示栽培物种、栽培后逸野或入侵物种。该名录共记录云南省金平县种子植物 226 科 1065 属 2890 种（不包括种下等级，如包括种下等级则为 3037 种）；其中，野生种子植物 217 科 1001 属 2784 种（不包括种下等级，如包括种下等级则为 2926 种）。

有花植物门 SPERMATOPHYTA

裸子植物亚门 GYMNOSPERMAE

G01　苏铁科 Cycadaceae

宽叶苏铁 **Cycas balansae** Warb.

滇南苏铁 **Cycas diannanensis** Z.T. Guan et G.D. Tao

长叶苏铁 **Cycas dolichophylla** K. Hill

叉叶苏铁 **Cycas micholitzii** Dyer

多歧苏铁 **Cycas micholitzii** Dyer var. **multipinnata** (C.J. Chen et S.Y. Yang) Y.M. Shui

篦齿苏铁 **Cycas pectinata** Griff.

广东苏铁 **Cycas taiwaniana** Carruthers

G04　松科 Pinaceae

旱地油杉 **Keteleeria xerophila** Hsueh et S.H. Huo

G05　杉科 Taxodiaceae

柳杉 **Cryptomeria fortunei** Hooibrenk ex Otto et Dietr.

杉木 **Cunninghamia lanceolata** (Lamb.) Hook.

G06　柏科 Cupressaceae

福建柏 **Fokienia hodginsii** (Dunn) Henry et Thomas

侧柏 **Platycladus orientalis** (Linn.) Franco

圆柏 **Sabina chinensis** (Linn.) Ant.

G07　罗汉松科 Podocarpaceae

长叶竹柏 **Nageia fleuryi** (Hickel) de Laub.

鸡毛松 **Podocarpus imbricatus** (Bl.) de Laub. var. **patulus** de Laub.

罗汉松 **Podocarpus macrophyllus** (Thunb.) Sweet

百日青 **Podocarpus neriifolius** D. Don

G09　红豆杉科 Taxaceae

须弥红豆杉 **Taxus wallichiana** Zucc

G11　买麻藤科 Gnetaceae

买麻藤 **Gnetum montanum** Markgr.

小叶买麻藤 **Gnetum parvifolium** (Warb.) Chun

垂子买麻藤 **Gnetum pendulum** C. Y. Cheng

被子植物亚门 ANGIOSPERMAE

001 木兰科 Magnoliaceae

长蕊木兰 **Alcimandra cathcartii** (Hook. f. et Thoms.) Dandy

鹅掌楸 **Liriodendron chinense** (Hemsl.) Sargent.

显脉木兰 **Magnolia phanerophlebra** B.L. Chen

立梗木莲 **Manglietia arrecta** Sima, sp.nov., ined.

睦南木莲 **Manglietia chevalieri** Dandy

川滇木莲 **Manglietia duclouxii** Finet et Gagnep.

滇桂木莲 **Manglietia forrestii** W.W. Smith ex Dandy

红河木莲 **Manglietia hongheensis** Y.M. Shui et W.H. Chen

中缅木莲 **Manglietia hookeri** Cubitt. et W.W. Smith

红花木莲 **Manglietia insignis** (Wall.) Bl.

长喙木莲 **Manglietia longinostrata** (D.X. Li, R.Z. Zhou et X.M. Hu) Sima

亮叶木莲 **Manglietia lucida** B. L. Chen et S.C. Yang

马关木莲 **Manglietia maguanica** H. T. Chang et B.L. Chen

倒卵叶木莲 **Manglietia obovatifolia** C.Y. Wu et Y.W. Law

屏边木莲 **Manglietia ventii** Tiep.

华盖木 **Manglietia strumsinicum** Y.W. Law

铜色含笑 **Michelia aenea** Dandy

苦梓含笑 **Michelia balansae** (A. DC.) Dandy

沙巴含笑 **Michelia chapensis** Dandy

南亚含笑 **Michelia doltsopa** Buch.-Ham. ex DC.

李黄含笑 **Michelia flaviflora** Y.W. Law et Y.F. Wu

多花含笑 **Michelia floribunda** Finet et Gagnep.

绵毛多花含笑 **Michelia floribunda** Finet et Gagnep. var. **lanea** Sima, sp.nov., ined.

金叶含笑 **Michelia foveolata** Merr. ex Dandy

香籽含笑 **Michelia gioi** (A. Chev.) Sima et H. Yu

壮丽含笑 **Michelia lacei** W. W. Smith

展毛含笑 **Michelia macclurei** Var. sublanea Dandy

菲岛含笑 **Michelia phillippinensis** (P.Parm.) Dandy

念和含笑 **Michelia xianianhei** Q.N. Vu

粗壮拟单性木兰 **Parakmeria robusta** (B.L. Chen et Nooteboom) Q.N. Vu et N.H. Xia

云南拟单性木兰 **Parakmeria yunnanensis** Hu

合果木 **Paramichelia baillonii** (Pierre) Hu

002a 八角科 Illiciaceae

中缅八角 **Illicium burmanicum** Wils.
柬埔寨八角 **Illicium cambodianum** Hance
大花八角 **Illicium macranthum** A. C. Smith
大八角 **Illicium majus** Hook. f. et Thoms.
滇缅八角 **Illicium merrillianum** A.C. Smith
小花八角 **Illicium micranthum** Dunn
少果八角 **Illicium petelotii** A.C. Smith
野八角 **Illicium simonsii** Maxim.
文山八角 **Illicium tsaii** A.C. Smith
* 八角 **Illicium verum** Hook. f.

003 五味子科 Schisandraceae

狭叶南五味子 **Kadsura angustifolia** A.C. Smith
冷饭团 **Kadsura coccinea** (Lem.) A.C. Smith
异型南五味子 **Kadsura heteroclita** (Roxb.) Craib
南五味子 **Kadsura longipedunculata** Finer et Gagnep.
翼梗五味子 **Schisandra henryi** C.B. Clarke
五香血藤 **Schisandra propinqua** (Wall.) Baill var. **sinensis** Oliv.
毛叶五味子 **Schisandra pubescens** Hemsl. et Wils.

006b 水青树科 Tetracentraceae

水青树 **Tetracentron sinense** Oliv.

008 番荔枝科 Annonaceae

金平藤春 **Alphonsea boniana** Finet et Gagnep.
藤春 **Alphonsea monogyna** Merr. et Chun
* 牛心番荔枝 **Annona reticulata** Linn.

香鹰爪 **Artabotrys fragrans** Jovet-Ast
香港鹰爪花 **Artabotrys hongkongensis** Hance
喙果皂帽花 **Dasymaschalon rostratum** Merr. et Chun
皂帽花 **Dasymaschalon trichophorum** Merr.
假鹰爪 **Desmos chinensis** Lour.
假鹰爪属一种 **Desmos** sp.
尖叶瓜馥木 **Fissistigma acuminatissimum** Merr.
多脉瓜馥木 **Fissistigma balansae** (A. DC.) Merr.
阔叶瓜馥木 **Fissistigma chloroneurum** (Hand.-Mazz.) Y. Tsiang
毛瓜馥木 **Fissistigma maclurei** Merr.
火绳藤 **Fissistigma poilanei** (Ast) Y. Tsiang et P.T. Li
黑风藤 **Fissistigma polyanthum** (Hook. f. et Thoms.) Merr.
凹叶瓜馥木 **Fissistigma retusum** (Lev.) Rehd.
光叶瓜馥木 **Fissistigma wallichii** (Hook. f. et Thoms.) Merr.
海南哥纳香 **Goniothalamus howii** Merr. et Chun
金平哥纳香 **Goniothalamus leiocarpus** (W.T. Wang) P.T. Li
云南哥纳香 **Goniothalamus yunnanensis** W.T. Wang
蚁花 **Mezzettiopsiscreaghii** Ridl.
野独活 **Miliusa balansae** Finet et Gagnep.
云南野独活 **Miliusa tenuistipitata** W.T. Wang
细基丸 **Polyalthia cerasoides** (Roxb.) Benth. et Hook. f. ex Bedd.
陵水暗罗 **Polyalthia littoralis** (Bl.) Boerlage
黄花紫玉盘 **Uvaria kurzii** (King) P.T. Li
小花紫玉盘 **Uvaria rufa** Bl.

011 樟科 Lauraceae

红果黄肉楠 **Actinodaphne cupularis** (Hemsl.) Gamble
思茅黄肉楠 **Actinodaphne henryi** Gamble
金平黄肉楠 **Actinodaphne jinpingensis** H.W. Li, sp. nov., ined.
倒卵叶黄肉楠 **Actinodaphne obovata** (Nees) Bl.
毛黄肉楠 **Actinodaphne pilosa** (Lour.) Merr.
马关黄肉楠 **Actinodaphne tsaii** Hu
毛叶油丹 **Alseodaphne andersonii** (King ex Hook. f.) Kosterm.
油丹 **Alseodaphne hainanensis** Merr.

云南油丹 **Alseodaphne yunnanensis** Kosterm.

柱果琼楠 **Beilschmiedia cylindrica** S.K. Lee et Y.T. Wei

白柴果 **Beilschmiedia fasciata** H.W. Li

缘毛琼楠 **Beilschmiedia percoriacea** Allen var. **ciliata** H.W. Li

粗壮琼楠 **Beilschmiedia robusta** C.K. Allen

稠琼楠 **Beilschmiedia roxburghiana** Nees

滇琼楠 **Beilschmiedia yunnanensis** Hu

老挝檬果樟 **Caryodaphnopsis laotica** Airy-Shaw

檬果樟 **Caryodaphnopsis tonkinensis** (Lec.) Airy-Shaw

无根藤 **Cassytha filiformis** Linn.

毛桂 **Cinnamomum appelianum** Schewe

滇南桂 **Cinnamomum austroyunnanense** H.W. Li

钝叶桂 **Cinnamomum bejolghota** (Buch.-Ham.) Sweet

坚叶樟 **Cinnamomum chartophyllum** H.W. Li

尾叶樟 **Cinnamomum foveolatum** (Merr.) H.W. Li et J. Li

云南樟 **Cinnamomum glanduliferum** (Wall.) Nees

狭叶桂 **Cinnamomum heyneanum** Nees

大叶桂 **Cinnamomum iners** Reinw. ex Bl.

油樟 **Cinnamomum longepaniculatum** (Gamble) N. Chao ex H.W. Li

长柄樟 **Cinnamomum longipetiolatum** H.W. Li

银叶桂 **Cinnamomum mairei** H. Lévl.

少花桂 **Cinnamomum pauciflorum** Nees

屏边桂 **Cinnamomum pingbienense** H.W. Li

刀把木 **Cinnamomum pittosporoides** Hand.-Mazz.

香桂 **Cinnamomum subavenium** Miq.

细毛樟 **Cinnamomum tenuipile** Kosterm.

假桂皮树 **Cinnamomum tonkinense** (Lec.) A. Chev.

尖叶厚壳桂 **Cryptocarya acutifolia** H.W. Li

岩生厚壳桂 **Cryptocarya calcicola** H.W. Li

丛花厚壳桂 **Cryptocarya densiflora** Bl.

贫花厚壳桂 **Cryptocarya depauperata** H.W. Li

海南厚壳桂 **Cryptocarya hainanensis** Merr.

长果土楠 **Endiandra dolichocarpa** S.K. Lee et Y.T. Wei

香面叶 **Iteadaphne caudata** (Nees) H.W. Li

香叶树 **Lindera communis** Hemsl.

纤梗山胡椒 **Lindera gracilipes** H.W. Li

团香果 **Lindera latifolia** Hook. f.

黑壳楠 **Lindera megaphylla** Hemsl.

滇粤山胡椒 **Lindera metcalfiana** C.K. Allen

网叶山胡椒 **Lindera metcalfiana** C.K. Allen var. **dictyophylla** (C.K. Allen) H.P. Tsui

绒毛山胡椒 **Lindera nacusua** (D. Don) Merr.

绿叶甘橿 **Lindera neesiana** (Wall. ex Nees) Kurz

三股筋香 **Lindera thomsonii** C.K. Allen

假辣子 **Litsea balansae** Lec.

琼楠叶木姜子 **Litsea beilschmiediifolia** H.W. Li

金平木姜子 **Litsea chinpingensis** Yen C. Yang et P.H. Huang

山鸡椒 **Litsea cubeba** (Lour.) Pers.

黄丹木姜子 **Litsea elongata** (Nees) Hook. f.

近轮叶木姜子 **Litsea elongata** (Nees) Hook. f. var. **subverticillata** (Yen C. Yang) Yen C. Yang et P.H. Huang

清香木姜子 **Litsea euosma** W.W. Smith

华南木姜子 **Litsea greenmaniana** C.K. Allen

红河木姜子 **Litsea honghoensis** H. Liou

剑叶木姜子 **Litsea lancifolia** (Roxb. ex Nees) Benth. et Hook. f. ex F.-Vill.

椭果剑叶木姜子 **Litsea lancifolia** (Roxb. ex Nees) Benth. et Hook. f. ex F.-Vill. var. **ellipsoidea** Yang et P. H. Huang

有梗木姜子 **Litsea lancifolia** (Roxb. ex Nees) Benth. et Hook. f. ex F.-Vill. var. **pedicellata** Hook. f.

长蕊木姜子 **Litsea longistaminata** (H. Liou) Kosterm.

毛叶木姜子 **Litsea mollis** Hemsl.

假柿木姜子 **Litsea monopetala** (Roxb.) Pers.

红皮木姜子 **Litsea pedunculata** (Diels) Yen C. Yang et P.H. Huang

红叶木姜子 **Litsea rubescens** Lec.

黑木姜子 **Litsea salicifolia** (Roxb. ex Nees) Hook. f.

桂北木姜子 **Litsea subcoriacea** Yen C. Yang et P.H. Huang

思茅木姜子 **Litsea szemaois** (H. Liou) J. Li et H.W. Li

伞花木姜子 **Litsea umbellata** (Lour.) Merr.

黄椿木姜子 **Litsea variabilis** Hemsl.

钝叶木姜子 **Litsea veitchiana** Gamble

轮叶木姜子 **Litsea verticillata** Hance

云南木姜子 **Litsea yunnanensis** Yen C. Yang et P.H. Huang

基脉润楠 **Machilus decursinervis** Chun

黄心树 **Machilus gamblei** King ex Hook. f.

楠木 **Machilus nanmu** (Oliv.) Hemsl.

塔序润楠 **Machilus pyramidalis** H.W. Li

粗壮润楠 **Machilus robusta** W.W. Smith

红梗润楠 **Machilus rufipes** H.W. Li

柳叶润楠 **Machilus salicina** Hance

瑞丽润楠 **Machilus shweliensis** W.W. Smith

润楠属一种 **Machilus** sp.

细毛润楠 **Machilus tenuipilis** H.W. Li

疣枝润楠 **Machilus verruculosa** H.W. Li

滇润楠 **Machilus yunnanensis** Lec.

海南新樟 **Neocinnamomum lecomtei** H. Liou

短梗新木姜子 **Neolitsea brevipes** H.W. Li

大叶新木姜子 **Neolitsea levinei** Merr.

卵叶新木姜子 **Neolitsea ovatifolia** Yen C. Yang et P.H. Huang

屏边新木姜子 **Neolitsea pingbienensis** Yen C. Yang et P.H. Huang

多果新木姜子 **Neolitsea polycarpa** H. Liou

披针叶楠木 **Phoebe lanceolata** (Nees) Nees

大果楠 **Phoebe macrocarpa** C.Y. Wu

大萼楠 **Phoebe megacalyx** H.W. Li

小叶楠 **Phoebe microphylla** H.W. Li

小花楠 **Phoebe minutiflora** H.W. Li

普文楠 **Phoebe puwenensis** Cheng

紫楠 **Phoebe sheareri** (Hemsl.) Gamble

景东楠 **Phoebe yunnanensis** H.W. Li

屏边油果樟 **Syndiclis pingbienensis** H.W. Li

013 莲叶桐科 Hernandiaceae

宽药青藤 **Illigera celebica** Miq.

小花青藤 **Illigera parviflora** Dunn

014　肉豆蔻科 Myristicaceae

风吹楠 **Horsfieldia amygdalina** (Wall.) Warb.
大叶风吹楠 **Horsfieldia kingii** (Hook. f.) Warb.
滇南风吹楠 **Horsfieldia tetratepala** C.Y. Wu
小叶红光树 **Knema globularia** (Lam.) Warb.
红光树 **Knema tenuinervia** W.J. de Wilde
云南肉豆蔻 **Myristica yunnanensis** Y.H. Li

015　毛茛科 Ranunculaceae

乌头 **Aconitum carmichaeli** Debx.
草玉梅 **Anemone rivularis** Buch.-Ham. ex DC.
毛木通 **Clematis buchananiana** DC.
小蓑衣藤 **Clematis gouriana** Roxb. ex DC.
粗齿铁线莲 **Clematis grandidentata** (Rehd. et Wils.) W.T. Wang
滇川铁线莲 **Clematis kockiana** Schneid.
毛柱铁线莲 **Clematis meyeniana** Walp.
菝葜叶铁线莲 **Clematis smilacifolia** Wall.
细木通 **Clematis subumbellata** Kurz
柱果铁线莲 **Clematis uncinata** Champ.
云南铁线莲 **Clematis yunnanensis** Franch.
五裂黄连 **Coptis quinquesecta** W.T. Wang
茴茴蒜 **Ranunculus chinensis** Bunge
西南毛茛 **Ranunculus ficariifolius** Lévl. et Van.
毛茛 **Ranunculus japonicus** Thunb.
石龙芮 **Ranunculus sceleratus** Linn.
钩柱毛茛 **Ranunculus silerifolius** Lévl.

019　小檗科 Berberidaceae

屏边小蘗 **Berberis pingbienensis** S.Y. Bao
粉叶小蘗 **Berberis pruinosa** Franch.
无量山小蘗 **Berberis wuliangshanensis** C.Y. Wu et S.Y. Bao
密叶十大功劳 **Mahonia conferta** Takeda

019a　鬼臼科 Podophyllaceae

川八角莲 **Dysosma veitchii** (Hemsl. et Wils.) L.K. Fu
八角莲 **Dysosma versipellis** (Hance) M. Cheng

021　木通科 Lardizabalaceae

白木通 **Akebia trifoliata** (Thunb.) Koidz. ssp. **australis** (Diels) T. Shimizu
沙坝八月瓜 **Holboellia chapaensis** Gagnep.
八月瓜 **Holboellia latifolia** Wall.

022　大血藤科 Sargentodoxaceae

大血藤 **Sargentodoxa cuneata** (Oliv.) Rehd. et Wils.

023　防己科 Menispermaceae

天仙藤 **Fibraurea recisa** Pierre
连蕊藤 **Parabaena sagittata** Miers
细圆藤 **Pericampylus glaucus** (Lam.) Merr.
桐叶千金藤 **Stephania japonica** (Thunb.) Miers var. **discolor** (Blume) Forman
广西地不容 **Stephania kwangsiensis** H.S. Lo
粪箕笃 **Stephania longa** Lour.
云南地不容 **Stephania yunnanensis** H.S. Lo
大叶藤 **Tinomiscium petiolare** Miers ex Hook. f. et Thoms.
波叶青牛胆 **Tinospora crispa** (Linn.) Miers ex Hook. f. et Thoms.

024　马兜铃科 Aristolachiaceae

翅茎马兜铃 **Aristolochia caulialata** C.Y. Wu et C.Y. Cheng & J.S. Ma
金平马兜铃 **Aristolochia jinpingensis** Y.M. Shui, sp.nov., ined.
广西马兜铃 **Aristolochia kwangsiensis** Chun et How et C.F. Liang
滇南马兜铃 **Aristolochia petelotii** C.C. Schmidt
管兰香 **Aristolochia saccata** Wall.

马兜铃属一种 **Aristolochia** sp.

尾花细辛 **Asarum caudigerum** Hance

云南细辛 **Asarum yunnanense** T. Sugawara, M. Ogisu et C.Y. Cheng

028 胡椒科 Piperaceae

石蝉草 **Peperomia blanda** (Jacquin) Knth

硬毛草胡椒 **Peperomia cavaleriei** C. DC.

蒙自草胡椒 **Peperomia heyneana** Miq.

豆瓣绿 **Peperomia tetraphylla** (Forst.f.) Hook. et Arn.

苎叶蒟 **Piper boehmeriifolium** (Miq.) C. DC.

光茎胡椒 **Piper boehmeriifolium** (Miq.) C. DC. var. **glabricaule** (C. DC.) M.G. Gibert & N.H. Xia

长穗胡椒 **Piper dolichostachyum** M.G. Gibert et N.H. Xia

黄花胡椒 **Piper flaviflorum** C. DC.

荜拔 **Piper longum** Linn.

粗梗胡椒 **Piper macropodum** C. DC.

短蒟 **Piper mullesua** Buch.-Ham. ex D. Don

变叶胡椒 **Piper mutabile** C. DC.

角果胡椒 **Piper pedicellatum** C. DC.

樟叶胡椒 **Piper polysyphonum** C. DC.

樟叶胡椒 **Piper polysyphorum** C. DC.

红果胡椒 **Piper rubrum** C. DC.

缘毛胡椒 **Piper semiimmersum** C. DC.

多脉胡椒 **Piper submultinerve** C. DC.

球穗胡椒 **Piper thomsonii** (C. DC.) Hook. f.

小叶球穗胡椒 **Piper thomsonii** (C. DC.) Hook. f. var. **microphyllum** Y.C. Tseng

景洪胡椒 **Piper wangii** M.G. Gibert & N.H. Xia

蒟子 **Piper yunnanense** Y.C. Tseng

029 三白草科 Saururaceae

裸蒴 **Gymnotheca chinensis** Decne.

蕺菜 **Houttuynia cordata** Thunb.

三白草 **Saururus chinensis** (Lour.) Baill.

030 金粟兰科 Chloranthaceae

草珊瑚 **Sarcandra glabra** (Thunb.) Nakai
海南草珊瑚 **Sarcandra glabra** (Thunb.) Nakai ssp. **brachystachys** (Bl.) Verdcourt

033 紫堇科 Fumariaceae

南黄堇 **Corydalis davidii** Franch.
紫堇 **Corydalis edulis** Maxim.
大叶紫堇 **Corydalis temulifolia** Franch.
宽果紫金龙 **Dactylicapnos roylei** (Hook. f. et Thoms.) Hutch.
紫金龙 **Dactylicapnos scandens** (D. Don) Hutch.

036 山柑科 Capparaceae

节蒴木 **Borthwickia trifoliata** W. W. Smith
总序山柑 **Capparis assamica** Hook. f. et Thoms.
广州山柑 **Capparis cantoniensis** Lour.
雷公桔 **Capparis membranifolia** Kurz
小刺山柑 **Capparis micracantha** DC.
多花山柑 **Capparis multiflora** Hook. f. et Thoms.
黑叶山柑 **Capparis sabiifolia** Hook. f. et Thoms.
小绿刺 **Capparis urophylla** F. Chun
荚迷叶山柑 **Capparis viburnifolia** Gagnep.
苦子马槟榔 **Capparis yunnanensis** Craib et W.W. Smith
树头菜 **Crateva unilocularis** Bach.-Ham.
锥序斑果藤 **Stixis ovata** (Korth.) Hall.f. ssp. **fasciculata** (King) Jacobs
斑果藤 **Stixis suaveolens** (Roxb.) Pierre

039 十字花科 Cruciferae

荠 **Capsella bursa-pastoris** (Linn.) Medic.
露珠碎米荠 **Cardamine circaeoides** Hook. f. et Thoms.
洱源碎米荠 **Cardamine delavayi** Franch.
碎米荠 **Cardamine hirsuta** Linn.

肾叶碎米荠 **Cardamine hydrocotyloides** W.T. Wang
滇碎米荠 **Cardamine yunnanensis** Franch.
豆瓣菜 **Nasturtium officinale** R. Br.
孟加拉焯菜 **Rorippa benghalensis** (DC.) Hara
小籽焯菜 **Rorippa cantoniensis** (Lour.) Ohwi
南焯菜 **Rorippa dubia** (Pers.) Hara

040 堇菜科 Violaceae

七星莲 **Viola diffusa** Ging
柔毛堇菜 **Viola fargesii** H. de Boiss.
如意草 **Viola hamiltoniana** D. Don
长萼堇菜 **Viola inconspicua** Bl.
小尖堇菜 **Viola mucronulifera** Hand.-Mazz.
浅圆齿堇菜 **Viola schneideri** W. Beck.
堇菜属一种 1 **Viola** sp. 1
堇菜属一种 2 **Viola** sp. 2
苏门答腊堇菜 **Viola sumatrana** Miq.
堇菜 **Viola verecunda** A. Gray
云南堇菜 **Viola yunnanensis** W. Beck. et H. de Boiss.

042 远志科 Polygalaceae

荷包山桂花 **Polygala arillata** Buch.-Ham. ex D. Don
黄花倒水莲 **Polygala fallax** Hemsl.
密花远志 **Polygala karensium** Kurz
岩生远志 **Polygala saxicola** Dunn
长毛远志 **Polygala wattersii** Hance
齿果草 **Salomonia cantoniensis** Lour.
蝉翼藤 **Securidaca inappendiculata** Hassk

042a 黄叶树科 Xanthophyllaceae

泰国黄叶树 **Xanthophyllum flavescens** Roxb.

045　景天科 Crassulaceae

* 落地生根 **Bryophyllum pinnatum** (Linn. f.) Oken

047　虎耳草科 Saxifragaceae

溪畔红升麻 **Astilbe rivularis** Buch.-Ham. ex D. Don
山溪金腰 **Chrysosplenium nepalense** D. Don
黄水枝 **Tiarella polyphylla** D. Don

052　沟繁缕科 Elatinaceae

假水苋菜 **Bergia ammannioides** Roxb.
沟繁缕 **Elatine ambigua** Wight

053　石竹科 Caryophyllaceae

短瓣花 **Brachystemma calycinum** D. Don
狗筋蔓 **Cucubalus baccifer** Linn.
荷莲豆 **Drymaria cordata** (Linn.) Schult.
多荚草 **Polycarpon prostratum** (Forssk.) Aschers. et Schweinf. ex Aschers.
繁缕 **Stellaria media** (Linn.) Cyrillus
星毛繁缕 **Stellaria vestita** Kurz

056　马齿苋科 Portulacaceae

马齿苋 **Portulaca oleracea** Linn.
* 土人参 **Talinum portulacifolium** (Forssk.) Aschers. et Schweinf.

057　蓼科 Polygonaceae

何首乌 **Fallopia multiflora** (Thunb.) Harald.
萹蓄 **Polygonum aviculare** Linn.
毛蓼 **Polygonum barbatum** Linn.

头花蓼 **Polygonum capitatum** Buch.-Ham. ex D. Don
火炭母 **Polygonum chinense** Linn.
宽叶火炭母 **Polygonum chinense** Linn. var. **ovalifolium** Meisn.
普通蓼 **Polygonum humifusum** Merk. ex C.Koch
水蓼 **Polygonum hydropiper** Linn.
小头蓼 **Polygonum microcephalum** D. Don
倒毛蓼 **Polygonum molle** D. Don var. **rude** (Meisn.) A.J. Li
绢毛蓼 **Polygonum molle** D. Don
尼泊尔蓼 **Polygonum nepalense** Meisn.
草血竭 **Polygonum paleaceum** Wall. ex Hook. f.
杠板归 **Polygonum perfoliatum** Linn.
习见蓼 **Polygonum plebeium** R. Br.
丛枝蓼 **Polygonum posumbu** Buch.-Ham. ex D. Don
赤胫散 **Polygonum runcinatum** Buch.-Ham ex D. Don var. **sinense** Hemsl.
羽叶蓼 **Polygonum runcinatum** Buch.-Ham ex D. Don
戟叶蓼 **Polygonum thunbergii** Sieb. et Zucc.
香蓼 **Polygonum viscosum** Buch.-Ham. ex D. Don
球序蓼 **Polygonum wallichii** Meisn.
虎杖 **Reynoutria japonica** Houtt.
齿果酸模 **Rumex dentatus** Linn.
尼泊尔酸模 **Rumex nepalensis** Spreng.
钝叶酸模 **Rumex obtusifolius** Linn.
长刺酸模 **Rumex trisetifer** Stokes

059 商陆科 Phytolaccaceae

* 商陆 **Phytolacca acinosa** Roxb.

061 藜科 Chenopodiaceae

藜 **Chenopodium album** Linn.
地肤 **Kochia scoparia** (Linn.) Schrad.
* 菠菜 **Spinacia oleracea** Linn.

063　苋科 Amaranthaceae

钝叶土牛膝 **Achyranthes aspera** Linn. var. **indica** Linn.
土牛膝 **Achyranthes aspera** Linn.
牛膝 **Achyranthes bidentata** Blume
牛膝 **Achyranthes bidentata** Bl.
白花苋 **Aerva sanguinolenta** (Linn.) Blume
白花苋 **Aerva sanguinolenta** (Linn.) Bl.
刺花莲子草 **Alternanthera pungens** Kunth
莲子草 **Alternanthera sessilis** (Linn.) R. Br.
刺苋 **Amaranthus spinosus** Linn.
* 苋 **Amaranthus tricolor** Linn.
青葙 **Celosia argentea** Linn.
杯苋 **Cyathula prostrata** (Linn.) Blume
杯苋 **Cyathula prostrata** (Linn.) Bl.
血苋 **Iresine herbstii** Hook. f. ex Lindl.
云南林地苋 **Psilotrichum yunnanensis** D.D. Tao

065　亚麻科 Linaceae

石海椒 **Reinwardtia indica** Dumort.

067　牻牛儿苗科 Geraniaceae

五叶草 **Geranium nepalense** Sweet

069　酢浆草科 Oxalidaceae

分枝感应草 **Biophytum fruticosum** Blume
感应草 **Biophytum sensitivum** (Linn.) DC.
酢浆草 **Oxalis corniculata** Linn.

071　凤仙花科 Balsaminaceae

一年生凤仙 **Impatiens annulifera** Hook. f.

大叶凤仙 **Impatiens apalophylla** Hook. f.
直距凤仙 **Impatiens austroyunnanensis** S. H. Huang
沙巴凤仙 **Impatiens chapaensis** Tard.
金平凤仙 **Impatiens jinpingensis** Y.M. Shui et G.F. Li
老君山凤仙花 **Impatiens laojunshanensis** S.H. Huang
毛凤仙花 **Impatiens lasiophyton** Hook. f.
宽瓣凤仙 **Impatiens latipetala** S.H. Huang
蒙自凤仙 **Impatiens mengtszeana** Hook. f.
总状凤仙 **Impatiens racemosa** DC.
黄金凤 **Impatiens siculifer** Hook. f.
紫花黄金凤 **Impatiens siculifer** Hook. f. var. **porphyrea** Hook. f.
征镒凤仙 **Impatiens wuchengyihii** S. Akiyama, H. Ohba et S. K. Wu

072　千屈菜科 Lythraceae

水苋菜 **Ammannia baccifera** Linn.
圆叶节节菜 **Rotala rotundifolia** (Roxb.) Koehne
虾子花 **Woodfordia fruticosa** (Linn.) Kurz

073　隐翼科 Crypteroniaceae

隐翼 **Crypteronia paniculata** Bl.

074a　八宝树科 Duabangaceae

八宝树 **Duabanga grandiflora** (Roxb. ex DC.) Walp.

075　石榴科 Punicaceae

* 石榴 **Punica granatum** Linn.

077　柳叶菜科 Onagraceae

广布柳叶菜 **Epilobium brevifolium** D. Don ssp. **trichoneurum** (Hausskn.) Raven
片马柳叶菜 **Epilobium kermodei** Raven

大花柳叶菜 **Epilobium wallichianum** Hausskn.
水龙 **Ludwigia adscendens** (Linn.) Hara
草龙 **Ludwigia octovalvis** (Jacq.) Raven
丁香蓼 **Ludwigia prostrata** Roxb.

081　瑞香科 Thymelaeaceae

尖瓣瑞香 **Daphne acutiloba** Rehd.
滇瑞香 **Daphne feddei** Lévl.
长瓣瑞香 **Daphne longilobata** (Lecomte) Turrill
白瑞香 **Daphne papyracea** Wall. ex Steud.
瑞香属一种 **Daphne** sp.
红花鼠皮树 **Rhamnoneuron balansae** (Drake) Gilg.

083　紫茉莉科 Nyctaginaceae

黄细心 **Boerhavia diffusa** Linn.

084　山龙眼科 Proteaceae

小果山龙眼 **Helicia cochinchinensis** Lour.
镰叶山龙眼 **Helicia falcata** C.Y. Wu
山龙眼 **Helicia formosana** Hemsl.
大山龙眼 **Helicia grandis** Hemsl.
海南山龙眼 **Helicia hainanensis** Hayata
母猪果 **Helicia nilagirica** Bedd.
焰序山龙眼 **Helicia pyrrhobotrya** Kurz
网脉山龙眼 **Helicia reticulata** W.T. Wang
林地山龙眼 **Helicia silvicola** W.W. Smith
山龙眼属一种 **Helicia** sp.
浓毛山龙眼 **Helicia vestita** W.W. Smith
假山龙眼 **Heliciopsis terminalis** (Kurz) Sleum.

085　五桠果科 Dilleniaceae

五桠果 **Dillenia indica** Linn.

勐腊锡叶藤 **Tetracera xui** H． Zhu et H． Wang

087　马桑科 Coriariaceae

马桑 **Coriaria nepalensis** Wall.

088　海桐花科 Pittosporaceae

贵州海桐 **Pittosporum kweichowense** Gowda

圆锥海桐 **Pittosporum paniculiferum** H.T. Chang et S.Z. Yan

柄果海桐 **Pittosporum podocarpum** Gagnep.

狭叶柄果海桐 **Pittosporum podocarpum** Gagnep. var. **angustatum** Gowda

海桐属一种 **Pittosporus** sp.

091　红木科 Bixaceae

* 红木 **Bixa orellana** Linn.

093　刺篱木科 Flacourtiaceae

山桂花 **Bennettiodendron leprosipes** (Clos) Merr.

大果刺篱木 **Flacourtia ramontchi** L' Herit.

马蛋果 **Gynocardia odorata** R. Br.

广南天料木 **Homalium paniculiflorum** How et Ko

伊桐 **Itoa orientalis** Hemsl.

093a　大风子科 Kiggelariaceae

大龙叶角 **Hydnocarpus annamensis** (Gagnep.) M. Lescot et Sleum.

泰国大风子 **Hydnocarpus anthelminthicus** Pierre

海南大风子 **Hydnocarpus hainanensis** (Merr.) Sleum.

094　天料木科 Samydaceae

云南嘉赐树 **Casearia flexuosa** Craib

香味嘉赐木 **Casearia graveolens** Dalz.

毛叶嘉赐树 **Casearia velutina** Bl.

广南天料木 **Homalium paniculiflorum** How et Ko

101　西番莲科 Passif loraceae

三开瓢 **Adenia cardiophylla** (Mast.) Engl.

* 西番莲 **Passif lora caerulea** Linn.

圆叶西番莲 **Passif lora henryi** Hemsl.

山峰西番莲 **Passif lora jugorum** W.W. Smith

镰叶西番莲 **Passif lora wilsonii** Hemsl.

103　葫芦科 Cucurbitaceae

* 冬瓜 **Benincasa cerifera** Savi

* 西瓜 **Citrullus lanatus** (Thunb.) Matsum. et Nakai

* 黄瓜 **Cucumis sativus** Linn.

西南野黄瓜 **Cucumis sativus** Linn. var. **hardwickii** (Royle) Alef.

* 南瓜 **Cucurbita moschata** (Duch. ex Lam.) Duch. ex Poiret

* 西葫芦 **Cucurbita pepo** Linn.

金瓜 **Gymnopetalum chinense** (Lour.) Merr.

大果绞股蓝 **Gynostemma burmanicum** King ex Chakr. var. **molle** C.Y. Wu ex C.Y. Wu et S.K. Chen

光叶绞股蓝 **Gynostemma laxum** (Wall.) Cogn.

长梗绞股蓝 **Gynostemma longipes** C.Y. Wu ex C.Y. Wu et S.K. Chen

小籽绞股蓝 **Gynostemma microspermum** C.Y. Wu et S.K. Chen

绞股蓝 **Gynostemma pentaphyllum** (Thunb.) Makino

圆锥果雪胆 **Hemsleya macrocarpa** (Cogn.) C.Y. Wu ex C. Jeffrey

油渣果 **Hodgsonia macrocarpa** (Bl.) Cogn.

腺点油瓜 **Hodgsonia macrocarpa** (Bl.) Cogn. var. **capniocarpa** (Ridl.) Tsai ex A.M. Lu et Z.Y. Zhang

* 葫芦 **Lagenaria siceraria** (Molina) Standl.

* 瓠子 **Lagenaria siceraria** (Molina) Standl. var. **hispida** (Thunb.) Hara
* 小葫芦 **Lagenaria siceraria** (Molina) Standl. var. **microcarpa** (Naud.) Hara
* 苦瓜 **Momordica charantia** Linn.
爪哇帽儿瓜 **Mukia javanica** (Miq.) C. Jeffrey
帽儿瓜 **Mukia maderaspatana** (Linn.) Roem.
* 佛手瓜 **Sechium edule** (Jacq.) Swartz
翅子罗汉果 **Siraitia siamensis** (Craib) C. Jeffery
茅瓜 **Solena heterophylla** Lour.
头花赤瓟 **Thladiantha capitata** Cogn.
大苞赤瓟 **Thladiantha cordifolia** (Bl.) Cogn.
异叶赤瓟 **Thladiantha hookeri** C.B. Clarke
云南赤瓟 **Thladiantha pustulata** (Levl.) C. Jeff. ex A.M. Lu et Z.Y. Zhang
短序栝楼 **Trichosanthes baviensis** Gagnep.
裂苞栝楼 **Trichosanthes fissibracteata** C.Y. Wu ex C.Y. Cheng et Yueh
长果栝楼 **Trichosanthes kerrii** Craib
马干铃栝楼 **Trichosanthes lepiniana** (Naud.) Cogn.
趾叶栝楼 **Trichosanthes pedata** Merr. et Chun
红花栝楼 **Trichosanthes rubriflos** Thorel ex Cayla
薄叶栝楼 **Trichosanthes wallichiana** (Ser.) Wight
马交儿 **Zehneria japonica** (Thunb.) S.K. Chen
钮子瓜 **Zehneria maysorensis** (Wight et Arn.) Arn.

104 秋海棠科 Begoniaceae

酸味秋海棠 **Begonia acetosella** Craib
蜂窝秋海棠 **Begonia alveolata** Yü
香花秋海棠 **Begonia balansana** Gagnep.
红毛秋海棠 **Begonia balanasa** Gagnep. var. **rubropilosa** S.H. Huang et Y.M. Shui
金平秋海棠 **Begonia baviensis** Gagnep.
花叶秋海棠 **Begonia cathayana** Hemsl.
黄连山秋海棠 **Begonia coptidimontana** C.Y. Wu
粗喙秋海棠 **Begonia crassirostris** Irmsch.
中华秋海棠 **Begonia grandis** Dry. ssp. **sinensis** (A. DC.) Irmsch.
掌叶秋海棠 **Begonia hemsleyana** Hook. f.
肾托秋海棠 **Begonia mengtzeana** Irmsch.

奇异秋海棠 **Begonia miranda** Irmsch.

侧膜秋海棠 **Begonia obsolescens** Irmsch.

红孩儿 **Begonia palmata** D. Don var. **bowringiana** (Champ. ex Benth.) J. Golding et C. Kareg.

紫叶秋海棠 **Begonia purpureofolia** S.H. Huang et Y.M. Shui

倒鳞秋海棠 **Begonia reflexisquamosa** C.Y. Wu

大王秋海棠 **Begonia rex** Putz.

蔗叶秋海棠 **Begonia ruboides** C.M. Hu

刚毛秋海棠 **Begonia setifolia** Irmsch.

秋海棠属一种 **Begonia** sp.

四角果秋海棠 **Begonia tetragona** Irmsch.

截裂秋海棠 **Begonia truncatiloba** Irmsch.

长毛秋海棠 **Begonia villifolia** Irmsch.

宿苞秋海棠 **Begonia yui** Irmsch.

105a 四数木科 Tetramelaceae

四数木 **Tetrameles nudiflora** R.Br.

106 万寿果科 Caricaceae

* 番木瓜 **Carica papaya** Linn.

108 山茶科 Theaceae

大杨桐 **Adinandra grandis** L.K. Ling

粗毛杨桐 **Adinandra hirta** Gagnep.

隐脉杨桐 **Adinandra incornuta** (Y.C. Wu) T.L. Ming

大叶杨桐 **Adinandra megaphylla** Hu

屏边杨桐 **Adinandra pingbianensis** L.K. Ling

茶梨 **Anneslea fragrans** Wall.

长尾毛蕊茶 **Camellia caudata** Wall.

心叶毛蕊茶 **Camellia cordifolia** (Metc.) Nakai

突肋茶 **Camellia costata** H.T. Chang

厚轴茶 **Camellia crassicolumna** H.T. Chang

粗梗连蕊茶 **Camellia crassipes** Sealy

连蕊茶 **Camellia cuspidata** (Kochs) Wright ex Hort.

秃房茶 **Camellia gymnogyna** H.T. Chang

中越山茶 **Camellia indochinensis** Merr.

金平山茶 **Camellia jingpianensis** Hu

* 油茶 **Camellia oleifera** Abel

西南山茶 **Camellia pitardii** Cohen Stuart

滇山茶 **Camellia reticulata** Lindl.

茶 **Camellia sinensis** (Linn.) O. Kuntze

普洱茶 **Camellia sinensis** (Linn.) O. Kuntze var. **assamica** (Masters) Kitamura

窄叶连蕊茶 **Camellia tsaii** Hu

屏边连蕊茶 **Camellia tsingpienensis** Hu

毛萼屏边连蕊茶 **Camellia tsingpienensis** Hu var. **pubisepala** H.T. Chang

猴子木 **Camellia yunnanensis** (Pitard ex Diels) Cohen Stuart

云南凹脉柃 **Eurya cavinervis** Vesque

华南毛柃 **Eurya ciliata** Merr.

岗柃 **Eurya groffii** Merr.

披针叶毛柃 **Eurya henryi** Hemsl.

凹脉柃 **Eurya impressinervis** Kobuski

偏心叶柃 **Eurya inaequalis** P. S. Hsu

金平柃木 **Eurya jinpingensis** Ming sp. nov.

贵州毛柃 **Eurya kueichowensis** Hu et L.K. Ling

细枝柃 **Eurya loquaiana** Dunn

金叶细枝柃 **Eurya loquaiana** Dunn var. **aureopunctata** H.T. Chang

细齿叶柃 **Eurya nitida** Korthals

斜基叶柃 **Eurya obliquifolia** Hemsl.

矩圆叶柃 **Eurya oblonga** Yang

滇四角柃 **Eurya paratetragonoclada** Hu

坚桃叶柃 **Eurya persicaefolia** Gagnep.

黑腺柃 **Eurya phaeosticta** C.X. Ye et X.G. Shi

桃叶柃 **Eurya prunifolia** P.S. Hsu

大叶五室柃 **Eurya quinquelocularis** Kobuski

毛窄叶柃 **Eurya stenophylla** Merr. var. **pubescens** (H.T. Chang) T.L. Ming

四角柃 **Eurya tetragonoclada** Merr. et Chun

毛果柃 **Eurya trichocarpa** Korthals

屏边柃 **Eurya tsingpienensis** Hu

文山柃 **Eurya wenshanensis** Hu et L.K. Ling

云南柃 **Eurya yunnanensis** P.S. Hsu

西畴大头茶 **Gordonia sichouriensis** Hu

长果大头茶 **Polyspora longicarpa** (H.T. Chang) C.X. Ye ex B.M. Bartholomew et T.L. Ming

屏边核果茶 **Pyrenaria pingpienensis** (H.T. Chang) T.L. Ming et S.X. Yang

大果核果茶 **Pyrenaria spectabilis** (Champ.) C.Y. Wu et S.X. Yang

银木荷 **Schima argentea** Pritz.

短梗木荷 **Schima brevipedicellata** H.T. Chang

印度木荷 **Schima khasiana** Dyer

贡山木荷 **Schima sericans** (Hand.-Mazz.) T.L. Ming

华木荷 **Schima sinensis** (Hemsl. et Wils.) Airy-Shaw

毛木荷 **Schima villosa** Hu

红木荷 **Schima wallichii** (DC.) Korthals

云南紫茎 **Stewartia calcicola** T.L. Ming et J. Li

老挝紫茎 **Stewartia laotica** (Gagnep.) J. Li et T.L. Ming

厚皮香 **Ternstroemia gymnanthera** (Wight et Arn.) Sprague

阔叶厚皮香 **Ternstroemia gymnanthera** (Wight et Arn.) Sprague var. **wightii** (Choisy) Hand.-Mazz.

长柄厚皮香 **Ternstroemia longipes** Hu

云南厚皮香 **Ternstroemia yunnanensis** L.K. Ling

108a 五列木科 Pentaphylacaceae

五列木 **Pentaphylax euryoides** Gardn. et Champ.

108b 毒药树科 Sladeniaceae

肋果茶 **Sladenia celastrifolia** Kurz

全缘肋果茶 **Sladenia integrifolia** Y.M. Shui

112 猕猴桃科 Actinidiaceae

奶果猕猴桃 **Actinidia carnosifolia** C.Y. Wu var. **glaucescens** C.F. Liang

蒙自猕猴桃 **Actinidia henryi** Dunn

光茎猕猴桃 **Actinidia henryi** Dunn var. **glabricaulis** (C.Y. Wu) C.F. Liang

长叶猕猴桃 **Actinidia latifolia** (Gardn. et Champ.) Merr. var. **mollis** (Dunn) Hand.-Mazz.

沙巴猕猴桃 **Actinidia petelotii** Diels

红茎猕猴桃 **Actinidia rubricaulis** Dunn

糙叶猕猴桃 **Actinidia rudis** Dunn

113　水东哥科 Saurauiaceae

蜡质水东哥 **Saurauia cerea** Griff. ex Dyer

红果水东哥 **Saurauia erythrocarpa** C.F. Liang et Y.S. Wang

粗齿水东哥 **Saurauia erythrocarpa** C.F. Liang et Y.S. Wang var. **grosseserrata** C.F. Liang et Y.S. Wang

长毛水东哥 **Saurauia macrotricha** Kurz ex Dyer

蛛毛水东哥 **Saurauia miniata** C.F. Liang et Y.S. Wang

尼泊尔水东哥 **Saurauia napaulensis** DC.

峨眉水东哥 **Saurauia napaulensis** DC. var. **omeiensis** C.F. Liang & Y.S. Wang

绒毛水东哥 **Saurauia napaulensis** DC. var. **tomentum** Y. Luo et S.K. Chen

多脉水东哥 **Saurauia polyneura** C.F. Liang et Y.S. Wang

大花水东哥 **Saurauia punduana** Wall.

水东哥 **Saurauia tristyla** DC.

河口水东哥 **Saurauia tristyla** DC. var. **hekouensis** C.F. Liang et Y.S. Wang

116　龙脑香科 Dipterocarpaceae

东京龙脑香 **Dipterocarpus retusus** Bl.

狭叶坡垒 **Hopea chinensis** (Merr.) Hand.-Mazz.

多毛坡垒 **Hopea mollissima** C.Y. Wu

望天树 **Parashorea chinensis** Wang Hsie

118　桃金娘科 Myrtaceae

* 番石榴 **Psidium guajava** Linn.

滇南蒲桃 **Syzygium austroyunnanense** H.T. Chang et R.H. Miao

乌楣 **Syzygium cumini** (Linn.) Skeels

柿叶蒲桃 **Syzygium diospyrifolium** (Wall. ex Duthie) C.Y. Wu
台湾蒲桃 **Syzygium formosanum** (Hayata) Mori
滇边蒲桃 **Syzygium forrestii** Merr. et Perry
短药蒲桃 **Syzygium globiflorum** (Craib) P. Chantar et J. Parn.
蒲桃 **Syzygium jambos** (Linn.) Alston
假多瓣蒲桃 **Syzygium polypetaloideum** Merr. et Perry
* 洋蒲桃 **Syzygium samarangense** (Bl.) Merr. et Perry
蒲桃属一种 **Syzygium** sp.
毛脉蒲桃 **Syzygium vestitum** Merr. et Perry

119a　金刀木科 Barringtoniaceae

梭果玉蕊 **Barringtonia fusicarpa** Hu

120　野牡丹科 Melastomataceae

少花柏拉木 **Blastus pauciflorus** (Benth.) Guillaum.
云南柏拉木 **Blastus tsaii** H.L. Li
叶底红 **Bredia fordii** (Hance) Diels
药囊花 **Cyphotheca montana** Diels
劲枝异药花 **Fordiophyton strictum** Diels
酸果 **Medinilla fengii** (S.Y. Hu) C.Y. Wu et C. Chen
绿春酸脚杆 **Medinilla luchuenensis** C.Y. Wu et C. Chen
矮酸果 **Medinilla nana** S.Y. Hu
沙巴酸果 **Medinilla petelotii** Merr.
酸脚杆属一种 **Medinilla** sp.
大野牡丹 **Melastoma imbricatum** Wall.
野牡丹 **Melastoma malabathricum** Linn.
宽叶金锦香 **Osbeckia chinensis** Linn. var. **angustifolia** (D. Don) C.Y. Wu et C. Chen
蚂蚁花 **Osbeckia nepalensis** Hook.
星毛金锦香 **Osbeckia stellata** D. Don
越南尖子木 **Oxyspora balansae** (Cogn.) J.F. Maxwell
尖子木 **Oxyspora paniculata** (D. Don) DC.
翅茎尖子木 **Oxyspora teretipetiolata** (C.Y. Wu et C. Chen) W.H. Chen et Y.M. Shui
尾叶尖子木 **Oxyspora urophylla** (Diels) Y.M. Shui

滇尖子木 **Oxyspora yunnanensis** H.L. Li
锦香草 **Phyllagathis cavaleriei** (Lévl. et Van.) Guillaum.
直立锦香草 **Phyllagathis erecta** (S.Y. Hu) C.Y. Wu ex C. Chen
密毛锦香草 **Phyllagathis hispidissima** (C. Chen) C. Chen
卵叶锦香草 **Phyllagathis ovalifolia** H.L. Li
四蕊熊巴掌 **Phyllagathis tetrandra** Diels
偏瓣花 **Plagiopetalum esquirolii** (Lévl.) Rehd.
顶花酸脚杆 **Pseudodissochaeta assamica** (C.B. Clarke) M.P. Nayar
酸脚杆 **Pseudodissochaeta lanceata** M.P. Nayar
北酸脚杆 **Pseudodissochaeta septentrionalis** (W.W. Smith) M.P. Nayar
肉穗草 **Sarcopyramis bodinieri** Lévl. et Van.
褚头红 **Sarcopyramis napalensis** Wall.
直立蜂斗草 **Sonerila erecta** Jack
小蜂斗草 **Sonerilala eta** Stapf
溪边桑勒草 **Sonerila maculata** Roxb.
海棠叶蜂斗草 **Sonerila plagiocardia** Diels
棒距八蕊花 **Sporoxeia clavicalcarata** C. Chen
八蕊花 **Sporoxeia sciadophila** W.W. Smith
长穗花 **Styrophyton caudatum** (Diels) S.Y. Hu

121　使君子科 Combretaceae

西南风车子 **Combretum griffithii** Van Heurck et Muell.-Arg.
石风车子 **Combretum wallichii** DC.
使君子 **Quisqualis indica** Linn.
毗黎勒 **Terminalia bellirica** (Gaertn.) Roxb.
千果榄仁 **Terminalia myriocarpa** Van Huerck et Muell.-Arg.

122　红树科 Rhizophoraceae

竹节树 **Carallia brachiata** (Lour.) Merr.
锯叶竹节树 **Carallia diplopetala** Hand.-Mazz.
旁杞木 **Carallia pectinifolia** W.C. Ko
山红树 **Pellacalyx yunnanensis** Hu

123 金丝桃科 Hypericaceae

黄牛木 **Cratoxylum cochinchinense** (Lour.) Bl.
红芽木 **Cratoxylum formosum** (Jack) Dyer ssp. **pruniflorum** (Kurz) Gogelin
西南金丝桃 **Hypericum henryi** Lévl. et Van.
蒙自金丝桃 **Hypericum henryi** Lévl. et Van. ssp. **hancockii** N. Robson
短柱金丝桃 **Hypericum hookerianum** Wight et Arn.
地耳草 **Hypericum japonicum** Thunb.
金丝梅 **Hypericum patulum** Thunb.
短柄小连翘 **Hypericum petiolulatum** Hook. f. et Thoms. ex Dyer
遍地金 **Hypericum wightianum** Wall. ex Wight et Arn.

126 藤黄科 Guttiferae (Clusiaceae)

大苞藤黄 **Garcinia bracteata** C.Y. Wu ex Y.H. Li
云树 **Garcinia cowa** Roxb.
木竹子 **Garcinia multiflora** Champ. ex Benth.
大果藤黄 **Garcinia pedunculata** Roxb.
大叶藤黄 **Garcinia xanthochymus** Hook. f.

128 椴树科 Tiliaceae

柄翅果 **Burretiodendron esquirolii** (Lévl.) Rehd.
一担柴 **Colona floribunda** (Wall.) Craib
长蒴黄麻 **Corchorus olitorium** Linn.
蚬木 **Excentrodendron tonkinense** (A. Chev.) Hung T. Chang et R.H. Miao
苘麻叶扁担杆 **Grewia abutilifolia** Vent ex Juss.
朴叶扁担杆 **Grewia celtidifolia** Juss.
毛果扁担杆 **Grewia celtidifolia** Juss. var. **eriocarpa** (Juss.) Hsu et Zhuge
尖齿扁担杆 **Grewia cuspidato-serrata** Burret
南扁担杆 **Grewia henryi** Burret
小刺蒴麻 **Triumfetta annua** Linn.
毛刺蒴麻 **Triumfetta cana** Bl.
长钩刺蒴麻 **Triumfetta pilosa** Roth.
刺蒴麻 **Triumfetta rhomboidea** Jacq.

128a　杜英科 Elaeocarpaceae

金毛杜英 **Elaeocarpus auricomus** C.Y. Wu ex H.T. Chang

滇南杜英 **Elaeocarpus austroyunnanensis** Hu

大叶杜英 **Elaeocarpus balansae** A. DC.

滇藏杜英 **Elaeocarpus braceanus** Watt ex C.B. Clarke

杜英 **Elaeocarpus decipiens** Hemsl.

秃瓣杜英 **Elaeocarpus glabripetalus** Merr.

棱枝杜英 **Elaeocarpus glabripetalus** Merr. var. **alatus** (Kunth) H.T. Chang

水石榕 **Elaeocarpus hainanensis** Oliv.

胆八树 **Elaeocarpus japonicus** Sieb. et Zucc.

澜沧杜英 **Elaeocarpus japonicus** Sieb. et Zucc. var. **lantsangensis** (Hu) H.T. Chang

腺叶杜英 **Elaeocarpus japonicus** Sieb. et Zucc. var. **yunnanensis** C. Chen et Y. Tang

金平杜英 **Elaeocarpus jinpingensis** S. K. Wu sp nov (ined).

老挝杜英 **Elaeocarpus laoticus** Gagnep.

灰毛杜英 **Elaeocarpus limitaneus** Hand.-Mazz.

长圆叶杜英 **Elaeocarpus oblongilimbus** H.T. Chang

樱叶杜英 **Elaeocarpus prunifolioides** Hu

毛果杜英 **Elaeocarpus rugosus** Roxb.

山杜英 **Elaeocarpus sylvestris** (Lour.) Poir.

美脉杜英 **Elaeocarpus varunua** Buch.-Ham.

毛果猴欢喜 **Sloanea dasycarpa** (Benth.) Hemsl.

全缘猴欢喜 **Sloanea integrifolia** Chun et F.C. How

薄果猴欢喜 **Sloanea leptocarpa** Diels

滇越猴欢喜 **Sloanea mollis** Gagnep.

130　梧桐科 Sterculiaceae

昂天莲 **Ambroma augusta** (Linn.) Linn. f.

刺果藤 **Byttneria grandifolia** DC.

南火绳 **Eriolaena candollei** Wall.

火绳树 **Eriolaena spectabilis** (DC.) Planchon ex Mast.

山芝麻 **Helicteres angustifolia** Linn.

长序山芝麻 **Helicteres elongata** Wall.

细齿山芝麻 **Helicteres glabriuscula** Wall.

火索麻 **Helicteres isora** Linn.

粘毛山芝麻 **Helicteres viscida** Blume

粘毛山芝麻 **Helicteres viscida** Bl.

马松子 **Melochia corchorifolia** Linn.

窄叶半枫荷 **Pterospermum lanceifolium** Roxb.

勐仑翅子树 **Pterospermum menglunense** H.H. Hsue

截裂翅子树 **Pterospermum truncatolobatum** Gagnep.

大围山苹婆 **Sterculia henryi** Hemsl. var. **cuneata** Chun et H.H. Hsue

膜萼苹婆 **Sterculia hymenocalyx** K. Schum.

西蜀苹婆 **Sterculia lanceifolia** Roxb.

苹婆 **Sterculia monosperma** Vent.

家麻树 **Sterculia pexa** Pierre

基苹婆 **Sterculia principis** Gagnep.

河口苹婆 **Sterculia scandens** Hemsl.

苹婆属一种 **Sterculia** sp.

131　木棉科 Bombacaceae

木棉 **Bombax ceiba** Linn.

132　锦葵科 Malvaceae

长毛黄葵 **Abelmoschus crinitus** Wall.

黄蜀葵 **Abelmoschus manihot** (Linn.) Medikus

* 黄葵 **Abelmoschus moschatus** (Linn.) Medikus

恶味苘麻 **Abutilon hirtum** (Lamk.) Sweet

磨盘草 **Abutilon indicum** (Linn.) Sweet

* 树棉 **Gossypium arboreum** Linn.

* 草棉 **Gossypium herbaceum** Linn.

* 陆地棉 **Gossypium hirsutum** Linn.

* 重瓣朱槿 **Hibiscus rosa-sinensis** Linn. var. **rubor-plenus** Sweet

翅果麻 **Kydia calycina** Roxb.

赛葵 **Malvastrum coromandelianum** (Linn.) Gürcke

榛叶黄花稔 **Sida subcordata** Span.

拔毒散 **Sida szechuensis** Matsuda

地桃花 **Urena lobata** Linn.
中华地桃花 **Urena lobata** Linn. var. **chinensis** (Osbeck) S.Y. Hu
粗叶地桃花 **Urena lobata** Linn. var. **glauca** (Bl.) Borssum Waalkes
云南地桃花 **Urena lobata** Linn. var. **yunnanensis** S.Y. Hu

133　金虎尾科 Malpighiaceae

贵州盾翅藤 **Aspidopterys cavaleriei** Lévl.
多花盾翅藤 **Aspidopterys floribunda** Hutch.
盾翅藤 **Aspidopterys glabriuscula** (Wall.) A. Juss.
蒙自盾翅藤 **Aspidopterys henryi** Hutch.
倒心盾翅藤 **Aspidopterys obcordata** Hemsl.
越南风筝果 **Hiptage benghalensis** (Linn.) Kurz var. **tonkinensis** (Dop) S.K. Chen
风筝果 **Hiptage benghalensis** (Linn.) Kurz

135　古柯科 Erythroxylaceae

东方古柯 **Erythroxylum sinense** Y.C. Wu

135a　粘木科 Ixonanthaceae

黏木 **Ixonanthes reticulata** Jack

136　大戟科 Euphorbiaceae

卵叶铁苋菜 **Acalypha kerrii** Craib
* 红桑 **Acalypha wilkesiana** Muell.-Arg.
山麻杆 **Alchornea davidii** Franch.
羽脉山麻杆 **Alchornea rugosa** (Lour.) Muell.-Arg.
椴叶山麻杆 **Alchornea tiliifolia** (Benth.) Muell.-Arg.
红背山麻杆 **Alchornea trewioides** (Benth.) Muell.-Arg.
绿背山麻杆 **Alchornea trewioides** (Benth.) Muell.-Arg. var. **sinica** H.S. Kiu
银柴 **Aporosa dioica** (Roxb.) Muell.-Arg.
银柴属一种 **Aporosa** sp.

毛银柴 **Aporosa villosa** (Lindl.) Baill.

滇银柴 **Aporosa yunnanensis** (Pax et Hoffm.) Metc.

木奶果 **Baccaurea ramiflora** Lour.

浆果乌桕 **Balakata baccata** (Roxb.) Esser

黑面神 **Breynia fruticosa** (Linn.) Muell.-Arg.

钝叶黑面神 **Breynia retusa** (Dennst.) Alston

禾串树 **Bridelia balansae** Tutch.

波叶土密树 **Bridelia montana** (Roxb.) Willd.

土密树属一种 **Bridelia** sp.

密脉土蜜树 **Bridelia spinosa** (Roxb.) Willd.

土蜜藤 **Bridelia stipularis** (Linn.) Bl.

土蜜树 **Bridelia tomentosa** Bl.

白桐树 **Claoxylon indicum** (Reinw. ex Bl.) Hassk.

喀西白桐树 **Claoxylon khasianum** Hook. f.

长叶白桐树 **Claoxylon longifolium** (Bl.) Endl. ex Hassk.

灰岩棒柄花 **Cleidion bracteosum** Gagnep.

棒柄花 **Cleidion brevipetiolatum** Pax ex Hoffm.

大叶闭花木 **Cleistanthus macrophyllus** Hook. f.

闭花木 **Cleistanthus sumatranus** (Miq.) Muell.-Arg.

银叶巴豆 **Croton cascarilloides** Raeusch.

卵叶巴豆 **Croton caudatus** Geisel.

大麻叶巴豆 **Croton damayeshu** Y.T. Chang

长果巴豆 **Croton joufra** Roxb.

越南巴豆 **Croton kongensis** Gagnep.

巴豆 **Croton tiglium** Linn.

网脉核果木 **Drypetes perreticulata** Gagnep.

飞扬草 **Euphorbia hirta** Linn.

通奶草 **Euphorbia hypericifolia** Linn.

刮金板 **Euphorbia sikkimensis** Boiss.

千根草 **Euphorbia thymifolia** Linn.

异序乌桕 **Falconeria insignis** Royle

一叶萩 **Flueggea suffruticosa** (Pall.) Baill.

白饭树 **Flueggea virosa** (Roxb. ex Willd.) Voigt

白毛算盘子 **Glochidion arborescens** Blume

革叶算盘子 **Glochidion daltonii** (Muell.-Arg.) Kurz

四裂算盘子 **Glochidion ellipticum** Wight
毛果算盘子 **Glochidion eriocarpum** Champ. ex Benth.
绒毛算盘子 **Glochidion heyneanum** (Wight et Arn.) Wight
厚叶算盘子 **Glochidion hirsutum** (Roxb.) Voigt
圆果算盘子 **Glochidion sphaerogynum** (Muell.-Arg.) Kurz
白背算盘子 **Glochidion wrightii** Benth.
* 橡胶树 **Hevea brasiliensis** (Willd. ex A.Juss.) Muell.-Arg.
水柳 **Homonoia riparia** Lour.
麻疯树 **Jatropha curcas** Linn.
雀儿舌头 **Leptopus chinensis** (Bunge) Pojark.
轮苞血桐 **Macaranga andamanica** Kurz
中平树 **Macaranga denticulata** (Bl.) Muell.-Arg.
草鞋木 **Macaranga henryi** (Pax et Hoffm.) Rehd.
印度血桐 **Macaranga indica** Wight
尾叶血桐 **Macaranga kurzii** (Kuntze) Pax et Hoffm.
泡腺血桐 **Macaranga pustulata** King ex Hook. f.
鼎湖血桐 **Macaranga sampsonii** Hance
毛桐 **Mallotus barbatus** (Wall.) Muell.-Arg.
短柄野桐 **Mallotus decipiens** Muell.-Arg.
野梧桐 **Mallotus japonicus** (Linn. f.) Muell.-Arg.
东南野桐 **Mallotus lianus** Croiz.
尼泊尔野桐 **Mallotus nepalensis** Muell.-Arg.
白楸 **Mallotus paniculatus** (Lam.) Muell.-Arg.
粗糠柴 **Mallotus philippensis** (Lam.) Muell.-Arg.
石岩枫 **Mallotus repandus** (Willd.) Muell.-Arg.
四籽野桐 **Mallotus tetracoccus** (Roxb.) Kurz
云南野桐 **Mallotus yunnanensis** Pax et Hoffm.
* 木薯 **Manihot esculenta** Crantz
小盘木 **Microdesmis caseariifolia** Planch. ex Hook.
云南叶轮木 **Ostodes katharinae** Pax
珠子草 **Phyllanthus amarus** Schumach. et Thonning
余甘子 **Phyllanthus emblica** Linn.
云桂叶下珠 **Phyllanthus pulcher** Wall. ex Muell.-Arg.
小果叶下珠 **Phyllanthus reticulatus** Poir.
黄珠子草 **Phyllanthus virgatus** Forst.f.

* 蓖麻 **Ricinus communis** Linn.
守宫木 **Sauropus androgynus** (Linn.) Merr.
苍叶守宫木 **Sauropus garrettii** Craib
长梗守宫木 **Sauropus macranthus** Hassk.
山乌桕 **Triadica cochinchinensis** Lour.
圆叶乌桕 **Triadica rotundifolium** (Hemsl.) Esser
长梗三宝木 **Trigonostemon thyrsoideus** Stapf
油桐 **Vernicia fordii** (Hemsl.) Airy-Shaw
木油桐 **Vernicia montana** Lour.

136a 虎皮楠科 Daphniphyllaceae

纸叶虎皮楠 **Daphniphyllum chartaceum** Rosenth.
喜马拉雅虎皮楠 **Daphniphyllum himalense** (Benth.) Muell.-Arg.
长序虎皮楠 **Daphniphyllum longeracemosum** Rosenth.
交让木 **Daphniphyllum macropodum** Miq.
显脉虎皮楠 **Daphniphyllum paxianum** Rosenth.

136b 五月茶科 Stilaginaceae

西南五月茶 **Antidesma acidum** Retz
五月茶 **Antidesma bunius** (Linn.) Spreng.
小肋五月茶 **Antidesma costulatum** Pax et Hoffm.
黄毛五月茶 **Antidesma fordii** Hemsl.
日本五月茶 **Antidesma japonicum** Sieb. et Zucc.
山地五月茶 **Antidesma montanum** Bl.
小叶五月茶 **Antidesma montanum** Bl. var. **microphyllum** (Hemsl.) Hoffm.

136c 重阳木科 Bischofiaceae

秋枫 **Bischofia javanica** Bl.

139a 鼠刺科 Iteaoeae

鼠刺 **Itea chinensis** Hook. et Arn.

大叶鼠刺 **Itea macrophylla** Wall.
河岸鼠刺 **Itea riparia** Coll. et Hemsl.

141　茶藨子科 Grossulariaoeae

冰川茶藨子 **Ribes glaciale** Wall.

142　绣球花科 Hydrangeaceae

马桑溲疏 **Deutzia aspera** Rehd.
常山 **Dichroa febrifuga** Lour.
硬毛常山 **Dichroa hirsuta** Gagnep.
马桑绣球 **Hydrangea aspera** D.Don
西南绣球 **Hydrangea davidii** Franch.
粗枝绣球 **Hydrangea robusta** Hook. f. et Thoms.
长柱绣球 **Hydrangea stylosa** Hook. f. et Thoms.
挂苦绣球 **Hydrangea xanthoneura** Diels
冠盖藤 **Pileostegia viburnoides** Hook. f. et Thoms.
钻地风 **Schizophragma integrifelium** Oliv.
柔毛钻地风 **Schizophragma molle** (Rehd.) Chun

143　蔷薇科 Rosaceae

黄龙尾 **Agrimonia pilosa** Ldb. var. **nepalensis** (D. Don) Nakai
桃 **Amygdalus persica** Linn.
高盆樱桃 **Cerasus cerasoides** (Buch.-Ham. ex D. Don) Sok.
矮生栒子 **Cotoneaster dammeri** Schneid .
云南移依 **Docynia delavayi** (Franch.) Schneid.
移依 **Docynia indica** (Wall.) Dcne.
蛇莓 **Duchesnea indica** (Andr.) Focke
云南枇杷 **Eriobotrya bengalensis** (Roxb.) Hook. f.
窄叶南亚枇杷 **Eriobotrya bengalensis** (Roxb.) Hook. f. var. **angustifolia** Card.
齿叶枇杷 **Eriobotrya serrata** Vidal
腾越枇杷 **Eriobotrya tengyuehensis** W.W. Smith
* 草莓 **Fragaria ananassa** (Weston) Duch.

黄毛草莓 **Fragaria nilgerrensis** Schlecht. et Gay
腺叶桂樱 **Laurocerasus phaeosticta** (Hance) Schneid.
尖叶桂樱 **Laurocerasus undulata** (Buch.-Ham. ex D. Don) Roem.
大叶桂樱 **Laurocerasus zippeliana** (Miq.) Browicz
湖北海棠 **Malus hupehensis** (Pamp.) Rehd.
云南绣线梅 **Neillia serratisepala** H.L. Li
尾叶中华绣线梅 **Neillia sinensis** Oliv. var. **caudata** Rehd.
绣线梅 **Neillia thyrsiflora** D. Don
中华石楠 **Photinia beauverdiana** Schneid.
全缘石楠 **Photinia integrifolia** Lindl.
蛇含委陵菜 **Potentilla kleiniana** Wight et Arn.
李 **Prunus salicina** Lindl.
云南臀果木 **Pygeum henryi** Dunn
大果臀果木 **Pygeum macrocarpum** T.T. Yu et L.T. Lu
长圆臀果木 **Pygeum oblongum** T.T. Yu et L.T. Lu
臀果木 **Pygeum topengii** Merr.
月季花 **Rosa chinensis** Jacq.
金樱子 **Rosa laevigata** Michx.
粗叶悬钩子 **Rubus alceifolius** Poir.
西南悬钩子 **Rubus assamensis** Focke
蛇泡筋 **Rubus cochinchinensis** Tratt.
小柱悬钩子 **Rubus columellaris** Tutcher
山莓 **Rubus corchorifolius** Linn. f.
白薷 **Rubus doyonensis** Hand.-Mazz.
栽秧泡 **Rubus ellipticus** Smith var. **obcordatus** (Franch.) Focke
锈叶悬钩子 **Rubus fuscifolius** T.T. Yu et L.T. Lu
红花悬钩子 **Rubus inopertus** (Focke) Focke
高粱泡 **Rubus lambertianus** Ser.
疏松悬钩子 **Rubus laxus** Focke
白花悬钩子 **Rubus leucanthus** Hance
绢毛悬钩子 **Rubus lineatus** Reinw.
光秃绢毛悬钩子 **Rubus lineatus** Reinw. var. **glabrescens** T.T. Yu et L.T. Lu
光亮悬钩子 **Rubus lucens** Focke
硬叶绿春悬钩子 **Rubus luchunensis** T.T. Yu et L.T. Lu var. **coriaceus** T.T. Yu et L.T. Lu
荚迷叶悬钩子 **Rubus neoviburnifolius** L.T. Lu et Boufford

红泡刺藤 **Rubus niveus** Thunb.
圆锥悬钩子 **Rubus paniculatus** Smith
掌叶悬钩子 **Rubus pentagonus** Wall. ex Focke
长萼掌叶悬钩子 **Rubus pentagonus** Wall. ex Focke var. **longisepalus** T.T. Yu et L.T. Lu
大乌泡 **Rubus pluribracteatus** L.T. Lu & Boufford
五叶悬钩子 **Rubus quinquefoliolatus** T.T. Yu et L.T. Lu
棕红悬钩子 **Rubus rufus** Focke
川莓 **Rubus setchuenensis** Bureau et Franch.
红腺悬钩子 **Rubus sumatranus** Miq.
截叶悬钩子 **Rubus tinifolius** C.Y. Wu ex T.T. Yu et L.T. Lu
光滑悬钩子 **Rubus tsangii** Merr.
红毛悬钩子 **Rubus wallichianus** Wight et Arn.
云南悬钩子 **Rubus yunanicus** Ktze.
毛背花楸 **Sorbus aronioides** Rehd.
美脉花楸 **Sorbus caloneura** (Stapf) Rehd.
附生花楸 **Sorbus epidendron** Hand.- Mazz.
尼泊尔花楸 **Sorbus foliolosa** (Wall.) Spach
毛序花楸 **Sorbus keissleri** (Schneid.) Rehd.
泡吹叶花楸 **Sorbus meliosmifolia** Rehd.
西康花楸 **Sorbus prattii** Koehne
鼠李叶花楸 **Sorbus rhamnoides** (Dcne.) Rehd.
滇缅花楸 **Sorbus thomsonii** (King ex Hook. f.) Rehd.
华西花楸 **Sorbus wilsoniana** Schneid.
红果树 **Stranvaesia davidiana** Dcne.

145 蜡梅科 Calycanthaceae

* 蜡梅 **Chimonanthus praecox** (Linn.) Link

146 苏木科 Caesalpiniaceae

顶果树 **Acrocarpus fraxinifolius** Wight ex Arn.
渐尖羊蹄甲 **Bauhinia acuminata** Linn.
火索藤 **Bauhinia aurea** Lévl.
石山羊蹄甲 **Bauhinia comosa** Craib

锈荚藤 **Bauhinia erythropoda** Hayata

粉叶羊蹄甲 **Bauhinia glauca** (Watt. ex Benth.) Benth.

显脉羊蹄甲 **Bauhinia glauca** (Wall. ex Benth.) Benth. ssp. **pernervosa** (L. Chen) T. Chen

薄叶羊蹄甲 **Bauhinia glauca** (Wall. ex Benth.) Benth. ssp. **tenuiflora** (Watt. ex C.B. Clarke) K. Larsen et S.S. Larsen

河口羊蹄甲 **Bauhinia hekouensis** T.Y. Tu et D.X. Zhang

粗毛羊蹄甲 **Bauhinia hirsuta** Weinm.

褐毛羊蹄甲 **Bauhinia ornata** Kurz var. **kerrii** (Gagnep.) K. Larsen & S.S. Larsen

羊蹄甲 **Bauhinia purpurea** Linn.

红毛羊蹄甲 **Bauhinia pyrrhoclada** Drake

囊托羊蹄甲 **Bauhinia touranensis** Gagnep.

见血飞 **Caesalpinia cucullata** Roxb.

* 苏木 **Caesalpinia sappan** Linn.

短叶决明 **Cassia leschenaultiana** DC.

含羞草决明 **Cassia mimosoides** Linn.

铁刀木 **Cassia siamea** Lam.

决明 **Cassia tora** Linn.

* 凤凰木 **Deionix regia** (Boj. ex Hook.) Raf.

滇皂荚 **Gleditsia japonica** Miq. var. **delavayi** (Franch.) L.C. Li

中国无忧花 **Saraca dives** Pierre

酸豆 **Tamarindus indica** Linn.

任豆 **Zenia insignis** Chun

147　含羞草科 Mimosaceae

儿茶 **Acacia catechu** (Linn. f.) Willd.

羽叶金合欢 **Acacia pennata** (Linn.) Willd.

滇南金合欢 **Acacia tonkinensis** I.C. Nielsen

海红豆 **Adenanthera pavonina** Linn. var. **microsperma** (Tejsm. & Binn.) Nielsen

楹树 **Albizia chinensis** (Osbeck) Merr.

白花合欢 **Albizia crassiramea** Lace

合欢 **Albizia julibrissin** Durazz.

山槐 **Albizia kalkora** (Roxb.) Prain

光叶合欢 **Albizia lucidior** (Steud.) Nielsen ex H. Hara

香须树 **Albizia odoratissima** (Linn. f.) Benth.

长叶棋子豆 **Archidendron alternifoliolatum** (T.L. Wu) I.C. Nielsen
锈毛棋子豆 **Archidendron balansae** (Oliv.) I.C. Nielsen
猴耳环 **Archidendron clypearia** (Jack) I.C. Nielsen
碟腺棋子豆 **Archidendron kerrii** (Gagnep.) I.C. Nielsen
亮叶猴耳环 **Archidendron lucidum** (Benth.) I.C. Nielsen
棋子豆 **Archidendron robinsonii** (Gagnep.) I.C. Nielsen
猴耳环属一种 **Archidendron** sp.
大叶合欢 **Archidendron turgidum** (Merr.) I.C. Nielsen
榼藤子 **Entada phaseoloides** (Linn.) Merr.
* 银合欢 **Leucaena leucocephala** (Lam.) de Wit
* 无刺含羞草 **Mimosa diplotricha** C. Wright ex Sauvalle var. **inermis** (Adelb.) Veldkamp
* 含羞草 **Mimosa pudica** Linn.

148　蝶形花科 Papilionaceae

美丽相思子 **Abrus pulchellus** Wall. ex Thwaite
密锥花鱼藤 **Aganope thyrsiflora** (Benth.) Polhill
* 落花生 **Arachis hypogaea** Linn.
紫云英 **Astragalus sinicus** Linn.
紫矿 **Butea monosperma** (Lama.) Taubert
* 木豆 **Cajanus cajan** (Linn.) Millsp.
长叶虫豆 **Cajanus mollis** (Benth.) van der Maesen
蔓草虫豆 **Cajanus scarabaeoides** (Linn.) Thouars
虫豆 **Cajanus volubilis** (Blanco) Blanco
灰毛鸡血藤 **Callerya cinerea** (Benth.) Schot
细花梗杭子梢 **Campylotropis capillipes** (Franch.) Schindl.
思茅杭子梢 **Campylotropis harmsii** Schindl.
绒毛叶杭子梢 **Campylotropis pinetorum** (Kurz) Schindl. ssp. **velutina** (Dunn) Ohashi
草山杭子梢 **Campylotropis prainii** (Coll. et Hemsl.) Schindl.
* 刀豆 **Canavalia gladiata** (Jacq.) DC.
小花香槐 **Cladrastis delavayi** (Franch.) Prain
圆叶舞草 **Codoriocalyx gyroides** (Roxb. ex Link) Hassk.
舞草 **Codoriocalyx motorius** (Houtt.) Ohashi
巴豆藤 **Craspedolobium unijugum** (Gagnep.) Z. Wei et Pedlay
响铃豆 **Crotalaria albida** Heyne ex Roth

大猪屎豆 **Crotalaria assamica** Benth.

长萼猪屎豆 **Crotalaria calycina** Schrank

假地蓝 **Crotalaria ferruginea** Grah. ex Benth.

猪屎豆 **Crotalaria pallida** Ait.

金平猪屎豆 **Crotalaria prostrata** Rottler ex Willd. var. **jinpingensis** (Chun-yu Yang) Chun-yu Yang

猪屎豆 **Crotalaria sessiliflora** Linn.

四棱猪屎豆 **Crotalaria tetragona** Roxb. ex Andr.

紫花黄檀 **Dalbergia assamica** Benth.

象鼻藤 **Dalbergia mimosoides** Franch.

钝叶黄檀 **Dalbergia obtusifolia** (Baker) Prain

斜叶黄檀 **Dalbergia pinnata** (Lour.) Prain

多裂黄檀 **Dalbergia rimosa** Roxb.

黄檀属一种 **Dalbergia** sp.

托叶黄檀 **Dalbergia stipulacea** Roxb.

滇黔黄檀 **Dalbergia yunnanensis** Franch.

假木豆 **Dendrolobium triangulare** (Retz.) Schindl.

尾叶鱼藤 **Derris caudatilimba** F.C. How

毛果鱼藤 **Derris eriocarpa** F.C. How

中南鱼藤 **Derris fordii** Oliv.

掌叶鱼藤 **Derris palmifolia** Chun et How

粗茎鱼藤 **Derris scabricaulis** (Franch.) Gagnep.

大叶山蚂蝗 **Desmodium gangeticum** (Linn.) DC.

糙毛假地豆 **Desmodium heterocarpon** (Linn.) DC. var. **strigosum** van Meeuwen

假地豆 **Desmodium heterocarpon** (Linn.) DC.

大叶拿身草 **Desmodium laxiflorum** DC.

长波叶山蚂蝗 **Desmodium sequax** Wall.

绒毛山蚂蝗 **Desmodium velutinum** (Willd.) DC.

小鸡藤 **Dumasia forrestii** Diels

柔毛山黑豆 **Dumasia villosa** DC.

劲直刺桐 **Erythrina stricta** Roxb.

翅果刺桐 **Erythrina subumbrans** (Hassk.) Merr.

河边千斤拔 **Flemingia fluminalis** C.B. Clarke ex Prain

宽叶千斤拔 **Flemingia latifolia** Benth.

细叶千斤拔 **Flemingia lineata** (Linn.) Roxb. ex Ait.

大叶千斤拔 **Flemingia macrophylla** (Willd.) Prain

千斤拔属一种 **Flemingia** sp.

球穗千斤拔 **Flemingia strobilifera** (Linn.) Ait.

* 大豆 **Glycine max** (Linn.)Merr.

长柄山蚂蝗 **Hylodesmum podocarpum** (DC.) H. Ohashi et R.R. Mill

尖叶长柄山蚂蝗 **Hylodesmum podocarpum** (DC.) H. Ohashi et R.R. Mill var. **oxyphyllum** (DC.) H. Ohashi et R.R. Mill

深紫木蓝 **Indigofera atropurpurea** Buch.-Ham. ex Hornem.

河北木篮 **Indigofera bungeana** Walpers

黑叶木篮 **Indigofera nigrescens** Kurz ex King et Prain

木篮属一种 **Indigofera** sp.

灰毛崖豆藤 **Millettia cinerea** (Benth.) Schot

孟连崖豆藤 **Millettia griffithii** Dunn

闹鱼崖豆藤 **Millettia ichthyochtona** Drake

厚果崖豆藤 **Millettia pachycarpa** Benth.

华南小叶崖豆藤 **Millettia pulchra** (Benth.) Kurz var. **chinensis** Dunn

崖豆藤属一种 **Millettia** sp.

常春油麻藤 **Mucuna sempervirens** Hemsl.

油麻藤属一种 **Mucuna** sp.

小槐花 **Ohwia caudata** (Thunb.) H. Ohashi

肥荚红豆 **Ormosia fordiana** Oliv.

纤柄红豆 **Ormosia longipes** L. Chen

榄绿红豆 **Ormosia olivacea** L. Chen

屏边红豆 **Ormosia pingbianensis** W. C. Cheng et R.H. Chang

紫雀花 **Parochetus communis** Buch.-Ham.ex D. Don

* 菜豆 **Phaseolus vulgaris** Linn.

黄雀儿 **Priotropis cytisoides** (Roxb. ex DC.) Wight et Arn.

葛 **Pueraria montana** (Lour.) Merr.

苦葛 **Pueraria peduncularis** (Grah. ex Benth.) Benth.

密子豆 **Pycnospora lutescens** (Poir.) Schindl.

硬毛宿苞豆 **Shuteria ferruginea** (Kurz) Baker

光宿苞豆 **Shuteria involucrata** (Wall.) Wight et Arn. var. **glabrata** (Wight et Arn.) Ohashi

坡油甘 **Smithia sensitiva** Ait.

密花豆 **Spatholobus suberectus** Dunn

葫芦茶 **Tadehagi triquetrum** (Linn.) Ohashi

越南兔尾草 **Uraria cochinchinensis** A. K. Schindl.
猫尾草 **Uraria crinita** (Linn.) Desv. ex DC.
狸尾豆 **Uraria lagopodioides** (Linn.) Desv. ex DC.
* 蚕豆 **Viciafaba** Linn.
* 救荒野豌豆 **Vicia sativa** Linn.
野豇豆 **Vigna vexillata** (Linn.) Rich.

150 旌节花科 Stachyuraceae

西域旌节花 **Stachyurus himalaicus** Hook. f. et Thoms. ex Benth.
云南旌节花 **Stachyurus yunnanensis** Franch.

151 金缕梅科 Hamamelidaceae

青皮树 **Altingia excelsa** Noronha
蒙自蕈树 **Altingia yunnanensis** Rehd. et Wils.
樟叶假蚊母 **Distyliopsis laurifolia** (Hemsl.) Endress
星毛秀柱花 **Eustigma stellatum** Feng
马蹄荷 **Exbucklandia populnea** (R. Br. ex Griffith) R.W. Brown
滇南红花荷 **Rhodoleia henryi** Tong
红花荷 **Rhodoleia parvipetala** Tong

152 杜仲科 Eucommiaceae

* 杜仲 **Eucommia ulmoides** Oliver

154 黄杨科 Buxaceae

清香桂 **Sarcococca ruscifolia** Stapf

156 杨柳科 Salicaceae

毛枝垫柳 **Salix hirticaulis** Hand.-Mazz.
四籽柳 **Salix tetrasperma** Roxb.

161 桦木科 Betulaceae

蒙自桤 **Alnus nepalensis** D. Don
西南桦 **Betula alnoides** Buch.-Ham. ex D. Don
华南桦 **Betula austrosinensis** Chun ex P.C. Li
金平桦 **Betula jinpingensis** P.C. Li

162 桦木科 Betulaceae

雷公鹅耳枥 **Carpinus viminea** Lindl.

163 壳斗科 Fagaceae

* 板栗 **Castanea moilissima** Bl.
银叶栲 **Castanopsis argyrophylla** King ex Hook. f.
杯状栲 **Castanopsis calathiformis** (Skan) Rehd. et Wils.
小叶栲 **Castanopsis carlesii** (Hemsl.) Hayata var. **spinulosa** W.C. Cheng et C.S. Chao
瓦山栲 **Castanopsis ceratacantha** Rehd. et Wils.
高山栲 **Castanopsis delavayi** Franch.
密刺栲 **Castanopsis densispinosa** Y.C. Hsu et H.W. Jen
短刺栲 **Castanopsis echinocarpa** Hook. f. et Thoms. ex Miq.
罗浮栲 **Castanopsis fabri** Hance
栲 **Castanopsis fargesii** Franch.
黧蒴栲 **Castanopsis fissa** (Champ. ex Benth.) Rehd. et Wils.
小果栲 **Castanopsis fleuryi** Hick et A. Camus
刺栲 **Castanopsis hystrix** Miq.
印度栲 **Castanopsis indica** (Roxb. ex Lindl.) A. DC.
金平栲 **Castanopsis jinpingensis** J.Q. Li et L. Chen
鹿角栲 **Castanopsis lamontii** Hance
大叶栲 **Castanopsis megaphylla** Hu
元江栲 **Castanopsis orthacantha** Franch.
疏齿栲 **Castanopsis remotidenticulata** Hu
龙陵栲 **Castanopsis rockii** A. Camus
栲属一种 **Castanopsis** sp.
蒺藜栲 **Castanopsis tribuloides** (Smith) A. DC.

变色栲 **Castanopsis wattii** (King ex Hook. f.) A. Camus

扁果青冈 **Cyclobalanopsis chapensis** (Hick. et A. Camus) Y.C. Hsu et H.W. Jen

黄毛青冈 **Cyclobalanopsis delavayi** (Franch.) Schottky

饭甑青冈 **Cyclobalanopsis fleuryi** (Hick. et A. Camus) Chun ex Q.F. Zheng

毛叶曼青冈 **Cyclobalanopsis gambleana** (A. Camus) Y.C. Hsu et H.W. Jen

青冈 **Cyclobalanopsis glauca** (Thunb.) Oerst.

大叶青冈 **Cyclobalanopsis jenseniana** (Hand.-Mazz.) W.C. Cheng et T. Hong ex Q.F. Zheng

金平青冈 **Cyclobalanopsis jinpinensis** Y.C. Hsu et H.W. Jen

毛叶青冈 **Cyclobalanopsis kerrii** (Craib) Hu

薄片青冈 **Cyclobalanopsis lamellosa** (Smith) Oerst.

毛果青冈 **Cyclobalanopsis pachyloma** (Seem.) Schottky

薄斗青冈 **Cyclobalanopsis tenuicupula** Y.C. Hsu et H.W. Jen

毛脉青冈 **Cyclobalanopsis tomentosinervis** Y.C. Hsu et H.W. Jen

水青冈 **Fagus longipetiolata** Seem.

茸果石栎 **Lithocarpus bacgiangensis** (Hick. et A. Camus) A. Camus

猴面石栎 **Lithocarpus balansae** (Drake) A. Camus

红心石栎 **Lithocarpus carolineae** (Skan) Rehd.

包果石栎 **Lithocarpus cleistocarpus** (Seem.) Rehd. et Wils.

闭壳石栎 **Lithocarpus cryptocarpus** A. Camus

壶斗石栎 **Lithocarpus echinophorus** (Hick. et A. Camus) A. Camus

金平石栎 **Lithocarpus echinophorus** (Hick. et A. Camus) A. Camus var. **bidoupensis** A. Camus

刺斗石栎 **Lithocarpus echinotholus** (Hu) Chun et C.C. Huang ex Y.C. Hsu et H.W. Jen

华南石栎 **Lithocarpus fenestratus** (Roxb.) Rehd.

密脉石栎 **Lithocarpus fordianus** (Hemsl.) Chun

硬斗石栎 **Lithocarpus hancei** (Benth.) Rehd.

东南石栎 **Lithocarpus harlandii** (Hance ex Walpers) Rehd.

老挝石栎 **Lithocarpus laoticus** (Hick. et A. Camus) A. Camus

长柄石栎 **Lithocarpus longipedicellatus** (Hick. et A. Camus) A. Camus

马勃石栎 **Lithocarpus lycoperdon** (Skan) A. Camus

白毛石栎 **Lithocarpus magneinii** (Hick. et A. Camus) A. Camus

大叶石栎 **Lithocarpus megalophyllus** Rehd. et Wils.

小果石栎 **Lithocarpus microspermus** A. Camus

厚鳞石栎 **Lithocarpus pachylepis** A. Camus

柄斗石栎 **Lithocarpus pakhaensis** A. Camus

星毛石栎 **Lithocarpus petelotii** A. Camus

犁耙石栎 **Lithocarpus silvicolarum** (Hance) Chun

石栎属一种 **Lithocarpus** sp.

球果石栎 **Lithocarpus sphaerocarpus** (Hick. et A. Camus) A. Camus

棱果石栎 **Lithocarpus triqueter** (Hick. et A. Camus) A. Camus

截头石栎 **Lithocarpus truncatus** (King ex Hook. f.) Rehd. et Wils.

小截果石栎 **Lithocarpus truncatus** (King ex Hook. f.) Rehd. et Wils. var. **baviensis** (Drake) A. Camus

木果石栎 **Lithocarpus xylocarpus** (Kurz) Markg.

165　榆科 Ulmaceae

糙叶树 **Aphananthe aspera** (Thunb.) Planch.

柔毛糙叶树 **Aphananthe aspera** (Thunb.) Planch. var. **pubescens** C.J. Chen

紫弹树 **Celtis biondii** Pamp.

四蕊朴 **Celtis tetrandra** Roxb.

西川朴 **Celtis vandervoetiana** Schneid.

白颜树 **Gironniera subaequalis** Planch.

狭叶山黄麻 **Trema angustifolia** (Planch.) Bl.

银毛叶山黄麻 **Trema nitida** C.J. Chen

异色山黄麻 **Trema orientalis** (Linn.) Bl.

山黄麻 **Trema tomentosa** (Roxb.) Hara

常绿榆 **Ulmus lanceifolia** Roxb.

167　桑科 Moraceae

野树波罗 **Artocarpus chama** Buch.-Ham.

* 波罗蜜 **Artocarpus heterophyllus** Lam.

白桂木 **Artocarpus hypargyreus** Hance

野波罗蜜 **Artocarpus lakoocha** Roxb.

牛李 **Artocarpus nigrifolius** C.Y. Wu

短绢毛桂木 **Artocarpus petelotii** Gagnep.

猴子瘿袋 **Artocarpus pithecogallus** C.Y. Wu

藤构 **Broussonetia kaempferi** Sieb. var. **australis** Suzuki

落叶花桑 **Broussonetia kurzii** (Hook. f.) Corner

构树 **Broussonetia papyrifera** (Linn.) L’ Herit. ex Vent.

石榕树 **Ficus abelii** Miq

高山榕 **Ficus altissima** Bl.

环纹榕 **Ficus annulata** Bl.

大果榕 **Ficus auriculata** Lour.

垂叶榕 **Ficus benjamina** Linn.

丛毛垂叶榕 **Ficus benjamina** Linn. var. **nuda** (Miq.) Barrett

硬皮榕 **Ficus callosa** Willd.

沙坝榕 **Ficus chapaensis** Gagnep.

纸叶榕 **Ficus chartacea** Wall. ex King

无柄纸叶榕 **Ficus chartacea** Wall. ex King var. **torulosa** King

纸叶榕 **Ficus chartacea** Wall. ex King

歪叶榕 **Ficus cyrtophylla** Wall. ex Miq.

狭 叶 天 仙 果 **Ficus erecta** Thunb. var. **beecheyana (Hook. et Arn) King f. koshunensis** (Hayata) Corner

黄毛榕 **Ficus esquiroliana** Lévl.

水同木 **Ficus fistulosa** Reinw. ex Bl.

台湾榕 **Ficus formosana** Maxim.

金毛榕 **Ficus fulva** Reinw. ex Bl.

绿叶冠毛榕 **Ficus gasparriniana** Miq. var. **viridescens** (Lévl. et Vant.) Corner

大叶水榕 **Ficus glaberrima** Bl.

毛叶大叶水榕 **Ficus glaberrima** Bl. var. **pubescens** S.S. Chang

藤榕 **Ficus hederacea** Roxb.

尖叶榕 **Ficus henryi** Warb. ex Diels

异 叶榕 **Ficus heteromorpha** Hemsl.

粗叶榕 **Ficus hirta** Vahl

薄毛粗叶榕 **Ficus hirta** Vahl var. **imberbis** Gagnep.

大果粗叶榕 **Ficus hirta** Vahl var. **roxburghii** (Miq.) King

对叶榕 **Ficus hispida** Linn. f.

大青树 **Ficus hookeriana** Corner

壶托榕 **Ficus ischnopoda** Miq.

光叶榕 **Ficus laevis** Bl.

尖尾榕 **Ficus langkokensis** Drake

瘤枝榕 **Ficus maclellandi** King

森林榕 **Ficus neriifolia** J. E. Smith

九丁榕 **Ficus nervosa** Heyne ex Roth.

苹果榕 **Ficus oligodon** Miq.

直脉榕 **Ficus orthoneura** Lévl. et Vant.

卵叶榕 **Ficus ovatifolia** S. S. Chang

豆果榕 **Ficus pisocarpa** Bl.

钩毛榕 **Ficus praetermissa** Corner

褐叶榕 **Ficus pubigera** (Wall. ex Miq.) Miq.

鳞果褐叶榕 **Ficus pubigera** (Wall. ex Miq.) Miq. var. **anserina** Corner

大果褐叶榕 **Ficus pubigera** (Wall. ex Miq.) Miq. var. **maliformis** (King) Corner

聚果榕 **Ficus racemosa** Linn.

羊乳榕 **Ficus sagittata** Vahl

匍茎榕 **Ficus sarmentosa** Buch.-Ham. ex J.E. Smith

长柄爬藤榕 **Ficus sarmentosa** Buch.-Ham. ex J.E. Smith var. **luducca** (Roxb.) Corner

无柄爬藤榕 **Ficus sarmentosa** Buch.-Ham. ex J.E. Smith var. **luducca (Roxb.) Corner** f. **sessilis** Corner

鸡嗉子榕 **Ficus semicordata** Buch.-Ham. ex J.E. Smith

竹叶榕 **Ficus stenophylla** Hemsl.

劲直榕 **Ficus stricta** Miq.

棒果榕 **Ficus subincisa** Buch.-Ham. ex J.E. Smith

细梗棒果榕 **Ficus subincisa** Buch.-Ham. ex J.E. Smith var. **paucidentata** (Miq.) Corner

假斜叶榕 **Ficus subulata** Bl.

斜叶榕 **Ficus tinctoria** Forst. f.

斜叶榕 **Ficus tinctoria** Forst. f. ssp. **gibbosa** (Bl.) Corner

凸尖榕 **Ficus tinctoria** Forst. f. ssp. **parastica** (Willd.) Corner

变叶榕 **Ficus variolosa** Lindl. ex Benth.

突脉榕 **Ficus vasculosa** Wall. ex Miq.

绿黄葛树 **Ficus virens** Ait.

构棘 **Maclura cochinchinensis** (Lour.) Corner

柘藤 **Maclura fruticosa** (Roxb.) Corner

毛柘藤 **Maclura pubescens** (Tréc.) Z.K. Zhou & M.G. Gilbert

奶桑 **Morusma croura** Miq.

川桑 **Morus notabilis** Schneid.

鹊肾树 **Streblus asper** Lour.

刺桑 **Streblus ilicifolius** (Vidal) Corner

假鹊肾树 **Streblus indicus** (Bur.) Corner

169 荨麻科 Urticaceae

茎花苎麻 **Boehmeria clidemioides** Miq.

序叶苎麻 **Boehmeria clidemioides** Miq. var. **diffusa** (Wedd.) Hand-Mazz.

水苎麻 **Boehmeria macrophylla** Hornem.

苎麻 **Boehmeria nivea** (Linn.) Gaud.

微绿苎麻 **Boehmeria nivea** (Linn.) Gaudich. var. **viridula** Yamamoto

长叶苎麻 **Boehmeria penduliflora** Wedd.

岐序苎麻 **Boehmeria polystachya** Willd.

束序苎麻 **Boehmeria siamensis** Craib

帚序苎麻 **Boehmeria zollingeriana** Wedd.

长叶水麻 **Debregeasia longifolia** (Burm.f.) Wedd.

水麻 **Debregeasia orientalis** C.J. Chen

全缘火麻树 **Dendrocnide sinuata** (Bl.) Chew

渐尖楼梯草 **Elatostema acuminatum** (Poir.) Brongn.

滇黔楼梯草 **Elatostema backeri** H. Schröter

华南楼梯草 **Elatostema balansae** Gagnep.

短尖楼梯草 **Elatostema breviacuminatum** W.T. Wang

厚叶楼梯草 **Elatostema crassiuscuium** W.T. Wang

骤尖楼梯草 **Elatostema cuspidatum** Wight

锐齿楼梯草 **Elatostema cyrtandrifolium** (Zoll. et Mor.) Miq.

盘托楼梯草 **Elatostema dissectum** Wedd.

全缘楼梯草 **Elatostema integrifolium** (D. Don) Wedd.

朴叶楼梯草 **Elatostema integrifolium** (D. Don) Wedd. var. **tomentosum** (Hook. f.) W.T. Wang

金平楼梯草 **Elatostema jinpingense** W.T. Wang

光叶楼梯草 **Elatostema laevissimum** W.T. Wang

毛枝光叶楼梯草 **Elatostema laevissimum** W.T. Wang var. **puberulum** W.T. Wang

狭叶楼梯草 **Elatostema lineolatum** Wight var. **majus** Wedd.

绿春楼梯草 **Elatostema luchunense** W.T. Wang

多序楼梯草 **Elatostema macintyrei** Dunn

黑叶楼梯草 **Elatostema melanophyllum** W.T. Wang

异叶楼梯草 **Elatostema monandrum** (D. Don) Hara

托叶楼梯草 **Elatostema nasutum** Hook. f.

粗角楼梯草 **Elatostema pachyceras** W. T. Wang

楼梯草属一种 **Elatostema** sp.

角萼楼梯草 **Elatostema subtrichotomum** W.T. Wang var. **corniculatum** W. T. Wang

细尾楼梯草 **Elatostema tenuicaudatum** W.T. Wang

俞氏楼梯草 **Elatostema yui** W.T. Wang

大蝎子草 **Girardinia diversifolia** (Link) Friis

糯米团 **Gonostegia hirta** (Bl.) Miq.

狭叶糯米团 **Gonostegia pentandra** (Roxb.) Miq. var. **hypericifolia** (Bl.) Masamune

珠芽艾麻 **Laportea bulbifera** (Sieb. et Zuce.) Wedd.

假楼梯草 **Lecanthus peduncularis** (Wall. ex Royle) Wedd.

水丝麻 **Maoutia puya** (Hook.) Wedd.

紫麻 **Oreocnide frutescens** (Thunb.) Miq.

全缘叶紫麻 **Oreocnide integrifolia** (Gaudich.) Miq.

少毛紫麻 **Oreocnide integrifolia** (Gaudich.) Miq. ssp. **subglabra** C.J. Chen

倒卵叶紫麻 **Oreocnide obovata** (C.H. Wright) Merr.

红紫麻 **Oreocnide rubescens** (Bl.) Miq.

宽叶紫麻 **Oreocnide tonkinensis** (Gagnep.) Merr. et Chun

硬毛赤车 **Pellionia crispulihirtella** W.T. Wang

异被赤车 **Pellionia heteroloba** Wedd.

全缘赤车 **Pellionia heyneana** Wedd.

长柄赤车 **Pellionia latifolia** (Bl.) Boerlage

大叶赤车 **Pellionia macrophylla** W.T. Wang

滇南赤车 **Pellionia paucidentata** (H. Schroter) Chien

长茎赤车 **Pellionia radicans** (Sieb. et Zucc.) Wedd. var. **grandis** Gagnep.

赤车属一种 **Pellionia** sp.

云南赤车 **Pellionia yunnanensis** (H. Schroter) W.T. Wang

大托叶冷水花 **Pilea amplistipulata** C.J. Chen

华中冷水花 **Pilea angulata** (Bl.) Bl. ssp. **latiuscula** C.J. Chen

异叶冷水花 **Pilea anisophylla** Wedd.

短角湿生冷水花 **Pilea aquarum** Dunn ssp. **brevicornuta** (Hayata) C.J. Chen

翠茎冷水花 **Pilea hilliana** Hand.-Mazz.

泡果冷水花 **Pilea howelliana** Hand.-Mazz.

细齿泡果冷水花 **Pilea howelliana** Hand.-Mazz. var. **denticulata** C.J. Chen

鱼眼果冷水花 **Pilea longipedunculata** Chien et C.J. Chen

大叶冷水花 **Pilea martini** (Lévl.) Hand.-Mazz.

长序冷水花 **Pilea melastomoides** (Pior.) Wedd.

石筋草 **Pilea plataniflora** C.H. Wright

假冷水花 **Pilea pseudonotata** C.J. Chen

细齿冷水花 **Pilea scripta** (Buch.-Ham. ex D. Don) Wedd.

疣果冷水花 **Pilea verrucosa** Hand.-Mazz.

锥头麻 **Poikilospermum suaveolens** (Bl.) Merr.

红雾水葛 **Pouzolzia sanguinea** (Bl.) Merr.

雾水葛 **Pouzolzia zeylanica** (Linn.) J. Benn.

藤麻 **Procris crenata** C.B. Robins.

小果荨麻 **Urtica atrichocaulis** (Hand.-Mazz.) C.J. Chen

滇藏荨麻 **Urtica mairei** Lévl.

170　大麻科 Cannabaceae

* 大麻 **Cannabis sativa** Linn.

171　冬青科 Aquifoliaceae

长梗黑果冬青 **Ilex atrata** W.W. Smith var. **wangii** S.Y. Hu

双齿冬青 **Ilex bidens** C.Y. Wu ex Y.R. Li

沙坝冬青 **Ilex chapaensis** Merr.

铜光冬青 **Ilex cupreonitens** C.Y. Wu ex Y.R. Li

弯尾冬青 **Ilex cyrtura** Merr.

陷脉冬青 **Ilex delavayi** Franch.

双核枸骨 **Ilex dipyrena** Wall.

高冬青 **Ilex excelsa** (Wall.) Hook. f.

榕叶冬青 **Ilex ficoidea** Hemsl.

薄叶冬青 **Ilex fragilis** Hook. f.

景东冬青 **Ilex gintungensis** H.W. Li ex Y.R. Li

海南冬青 **Ilex hainanensis** Merr.

楠叶冬青 **Ilex machilifolia** H.W. Li ex Y.R. Li

大果冬青 **Ilex macrocarpa** Oliv.

红河冬青 **Ilex manneiensis** S.Y. Hu

小果冬青 **Ilex micrococca** Maxim.

小圆叶冬青 **Ilex nothofagifolia** Ward

云中冬青 **Ilex nubicola** C.Y. Wu ex Y.R. Li

巨叶冬青 **Ilex perlata** C. Chen et S.C. Huang ex Y.R. Li
多脉冬青 **Ilex polyneura** (Hand.-Mazz.) S.Y. Hu
假楠叶冬青 **Ilex pseudomachilifolia** C.Y. Wu ex Y.R. Li
铁冬青 **Ilex rotunda** Thunb.
香冬青 **Ilex suaveolens** (Lévl.) Loes.
毛叶川冬青 **Ilex szechwanensis** Loes. var. **mollissima** C.Y. Wu ex Y.R. Li
灰叶冬青 **Ilex tetramera** (Rehd.) C.J. Tseng
三花冬青 **Ilex triflora** Bl.
尾叶冬青 **Ilex wilsonii** Loes.

173 卫矛科 Celastraceae

苦皮藤 **Celastrus angulatus** Maximowicz
大芽南蛇藤 **Celastrus gemmatus** Loes.
灰叶南蛇藤 **Celastrus glaucophyllus** Rehd. et Wils.
硬毛南蛇藤 **Celastrus hirsutus** Comber
滇边南蛇藤 **Celastrus hookeri** Prain
独子藤 **Celastrus monospermus** Roxb.
南蛇藤 **Celastrus orbiculatus** Thunb.
灯油藤 **Celastrus paniculatus** Willd.
短梗南蛇藤 **Celastrus rosthornianus** Loes.
宽叶短梗南蛇藤 **Celastrus rosthornianus** Loes. var. **loeseneri** (Rehd. et Wils.) C.Y. Wu
长序南蛇藤 **Celastrus vaniotii** (Levl.) Rehd.
刺果卫矛 **Euonymus acanthocarpus** Franch.
宽叶卫矛 **Euonymus bullatus** Wall.
裂果卫矛 **Euonymus dielsianus** Loes. ex Diels
扶芳藤 **Euonymus fortunei** (Turcz.) Hand.-Mazz.
冷地卫矛 **Euonymus frigidus** Wall. ex Roxb.
帽果卫矛 **Euonymus glaber** Roxb.
大花卫矛 **Euonymus grandiflorus** Wall.
西南卫矛 **Euonymus hamiltonianus** Wall. ex Roxb.
常春卫矛 **Euonymus hederaceus** Champ. ex Benth.
疏花卫矛 **Euonymus laxiflorus** Champ. ex Benth.
中华卫矛 **Euonymus nitidus** Benth.
矩叶卫矛 **Euonymus oblongifolius** Loes. et Rehd.

柳叶卫矛 **Euonymus salicifolius** Loes.
茶色卫矛 **Euonymus theacola** C.Y. Cheng ex T.L. Xu et Q.H. Chen
茶叶卫矛 **Euonymus theifolius** Wall. ex Laws.
白树沟瓣 **Glyptopetalum geloniifolium** (Chun et F.C. How) C.Y. Cheng
披针叶沟瓣 **Glyptopetalum lancilimbum** C.Y. Wu ex G.S. Fan
小檗美登木 **Maytenus berberoides** (W.W. Smith) S.J. Pei et Y.H. Li
圆叶美登木 **Maytenus orbiculatus** C.Y. Wu
异色假卫矛 **Microtropis discolor** Wall.
滇东假卫矛 **Microtropis henryi** Merr. et Freem.
长果假卫矛 **Microtropis longicarpa** Q.W. Lin et Z.X. Zhang
广序假卫矛 **Microtropis petelotii** Merr. et Freem.
假卫矛属一种 **Microtropis** sp.
方枝假卫矛 **Microtropis tetragona** Merr. et Freem.
昆明山海棠 **Tripterygium wilfordii** Hook. f.

173a 十齿花科 Dipentodontaceae

十齿花 **Dipentodon sinicus** Dunn

178 翅子藤科 Hippocrateaceae

柳叶五层龙 **Salacia cochinchinensis** Lour.
河口五层龙 **Salacia obovatilimba** S.Y. Pao
无柄五层龙 **Salacia sessiliflora** Hand.-Mazz.

179 茶茱萸科 Icacinaceae

毛粗丝木 **Gomphandra mollis** Merr.
粗丝木 **Gomphandra tetrandra** (Wall.) Sleum.
琼榄 **Gonocaryum lobbianum** (Miers) Kurz
大果微花藤 **Iodes balansae** Gagnep.
微花藤 **Iodes cirrhosa** Turcz.
小果微花藤 **Iodes vitiginea** (Hance) Hemsl.
薄叶假柴龙树 **Nothapodytes obscura** C.Y. Wu
假海桐 **Pittosporopsis kerrii** Craib

179a 心翼果科 Cardiopteridaceae

心翼果 **Cardiopteris quinqueloba** (Hassk.) Hassk.

182a 赤苍藤科 Erythropalaceae

赤苍藤 **Erythropalum scandens** Bl.

183 山柚子科 Opiliaceae

尾球木 **Urobotrya latisquama** (Gagnep.) Hiepko

185 桑寄生科 Lorantbaceae

五蕊寄生 **Dendrophthoe pentandra** (Linn.) Miq.
离瓣寄生 **Helixanthera parasitica** Lour.
椆树桑寄生 **Loranthus delavayi** Van Tiegh.
双花鞘花 **Macrosolen bibracteolatus** (Hance) Danser
鞘花 **Macrosolen cochinchinensis** (Lour.) Van Tiegh.
勐腊鞘花 **Macrosolen geminatus** (Merr.) Danser
梨果寄生 **Scurrula atropurpurea** (Bl.) Danser
锈毛梨果寄生 **Scurrula ferruginea** (Jack) Danser
红花寄生 **Scurrula parasitica** Linn.
元江梨果寄生 **Scurrula sootepensis** (Craib) Danser
柳叶钝果寄生 **Taxillus delavayi** (Van Tiegh.) Danser

185a 槲寄生科 Viscaceae

阔叶槲寄生 **Viscum album** Linn. var. **meridianum** Danser
枫香槲寄生 **Viscum liquidambaricolum** Hayata

186 檀香科 Santalaceae

多脉寄生藤 **Dendrotrophe polyneura** (Hu) D.D. Tao ex P.C. Tam

点纹寄生藤 **Dendrotrophe punctata** C.Y. Wu ex D.D. Tao
长序重寄生 **Phacellaria tonkinensis** Lecomte
油葫芦 **Pyrularia edulis** (Wall.) A. DC.
无刺硬核 **Scleropyrum wallichianum** (Wight et Arn.) Arn. var. **mekongense** (Gagnep.) Lecomte

189 蛇菰科 Balanophoraceae

红冬蛇菰 **Balanophora harlandii** Hook. f.
印度蛇菰 **Balanophora indica** (Arn.) Griff.
多蕊蛇菰 **Balanophora polyandra** Griff.
蛇菰属一种 **Balanophora** sp.
盾片蛇菰 **Rhopalocnemis phalloides** Jungh.

190 鼠李科 Rhamnaceae

越南勾儿茶 **Berchemia annamensis** Pitard
短果勾儿茶 **Berchemia brachycarpa** C.Y. Wu ex Y.L. Chen
长梗勾儿茶 **Berchemia longipes** Y.L. Chen et P.K. Chou
毛咀签 **Gouania javanica** Miq.
咀签 **Gouania leptostachya** DC.
大果咀签 **Gouania leptostachya** DC. var. **macrocarpa** Pitard
毛叶鼠李 **Rhamnus henryi** Schneid.
尼泊尔鼠李 **Rhamnus napalensis** (Wall.) Laws.
毛果翼核果 **Ventilago calyculata** Tulasne
翼核果 **Ventilago leiocarpa** Benth.
毛果枣 **Ziziphus attopensis** Pierre
印度枣 **Ziziphus incurva** Roxb.
皱枣 **Ziziphus rugosa** Lam.

191 胡颓子科 Elaeagnaceae

南胡颓子 **Elaeagnus loureiroi** Champ. ex Benth.
大花胡颓子 **Elaeagnus macrantha** Rehd.
越南胡颓子 **Elaeagnus tonkinensis** Serv.

193　葡萄科 Vitaceae

广东蛇葡萄 **Ampelopsis cantoniensis** (Hook. et Arn.) Planch.

显齿蛇葡萄 **Ampelopsis grossedentata** (Hand.-Mazz.) W.T. Wang

心叶乌蔹莓 **Cayratia cordifolia** C.Y. Wu

乌蔹莓 **Cayratia japonica** (Thunb.) Gagnep.

毛乌蔹莓 **Cayratia japonica** (Thunb.) Gagnep. var. **mollis** (Wall.) Momiyama

青紫葛 **Cissus javana** DC.

大叶白粉藤 **Cissus repanda** Vahl

四棱白粉藤 **Cissus subtetragona** Planch.

柔毛草崖藤 **Tetrastigma apiculatum** Gagnep. var. **pubescens** C.L. Li

多花崖爬藤 **Tetrastigma campylocarpum** (Kurz) Planch.

茎花崖爬藤 **Tetrastigma cauliflorum** Merr.

十字崖爬藤 **Tetrastigma cruciatum** Craib et Gagnep.

七小叶崖爬藤 **Tetrastigma delavayi** Gagnep.

红枝崖爬藤 **Tetrastigma erubescens** Planch.

富宁崖爬藤 **Tetrastigma funingense** C. L. Li

蒙自崖爬藤 **Tetrastigma henryi** Gagnep.

条叶崖爬藤 **Tetrastigma lineare** W.T. Wang

细齿崖爬藤 **Tetrastigma napaulense** (DC.) C.L. Li

毛细齿崖爬藤 **Tetrastigma napaulense** (DC.) C.L. Li var. **puberulum** (W.T. Wang) C.L. Li

毛枝崖爬藤 **Tetrastigma obovatum** (Laws.) Gagnep.

扁担藤 **Tetrastigma planicaule** (Hook.) Gagnep.

喜马拉雅崖爬藤 **Tetrastigma rumicispermum** (Laws.) Planch.

锈毛喜马拉雅崖爬藤 **Tetrastigma rumicispermum** (Laws.) Planch. var. **lasiogynum** (W.T. Wang) C.L. Li

狭叶崖爬藤 **Tetrastigma serrulatum** (Roxb.) Planch.

大果西畴崖爬藤 **Tetrastigma sichouense** C.L. Li var. **megalocarpum** C.L. Li

马关崖爬藤 **Tetrastigma venulosum** C.Y. Wu

桦叶葡萄 **Vitis betulifolia** Diels et Gilg

* 葡萄 **Vitis vinifera** Linn.

193a　火筒树科 Leeaceae

圆腺火筒树 **Leea aequata** Linn.

单羽火筒树 **Leea asiatica** (Linn.) Ridsdale
密花火筒树 **Leea compactiflora** Kurz
光叶火筒树 **Leea glabra** C.L. Li
火筒树 **Leea indica** (Burm.f.) Merr.
火筒树属一种 **Leea** sp.

194 芸香科 Rutaceae

山油柑 **Acronychia pedunculata** (Linn.) Miq.
厚皮酒饼簕 **Atalantia dasycarpa** C.C. Huang
大果酒饼簕 **Atalantia guillauminii** Swingle
薄皮酒饼簕 **Atalantia henryi** (Swingle) Huang
* 柠檬 **Citrus ×limon** (Linn.) Burm. f.
箭叶橙 **Citrus hystrix** DC.
* 柚 **Citrus maxima** (Burm.) Merr.
* 香橼 **Citrus medica** Linn.
* 柑橘 **Citrus reticulata** Blanco
细叶黄皮 **Clausena anisum-olens** (Blanco) Merr.
小黄皮 **Clausena emarginata** Huang
野黄皮 **Clausena excavata** Burm. f.
光滑黄皮 **Clausena lenis** Drake
华山小桔 **Glycosmis pseudoracemosa** (Guill.) Swingl.
三桠苦 **Melicope pteleifolia** (Champ. ex Benth.) T.G. Hartley
大管 **Micromelum falcatum** (Lour.) Tanaka
小芸木 **Micromelum integerrimum** (Bnch.-Ham.) Roem.
毛叶小芸木 **Micromelum integerrimum** (Bnch.-Ham.) Roem. var. **mollissimum** Tanaka
千里香 **Murraya paniculata** (Linn.) Jacq.
乔木茵芋 **Skimmia arborescens** Anders. ex Gamble
月桂茵芋 **Skimmia laureola** (DC.) Sieb. et Zucc. ex Walp.
多脉茵芋 **Skimmia multinervia** C.C. Huang
吴茱萸 **Tetradium ruticarpum** (Juss.) T.G. Hartley
牛枓吴萸 **Tetradium trichotomum** Lour.
飞龙掌血 **Toddalia asiatica** (Linn.) Lam.
刺花椒 **Zanthoxylum acanthopodium** DC.
竹叶花椒 **Zanthoxylum armatum** DC.

簕党花椒 **Zanthoxylum avicennae** (Lam.) DC.

石山花椒 **Zanthoxylum calcicola** C.C. Huang

花椒簕 **Zanthoxylum scandens** Bl.

元江花椒 **Zanthoxylum yuanjiangense** C.C. Huang

196 橄榄科 Burseraceae

橄榄 **Canarium album** (Lour.) Rauesch.

乌榄 **Canarium pimela** Leenh.

白头树 **Garuga forrestii** W.W. Smith

197 楝科 Meliaceae

星毛崖摩 **Aglaia teysmanniana** (Miq.) Miq.

山楝 **Aphanamixis polystachya** (Wall.) R. Parker

溪桫 **Chisocheton cumingianus** (C. DC.) Harms ssp. **balansae** (C.DC.) Mabberley

麻楝 **Chukrasia tabularis** A. Juss.

浆果楝 **Cipadessa baccifera** (Roth.) Miq.

红果葱臭木 **Dysoxylum binectariferum** (Roxb.) Hook. f. ex Bedd.

樫木 **Dysoxylum excelsum** Bl.

红果樫木 **Dysoxylum gotadhora** (Buch.-Ham.) Mabberley

总序樫木 **Dysoxylum laxiracemosum** C.Y. Wu et H. Li

海南樫木 **Dysoxylum mollissimum** Bl.

鹧鸪花 **Heynea trijuga** Roxb.

楝 **Melia azedarach** Linn.

老虎楝 **Trichilia connaroides** (Wight et Arn.) Bentv.

割舌树 **Walsura robusta** Roxb.

198 无患子科 Sapindaceae

长柄异木患 **Allophylus longipes** Radlk.

倒地铃 **Cardiospermum halicacabum** Linn.

滇龙眼 **Dimocarpus yunnanensis** (W.T. Wang) C.Y. Wu et T.L. Ming

荔枝 **Litchi chinensis** Sonn.

褐叶柄果木 **Mischocarpus pentapetalus** (Roxb.) Radlk.

韶子 **Nephelium chryseum** Bl.
云南檀栗 **Pavieasia anamensis** Pierre
绒毛番龙眼 **Pometia pinnata** J.R. Forster et G. Forster
毛瓣无患子 **Sapindus rarak** DC.
无患子 **Sapindus saponaria** Linn.
干果木 **Xerospermum bonii** (Lecte.) Radlk.

198a 七叶树科 Hippocastanaceae

云南七叶树 **Aesculus wangii** Hu ex Fang

198b 伯乐树科 Bretschneideraceae

钟萼木 **Bretschneidera sinensis** Hemsl.

200 槭树科 Aceraceae

蜡枝槭 **Acer ceriferum** Rehd.
河口槭 **Acer fenzelianum** Hand.-Mazz.
扇叶槭 **Acer flabellatum** Rehd.
密果槭 **Acer kuomeii** Fang et Fang.f.
广南槭 **Acer kwangnanense** Hu et Cheng
光叶槭 **Acer laevigatum** Wall.
疏花槭 **Acer laxiflorum** Pax
篦齿槭 **Acer pectinatum** Wall. ex Nichols.
细齿锡金槭 **Acer sikkimense** Miq. var. **serrulatum** Pax
中华槭 **Acer sinense** Pax

201 清风藤科 Sabiaceae

平伐清风藤 **Sabia dielsii** Lévl.
簇花清风藤 **Sabia fasciculata** Lecomte ex. L. Chen
小花清风藤 **Sabia parviflora** Wall. ex Roxb.
四川清风藤 **Sabia schumanniana** Diels

清风藤属一种 **Sabia** sp.
尖叶清风藤 **Sabia swinhoei** Hemsl. ex Forb. et Hemsl.
云南清风藤 **Sabia yunnanensis** Franch.

201a 泡花树科 Meliosmaceae

狭叶泡花树 **Meliosma angustifolia** Merr.
南亚泡花树 **Meliosma arnottiana** Walp.
樟叶泡花树 **Meliosma squamulata** Hance
西南泡花树 **Meliosma thomsonii** King ex Brandis
山様叶泡花树 **Meliosma thorelii** Lecomte

204 省沽油科 Staphyleaceae

硬毛山香圆 **Turpinia affinis** Merr. et Perry
越南山香圆 **Turpinia cochinchinensis** (Lour.) Merr.
山香圆 **Turpinia montana** (Bl.) Kurz
大果山香圆 **Turpinia pomifera** (Roxb.) DC.
山麻风树 **Turpinia pomifera** (Roxb.) DC. var. **minor** C.C. Huang
山香圆属一种 **Turpinia** sp.

204a 瘿椒树科 Tapisciaceae

瘿椒树 **Tapiscia sinensis** Oliv.
云南瘿椒树 **Tapiscia yunnanensis** W.C. Cheng et C.D. Chu

205 漆树科 Anacardiaceae

人面子 **Dracontomelon duperreanum** Pierre
辛果漆 **Drimycarpus racemosus** (Roxb.) Hook. f.
* 杧果 **Mangifera indica** Linn.
长梗杧果 **Mangifera laurina** Bl.
藤漆 **Pegia nitida** Colobr.
清香木 **Pistacia weinmanniifolia** J. Poisson ex Franch.

盐麸木 **Rhus chinensis** Mill.

滨盐麸木 **Rhus chinensis** Mill. var. **roxburghii** (DC.) Rehd.

岭南酸枣 **Spondias lakonensis** Pierre

毛叶岭南酸枣 **Spondias lakonensis** Pierre var. **hirsuta** C.Y. Wu et T.L. Ming

槟榔青 **Spondias pinnata** (Linn. f.) Kurz

裂果漆 **Toxicodendron griffithii** (Hook. f.) O. Ktze.

小果裂果漆 **Toxicodendron griffithii** (Hook. f.) O. Ktze. var. **microcarpum** C.Y. Wu et T.L. Ming

绒毛漆 **Toxicodendron wallichii** (Hook. f.) O. Ktze.

小果绒毛漆 **Toxicodendron wallichii** (Hook. f.) O. Ktze. var. **microcarpum** C.C. Huang ex T.L. Ming

206　牛栓藤科 Connaraceae

北越牛栓藤 **Connarus paniculata** Roxb. ssp. **tonkinensis** (Lec.) Y.M. Shui

红叶藤 **Rourea minor** (Gaerth.) Leenh.

朱果藤 **Roureopsis emarginata** (Jack) Merr.

单体红叶藤 **Santaloides minor** (Gaernt.) Schellent. spp. **monadelpha** (Roxb.) Y.M. Shui

大红叶藤 **Santaloides roxburghii** (Hook. et Arn.) O. Ktze

206a　马尾树科 Rhoipteleaceae

马尾树 **Rhoiptelea chiliantha** Diels et Hand.-Mazz.

207　胡桃科 Juglandaceae

喙核桃 **Annamocarya sinensis** (Dode) Leroy

黄杞 **Engelhardia roxburghiana** Wall.

毛轴黄杞 **Engelhardia roxburghiana** Wall. var. **dasyrhachis** C.S. Ding

黄杞属一种 **Engelhardia** sp.

云南黄杞 **Engelhardia spicata** Leschen. ex Blume

爪哇黄杞 **Engelhardia spicata** Leschen. ex Blume var. **aceriflora** (Reinw.) Koorders et Valeton

毛叶黄杞 **Engelhardia spicata** Leschen. ex Blume var. **colebrookeana** (Lindl.) Koorders et Valeton

* 胡桃 **Juglans regia** Linn.
* 泡核桃 **Juglans sigillata** Dode
化香树 **Platycarya strobilacea** Sieb. et Zucc.
东京枫杨 **Pterocarya tonkinensis** (Franch.) Dode

209 山茱萸科 Cornaceae

灯台树 **Cornus controversa** Hemsl.
黑毛四照花 **Dendrobenthamia melanotricha** (Pojark.) Fang
东京四照花 **Dendrobenthamia tonkinensis** Fang

209a 烂泥树科 Torricelliaceae

角叶鞘柄木 **Toricellia angulata** Oliv.
有齿鞘柄木 **Toricellia angulata** Oliv. var. **intermedia** (Harms) Hu

209b 桃叶珊瑚科 Aucubaceae

狭叶桃叶珊瑚 **Aucuba chinensis** Benth. var. **angusta** F.T. Wang
桃叶珊瑚 **Aucuba chinensis** Benth.
绿花桃叶珊瑚 **Aucuba chlorascens** F.T. Wang
纤尾桃叶珊瑚 **Aucuba filicauda** Chun et How

209c 青荚叶科 Helwingiaceae

中华青荚叶 **Helwingia chinensis** Batal.
西域青荚叶 **Helwingia himalaica** Hook. f. et Thoms. ex C.B. Clarke
小型青荚叶 **Helwingia himalaica** Hook. f. et Thoms. ex C.B. Clarke var. **parvifolia** Li
桃叶青荚叶 **Helwingia himalaica** Hook. f. et Thoms. ex C.B. Clarke var. **prunifolia** Fang et Soong

210 八角枫科 Alangiaceae

八角枫 **Alangium chinense** (Lour.) Harms

云山八角枫 **Alangium kurzii** Craib var. **handelii** (Schnarf) W.P. Fang
毛八角枫 **Alangium kurzii** Craib

211　蓝果树科 Nyssaceae

喜树 **Camptotheca acuminata** Decne.
华南蓝果树 **Nyssa javanica** (Bl.) Wanger.
蓝果树 **Nyssa sinensis** Oliv.

212　五加科 Araliaceae

广东楤木 **Aralia armata** (Wall. ex G. Don) Seem.
头序楤木 **Aralia dasyphylla** Miq.
鸟不企 **Aralia decaisneana** Hance
楤木 **Aralia elata** (Miq.) Seem.
虎刺楤木 **Aralia finlaysoniana** (Wall. ex G. Don) Seem.
粗毛楤木 **Aralia searelliana** Dunn
云南楤木 **Aralia thomsonii** Seem. ex C.B. Clarke
纤齿柏那参 **Brassaiopsis ciliata** Dunn
翅叶罗伞 **Brassaiopsis dumicola** W.W. Smith
盘叶柏那参 **Brassaiopsis fatsioides** Harms
锈毛柏那参 **Brassaiopsis ferruginea** (H.L. Li) G. Hoo
柏那参 **Brassaiopsis glomerulata** (Bl.) Regel
细梗柏那参 **Brassaiopsis gracilis** Hand.-Mazz.
大果树参 **Dendropanax chevalieri** (R.Vig.) Merr.
刚毛叶五加 **Eleutherococcus setosus** (H.L. Li) Y.R. Ling
白簕 **Eleutherococcus trifoliatus** (Linn.) S.Y. Hu
吴茱萸五加 **Gamblea ciliata** C.B. Clarke var. **evodiifolia** (Franch.) C.B. Shang et al.
常春藤 **Hedera nepalensis** K. Koch var. **sinensis** (Tobl.) Rehd.
华幌伞枫 **Heteropanax chinensis** (Dunn) H. L. Li
显脉大参 **Macropanax chienii** G. Hoo
大参 **Macropanax dispermus** (Bl.) O. Ktze.
疏脉大参 **Macropanax paucinervis** C.B. Shang
粗齿大参 **Macropanax serratifolius** K.M. Feng et Y.R. Li
大参属一种 **Macropanax** sp.

常春木 **Merrilliopanax listeri** (King) Li

竹节参 **Panax japonicus** (T. Nees) C.A. Mey.

狭叶竹节参 **Panax japonicus** (T. Nees) C.A. Mey. var. **angustifolius** (Burk.) C.C. Cheng et Chu

羽叶参 **Pentapanax fragrans** (D. Don) T. D. Ha

锈毛寄生五叶参 **Pentapanax parasiticus** (D. Don) Seem. var. **khasianus** C.B. Clarke

总序羽叶参 **Pentapanax racemosus** Seem.

异叶鹅掌柴 **Schefflera chapana** Harms

中华鹅掌柴 **Schefflera chinensis** (Dunn) H.L. Li

穗序鹅掌柴 **Schefflera delavayi** (Franch.) Harms

密脉鹅掌柴 **Schefflera elliptica** (Bl.) Harms

文山鹅掌柴 **Schefflera fengii** C.J. Tseng et G. Hoo

海南鹅掌柴 **Schefflera hainanensis** Merr. et Chun

鹅掌柴 **Schefflera heptaphylla** (Linn.) D.G. Frodin

红河鹅掌柴 **Schefflera hoi** (Dunn) R. Vig.

白背叶鹅掌柴 **Schefflera hypoleuca** (Kurz) Harms

绿背叶鹅掌柴 **Schefflera hypoleuca** (Kurz) Harms var. **hypochlorum** Dunn ex Fang et Y.R. Li

离柱鹅掌柴 **Schefflera hypoleucoides** Harms

大叶鹅掌柴 **Schefflera macrophylla** (Dunn) R. Vig.

球序鹅掌柴 **Schefflera pauciflora** R. Vig.

金平鹅掌柴 **Schefflera petelotii** Merr.

红花鹅掌柴 **Schefflera rubriflora** C.J. Tseng et G. Hoo

鹅掌柴属一种 **Schefflera** sp.

刺通草 **Trevesia palmata** (Roxb. ex Lindl.) Vis.

多蕊木 **Tupidanthus calyptratus** Hook. f. et Thoms.

212a 马蹄参科 Mastixiaceae

马蹄参 **Diplopanax stachyanthus** Hand.-Mazz.

213 伞形科 Umbelliferae

积雪草 **Centella asiatica** (Linn.) Urban

* 芫荽 **Coriandrum sativum** Linn..

鸭儿芹 **Cryptotaenia japonica** Hassk.

* 刺芫荽 **Eryngium foetidum** Linn.

二管独活 **Heracleum bivittatum** de Boiss.

藏香叶芹 **Meeboldia yunnanensis** (Wolff) Constance et Pu

藏香叶芹 **Meeboldia yunnanensis** (Wolff) Constance et Pu

短辐水芹 **Oenanthe benghalensis** (Roxb.) Benth. et Hook. f.

西南水芹 **Oenanthe dielsiide** Boiss.

水芹 **Oenanthe javanica** (Bl.) DC.

蒙自水芹 **Oenanthe linearis** Wall. ex DC. ssp. **rivularis** (Dunn) C.Y. Wu et F.T. Pu

多裂叶水芹 **Oenanthe thomsonii** C.B. Clarke

软雀花 **Sanicula elata** Buch.-Ham. ex D. Don

213a　天胡荽科 Hydrocotylaceae

红马蹄草 **Hydrocotyle nepalensis** Hook.

天胡荽 **Hydrocotyle sibthorpioides** Lam.

214　桤叶树科 Cyrillaceae

单毛桤叶树 **Clethra bodinieri** Lévl.

大花云南桤叶树 **Clethra delavayi** Franch. var. **yuana** (S.Y. Hu) C.Y. Wu et L.C. Hu

华南桤叶树 **Clethra fabri** Hance

贵州桤叶树 **Clethra kaipoensis** Lévl.

平伐桤叶树 **Clethra pinfaensis** Lévl.

215　杜鹃花科 Rhodoraceae

柳叶金叶子 **Craibiodendron henryi** W.W. Smith

金叶子 **Craibiodendron stellatum** (Pierre) W.W. Smith

灯笼树 **Enkianthus chinensis** Franch.

吊钟花 **Enkianthus quinqueflorus** Lour.

越南吊钟花 **Enkianthus ruber** P. Dop

晚花吊钟花 **Enkianthus serotinus** Chun et W.P. Fang

芳香白珠 **Gaultheria fragrantissima** Wall.

尾叶白珠 **Gaultheria griffithiana** Wight

红粉白珠 **Gaultheria hookeri** C.B. Clarke

绿背白珠 **Gaultheria hypochlora** Airy-Shaw

毛滇白珠 **Gaultheria leucocarpa** Bl. var. **crenulata** (Kurz) T.Z. Hsu

硬毛白珠 **Gaultheria leucocarpa** Bl. var. **hirsuta** (D. Fang et N.K. Liang) T.Z. Hsu

滇白珠 **Gaultheria leucocarpa** Bl. var. **yunnanensis** (Franch.) T.Z. Hsu ex R.C. Fang

长苞白珠 **Gaultheria longibracteolata** R.C. Fang

大苞白珠 **Gaultheria macrobracteata** R.C. Fang-ined

铜钱叶白珠 **Gaultheria nummularioides** D. Don

鹿蹄草叶白珠 **Gaultheria pyrolifolia** Hook. f. ex C.B. Clarke

圆基木藜芦 **Leucothoe tonkinensis** P. Dop

圆叶米饭花 **Lyonia doyonensis** (Hand.-Mazz.) Hand.-Mazz.

米饭花 **Lyonia ovalifolia** (Wall.) Drude

小果米饭花 **Lyonia ovalifolia** (Wall.) Drude var. **elliptica** (Sieb. et Zucc.) Hand.-Mazz.

狭叶米饭花 **Lyonia ovalifolia** (Wall.) Drude var. **lanceolata** (Wall.) Hand.-Mazz.

毛叶米饭花 **Lyonia villosa** (Wall. ex C.B. Clarke) Hand.-Mazz.

美丽马醉木 **Pieris formosa** (Wall.) D. Don

弯柱杜鹃 **Rhododendron campylogynum** Franch.

睫毛萼杜鹃 **Rhododendron ciliicalyx** Franch.

大白花杜鹃 **Rhododendron decorum** Franch.

高尚大白杜鹃 **Rhododendron decorum** Franch. ssp. **diaprepes** (Balf. f. et W.W. Smith) T.L. Ming

密叶杜鹃 **Rhododendron densifolium** K.M. Feng

缺顶杜鹃 **Rhododendron emarginatum** Hemsl. et Wils.

大喇叭杜鹃 **Rhododendron excellens** Hemsl. et Wils.

河边杜鹃 **Rhododendron flumineum** Fang et M.Y. He

滇南杜鹃 **Rhododendron hancockii** Hemsl.

露珠杜鹃 **Rhododendron irroratum** Franch.

红花露珠杜鹃 **Rhododendron irroratum** Franch. ssp. **pogonostylum** (Balf. f. et W.W. Smith) Chamb. ex Cullen et Chamb.

金平杜鹃 **Rhododendron jinpingense** Fang et M.Y. He

金平林生杜鹃 **Rhododendron leptocladon** Dop

百合杜鹃 **Rhododendron liliiflorum** Lévl.

黄花杜鹃 **Rhododendron lutescens** Franch.

滇隐脉杜鹃 **Rhododendron maddenii** Hook. f. ssp. **crassum** (Franch.) Cullen

蒙自杜鹃 **Rhododendron mengtszense** Balf. f. et W.W. Smith

丝线吊芙蓉 **Rhododendron moulmainense** Hook. f.

山育杜鹃 **Rhododendron oreotrephes** W.W. Smith
云上杜鹃 **Rhododendron pachypodum** Balf. f. et W.W. Smith
金平毛柱杜鹃 **Rhododendron pilostylum** W.K. Hu
迟花杜鹃 **Rhododendron serotinum** Hutch.
厚叶杜鹃 **Rhododendron sinofalconeri** Balf. f.
红花杜鹃 **Rhododendron spanotrichum** Balf. f. et W.W. Smith
长蕊杜鹃 **Rhododendron stamineum** Franch.
香缅树杜鹃 **Rhododendron tutcherae** Hemsl. et Wils.
越橘杜鹃 **Rhododendron vaccinioides** Hook. f.
毛柄杜鹃 **Rhododendron valentinianum** Forrest ex Hutch.
红马银花 **Rhododendron vialii** Delavay et Franch.
鲜黄杜鹃 **Rhododendron xanthostephanum** Merr.
云南杜鹃 **Rhododendron yunnanense** Franch.

216　越橘科 Vacciniaceae

深裂树萝卜 **Agapetes lobbii** C.B. Clarke
大果树萝卜 **Agapetes macrocarpa** Y.M. Shui, ined.
麻栗坡树萝卜 **Agapetes malipoensis** S.H. Huang
白花树萝卜 **Agapetes mannii** Hemsl.
倒卵叶树萝卜 **Agapetes obovata** (Wight) Hook. f.
红苞树萝卜 **Agapetes rubrobracteata** R.C. Fang et S.H. Huang
南烛 **Vaccinium bracteatum** Thunb.
圆顶越橘 **Vaccinium cavinerve** C.Y. Wu
苍山越橘 **Vaccinium delavayi** Franch.
云南越橘 **Vaccinium duclouxii** (Lévl.) Hand.-Mazz.
樟叶越橘 **Vaccinium dunalianum** Wight
大樟叶越橘 **Vaccinium dunalianum** Wight var. **megaphyllum** Sleumer
长穗越橘 **Vaccinium dunnianum** Sleumer
大叶越橘 **Vaccinium petelotii** Merr.
腺萼越橘 **Vaccinium pseudotonkinense** Slenmer
林生越橘 **Vaccinium sciaphilum** C.Y. Wu

218　水晶兰科 Monotropaceae

球果假沙晶兰 **Monotropastrum humile** (D. Don) H. Hara

219　岩梅科 Diapensiaceae

华岩扇 **Shortia sinensis** Hemsl.

221　柿科 Ebenaceae

长柱柿 **Diospyros brandisiana** Kurz.
岩柿 **Diospyros dumetorum** W.W. Smith
* 柿 **Diospyros kaki** Thunb.
野柿 **Diospyros kaki** Thunb. var. **silvestris** Makino
君迁子 **Diospyros lotus** Linn.
罗浮柿 **Diospyros morrisiana** Hance
黑皮柿 **Diospyros nigricortex** C.Y. Wu
柿属一种 **Diospyros** sp.
云南柿 **Diospyros yunnanensis** Rehd. et Wils.

222　山榄科 Sapotaceae

金叶树 **Chrysophyllum lanceolatum** (Bl.) A. DC. var. **stellatocarpon** van Royen ex Vink
梭子果 **Eberhardtia tonkinensis** Lecomte
多花紫荆木 **Madhuca floribunda** (Dub.) H.J. Lam

222a　肉实树科 Sarcospermataceae

大肉实树 **Sarcosperma arboreum** Buch.-Ham. ex C.B. Clarke
绒毛肉实树 **Sarcosperma kachinense** (King et Prain) Exell
光序肉实树 **Sarcosperma kachinense** (King et Prain) Exell var. **simondii** (Gagnep.) Lam. et van Royen
肉实树属一种 **Sarcosperma** sp.

223 紫金牛科 Myrsinaceae

尾叶紫金牛 **Ardisia caudata** Hemsl.

伞形紫金牛 **Ardisia corymbifera** Mez

朱砂根 **Ardisia crenata** Sims

百两金 **Ardisia crispa** (Thunb.) A. DC

小乔木紫金牛 **Ardisia garrettii** Fletch.

走马胎 **Ardisia gigantifolia** Stapf

星毛紫金牛 **Ardisia nigropilosa** Pitard

紫脉紫金牛 **Ardisia purpureovillosa** C.Y. Wu et C. Chen ex C.M. Hu

罗伞树 **Ardisia quinquegona** Bl.

酸苔菜 **Ardisia solanacea** Roxb.

南方紫金牛 **Ardisia thyrsiflora** D. Don

紫脉紫金牛 **Ardisia velutina** Pitard

扭子果 **Ardisia virens** Kurz

当归藤 **Embelia parviflora** Wall. ex A. DC.

龙骨酸藤子 **Embelia polypodioides** Hemsl. et Mez

白花酸藤子 **Embelia ribes** Burm. f.

厚叶白花酸藤子 **Embelia ribes** Burm. f. ssp. **pachyphylla** (Chun ex C.Y. Wu et C. Chen) Pipoly et C. Chen

瘤皮孔酸藤子 **Embelia scandens** (Lour.) Mez

平叶酸藤子 **Embelia undulata** (Wall.) Mez

密齿酸藤子 **Embelia vestita** Roxb.

米珍果 **Maesa acuminatissima** Merr.

坚髓杜茎山 **Maesa ambigua** C.Y. Wu et C. Chen

包疮叶 **Maesa indica** (Roxb.) A. DC.

细梗杜茎山 **Maesa macilenta** Walker

毛脉杜茎山 **Maesa marionae** Merr

腺叶杜茎山 **Maesa membranacea** A. DC.

金珠柳 **Maesa montana** A. DC.

毛杜茎山 **Maesa permollis** Kurz

秤杆树 **Maesa ramentacea** (Roxb.) A. DC.

网脉杜茎山 **Maesa reticulata** C.Y. Wu

平叶密花树 **Myrsine faberi** (Mez) Pipoly et C. Chen

广西密花树 **Myrsine kwangsiensis** (Walker) Pipoly et C. Chen

密花树 **Myrsine seguinii** Lévl.
针齿铁仔 **Myrsine semiserrata** Wall.
光叶铁仔 **Myrsine stolonifera** (Koidz.) Wall.

224 安息香科 Styracaceae

滇赤杨叶 **Alniphyllum eberhardtii** Guillaumin
赤杨叶 **Alniphyllum fortunei** (Hemsl.) Markino
绒毛赤扬叶 **Alniphyllum fortunei** (Hemsl.) Markino var. **hainanense** (Hayata) C. Y. Wu
双齿山茉莉 **Huodendron biaristatum** (W.W. Smith) Rehd.
越南木瓜红 **Rehderodendron indochinense** H.L. Li
贵州木瓜红 **Rehderodendron kweichowense** Hu
木瓜红 **Rehderodendron macrocarpum** Hu
中华安息香 **Styrax chinensis** Hu et S.Y. Liang
大花安息香 **Styrax grandiflorus** Griff.
大籽野茉莉 **Styrax macrosperma** C.Y. Wu
桐叶野茉莉 **Styrax mallotifolia** C.Y. Wu
越南安息香 **Styrax tonkinensis** (Pierre) Craib ex Hartwich

225 山矾科 Symplocaceae

腺柄山矾 **Symplocos adenopus** Hance
薄叶山矾 **Symplocos anomala** Brand
黄牛奶树 **Symplocos cochinchinensis** (Lour.) S. Moore var. **laurina** (Retz.) Noot.
越南山矾 **Symplocos cochinchinensis** (Lour.) S. Moore
坚木山矾 **Symplocos dryophila** C.B. Clarke
腺缘山矾 **Symplocos glandulifera** Brand
海桐山矾 **Symplocos heishanenis** Hayata
滇南山矾 **Symplocos hookeri** C.B. Clarke
绒毛滇南山矾 **Symplocos hookeri** C.B. Clarke var. **tomentosa** Y.F. Wu
光亮山矾 **Symplocos lucida** (Thunb.) Sieb. et Zucc.
白檀 **Symplocos paniculata** (Thunb.) Miq.
南岭山矾 **Symplocos pendula** Wight var. **hirtistylis** (C.B. Clarke) Noot.
柔毛山矾 **Symplocos pilosa** Rehd.
铁山矾 **Symplocos pseudobarbarina** Gontsch.

珠仔树 **Symplocos racemosa** Roxb.

多花山矾 **Symplocos ramosissima** (Wall.) ex G. Don

沟槽山矾 **Symplocos sulcata** Kurz

山矾 **Symplocos sumuntia** Buch.-Ham. ex D. Don

微毛山矾 **Symplocos wikstroemiifolia** Hayata

228 马钱子科 Strychnaceae

灰莉 **Fagraea ceilanica** Thunb.

狭叶蓬莱葛 **Gardneria angustifolia** Wall.

柳叶蓬莱葛 **Gardneria lanceolata** Rehd. et Wils.

蓬莱葛 **Gardneria multiflora** Makino

吕宋果 **Strychnos ignatii** Berg.

毛柱马钱 **Strychnos nitida** G. Don

228a 醉鱼草科 Buddlejaceae

驳骨丹 **Buddleja asiatica** Lour.

滇川醉鱼草 **Buddleja forrestii** Diels

大序醉鱼草 **Buddleja macrostachya** Wall. ex Benth.

228b 钩吻科 Gelsemiaceae

断肠草 **Gelsemium elegans** (Gardn. et Champ.) Benth.

229 木犀科 Oleaceae

李榄 **Chionanthus henryanus** P.S. Green

枝花流苏树 **Chionanthus ramiflorus** Roxb.

多花梣 **Fraxinus floribunda** Wall.

咖啡素馨 **Jasminum coffeinum** Hand.-Mazz.

丛林素馨 **Jasminum duclouxii** (Lévl.) Rehd.

清香藤 **Jasminum lanceolaria** Roxb.

青藤仔 **Jasminum nervosum** Lour.

心叶素馨 **Jasminum pierreanum** Gagnep.

云南素馨 **Jasminum rufohirtum** Gagnep.

* 茉莉花 **Jasminum sambac** (Linn.) Aiton

素馨属一种 **Jasminum** sp.

腺叶素馨 **Jasminum subglandulosum** Kurz

密花素馨 **Jasminum tonkinense** Gagnep.

小蜡 **Ligustrum sinense** Lour.

皱叶小蜡 **Ligustrum sinense** Lour. var. **rugosulum** (W.W. Smith) M.C. Chang

尾瓣插柚紫 **Linociera caudata** Coll. et Hemsl.

云南木樨榄 **Olea tsoongii** (Merr.) P.S. Green

狭叶木樨 **Osmanthus attenuatus** P.S. Green

* 丹桂 **Osmanthus fragrans** (Thunb.) Lour. f. **aurantiacus** (Makino) P.S. Green

厚边木樨 **Osmanthus marginatus** (Champ. ex Benth.) Hemsl.

230 夹竹桃科 Apocynaceae

海南香花藤 **Aganosma schlechteriana** Lévl.

广西香花藤 **Aganosma siamensis** Craib

盆架树 **Alstonia rostrata** C.E.C. Fischer

糖胶树 **Alstonia scholaris** (Linn.) R. Br.

毛车藤 **Amalocalyx microlobus** Pierre

平脉藤 **Anodendron formicinum** (Tsiang et P.T. Li) D.J. Middleton

广西清明花 **Beaumontia pitardii** Y. Tsiang

闷奶果 **Bousigonia angustifolia** Pierre

奶子藤 **Bousigonia mekongensis** Pierre

* 长春花 **Catharanthus roseus** (Linn.) G.Don

鹿角藤 **Chonemorpha eriostylis** Pitard

漾濞鹿角藤 **Chonemorpha griffithii** Hook. f.

海南鹿角藤 **Chonemorpha splendens** Chun et Tsiang

尖子藤 **Chonemorpha verrucosa** (Bl.) D.J. Middleton

金平藤 **Cleghornia malaccensis** (Hook. f.) King et Gamble

思茅藤 **Epigynum auritum** (Schneid.) Y. Tsiang et P.T. Li

止泻木 **Holarrhena pubescens** Wall. ex G. Don

小花藤 **Ichnocarpus polyanthus** (Bl.) P.I. Forster

思茅山橙 **Melodinus cochinchinensis** (Lour.) Merr.

山橙 **Melodinus suaveolens** (Hance) Champ. ex Benth.

薄叶山橙 **Melodinus tenuicaudatus** Tsiang et P.T. Li

云南山橙 **Melodinus yunnanensis** Tsiang et P.T. Li

* 夹竹桃 **Nerium oleander** Linn.

* 鸡蛋花 **Plumeria rubra** Linn.

帘子藤 **Pottsia laxiflora** (Bl.) Kuntze

萝芙木 **Rauvolfia verticillata** (Lour.) Baill.

药用狗牙花 **Tabernaemontana bovina** Lour.

伞房狗牙花 **Tabernaemontana corymbosa** Roxb. ex Wall.

紫花络石 **Trachelospermum axillare** Hook. f.

贵州络石 **Trachelospermum bodinieri** (Lévl.) Woods.

络石 **Trachelospermum jasminoides** (Lindl.) Lem.

线果水壶藤 **Urceola linearicarpa** (Pierre) D.J. Middleton

杜仲藤 **Urceola micrantha** (Wall. ex G. Don) D.J. Middleton

酸叶胶藤 **Urceola rosea** (Hook. et Arn.) D.J. Middleton

云南水壶藤 **Urceola tournieri** (Pierre) D.J. Middleton

胭木 **Wrightia arborea** (Dennst.) Mabberley

蓝树 **Wrightia laevis** Hook. f.

个溥 **Wrightia sikkimensis** Gamble

231 萝藦科 Asclepiadaceae

* 马利筋 **Asclepias curassavica** Linn.

海南鹿角藤 **Chonemorpha splendens** Chun & Tsiang

古钩藤 **Cryptolepis buchananii** Schult.

白叶藤 **Cryptolepis sinensis** (Lour.) Merr.

刺瓜 **Cynanchum corymbosum** Wight

尖叶眼树莲 **Dischidia australis** Tsiang et P.T. Li

滴锡眼树莲 **Dischidia tonkinensis** Costantin

广东匙羹藤 **Gymnema inodorum** (Lour.) Decne.

醉魂藤 **Heterostemma alatum** Wight

球兰 **Hoya carnosa** (Linn. f.) R. Br.

黄花球兰 **Hoya fusca** Wall.

荷秋藤 **Hoya griffithii** Hook. f.

薄叶球兰 **Hoya mengtzeensis** Tsiang et P.T. Li

蜂出巢 **Hoya multiflora** Bl.
卵叶球兰 **Hoya ovalifolia** Wight et Arn.
光叶蓝叶藤 **Marsdenia glabra** Cost.
四川牛奶菜 **Marsdenia schneideri** Tsiang
蓝叶藤 **Marsdenia tinctoria** R. Br.
翅果藤 **Myriopteron extensum** (Wight et Arn.) K. Schum.
大花藤 **Raphistemma pulchellum** (Roxb.) Wall.
马莲鞍 **Streptocaulon juventas** (Lour.) Merr.
毛弓果藤 **Toxocarpus villosus** (Bl.) Decne.

232　茜草科 Rubiaceae

中华尖药花 **Acranthera sinensis** C.Y. Wu
茜树 **Aidia cochinchinensis** Lour.
多毛茜树 **Aidia pycnantha** (Drake) Tirveng.
滇茜树 **Aidia yunnanensis** (Hutchins.) Yamazaki
疏花假耳草（新种）**Anotis laxiflora** Y.M. Shui (sp. nov., ined.)
滇短萼齿木 **Brachytome hirtellata** Hu
猪肚木 **Canthium horridum** Bl.
弯管花 **Chassalia curviflora** (Wall.)Thwaites
云桂虎刺 **Damnacanthus henryi** (Lévl.) H.S. Lo
虎刺 **Damnacanthus indicus** Gaertn. f.
柳叶虎刺 **Damnacanthus labordei** (Lévl.) H.S. Lo
狗骨柴 **Diplospora dubia** (Lindl.) Masam.
六叶葎 **Galium asperuloides** Edgew. var. **hoffmeisteri** (Klotzsch) Hara
爱地草 **Geophila repens** (Linn.) I.M. Johnston
心叶木 **Haldina cordifolia** (Roxb.) Ridsd.
耳草 **Hedyotis auricularia** Linn.
双花耳草 **Hedyotis biflora** (Linn.) Lam.
头状花耳草 **Hedyotis capitellata** Wall. ex G.Don
疏毛头状花毛草 **Hedyotis capitellata** Wall. ex G. Don var. **mollis** (Pierre ex Pitad) Ko
滇西耳草 **Hedyotis dianxiensis** Ko
白花蛇舌草 **Hedyotis diffusa** Willd.
牛白藤 **Hedyotis hedyotidea** (DC.) Merr.
松叶耳草 **Hedyotis pinifolia** Wall. ex G. Don

攀茎耳草 **Hedyotis scandens** Roxb.

纤花耳草 **Hedyotis tenelliflora** Bl.

粗叶耳草 **Hedyotis verticillata** (Linn.) Lam.

脉耳草 **Hedyotis vestita** R. Brown ex G. Don

土连翘 **Hymenodictyon flaccidum** Wall.

藏药木 **Hyptianthera stricta** (Roxb.) Wight et Arn.

宽昭龙船花 **Ixora foonchewii** W.C. Ko

亮叶龙船花 **Ixora fulgens** Roxb.

白花龙船花 **Ixora henryi** Lévl.

滇南粗叶木 **Lasianthus austroyunnanensis** H. Zhu

粗梗粗叶木 **Lasianthus biermanni** King ex Hook. f. ssp. **crassipedunculatus** C.Y. Wu et H. Zhu

西南粗叶木 **Lasianthus henryi** Hutchins.

日本粗叶木 **Lasianthus japonicus** Miq.

云广粗叶木 **Lasianthus japonicus** Miq. ssp. **longicaudus** (Hook. f.) H. Zhu

美脉粗叶木 **Lasianthus lancifolius** Hook. f.

小花粗叶木 **Lasianthus micranthus** Hook. f.

锡金粗叶木 **Lasianthus sikkimensis** Hook. f.

截萼粗叶木 **Lasianthus verticillatus** (Lour.) Merr.

报春茜 **Leptomischus primuloides** Drake

馥郁滇丁香 **Luculia gratissima** (Wall.) Sweet

滇丁香 **Luculia pinceana** Hook.

巴戟天 **Morinda officinalis** F.C. How

羊角藤 **Morinda umbellata** Linn.

短裂玉叶金花 **Mussaenda breviloba** S. Moore

椭圆玉叶金花 **Mussaenda elliptica** Hutchins.

楠藤 **Mussaenda erosa** Champ. ex Benth.

南玉叶金花 **Mussaenda henryi** Hutchins.

小叶玉叶金花（新变种）**Mussaenda hirsutula** Miq. var. **microphylla** H. Li

多脉玉叶金花 **Mussaenda multinervis** C.Y. Wu ex H.H. Hsue et H. Wu

玉叶金花 **Mussaenda pubescens** Ait.f.

玉叶金花属一种 **Mussaenda** sp.

短萼腺萼木 **Mycetia brevisepala** H.S. Lo

纤梗腺萼木 **Mycetia gracilis** Craib

毛腺萼木 **Mycetia hirta** Hutchins.

大叶密脉木 **Myrioneuron effusum** (Pitard.) Merr.

密脉木 **Myrioneuron faberi** Hemsl.

密脉木属一种 **Myrioneuron** sp.

卷毛新耳草 **Neanotis boerhaavioides** (Hance) Lewis

西南新耳草 **Neanotis wightiana** (Wall. ex Wight et Arn.) Lewis

石丁香 **Neohymenopogon parasiticus** (Wall.) Bennet

新乌檀 **Neonauclea griffithii** (Hook. f.) Merr.

滇南新乌檀 **Neonauclea tsaiana** S. Q. Zou

薄柱草 **Nertera sinensis** Hemsl.

滇南蛇根草 **Ophiorrhiza austroyunnanensis** H.S. Lo

灰叶蛇根草 **Ophiorrhiza cana** H.S. Lo

广州蛇根草 **Ophiorrhiza cantoniensis** Hance

中华蛇根草 **Ophiorrhiza chinensis** H.S. Lo

尖叶蛇根草 **Ophiorrhiza hispida** Hook. f.

宽昭蛇根草 **Ophiorrhiza howii** H.S. Lo

绿春蛇根草 **Ophiorrhiza luchuanensis** H.S. Lo

垂花蛇根草 **Ophiorrhiza nutans** C.B. Clarke

黄花蛇根草 **Ophiorrhiza ochroleuca** Hook. f.

短小蛇根草 **Ophiorrhiza pumila** Champ. ex Benth.

岩生蛇根草 **Ophiorrhiza ripicola** Craib

红毛蛇根草 **Ophiorrhiza rufipilis** H.S. Lo

匍地蛇根草 **Ophiorrhiza rugosa** Wall.

蛇根草属一种 **Ophiorrhiza** sp.

高原蛇根草 **Ophiorrhiza succirubra** King ex Hook. f.

鸡矢藤 **Paederia foetida** Linn.

鸡矢藤属一种 **Paederia** sp.

云南鸡矢藤 **Paederia yunnanensis** (Lévl.) Rehd.

多花大沙叶 **Pavetta polyantha** R. Br. ex Bremek.

糙叶大沙叶 **Pavetta scabrifolia** Bremek.

西南三角瓣花 **Prismatomeris carvifolia** Buch.-Ham. ex Roxb.

美果九节 **Psychotria calocarpa** Kurz

密脉九节 **Psychotria densa** W.C. Chen

滇南九节 **Psychotria henryi** Lévl.

毛九节 **Psychotria pilifera** Hutchins.

驳骨九节 **Psychotria prainii** Lévl.

九节属一种 **Psychotria** sp.

越南九节 **Psychotria tonkinensis** Pitard

云南九节 **Psychotria yunnanensis** Hutchins.

假鱼骨木 **Psydrax dicocca** Gaertner

钩毛茜草 **Rubia oncotricha** Hand.-Mazz.

多花茜草 **Rubia wallichiana** Decne.

染木树 **Saprosma ternata** (Wall.) Hook. f.

裂果金花 **Schizomussaenda dehiscens** (Craib) H.L. Li

假桂乌口树 **Tarenna attenuata** (Hook. f.) Hutchins.

白皮乌口树 **Tarenna depauperata** Hutchins.

披针叶乌口树 **Tarenna lancilimba** W.C. Chen

滇南乌口树 **Tarenna pubinervis** Hutchins.

长叶乌口树 **Tarenna wangii** Chun et How ex W.C. Chen

云南乌口树 **Tarenna yunnanensis** Chun et How ex W.C. Chen

岭罗麦 **Tarennoidea wallichii** (Hook. f.) Tirveng. et Sastre

倒挂金钩 **Uncaria lancifolia** Hutchins.

大叶钩藤 **Uncaria macrophylla** Wall.

攀茎钩藤 **Uncaria scandens** (Smith) Hutchins.

钩藤属一种 **Uncaria** sp.

尖叶木 **Urophyllum chinense** Merr. et Chun

小花尖叶木 **Urophyllum parviflorum** F.C. How ex H.S. Lo

短花水金京 **Wendlandia formosana** Cowan ssp. **breviflora** How

屏边水锦树 **Wendlandia pingpienensis** F.C. How

粗叶水锦树 **Wendlandia scabra** Kurz

染色水锦树 **Wendlandia tinctoria** (Roxb.) DC.

粗毛水锦树 **Wendlandia tinctoria** (Roxb.) DC. ssp. **barbata** Cowan

麻栗水锦树 **Wendlandia tinctoria** (Roxb.) DC. ssp. **handelii** Cowan

红皮水绵树 **Wendlandia tinctoria** (Roxb.) DC. ssp. **intermedia** (F.C. How) W.C. Chen

232a　香茜科 Carlemanniaceae

四角果 **Carlemannia tetragona** Hook. f.

蜘蛛花 **Silvianthus bracteatus** Hook. f.

线萼蜘蛛花 **Silvianthus tonkinensis** (Gagnep.) Ridsd.

232b 水团花科 Naucleaceae

团花 **Neolamarckia cadamba** (Roxb.) J. Bosser

233 忍冬科 Caprifoliaceae

风吹箫 **Leycesteria formosa** Wall.
纤细风吹箫 **Leycesteria gracilis** (Kurz) Airy-Shaw
锈毛忍冬 **Lonicera ferruginea** Rehd.
大果忍冬 **Lonicera hildebrandiana** Coll. et Hemsl.
净花菰腺忍冬 **Lonicera hypoglauca** Miq. var. **nudiflora** P.S. Hsu et H.J. Wang
菰腺忍冬 **Lonicera hypoglauca** Miq.
* 忍冬 **Lonicera japonica** Thunb.

233a 接骨木科 Sambucaceae

血满草 **Sambucus adnata** Wall.
接骨草 **Sambucus javanica** Bl.

233b 荚蒾科 Viburnaceae

尖果荚蒾 **Viburnum brachybotryum** Hemsl.
樟叶荚蒾 **Viburnum cinnamomifolium** Rehd.
水红木 **Viburnum cylindricum** Buch.-Ham. ex D. Don
臭荚蒾 **Viburnum foetidum** Wall.
球花荚蒾 **Viburnum glomeratum** Maxim.
厚绒荚蒾 **Viburnum inopinatum** Craib
斑点光果荚蒾 **Viburnum leiocarpum** P.S. Hsu var. **punctatum** P.S. Hsu
心叶荚蒾 **Viburnum nervosum** D. Don
锥序荚蒾 **Viburnum pyramidatum** Rehd.
荚蒾属一种 **Viburnum** sp.
横脉荚蒾 **Viburnum trabeculosum** C.Y. Wu ex P.S. Hsu

235　缬草科 Valerianaceae

败酱 **Patrinia scabiosaefolia** Fisch. ex Trev.

柔垂缬草 **Valeriana flaccidissama** Maxim.

238　菊科 Compositae

金钮扣 **Acmella paniculata** (Wall. ex DC.) R.K. Jansen

下田菊 **Adenostemma lavenia** (Linn.) O. Kuntze

* 紫茎泽兰 **Ageratina adenophora** (Spreng.) R.M. King et A. Robinson

* 熊耳草 **Ageratum houstonianum** Mill.

滇南兔儿风 **Ainsliaea austro-yunnanensis** Y.M.Shui sp. nov. ined.

秀丽兔儿风 **Ainsliaea elegans** Hemsl.

宽叶兔儿风 **Ainsliaea latifolia** (D. Don.) Sch.-Bip.

云南兔儿风 **Ainsliaea yunnanensis** Franch.

旋叶香青 **Anaphalis contorta** (D. Don) Hook. f.

银衣香青 **Anaphalis contortiformis** Hand.-Mazz.

珠光香青 **Anaphalis margaritacea** (Linn.) Benth. et Hook. f.

魁蒿 **Artemisia princeps** Pamp.

绒毛甘青蒿 **Artemisia tangutica** Pamp. var. **tomentosa** Pamp.

三脉紫菀 **Aster ageratoides** Turcz.

鬼针草 **Bidens pilosa** Linn.

狼把草 **Bidens tripartita** Linn.

百能葳 **Blainvillea acmella** (Linn.) Philipson

艾纳香 **Blumea balsamifera** (Linn.) DC.

节节红 **Blumea fistulosa** (Roxb.) Kurz

见霜黄 **Blumea lacera** (Burm.f.) DC.

千头艾纳香 **Blumea lanceolaria** (Roxb.) Druce

裂苞艾纳香 **Blumea martiniana** Vaniot

天名精 **Carpesium abrotanoides** Linn.

绵毛天名精 **Carpesium nepalense** Less. var. **lanatum** (Hook. f. et Thoms. ex C.B. Clarke) Kitam.

* 飞机草 **Chromolaena odorata** (Linn.) R.M. King et H. Robinson

总序蓟 **Cirsium racemiforme** Ling et Shih

革叶藤菊 **Cissampelopsis corifolia** C. Jefferey et Y.L. Chen

藤菊 **Cissampelopsis volubilis** (Bl.) Miq.

革命菜 **Crassocephalum crepidioides** (Benth.) S. Moore

芜青还阳参 **Crepis napifera** (Franch.) Badc.

杯菊 **Cyathocline purpurea** (Buch.-Ham. ex D. Don) O. Kuntze

鱼眼草 **Dichrocephala integrifolia** (Linn. f.) O. Kuntze

羊耳菊 **Duhaldea cappa** (Bach.-Ham. ex D. Don) Pruski & Anderberg

鳢肠 **Eclipta prostrata** (Linn.) Linn.

地胆草 **Elephantopus scaber** Linn.

* 小蓬草 **Erigeron canadensis** Linn.

* 苏门白酒草 **Erigeron sumatrensis** Retz.

白酒草 **Eschenbachia japonica** (Thunb.) J. Koster

异叶泽兰 **Eupatorium heterophyllum** DC.

泽兰 **Eupatorium japonicum** Thunb.

匙叶合冠鼠麴草 **Gamochaeta pensylvanica** (Willd.) Cabrera

田基黄 **Grangea maderaspatana** (Linn.) Poir.

白子菜 **Gynura divaricata** (Linn.) DC.

平卧土三七 **Gynura procumbens** (Lour.) Merr.

滇紫背天蔡 **Gynura pseudochina** (Linn.) DC.

三角叶须弥菊 **Himalaiella deltoidea** (DC.) Raab-Straube

细叶小苦荬 **Ixeridium gracile** (DC.) Pak et Kawano

翅果菊 **Lactuca indica** Linn.

翼齿六棱菊 **Laggera crispata** (Vahl) Hepper et J.R.I. Wood

细莴苣 **Melanoseris graciliflora** (DC.) N. Kilian

栉齿细莴苣 **Melanoseris triflora** (C.C. Chang et C. Shih) N. Kilian

小舌菊 **Microglossa pyrifolia** (Lam.) O. Kuntze

圆舌粘冠草 **Myriactis nepalensis** Less.

狐狸草 **Myriactis wallichii** Less.

黑花紫菊 **Notoseris melanantha** (Franch.) C. Shih

密毛假福王草 **Paraprenanthes glandulosissima** (Chang) Shih

假福王草 **Paraprenanthes sororia** (Miq.) Shih

假福王草属一种 **Paraprenanthes** sp.

银胶菊 **Parthenium hysterophorus** Linn.

兔耳一支箭 **Piloselloides hirsuta** (Forsk.) C.J. Jeffr. ex Cufod.

拟鼠麴草 **Pseudognaphalium affine** (D. Don) Anderberg

菊状千里光 **Senecio analogus** DC.

蕨叶千里光 **Senecio pteridophyllus** Franch.
千里光 **Senecio scandens** Buch.-Ham. ex D. Don
豨莶 **Sigesbeckia orientalis** Linn.
一枝黄花 **Solidago decurrens** Lour.
金钮扣 **Spilanthes paniculata** Wall. et DC.
金腰箭 **Synedrella nodiflora** (Linn.) Gaertn.
腺毛合耳菊 **Synotis saluenensis** (Diels) C. Jeffrey et Y.L. Chen
* 肿柄菊 **Tithonia diversifolia** A. Gray
树斑鸠菊 **Vernonia arborea** Buch.-Ham.
喜斑鸠菊 **Vernonia blanda** DC.
毒根斑鸠菊 **Vernonia cumingiana** Benth.
叉枝斑鸠菊 **Vernonia divergens** (DC.) Edgew
斑鸠菊 **Vernonia esculenta** Hemsl.
展枝斑鸠菊 **Vernonia extensa** DC.
滇缅斑鸠菊 **Vernonia parishii** Hook. f.
柳叶斑鸠菊 **Vernonia saligna** DC.
茄叶斑鸠菊 **Vernonia solanifolia** Benth.
斑鸠菊属一种 **Vernonia** sp.
刺苞斑鸠菊 **Vernonia squarrosa** (D. Don) Less.
林生斑鸠菊 **Vernonia sylvatica** Dunn
大叶斑鸠菊 **Vernonia volkameriifolia** DC.
苍耳 **Xanthium strumarium** Linn.
灰毛黄鹌菜 **Youngia cineripappa** (Babc.) Babc. et Stebb.

239　龙胆科 Gentianaceae

罗星草 **Canscora andrographioides** Griff. ex C.B. Clarke
杯药草 **Cotylanthera paucisquama** C.B. Clarke
裂萼蔓龙胆 **Crawfurdia crawfurdioides** (Marq.) H. Smith
穗序蔓龙胆 **Crawfurdia speciosa** Wall.
翅萼龙胆 **Gentiana alata** T.N. Ho
华南龙胆 **Gentiana loureirii** (G.Don) Griseb.
糙毛胆草 **Gentiana redicellata** (Wall. ex D. Don) Grisebach
滇龙胆草 **Gentiana rigescens** Franch. ex Hemsl.
深红胆草 **Gentiana rubicunda** Franch.

獐牙菜 **Swertia bimaculata** (Sieb. et Zucc.) Hook. f. et Thoms. ex C.B. Clarke
西南獐牙菜 **Swertia cincta** Burkill
大籽獐牙菜 **Swertia macrosperma** (C.B. Clarke) C.B. Clarke
峨眉双蝴蝶 **Tripterospermum cordatum** (Marq.) H. Smith
毛萼双蝴蝶 **Tripterospermum hirticalyx** C.Y. Wu ex C.J. Wu
屏边双蝴蝶 **Tripterospermum pingbianense** C.Y. Wu et C.J. Wu

240　报春花科 Primulaceae

细梗香草 **Lysimachia capillipes** Hemsl.
矮桃 **Lysimachia clethroides** Duby
聚花过路黄 **Lysimachia congestiflora** Hemsl.
* 灵香草 **Lysimachia foenum-graceum** Hance
三叶香草 **Lysimachia insignis** Hemsl.
多枝香草 **Lysimachia laxa** Baudo
长蕊珍珠菜 **Lysimachia lobelioides** Wall.
小果排草 **Lysimachia microcarpa** Hand.-Mazz. ex C.Y. Wu
耳柄过路黄 **Lysimachia otophora** C.Y. Wu
阔叶假排草 **Lysimachia petelotii** Merr.
金平香草 **Lysimachia physaloides** C.Y. Wu et C. Chen ex F.H. Chun et C.M. Hu
点叶落地梅 **Lysimachia punctatilimba** C.Y. Wu
腾冲过路黄 **Lysimachia tengyuehensis** Hand.-Mazz.
长萼蔓延香草 **Lysimachia trichopoda** Franch. var. **sarmentosa** (C.Y. Wu) F.H. Chun et C.M. Hu
心叶报春 **Primula partschiana** Pax
钻齿报春 **Primula pellucida** Franch.
越北报春 **Primula petelotii** W.W. Smith
滇南脆蒴报春 **Primula wenshanensis** Chen et C.M. Hu

242　车前科 Plantaginaceae

车前 **Plantago asiatica** Linn.
疏花车前 **Plantago asiatica** Linn. var. **erosa** (Wall.) Z.Y. Li
尖萼车前 **Plantago cavaleriei** Lévl.
大车前 **Plantago major** Linn.

243 桔梗科 Campanulaceae

金钱豹 **Campanumoea javanica** Bl.

轮钟花 **Cyclocodon lancifolius** (Roxb.) Kurz

同钟花 **Homocodon brevipes** (Hemsl.) D.Y. Hong

袋果草 **Peracarpa carnosa** (Wall.) Hook. f. et Thoms.

蓝花参 **Wahlenbergia marginata** (Thunb.) A. DC

243a 五膜草科 Pentaphragmataceae

五隔草 **Pentaphragma sinense** Hemsl. et Wils.

244 半边莲科 Lobeliaceae

密毛山梗菜 **Lobelia clavata** F.E. Wimm.

山紫锤草 **Lobelia montana** Reinw. ex Bl.

铜锤玉带草 **Lobelia nummularia** Lam.

西南山梗菜 **Lobelia sequinii** Lévl. et Van.

卵叶半边莲 **Lobelia zeylanica** Linn.

249 紫草科 Boraginaceae

琉璃草 **Cynoglossum furcatum** Wall.

琉璃草 **Cynoglossum furcatum** Wall.

小花琉璃草 **Cynoglossum lanceolatum** Forsk.

叉花倒提壶 **Cynoglossum zeylanicum** (Vahl) Thunb. ex Lehm.

盾果草 **Thyrocarpus sampsonii** Hance

毛束草 **Trichodesma calycosum** Coll. et Hemsl.

富宁附地菜 **Trigonotis funingensis** H. Chuang

毛脉附地菜 **Trigonotis microcarpa** (A. DC.) Benth. ex C.B. Clarke

附地菜 **Trigonotis peduncularis** (Trev.) Benth. ex Baker et S. Moore

249a 破布木科 Cordiaceae

破布木 **Cordia dichotoma** Forst. f.

二叉破布木 **Cordia furcans** I.M. Johnst.

厚壳树 **Ehretia acuminata** B. Br.

厚壳树 **Ehretia acuminata** B. Br.

西南厚壳树 **Ehretia corylifolia** C.H. Wright

云贵厚壳树 **Ehretia dunniana** Lévl.

屏边厚壳树 **Ehretia pingbianensis** Y.L. Liu

上思厚壳树 **Ehretia tsangii** I.M. Johnst.

轮冠木 **Rotula aquatica** Lour.

250 茄科 Solanaceae

* 辣椒 **Capsicum annuum** Linn.

* 曼陀罗 **Datura stramonium** Linn.

红丝线 **Lycianthes biflora** (Lour.) Bitter

单花红丝线 **Lycianthes lysimachioides** (Wall.) Bitter

大齿红丝线 **Lycianthes macrodon** (Wall. ex Nees) Bitter

滇红丝线 **Lycianthes yunnanensis** (Bitter) C.Y. Wu et S.C. Huang

* 枸杞 **Lycium chinense** Mill.

* 烟草 **Nicotiana tabacum** Linn.

* 碧冬茄 **Petunia hybrida** (Hook. f.) Vilm.

苦枳 **Physalis angulata** Linn.

* 喀西茄 **Solanum aculeatissimum** Jacq.

少花龙葵 **Solanum americanum** Mill.

少花龙葵 **Solanum americanum** Mill.

* 假烟叶树 **Solanum erianthum** D. Don

* 茄 **Solanum melongena** Linn.

龙葵 **Solanum nigrum** Linn.

旋花茄 **Solanum spirale** Roxb.

* 水茄 **Solanum torvum** Swartz

* 阳芋 **Solanum tuberosum** Linn.

251 旋花科 Convolvulaceae

头花银背藤 **Argyreia capitiformis** (Poiret) V. Ooststroom

聚花白鹤藤 **Argyreia osyrensis** (Roth) Choisy

灰毛白鹤藤 **Argyreia osyrensis** (Roth) Choisy var. **cinerea** Hand.-Mazz.
马蹄金 **Dichondra micrantha** Urban
飞蛾藤 **Dinetus racemosus** (Wall.) Sweet
土丁桂 **Evolvulus alsinoides** (Linn.) Linn.
猪菜藤 **Hewittia malabarica** (Linn.) Suresh
番薯 **Ipomoea batatas** (Linn.) Lam.
五爪金龙 **Ipomoea cairica** (Linn.) Sweet
牵牛 **Ipomoea nil** (Linn.) Roth
圆叶牵牛 **Ipomoea purpurea** (Linn.) Roth
* 茑萝 **Ipomoea quamoclit** Linn.
刺毛月光花 **Ipomoea setosa** Ker-Gawl.
金钟藤 **Merremia boisiana** (Gagnep.) V. Ooststr.
黄毛金钟藤 **Merremia boisiana** (Gagnep.) V. Ooststr. var. **fulvopilosa** (Gagnep.) V. Ooststr.
山土瓜 **Merremia hungaiensis** (Lingelsh. et Borza) R.C. Fang
山猪菜 **Merremia umbellata** (Linn.) Hall.f ssp. **orientalis** (Hall. f.) V. Ooststr.
掌叶鱼黄草 **Merremia vitifolia** (Burm.f.) Hall. f.
搭棚藤 **Poranopsis discifera** (Schneid.) Staples
白花叶 **Poranopsis sinensis** (Hand.-Mazz.) Staples
大花三翅藤 **Tridynamia megalantha** (Merr.) Staples

251a　菟丝子科 Cuscutaceae

大花菟丝子 **Cuscuta reflexa** Roxb.
菟丝子属一种 **Cuscuta sp.**

252　玄参科 Scrophulariaceae

毛麝香 **Adenosma glutinosum** (Linn.) Druce
球花毛麝香 **Adenosma indianum** (Lour.) Merr.
黑蒴 **Alectra avensis** (Benth.) Merr.
来江藤 **Brandisia hancei** Hook. f.
广西来江藤 **Brandisia kwangsiensis** H.L. Li
囊萼花 **Cyrtandromoea grandiflora** C.B. Clarke
鞭打绣球 **Hemiphragma heterophyllum** Wall.
中华石龙尾 **Limnophila chinensis** (Osb.) Merr.

野地钟萼草 **Lindenbergia muraria** (Roxb. ex D. Don) Br.
钟萼草 **Lindenbergia philippensis** (Cham. et Schlect.) Benth.
长蒴母草 **Lindernia anagallis** (Burm.f.) Pennell
泥花母草 **Lindernia antipoda** (Linn.) Alston
陌上菜 **Lindernia procumbens** (Krock.) Philcox
旱田菜 **Lindernia ruellioides** (Colsm.) Pennell
拟紫堇马先蒿 **Pedicularis corydaloides** Hand.-Mazz.
中越马先蒿 **Pedicularis petelotii** P.C. Tsoong
苦玄参 **Picria felterrae** Lour.
野甘草 **Scoparia dulcis** Linn.
光叶蝴蝶草 **Torenia asiatica** Linn.
紫萼蝴蝶草 **Torenia violacea** (Azaola ex Blanco) Pennell

253 列当科 Orobanchaceae

野菰 **Aeginetia indica** Linn.

254 狸藻科 Lentibulariaceae

圆叶挖耳草 **Utricularia striatula** J. Smith

256 苦苣苔科 Gesneriaceae

芒毛苣苔 **Aeschynanthus acuminatus** Wall. ex A. DC.
滇南芒毛苣苔 **Aeschynanthus austroyunnanensis** W.T. Wang
荷花藤 **Aeschynanthus bracteatus** Wall. ex A. DC.
黄棕芒毛苣苔 **Aeschynanthus bracteatus** Wall. ex A. DC. var. **orientalis** W.T. Wang
黄杨叶芒毛苣苔 **Aeschynanthus buxifolius** Hemsl.
束花芒毛苣苔 **Aeschynanthus hookeri** C.B. Clarke
矮芒毛苣苔 **Aeschynanthus humilis** Hemsl.
线条芒毛苣苔 **Aeschynanthus lineatus** Craib
药用芒毛苣苔 **Aeschynanthus poilanei** Pellegr
少毛横蒴苣苔 **Beccarinda paucisetulosa** C.Y. Wu ex H.W. Li
锈毛短筒苣苔 **Boeica ferruginea** Drake
孔药短筒苣苔 **Boeica porosa** C.B. Clarke

盾叶粗筒苣苔 **Briggsia longipes** (Hemsl. ex Oliv.) Craib
光萼唇柱苣苔 **Chirita anachoreta** Hance
灌丛唇柱苣苔 **Chirita fruticola** H.W. Li
钩序唇柱苣苔 **Chirita hamosa** R. Br.
大叶唇柱苣苔 **Chirita macrophylla** (Spreng.) Wall.
斑叶唇柱苣苔 **Chirita pumila** D. Don
美丽唇柱苣苔 **Chirita specioca** Kurz
麻叶唇柱苣苔 **Chirita urticifolia** Buch.-Ham. ex D. Don
蒙自长蒴苣苔 **Didymocarpus mengtze** W.W. Smith
紫苞长蒴苣苔 **Didymocarpus purpureobracteatus** W.W. Smith
林生长蒴苣苔 **Didymocarpus silvarum** W.W. Smith
全叶半蒴苣苔 **Hemiboea integra** C.Y. Wu ex H.W. Li
密序苣苔 **Hemiboeopsis longisepala** (H.W. Li) W.T. Wang
紫花苣苔 **Loxostigma griffithii** (Wight) C.B. Clarke
蒙自吊石苣苔 **Lysionotus carnosus** Hemsl.
攀援吊石苣苔 **Lysionotus chingii** Chun ex W.T. Wang
纤细吊石苣苔 **Lysionotus gracilis** W.W. Smith
宽叶吊石苣苔 **Lysionotus pauciflorus** Maxim. var. **latifolius** W.T. Wang
细萼吊石苣苔 **Lysionotus petelotii** Pellegr.
毛枝吊石苣苔 **Lysionotus pubescens** C.B. Clarke
齿叶吊石苣苔 **Lysionotus serratus** D. Don
小叶吊石苣苔 **Lysionotus sulphureus** Hand.-Mazz.
黄马铃苣苔 **Oreocharis aurea** Dunn
川滇马铃苣苔 **Oreocharis henryana** Oliv.
金平马铃苣苔 **Oreocharis jinpingensis** W.H. Chen et Y.M. Shui
滇桂喜鹊苣苔 **Ornithoboea wildeana** Craib
蛛毛苣苔 **Paraboea sinensis** (Oliv.) Burtt
蓝石蝴蝶 **Petrocosmea coerulea** C.Y. Wu ex W.T. Wang
蒙自石蝴蝶 **Petrocosmea iodioides** Hemsl.
金平漏斗苣苔 **Raphiocarpus jinpingensis** W.H. Chen et Y.M. Shui
长梗漏斗苣苔 **Raphiocarpus longipedunculatus** (C.Y. Wu ex H.W. Li) Burtt
尖舌苣苔 **Rhynchoglossum obliquum** Bl.
线柱苣苔 **Rhynchotechum ellipticum** (Wall. ex D.F.N. Dietr.) A. DC.
冠萼线柱苣苔 **Rhynchotechum formosanum** Hatusima
毛线柱苣苔 **Rhynchotechum vestitum** Wall. ex C.B. Clarke

十字苣苔 **Stauranthera umbrosa** (Griff.) Clarke

257　紫葳科 Bignoniaceae

西南猫尾木 **Markhamia stipulata** (Wall.) Seem. ex K. Schumann
毛叶猫尾木 **Markhamia stipulata** (Wall.) Seem. ex K. Schumann var. **kerrii** Sprague
火烧花 **Mayodendron igneum** (Kurz) Kurz
老鸦烟筒花 **Millingtonia hortensis** Linn. f.
照夜白 **Nyctocalos brunfelsiiflora** Teijsm. et Binn.
千张纸 **Oroxylum indicum** (Linn.) Kurz
翅叶木 **Pauldopia ghorta** (Buch.-Ham. ex G. Don) van Steenis
小萼菜豆树 **Radermachera microcalyx** C.Y. Wu et W.C. Yin
豇豆树 **Radermachera pentandra** Hemsl.
菜豆树 **Radermachera sinica** (Hance) Hemsl.
羽叶楸 **Stereospermum colais** (Buch.-Ham. ex Dillwyn) Mabberley
* 芝麻 **Sesamum iudicum** Linn.

259　爵床科 Acantbaceae

疏花穿心莲 **Andrographis laxiflora** (Bl.) Lindau
白接骨 **Asystasia neesiana** (Wall.) Nees
假杜鹃 **Barleria cristata** Linn.
钟花草 **Codonacanthus pauciflorus** (Nees) Nees
鳔冠花 **Cystacanthus paniculatus** T. Anders.
疏花叉花草 **Diflugossa divaricata** (Nees) Bremek.
瑞丽叉花草 **Diflugossa scorianum** (W.W. Sm.) E. Hossain
喜花草 **Eranthemum pulchellum** Andrews.
黑叶小驳骨 **Gendarussa ventricosa** (Wall. ex Sims.) Nees
小驳骨 **Gendarussa vulgaris** Nees
水蓑衣 **Hygrophila salicifolia** (Vahl) Nees
叉序草 **Isoglossa collina** (T. Anders.) B. Hansen
鳞花草 **Lepidagathis incurva** Buch.-Ham. ex D. Don
南岭野靛棵 **Mananthes leptostachya** (Hemsl.) H.S. Lo
野靛棵 **Mananthes patentiflora** (Hemsl.) Bemek.
野靛棵属一种 **Mananthes** sp.

管花野靛棵 **Mananthes tubiflora** C.Y. Wu ex Y.M. Shui et W.H. Chen

滇野靛棵 **Mananthes vasculosa** (Nees) Bremek.

瘤子草 **Nelsonia canescens** (Lam.) Spreng.

蛇根叶 **Ophiorrhiziphyllon macrobotryum** Kurz

观音草 **Peristrophe bivalvis** (Linn.) Merr.

野山蓝 **Peristrophe fera** C.B. Clarke

九头狮子草 **Peristrophe japonica** (Thunb.) Bremek.

火焰花 **Phlogacanthus curviflorus** (Wall.) Nees

毛脉火焰花 **Phlogacanthus pubinervius** T. Anders.

糙叶火焰花 **Phlogacanthus vitellinus** (Roxb.) T. Anders.

云南山壳骨 **Pseuderanthemum graciliflorum** (Nees) Ridley

山壳骨 **Pseuderanthemum latifolium** (Vahl) B. Hansen

多花山壳骨 **Pseuderanthemum polyanthum** (C.B. Clarke) Merr.

红河山壳骨 **Pseuderanthemum teysmannii** (Miq.) Ridl.

曲序马蓝 **Pteracanthus calycinus** (Nees) Bremek.

曲枝假蓝 **Pteroptychia dalziellii** (W.W. Smith) H.S. Lo

针子草 **Rhaphidospora vagabunda** (R. Ben.) C.Y. Wu ex Y.C. Tang

灵枝草 **Rhinacanthus nasutus** (Linn.) Kurz

爵床 **Rostellularia procumbens** (Linn.) Nees

南鼠尾黄 **Rungia henryi** C.B. Clarke

孩儿草 **Rungia pectinata** (Linn.) Nees

屏边鼠尾黄 **Rungia pinpienensis** H.S. Lo

云南孩儿草 **Rungia yunnanensis** H.S. Lo

溪畔黄球花 **Sericocalyx fluviatilis** (C.B. Clarke ex W. W.Smith) Bremek.

短穗叉柱花 **Staurogyne brachystachya** R. Ben.

灰背叉柱花 **Staurogyne hypoleuca** R. Ben.

瘦叉柱花 **Staurogyne rivularis** Merr.

三花马蓝 **Strobilanthes atropurpurea** Nees

板蓝 **Strobilanthes cusia** (Nees) O. Kuntze

疏花马蓝 **Strobilanthes divaricatus** (Nees) T. Anders.

红毛马蓝 **Strobilanthes hossei** C.B. Clarke

尾苞马蓝 **Strobilanthes mucronatoproducta** Lindau

美丽马蓝 **Strobilanthes speciosa** Blume

糯米香 **Strobilanthes tonkinensis** Lindau

红花山牵牛 **Thunbergia coccinea** Wall.

碗花草 **Thunbergia fragrans** Roxb.
山牵牛 **Thunbergia grandiflora** (Rottl. ex Willd.) Roxb.

263　马鞭草科 Verbenaceae

木紫珠 **Callicarpa arborea** Roxb.
紫珠 **Callicarpa bodinieri** Lévl.
毛叶老鸦胡 **Callicarpa giraldii** Hesse ex Rehd. var. **subcanescens** Rehd.
老鸦糊 **Callicarpa giraldii** Hesse ex Rehd.
大叶紫珠 **Callicarpa macrophylla** Vahl
红紫珠 **Callicarpa rubella** Lindl.
红紫珠 **Callicarpa rubella** Lindl.
狭叶红紫珠 **Callicarpa rubella** Lindl. f. **angustata** Pei
锥花莸 **Caryopteris paniculata** C.B. Clarke
臭牡丹 **Clerodendrum bungei** Steud.
重瓣臭茉莉 **Clerodendrum chinense** (Osbeck) Mabberley var. **philippinum**
臭茉莉 **Clerodendrum chinensis** (Osbeck) Mabberley var. **simplex** (Moldenke) S.L. Chen
狗牙大青 **Clerodendrum ervatamioides** C.Y. Wu
赪桐 **Clerodendrum japonicum** (Thunb.) Sweet
尖齿臭茉莉 **Clerodendrum lindleyi** Decne. ex Planch.
长叶大青 **Clerodendrum longilimbum** Pei
海通 **Clerodendrum mandarinorum** Diels
长梗大青 **Clerodendrum peii** Moldenke
三对节 **Clerodendrum serratum** (Linn.) Moon
三台花 **Clerodendrum serratum** (Linn.) Moon var. **amplexifolium** Moldenke
臭牡丹属一种 **Clerodendrum** sp.
海州常山 **Clerodendrum trichotomum** Thunb.
辣莸 **Garrettia siamensis** Fletcher
云南石梓 **Gmelina arborea** Roxb.
过山藤 **Phyla nodiflora** (Linn.) Greene
滇桂豆腐柴 **Premna confinis** Pei et S.L. Chen ex C.Y. Wu
石山豆腐柴 **Premna crassa** Hand.-Mazz.
淡黄豆腐柴 **Premna flavescens** Buch.-Ham. ex C.B. Clarke
勐海豆腐柴 **Premna fohaiensis** Pei et S.L. Chen ex C.Y. Wu
黄毛豆腐柴 **Premna fulva** Craib

总序豆腐柴 **Premna racemosa** Wall. ex Schauer
思茅豆腐柴 **Premna szemaoensis** Péi
马鞭草 **Verbena officinalis** Linn.

263c 牡荆科 Viticaceae

灰毛牡荆 **Vitex canescens** Kurz
黄荆 **Vitex negundo** Linn.
牡荆 **Vitex negundo** Linn. var. **cannabifolia** (Sieb. et Zucc.) Hand.-Mazz.
长序荆 **Vitex peduncularis** Wall. ex Schauer
微毛布惊 **Vitex quinata** (Lour.) Williams var. **puberula** (Lam.) Moldenke
蔓荆 **Vitex trifolia** Linn.
越南牡荆 **Vitex tripinnata** (Lour.) Merr.

264 唇形科 Labiatae

藿香 **Agastache rugosa** (Fisch. et Meyer) Ktze.
大籽筋骨草 **Ajuga macrosperma** Wall. ex Benth.
紫背金盘 **Ajuga nipponensis** Makino
异唇花 **Anisochilus pallidus** Wall. ex Benth.
广防风 **Anisomeles indica** (Linn.) Ktze.
细风轮菜 **Clinopodium gracile** (Benth.) Matsum.
灯笼草 **Clinopodium polycephalum** (Vaniot) C.Y. Wu et Hsuan ex P.S. Hsu
匍匐风轮菜 **Clinopodium repens** (Buch.-Ham. ex D. Don) Benth.
羽萼木 **Colebrookea oppositifolia** Smith
四方蒿 **Elsholtzia blanda** (Benth.) Benth.
宽管花 **Eurysolen gracilis** Prain
活血丹 **Glechoma longituba** (Nakai) Kupr.
木锥花 **Gomphostemma arbusculum** C.Y. Wu
抽葶锥花 **Gomphostemma pedunculatum** Benth. ex Hook. f.
硬毛锥花 **Gomphostemma stellatohirsutum** C.Y. Wu
细锥香茶菜 **Isodon coetsa** (Buch.-Ham. ex D. Don) Kudo
紫毛香茶菜 **Isodon enanderianus** (Hand.-Mazz.) H.W. Li
线纹香茶菜 **Isodon lophanthoides** (Buch.-Ham. ex D. Don) Hara
小花线纹香茶菜 **Isodon lophanthoides** (Buch.-Ham. ex D. Don) Hara var. **micranthus**

(C.Y. Wu) H.W. Li

牛尾草 **Isodon ternifolius** (D. Don) Kudo

益母草 **Leonurus japonicus** Houtt.

米团花 **Leucosceptrum canum** Smith

蜜蜂花 **Melissa axillaris** (Benth.) Bakh. f.

* 薄荷 **Mentha canadensis** Linn.

冠唇花 **Microtoena insuavis** (Hance) Prain ex Briq.

近穗状冠唇花 **Microtoena subspicata** C.Y. Wu ex Hsuan

小花荠苎 **Mosla cavaleriei** Lévl.

小鱼仙草 **Mosla dianthera** (Buch.-Ham. ex Roxb.) Maxim.

罗勒 **Ocimum basilicum** Linn.

刚毛假糙苏 **Paraphlomis hispida** C.Y. Wu

假糙苏 **Paraphlomis javanica** (Bl.) Prain

狭叶假糙苏 **Paraphlomis javanica** (Bl.) Prain var. **angustifolia** (C.Y. Wu) C.Y. Wu et H.W. Li

小叶假糙苏 **Paraphlomis javanica** (Bl.) Prain var. **coronata** (Vant.) C.Y .Wu et H.W. Li

薄萼假糙苏 **Paraphlomis membranacea** C.Y. Wu et H.W. Li

* 紫苏 **Perilla frutescens** (Linn.) Britton

水珍珠菜 **Pogostemon auricularius** (Linn.) Hassk.

膜叶刺蕊草 **Pogostemon esquirolii** (Lévl.) C.Y. Wu et Y.C. Huang

金平刺蕊草 **Pogostemon esquirolii** (Lévl.) C.Y. Wu et Y.C. Huang var. **tsingpingensis** C.Y. Wu et Y.C. Huang

刺蕊草 **Pogostemon glaber** Benth.

黑刺蕊草 **Pogostemon nigrescens** Dunn

夏枯草 **Prunella vulgaris** Linn.

竹林黄芩 **Scutellaria bambusetorum** C.Y. Wu

散黄芩 **Scutellaria laxa** Dunn

长管黄芩 **Scutellaria macrosiphon** C.Y. Wu

屏边黄芩 **Scutellaria pingbienensis** C.Y. Wu et H.W. Li

紫苏叶黄芩 **Scutellaria violacea** Heyne ex Benth. var. **sikkimensis** Hook. f.

筒冠花 **Siphocranion macranthum** (Hook. f.) C.Y. Wu

血见愁 **Teucrium viscidum** Bl.

266　水鳖科 Hydrocharitaceae

岛田水筛 **Blyxa echinosperma** (C.B. Clarrke) Hook. f.

267　泽泻科 Alismataceae

剪刀草 **Sagittaria trifolia** Linn. var. **angustifolia** (Sieb.) Kitagawa

269　无叶莲科 Petrosaviaceae

疏花无叶莲 **Petrosavia sakurai** (Makino) Dandy

280　鸭跖草科 Commelinaceae

穿鞘花 **Amischotolype hispida** (Rich.) D.Y. Hong

尖果穿鞘花 **Amischotolype hookeri** (Hassk.) Hara

饭包草 **Commelina benghalensis** Linn.

鸭跖草 **Commelina communis** Linn.

竹节草 **Commelina diffusa** Burm. f.

地地藕 **Commelina maculata** Edgew.

大苞鸭跖草 **Commelina paludosa** Bl.

波缘鸭跖草 **Commelina undulata** R. Br.

四孔草 **Cyanotis cristata** (Linn.) D. Don

蓝耳草 **Cyanotis vaga** (Lour.) Schult. et J.H. Schult.

聚花草 **Floscopa scandens** Lour.

大苞水竹叶 **Murdannia bracteata** (C.B. Clarke) J.K. Morton ex D.Y. Hong

紫背水竹叶 **Murdannia divergens** (C.B. Clarke) Bruckn.

裸花水竹叶 **Murdannia nudiflora** (Linn.) Brenan

粗柄杜若 **Pollia hasskarlii** R.S. Rao

长花枝杜若 **Pollia secundiflora** (Bl.) Bakh. f.

杜若属一种 **Pollia** sp.

孔药花 **Porandra ramosa** D.Y. Hong

钩毛子草 **Rhopalephora scaberrima** (Bl.) Faden

竹叶子 **Streptolirion volubile** Edgew.

红毛竹叶子 **Streptolirion volubile** Edgew. ssp. **khasianum** (C.B. Clarke) D.Y. Hong

285　谷精草科 Eriocaulaceae

冠瓣谷精草 **Eriocaulon cristatum** Mart. var. **mackii** Hook. f.

云贵谷精草 **Eriocaulon schochianum** Hand.-Mazz.

287　芭蕉科 Musaceae

大蕉 **Musa ×paradisiaca** Linn.
红蕉 **Musa coccinea** Andr.
阿宽蕉 **Musa itinerans** Cheesman
野芭蕉 **Musa wilsonii** Tutch.

290　姜科 Zingiberaceae

云南草蔻 **Alpinia blepharocalyx** K. Schum.
节鞭山姜 **Alpinia conchigera** Griff.
无斑山姜 **Alpinia emaculata** S.Q. Tong
脆果山姜 **Alpinia globosa** (Lour.) Horan.
宽唇山姜 **Alpinia platychilus** K. Schum
密苞山姜 **Alpinia stachyodes** Hance
球穗山姜 **Alpinia strobiliformis** T.L. Wu et S.J. Chen
艳山姜 **Alpinia zerumbet** (Pers.) Burtt et Smith
瘤果砂仁 **Amomum maricarpum** Elm.
细砂仁 **Amomum microcarpum** C.F . Liang et D. Fang
疣果豆蔻 **Amomum muricarpum** Elm.
拟草果 **Amomum paratsaoko** S.Q. Tong et Y.M. Xia
云南豆蔻 **Amomum repoeense** Pierre ex Gagnep.
* 草果 **Amomum tsaoko** Crevost et Lemarie
距药姜 **Cautleya gracilis** (Smith) Dandy
郁金 **Curcuma aromatica** Salisb.
姜黄 **Curcuma longa** Linn.
莪术 **Curcuma phaeocaulis** Val.
印尼莪术 **Curcuma zanthorrhiza** Roxb.
舞花姜 **Globba racemosa** Smith
红姜花 **Hedychium coccineum** Smith
黄姜花 **Hedychium flavum** Roxb.
圆瓣姜花 **Hedychium forrestii** Diels
绿春姜花 **Hedychium luchunensis** Y.M. Shui, sp. nov., ined.

姜花属一种 **Hedychium** sp.
滇姜花 **Hedychium yunnanense** Gagnep.
黄斑姜 **Zingiber flavomaculatum** S.Q. Tong
脆舌姜 **Zingiber fragile** S.Q. Tong
梭穗姜 **Zingiber laoticum** Gagnep.
* 姜 **Zingiber officinale** Rosc.
姜属一种 **Zingiber** sp.

290a 闭鞘姜科 Costaceae

闭鞘姜 **Costus speciosus** (J. König) Smith
光叶闭鞘姜 **Costus tonkinensis** Gagnep.

292 竹芋科 Marantaceae

尖苞柊叶 **Phrynium placentarium** (Lour.) Merr.
柊叶 **Phrynium rheedei** C.R. Suresh et D.H. Nicolson
云南柊叶 **Phrynium tonkinense** Gagnep.
具柄云南柊叶 **Phrynium tonkinense** Gagnep. var. **pedunculatum** Gagnep.

293 百合科 Liliaceae

卵叶蜘蛛抱蛋 **Aspidistra typica** Baill.
大百合 **Cardiocrinum giganteum** (Wall.) Makino
玫红百合 **Lilium amoenum** E.H. Wilson ex Sealy
簇花球子草 **Peliosanthes teta** Andr.
金平丫蕊花 **Ypsilandra jinpingensis** W.H. Chen, Y.M. Shui et Z.Y. Yu

293a 铃兰科 Convallariaceae

橙花开口箭 **Campylandra aurantiaca** Baker
弯蕊开口箭 **Campylandra wattii** C.B. Clarke
长叶竹根七 **Disporopsis longifera** Craib
短蕊万寿竹 **Disporum bodinieri** (Lévl. et Van.) F.T. Wang et Tang

距花万寿竹 **Disporum calcaratum** D. Don
万寿竹 **Disporum cantoniense** (Lour.) Merr.
横脉万寿竹 **Disporum trabeculatum** Gagnep.
单花宝铎草 **Disporum uniflorum** Baker ex S. Moore
西南鹿药 **Maianthemum fuscum** (Wall.) LaFrankie
沿阶草 **Ophiopogon bodinieri** Lévl.
褐鞘沿阶草 **Ophiopogon dracaenoides** (Baker) Hook. f.
富宁沿阶草 **Ophiopogon fooningensis** F.T. Wang et L.K. Dai
大沿阶草 **Ophiopogon grandis** W.W. Smith
间型沿阶草 **Ophiopogon intermedius** D. Don
西南沿阶草 **Ophiopogon mairei** Lévl.
大花沿阶草 **Ophiopogon megalanthus** F.T. Wang et L.K. Dai
屏边沿阶草 **Ophiopogon pingbienensis** F.T. Wang et L.K. Dai
沿阶草属一种 **Ophiopogon** sp.
狭叶沿阶草 **Ophiopogon stenophyllus** (Merr.) Rodrig.
云南沿阶草 **Ophiopogon tienensis** F.T. Wang et Tang
簇叶沿阶草 **Ophiopogon tsaii** F.T. Wang et Tang
大盖子球子草 **Peliosanthes macrostegia** Hance
长苞球子草 **Peliosanthes ophiopogonoides** F.T. Wang et Tang
匍匐球子草 **Peliosanthes sinica** F.T. Wang et Tang
滇黄精 **Polygonatum kingianum** Coll. et Hemsl.
点花黄精 **Polygonatum punctatum** Royle ex Kunth
黄精属一种 **Polygonatum** sp.
伞柱开口箭 **Tupistra fungilliformis** F.T. Wang et S. Yun Liang
长柱开口箭 **Tupistra grandistigma** F.T. Wang et S. Yun Liang
开口箭属一种 **Tupistra** sp.

293b 山菅兰科 Phormiaceae

山菅兰 **Dianella ensifolia** (Linn.) Redouté

293c 吊兰科 Anthericaceae

大叶吊兰 **Chlorophytum malayense** Ridley
西南吊兰 **Chlorophytum nepalense** (Lindl.) Baker

294　天门冬科 Asparagaceae

羊齿天门冬 **Asparagus filicinus** D.Don
* 石刁柏 **Asparagus officinalis** Linn.
* 文竹 **Asparagus setaceus** (Kunth) Jessop
滇南天门冬 **Asparagus subscandens** F.T. Wang et S.C. Chen

295　重楼科 Trilliaceae

凌云重楼 **Paris cronquistii** (Takht.) H. Li
球药隔重楼 **Paris fargesii** Franch.
七叶一枝花 **Paris polyphylla** Smith
华重楼 **Paris polyphylla** Smith var. **chinensis** (Franch.) Hara
狭叶重楼 **Paris polyphylla** Smith var. **stenophylla** Franch.
滇重楼 **Paris polyphylla** Smith var. **yunnanensis** (Franch.) Hand.-Mazz.
黑籽重楼 **Paris thibetica** Franch.
南重楼 **Paris veitnamensis** (Takht.) H. Li

296　雨久花科 Pontederiaceae

* 凤眼莲 **Eichhornia crassipes** (Mart.) Solms
鸭舌草 **Monochoria vaginalis** (Burm. f.) C. Presl. ex Kunth

297　菝葜科 Smilacaceae

肖菝葜 **Heterosmilax japonica** Kunth
多蕊肖菝葜 **Heterosmilax polyandra** Gagnep.
云南肖菝葜 **Heterosmilax yunnanensis** Gagnep.
尖叶菝葜 **Smilax arisanensis** Hayata
疣枝菝葜 **Smilax aspericaulis** Wall. ex A. DC.
圆锥菝葜 **Smilax bracteata** C. Presl.
密疣菝葜 **Smilax chapaensis** Gagnep.
银叶菝葜 **Smilax cocculoides** Warb.
筐条菝葜 **Smilax corbularia** Kunth
四棱菝葜 **Smilax elegantissima** Gagnep.

长托菝葜 **Smilax ferox** Wall. ex Kunth
四翅菝葜 **Smilax gagnepainii** T. Koyama
土茯苓 **Smilax glabra** Roxb.
束丝菝葜 **Smilax hemsleyana** Craib
粉背菝葜 **Smilax hypoglauca** Benth.
马甲菝葜 **Smilax lanceifolia** Roxb.
长叶菝葜 **Smilax lanceifolia** Roxb. var. **lanceolata** (Norton) T. Koyama
大果菝葜 **Smilax megacarpa** A. DC.
大花菝葜 **Smilax megalantha** C.H. Wright
乌饭叶菝葜 **Smilax myrtillus** A. DC.
穿鞘菝葜 **Smilax perfoliata** Lour.
菝葜属一种 **Smilax** sp.
鞘柄菝葜 **Smilax stans** Maxim

302 天南星科 Araceae

金钱蒲 **Acorus gramineus** Soland.
石菖蒲 **Acorus tatarinowii** Schott
越南万年青 **Aglaonema simplex** (Bl.) Bl.
老虎芋 **Alocasia cucullata** (Lour.) Schott.
海芋 **Alocasia macrorrhizos** (Linn.) Schott
南蛇棒 **Amorphophallus dunii** Tutch.
疣柄魔芋 **Amorphophallus paeoniifolius** Nicolson
宽叶上树南星 **Anadendrum latifolium** Hook. f.
上树南星 **Anadendrum montanum** (Bl.) Schott
雪里见 **Arisaema decipiens** Schott
一把伞南星 **Arisaema erubescens** (Wall.) Schott
象头花 **Arisaema franchetianum** Engl.
花南星 **Arisaema lobatum** Engl.
三匹箭 **Arisaema petiolulatum** Hook. f.
天南星属一种 **Arisaema** sp.
山珠半夏 **Arisaema yunnanense** Buchet
野芋 **Colocasia antiquorum** Schott
芋 **Colocasia esculenta** (Linn.) Schott
石柑 **Pothos chinensis** (Raf.) Merr.

螳螂跌打 **Pothos scandens** Linn.
早花岩芋 **Remusatia hookeriana** Schott
岩芋 **Remusatia vivipara** (Roxb.) Schott
粗茎崖角藤 **Rhaphidophora crassicaulis** Engl. et Krause
爬树龙 **Rhaphidophora decursiva** (Roxb.) Schott
狮子尾 **Rhaphidophora hongkongensis** Schott
毛过山龙 **Rhaphidophora hookeri** Schott
上树蜈蚣 **Rhaphidophora lancifolia** Schott
绿春崖角藤 **Rhaphidophora luchunensis** H. Li
全缘泉七 **Steudnera griffithii** (Schott) Schott
犁头尖 **Typhonium blumei** Nicols. et Sivd.
水半夏 **Typhonium flagelliforme** (Lodd.) Bl.
金平犁头尖 **Typhonium jinpingense** Z.L. Wang, H. Li et F.H. Bian

306a　葱科 Alliaceae

* 洋葱 **Allium cepa** Linn.
* 葱 **Allium fistulosum** Linn.
薤白 **Allium macrostemon** Bunge
* 蒜 **Allium sativum** Linn.
* 韭菜 **Allium tuberosum** Rottler ex Sprengel

307　鸢尾科 Iridaceae

射干 **Belamcanda chinensis** (Linn.) Redouté
* 红葱 **Eleutherine plicata** Herb.
蝴蝶花 **Iris japonica** Thunb.
红花鸢尾 **Iris milesii** Foster
扇形鸢尾 **Iris wattii** Baker

311　薯蓣科 Dioscoreaceae

薯莨 **Dioscorea cirrhosa** Lour.
光叶薯蓣 **Dioscorea glabra** Roxb.
异块茎薯莨 **Dioscorea grata** Prain et Burbill

白薯茛 **Dioscorea hispida** Dennst.
黑珠芽薯蓣 **Dioscorea melanophyma** Prain et Burkill
薯蓣属一种 **Dioscorea** sp.

313a 龙血树科 Dracaenaceae

剑叶龙血树 **Dracaena cochinchinensis** (Lour.) S.C. Chen
河口龙血树 **Dracaena hokouensis** G.Z. Ye

314 棕榈科 Palmae

桄榔 **Arenga pinnata** (Wurmb.) Merr.
杖藤 **Calamus rhabdocladus** Burret
单穗鱼尾葵 **Caryota monostachya** Becc.
董棕 **Caryota obtusa** Griffith
鱼尾葵 **Caryota ochlandra** Hance
* 椰子 **Cocos nucifera** Linn.
变色山槟榔 **Pinanga baviensis** Becc.
长枝山竹 **Pinanga macroclada** Burret
华山竹 **Pinanga sylvestris** (Lour.) Hodel
绿色山槟榔 **Pinanga varidis** Burret
* 棕榈 **Trachycarpus fortunei** (Hook.) H. Wendl.
琴叶瓦理棕 **Wallichia caryotoides** Roxb.
瓦理棕 **Wallichia gracilis** Becc.

315 露兜树科 Pandanaceae

分叉露兜树 **Pandanus urophyllus** Hance

318 仙茅科 Hypoxidaceae

大叶仙茅 **Curculigo capitulata** (Lour.) O. Kuntze
绒叶仙茅 **Curculigo crassifolia** (Baker) Hook. f.
仙茅 **Curculigo orchioides** Gaertn.

中华仙茅 **Curculigo sinensis** S.C. Chen
小金梅草 **Hypoxis aurea** Lour.

321 箭根薯科 Taccaceae

裂果薯 **Schizocapsa plantaginea** Hance
箭根薯 **Tacca chantrieri** André

323 水玉簪科 Burmanniaceae

水玉簪 **Burmannia disticha** Linn.

326 兰科 Orchidaceae

指甲兰 **Aerides falcata** Lindl. et Paxt.
扇唇指甲兰 **Aerides flabellata** Rolfe ex Downie
禾叶兰 **Agrostophyllum callosum** Rchb. f.
文山无柱兰 **Amitostigma wenshanense** W.H. Chen, Y.M. Shui et K.Y. Lang
滇南开唇兰 **Anoectochilus burmannicus** Rolfe
筒瓣兰 **Anthogonium gracile** Lindl.
竹叶兰 **Arundina graminifolia** (D. Don) Hochr.
小白芨 **Bletilla formosana** (Hayata) Schltr.
白芨 **Bletilla striata** (Thunb. ex A. Murray) Rchb. f.
拟伏生石豆兰 **Bulbophyllum atrosanguineum** Aver.
豹斑石豆兰 **Bulbophyllum colomaculosum** Z.H. Tsi et S.C. Chen
大苞石豆兰 **Bulbophyllum cylindraceum** Lindl.
匍茎卷瓣兰 **Bulbophyllum emarginatum** (Finet) J.J. Smith
密花石豆兰 **Bulbophyllum odoratissimum** (J. E. Smith) Lindl.
伏生石豆兰 **Bulbophyllum reptans** (Lindl.) Lindl.
蜂腰兰 **Bulleyia yunnanensis** Schltr.
银带虾脊兰 **Calanthe argenteo-striata** C.Z. Tang et S.J. Cheng
棒距虾背兰 **Calanthe clavata** Lindl.
钩距虾脊兰 **Calanthe graciliflora** Hayata
西南虾脊兰 **Calanthe herbacea** Lindl.
香花虾脊兰 **Calanthe odora** Griff.

虾脊兰属一种 **Calanthe** sp.

三褶虾脊兰 **Calanthe triplicata** (Willem.) Ames

铃花黄兰 **Cephalanthe ropsiscalanthoides** (Ames) T.S. Liu et H.J. Su

黄兰 **Cephalanthe ropsisgracilis** (Lindl.) S.Y. Hu

叉枝牛角兰 **Ceratostylis himalaica** Hook. f.

齿爪叠鞘兰 **Chamaegastrodia poilanei** (Gagnep.) Seidenf. et A.N. Rao

长叶隔距兰 **Cleisostema fuerstenbergianum** Kraenzl.

红花隔距兰 **Cleisostema williamsonii** (Rchb. f.) Garay

眼斑贝母兰 **Coelogyne corymbosa** Lindl.

贝母兰 **Coelogyne cristata** Lindl.

白花贝母兰 **Coelogyne leucantha** W.W. Smith

长柄贝母兰 **Coelogyne longipes** Lindl.

狭瓣贝母兰 **Coelogyne punctulata** Lindl.

撕裂贝母兰 **Coelogyne sanderae** Kraenzl.

台湾吻兰 **Collabium formosanum** Hayata

管花兰 **Corymborkis veratrifolia** (Reinw.) Bl.

宿苞兰 **Cryptochilus luteus** Lindl.

纹瓣兰 **Cymbidium aloifolium** (Linn.) Sw.

莎叶兰 **Cymbidium cyperifolium** Wall. ex Lindl.

冬凤兰 **Cymbidium dayanum** Rchb. f.

莎草兰 **Cymbidium elegans** Lindl.

长叶兰 **Cymbidium erythraeum** Lindl.

虎头兰 **Cymbidium hookerianum** Rchb. f.

兔耳兰 **Cymbidium lancifolium** Hook.

莎草兰 **Cymbidium longifolium** D. Don

碧玉兰 **Cymbidium lowianum** (Rchb. f.) Rchb. f.

钩状石斛 **Dendrobium aduncum** Lindl.

兜唇石斛 **Dendrobium aphyllum** (Roxb.) C.E. Fischer

束花石斛 **Dendrobium chrysanthum** Lindl.

密花石斛 **Dendrobium densiflorum** Lindl.

齿瓣石斛 **Dendrobium devonianum** Paxt.

疏花石斛 **Dendrobium henryi** Schltr.

重唇石斛 **Dendrobium hercoglossum** Rchb. f.

美花石斛 **Dendrobium loddigesii** Rolfe

长距石斛 **Dendrobium longicornu** Lindl.

细茎石斛 **Dendrobium moniliforme** (Linn.) Sw.
石斛 **Dendrobium nobile** Lindl.
单葶草石斛 **Dendrobium porphyrochilum** Lindl.
梳唇石斛 **Dendrobium strongylanthum** Rchb. f.
球花石斛 **Dendrobium thyrsiflorum** Rchb. f.
大苞鞘石斛 **Dendrobium wardianum** Warner
黑毛石斛 **Dendrobium williamsonii** Day et Rchb. f.
尖药兰 **Diphylax urceolata** (C.B. Clarke) Hook. f.
蛇舌兰 **Diploprora championii** (Lindl.) Hook. f.
双叶厚唇兰 **Epigeneium rotundatum** (Lindl.) Summerh.
虎舌兰 **Epipogium roseum** (D. Don) Lindl.
双点毛兰 **Eria bipunctata** Lindl.
匍茎毛兰 **Eria clausa** King et Pantl.
半柱毛兰 **Eria corneri** Rchb. f.
棒茎毛兰 **Eria marginata** Rolfe
密花毛兰 **Eria spicata** (D. Don) Hand.-Mazz.
鹅白毛兰 **Eria stricta** Lindl.
钳唇兰 **Erythrodes blumei** (Lindl.) Schltr.
紫花美冠兰 **Eulophia spectabilis** (Dennst.) Suresh
山珊瑚 **Galeola faberi** Rolfe
毛萼山珊瑚 **Galeola lindleyana** (Hook. f. et Thoms.) Rchb. f.
多叶斑叶兰 **Goodyera foliosa** (Lindl.) Benth. ex Clarke
高斑叶兰 **Goodyera procera** (Ker-Gawl.) Hook.
滇藏斑叶兰 **Goodyera robusta** Hook. f.
斑叶兰 **Goodyera schlechtendaliana** Rchb. f.
绒叶斑叶兰 **Goodyera velutina** Maxim.
凸孔坡参 **Habenaria acuifera** Lindl.
毛葶玉凤花 **Habenaria ciliolaris** Kraenzl.
玉凤花属一种 **Habenaria** sp.
叉唇角盘兰 **Herminium lanceum** (Thunb. ex Sw.) Vuijk
湿唇兰 **Hygrochilus parishii** (Rchb. f.) Pfitz.
盂兰 **Lecanorchis japonica** Bl.
扁茎羊耳蒜 **Liparis assamica** King et Pantl.
镰翅羊耳蒜 **Liparis bootanensis** Griff.
平卧羊耳蒜 **Liparis chapaensis** Gagnep.

大花羊耳蒜 **Liparis distans** C.B. Clarke

扁球羊耳蒜 **Liparis elliptica** Wight

长苞羊耳蒜 **Liparis inaperta** Finet

黄花羊耳蒜 **Liparis luteola** Lindl.

见血青 **Liparis nervosa** (Thunb. ex A. Murray) Lindl.

柄叶羊耳蒜 **Liparis petiolata** (D. Don) P.F. Hunt et Summerh.

云南对叶兰 **Listera yunnanensis** S.C. Chen

长瓣钗子股 **Luisia filiformis** Hook. f.

浅裂沼兰 **Malaxis acuminata** D. Don

阔叶沼兰 **Malaxis latifolia** Smith

日本全唇兰 **Myrmechis japonica** (Rchb. f.) Rolfe

新型兰 **Neogyna gardneriana** (Lindl.) Rchb. f.

密花兜被兰 **Neottianthe calcicola** (W.W Smith) Schltr.

二叶兜被兰 **Neottianthe cucullata** (Linn.) Schltr.

兜被兰 **Neottianthe cucullata** (Linn.) Schltr.

显脉鸢尾兰 **Oberonia acaulis** Griff.

狭叶鸢尾兰 **Oberonia caulescens** Lindl.

剑叶鸢尾兰 **Oberonia ensiformis** (J.E. Smith) Lindl.

条裂鸢尾兰 **Oberonia jenkinsiana** Griff. ex Lindl.

广西鸢尾兰 **Oberonia kwangsiensis** Seidenf.

桔红鸢尾兰 **Oberonia obcordata** Lindl.

裂唇鸢尾兰 **Oberonia pyrulifera** Lindl.

红唇鸢尾兰 **Oberonia rufilabris** Lindl.

羽唇兰 **Ornithochilus difformis** (Wall. ex Lindl.) Schltr.

狭叶耳唇兰 **Otochilus fuscus** Lindl.

宽叶耳唇兰 **Otochilus lancilabius** Seidenf.

耳唇兰 **Otochilus porrectus** Lindl.

绿叶兜兰 **Paphiopedilum hangianum** Perner et Gruss

钻柱兰 **Pelatantheria rivesii** (Guillaumin) Tang et F.T. Wang

长须阔蕊兰 **Peristylus calcaratus** (Rolfe) S.Y. Hu

触须阔蕊兰 **Peristylus tentaculatus** (Lindl.) J.J. Smith

鹤顶兰 **Phaius tancarvilleae** (L'Herit.) Blume

鹤顶兰 **Phaius tancarvilleae** (L'Herit.) Bl.

节茎石仙桃 **Pholidota articulata** Lindl.

宿苞石仙桃 **Pholidota imbricata** Hook.

舌唇兰 **Platanthera japonica** (Thunb.) Lindl.
小舌唇兰 **Platanthera minor** (Miq.) Rchb. f.
独蒜兰 **Pleione bulbocodioides** (Franch.) Rolfe
毛唇独蒜兰 **Pleione hookeriana** (Lindl.) B.S. Williams
疣鞘独蒜兰 **Pleione praecox** (J. E. Smith) D. Don
云南独蒜兰 **Pleione yunnanensis** (Rolfe) Rolfe
多穗兰 **Polystachya concreta** (Jack.) Garay et Sweet
火焰兰 **Renanthera coccinea** Lour.
钻喙兰 **Rhynchostylis retusa** (Linn.) Bl.
寄树兰 **Robiquetia succisa** (Lindl.) Scidenf. et Garay
匙唇兰 **Schoenorchis gemmata** (Lindl.) J.J. Smith
绶草 **Spiranthes sinensis** (Pers.) Ames
绿花大苞兰 **Sunipia annamensis** (Rindl.) P.F. Hunt
二色大苞兰 **Sunipia bicolor** Lindl.
白花大苞兰 **Sunipia candida** (Lindl.) P.F. Hunt
大苞兰 **Sunipia scariosa** Lindl.
滇南带唇兰 **Tainia minor** Hook. f.
叉喙兰 **Uncifera acuminata** Lindl.
矮万代兰 **Vanda pumila** Hook. f.
印度宽距兰（新拟）**Yoania prainii** King et Pantl.
白肋线柱兰 **Zeuxine goodyeroides** Lindl.
芳线柱兰 **Zeuxine nervosa** (Lindl.) Trimen
线柱兰 **Zeuxine strateumatica** (Linn.) Schltr.

327　灯心草科 Juncaceae

星花灯心草 **Juncus diastrophanthus** Buchen.
灯心草 **Juncus effusus** Linn.
金平灯心草 **Juncus jinpingensis** S.Y. Bao
笄石菖 **Juncus prismatocarpus** R.Br.

331　莎草科 Cyperaceae

浆果苔草 **Carex baccans** Nees
复序苔草 **Carex composita** Boott

蕨状苔草 **Carex filicina** Nees
霹雳苔草 **Carex perakensis** C.B. Clarke
大理苔草 **Carex rubrobrunnea** C.B. Clarke var. **taliensis** (Franch.) Kükenth.
宽叶苔草 **Carex siderosticta** C.B. Clarke
苔草属一种 **Carex** sp.
阿穆尔莎草 **Cyperus amuricus** Maxim.
砖子苗 **Cyperus cyperoides** (Linn.) Kuntze
多脉莎草 **Cyperus diffusus** Vahl
畦畔莎草 **Cyperus haspan** Linn.
毛轴莎草 **Cyperus pilosus** Vahl
莎草属一种 **Cyperus** sp.
* 荸荠 **Eleocharis dulcis** (Burm. f.) Trin. ex Henschel
复序飘拂草 **Fimbristylis bisumbellata** (Forsk.) Bubani
短叶水蜈蚣 **Kyllinga brevifolia** Rottb.
圆筒穗水蜈蚣 **Kyllinga cyllindrica** Nees
单穗水蜈蚣 **Kyllinga nemoralis** (J.R. et G. Forst.) Dandy ex Hutch. et Dalziel
水蜈蚣属一种 **Kyllinga** sp.
球穗扁莎 **Pycreus flavidus** (Retz.) T. Koyama
萤蔺 **Schoenoplectus juncoides** (Roxb.) Palla
百球藨草 **Scirpus rosthornii** Diels
光果珍珠茅 **Scleria radula** Hance

332 禾本科 Gramineae

紫花酸竹 **Acidosasa purpurea** (Hsueh et Yi) Keng f.
看麦娘 **Alopecurus aequalis** Sobol.
碟环竹 **Ampelocalamus patellaris** (Gamble) Stapleton
水蔗草 **Apluda mutica** Linn.
毛背荩草 **Arthraxon pilophorus** B.S. Sun
簕竹 **Bambusa blumeana** J. A. et J.H. Schult. f.
绵竹 **Bambusa intermedia** Hsueh et Yi
* 黄金间碧玉 **Bambusa vulgaris** Schrazhgber ex Wendland cv. **vittata** McClure
龙头竹 **Bambusa vulgaris** Schrazhgber ex Wendland
硬秆子草 **Capillipedium assimile** (Steud.) A. Camus
细柄草 **Capillipedium parviflorum** (R. Br.) Stapf

假淡竹叶 **Centotheca lappacea** (Linn.) Desv.
薄竹 **Cephalostachyum chinense** (Rendle) D.Z. Li et H.Q. Yang
小花方竹 **Chimonobambusa microfloscula** McClure
方竹 **Chimonobambusa quadrangularis** (Fenzi) Makino
香竹 **Chimonocalamus delicatus** Hsueh et Yi
灰香竹 **Chimonocalamus pallens** Hsueh et Yi
虎尾草 **Chloris virgata** Sw.
竹节草 **Chrysopogon aciculatus** (Retz.) Trin.
薏苡 **Coix lacryma-jobi** Linn.
* 香茅 **Cymbopogon citratus** (DC.) Stapf
狗牙根 **Cynodon dactylon** (Linn.) Pers.
散穗弓果黍 **Cyrtococcum accrescens** (Trin.) Stapf
弓果黍 **Cyrtococcum patens** (Linn.) A. Camus
小叶龙竹 **Dendrocalamus barbatus** Hsuch et D.Z. Li
甜竹 **Dendrocalamus brandisii** (Munro) Kurz
龙竹 **Dendrocalamus giganteus** Munro
黄竹 **Dendrocalamus membranaceus** Munro
粗穗龙竹 **Dendrocalamus pachystachys** Hsuch et D.Z. Li
金平龙竹 **Dendrocalamus peculiaris** Hsueh et D.Z. Li
锡金龙竹 **Dendrocalamus sikkimensis** Gamble ex Oliv.
牡竹 **Dendrocalamus strictus** Nees
云南龙竹 **Dendrocalamus yunnanicus** Hsueh et D.Z. Li
紫马唐 **Digitaria violascens** Link
小扁竹 **Dinochloa multitamosa** Hsuch et Hui
毛藤竹 **Dinochloa puberula** McClure
稗 **Echinochloa crusgalli** (Linn.) Beauv.
细叶旱稗 **Echinochloa crusgalli** (Linn.) Beauv. var. **praticola** Ohwi
水田稗 **Echinochloa oryzoides** (Ard.) Fritsch.
蟋蟀草 **Eleusine indica** (Linn.) Gaertn.
乱草 **Eragrostis japonica** (Thunb.) Trin.
黑穗画眉草 **Eragrostis nigra** Nees ex Steud.
鼠妇草 **Eragrostis nutans** (Retz.) Nees ex Steud.
画眉草 **Eragrostis pilosa** (Linn.) P. Beauv.
鲫鱼草 **Eragrostis tenella** (Linn.) Beauv. ex Roem. et Schult.
牛虱草 **Eragrostis unioloides** (Retz.) Nees ex Steud.

蔗茅 **Erianthus rufipilus** (Steud.) Griseb.

拟金茅 **Eulaliopsis binata** (Retz.) C.E. Hubb.

冬竹 **Fargesia hsuehiana** T.P. Yi

红鞘箭竹 **Fargesia porphyrea** T.P. Yi

裂箨铁竹 **Ferrocalamus rimosivaginus** Wen

铁竹 **Ferrocalamus strictus** Hsueh et Keng f.

球穗草 **Hackelochloa granularis** (Linn.) Kuntze

长花牛鞭草 **Hemarthria longiflora** (Hook. f.) A. Camus

小牛鞭草 **Hemarthria protensa** Steud.

黄茅 **Heteropogon contortus** (Linn.) Beauv. ex Roem. et Schult.

* 钝稃野大麦 **Hordeum spontaneum** C. Koch

白茅 **Imperata cylindrica** (Linn.) Beauv. var. **major** (Nees) C.E. Hubb.

哈竹 **Indosasa jinpingensis** T.P. Yi

棚竹 **Indosasa longispicata** W.Y. Hsiung et C.S. Chao

江华大节竹 **Indosasa spongiosa** C.S. Chao et B.M. Yang

白花柳叶箬 **Isachne albens** Trin.

纤毛柳叶箬 **Isachne ciliatiflora** Keng

粗毛鸭嘴草 **Ischaemum barbatum** Retz.

田间鸭嘴草 **Ischaemum rugosum** Salisb.

虮子草 **Leptochloa panicea** (Retz.) Ohwi

澜沧梨藤竹 **Melocalamus arrectus** T. P. Yi

刚莠竹 **Microstegium ciliatum** (Trin.) A. Camus

蔓生莠竹 **Microstegium gratum** (Hack.) A. Camus

竹叶茅 **Microstegium nudum** (Trin.) A. Camus

类芦 **Neyraudia reynaudiana** (Kunth) Keng ex Hitchc.

竹叶草 **Oplismenus compositus** (Linn.) Beauv.

间型竹节草 **Oplismenus compositus** (Linn.) Beauv. var. **intermedius** (Honda) Ohwi

疏穗求米草 **Oplismenus patens** Honda

藤竹草 **Panicum incomtum** Trin.

心叶黍 **Panicum notatum** Retz.

黍属一种 **Panicum** sp.

细柄黍 **Panicum sumatrense** Roth ex Roemer et Schultes

两耳草 **Paspalum conjugatum** Berg.

长叶雀稗 **Paspalum longifolium** Roxb.

鸭乸草 **Paspalum scrobiculatum** Linn.

因雀稗 **Paspalum scrobiculatum** Linn. var. **bispicatum** Hackel

圆果雀稗 **Paspalum scrobiculatum** Linn. var. **orbiculare** (G.Forst.) Hackel

雀稗 **Paspalum thunbergii** Kunth ex Steud.

* 象草 **Pennisetum purpureum** Schum.

大芦苇 **Phragmites karka** (Retz.) Trin. ex Steud.

灰金竹 **Phyllostachys nigra** (Lodd. ex Lindl.) Munro var. **henonis** (Mith.) Stapf et Rendle

早熟禾 **Poa annua** Lnn.

金丝草 **Pogonatherum crinitum** (Thunb.) Kunth

金发草 **Pogonatherum paniceum** (Lam.) Hack.

棒头草 **Polypogon fugax** Nees ex Steud.

钩毛草 **Pseudechinolaena polystachya** (H.B. K.) Stapf

云南总序竹 **Racemobambos yunnanensis** T.H. Wen

筒轴茅 **Rottboellia cochinchinensis** (Lour.) Clayt.

斑茅 **Saccharum arundinaceum** Retz.

长齿蔗茅 **Saccharum longesetosum** (Andersson) V. Narayanaswami

甜根子草 **Saccharum spontaneum** Linn.

囊颖草 **Sacciolepis indica** (Linn.) A. Chase

薄竹 **Schizostachyum chinense** Rendle

沙罗单竹 **Schizostachyum funghomii** McClure

思簩竹 **Schizostachyum pseudolima** McClure

粟 **Setaria italica** (Linn.) Beauv.

棕叶狗尾草 **Setaria palmifolia** (Koen.) Stapf

皱叶狗尾草 **Setaria plicata** (Lam.) T. Cooke

金色狗尾草 **Setaria pumila** (Poir.) Roem. et Schult.

狗尾草 **Setaria viridis** (Linn.) Beauv.

* 甜高粱 **Sorghum dochna** (Forssk.) Snowden

鼠尾粟 **Sporobolus fertilis** (Steud.) Clayt.

菅 **Themeda villosa** (Poir.) A. Camus

棕叶芦 **Thysanolaena latifolia** (Roxb. ex Hornemann) Honda

尾稃草 **Urochloa reptans** (Linn.) Stapf

金平玉山竹 **Yushania bojieiana** T.P. Yi

* 玉蜀黍 **Zea mays** Linn.

* 菰 **Zizania latifolia** (Griseb.) Stapf

西隆山植物中文科名索引

K

L

M

N

P

Q

R

S

西隆山植物拉丁文科名索引

A

B

C

D

E

T

U

V

X

Z